流體力學 (第七版) (公制版)
(附部分內容光碟)

INTRODUCTION TO FLUID MECHANICS, 7th Edition

Robert W. Fox

Philip J. Pritchard   原著

Alan T. McDonald

王珉玟・劉澄芳・徐力行　編譯

WILEY

全華圖書股份有限公司

相關叢書介紹

書號：02889
書名：熱力學
編著：陳呈芳

書號：05216
書名：飛行工程概論
編著：夏樹仁

書號：06360
書名：熱力學
編著：吳志勇、李約亨、趙怡欽

書號：03321
書名：揭開飛行的奧祕
編著：王懷柱

書號：05543
書名：內燃機
編著：薛天山

書號：06285
書名：內燃機
編著：吳志勇、陳坤禾、許天秋、
　　　張學斌、陳志源、趙怡欽

◎上列書價若有變動，請以
　最新定價為準。

流程圖

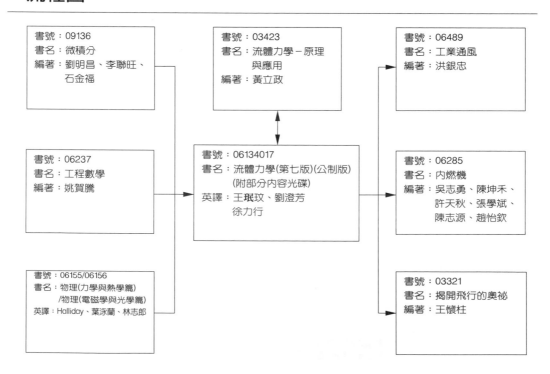

書號：09136
書名：微積分
編著：劉明昌、李聯旺、
　　　石金福

書號：03423
書名：流體力學－原理
　　　與應用
編著：黃立政

書號：06489
書名：工業通風
編著：洪銀忠

書號：06237
書名：工程數學
編著：姚賀騰

書號：06134017
書名：流體力學(第七版)(公制版)
　　　(附部分內容光碟)
英譯：王珉玟、劉澄芳
　　　徐力行

書號：06285
書名：內燃機
編著：吳志勇、陳坤禾、
　　　許天秋、張學斌、
　　　陳志源、趙怡欽

書號：06155/06156
書名：物理(力學與熱學篇)
　　　/物理(電磁學與光學篇)
英譯：Halliday、葉泳蘭、林志郎

書號：03321
書名：揭開飛行的奧祕
編著：王懷柱

Preface

INTRODUCTION TO FLUID MECHANICS, 7th Edition

原著序

本書是針對流體力學入門課程而寫的。我們為達成這個目標所採用的方法，一如本書之前的各版本，都強調流體力學的物理概念，以及由基本原理入手的分析方法。本書的主要目標是幫助讀者發展出有條理的問題解決方法。因此，我們總是從控制方程式開始，接著清楚地條列假設，並將有關的數學結果與對應的物理行為連結起來。我們很重視控制體積的使用，以便得到實際可行的問題解決方法，而這樣的方法是本來就應該納入教學的。

範例

上述方法是透過在每一章使用甚多範例來闡明。而這些範例的解答也都準備來示範說明良好的解答技巧以及解釋理論的困難點。範例的排版方式有別於主文，因此非常易於辨認及依循。*Excel* 活頁簿內提供了 49 個範例，都可以從本書的網頁資源來線上獲得，它們很適於讓學生或教師於上課時對「假設性條件」加以分析。

關於本書與使用方式的額外重要訊息請參閱原文第 1-2 節的「學生應注意的事項」。我們呼籲學生讀者一定要仔細閱讀該節，將我們所建議的解題程序融會貫通到你自己的解題方法和回答方式裡。

本書使用的目標和優點

完整的課文解說加上琳瑯滿目的範例，使學生很容易吸收本書內容。這讓教師可不必拘泥於傳統教學方式。授課時間也可納入一些課文之外的教材、延伸到特殊課題(例如非牛頓流體、邊界層流動、升力和阻力或實驗方法等)、求解範例題或解釋習題的困難點。除此之外，在 *Excel* 活頁簿的 49 個範例很適於展現各種流體力學現象，特別是改變輸入參數時可看看會造成什麼影響。因此，老師在每堂課上都可以針對學生的需求使用適當的教學方法。

在學生完成流體力學課程之後，我們期望他們可以將控制方程式應用到各式各樣的問題，包括他們以往沒有看過的問題。我們自始至終非常強調物理概念，以協助學生能夠建立現實世界各式各樣流體現象的模型。雖然為了方便起見，本版大多各章末（習題集前）羅列了常用的方程式，我們強調我們的哲學是「魔術公式」的使用減到最少，並且強調以有系統的、基本的方法來求解問題。依循這樣的編排方式，我們相信學生們可以培養出他們對運用教材能力的自信，以及發現他們對富有挑戰性的問題能抽絲剝繭理出解決頭緒。

本書也適用於自修的學生或已經在工作的工程師。其易讀性與清晰的範例有助於建立信心。網站上提供了本書習題的奇數題答案（www.wiley.com/go/global/fox → Student Companion Site）。

涵蓋主題

本書內容是精挑細選而來的，內容適用於初級程度或中階程度，一學期課程或兩學期課程的各種議題。我們假設讀者具有剛體力學和微分方程的數學背景知識。學習可壓縮流需要具備熱力學的背景。

更進階的內容、一般未被涵蓋於入門課程者，我們已經移置於網頁上。有興趣的讀者可至網頁獲得這些進階內容；雖有內容可線上取得，但並不會中斷紙本課本的主題闡述脈絡。

紙本課本包括下列主題：

- 介紹概念、流體力學的範圍，以及流體靜力學（第 1、2、3 章）。
- 推導與應用基本方程式的控制體積形式（第 4 章）。
- 推導與應用基本方程式的微分形式（第 5、6 章）。
- 因次分析和相關的實驗數據（第 7 章）。
- 內部黏滯不可壓縮流的應用（第 8 章）。
- 外部黏滯不可壓縮流的應用（第 9 章）。
- 流體機械的分析與系統應用（第 10 章）。
- 明渠流動的分析和應用（第 11 章）。
- 一維與二維可壓縮流的分析與應用（第 12、13 章）。

第 4 章處理的是使用有限與微分控制體積於分析工作。白努利方程式的推導（第 4-4 節中的選讀子節）就是基本方程式應用於微分控制體積的例子。能夠使用第 4 章的白努利方程式下，我們得以處理更具挑戰性的有限控制體積動量方程式問題。

第 6 章呈現白努利方程式的另一種推導方式，是沿著流線積分 Euler 方程得到的。如果教師打算延後白努利方程式的介紹，可以將上述第 4 章的挑戰性議題跟著延後到第 6 章才探討。

本版新特色

本版包含幾項重要的改變。

專題研究： 在每章章首均提供一個專題研究段落，選出能展現當前流體力學有趣的應用。

方程式摘要： 為了學生的便利，大多各章末(習題集前)羅列有該章常被使用或者非常重要的方程式。雖然這很方便，然我們不憚辭費地強調，學生務必在使用各方程式之前，對該方程式的推導和限制有所理解！

CFD： 第 5 章現在納入計算流體力學 (CFD) 的一些概念的簡評。

明渠流動： 這一版我們引進「明渠流動」這篇新章 (第 11 章)；由此提供了與機械工程師有關之主題足夠的背景資料，並且當作土木工程師的入門材料。

改進清晰度： 在這一版我們持續努力改進寫作的清晰程度。這一版，有許多重新用字、重製說明圖的例子，目的在於使內容讓學生更易於親近。

習題： 第七版共有 1534 題章末習題。許多習題已予以合併而含有好幾個部分，多數都已組織過了讓所有的部分不必立刻指定，且幾乎 25% 的子部分是用來探討「假設性條件」的問題。大約 500 個問題是新的或者於這一版中有所修改。

試算表習題： 許多習題都包括一個適合使用試算表做分析的單元。會有個 🖰 圖像可資辨認這類型的習題，這類型習題設計上採取計算機單元提供了單一答案的參數化訪查方式，用以減輕並鼓勵學生進行「假設性條件」實驗的努力。由普里查德 (Pritchard) 教授所提供的 *Excel*® 活頁簿對此過程襄助甚大。附錄 H 的「微軟® *Excel* 的扼要介紹」可在本書網頁上取得；學生能藉此自學關於 *Excel* 的一些基本技巧。

我們也加入不少開放性的問題。某些是刺激思考的問題，以便測試讀者對於基本概念的理解程度，某些需要創造性的思考、綜合性思考、或敘述性討論。我們衷心期盼這些問題可以激勵教師們開發出更多的開放性問題。

每一章的習題都是根據主題來編排，而且在每個主題的範圍之內，習題的複雜度或是難度都會增加。這樣的編排方式有助於教師根據本書各節的難易程度來指派回家作業。

教師資源

採用這本教科書的教師可取得下述的資源。走訪本書網站 www.wiley.com/go/global/fox 註冊並申請一組密碼。**(編註：中譯本教師配件依實際授權情形、全華所提供者為準。)**

◆ **教師解答手冊：**

第七版的教師解答手冊針對所有習題提供完整、詳盡的解答。

在本書被教師採用為指定教材之後，教師能以線上方式取得教師解答手冊。前往本書網頁 www.wiley.com/go/global/fox，以載取受到密碼保護的線上版本。

◆ **課程大綱 PowerPoint 投影片：**

課程大綱投影片由菲利普·普里查德 (Philip Pritchard) 所研發，描廓出本書內容的大綱，並包括適合的插圖和方程式。

◆ **圖片集：**

取自課本內的插圖，具有適合納入授課當中的編排方式。

設計題

適當情形下，本書使用一些開放性的設計問題來替代傳統實驗室的實驗。萬一讀者沒有完整的實驗設備，也可以採用小組合作的方式解出這些問題。設計題鼓勵學生投入更多的時間探究如何將流體力學原理應用於設備或系統的設計。如同在第六版，設計題都放在章末習題中。

額外資源

◇ **微軟 *Excel* 的扼要說明：(編註：教師及學生版均可免費下載，也有置於隨書光碟)**

由菲利普・普裡查德所準備並且包含於本書網頁的附錄 H，此項資源會指導學生如何使用 *Excel* 試算表來建立與求解流體力學問題。造訪 www.wiley.com/go/global/fox 來取用這個資源。

◇ ***Excel* 檔案：(編註：教師及學生版均可自本書網站免費下載，也有置於隨書光碟)**

Excel 檔案和附加程式可供課文內某些特定範例使用。

◇ **額外課文網頁版主題：(編註：教師及學生版均可自本書網站免費下載，也有置於隨書光碟)**

這類的主題/章節的 PDF 檔案只能透過網站取得。於課本目錄和章節內，會對這些可從網頁取得之主題加以標註。

◇ **部分習題解答：(編註：即奇數習題解答，教師及學生版均可免費下載，也有置於隨書光碟)**

也可取得供學生自修用的部分習題解答。可造訪本書網站 www.wiley.com/go/global/fox 載取此項資源。

◇ **影片：**

有許多歷久彌新的影片可取用來展示並釐清流體力學的基本原理。這些影片於課文適合使用之處會被提及作參考，附錄 C 也有提供者對影片的整理清單。

◇ **WileyPLUS：(編註：中譯本並無隨書 WileyPLUS 註冊碼，教師或學生可依網頁指示購買)**

WileyPLUS 將你需要的所有教學資源以完整、動態的線上文字組合成一個易於使用的系統。教師可指派使用 WileyPLUS，但是學生決定如何購買它：他們能購買簇新、印刷版的教科書而內附 WileyPLUS 註冊碼且無任何額外費用，或是選擇 WileyPLUS 的數位方式提供，使用線上課文及對閱讀、研究及練習的整合工具，並且省下新書的費用。

◇ **WileyPLUS：**

WileyPLUS 提供現今工程學生他們所需的互動式和視覺化的學習內容以協助他們理解困難的觀念——並且於動態的環境裡運用他們所學來求解問題。歷經淬鍊而多采的範例和練習使學生得以處理問題、看見他們的結果，並且立即得到回饋，如包括直接連結於線上課文的提示與參考資料。

請與你的 Wily 業務代表聯繫，或者造訪 www.wileyplus.com 以瞭解更多關於如何於課程上使用 WileyPLUS 的資訊。

誌謝

我們知道沒有一種教學方法可以符合所有需求，因此，我們樂於接受來自於學生或教師的建議，以便改善本書的後續版本。我們特別感謝我們第七版的審閱人員，以及那些協助核對教師解答手冊正確性的人，與 *WileyPLUS* 課程的審閱人員和貢獻者：

Nidal Al-Masoud, Central Connecticut State University;
Defne Apul, University of Toledo;
John Dietz, University of Central Florida;
Raghu Echempati, Kettering University;
Srinath Ekkad, Louisiana State University;
Drazen Fabris, Santa Clara University;
Donald Fenton, Kansas State University;
Tom Filburn, University of Hartford;
Alison R. Griffin, University of Central Florida;
Pei-feng Hsu, Florida Institute of Technology;
Nirmal Khandan, New Mexico State University;
Jay M. Khodadadi, Auburn University;
Jay Martin, University of Wisconsin-Madison;
John Mitchell, University of Wisconsin-Madison;
John Rajadas, Arizona State University Polytechnic;
Georgia Richardson, University of Alabama-Huntsville;
Dr. Messiha Saad, North Carolina A&T State University;
S.A. Sherif, University of Florida;
Troy Skinner, University of Alabama–Huntsville;
Chelakara Subramanian, Florida Institute of Technology-Melbourne;
Brian J. Swenty, University of Evansville;
Guo-Xiang Wang, University of Akron; and
Richard Wlezien, Tufts University.

我們對特別感謝康乃爾大學的勞瑞・巴斯卡蘭 (Rajesh Bhaskaran) 及亞利桑那州立大學的賴利・梅斯 (Larry Mays)，其分別提供本書中計算流體力學和明渠流動等新內容。我們衷心期盼能和這些審閱者，或其他使用本書的教師有後續的互動。

普里查德教授感激妻子潘娜洛普 (Penelop) 深切地了解準備第七版所付出的努力與時間而給予的無私支持。

歡迎對本書有興趣的讀者提出建議。

Philip J. Pritchard

Robert W. Fox

Alan T. McDonald

May 2008

Wily 出版感謝安娜堡的密西根大學生物醫學工程系的伯爾薩・任門翰 (Parsa Zamankhan)，為本書 SI 公制版所做的貢獻。

Editorial

INTRODUCTION TO FLUID MECHANICS, 7th Edition

編輯部序

本書譯自 Robert W. Fox、Philip J. Pritchard 及 Alan T. McDonald 合著之
《*Introduction to Fluid Mechanics*》
第七版，SI 制，ISBN：978-0-470-23450-1 (13 碼)

　　本書推導公式詳細，故讀者應按次序逐步研讀方可知後面公式的由來，切勿直接背誦公式。讀者做完習題時，可參考網頁版的奇數題答案。第 10 章流體機械為應用在實務的一章，對於流體機械設計者非常適用，第 12、13 章為可壓縮流，對技職院校學生較困難些，但如參加研究所考試，為必須補充之章節。

　　本書適合供公私立大學、科技大學與技術學院等，一般理工科系的「流體力學」及「熱流學」等相關課程使用；亦可供作高中數理資優生的物理進階參考教材。同時，為了使您能有系統且循序漸進研習相關方面的叢書，於內封後以**流程圖**方式，列出相關圖書的閱讀順序，以減少您研習此門學問的摸索時間，並能對這門學問有完整的知識。

　　另外，本書的國際版原文僅授權於歐洲、亞洲、非洲及中東等上開地區販售，且不得自其出口。凡地區間的進出口係未經出版商授權者，乃屬違法且為對出版商之侵權行為。出版商得採法律訴訟行動以執行其權利。如提起訴訟，出版商可申請包括但不限於所損失之利益及律師費等損害及訴訟費之賠償。

　　最後，若您在各方面有任何問題，歡迎隨時連繫，我們將竭誠為您服務。

・**客服信箱**：book@chwa.com.tw
・**免費服務電話：0800-021-551**
・**傳真：(02)2262-8333**

全華編輯部　謹致

Contents

INTRODUCTION TO FLUID MECHANICS, 7th Edition

目錄

1 導論　　　　　　　　　　　　　　　　　1-1

1-1　學生應注意的事項　　　　　　　　　　1-2

1-2　流體力學的範圍　　　　　　　　　　　1-3

1-3　流體的定義　　　　　　　　　　　　　1-3

1-4　基本方程式　　　　　　　　　　　　　1-4

1-5　分析方法　　　　　　　　　　　　　　1-5

1-6　因次與單位　　　　　　　　　　　　　1-10

1-7　實驗誤差的分析　　　　　　　　　　　1-15

1-8　摘要　　　　　　　　　　　　　　　　1-15

■ 參考文獻　　　　　　　　　　　　　　　　1-15

■ 本章習題　　　　　　　　　　　　　　　　1-16

2 基本概念　　　　　　　　　　　　　　　2-1

2-1　流體視為連體　　　　　　　　　　　　2-2

2-2　速度場　　　　　　　　　　　　　　　2-4

2-3　應力場　　　　　　　　　　　　　　　2-11

2-4　黏度　　　　　　　　　　　　　　　　2-13

2-5　表面張力　　　　　　　　　　　　　　2-18

2-6　流體運動的描述與分類　　　　　　　　2-20

2-7　摘要和常用的方程式　　　　　　　　　2-26

■ 參考文獻　　　　　　　　　　　　　　　　2-27

■ 本章習題　　　　　　　　　　　　　　　　2-28

3 流體靜力學   3-1

3-1 流體靜力學基本公式   3-2

3-2 標準大氣壓   3-5

3-3 靜止流體的壓力變化   3-6

3-4 液壓系統   3-14

3-5 作用於浸面的靜壓力   3-15

* 3-6 浮力與穩定性   3-26

● 3-7 剛體運動下的流體(網頁版)   3-29

3-8 摘要和常用的方程式   3-29

■ 參考文獻   3-30

■ 本章習題   3-31

4 控制體積的基本方程式積分形式   4-1

4-1 系統的基本定律   4-2

4-2 系統導數與控制體積公式的關係   4-4

4-3 質量守恆   4-8

4-4 慣性控制體積的動量方程式   4-14

4-5 直線加速下控制體積的動量方程式   4-33

● 4-6 任意加速度之控制體積的動量方程式(網頁版)   4-40

* 4-7 角動量原理   4-40

4-8 熱力學第一定律   4-45

4-9 熱力學第二定律   4-52

4-10 摘要和常用的方程式   4-52

■ 本章習題   4-54

5 流體運動微分分析簡介   5-1

5-1 質量守恆   5-2

* 5-2 二維不可壓縮流體的流線函數   5-9

5-3 流體粒子的運動(運動學)   5-13

5-4 動量方程式   5-26

* 5-5 簡介計算流體力學   5-36

5-6 摘要和常用的方程式   5-46

■ 參考文獻   5-48

■ 本章習題   5-49

6　不可壓縮非黏滯流　6-1

6-1　無摩擦流動的運動方程式：尤拉方程式　6-2

6-2　流線座標中的尤拉方程式　6-3

6-3　白努利方程式——穩定流中沿流線的尤拉方程式積分　6-6

6-4　以能量方程式闡述白努利方程式　6-19

6-5　能量坡線與流力坡線　6-23

● 6-6　非穩定態的白努利方程式——沿同一流線對尤拉方程式積分(網頁版)　6-25

*6-7　非旋性流　6-25

6-8　摘要和常用的方程式　6-41

▌參考文獻　6-42

▌本章習題　6-43

7　因次分析和模擬　7-1

7-1　無因次化基本微分方程式　7-2

7-2　因次分析的意義　7-4

7-3　白金漢 PI 理論　7-6

7-4　決定 Π 組合　7-7

7-5　流體力學中重要的無因次組合　7-12

7-6　流動模擬和模型研究　7-15

7-7　摘要和常用的方程式　7-28

▌參考文獻　7-29

▌本章習題　7-30

8　內部不可壓縮黏滯流　8-1

8-1　簡介　8-2

A　完全發展的層流流動　8-4

8-2　無限平行板間的完全發展層流流動　8-4

8-3　管中完全發展的層流流動　8-16

B　圓管和管道內的流動　8-21

8-4　完全發展之管流的剪應力分布　8-21

8-5　完全發展之管流的紊流流速分布曲線　8-23

8-6　管流之能量考量　8-26

8-7　揚程損失的計算　8-28

8-8　管流問題的解　8-40

C　流量測量　8-60

8-9　直接方法　8-60

8-10　內部流動的限制流量計　8-60

8-11　線性流量計　8-70

8-12　橫斷法　8-71

8-13　摘要與常用的方程式　8-73

■ 參考文獻　8-75

■ 本章習題　8-77

9　外部不可壓縮黏滯流　9-1

A　邊界層　9-3

9-1　邊界層的觀念　9-3

9-2　邊界層厚度　9-4

● 9-3　層流平板邊界層：精確解(網頁版)　9-7

9-4　動量積分方程式　9-8

9-5　對零壓力梯度流動引用動量積分方程式　9-12

9-6　邊界層流動的壓力梯度　9-21

B　沉體周圍的流體流動　9-25

9-7　阻力　9-25

9-8　升力　9-39

9-9　摘要和常用的方程式　9-55

■ 參考文獻　9-57

■ 本章習題　9-59

10　流體機械　10-1

10-1　流體機械的介紹與分類　10-2

10-2　涵蓋範圍　10-5

10-3　渦輪機分析　10-6

10-4　性能特徵　10-17

10-5　流體系統的應用　10-41

10-6　摘要和常用的方程式　10-80

■ 參考文獻　10-82

■ 本章習題　10-84

Ch10 置於
隨書光碟

Ch11 置於
隨書光碟

11　明渠流動　　11-1

　11-1 穩定、均勻的流動　　11-2

　11-2 比能，動量方程式和比力　　11-8

　11-3 穩定、漸變的流動　　11-21

　11-4 驟變流動　　11-25

　11-5 使用堰量測流量　　11-30

　11-6 摘要和常用的方程式　　11-34

　■ 參考文獻　　11-35

　■ 本章習題　　11-35

Ch12 置於
隨書光碟

12　可壓縮流介紹　　12-1

　12-1 熱力學複習　　12-2

　12-2 聲波的傳播　　12-9

　12-3 參考狀態：局部等熵停滯性質　　12-17

　12-4 臨界條件　　12-25

　12-5 摘要和常用的方程式　　12-25

　■ 參考文獻　　12-24

　■ 本章習題　　12-27

Ch13 置於
隨書光碟

13　可壓縮流　　13-1

　13-1 一維可壓縮流的基本方程式　　13-2

　13-2 一理想氣體的等熵流動-面積變化　　13-6

● **13-3** 在一等截面積管道中帶有摩擦力的流動(網頁版為補充)　　13-27

　13-4 在一等截面積管道中具有熱傳遞且無摩擦的流動　　13-40

　13-5 正震波　　13-50

　13-6 伴隨震波的超音速通道流動　　13-59

　13-7 斜震波與膨脹波　　13-62

　13-8 摘要和常用的方程式　　13-79

　■ 參考文獻　　13-83

　■ 本章習題　　13-83

附錄 H 置於隨書光碟

■ **附錄** 附-1

A	流體特性數據	附-1
B	圓柱座標下的運動方程式	附-13
C	流體力學影片	附-14
D	泵與風扇的性能曲線選讀	附-18
E	計算可壓縮流之流動函數	附-30
F	實驗不確定性分析	附-40
G	SI 單位，前置字和轉換因子	附-47
H	微軟 *Excel* 的扼要說明	

■ **奇數習題解答** 解-1

編註：隨書「部分內容光碟」內含檔案如下，其中 2.3.4.項亦可自底下官網下載

www.wiley.com/go/global/fox

1. Ch10～13 資料夾 (共 4 個 PDF 檔，為本書這四章之中文排版檔)

2. Web PDFs 資料夾 (共 6 個 PDF 檔，即目錄以●註明之網頁版檔案)

3. Excel Templates 資料夾 (各章特定範例搭配之 Excel 檔)

4. Answers to Selected Problems 資料夾 (共 13 個 PDF 檔，即本書末之奇數習題解答)

導論

1-1 學生應注意的事項

1-2 流體力學的範圍

1-3 流體的定義

1-4 基本方程式

1-5 分析方法

1-6 因次與單位

1-7 實驗誤差的分析

1-8 摘要

專題研究　如鳥飛行

　　在每章的開頭處，我們都會提出一個專題研究：選出在流體力學方面引人入勝的發展以展現這個領域生機蓬勃的一面。

　　沒有任何飛機或是模型飛機，能如鳥一般的飛行；飛機飛行時候的機翼全都是直挺挺的，反觀鳥類的翅膀(幾乎)是不停的上下拍打！原因在於飛機和模型飛機的機翼必須支持相對而言重得許多的機翼，因此機翼必須厚且硬；另一個原因是我們還未完全瞭解鳥類飛行的箇中奧秘！位在蓋恩斯維爾之佛羅裡達大學的工程人員，在研究員里奇林德帶領之下，重新投身設計檯並且已經發展一架輕型的觀測用飛機(翼展長 0.6m，重 6.7N)能在飛行期間改變

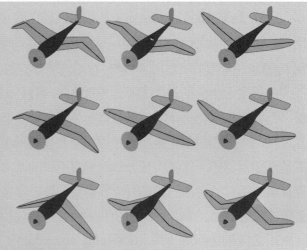

飛機機翼外形一直在改變
（佛羅裡達大學里奇林德博士提供）

它的機翼形狀[1]。雖然這不全然的符合鳥飛行的實情(主要是透過螺旋推進的方式)，卻已與當今的飛機設計方式大相逕庭。例如，這架飛機的機翼形狀能從 M 形(有助於滑行的穩定性)換成 W 形(有助於高操控性)。它極其靈巧：能在不到一秒中滾轉三圈(足以與 F-15 戰機媲美!)，而它近似鳥類一般的飛行方式卻已逼真得足以引起(友好的)麻雀的注目以及(懷有敵意的)烏鴉的覬覦。可能的用途有軍事上的觀測作業、人口匯集之都會區的生物戰劑(biological agent)的偵蒐、和在難以容身之空間如森林中從事環境研究。

我們對這本書的書名冠以「…入門」是基於以下幾個原因：在研讀這本書之後，你並不能就因此捲起袖子投入新車或者飛機的流線化設計工作、或設計新的心臟瓣膜、或為身價上億美元的建築物選擇正確型式的抽氣機與通風方式；不過，你倒可以了解所有這些設計以及很多其他應用背後的原理，並且為投身尖端的流體力學工程計畫作好熱身準備。

為了朝這個目標前進，在這一章裡我們納入了一些非常基本的課題：一個圍繞某流體力學主題的專題研究、流體的標準工程定義，以及基本的方程式和分析方法。最後，我們討論在一些範疇如單位系統和實驗分析上工科學生常碰到的陷阱。

1-1 學生應注意的事項

這是一本以學生為導向的書：我們相信這是一本完整的入門書，並且學生能透過這本書成功的自我學習。但是，大多數學生會於一或兩門大學課程中用到這本書。無論是哪一種情況，我們都極力建議要精讀相關的章節。實際上，好的方法是先迅速的掃讀該章的內容，然後再仔細地重讀兩遍甚至三遍，使得觀念能連貫前後文和意義。雖然學生常覺得流體力學很難，但是我們相信透過這種方式，輔以課堂上講師對這本書的內容做深入與延伸的講解(如果你目前正選修這門課程)，會讓你覺得流體力學其實是非常引人入勝而又多采的研究領域。

有關流體力學其他資料來源都不難得到。除了授課的教授外，還有很多其他流體力學書籍和雜誌以及網際網路資源(最近一次使用 Google 以關鍵字「fluid mechanics」作搜尋，會得到26,400,000 個連結，其中許多還附有流體力學計算器和動畫！)

在研讀本書之前讀者本身得先具備一些條件。我們會假設你先前學過了基礎熱力學以及靜力學、動力學和微積分；不過，視需要，我們會重新溫習某些學門的內容。

我們十分相信學生動手做才會領略到學習的真諦。不管學的是流體力學、熱力學或足球，這都是不變的原則。這其中任一學門所運用到的基本理論其實都不多，但是都必須動手練習才能一窺堂奧。所以讀者自己做題目十分重要。每一章後面都有很多的題目，提供讀者運用基本概念來解題的機會。雖然為了你的方便我們會在每章(這一章除外)的章末提供常用方程式的摘要，不過你應該盡量避免採用「代入求解(plug and chug)」的方式解題。對大部分題目而言，利用這種方式都不會奏效。我們強烈建議讀者解題時，可以按照以下的邏輯步驟來進行：

1. 將題目所提供的資訊(以自己的用語)簡短而精確地描述出來。
2. 說明想要求得的資訊。
3. 將分析所需用的系統或控制體積具體的畫出來。務必標示出系統或控制體積的邊界，並標示出適當的座標軸方向。
4. 你認為解題需要用到的基本定律，以適當的數學式表示出來。
5. 列出你認為適用於這個題目之簡化的假設條件。
6. 在代入相關數值之前，先完成代數分析。
7. 代入數值(請注意單位的一致性)，以便取得數值解。

a. 針對任何物理特性，參照其數值來源。

b. 確定答案中的有效數字與給定的數據互相一致。

8. 檢查答案，並且回顧解答中所做的假設，以便確保它們的合理性。

9. 標示出答案。

　　剛開始使用這個解題步驟的時候，看起來似乎沒有必要，甚至覺得有些多餘。但是，我們的經驗顯示這種方式去求解問題是最最有效率的；它也讓你有資格晉身為成功的專家，因為專家不可或缺的能力就是須能清楚而準確的傳達訊息和分析的結果。書中所提供的所有範例都採用這樣的格式；範例所得到的答案都處理成三位有效數字。

　　最後，我們強烈的鼓勵你多利用本書網站上所提供之解題 *Excel* 工具來解出問題。很多問題可以使用這些工具更迅速的被解出；少數的問題則只能用工具或者功能雷同的應用軟體予以解出。

1-2　流體力學的範圍

　　正如名稱所暗示的，流體力學研究的對象是靜止或運動情況下的流體。它常運用的領域有運河、堤和壩等系統的設計；幫浦、壓縮機以及家庭和商業用水與空調系統之管道系統，以及在化工廠裡的管道系統；汽車以及次音速和超音速飛機的空氣動力，與很多不同的流體測量設備如氣體幫浦儀表。

　　在這些應用仍然歸屬於非常重要的領域(例如，目前強調汽車流線化以及紐奧良堤防的潰決)的同時，流體力學還真的是「高科技」或者「熱門的」課程，而且在過去的二十五年間又有許多令人振奮的領域已經發展出來。一些例子包括環境和能源問題(例如，裝載油污、大尺寸風力渦輪機、海潮發電機，超高樓層的空氣動力、以及大氣和海洋的流體力學和一些天象(例如龍捲風、颶風和海嘯)；生物力學(例如，人造心臟和閥門和其他如肝臟等人體器官；了解血液、關節內滑膜液、呼吸系統、循環系統和泌尿系統的流體力學)，運動(單車和單車盔、滑雪板與短跑和游泳衣的設計、以及高爾夫球、網球和足球的空氣動力)，「智慧流體」(例如，汽車用在各種地形條件下保有最佳行車動作的懸吊系統、軍事制服含有一「薄」層的流體，在作戰時會轉趨「強固」而提供作戰人員抵抗力和保護以及近似人眼特性的流體鏡片而用於照相機和行動電話)，以及微流體(microfluids)(例如，用於精確的藥物管理)。

　　這些只是流體力學在新領域中的些許範例。這些例子說明了這門課程仍然是高度的應用著，而且越來越多樣，即使流體力學已發展了數千年。

1-3　流體的定義

　　與固體相左的是，面對流體的時候我們已有相當的常識：當我們與流體接觸時，會感覺到它們的流動性(例如當我們在攪拌咖啡的時候)；固體則會變形或彎曲(舉例來說，在鍵盤上打字時按鍵下面的彈簧會壓縮)。工程師需要對流體有更嚴謹、精確的定義：流體是一種可以在剪應力作

用下會持續形變的物質,無論這個剪應力有多小。因為流體在剪應力的作用下會持續運動,所以我們也可以定義流體為無法在靜止狀態下承受任何剪應力的物質。

因此液體和氣體(或者蒸汽)是流體能呈現的形式或相。我們希望這些相能夠與固態相有所區隔。在圖 1.1 中我們能看出固體與流體行為之間的差異。我們在兩個板子間夾放固體或流體的樣本(圖 1.1(a))然後施加剪應力 F,兩者剛開始時都出現變形的現象(圖 1.1(b)),不過,儘管固體會隨之靜止(假設剪應力並沒有大得足以超過它的彈性限度),但流體在剪應力施加的情況下會持續的變形圖 1.1(c)、圖 1.1(d)等等)。注意流體與固體表面接觸之處並不會有滑動的現象——在無滑動條件下,流體的速度與表面的移動速度是一致的,這是個業經實驗證明的事實[1]。

時間

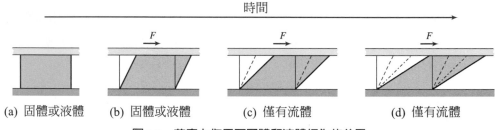

| (a) 固體或液體 | (b) 固體或液體 | (c) 僅有流體 | (d) 僅有流體 |

圖 1.1　剪應力作用下固體和流體行為的差異

固體變形的程度取決於固體的剛性模數 G;在第 2 章我們會學到流體的變形率(rate of deformation)與流體的黏度 μ 有關。我們稱固體具有彈性而流體具有黏性。

1-4 基本方程式

對任何流體力學問題的分析,都必須包含控制流體運動之基本定律的敘述。可以應用於任何流體的基本定律有:

1. 質量守恆。
2. 牛頓第二運動定律。
3. 角動量法則。
4. 熱力學第一定律。
5. 熱力學第二定律。

在求解任何問題時,並不全然會應用到所有基本定律。另一方面,在許多問題中,我們必須引入用於分析的額外關係式,才能描述在已知條件下流體的物理性質行為。

例如,我們可以回想在基礎物理學或熱力學中學過的氣體性質。其中理想氣體狀態方程式為

$$p = \rho RT \tag{1.1}$$

---

[1] 有關無滑動條件,NCFMF 影片《邊界層的基本原理(Fundamentals of Boundary Layers)》上有清楚的示範說明。(參見 http://web.mit.edu/fluids/www/Shapiro/ncfmf.html 提供的線上免費影片,影片雖舊但仍值得一看!)附錄 C 中收錄了所有流體力學影片的名稱及來源。

上式是氣體在正常條件下密度與溫度和壓力相關聯的模型。在 1.1 式中，R 是氣體常數。常見氣體的 R 值可由附錄 A 中得到；1.1 式中的 p 和 T 分別是絕對壓力與絕對溫度；ρ 是密度(每單位體積的質量)。範例 1.1 示範了理想氣體狀態方程式的使用方式。

很明顯地，我們將用到的基本公式，與在力學和熱力學時所面對者並無不同。我們的任務是將這些定律以適當形式表示出來，以便解出流體流動的問題，並且將它們應用到各種不同的情況下。

我們必須強調的是，我們將看到在流體力學中許多貌似簡單的問題，並不能以解析的方式解出。在這種情況下，我們必須訴諸更複雜的數值解法以及實驗測試來獲得答案。

1-5　分析方法

解題的第一步是將我們想要分析的系統加以定義。在基本力學中，我們廣泛使用了自由體圖 (free-body diagram)。根據要探討的問題類型，我們將使用系統或控制體積來進行分析。這些概念與我們在熱力學中所使用的大致相同(除了當時我們分別稱呼它們為密閉系統和開放系統以外)。我們會使用兩者之一去得到每個基本定律的數學表示式。在熱力學中，它們最常被用來導出質量守恆定律，以及熱力學第一、二定律的數學表示式；相反地，在流體力學中，我們最感興趣的則是質量守恆定律和牛頓第二運動定律。在熱力學中我們關心的是能量；流體力學關心的則是力與運動。因為不同方法會讓這些定律產生不同的數學表示式，所以我們必須注意自己使用的是系統或控制體積的方法。在這裡，我們先回顧一下系統和控制體積的定義。

系統與控制體積

系統(system)被定義成數量固定且可辨識的質量集合；系統邊界則將系統與環境分隔開。系統邊界可以是固定不動或可移動的；不過，沒有任何質量可以越過系統邊界。

在圖 1.2 係在熱力學中為人所熟知的活塞/汽缸組合，汽缸中的氣體為一系統。如果對氣體加熱，則活塞會將重物舉起；系統邊界因而移動。熱與功可以越過系統邊界，但是在系統邊界以內的物質數量則維持不動。沒有質量越過系統邊界。

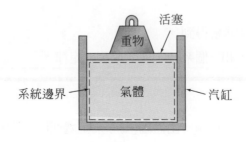

圖 1.2　活塞汽缸組合

範例 1.1　應用於密閉系統的第一定律

內含 0.95kg 氧氣的活塞汽缸組合,起初的溫度是 27℃,由重物所引起的壓力是 150kPa(abs)。對氣體持續加熱,直到溫度到達 627℃ 為止。試求整個過程所加入的熱量。

已知:活塞汽缸組合中含有 O_2,$m = 0.95$kg。

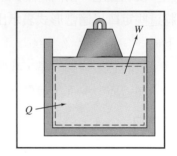

$$T_1 = 27℃ \qquad T_2 = 627℃$$

求解:$Q_{1 \rightarrow 2}$

解答:

$p =$ 常數 $= 150$ kPa(abs)

我們正在處理的系統,其 $m = 0.95$kg。

控制方程式:系統的第一定律,$Q_{12} - W_{12} = E_2 - E_1$。

假設:　(1) $E = U$,因為系統固定不動

　　　　 (2) 這是具有固定比熱的理想氣體

在上述假設下,

$$E_2 - E_1 = U_2 - U_1 = m(u_2 - u_1) = mc_v(T_2 - T_1)$$

在過程中所做的功就是移動邊界的功

$$W_{12} = \int_{V_1}^{V_2} p \, dV = p(V_2 - V_1)$$

對理想氣體而言,$pV = mRT$。因此,$W_{12} = mR(T_2 - T_1)$。然後利用第一定律方程式,

$$Q_{12} = E_2 - E_1 + W_{12} = mc_v(T_2 - T_1) + mR(T_2 - T_1)$$

$$Q_{12} = m(T_2 - T_1)(c_v + R)$$

$$Q_{12} = mc_p(T_2 - T_1) \qquad \{R = c_p - c_v\}$$

由附錄中表 A.6 可知,O_2 的 $c_p = 909.4$ J/(kg · K)。求解 Q_{12},可以得到:

$$Q_{12} = 0.95 \text{ kg} \times 909 \frac{\text{J}}{\text{kg} \cdot \text{K}} \times 600 \text{ K} = 518 \text{ kJ} \longleftarrow \qquad\qquad Q_{12}$$

這個問題:

✓　是利用前述九個邏輯步驟求解得到。

✓　複習了理想氣體方程式,和一個系統的熱力學第一定律。

在力學課程中,我們廣泛使用過自由體圖(屬於系統處理法)。因為當時我們處理的是容易辨識的剛體,所以這是符合邏輯的。不過在流體力學中,我們關心的通常是通過特定裝置的流體流動問題,這類裝置包括壓縮機、渦輪機、管線、噴嘴等等。在這些情況下,要將注意力放在數量固定而且可辨識的質量上,是十分困難的事情。就分析而言,將注意力放在流體流經其中的空間體積上,會比較方便一些。其結果是,我們會想到使用控制體積的處理法。

　　控制體積(control volume)是在空間中流體所流經的任意體積。控制體積的幾何邊界稱為控制表面(control surface)。控制面可能是真實或虛構的；它可能處於靜止或運動狀態。圖 1.3 顯示了流體流經管路接合處的情形，其中也有畫出控制表面。請注意控制表面上的某些區域是有對應到實體邊界(管壁)，其他區域(在位置①、② 與 ③)則是虛擬的 (入口與出口)。針對控制表面所定義的控制體積，我們可以寫出有關各基本定律的方程式，並且因而得到一些結果，例如已知入口①與出口②的流速而求取出口③的流速(與我們將在第四章範例分析 4.1 進行分析的問題類似)，以及維持管線接合所需的力量等等這樣的結果。因為我們選取的控制體積對基本定律的數學形式有很大影響，所以小心選擇控制體積是很重要的。我們將舉一例來說明如何使用控制體積。

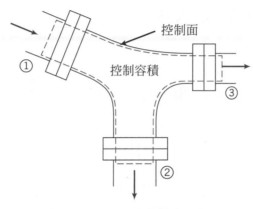

圖 1.3　管接合處流體流動的情形

範例 1.2　運用質量守恆於控制體積

　　一個縮口水管截面入口處的直徑是 5cm 且出口處的直徑是 3cm。如果在入口處的穩定流速(通過入口處的平均值)是 2.5m/s。請計算在出口處的流速。

已知：水管，入口 D_i = 5cm，出口 D_e = 3cm

　　　　入口處的流速，V_i = 2.5m/s

求解：出口處的流速，V_e

解答：

假設：水是不可壓縮的(密度 ρ = 常數)

　　我們在這裡使用的物理定律是質量守恆，這個定律在你研究渦輪機、鍋爐時由熱力學中所學到的。你可能已見過入口處或出口處的質量流量可寫成 $\dot{m} = VA/v$ 或 $\dot{m} = \rho VA$ 其中 V、A、v 與 ρ 分別代表速度、面積、比容與密度。我們將使用密度形式的方程式。

　　因此質量流量是：

$$\dot{m} = \rho VA$$

使用我們由熱力學所學到的質量守恆，

$$\rho V_i A_i = \rho V_e A_e$$

(注意：$\rho_i = \rho_e = \rho$ 根據我們的第一個假設)

(注意：即使我們於熱力學就已經熟悉這個方程式，我們在第 4 章會再次推導這個方程式。)

解出 V_e，

$$V_e = V_i \frac{A_i}{A_e} = V_i \frac{\pi D_i^2/4}{\pi D_e^2/4} = V_i \left(\frac{D_i}{D_e}\right)^2$$

$$V_e = 2.5 \frac{\text{m}}{\text{s}} \left(\frac{5}{3}\right)^2 = 6.9 \frac{\text{m}}{\text{s}} \longleftarrow \qquad V_e$$

這個問題：

✓ 是利用九個邏輯步驟求解得到。

✓ 示範如何使用控制體積和質量守恆定律。

微分法與積分法的比較

在探討流體力學時所應用的基本定律，可以利用無限小或有限系統與控制體積來表示其數學形式。就像我們心中所懷疑的，這兩個情況下的這些方程式看起來並不相同。兩種方式在研究流體力學時都很重要，在我們的課程內容中也會針對兩種情形進行推導。

在第一種情形下，所得到的方程式是微分方程式。運動微分方程式的解，可以供我們據以判斷流體的細部行為。常見的例子就是機翼表面的壓力分布。

通常我們所要的資訊，並不需要對流動的細節知道得很清楚。我們常常只對裝置的整體行為感興趣；在這種情形下，使用基本定律的積分式會比較適當。例如機翼所產生的整體升力。積分式使用了有限大小的系統或控制體積，較易以解析的方式處理。以有限系統為分析對象的力學和熱力學基本定律，是推導第四章中控制體積方程式的基礎。

描述方法

力學幾乎只處理系統這種分析對象；我們已經廣泛地使用基本方程式於數量固定而且可辨識的質量。另一方面，當我們試著去分析熱力學裝置時，常常會發現使用控制體積(開放系統)進行分析是十分必要的。很明顯的，所使用的分析方式與問題的型態有關。

當針對可辨識的質量單元持續觀察其行為比較容易時(例如粒子力學)，我們會使用一種描述粒子行為的方法。這種方法有時候稱為 Lagrangian 描述法。

例如讓我們來考慮將牛頓第二運動定律，運用到質量固定的粒子上的應用情形。在數學上，我們可以將質量 m 的系統的牛頓第二定律表示成

$$\sum \vec{F} = m\vec{a} = m\frac{d\vec{V}}{dt} = m\frac{d^2\vec{r}}{dt^2} \tag{1.2}$$

在 1.2 式中，$\sum \vec{F}$ 是作用在系統上所有外力的總和，$\vec{a}$ 是系統質心的加速度，$\vec{V}$ 是系統質心的速度，$\vec{r}$ 為系統質心相對於固定座標系統的位置向量。

範例 **1.3**　在空氣中自由落下的球

　　作用在一個自由落下的 200g 球上的空氣阻力(阻力)為 $F_D = 2 \times 10^{-4} V^2$，其中 F_D 的單位為牛頓，V 的單位是公尺/秒。若球體於地面上 500m 處由靜止掉落，試求出它碰到地面時的速度為多少。計算結果是其終端速度的百分之多少？[終端速度(*terminal speed*)指的是落體最後會到達的穩定速度。]

已知：一顆質量 m = 0.2kg 的球，在 $y_0 = 500$m 位置由靜止釋放

　　　　空氣阻力 $F_D = kV^2$，其中 $k = 2 \times 10^{-4}$ N $\cdot$ s²/m²

　　　　單位：F_D(N), V(m/s)

求解：(a) 球碰觸地面時的速度。

　　　　(b) 此時的速度對終端速度的比率。

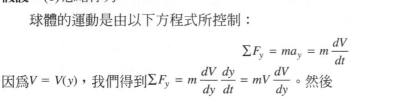

解答：

控制方程式：$\Sigma \vec{F} = m\vec{a}$

假設：(1) 忽略浮力。

　　　球體的運動是由以下方程式所控制：

$$\Sigma F_y = ma_y = m\frac{dV}{dt}$$

因為 $V = V(y)$，我們得到 $\Sigma F_y = m\dfrac{dV}{dy}\dfrac{dy}{dt} = mV\dfrac{dV}{dy}$。然後

$$\Sigma F_y = F_D - mg = kV^2 - mg = mV\frac{dV}{dy}$$

分離變數並加以積分，

$$\int_{y_0}^{y} dy = \int_{0}^{V} \frac{mV\,dV}{kV^2 - mg}$$

$$y - y_0 = \left[\frac{m}{2k}\ln(kV^2 - mg)\right]_0^V = \frac{m}{2k}\ln\frac{kV^2 - mg}{-mg}$$

然後取反對數，我們可以得到

$$kV^2 - mg = -mg\,e^{\left[\frac{2k}{m}(y-y_0)\right]}$$

求解 V 後，我們得到：

$$V = \left\{\frac{mg}{k}\left(1 - e^{\left[\frac{2k}{m}(y-y_0)\right]}\right)\right\}^{1/2}$$

將相關數值代入，並且令 $y = 0$，結果產生

$$V = \left\{0.2\text{kg} \times 9.81\,\frac{\text{m}}{\text{s}^2} \times \frac{\text{m}^2}{2 \times 10^{-4}\,\text{N}\cdot\text{s}^2} \times \frac{\text{N}\cdot\text{s}^2}{\text{kg}\cdot\text{m}}\left(1 - e^{\left[\frac{2\times2\times10^{-4}}{0.2}(-500)\right]}\right)\right\}^{1/2}$$

$$V = 78.7 \text{ m/s} \longleftarrow \qquad\qquad\qquad V$$

在終端速度下，$a_y = 0$ 而且 $\Sigma F_y = 0 = kV_t^2 - mg$

則，$V_t = \left[\dfrac{mg}{k}\right]^{1/2} = \left[0.2\text{ kg} \times 9.81\dfrac{\text{m}}{\text{s}^2} \times \dfrac{\text{m}^2}{2 \times 10^{-4}\text{N} \cdot \text{s}^2} \times \dfrac{\text{N} \cdot \text{s}^2}{\text{kg} \cdot \text{m}}\right]^{1/2} = 99.0\ \text{m/s}$

實際速度對終端速度的比率為：

$$\dfrac{V}{V_t} = \dfrac{78.7}{99.0} = 0.795,\ \text{or } 79.5\% \qquad \longleftarrow \qquad \dfrac{V}{V_t}$$

這個問題：

✓ 複習了粒子力學中所使用的方法。

✓ 介紹可變的氣體動力阻力。

🖰 試著將這個範例所用的 *Excel* 活頁簿運用於此問題的變化題。

我們將使用這種 Lagrangian 方法，假設流體是由大量粒子所構成，而且這些粒子的運動必須加以描述，來分析流體流動。不過，要將每個流體粒子的運動都記錄下來，將會是一項艱鉅的記錄資料難題。因此，對粒子行為加以描述會變得讓我們無法處理。我們常常會發現改用不同型態的敘述方式會更方便。尤其是利用控制體積分析法時，使用場，或 Eulerian 描述法是很方便的，這個方法著重在將空間中某一點的流體性質視為時間的函數。在 Eulerian 描述法中，流場的性質可以用空間座標和時間來描述。我們將會在第二章中看到，這種描述法是將流體視為連續性介質的假設下很自然衍生出來的方法。

1-6 因次與單位

求解工程問題是為了回答特定的問題。不言可喻地，答案必然包括了單位。在 1999 年，NASA 的火星氣候探測號(Mars Climate Observer) 會墜毀的原因是，JPL 工程師設定的量測的單位是公尺，但是供應商的工程師卻是以英吋為單位去製造設備。因此，先簡單回顧因次與單位是恰當的。我們會用「回顧」這個字眼，是因為從前學習力學時就已經熟悉這個主題。

我們將長度、時間、質量和溫度等物理量，稱為因次(dimension)。就特定因次系統而言，所有可測量的物理量可以細分成兩個集合，即主要物理量(primary quantities) 與次要物理量 (secondary quantities)。我們將一群可以構成所有物理量之因次，稱為主要物理量，利用主要物理量，我們可以建立任意量測尺標。次要物理量指的是其因次須借助主要物理量的因次來表示。

單位(unit)是一個名稱(量值)，被指定為量測標準的主要物理量。例如，長度的主要因次可用公尺、吋、碼或哩作為單位測量。這些長度的單位，可藉由單位換算因子來加以換算(1 哩 = 5280 吋 = 1609 公尺)。

因次系統

任何可以讓幾個物理量彼此產生關聯的有效方程式，在因次上必然是齊次的(homogeneous)；方程式中的每一項都必須具有相同的因次。我們應該可以分辨出來，牛頓第二定律 ($\vec{F} \propto m\vec{a}$) 使四種因次產生關聯，分別是 F、M、L 與 t。因此，如果沒有引入具有因次(和單位)的比例常數，力與質量不能同時被選擇為主要因次。

長度與時間在所有常用的因次系統中，都是主要因次。在某些系統中，質量可以當作主要因次。在其他系統中，力可以作為主要因次；或許另一種系統會同時將力與質量作為主要因次。因此我們有三種基本的因次系統，它們分別對應到不同的指定主要因次。

a. 質量 $[M]$，長度 $[L]$，時間 $[t]$，溫度 $[T]$。

b. 力 $[F]$，長度 $[L]$，時間 $[t]$，溫度 $[T]$。

c. 力 $[F]$，質量$[M]$，長度 $[L]$，時間 $[t]$，溫度 $[T]$。

在系統 **a** 中，力$[F]$為次要尺寸，而且牛頓第二定律中的比例常數是無因次的。在系統 **b** 中，質量 $[M]$為次要因次，而且同樣地，牛頓第二定律中的比例常數是無因次的。在系統 **c** 中，力 $[F]$ 與質量 $[M]$同時被選取為主要因次。在這種個情形下，牛頓第二運動定律(寫成 $\bar{F} = m\bar{a}/g_c$)的比例常數 g_c(勿與重力加速度 g 混為一談！)並不是無因次的。為了讓方程式在因次是齊次的，g_c 的因次事實上必須為 $[ML/Ft^2]$。比例常數的值與每個主要物理量所選用的量測單位有關。

單位系統

要選擇每一個主要因次的量測單位時，可以有超過一種以上的方式。不過，我們將只會提到基本因次系統中，比較常用的工程單位系統。表 1.1 列出這些系統的主要因次所選用的基本單位。括弧中的單位是被選用於單位系統的次要因次。這張表之後是各系統的簡短說明。

表 1.1 　常用的單位系統

因次系統	單位系統	力 F	質量 M	長度 L	時間 t	溫度 T
a. MLtT	國際單位系統(SI)	(N)	kg	m	s	K
b. FLtT	英制單位系統(BG)	lbf	(slug)	Ft	s	°R
c. FMLtT	英國的工程單位系統(EE)	lbf	lbm	ft	S	°R

a. MLtT

SI 制是國際單位系統(Système International d'Unités)[2] 在所有語言中的官方縮寫，它是傳統公制系統的延伸與改良版本。已經有超過 30 個以上的國家，採用它作為法律上唯一接受的系統。

在 SI 單位系統中，質量單位是公斤(kg)，長度單位是公尺(m)，時間單位是秒(s)，而溫度單位則是凱氏溫標(K)。力為次要因次，它的單位牛頓(N)是利用牛頓第二定律將其定義為

$$1 \text{ N} \equiv 1 \text{ kg} \cdot \text{m/s}^2$$

---

[2] 美國材料測試協會(ASTN，American Society for Testing and Materials)，ASTM Standard for Metric Practice，E380-97. Conshohocken，PA：ASTM，1997。

在絕對公制單位系統(Absolute Metric system of units)中，質量單位是公克(g)，長度單位是公分(cm)，時間單位是秒(s)，而溫度單位爲 K(kelvin)。既然力爲次要因次，力的單位達因(dyne)可以利用牛頓第二定律定義爲

$$1 \text{ dyne} \equiv 1 \text{ g} \cdot \text{cm/s}^2$$

b. FLtT

在英制單位系統中，力的單位是磅(lbf)，長度單位是呎(ft)，時間單位是秒，溫度單位爲°R(Rankine)。既然質量爲次要因次，質量單位 slug 可以利用牛頓第二定律定義爲

$$1 \text{ slug} \equiv 1 \text{ lbf} \cdot \text{s}^2/\text{ft}$$

c. FMLtT

在英國的工程單位系統中，力的單位是磅力(lbf)，質量單位是磅質量(lbm)，時間單位爲秒，長度單位是呎，而溫度單位爲°R(Rankine)。既然力與質量都被選擇爲主要因次，所以牛頓第二定律可以寫成

$$\vec{F} = \frac{m\vec{a}}{g_c}$$

一磅的力量(1 lbf)是當其作用在一磅質量(1 lbm)上時，產生的加速度等同於地球的標準重力加速度 32.2ft/s² 的力量。由牛頓第二定律可知

$$1 \text{ lbf} \equiv \frac{1 \text{ lbm} \times 32.2 \text{ ft/s}^2}{g_c}$$

或

$$g_c \equiv 32.2 \text{ ft} \cdot \text{lbm/(lbf} \cdot \text{s}^2)$$

比例常數 g_c 同時具有因次與單位。因爲我們將力與質量選取爲主要因次，所以這個比例常數會有因次產生；單位(或數值)則是我們選擇量測標準後所衍生的結果。

既然 1 lbf 的力量會讓 1 lbm 質量產生的加速度 32.2 ft/s²，所以這個力量可以讓 32.2 lbm 質量產生的加速度 1 ft/s²。受 1 lbf 力量作用時，一個 slug 也會產生的加速度 1 ft/s²。因此，

$$1 \text{ slug} \equiv 32.2 \text{ lbm}$$

很多教科書和參考文獻會以 1b 取代 1bf 或 1bm，至於它指的是力或質量，則由讀者從文章內容自行去分辨。

本書使用的單位系統

在本書中，我們使用 SI 單位系統。在英制系統或是國際單位系統的情況，牛頓第二定律的比例常數都是無因次的，而且其數值均爲一。因此，牛頓第二定律可寫成 $\vec{F} = m\vec{a}$。在這些系統中，利用這個數學式我們知道，作用在質量 m 物體上的重力(「重量」[3])可以由數學式 $W = mg$ 求得。

SI 單位與單位值的前置字(prefix)，以及其他經過定義的單位和有用的轉換因數，我們將其整理於附錄 G 中。

---

[3] 注意英國工程單位系統，其物體重量是由 $W = mg/g_c$ 求出。

範例 1.4　單位的使用

　　某罐花生醬罐身上的標籤指出罐的淨重是 510g。請分別以 SI、BG 和 EE 單位表示出它的質量和重量。

已知：花生醬的「重量」，$m = 510\text{g}$

求解：SI、BG 和 EE 單位下的質量和重量。

解答：

這個問題牽涉到單位的轉換與使用重量和質量間的關係式：

$$W = mg$$

所標示的「重量」實際上指的是質量，因為它使用了質量的單位：

$$m_{\text{SI}} = 0.510 \text{ kg} \qquad \longleftarrow \qquad m_{\text{SI}}$$

使用表 G. 2(附錄 G)的轉換公式，

$$m_{\text{EE}} = m_{\text{SI}} \left(\frac{1 \text{ lbm}}{0.454 \text{ kg}} \right) = 0.510 \text{ kg} \left(\frac{1 \text{ lbm}}{0.454 \text{ kg}} \right) = 1.12 \text{ lbm} \qquad \longleftarrow \qquad m_{\text{EE}}$$

已知　$1\text{slug} = 32.2 \text{ lbm}$，

$$m_{\text{BG}} = m_{\text{EE}} \left(\frac{1 \text{ slug}}{32.2 \text{ lbm}} \right) = 1.12 \text{ lbm} \left(\frac{1 \text{ slug}}{32.2 \text{ lbm}} \right) = 0.0349 \text{ slug} \qquad \longleftarrow \qquad m_{\text{BG}}$$

要算出重量，我們使用

$$W = mg$$

於 SI 單位，援用牛頓的定義，

$$W_{\text{SI}} = 0.510 \text{ kg} \times 9.81 \frac{\text{m}}{\text{s}^2} = 5.00 \left(\frac{\text{kg} \cdot \text{m}}{\text{s}^2} \right) \left(\frac{\text{N}}{\text{kg} \cdot \text{m/s}^2} \right) = 5.00 \text{ N} \qquad \longleftarrow \qquad W_{\text{SI}}$$

於 BG 單位，援用 slug 的定義，

$$W_{\text{BG}} = 0.0349 \text{ slug} \times 32.2 \frac{\text{ft}}{\text{s}^2} = 1.12 \frac{\text{slug} \cdot \text{ft}}{\text{s}^2} = 1.12 \left(\frac{\text{slug} \cdot \text{ft}}{\text{s}^2} \right) \left(\frac{\text{s}^2 \cdot \text{lbf/ft}}{\text{slug}} \right) = 1.12 \text{ lbf} \qquad \longleftarrow \qquad W_{\text{BG}}$$

於 EE 單位，我們使用關係式 $W = mg/g_c$，並且使用 g_c 的定義

$$W_{\text{EE}} = 1.12 \text{ lbm} \times 32.2 \frac{\text{ft}}{\text{s}^2} \times \frac{1}{g_c} = \frac{36.1}{g_c} \frac{\text{lbm} \cdot \text{ft}}{\text{s}^2} = 36.1 \left(\frac{\text{lbm} \cdot \text{ft}}{\text{s}^2} \right) \left(\frac{\text{lbf} \cdot \text{s}^2}{32.2 \text{ ft} \cdot \text{lbm}} \right) = 1.12 \text{ lbf} \qquad \longleftarrow \qquad W_{\text{EE}}$$

這個問題示範了：

✓　如何從 SI 系統轉換成 BG 和 EE 系統。

✓　使用 EE 系統的 g_c。

注意：學生可能感到這個例子牽涉許多不必要的計算細節(例如，出現了 32.2 因子，稍後卻又不見了)，但是必須強調的是明明白白地逐步寫出各個步驟有助於將錯誤減到最小－如果你不寫下所有的步驟和單位，很容易在你該除以某個轉換因子時，卻誤乘上它。對於 SI、BG 和 EE 單位下的重量來說，我們能夠另外查看牛頓轉換至磅力。

因次的一致和「工程」方程式

在工程方面,我們致力使方程式和公式的因次保持一致。也就是說,在方程式中的各項,以及很顯然地在方程式左右側,都應該可以化簡為相同的因次。例如,我們稍後將推導的一個非常重要的方程式是伯努利方程式(Bernoulli equation)

$$\frac{p_1}{\rho} + \frac{V_1^2}{2} + gz_1 = \frac{p_2}{\rho} + \frac{V_2^2}{2} + gz_2$$

這個方程式將沿著無摩擦與不可壓縮流體(密度 ρ)的一條流線上的壓力 p、速度 V 和點 1 和 2 之間的高度差 z 關聯在一起。這個方程式是因次上一致的,因為方程式中的每一項可以被簡化為因次 L^2/t^2 (壓力項的因次是 FL/M,但是我們知道牛頓定律是 $F = ML/t$,所以 $FL/M = ML^2/Mt^2 = L^2/t^2$)。

幾乎所有你遇到的方程式都是具有因次上的一致性。不過,你應該不時警惕自己某些仍慣用的方程式並非是因次一致的,這些方程式常屬於許多年以前就已推導出的「工程」方程式,或由經驗(基於實驗而非理論),或由某個特別的工業或者公司所使用的專有方程式。例如,土木工程師經常使用半經驗的曼寧方程式(Manning equation)

$$V = \frac{R_h^{2/3} S_0^{1/2}}{n}$$

這個方程式將一條明渠(例如一條運河)的流動速度 V 視為水力半徑 R_h(流道橫截面和表面面積的比值)、渠道的斜度 S_0 以及常數 n(曼寧阻力係數)的函數。常數的值與渠道的表面條件有關。例如,對於一條由粗糙之混凝土面所築成的運河,多數的參考資料會賦以 $n \approx 0.014$。遺憾的是,這個方程式因次上並非一致!從方程式的右邊來看,R_h 的因次是 L,而 S_0 是無因次的,再搭配了無因次的常數 n,我們最後得到因次 $L^{2/3}$,從方程式的左邊來看則因次是 L/t!唯有我們不拘泥於其間的因次不一致性,使用方程式的人才可以引用參考資料之 n 的值得到正確的結果,須記得 R_h 的使用單位是公尺,而 V 的單位須解釋為 m/s!(細心的學生會發現這意謂即使手冊提供 n 的值是常數,但它們的單位其實是 $s/m^{1/3}$)。因為方程式因次不一致的關係,在 R_h 的單位是呎的情況下使用同樣的 n 值,並不會正確地得到以 ft/s 為單位的 V 值。

第二種類型的問題屬於方程式的因次是一致的,但是使用的單位卻不一致。空調機常使用的 EER 是

$$\text{EER} = \frac{冷卻率}{輸入電量}$$

這個式子表示出空調設備的高低效率——高 EER 值代表有較佳的性能。這個方程式具有因次一致性,其中 EER 是無因次的(因為冷卻率和輸入電量的單位都是能量/時間)。不過某種意義上,這樣的用法稱不上正確,因為市面上用於這方程式的單位並非一致。例如,好的 EER 為 10,表面上看起來每 1 千瓦電力大約可以得到 10 千瓦的冷卻能力。實際上,EER 等於 10 的意義是每 1 瓦的電力你可以得到 10Btu/hr 的冷卻能力!製造商、零售商和使用者所採用的 EER,就這層意義上而言,其實並非正確的,因為他們所說的 EER,比如說,10,其實正確的說該是 10Btu/hr/W [每天所看到的 EER 其實是熱力學上之性能係數(COP),而非一致單位本。]

上面兩個例子說明了使用某些方程式是並非理所當然的。這本書中提到的所有方程式都具有因次的一致性，但是你還是要留意在你的研習工程知識過程中偶爾會遇到這類棘手的方程式。

1-7　實驗誤差的分析

大多數的消費者並沒意識到它，但是像大多數食品、汽水的瓶子裝塡時會或多或少裝了些，而爲法規所容許。這是因爲在一個高速的填裝過程中要能絲毫不差的量出包裝瓶的容量是很困難的，一只 355ml 的包裝瓶實際上可能裝的是 358 或者 376ml 不等。製造商當然不應該提供低於法定的容量，然而如果過於慷慨，也會損及應有的利潤。與此類似的是，汽車內裝零件供應商必須能夠滿足最小和最大尺寸(每個零件都有所謂的公差值)以便最後的內裝外觀不致突兀。從事實驗工作的工程師測量的也並非侷限於數值本身，也須涵蓋測量數值中的不準確程度。他們也必須設法判斷這些不準確性會如何影響最後結果的不準確性。

所有的這些例子都說明了實驗不準確性(experimental uncertainty)的重要性，也就是說，研究量測上的不準確性以及其對整體結果之影響。在實驗工作過程或者製造生產過程都留有緩衝的空間：我們能把不準確性降低到所想要的水準，但是愈縮減不準確性(量測或者實驗更準確)，採用的程序所需的費用愈昂貴。而且，在複雜的生產過程或者實驗中，要判斷哪一個量測項目的不準確性對整體的結果有最大的影響並非容易。

涉及生產或實驗工作的任何人，都必須對實驗上的不準確性要有所認知。附錄 F(網路上)對於這個主題提供了更詳細的說明；在本章末也選了些這方面的問題。

1-8　摘要

在這一章，我們介紹並回顧了一些基本概念與定義，其中包括：
✓　如何定義流體，以及無滑動條件 (no-slip condition)。
✓　系統/控制體積概念。
✓　Lagrangian 和 Eulerian 描述法。
✓　單位與因次 (包括 SI、英制和英國工程系統)。
✓　實驗不準確性。

參考文獻

[1]　Brown，Alan S.，"Dip，Turn，and Dive，" *Mechanical Engineering*，November 2005，pp. 20–22。

本章習題

1.1 下列是幾個常見的物質：

瀝青　　　　　　　　　沙

「接合劑(Silly Putty)」　　果凍

黏土　　　　　　　　　牙膏

臘　　　　　　　　　　刮鬍膏

這些材料的其中一些，在不同條件下會表現出固體和流體的特性。請解釋其原因並提出實例。

1.2 當我們將第 1-4 節所提到的五個基本守恆定律應用於一系統時，請略述其中的每一個定律。

1.3 試討論丟一顆石塊到湖面，使其跳躍過湖面的現象。將上述物理機制，與沿著馬路投擲石頭後，石頭彈跳的機制互相比較。

1.4 腳踏車打氣桶使用時會變得相當熱。請說明造成溫度增加的相關機制。

1.5 一個內徑 500cm 的球形油箱裝了 7MPa 與 25℃的壓縮氧氣。請問氧氣的質量是多少？

1.6 請推測在一個 3m×3m×2.4m 房間內，標準空氣的質量大小的數量級(例如 0.01、0.1、1.0、10、100 或 1000kg)，然後以 kg 為單位計算此質量的數值，以便檢視自己的估計與計算值差多少。

1.7 一個圓筒形槽體設計裝填壓力為 200atm (錶計壓力) 與 21℃的 4.5kg 壓縮氮氣。設計的限制條件是長度必須是直徑的兩倍並且槽壁厚度須是 6cm。請問槽體外部尺寸是多少？

1.8 在流體中有非常微小的顆粒在移動，已知其所受阻力與速度成正比。讓我們考慮淨重 W 的小顆粒在流體中自由掉落。小顆粒受到的阻力 $F_D=KV$，其中 V 為顆粒速度。請利用 k、W 與 g 來表示，小顆粒從靜止加速到終端速度 V_t 的百分之 95 所需要的時間。

1.9 再考慮習題 1.8 中的小顆粒。請利用 g、k 與 W 來表示速度到達終端速度的 95%所需的距離。

1.10 🖱

有一片保麗龍(16kg/m³)(直徑 $d=0.3$mm 的球體)，在標準空氣中以速度 V 掉落，此小顆粒所受阻力 $F_D=3\pi\mu Vd$，其中 μ 為空氣的黏度。試求此顆粒由靜止開始掉落後的最大速度，以及達到該速度的 95%所需花費的時間。繪出速度與時間的函數關係。

1.11 🖱

在燃燒過程中，汽油油滴會在空氣中下降。油滴必須能在 1 秒內下降至少 25cm。請算出能滿足這項要求之油滴的直徑 d。(作用於油滴的阻力可以透過 $F_D=3\pi\mu Vd$ 這個關係式算出，其中 V 是油滴的速度而 μ 是空氣的黏度。請運用 $Excel$ 的目標搜尋功能解出這問題。)

1.12 🖱

一個 70kg 的跳傘員從飛機上往下跳。氣體動力阻力作用在跳傘員的力量為 $F_D=kV^2$，其中 $k=0.25$N·s²/m²。請求出跳傘員自由落下的最大速度和掉落 100m 時的速度。並且繪出跳傘員的速度相對於時間和掉落距離的函數關係。

1.13 🖱

在習題 1.12，跳傘員初始的水平速度是 70m/s。當她下落時，垂直阻力的 k 值如前，但水平方向運動的值是 $k=0.05$N·s/m²。請計算並畫出跳傘員的二維軌跡。

1.14 在污染控制實驗，微小的固體粒子(典型的質量是 5×10^{-11}kg) 自空氣中下降。測量到粒子的終端速度是 5cm/s。作用於這些粒子的阻力可透過 $F_D = kV^2$ 這個關係式算出，其中 V 是粒子瞬時速度。請算出常數 k 的值。請算出達到終端速度的 99% 時所需要的時間。

1.15 🖱

於問題 1.14，在達到終端速度的百分之九十九之前，請算出粒子移動的距離。繪出移動距離與時間的函數關係圖。

1.16 在中世紀以後，英國人精心製作了長弓當作武器。對於訓練有素的弓箭手，普遍認爲長弓在 100m 範圍都可準確命中。如果目標距離弓箭手 100m，而且箭的最大高度少於 $h = 10$m，在忽略空氣阻力的情況下，請估計箭離開弓時的速度以及角度。並且繪出箭所需的釋放速度和角度相對於高度 h 的函數關係。

1.17 針對下述的各物理量，請說明使用力作爲主要因次時的因次，並且寫出其 SI 單位：

a. 功率　　　　　　　　　　　　f. 動量

b. 壓力　　　　　　　　　　　　g. 剪應力

c. 彈性模數　　　　　　　　　　h. 比熱

d. 角速度　　　　　　　　　　　i. 熱膨脹係數

e. 能量　　　　　　　　　　　　j. 角動量

1.18 針對下述的各物理量，請說明使用質量作爲主要因次時的因次，並且寫出其 SI 單位：

a. 功率　　　　　　　　　　　　f. 力矩

b. 壓力　　　　　　　　　　　　g. 動量

c. 彈性模數　　　　　　　　　　h. 剪應力

d. 角速度　　　　　　　　　　　i. 應變

e. 能量　　　　　　　　　　　　j. 角動量

1.19 試推導下列轉換因數：

a. 將 1psi 壓力轉換成 kPa。

b. 將 1 公升體積轉換成加侖。

c. 將 1 lbf·s/ft^2 黏度轉換成 N·s/m^2。

1.20 試推導下列轉換因數：

a. 將 1m^2/s 黏度轉換成 ft^2/s。　　　　c. 將 1kJ/kg 比能轉換成 Btu/lbm。

b. 將 100W 功率轉換成馬力。

1.21 請以 SI 單位表達下述物理量：

a. 100cfm(ft^3/min)　　　　　　　c. 65mph

b. 5gal　　　　　　　　　　　　d. 5.4acres

1.22 請以 BG 單位表達下述物理量：

a. 50m^2　　　　　　　　　　　c. 100kW

b. 250cc　　　　　　　　　　　d. 5 lbf·s/ft^2

1.23 一個農場主人的農場每周需要 38cm 的雨量,才足以涵蓋 0.1km² 的農作物。如果發生乾旱,請問必須抽取多少水(Lit/min)才足以維持他的農作物?

1.24 當你等著烹煮肋骨時,對著你燒烤用瓦斯筒開始思考。你對瓦斯的體積相對於筒的實際尺寸感到興趣。試算當筒身裝滿時瓦斯的體積(筒身上標出瓦斯重量)。將這重量值與筒的體積作一比較(量一量筒身的尺寸,並且將筒身視為圓柱形且筒頂與筒底視為半球形)。請解釋兩者間的差異。

1.25 水銀的密度為 13,550kg/m³。請以單位 m³/kg 計算水銀的比重和比容。並且計算在地球表面與月球表面上的比重,其單位為 N/m³。假設月球上的重力加速度為 1.67m/s²。

1.26 試推導下列轉換因數:

a. 將以 in.³/min 表示的體積流率轉換成以 mm³/s 為單位的體積流率。

b. 將每秒立方公尺的體積流率轉換成以 gpm(每分鐘加侖數)表示的體積流率。

c. 將以每分鐘公升數為單位的體積流率轉換成以 gpm(每分鐘加侖數)為單位的體積流率。

d. 將以每分鐘標準立方英呎(SCFM)為單位的空氣體積流率轉換成以每小時立方公尺為單位。一標準立方英呎的氣體,在標準溫度和壓力 [$T = 015℃$,$p = 101.3\text{kPa}$(abs)] 下的體積為一立方英呎。

1.27 歐洲慣以 kg 力作為力的單位。(1kgf 是指在標準重力條件下,由 1kg 質量所施的力量。)像汽車或卡車輪胎這類普通大小的壓力以 kgf/cm² 表示較方便。轉換 220kPa(錶計壓力)成這些單位。

1.28 在第 1-6 節我們曾經學過,在事先給定的水力半徑 R_h(m)、渠道的斜度 S_0 與曼寧阻力係數常數值 $n \approx 0.014$,用曼寧方程式計算粗糙之混凝土面所築成之運河的水流流速 V(m/s)。一條運河的 $R_h = 7.5$m 以及斜率為 1/10,請計算其間的水流流速。

1.29 通過超音波噴嘴之最大流速(kg/s)的理論值是

$$\dot{m}_{max} = 0.04 \frac{A_t \, p_0}{\sqrt{T_0}}$$

其中 A_t(m²) 是噴嘴喉部的截面積,p_0(Pa) 代表油箱壓力與 T_0(K) 代表油箱溫度。這個方程式的因次正確嗎?如果不正確,請推導 0.04 這個值的單位。

1.30 從熱力學中,我們知道理想空調設備的性能的係數是

$$COP_{ideal} = \frac{T_L}{T_H - T_L}$$

其中 T_L 和 T_H 是室內與室外的溫度 (絕對值)。如果空調設備在室外溫度是 35℃ 時想要將室內溫度維持在 20℃,請計算其 COP_{Ideal}。轉換成 EER 值,並且將之與符合能量之星 (Energy Star) 標準者的 EER 值作比較。

1.31 在第 9 章我們將研究空氣動力學且學到物體的阻力 FD 可由下式算出

$$F_D = \frac{1}{2} \rho V^2 A C_D$$

因此,阻力取決於流體的速度 V、密度 ρ,和物體尺寸 (以迎面面積 A 來表示) 以及形狀 (以阻力係數 C_D 來表示)。請問 C_D 的因次是什麼?

1.32 一個氣體分子的平均自由路徑 λ 等於它與另一個分子碰撞前已移動之平均距離。其關係式為

$$\lambda = C\frac{m}{\rho d^2}$$

其中 m 和 d 分別代表分子的質量和直徑,且 ρ 是氣體密度。在方程式之因次一致的情況下,常數 C 的因次為何?

1.33 在振動的理論中有一個重要的方程式是

$$m\frac{d^2x}{dt^2} + c\frac{dx}{dt} + kx = f(t)$$

其中 m(kg) 代表質量而 x(m) 代表在時間 t(s) 時所在的位置。在方程式因次一致的情況下,c、k 與 f 的因次是多少?於 SI 系統下 c、k 與 f 的單位為何?

1.34 常用來說明泵浦效率的參數比速 $N_{S_{cu}}$,其單位之間的關係式為:

$$N_{S_{cu}} = \frac{N(\text{rpm})[Q(\text{gpm})]^{1/2}}{[H(\text{ft})]^{3/4}}$$

試問比速的單位是什麼?某特定泵浦的比速為 2000。試問在 SI 單位系統(角速度單位為 rad/s)中,比速值應為何?

1.35 某特定泵浦具有能代表其效率特性的「工程」方程式 H(m)$= 0.46 - 9.57\times10^{-7}\,[Q(\text{Lit/min})]^2$,此方程式可以將揚程 H 與流速 Q 關聯起來。試問其中的係數 0.46 和 9.57×10^{-7} 的單位是什麼?

1.36 某一個空容器淨重 15.5N。裝滿 32℃的水時,容器以及其內容物的質量為 36.5kg。試求出容器內水的重量,以及以立方英呎單位的體積,請利用附錄 A 中的數據。

1.37 請利用理想氣體狀態方程式,計算實驗室中標準狀態下的空氣密度。假設量測壓力計高度時的不準確性是 ±5mm 汞柱,而且溫度不準確性為 ±0.3℃,試估計在標準狀態(1atm 和 15℃) 下所計算空氣密度的實驗不準確性。

1.38 在習題 1.37 中,試針對冷凍庫中的空氣,重新計算其不確準性。假設測量得到的壓力計高度為 759 ±1mm 汞柱高,溫度為 −2.0 ±0.5℃。[請注意,759mm 的汞柱相當於 101kPa(abs)。]

1.39 標準美式高爾夫球的質量為 45.4 ±0.03g,平均直徑為 43 ±0.25mm。試求美式高爾夫球的密度以及比重。並估計此計算值的不準確性。

1.40 水道系統的質量流率是利用在一段時間間隔內所排放的水量來測得,測量結果為 0.2kg/s。所用的秤最精確可讀到 0.05kg,碼表可精確至 0.2s。如果量測的時間間隔分別為(a) 10s 與(b) 1min,試計算所測得的流速精確度。

1.41 寵物食物罐頭內部尺寸為:102mm 高,直徑 73mm(±1mm 有 20 比 1 的可能性)。標籤註明的內容物質量為 397g。假設質量以同樣可能性準確到 ±1g,估計寵物食物密度值與其不準確性。

1.42 標準美式高爾夫球的質量為 45.9 ±0.3g,平均直徑為 41.1 ±0.3mm。試求美式高爾夫球的密度以及比重。並估計此計算值的不準確性。

1.43 在管線中水的質量流率是利用燒杯收集一段時間間隔內的水量來加以測量。標稱(nominal) 流速為 100g/s。假設用於量測質量的天平最小法碼為 1g,最大可秤的質量是 1kg,碼表精度為 0.1s。試估計在分別使用 100,500 和 1000ml 燒杯去測量質量流率時的時間間隔和流率不準確性。請問使用最大燒杯有何優點?假設空的 1000ml 燒杯的量器重為 500g。

1.44 打汽水的尺寸經估計爲 $K=66.0 \pm 0.5$mm、$H=110 \pm 0.5$mm。試使用一般磅秤和郵務磅秤，量測裝滿汽水的瓶子和空瓶的質量。並預估瓶中所裝蘇打水的體積。利用此量測結果，估計瓶子所能填裝汽水的深度，以及此估計過程的不準確性。假設瓶子供應商所提供的 SG=1.055。

1.45 由附錄 A 得知，水在溫度 T(K)時的黏度 μ(N·s/m^2) 可以利用 $\mu = A\,10^{B/(T-C)}$ 計算得到，其中 $A =2.414 \times 10^{-5}$N·s/m^2、$B=247.8$K 而且 $C=140$K。假設溫度量測的不準確性爲 ± 0.25℃，試求水在 20℃時的黏度，並估計其不準確性。

1.46 某一本熱心的雜誌刊出了其對汽車道路測試所得的橫向加速數據。量測實驗是利用直徑爲 46m 的試車場來進行。假設車輛行駛路徑偏離圓形路徑有 ± 0.6m，並且假設車輛速度是由第五輪速度量測系統測量得到，其準確度可達 ± 0.8km/h，雜誌報導的橫向加速度值爲 0.7g，請估計實驗不準確性爲多少。另外請回答要如何改善實驗程序，才能減少不準確性？

1.47 試使用習題 1.44 所提供蘇打汽水瓶的標稱尺寸，在必須使體積的不準確性小於 $\pm 0.5\%$的條件下，求出直徑與高度所必須具有的測量精準度。

1.48 美式高爾夫球的規格如習題 1.39 所述。假設所量得的質量和不準確性都不變，請算出球直徑的測量精準度要多少，才能使得球密度估計值不準確性落在 $\pm 1\%$以內。

1.49 🖱

建築物的高度可以利用其與地面上一點的水平距離，以及建築物頂端與該點的夾角來估算。假設量得的數據爲 $L=30 \pm 0.15$m 以及 $\theta=30 \pm 0.2$ 度，請估計建築物的高度，以及估計值的不準確性。在相同的建築物高度和量測不準確性的情形下，如果要使所估計的高度不準確性達到最小，試利用 *Excel's Solver* 來計算其角度(以及與建築物相對應的距離)。在建築物高度爲 $1.5 \le H \le 300$ m 的範圍內，請計算並繪出最佳量測角，並且將它們表示成 H 的函數。

1.50 🖱

在設計一種醫療設備時，希望能利用模製塑膠的活塞-圓柱針筒，來將 1 立方公釐的液體施打出去。模製操作過程所產生的塑膠針筒零件，其尺寸不準確性爲 ± 0.05mm。請估計由裝置的尺寸不準確性所造成的液體施打體積的不準確性是多少？在注射針筒直徑 D 是從 0.5 到 2mm 的範圍內，請在同一張圖形上，畫出長度、直徑及所施打液體體積的不準確性曲線圖，並且將它們表示成 D 的函數。試求出針桶推打的距離與內徑的比例要多少，才能使液體注射體積的不準確性降到最低？這個結果會受尺寸不準確性的量值的影響嗎？

Before God we are all equally wise　— 　and equally foolish.

Albert Einstein

2

基本概念

2-1 流體視爲連體

2-2 速度場

2-3 應力場

2-4 黏度

2-5 表面張力

2-6 流體運動的描述與分類

2-7 摘要和常用的方程式

專題研究　流體力學和你的 MP3 播放器

　　有些人對流體力學是的印象是過時或是門檻不高的：家庭水管中的水流、水庫蓄水作用於水壩的壓力等等。誠然許多流體力學的概念可溯及百年以前，但仍不時推陳出新許多令人振奮的新研究與開發領域。每個人都聽過流體力學高科技化的一面如外型流線化(運用於汽車、飛機、競速自行車與競速泳衣等方面)，及其他方面。

　　如果你是典型的工科學生，那麼當你閱讀這篇文字並聆聽MP3 播放器送出的音樂的同時也該是你低首感謝流體力學的時刻！設備之一的微型硬碟(HDD)通常儲存約 60GB 的資料，因此碟體必須有非常高的密度(約每英寸 100,000 條磁軌)；其次，讀/寫頭傳輸資料的時候必須非常貼近碟體(通常讀寫頭大約位在碟

本書作者之一所擁有的 MP3 播放器

體上方的 $0.05\mu m$ 之處－人髮約 $100\mu m$)。碟體本身也以每秒 500 轉左右的轉速在旋轉！因此碟體所繞轉之軸承必須具有非常低的摩擦阻力而且幾乎不能有任何搖晃或鬆動的情形－否則，最壞的後果是，讀寫頭會墜毀於碟體，夠幸運的話，你只是沒辦法讀取資料(資料間儲存的間隙變得狹隘)。設計這樣的軸承相當具有挑戰性。

還不過幾年前的事，多數硬碟還使用滾珠軸承(BBs)，本質上與自行車車輪內所使用的軸承是一樣的；它們工作的原理是轉軸繞著由固定於承件(cage)內之小圓珠所形成的圓環滾轉。滾珠軸承的問題是所需的構件過多；這些構件非常難達到 HDD 所要求的精密度；它們比較不耐撞擊(如果你將這類的硬碟摔向地面，小圓珠不幸碰撞轉軸因此內凹的話，軸承將因之失去作用)；相對而言，它們的運轉噪音也比較大。硬碟的製造商傾向於採

用流體動力類型的軸承(FDBs)。這種類型軸承的機械構造比滾珠軸承者簡單許多；基本上轉軸直接地置於軸承上，而在寬僅數微米的間隙中灌滿特殊成分的黏稠潤滑劑(例如酯基機油)。轉軸與軸承的表面有一個人字形的槽溝讓機油不至外溢。這類的軸承非常耐用(它們受到高達 500g 的撞擊下猶能絲毫無損！)且噪音也很低；預期不久的將來它們轉速將超過 15,000rpm，使得資料往來的存取速率會高於目前所用之滾珠軸承。流體動力軸承其實早已應用於陀螺儀這樣的設備，但是做得這麼小還是頭一遭。某些流體動力軸承甚至使用加壓空氣作為潤滑液，但是這種工作原理的問題之一是當你將之隨身攜帶到飛機上時，它們偶爾會無法正常使用──機艙的艙壓不足以支持軸承所需的氣壓！

我們可以不矯飾的說如果沒有了這些高科技的流體動力軸承，你的 MP3 播放器會變得更臃腫、更不堪承受撞擊、也儲存較少的資料量、並且會產生更多的噪音。

第 1 章裡頭，我們以一般用語約略說明了流體力學的概要，並說明了一些常用來分析流體力學問題的方式。在這一章裡，我們會更深入定義一些流體的重要性質以及可據以將流體描述與彰顯其特點的方式。

2-1 流體視為連體

我們對流體都很熟悉，像是常見的空氣與水──我們對它們的印象是「很順暢」，亦即，感覺很像是一個綿延的介質。除非使用專門的儀器，我們無法感受到隱身於流體內部分子的本質。分子結構並非指涵蓋整個空間中的質量，而是集中於數個彼此遙遙相望之分子的質量。圖 2.1(a) 是分子結構的示意圖。一個「充滿了」靜止不動的流體的空間(例如，空氣，被當作是一種氣體)感覺起來有如綿延的介質，但是如果我們近距離觀察其中的一小方塊，我們會發現方塊中大部分是空無一物的，氣體分子分布四處，並且高速的任意移動(由氣體溫度的高低可以測知)。請注意我們蓄意誇大了氣體分子的尺寸(即使以這個尺度下來觀察，這些分子也幾乎是難以用肉眼看到)而我們僅僅在一小撮樣本上附加了速度向量。我們想要問的是：一個「點」 C 的體積，$\delta V'$，的體積該小到什麼程度才讓我們得以立足談論如密度這類的流體特性？換句話說，在什麼情形下流體能被視作一個綿延的連體(continuum)，在這裡，根據定義，從某一點到另一點之流體特性的起伏程度是否為和緩？這是一個關鍵的問題，因為連體的概念是古典流體力學的基礎。

考慮我們是如何定義在某一點的密度。密度的定義是每單位體積的質量；在圖 2.1(a)中 δm 等於某一瞬時 $\delta V'$ 裡的分子的數目(與各個分子的質量)，因此 $\delta V'$ 體積的平均的密度可以由 $\rho = \delta m / \delta V'$ 算出。我們說「平均的」，是因為密度中 $\delta V'$ 的分子數量是一直變動的。例如，如果在圖 2.1(a)的氣體是標準溫度和壓力(STP[1])下的空氣，$\delta V'$ 是直徑 $0.01\mu m$ 的球體，則在 $\delta V'$ 中(如圖)可能有 15 個氣體分子，但是稍後不久變成 17 個(可能一個才離開另一個隨即進來)。因此在「點」 C 的密度是隨時又隨機的上下變動的，如圖 2.1(b)所示。在這張圖中，每條垂直的虛線代表選定的體積，$\delta V'$，每個資料點代表在某一瞬間所量測到的密度。體積很小的時候，密度的波動便很

---

[1] 空氣的 STP 分別是 15℃ 與 101.3 kPa absolute。

顯眼，但當體積大到一定的程度，$\delta V'$，密度的變化會顯得平穩——這個體積則容納了爲數甚多的分子。例如，如果 $\delta V' = 0.001\,\text{mm}^3$(相當於一顆沙粒的大小)，平均約有 2.5×10^{13} 個分子。因此在 STP 情況下只要我們所考慮之「點」不小於這個體積，我們可以將空氣(包括其他氣體和液體)看成是一種綿延的連體；對於大多數的工程應用這樣的準確程度已足敷所用。

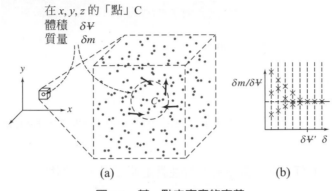

圖 2.1　某一點之密度的定義

連體的概念就是古典流體力學的基礎。在處理正常情況下的流體行爲時，連體概念的假設十分正確。唯有當分子平均自由路徑與探討問題之最小有效特徵尺寸[2] 有相同之數量級時，則該觀念不成立。此類特定問題常見於稀薄氣體流體(如在大氣層上層飛行會遭遇到的現象)。對這些特定情況(本文不會提到)，我們必須拋棄連體的概念，而以微觀以及統計的觀點較爲有利。

根據連體假設的結果，空間中任一點的流體特性都被假設有確定的值。因此像是密度、溫度、速度等等，皆可視爲位置與時間的連續函數。例如，我們現在對某一點之密度的工作定義是，

$$\rho \equiv \lim_{\delta V \to \delta V'} \frac{\delta m}{\delta V} \tag{2.1}$$

因爲點 C 是任意一點，因此流體內任一點的密度可以用相同方式來求。若可以同時間量測出流體無限多個點的密度值，我們就可以得到某特定時間的密度分布的表示式；此密度分布爲空間座標 $\rho = \rho(x , y , z)$ 的函數。

某一點的密度也有可能隨時間而改變(或因對流體作功或因流體對外作功，或是熱傳入流體內所導致的結果)，因此完整的密度表示法(場表示法，the field representation)爲

$$\rho = \rho(x, y, z, t) \tag{2.2}$$

因爲密度爲純量，只需要完整描述其中的數量部分，式 2.2 所描述的場，即爲純量場。

表示物質(固體或者流體)之密度的另一種方式是將之與某個爲人熟知的參考密度值作比較，通常是水的最大密度，$\rho_{\text{H}_2\text{O}}$ ($1000\ \text{kg/m}^3$ 在 4℃ 物質的比重(specific gravity)，SG，可以表示成

$$SG = \frac{\rho}{\rho_{\text{H}_2\text{O}}} \tag{2.3}$$

---

[2]　在 STP (標準溫度和壓力，Standard Temperature and Pressure)下，理想空氣分子平均的自由路徑長度大約爲 6×10^{-8} m (請參閱參考文獻[1])。

舉個例子,水銀的比重爲 13.6——水銀比水緻密 13.6 倍。附錄 A 包含了幾個工程用材料的比重數值。液體的比重是溫度的函數;大部分液體的比重會隨著溫度上升而減少。

物質的比重量(specific weight),γ 是另一個非常實用的物質特性。它的定義是物質每單位體積的重量並寫爲

$$\gamma = \frac{mg}{\forall} \rightarrow \gamma = \rho g \tag{2.4}$$

舉個例子,水的比重量約等於 9.81 kN/m³。

2-2 速度場

前一節中,我們看到了連體的假設會直接導引出密度場的概念,其他流體的性質也可以利用場的觀念來描述。

由場所定義的特性中有一個非常重要的特性就是速度場,可寫爲

$$\vec{V} = \vec{V}(x,\ y,\ z,\ t) \tag{2.5}$$

速度爲向量,需要大小以及方向才能完全表示清楚,所以說速度場(式 2.5)爲向量場。

速度向量;$\vec{V}$ 也可以依據其三個純量分量來表示,將 u、v、w 來分別表示 x、y、z 方向的分量

$$\vec{V} = u\hat{i} + v\hat{j} + w\hat{k} \tag{2.6}$$

一般說來,u、v、w 分量爲 x、y、z 與 t 的函數。

我們需要弄清楚 $\vec{V}(x,y,z,t)$ 所量測爲何:它指出在時間 t 某個流體粒子流經點 x,y,z 的速度,以直角座標的觀點。我們可以持續的在同一個位置或是在下個時刻換個位置 x,y,z 來量測速度;這個位置 x,y,z 並不是某個流體粒子的行進位置,而是我們選來觀察之用的位置。(因此 x,y 和 z 都屬於自變數。在第 5 章我們將討論速度導數方面的內容,其中我們選擇 $x = x_p(t)$,$y = y_p(t)$ 與 $z = z_p(t)$,而 $x_p(t)$、$y_p(t)$、$z_p(t)$ 是某特定粒子的位置。我們總結的說 $\vec{V}(x,y,z,t)$ 應該被視作所有流體粒子的速度場,而非只是某個單一粒子的速度。

若流場中每一點的特性並不會隨時間而改變,則此流場稱之爲穩定的(steady)。以數學語言來表達;穩定流體的定義爲

$$\frac{\partial \eta}{\partial t} = 0$$

其中 η 表示任一流體的特性。因此,對於穩定流體來說,

$$\frac{\partial \rho}{\partial t} = 0 \quad 或 \quad \rho = \rho(x,\ y,\ z)$$

以及

$$\frac{\partial \vec{V}}{\partial t} = 0 \quad 或 \quad \vec{V} = \vec{V}(x,\ y,\ z)$$

於穩定流體中,流場中各點的流體特性或許不盡相同,但是無論何點其流體特性卻不會因時而異。

一維流體、二維流體與三維流體

　　流場根據描述速度場[3]所需空間座標的數目，來區分為一維、二維或三維，式 2.5 表示速度場可為三度空間座標與時間的函數。這樣的流場稱為三維(three-dimensional)流場(它也是非穩定的)，因為流場中任一點的速度取決於該點所在位置的三維座標。

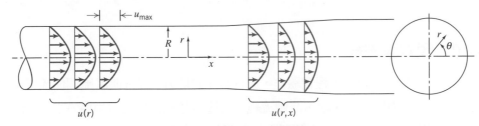

圖 2.2　一維與二維流體範例

　　雖然說大部分流場本身就是三維的，但是只考慮較低維度的分析反而來得有意義。舉個例子，已知一穩定流體，流經一具有擴張區域的長直管路，如圖 2.2 所示，這個例子中，我們利用圓柱座標(r, θ, x)，我們將學到(第 8 章)在某些狀況下(如離管路入口與擴張區域甚遠之處，流體的行為可能變得十分複雜)，速度的分布可用下面來描述：

$$u = u_{max}\left[1 - \left(\frac{r}{R}\right)^2\right] \tag{2.7}$$

正如圖 2.2 左側所展示的。速度$u(r)$是僅具有一維座標的函數，因此流場為一維。就另一方面來說，在擴張區域中的速度沿著 x 軸方向遞減，流動因而變成二維的：$u = u(r, x)$。

　　就和你所感覺的一樣，分析的複雜性會隨著流場的維度增加，而有明顯的增加，就許多工程上所遭遇的問題而言，一維分析適合作為工程準確值的近似答案。

　　因為所有滿足連體假設的流體必須在固體表面的相對速度為零(為了滿足無滑動條件)，大部分的流動本質上都屬於二維或是三維的。為了簡化分析的複雜性，我們常常對某既定的截面採用均勻流 (uniform flow)的概念。在經過某截面流動是均勻的情況下，通過與流動方向垂直之截面的流速是固定不變的。在這個假設之下[4]，圖 2.2 中的二維流動可以模擬成圖 2.3 一樣，圖 2.3 中的流動，其速度場只為 x 的函數，因此流動模式為一維的。(其他的特性，像是密度或壓力，如果恰當的話，流經截面時也可以假設是均勻一致的)。

　　均勻流場(uniform flow field)一詞(相對於截面上的均勻流動)，常用於描述速度固定不變的流動情況，換言之，在整個流場中流速不會因所在的空間位置不同而有所不同。

---

[3]　某些作者根據描述所有的流體特性所需要的空間座標的數目來將流體分類成一維、二維或三維。本文中，流場分類僅基於描述速度場所需的空間座標的數目。

[4]　這樣的簡化似乎有點不切實際，然而事實上卻在許多狀況中推導出有用的成果。在作如截面上的均勻流動這樣不顧一切似的假設，需要很小心的回頭檢視，以確認這樣的假設確實可以對實際的流動情況提供合理的分析模式。

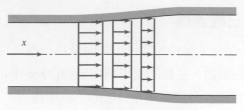

圖 2.3　截面上均勻流的範例

時線、徑線、煙線與流線

　　飛機和汽車公司以及大學的工程實驗室，還有其他的地方，經常使用風洞使流場可視化(請參閱參考文獻 [2])。例如，圖 2.4 顯示流體流經一台固定於風洞內之汽車時在其四周所產生的圖案，這個圖案是由風洞上游處 5 個固定位置向流體釋放染煙後所產生的。流動圖案可以透過時線、徑線、煙線或者流線予以可視化[5]。

圖 2.4　流經風洞內汽車上方的煙線(承蒙 Audi AG 提供)

　　若我們在某一時刻同時標出流場中許多相鄰的流體粒子，這些流體粒子會在該時刻於流體內形成一條線，這條線就稱為時線(timeline)。接著下來對於這條線的觀察，可能會提出許多關於流場的資訊，舉個例子，當我們探討固定剪切力狀況下的流體行為時(請參閱 1-2 節)，會引進時線用來展現流體在連續時間點的形變情況。

5　這些全都在 NCFMF video Flow Visualization. 可看得到。(參見 http://web.mit.edu/fluids/ www/Shapiro/ ncfmf.html for free online viewing of the film；提供的免費線上影片，影片雖舊但仍值得一看！)

徑線(pathline)指的是運動中流體粒子所流經的路線或軌跡。為了看得見徑線，我們會在某特定時刻對一流體粒子做標示，也就是說，利用染料或是煙霧，然後對它接下來的移動做長時間的曝光攝影。追蹤粒子所形成的線，稱之為徑線。這個方法可以用來研究像是離開煙囪的污染物軌跡的現象。

另一方面，我們或許可以將焦點放在空間中的某固定位置，再一次利用染料或是煙霧，來標示出通過這一點所有的流體粒子。一段時間過後，我們可以在流體中找到一些可辨認的流動粒子，表示在某一時刻，都有通過空間中的特定位置。將這些流體粒子連接起來的線，定義為煙線(streakline)。

流線(streamline)指的是在某一特定時刻與流場中每一點的流動方向相切的線。因為流線正切於流場內每一點的速度向量，所以不會有任何流體穿越流線。流線是最常用的流場視覺化技巧。舉個例子，在電腦模擬中，它們被用來研究流體流經汽車的行為。範例 2.1 舉例說明用來獲得二維流體流線方程式的過程。

穩定流中，流場每一點的流速並不會隨時間而改變，因此流線的形狀不隨時間而變化。這表示特定流線上的流體粒子，會自始至終的沿著同一條流線運動。此外，通過流場某固定位置的一群彼此緊鄰的粒子都置身於同一條流線上，之後也會維持在這條流線上。因此在穩定流場中，徑線、煙線以及流線都是同一條。

圖 2.4 是一張風洞中有 5 條煙線流經汽車上方的照片。一條煙線是以同一種標示方式(例如，使用染煙)追蹤所有流經某個固定位置的粒子所形成的線條。我們也能定義流線。流線是某瞬間與流場中每個點流動方向相切之線。因為流線與流場每個點的速度向量相切，所以不會有任何流體穿越流線。徑線如其名所暗示的：它們用以顯示，經過一段時間之後，單一粒子所流經的路線(如果曾經看過晚上路面車輛的長時間曝光照片，就能了解我的意思)。最後，時線指的是在流場中事先畫出一條線並隨著時間的流逝觀察這條線是如何的發展。

我們曾提及圖 2.4 顯示的煙線，但是實際上這線條圖案也同時代表了流線和徑線！只要持續的從 5 個固定的位置釋放染煙，這種線條圖案會穩定的浮現。如果我們在某瞬間設法測量出通過每個點的流速來顯示流線，我們會得到同樣的線條圖案；如果我們改為在各位置只釋放一個染煙粒子，並且錄下它們的流動過程一段時間，我們會發現那些粒子都沿著相同的行進路線流動。我們可以這麼說於穩定流的狀況下，煙線、流線與徑線都是同一條線。

在非穩定流的情況，事情就十分不同了。對非穩定流來說，煙線、流線與徑線的形狀並不相同。例如，想像一下手裡拿著花園澆水管並且在水高速噴出時上下擺動它，如圖 2.5 所示。我們就有了一片水幕。如果我們以水珠的角度來思考，我們看見每個水珠，在噴出之後，會沿著一條直線路徑(在這裡，為了簡化起見，我們並沒有將重力納入考慮)：徑線是條直線，如圖所示。另一方面，當水自水管噴出時，我們開始將染料注入水中，我們就製造了一條煙線，並且有如一條放大的正弦波形狀，如圖 2.5 所示。

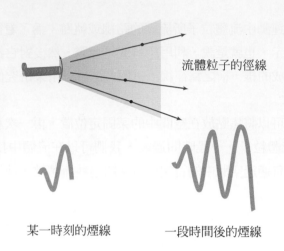

某一時刻的煙線　　　　　一段時間後的煙線

圖 2.5　自一條上下擺動的花園澆水管出口流出的徑線和煙線

顯而易見的，對於非穩定流而言徑線和煙線並不是同一條線(我們將流線的判斷留作習題)。

我們能使用速度場得到煙線、徑線與流線的形狀。先從流線開始：因為流線是平行於速度向量的，(對於二維的流場來說)我們能寫出

$$\left.\frac{dy}{dx}\right)_{\text{streamline}} = \frac{v(x, y)}{u(x, y)} \tag{2.8}$$

注意流線是於瞬時所獲取的；如果流動屬於非穩定的，在式 2.8 中時間 t 是保持不變的。這個方程式的解是 $y = y(x)$，佐以一個值尚未被決定的積分常數，積分常數的值決定了是哪一條流線。

對於徑線來說(還是二維的情況)，我們令 $x = x_p(t)$ 與 $y = y_p(t)$，其中 $x_p(t)$ 與 $y_p(t)$ 分別是某流體粒子的瞬時座標。我們遂有

$$\left.\frac{dx}{dt}\right)_{\text{particle}} = u(x, y, t) \qquad \left.\frac{dy}{dt}\right)_{\text{particle}} = v(x, y, t) \tag{2.9}$$

這些方程式的聯立解就是該粒子的路徑並以 $x_p(t)$、$y_p(t)$ 為參數。

煙線的計算有點棘手。第一步是計算某個粒子的徑線 (使用式 2.9)，此粒子自起始位置(座標是 x_0，y_0)並於時間 t_0，循下述關係式，開始流動

$$x_{\text{particle}}(t) = x(t, x_0, y_0, t_0) \qquad y_{\text{particle}}(t) = y(t, x_0, y_0, t_0)$$

然後，將之解讀為經過一段時間後某個粒子所在的位置，我們改寫這些方程式為

$$x_{\text{streakline}}(t_0) = x(t, x_0, y_0, t_0) \qquad y_{\text{streakline}}(t_0) = y(t, x_0, y_0, t_0) \tag{2.10}$$

由式 2.10 得到流動源頭處 (x_0, y_0) 流出 (在時間 t)的線。這些方程式中，t_0 (粒子被釋放時間)從 0 改變到 t 以顯示所有的粒子自釋放後迄時間 t 的瞬時位置！

範例 2.1　二維流場的流線與徑線

速度場為 $\vec{V} = Ax\hat{i} - Ay\hat{j}$；速度單位為 m/s；$x$ 與 y 以公尺表示；$A = 0.3\,\text{s}^{-1}$。

(a)　求 xy 平面上流線的表示式。

(b)　繪出通過點 $(x_0, y_0) = (2, 8)$ 的流線。

(c)　求位於點 $(2, 8)$ 上的粒子速度。

(d)　若經標記的粒子在時間 $t = 0$ 時通過點 (x_0, y_0)，試求粒子在時間 $t = 6\text{s}$ 的位置。

(e)　在時間 $t = 6\text{s}$ 粒子的速度是多少？

(f)　請證明粒子的路徑(徑線)方程式，與其流線方程式相同。

已知：速度場為 $\vec{V} = Ax\hat{i} - Ay\hat{j}$；$x$ 與 y 以公尺表示；$A = 0.3\,\text{s}^{-1}$。

求解：(a)　xy 平面上的流線方程式。

　　　　(b)　繪出通過點 $(2, 8)$ 的流線。

　　　　(c)　通過點 $(2, 8)$ 的粒子速度。

　　　　(d)　$t = 0$ 時位於點 $(2, 8)$ 的粒子，在 $t = 6\text{s}$ 時的位置為何？

　　　　(e)　所求得位置的粒子的速度。

　　　　(f)　$t = 0$ 時位於點 $(2, 8)$ 的粒子的徑線方程式。

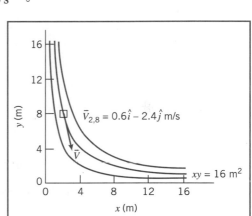

解答：

(a)　所繪出之流場中的流線如圖所示，在某一瞬間，它們與流體中任一點的方向相切。所以說，

$$\frac{dy}{dx}\bigg)_{\text{streamline}} = \frac{v}{u} = \frac{-Ay}{Ax} = \frac{-y}{x}$$

分離變數後，我們得到：

$$\int \frac{dy}{y} = -\int \frac{dx}{x}$$

或者

$$\ln y = -\ln x + c_1$$

可以寫成 $xy = c$ ←————————————————————————

(b)　對於通過點 $(x_0, y_0) = (2, 8)$ 的流線而言，常數 c 的值為 16，且通過點 $(2, 8)$ 的流線方程式為

$$xy = x_0 y_0 = 16\ \text{m}^2 \quad \longleftarrow$$

所繪線型圖如上所示。

(c)　速度場為 $\vec{V} = A(x\hat{i} - y\hat{j})$，點 $(2, 8)$ 上的速度為

$$\vec{V} = A(x\hat{i} - y\hat{j}) = 0.3\,\text{s}^{-1}(2\hat{i} - 8\hat{j})\ \text{m} = 0.6\hat{i} - 2.4\hat{j}\ \text{m/s} \quad \longleftarrow$$

(d)　某流場中流動的粒子，其速度為

$$\vec{V} = Ax\hat{i} - Ay\hat{j}$$

因此,

$$u_p = \frac{dx}{dt} = Ax \quad \text{以及} \quad v_p = \frac{dy}{dt} = -Ay$$

分離變數並且進行積分(對每一方程式)可得

$$\int_{x_0}^{x} \frac{dx}{x} = \int_0^t A\, dt \quad \text{以及} \quad \int_{y_0}^{y} \frac{dy}{y} = \int_0^t -A\, dt$$

則

$$\ln \frac{x}{x_0} = At \quad \text{以及} \quad \ln \frac{y}{y_0} = -At$$

或者

$$x = x_0 e^{At} \quad \text{以及} \quad y = y_0 e^{-At}$$

在 $t = 6\text{s}$ 時,

$$x = 2\text{ m } e^{(0.3)6} = 12.1\text{ m} \quad \text{以及} \quad y = 8\text{ m } e^{-(0.3)6} = 1.32\text{ m}$$

在 $t = 6\text{s}$ 時,粒子位在點位(12.1 , 1.32)m 處。 ←——————

(e) 在點(12.1 , 1.32)m,

$$\vec{V} = A(x\hat{i} - y\hat{j}) = 0.3\text{ s}^{-1}(12.1\hat{i} - 1.32\hat{j})\text{ m} = 3.63\hat{i} - 0.396\hat{j}\text{ m/s} \leftarrow$$

(f) 為求出徑線方程式,我們利用參數方程式

$$x = x_0 e^{At} \quad \text{以及} \quad y = y_0 e^{-At}$$

並消去 t,從兩方程式中求解 e^{At}。

$$e^{At} = \frac{y_0}{y} = \frac{x}{x_0}$$

因此 $xy = x_0 y_0 = 16\text{ m}^2$ ←——————

備註:

✓ 本例題示範了計算流線與徑線的方法。

✓ 因為這是穩定流動,流線與徑線形狀是一致的—— 對於非穩定流動這個說法就不見得成立了。

✓ 就算是穩定流動,當我們尾隨一個粒子 (Lagrangian 方式),就算流動為穩定者,粒子的位置 (x , y) 以及速度 $(u_p = dx/dt$ 與 $v_p = dy/dt)$ 也還是時間的函數。

2-3　應力場

研究流體力學，我們需要知道有哪些力會作用於流體粒子，每個流體粒子會受到：與其他粒子或是固體表面接觸所造成的表面力(surface forces；如壓力、摩擦力)；與整個粒子都會遭受到的物體力(body forces；如重力以及電磁力)。

作用於單位體積 $d\Psi$ 的重力為 $\rho \vec{g} d\Psi$，其中 ρ 為密度(單位體積的質量)，$\vec{g}$ 為所在位置的重力加速度。由此可知單位體積的重力為 $\rho \vec{g}$ 而單位質量的重力為 $\vec{g}$。

流體粒子受到的表面力會產生應力(stresses)。應力的概念，有助於描述作用於介質(流體或固體)上的力量如何在介質內傳遞。你或許在固體力學就已經接觸過應力的觀念。舉個例子，當你站在跳水板上，板內就會產生應力，也就是說，當身體通過流體，應力會在流體內生成。我們可以見到，流體與固體間的差別，在於流體中的應力幾乎都是由運動產生，而不是由彎曲所造成。

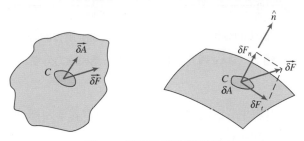

圖 2.6　連體中應力的觀念

試想流體粒子與其他流體粒子相接觸的表面，並且考慮粒子間所產生的接觸力。考慮某點 C 表面的一部分 $\delta \vec{A}$，$\delta \vec{A}$ 的方向是由單位向量 $\hat{n}$ 來決定，請參照圖 2.6。向量 $\hat{n}$ 是垂直於粒子並朝外的單位向量。

作用於 $\delta \vec{A}$ 的力量 $\delta \vec{F}$，可被分解成兩分量，分別是垂直於該部分表面的分量以及切於該部分表面的分量。正向應力(normal stresses) σ_n 與剪應力(shear stress) τ_n 則定義為

$$\sigma_n = \lim_{\delta A_n \to 0} \frac{\delta F_n}{\delta A_n} \tag{2.11}$$

以及

$$\tau_n = \lim_{\delta A_n \to 0} \frac{\delta F_t}{\delta A_n} \tag{2.12}$$

應力上的下標 n 用來提示通過 C 而作用於 $\delta \vec{A}$ 之應力的方向是朝外垂直的 $\hat{n}$ 方向。流體實際上是一種連體，因此我們可以想像在點 C 附近，利用不同的方法，將流體分割成許多流體粒子，因此可以得到在 C 點上不拘數目的不同應力值。

處理力量這類向量相關問題時，我們通常會考慮直角座標系統的分量。在直角座標中，我們會考慮採用的應力作用面是面朝外法線方向(以應力作用面的角度來看)與 x、y、z 軸方向一致者。圖 2.7 中，我們考慮 δA_x 單元面上的應力，該單元面之正向法線沿 x 方向。$\delta \vec{F}$ 力沿著座標軸方向也分解成好幾個分量。每一個力量皆除以面積 δA_x，並讓 δA_x 趨近於零算出其極限值，我們在圖 2.7(b)中定義這三個分量：

$$\sigma_{xx} = \lim_{\delta A_x \to 0} \frac{\delta F_x}{\delta A_x}$$

(2.13)

$$\tau_{xy} = \lim_{\delta A_x \to 0} \frac{\delta F_y}{\delta A_x} \qquad \tau_{xz} = \lim_{\delta A_x \to 0} \frac{\delta F_z}{\delta A_x}$$

我們使用雙下標來標記這些應力。第一個下標(在這裡是 x)標示出應力作用的平面(plane；在這裡指的是垂直於 x 軸的平面)，第二個下標標示的是應力作用的方向(direction)。

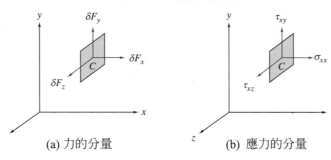

(a) 力的分量   (b) 應力的分量

圖 2.7 $\delta \mathbf{A}x$ 單元面上的作用力分量與應力分量

以單元面 δA_y 作考慮可引導出 σ_{yy}、τ_{yx} 與 τ_{yz} 等應力的定義；同樣地，利用單元面 δA_z 也可用類似的方法導出 σ_{zz}、τ_{zx}、τ_{zy} 的定義。

雖然我們只提及三個彼此垂直的座標平面，但是實際上有無限多的平面會通過 C 點，產生了無限多個通過該點與平面相關的應力。幸運的是，在某一點的應力可以透過三個通過該點並相互垂直的平面予以完整的表達出來。一點上的應力可以用九個分量來具體表達：

$$\begin{bmatrix} \sigma_{xx} & \tau_{xy} & \tau_{xz} \\ \tau_{yx} & \sigma_{yy} & \tau_{yz} \\ \tau_{zx} & \tau_{zy} & \sigma_{zz} \end{bmatrix}$$

其中 σ 用來表示正應力，τ 表示剪應力。圖 2.8 表示應力的標明方式。

參考圖 2.8 中表示的無限微小的單元面，我們可看到應力可能作用的六個平面(兩個 x 平面、兩個 y 平面、兩個 z 平面)。為了標出我們有興趣的平面，我們會使用一些像是前、後、頂、底、左或右之類的字眼。不過若能以座標軸來對平面命名會更合乎邏輯。平面的名稱與正或負是根據平面本身朝外的法線方向來標記。因此，舉例來說，上平面為正 y 平面，背平面為負 z 平面。

對應力也需要有一套符號慣例，當應力分量的方向以及其作用的平面都為正或是都為負，應力分量才為正。因此 $\tau_{yx}=10\text{kPa}$ 表示對正 y 平面在正 x 方向作用的剪應力，或剪應力以負 x 方向對負 y 平面作用。圖 2.8 中，所有被畫出的應力都是正的應力。

當應力分量方向與其作用之平面的方向相反時，應力分量視為為負值。

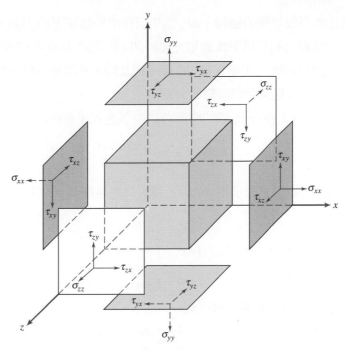

圖 2.8 應力的標示方式

2-4 黏度

應力到底從哪裡產生的呢？對一個固體而言，材料在彈性變形或是應變時會產生應力；對液體而言，由於黏性流體會產生剪應力(我們稍後會介紹流體的正應力)。因此我們以彈性(elastic)來敘述固體，以黏性(viscous)來形容流體[有時會我們會以黏彈性(viscoelastic)來描述生物組織，表示它們具有固體與液體綜合的特性]。對於靜止中的液體，其中不存在任何剪應力。我們可以依照施加之應力與流體流動(尤其是形變率)的關係，將液體加以分類。

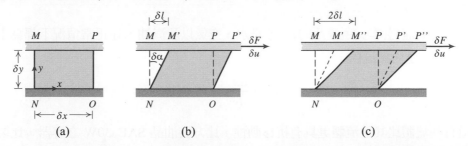

圖 2.9 (a)在時間 t 的流體單元；(b)流體單元在時間 $t+\delta t$ 時的變形；(c)流體單元在時間 $t+2\,\delta t$ 的變形

請考慮如圖 2.9(a)所展示；兩個無限長平板間的流體單元的行為，長方形的流體單元在時間 t 的時候呈現靜止的狀態。讓我們考慮一個朝向右方且大小不變的力 δF_x 施加在這個平板的上方使得平板以固定的速度 δu 拖曳流體。長度無限的平板的剪切作用產生了一個剪應力，τ_{yx}，這個力作用於流體單元且可以由下述式子得出

$$\tau_{yx} = \lim_{\delta A_y \to 0} \frac{\delta F_x}{\delta A_y} = \frac{dF_x}{dA_y}$$

其中 δA_y 是流體單元與平板接觸的面積，δF_x 為平板作用於該單元的力量。流體單元的剪影如圖 2.9a–c 所示，展現在剪應力的作用下流體單元於時間 t 的位置 $MNOP$，於時間 t 變形成 $M'NOP'$，再到時間 $t+\delta t$ 變形成 $M''NOP''$。正如在第 1-2 節所提及的，流體會以持續變形的方式來應付加諸於流體身上之剪應力的事實是流體與固體的分野。

專注於時間間隔 δt（圖 2.9b），流體的變形可以由下述式子算出

$$形變率 = \lim_{\delta t \to 0} \frac{\delta \alpha}{\delta t} = \frac{d\alpha}{dt}$$

我們想要以可測量的數值來表示出 $d\alpha/dt$，這可以輕易辦到，M 與 M' 間的距離 δl 為：

$$\delta l = \delta u\, \delta t$$

對於小角度的問題而言，還有另外一種方程式

$$\delta l = \delta y \delta \alpha$$

將這兩個 δl 的表示方程式使之相等，可得到

$$\frac{\delta \alpha}{\delta t} = \frac{\delta u}{\delta y}$$

等式兩邊取極限，我們得到：

$$\frac{d\alpha}{dt} = \frac{du}{dy}$$

因此，當圖 2.9 中的流體單元受到剪應力 τ_{yx} 的作用時，所產生的形變率[切變率(shear rate)]為 du/dy。我們已經知道，任何流體遭遇剪應力時都會流動(它有切變率)。那麼剪應力與形變率間的關係是什麼呢？剪應力與形變率成正比的流體，稱之為牛頓流體(Newtonian fluids)。非牛頓流體(non-Newtonian)則用於界定剪應力與形變率不成正比的流體。

牛頓流體

大部分常見的流體(本文所提及的)，像是水、空氣以及汽油，在正常情況下都為牛頓流體。若圖 2.9 中的流體是牛頓流體，則

$$\tau_{yx} \propto \frac{du}{dy} \tag{2.14}$$

我們還知道有些流體比其他流體更具有抗移動性，比方裝油品 SAE 30W 之容器，比裝水者難攪拌得多。因此 SAE 30W 油品黏得許多——它具有較高的黏度。(裝有水銀的容器會更難攪拌，不過理由不太一樣！)式 2.14 中的比例常數為絕對(或動態)黏度 μ。因此以圖 2.9 中的座標來表示，一維流動之牛頓黏性定律為

$$\tau_{yx} = \mu \frac{du}{dy} \tag{2.15}$$

請注意，因為 τ 的維度單位為 $[F/L^2]$，du/dy 的單位為 $[1/t]$，μ 的單位為 $[Ft/L^2]$。因為力量 F、質量 M、長度 L 與時間 t 的單位可利用牛頓第二運動定律來相關連，μ 的單位也可表示成 $[M/Lt]$。

絕對公制單位系統中，黏度的基本單位稱之為 poise[1 poise ≡ 1g/(cm·s)]；SI 單位系統中，黏度的單位為 kg/(m·s)或 Pa·s(1 Pa·s = 1 N·s/m²)。黏性剪應力的計算，請參照範例 2.2。

在流體力學中通常會使用絕對黏度 μ 與密度 ρ 的比值，這個比值我們命名為動黏度(kinematic viscosity)，以符號 ν 來表示。因為密度的因次為 $[M/L^3]$，ν 的單位為 $[L^2/t]$，絕對公制單位系統中，ν 的單位為 stoke(1 stoke ≡ 1cm²/s)。

附錄 A 中收錄了很多常用牛頓流體的黏度數據，請注意氣體的黏度會隨溫度上升而上升，而液體的黏度會隨溫度上升而下降。

範例 2.2 牛頓流體的黏度與剪應力

一個無限延伸的平板在第二塊平板上的一層流體上移動，如圖所示。對一個微小的間隙寬度 d，我們假設液體具有線型的速度分布，液體黏度為 0.65centipoise，其比重為 0.88，求解：

(a) 液體的動黏度為多少？以 m²/s 表示。

(b) 上平板的剪應力為多少？以 Pa 表示。

(c) 下平板的剪應力為多少？以 Pa 表示。

(d) 請求(c)與(d)所計算出的每一個剪應力的方向。

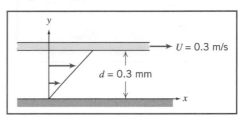

已知：無限延伸平行板間之液體的線型速度分布如圖所示。

$$\mu = 65 \times 10^{-5} \frac{\text{kg}}{(\text{m} \cdot \text{s})}$$

$$\text{SG} = 0.88$$

求解： (a) 單位為 m²/s 的 ν。

(b) 上平板單位為 Pa 的 τ。

(c) 下平板單位為 Pa 的 τ。

(d) (c)與(d)的應力方向。

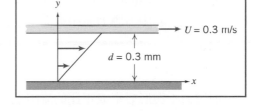

解答：

控制方程式：$\tau_{yx} = \mu \dfrac{du}{dy}$ **定義**：$\nu = \dfrac{\mu}{\rho}$

假設：(1) 速度呈線型分布(已知)

(2) 穩定流

(3) μ = 常數

(a) $\nu = \dfrac{\mu}{\rho} = \dfrac{\mu}{\text{SG}\,\rho_{\text{H}_2\text{O}}} = \dfrac{65 \times 10^{-5} \dfrac{\text{kg}}{(\text{m}\cdot\text{s})}}{0.88 \times 1000 \text{kg} / \text{m}^3}$

$\nu = 7.39 \times 10^{-7}\,\text{m}^2 / \text{s}$ ←————————————— ν

(b) $\tau_{\text{upper}} = \tau_{yx,\text{upper}} = \mu \dfrac{du}{dy}\Bigg)_{y=d}$

因為 u 隨著 y 而呈線性的變化

$$\frac{du}{dy} = \frac{\Delta u}{\Delta y} = \frac{U-0}{d-0} = \frac{U}{d} = 0.3 \frac{\text{m}}{\text{s}} \times \frac{1}{0.3 \text{ mm}} \times 1000 \frac{\text{mm}}{\text{m}} = 1000 \text{ s}^{-1}$$

$$\tau_{\text{upper}} = \mu \frac{U}{d} = 65 \times 10^{-5} \frac{\text{kg}}{(\text{m} \cdot \text{s})} \times \frac{0.3 \text{ m/s}}{3 \text{ mm}} \times \frac{1000 \text{ mm}}{\text{m}} \times \frac{\text{N} \cdot \text{s}^2}{\text{kg} \cdot \text{m}} \times \frac{\text{Pa} \cdot \text{m}^2}{\text{N}} = 0.65 \text{ Pa} \qquad \longleftarrow \quad \tau_{\text{upper}}$$

(c) $\tau_{\text{lower}} = \mu \frac{U}{d} = 65 \times 10^{-5} \frac{\text{kg}}{(\text{m} \cdot \text{s})} \times \frac{0.3 \text{ m/s}}{3 \text{ mm}} \times \frac{1000 \text{ mm}}{\text{m}} \times \frac{\text{N} \cdot \text{s}^2}{\text{kg} \cdot \text{m}} \times \frac{\text{Pa} \cdot \text{m}^2}{\text{N}} = 0.65 \text{ Pa} \qquad \longleftarrow \quad \tau_{\text{lower}}$

(d) 作用於上下板的剪應力方向

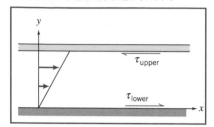

$\left\{\begin{array}{l}\text{上平板是負向的 } y \text{ 平面,所以正的}\\ \tau_{xy} \text{ 是沿負的} x \text{ 方向作用。}\end{array}\right\}$

$\left\{\begin{array}{l}\text{下平板是正向的 } y \text{ 平面,所以正的}\\ \tau_{xy} \text{ 是沿正的} x \text{ 方向作用。}\end{array}\right\}$

$\qquad\qquad\qquad\qquad\qquad\qquad\qquad\qquad\qquad\qquad\qquad (e)$

$\longleftarrow$

第(b)小題證明了:

✓ 於線型速度分布下,沿著間隙間的剪應力都是固定不變的常數。

✓ 剪應力與上平板的移動速度成正比(由於牛頓流體的線性特性)。

✓ 剪應力與平板間的間隙大小成反比。

提醒你這類問題中剪應力與平板面積相乘後可以計算出保持平板持續移動所需要的力。

非牛頓流體

剪應力不與形變率成正比的流體為非牛頓流體。儘管我們不會在本文討論很多這類的問題,但是有很多常見的流體呈現出非牛頓流體性質。常見的就是牙膏以及路賽特(Lucite)[6] 油漆。後者在罐中比較「黏稠」,但是塗刷時會讓它變得比較稀薄。當牙膏從管中擠出後特性會較像「液體」。無論如何,當牙膏蓋子不蓋時,它也不會自己流出來。低於某個門檻值或是降伏應力時牙膏表現得像固體。嚴格說來,我們對流體的定義,只有在材料具有零降伏應力時才稱得上正確。通常非牛頓流體行為可區分為不受時間影響或受時間影響兩種。以不受時間影響行為例子,請參考圖2.10 中的流變圖。

許多經驗方程式被提出(請參閱參考文── 獻 [3]、[4]),用以建立與時間無關的流體之 τ_{yx} 與 du/dy 的模型。利用冪次法則,經驗方程式可以適用於許多工程應用,針對一維流動的式子是:

$$\tau_{yx} = k\left(\frac{du}{dy}\right)^n \qquad\qquad (2.16)$$

---

[6] 杜邦公司的註冊商標。

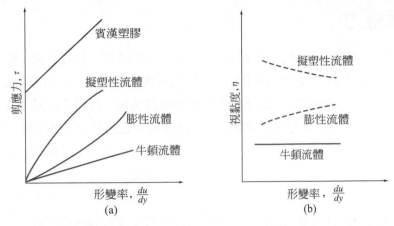

圖 2.10　不同非牛頓流體一維流場的(a)剪應力 τ 與 (b)視黏度 η；分別為形變率的函數

其中指數 n 稱為流體行為指標(flow behavior index)，係數 k 稱為一致性指標(consistency index)。當 $n=1$ 以及 $k=\mu$ 時，這個方程式可簡化成牛頓黏度定律。

為了確保 τ_{yx} 與 du/dy 有相同正負號，式 2.16 可以重寫成下面型式：

$$\tau_{yx} = k\left|\frac{du}{dy}\right|^{n-1}\frac{du}{dy} = \eta\frac{du}{dy} \tag{2.17}$$

$\eta = k|du/dt|^{n-1}$ 指的是視黏度(apparent viscosity)，隱藏在式 2.17 後面的意涵，就是所使用的黏度 η，與式 2.15 中使用牛頓黏度 μ，具有相同型態。較大的差異就是當 μ 為定值時(除了溫度效應)，η 會受切變率影響。大部分非牛頓流體，其視黏度比起水的黏度，相較之下十分的高。

視黏度隨著形變率($n<1$)增加而下降的流體，稱之為擬塑性 (pseudoplastic)[或剪薄性(shear thinning)]流體。大部分非牛頓流體屬於這一類型；這包括了高分子溶液，懸浮膠體以及水中的紙漿。若視黏度隨著形變率 ($n>1$)上升而增加，流體被稱為膨脹性(dilatant，或剪切增稠性質)。澱粉或沙子的懸浮溶液，就是膨脹性流體的範例。若你有機會走在海灘上就可以領略後者的意思——如果你慢慢地(並因此產生低切變率)在非常潮濕的沙灘上行走時，你會陷入沙灘，但是如果你在沙灘上慢跑(產生高切變率)，則沙灘顯得非常堅硬。

一個「流體」在達到最小降伏應力 τ_y 之前，表現得有如固體，因此應力與形變率會有線性關係，這流體稱之為理想或賓漢塑性 (Bingham plastic)流體。其相關剪切應力模式為：

$$\tau_{yx} = \tau_y + \mu_p\frac{du}{dy} \tag{2.18}$$

黏土懸浮物、鑽井泥漿以及牙膏都是這類物質的例子。

非牛頓流體的研究，就更複雜了，因為視黏度並非與時間相關。觸變性(thixotropic)流體在固定應力作用下，η 會隨時間減少；很多油漆屬於觸變性。震凝性(Rheopectic)流體，η 會隨時間而增加。有些流體在形變之後，當施加的應力釋放之後，會回到原來的形狀，這類的流體稱為黏彈性(viscoelastic)[7] 流體。

---

[7]　與時間相關以及黏彈性流體的範例，請參考 NCFMF 影帶 Rheological Behavior of Fluids。
　　(參見 http://web.mit.edu/fluids/www/Shapiro/ncfmf.html 線上免費觀賞這個影片。)

2-5 表面張力

你知道你的汽車何時需要上蠟:當水珠呈現有點扁平的時候,打蠟之後,你可以看到不錯的「水珠」效應現象。圖 2.11 可看到這兩種現象,我們定義液體「沾濕」某個表面,是當接觸角 θ < 90 度時。由這個定義,可知道車子的表面在打蠟前可被沾濕,打蠟之後就不會了。這是一個由於表面張力(surface tension)造成效應的範例,只要液體與其他液體或氣體接觸,或氣體/固體表面時,接面處會形成一個緊繃而又有彈性的薄膜,遂產生了表面張力。這個膜有兩項特性:接觸角 θ 以及表面張力強度 σ(N/m)。這兩個都與形成介面之液體型態,以及固體表面(或其他液體或氣體)的類型有關。在汽車打蠟的例子中,接觸角從小於 90 度開始變化到大於 90 度,因為打蠟會改變固體表面的特質。影響接觸角的因素,包括表面的清潔度以及液體的純度等。

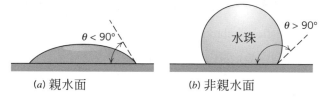

(a) 親水面　　　　　(b) 非親水面

圖 2.11　水珠的表面張力現象

其他常見的表面張力效應例子,比方說你將針頭置於水面,或是一些昆蟲可以在水面行走[8] 等這類現象。

附錄 A 收錄了一些常見的液體與空氣或水接觸時其表面張力的數據。

膜面的力平衡說明了,只要膜面變得彎曲時就表示這層想像的彈性薄膜上內外存在著壓力差。空氣中的水滴,水滴裡頭的壓力會高於大氣壓力;在液體中的氣泡也是一樣的情況。就空氣中的肥皂泡泡而言,表面張力是沿著氣泡的弧面作用於肥皂膜與空氣間的內外膜面,表面張力也會在液面(請參閱參考文獻 [5])造成毛細管現象(換言之就是很短的波長),毛細管上升下降的現象,會在下面做討論。

工程裡頭,表面張力最重要的效果是在血壓計或是氣壓計造成的彎月面會導致(非所樂見的)毛細管上升(或下降),如圖 2.12 所示。若液體位於直徑很小或是很窄的管中,這個上升就很明顯,如範例 2.3 所示。

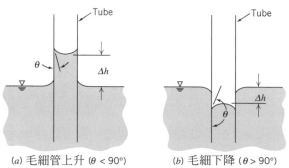

(a) 毛細管上升 (θ < 90°)　　　　(b) 毛細下降 (θ > 90°)

圖 2.12　圓管內外毛細管上升及毛細管下降的現象

8　這些其他現象範例,請參考 NCFMF 影帶 Surface Tension in Fluid Mechanics。

　(參見 http://web.mit.edu/fluids/www/Shapiro/ncfmf.html 線上免費觀賞這部影片。)

範例 2.3 分析管柱的毛細管現象

請繪圖表示出水柱或水銀柱毛細管上升或下降的高度,此高度為管徑 D 的函數。請問每根管柱的最小直徑需為多少才能使得高度低於 1mm。

已知:如圖 2.12 所示,管柱浸入液體中。

求解:Δh 寫為 D 的一般函數式。

解答:

套用自由體圖進行分析並且加總垂直方向的力

控制方程式:

$$\Sigma F_Z = 0$$

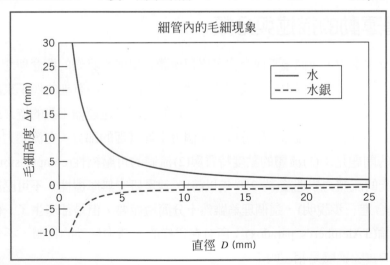

假設: (1)量測彎月面的中點。

(2)忽略彎月區的體積。

z 方向的力的總和為

$$\sum F_z = \sigma \pi D \cos \theta - \rho g \Delta V = 0 \tag{1}$$

若我們忽略彎月區的體積:

$$\Delta V \approx \frac{\pi D^2}{4} \Delta h$$

代入式(1),解出 Δh 得到:

$$\Delta h = \frac{4\sigma \cos \theta}{\rho g D} \longleftarrow \Delta h$$

對水來說,$\sigma = 72.8$mN/m 且 $\theta \approx 0$ 度,對汞來說,$\sigma = 484$ mN/m 且 $\theta = 140$ 度(表 A.4)。繪圖。

細管內的毛細現象

	水
	水銀

毛細高度 Δh (mm)

直徑 D (mm)

利用上述方程式算出 $\Delta h = 1$mm 時之 $D_{\min}$,我們可以得到水銀以及水的答案。

$$D_{M_{\min}} = 11.2 \text{ mm} \quad \text{and} \quad D_{W_{\min}} = 30 \text{ mm}$$

備註：

✓ 本問題複習了自由體圖法的應用。

✓ 結果顯示只有 Δh 比 D 大時才能在略掉彎月區的體積而不失正確性。不過在此題中，最後結果是當 D 為 11.2mm(或 30mm)時，Δh 約為 1mm；因此只能說結果十分逼近。

🖱 圖表以及結果是由 *Excel* 工作簿產生的。

Folsom (參考文獻[6])證實了範例 2.3 中的簡單分析會過度預測毛細管的效應，且只有在管徑少於 2.54mm 時，才會有合理的答案。直徑範圍在 2.54 < D < 27.9mm 時，水與空氣介面的毛細管上升高度的實驗值可以藉由經驗式 $\Delta h = 0.400/e^{4.37D}$ 來加以修正。

血壓計與氣壓計指數，應以彎月面中點的高度為主，這樣可以遠離最大表面張力效應發生之處，從而最接近合適的液面高度。

附錄 A 中所有表面張力的數據，都是純液體與潔淨之垂直表面接觸下所量測的結果。液體中的不純物、表面的灰塵或是表面的傾斜程度，都會導致彎月面不夠明顯；在此情況下，要確實得到準確的液面高度是很困難的。垂直管的液面高度是最容易看出的，當傾斜的管子以試圖增加血壓計的敏感度時(見 3-3 節)，很重要的是讓各個讀數都在彎月面上的同一點，以及避免使用與水平面之傾斜角度低於 15 度的管子，。

當界面活性劑加入水中之後，會大幅降低表面張力(大於其他性質改變的 40%以上(參考文獻[7]))。它們具有廣泛的商業應用價值：大部分的清潔劑含有界面活性劑，可幫助水的穿透性並將泥土從表面移走。界面活性劑在工業上主要的應用有觸媒、噴劑以及油田再生等。

2-6 流體運動的描述與分類

在第 1 章以及本章中，我們幾乎簡介完了學習流體力學所需具備的觀念與想法。在開始進一步分析流體力學之前，我們將以重要的流體特性為基礎，而以一些有趣的例子來說明流體力學的廣義分類。流體力學是一門廣大的學科：它無所不包的從超音速運輸工具的空氣動力，到人類關節滑液的潤滑作用。我們得將流體力學分解成幾個可掌握管理的部分，在流體力學分析中，兩個處理起來最困難的問題是：(1)流體的黏度特質與(2)流體的可壓縮性(compressibility)。事實上，第一個被高度研究的流體力學理論(約 250 年以前)，就是研究無摩擦性、不可壓縮的流體。我們稍後會看到(之後會進一步說明)，這個理論雖然十分簡短扼要，但是卻產生了一個著名的結論，稱之為達朗培詭論(d'Alembert's paradox)：所有在這樣的流體中移動的物體，不會感受到任何阻力──這與我們的實際經驗是相左的！

儘管分類的方法不只一種，多數的工程師會按照黏性現象以及壓縮性存在與否將流體力學作分類，如圖 2.13 所示。我們也看到按照流體是否為層流或紊流，以及內部流或外部流，來加以區分。我們現在將逐一探討。

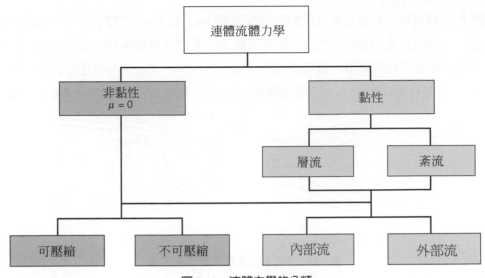

圖 2.13　流體力學的分類

黏性與非黏性流體

當你在空氣中投出一顆球(如棒球、足球或是其他類似的運動)，除了重力之外，球還受到空氣阻力的作用。這裡產生一個問題：作用於球之空氣阻力的本質是什麼呢？乍看之下，我們可能會說這是由於空氣流經球體，會造成的摩擦力；經過一番的反思之後，我們可以得到一個結論，那就是因為空氣的黏度低，所以摩擦力占整個空氣阻力的分量應該不高，阻力可能主要來自球體前端沿路推擠空氣前進時壓力積聚之故。這裡產生一個問題：是否我們可以事先評估出，黏滯力相對於球前端積聚之壓力是否顯著呢？是否我們也可對任何物體，如汽車、潛艇、紅血球等，在任何流場中移動，如空氣、水、血漿等，做類似的評估呢？答案(第 7 章會有更詳盡的討論)是，我們可以辦到！只需計算下式雷諾數便可估計相較於所受到的壓力，其黏滯力是否可忽略不計，

$$Re = \rho \frac{VL}{\mu}$$

其中 ρ 與 μ 分別為流體密度以及黏度，V 與 L 則分別為流動中具代表性或是說「特徵性」的速度以及尺寸大小 (這個範例中為球的速度以及它的直徑)。若雷諾數很「大」，至少對大部分流體而言，黏性效應可以忽略 (但是結果還是很重要，我們之後會談到)；若雷諾數很小，黏性效應則扮演重要角色了。最後，若雷諾數不大不小，無法做出一般性的結論。

為了說明這個重要的想法，我們以兩個例子來說明：首先，球上的阻力：假設你踢一顆足球(直徑 =220mm)，之後它移動速度為 100km/h，這個情況下的雷諾數(請使用表 A.10 中的空氣性質)，約為 420,000——十分的大；因此足球受的阻力幾乎都是球端積聚的壓力所造成。我們第二個例子就是，以一個灰塵粒子為例(假設直徑為 1mm 的球型)，受重力下降，達到終端速度 1cm/s：這個情況下，$Re \approx 0.7$——十分小；因此阻力幾乎是由空氣摩擦力所造成。當然在這兩個範例中，若我們希望計算(determine)出阻力，我們必須做更多實質的分析。

這些例子說明了一個重要的觀點：流體摩擦力顯著(或不顯著)，不只是基於流體黏度，而且基於整個流體系統來考量。這些例子裡面，足球的氣流摩擦力很小，但是灰塵受的摩擦力卻很大。

我們暫且回到被稱之為非黏性流體的無摩擦流體(inviscid flow)之理想狀態,這就是圖 2.13 的左側分支部分。這個分支中包含了大部分的空氣動力學及別的事項解釋,舉例來說,為何次音速以及超音速飛機具有不同的形狀、與機翼如何產生升力等等。若這個理論應用到飛行於空氣中的球的話(也是一種不可壓縮流),可用以預測流線(以置於球體上的座標來看),如圖 2.14a 所示。

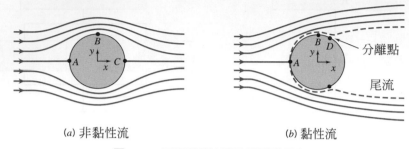

(a) 非黏性流　　　　　　　　　　(b) 黏性流

圖 2.14　不可壓縮流體流經球體示意

流線從頭到尾都是對稱的,因為兩條流線間的質量流量為定值,所以只要流線間變得開闊時,其間的流速必然會降低,反之亦然。因此我們看到 A 與 C 點附近的流速,必須相當低;在 B 點的流速則會很快。事實上,空氣在 A 與 C 點是靜止的,它們稱為停滯點(stagnation points),結果造成(我們在第六章會學到)在流速很低時流體的壓力就會很高,反之亦然。因此,點 A、C 處有相對高(並且相等)的壓力,點 B 將會是低壓點。事實上,球上的壓力分布從頭到尾都對稱,沒有任何由壓力所造成的淨阻力。因為我們假設是無黏性流體,所以也沒有任何肇因於摩擦力的阻力。因此我們推論出 1752 年的達朗培詭論:球沒有受到任何的阻力!

這很明顯不切實際。另一方面,每一件事看起來邏輯都吻合:我們已經知道球體的 Re 非常大(420,000),顯示摩擦力可以忽略。我們之後利用無黏性流體的理論,得到無阻力的結論。我們要如何使這個理論與現實情況趨於一致呢?答案出現在詭論出現後的 150 年,由 Prandtl 在 1904 年解出:無滑動狀況(1-2 節)指的是球表面任何位置的流速應為零(於球座標下),但是無黏性理論卻說在 B 點的流速度很高。Prandtl 提出,即使在高雷諾數、摩擦力可以忽略的流動情況下,還是會有一層薄薄的邊界層(boundary layer)[9],在這裡摩擦力很明顯,且速度從零(表面)迅速地增加到無黏性流體理論所預測的速度(位於邊界層外圍區域)。圖 2.14b A 點到 B 點可看到這現象,更詳細可參照圖 2.15。

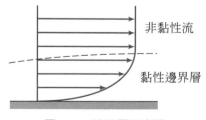

非黏性流

黏性邊界層

圖 2.15　邊界層示意圖

9　NCFMF 影片 Fundamentals of Boundary Layers 描述了邊界層的形成。
(參見 http://web.mit.edu/fluids/www/Shapiro/ncfmf.html 線上免費觀賞這部影片。)

有了這個邊界層，理論與實驗就可以一致了：只要邊界層有摩擦力，就會產生阻力，不過邊界層還有另一項重要的影響：這會使得物體產生尾流(wake)，如圖 2.14(b)從 D 點開始。D 點為分離點(separation point)，由這裡開始流體粒子脫離球體並產生尾流[10]。我們再一次回到原來的無黏性流體(圖 2.14a)：當粒子沿著球面由 B 點移動到 C 點，它是從低壓移到高壓。這個逆向壓力梯度(adverse pressure gradient；壓力的變化與流動方向相反)，使得粒子沿著球後方的速度降低。若我們再加以考量流體粒子於具有摩擦力之邊界層內移動時速度也會降低的事實，粒子最後會停下不動，隨後會被後來的粒子推離球體，因而產生尾流。這是一個非常不好的消息：尾流的壓力通常非常低，但是球體前端的壓力卻是相當高，因此，球體現在蒙上相當大的壓力阻力[或是形狀阻力(form drag)——如此稱呼它，是因為它是由物體的外形所造成]。

這個說法，將無黏性流體不具有阻力的結論，與實驗所得出球體顯著阻力存在的事實，加以統合。有趣的是，即使邊界層可用來解釋球體所受的阻力，阻力實際上大部分是由於邊界層分離所造成的壓力不對稱所導致——由於摩擦所導致的阻力仍可以忽略！

現在我們可以開始來看，流線形(streamlining)的體型如何發揮效用。大部分空氣動力的阻力是由於低壓尾流所造成。若我們可以減少或是消去尾流，阻力就可大幅的縮小。假設我們再一次去思考為何分離會發生，有兩件事情值得去回想：邊界層內的摩擦力會降低粒子的速度，但是逆向壓力梯度也會。圖 2.14a 中，球體後半段壓力增加得十分迅速，因為流線拓寬得非常快，若我們將球體變成滴淚狀，如圖 2.16 所示，流線會慢慢的拓寬，因此壓力梯度增加得很緩慢，這樣流體粒子不會被迫與球體分離，直到它們幾乎到達球體的末端，如圖所示。尾流變的非常小(結果壓力不會像以前一樣那樣低)，壓力阻力逐變得很低。流線唯一的負面效應就是，摩擦作用的總面積比較大，所以說由於摩擦所造成的阻力會稍微增加[11]。

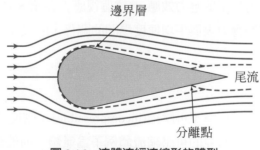

邊界層

尾流

分離點

圖 2.16　流體流經流線形的體型

我們應該指明，這樣的討論不可用於灰塵粒子掉落的例子中：這個低雷諾數的流體，從頭到尾都具有黏性——無處不具黏性。

最後，這個討論闡明了無黏性 ($\mu = 0$)，與黏度可以忽略但是不可零 ($\mu \to 0$) 之流體兩者間的重要差別。

---

[10]　各種不同模式的流體，愛荷華大學出品的錄影帶 Form Drag，Lift，and Propulsion 說明了流體分離的現象。

[11]　流線型物體的效應請參見 NCFMF 影帶：Fluid Dynamics of Drag。

　　(參見http://web.mit.edu/fluids/www/Shapiro/ncfmf.html 線上免費觀賞這部電影)

層流與紊流

若你打開水龍頭(不裝起泡器或是其他裝置),控制在很低的流速,水會很平順的流動——幾乎是「玻璃狀」,若你把出水的流速加快,水會攪動翻騰般的流出,這些都是黏性流體如何會成為層流或成為紊流的例子。層流(laminar)是指流體粒子在滑順的薄層內運動;紊流(turbulent)是指流體粒子流動的過程中由於流速變動劇烈造成快速混攪的現象。一維流動的層流與紊流之徑線的例子如圖 2.17 所示。在大部分流體動力學的問題中——舉個例子,管線中的水流——紊流是一種不想要卻又難以避免的現象,因為紊流會生成較多的阻力,在另一個問題——例如流過血管的血液——紊流便是令人想要的,因為隨機的混攪會促使所有的血球碰觸血管壁,利於交換氧氣與其他的營養物質[12],所以是令人想要的。

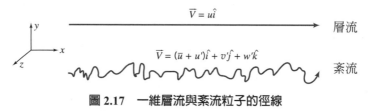

圖 2.17　一維層流與紊流粒子的徑線

層流的速度就只是 u;紊流的速度則是其平均速度 $\bar{u}$,再加上隨機上下波動的速度量 u'、v'與 w'。

雖然說紊流的平均值算起來屬於穩定的($\bar{u}$ 不是時間的函數),但是隨機、高出現次數的速度波動現象,卻使得紊流分析變得十分困難。一維層流中,剪應力與速度梯度的簡單關係如下:

$$\tau_{yx} = \mu \frac{du}{dy} \tag{2.19}$$

對平均速度場為一維的紊流而言,並沒有這樣的關係。隨機、四竄的波動速度(u'、v'與 w'),將動量運送過平均流體的流線,增加了剪應力效應。(這個視應力在第 8 章中會詳細說明。)因此,並沒有通式可用來描述紊流中的應力場與平均速度場間的關係,所以說在紊流中,我們必須更依賴半經驗理論以及實驗數據。

可壓縮與不可壓縮流體

密度的變化可以忽略的流體稱為不可壓縮(incompressible);密度的變化程度不可忽略當的流體稱為可壓縮(compressible)。最常見的可壓縮流體例子為氣體,而液體常被視為是不可壓縮的。

對很多液體而言,密度只為溫度的弱函數。在適度的壓力下,液體可被視為不可壓縮。然而,在高壓下,液體的壓縮效應就變得很重要,液體內壓力與密度的改變,可以與容積彈性係數(bulk compressibility modulus)或是彈性係數(modulus of elasticity)有關:

$$E_v \equiv \frac{dp}{(d\rho/\rho)} \tag{2.20}$$

---

[12] 幾個說明層流與紊流本質的例子,可參見 NCFMF 的紊流(Turbulence)影帶。

(參見 http://web.mit.edu/fluids/www/Shapiro/ncfmf.html 線上免費觀賞這部影片。)還有 與愛荷華大學的影帶;層流與紊流的特性(Characteristics of Laminar and Turbulent Flow)。

若容積彈性係數不會受到溫度影響，則密度只是壓力的函數[稱為正壓(barotropic)流體]，許多常見液體的容積彈性係數數據，收錄於附錄 A 中。

　　水錘(water hammer)與孔蝕現象(cavitation)[13] 是液體之壓縮效應的重要例子，水錘的成因，是聲波在狹窄的水域中傳播與反射，如閥門突然被關掉就會造成這個現象。所伴生的聲響很像在「敲打」管線，因此得名。

　　孔蝕現象的發生，是因為局部壓力的減少(比如在船推進葉片前端)造成液體中生成蒸氣泡。根據未被溶解氣體或空氣之小氣泡所附著於流體粒子的多寡與分布情況，孔蝕現象形成時的局部壓力可能等於或小於該液體的蒸汽壓。這些粒子所在位置啟動了蒸發作用。

　　液體的蒸汽壓(vapor pressure)為在特定溫度下蒸汽與飽和液體接觸時的分壓，當液體的壓力低於蒸汽壓，液體會馬上改變相態，「瞬即」變成蒸汽。

　　液體中的蒸汽氣泡可能會大大的改變流動的路線，接近表面時，蒸汽泡泡的增生與洩破會侵蝕表面的材質而導致嚴重的損毀。

　　純度很高的液體，在液體「沸騰」以及蒸發發生之前，可以承受較大的負壓——蒸餾水可承受達 260 大氣壓。未溶解的空氣總是存在於水或海水的表面，因此孔蝕現象會發生於局部總壓力相當接近於蒸汽壓力的地方。

　　結果證明無熱傳遞的氣流的流速若比音速小很多的話，我們也可將之視為不可壓縮；氣體的流速 V 與所在位置之音速 c 的比值，稱之為馬赫數(mach number)：

$$M \equiv \frac{V}{c}$$

對 $M < 0.3$ 而言，密度變化最大不超過百分之五。因此 $M < 0.3$ 的氣體，可被視為不可壓縮；標準狀態下 $M = 0.3$ 的空氣，速度約接近於 100m/s。舉個例子，即使這有點與直覺相反，當你車速為 105km/h，流經汽車之空氣的密度幾乎沒什麼改變。我們會在 12 章看到聲音在理想氣體中的速度等於 $c = \sqrt{kRT}$，其中 k 是比熱，R 是氣體常數，T 是絕對溫度。因為在 STP 的空氣，$k = 1.40$ 與 $R = 286.9$J/kg·K。附錄 A 提供數種常見的氣體在 STP 下的 k 和 R 的值。另外，附錄 A 包含一些有用的大氣特性數據，例如在不同地表高度下的大氣溫度。

　　可壓縮流體在工程應用上是常常見到的，常見的例子有：提供工具機或是牙科鑽頭之動力的壓縮氣體系統、以管線輸送高壓氣體、氣壓或液壓控制與感應系統等。壓縮效應對現代高速飛機、火箭、電廠、風扇或是壓縮機的設計來說十分重要。

內部流與外部流

　　流體被固體面完全繞圍的流動，稱為內部流或管道流(internal or duct flows)。流經浸沒於無邊無際之流體的物體的流動，稱之為外部流。內部流與外部流都可能是層流或紊流、可壓縮或不可壓縮。

---

[13] 蝕效應的例子，請見 NCFMF 影帶 Cavitation。
　　(參見 http://web.mit.edu/fluids/ www/Shapiro/ncfmf.html 線上免費觀賞這部影片。)

當我們討論水流出水龍頭時，曾討論過內部流的例子——通向水龍頭的管路中的流動係為內部流。所以我們可得到管道流的雷諾數為 $Re = \rho \bar{V} D / \mu$，其中 $\bar{V}$ 為平均流速，D 為管路直徑(注意我們並非使用管長)。這個雷諾數可以界定管道流為層流或是紊流。一般來說，$Re \le 2300$ 時屬於層流流動，更大時就會變成紊流了：流體在直徑固定的管路中，可能全為層流或是紊流，取決於速度 $\bar{V}$ 值，我們將會在第 8 章中詳細討論內部流。

在我們討論球體(圖 2.14b)與流線形體(圖 2.16)的流動時，已經看到了一些外部流的例子，我們沒有提到的就是，這些流動可能為層流或是紊流，此外，我們也提到了邊界層(圖 2.15)：結果是它們也可為層流或是紊流，當我們詳細討論邊界層時(第 9 章)，我們將以最簡單的邊界層類型—— 平板上側的邊界層—— 著手並學習利用外部流的雷諾數來界定黏性力的重要與否，邊界層的雷諾數 $Re_x = \rho U_\infty x / \mu$，其中特徵速度 U_∞ 指的是邊界層外緣的瞬間速度，而特徵長度 x 是指沿著平板的長度。因此，在平板的前緣 $Re_x = 0$，長度 L 的平板末端的 $Re_x = \rho U_\infty L / \mu$。雷諾數的意義在於(我們將會學到)，$Re_x \le 5 \times 10^{-5}$ 為層流，超過此值者為紊流：邊界層一開始為層流，若平板夠長的話，邊界層最終將會轉變成紊流。

內部流與外部流的雷諾數的十分具參考價值。我們將在第 7 章中，討論這一部分以及其他重要的無因次群組(如馬赫數)。

流經流體機械的內部流會在第 10 章中討論，角動量的原理被用來發展流體機械的基礎方程式。泵浦、風扇、吹風機、壓縮機以及推進機等可將能量加諸於流體系統上的，都屬於這一類，而渦輪機或是風車房則是擷取能量。該章詳細討論流體系統運作。

當管道中的內部流並非全滿——有空出的管面承受大小一定的壓力——稱之為明渠流(open-channel)。明渠流常見的例子包含了河流、灌溉壕溝以及水溝。明渠流動將在第 11 章討論。該章的內容已獲授權並改編自梅斯(Mays)所撰寫的水資源工程(Water Resources Engineering)一書的第 5 章(請參閱參考文獻 [8])。

內部流與外部流都可為壓縮或不可壓縮。可壓縮流體可以被劃分成次音速以及超音速兩個領域，我們將在 12 以及 13 章中討論可壓縮流體，除了別的之外，並了解超音速流(supersonic flows；$M > 1$)行為將會表現的與次音速流(subsonic flows；$M < 1$)截然不同。舉個例子，超音速流會面對斜震波及正震波，並可以表現得違反直覺——如超音速噴嘴(一種加速流速的裝置)沿著流動方向的嘴形必須擴增(也就是說截面積是漸增的)。這裡我們也留意到次音速噴嘴(截面積是漸縮的)，流體在出口的壓力通常為大氣壓力；而音速流，出口壓力可高於大氣壓力；而超音速流體的話，出口壓力可以高於、等於或小於大氣壓力！

2-7 摘要和常用的方程式

在本章裡，我們已經完成了基本概念的回顧，可以作為我們研讀流體力學的基礎，主要有：

✓ 如何描述流動行為 (時線、徑線、流線、煙線)。
✓ 作用力[表面力或是物體力(body force，或稱徹體力)]以及應力(剪應力、正應力)。

✓ 流體的型態 (牛頓、非牛頓—— 膨性、擬塑性、觸變性、震凝性、賓漢塑膠) 以及黏性(動黏度、絕對黏度、視黏度)。

✓ 流場的型態 (黏性/無黏性、層流/紊流、可壓縮/不可壓縮、內部流/外部流)。

　　我們也簡短的討論一些有趣的現象，如表面張力、邊界層、尾流以及流線形等，最後，我們介紹了兩個很有用的無因次群—— 雷諾數以及馬赫數。

注意： 在下表中所列的常用方程式中多數有侷限性或者限制——請參見它們的內文敘述以了解相關的細節！

常用的方程式		
比重的定義	$SG = \dfrac{\rho}{\rho_{H_2O}}$	(2.3)
單位重的定義	$\gamma = \dfrac{mg}{V} \to \gamma = \rho g$	(2.4)
流線的定義(二維)	$\left.\dfrac{dy}{dx}\right)_{streamline} = \dfrac{v(x,y)}{u(x,y)}$	(2.8)
徑線的定義(二維)	$\left.\dfrac{dx}{dt}\right)_{particle} = u(x,y,t) \quad \left.\dfrac{dy}{dt}\right)_{particle} = v(x,y,t)$	(2.9)
煙線的定義(二維)	$x_{streakline}(t_0) = x(t,x_0,y_0,t_0) \quad y_{streakline}(t_0) = y(t,x_0,y_0,t_0)$	(2.10)
粘度的牛頓定律(一維流動)	$\tau_{yx} = \mu \dfrac{du}{dy}$	(2.15)
非牛頓流體的剪應力(一維流動)	$\tau_{yx} = k\left|\dfrac{du}{dy}\right|^{n-1}\dfrac{du}{dy} = \eta\dfrac{du}{dy}$	(2.17)

參考文獻

[1] Vincenti，W. G.，and C. H. Kruger，Jr.，*Introduction to Physical Gas Dynamics*. New York:Wiley，1965.

[2] Merzkirch，W.，*Flow Visualization*，2nd ed. New York:Academic Press，1987.

[3] Tanner，R. I.，*Engineering Rheology*. Oxford: Clarendon Press，1985.

[4] Macosko，C. W.，*Rheology:Principles，Measurements，and Applications*. New York:VCH Publishers，1994.

[5] Loh，W. H. T.，''*Theory of the Hydraulic Analogy for Steady and Unsteady Gas Dynamics*,'' in Modern Developments in Gas Dynamics，W. H. T. Loh，ed. New York:Plenum，1969.

[6] Folsom，R. G.，''*Manometer Errors due to Capillarity*,'' Instruments，9，1，1937，pp. 36–37.

[7] Waugh，J. G.，and G. W. Stubstad，*Hydroballistics Modeling*. San Diego:Naval Undersea Center，ca. 1972.

[8] Mays，L. M.，*Water Resources Engineering*，2005 Edition，New York:Wiley，2005.

本章習題

2.1 就以下所提供的速度場，試求：

a. 流場為一、二或是三維？請說明原因。

b. 流場為穩定或是非穩定？請說明原因。(a 與 b 為常數)

(1) $\vec{V} = [ax^2 e^{-bt}]\hat{i}$ (2) $\vec{V} = ax\hat{i} - by\hat{j}$

(3) $\vec{V} = ax^2\hat{i} + bx\hat{j} + c\hat{k}$ (4) $\vec{V} = ax^2\hat{i} + bxz\hat{j} + cz\hat{k}$

(5) $\vec{V} = [ae^{-bx}]\hat{i} + bx^2\hat{j}$ (6) $\vec{V} = axy\hat{i} - byzt\hat{j}$

(7) $\vec{V} = a(x^2 + y^2)^{1/2}(1/z^3)\hat{k}$ (8) $\vec{V} = (ax + t)\hat{i} - by^2\hat{j}$

2.2 一個黏性液體在兩平行圓盤之間切變，上圓盤會旋轉而下圓盤固定不動，兩圓盤間的速度場為 $\vec{V} = \hat{e}_\theta r\omega z / h$。(座標軸原點位於下圓盤的中心，上圓盤位於 $z = h$ 處)，請問速度場的維數是多少？速度場是否滿足相對應的物理邊界條件？這些條件為何？

2.3 🖱

已知速度場為 $\vec{V} = Ax^2\hat{i} + Bxy\hat{j}$，其中 $A = 1\text{m}^{-1}\text{s}^{-1}$，$B = -\frac{1}{2}\text{m}^{-1}\text{s}^{-1}$，且座標測量的單位為公尺，請求出流體流線方程式。繪出幾條正 y 方向的流線。

2.4 🖱

速度場 $\vec{V} = ax\hat{i} - by\hat{j}$，其中 $a = b = 1\text{s}^{-1}$，可以用來描述轉角處的流體行為，試求流體流線方程式。在第一象限中繪出幾條流線，包含一條通過點$(x, y) = (0, 0)$的流線。

2.5 🖱

已知速度場為 $\vec{V} = ax\hat{i} - bty\hat{j}$，其中 $a = 1\text{s}^{-1}$ 且 $b = 1\text{s}^{-2}$，請求出任一時間 t 的流線方程式。繪出第一象限中，在 $t = 0\text{s}$、$t = 1\text{s}$ 與 $t = 20\text{s}$ 時的幾條流線。

2.6 🖱

已知一速度場為 $\vec{V} = axy\hat{i} + by^2\hat{j}$，其中 $a = 2\text{m}^{-1}\text{s}^{-1}$，$b = -6\text{m}^{-1}\text{s}^{-1}$，座標是以公尺為單位，請問流場是一、二或是三維？為什麼？計算一下位於點$(2, \frac{1}{2})$的速度分量，導出一個方程式，來表示通過該點的流線，在第一象限中繪出幾條流線，包含一條通過點$(2, \frac{1}{2})$的流線。

2.7 🖱

一速度場為 $\vec{V} = ax^3\hat{i} + bxy^3\hat{j}$，其中 $a = 1\text{m}^{-2}\text{s}^{-1}$ 且 $b = 1\text{m}^{-3}\text{s}^{-1}$，試求流線的方程式，並繪出在第一象限的幾條流線。

2.8 🖱

流體以速度場 $\vec{V} = (Ax + B)\hat{i} + (-Ay)\hat{j}$ 加以描述，其中 $A = 3\text{m/s/m}$ 且 $B = 6\text{m/s}$，請在 xy 平面繪出幾條流線，包含一條通過點$(x, y) = (0.3, 0.6)$。

2.9 xy 平面上一個穩定且不可壓縮的流體，其速度已知為 $\vec{V} = \hat{i}A / x + \hat{j}Ay / x^2$，其中 $A = 2\text{m}^2/\text{s}$ 且座標是以公尺為單位。請求通過點$(x, y) = (1, 3)$的流線方程式。並計算在這流場中，流體粒子由 $x = 1\text{m}$ 運動到 $x = 2\text{m}$ 所需的時間為多少？

2.10 🖱

大氣氣流的流場可以表示如下

$$\vec{V} = -\frac{Ky}{2\pi(x^2+y^2)}\hat{i} + \frac{Kx}{2\pi(x^2+y^2)}\hat{j}$$

其中 $K = 5\times10^4\,\text{m}^2\,/\,\text{s}$ 而 x 和 y 座標平行於所在地的緯度和經度。畫出沿 x 軸、沿著 y 軸和沿著直線 $y=x$ 的速度。每張圖所繪製的範圍是 $-10\text{km} \le x$ 或 $\text{y} \le 10\text{km}$，$|x|$ 或 $|y| \le 100\text{m}$ 範圍除外。請導出流線的方程式並畫出幾條流線。這個流場的模型為何？

2.11 🖱

大氣氣流的流場可以表示如下

$$\vec{V} = -\frac{My}{2\pi}\hat{i} + \frac{Mx}{2\pi}\hat{j}$$

其中 $M = 0.5\text{s}^{-1}$ 並且 x 和 y 座標平行於當地的緯度和經度。畫出沿 x 軸、沿著 y 軸和沿著直線 $y=x$ 的速度。每張圖所繪製的範圍是 $-10\text{ km} \le x$ 或 $y \le 10\text{km}$，$|x|$ 或 $|y| \le 100\text{ m}$ 範圍除外。請導出流線的方程式並畫出幾條流線。這個流場的模型為何？

2.12 🖱

某流場可以表示如下

$$\vec{V} = -\frac{qx}{2\pi(x^2+y^2)}\hat{i} - \frac{qy}{2\pi(x^2+y^2)}\hat{j}$$

畫出沿 x 軸、沿著 y 軸和沿著直線 $y=x$ 的速度。每張圖所繪製的範圍是 $-10\text{km} \le x$ 或 $y \le 10\text{km}$，$|x|$ 或 $|y| \le 100\text{m}$ 範圍除外。請導出流線的方程式並畫出幾條流線。這個流場的模型為何

2.13 如習題 2.4 中的速度場，請驗證粒子運動的參數方程式可由 $x_p = c_1 e^{at}$ 與 $y_p = c_2 e^{-bt}$ 來表示。請求在 $t=0$ 時，位於點 $(x,y)=(1,2)$ 的粒子徑線方程式，並將該徑線與通過相同點的流線相比較。

2.14 🖱

一速度場為 $\vec{V} = ayt\hat{i} + bx\hat{j}$，其中 $a = 1\text{s}^{-2}$ 且 $b = 4\text{s}^{-1}$，求在任一時間點 t 的流線方程式。繪出在 $t=0\text{s}$、$t=1\text{s}$ 與 $t=20\text{s}$ 時的幾條流線。

2.15 🖱

請證明習題 2.10 之流場粒子之徑線方程式是 $x_p = -a\sin(\omega t)$，$y_p = a\cos(\omega t)$ 為。請找出以流動振幅，a 與 K，為函數之流動頻率 ω。請證明習題 2.11 之流場粒子的徑線方程式是 $x_p = -a\sin(\omega t)$、$y_p = a\cos(\omega t)$，除了 ω 現在是 M 的函數。請畫出這兩個流場典型的徑線並討論兩者間的差異。

2.16 🖱

空氣往下吹往一個無限寬的水平平板，速度場已知為 $\vec{V} = (ax\hat{i} - ay\hat{j})(2+\cos \omega t)$，其中 $a = 5\text{ s}^{-1}$，$\omega = 2\pi\text{ s}^{-1}$，$x$ 與 y（以公尺量度）分別為水平與垂直向上，且 t 單位為 s。請求在 $t=0$ 時流線的代數方程式，並繪出在此時通過點 $(x,y)=(3,3)$ 的流線。流線會隨時間變化嗎？簡短解釋之。在您圖上標出相同時間與點的速度向量。請問速度分量與流線相切嗎？試說明之。

2.17 🖱

已知流體由以下速度場描述：$\vec{V} = Bx(1+At)\hat{i} + Cy\hat{j}$，其中 $A = 0.5\text{ s}^{-1}$ 且 $B = C = 1\text{ s}^{-1}$。座標以公尺為單位。繪出追蹤粒子在時間 $t=0$ 時，通過點 $(1,1)$ 的徑線。與在 $t=0$、1 與 2s 時，通過相同點所

繪出的流線相比較。

2.18 🖱

已知一流場的 Eulerian 描述為 $\vec{V} = A\hat{i} + Bt\hat{j}$，其中 $A = 2\text{m/s}$，$B = 0.6\text{m/s}^2$，且座標以公尺為單位。請導出時間在 $t = 0$ 時，位於點$(x, y) = (1, 1)$流體粒子的 Lagrangian 位置函數，並求出這個粒子所走的徑線代數表示式。繪出徑線，並與在時間 $t = 0$、1 與 2s 通過相同點的流線相比較。

2.19 🖱

已知一速度場為 $\vec{V} = axt\hat{i} - by\hat{j}$，其中且 $a = 0.1\,\text{s}^{-2}$，$b = 1\,\text{s}^{-1}$ 對於在時間 $t = 0\text{s}$ 通過點$(x, y) = (1, 1)$ 的粒子，繪出在 $t = 0$ 到 $t = 3\text{s}$ 時間間隔內的徑線。與在 $t = 0$、1 與 2s 時，通過相同點所繪出的流線相比較。

2.20 🖱

考慮速度場 $V = ax\hat{i} - by(1 + ct)\hat{j}$，其中 $a = b = 2\,\text{s}^{-1}$，並且 $c = 0.4\,\text{s}^{-1}$。座標以公尺為單位。對於在時間 $t = 0$ 通過$(x, y) = (1, 1)$的粒子，繪出在 $t = 0$ 到 $t = 1.5\text{s}$ 時間間隔內的徑線。並與在時間 $t = 0$、1 與 1.5s 通過相同點的流線相比較。

2.21 🖱

已知流場為 $\vec{V} = axt\hat{i} + b\hat{j}$ 其中 $a = 0.1\,\text{s}^{-2}$ 且 $b = 4\text{m/s}$，座標以公尺量度，對於在時間 $t = 0$ 通過點 $(x, y) = (3, 1)$的粒子，繪出在 $t = 0$ 到 $t = 3\text{s}$ 時間間隔內的徑線。與在 $t = 1$、2 與 3s 時，通過相同點所繪出的流線相比較。

2.22 🖱

考慮圖 2.5 的花園軟澆水管。假設速度場可寫成 $\vec{V} = u_0\hat{i} + v_0 \sin\left[\omega\left(t - x/u_0\right)\right]\hat{j}$，其中 x 方向代表水平方向而原點位在水管的中點位置，$u_0 = 10\text{m/s}$，$v_0 = 2\text{m/s}$，以及 $\omega = 5\text{cycle/s}$。請算出並在同一張圖畫出在 $t = 0\text{s}$、0.05s、0.1s 與 0.15s 時通過原點的瞬時流線。此外請算出並在同一張圖上畫出在四個於相同時刻離開原點之粒子的徑線。

2.23 🖱

使用習題 2.22 的資料，計算並且畫出水流第 1 秒之後所產生之煙線的形狀。

2.24 🖱

如習題 2.17 中的速度場，繪出追蹤在時間從 $t = 0$ 到 $t = 3\text{s}$ 時，通過點$(1, 1)$的粒子的煙線。並與在 $t = 0$、1 與 2s 時，通過相同點所繪出的流線相比較。

2.25 🖱

利用空間中某固定點，在流場中注入中性浮標標示物來追蹤煙線位置；一標示用流體粒子在時間 t 時在點(x, y)，在稍早時間點 $t = \tau$ 時才通過注入點(x_0, y_0)，標示物粒子的時程，可以利用 $t = \tau$ 時的初始狀態 $x = x_0$、$y = y_0$ 來解出徑線方程式而獲得，煙線上粒子現階段的位置，可以利用 τ 與 $0 \leq \tau \leq t$ 範圍內的值相等來得到，已知流場為 $\vec{V} = ax(1 + bt)\hat{i} + cy\hat{j}$，其中 $a = c = 1\,\text{s}^{-1}$ 且 $b = 0.2\,\text{s}^{-1}$。座標以公尺為單位，繪出追蹤在時間從 $t = 0$ 到 $t = 3\text{s}$ 時，通過點$(x_0, y_0) = (1, 1)$的粒子的煙線。並與在 $t = 0$、1 與 2s 時，通過相同點所繪出的流線相比較。

2.26 🖱

已知流場為 $\vec{V} = axt\hat{i} + b\hat{j}$，其中 $a = 0.2\,\text{s}^{-2}$、$b = 1\text{m/s}$，且座標以公尺為單位，對於在時間 $t = 0$ 通過點 $(x, y) = (1, 2)$ 的粒子，繪出在 $t = 0$ 到 $t = 3\text{s}$ 時間間隔內的徑線。並與在 $t = 3\text{s}$ 時，通過相同點所繪出的流線相比較。

2.27 🖱

輕巧的氫氣泡泡常被用來作為觀察流體用的標示物，所有的泡泡都在原點 $(x = 0, y = 0)$ 產生，速度場為非穩定且遵循方程式：

$$
\begin{array}{lll}
u = 1\ \text{m/s} & v = 2\ \text{m/s} & 0 \le t < 2\ \text{s} \\
u = 0 & v = -1\ \text{m/s} & 0 \le t \le 4\ \text{s}
\end{array}
$$

繪出時間 $t = 0$、1、2、3 與 4s 時離開原點之泡泡的徑線，並在 $t = 4\text{s}$ 時標出這五個泡泡的位置，利用虛線指出 $t = 4\text{s}$ 時煙線的位置。

2.28 一流體可由以下速度場來描述：$\vec{V} = ay^2\hat{i} + b\hat{j}$，其中 $a = 1\ \text{m}^{-1}\text{s}^{-1}$、$b = 2\text{m/s}$，且座標以公尺為單位，求通過點 $(6, 6)$ 的流線方程式。在 $t = 1\text{s}$ 時，請問 $t = 0$ 時通過點 $(1, 4)$ 的粒子座標為何？在 $t = 3\text{s}$ 時，請問 2s 前通過點 $(-3, 0)$ 的粒子座標為何？請證明這個流體的徑線、流線以及煙線同位重疊。

2.29 一流體可由以下速度場來描述：$\vec{V} = a\hat{i} + bx\hat{j}$，其中 $a = 2\text{m/s}$、$b = 1\ \text{s}^{-1}$，且座標以公尺為單位，求通過點 $(2, 5)$ 的流線方程式。在 $t = 2\text{s}$ 時，請問 $t = 0$ 時通過點 $(0, 4)$ 的粒子座標為何？在 $t = 3\text{s}$ 時，請問 2s 前通過點 $(1, 4.25)$ 的粒子座標為何？由流體的徑線、流線與煙線，妳可以得到什麼結論？

2.30 🖱

一流體可由以下速度場來描述：$\vec{V} = ay\hat{i} + bt\hat{j}$，其中 $a = 1\ \text{s}^{-1}$、$b = 0.5\text{m/s}^2$，請問 $t = 0$ 時通過點 $(1, 2)$ 的粒子在 $t = 2\text{s}$ 時其座標為何？在 $t = 3\text{s}$ 時，請問 $t = 2\text{s}$ 時通過點 $(1, 2)$ 的粒子座標為何？繪出通過點 $(1, 2)$ 的徑線與煙線，並與在時間 $t = 0$、1 與 2 通過相同點的流線相比較。

2.31 🖱

一流體可由以下速度場來描述：$\vec{V} = at\hat{i} + b\hat{j}$，其中 $a = 0.4\text{m/s}^2$、$b = 2\text{m/s}$，在 $t = 2\text{s}$ 時，請問 $t = 0$ 時通過點 $(2, 1)$ 的粒子座標為何？在 $t = 3\text{s}$ 時，請問 $t = 2\text{s}$ 時通過點 $(2, 1)$ 的粒子座標為何？繪出徑線與煙線，並與在時間 $t = 0$、1 與 2s 通過點 $(2, 1)$ 的流線相比較。

2.32 空氣之黏性與溫度之關係可由下列 Sutherland 經驗式來表示：

$$
\mu = \frac{bT^{1/2}}{1 + S/T}
$$

在附錄 A 中，我們列舉了 b 與 S 的最吻合值，試導出在大氣壓力下，動黏度對溫度的公制關係式。假設此為理想氣體，用附錄 A 中的數據來驗算你的結果。

2.33 🖱

在一大氣壓下，氦氣的一些實驗數據如下：

T, °C	0	100	200	300	400
μ, N · s/m²(× 10^5)	1.86	2.31	2.72	3.11	3.46

請利用附錄 A-3 中的逼近法，將這些數據與 Sutherland 經驗方程式進行關連比較。

$$
\mu = \frac{bT^{1/2}}{1 + S/T}
$$

(其中 T 以克氏絕對溫標表示；kelvin.)，請求出常數 b 與 S。

2.34 兩平行板間之層流的速度分布為

$$\frac{u}{u_{\max}} = 1 - \left(\frac{2y}{h}\right)^2$$

其中 h 為板跟板的距離，原點位於兩板距離的中點。已知水流的溫度為 15℃，且 $u_{\max} = 0.10\text{m/s}$，$h = 0.1\text{mm}$。請計算上平板的剪應力並指出其方向。繪出剪應力沿著管道的變化。

2.35 兩平行板間之層流的速度分布為

$$\frac{u}{u_{\max}} = 1 - \left(\frac{2y}{h}\right)^2$$

其中 h 為板跟板的距離，原點位於兩板距離的中點。已知水流的溫度為 15℃，且最大速度為 0.05m/s，$h = 0.1\text{mm}$。請計算作用在下平板上面積為 1m^2 的剪應力為多少，並指出其方向。

2.36 請解釋冰刀如何與冰表面作用？是何種機制，可以減少冰刀與冰之間的滑動摩擦力？

2.37 🖱

原油比重 SG = 0.85，黏度為 $\mu = 0.1\text{N} \cdot \text{s/m}^2$，從與水平傾斜 $\theta = 45$ 度的面穩定的往下流，膜厚 $h = 2.5\text{mm}$，已知速度曲線如下：

$$u = \frac{\rho g}{\mu}\left(hy - \frac{y^2}{2}\right)\sin\theta$$

(x 座標是沿著表面，y 座標垂直於表面。)請繪出速度的行為曲線。並求作用於表面上的剪應力方向以及大小。

2.38 一位女性花式溜冰選手，重 450N，在冰上的速度 $V = 6\text{m/s}$，她的重量由冰刀對冰層重壓所造成融化的液體薄膜所支撐。假設冰刀長 $L = 0.3\text{m}$，寬 $w = 3\text{mm}$，且水膜厚 $h = 0.0015\text{mm}$。請估計由水膜的黏滯力所造成溜冰選手的減速度為多少？假設末端效應可以忽略。

2.39 一方塊重 45N，每一邊長為 250mm。被放置於表面塗有 37℃ 的 SAE10W 油的傾斜面上，假設方塊的速度為 0.6m/s，油膜厚度為 0.025mm，求推動方塊所需的力量。假設速度在油膜內的速度分布為線性。斜面與水平面夾角為 25 度。

2.40 錄影帶利用拉通過細縫，來將潤滑劑塗在兩邊，錄音帶為 0.38mm 厚，寬度為 25mm，它與兩邊間隔空隙為 0.3mm，黏性為 $\mu = 1\text{N} \cdot \text{s/m}^2$ 的膠，填滿了帶子和間隔空隙之間的空間。如果帶子能承受的最大拉力是 110N，請計算當錄音帶以速度 1m/s 牽拉下允許的的最大間隔空隙。

2.41 73mm 直徑的鋁(SG = 2.64)活塞長 100-mm 裝在一個靜止的內徑 75mm 鋼管之內塗敷溫度 25℃的 SAE10W-30 滑油。質量 $m = 2\text{kg}$ 被懸掛在活塞的末端。切斷繩子後活塞開始滑動。請問質量 m 的終端速度是多少？假設滑油的剖面速度分布是線型的。

2.42 在習題 2.41 的活塞正以終端速度滑行。質量 m 現在自活塞脫離。請畫出活塞的速度與時間圖。活塞的速度到達新的終端速度的百分之一時，所耗費的時間是多久？

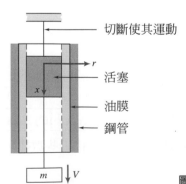

圖 P2.41，2.42

2.43 🖱️

質量爲 M 的方塊,在油膜上滑動,膜厚爲 h,方塊的面積爲 A,當力道釋放之後,質量 m 對繩子施加張力,使得方塊進行加速度,忽略滑輪的摩擦力以及空氣阻力,請算出一條代數方程式,來表示當它速度爲 V 時,作用於方塊的黏力,並導出方塊速度爲時間函數的微分方程式。以得到方塊速度爲時間函數的表示式。質量 $M = 5$kg,$m = 1$kg,$A = 25$cm^2 且 $h = 0.5$mm,若速度達到 1m/s 需耗時 1s,求油的黏度 μ。繪出曲線 $V(t)$。

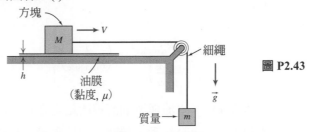

圖 **P2.43**

2.44 🖱️

方塊爲 0.1m 見方,質量爲 5kg,沿著平滑與水平成 30 度之傾斜面往下滑,SAE30 油膜爲 20℃,厚度爲 0.20mm。如果在 $t = 0$ 時放開此方塊,其初始加速度爲多少?並求出方塊的速度表示式,其速度爲時間的函數。繪出曲線 $V(t)$。求出 0.1s 之後的速度,若我們此時速度想要達到 0.3m/s,請問我們該用油的黏度 μ 爲多少?

2.45 邊長爲 $a$mm 的方塊,沿著表面有油膜的平板滑動,油的黏度爲 μ,膜厚爲 h,質量方塊 M 在固定力量 F 的作用下,速度爲 U,請說明方塊以及平板底部剪應力的大小與方向,若力量瞬間被移去,方塊開始變慢,請繪出方塊的終端速度與時間的曲線,並得到一條關係式,來表示方塊失去百分之 95 初始速度所需的時間。

2.46 磁線圈利用拉過直徑爲 1.0mm 的圓形模具,來加以上漆以達到絕緣的效果,線圈直徑爲 0.9mm,位於模具正中央,漆(其黏度爲 20 厘泊;$\mu = 20$centipoise)完全填滿位於長度爲 50mm 的模具與線圈間之空間,線圈拉出模具的速度爲 50m/s,請求拉出線圈的力道。

2.47 一個由兩根內有流體的同心管所組成之雙層管所構成的熱交換器被用來與不相混合的流體作熱交換之用。下圖中標示的數字是一根長 0.85m 之雙層管裝置的截面尺寸。

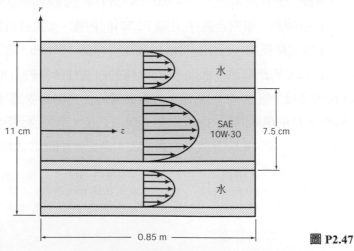

圖 **P2.47**

$100^\circ C$的 SAE10W-30 滑油流過外徑是 7.5cm 的內管。$10^\circ C$的水流過該內管和外徑 11cm 的外管之間的環。每根管的壁厚是 3mm。流經管與環之層流的速度分布理論值是：

內管：$\quad u_z(r) = u_{\max}\left[1 - \left(\dfrac{r}{R_{i,\,\text{inside}}}\right)^2\right]$

$\qquad$ where: $u_{\max} = \dfrac{R_{i,\,\text{inside}}^2 \Delta P}{4\mu L}$

環：$\quad u_z(r) = \dfrac{1}{4\mu}\left(\dfrac{\Delta P}{L}\right)$

$\qquad \times \left[R_{i,\,\text{outside}}^2 - r^2 - \dfrac{R_{o,\,\text{inside}}^2 - R_{i,\,\text{outside}}^2}{\ln\left(\dfrac{R_{i,\,\text{outside}}}{R_{o,\,\text{inside}}}\right)} \cdot \ln\left(\dfrac{r}{R_{i,\,\text{outside}}}\right)\right]$

證明這些方程式滿足無滑動條件。水流與滑油流經所給定之長度的壓力差分別是 2.5Pa 與 8Pa。如果都朝著相同的方向(沿著$+z$ axis)流動，請問作用於內管的粘滯力是多少？

2.48 重複習題 2.47 假設反向流動，其中滑油沿 $+z$ 方向流而水沿 $-z$ 方向流。

2.49 黏度為 $\mu_1 = 0.1\text{N} \cdot \text{s/m}^2$ 與 $\mu_2 = 0.15\text{N} \cdot \text{s/m}^2$ 的流體裝在二個板子之間(每板子的面積是 1m^2)。厚度分別是 $h_1 = 0.5\text{mm}$ 以及 $h_2 = 0.3\text{mm}$。請計算欲使上面板子以 1m/s 速度移動時的力 F。在這兩種流體交界處的速度是多少？

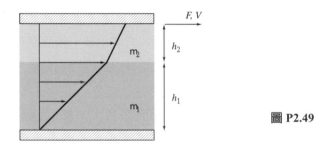

圖 P2.49

2.50 同心圓柱黏度計可利用轉動一組密合圓柱(見圖 P2.52)的內圈，來進行實驗，因為間隔很小，環狀間隔內的液體樣品還是為線型速度模式，黏度計內圓柱直徑為 75mm，高度為 150mm，間隔為 0.02mm，以 100rpm 轉動內圓柱所需的力矩為 $0.021\text{N} \cdot \text{m}$，求黏度計間隔內液體的黏度。

2.51 同心圓柱黏度計可利用轉動一組密合圓柱(見圖 P2.52)的內圈，來進行實驗，環狀間隔很小，使得液體樣品內還是為線型速度模式，已知黏度計內圓柱直徑為 100mm，高度為 200mm，間隔寬度為 0.025mm，裝滿了 $32^\circ C$ 的蓖麻油，求以 400rpm 轉動內圓柱所需的力矩要多少？

2.52 同軸圓桶黏度計利用連接於質量 M 的落體上的線與滑輪，來驅動內圓桶，如圖所示：待測液體裝填於寬為 a，高度為 H 的環狀間隔內，在開始一瞬間之後，落體達到速度為 V_m，請導出裝置內液體黏度以 M、g、V_m、r、R、a 與 H 表示的表示式，並以下面計算液體的黏度：

$$M = 0.10\,\text{kg} \qquad r = 25\,\text{mm}$$
$$R = 50\,\text{mm} \qquad a = 0.20\,\text{mm}$$
$$H = 80\,\text{mm} \qquad V_m = 30\,\text{mm/s}$$

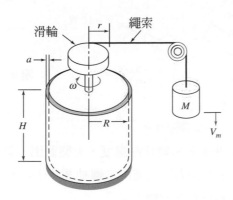

圖 P2.52，2.54

2.53 外徑爲 18mm 的轉軸，以每秒 20 轉的速度，在長爲 60mm 的軸頸軸承內轉動，轉軸與軸頸間的同心環狀間隔有 0.2mm 厚的油膜，轉動轉軸所需的力矩爲 0.0036N·m，請估計縫隙內的油的黏度。

2.54 習題 2.52 中的黏度計被用來驗證某特定液體的黏度爲 $\mu = 0.1$N·s/m^2，很不巧地，繩子在實驗過程中被拉斷，請問圓桶失去 99%的速度要花多少時間？圓桶的慣性動量爲 0.0273kg·m^2。

2.55 小型攜帶式同軸圓桶黏度計外層薄圓柱(質量 m_2，且半徑爲 R)，由連接於繩上的質量 m_1 的落體來驅動，內層圓柱爲固定不動，圓桶間隔爲 a，忽略軸承摩擦力、空氣阻力以及黏度計內液體質量。試求扭矩的代數表示式；此扭矩係由於以角速度 ω 作用在圓柱的黏剪力所致。請導出並解出外圓柱角速度的微分方程式；此外圓柱角速度爲時間的函數。並請求出圓柱最大角速度的表示式。

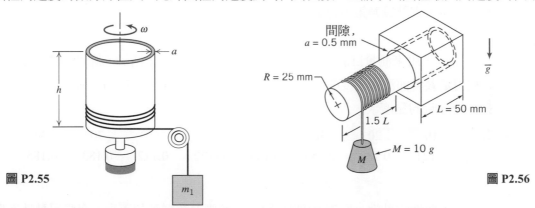

圖 P2.55　　　　　　　　　　　　　　　　　　　　　　　　　　　　　　　　　圖 P2.56

2.56 一個環狀鋁製的軸承，裝於軸頸上，如圖所示。軸承與軸頸間對稱的間隔，裝滿了 $T = 30℃$ 的油 SAE 10W-30。軸承利用連接於重物以及繩索來轉動之。請導出並解出外圓柱角速度的微分方程式；此外圓柱角速度爲時間的函數。請計算軸承最大角速度，以及達到該速度百分之 95 所需的時間。

2.57 一個低功率機械式傳動系統用之防震軸節，由一對同軸圓柱組成。圓柱間的環狀空間裝滿了油，傳動系統傳送功率爲 $P = 10$W，其他尺寸以及性質如圖所示。忽略任何軸承摩擦力以及末端效應，假設該裝置最低實用間隔爲 0.25mm，Dow 製造黏度高達 106 厘泊(centipoise)的矽油，試求滿足這個裝置所需之特定黏度爲多少？

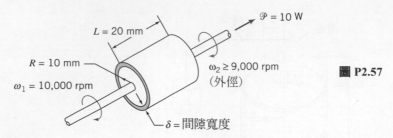

圖 P2.57

2.58 有一個計畫想要利用一對平行圓盤來測量液體樣品黏度,上盤高出下盤的高度為 h,空隙液體的黏度,需由測量計算穩定轉動下盤所需的力矩來獲得求轉動圓盤所需力矩的代數式。請問我們可以利用這個裝置來量非牛頓流體的黏度嗎?解釋之。

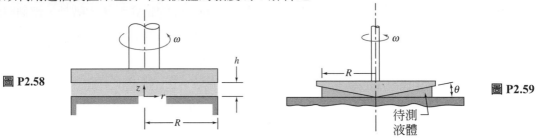

圖 **P2.58** 圖 **P2.59**

2.59 圖中的圓錐平板式黏度計是常用來標定非牛頓流體的裝置,它是由一個平板以及非常鈍角轉錐(通常 θ 小於 0.5 度)所組成,圓錐的頂端會剛剛好碰觸到平板的表面,待測液體會充滿圓柱與平板間所夠程的窄小間隙,請利用系統的幾何形狀,來導出間隙內液體的剪切率表示式。以系統的剪應力與形狀幾何,來計算轉錐的力矩。

2.60 🖱

習題 2.59 中的黏度計被用來測量目前液體的黏度,所得到的數據如下所示,請問流體是哪一種非牛頓流體?請利用定義目前流體黏度的 2.16 式以及 2.17 式(假設 θ 為 0.5 度),來計算 k 與 n 值。請估計 90 與 100rpm 時的黏度。

速率	10	20	30	40	50	60	70	80
$\mu(\text{N}\cdot\text{s/m}^2)$	0.121	0.139	0.153	0.159	0.172	0.172	0.183	0.185

2.61 🖱

粘度計用來測量病人血液的黏性。形變率(剪切率)——剪應力資料列如下表。畫張視黏性與形變率關係圖。請使用式 2.17,計算 k 與 n 的值。並由此驗證「血比水濃」格言。

$du/dy(\text{S}^{-1})$	5	10	25	50	100	200	300	400
$\tau(\text{Pa})$	0.0457	0.119	0.241	0.375	0.634	1.06	1.46	1.78

2.62 🖱

一家絕緣材料公司正檢視打算用於擠出孔洞的新材料。上面板以速度 U 與固定不動之下面板分開,兩板之間夾著厚 1mm 的絕緣材料,當施加一個剪應力後的試驗數據列如下表。請決定材料的類型。如果取代的絕緣材料最少須能承受 250Pa 的降伏應力,新材料的黏性須是多少才能與一個能承受 450Pa 之剪應力的現有材料有相同的表現?

τ(Pa)	50	100	150	163	171	170	202	246	349	444
U(m/ s)	0	0	0	0.005	0.01	0.025	0.05	0.1	0.2	0.3

2.63 黏性離合器是由一對緊密放置的平行碟盤，中間夾著一層薄薄的黏性液體所構成，請利用液體黏度 μ，碟盤半徑 R，碟盤間距 a 以及角速度：輸入碟盤 ω_i 與輸出碟盤 ω_0，導出碟盤組的力矩以及傳輸的功率表示式。也請導出以 ω_i 與傳輸的力矩來表示的間隙比 $s = \Delta\omega/\omega_i$ 表示式。求以間隙比表示效率 η。

2.64 一同心圓柱黏度計如圖所示，黏度力矩是由內圓柱外圍的環狀間隙所產生，當內圓柱的平底在外圓柱固定不動的平底上旋轉時，會產生額外的黏性力矩，求環狀間隔寬度 a 內的流體所產生的力矩的代數表示式，並導出底部間隔高度 b 所產生黏性力矩的代數式。若想要維持底部力矩少於環狀力矩的百分之一的話，請作圖表示 b/a 比例比上其他幾何變數的圖。請問這樣的設計用意為何？你建議在設計上作哪種修正？

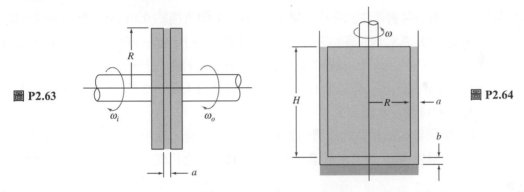

圖 P2.63　　　　　　　　　　　　　　　　圖 P2.64

2.65 圓錐尖軸在圓錐軸承內轉動，軸與軸承的間隔裝滿了重油，黏度為 30℃的 SAE 30。請求出作用於圓錐軸表面上的剪應力代數式。並計算作用於軸上的黏性力矩。

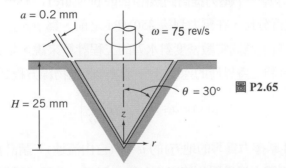

圖 P2.65

2.66 設計一同心圓柱黏度記來測量黏度與水相接近的液體黏度，目的是想要達到±1%的測量精度，請詳細說明該黏度計的結構與尺寸，並指出哪一些測量的參數會被用來表示液體樣本的黏度。

2.67 🖱

圖中為一個球型的止推軸承(thrust bearing)，球與承座間的間隙寬度為常數 h，求球上的無方向性力矩的代數式為角度 α 的函數及其示意圖。

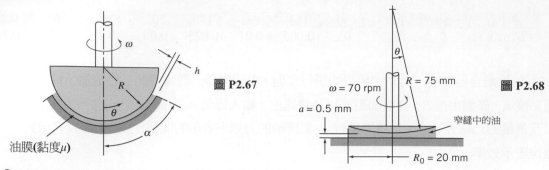

2.68

圖中為轉動軸承的橫切面，球體在平面上方距離 a 的位置以角速度 ω 轉動，窄縫裝滿了黏度 $\mu =$ 1250cp 的油，求作用於球體上的剪應力代數表示式。計算作用於所示情況下球體的最大剪應力為多少？(請問最大值必然位於最大半徑的位置嗎？)請導出代數式(以積分的形式)，來表示作用於球體的總剪應力。利用所示的尺寸，計算力矩的大小。

2.69 打開蘇打汽水瓶罐時會產生許多小氣體泡泡，泡泡平均直徑約 0.1mm，估算泡泡內外壓力差。

2.70 請慢慢將玻璃杯裝滿水到最高的液面，請近距離觀察一下液面，解釋為何它會高於杯緣呢？

2.71 你想要在大水槽內的水面上，緩緩放上幾根不鏽鋼的針頭，針頭有兩種長度：一些為 5cm 長，另外一些為 10cm 長，每一種長度的針頭都具有直徑為 1mm、2.5mm 以及 5mm 的規格，請預測一下哪一種針頭會浮在水面上？

2.72 規劃一實驗來測量與水相似的液體的表面張力，若可能，請複習 NCFMF 的影帶 Surface Tension 來尋求一些靈感。哪一種方法最適合用在大學實驗室之用呢？預估的實驗精確度為多少？

2.73

當計算靜壓變化時，水通常可以假設為不可壓縮，事實上，它的壓縮率比鋼鐵高出一百多倍，假設水整體的模數為常數，計算一下壓力提高到錶壓(gage pressure) 100 atm 時，密度的變化百分比。請繪圖表示，水密度變化百分比，在壓力到達 350MPa 之前，為 p/p_{atm} 的函數，這個高壓與目前用來切割水泥或是複合材料。請問常數密度對水刀的工程計算來說，是合理的假設嗎？

2.74 圖 2.15 所示之黏性流體之邊界層的速度分布可以一個拋物線方程式近似如下，

$$u(y) = a + b\left(\frac{y}{\delta}\right) + c\left(\frac{y}{\delta}\right)^2$$

邊界條件是外緣 δ 處(黏性摩擦力為零的地方)的 $u = U$(自由流速)。請計算 a，b 與 c。

2.75 圖 2.15 所示之黏性流體之邊界層的速度分布以一個三次方程式近似如下，

$$u(y) = a + b\left(\frac{y}{\delta}\right) + c\left(\frac{y}{\delta}\right)^3$$

邊界條件是外緣 δ 處(黏性摩擦力為零的地方)的 $u = U$(自由流速)。請計算 a，b 與 c。

2.76 一輛汽車的速度(以 km/h 為單位)最少需要達到多少才會明顯的感受到可壓縮性的效應？假設當地氣溫是 15℃。

2.77 水以的速率 $3.54 \times 10^{-5}\,\text{m}^3\,/\,\text{s}$ 流過內徑為 25mm 的花園澆水管。一個 127mm 長的圓錐形噴嘴套在水管口以加速水的流速。如果噴嘴降低水流截面積四分之一,請問距離噴嘴出口多遠之處水流開始變成紊流?假設水溫是 15℃

2.78 一架超音速飛機在高度 27km 處以 2,700km/hr 的速度飛行。請問飛機的馬赫數是多少?請問距離機翼翼尖多遠之處氣流開始由層流變成紊流?

2.79 20℃的水以 0.25m/s 的流速通過一根 5mm 直徑的管子,請問其雷諾數是多少?如果將管子予以加熱,請問平均水溫達到多少時水流會開始變成紊流?假設水流的速度保持不變。

2.80 溫度為 100℃的 SAE 30 滑油流經一根 12mm 直徑的不鏽鋼管。滑油的比重和單位重各是多少?如果滑油從這根鋼管釋放出來而在 9 秒之內裝滿了一根 100mL 的量筒,請問滑油的流動屬於層流還是紊流?

2.81 一架水上飛機以 160km/h 的速度穿越 7℃的空氣。距離機身下翼翼尖多遠之處層流會轉成紊流?在著陸並接觸水面期間,機身下翼的層流會如何變化?假設水溫仍是 7℃。

2.82 一架客機正以 700km/hr 的速度在 5.5 公里的高度飛行。當客機的飛行高度增加時,客機會調整它的速度使得馬赫數保持不變。畫張速度與高度圖。在高度 8km 之處客機的速度是多少?

2.83 請問飛機機翼的升力是如何產生的?

Experiments are the only means of knowledge at our disposal. The rest is poetry, imagination.

Max Planck

3

流體靜力學

3-1 流體靜力學基本公式

3-2 標準大氣壓

3-3 靜止流體的壓力變化

3-4 液壓系統

3-5 作用於浸面的靜壓力

3-6 浮力與穩定性

3-7 剛體運動下的流體(網頁版)

3-8 摘要和常用的方程式

專題研究　佛克耳克轉輪(Falkirk Wheel)

　　流體靜力學，研究靜止中的流體，是一門古老的學科，以致於人們認為不會有新的或是令人振奮的應用持續發展。蘇格蘭的佛克耳克轉輪卻是一個令人目眩神移的展現，它告訴世人情況並非如此；它是一個新穎的替代閘，是將船從一個水平面轉移到另一個水平面的設備。這個轉輪的直徑是 35m，由二套外形如反方向斧臂的斧(仿效塞爾特人的雙頭斧) 所組成。在斧臂端之軸承處有二個裝滿水的沉箱，即水箱，每個箱體的容積是 $300m^3$。流體靜力學的阿基米德(Archimedes) 原理，也就是我們將在這一章學習

佛克耳克轉輪

的，指出一個浮體排出的水重等同於其本身的重量。因此，船進入如圖的位在低處的沉箱後會排出與這艘船同樣重量的水進入位在高處的沉箱。這意謂整個轉輪始終是平衡的(兩側沉箱的總重一直相同，無論有沒有船)，因此，儘管質量巨大，它工作時繞轉 180 度需時不到 4 分鐘而耗用的動力甚微。為此使用了 22.5 千瓦(kW) 的電動馬達。所以這 4 分鐘內所耗用的電能大約是 1.5 千瓦小時(kWh)，即使以現在的電價來計算，所要支付的電費也不過幾分美元。

在第 1 章中,我們定義流體爲任何在剪應力作用下會流動(持續地形變)的物質。因此對處於靜止狀態的流體(或是正進行「剛體運動」的流體)而言,其受到的剪應力必爲零。我們可以下結論說,靜止的流體只會受到正應力作用——也就是,壓力。在這一章裡,我們將會探討流體靜力學的主題(通常稱爲 hydrostatics,雖然其探討的物質並不限於水)。

雖然說流體靜力學是流體力學問題中最簡單的一支,但這並不是我們研究它們唯一的原因。在很多實際情況下,靜止不動的流體內產生的壓力是一個重要的現象。利用基礎流體靜力學的概念,我們可以計算沉體所受的力,研發出測量壓力的裝置、推導大氣及海洋的性質、流體靜力學的概念也可以求解應用領域中液壓系統(像是工業壓製或是汽車煞車)所產生的力量。

在一個靜止且成分均勻的流體,或是剛體運動下的流體,流體粒子隨時都保有它的個體性,而且流體元素也不會形變。所以我們可以使用牛頓第二運動定律來計算作用於粒子的力量。

3-1 流體靜力學基本公式

本章第一個目標,是想要導出可以計算靜止流體的壓力場的公式。從我們日常生活經驗可以知道,壓力會隨著深度而增加。爲了解決這個問題,我們對圖 3.1 中的各邊長爲 dx、dy 與 dz,且質量爲 $dm = \rho \, d\forall$ 的微分流體元素使用牛頓第二定律。流體元素相對於圖中靜止的矩形座標系統是靜止不動的(剛體運動下的流體請見第 3-7 節的網頁版內容)。

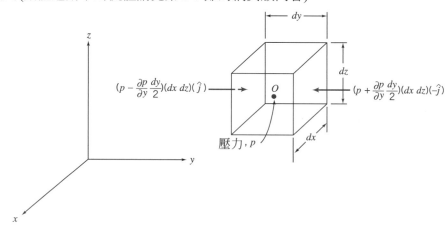

圖 3.1　微分流體元素及作用於 y 方向的壓力

從我們之前的討論,試著回想可能施加於流體上的兩種力:物體力(body force,或稱徹體力)以及表面力。大部分工程問題唯一必須考慮的物體力是由重力所造成。在某些情況下可能會存在電場或是磁場造成的物體力;但是這樣的情況在本書中不會予以考慮[1]。

作用在一個微分流體元素的物體力爲:

$$d\vec{F}_B = \vec{g}dm = \vec{g}\rho \, d\forall$$

---

[1]　磁場所造成的物體力效應請參看 NCFMF 影集《Magnetohydrodynamics》。

　　(參見http://web.mit.edu/fluids/www.shapiro/ncfmf.html提供的線上免費影片,影片雖舊但仍值得一看!)

其中 $\vec{g}$ 爲區域重力向量，ρ 爲密度，$d\rlap{\kern1pt\raise1pt\hbox{-}}V$ 爲微分元素的體積，在直角座標系統 $d\rlap{\kern1pt\raise1pt\hbox{-}}V = dx\,dy\,dz$，故

$$dF_B = \rho\vec{g}\,dx\,dy\,dz$$

靜止流體不會有剪應力存在。因此唯一的表面力爲壓力。壓力屬於一種純量場(scalar field)，$p = p(x, y, z)$，一般來說我們預期壓力會因於流體內所在的位置不同而不同。而位置的變動所造成的淨壓力，可以經由加總作用於流體元素六個面上的力量而得到。

令流體元素中心點 O 上的壓力爲 p，爲了求出流體元素六面上每一面的壓力，我們利用 O 點上壓力的泰勒展開式，微分流體元素左面上的壓力爲：

$$p_L = p + \frac{\partial p}{\partial y}(y_L - y) = p + \frac{\partial p}{\partial y}\left(-\frac{dy}{2}\right) = p - \frac{\partial p}{\partial y}\frac{dy}{2}$$

(因爲展開式的高階項在後續求算極限的過程中會趨近於零，所以可以忽略)。微分流體元素右面上的壓力爲：

$$p_R = p + \frac{\partial p}{\partial y}(y_R - y) = p + \frac{\partial p}{\partial y}\frac{dy}{2}$$

作用於微分單元的兩個 y 面的壓力作用力(pressure force)，如圖 3.1 所示。每一個作用力是三項因子的乘積，第一個是壓力的大小。壓力大小乘上作用面積得到作用力的大小，同時也加上單位向量以指出作用方向。請注意一下圖 3.1 中，每一面上的壓力是迎面作用的。正壓力相當於朝內壓縮的正應力。

同樣的方式也可以得到作用於流體元素另一側面的壓力。將所有的作用力加以結合，即可得到作用於流體元素的淨表面力。因此：

$$dF_S = \left(p - \frac{\partial p}{\partial x}\frac{dx}{2}\right)(dy\,dz)(\hat{i}) + \left(p + \frac{\partial p}{\partial x}\frac{dx}{2}\right)(dy\,dz)(-\hat{i})$$
$$+ \left(p - \frac{\partial p}{\partial y}\frac{dy}{2}\right)(dx\,dz)(\hat{j}) + \left(p + \frac{\partial p}{\partial y}\frac{dy}{2}\right)(dx\,dz)(-\hat{j})$$
$$+ \left(p - \frac{\partial p}{\partial z}\frac{dz}{2}\right)(dx\,dy)(\hat{k}) + \left(p + \frac{\partial p}{\partial z}\frac{dz}{2}\right)(dx\,dy)(-\hat{k})$$

移項並且相加相減之後，我們可以得到：

$$dF_S = -\left(\frac{\partial p}{\partial x}\hat{i} + \frac{\partial p}{\partial y}\hat{j} + \frac{\partial p}{\partial z}\hat{k}\right)dx\,dy\,dz \tag{3.1a}$$

括弧內的項稱爲壓力的梯度或是簡稱爲壓力梯度，可以寫成 grad p 或 ∇p。在直角座標系統中，

$$\operatorname{grad} p \equiv \nabla p \equiv \left(\hat{i}\,\frac{\partial p}{\partial x} + \hat{j}\,\frac{\partial p}{\partial y} + \hat{k}\,\frac{\partial p}{\partial z}\right) \equiv \left(\hat{i}\,\frac{\partial}{\partial x} + \hat{j}\,\frac{\partial}{\partial y} + \hat{k}\,\frac{\partial}{\partial z}\right)p$$

梯度可以視爲一個向量運算子；對純量場取梯度可以得到向量場。利用梯度的記號，3.1a 式可以寫成：

$$dF_S = -\operatorname{grad} p\,(dx\,dy\,dz) = -\nabla p\,dx\,dy\,dz \tag{3.1b}$$

實際上壓力梯度就是壓力所造成的單位體積表面力的負值。要提醒讀者的是,壓力大小於計算淨壓力中是無足輕重的。相反的,重要的卻是壓力隨著距離的變化率——即壓力梯度(pressure gradient)。在研讀流體力學的過程會不斷地遇到這個名詞。

將物體力與表面力的公式加以結合,得到作用於流體元素的總力。因此:

$$d\vec{F} = d\vec{F}_S + d\vec{F}_B = (-\nabla p + \rho\vec{g})\,dx\,dy\,dz = (-\nabla p + \rho\vec{g})\,dV$$

或是以每單位體積表示:

$$\frac{d\vec{F}}{dV} = -\nabla p + \rho\vec{g} \tag{3.2}$$

對於一個流體粒子而言,從牛頓第二定律可得 $\vec{F} = \vec{a}dm = \vec{a}\rho dV$。對於靜止流體而言,$\vec{a} = 0$。因此:

$$\frac{d\vec{F}}{dV} = \rho\vec{a} = 0$$

將 $d\vec{F}/dV$ 代入式 3.2,我們可以得到:

$$-\nabla p + \rho\vec{g} = 0 \tag{3.3}$$

讓我們再簡短地回顧一下這個公式。每一項的物理意義為

$$-\nabla p \qquad\qquad + \qquad\qquad \rho\vec{g} \qquad\qquad = 0$$

$$\left\{\begin{array}{l}\text{在某個點上單位}\\\text{體積的淨壓力}\end{array}\right\} + \left\{\begin{array}{l}\text{在某個點上單位}\\\text{體積的徹體力}\end{array}\right\} = 0$$

這是一個向量方程式,意思等同於三個方向的分量方程式而且必須個別的成立。分量的公式為:

$$\left.\begin{array}{lll} -\dfrac{\partial p}{\partial x} + \rho g_x = 0 & x & \text{方向} \\[3mm] -\dfrac{\partial p}{\partial y} + \rho g_y = 0 & y & \text{方向} \\[3mm] -\dfrac{\partial p}{\partial z} + \rho g_z = 0 & z & \text{方向} \end{array}\right\} \tag{3.4}$$

3.4 式表示靜態流體中三個座標軸方向上的壓力變化,為了更簡化,我們選用一個座標系統其中一個座標軸與重力向量對齊。若選用 z 軸為垂直向上的座標系統,如圖 3.1 所示,則 $g_x = 0$、$g_y = 0$ 且 $g_z = g$。在這些條件下,分量的公式變成:

$$\frac{\partial p}{\partial x} = 0 \quad \frac{\partial p}{\partial y} = 0 \quad \frac{\partial p}{\partial z} = -\rho g \tag{3.5}$$

3.5 式表示在這個假設情況下,壓力與 x 座標或 y 座標都無關;只與 z 座標有關。因此,既然 p 是單一變數的函數,我們可以用全微分來取代偏微分。經過這樣的簡化後,3.5 式最後變成

$$\frac{dp}{dz} = -\rho g \equiv -\gamma \tag{3.6}$$

限制規定：(1) 靜止流體。

　　　　　 (2) 唯一的物體力是重力。

　　　　　 (3) z 軸是垂直向上的方向。

於 3.6 式，γ 是流體的比重。這個公式是流體靜力學基本的壓力-高度關係式。這個關係式受限於前述規定。因此，只有在條件限制是合理的物理情況下，才可以使用該公式。為了求解靜止流體內的壓力分布，可將 3.6 式加以積分，並配合適當的邊界條件。

　　在考慮將這個方程式作特定的應用之前，請務必要記得，我們所描述的壓力值必須相對於一個參考基準值。若參考基準值為真空者，則壓力稱為絕對壓力(absolute pressure)，如圖 3.2 所示。

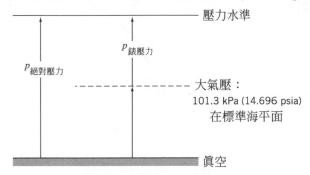

圖 3.2　絕對壓力與錶壓力，其中已顯示參考基準

　　大部分的壓力計所顯示的是壓力差(pressure difference)——量測出的壓力與周遭壓力(通常是大氣壓力)的差值。根據大氣壓力所得到的壓力值，則稱為錶壓力(gage pressure)。因此：

$$P_{gage} = P_{absolute} - P_{atmosphere}$$

　　例如，輪胎胎壓計顯示 207kPa 時，絕對壓力約是 308kPa。使用理想氣體方程式或是狀態方程式進行計算時，必須使用絕對壓力。

3-2　標準大氣壓

　　科學家和工程師有時需要一個地球大氣的數值模型或是解析模型，以便模擬氣候變化來研究，例如，全球暖化的影響。沒有單一個標準模型。一個國際標準大氣壓(ISA)已由國際民航組織(ICAO)制定；還有類似的美國標準大氣。

　　美國標準大氣的溫度曲線如圖 3.3 所示。在附錄 A 我們將其他相關的性質整理成海拔高度的函數並加以列表。於海平面之美國標準大氣則整理於表 3.1 中。

表 3.1　於海平面之美國標準大氣

性質	符號	SI
溫度	T	15°C
壓力	p	101.3 kPa (abs)
密度	ρ	1.225 kg/m³
比重	γ	—
黏度	μ	1.789×10^{-5} kg/(m · s) (Pa · s)

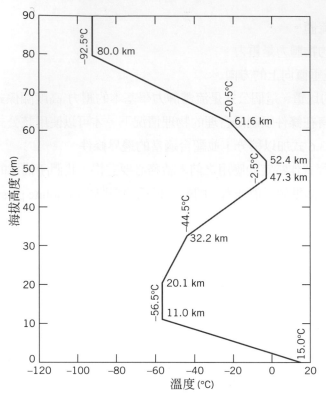

圖 3.3　美國標準大氣中溫度變化與海拔高度的關係

3-3　靜止流體的壓力變化

我們已經看到任何靜止流體中的壓力變化，可以用基本壓力－高度關係式。

$$\frac{dp}{dz} = -\rho g \tag{3.6}$$

雖然 ρg 可定義為比重量 γ，但在 3.6 式中已經寫成 ρg 以強調 ρ 與 g 都是必須考量的變數。為了將 3.6 式積分以獲得壓力分布，我們需要知道關於 ρ 以及 g 的變化情況。

就大部分工程實際應用而言，g 的變化可以忽略。只有在大範圍的海拔高度變化時，為了非常精確計算壓力改變，這才須考慮 g 的改變量。除非特別提到，我們將會假設在任一特定海拔高度位置的 g 為定值。

不可壓縮流體：壓力計

對不可壓縮流體來說，ρ= 常數。而當重力是常數的情況下，

$$\frac{dp}{dz} = -\rho g = 常數$$

為了求算壓力的變化，我們必須進行積分並採用適當的邊界條件。如果當參考基準為 z_0 時的壓力為 p_0，則位於高度 z 的壓力 p 可利用積分解出：

$$\int_{p_0}^{p} dp = -\int_{z_0}^{z} \rho g \, dz$$

或者

$$p - p_0 = -\rho g(z - z_0) = \rho g(z_0 - z)$$

對流體而言，通常將自由表面(參考基準)視爲座標系統原點，然後從自由表面以向下爲正向來測量高度，如圖 3.4 所示。

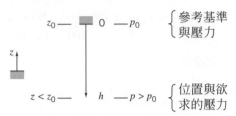

z_0 —■ 0 — p_0 ⎰參考基準
⎱與壓力

z↑

$z < z_0$ — ↓ h — $p > p_0$ ⎰位置與欲
⎱求的壓力

圖 3.4　如何使用 z 座標與 h 座標

如果 h 是以向下爲正的方式所測量，我們有：

$$z_0 - z = h$$

並得到

$$p - p_0 = \Delta p = \rho g h \tag{3.7}$$

3.7 式說明不可壓縮流體內兩點間的壓力差，可以經由測量點和點之間的高度差而獲得。這就是壓力計的用途。

範例 3.1 說明 3.7 式如何運用於血壓計。

範例 3.1　收縮壓與舒張壓

人類正常血壓爲 120/80mmHg，以 U 形管壓力計作爲血壓計壓力錶的模型，將這些壓力值轉換爲 kPa(錶)。

已知：錶壓爲 120 與 80mmHg。

求解：同樣壓力的 psig 單位值。

解答：

將靜壓方程式應用在 A、A' 與點 B。

控制方程式：

$$p - p_0 = \Delta p = \rho g h \tag{3.7}$$

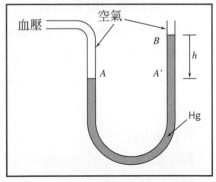

假設：(1) 靜止流體。

(2) 不可壓縮流體。

(3) 空氣密度可忽略(≪汞密度)。

在 A' 與 B 點間應用控制方程式(p_B 爲大氣壓力因此錶壓爲零)：

$$p_{A'} = p_B + \rho_{Hg} g h = SG_{Hg} \rho_{H_2O} g h$$

此外,當我們從 A' 點向下走到壓力表的底部時壓力會增加,而當我們回返到左側的 A 點時,壓力會回減相同的量,因此 A 與 A' 具有相同的壓力,所以我們可以說:

$$p_A = p_{A'} = SG_{Hg}\rho_{H_2O}gh$$

從附錄 A.1 中代入 $SG_{Hg} = 13.6$ 以及 $\rho_{H_2O} = 1000 \text{kg/m}^3$,可以得到收縮壓($h = 120\text{mmHg}$)

$$p_{systolic} = p_A = \frac{13.6 \times 1000}{1} \frac{\text{kg}}{\text{m}^3} \times 9.81 \frac{\text{m}}{\text{s}^2} \times 120 \frac{\text{m}}{100} \times \frac{\text{N} \cdot \text{s}^2}{\text{kg} \cdot \text{m}} = 16,000 \frac{\text{N}}{\text{m}^2} = 16 \text{ kPa}$$

同樣的方式,舒張壓($h = 80\text{mmHg}$)為

$$p_{diastolic} = 10.67 \text{ kPa} \longleftarrow \qquad\qquad\qquad\qquad p_{diastolic}$$

> **備註:**
> ✓ 連續而同一種流體中,相同高度的兩點具有相同的壓力。
> ✓ 壓力計的問題中,我們不考慮氣體壓力隨氣體高度而發生的變化。$\rho_{gas} \ll \rho_{liquid}$。
> ✓ 這個範例說明如何利用 3.7 式來將 mmHg 轉換成 psi:120mmHg 約等於 2.32psi。一般而言,1atm = 101kPa = 760mmHg。

壓力計是經常用來測量壓力的簡便又節省經費的方式。因為液面高度在壓力差較低時改變很小,U 形管壓力計可能很難做到很精確的測量。壓力計的靈敏度是壓力計與簡單而裝滿水的 U 形管壓力計相較下靈敏程度的指標。特別是,施加相同的壓力差下,靈敏度等於壓力計的傾斜長度與裝滿水之 U 形管壓力計的傾斜長度的比值 Δp。改變壓力計的設計或是利用兩種密度互異而不互溶的流體都可以提高靈敏度。範例 3.2 將示範如何分析斜管壓力計(inclined manometer)。

範例 3.2 斜管壓力計的分析

斜管壓力計如圖所示,請推導出施加壓力差 Δp 時,斜管內流體傾斜的長度,L,的通式。此外,請推導壓力計靈敏度的關係式,並且討論 D、d、θ 與 SG 等對靈敏度的影響。

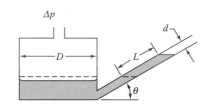

已知:斜管壓力計。

求解:利用 Δp 推導 L 的表示式。

　　　壓力計靈敏度的通式。

　　　參數值對靈敏度的影響。

解答:

利用平衡液面作為參考。

控制方程式: $p - p_0 = \Delta p = \rho g h$ 　 $SG = \dfrac{\rho}{\rho_{H_2O}}$

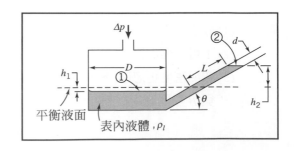

假設： (1) 靜止流體。

(2) 不可壓縮流體。

在點 1 與點 2 之間使用控制方程式，

$$p_1 - p_2 = \Delta p = \rho_l g(h_1 + h_2) \tag{1}$$

為了消掉 h_1，我們知道壓力計的流體體積維持不變；從槽內擠走的體積等於斜管中上升的體積，所以：

$$\frac{\pi D^2}{4} h_1 = \frac{\pi d^2}{4} L \quad 或 \quad h_1 = L\left(\frac{d}{D}\right)^2 \tag{2}$$

此外，根據壓力計的幾何形狀，$h_2 = L\sin\theta$。代入式 1 即可以得到：

$$\Delta p = \rho_l g\left[L\sin\theta + L\left(\frac{d}{D}\right)^2 \right] = \rho_l g L\left[\sin\theta + \left(\frac{d}{D}\right)^2 \right]$$

因此：

$$L = \frac{\Delta p}{\rho_l g\left[\sin\theta + \left(\dfrac{d}{D}\right)^2 \right]} \qquad\qquad\qquad\qquad\qquad \overset{L}{\longleftarrow}$$

要算出壓力計的靈敏度，我們需要將此長度與純水(密度 ρ)的 U 形管壓力計所產生的傾斜長度 h 作比較，

$$h = \frac{\Delta p}{\rho g}$$

因此靈敏度等於

$$s = \frac{L}{h_e} = \frac{1}{\mathrm{SG}_l\left[\sin\theta + \left(\dfrac{d}{D}\right)^2 \right]} \qquad\qquad\qquad\qquad \overset{s}{\longleftarrow}$$

其中我們使用了 $SG_l = \rho_l/\rho$。這個結果顯示了若想要增加靈敏度，SG_l、$\sin\theta$ 以及 d/D 都必須越小越好。因此設計者必須選擇量計用液以及兩項幾何參數才能完成這個設計，如同下面的討論。

■ 量計用液

量計用液的比重應該最小才能提高靈敏度，此外，量計用液必須很穩定(不具毒性揮發也不具可燃性)、與裝填入的流體須彼此不互溶、蒸發造成的損失達到最少、並具有理想的液面凹度。因此壓力計內的液體應該具有相對低的表面張力，而且可以染色以增加能見度。

表 A.1、A.2 與 A.4 列出了許多滿足這些需求的碳氫化合物流體，比重最小的約為 0.8，相較於水，可將靈敏度提高 25%。

■ 直徑比

圖中顯示當直式槽壓力計(vertical reservoir manometer)內裝了比重等於 1 的流體時，直徑比對靈敏度的影響。值得注意的是，$d/D = 1$ 相當於一般 U 形管壓力計，其靈敏度只有 0.5，因為在壓力計的每一邊都產生了一半的高度差。當 d/D 趨近於零時，靈敏度倍增到 1.0，這是因為大部分的高度改變都發生在進行量測的管中。

最小管徑 d 必須大於 6mm，才能避免額外的毛細管效應產生。最大的槽直徑 D 則受限於壓力計的尺寸。若將 D 設定為 60mm，使得 d/D 等於 0.1，則 $(d/D)^2 = 0.01$，靈敏度會提高到 0.99，這已經十分接近最大值 1.0。

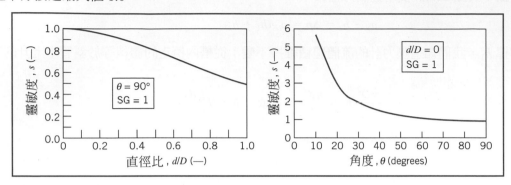

■ 傾斜角度

最後一張圖顯示當 $d/D = 0$ 時，傾斜角度對靈敏度的影響。當傾斜角度減少且低於 30 度之後，靈敏度急遽提高。實用的限制約為 10 度左右：當角度很小的時候，液面凹度會變得難以分辨，進而很難讀出高度差。

■ 總結

結合最佳數值(SG = 0.8、d/D = 0.1 且 $\theta = 10$ 度)可以得到壓力計靈敏度為 6.81。實際上這就是觀察到的量計用液的傾斜長度與等效水柱高度間的比值，因此，與垂直水柱相較之下，傾斜管的傾斜長度臂放大了 6.81 倍。在增加了靈敏度之後，比起純水式壓力計更能夠精確地量測到微小的壓力變化，或相同的精確度能夠用以辨別更小的壓力差。

針對這個範例分析我們在 *Excel* 活頁簿繪製了幾個圖表。這個活頁簿中的圖包含比較多的細節，畫出了於某些 d/D 與 θ 數值下的靈敏度曲線。

學生有時候會遇到如何分析使用數種不同流體之壓力計的處境，以下的法則十分有用：

1. 同一種流體之連續區間內，相同高度的兩點具有相同的壓力。

2. 如果往液柱下方移動，壓力會增加(就像游泳池潛水時壓力的變化一樣)。

為了算出不同流體之兩點間的壓力差 Δp，我們可以利用修正版的 3.7 式如下：

$$\Delta p = g \sum_i \rho_i h_i \tag{3.8}$$

其中 ρ_i 與 h_i 分別表示各種流體的密度與深度。使用符號標示深度 h_i 時要特別小心；其值往下為正號，往上則為負。範例 3.3 將會討論多壓力計在壓力量測上的應用。

範例 3.3　多種液體之壓力計

　　管 A 與管 B 中裝了水。倒 U 形管中上方區域所裝的則是潤滑油。汞位於壓力計彎曲部的底層。試求壓力差 $p_A - p_B$，其單位為 kPa。

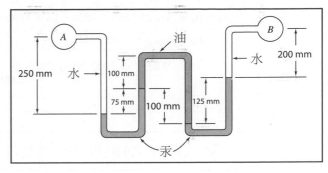

已知：如圖所示的多種液體的壓力計。

求解：壓力差 $p_A - p_B$，其單位為 kPa。

解答：

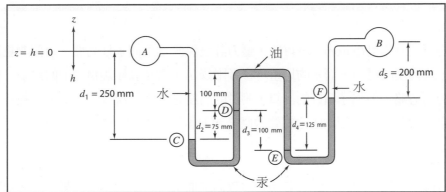

控制方程式：$\Delta p = g \sum_i \rho_i h_i$　　　$SG = \dfrac{\rho}{\rho_{H_2O}}$

假設：(1) 靜止流體。

　　　　(2) 不可壓縮流體。

　　利用控制方程式，分析點 B 到點 A 之間的壓力差：

$$p_A - p_B = \Delta p = g(\rho_{H_2O}d_5 + \rho_{Hg}d_4 - \rho_{oil}d_3 + \rho_{Hg}d_2 - \rho_{H_2O}d_1) \tag{1}$$

這個式子也可以重覆利用 3.7 式推導：

$$p_2 - p_1 = \rho g(h_2 - h_1)$$

由 A 點開始，沿著壓力計上各接連的高度使用上述方程式，可以得到：

$$p_C - p_A = +\rho_{H_2O}gd_1$$
$$p_D - p_C = -\rho_{Hg}gd_2$$
$$p_E - p_D = +\rho_{oil}gd_3$$
$$p_F - p_E = -\rho_{Hg}gd_4$$
$$p_B - p_F = -\rho_{H_2O}gd_5$$

將每一個方程式乘以 -1 並相加，我們可以得到上面的 (1) 式：

$$p_A - p_B = (p_A - p_C) + (p_C - p_D) + (p_D - p_E) + (p_E - p_F) + (p_F - p_B)$$

$$= -\rho_{H_2O}gd_1 + \rho_{Hg}gd_2 - \rho_{oil}gd_3 + \rho_{Hg}gd_4 + \rho_{H_2O}gd_5$$

代入 $\rho = SG\rho_{H_2O}$，並設定 $SG_{Hg} = 13.6$ 與 $SG_{oil} = 0.88$(根據表 A.2)，得到：

$$p_A - p_B = g(-\rho_{H_2O}d_1 + 13.6\rho_{H_2O}d_2 - 0.88\rho_{H_2O}d_3 + 13.6\rho_{H_2O}d_4 + \rho_{H_2O}d_5)$$

$$= g\rho_{H_2O}(-d_1 + 13.6d_2 - 0.88d_3 + 13.6d_4 + d_5)$$

$$p_A - p_B = g\rho_{H_2O}(-250 + 1020 - 88 + 1700 + 200)\ \text{mm}$$

$$p_A - p_B = g\rho_{H_2O} \times 2582\ \text{mm}$$

$$= 9.81\frac{\text{m}}{\text{s}^2} \times 1000\frac{\text{kg}}{\text{m}^3} \times 2582\frac{\text{m}}{1000} \times \frac{\text{N} \cdot \text{s}^2}{\text{kg} \cdot \text{m}}$$

$$p_A - p_B = 25.33\ \text{kPa} \qquad\longleftarrow\qquad\qquad p_A - p_B$$

這個範例說明 3.7 式與 3.8 式的使用方法。要使用哪一個式子，可以依個人喜好來決定。

大氣壓力可從壓力計(barometer) 得知，壓力計呈現測量到的汞柱高度。這個測量得到的高度可以利用 3.7 式轉換成壓力，而汞的比重可參考附錄 A，方法就跟範例 3.1 的討論一樣。雖然說汞的蒸汽壓力可忽略，但為了精確的計算，測量的高度必須經過溫度以及高度的校正，且表面張力的效果也必須考量進去。管中的毛細管效應是類似範例 2.3 中所繪的表面張力所造成。

氣體

在許多實際的工程問題中，密度會隨著海拔高度而變，想要精確的結果，就必須將這個變化量考量進去。如果密度可以被表達成 p 或是 z 的函數。則可壓縮流體內的壓力變化可以積分 3.6 式而得到。性質資料或是狀態方程式可用來得到所需的密度關係。幾種性質變化也可加以分析(請參見範例 3.4)。

氣體的密度一般是取決於壓力以及溫度。理想氣體狀態方程式，

$$p = \rho RT \tag{1.1}$$

其中 R 為氣體常數(請見附錄 A)，T 為絕對溫度，可精確模擬工程條件下大部分的氣體行為。然而，使用 1.1 式會引進氣體溫度成為額外的變數。因此，在 3.6 式積分之前，對溫度的變化還需要做額外的假設。

在美國標準大氣中，在海拔高度增加至 11.0km 之前，溫度隨著海拔高度呈線性遞減。對於隨海拔高度呈線性溫度變化 $T = T_0 - mz$，從 3.6 式我們得到：

$$dp = -\rho g\, dz = -\frac{pg}{RT}\, dz = -\frac{pg}{R(T_0 - mz)}\, dz$$

分離變數，然後從 $p = p_0$ 時的 $z = 0$ 積分到壓力為 p 的高度 z，可得：

$$\int_{p_0}^{p} \frac{dp}{p} = -\int_0^z \frac{g\, dz}{R(T_0 - mz)}$$

則

$$\ln\frac{p}{p_0} = \frac{g}{mR}\ln\left(\frac{T_0 - mz}{T_0}\right) = \frac{g}{mR}\ln\left(1 - \frac{mz}{T_0}\right)$$

而其壓力，對於溫度變化與海拔高度成線性關係之氣體，得出如下：

$$p = p_0 \left(1 - \frac{mz}{T_0}\right)^{g/mR} = p_0 \left(\frac{T}{T_0}\right)^{g/mR} \tag{3.9}$$

範例 3.4　大氣壓力與密度的變化

　　汽油或是柴油引擎最大輸出功率隨著海拔高度而遞減，原因是空氣密度的變化使得空氣的質量流率減少。一台卡車某一天從丹佛(海拔為 1,610m)離開，當地溫度以及大氣壓力分別為 27℃ 以及 630mm。這台卡車會通過威爾啞口(Vail Pass)(海拔高度為 3,230m)，其溫度為 17℃，試求威爾啞口地區的大氣壓力，並算出密度的變化百分比。

已知：卡車從丹佛開到威爾啞口

　　　丹佛：　$z = 1610$m　　　　威爾啞口：　$z = 3230$m

　　　　　　$p = 630$mmHg　　　　　　　　$T = 17℃$

　　　　　　$T = 27℃$

求解：威爾啞口的大氣壓力。

　　　丹佛與威爾啞口的空氣密度變化百分比。

解答：

控制方程式：$\dfrac{dp}{dz} = -\rho g$　　　$p = \rho RT$

假設：(1) 靜止流體。

　　　(2) 空氣視為理想氣體。

　　我們將考慮四種大氣特性隨高度而變化的假設。

(a)　若我們假設溫度的變化與海拔高度呈現線性關係，從 3.9 式知：

$$\frac{p}{p_0} = \left(\frac{T}{T_0}\right)^{g/mR}$$

計算常數 m，得到：

$$m = \frac{T_0 - T}{z - z_0} = \frac{(27 - 17)℃}{(3230 - 1610)} = 6.17 \times 10^{-3}\,℃/m$$

以及

$$\frac{g}{mR} = \frac{9.81\,\dfrac{m}{s^2} \times \dfrac{1}{6.17 \times 6^{-3}\,℃/m} \times \dfrac{1}{286.9\,J/kg \cdot K} \times \dfrac{N \cdot s^2}{kg \cdot m} \times \dfrac{J}{N \cdot m}}{} = 5.54$$

因此：

$$\frac{p}{p_0} = \left(\frac{T}{T_0}\right)^{g/mR} = \left(\frac{273 + 17}{273 + 27}\right)^{5.54} = (0.967)^{5.54} = 0.829$$

以及

$$p = 0.829\,p_0 = (0.829)630\,\text{mm Hg} = 522.3\,\text{mm Hg} = 69.6\,\text{kPa} \quad\longleftarrow \qquad p$$

特別注意的是，理想氣體狀態方程式的溫度，必須表示成絕對溫度。

密度變化百分率為

$$\frac{\rho - \rho_0}{\rho_0} = \frac{\rho}{\rho_0} - 1 = \frac{p}{p_0}\frac{T_0}{T} - 1 = \frac{0.829}{0.967} - 1 = -0.143 \text{ or } -14.3\% \qquad \longleftarrow \qquad \frac{\Delta\rho}{\rho_0}$$

(b) 若假設 ρ 為常數$(=\rho_0)$ 時

$$p = p_0 - \rho_0 g(z - z_0) = p_0 - \frac{p_0 g (z - z_0)}{RT_0} = p_0 \left[1 - \frac{g(z - z_0)}{RT_0} \right]$$

$$p = 513.3 \text{ mm Hg} = 68.4 \text{ kPa} \qquad \text{and} \qquad \frac{\Delta\rho}{\rho_0} = 0 \qquad \longleftarrow \qquad p, \frac{\Delta\rho}{\rho_0}$$

(c) 若我們假設溫度為常數,則

$$dp = -\rho g \, dz = -\frac{p}{RT} g \, dz$$

以及

$$\int_{p_0}^{p} \frac{dp}{p} = -\int_{z_0}^{z} \frac{g}{RT} dz$$

$$p = p_0 \exp\left[\frac{-g(z - z_0)}{RT}\right]$$

令 $T =$ 常數$= T_0$,

$$p = 523.8 \text{ mm Hg} = 69.8 \text{ kPa} \qquad \text{and} \qquad \frac{\Delta\rho}{\rho_0} = -16.9\% \qquad \longleftarrow \qquad p, \frac{\Delta\rho}{\rho_0}$$

(d) 對於絕熱的大氣而言,$p/\rho^k =$ 常數,

$$p = p_0 \left(\frac{T}{T_0}\right)^{k/k-1} = 559.5 \text{ mm Hg} = 74.6 \text{ kPa} \qquad \text{and} \qquad \frac{\Delta\rho}{\rho_0} = -8.2\% \qquad \longleftarrow \qquad p, \frac{\Delta\rho}{\rho_0}$$

　　我們可以發現當海拔高度變化不大的情況下,所預測出的壓力值與所做之大氣特性變化假設相關性不強,四個假設情況下得到結果的最大變化值為 9%。然而所預測的密度變化百分率就相當顯著。溫度隨高度呈現線性變化的假設,是最合理的假設。

這個範例指出,如何利用理想氣體方程式與基本的壓力-高度關係,藉此在不同的大氣條件假設下得到不同高度的壓力變化值。

3-4 液壓系統

　　液壓系統的特色就是壓力非常高,在這樣高的壓力下,靜壓的變化通常可以忽略,汽車的液壓煞車的壓力可高達 10MPa;飛機與機械液壓致動器的設計常常使壓力高達 40MPa,起重機的壓力更高達 70MPa。還有一些特殊用途的實驗測試設備,壓力更可高達 1000MPa!

雖然說流體在一般的壓力下通常視為不可壓縮的，但在高壓下密度的變化卻相當明顯。液壓流體的容積彈性模數在高壓下可能會有劇烈的變化。處理不穩定流體的問題時，流體的壓縮性與邊界結構的彈性(例如管壁)都必須加以考慮。像是水錘現象的噪音與液壓系統、致動器以及吸震器的震動這類問題的分析將很快的變得複雜，而這已經超過這本書所要探討的範圍了。

3-5 作用於浸面的靜壓力

既然我們已經知道靜止的流體中壓力是如何的變化，便可以進一步討論浸於流體之表面所受到的力量。

為了完全知道作用於浸面的作用力，我們必須先確定：

1. 力的大小。
2. 力的方向。
3. 力的作用線。

我們將一一討論平的以及有弧度的浸面。

平浸面的靜壓力

我們想要知道平浸面(plane submerged surface)的上側面所承受的靜壓力，如圖 3.5 所示。座標很重要：座標的選擇須能使浸面坐落到 xy 平面上，而且原點 O 位於平浸面(或其延伸面)以及自由面(free surface)的交線上。不但是作用力 F_R 的大小，我們也希望找出它作用於該浸面的所在位置(座標為 x' 與 y')。

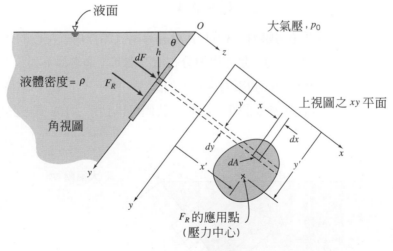

圖 3.5　平浸面

因為靜止流體中沒有剪應力，所以靜壓力會垂直地作用於任一個浸面單元。作用於浸面單元 $dA = dxdy$ 上的壓力為

$$dF = p\,dA$$

作用於浸面的合力可以將整個浸面上的無窮小的作用力加總而求得。

通常我們將作用力加總時,必須使用向量的觀念。然而,由於這個例子裡所有的無窮小的力都垂直於浸面,所以說合力也是一樣,其大小為:

$$F_R = \int_A p \, dA \tag{3.10a}$$

為了算出 3.10a 式的積分值,壓力 p 以及微分面積 dA 都必須以相同的變數表示。

我們可以利用 3.7 式來表示流體在深度 h 時的壓力 p 為

$$p = p_0 + \rho g h$$

在這個表示式中,p_0 為自由面($h=0$)上的壓力。

此外,我們可從此系統的幾何關係知道,$h = y \sin\theta$。使用這個式子與上述式子找出 3.10a 式中的壓力,

$$F_R = \int_A p \, dA = \int_A (p_0 + \rho g h) \, dA = \int_A (p_0 + \rho g y \sin\theta) \, dA$$

$$F_R = p_0 \int_A dA + \rho g \sin\theta \int_A y \, dA = p_0 A + \rho g \sin\theta \int_A y \, dA$$

積分結果等於浸面對 x 軸的面積一次矩,可以寫成

$$\int_A y \, dA = y_c A$$

其中 y_c 為面積 A 之形心(centroid)的 y 座標,因此,

$$F_R = p_0 A + \rho g \sin\theta \, y_c A = (p_0 + \rho g h_c) A$$

或者

$$F_R = p_c A \tag{3.10b}$$

其中 p_c 為面積 A 形心處的流體絕對壓力。3.10b 式可計算出流體作用於浸面的合力——包括大氣壓力 p_0 造成的影響。另一側面的壓力或是作用力分布情況為何,通常都不列入考量。然而,如果在這個側面上的壓力 p_0 與流體自由面的壓力相同,如圖 3.6 所示,則 F_R 中這個壓力的影響會被抵銷,假設我們想要得到此表面所承受的淨力的話,我們可以利用 3.10b 式,其中的 p_c 是錶壓而非絕對壓力。

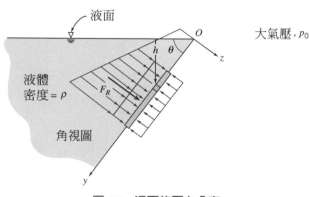

圖 3.6 浸面的壓力分布

我們可以使用 3.10a 式的積分式，或是 3.10b 式的結果來計算 F_R。重點在於，即使可以使用於形心處之壓力求得作用力，但該位置並不是力的作用位置！

我們接下來是求合力的位置(x', y')。我們先利用合力對 x 軸的力矩等於分布壓力所造成的力矩的概念，以求得 y'。將無窮小力 dF 對 x 軸作用的力矩加總，可以得到：

$$y'F_R = \int_A yp\, dA \tag{3.11a}$$

可以利用將 p 表示成 y 的函數並加以積分：

$$y'F_R = \int_A yp\, dA = \int_A y(p_0 + \rho gh)\, dA = \int_A (p_0 y + \rho g y^2 \sin \theta)\, dA$$
$$= p_0 \int_A y\, dA + \rho g \sin \theta \int_A y^2 dA$$

第一個積分是我們熟悉的 $y_c A$，第二個積分為 $\int_A y^2 dA$，也就是面積對 x 軸的第二力矩 I_{xx}。我們可以利用平行軸定理，即 $I_{xx} = I_{\hat{x}\hat{x}} + Ay_c^2$，將 I_{xx} 以標準的面積對形心之 $\hat{x}$ 軸的第二力矩取代，使用這些事實，可以得到：

$$y'F_R = p_0 y_c A + \rho g \sin \theta (I_{\hat{x}\hat{x}} + Ay_c^2) = y_c(p_0 + \rho g y_c \sin \theta)A + \rho g \sin \theta\, I_{\hat{x}\hat{x}}$$
$$= y_c(p_0 + \rho g h_c)A + \rho g \sin \theta\, I_{\hat{x}\hat{x}} = y_c F_R + \rho g \sin \theta\, I_{\hat{x}\hat{x}}$$

最後我們可以得到 y'：

$$y' = y_c + \frac{\rho g \sin \theta\, I_{\hat{x}\hat{x}}}{F_R} \tag{3.11b}$$

當大氣壓力 p_0 被納入考慮時，使用 3.11b 式來計算力於浸面之作用的 y' 位置是非常方便的。若另一側面受到相同的大氣壓力的話，我們可以使用 3.10b 式，並且略去 p_0，以計算出淨力：

$$F_R = p_{c_{\text{gage}}} A = \rho g h_c A = \rho g y_c \sin \theta\, A$$

而在這個情況下 3.11b 式就會變成：

$$y' = y_c + \frac{I_{\hat{x}\hat{x}}}{Ay_c} \tag{3.11c}$$

3.11a 式是計算合力作用之 y' 位置的積分方程式；當我們想要知道作用在浸面的合力時，3.11b 式是用來計算 y' 的一個十分有用的代數式；如果相同的 p_0 作用在自由面以及另一側面的浸面，當我們想要知道這種情況下的淨力時，則可以使用 3.11c 式來計算 y'。當另一側面的壓力不為 p_0 的情況時，我們可以分析浸面的上下側面，或是將兩側面之壓力分布轉換成淨壓力分布，創造出一個能使用 3.10b 式求解的系統且將其中的 p_c 視為錶壓。

請注意在任何情況下，$y' > y_c$——力的作用位置必然低於浸面的形心位置。這是有道理的——如圖 3.6 所示，壓力通常在較低的位置會比較高，使得合力往面的下方移動。

類似的分析法也可以用來計算 x'，即力在浸面作用的 x 位置。將無窮小作用力 dF 對 y 軸的作用力矩加總，我們可以得到：

$$x'F_R = \int_A xp\, dA \tag{3.12a}$$

跟以前一樣，我們可以將 p 表示成 y 的函數：

$$x'F_R = \int_A xp\, dA = \int_A x(p_0 + \rho gh)\, dA = \int_A (p_0 x + \rho gxy \sin\theta)\, dA$$

$$= p_0 \int_A x\, dA + \rho g \sin\theta \int_A xy\, dA$$

第一個積分式是 $x_c A$(其中 x_c 為形心與 y 軸的距離)。第二個積分式為 $\int_A xy\, dA = I_{xy}$。利用平行軸定理 $I_{xy} = I_{\hat{x}\hat{y}} + Ax_c y_c$，我們可以得到

$$x'F_R = p_0 x_c A + \rho g \sin\theta \left(I_{\hat{x}\hat{y}} + Ax_c y_c\right) = x_c(p_0 + \rho g y_c \sin\theta)A + \rho g \sin\theta\, I_{\hat{x}\hat{y}}$$

$$= x_c(p_0 + \rho gh_c)A + \rho g \sin\theta\, I_{\hat{x}\hat{y}} = x_c F_R + \rho g \sin\theta\, I_{\hat{x}\hat{y}}$$

最後，x 變成：

$$x' = x_c + \frac{\rho g \sin\theta\, I_{\hat{x}\hat{y}}}{F_R} \tag{3.12b}$$

當我們將大氣壓力 p_0 納入考慮的情況下，使用 3.12b 式計算 x' 十分方便。假設大氣壓力也對另一側面作用的話，我們可以再利用 3.10b 式並略去 p_0，以計算出淨力，在這種情況下 3.12b 式會變成：

$$x' = x_c + \frac{I_{\hat{x}\hat{y}}}{Ay_c} \tag{3.12c}$$

3.12a 式是用來計算合力作用的 x' 位置的積分方程式；當我們只對作用於浸面的力感到興趣時，3.12b 式可用來計算；當另一側面上的壓力為 p_0 且我們只對淨力是多少感到興趣時，3.12c 式就十分有用。

　　總而言之，從 3.10 到 3.12 式構成了完整的方程組，可用來計算流體靜壓力作用於浸面所造成之力的大小與位置。力的方向通常垂直於表面。

　　我們現在可以利用這些方程式來思考一些範例。在範例 3.5 中，我們同時利用方程式的積分式以及代數式。

範例 3.5　作用於傾斜的平浸面的合力

　　如圖中所示沿 A 邊以鉸鏈固定的傾斜表面，其寬度為 5m。試求空氣與水作用於傾斜表面上的合力 F_R。

已知：矩型閘門，固定於鉸鏈 A 且寬度為 $w = 5\text{m}$。

求解：閘門上空氣以及水的合力 F_R。

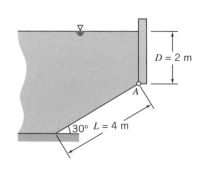

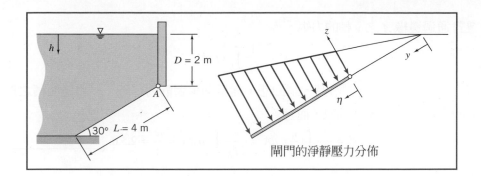

閘門的淨靜壓力分佈

解答：

為了完全求出 F_R，我們需要知道(a) 力的大小，以及(b) 力的作用線(該力的方向垂直於表面)。我們將利用(i) 直接積分(ii) 代數方程式解出。

■ 直接積分

控制方程式： $p = p_0 + \rho gh$ 　 $F_R = \int_A p\, dA$ 　 $\eta' F_R = \int_A \eta p\, dA$ 　 $x' F_R = \int_A x p\, dA$

因為同時作用於閘門上下面的大氣壓力 p_0 互相抵銷，我們可以使用錶壓($p = \rho gh$) 來處理。此外，雖然我們可以利用變數 y 進行積分，但這裡定義如圖中的變數 η 來進行積分的話會更方便。

利用 η 來表示 h 與 dA，則

$$h = D + \eta \sin 30^\circ \quad 且 \quad dA = w\, d\eta$$

用這些控制方程式來得到合力，

$$F_R = \int_A p\, dA = \int_0^L \rho g(D + \eta \sin 30^\circ) w\, d\eta$$

$$= \rho g w \left[D\eta + \frac{\eta^2}{2} \sin 30^\circ \right]_0^L = \rho g w \left[DL + \frac{L^2}{2} \sin 30^\circ \right]$$

$$= 999\, \frac{\text{kg}}{\text{m}^3} \times 9.81\, \frac{\text{m}}{\text{s}^2} \times 5\, \text{m} \left[2\, \text{m} \times 4\, \text{m} + \frac{16\, \text{m}^2}{2} \times \frac{1}{2} \right] \frac{\text{N} \cdot \text{s}^2}{\text{kg} \cdot \text{m}}$$

$$F_R = 588\, \text{kN} \qquad\qquad\qquad\qquad\qquad\qquad F_R$$

對於力的作用位置，我們計算 η' (與表面上緣的距離)，

$$\eta' F_R = \int_A \eta p\, dA$$

則

$$\eta' = \frac{1}{F_R} \int_A \eta p\, dA = \frac{1}{F_R} \int_0^L \eta p w\, d\eta = \frac{\rho g w}{F_R} \int_0^L \eta(D + \eta \sin 30^\circ)\, d\eta$$

$$= \frac{\rho g w}{F_R} \left[\frac{D\eta^2}{2} + \frac{\eta^3}{3} \sin 30^\circ \right]_0^L = \frac{\rho g w}{F_R} \left[\frac{DL^2}{2} + \frac{L^3}{3} \sin 30^\circ \right]$$

$$= 999\, \frac{\text{kg}}{\text{m}^3} \times 9.81\, \frac{\text{m}}{\text{s}^2} \times \frac{5\, \text{m}}{5.88 \times 10^5\, \text{N}} \left[\frac{2\, \text{m} \times 16\, \text{m}^2}{2} + \frac{64\, \text{m}^3}{3} \times \frac{1}{2} \right] \frac{\text{N} \cdot \text{s}^2}{\text{kg} \cdot \text{m}}$$

$$\eta' = 2.22\, \text{m} \quad \text{and} \quad y' = \frac{D}{\sin 30^\circ} + \eta' = \frac{2\, \text{m}}{\sin 30^\circ} + 2.22\, \text{m} = 6.22\, \text{m} \qquad\qquad y'$$

並且,考慮對通過邊緣 A 之 y 軸的力矩,

$$x' = \frac{1}{F_R} \int_A x\, p\, dA$$

在計算分布之力的力矩(上式右側)時,請回想,從早期學習靜力學時,x 須是面積之形心者。因為面積元素的寬度固定,則 $x = w/2$,而且

$$x' = \frac{1}{F_R} \int_A \frac{w}{2} p\, dA = \frac{w}{2F_R} \int_A p\, dA = \frac{w}{2} = 2.5\,\mathrm{m} \quad\longleftarrow\qquad x'$$

■ 代數方程式

如果使用代數方程式的話,我們必須仔細選擇適當的方程組。在這個問題中,我們知道閘門上下面都是 $p_0 = p_{\mathrm{atm}}$,所以使用 3.10b 式且 p_c 為錶壓,而求出淨力:

$$F_R = p_c A = \rho g h_c A = \rho g \left(D + \frac{L}{2}\sin 30°\right) Lw$$

$$F_R = \rho g w \left[DL + \frac{L^2}{2}\sin 30°\right]$$

這與直接積分得到的表示式相同。

壓力中心的 y 座標由 3.11c 式得知:

$$y' = y_c + \frac{I_{\hat{x}\hat{x}}}{Ay_c} \tag{3.11c}$$

對於傾斜的矩型閘門而言,

$$y_c = \frac{D}{\sin 30°} + \frac{L}{2} = \frac{2\,\mathrm{m}}{\sin 30°} + \frac{4\,\mathrm{m}}{2} = 6\,\mathrm{m}$$

$$A = Lw = 4\,\mathrm{m} \times 5\,\mathrm{m} = 20\,\mathrm{m}^2$$

$$I_{\hat{x}\hat{x}} = \frac{1}{12}WL^3 = \frac{1}{12} \times 5\,\mathrm{m} \times (4\,\mathrm{m})^3 = 26.7\,\mathrm{m}^2$$

$$y' = y_c + \frac{I_{\hat{x}\hat{x}}}{Ay_c} = 6\,\mathrm{m} + 26.7\,\mathrm{m}^4 \times \frac{1}{20\,\mathrm{m}^2} \times \frac{1}{6\,\mathrm{m}^2} = 6.22\,\mathrm{m} \quad\longleftarrow\qquad y'$$

壓力中心的 x 座標由 3.12c 式得知:

$$x' = x_c + \frac{I_{\hat{x}\hat{y}}}{Ay_c} \tag{3.12c}$$

對矩型閘門來說,$I_{\hat{x}\hat{y}} = 0$ 且 $x' = x_c = 2.5\,\mathrm{m}$。 $\quad\longleftarrow\qquad x'$

這個範例說明了:

✓ 積分以及代數方程式的使用。

✓ 利用代數表示法來計算淨力。

範例 3.6 作用於垂直平浸面的力其自由面之錶壓不為零

圖中所示為儲水槽側邊的垂直閘門。施加於自由面的壓力是 4790Pa(錶壓)，試求使閘門緊閉所需的力量 F_t。

已知：如圖所示的閘門。

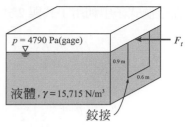

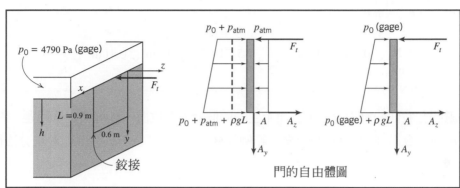

門的自由體圖

求解：使門緊閉所需的力量。

解答：

　　這一題需要門的自由體圖(free-body diagram，FBD)。門內與門外之壓力分布所形成的淨力(及其方向) 會加入 FBD 中。我們需要小心選擇用來計算合力及其位置的方程式。我們可以利用絕對壓力(示如 FBD 左側圖) 然後計算兩個作用力(左右面者)，也可以利用錶壓來算出作用力(示如 FBD 右側圖)。為了簡化，我們會利用錶壓，FBD 的右側圖明白告訴我們應該使用 3.10b 式與 3.11b 式，這兩個公式都是我們想要納入大氣壓力(p_0)的影響所推導出來的，或者換言之，也就是針對自由面上的錶壓不為零之類的問題。鉸鏈造成的作用力之分量為 A_y 與 A_z，作用力 F_t 可以利用對 A(鉸鏈)取力矩而得到。

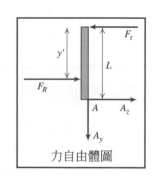

力自由體圖

控制方程式：

$$F_R = p_c A \qquad y' = y_c + \frac{\rho g \sin\theta I_{\hat{x}\hat{x}}}{F_R} \qquad \sum M_A = 0$$

合力與其位置為：

$$F_R = (p_0 + \rho g h_c)A = \left(p_0 + \gamma \frac{L}{2}\right)bL \tag{1}$$

且

$$y' = y_c + \frac{\rho g \sin 90° \, I_{\hat{x}\hat{x}}}{F_R} = \frac{L}{2} + \frac{\gamma bL^3/12}{(p_0 + \gamma \frac{L}{2})bL} = \frac{L}{2} + \frac{\gamma L^2/12}{(p_0 + \gamma \frac{L}{2})} \tag{2}$$

對 A 點取力矩，

$$\sum M_A = F_t L - F_R(L - y') = 0 \quad \text{或} \quad F_t = F_R\left(1 - \frac{y'}{L}\right)$$

在這個式子中利用 1 式與 2 式，我們可以得到：

$$F_t = \left(p_0 + \gamma\frac{L}{2}\right)bL\left[1 - \frac{1}{2} - \frac{\gamma L^2/12}{\left(p_0 + \gamma\frac{L}{2}\right)}\right]$$

$$F_t = \left(p_0 + \gamma\frac{L}{2}\right)\frac{bL}{2} + \gamma\frac{bL^2}{12}$$

$$= \frac{p_0 bL}{2} + \frac{\gamma bL^2}{6}$$

(3)

$$= 4790\,\frac{\text{N}}{\text{m}^2}\times 0.6\,\text{m}\times 0.9\,\text{m}\times\frac{1}{2} + 15,715\,\frac{\text{N}}{\text{m}^3}\times 0.6\,\text{m}\times 0.81\,\text{m}^2\times\frac{1}{6}$$

$$F_t = 2566\,\text{N} \quad\longleftarrow\qquad\qquad\qquad\qquad\qquad\qquad\qquad\qquad F_t$$

　　我們考慮門左右面的壓力分布，從而產生的兩個合力與位置，以解出這個問題。將這些力對 A 點的力矩加總也會得到相同的 F_t 值(參見範例 3.59)。注意式 3 可以利用直接積分法得到 (不需要個別求 F_R 與 y')：

$$\sum M_A = F_t L - \int_A y\,p\,dA = 0$$

> 這個範例說明了：
> ✓　當自由面上的錶壓不是零時，代數方程式的使用。
> ✓　利用靜力學的力矩公式計算所需施加的力量。

弧形浸面的靜壓力

　　對弧形的浸面來說，我們將再一次利用將浸面上的壓力分布加以積分而得到合力的表示式。然而，與平浸面不同的是，我們遇到一個更複雜的情況——每一點的壓力都垂直於浸面，但是因為其表面具有弧度，使得這些無窮小的面積元素的方向都不一樣。這表示沒辦法對全面積 dA 積分，而是需要對向量 $d\vec{A}$ 積分。這一開始將會使得分析過程很複雜，但是我們將會推導出一個簡單的解題技巧。

　　考慮如圖 3.7 中的弧面，作用在面積元素 $d\vec{A}$ 上的力量為：

$$d\vec{F} = -p\,d\vec{A}$$

其中負號表示力量作用在面上，而且方向與面的法線方向相反。合力為：

$$\vec{F}_R = -\int_A p\,d\vec{A} \tag{3.13}$$

我們可以寫成：

$$\vec{F}_R = \hat{i}F_{R_x} + \hat{j}F_{R_y} + \hat{k}F_{R_z}$$

其中 F_{R_x}、F_{R_y} 與 F_{R_z} 分別是 $\vec{F}_R$ 沿 x、y 與 z 方向的分量。

　　為了探討特定方向的分力，我們取該分力與既定方向的單位向量的純量積。舉例而言，對 3.13 式的左右側與單位向量 $\hat{i}$ 取純量積可得到：

$$F_{R_x} = \vec{F}_R \cdot \hat{i} = \int d\vec{F} \cdot \hat{i} = -\int_A p\, d\vec{A} \cdot \hat{i} = -\int_{A_x} p\, dA_x$$

其中 dA_x 為 $d\vec{A}$ 在垂直於 x 軸之平面上的投影(見圖 3.7)，負號表示合力的 x 分量是沿負的 x 方向。

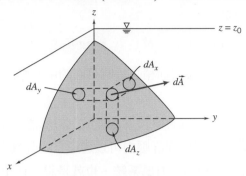

圖 3.7　弧形浸面

　　因為，在任何問題中，分力的方向可以利用觀察得到，所以說向量的使用不是很必要。一般說來，合力在 l 方向分量的大小為：

$$F_{R_l} = \int_{A_l} p\, dA_l \tag{3.14}$$

　　其中 dA_l 為面積元素 dA 垂直於 l 方向之平面的投影。合力之各分量的作用線可以利用各合力分量對已知軸的力矩，必等於相對應之分布力的分量對同一個軸的力矩而求得。

　　3.14 式可以用在水平方向的力 F_{R_x} 與 F_{R_y}。結果很有趣，對於具有同樣大小之投影面積的虛擬垂直平面，水平方向的力與此力作用的位置都會相同。請見圖 3.8，我們稱這水平力為 F_H。

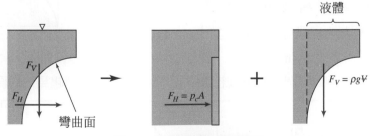

圖 3.8　作用於弧形浸面的力

　　圖 3.8 也說明了我們如何計算力的垂直分量：由於自由面與弧形浸面的另一側面承受的都是同樣的大氣壓力，所以垂直方向的淨力即等於該浸面所直接承載的流體重量。利用 3.14 式求合力的垂直分量大小，得到：

$$F_{R_z} = F_V = \int p\, dA_z$$

因為 $p = \rho g h$，

$$F_V = \int \rho g h\, dA_z = \int \rho g\, d\forall$$

其中 $\rho g h d A_z = \rho g d \mathcal{V}$ 是面積元素 dA_z 從弧形浸面向上延伸距離 h 到自由面之流體微分柱體的重量。合力的垂直分量可以沿整個浸面積分而求得。因此：

$$F_V = \int_{A_z} \rho g h \, dA_z = \int_{\mathcal{V}} \rho g \, d\mathcal{V} = \rho g \mathcal{V}$$

總結的說，對一個弧形浸面來說我們能用兩個簡單的公式來計算流體本身重量(沒有大氣壓力)所引起之水平和垂直方向的力分量，

$$F_H = p_c A \quad 及 \quad F_V = \rho g \mathcal{V} \tag{3.15}$$

其中 p_c 與 A 分別代表具有同樣大小投影面積之垂直平面的中心點的壓力和面積，而 $\mathcal{V}$ 代表弧形浸面上方的流體體積。

可以證明，垂直方向分力的作用線會直接通過弧面上方流體體積的重心(請見範例 3.7)。

我們已經說明了弧形浸面所承受的淨靜壓力可以透過它的分量來表現。請回想一下所學過的靜力學中，任何力系統都可以用一組力-力偶系統，也就是說，作用於某點的合力以及作用於該點的力偶來代表。若力向量與力偶向量互相垂直(如二維弧面的情況)，則其合力可以用一個具有唯一作用線之純力來代表。否則，合力可表示為「扳手(wrench)」，也具有唯一的作用線。

範例 3.7　弧形浸面上的分力

圖中的閘門以鉸鏈固定於點 O，而且固定的寬度 $w = 5\text{m}$。弧的方程式為 $x = y^2/a$，其中 $a = 4\text{m}$。閘門右邊的深度為 $D = 4\text{m}$。假設閘門的重力可以忽略，試求圖中施加的作用力 F_a 的大小為何，才足以維持閘門的平衡。

已知：1. 固定寬度 $w = 5\text{m}$ 為的閘門。

2. xy 平面上的弧方程式為 $x = y^2/a$，其中 $a = 4\text{m}$。

3. 閘門右邊的水深 $D = 4\text{m}$。

4. 力 F_a 作用如圖所示，閘門的重量忽略不計。(注意到，為簡潔起見，未顯示 O 處之反力。)

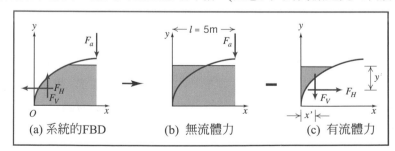

(a) 系統的FBD　　(b) 無流體力　　(c) 有流體力

求解：維持閘門平衡所需要的作用力 F_a。

解答：

求出水造成的水平力以及垂直力的方向與作用位置之後，我們再對點 O 取力矩。系統的自由體圖(FBD)如上圖(a)部分所示。在進行之前，我們必須思考如何計算 F_V，即流體力的垂直分量——

我們已經說過它等於(以大小與作用位置而言)弧浸面正上方的流體重量。然而，我們知道閘門正上方並沒有流體，但很明顯的流體確實施加了垂直方向的力！我們需要進行一個「假想實驗」，想像某個閘門兩側都有水的系統(空效果)，再剔除閘門正上方有水的系統(產生流體力)，這個邏輯關係如上圖所示：系統 FBD(a)＝無作用的 FBD(b) － 流體力的 FBD(c)。所以系統之垂直方向與水平方向的力，FBD(a)，與 FBD(c) 中所示者相等但方向相反。總而言之，垂直力 F_V 的大小與位置，可由閘門「上方」流體形心的重量與位置來決定；水平力 F_H 的大小與位置則可由等效的垂直閘門平面所承受之力的大小與位置來算出。

控制方程式： $F_H = p_c A$　$y' = y_c + \dfrac{I_{\hat{x}\hat{x}}}{Ay_c}$　$F_V = \rho g \cancel{V}$　$x' = $ 水的重心

對 F_H 而言，等效垂直閘門的形心、面積以及第二力矩分別為 $y_c = h_c = D/2$、$A = Dw$ 以及 $I_{\hat{x}\hat{x}} = wD^3/12$。

$$F_H = p_c A = \rho g h_c A$$
$$= \rho g \frac{D}{2} Dw = \rho g \frac{D^2}{2} w = 999 \frac{\text{kg}}{\text{m}^3} \times 9.81 \frac{\text{m}}{\text{s}^2} \times \frac{(4\text{m}^2)}{2} \times 5\text{m} \times \frac{\text{N} \cdot \text{s}^2}{\text{kg} \cdot \text{m}} \tag{1}$$
$$F_H = 392 \text{ kN}$$

且

$$y' = y_c + \frac{I_{\hat{x}\hat{x}}}{Ay_c}$$
$$= \frac{D}{2} + \frac{wD^3/12}{wDD/2} = \frac{D}{2} + \frac{D}{6}$$
$$y' = \frac{2}{3}D = \frac{2}{3} \times 4\text{ m} = 2.67\text{ m} \tag{2}$$

對 F_V 來說，我們需要計算出閘門「上方」的水重。為了做件事，我們定義一個微分柱體，體積為 $(D-y)wd_x$，並加以積分：

$$F_V = \rho g \cancel{V} = \rho g \int_0^{D^2/a} (D-y)w\,dx = \rho g w \int_0^{D^2/a} \left(D - \sqrt{a}x^{\frac{1}{2}}\right)dx$$
$$= \rho g w \left[Dx - \frac{2}{3}\sqrt{a}x^{\frac{3}{2}}\right]_0^{D^2/a} = \rho g w \left[\frac{D^3}{a} - \frac{2}{3}\sqrt{a}\frac{D^3}{a^{\frac{3}{2}}}\right] = \frac{\rho g w D^3}{3a}$$
$$F_V = 999 \frac{\text{kg}}{\text{m}^3} \times 9.81 \frac{\text{m}}{\text{s}^2} \times 5\text{ m} \times \frac{(4)^3\text{m}^3}{3} \times \frac{1}{4\text{ m}} \times \frac{\text{N} \cdot \text{s}^2}{\text{kg} \cdot \text{m}} = 261\text{kN} \tag{3}$$

這個力的 x' 位置可由位在閘門「上方」的水的形心位置求得。我們回想一下靜力學中，這個可以利用 F_V 的力矩等於微分重量對 y 軸力矩的總和的概念求得，故

$$x'F_V = \rho g \int_0^{D^2/a} x(D-y)w\,dx = \rho g w \int_0^{D^2/a} \left(D - \sqrt{a}x^{\frac{3}{2}}\right)dx$$
$$x'F_V = \rho g w \left[\frac{D}{2}x^2 - \frac{2}{5}\sqrt{a}x^{\frac{5}{2}}\right]_0^{D^2/a} = \rho g w \left[\frac{D^5}{2a^2} - \frac{2}{5}\sqrt{a}\frac{D^5}{a^{\frac{5}{2}}}\right] = \frac{\rho g w D^5}{10a^2}$$
$$x' = \frac{\rho g w D^5}{10a^2 F_V} = \frac{3D^2}{10a} = \frac{3}{10} \times \frac{(4)^2\text{ m}^2}{4\text{ m}} = 1.2\text{ m} \tag{4}$$

現在我們已經知道流體力，最後可以利用式 1 到式 4，對 O 取力矩(請小心使用正負號)：

$$\sum M_O = -lF_a + x'F_V + (D - y')F_H = 0$$

$$F_a = \frac{1}{l}\left[x'F_V + (D - y')F_H\right] = \frac{1}{5\text{ m}}\left[1.2\text{ m} \times 261\text{ kN} + (4 - 2.67)\text{ m} \times 392\text{ kN}\right]$$

$$F_a = 167\text{ kN} \xleftarrow{\hspace{5cm}} \qquad F_a$$

這個範例說明了：

✓ 使用垂直閘門平面方面的方程式計算水平方向的力，使用弧面上方之流體重量來計算垂直方
向的力。

✓ 用「假想實驗」，將弧面下方的流體問題轉換為上方的等效流體問題。

---

*3-6 浮力與穩定性

若物體沉浸於流體中，或是漂浮於液面，流體壓力作用於其上的淨垂直力稱之為浮力
(buoyancy)。圖 3.9 為一個完全沉浸於靜止流體中的物體。

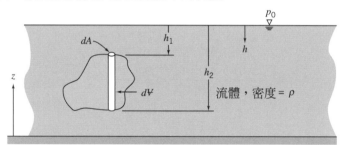

圖 3.9 沉浸靜止流體中的物體

由靜壓所作用於物體的垂直力，可以利用與圖 3.9 中類似的圓柱微分體積元素，很輕易的求
得。

請回想一下 3.7 式，該式可用來求解流體深度為 h 處的壓力 p，

$$p = p_0 + \rho gh \tag{3.7}$$

作用於元素的淨垂直力為：

$$dF_z = (p_0 + \rho gh_2)\,dA - (p_0 + \rho gh_1)\,dA = \rho g(h_2 - h_1)\,dA$$

但是$(h_2 - h_1)\,dA = d\forall$，元素的體積因此

$$F_z = \int dF_z = \int_\forall \rho g\,d\forall = \rho g\forall$$

其中 $\forall$ 為物體的體積。因此我們可以說，對一個沉體，流體的浮力等於與沉體同體積之流體重量。

---

* 這一節可以略過，對於教材的連貫性並不會有影響。

$$F_{\text{buoyancy}} = \rho g \Psi \tag{3.16}$$

這個關係是阿基米德在西元前 220 年所發現，當時是為了計算國王希羅二世的皇冠金的成分。因此，該關係式常被稱為「阿基米德原理」。在更近代的科技應用上，3.16 式是用來設計排水型船體、救生衣以及潛艇[1]。

沉體不一定為固體，氫氣泡泡，用來觀察水中的煙線以及時線(2-2 節)，具有正向的浮力；它們隨著流體一路流動時會緩緩的上浮。相反的，油中的水滴具有負向的浮力，傾向於向下沉。

汽船或是氣球稱為「空浮(lighter-than-air)」航空器，理想氣體的密度正比於分子量，所以說氫氣與氦氣的密度，比相同溫度與壓力下的空氣低，氫氣($M_m = 2$) 密度比氦氣($M_m = 4$) 低，但是十分容易燃燒，而氦氣卻為惰性。在 1937 年德國載人飛船興登堡(Hindenburg) 號發生悲慘的爆炸事件之後，氫氣就不再被作為商業使用了，利用浮力來產生上升力，請參考範例 3.8。

範例 3.8　熱氣球的浮力

熱氣球(直徑約為 15m 的球體)可用來載運一籃 2670N 的物體。請問空氣溫度必須加熱到多少度，才能使整個熱氣球上升？

熱空氣

標準狀態下的空氣

籃

已知：標準大氣，氣球直徑 $d = 15\text{m}$，且負載 $W_{\text{load}} = 2670\text{N}$。

求解：使氣球上升的熱空氣溫度。

解答：

利用浮力方程式解出空氣產生的上升力，並利用垂直力量的平衡關係式得到熱空氣的密度。之後再使用理想氣體方程式求得熱空氣溫度。

控制方程式：

$$F_{\text{buoyancy}} = \rho g \Psi \qquad \Sigma F_y = 0 \qquad p = \rho RT$$

假設：(1) 理想氣體。

(2) 大氣壓力分布均勻。

垂直力總和：

$$\Sigma F_y = F_{\text{buoyancy}} - W_{\text{hot air}} - W_{\text{load}} = \rho_{\text{atm}} g \Psi - \rho_{\text{hot air}} g \Psi - W_{\text{load}} = 0$$

移項並解出 $\rho_{\text{hot air}}$(利用附錄 A 中的資料)，

$$\rho_{\text{hot air}} = \rho_{\text{atm}} - \frac{W_{\text{load}}}{g \Psi} = \rho_{\text{atm}} - \frac{6 W_{\text{load}}}{\pi d^3 g}$$

$$= 1.227 \, \frac{\text{kg}}{\text{m}^3} - 6 \times \frac{2670 \, \text{N}}{\pi (15)^3 \text{m}^3} \times \frac{\text{s}^2}{9.81 \, \text{m}} \times \frac{\text{kg} \cdot \text{m}}{\text{N} \cdot \text{s}^2}$$

$$\rho_{\text{hot air}} = (1.227 - 0.154) \frac{\text{kg}}{\text{m}^3} = 1.073 \frac{\text{kg}}{\text{m}^3}$$

最後，為了要求得熱空氣的溫度，我們可以利用以下的理想氣體方程式：

$$\frac{p_{\text{hot air}}}{\rho_{\text{hot air}} RT_{\text{hot air}}} = \frac{p_{\text{atm}}}{\rho_{\text{atm}} RT_{\text{atm}}}$$

以及 $p_{\text{hot air}} = p_{\text{atm}}$

$$T_{\text{hot air}} = T_{\text{atm}} \frac{\rho_{\text{atm}}}{\rho_{\text{hot air}}} = (273 + 15)\text{K} \times \frac{1.227}{1.073} = 329\text{K}$$

$$T_{\text{hot air}} = 56°\text{C} \longleftarrow \qquad\qquad\qquad\qquad\qquad\qquad T_{\text{hot air}}$$

> 備註：
>
> ✓ 理想氣體關係式使用絕對壓力與絕對溫度。
>
> ✓ 這一題示範了對於空浮型航空器，其所受到的浮力超過航空器本身的重量——也就是說，被排出的流體(空氣)的重量大於航空器本身的重量。

式 3.16 預測完全沉浸於單一流體中的物體所受的淨垂直力。當僅有一部分浸在流體的時候，一個漂浮的物體會將等同其本身重量之流體排開。

浮力的作用線可用 3.5 節中所提到的方式求得，它會通過被排開體積的形心。因為漂浮的物體於浮力與物體力作用下處於平衡的狀態，浮力作用線的位置即決定了穩定性，如圖 3.10 所示。

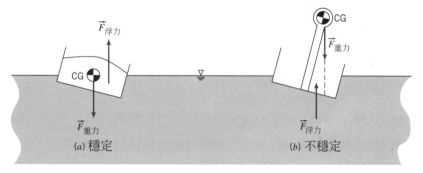

圖 3.10　浮體的穩定性

物體重量的作用會通過重心，CG。圖 3.10a 中，浮力與重量的作用線彼此相隔的距離，適足以產生一個扶正船體的力偶。圖 3.10b 中，力偶則傾向於使船體翻覆。

壓艙物則需要用來維持滾轉穩定性(roll stability)。木造的戰艦會在艙底放置石頭作為壓艙物，以補償甲板上重型大砲的重量。現代的船艦也一樣有穩定性的問題：當所有的乘客都集中在上甲板的同一側時，導致重心橫向移動，超載的渡船會因此翻覆。貨櫃船在甲板上堆放貨櫃時，需要特別小心來避免重心會提高到類似圖 3.10b 中所述的不穩定情況。

如果船隻的底部非常平坦，如圖 3.10a 所示，則當晃動角度變大時，可供回復為穩定狀態的力矩也會增加。在某些角度，通常是甲板的邊緣低於水平面時，可供回復的力矩會達到高點並開始減少。在某個大的擺動角度，力矩可能會變成零，這就是所謂的穩定消失角度(angle of vanishing stability)。若擺動超過這個角度的話，船艦可能會翻覆；若船體還是完好的話，船艦可能會以顛倒的狀態找到一個新的平衡。

可供回復力矩曲線的真實形狀取決於船殼形狀，當船樑較寬時會對浮力的作用線造成較大的側向偏移，因此產生較大的可供回復的力矩。而當吃水線以上的乾舷(自吃水線到甲板之間的船舷)較高時，會增加力矩曲線峰值的角度，但是高於這個角度之後力矩可能會急速下降。

　　帆船受風推動時，會受到較大的橫向力(強風下航行的帆船，通常必須以相當大的滾動角度航行)，來自側風的風力則必須利用船身下方延伸出的沉重龍骨來予以抗衡。如果是小型帆船，船員必須向外傾斜，以增加額外的回復力矩以防止船翻覆(參見參考文獻[2])。

　　在各式各樣的限制下，航行在水面上的船隻可以透過吃水的深淺而自動調整浮力。然而，完全在水面下運作的航行器則必須主動調整浮力與重力，以維持不沉不浮。對潛水艇而言，它是利用船艙引入海水的方式來減少過多的浮力，或是利用壓縮空氣將水排出來增加浮力[1]。汽船可以利用排氣來下沉，或是丟掉壓艙物來上升。熱氣球的浮力利用改變氣球內空氣的溫度來加以控制。

　　對深海的潛艦來說，就無法使用壓縮空氣了，因為海底的壓力很高(太平洋深度大於 10km；在這個深度的海水壓力大於 1000 大氣壓力！)。這時候像是汽油之類比海水輕的流體，或許可以提供浮力，不過因為汽油比水更容易壓縮，它的浮力會隨著潛水深度而減少。因此還是必須要攜帶並釋放壓艙物以形成正向浮力而回到水面。

　　對於汽船與潛艇而言在結構上效果最好的船體形狀是圓形的橫截面。浮力通過圓形的中心點，因此為了滾轉穩定性，重心必須低於船體的中心線，因此汽船船員的房間都位於船艙下方，來降低重心的位置。

3-7　剛體運動下的流體(網頁版)

3-8　摘要和常用的方程式

　　我們這一章裡複習了流體靜力學的基本概念。包括：

✓　推導向量型式的流體靜力學基礎公式。

✓　利用這個公式計算靜止流體中壓力的變化：
　　○ 不可壓縮流體：壓力隨深度均勻的增加。
　　○ 氣體：壓力隨海拔高度非均勻的降低(取決於其他的熱力學性質)。

✓　探討：
　　○ 錶壓與絕對壓力。
　　○ 壓力計與壓力計的使用方式。

✓　分析流體作用力的大小以及位置於：
　　○ 平浸面。
　　○ 弧形浸面。

✓　* 阿基米德浮力原理的推導與使用。

✓　* 剛體運動下的流體分析(網頁版)。

---

* 這些主題需要學過選讀的章節，但是在教學時略過這些章節並不會影響教材的連貫性。

注意：下表裡的大多數常用的方程式使用上有某些限制條件或者限制——進一步的細節請務必參閱它們的內文敘述！

常用的方程式		
靜壓變化	$\dfrac{dp}{dz} = -\rho g \equiv -\gamma$	(3.6)
靜壓變化(不可壓縮流體)	$p - p_0 = \Delta p = \rho g h$	(3.7)
靜壓變化(數種不可壓縮流體)	$\Delta p = g \displaystyle\sum_i \rho_i h_i$	(3.8)
浸面之靜壓力(積分型式)	$F_R = \displaystyle\int_A p\,dA$	(3.10a)
浸面之靜壓力	$F_R = p_c A$	(3.10b)
浸面之靜壓力的作用位置 y'	$y' F_R = \displaystyle\int_A yp\,dA$	(3.11a)
浸面之靜壓力的作用位置 y' (積分式)	$y' = y_c + \dfrac{\rho g \sin\theta I_{\hat{x}\hat{x}}}{F_R}$	(3.11b)
浸面之靜壓力的作用位置 y' (代數式)	$y' = y_c + \dfrac{I_{\hat{x}\hat{x}}}{A y_c}$	(3.11c)
浸面之靜壓力的作用位置 y' (忽略 p_0)	$x' F_R = \displaystyle\int_A xp\,dA$	(3.12a)
浸面之靜壓力的作用位置 x' (積分式)	$x' = x_c + \dfrac{\rho g \sin\theta I_{\hat{x}\hat{y}}}{F_R}$	(3.12b)
浸面之靜壓力的作用位置 x' (代數式)	$x' = x_c + \dfrac{I_{\hat{x}\hat{y}}}{A y_c}$	(3.12c)
弧形浸面之垂直方向與水平方向的靜壓力	$F_H = p_c A$ 及 $F_V = \rho g \forall$	(3.15)
沉體之浮力	$F_{\text{buoyancy}} = \rho g \forall$	(3.16)

我們現在已經完成對於流體力學基本概念的介紹。下一章我們將會開始探討運動中流體的議題。

參考文獻

[1] Burcher，R.，and L. Rydill，*Concepts in Submarine Design.* Cambridge，UK: Cambridge University Press，1994.

[2] Marchaj，C. A.，*Aero-Hydrodynamics of Sailing*，rev. ed. Camden，ME: International Marine Publishing，1988.

本章習題

◆ 題號前註有「*」之習題需要學過前述可被略過而不會影響教材的連貫性之章節內容。

3.1 壓縮氮氣儲存於直徑 $D = 0.75\text{m}$ 的球形槽內。氣體的絕對壓力為 25MPa，溫度為 25℃，請問槽內的質量為多少？若最大槽壁壓力為 210MPa，試求最低理論槽厚度為多少？

3.2 耳鳴是當壓力改變產生時，所造成的不舒服的現象，例如在快速上升的電梯裡，或是飛機上都有可能發生。如果有人正處於高度為 3000m 的雙人座飛機上，而且下降 100m 會讓產生耳鳴，則請問壓力的改變量是多少毫米汞柱？若飛機上升到 8000m 的高度，然後再次下降，請問再次發生耳鳴之前飛機下降了多少？假設是美國標準大氣。

3.3 當我們在山上煮水時，會發現水溫為 90℃。請問這個條件下的高度大約是多少？如果隔天位於某個沸點為 85℃ 的位置，則兩天之間爬了多高？假設是美國標準大氣。

3.4 由於壓力下降的關係，水的沸點會隨著高度而下降。因此，蛋糕的製作、煮蛋以及烹煮其他的食物時，所需的時間也會不同。在標準氣候下，高度為 1000m 與 2000m 時，試求水的沸點，並與海平面的沸點比較。

3.5 圖中管子裝了 20℃ 的汞。請計算作用於活塞上的力量。

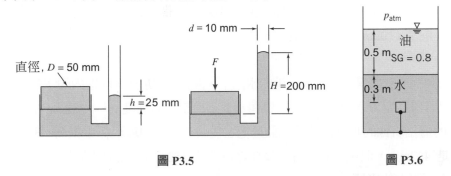

圖 P3.5　　　　　　　　　　圖 P3.6

3.6 邊長 125-mL 的橡木方塊利用繩索固定在水中。試求水對方塊底面的作用力，以及繩索的張力。

3.7 🖱

下述壓力和溫度測量數據是由一個氣象氣球升上低空大氣所測量到的：

p (in 10^3 Pa)	T (in ℃)	p (in 10^3 Pa)	T (in ℃)
101.4	12.0	97.8	10.3
100.8	11.1	97.2	10.8
100.2	10.5	96.6	11.6
99.6	10.2	96.0	12.2
99.0	10.1	95.4	12.1
98.4	10.0		

初始值(表最上一行) 相應於地表。使用理想氣體定律($p = \rho RT$ 其中 $R = 287\text{m}^2/(\text{s}^2 \cdot \text{K})$，計算並且畫出空氣密度(單位是 kg/m³)隨高度的變化情形。)

3.8 在海拔高度為 3,500m 的山上時你的壓力表顯示你的冰冷輪胎的壓力為 0.25MPa(gage)，請問該輪胎的絕對壓力是多少？如果將車輛行駛到海平面的高度之後，胎溫為 25℃，則所呈現出來的壓力是多少？假設是美國標準大氣。

3.9 中空的金屬立方體邊長為 100mm，懸浮於水與 SAE10W 油的交界處，使得 10%的立方體浸在油中。請問上下水平面間的壓力差為多少？立方體的平均密度為多少？

3.10 邊長 150mm 的立方體利用繩子懸浮於流體中，立方體上方為水平，自由面的下方則有 203mm。若立方體質量為 29kg，繩子張力為 $T=226$N，請計算流體比重為多少，並由此推知流體是哪一種。請問上表面與下表面的錶壓為多少？

3.11 直徑為 8mm 的氣泡從海平面下方 30m 處的潛水者水肺調節器中排出(水溫為 30℃)。請估計泡泡到達水面之前，直徑是多少。

3.12 假設海水整體彈性模數為定值，請導出密度變化與水面深度 h 的關係式。請證明結果可以寫成：

$$\rho \approx \rho_0 + bh$$

其中 ρ_0 為海水表面處的密度。請計算常數 b。然後利用逼近法，求解壓力變化與水面深度間的表示式。並求深度在 1000m 時逼近解所得到的壓力誤差百分比。

3.13 🖱

海洋學研究船沉入海面下方 10km 處，在這個極限深度下，海水的壓縮性變得十分顯著。可以假設海水體彈性模數維持為常數，以便於模擬海水行為。利用這個假設，並與海水深度 h 為 10km 時海水為不可壓縮的假設所計算的結果相比較。並計算之間密度與壓力的差異。請以百分比表示答案。請畫出 $0 \leq h \leq 10$km 範圍內的結果。

3.14 🖱

將一個顛倒的圓桶形容器慢慢地沉入水池的水面下。當水壓增加時，容器內的空氣以等溫的方式受到壓縮。請以容器高度 H 與沉入深度 h。請推導容器內部水的高度 y，並繪製 y/H 對 h/H 的圖形。

3.15 你用你的拇指將你的吸管頂端堵住並且把它從裝有可樂的玻璃杯中舉高。垂直地拿著它，吸管的總長度是 432mm，但是在吸管裡的吸住之可樂達 152mm。在你的拇指下之吸管裡的壓力是多少？忽略表面張力的影響。

3.16 一個裝滿了 5m 深水的水箱有一個查看蓋子(2.5cm×2.5cm 正方形)在它的底部，被一個塑膠支架所支撐。支架能撐持 40N 的重量。請問支架夠強嗎？如果是，水深度須達多少才足以將支架壓斷？

3.17 某個具有兩支垂直圓管的容器，其中圓管的直徑分別為 $d_1 = 39.5$ 與 $d_2 = 12.7$mm，並且裝有汞。下面左圖為平衡時的液面，黃銅製的圓柱體放置於大管中，使其浮在上面，如右圖所示。柱體的直徑 $D = 37.5$mm，高度 $H = 76.2$mm。請計算低液面處的壓力需為多少才能浮起柱體。求放進黃銅柱體後，汞的新的平衡液面 h 為多少？

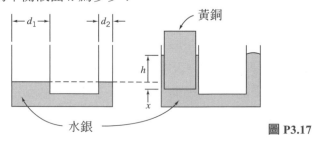

圖 **P3.17**

3.18 一個如圖所示的分隔槽中裝了水以及汞。請問左室內空氣的錶壓為多少？請問左室內空氣要被加壓到多少，才能使得水與汞成為自由面？

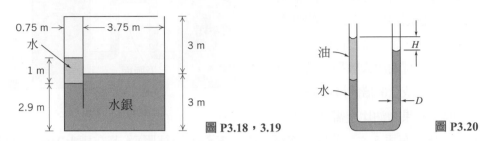

圖P3.18，3.19　　　　圖P3.20

3.19 習題 3.18 中的槽，若直接接觸大氣的右室被密封住，請問現在需要將左室的壓力加壓到多少，才能使得水與汞成為自由面？(假設右室中密封的空氣呈現等溫變化)。

3.20 壓力計由均勻內徑 $D = 6.35mm$ 的玻璃管所構成，如圖所示。U 形管部分裝有水。然後從左邊加入 $\mathcal{V} = 3.25cm3$ 的 Meriam 紅色油。當 U 形管兩根管腳都是開口而直接觸及大氣，請計算平衡高度 H。

3.21 已知如圖雙壓力計，請計算施加的壓力差。

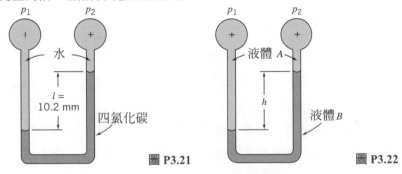

圖 P3.21　　　　圖 P3.22

3.22 圖中的壓力計裝有兩種流體。流體 A 的 SG $= 0.88$，流體 B 的 SG $= 2.95$。當所受壓力差為 $p_1 - p_2 = 860Pa$，請計算高度差 h。

3.23 圖中的壓力計裝了水與煤油。兩管都開於大氣，自由面高度差異為 $H_0 = 20.0mm$。求當壓力 98.0Pa(gage) 施加於右管時，高度差為多少？

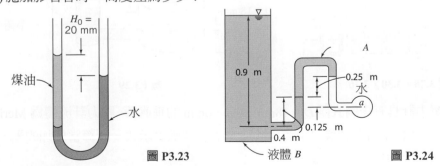

圖 P3.23　　　　圖 P3.24

3.24 求 a 點的錶壓為多少 Pa(gage)，假設流體 A 的 SG $=0.75$，流體 B 的 SG $=1.20$。a 點附近的流體為水，左邊槽開放於大氣。

3.25 NIH 公司的工程部門正評估一個複雜的 $80,000 雷射系統用來測量兩個大型儲水槽液面高度的差異。精確地測量出兩者間的細微差異是很重要的。你建議使用一個$200 的壓力計裝置來完成這項工作。而且密度低於水的油可用來得到 10：1 的彎月面放大效果；槽間液面差將可在壓力計中造成 10 倍的液面差。試求可造成 10：1 放大效果的油比重需為多少？

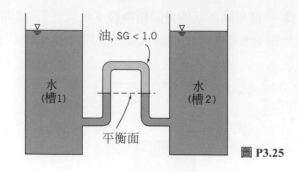

圖 P3.25

3.26 如圖所示的槽裝有汞、水、苯以及空氣。試求空氣壓力(錶壓)。若在槽上方開一個開口，求壓力計中汞的平衡液面高度。

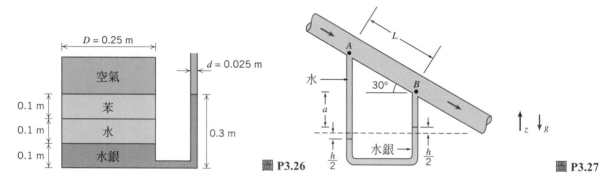

圖 P3.26

圖 P3.27

3.27 如圖所示，水沿著與水平朝下 30 度角傾斜的管往下流。部分歸因於重力以及部分歸因摩擦力所造成的壓力差為 $p_A - p_B$。請導出壓力差的代數式，若 $L = 1.5$m 且 $h = 150$mm，請計算壓力差。

3.28 四方形的槽，開口於大氣壓力，裝滿了深度為 2.5m 的水。U 形管壓力計與槽連接於槽底上方 0.7m 處。若 Meriam 藍色壓力計流體的零液面位於連接處下方 0.2m 處，試求將壓力計連接之後且所有空氣都自連接處被排出後的高度差 l。

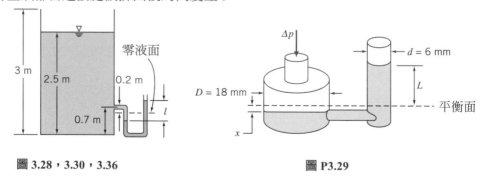

圖 3.28，3.30，3.36

圖 P3.29

3.29 一槽式壓力計具有一個直徑 $D = 18$mm 與 $d = 6$mm 的垂直管。壓力計流體為 Meriam 紅色油，當錶壓 Δp 作用於槽上時，請導出小管中液面差 L 的代數表示式。計算當施加的壓力等於 25mm 的水柱(錶壓)時，請計算一下高度差。

3.30 將習題 3.28 中的壓力計所用的流體換成汞(零液面位置不變)，槽口被封閉而且空氣壓力升高到錶壓 0.5atm，試求液面差 l。

3.31 為了方便，某個槽式壓力計使用比重為 0.827 的流體，以進行校正。槽的直徑為 16mm，(垂直) 管的直徑為 5mm，請計算 25mm 的水壓力差所需之垂直量尺的刻度間隔。

3.32 圖中斜管壓力計為 $D=76$mm 與 $d=8$mm，裝滿了 Meriam 紅色油。請計算施加 25mm 水柱高(錶壓)的壓力下，會使油沿著斜管產生 15cm 傾斜長度的角度 θ 為多少？求壓力計的靈敏度。

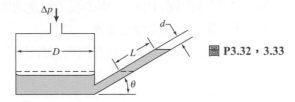

圖 P3.32，3.33

3.33 圖中斜管壓力計的 $D=96$mm 且 $d=8$mm。為增加並與普通的 U 型壓力計之傾斜長度 L 比達到 5：1，請問角度 θ 應該是多少？請計算該斜管壓力計的靈敏度。

3.34

有一名學生想要設計一個壓力計，希望靈敏度可以優於裝水且管徑不變的 U 形管。學生的想法是使用兩個不同直徑的管子以及兩種流體，如圖所示。若施加壓力 $\Delta p=250$N/m^2，請計算壓力計高度差 h。請計算該壓力計的靈敏度。請畫出壓力計的靈敏度與直徑比 d_2/d_1 的函數關係圖。

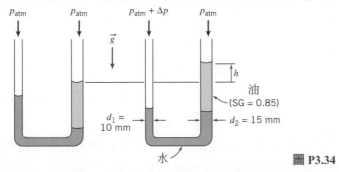

圖 P3.34

3.35 某壓力計的汞柱上方不慎被裝入了 165mm 的水(所以說壓力計頂端真空部分也有水蒸氣存在)。某天氣溫為 21℃，汞柱高度為 720mm(已考量熱膨脹效果)。請問壓力計壓力為多少 Pa？若大氣溫度上升到 29℃，壓力計壓力並未改變，請問汞柱會變長、縮短或不變？請說明其理由。

3.36 若習題 3.28 中的槽口被密封了，則水會緩慢地從槽底滲出，求整個系統平衡之後的傾斜長度 l 為多少。

3.37 直徑為 2.5mm 玻璃管內的水柱高度為 50mm。若表面張力為零的話，請問水柱高度為多少？如管直徑為 1.0mm，水柱高度又為多少？

3.38 一根開口的小管被插放在兩種不同密度且不互溶之流體的交界處，請推導一個關係式，將管內外界面的高度差 Δh，以管徑 D、兩流體密度 ρ_1 與 ρ_2，以及表面張力 ρ 和兩流體交界處的夾角角度 θ 來表示。若這兩種流體分別為水以及汞，求管徑須為多少才能使得 Δh 10mm。

3.39 你有一個由內徑為 1.1cm 的管子所構成的壓力計。壓力計的一側支管裝了汞，10cc 的油(SG =1.67)，且油內有 3cc 的氣泡。另一側支管則只裝汞。兩支管都是開口的，並且處於靜止的狀態。一個意外發生了，3cc 的油和氣泡從支管內被移除了。汞的液面高度改變了多少？

3.40 🖱

根據圖 3.3 中美國標準大氣的大氣溫度數據,計算並畫出壓力隨高度變化的情形,並與表 A.3 中的壓力數據相比較。

3.41 🖱

兩垂直玻璃板 300mm×300mm 置於裝水的開口槽內。兩張板子一邊的間隙為 0.1mm,另一邊為 2mm。請畫出從兩板一邊到另一邊之間水的高度變化曲線。

3.42 比較與空氣接觸的水在直徑 $D = 0.5$mm 圓管內,及在兩垂直且相隔 $a = 0.5$mm 的無限平行板內的毛細管效應的高度。

3.43 🖱

某天氣候和煦,緩和的逆溫現象導致從海平面到高度 4,900m 之間的大氣溫度一直維持在 29℃。請依照下列條件:(a) 計算大氣壓力減少 2% 時的高度變化。(b) 將密度減少 10% 所需的高度變化要多少?以及(c) 請畫出 p_2/p_1、ρ_2/ρ_1 與 Δz 的函數關係圖。

3.44 🖱

火星上的大氣行為視為理想氣體,平均分子量為 32.0,溫度固定在 200K。該星球的大氣密度 $\rho = 0.015$kg/m³,重力為 3.92m/s²,請計算在地表高度 $z = 20$km 時的火星大氣密度。請畫出密度與表面密度之比值與地表高度的函數關係圖。請將該數值與地球上的數據進行比較。

3.45 🖱

在科羅拉多州丹佛市的地平面上,大氣壓力與溫度為 83.2kPa 與 25℃。請計算高於丹佛市 2,690m 之派克峰上的大氣壓力,假設大氣為(a) 不可壓縮,(b) 絕熱。請畫出在這兩種情況下,丹佛市大氣壓力與地面大氣壓力之比值與高度的函數關係圖。

3.46 寬 1m、高 1.5m 的門位於水槽的垂直槽面上,門是以鉸鏈固定於槽面的上邊,該邊位於水面下 1m 處。大氣壓力作用於門的外側面,若水面的壓力等於大氣壓力,則對門底邊應施以多大的力才能防止門被打開?若水面的壓力升高到 0.5atm 錶壓,則對門底邊應施以多大的力才能防止門被打開?求出 F/F_0 的比值與水面壓力比值 p_s/p_{atm} 的函數關係(F_0 是 $p_s = p_{atm}$ 時所需的力)。

3.47 🖱

液壓式升降機包含了一組活塞汽缸組,用以升降機艙,儲存在以空氣加壓之收集槽內的液壓油,會經過閥門導流到活塞以升高升降艙。當升降機下降時,油則會回到收集槽內,設計一個最便宜的收集槽來滿足該系統的需求。假設要上升到 3 樓,最大承載人數為 10 人,最大系統壓力為 800kPa (錶壓),為了顧慮管線的彎曲強度,活塞直徑最少要 150mm,升降艙以及活塞總共的質量為 3000kg,都必須加以購買,請以系統操作壓力、活塞直徑、收集槽的體積與直徑以及壁厚等為函數,來進行分析。請針對貴公司整個升降機系統,討論須制定的安全功能,請問使用全氣壓設計或是全液壓設計會比較好嗎?為什麼?

3.48 🖱

寬 1m、高 1.5m 的門在水槽垂直槽面上,以鉸鏈固定於槽面上邊,該邊在水面下 1m。大氣壓作用於門的外側面,(a) 求所有流體對該門之合力的作用線及大小。(b) 若水面錶壓升到 0.3atm,合力及其作用線為何?(c) 畫出不同水面壓力比值 p_s/p_{atm} 下的 F/F_0 與 y'/y_c(F_0 是 $p_s = p_{atm}$ 時的合力)。

3.49 求在如圖所示之 A、B 和 C 各點，以及在兩個氣窟內的壓力。

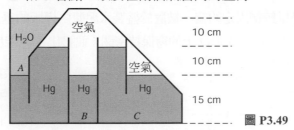

圖 P3.49

3.50 在裝水泥漿之模版的側面通常須有一個三角形的取用口，利用圖中的座標與尺寸，算出取用口上的合力與它的作用位置。

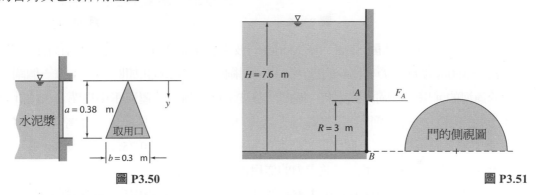

圖 P3.50　　　　　　　　　　　　　　　圖 P3.51

3.51 半圓形的平面閘門 AB 沿著 B 邊以鉸鏈固定，施加於 A 上的水平力 F_A 予以支撐著。閘門左側的流體是水，請計算維持平衡所需的力 F_A。

3.52 矩型的閘門(寬度 $w = 2m$)如圖中一樣以鉸鏈固定，在其下邊有一個門擋。請問深度 H 為多少時，門會被水衝開？

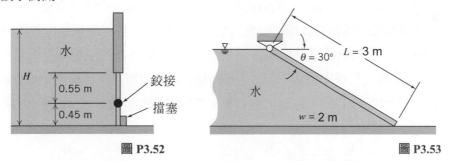

圖 P3.52　　　　　　　　　　　　　　　圖 P3.53

3.53 厚度固定的平閘門，如圖中一樣某深度的水阻攔著。求為保持閘門緊閉的最輕的門重需是多少？

3.54 🖱

已知一個半圓形的水槽，半徑為 R，長度為 L，若水槽裝了半滿的水並暴露於大氣，請導出一個靜壓力的作用線與大小的一般式。畫出介於水深範圍 $0 \le d/R \le 1$ 之間的結果(以無因次的形式呈現)。

3.55 有個裝茶用的馬克杯(直徑 63mm)，想像它被一個垂直面一切為二。請計算各半邊杯承受深 76mm 之茶水的力。

3.56

有一個等腰三角形且上邊以鉸鏈固定的窗,被置於盛裝水泥漿之模版的垂直牆面上。施力點 D 上的力最小為何,才能使得圖上的水泥形狀上的窗保持密閉。並畫出水泥深度範圍在 $0 \leq c \leq a$ 的結果。

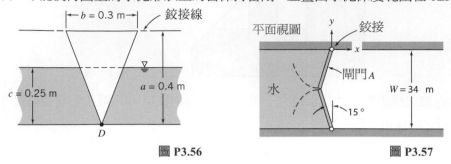

圖 P3.56   圖 P3.57

3.57 美國密西根州的蘇聖瑪麗(Sault Ste Marie)的波洛克(Poe Lock)閘門,用來封閉一個寬 W = 34m、長 L = 360m 以及深 D = 10m 的運河。這一對閘門的幾何形狀如圖所示;每一個閘門都以鉸鏈固定於運河的河壁。當閘門關閉時,閘門門邊被水壓強制地於運河正中央閉合。請計算水施於閘門 A 上的作用力。並求閘門作用於鉸鏈上之分力的方向及大小是多少?(忽略閘門重量。)

3.58 一片垂直牆是將預拌混凝土傾倒於模版間所製成。牆為 3m 高 0.25m 厚以及 5m 寬。請計算預拌混凝土對每一塊模版的作用力。並求力的作用線。

3.59 利用 72 頁所敘述的第一種方式,重解範例 3.6。已知分布力是由均勻的錶壓造成之力 F_1,以及由流體所造成的力 F_2 兩者相加的結果。請算出這些力以及其作用線。然後加總對鉸鏈軸取力矩以算出 F_t。

3.60 水塔圓形出水口的直徑為 0.6m,並沿著其外圍安裝了八個螺絲予以固定,若水塔直徑為 7m,出水口中心點位於水面下方 12m 處,求(a)出水口的總力,(b)適用的螺絲直徑。

3.61 是什麼原因使得橡膠輪胎得以撐住一輛汽車?大多數人會告訴你這是因為胎內的氣壓。不過,沿車輻(內輪)各方向的氣壓都是相同的,所以胎內由上向下推的氣壓與從下面向上推的氣壓是一樣大小的,對車輻沒有淨作用力。請試著解釋是何處的力將汽車撐離地面來化解這個矛盾。

3.62 圖中的 AOC 閘門寬為 1.8m,鉸鏈位於 O 點。忽略閘門的重量,求 AB 棒上的力,閘門於 C 點是被密封的。

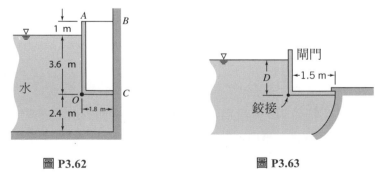

圖 P3.62   圖 P3.63

3.63 當矩型閘門左邊的水面上升,閘門會自動打開。請問鉸鏈上方的水深為多少時閘門會被打開。忽略閘門的質量。

3.64 圖中的閘門鉸鏈於 H 點，閘門為 3m 寬，垂直於圖中的平面。計算保持閘門緊閉在 A 點所需的力量。

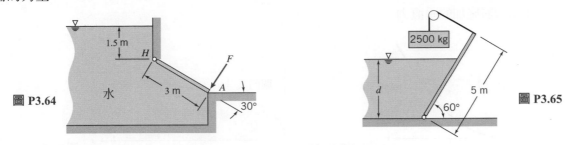

圖 P3.64

圖 P3.65

3.65 圖中的閘門為 3m 寬，為了便於分析，視為沒有質量。請問水深為多少時，矩型閘門會像圖中所示一樣的平衡？

3.66 🖱

建立一個水泥製成的水壩，用以攔住深度為 D 的水。為了建造方便，水壩的壁面必須為平面，如果你的上司要求你考慮以下的水壩截面：矩型、斜邊與水接觸的直角三角形，以及垂直邊與水接觸的直角三角形，並希望你求出哪一種形狀需要最少的水泥，則你報告將會是如何？如果你決定另外考慮一項可能性：一個像圖中一樣的非直角三角形。推導並畫出截面積 A 為 a 的函數關係圖，並求出最小截面積。

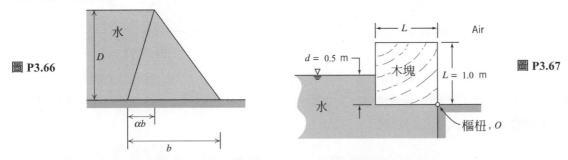

圖 P3.66

圖 P3.67

3.67 一個長的正方形木塊，繞一邊旋轉，當浸入水中到如圖中的深度時，木塊達到平衡。計算木頭的比重，若樞紐的摩擦力可以忽略的話。

3.68 於如圖所示的幾何形狀，作用於壩的垂直力是多少？台階高 0.3m，深 0.3m，以及寬 3m。

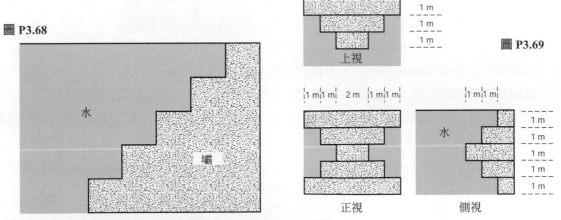

圖 P3.68

圖 P3.69

3.69 於如圖所示的壩，水作用於壩的垂直力是多少？

3.70 圖中一個拋物線形狀的閘門，寬為 2m，繞 O 點旋轉；$c = 0.25\text{m}^{-1}$、$D = 2\text{m}$ 且 $H = 3\text{m}$。求(a) 水造成之垂直力的作用線與大小，(b) 維持閘門平衡所需在 A 點所需施加的水平力與(c) 維持閘門平衡在 A 點所需施加的垂直力。

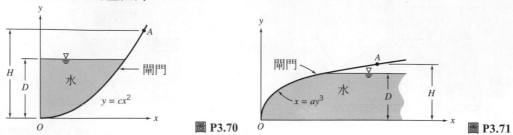

圖 P3.70　　　　圖 P3.71

3.71 圖中的閘門為 1.5m 寬，繞 O 點旋轉：$a = 1.0\text{m}^{-2}$、$D = 1.20\text{m}$ 且 $H = 1.40\text{m}$。試求(a) 垂直分力的大小及對 O 點的力矩，以及(b) 為了使閘門位置維持不變，在 A 點所需施加的水平力。

3.72 將水泥倒入圖中的模板($R = 0.313\text{m}$)，模版寬度 $w = 4.25\text{m}$ 並與垂直於圖面。計算水泥對模版所施加的垂直力大小，並標明它的作用線。

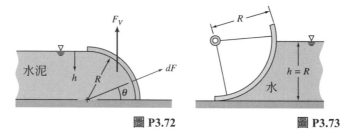

圖 P3.72　　　　圖 P3.73

3.73 被塑成弧形的洩洪閘門寬度為 wm。求所有流體作用於閘門上之力的垂直分力的大小與作用線。

3.74 一個開口槽裝了如圖示深度的水。大氣壓力作用於所有的槽外側面，求水作用於槽底弧形部分之力的垂直分力的大小及作用線。

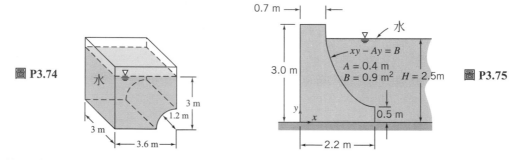

圖 P3.74　　　　圖 P3.75

3.75 某水壩跨沃巴什(Wabash)河而建，其截面如圖所示。假設水壩 $w = 50\text{m}$，水深 $H = 2.5\text{m}$，計算水對壩面施加之垂直力的大小以及作用線。請問水的力量足以推倒水壩嗎？在怎樣的情況下？

3.76 有一個閘門的形狀為四分之一圓，鉸鏈位於 A 點，於 B 點被密封，寬為 3m。閘門底部位於水面下 4.5m 處。若閘門由水泥製成，且 $R = 3\text{m}$，求 B 點門檔上方的力。

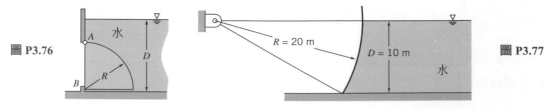

圖 P3.76　　　　圖 P3.77

3.77 用來控制俄亥俄河上的聯合鎮水壩水流的泰恩特(Tainter)閘門，如圖所示，閘門寬度 w = 35m。求水作用於閘門上的力之大小、方向以及作用線。

3.78 一個圓柱形溝的直徑爲 3m，長度爲 6m，求水作用於溝上之合力的大小與方向。

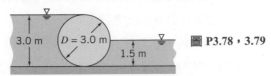

圖 P3.78，3.79

3.79 已知圓柱形溝，直徑爲 3m，長度爲 6m。若左邊流體的比重爲 1.6，右邊流體的比重爲 0.8，求合力的大小與方向。

3.80 直徑 D 的圓柱形原木抵住壩頂，水面與原木頂端一樣高，木頭的中心與壩頂一樣高。求(a)單位長度木頭的質量，(b)單位長度木頭與水壩之間的接觸力。

3.81 如圖所示，一個弧形面由 R = 0.750m 的四分之一圓柱所構成，表面爲 w = 3.55m 寬。水位於弧面的右邊，深度爲 H = 0.650m。請計算作用於弧面上的垂直靜壓力，以及這個力的作用線，並求出作用於弧面上之水平力的大小與作用線。

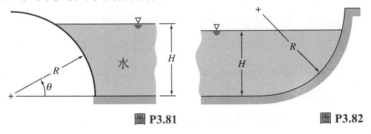

圖 P3.81　　　　　　圖 P3.82

3.82 🖱

一弧形浸面，形如四分之一圓柱，如圖所示，半徑 R = 0.3m。模版裝了深度 H = 0.24m 的水泥，寬度 w = 1.25m，計算水泥對模版所施加之垂直力的大小，並標明它的作用線。以及力的作用線，畫出水泥深度介於 $0 \leq H \leq R$ 範圍內的結果。

3.83 獨木舟的截面積可用曲線 $y = ax^2$ 表示，其中 a = 3.89m^{-1} 且座標的單位爲公尺。假設獨木舟沿整個長度 L = 5.25m 間，寬度都是 W = 0.6m，請導出一個式子，表示出獨木舟及其內容物之總質量與甲板外緣與水面距離 d 的關係式。獨木舟不會下沉的前提下，請計算獨木舟最大的負重能力。

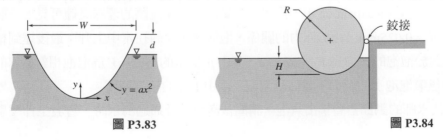

圖 P3.83　　　　　　圖 P3.84

3.84 🖱

圖中的圓柱由密度爲 ρ 的不可壓縮流體所支撐，並沿著它的邊被鉸鏈固定著。圓柱質量爲 M、長度爲 L、半徑 R 且沉浸的深度爲 H。試導出爲了使圓柱保持平衡，圓柱的比重與流體深度及圓柱半徑之比值 $\alpha = H/R$ 其中 $0 \leq \alpha < 1$ 的一般表示式。並畫出結果。

3.85 🖱

獨木舟的外型可用 $R = 0.35\text{m}$、$L = 5.25\text{m}$ 的直立半圓柱來表示。獨木舟浮在深度 $d = 0.245\text{m}$ 的水上,請導出一個代數方程式,將可以浮起的總質量(獨木舟與其內容物) 表示爲深度的函數。在已知的條件下求解其值。並畫出水深範圍介於 $0 \le d \le R$ 之間時的結果。

3.86 玻璃觀賞室設立於水族館底層的一角。水族館中裝了深度爲 10m 的海水,玻璃爲對稱地安裝於角落的球體,半徑爲 1.5m,的一部分。計算玻璃結構所承受之淨力的大小與方向。

*3.87 🖱

若球體體積爲 0.025m3,求其比重。請說明所有的假設。若將重物移走,則球體的平衡位置爲何?

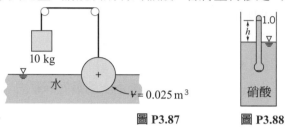

10 kg

水 $V = 0.025\,\text{m}^3$

硝酸

圖 P3.87   圖 P3.88

*3.88 比重計(hydrometer)爲一種比重的量測儀器,比重值是比重量尺柄(stem)浮於流體時,自由面的液面與之交界的刻度值。置於蒸餾水時,刻度 1.0 處即爲液面。依圖所示的單位,沉浸於蒸餾水中的體積爲 15cm^3。量尺柄的直徑爲 6mm。當比重計放置於比重爲 1.5 的硝酸溶液中時,試求從刻度 1.0 到液面的距離 h。

*3.89 請量化這句話,「(海水中時)僅看得到冰山一角」。

*3.90 一個人的脂肪-肌肉的比值可以利用測量比重求得。測量的方式是將身體浸於一缸水中並測量淨重。請導出人的比重表示式,式中包括人體在空氣中的重量、水中的淨重,以及水的 SG = $f(T)$。

*3.91 請量化阿基米德用來測定希羅(Hiero)國王皇冠材料的實驗。假設你夠測量出國王皇冠於空氣中的重量 W_a,以及在水中的重量 W_w,寫出皇冠的比重與這些測量到的數值之函數關係示。

*3.92 將開口的槽裝滿水。然後將厚度爲 $\delta = 1\text{mm}$,外徑爲 $D = 100\text{mm}$,高度 $H = 1\text{m}$ 且上面爲開口的金屬圓柱容器,慢慢地放入水中。請問從水槽溢出來的水體積爲多少?須在容器內可以放入多少個1kg的法碼才可以使它下沉?忽略表面張力的影響。

*3.93 在影片 Flow Visualization 中,使用了氫氣泡泡來使流體的煙線具體可見。一個普通的氫氣泡泡的直徑 $d = 0.025\text{mm}$,由於浮力的關係,泡泡會緩緩的在水中上升;最後達到相對於水的終端速度。水對於泡泡的拉力爲 $F_D = 3\pi\mu Vd$,其中 μ 爲水的黏度,V 爲泡泡相對於水的速度。試求作用於水中氫氣泡泡上的浮力。並估計泡泡在水中上升的終端速度。

*3.94 潛水伕水肺的調節器會排出氣泡。請問當泡泡上升通過海水時,會發生什麼事情?試解釋其理由。

*3.95 熱氣球是一項很受歡迎的運動,根據最近的報導,「熱空氣的體積必須很大,因爲空氣被加熱而高出周遭大氣溫度 65℃ 以上時也只能承載 2.83N/m^3,相較於氦氣與氫氣的承載能力分別爲 10.37 以及 11.15。」請檢查在海平面狀態下,該論述的正確性。並計算熱空氣比大氣溫度高出 120℃的效應。

*3.96 某熱氣球設計用於升起一個籃、兩名乘員、3 加侖燃料、雙筒望遠鏡、一架照相機、全球衛星定位系統、一台行動電話，兩個毯子、12 個糖果和這個氣球本身的配件(氣球面料、繩索，與火炬)。總質量估計為 450kg，計畫於夏季氣溫大約是 9°C 的清晨出發。火炬將加熱氣球內的空氣使之溫度達到 70°C。氣球內外的壓力都是「標準的」(101kPa)。這個氣球需要裝入多少熱空氣才足以製造出中性浮力？需要多少額外的體才足以保證垂直起飛的加速度為 0.8m/s² ？為此，考慮氣球和內部空氣都須被加速，以及一些周遭的空氣(這個氣球沿路排開者)。經驗法則是需要被加速的總質量等於這個氣球的質量、加上它的全部設備和它的空氣體積的兩倍。假使熱空氣的體積在飛行期間是固定的，當氣球駕駛員想要下降時，他們能做什麼？

*3.97 在與周遭的大氣壓力平衡的壓力下作業的科學研究用氣球，已被用來將儀器運送到極高的高度。有一個表面厚度為 0.013mm 的聚酯所構成的氣球，可將 230kg 的物體載運到 49km 的高度，該高度的大氣壓力為 0.95mbar 且溫度為 −20°C。氣球內氦氣的溫度約為 −10°C。外皮材質的比重為 1.28，試求氣球的直徑與質量，假設氣球為球形。

*3.98 氦氣球將重物運到高度為 40km 處，該位置的大氣壓力與溫度分別為 3.0mbar 與 −25°C。氣球蒙皮為比重 1.28 的聚酯類，厚度為 0.015mm。為了維持球形，將氣球加壓為 0.45mbar 錶壓。若表皮容許的表面張力為 62MN/m²，請問氣球最大的直徑可為多少？可以載重多少？

*3.99 如圖所示的 30kg 且體積為 0.025m³ 的質量塊可被沉入水中。一根圓木棒長 5m，截面積為 25cm²，連結於該重塊以及牆壁上，若棒重 1.25kg，請問平衡時角度 θ 為多少？

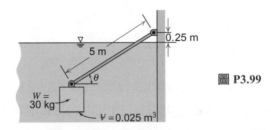

圖 P3.99

*3.100 用來量測比重的玻璃比重計的量尺柄，其直徑為 6mm。柄上所標示的刻度間隔是每 3mm 代表比重增加 0.1。若比重計浮在乙醇上，請計算表面張力造成的誤差大小與方向。(假設乙醇與玻璃間的接觸角為零度。)

*3.101 若習題 3.99 中的重塊 M 從棒上鬆脫，於平衡時有多少部分的棒還是浸在水中的？請問剛好要將棒頂舉過水面的話，所需的向上力的最小值為多少？

*3.102
半徑為 R 的球體，有一部分浸入比重為 SG 的流體中，浸入的深度為 d。試求作用於球上的浮力，並且將其表示為浸入深度 d 的函數。畫出水深度範圍在 0 ≤ d ≤ 2R 之間的結果。

*3.103 在一次伐木作業中，木材順流漂流到一家木材工廠。今年是個乾燥的年，並且河的水位很低，在某些位置低達 0.6m。可以用這種方式運送之木材的最大直徑是多少(木材和這條河的底部之間相隔最少 25mm) ？對於木材，SG = 0.8。

*3.104 半徑為 R 的球體是由比重 SG 的材料製成，並將該球體浸入一水槽中。如果將球體放在槽底的孔洞上方，且孔洞半徑為 a。請導出球會浮於水面的比重範圍的一般表示式。根據已知的尺寸，試求讓球維持在圖中位置所需最小的 SG。

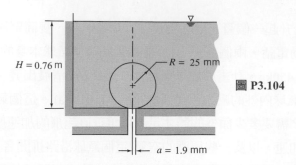

圖 P3.104

*3.105 有一個 $D = 0.3$m 且 $L = 4$m 的圓柱形木材,將其底端加上重物,使得這個木材可以垂直地浮在海水上,而且浸入深度為 3m。當木材自它的平衡位置放開時,於釋放時木材會沿垂直的方向震盪或是「浮浮沉沉」。請估計在浮浮沉沉模式下的震盪頻率。忽略黏性效應與水的運動。

*3.106 當你目睹泡沫柱(bubble plume;大質量的氣泡,類似於泡沫)爆發而衝向小船的船側時,你正置身於百慕達三角。你會想向船游去並身陷其中嗎?自右方引來之水和氣泡的有效密度是多少才足以造成小船下沉?你的小船船長是 3m,並且在兩種情況中,船的重量都是相同的。

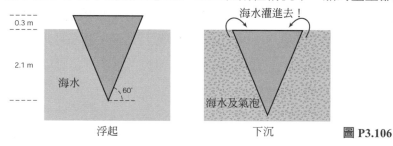

圖 P3.106

*3.107 一只倒對稱的碗於 BXYB 流體,SG $= 15.6$,中並被保持從碗邊沿碗的中心線量至深度為 178mm 之處。碗的高度是 75mm,碗內的 BXYB 流體升高 25mm。這只碗是獨一無二的。碗底內徑是 100mm,並且由某種古老的黏土配方,SG $= 5.7$,所製成。這只碗的體積約 0.918L。將它維持現有的位置需要多少力?

*3.108 將圓錐漏斗倒放,並且慢慢地沉入容器中的水中。請說明若漏斗口開放於大氣時,欲將漏斗下沉所需的力量。請與當漏斗口被塞住時將漏斗下沉所需之力做比較。

*3.109 有一種兒童玩具稱為「浮沉潛水伕」,這種玩具是將一個迷你的「潛水伕」丟入水柱中,當水柱上方的隔膜往下推時,潛水伕會沉到底部。當隔膜移去,潛水伕會再度上升。請說明這個玩具的運作方式。

*3.110 有的海洋救難方案是將空氣打入放置於海底沉船附近的「氣袋」中,請評估這個方案的實用性,並以分析來強化你的論點。

*3.111 三顆鋼球(每顆直徑約為半英寸)平放在一個浮於水桶內的塑膠殼片。某人自殼片上拿起鋼球並且小心翼翼的將之垂放到水桶的底部,留下空的塑膠殼片浮在水面上。請問水桶的水面高度會發生什麼變化?升高、降低、還是保持不變?試解釋其理由。

*3.112 將一個類似於範例 3.10(網頁版)所分析過的圓柱形容器,以不變的角速度繞轉其軸。圓柱直徑為 0.3m,而且一開始裝有深度為 100mm 的水。試求容器的最大轉速為多少時,流體的自由面會剛好處碰到容器的底部?前述答案是否與流體的密度有關?試解釋其理由。

*3.113 一個原始的加速器是由如圖所示裝了流體的 U 形管做成的。請以液面差 h、管的幾何形狀以及流體性質，導出加速度 $\bar{a}$ 的表示式。

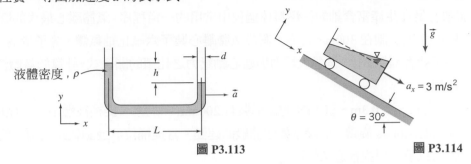

圖 P3.113   圖 P3.114

*3.114 裝了水的矩型容器承受如圖所示之右下方向的加速度，請利用圖中的座標系統計算自由面的斜率。

*3.115 圖中 U 形管裝了 $T = 20℃$ 的水。這個管子的 A 點是密封的，但 D 點處與大氣相通。該管繞轉垂直軸 AB。根據圖中所示的尺寸，假設沒有任何氣洞，請計算其最大角速度。

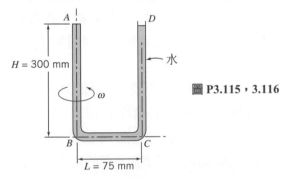

圖 P3.115，3.116

*3.116 若習題 3.115 中的 U 形管以 200rpm 旋轉，請問 A 點處的壓力為多少？若在 A 點產生了小小的漏洞，請問在 D 點會漏出多少水？

*3.117 離心微型壓力計可以用來在空氣中產生很小並精密的壓力差，以便於進行精密的量測作業。該裝置包括了旋轉產生軸向壓力差的一組平行碟。兩碟之間沒有流動。請以轉速、半徑以及空氣密度來表示此壓力差。請計算當裝置的半徑為 50mm 時，為了產生 8μm 的水壓力差，其所需的轉速為多少？

*3.118 一個測試管以轉速 $\omega = 1000$rev/s 進行離心旋轉，管的固定座裝在一個樞紐上，使得轉速增加時，管會往外擺動。於高速時，管幾乎呈水平。試求(a) 位於半徑處流體元素之加速度的徑向分量，(b) 徑向壓力梯度 $\partial p / \partial r$ 以及(c) 若管裝了水，底部最大壓力為多少？(自由面以及底部半徑分別為 50mm 與 130mm。)

*3.119 邊長為 80cm 的立方盒裝填了一半的油(SG = 0.80)，承受了一個大小不變且平行於其一邊的水平加速度 0.25g。試求自由面的斜率以及作用於盒子水平方向之底部的壓力。

*3.120 某矩型容器，底面尺寸為 0.4m × 0.2m 且高度為 0.4m，其中裝有 0.2m 深的水；空容器的質量為 10kg。容器放置於和水平夾角為 30 度的傾斜面上，若容器與平面間的滑動摩擦係數為 0.3，試求水之自由面與水平面的夾角。

*3.121 若習題 3.120 中的容器滑動而無摩擦力,試求水自由面與水平面的夾角。請問以相同加速度沿斜面向上運動時,自由面的斜率為多少?

*3.122 氣體離心是在生產富含鈾的核燃料棒過程中常用的一道程序。氣體離心最大的圓周速度由於應力上的顧慮而被限制在 300m/s 左右。假設氣體離心裝了六氟化鈾氣體,分子量為 $M_m = 352$,其行為如理想氣體者。請導出一個最大壓力與離心軸壓力之比值的關係式。計算於氣體溫度為 325 ℃時的壓力比值。

*3.123 直徑為 0.3m、深 0.3m、重 13N 的提桶裝有 200mm 深的水。提桶被懸吊在半徑為 0.9m 的垂直環上,以速度 4.6m/s 旋轉。假設水如剛體般的運動。當提桶位於運動軌跡之頂點的瞬間,請計算繩索的張力以及水對提桶底部的壓力。

*3.124 將裝有飲料的罐子放在兒童的旋轉木馬的外沿,距轉軸中心 $R = 1.5m$ 處。罐子直徑與高度分別是 $D = 65mm$ 與 $H = 120mm$。罐中所裝的是半滿蘇打水,比重為 SG $= 1.06$。若旋轉木馬以每秒 0.3 轉的速度轉動,請計算罐中流體自由面的斜率。並計算罐子可能灑出下的轉速,假設罐底與旋轉木馬之間沒有滑動現象。請問罐子會灑出蘇打水或是滑離旋轉木馬?

*3.125 將水球往下拉使其沉入游泳池的水面,並於靜止狀態下放開,我們發現水球會迸出水面。請問你覺得水球迸的高度與其沉入水面的深度兩者間有何關係?你認為海灘球是否也會有相同的結果?網球呢?

*3.126 鑄鐵或是鋼模常被使用於水平鑽床中,以製造管狀的鑄件,例如軸襯及圓管。將一定量熔融的金屬倒入轉動的模子中。而轉動加速度使得鑄件產生均勻的壁厚。這個的程序製造出長度為 $L = 2m$、外徑為 $r_o = 0.15m$ 且內徑為 $r_i = 0.10m$ 的軸襯。為了得到均勻的厚度,最低的轉動加速度應為 $10g$。試求(a)所需的角速度,以及(b)模具表面承受的最大以及最小壓力。

*3.127 如習題 3.120 的分析,測量流體容器滑下斜面時之自由面的斜率,可以求得兩個表面間的滑動摩擦係數,請探討一下這個想法的可行性。

Physicists like to think that all you have to do is say, these are the conditions, now what happens next?

Richard Feynman

4

控制體積的
基本方程式積分形式

4-1 系統的基本定律

4-2 系統導數與控制體積公式的關係

4-3 質量守恆

4-4 慣性控制體積的動量方程式

4-5 直線加速下控制體積的動量方程式

4-6 任意加速度之控制體積的動量方程式(網頁版)

4-7 角動量原理

4-8 熱力學第一定律

4-9 熱力學第二定律

4-10 摘要和常用的方程式

專題研究　晶片型實驗室

在流體力學中一個令人振奮的新領域是微觀流體(microfluid) 被 應 用 於 微 機 電 系 統 (MEMS：microelectromechanical systems——用於微機器的技術，通常機器的尺寸從 μm 到 mm 之間) 尤其，許多研究投入實驗室晶片技術，這技術的應用甚為廣泛。一個在醫學方面的實例是，使用於疾病之緊急診斷裝置，例如用於即時偵知人體裡的細菌、病毒和癌症。

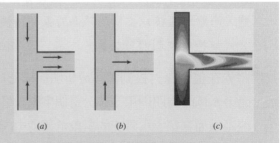

「晶片型實驗室」中兩種流體的混合

在安全領域上，諸如長期連線的預警系統這類的裝置可供長時間擷取與測試空氣或是水質的樣本，尋找生物化學毒素和其他危險的病原體。

因為其幾何形狀甚小，於這類裝置內的流動屬於低雷諾數的層流；表面張力的影響很顯著。許多常見的應用(例如，一般用的水管和空調導管) 裡，層流型的流動就合乎所需，但是這些管內的流動常是紊流型的——採取紊流型的流動較諸層流型者代價高許多。在某些應用，反而是紊流型的流動合乎所需，因為它的作用宛如一種攪拌的機制。如果你無法在你的咖啡杯裡產生紊流，你就需要更拼命的攪拌才能使咖啡與奶油充分的混合；如果你的血流從未變成紊流的型態，你的器官和肌肉會無法得到足夠的氧氣！在評鑑用晶片型實驗室方面，通常需要的是紊流型的流動，因為在這類的裝置是用來混合少量的兩種或更多的流體。

我們如何將置身於層流的這類裝置中混合流體？我們能使用複雜的幾何學，或是長的流道(借助分子擴散)，或者某種裝有拍漿的 MEM 裝置。紐澤西理工學院的辜列(Goullet)，格拉斯哥(Glasgow)，與奧布(Aubry)等研究教授則建議脈衝兩種流體。圖 a 是兩種流速固定(約 25nL/s，平均速度少於 2mm/s，於寬約 $200\mu m$ 的管

道) 之流體在 T 型交叉口匯流的簡圖。這二種流體不會互相混合因爲流動具有強烈的層流性。圖 b 是脈衝流動的瞬間簡圖，而圖 c 是使用計算流體力學(CFD) 以相同的流動模型下於某瞬間之計算結果的示意圖。在這個情況，兩個流體樣本的交界處出現延伸且相互疊滾的現象，造成下游 2mm 處出現良好的非紊流式的混合(約接觸後 1s)。這樣的小型混合裝置很適用於上述的幾種應用。

我們現在準備研究運動下的流體，所以我們必須決定我們該如何檢視流動中的流體。我們有兩種選擇，曾在第 1 章討論過：

1. 我們能趁著流體粒子於空間中流動時，個別的研究一個流體粒子或者一群粒子的運動。這是系統分析法，其優勢是許多物理定律(例如，牛頓第二運動定律，$\vec{F} = d\vec{P}/dt$，其中 $\vec{F}$ 是外力而 $d\vec{P}/dt$ 是流體之動量的變化率) 套用於個體，從而直接套用至整個系統。不利的地方是這個分析法所涉及的數學或有可能變得過於錯綜複雜，通常是一組偏微分方程式。我們將在第 5 章詳細討論系統分析法。如果我們有興趣長時間的研究流體粒子的流動軌跡，就需要系統分析法，例如，在污染方面研究。

2. 我們也能夠駐足於流體流經的空間或區域來研究流動行為，這是控制體積分析法。它常是分析方法的首選，因為其可於實際應用的層面非常廣泛；例如，在空氣動力學，我們通常對作用於機翼(被我們選來當成控制體積的一部分) 的升力與阻力感到興趣而不在意到底是哪一個流體的粒子曾經流經機翼。這種分析法的缺點是一般的物理定律通常僅適用於個別的物體，而難以直接以空間區域為對象移植使用，因此我們必須做些數學功課把物理定律從系統公式轉換成控制體積公式。

我們將先在這章探討控制體積分析法。細心的讀者或許注意到這一章的標題中使用積分這個字眼，而第 5 章的標題則用了微分這個字眼。這是重要的分野：這指出在這一章中我們研究的對象是一塊區域而在第 5 章研究的對象是運動中(無窮小的) 流體粒子(不過在第 4-4 節我們會以微分的控制體積導出著名的白努利方程式)。這章的授課順序是先複習運用於一個系統的物理定律(第 4-1 節)，然後動用數學將之轉換成適用於控制體積(第 4-2 節) 之敘述，並且合併第 4-1 和 4-2 節的結果來得到物理定律的公式供控制體積分析之用。

4-1 系統的基本定律

我們將運用到的基本定律有質量守恆、牛頓第二運動定律、角動量原理和熱力學第一和第二定律。爲把這些系統方程式轉換成對等的控制體積公式，變成我們要將每個定律表示成一個變化率方程式。

質量守恆

一個系統(定義上來說指的是我們挑選出之固定分量的物體，M) 我們有個簡單的結果 M= 常數。不過，如同上述討論過的，我們希望將每個物理定律寫成一種變化率方程式，我們寫出

$$\frac{dM}{dt}\bigg)_{\text{system}} = 0 \tag{4.1a}$$

其中

$$M_{\text{system}} = \int_{M(\text{system})} dm = \int_{\mathcal{V}(\text{system})} \rho \, d\mathcal{V} \tag{4.1b}$$

牛頓第二定律

對於一個相對於慣性參考座標系進行運動的系統，牛頓第二定律是說，作用於系統的所有外力，等於系統線性動量的時間變化率，

$$\vec{F} = \frac{d\vec{P}}{dt}\bigg)_{\text{system}} \tag{4.2a}$$

其中系統的線性動量爲

$$\vec{P}_{\text{system}} = \int_{M(\text{system})} \vec{V} \, dm = \int_{\mathcal{V}(\text{system})} \vec{V} \rho \, d\mathcal{V} \tag{4.2b}$$

角動量原理

系統的角動量原理是說，角動量的變化率等於作用於系統上所有扭矩的總和：

$$\vec{T} = \frac{d\vec{H}}{dt}\bigg)_{\text{system}} \tag{4.3a}$$

其中系統的角動量爲：

$$\vec{H}_{\text{system}} = \int_{M(\text{system})} \vec{r} \times \vec{V} \, dm = \int_{\mathcal{V}(\text{system})} \vec{r} \times \vec{V} \rho \, d\mathcal{V} \tag{4.3b}$$

扭矩可以由表面力和物體力(於此指的是重力)產生，也可以由通過系統邊界的轉軸輸送：

$$\vec{T} = \vec{r} \times \vec{F}_s + \int_{M(\text{system})} \vec{r} \times \vec{g} \, dm + \vec{T}_{\text{shaft}} \tag{4.3c}$$

熱力學第一定律

熱力學第一定律是一個有關系統能量守恆的論述，

$$\delta Q - \delta W = dE$$

方程式可以用變化率形式寫成：

$$\dot{Q} - \dot{W} = \frac{dE}{dt}\bigg)_{\text{system}} \tag{4.4a}$$

其中系統的總能量爲：

$$E_{\text{system}} = \int_{M(\text{system})} e \, dm = \int_{\mathcal{V}(\text{system})} e \rho \, d\mathcal{V} \tag{4.4b}$$

而且

$$e = u + \frac{V^2}{2} + gz \tag{4.4c}$$

在 4.4a 式中，當熱量由環境加到系統中時，$\dot{Q}$ (熱傳率) 為正；當系統對環境作功時，$\dot{W}$ (功率) 為正。在 4.4c 式中，u 為比內能(specific internal energy)，V 為速度，而且 z 為具有質量 dm 的物質粒子的高度(相對於某方便的基準面)。

熱力學第二定律

如果熱量 δQ 在溫度 T 下傳送到系統中，則熱力學第二定律表明的是系統的熵 dS 的變化必須滿足

$$dS \geq \frac{\delta Q}{T}$$

以變化率的形式，我們可以將上式改寫成

$$\left.\frac{dS}{dt}\right)_{\text{system}} \geq \frac{1}{T}\dot{Q} \tag{4.5a}$$

其中系統的總熵為：

$$S_{\text{system}} = \int_{M(\text{system})} s\, dm = \int_{\Psi(\text{system})} s \rho\, d\Psi \tag{4.5b}$$

4-2 系統導數與控制體積公式的關係

我們現在有五個基本定律並以系統變化率方程式予以表示。在這一節中我們的任務是發展出一個一般表示式用以將系統的變化率方程式轉換成對等的控制體積方程式。與其逐一轉換 M，$\vec{P}$，$\vec{H}$，E 與 S(公式 4.1a、4.2a，4.3a，4.4a，與 4.5a 等)為變化率方程式，我們改以符號 N 來代表它們。因此 N 可以是總質量或動量或角動量或能量或系統的熵。對照於整體性質(extensive property)，我們也將需要個體性質(intensive property)(即，每單位質量)

$$N_{\text{system}} = \int_{M(\text{system})} \eta\, dm = \int_{\Psi(\text{system})} \eta \rho\, d\Psi \tag{4.6}$$

將 4.6 式與 4.1b 式、4.2b 式、4.3b 式、4.4b 式和 4.5b 式相比較，我們可以發覺，如果

$$\begin{aligned}
N &= M, & \text{則}\, \eta &= 1 \\
N &= \vec{P}, & \text{則}\, \eta &= \vec{V} \\
N &= \vec{H}, & \text{則}\, \eta &= \vec{r} \times \vec{V} \\
N &= E, & \text{則}\, \eta &= e \\
N &= S, & \text{則}\, \eta &= s
\end{aligned}$$

我們如何從對流體流動的系統描述，推導出其控制體積描述呢？在詳細回答這個問題以前，我們可以用一般性用語來描述此推導過程。如圖 4.1a 所示，讓我們想像在某個時間點 t_0，選擇流動流體中的任意一塊，我們再想像將這一塊流體加以染色，例如染成藍色。這是我們的選擇做為我們流體系統之控制體積剛開始的形狀，在座標系統 xyz 下它呈現靜止不動。經過無限小的時間 Δt 之後，系統將會移動(形狀可能會改變)到新的位置，如圖 4.1b 所示。我們在上面所討論的定律，可以應用於這塊流體——舉例來說，它的質量會是守恆的(4.1a 式)。利用在 $t = t_0$ 與 $t = t_0 + \Delta t$ 時觀察系統及控制體積的幾何形狀，我們將可以得出基本定律的控制體積公式。

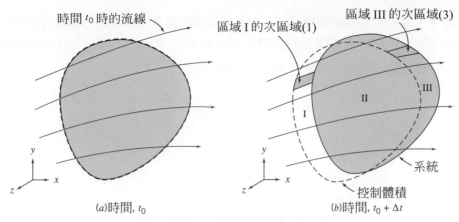

圖 4.1　系統與控制體積

推導過程

從圖 4.1 我們看到系統在時間 t_0 時完全位於控制體積內，在時間 $t_0 + \Delta t$ 時則有一部分位於控制體積之外。事實上，可以區分出三個區域。這三個區域是：區域 I、II 和 III，其中區域 I 與 II 共同組成控制體積，另外在 $t_0 + \Delta t$ 時，系統所在的位置則是區域 III 與 II。

讓我們回想一下我們的目的是：想將系統的任意一個整體性質 N 的時間變化率，關連於與控制體積有關的物理量。由導數的定義我們知道，N_{system} 的變化率爲

$$\left. \frac{dN}{dt} \right)_{\text{system}} \equiv \lim_{\Delta t \to 0} \frac{(N_s)_{t_0 + \Delta t} - (N_s)_{t_0}}{\Delta t} \tag{4.7}$$

爲了方便起見，我們使用下標 s 來標明 4.7 式導數定義中的系統。

從圖 4.1 的幾何結構我們知道

$$(N_s)_{t_0 + \Delta t} = (N_{\text{II}} + N_{\text{III}})_{t_0 + \Delta t} = (N_{\text{CV}} - N_{\text{I}} + N_{\text{III}})_{t_0 + \Delta t}$$

而且

$$(N_s)_{t_0} = (N_{\text{CV}})_{t_0}$$

將上述的式子代入 4.7 式的系統導數定義式中，我們得到

$$\left. \frac{dN}{dt} \right)_s = \lim_{\Delta t \to 0} \frac{(N_{\text{CV}} - N_{\text{I}} + N_{\text{III}})_{t_0 + \Delta t} - (N_{\text{CV}})_{t_0}}{\Delta t}$$

因爲總和的極限會等於極限的總和，所以我們可以將上式改寫成

$$\left. \frac{dN}{dt} \right)_s = \lim_{\Delta t \to 0} \frac{N_{\text{CV}})_{t_0 + \Delta t} - N_{\text{CV}})_{t_0}}{\Delta t} + \lim_{\Delta t \to 0} \frac{N_{\text{III}})_{t_0 + \Delta t}}{\Delta t} - \lim_{\Delta t \to 0} \frac{N_{\text{I}})_{t_0 + \Delta t}}{\Delta t} \tag{4.8}$$

$$\underset{①}{} \qquad\qquad \underset{②}{} \qquad\qquad \underset{③}{}$$

現在我們的任務是計算出 4.8 式三個數項中的每一項。

4.8 式中的第①項可以簡化成

$$\lim_{\Delta t \to 0} \frac{N_{\text{CV}})_{t_0 + \Delta t} - N_{\text{CV}})_{t_0}}{\Delta t} = \frac{\partial N_{\text{CV}}}{\partial t} = \frac{\partial}{\partial t} \int_{\text{CV}} \eta \rho \, d\math175{V} \tag{4.9a}$$

為了計算出②項，我們首先經由觀察圖 4.2 中區域III裡的典型子區域[子區域(3)]的放大圖，來推導 $N_{III_{t_0}} + \Delta t$ 的數學表示式。控制表面的向量面積元素 $d\vec{A}$，其大小為 dA，其方向是面積元素的向外法線向量。一般而言，速度向量 $\vec{V}$ 會與 $d\vec{A}$ 形成某個夾角 α。

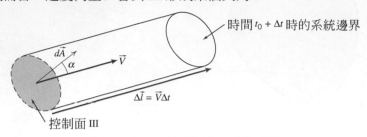

時間 $t_0 + \Delta t$ 時的系統邊界

控制面 III

圖 4.2　圖 4.1 **的子區域**(3) **的放大圖**

針對這個子區域，我們得到

$$dN_{III})_{t_0 + \Delta t} = (\eta \rho \, d\mathcal{V})_{t_0 + \Delta t}$$

我們需要取得這個圓柱單元 dV 的體積的數學表示式。圓柱的向量長度為 $\Delta \vec{l} = \vec{V}\Delta t$。斜圓柱體的面積 $d\vec{A}$ 與其長度 $\Delta \vec{l}$ 的夾角為 α，其體積為 $d\mathcal{V} = \Delta dA \cos \alpha = \Delta \vec{l} \cdot d\vec{A} = \vec{V} \cdot d\vec{A}\Delta t$。因此對於子區域(3)來說，我們可以寫出

$$dN_{III})_{t_0 + \Delta t} = \eta \rho \vec{V} \cdot d\vec{A}\Delta t$$

然後對整個區域 III，我們可以予以積分，從而對 4.8 式中的第②項，我們得到

$$\lim_{\Delta t \to 0} \frac{N_{III})_{t_0 + \Delta t}}{\Delta t} = \lim_{\Delta t \to 0} \frac{\int_{CS_{III}} dN_{III})_{t_0 + \Delta t}}{\Delta t} = \lim_{\Delta t \to 0} \frac{\int_{CS_{III}} \eta \rho \vec{V} \cdot d\vec{A}\Delta t}{\Delta t} = \int_{CS_{III}} \eta \rho \vec{V} \cdot d\vec{A} \tag{4.9b}$$

我們可以對區域 I 內的子區域(1)，進行類似的分析，從而對 4.8 式的第③項，我們得到

$$\lim_{\Delta t \to 0} \frac{N_{I})_{t_0 + \Delta t}}{\Delta t} = -\int_{CS_1} \eta \rho \vec{V} \cdot d\vec{A} \tag{4.9c}$$

對子區域(1)而言，速度向量的方向是指向控制體積內部，但是面積的法線向量卻永遠(按照傳統)朝外指(角度 $\alpha > \pi/2$)，所以於 4.9c 式中的純量積是負的。因此在 4.9c 式的負號是被用來抵消純量積所得的負號以確使區域 I 所算出之物質量是正的(我們不可能有負的物質量)。

圖 4.3 說明了純量積的正負號概念，其中(a)為一般出入表面的情況，(b)為離開的速度平行於表面法向量的情況，而(c)為進入的速度平行於表面法向量。(b) 與(c)情況很明顯的是(a)的特殊情形；不管速度是入或是出，(a)情況的餘弦值會自動產生正確的正負號。

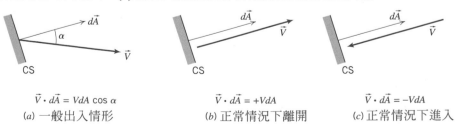

(a) 一般出入情形　　　　　　(b) 正常情況下離開　　　　　　(c) 正常情況下進入

$\vec{V} \cdot d\vec{A} = VdA \cos \alpha$　　$\vec{V} \cdot d\vec{A} = +VdA$　　$\vec{V} \cdot d\vec{A} = -VdA$

圖 4.3　純量積的計算

最後我們可以使用 4.9a 式、4.9b 式和 4.9c 式代入 4.8 式，得到

$$\left. \frac{dN}{dt} \right)_{\text{system}} = \frac{\partial}{\partial t} \int_{\text{CV}} \eta \rho \, d\mathcal{V} + \int_{\text{CS}_{\text{I}}} \eta \rho \vec{V} \cdot d\vec{A} + \int_{\text{CS}_{\text{III}}} \eta \rho \vec{V} \cdot d\vec{A}$$

而且因為 CS_{I} 與 CS_{III} 構成了整個控制表面，所以最後兩項積分式可加以合併，

$$\left. \frac{dN}{dt} \right)_{\text{system}} = \frac{\partial}{\partial t} \int_{\text{CV}} \eta \rho \, d\mathcal{V} + \int_{\text{CS}} \eta \rho \vec{V} \cdot d\vec{A} \tag{4.10}$$

4.10 式正是我們想要得到的關係式。它是系統某個整體性質 N 的變化率與這個整體性質隨控制體積增減的基本關係式。有些作者會稱呼 4.10 式為雷諾傳輸定理(Reynolds Transport Theorem)。

物理意義

我們已經用了好幾頁的篇幅，但是我們已經達到我們的目標：我們現在有了一個關係式(4.10 式) 我們能利用這個關係式來轉換一個系統之整體性質的變化率至對等的控制體積關係式。我們現在能逐一於各基本物理定律(公式 4.1a，4.2a，4.3a，4.4a，與 4.5a 等)中使用 4.10 式，將 N 替換成各個性質 M，$\vec{P}$，$\vec{H}$，E，與 S(配合 η 所對應的符號)，將系統導數替換成控制體積式。由於我們認為這個方程式本身是如此的「基本」，所以我們不厭其煩的再一次寫出這個關係式：

$$\left. \frac{dN}{dt} \right)_{\text{system}} = \frac{\partial}{\partial t} \int_{\text{CV}} \eta \rho \, d\mathcal{V} + \int_{\text{CS}} \eta \rho \vec{V} \cdot d\vec{A} \tag{4.10}$$

我們需要在這裡說明清楚。系統指的是，在我們選擇的瞬間，適巧通過所劃定之控制體積的物質。例如，我們選擇飛機的機翼和包圍此機翼的一個虛擬的長方形邊界做為控制體積時，系統就是某瞬時間被包裹在長方形邊界和機翼之間的空氣質量。在運用 4.10 式於物理定律之前，讓我們先討論這個式子中的一項的意義：

$\left. \dfrac{dN}{dt} \right)_{\text{system}}$　　是系統整體性質 N 的變化率。例如，如果 $N = \vec{P}$，我們就得到動量的變化率。

$\dfrac{\partial}{\partial t} \displaystyle\int_{\text{CV}} \eta \rho \, d\mathcal{V}$　　是控制體積裡的性質 N 之總量的變化率。項 $\int_{\text{CV}} \eta \rho d\mathcal{V}$ 計算在控制體積內 N 的瞬時值($\int_{\text{CV}} \rho d\mathcal{V}$ 等於控制體積內質量的瞬時值)。例如，如果 $N = \vec{P}$，則 $\eta = \vec{V}$ 而 $\int_{\text{CV}} \vec{V} \rho d\mathcal{V}$ 計算在控制體積內的瞬時動量值。

$\displaystyle\int_{\text{CS}} \eta \rho \vec{V} \cdot d\vec{A}$　　是性質 N 流出控制體積之表面的速率。項 $\rho \vec{V} \cdot d\vec{A}$ 計算通過面積元素 $d\vec{A}$ 之控制表面的質量流出率，乘以 η 計算性質 N 通過此面積元素之通量率；將之積分從而計算性質 N 流出控制體積之淨通量。例如，如果 $N = \vec{P}$，則 $\eta = \vec{V}$ 而 $\int_{\text{CV}} \vec{V} \rho \vec{V} \cdot d\vec{A}$ 計算控制體積之動量的淨通量。

我們對於 4.10 式中的 $\vec{V}$ 有兩點補充說明,首先,我們重申對圖 4.3 的討論,即計算純量積時須特別留意:因 $\vec{A}$ 的方向恆朝外,於 $\vec{V}$ 的方向朝外時純量積為正值而 $\vec{V}$ 的方向朝內時純量積則為負值。其次,$\vec{V}$ 是相對於控制體積來量測的:當控制體積的座標 xyz 是靜止的或是以平穩的直線速度流動時,控制體積會構成一個慣性體,而我們前曾述及的物理定律(特別是牛頓第二運動定律),都將適用[1]。

有了這些補充說明後,我們準備將物理定律 4.1a,4.2a,4.3a,4.4a,and 4.5a 與 4.10 式結合以獲得一些有用的控制體積方程式。

4-3 質量守恆

讓我們將這種從系統描述方式轉換成控制體積描述方式的第一個物理法則,就是質量守恆定律:系統質量保持固定,

$$\frac{dM}{dt}\Bigg)_{\text{system}} = 0 \tag{4.1a}$$

其中

$$M_{\text{system}} = \int_{M(\text{system})} dm = \int_{V(\text{system})} \rho \, dV \tag{4.1b}$$

系統與控制體積的公式可以經由 4.10 式使其產生關連,

$$\frac{dN}{dt}\Bigg)_{\text{system}} = \frac{\partial}{\partial t} \int_{\text{CV}} \eta \, \rho \, dV + \int_{\text{CS}} \eta \, \rho \vec{V} \cdot d\vec{A} \tag{4.10}$$

其中

$$N_{\text{system}} = \int_{M(\text{system})} \eta \, dm = \int_{V(\text{system})} \eta \, \rho \, dV \tag{4.6}$$

為了推導控制體積的質量守恆公式,我們令

$$N = M \qquad \text{而且} \qquad \eta = 1$$

將它們代入 4.10 式,我們得到

$$\frac{dM}{dt}\Bigg)_{\text{system}} = \frac{\partial}{\partial t} \int_{\text{CV}} \rho \, dV + \int_{\text{CS}} \rho \vec{V} \cdot d\vec{A} \tag{4.11}$$

比較 4.1a 式與 4.11 式之後,我們得到(經過移項之後)質量守恆的控制體積公式:

$$\frac{\partial}{\partial t} \int_{CV} \rho dV + \int_{CS} \rho \vec{V} \cdot d\vec{A} = 0 \tag{4.12}$$

在 4.12 式中,第一項代表在控制體積內的質量的增減變化率;第二項代表流出控制表面的淨質量通量率。4.12 式指出,在控制體積內的質量變化率加上質量的淨流出率會等於零。質量守恆方程式也稱為連續(continuity) 方程式。用一般說法來描述這個方程式,我們可以說控制體積內的質量增加率,是由質量的淨流入率所造成:

---

[1] 對於加速中的控制體積(其座標 xyz 相對於一組「絕對的」座標 XYZ 呈現加速的)來說,我們必須修改牛頓第二運動定律的形式(4.2a 式)。我們將在第 4-6 節(線性加速)以及第 4-7 節(任意加速度)處理這件事。

在CV中的質量增加率 = 質量的淨流入率

$$\frac{\partial}{\partial t} \int_{CV} \rho d\mathcal{V} = -\int_{CS} \rho \vec{V} \cdot d\vec{A}$$

在使用 4.12 式時，必須小心計算純量積 $\vec{V} \cdot d\vec{A} = VdA\cos\alpha$。它有可能為正值(朝外流 $\alpha < \pi/2$)，負值(朝內流 $\alpha > \pi/2$)，或者甚至為零($\alpha = \pi/2$)。請回想一下在圖 4.3 所示範的一般情形，以及簡單的 $\alpha = 0$ 和 $\alpha = \pi$ 的情形。

特殊情況

在某些特殊情況下，要簡化 4.12 式是有可能的。首先我們考慮流體是不可壓縮的情況，此時流體的密度不會變動。當 ρ 為常數，它就不會是空間或時間的函數。因此對不可壓縮流體而言，4.12 式可以寫成

$$\rho \frac{\partial}{\partial t} \int_{CV} d\mathcal{V} + \rho \int_{CS} \vec{V} \cdot d\vec{A} = 0$$

將 $d\mathcal{V}$ 予以積分範圍涵蓋整個控制體積，其結果就是控制體積的體積值。因此將整個式子除以 ρ，我們得到

$$\frac{\partial \mathcal{V}}{\partial t} + \int_{CS} \vec{V} \cdot d\vec{A} = 0$$

對大小和形狀皆固定的不可變形(nondeformable)控制體積而言，其 $\mathcal{V}$ = 常數。對於通過形狀固定的控制體積的不可壓縮流體，其質量守恆變成

$$\int_{CS} \vec{V} \cdot d\vec{A} = 0 \tag{4.13a}$$

一個有用的特例是每個入口和出口的流速是(或十分接近)均勻的狀況。在這樣的情況下。4.13a 式被簡化成

$$\sum_{CS} \vec{V} \cdot \vec{A} = 0 \tag{4.13b}$$

請注意，在將 4.12 式被簡化成 4.13a 式與 4.13b 式時，我們並沒有假設流速是平穩不變的。我們只有設下不可壓縮流體這個限制而已。因此 4.13a 式與 4.13b 式是一個適用於不可壓縮流體流動的質量守恆數學式，這個數學式可以適用於流速穩定或非穩定的情況。

在 4.13 式中，積分子的因次是 L^3/t。於控制表面某截面之 $\vec{V} \cdot d\vec{A}$ 的積分式，常被稱為體積流率(volume flow rate 或 volume rate of flow)。因此對於不可壓縮流動而言，流入形狀固定之控制體積的體積流率必等於自控制體積流出的體積流率。通過部分控制表面且面積為 A 的體積流率 Q，可以表示成

$$Q = \int_A \vec{V} \cdot d\vec{A} \tag{4.14a}$$

該面積平均流速的大小 $\bar{V}$ 可以定義成

$$\bar{V} = \frac{Q}{A} = \frac{1}{A} \int_A \vec{V} \cdot d\vec{A} \tag{4.14b}$$

現在讓我們考慮通過形狀固定控制體積的穩定、可壓縮流體的一般情況。既然流動是穩定的，這表示 $\rho = \rho(x，y，z)$，而不會是時間的函數。根據定義，流動穩定下的流體性質不會隨時間變化。其結果是 4.12 式的第一項必須等於零，因此對穩定的流動而言，質量守恆的敘述式可以簡化成

$$\int_{CS} \rho \vec{V} \cdot d\vec{A} = 0 \tag{4.15}$$

一個有用的特例是每個入口和出口的流速是(或十分接近)均勻的狀況。在這樣的情況下，4.15a 式被簡化成

$$\sum_{CS} \rho \vec{V} \cdot \vec{A} = 0 \tag{4.15b}$$

因此對不可壓縮流動而言，流入形狀固定的控制體積的質量流率必等於自控制體積流出的質量流率。

接下來我們用三個範例示範說明不同形式的質量守恆定律應用於控制體積時的不同特色。範例 4.1 討論的是每一個區域都是均勻流動的問題，範例 4.2 討論的是在特定位置上流動不是均勻的問題，而範例分析 4.3 則是非穩定的流動的問題。

範例 4.1　管線接合處的質量流動

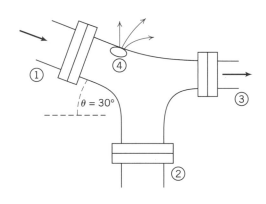

圖中顯示的是水管線接合處的穩定的流動。各處面積為：$A_1 = 0.2m^2$、$A_2 = 0.2m^2$ 而且 $A_3 = 0.15m^2$。此外，流體在④的洞上會往外流失，估計的流失率為 $0.1m^3/s$。在截面①和截面③的平均速度分別為 $V_1 = 5m/s$ 和 $V_3 = 12m/s$。試求在截面②的水流速度。

已知：通過這個裝置的水為穩定的流動。

$A_1 = 0.2 \text{ m}^2$　　$A_2 = 0.2 \text{ m}^2$　　$A_3 = 0.15 \text{ m}^2$

$V_1 = 5 \text{ m/s}$　　$V_3 = 12 \text{ m/s}$　　$\rho = 999 \text{ kg/m}^3$

在④的體積流率$= 0.1m^3/s$。

求解：截面②的水流速度。

解答：

選擇如圖所示的一個固定控制體積。假設截面②的流動方向是朝外的，並且據此在圖上標示出來(如果假設不正確，最後的結果會告訴我們)。

控制方程式：4.12 式是控制體積的一般式，但是因為假設(2) 與(3) 的緣故，我們可以直接使用 4.13b 式，

$$\sum_{CS} \vec{V} \cdot \vec{A} = 0$$

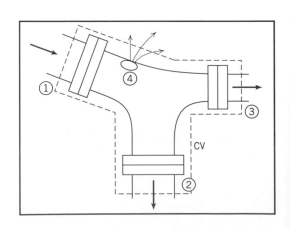

假設：(1) 穩定的流動(已知)。

(2) 不可壓縮流動。

(3) 每一個截面的性質都是均勻的。

因此(漏水處使用 4.14a 式)

$$\vec{V}_1 \cdot \vec{A}_1 + \vec{V}_2 \cdot \vec{A}_2 + \vec{V}_3 \cdot \vec{A}_3 + Q_4 = 0 \tag{1}$$

其中 Q_4 是漏水處的水流率。

讓我們援用圖 4.3 的討論，檢視方程式 1 式前三項以及速度向量的方向：

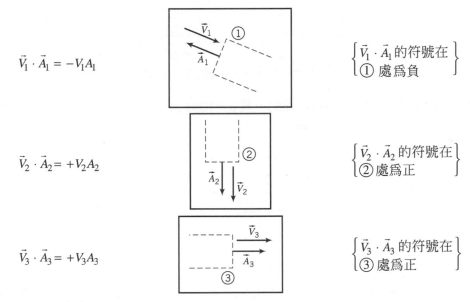

$$\vec{V}_1 \cdot \vec{A}_1 = -V_1 A_1$$

$$\begin{Bmatrix} \vec{V}_1 \cdot \vec{A}_1 \text{ 的符號在} \\ \text{①　處為負} \end{Bmatrix}$$

$$\vec{V}_2 \cdot \vec{A}_2 = +V_2 A_2$$

$$\begin{Bmatrix} \vec{V}_2 \cdot \vec{A}_2 \text{ 的符號在} \\ \text{②　處為正} \end{Bmatrix}$$

$$\vec{V}_3 \cdot \vec{A}_3 = +V_3 A_3$$

$$\begin{Bmatrix} \vec{V}_3 \cdot \vec{A}_3 \text{ 的符號在} \\ \text{③　處為正} \end{Bmatrix}$$

將這些結果用於 1 式中，

$$-V_1 A_1 + V_2 A_2 + V_3 A_3 + Q_4 = 0$$

或

$$V_2 = \frac{V_1 A_1 - V_3 A_3 - Q_4}{A_2} = \frac{5\,\frac{m}{s} \times 0.2\,m^2 - 12\,\frac{m}{s} \times 0.15\,m^2 - \frac{0.1\,m^3}{s}}{0.2\,m^2} = -4.5\,m/s \qquad \underleftarrow{V_2}$$

請回想一下，V_2 代表的是我們假設水朝外流出控制體積之速度的大小值。事實上 V_2 為負值，這意味著在位置②的流動方向是朝內的——因此我們一開始的假設並不符合實情。

這個問題示範了計算 $\int_A \vec{V} \cdot d\vec{V}$ 或 $\sum_{cs} \vec{V} \cdot \vec{A}$ 時正負號的慣例。特別要注意的是，面積的法線總是從控制表面指向外。

範例 4.2　邊界層的質量流率

　　與固定不動的固體邊界直接接觸的流體,其速度為零;在邊界上沒有滑動現象發生。因此在平板上的流動會緊貼在平板表面,並且形成邊界層,我們將這種現象繪製於下圖。在平板前方的流動是均勻的,其速度 $\vec{V} = U_i$;$U = 30\text{m/s}$。沿邊界層 $cd\,(\,0 \leq y \leq \delta\,)$ 內的速度分布為 $u/U = 2(y/\delta) - (y/\delta)^2$。

　　在位置 d 的邊界層厚度 $\delta = 5\text{mm}$。此流體是密度為 $\rho = 1.24\text{kg/m}^3$ 的空氣。假設垂直於紙面之平板的寬度 $w = 0.6\text{m}$,試計算通過控制體積 $abcd$ 之 bc 表面的質量流率。

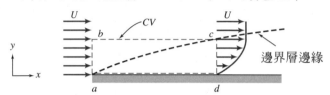

已知:平板上的流動是穩定的、不可壓縮的,其 $\rho = 1.24\text{kg/m}^3$。平板寬度 $w = 0.6\text{m}$。平板前方的流速是均勻的:$\vec{V} = U_i$;$U = 30\text{m/s}$。

$x = x_d$:

$\delta = 5\text{ mm}$

$$\dfrac{u}{U} = 2\left(\dfrac{y}{\delta}\right) - \left(\dfrac{y}{\delta}\right)^2$$

求解:通過 bc 表面的質量流率。

解答:以虛線來表示形狀固定的控制體積。

控制方程式:4.12 式是控制體積的一般式,但是因為假設(1)的緣故,我們可以直接使用 4.15a 式,

$$\int_{CS} \rho \vec{V} \cdot d\vec{A} = 0$$

假設:(1) 穩定的流動(已知)。

　　　　(2) 不可壓縮流(已知)。

　　　　(3) 二維流動,已知之流體性質與 z 無關。

　　假設沿 z 方向沒有任何流動現象,則

$$\int_{A_{ab}} \rho \vec{V} \cdot d\vec{A} + \int_{A_{bc}} \rho \vec{V} \cdot d\vec{A} + \int_{A_{cd}} \rho \vec{V} \cdot d\vec{A} + \overset{\left(\substack{\text{沒有流體}\\\text{通過表面}\\ da}\right)}{\int_{A_{da}} \rho \vec{V} \cdot d\vec{A}} = 0$$

$$\therefore \dot{m}_{bc} = \int_{A_{bc}} \rho \vec{V} \cdot d\vec{A} = -\int_{A_{ab}} \rho \vec{V} \cdot d\vec{A} - \int_{A_{cd}} \rho \vec{V} \cdot d\vec{A} \tag{1}$$

我們需要對方程式右邊進行積分。

因為沿 z 方向深度為 w,我們得到

$$\int_{A_{ab}} \rho \vec{V} \cdot d\vec{A} = -\int_{A_{ab}} \rho u\, dA = -\int_{y_a}^{y_b} \rho u w\, dy$$

$$= -\int_0^{\delta} \rho u w\, dy = -\int_0^{\delta} \rho U w\, dy$$

$$\int_{A_{ab}} \rho \vec{V} \cdot d\vec{A} = -\left[\rho U w y\right]_0^{\delta} = -\rho U w \delta$$

$$\int_{A_{cd}} \rho \vec{V} \cdot d\vec{A} = \int_{A_{cd}} \rho u\, dA = \int_{y_d}^{y_c} \rho u w\, dy$$

$$= \int_0^{\delta} \rho u w\, dy = \int_0^{\delta} \rho w U \left[2\left(\frac{y}{\delta}\right) - \left(\frac{y}{\delta}\right)^2\right] dy$$

$$\int_{A_{cd}} \rho \vec{V} \cdot d\vec{A} = \rho w U \left[\frac{y^2}{\delta} - \frac{y^3}{3\delta^2}\right]_0^{\delta} = \rho w U \delta \left[1 - \frac{1}{3}\right] = \frac{2\rho U w \delta}{3}$$

$\begin{cases} \vec{V} \cdot d\vec{A} \text{ 為負} \\ dA = w\,dy \end{cases}$

$\begin{cases} \text{在面積 } ab \text{ 的範圍內} \\ u = U \end{cases}$

$\begin{cases} \vec{V} \cdot d\vec{A} \text{ 為正} \\ dA = w\,dy \end{cases}$

代入式 1，我們得到

$$\therefore \dot{m}_{bc} = \rho U w \delta - \frac{2\rho U w \delta}{3} = \frac{\rho U w \delta}{3}$$

$$= \frac{1}{3} \times 1.24\,\frac{\text{kg}}{\text{m}^3} \times 30\,\frac{\text{m}}{\text{s}} \times 0.6\,\text{m} \times 5\,\text{mm} \times \frac{\text{m}}{1000\,\text{mm}}$$

$$\dot{m}_{bc} = 0.0372\,\text{kg/s}$$

$\begin{cases} \text{正號代表流體越過} \\ bc \text{表面流出。} \end{cases}$ ⟵　　　　　$\dot{m}_b$

> 這個問題說明了質量守恆定律如何運用於通過截面之流動是非均勻的情況。

範例 4.3　排氣槽的密度變化

　　某一個體積為 0.05m^3 的槽，內含 800kPa(絕對壓力)、15℃的空氣。當 $t=0$ 時，空氣開始經由排氣閥往外排出，排氣閥的截面積為 65mm^2。通過排氣閥的空氣速度為 300m/s，密度為 6kg/m^3。試求出 $t=0$ 時，槽內的密度瞬間變化率。

已知：槽的體積 $\forall = 0.05\text{m}^3$，內含 $p=800\text{kPa}$ 絕對壓力、$T = 15℃$ 的空氣。在 $t=0$ 時，空氣經由排氣閥往外流動。空氣離開排氣閥的速度 $V = 300\text{m/s}$、密度 $\rho = 6\text{kg/m}^3$、面積 $A = 65\text{mm}^2$。

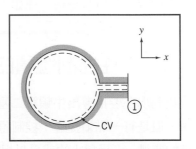

求解：槽內空氣密度在 $t=0$ 時的變化率。

解答：利用虛線劃分出如圖所示形狀固定的控制體積。

控制方程式：$\dfrac{\partial}{\partial t} \int_{\text{CV}} \rho\, d\forall + \int_{\text{CS}} \rho \vec{V} \cdot d\vec{A} = 0$

假設：(1) 槽內空氣的性質均勻，但是會隨時間改變。

　　　　(2) 截面①中的流動均勻。

　　既然已假設了槽內的性質在任何瞬間都是均勻的，我們可將 ρ 從第一項的積分式中移出，

$$\frac{\partial}{\partial t}\left[\rho_{\text{CV}} \int_{\text{CV}} d\forall\right] + \int_{\text{CS}} \rho \vec{V} \cdot d\vec{A} = 0$$

現在，$\int_{CV} d\mathcal{V} = \mathcal{V}$，所以

$$\frac{\partial}{\partial t}(\rho\mathcal{V})_{CV} + \int_{CS} \rho\vec{V} \cdot d\vec{A} = 0$$

唯一可以讓質量離開控制體積之邊界的位置是面①，因此

$$\int_{CS} \rho\vec{V} \cdot d\vec{A} = \int_{A_1} \rho\vec{V} \cdot d\vec{A} \quad \text{and} \quad \frac{\partial}{\partial t}(\rho\mathcal{V}) + \int_{A_1} \rho\vec{V} \cdot d\vec{A} = 0$$

在面①處，$\rho\vec{V} \cdot d\vec{A}$ 的符號為正，因此

$$\frac{\partial}{\partial t}(\rho\mathcal{V}) + \int_{A_1} \rho V \, dA = 0$$

既然整個截面①的流動都被假設為均勻的，則

$$\frac{\partial}{\partial t}(\rho\mathcal{V}) + \rho_1 V_1 A_1 = 0 \quad \text{or} \quad \frac{\partial}{\partial t}(\rho\mathcal{V}) = -\rho_1 V_1 A_1$$

因為槽的體積 $\vec{V}$ 不是時間的函數，

$$\mathcal{V}\frac{\partial\rho}{\partial t} = -\rho_1 V_1 A_1$$

而且

$$\frac{\partial\rho}{\partial t} = -\frac{\rho_1 V_1 A_1}{\mathcal{V}}$$

在 $t = 0$ 時，

$$\frac{\partial\rho}{\partial t} = -6\,\frac{\text{kg}}{\text{m}^3} \times 300\,\frac{\text{m}}{\text{s}} \times 65\,\text{mm}^2 \times \frac{1}{0.05\,\text{m}^3} \times \frac{\text{m}^2}{10^6\,\text{mm}^2}$$

$$\frac{\partial\rho}{\partial t} = -2.34\,(\text{kg/m}^3)/\text{s} \qquad\qquad \{\text{密度減少}\} \qquad\qquad\qquad \frac{\partial\rho}{\partial t}$$

這個問題說明了質量守恆定律如何使用於非穩定的流動問題。

4-4　慣性控制體積的動量方程式

我們現在要推導出牛頓第二運動定律的控制體積形式。我們使用與剛剛用於質量守恆的相同程序，但是有一點須提醒：控制體積的座標(我們據之以測量所有的流速)是慣性的；即控制體積本身的座標 xyz 是靜止的或是以相對於某個「絕對」座標 XYZ 等速度在移動。(第 4-6 與 4-7 節將會分析非慣性的控制體積) 我們首先由系統的數學公式出發，然後使用 4.10 式，將原適用於系統的公式轉換到適用於控制體積的公式。

請回想一下在慣性座標系統下，運動之系統的牛頓第二定律，其形式如同 4.2a 式，

$$\vec{F} = \frac{d\vec{P}}{dt}\bigg)_{\text{system}} \tag{4.2a}$$

其中系統的線性動量為

$$\vec{P}_{\text{system}} = \int_{M(\text{system})} \vec{V}\, dm = \int_{\Psi(\text{system})} \vec{V}\, \rho\, d\Psi \tag{4.2b}$$

而合力 $\vec{F}$ 包括了作用於系統上所有的表面力與物體力，

$$\vec{F} = \vec{F}_S + \vec{F}_B$$

系統公式與控制體積公式，可以透過 4.10 式將兩者關連在一起，

$$\frac{dN}{dt}\bigg)_{\text{system}} = \frac{\partial}{\partial t} \int_{\text{CV}} \eta\, \rho\, d\Psi + \int_{\text{CS}} \eta\, \rho\vec{V} \cdot d\vec{A} \tag{4.10}$$

為了推導牛頓第二定律的控制體積公式，我們令

$$N = \vec{P} \quad \text{and} \quad \eta = \vec{V}$$

將上式代入 4.10 式，我們得到

$$\frac{d\vec{P}}{dt}\bigg)_{\text{system}} = \frac{\partial}{\partial t} \int_{\text{CV}} \vec{V}\, \rho\, d\Psi + \int_{\text{CS}} \vec{V}\rho\vec{V} \cdot d\vec{A} \tag{4.16}$$

從 4.2a 式我們知道

$$\frac{d\vec{P}}{dt}\bigg)_{\text{system}} = \vec{F})_{\text{on system}} \tag{4.2a}$$

既然在推導 4.10 式時系統與控制體積在 t_0 時彼此重疊一致，則

$$\vec{F})_{\text{on system}} = \vec{F})_{\text{on control volume}}$$

根據這項事實 4.2a 式和 4.16 式可以合併得到適用於沒有加速之控制體積的牛頓第二定律。

$$\vec{F}_S + \vec{F}_B = \frac{\partial}{\partial t} \int_{\text{CV}} \vec{V}\, \rho\, d\Psi + \int_{\text{CS}} \vec{V}\rho\vec{V} \cdot d\vec{A} \tag{4.17a}$$

對於每個入口和出口的都是均勻流動的情況，我們能使用

$$\vec{F} = \vec{F}_S + \vec{F}_B = \frac{\partial}{\partial t} \int_{\text{CV}} \vec{V}\, \rho\, d\Psi + \sum_{\text{CS}} \vec{V}\, \rho\vec{V} \cdot \vec{A} \tag{4.17b}$$

4.17a 和 4.17b 是我們的(無加速度的) 牛頓第二運動定律的控制體積形式。它告訴我們，作用於控制體積的合力(表面力加上物體力) 等同於控制體積(體積的積分) 內的動量變化率及/或動量經控制表面流出控制體積的淨率。

運用 4.17 式時必須心懷謹慎。第一步是仔細劃定控制體積和它的控制表面，讓我們能求算出體積積分和球面的積分(或是總和) ；每個流入口和流出口都應該仔細地標示出來，如同外力的作用。在流體力學方面物體力通常是重力，因此

$$\vec{F}_B = \int_{\text{CV}} \rho\vec{g}\, d\Psi = \vec{W}_{\text{CV}} = M\vec{g}$$

其中 $\vec{g}$ 是重力加速度而 $\vec{W}_{CV}$ 是整個控制體積的瞬時重量。在很多應用上，表面力多源自壓力，

$$F_S = \int_A -p\, d\vec{A}$$

注意負號用來確使我們計算壓力之作用力是朝向控制表面作用的(請回想選用的 $d\vec{A}$ 是朝向控制體積外側的向量)。值得強調的是即使在控制表面上某些位置出現外流的現象,仍有壓力作用於該控制體積。

於 4.17 式中我們在計算 $\int_{CS} \vec{V} \rho \vec{V} \cdot d\vec{A}$ 或 $\sum_{CS} \vec{V} \rho \vec{V} \cdot \vec{A}$ 的過程中必須小心(如果我們將之以隱示的括號寫出來 $\int_{CS} \vec{V} \rho(\vec{V} \cdot d\vec{A})$ 或 $\sum_{CS} \vec{V} \rho(\vec{V} \cdot \vec{A})$,會更容易計算)。速度 $\vec{V}$ 是相對於控制體積的座標 xyz 所測量得到的並賦予它的向量分量 u、v 和 w 適當的正負號,請回想純量積於外流的情況是正值,而於朝內流的情況是負值(參考圖 4.3)。

動量方程式(4.17 式)是向量方程式。以控制體積的座標 xyz 時來測量時,我們通常寫出此方程式的三個純量分量,

$$F_x = F_{S_x} + F_{B_x} = \frac{\partial}{\partial t} \int_{CV} u \, \rho \, d\mathbb{V} + \int_{CS} u \, \rho \vec{V} \cdot d\vec{A} \tag{4.18a}$$

$$F_y = F_{S_y} + F_{B_y} = \frac{\partial}{\partial t} \int_{CV} v \, \rho \, d\mathbb{V} + \int_{CS} v \, \rho \vec{V} \cdot d\vec{A} \tag{4.18b}$$

$$F_z = F_{S_z} + F_{B_z} = \frac{\partial}{\partial t} \int_{CV} w \, \rho \, d\mathbb{V} + \int_{CS} w \, \rho \vec{V} \cdot d\vec{A} \tag{4.18c}$$

或者,於每個入口和出口都屬於流動均勻的情況,

$$F_x = F_{S_x} + F_{B_x} = \frac{\partial}{\partial t} \int_{CV} u \, \rho \, d\mathbb{V} + \sum_{CS} u \, \rho \vec{V} \cdot \vec{A} \tag{4.18d}$$

$$F_y = F_{S_y} + F_{B_y} = \frac{\partial}{\partial t} \int_{CV} v \, \rho \, d\mathbb{V} + \sum_{CS} v \, \rho \vec{V} \cdot \vec{A} \tag{4.18e}$$

$$F_z = F_{S_z} + F_{B_z} = \frac{\partial}{\partial t} \int_{CV} w \, \rho \, d\mathbb{V} + \sum_{CS} w \, \rho \vec{V} \cdot \vec{A} \tag{4.18f}$$

請留意,正如我們從質量守恆方程(4.12 式)所發現的,對於穩定的流動,4.17 與 4.18 式之右側式子中的第一項等於零。

接下來我們利用五個範例,來說明不同形式之控制體積動量方程式的一些特性。範例 4.4 主要是示範有技巧地劃定控制體積可以簡化問題的分析,範例 4.5 討論的是當問題中出現難以視而不見之物體力的情形,範例 4.6 則想解釋如何利用錶壓,來簡化表面力的計算,範例 4.7 討論的是非均勻表面力,而範例 4.8 則是有關問題中出現非穩定的流動的情形。

範例 4.4　動量分析時控制體積的劃定

如圖所示水由靜止噴嘴噴出,然後打在平板上。水離開噴嘴的速度為 15m/s;噴嘴的面積為 $0.01m^2$。假設水垂直噴在平板上,然後順著平板流動,試求欲使支撐架不因此被沖走的話,你需要對平板施加多少水平力。

已知:水由靜止噴嘴垂直噴在平板上;其後的流動方向則與平板平行。

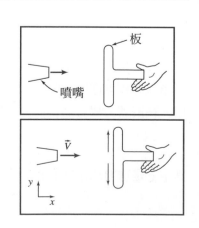

$$\text{噴射速度,} \vec{V} = 15 \, \hat{i} \text{ m/s}$$
$$\text{噴嘴面積,} A_n = 0.01 \text{ m}^2$$

求解：作用在支撐架的水平力。

解答：

我們選擇一個座標系統來定義上面的問題。我們現在必須選擇一個合適的控制體積。下圖中以虛線來顯示兩個可能的選擇。

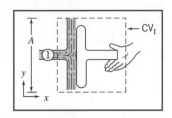 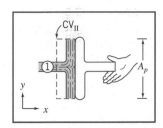

這兩種情況中，從噴嘴射出的水都經由面積 A_1(假設等於噴嘴面積) 通過控制表面，並且假設離開控制表面時，水流是在 $+y$ 或 $-y$ 方向上並與平板面平行。在嘗試決定哪一個是「最佳」的控制體積之前，讓我們先寫出控制方程式。

$$\vec{F} = \vec{F}_S + \vec{F}_B = \frac{\partial}{\partial t} \int_{CV} \vec{V} \rho \, d\Psi + \int_{CS} \vec{V} \rho \vec{V} \cdot d\vec{A} \quad 以及 \quad \frac{\partial}{\partial t} \int_{CV} \rho \, d\Psi + \int_{CS} \rho \vec{V} \cdot d\vec{A} = 0$$

假設：(1) 穩定的流動。

　　　　(2) 不可壓縮流體。

　　　　(3) 在通過控制體積的邊界時，每個截面的水流都是均勻的。

無論我們選出的控制體積為何，假設(1)，(2) 與(3) 會得出

$$\vec{F} = \vec{F}_S + \vec{F}_B = \sum_{CS} \vec{V} \rho \vec{V} \cdot \vec{A} \quad 而且 \quad \sum_{CS} \rho \vec{V} \cdot \vec{A} = 0$$

對這兩種控制體積而言，其動量通量項的結果都相同。我們因此應該選擇能讓力的計算變得最直接的控制體積。

請記住，在應用動量方程式時，力量 $\vec{F}$ 代表作用在控制體積上的所有力量。

這裡讓我們使用每一種控制體積來求解這個問題。

▌CV$_I$

經過刻意選擇之後，使得控制體積左表面的面積等於右表面的面積。讓我們以 A 來表示這個面積。

控制體積有橫切過你的手。我們將你的手施加於控制體積之力的分量命名為 R_x 與 R_y，並且假設兩者都為正值。(控制體積作用在你的手的力量會等於 R_x 與 R_y 大小，但是方向相反。)

大氣壓力將作用於控制體積的所有表面上。請注意，自由噴射流內的壓力為環境的壓力，換言之，在這個情況下為大氣壓力。(圖中只顯示大氣壓力於垂直面上所造成的分布力。)

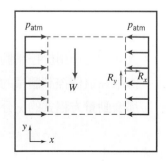

作用在控制體積上的物體力以 W 表示。

既然我們要求解的是水平力，所以讓我們寫出穩定的流動下動量方程式的 x 分量，

$$F_{S_x} + F_{B_x} = \sum_{CS} u \, \rho \vec{V} \cdot \vec{A}$$

因為在 x 方向上沒有物體力,所以 $F_{B_x} = 0$,而且

$$F_{S_x} = \sum_{\text{CS}} u \rho \vec{V} \cdot \vec{A}$$

為了計算 F_{S_x},我們必須將作用於控制體積上的所有表面力包含進來

$$F_{S_x} = \qquad p_{\text{atm}}A \qquad\qquad - \qquad\qquad p_{\text{atm}}A \qquad\qquad + \qquad\qquad R_x$$

| 朝右(正向)之大氣壓力作用於左側面所產生的力。 | 朝左(負向)之大氣壓力作用於右側面所產生的力。 | 你的手施加於控制體積的力(假設為正)。 |

因此 $F_{S_x} = R_x$,而且

$$R_x = \sum_{\text{CS}} u \rho \vec{V} \cdot \vec{A} = u \rho \vec{V} \cdot \vec{A} \big|_1 \qquad\qquad\qquad \{\text{於上下表面之處,} u = 0\}$$

$$R_x = -u_1 \rho V_1 A_1 \qquad\qquad \{\text{在①有 } \rho \vec{V} \cdot \vec{A} = -\rho \vec{V} \cdot \vec{A}\text{,因為 } \vec{V} \text{ 及 } \vec{A} \text{ 的方向相隔 180 度。注意到 } u_1 = V_1\}$$

$$R_x = -\frac{15 \text{ m}}{\text{s}} \times \frac{999 \text{ kg}}{\text{m}^3} \times \frac{15 \text{ m}}{\text{s}} \times 0.01 \text{ m}^2 \times \frac{\text{N} \cdot \text{s}^2}{\text{kg} \cdot \text{m}} \qquad\qquad \{u_1 = 15 \text{ m/s}\}$$

$$R_x = -2.25 \text{ kN} \qquad\qquad \{R_x \text{ 作用的方向與假設的正向成相反方向}\}$$

作用在你手的水平力為

$$K_x = -R_x = 2.25 \text{ kN} \qquad\qquad\qquad\qquad\qquad \{\text{作用在支架的力量的方向往右}\} \quad K_x$$

■ CV_{II} 與如圖所示的水平力

經過刻意選擇之後,使得控制體積的左表面和右表面的面積等於平板面積。我們以 A_p 表示這個面積。

控制體積與平板的表面完全貼合在一起。我們將平板作用在控制體積的水平反作用力,以 B_x(假設為正) 表示。

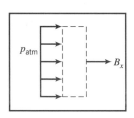

大氣壓力作用於控制體積的左表面上(和兩個水平表面上)。

作用在這個控制體積的物體力在 x 方向沒有分力。

那麼動量方程式的 x 分量為

$$F_{S_x} = \sum_{\text{CS}} u \rho \vec{V} \cdot \vec{A}$$

上式會產生

$$F_{S_x} = p_{\text{atm}} A_p + B_x = u \rho \vec{V} \cdot \vec{A} \big|_1 = -u_1 V_1 A_1 = -2.25 \text{ kN}$$

然後

$$B_x = -p_{\text{atm}} A_p - 2.25 \text{ kN}$$

為了求出作用在平板的淨力，我們需要平面的自由體圖：

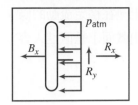

$$\sum F_x = 0 = -B_x - p_{atm}A_p + R_x$$
$$R_x = p_{atm}A_p + B_x$$
$$R_x = p_{atm}A_p + (-p_{atm}A_p - 2.25\,kN) = -2.25\,kN$$

然後作用在你的手的水平力為 $K_x = -R_x = 2.25$kN。

　　請注意，如果選擇 CV_{II}，意謂著我們需要使用自由體圖。一般而言，所劃定的控制體積，最好能使得待求解的力能夠一目了然地作用於該控制體積之上。

備註：
- ✓　這個問題示範了經過周詳考慮後再加以選擇的控制體積，可以如何簡化動量方程式的使用過程。
- ✓　如果這個問題使用錶壓，將可以相當程度簡化分析工作(請參看範例 4.6)。
- ✓　在這個問題中，力完全是因平板吸收噴射水流的水平動量而引起的。

範例 4.5　磅秤上的水槽：物體力

　　某一個金屬槽高 0.61m，內部截面積為 $0.09m^2$，空容器淨重 22.2N。槽被放在磅秤上，水在其上方開口流入，並由側邊兩個相同面積的開口流出，如圖所示。在穩定流動的條件下，槽內水面高度 $h = 0.58$m。

$A_1 = 0.009\ m^2$
$\vec{V}_1 = -3\hat{j}\ m/s$
$A_2 = A_3 = 0.009\ m^2$

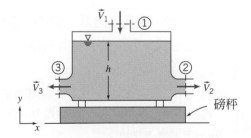

　　如果你的老闆認為磅秤的讀值必須等於槽內水的重量加上槽重，換句話說，我們可以將這一個問題視為單純的靜力學問題。但是你並不同意他的意見，你認為需要進行流體的流動分析才能知道其究竟。試問誰是對的？磅秤指示的數值代表的意義為何？

已知：金屬槽的高度為 0.61m，截面積 $A = 0.09m^2$，空容
器重 22.2N。槽靜止放在磅秤上。在穩定流動的條
件下，水的深度 $h = 0.58m$。水由截面①垂直進入容
器，從②與③水平流出。

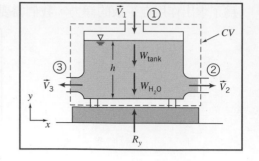

$$A_1 = 0.009 \text{ m}^2$$
$$\vec{V}_1 = -3\hat{j} \text{ m/s}$$
$$A_2 = A_3 = 0.009 \text{ m}^2$$

求解：磅秤的讀值。

解答：

選定如圖所示的控制體積；R_y 為磅秤施加於控制體積的力量(經由磅座作用於控制體積)，並
且假設它為正。

水槽的重量以 W_{tank} 表示；槽中水的重量為 W_{H_2O}。

大氣壓力均勻作用於整個控制表面上，因此它對控制體積的總影響為零。因為這項影響的淨
效應為零，所以我們沒有在圖中標示壓力的分布。

控制方程式：控制體積動量的一般式與質量守恆的一般式分別為 4.17 式和 4.12 式。

$$\vec{F}_S + \vec{F}_B = \overbrace{\frac{\partial}{\partial t}\int_{CV} \vec{V}\rho\, dV}^{= 0(1)} + \int_{CS} \vec{V}\rho\vec{V}\cdot d\vec{A}$$

$$\overbrace{\frac{\partial}{\partial t}\int_{CV} \rho\, dV}^{= 0(1)} + \int_{CS} \rho\vec{V}\cdot d\vec{A} = 0$$

請注意，為了簡潔起見，我們通常會從質量守恆方程式和動量方程式的最簡單形式(依照問
題假設，例如穩定的流動)開始著手。然而，在這一個問題中為了方便說明，我們從方程式最一
般的形式開始出發。

假設：(1) 穩定的流動(已知)

　　　(2) 不可壓縮流體。

　　　(3) 當通過控制體積邊界上的每一個截面時，流動都是均勻的流動。

我們只對動量方程式 y 方向的分量有興趣，

$$F_{S_y} + F_{B_y} = \int_{CS} v\,\rho\vec{V}\cdot d\vec{A} \tag{1}$$

$$F_{S_y} = R_y \qquad \{\text{大氣壓力形成的淨力為零}\}$$

$$F_{B_y} = -W_{tank} - W_{H_2O} \qquad \{\text{徹體力沿負 y 方向作用。}\}$$

$$W_{H_2O} = \rho g V = \gamma A h$$

$$\int_{CS} v\,\rho\vec{V}\cdot d\vec{A} = \int_{A_1} v\,\rho\vec{V}\cdot d\vec{A} = \int_{A_1} v(-\rho V_1 dA_1) \qquad \left\{\begin{array}{l}\vec{V}\cdot d\vec{A} \text{ 在①處為負}\\ \text{在②和③處，} v = 0\end{array}\right\}$$

$$= v_1(-\rho V_1 A_1) \qquad \left\{\begin{array}{l}\text{我們假設在①處，}\\ \text{流體性質均勻}\end{array}\right\}$$

將這些結果使用於式 1，我們得到

$$R_y - W_{\text{tank}} - \gamma A h = v_1(-\rho V_1 A_1)$$

請注意 v_1 為速度在方向 y 的分量，所以 $v_1 = -V_1$，而且我們應該記得 $V_1 = 3\,\text{m/s}$ 是速度 $\vec{V_1}$ 的大小值。因此，我們可以解出 R_y，

$$
\begin{aligned}
R_y &= W_{\text{tank}} + \gamma A h + \rho V_1^2 A_1 \\
&= 22.2\,\text{N} + \frac{9800\,\dfrac{\text{N}}{\text{m}^3} \times 0.09\,\text{m}^2 \times 0.58\,\text{m}}{} + 1000\,\frac{\text{kg}}{\text{m}^3} \times 9\,\frac{\text{m}^2}{\text{s}^2} \times 0.009\,\text{m}^2 \times \frac{\text{N} \cdot \text{s}^2}{\text{kg} \cdot \text{m}} \\
&= 22.2\,\text{N} + 511.6\,\text{N} + 81\,\text{N} \\
R_y &= 614.8\,\text{N} \longleftarrow \hspace{5cm} R_y
\end{aligned}
$$

請注意這是磅秤作用在控制體積上的力量，它也是磅秤的讀數。我們可以看出磅秤的讀值是由下列因素引起：水槽的重量(22.2N)，在槽內水的瞬間重量(511.6N)，以及水槽吸收由截面①流入的流體的向下動量時，所涉及的力量(81N)。因此你的老闆是錯的，他忽略了動量的影響，結果造成近 13% 的誤差。

> 這個問題示範說明了要應用於出現難以視而不見之物體力的慣性控制體積時，動量方程式的使用方式。

範例 4.6　流過彎管：錶壓的使用

　　水很穩定的通過圖中所示的 90 度漸縮彎管。在彎管入口處，絕對壓力為 220kPa，截面積為 0.01m^2。在出口處，其截面積為 0.0025m^2，速度為 16m/s。彎管會將水排放到大氣中。試求要保持彎管在原處所需要的力量。

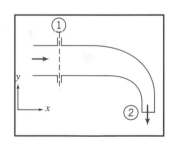

已知：通過 90 度漸縮彎管的穩定的流動。

$$p_1 = 220\,\text{kPa (abs)} \qquad A_1 = 0.01\,\text{m}^2 \qquad \vec{V_2} = -16\,\hat{j}\,\text{m/s} \qquad A_2 = 0.0025\,\text{m}^2$$

求解：要維持彎管於原處所需要的力量。

解答：

　　選定一個如圖所示的形狀固定的控制體積。請注意我們有幾個表面力有待計算：作用於面積 A_1 上的 p_1，以及作用於其他地方的 p_{atm}。截面②的出口為自由噴流，所以其壓力為環境(即大氣)壓力。在這裡我們可以使用一項簡化步驟：如果我們將 p_{atm} 從整個表面(就力量而言，其淨效應為零)上減去，我們可以只處理錶壓，如圖所示。

　　請注意，因為彎管固定於供應管線上，再加上反作用力 R_x 與 R_y (如圖所示)的影響，所以應該存在一個反作用力矩(圖中未顯示)。

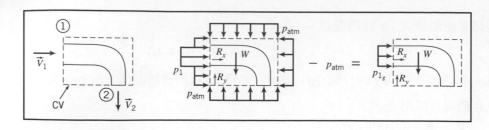

$$= 0(4)$$

控制方程式：$\vec{F} = \vec{F}_S + \vec{F}_B = \dfrac{\partial}{\partial t}\!\!\!\!\!\!\!\diagup\int_{CV} \vec{V} \rho \, d\Psi + \int_{CS} \vec{V} \rho \vec{V} \cdot d\vec{A}$

$$= 0(4)$$

$$\dfrac{\partial}{\partial t}\!\!\!\!\!\!\!\diagup\int_{CV} \rho \, d\Psi + \int_{CS} \rho \vec{V} \cdot d\vec{A} = 0$$

假設：(1) 在通過控制表面的每一個區域，水流都是都是均勻的流動。

      (2) 大氣壓力 $p_{\text{atm}} = 101\text{kPa(abs)}$。

      (3) 不可壓縮流動。

      (4) 穩定的流動(已知)。

      (5) 忽略彎管重量以及在彎管內水的重量。

    我們再一次(雖然並非必要)以控制方程式的最一般的形式為起點。寫出動量方程式的 x 分量，其結果為

$$F_{S_x} = \int_{CS} u \rho \vec{V} \cdot d\vec{A} = \int_{A_1} u \rho \vec{V} \cdot d\vec{A} \qquad\qquad \left\{ F_{B_x} = 0 \ \ \text{和} \ \ u_2 = 0 \right\}$$

$$p_{1_g} A_1 + R_x = \int_{A_1} u \rho \vec{V} \cdot d\vec{A}$$

所以

$$R_x = -p_{1_g} A_1 + \int_{A_1} u \rho \vec{V} \cdot d\vec{A}$$

$$= -p_{1_g} A_1 + u_1(-\rho V_1 A_1)$$

$$R_x = -p_{1_g} A_1 - \rho V_1^2 A_1$$

請注意 u_1 為速度的 x 分量，所以 $u_1 = V_1$。為了求得 V_1，我們使用質量守恆方程式：

$$\int_{CS} \rho \vec{V} \cdot d\vec{A} = \int_{A_1} \rho \vec{V} \cdot d\vec{A} + \int_{A_2} \rho \vec{V} \cdot d\vec{A} = 0$$

$$\therefore (-\rho V_1 A_1) + (\rho V_2 A_2) = 0$$

而且

$$V_1 = V_2 \frac{A_2}{A_1} = \frac{16 \text{ m}}{\text{s}} \times \frac{0.0025}{0.01} = 4 \text{ m/s}$$

現在我們可以計算 R_x，

$$R_x = -p_{1_g} A_1 - \rho V_1^2 A_1$$

$$= -1.19 \times 10^5 \, \frac{\text{N}}{\text{m}^2} \times 0.01 \text{ m}^2 - 999 \, \frac{\text{kg}}{\text{m}^3} \times 16 \, \frac{\text{m}^2}{\text{s}^2} \times 0.01 \text{ m}^2 \times \frac{\text{N} \cdot \text{s}^2}{\text{kg} \cdot \text{m}}$$

$$R_x = -1.35 \text{ kN} \qquad\qquad\qquad\qquad\qquad\qquad\qquad\qquad\qquad\qquad\qquad\qquad\qquad\quad R_x$$

寫出動量方程式的 y 分量，其結果為

$$F_{S_y} + F_{B_y} = R_y + F_{B_y} = \int_{CS} v\,\rho\vec{V}\cdot d\vec{A} = \int_{A_2} v\,\rho\vec{V}\cdot d\vec{A} \qquad \{v_1 = 0\}$$

或

$$R_y = -F_{B_y} + \int_{A_2} v\,\rho\vec{V}\cdot d\vec{A}$$
$$= -F_{B_y} + v_2(\rho V_2 A_2)$$
$$R_y = -F_{B_y} - \rho V_2^2 A_2$$

請注意 v_2 為速度的 y 分量，所以 $v_2 = -V_2$，其中 V_2 是出口速度的大小值。

代入已知數值，

$$R_y = -F_{B_y} - \rho V_2^2 A_2$$
$$= -F_{B_y} - 999\,\frac{\text{kg}}{\text{m}^3} \times (16)^2\,\frac{\text{m}^2}{\text{s}^2} \times 0.0025\,\text{m}^2 \times \frac{\text{N}\cdot\text{s}^2}{\text{kg}\cdot\text{m}}$$
$$= -F_{B_y} - 639\,\text{N} \qquad\qquad\qquad\qquad\qquad\qquad\qquad\qquad R_y$$

不計入 F_{B_x}，我們得到

$$R_y = -639\,\text{N} \qquad\qquad\qquad\qquad\qquad\qquad\qquad\qquad R_y$$

這個問題說明了如何使用錶壓，去簡化在動量方程式中對於表面力的計算。

範例 4.7　蓄水閘下的流動：靜壓作用力

　　明渠中的水被蓄水閘攔住。比較(a)當閘門關閉時和(b)當閘門打開時，水作用在閘門上的水平力(假設這是穩定的流動的情形，如圖所示)。假設在截面①與②的流動是不可壓縮與均勻的，而且壓力分布為靜液壓分布(因為流線在那裡呈直線狀)。

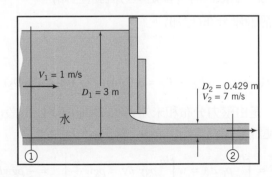

已知：在閘門下方的流動。寬度＝w。

求解：作用在關閉和開啟閘門上的水平力(每單位寬度)。

解答：

　　對於閘門開啟的情形，選擇如圖所示的控制體積。請注意，在範例 4.6 中我們已經學習過，利用錶壓可以使計算更簡單。

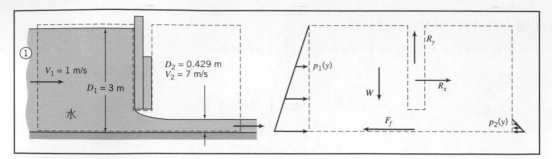

作用在控制體積的力量包含：

- 重力 W。
- 摩擦力 F_f。
- 由閘門所施加的反作用力的分力 R_x 與 R_y。
- 在垂直表面上的靜液壓分布，假設(6)。
- 沿著底部表面的壓力分布 $p_b(x)$(未顯示)。

應用動量方程式的 x 分量。

控制方程式：

$$F_{S_x} + \overset{= \, 0(2)}{\cancel{F_{B_x}}} = \overset{= \, 0(3)}{\cancel{\frac{\partial}{\partial t} \int_{\text{CV}} u\,\rho d\mathcal{V}}} + \int_{\text{CS}} u\,\rho \vec{V} \cdot d\vec{A}$$

假設：(1) F_f 可以忽略(忽略作用在渠道底部的摩擦力)。

(2) $F_{B_x} = 0$。

(3) 穩定的流動。

(4) 不可壓縮流體(已知)。

(5) 通過控制體積的每一個截面時，都是均勻流動(已知)。

(6) 在截面①和②的靜液壓分布(已知)。

然後

$$F_{S_x} = F_{R_1} + F_{R_2} + R_x = u_1(-\rho V_1 w D_1) + u_2(\rho V_2 w D_2)$$

作用在控制體積的表面力，是由壓力分布和未知力 R_x 所造成。由假設(6)得知，我們可以對每一邊錶壓分布進行積分，以便計算靜液壓作用力 F_{R_1} 與 F_{R_2}。

$$F_{R_1} = \int_0^{D_1} p_1 \, dA = w \int_0^{D_1} \rho g y \, dy = \rho g w \left. \frac{y^2}{2} \right|_0^{D_1} = \frac{1}{2}\rho g w D_1^2$$

上式中的 y 是從位置①處的自由面往下測量得到，而且

$$F_{R_2} = \int_0^{D_2} p_2 \, dA = w \int_0^{D_2} \rho g y \, dy = \rho g w \left. \frac{y^2}{2} \right|_0^{D_2} = \frac{1}{2}\rho g w D_2^2$$

其中 y 是從位置②的自由面往下測量得到。(請注意，我們已經直接使用靜壓力方程式 3.10b 來求出這些力量。)

利用這些結果計算 F_{S_x}，我們得到

$$F_{S_x} = R_x + \frac{\rho g w}{2}(D_1^2 - D_2^2)$$

代入動量方程式，而且由於 $u_1 = V_1$ 與 $u_2 = V_2$，我們得到

$$R_x + \frac{\rho g w}{2}(D_1^2 - D_2^2) = -\rho V_1^2 w D_1 + \rho V_2^2 w D_2$$

或

$$R_x = \rho w(V_2^2 D_2 - V_1^2 D_1) - \frac{\rho g w}{2}(D_1^2 - D_2^2)$$

右邊第二項是作用在閘門上的靜壓作用力；第一項則是當閘門打開時的「校正」項(會導致比較小的淨力)。這項校正的基本「意義」為何？遠離閘門處的任一方向流體壓力確實是靜壓力，但是考慮靠近閘門的流動：因為這裡有很明顯的速度變化(大小和方向均如此)，所以壓力分布很明顯地偏離靜壓；例如，當閘門下之流體加速時，閘門的左下方會有明顯的壓力下降。要推導這個壓力場是一件困難的工作，但是經由小心的劃定控制體積，我們可以避免遇到這樣的情況。

現在我們已經可以計算每單位寬度的水平力，

$$\frac{R_x}{w} = \rho\left(V_2^2 D_2 - V_1^2 D_1\right) - \frac{\rho g}{2}\left(D_1^2 - D_2^2\right)$$

$$= 999\ \frac{\text{kg}}{\text{m}^3} \times \left[(7)^2(0.429) - (1)^2(3)\right]\frac{\text{m}^2}{\text{s}^2}\,\text{m} \times \frac{\text{N} \cdot \text{s}^2}{\text{kg} \cdot \text{m}}$$

$$-\frac{1}{2} \times 999\ \frac{\text{kg}}{\text{m}^3} \times 9.81\ \frac{\text{m}}{\text{s}^2} \times \left[(3)^2 - (0.429)^2\right]\text{m}^2 \times \frac{\text{N} \cdot \text{s}^2}{\text{kg} \cdot \text{m}}$$

$$\frac{R_x}{w} = 18.0\ \text{kN/m} - 43.2\ \text{kN/m}$$

$$\frac{R_x}{w} = -25.2\ \text{kN/m}$$

R_x 是經由閘門作用在控制體積的外力。因此，水作用在閘門上的力量為 K_x，其中 $K_x = -R_x$。因此，

$$\frac{K_x}{w} = -\frac{R_x}{w} = 25.2\ \text{kN/m} \longleftarrow \qquad \frac{K_x}{w}$$

這個力量可以與作用在密閉閘門的 44.1kN(這是從上面方程式右方的第二項計算得到，計算時可以將 D_2 設為零，這是因為當閘門關閉時其右邊並沒有流體存在的緣故) 互相比較；當閘門開啟而水從閘門下方加速離開時，作用在閘門的力量會明顯減少。

> 這個問題示範說明了當作用在控制表面的壓力並不均勻時，如何將動量方程式應用於控制體積上。

範例 4.8　進料中的輸送帶：控制體積的動量變化率

以 0.9m/s 移動的水平輸送帶從送料斗中接收沙子。沙子以 1.5m/s 的速度垂直從送料斗落至輸送帶上，流率為 225kg/s(沙子密度約為 1580kg/m³)。一開始輸送帶上沒有任何物品，然後開始承接並運送沙子。如果驅動系統和滾輪的摩擦力可以忽略，試求輸送帶滿載沙子時，拉動帶子所需要的拉力。

已知：顯示於圖中的輸送帶和送料斗。

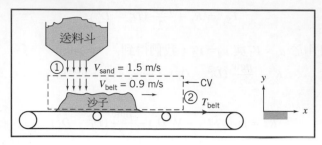

求解：圖中所示的瞬間拉力 T_{belt}。

解答：控制體積與座標系統如圖所示。應用動量方程式的 x 分量。

控制方程式：

$$F_{S_x} + \overset{= 0(2)}{\cancel{F_{B_x}}} = \frac{\partial}{\partial t} \int_{\text{CV}} u\, \rho\, d\forall + \int_{\text{CS}} u\, \rho\, \vec{V} \cdot d\vec{A} \qquad \frac{\partial}{\partial t} \int_{\text{CV}} \rho\, d\forall + \int_{\text{CS}} \rho\, \vec{V} \cdot d\vec{A} = 0$$

假設：(1) $F_{S_x} = T_{\text{belt}} = T$。

(2) $F_{S_x} = 0$。

(3) 在截面①的流動為均勻流動。

(4) 在輸送帶上所有沙子的速度 $V_{\text{belt}} = V_b$。

然後

$$T = \frac{\partial}{\partial t} \int_{\text{CV}} u\, \rho\, d\forall + u_1(-\rho V_1 A_1) + u_2(\rho V_2 A_2)$$

因為 $u_1 = 0$，而且在截面②沒有流動現象，

$$T = \frac{\partial}{\partial t} \int_{\text{CV}} u\, \rho\, d\forall$$

由假設(4)可知，在控制體積內，$u = V_b =$ 常數，因此

$$T = V_b \frac{\partial}{\partial t} \int_{\text{CV}} \rho\, d\forall = V_b \frac{\partial M_s}{\partial t}$$

其中 M_s 是在輸送帶上(在控制體積內)沙子的質量。對於這個結果我們可能不會覺得意外；輸送帶上的張力是要增加控制體積內的動量所需要的力量(因為即使控制體積內質量的速度為定值，但是質量卻不是常數，所以張力會持續增加)。由連續方程式我們知道，

$$\frac{\partial}{\partial t} \int_{\text{CV}} \rho\, d\forall = \frac{\partial}{\partial t} M_s = -\int_{\text{CS}} \rho\, \vec{V} \cdot d\vec{A} = \dot{m}_s = 225 \text{ kg/s}$$

然後

$$T = V_b \dot{m}_s = \frac{0.9 \text{ m}}{\text{s}} \times \frac{225 \text{ kg}}{\text{s}} \times \frac{\text{N} \cdot \text{s}^2}{\text{kg} \cdot \text{m}}$$

$$T = 202.5 \text{ N} \qquad\xleftarrow{\hspace{10cm}} T$$

這個問題示範說明了當控制體積內的動量會改變時，如何將動量方程式應用到控制體積。

*微分控制體積分析

　　控制體積方法，正如我們在前一個例子所見，當應用於有限的範圍時，這種方法提供了非常有用的結果。

　　如果我們把這種方法用於微分控制體積(differential control volume)，我們能得到一個用以描述流場的微分方程式。在這一節裡，我們使用質量守恆和動量方程式於這類的控制體積來獲得幾個簡單的微分方程式，用以描述穩定、不可壓縮、無摩擦的流動情形，並沿著一條流線予以積分得到著名白努利方程式(Bernoulli equation)。

　　讓我們將連續方程式和動量方程式應用於沒有摩擦力的穩定的不可壓縮流動上，如圖 4.4 所示。劃定的控制體積在空間中是固定的，而且被流線所包圍，也因此是流線管的一個單元。控制體積的長度是 ds。

　　因為控制體積被流線包圍著，所以流體通過控制表面的情況只會發生其兩端截面上。這兩個截面位於座標 s 和 $s+ds$ 上，其座標值是沿著中心流線量測得到的。

　　在入口截面的物理性質可以指定為任意正負號值。在出口截面的物理性質可以假設為增加了一個微分量。因此在位置 $s+ds$ 上，流動速度可以假設為 V_s+dV_s，依此類推。在建立問題時，微分變化量 dp、dV_s 和 dA 全部都假設為正。(如同在靜力學或動力學的自由體分析，每一項微分變化量實際的正負號可以由分析結果來決定。)

　　現在讓我們將連續方程式和動量方程式的 s 分量，應用到圖 4.4 的控制體積上。

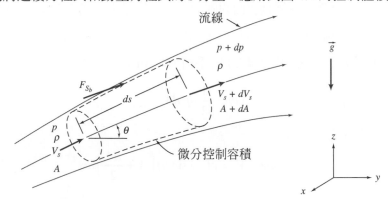

圖 4.4　用於分析流線管內流動之動量的微分控制體積

a. 連續方程式

基本方程式：
$$\overset{= 0(1)}{\cancel{\frac{\partial}{\partial t}}}\int_{CV} \rho\, dV + \int_{CS} \rho\vec{V}\cdot d\vec{A} = 0 \tag{4.12}$$

假設：(1) 穩定的流動。

　　　(2) 沒有流動越過邊界流線。

　　　(3) 不可壓縮流體，ρ＝常數。

然後

$$(-\rho V_s A) + \{\rho(V_s + dV_s)(A + dA)\} = 0$$

所以

$$\rho(V_s + dV_s)(A + dA) = \rho V_s A \tag{4.19a}$$

將上式等號的左邊予以展開並且簡化,我們得到

$$V_s \, dA + A \, dV_s + dA \, dV_s = 0$$

但是 $dA dV_s$ 是微分量的乘積,它與 $V_s dA$ 或 $A dV_s$ 相比較是可以忽略的。因此,

$$V_s \, dA + A \, dV_s = 0 \tag{4.19b}$$

b. 動量方程式流線方向的分量

基本方程式:

$$F_{S_s} + F_{B_s} = \overset{= 0(1)}{\frac{\partial}{\partial t} \!\!\!\!\!\!\!\!\!\!\! \int\!\!\!\!\!\int_{CV} u_s \, \rho \, dV} + \int_{CS} u_s \, \rho \vec{V} \cdot d\vec{A} \tag{4.20}$$

假設:(4)無摩擦,所以 F_{S_b} 僅有壓力作用力。

表面力(僅有壓力作用力)有三項:

$$F_{S_s} = pA - (p + dp)(A + dA) + \left(p + \frac{dp}{2}\right)dA \tag{4.21a}$$

4.21a 式的第一和第二項是作用在控制表面的兩端表面上的壓力。第三項是 F_{S_b},它是在 s 方向上作用於控制體積的包覆流線面上的(壓力)作用力。其大小等於作用於流線面之平均壓力 $p + \frac{1}{2} dp$,與流線面沿 s 方向的面積分量 dA 的乘積。4.21a 式可以簡化成

$$F_{S_s} = -A \, dp - \frac{1}{2} dp \, dA \tag{4.21b}$$

物體力在 s 方向的分量為

$$F_{B_s} = \rho g_s \, dV = \rho(-g \sin\theta)\left(A + \frac{dA}{2}\right)ds$$

但是 $\theta \, ds = dz$,所以

$$F_{B_s} = -\rho g \left(A + \frac{dA}{2}\right)dz \tag{4.21c}$$

因此動量通量會等於

$$\int_{CS} u_s \, \rho \vec{V} \cdot d\vec{A} = V_s(-\rho V_s A) + (V_s + dV_s)\{\rho(V_s + dV_s)(A + dA)\}$$

之所以會如此是因為沒有質量通量越過包覆流線面的緣故。由連續方程式 4.19a 得知,大括弧與小括弧內的質量通量因數是相等的,所以

$$\int_{CS} u_s \, \rho \vec{V} \cdot d\vec{A} = V_s(-\rho V_s A) + (V_s + dV_s)(\rho V_s A) = \rho V_s A \, dV_s \tag{4.22}$$

將 4.21b 式、4.21c 式和 4.22 式代入 4.20 式(動量方程式)中,我們得到

$$-A\,dp - \tfrac{1}{2}\,dp\,dA - \rho g A\,dz - \tfrac{1}{2}\rho g\,dA\,dz = \rho V_s A\,dV_s$$

將上式除以 ρA，並且要注意微分量的乘積與其餘幾項相比是可以忽略的，結果得到

$$-\frac{dp}{\rho} - g\,dz = V_s\,dV_s = d\left(\frac{V_s^2}{2}\right)$$

或

$$\frac{dp}{\rho} + d\left(\frac{V_s^2}{2}\right) + g\,dz = 0 \tag{4.23}$$

由於此流動屬於不可壓縮者，我們可以對這個方程式積分，然後得到

$$\frac{p}{\rho} + \frac{V_s^2}{2} + gz = \text{常數}$$

或者捨去下標 s 後得到

$$\frac{p}{\rho} + \frac{V^2}{2} + gz = \text{常數} \tag{4.24}$$

這個方程式具有以下限制：

1. 穩定的流動。

2. 無摩擦。

3. 沿著流線流動。

4. 不可壓縮流體。

　　我們已經得到或許是流體力學上最為人所熟知(也是被誤用)的方程式——白努利方程式。只有符合上述所列出的四個限制條件時，或至少有相當程度的吻合時，才可以使用這個方程式！雖然實際上沒有任何流動能完全符合這些限制條件(特別是第二項)，我們還是能用 4.24 式來近似許多的流動行為。

　　例如，此方程式被廣泛地運用在空氣動力學用以將氣流的壓力和速度關聯在一起(例如，它解釋次音速機翼的升力)。它也能用來計算漸縮彎管之入口處的壓力如範例 4.6 中所作的分析或是決定水離開水閘時的流速如範例 4.7(這兩例的流動情形都相當吻合四個限制條件)。另一方面，4.24 式並不能正確地描述管內流動水壓的變動行為。根據這個，對於一根直徑不變的管子，壓力也會維持不變，但是實際上沿著管長的方向壓力會下降——得先學會第 8 章的大部分後，才有能力解釋這個現象。

　　白努利方程式，以及其使用上的限制，是如此的重要所以我們會在第 6 章再推導一次並且詳細討論它的限制。

範例 4.9　噴嘴流動：白努利方程式的應用

　　白努利方程式的應用水很穩定地流過水平噴嘴，然後排放到大氣中。噴嘴入口直徑為 D_1；出口直徑為 D_2。試推導為了產生指定的體積流率 Q，在噴嘴入口處所需要最小錶壓的數學表示式。如果 $D_1 = 75\text{mm}$，$D_2 = 25\text{mm}$，而且所需要的流率為 $0.02\text{m}^3/\text{s}$，試計算入口錶壓。

已知：水很穩定地流過水平噴嘴，然後排放到大氣中。

$$D_1 = 75mm \quad D_2 = 25mm \quad p_2 = p_{atm}$$

求解：(a) p_{1g} 以體積流率 Q 表示的函數關係。

(b) 當 $Q = 0.02m^3/s$ 時的 p_{1g}。

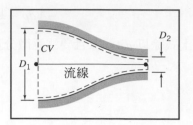

解答：

控制方程式：

$$\frac{p_1}{\rho} + \frac{V_1^2}{2} + gz_1 = \frac{p_2}{\rho} + \frac{V_2^2}{2} + gz_2$$

$$= 0(1)$$

$$\cancel{\frac{\partial}{\partial t}} \int_{CV} \rho \, d\mathcal{V} + \int_{CS} \vec{V} \cdot d\vec{A} = 0$$

假設：(1) 穩定的流動(已知)。

(2) 不可壓縮流動。

(3) 無摩擦流動。

(4) 沿著流線流動。

(5) $z_1 = z_2$。

(6) 在截面區①與②的流動都是均勻流動。

沿著流線將白努利方程式應用在點①與②之間，以便計算 p_1。然後

$$p_{1g} = p_1 - p_{atm} = p_1 - p_2 = \frac{\rho}{2}(V_2^2 - V_1^2) = \frac{\rho}{2}V_1^2\left[\left(\frac{V_2}{V_1}\right)^2 - 1\right]$$

應用連續方程式

$$(-\rho V_1 A_1) + (\rho V_2 A_2) = 0 \quad 或 \quad V_1 A_1 = V_2 A_2 = Q$$

使得

$$\frac{V_2}{V_1} = \frac{A_1}{A_2} \quad 而且 \quad V_1 = \frac{Q}{A_1}$$

然後

$$p_{1g} = \frac{\rho Q^2}{2A_1^2}\left[\left(\frac{A_1}{A_2}\right)^2 - 1\right]$$

既然 $A = \pi D^2/4$，則

$$p_{1g} = \frac{8\rho \, Q^2}{\pi^2 D_1^4}\left[\left(\frac{D_1}{D_2}\right)^4 - 1\right]$$

p_{1g}

(請注意，對於給定的噴嘴，所需要的壓力與流率的平方成正比；既然我們已經使用了 4.24 式，而它指出 $p \sim V^2 \sim Q^2$，所以前述結果並不讓人驚訝)。由於 $D_1 = 75mm$、$D_2 = 25mm$ 而且 $\rho = 1000 kg/m^3$，

$$p_{1g} = \frac{8}{\pi^2} \times 1000\,\frac{\text{kg}}{\text{m}^3} \times \frac{1}{(0.075)^4\,\text{m}^4} \times Q^2\,[(3.0)^4 - 1]\,\frac{\text{N} \cdot \text{s}^2}{\text{kg} \cdot \text{m}} \times \frac{\text{Pa} \cdot \text{m}^2}{\text{N}}$$

$$p_{1g} = 2049.44 \times 10^6\,Q^2\,\frac{\text{N} \cdot \text{s}^2}{\text{m}^8} \times \frac{\text{Pa} \cdot \text{m}^2}{\text{N}}$$

由於 $Q = 0.02\,\text{m}^3/\text{s}$，則

$$p_{1g} = 819{,}755\,\text{Pa} \longleftarrow \hspace{4cm} p_{1g}$$

> 這個問題示範說明了當對流動限制其爲穩定的、不可壓縮、無摩擦時，如果這項限制合理，如何將白努利方程式應用到這類流動上。

以固定速度流動的控制體積

　　雖然前面的範例說明了如何將動量方程式應用於慣性控制體積上，不過我們目前只考慮過靜止的控制體積。假設我們在討論的控制體積以固定速度在移動。我們可以設定兩個座標系統：原先的固定座標系 XYZ(因此是慣性) 以及位於控制體積上的座標系 xyz(因爲控制體積相對於 XYZ 並沒有加速度，所以它也是慣性座標系)。

　　4.10 式是以控制體積變數來表示系統導數，假設所有速度都是相對於控制體積來測量，則不論座標系統 xyz 在進行何種運動，這個方程式(固定於控制體積上) 都正確。爲了強調這一點，我們將 4.10 式重寫爲

$$\left.\frac{dN}{dt}\right)_{\text{system}} = \frac{\partial}{\partial t}\int_{\text{CV}} \eta\,\rho\,d\forall + \int_{\text{CS}} \eta\,\rho\,\vec{V}_{xyz} \cdot d\vec{A} \tag{4.25}$$

既然所有速度都必須相對於控制體積來測量，所以在我們使用這個方程式以便從系統型態的公式，去取得慣性控制體積的動量方程式時，我們必須讓

$$N = \vec{P}_{xyz} \quad \text{而且} \quad \eta = \vec{V}_{xyz}$$

然後控制體積方程式可以寫成

$$\vec{F} = \vec{F}_s + \vec{F}_B = \frac{\partial}{\partial t}\int_{\text{CV}} \vec{V}_{xyz}\,\rho\,d\forall + \int_{\text{CS}} \vec{V}_{xyz}\,\rho\vec{V}_{xyz} \cdot d\vec{A} \tag{4.26}$$

4.26 式是牛頓第二定律應用於任何慣性控制體積(靜止或以固定速度在運動) 上的表示式。除了在這個方程式中我們使用下標 xyz 來強調速度是相對於控制體積來測量之外，這個方程式與 4.17a 式完全相同。(將這些速度想像成是隨著控制體積一起運動的觀察者會觀察到的速度，將會有所幫助。) 範例 4.10 會說明 4.26 式應用於以固定速度在移動的控制體積上的使用方式。

範例 4.10　等速運動的導流葉片

　　圖中所示爲轉向角(turning angle) 60 度的導流葉片。葉片以固定速度 $U = 10\,\text{m/s}$ 在運動，並且承接由靜止噴嘴所噴出速度 $V = 30\,\text{m/s}$ 的噴射水流。噴嘴出口面積爲 $0.003\,\text{m}^2$。試求作用在導流葉片上的各分力。

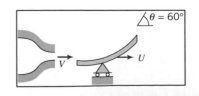

已知：導流葉片的轉向角 $\theta = 60$ 度，固定的移動速度 $\vec{U} = 10\hat{i}$ m/s。從固定面積 $A = 0.003\text{m}^2$ 的噴嘴噴出的水，其速度爲 $\vec{V} = 30\hat{i}$ m/s，流過葉片的情形如圖所示。

求解：作用於導流葉片的各分力。

解答：

選擇一個隨著導流葉片一起以固定速度 $\vec{U}$ 移動的控制體積，在圖中以虛線區域顯示。R_x 與 R_y 是要讓控制體積的速度維持在 $10\hat{i}$ m/s 所需的兩個分力。

因爲控制體積沒有加速度($U =$ 定值)，所以它是慣性的。請記住在使用基本方程式時，所有速度都必須相對於控制體積來測量。

控制方程式：

$$\vec{F}_S + \vec{F}_B = \frac{\partial}{\partial t} \int_{CV} \vec{V}_{xyz}\, \rho\, d\forall + \int_{CS} \vec{V}_{xyz}\, \rho \vec{V}_{xyz} \cdot d\vec{A}$$

$$\frac{\partial}{\partial t} \int_{CV} \rho\, d\forall + \int_{CS} \rho \vec{V}_{xyz} \cdot d\vec{A} = 0$$

假設：(1) 流動相對於導流葉片爲穩定的。

(2) 沿著導流葉片的相對速度大小是固定的：$|\vec{V}_1| = |\vec{V}_2| = V - U$。

(3) 在截面①與②的物理性質是均勻的。

(4) $F_{B_x} = 0$。

(5) 不可壓縮流動。

動量方程式的 x 分量是

$$F_{S_x} + \overset{= 0(4)}{\cancel{F_{B_x}}} = \overset{= 0(1)}{\cancel{\frac{\partial}{\partial t} \int_{CV} u_{xyz}\, \rho\, d\forall}} + \int_{CS} u_{xyz}\, \rho \vec{V}_{xyz} \cdot d\vec{A}$$

因爲 p_{atm} 會作用在控制體積的每一邊上，所以其淨(壓力)作用力爲零。因此，

$$R_x = \int_{A_1} u(-\rho V dA) + \int_{A_2} u(\rho V dA) = +u_1(-\rho V_1 A_1) + u_2(\rho V_2 A_2)$$

(所有速度都相對於 xyz 進行測量。) 利用連續方程式，

$$\int_{A_1} (-\rho V dA) + \int_{A_2} (\rho V dA) = (-\rho V_1 A_1) + (\rho V_2 A_2) = 0$$

或

$$\rho V_1 A_1 = \rho V_2 A_2$$

因此，

$$R_x = (u_2 - u_1)(\rho V_1 A_1)$$

所有速度都必須相對於控制體積來測量，所以我們注意到

$$V_1 = V - U \qquad V_2 = V - U$$
$$u_1 = V - U \qquad u_2 = (V - U)\cos\theta$$

代入後得到

$$R_x = [(V - U)\cos\theta - (V - U)](\rho(V - U)A_1) = (V - U)(\cos\theta - 1)\{\rho(V - U)A_1\}$$

$$= \frac{(30 - 10)}{s}\frac{m}{s} \times (0.50 - 1) \times \left(999\frac{kg}{m^3}\frac{(30 - 10)}{s}\frac{m}{s} \times 0.003\,m^2\right) \times \frac{N \cdot s^2}{kg \cdot m}$$

$$R_x = -599\,N\,\{\,往左\,\}$$

然後寫出動量方程式的 y 分量，我們得到

$$F_{S_y} + F_{B_y} = \overset{= 0(1)}{\cancel{\frac{\partial}{\partial t}\int_{CV} v_{xyz}\,\rho\,dV}} + \int_{CS} v_{xyz}\,\rho\vec{V}_{xyz} \cdot d\vec{A}$$

將控制體積的質量以 M 表示，然後我們得到

$$R_y - Mg = \int_{CS} v\,\rho\vec{V} \cdot d\vec{A} = \int_{A_2} v\,\rho\vec{V} \cdot d\vec{A} \qquad \{v_1 = 0\} \qquad \left\{\begin{array}{l}\text{所有速度都是相}\\\text{對於 } xyz \text{ 來量測}\end{array}\right\}$$

$$= \int_{A_2} v\,(\rho VdA) = v_2(\rho V_2 A_2) = v_2(\rho V_1 A_1) \qquad \left\{\begin{array}{l}\text{請回想一下}\\\rho V_2 A_2 = \rho V_1 A_1\end{array}\right\}$$

$$= (V - U)\sin\theta\,\{\rho(V - U)A_1\}$$

$$= \frac{(30 - 10)}{s}\frac{m}{s} \times (0.866) \times \left((999)\frac{kg}{m^3}\frac{(30 - 10)}{s}\frac{m}{s} \times 0.003\,m^2\right) \times \frac{N \cdot s^2}{kg \cdot m}$$

$$R_y - Mg = 1.04\,kN \qquad \{\,向上\,\}$$

因此垂直方向的分力為

$$R_y = 1.04\,kN + Mg \qquad \{\,往上\,\}$$

則作用在導流葉片的淨力(忽略控制體積內導流葉片和水的重量)是

$$\vec{R} = -0.599\hat{i} + 1.04\hat{j}\,kN \qquad\qquad \vec{R}$$

這個問題示範說明了如何藉由算出相對於控制體積的所有速度，來計算等速運動的控制體積的動量方程式。

4-5　直線加速下控制體積的動量方程式

對於慣性控制體積(相對於靜止參考座標，不具有加速度)，牛頓第二運動定律的適當公式為 4.26 式，

$$\vec{F} = \vec{F}_S + \vec{F}_B = \frac{\partial}{\partial t}\int_{CV} \vec{V}_{xyz}\,\rho\,dV + \int_{CS} \vec{V}_{xyz}\,\rho\vec{V}_{xyz} \cdot d\vec{A} \qquad\qquad (4.26)$$

並非所有控制體積都是慣性的；例如，如果火箭想要脫離地面，它就必須加速。既然我們感到興趣的是，如何分析可能相對於慣性座標在進行加速的控制體積，所以很自然地我們要問，4.26 式是否可以用於加速的控制體積上。要回答這個問題，讓我們簡短回顧推導 4.26 式時所使用的兩個主要元素。

首先，在讓系統型態的導數與控制體積公式(4.25 式或 4.10 式)產生關連時，流動場 $\vec{V}(x, y, z, t)$ 是相對於控制體積座標 x、y 與 z 加以標記。對 xyz 參考座標的運動，我們並沒有施以任何限制。因此，如果所有速度都是相對於控制體積加以測量，則在任何時刻，4.25 式(或 4.10 式)對於任意 x、y 與 z 座標的運動都是正確的。

第二，系統方程式為

$$\vec{F} = \left. \frac{d\vec{P}}{dt} \right)_{\text{system}} \tag{4.2a}$$

其中系統的線性動量為

$$\vec{P}_{\text{system}} = \int_{M(\text{system})} \vec{V} \, dm = \int_{\forall(\text{system})} \vec{V} \rho \, d\forall \tag{4.2b}$$

只有當速度是相對於慣性參考座標系統加以量測時，4.2a 式才是有效的。因此，如果我們將慣性參考座標以 XYZ 表示，則牛頓第二定律告訴我們

$$\vec{F} = \left. \frac{d\vec{P}_{XYZ}}{dt} \right)_{\text{system}} \tag{4.27}$$

因為當控制體積參考座標 xyz 是相對於慣性參考座標在作加速時，$\vec{P}_{XYZ}$ 與 $\vec{P}_{xyz}$ 的時間導數並不相等，所以 4.26 式對加速的控制體積而言是不成立的。

為了推導線性加速控制體積的動量方程式，有必要讓系統的 $\vec{P}_{XYZ}$ 與系統的 $\vec{P}_{xyz}$ 產生關連。然後系統導數 $d\vec{P}_{xyz} / dt$ 可以經由 4.25 式，與控制體積變數產生關連。我們以寫出系統的牛頓第二定律為起點，請記住加速度必須相對於慣性參考座標 XYZ 加以測量。我們可以寫出

$$\vec{F} = \left. \frac{d\vec{P}_{XYZ}}{dt} \right)_{\text{system}} = \frac{d}{dt} \int_{M(\text{system})} \vec{V}_{XYZ} \, dm = \int_{M(\text{system})} \frac{d\vec{V}_{XYZ}}{dt} \, dm \tag{4.28}$$

相對於慣性座標(XYZ)和控制體積座標(xyz)的速度，可以經由下列相對運動方程式產生關連，

$$\vec{V}_{XYZ} = \vec{V}_{xyz} + \vec{V}_{rf} \tag{4.29}$$

其中 $\vec{V}_{rf}$ 是控制體積座標 xyz 相對於「絕對」靜止的座標 XYZ 下的速度。

既然我們假設相對於慣性參考座標 XYZ，xyz 的運動是單純的平移運動(沒有轉動)，則

$$\frac{d\vec{V}_{XYZ}}{dt} = \vec{a}_{XYZ} = \frac{d\vec{V}_{xyz}}{dt} + \frac{d\vec{V}_{rf}}{dt} = \vec{a}_{xyz} + \vec{a}_{rf} \tag{4.30}$$

其中

$\vec{a}_{XYZ}$　是系統相對於慣性參考座標 XYZ 的直線加速度，

$\vec{a}_{xyz}$　是系統相對於非慣性參考座標 xyz (相對於控制體積) 的直線加速度，

$\vec{a}_{rf}$　　是非慣性參考座標(即控制體積) 相對於慣性座標 XYZ 的直線加速度。

將 4.30 式代入 4.28 式，我們得到

$$\vec{F} = \int_{M(\text{system})} \vec{a}_{rf} \, dm + \int_{M(\text{system})} \frac{d\vec{V}_{xyz}}{dt} \, dm$$

或

$$\vec{F} - \int_{M(\text{system})} \vec{a}_{rf} \, dm = \left. \frac{d\vec{P}_{xyz}}{dt} \right)_{\text{system}} \tag{4.31a}$$

其中系統的線性動量為

$$\vec{P}_{xyz}\Big)_{\text{system}} = \int_{M(\text{system})} \vec{V}_{xyz}\, dm = \int_{\forall(\text{system})} \vec{V}_{xyz}\, \rho\, d\forall \tag{4.31b}$$

而且力 $\vec{F}$ 包括了作用於系統上所有表面力與物體力。

為了推導牛頓第二定律的控制體積型態的公式，我們令

$$N = \vec{P}_{xyz} \qquad \text{and} \qquad \eta = \vec{V}_{xyz}$$

將它們代入 4.25 式，我們得到

$$\frac{d\vec{P}_{xyz}}{dt}\Bigg)_{\text{system}} = \frac{\partial}{\partial t} \int_{\text{CV}} \vec{V}_{xyz}\, \rho\, d\forall + \int_{\text{CS}} \vec{V}_{xyz}\, \rho \vec{V}_{xyz} \cdot d\vec{A} \tag{4.32}$$

將 4.31a 式(系統的線性動量方程式) 和 4.32 式(系統與控制體積之間的轉換) 合併，而且我們知道在時間 t_0 時，系統與控制體積會彼此重疊一致，則對於控制體積相對於慣性參考座標是處在無轉動的加速度情況下，牛頓第二定律為

$$\vec{F} - \int_{\text{CV}} \vec{a}_{rf}\, \rho\, d\forall = \frac{\partial}{\partial t} \int_{\text{CV}} \vec{V}_{xyz}\, \rho\, d\forall + \int_{\text{CS}} \vec{V}_{xyz}\, \rho \vec{V}_{xyz} \cdot d\vec{A}$$

因為 $\vec{F} = \vec{F}_S + \vec{F}_B$，這個方程式變成

$$\vec{F}_S + \vec{F}_B - \int_{\text{CV}} \vec{a}_{rf}\, \rho\, d\forall = \frac{\partial}{\partial t} \int_{\text{CV}} \vec{V}_{xyz}\, \rho\, d\forall + \int_{\text{CS}} \vec{V}_{xyz}\, \rho \vec{V}_{xyz} \cdot d\vec{A} \tag{4.33}$$

將這個具有直線加速度的控制體積動量方程式，與無加速控制體積的 4.26 式動量方程式互相比較，我們看出唯一的差別是 4.33 式比 4.26 式多一項。當控制體積相對於慣性參考座標 XYZ 沒有加速度時，則 $\vec{a}_{rf} = 0$，而且 4.33 式可以簡化成 4.26 式。

關於 4.26 式的使用注意事項，也同樣適用於 4.33 式。在企圖運用這兩個公式的任何一個以前，我們必須畫出控制體積的邊界，並且標示適當的座標方向。對加速控制體積而言，我們必須標示兩個座標系統：一個(xyz)是在控制體積上，另一個(XYZ)在慣性參考座標上。

在 4.33 式中，力量 $\vec{F}_S$ 代表所有作用在控制體積上的表面力。既然在控制體積內的質量可能隨時間改變，所以在方程式等號左邊剩餘的兩項可能是時間的函數。更進一步地，參考座標 xyz 相對於慣性座標的加速度 $\vec{a}_{rf}$，通常會是時間的函數。

在 4.33 式中所有的速度都是相對於控制體積加以測量。通過控制表面面積元素 $d\vec{A}$ 的動量通量 $\vec{V}_{xyz} \rho \vec{V}_{xyz} \cdot d\vec{A}$ 是一種向量。如同我們在無加速控制體積的情況所看到的，純量積 $\rho \vec{V}_{xyz} \cdot d\vec{A}$ 的符號與速度向量 $\vec{V}_{xyz}$ 相對於面積向量 $d\vec{A}$ 的方向有關。

動量方程式是一種向量方程式。同所有向量方程式，其可寫成三個純量分量式。4.33 式的純量分量為

$$F_{S_x} + F_{B_x} - \int_{\text{CV}} a_{rf_x}\, \rho\, d\forall = \frac{\partial}{\partial t} \int_{\text{CV}} u_{xyz}\, \rho\, d\forall + \int_{\text{CS}} u_{xyz}\, \rho \vec{V}_{xyz} \cdot d\vec{A} \tag{4.34a}$$

$$F_{S_y} + F_{B_y} - \int_{\text{CV}} a_{rf_y}\, \rho\, d\forall = \frac{\partial}{\partial t} \int_{\text{CV}} v_{xyz}\, \rho\, d\forall + \int_{\text{CS}} v_{xyz}\, \rho \vec{V}_{xyz} \cdot d\vec{A} \tag{4.34b}$$

$$F_{S_z} + F_{B_z} - \int_{\text{CV}} a_{rf_z}\, \rho\, d\forall = \frac{\partial}{\partial t} \int_{\text{CV}} w_{xyz}\, \rho\, d\forall + \int_{\text{CS}} w_{xyz}\, \rho \vec{V}_{xyz} \cdot d\vec{A} \tag{4.34c}$$

我們將討論兩個有關線性加速控制體積的應用範例：範例 4.11 將分析其內的質量保持固定的加速控制體積；範例 4.12 將分析其內的質量會隨時間變化的加速控制體積。

範例 4.11　具有直線加速度的導流葉片

轉向角 $\theta = 60$ 度的導流葉片固定在手推車上。手推車與導流葉片的質量 $M = 75\text{kg}$，兩者在平直軌道上滾動。假設摩擦力與空氣阻力可以忽略。導流葉片受到噴射水流的衝擊，噴射水流則是從靜止噴嘴以 $V = 35\text{m/s}$ 速度水平噴出。噴嘴的出口面積 $A = 0.003\text{m}^2$。試求手推車的速度相對於時間的函數關係，並繪出結果的曲線圖。

已知：導流葉片與手推車的構造如圖所示，兩者的質量 $M = 75\text{kg}$。

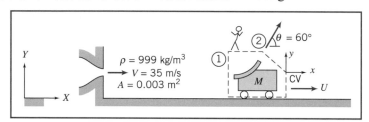

求解：$U(t)$ 並繪出結果。

解答：

選定如圖所示用於分析的控制體積和座標系統。請注意 XY 是固定座標系統，而 xy 則是與推車一同運動的座標系統。利用動量方程式的 x 分量。

控制方程式：

$$\overset{= 0(1)}{\cancel{F_{S_x}}} + \overset{= 0(2)}{\cancel{F_{B_x}}} - \int_{CV} a_{rf_x}\, \rho\, dV = \overset{\simeq 0(4)}{\cancel{\frac{\partial}{\partial t}\int_{CV} u_{xyz}\, \rho\, dV}} + \int_{CS} u_{xyz}\, \rho \vec{V}_{xyz} \cdot d\vec{A}$$

假設：(1) $F_{S_x} = 0$，因為沒有阻力存在。

(2) $F_{B_x} = 0$。

(3) 與推車質量相比較，和導流葉片接觸的水的重量可以忽略。

(4) 忽略在控制體積內液體的動量變化率。

$$\frac{\partial}{\partial t}\int_{CV} u_{xyz}\, \rho\, dV \simeq 0$$

(5) 在截面①與②的流動是均勻的。

(6) 水流速度不受導流葉片的摩擦力影響而減緩，所以 $\left| \vec{V}_{xyz_1} \right| = \left| \vec{V}_{xyz_2} \right|$。

(7) $A_2 = A_1 = A$。

然後，為了清晰起見，將下標 rf 與 xyz 捨去(但是請記住，所有速度都是相對於控制體積的移動座標來測量)，

$$-\int_{CV} a_x\, \rho\, dV = u_1(-\rho V_1 A_1) + u_2(\rho V_2 A_2)$$

$$= (V - U)\{-\rho(V - U)A\} + (V - U)\cos\theta\{\rho(V - U)A\}$$

$$= -\rho(V - U)^2 A + \rho(V - U)^2 A \cos\theta$$

關於這個方程式的左邊，我們可以如下處理

$$-\int_{CV} a_x\, \rho\, d\forall = -a_x M_{CV} = -a_x M = -\frac{dU}{dt} M$$

使得

$$-M\frac{dU}{dt} = -\rho(V-U)^2 A + \rho(V-U)^2 A\cos\theta$$

或

$$M\frac{dU}{dt} = (1-\cos\theta)\rho(V-U)^2 A$$

將變數分離，我們得到

$$\frac{dU}{(V-U)^2} = \frac{(1-\cos\,\theta)\rho A}{M}\,dt = b\,dt \quad \text{其中} \quad b = \frac{(1-\cos\,\theta)\rho A}{M}$$

請注意，因為 $V=$ 常數，$dU=d(V-U)$。在 $t=0$ 時 $U=0$，及 $t=t$ 時 $U=U$ 這兩個上下限間，對上述的數學式予以積分，

$$\int_0^U \frac{dU}{(V-U)^2} = \int_0^U \frac{-d(V-U)}{(V-U)^2} = \frac{1}{(V-U)}\bigg]_0^U = \int_0^t b\,dt = bt$$

或

$$\frac{1}{(V-U)} - \frac{1}{V} = \frac{U}{V(V-U)} = bt$$

求解 U，我們得到

$$\frac{U}{V} = \frac{Vbt}{1+Vbt}$$

計算 Vb 得到

$$Vb = V\frac{(1-\cos\theta)\rho A}{M}$$

$$Vb = 35\,\frac{m}{s} \times \frac{(1-0.5)}{75\ \text{kg}} \times 999\,\frac{\text{kg}}{\text{m}^3} \times 0.003\,\text{m}^2 = 0.699\,\text{s}^{-1}$$

因此，

$$\frac{U}{V} = \frac{0.699t}{1+0.699t} \qquad\xleftarrow{\hspace{3cm}} (t\text{ 的單位為秒}) \qquad U(t)$$

繪圖：

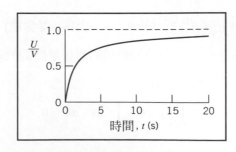

🖰 這個圖形是由 *Excel* 活頁簿所產生。這個活頁簿是互動式的：它可以讓我們看見 ρ、A、M 和 θ 的不同數值對 U/V 其時間函數圖形的影響，也可以讓我們求出推車到達噴射水流的特定速度所需要的時間，例如到達噴射水流速度的 95%。

範例 4.12 垂直上升的火箭

初始質量 400kg 的小型火箭要開始垂直發射。火箭點燃之後，燃料消耗的速率為 5kg/s，並且噴出壓力為大氣壓力的氣體，其相對於火箭的速度是 3500m/s。假設空氣阻力可以忽略，試求火箭的初始加速度，和 10 秒後的火箭速度。

已知：小型火箭由靜止垂直加速。

初始質量 $M_0 = 400$kg。

空氣阻力可以忽略。

燃料消耗速率 $\dot{m}_e = 5$kg/s。

廢氣相對於火箭排出速度是 $V_e = 3{,}500$m/s，排出時為大氣壓力。

求解：(a) 火箭的初始加速度。

(b) 十秒後火箭的速度。

解答：

選擇如圖以虛線框選的控制體積。因為控制體積具有加速度，定義慣性座標系統 XY 與附在控制體積上的座標系統 xy。利用動量方程式的 y 分量。

控制方程式：$F_{S_y} + F_{B_y} - \displaystyle\int_{\mathrm{CV}} a_{rf_y}\,\rho\,d\forall = \frac{\partial}{\partial t}\int_{\mathrm{CV}} v_{xyz}\,\rho\,d\forall + \int_{\mathrm{CS}} v_{xyz}\,\rho\vec{V}_{xyz}\cdot d\vec{A}$

假設：(1) 大氣壓力作用在控制體積的所有表面上；既然空氣阻力可以忽略，所以 $F_{S_y} = 0$。

(2) 重力是唯一的物體力；g 為常數。

(3) 離開火箭的氣流均勻，而且 V_e 是常數。

在這些假設之下，動量方程式可以簡化成

$$\underset{\text{Ⓐ}}{F_{B_y}} - \underset{\text{Ⓑ}}{\int_{\mathrm{CV}} a_{rf_y}\rho\,d\forall} = \underset{\text{Ⓒ}}{\frac{\partial}{\partial t}\int_{\mathrm{CV}} v_{xyz}\,\rho\,d\forall} + \underset{\text{Ⓓ}}{\int_{\mathrm{CS}} v_{xyz}\,\rho\vec{V}_{xyz}\cdot d\vec{A}} \tag{1}$$

讓我們逐項檢視這個方程式：

Ⓐ $\qquad F_{B_y} = -\displaystyle\int_{\mathrm{CV}} g\,\rho\,d\forall = -g\int_{\mathrm{CV}}\rho\,d\forall = -gM_{\mathrm{CV}} \qquad$ (因為 g 是常數)

因為質量離開控制體積的流率是 $\dot{m}_e$，所以控制體積的質量是時間的函數。為了求取 M_{CV} 相對於時間的函數關係，我們使用質量守恆方程式

$$\frac{\partial}{\partial t}\int_{\mathrm{CV}}\rho\,d\forall + \int_{\mathrm{CS}}\rho\vec{V}\cdot d\vec{A} = 0$$

然後

$$\frac{\partial}{\partial t}\int_{\mathrm{CV}}\rho\,d\forall = -\int_{\mathrm{CS}}\rho\vec{V}\cdot d\vec{A} = -\int_{\mathrm{CS}}\left(\rho V_{xyz}dA\right) = -\dot{m}_e$$

其中負號表示控制體積的質量隨時間遞減。既然控制體積的質量只有是時間的函數，我們可以寫出下列方程式

$$\frac{dM_{\text{CV}}}{dt} = -\dot{m}_e$$

為了求得任意時間 t 的控制體積質量，我們對上式積分

$$\int_{M_0}^{M} dM_{\text{CV}} = -\int_0^t \dot{m}_e\, dt \qquad \text{其中在 } t = 0,\, M_{\text{CV}} = M_0, \text{ 而且在 } t = t,\, M_{\text{CV}} = M$$

然後，$M - M_0 = -\dot{m}_e t$ 或 $M = M_0 - \dot{m}_e t$。

將 M 的數學表示式代入Ⓐ項，我們得到

$$F_{B_y} = -\int_{\text{CV}} g\,\rho\, d\Psi = -gM_{\text{CV}} = -g(M_0 - \dot{m}_e t)$$

Ⓑ $\qquad -\int_{\text{CV}} a_{rf_y}\,\rho\, d\Psi$

控制體積的加速度 a_{rf_y} 是在 XY 座標系統的觀察者所看到的。因此 a_{rf} 不是座標 xyz 的函數，而且

$$-\int_{\text{CV}} a_{rf_y}\,\rho\, d\Psi = -a_{rf_y}\int_{\text{CV}} \rho\, d\Psi = -a_{rf_y} M_{\text{CV}} = -a_{rf_y}(M_0 - \dot{m}_e t)$$

Ⓒ $\qquad \dfrac{\partial}{\partial t}\displaystyle\int_{\text{CV}} v_{xyz}\,\rho\, d\Psi$

這是控制體積內的流體之動量，相對於控制體積所作的量測，沿 y 方向的時間變化率。

即使相對於控制體積所測量到的控制體積內流體之 y 方向動量是一個很大的數字，但是它並不會隨時間有明顯的變化。要瞭解這一點，我們必須知道：

(1) 相對於火箭主體，尚未燃燒的燃料和火箭本身結構的動量為零。

(2) 與在噴嘴內各點速度的情形相同，在噴嘴出口的氣體速度隨時間保持固定。

其結果是，我們可以合理地假設

$$\frac{\partial}{\partial t}\int_{\text{CV}} v_{xyz}\,\rho\, d\Psi \approx 0$$

Ⓓ $\qquad \displaystyle\int_{\text{CS}} v_{xyz}\,\rho\vec{V}_{xyz} \cdot d\vec{A} = \int_{\text{CS}} v_{xyz}\big(\rho V_{xyz}\, dA\big) = -V_e\int_{\text{CS}}\big(\rho V_{xyz}\, dA\big)$

速度 v_{xyz}(相對於控制體積) 等於 $-V_e$(它是在負 y 方向)，而且是常數，所以可以從積分式中提到外面。剩下的積分項代表在出口處的質量流率(因為流動是往外流出控制體積，所以為正)，

$$\int_{\text{CS}}\big(\rho V_{xyz}\, dA\big) = \dot{m}_e$$

所以

$$\int_{\text{CS}} v_{xyz}\,\rho\vec{V}_{xyz} \cdot d\vec{A} = -V_e\dot{m}_e$$

將Ⓐ項到Ⓓ項代入 1 式中，我們得到

$$-g(M_0 - \dot{m}_e t) - a_{rf_y}(M_0 - \dot{m}_e t) = -V_e\dot{m}_e$$

或

$$a_{rf_y} = \frac{V_e\dot{m}_e}{M_0 - \dot{m}_e t} - g \tag{2}$$

在時間 $t=0$ 時，

$$a_{rf_y}\Big)_{t=0} = \frac{V_e \dot{m}_e}{M_0} - g = 3500 \,\frac{m}{s} \times 5 \,\frac{kg}{s} \times \frac{1}{400 \,kg} - 9.81 \,\frac{m}{s^2}$$

$$a_{rf_y}\Big)_{t=0} = 33.9 \text{ m/s}^2 \longleftarrow \hspace{3cm} a_{rf_y})_{t=0}$$

由定義我們知道控制體積的加速爲

$$a_{rf_y} = \frac{dV_{CV}}{dt}$$

代入 2 式，

$$\frac{dV_{CV}}{dt} = \frac{V_e \dot{m}_e}{M_0 - \dot{m}_e t} - g$$

分離變數並且加以積分，結果爲

$$V_{CV} = \int_0^{V_{CV}} dV_{CV} = \int_0^t \frac{V_e \dot{m}_e dt}{M_0 - \dot{m}_e t} - \int_0^t g\,dt = -V_e \ln\!\left[\frac{M_0 - \dot{m}_e t}{M_0}\right] - gt$$

在 $t=10$ 時，

$$V_{CV} = -3500 \,\frac{m}{s} \times \ln\!\left[\frac{350 \,kg}{400 \,kg}\right] - 9.81 \,\frac{m}{s^2} \times 10 \text{ s}$$

$$V_{CV} = 369 \text{ m/s} \longleftarrow \hspace{3cm} V_{CV})_{t=10\,s}$$

🖱 速度-時間的曲線圖顯示於 *Excel* 活頁簿中。這個活頁簿是互動式的：它可以讓我們看見 M_0、V_e 和 $\dot{m}_e$ 的不同數值對 V_{CV} 其時間函數圖形的影響。另外也可以讓我們求出火箭到達指定速度(如：2000m/s)所需要的時間。

4-6　具有任意加速度的控制體積的動量方程式(網頁版)

*4-7　角動量原理

　　我們的下一個目標是推導角動量原理的控制體積形式。有兩個明顯的作法可以用來表示角動量原理：我們可以使用慣性(固定不動的) *XYZ* 控制體積；我們也可以使用會旋轉的 *xyz* 控制體積。在每一個方法中，我們將由這個原理的系統公式(4.3a 式)著手，然後利用 *XYZ* 或 *xyz* 座標寫出系統的角動量，最後再利用 4.10 式(或是其稍微不同的形式，4.25 式)，從系統型態轉換成控制體積型態。爲了證明這兩種方式是對等的，在範例 4.14 和 4.15(網頁版)中，我們將分別使用每一種方式求解相同的問題。

---

* 讀者可以選擇跳過這一節，並不會影響本書課程的連續性。

這一節的內容是本於兩個理由：我們希望爲第 4-2 節中每條基本的物理定律推導一個控制體積方程式；我們將於第 10 章需要使用到相關的結果，於該章我們會討論旋轉的機械裝置。

形狀固定之控制體積的方程式

慣性座標的系統角動量原理爲

$$\vec{T} = \frac{d\vec{H}}{dt}\bigg)_{\text{system}} \tag{4.3a}$$

其中 $\vec{T}$ = 環境作用於系統的總轉矩，而且 $\vec{H}$ = 系統的角動量。

$$\vec{H}_{\text{system}} = \int_{M(\text{system})} \vec{r} \times \vec{V} \, dm = \int_{\forall(\text{system})} \vec{r} \times \vec{V} \rho \, d\forall \tag{4.3b}$$

系統方程式中所有的數量都必須使用慣性參考座標來公式化。參考座標不論靜止或是以固定線性速度在運動，都是慣性座標，而且 4.3b 式可以直接用來推導角動量原理的控制體積公式。

位置向量 $\vec{r}$ 是用來指出系統的每一個質量或體積單元，相對於座標系統的位置。施加於系統上的轉矩 $\vec{T}$ 可以寫成

$$\vec{T} = \vec{r} \times \vec{F}_s + \int_{M(\text{system})} \vec{r} \times \vec{g} \, dm + \vec{T}_{\text{shaft}} \tag{4.3c}$$

其中 $\vec{F}_s$ 是作用於系統的表面力。

系統公式和固定控制體積公式的關係爲

$$\frac{dN}{dt}\bigg)_{\text{system}} = \frac{\partial}{\partial t} \int_{\text{CV}} \eta \, \rho \, d\forall + \int_{\text{CS}} \eta \, \rho \vec{V} \cdot d\vec{A} \tag{4.10}$$

其中

$$N_{\text{system}} = \int_{M(\text{system})} \eta \, dm$$

如果我們令 $N = \vec{H}$，則 $\eta = \vec{r} \times \vec{V}$，而且

$$\frac{d\vec{H}}{dt}\bigg)_{\text{system}} = \frac{\partial}{\partial t} \int_{\text{CV}} \vec{r} \times \vec{V} \rho \, d\forall + \int_{\text{CS}} \vec{r} \times \vec{V} \rho \vec{V} \cdot d\vec{A} \tag{4.45}$$

將 4.3a 式、4.3c 式和 4.45 式結合在一起，我們得到

$$\vec{r} \times \vec{F}_s + \int_{M(\text{system})} \vec{r} \times \vec{g} \, dm + \vec{T}_{\text{shaft}} = \frac{\partial}{\partial t} \int_{\text{CV}} \vec{r} \times \vec{V} \rho \, d\forall + \int_{\text{CS}} \vec{r} \times \vec{V} \rho \vec{V} \cdot d\vec{A}$$

既然系統與控制體積在時間 t_0 時彼此重疊一致，

$$\vec{T} = \vec{T}_{\text{CV}}$$

而且

$$\vec{r} \times \vec{F}_s + \int_{\text{CV}} \vec{r} \times \vec{g} \, \rho \, d\forall + \vec{T}_{\text{shaft}} = \frac{\partial}{\partial t} \int_{\text{CV}} \vec{r} \times \vec{V} \rho \, d\forall + \int_{\text{CS}} \vec{r} \times \vec{V} \rho \vec{V} \cdot d\vec{A} \tag{4.46}$$

4.46 式是慣性控制體積的角動量原理的一般式。方程式等號的左邊是作用於控制體積上所有轉矩的數學式。等號右邊則表示在控制體積內角動量變化率，以及由控制體積流出的角動量通量淨流率。4.46 式中的所有速度，都是相對於控制體積來進行測量。

對於旋轉機器的分析，因爲人們常常只考慮角動量在旋轉軸方向的分量，所以會將 4.46 式寫成純量形式。這種應用方式會在第十章加以示範說明。

範例 4.14 將示範說明 4.46 式如何用於分析簡單的草坪自動灑水器。範例 4.15(網頁版) 探討的也是相同的問題，不過分析時使用的是以旋轉控制體積所表示的角動量原理。

範例 4.14　草坪灑水器：以形狀固定的控制體積進行分析

下圖顯示的是一台小型的草坪灑水器。在入口處的錶壓是 20kPa，通過灑水器的水總體積流率是每分鐘 7.5 公升，而且旋轉速率爲 30rpm。每一個噴射水流的直徑是 4mm。試計算相對於每一個灑水器噴嘴的噴射速度。並且計算灑水器轉軸所受的摩擦力矩。

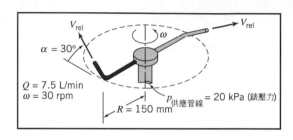

已知：小型草坪灑水器如圖所示。

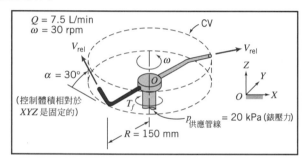

求解：(a) 相對於每一個噴嘴的噴射速度。

　　　(b) 轉軸的摩擦力矩。

解答：讓固定控制體積圍住灑水器臂，然後應用連續和角動量方程式。

控制方程式：

$$\cancel{\frac{\partial}{\partial t}\int_{CV} \rho\, d\mathrm{V}}^{=\,0(1)} + \int_{CS} \rho \vec{V} \cdot d\vec{A} = 0$$

$$\vec{r} \times \vec{F}_s + \int_{CV} \vec{r} \times \vec{g}\, \rho\, d\mathrm{V} + \vec{T}_{軸} = \frac{\partial}{\partial t}\oint_{CV} \vec{r} \times \vec{V} \rho\, dV + \int_{CS} \vec{r} \times \vec{V} \rho \vec{V} \cdot d\vec{A} \qquad (1)$$

其中所有的速度都是相對於慣性座標 XYZ 所測量得到。

假設：(1) 不可壓縮流動。

　　　(2) 在通過控制體積的每一個截面，其流動都是均勻的。

　　　(3) $\vec{\omega}$ = 常數。

從連續方程式可以知道，相對於噴嘴的噴射速度爲

$$V_{rel} = \frac{Q}{2A_{噴流}} = \frac{Q}{2}\frac{4}{\pi D_{噴流}^2}$$

$$= \frac{1}{2} \times 7.5\ \frac{\mathrm{L}}{\mathrm{min}} \times \frac{4}{\pi}\frac{1}{(4)^2\ \mathrm{mm}^2} \times \frac{\mathrm{m}^3}{1000\ \mathrm{L}} \times \frac{10^6\ \mathrm{mm}^2}{\mathrm{m}^2} \times \frac{\mathrm{min}}{60\ \mathrm{s}}$$

$$V_{rel} = 4.97\ \mathrm{m/s} \longleftarrow \underline{\qquad\qquad\qquad\qquad V_{rel}}$$

然後我們個別考慮角動量方程式中的每一項。因為大氣壓力會作用於整個控制表面，而且在入口處的(水壓力)作用力對 O 點產生的力矩為零，$\vec{r} \times \vec{F}_s = 0$。在兩個臂上的物體力(即重力)的力矩，其大小相等但方向相反，因此方程式等號左邊的第二項為零。作用於控制體積的唯一外部轉矩是軸心上的摩擦力。它會阻滯運動的進行，所以

$$\vec{T}_{\text{軸}} = -T_f \hat{K} \tag{2}$$

我們的下一個任務就是求出式 1 右邊的兩項角動量。讓我們考慮不穩定項：這就是控制體積內的角動量變化率。很清楚地，雖然流體粒子在 XYZ 座標中的位置 $\vec{r}$ 和 $\vec{V}$ 速度是時間的函數，但是因為灑水器是以固定速度轉動，因此控制體積的角動量在 XYZ 座標中為常數，所以這一項為零；然而我們為了練習向量的運算，讓我們將這個結果推導出來。在我們能夠計算控制體積的積分之前，我們需要先寫出在控制體積內每一個流體單元的瞬間位置向量 $\vec{r}$ 和瞬間速度向量 $\vec{V}$ 的表示式(相對於固定 XYZ 座標系統所測量)。OA 位於平面 XY 上；AB 相對於平面 XY 的傾斜角是 α；點 B' 是點 B 在平面 XY 上的投影。

我們假設 AB 的長度 L 小於水平臂 OA 的長度 R。因此與水平臂的角動量相比之下，我們可以忽略 AB 內流體的角動量。

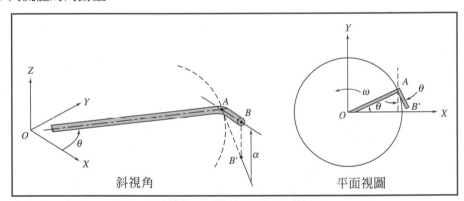

斜視角　　　　　平面視圖

讓我們考慮長度 R 的水平管 OA 中的流體。我們以 r 表示與 O 點相距的徑向距離。在管內的任何一點，流體相對於固定座標 XYZ 的速度，等於相對於管的速度 $\vec{V}_t$ 和切線速度 $\vec{\omega} \times \vec{r}$ 的總和。因此，

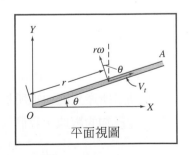

平面視圖

$$\vec{V} = \hat{I}(V_t \cos\theta - r\omega \sin\theta) + \hat{J}(V_t \sin\theta + r\omega \cos\theta)$$

(請注意 θ 是時間的函數)。位置向量是

$$\vec{r} = \hat{I} r \cos\theta + \hat{J} r \sin\theta$$

而且

$$\vec{r} \times \vec{V} = \hat{K}(r^2\omega \cos^2\theta + r^2\omega \sin^2\theta) = \hat{K} r^2\omega$$

然後

$$\int_{V_{OA}} \vec{r} \times \vec{V} \rho \, d\Psi = \int_O^R \hat{K} r^2 \omega \rho A \, dr = \hat{K} \frac{R^3 \omega}{3} \rho A$$

而且

$$\frac{\partial}{\partial t} \int_{V_{OA}} \vec{r} \times \vec{V} \rho \, dV = \frac{\partial}{\partial t} \left[\hat{K} \frac{R^3 \omega}{3} \rho A \right] = 0 \tag{3}$$

其中 A 為水平管的截面積。對於控制體積內的其他水平管,我們可以得到相同的結果。我們前面已經預言控制體積內的角動量不會隨著時間變化,現在已經得到證實。

現在我們需要計算等號右邊第二項,也就是通過控制表面的動量通量。有三個表面區域會有質量通量通過,也因此會有動量通量通過:水的供應管線(其 $\vec{r} \times \vec{V} = 0$)因為 $\vec{r} = 0$,以及兩個噴嘴。考慮位於 OAB 分支管線末端的噴嘴。因為 $L \ll R$,因此

$$\vec{r}_{\text{jet}} = \vec{r}_B \approx \vec{r} \big|_{r=R} = (\hat{I}r \cos \theta + \hat{J}r \sin \theta) \big|_{r=R} = \hat{I}R \cos \theta + \hat{J}R \sin \theta$$

而且關於瞬間噴灑速度 $\vec{V}_j$,我們得到

$$\vec{V}_j = \vec{V}_{\text{rel}} + \vec{V}_{\text{tip}} = \hat{I}V_{\text{rel}} \cos \alpha \sin \theta - \hat{J}V_{\text{rel}} \cos \alpha \cos \theta + \hat{K}V_{\text{rel}} \sin \alpha - \hat{I}\omega R \sin \theta + \hat{J}\omega R \cos \theta$$

$$\vec{V}_j = \hat{I}(V_{\text{rel}} \cos \alpha - \omega R) \sin \theta - \hat{J}(V_{\text{rel}} \cos \alpha - \omega R) \cos \theta + \hat{K}V_{\text{rel}} \sin \alpha$$

$$\vec{r}_B \times \vec{V}_j = \hat{I}RV_{\text{rel}} \sin \alpha \sin \theta - \hat{J}RV_{\text{rel}} \sin \alpha \cos \theta - \hat{K}R(V_{\text{rel}} \cos \alpha - \omega R)(\sin^2 \theta + \cos^2 \theta)$$

$$\vec{r}_B \times \vec{V}_j = \hat{I}RV_{\text{rel}} \sin \alpha \sin \theta - \hat{J}RV_{\text{rel}} \sin \alpha \cos \theta - \hat{K}R(V_{\text{rel}} \cos \alpha - \omega R)$$

對於在位置 B 通過控制表面的流體,其通量積分為

$$\int_{\text{CS}} \vec{r} \times \vec{V}_j \rho \vec{V} \cdot d\vec{A} = \left[\hat{I}RV_{\text{rel}} \sin \alpha \sin \theta - \hat{J}RV_{\text{rel}} \sin \alpha \cos \theta - \hat{K}R(V_{\text{rel}} \cos \alpha - \omega R) \right] \rho \frac{Q}{2}$$

有關左臂流體的速度與半徑向量,必須以與右臂所用的相同單位向量來描述。因為 $\sin(\theta + \pi) = -\sin(\theta)$ 而且 $\cos(0 + \pi) = -\cos(0)$,所以在左臂上,向量積的 $\hat{I}$ 與 $\hat{J}$ 分量的正負號應相反。因此對整個控制體積來說,

$$\int_{\text{CS}} \vec{r} \times \vec{V}_j \rho \vec{V} \cdot d\vec{A} = -\hat{K}R(V_{\text{rel}} \cos \alpha - \omega R) \rho Q \tag{4}$$

將(2)、(3)和(4)項代入 1 式中,可以得到

$$-T_f \hat{K} = -\hat{K}R(V_{\text{rel}} \cos \alpha - \omega R)\rho Q$$

或

$$T_f = R(V_{\text{rel}} \cos \alpha - \omega R)\rho Q$$

這個數學式指出,當灑水器以固定速度在運轉時,作用於灑水器轉軸上的摩擦力矩會被兩個噴射流角動量所產生的力矩所抵銷。

從已知的數據,我們得到

$$\omega R = \frac{30 \ \frac{\text{rev}}{\text{min}} \times 150 \ \text{mm} \times 2\pi \ \frac{\text{rad}}{\text{rev}} \times \frac{\text{min}}{60 \ \text{s}} \times \frac{\text{m}}{1000 \ \text{mm}}}{} = 0.471 \ \text{m/s}$$

代入之後得到

$$T_f = 150 \ \text{mm} \times \left(4.97 \frac{\text{m}}{\text{s}} \times \cos 30° - 0.471 \frac{\text{m}}{\text{s}} \right) 999 \ \frac{\text{kg}}{\text{m}^3} \times 7.5 \ \frac{\text{L}}{\text{min}}$$

$$\times \frac{\text{m}^3}{1000 \ \text{L}} \times \frac{\text{min}}{60 \ \text{s}} \times \frac{\text{N} \cdot \text{s}^3}{\text{kg} \cdot \text{m}} \times \frac{\text{m}}{1000 \ \text{mm}}$$

$$T_f = 0.0718 \ \text{N} \cdot \text{m} \longleftarrow \qquad\qquad T_f$$

這個問題示範說明了如何將角動量原理應用於固定控制體積的情形。請注意在這個範例中，流體粒子的位置向量 $\vec{r}$ 和速度向量 $\vec{V}$ 在 XYZ 座標系中與時間有關(經由 θ)。這個問題在範例 4.15(網頁版) 會再使用非慣性(旋轉) xyz 座標系求解一次。

旋轉控制體積的方程式(網頁版)

4-8　熱力學第一定律

熱力學第一定律是有關能量守恆的論述。請回想一下，第一定律的系統公式為

$$\dot{Q} - \dot{W} = \left.\frac{dE}{dt}\right)_{\text{system}} \tag{4.4a}$$

其中系統的總能量為：

$$E_{\text{system}} = \int_{M(\text{system})} e\,dm = \int_{\forall(\text{system})} e\,\rho\,d\forall \tag{4.4b}$$

而且

$$e = u + \frac{V^2}{2} + gz$$

在 4.4a 式中，當熱量是從環境傳入系統時，熱傳率 $\dot{Q}$ 為正；當系統對環境作功時，功率 $\dot{W}$ 為正。(請留意某些教科書的功使用相反的正負號。)

為了推導熱力學第一定律的控制體積型態公式，我們令 4.10 式中，

$$N = E \qquad 而且 \qquad \eta = e$$

然後我們得到

$$\left.\frac{dE}{dt}\right)_{\text{system}} = \frac{\partial}{\partial t}\int_{\text{CV}} e\,\rho\,d\forall + \int_{\text{CS}} e\,\rho\vec{V}\cdot d\vec{A} \tag{4.53}$$

因為系統與控制體積在 t_0 時彼此重疊一致，

$$\left[\dot{Q} - \dot{W}\right]_{\text{system}} = \left[\dot{Q} - \dot{W}\right]_{\text{control volume}}$$

利用它，可以讓 4.4a 式和 4.53 式產生熱力學第一定律的控制體積型態公式，

$$\dot{Q} - \dot{W} = \frac{\partial}{\partial t}\int_{\text{CV}} e\,\rho\,d\forall + \int_{\text{CS}} e\,\rho\vec{V}\cdot d\vec{A} \tag{4.54}$$

其中

$$e = u + \frac{V^2}{2} + gz$$

請注意 4.54 式右手邊第一項在穩定時等於零。

4.54 式就是在熱力學中所使用的第一定律嗎？即使針對穩定的流動而言，4.54 式與將第一定律用在控制體積問題時的形式也不完全相同。為了得到方便和適合用來解題的方程式，我們將更仔細檢視功率 $\dot{W}$ 這一項。

控制體積所作的功率

當功是由控制體積作用在環境時，4.54 式中的 $\dot{W}$ 這一項具有正的數值。作用於控制體積上的功率，與由控制體積所作的功率，具有相反符號。

由控制體積所作的功率可以方便地劃分成四類，

$$\dot{W} = \dot{W}_s + \dot{W}_{normal} + \dot{W}_{shear} + \dot{W}_{other}$$

讓我們個別討論它們：

1. 軸功(Shaft Work)

我們將軸功表示成 W_s，因此軸功通過控制表面向外傳輸的功率可以表示成 $\dot{W}_s$。軸功的例子有水力發電場的蒸汽渦輪機所產生的功(正軸功)，以及要使冰箱壓縮機運轉所需輸入的功(負軸功)。

2. 控制表面的正應力所做的功

請回想一下，功需要一道力量作用一段距離。因此，當力量 $\vec{F}$ 作用一段無限小的距離 $d\vec{s}$ 時，所作的功可以表示成

$$\delta W = \vec{F} \cdot d\vec{s}$$

為了獲得力量所作的功率，將上式除以時間間隔 Δt，並取其 $\Delta t \to 0$ 的極限。因此力量 $\vec{F}$ 所作的功率為

$$\dot{W} = \lim_{\Delta t \to 0} \frac{\delta W}{\Delta t} = \lim_{\Delta t \to 0} \frac{\vec{F} \cdot d\vec{s}}{\Delta t} \qquad 或 \qquad \dot{W} = \vec{F} \cdot \vec{V}$$

我們可以利用它來計算正向力或剪應力所作的功率。我們考慮如圖 4.6 所示控制表面上的小區域。對於面積 $d\vec{A}$ 而言，我們可以寫出其正應力 $d\vec{F}_{normal}$ 的表示式：就是將正應力 σ_{nn} 乘以向量面積元素 $d\vec{A}$ (垂直於控制表面)。

因此作用在面積元素上的功率是

$$d\vec{F}_{normal} \cdot \vec{V} = \sigma_{nn} \, d\vec{A} \cdot \vec{V}$$

因為通過控制體積邊界往外作的功，等於作用在控制體積上的功的負值，所以由正應力所導致控制體積往外作的總功率為

$$\dot{W}_{normal} = -\int_{CS} \sigma_{nn} \, d\vec{A} \cdot \vec{V} = -\int_{CS} \sigma_{nn} \vec{V} \cdot d\vec{A}$$

3. 在控制表面上的剪應力所作的功

正如同在控制體積邊界上正應力所作的功一樣，剪應力可以如此作功。

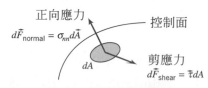

圖 4.6　正應力與剪應力

如圖 4.6 所示，作用在控制表面的面積元素上的剪應力為

$$dF_{\text{shear}} = \vec{\tau} \, dA$$

其中剪應力向量 $\vec{\tau}$ 是在平面 dA 上以某個方向作用的剪應力。

由剪應力作用在整個控制表面所做的功率則是

$$\int_{\text{CS}} \vec{\tau} \, dA \cdot \vec{V} = \int_{\text{CS}} \vec{\tau} \cdot \vec{V} \, dA$$

因為通過控制體積邊界往外作的功，等於作用在控制體積上的功的負值，所以由剪應力所引導控制體積往外作的功為

$$\dot{W}_{\text{shear}} = -\int_{\text{CS}} \vec{\tau} \cdot \vec{V} \, dA$$

這個積分式最好表示成三項

$$\dot{W}_{\text{shear}} = -\int_{\text{CS}} \vec{\tau} \cdot \vec{V} \, dA$$
$$= -\int_{A(\text{shafts})} \vec{\tau} \cdot \vec{V} \, dA - \int_{A(\text{solid surface})} \vec{\tau} \cdot \vec{V} \, dA - \int_{A(\text{ports})} \vec{\tau} \cdot \vec{V} \, dA$$

因為先前已經討論過 $\dot{W}_s$，所以第一項已經予以說明。在固體表面上，$\vec{V} = 0$，所以第二項為零(對固定控制體積而言)。因此，

$$\dot{W}_{\text{shear}} = -\int_{A(\text{ports})} \vec{\tau} \cdot \vec{V} \, dA$$

最後這一項可以經由適當選擇控制表面，使其變成零。如果我們選擇控制表面使其橫切過每一個輸入輸出口，讓控制表面與流動成垂直，則 $d\vec{A}$ 平行於 $\vec{V}$。因為 $\vec{\tau}$ 位於平面 dA 上，則 $\vec{\tau}$ 垂直於 $\vec{V}$。因此，對於垂直於 $\vec{V}$ 的控制表面，

$$\vec{\tau} \cdot \vec{V} = 0 \quad \text{及} \quad \dot{W}_{\text{shear}} = 0$$

4. 其他的功

電能也可以施加到控制體積中。另外電磁能也可以被控制體積內的物質所吸收，例如以雷達波或雷射光束的形式。在大部分問題中，這些影響因素都不會被考慮，但是我們應該在一般式中將它們列舉出來。

在將 $\dot{W}$ 中所有的項都計算出來以後，我們得到

$$\dot{W} = \dot{W}_s - \int_{\text{CS}} \sigma_{nn} \vec{V} \cdot d\vec{A} + \dot{W}_{\text{shear}} + \dot{W}_{\text{other}} \tag{4.55}$$

控制體積方程式

將 $\dot{W}$ 的數學表示式從 4.55 式代入 4.54 式中，結果為

$$\dot{Q} - \dot{W}_s + \int_{\text{CS}} \sigma_{nn} \vec{V} \cdot d\vec{A} - \dot{W}_{\text{shear}} - \dot{W}_{\text{other}} = \frac{\partial}{\partial t} \int_{\text{CV}} e \, \rho \, d\Psi + \int_{\text{CS}} e \, \rho \vec{V} \cdot d\vec{A}$$

將這個方程式重新排列，我們得到

$$\dot{Q} - \dot{W}_s - \dot{W}_{\text{shear}} - \dot{W}_{\text{other}} = \frac{\partial}{\partial t} \int_{\text{CV}} e \, \rho \, d\Psi + \int_{\text{CS}} e \, \rho \vec{V} \cdot d\vec{A} - \int_{\text{CS}} \sigma_{nn} \vec{V} \cdot d\vec{A}$$

因為 $\rho = 1/v$，其中 v 為比容(specific volume)，則

$$\int_{CS} \sigma_{nn} \vec{V} \cdot d\vec{A} = \int_{CS} \sigma_{nn} v \rho \vec{V} \cdot d\vec{A}$$

因此

$$\dot{Q} - \dot{W}_s - \dot{W}_{\text{shear}} - \dot{W}_{\text{other}} = \frac{\partial}{\partial t} \int_{CV} e \rho \, d\Psi + \int_{CS} (e - \sigma_{nn} v) \rho \vec{V} \cdot d\vec{A}$$

黏性效應會使正應力 σ_{nn} 與熱力學壓力(thermodynamic pressure)的負值 $-p$ 不同。然而，在常見工程問題的大部分流動中，$\sigma_{nn} \simeq -p$。然後

$$\dot{Q} - \dot{W}_s - \dot{W}_{\text{shear}} - \dot{W}_{\text{other}} = \frac{\partial}{\partial t} \int_{CV} e \rho \, d\Psi + \int_{CS} (e + pv) \rho \vec{V} \cdot d\vec{A}$$

最後，將 $e = u + V^2/2 + gz$ 代入最後一項，我們得到有關控制體積最後一個定律的常見形式，

$$\dot{Q} - \dot{W}_s - \dot{W}_{\text{shear}} - \dot{W}_{\text{other}} = \frac{\partial}{\partial t} \int_{CV} e \rho \, d\Psi + \int_{CS} \left(u + pv + \frac{V^2}{2} + gz \right) \rho \vec{V} \cdot d\vec{A} \qquad (4.56)$$

在 4.56 式中的每一項功，代表由控制體積對環境所作的功率。請注意，為了方便起見，在熱力學中 $u + pv$(流體內能加上所謂的「流動功(flow work)」)的組合通常可以用焓 $h \equiv u + pv$ 加以替代(這就是創造出 h 的原因之一)。

範例 4.16　壓縮機：第一定律的應用分析

101kPa、21℃ 的空氣進入壓縮機時的速度可以忽略，並且經由面積為 0.09m^2 的管線在 344kPa、38℃ 的狀態下排放出來。流率為 9kg/s。輸入壓縮機的功率是 447kW。試求熱傳率。

已知：空氣由表面截面①進入壓縮機，由表面截面②排放出來，其狀態如圖所示空氣流率是 9kg/s，輸入壓縮機的功率為 447kW。

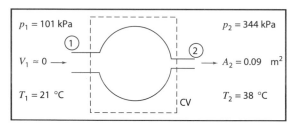

求解：熱傳率。

解答：

控制方程式：

$$\frac{\overset{= 0(1)}{\cancel{\partial}}}{\partial t} \int_{CV} \rho \, d\Psi + \int_{CS} \rho \vec{V} \cdot d\vec{A} = 0$$

$$\dot{Q} - \dot{W}_s - \cancel{\dot{W}_{\text{shear}}} = \overset{= 0(4) = 0(1)}{\frac{\cancel{\partial}}{\partial t} \int_{CV} e \rho \, d\Psi} + \int_{CS} \left(u + pv + \frac{V^2}{2} + gz \right) \rho \vec{V} \cdot d\vec{A}$$

假設：(1) 穩定的流動。

(2) 在出口和入口截面的物理性質均勻。

(3) 將空氣視為理想氣體，$p = \rho RT$。

(4) 控制體積在截面①和②的面積與流速彼此垂直，因此 $\dot{W}_{\text{shear}}$。

(5) $z_1 = z_2$。

(6) 入口處的空氣動能可以忽略。

在上面的假設之下，第一定律變成

$$\dot{Q} - \dot{W}_s = \int_{\text{CV}} \left(u + pv + \frac{V^2}{2} + gz \right) \rho \vec{V} \cdot d\vec{A}$$

$$\dot{Q} - \dot{W}_s = \int_{\text{CS}} \left(h + \frac{V^2}{2} + gz \right) \rho \vec{V} \cdot d\vec{A}$$

或

$$\dot{Q} = \dot{W}_s + \int_{\text{CS}} \left(h + \frac{V^2}{2} + gz \right) \rho \vec{V} \cdot d\vec{A}$$

由假設(2)性質均勻的前提，我們可以將上式改寫成

$$\dot{Q} = \dot{W}_s + \left(h_1 + \overset{\approx\,0(6)}{\cancel{\frac{V_1^2}{2}}} + gz_1 \right)(-\rho_1 V_1 A_1) + \left(h_2 + \frac{V_2^2}{2} + gz_2 \right)(\rho_2 V_2 A_2)$$

由穩定的流動的假設，利用質量守恆定律，

$$\int_{\text{CS}} \rho \vec{V} \cdot d\vec{A} = 0$$

因此，$-(\rho_1 V_1 A_1) + (\rho_2 V_2 A_2) = 0$ 或 $\rho_1 V_1 A_1 = \rho_2 V_2 A_2 = \dot{m}$。因此我們可以將原式寫成

$$\dot{Q} = \dot{W}_s + \dot{m} \left[(h_2 - h_1) + \frac{V_2^2}{2} + g(z_2 \overset{=\,0(5)}{\cancel{-z_1}}) \right]$$

假設空氣的行為可以視為具有固定 c_p 的理想氣體。則 $h_2 - h_1 = c_p(T_2 - T_1)$，而且

$$\dot{Q} = \dot{W}_s + \dot{m} \left[c_p(T_2 - T_1) + \frac{V_2^2}{2} \right]$$

由連續方程式，我們知道 $V_2 = \dot{m} / \rho_2 A_2$。因為 $p_2 = \rho_2 R T_2$，

$$V_2 = \frac{\dot{m}}{A_2} \frac{RT_2}{p_2} = 9\,\frac{\text{kg}}{\text{s}} \times \frac{1}{0.09\,\text{m}^2} \times 287\,\frac{\text{J}}{\text{kg} \cdot \text{K}} \times (38 + 273)\text{K} \times \frac{1}{344{,}000\,\text{Pa}} \times \frac{\text{Pa} \cdot \text{m}^2}{\text{N}} \times \frac{\text{N} \cdot \text{m}}{\text{J}}$$

$$V_2 = 25.9\,\text{m/s}$$

$$\dot{Q} = \dot{W}_s + \dot{m} c_p (T_2 - T_1) + \dot{m}\,\frac{V_2^2}{2}$$

請注意，功率是輸入到控制體積內，所以 $\dot{W}_s = -600\text{hp}$，因此

$$\dot{Q} = \underbrace{-447,000\,\text{W}}_{} + 9\,\text{kg/s} \times 1005\,\frac{\text{J}}{\text{kg} \cdot \text{K}} \times [(273 + 38) - (273 + 21)]\text{K} \times \frac{\text{W} \cdot \text{s}}{\text{J}}$$

$$+ \frac{9\,\text{kg}}{\text{s}} \times \frac{25.9^2}{2}\frac{\text{m}^2}{\text{s}^2} \times \frac{\text{N} \cdot \text{s}^2}{\text{kg} \cdot \text{m}} \times \frac{\text{W} \cdot \text{s}}{\text{N} \cdot \text{m}}$$

$$\dot{Q} = -290.2\,\text{kW} \longleftarrow \qquad \text{\{heat rejection\}}\ \dot{Q}$$

> 這個問題示範說明了如何將熱力學第一定律用於控制體積。它也告訴我們在對質量、能量和功率執行單位轉換時,所必須注意的事項。

範例 4.17 對貯氣槽進行裝填:第一定律的應用分析

　　體積 0.1m^3 的貯氣槽,與一個高壓空氣管線相接;管線與貯氣槽開始的溫度都是均勻的 20℃。槽的初始錶壓為 100kPa。管線的絕對壓力為 2.0MPa;管線大到足以讓它的壓力和溫度能假設為固定不變。貯氣槽的溫度利用一個能迅速反應的熱電耦加以監測。在閥門打開後的瞬間,槽溫的上升率是 0.05℃/s。如果熱傳遞可以忽略,試求空氣流入貯氣槽內的瞬間流率。

已知:空氣供應管線和貯氣槽如圖所示。當 $t = 0^+$, $\partial T / \partial t = 0.05℃/s$ 。

求解:當 $t = 0^+$ 時的 $\dot{m}$ 。

解答:選擇如圖所示的控制體積,然後應用能量方程式。

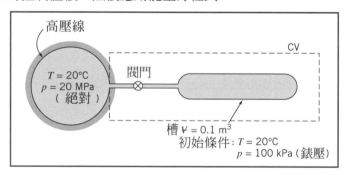

控制方程式:

$$\underset{= 0(1)}{\cancel{\dot{Q}}} - \underset{= 0(2)}{\cancel{\dot{W}_s}} - \underset{= 0(3)}{\cancel{\dot{W}_{\text{shear}}}} - \underset{= 0(4)}{\cancel{\dot{W}_{\text{other}}}} = \frac{\partial}{\partial t}\int_{\text{CV}} e\,\rho\,d\forall + \int_{\text{CS}} (e + pv)\rho\vec{V} \cdot d\vec{A}$$

$$e = u + \underset{\simeq 0(5)}{\frac{V^2}{\cancel{2}}} + \underset{\simeq 0(6)}{\cancel{gz}}$$

假設:(1) $\dot{Q} = 0$(已知)。

　　　(2) $\dot{W}_s = 0$ 。

　　　(3) $\dot{W}_{\text{shear}} = 0$ 。

　　　(4) $\dot{W}_{\text{other}} = 0$ 。

　　　(5) 在管線和槽中的空氣速度很小。

(6) 忽略位能。

(7) 在槽的入口處，流動均勻。

(8) 在槽內性質均勻。

(9) 空氣是理想氣體 $p=\rho RT$、$du=c_v dT$。

然後

$$\frac{\partial}{\partial t}\int_{CV} u_{tank}\,\rho\,d\!\!\!\!-V + (u + pv)\big|_{line}(-\rho VA) = 0$$

這個數學式告訴我們一項事實，那就是槽內得到的能量，是由於來自管線的流體能量通量所引起 (以焓 $h=u+pv$ 的形式)。我們感到興趣的是一開始的瞬間，此時 T 是均勻地處於 $20℃$，所以 $u_{tank}=u_{line}=u$，其中 u 是溫度 T 時的內能，此外 $pv_{line}=RT_{line}=RT$，而且

$$\frac{\partial}{\partial t}\int_{CV} u\,\rho\,d\!\!\!\!-V + (u + RT)(-\rho VA) = 0$$

因為貯氣槽內性質均勻，所以 $\partial/\partial t$ 可以用 d/dt 取代，而且

$$\frac{d}{dt}(uM) = (u + RT)\dot{m}$$

(其中 M 為槽內的瞬間質量，而 $\dot{m}=\rho VA$ 為質量流率)，或

$$u\frac{dM}{dt} + M\frac{du}{dt} = u\dot{m} + RT\dot{m} \tag{1}$$

dM/dt 這一項可以利用連續方程式計算得到：

控制方程式：

$$\frac{\partial}{\partial t}\int_{CV}\rho d\!\!\!\!-V + \int_{CS}\rho\vec{V}\cdot d\vec{A} = 0$$

$$\frac{dM}{dt} + (-\rho VA) = 0 \quad\text{or}\quad \frac{dM}{dt} = \dot{m}$$

代入式 1，我們得到

$$u\dot{m} + Mc_v\frac{dT}{dt} = u\dot{m} + RT\dot{m}$$

或

$$\dot{m} = \frac{Mc_v(dT/dt)}{RT} = \frac{\rho\!\!\!\!-V c_v(dT/dt)}{RT} \tag{2}$$

但是當 $t=0$ 時，$p_{tank}=100kPa$(錶壓)，而且

$$\rho = \rho_{tank} = \frac{p_{tank}}{RT} = \frac{(1.00 + 1.01)10^5\ \frac{N}{m^2} \times \frac{kg\cdot K}{287\ N\cdot m} \times \frac{1}{293\ K}} = 2.39\ kg/m^3$$

代入式 2，我們得到

$$\dot{m} = 2.39\ \frac{kg}{m^3} \times 0.1\ m^3 \times 717\ \frac{N\cdot m}{kg\cdot K} \times \frac{0.05\ K}{s} \times \frac{kg\cdot K}{287\ N\cdot m} \times \frac{1}{293\ K} \times 1000\ \frac{g}{kg}$$

$$\dot{m} = 0.102\ g/s \qquad\qquad\qquad\qquad\qquad\qquad\qquad \dot{m}$$

這個問題示範說明了在控制體積型態下熱力學第一定律的運用。它也說明了在對質量、能量和功率進行單位轉換時必須注意的地方。

4-9 熱力學第二定律

請回想第二定律的系統型態的公式

$$\frac{dS}{dt}\bigg)_{\text{system}} \geq \frac{1}{T}\dot{Q} \tag{4.5a}$$

其中系統的總熵為:

$$S_{\text{system}} = \int_{M(\text{system})} s\,dm = \int_{\forall(\text{system})} s\,\rho\,d\forall \tag{4.5b}$$

為了推導熱力學第二定律的控制體積型態的公式,我們令

$$N = S \qquad 且 \qquad \eta = s$$

代入 4.10 式,我們得到

$$\frac{dS}{dt}\bigg)_{\text{system}} = \frac{\partial}{\partial t}\int_{\text{CV}} s\,\rho\,d\forall + \int_{\text{CS}} s\,\rho\,\vec{V}\cdot d\vec{A} \tag{4.57}$$

系統與控制體積在 t_0 時彼此重疊一致;因此在 4.5a 式中,

$$\frac{1}{T}\dot{Q}\bigg)_{\text{system}} = \frac{1}{T}\dot{Q}\bigg)_{\text{CV}} = \int_{\text{CS}} \frac{1}{T}\left(\frac{\dot{Q}}{A}\right)dA$$

利用這項結果,4.5a 式與 4.57 式可以產生熱力學第二定律的控制體積型態公式。

$$\frac{\partial}{\partial t}\int_{\text{CV}} s\,\rho\,d\forall + \int_{\text{CS}} s\,\rho\,\vec{V}\cdot d\vec{A} \geq \int_{\text{CS}} \frac{1}{T}\left(\frac{\dot{Q}}{A}\right)dA \tag{4.58}$$

在 4.58 式中,數值 $(\dot{Q}/A)$ 代表經由面積元素 dA,流入控制體積的每單位面積的熱量通量。要計算下列這一項時

$$\int_{\text{CS}} \frac{1}{T}\left(\frac{\dot{Q}}{A}\right)dA$$

我們必須知道控制表面上,每一個面積元素上的局部熱量通量 $(\dot{Q}/A)$ 和局部溫度 T。

4-10 摘要和常用的方程式

在這一章中,我們簡介了系統型態下的基本定律:質量守恆(或連續性)、牛頓第二定律、角動量方程式、熱力學第一定律和熱力學第二定律。然後我們推導出一個可以將系統公式關連於控制體積型態公式的方程式(有時候稱為雷諾傳輸定理)。利用這個方程式,我們推導出下列控制體積型態的方程式:

✓ 質量守恆方程式(有時候也稱為連續方程式)。

✓ 牛頓第二定律(換言之,即動量方程式),它有下列三種情形下的變化形式:
   ○ 慣性控制體積。
   ○ 具有直線加速度的控制體積。
   ○ 具有任意加速度的控制體積(網頁版)。

✓ 　*角動量方程式，它有在下列兩種情形下的變化形式：

　　○ 固定控制體積。

　　○ 旋轉控制體積(網頁版)。

✓ 　熱力學第一定律(或能量方程式)。

✓ 　熱力學第二定律。

　　我們討論了在這些控制體積方程式中出現的每一項的物理意義，並且利用這些方程式求解幾個不同的流動問題。很特別的是，我們使用微分控制體積*去推導流體力學中一個很有名的方程式，白努利方程式，而且在這個過程中，我們學習到在運用它求解問題時所受的一些限制。

注意：下表裡的大多數常用的方程式使用上有某些限制條件或者限制——進一步的細節請務必參閱它們的內文敘述！

常用的方程式	
連續性(質量守恆)， 不可壓縮流體：	$\displaystyle\int_{CS} \vec{V} \cdot d\vec{A} = 0$ 　　　　(4.13a)
連續性(質量守恆)， 不可壓縮流體、均勻流動：	$\displaystyle\sum_{CS} \vec{V} \cdot \vec{A} = 0$ 　　　　(4.13b)
連續性(質量守恆)， 穩定流動：	$\displaystyle\int_{CS} \rho \vec{V} \cdot d\vec{A} = 0$ 　　　　(4.15a)
連續性(質量守恆)， 穩定流動、均勻流動：	$\displaystyle\sum_{CS} \rho \vec{V} \cdot \vec{A} = 0$ 　　　　(4.15b)
動量(牛頓第二運動定律)：	$\displaystyle\vec{F} = \vec{F}_S + \vec{F}_B = \frac{\partial}{\partial t} \int_{CV} \vec{V} \rho\, d\forall + \int_{CS} \vec{V} \rho \vec{V} \cdot d\vec{A}$ 　(4.17a)
動量(牛頓第二運動定律)， 均勻流動：	$\displaystyle\vec{F} = \vec{F}_S + \vec{F}_B = \frac{\partial}{\partial t} \int_{CV} \vec{V} \rho\, d\forall + \sum_{CS} \vec{V} \rho \vec{V} \cdot \vec{A}$ 　(4.17b)
動量(牛頓第二運動定律)， 純量分量：	$\displaystyle F_x = F_{S_x} + F_{B_x} = \frac{\partial}{\partial t} \int_{CV} u \rho\, d\forall + \int_{CS} u \rho \vec{V} \cdot d\vec{A}$ 　(4.18a)
	$\displaystyle F_y = F_{S_y} + F_{B_y} = \frac{\partial}{\partial t} \int_{CV} v \rho\, d\forall + \int_{CS} v \rho \vec{V} \cdot d\vec{A}$ 　(4.18b)
	$\displaystyle F_z = F_{S_z} + F_{B_z} = \frac{\partial}{\partial t} \int_{CV} w \rho\, d\forall + \int_{CS} w \rho \vec{V} \cdot d\vec{A}$ 　(4.18c)
動量(牛頓第二運動定律)， 均勻流動、純量分量：	$\displaystyle F_x = F_{S_x} + F_{B_x} = \frac{\partial}{\partial t} \int_{CV} u \rho\, d\forall + \sum_{CS} u \rho \vec{V} \cdot \vec{A}$ 　(4.18d)
	$\displaystyle F_y = F_{S_y} + F_{B_y} = \frac{\partial}{\partial t} \int_{CV} v \rho\, d\forall + \sum_{CS} v \rho \vec{V} \cdot \vec{A}$ 　(4.18e)
	$\displaystyle F_z = F_{S_z} + F_{B_z} = \frac{\partial}{\partial t} \int_{CV} w \rho\, d\forall + \sum_{CS} w \rho \vec{V} \cdot \vec{A}$ 　(4.18f)
白努利方程式 (穩定、不可壓縮、無摩擦、沿一條流線的流動)：	$\displaystyle\frac{p}{\rho} + \frac{V^2}{2} + gz = 常數$ 　　　　(4.24)

---

* 有關這些主題，即使它們略過，也不會影響對於後面課程的學習。

動量 (牛頓第二運動定律)，慣性控制 體積(靜止或等速度)：	$\vec{F} = \vec{F}_S + \vec{F}_B = \dfrac{\partial}{\partial t} \displaystyle\int_{CV} \vec{V}_{xyz}\, \rho\, d\mathcal{V} + \displaystyle\int_{CS} \vec{V}_{xyz}\, \rho \vec{V}_{xyz} \cdot d\vec{A}$	(4.26)
動量 (牛頓第二運動定律)，直線加速 的控制體積：	$\vec{F}_S + \vec{F}_B - \displaystyle\int_{CV} \vec{a}_{rf}\, \rho\, d\mathcal{V}$ $\quad = \dfrac{\partial}{\partial t} \displaystyle\int_{CV} \vec{V}_{xyz}\, \rho\, d\mathcal{V} \displaystyle\int_{CS} \vec{V}_{xyz}\, \rho \vec{V}_{xyz} \cdot d\vec{A}$	(4.33)
角動量原理：	$\vec{r} \times \vec{F}_s + \displaystyle\int_{CV} \vec{r} \times \vec{g}\, \rho\, d\mathcal{V} + \vec{T}_{\text{shaft}}$ $\quad = \dfrac{\partial}{\partial t} \displaystyle\int_{CV} \vec{r} \times \vec{V}\, \rho\, d\mathcal{V} + \displaystyle\int_{CS} \vec{r} \times \vec{V}\, \rho \vec{V} \cdot d\vec{A}$	(4.46)
熱力學第一定律：	$\dot{Q} - \dot{W}_s - \dot{W}_{\text{shear}} - \dot{W}_{\text{other}}$ $\quad = \dfrac{\partial}{\partial t} \displaystyle\int_{CV} e\, \rho\, d\mathcal{V} + \displaystyle\int_{CS} \left(u + pv + \dfrac{V^2}{2} + gz \right) \rho \vec{V} \cdot d\vec{A}$	(4.56)
熱力學第二定律：	$\dfrac{\partial}{\partial t} \displaystyle\int_{CV} s\, \rho\, d\mathcal{V} + \displaystyle\int_{CS} s\, \rho \vec{V} \cdot d\vec{A} \geq \displaystyle\int_{CS} \dfrac{1}{T} \left(\dfrac{\dot{Q}}{A} \right) dA$	(4.58)

本章習題

◆ 題號前註有「*」之習題需要學過前述可被略過而不會影響教材的連貫性之章節內容。

4.1 一個質量 3kg 的物體在接觸到附著於地面的彈簧以前，已經自由掉落 5m。如果彈簧的剛度 (stiffness) 是 400N/m，試問彈簧的最大壓縮量。

4.2 為了儘快冷卻六罐裝的飲料，我們將它置入冷凍庫一小時。如果室溫是 25℃，而飲料經過冷卻後其最後溫度為 5℃，試求飲料比熵的變化量。

4.3 某一滿載的波音 777-200 型噴射運輸機，重達 325,000kg。在放掉煞車以前，駕駛讓兩具引擎的每一具都產生 450kN 的升空推力。忽略空氣動力阻力和輪子的滾動阻力，試估計要讓飛機達到起飛速度 225kmh 所需要最小的跑道長度和時間。假設引擎推力在輪子尚接觸地面期間維持定值。

4.4 某一顆半徑 r 的不鏽鋼小球，放置於比它大很多的半徑 R 大球的頂點，而且受到地心引力的影響開始滾下。滾動阻力和空氣阻力可以忽略。當球速增加，它會離開球體表面並變成拋射物。試求小球與大球體之間不再碰觸時的位置。

4.5 警察檢視某一輛車的胎痕，研判這一輛沿著平直街道行駛的車在煞車之後，打滑了 50m 的距離才停止。輪胎與路面之間的摩擦係數估計為 $\mu = 0.6$。試問在煞車瞬間，汽車可能的最小速度為多少？

4.6 20℃、絕對壓力 1atm 的空氣，經過絕熱壓縮過程，在沒有摩擦力的狀況下，壓縮到絕對壓力 3atm。試求內能的變化量。

4.7 在一個針對一罐蘇打汽水進行的實驗中，要讓它在 4℃ 的冰箱內從初始的 24℃ 降溫到 10℃，共花費三個小時。如果將這罐汽水從冰箱中取出，並且放置在 20℃ 房間內，試問它到達 15℃ 需要多久的時間？讀者可以假設在這兩個過程中，熱傳遞都可以用 $\dot{Q} \approx k(T - T_{\text{amb}})$ 加以模擬，其中 T 是汽水罐的溫度，T_{amb} 是環境溫度，k 為熱傳係數。

4.8 在沒有積極活動下，一個人的熱量散失到環境的平均損失率約為 85W。假設體積為 $3.5 \times 105\text{m}^3$ 的禮堂內容納了 6000 人，且此時通風系統故障。試問在通風系統故障以後 15 分鐘內，禮堂裡面空氣內能的增加量。將禮堂和人群視為一個系統，並且假設系統與環境間沒有熱傳遞，則系統內能變化多少？請問應該如何解釋空氣溫度上升這項事實？並且估計在這些條件下溫度的上升率。

4.9 🖱

鋁製飲料罐的質量是 20g。它的直徑和高度分別為 65 和 120mm。當裝滿時，罐子內含體積 354cc 比重 SG = 1.05 的飲料。試計算罐子重心的高度，並且將它表示成液面高度的函數。請問液面高度為多少時，可以讓飲料罐在受到側向加速度的情況下最不會傾倒？試計算在罐子裝滿飲料的情況下，如果要讓它在水平面上傾倒過程不會發生滑動的現象，則靜摩擦係數最小必須是多少？繪出上述最小靜摩擦係數與罐中飲料高度的函數關係圖。

4.10 圖中所示區域的速度場為 $\vec{V} = az\hat{j} + b\hat{k}$，其中 $a = 10\,\text{s}^{-1}$ 而且 $b = 5\text{m/s}$。對於 $1\text{m} \times 1\text{m}$ 的三角形控制體積(深度 $w = 1\text{m}$，垂直於所示的圖形)，表面區域①上的面積元素可以用 $w = (-dz\hat{j} + dy\hat{k})$ 代表，而表面區域②的面積元素則以 $wdz\hat{j}$ 代表。

　　a. 試寫出 $\vec{V} \cdot d\vec{A}_1$ 的表示式。　　**b.** 試計算 $\int_{A_1} \vec{V} \cdot d\vec{A}_1$。

　　c. 請寫出 $\vec{V} \cdot d\vec{A}_2$ 的表示式。　　**d.** 請寫出 $\vec{V}(\vec{V} \cdot d\vec{A}_2)$ 的表示式。

　　e. 計算 $\int_{A_2} \vec{V}(\vec{V} \cdot d\vec{A}_2)$。

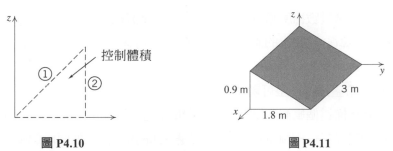

圖 P4.10　　　　　　　　　　　　　　圖 P4.11

4.11 圖中所示陰影部分的面積是位於流動速度場 $\vec{V} = ax\hat{i} - by\hat{j}$；$a = b = 1\text{s}^{-1}$ 內，而且座標是以公尺為單位。請計算通過陰影區域的體積流率和動量通量。

4.12 請計算通過圖中所示控制體積的截面①的體積流率和動量通量數學表示式。

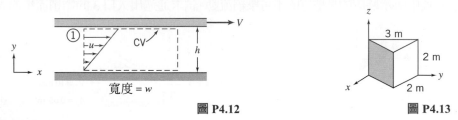

圖 P4.12　　　　　　　　　　　　　　圖 P4.13

4.13 圖中所示陰影區域是位於速度場 $\vec{V} = -ax\hat{i} + by\hat{j} + c\hat{k}$；$a = b = 2\text{s}^{-1}$，且 $c = 2.5\text{m/s}$。請寫出陰影區域內面積元素的向量式。並計算在整個陰影面積的 $\int \vec{V} \cdot d\vec{A}$ 與 $\int \vec{V}(\vec{V} \cdot d\vec{A})$ 積分。

4.14 在習題 4.12 中，對於通過圖中所示控制體積截面①的流體，試求其動能通量 $\int (V^2 / A) \rho \vec{V} \cdot d\vec{A}$ 的表示式。

4.15 半徑為 R 的長圓管內，層流的速度分布的一維數學式

$$\vec{V} = u\hat{i} = u_{\max}\left[1 - \left(\frac{r}{R}\right)^2\right]\hat{i}$$

在這種速度分布情形下,請求出通過垂直於管軸心的截面的流體,其體積流率和動量通量表示式。

4.16 在習題 4.15 中,對於通過與圓管軸心相垂直的截面的流動,試求其動能通量 $\int (V^2/A)\rho\vec{V}\cdot d\vec{A}$ 的表示式。

4.17 一個農場主人正使用 10 個內徑為 3mm 的噴嘴噴灑某種流體,平均的出口流速是 3m/s。請問在內徑為 25mm 的噴嘴口處的平均流速是多少?系統的流速是多少,以 L/m 為單位?

4.18 一個圓柱形水槽之內徑為 3m 且高 3m。有一個直徑為 10cm 的入口,有一個直徑為 8cm 的出口以及一個排水孔。水槽原來是空空的,當入口處的幫浦啟動後,產生 5m/s 的平均入口速度。當水槽內的水面達到 0.7m 高的時候,出口處的幫浦被啟動,使得水開始自出口流出;出口處的平均流速是 3m/s。水面達到 2m 時排水孔被打開,使得水面一直維持在 2m 的高度。請計算(a)出口處的幫浦被啟動的時刻(b)排水孔被打開的時刻以及(c)排水孔處的的流速(m³/min)。

4.19 一台濕冷式冷卻塔冷卻溫水的方式是將之噴向一股強迫乾燥的空氣流。某些溫水會在這股氣流中蒸發而飄離冷卻塔進入大氣;蒸發冷卻了其餘的水滴並被塔的出口管(內徑 150mm)收集。測量數據顯示溫水的流速是 31.5kg/s 而出口管的冷卻水(21℃)以 1.7m/s 的平均速度流動。濕空氣的流速是從四個點的速度測量數據所獲得,每個點代表了氣流截面積 1.2m² 的 1/4 部分濕空氣的密度是 1.06kg/m³。請計算(a)冷卻水的體積和質量流速,(b)濕空氣的質量流速,以及(c)乾燥空氣的質量流速。

4.20 一間大學實驗室希望建造一座可變速的風洞。與其使用一台變速風扇,某提議使用三個前後相連的圓形測試段來建構這個風洞:風洞的第一段的直徑是 1.5m,第二段的直徑是 0.9m 而第三段的直徑是 0.6m。如果在第一段風洞的平均速度是 32km/h,在另外兩段的風速度會是多少?流率會是多少(m³/s)?

4.21 密度 1040kg/m³ 的流體,穩定流過圖中的四方形盒子。已知 $A_1 = 0.046\text{m}^2$、$A_2 = 0.009\text{m}^2$、$A_3 = 0.056\text{m}^2$、$\vec{V}_1 = 3\hat{i}$ m/s 而且 $\vec{V}_2 = 6\hat{j}$ m/s,試求速度 $\vec{V}_3$。

4.22 已知通過圖中所示裝置的是穩定的不可壓縮流動。試求通過出入口 3 的體積流率的大小與方向。

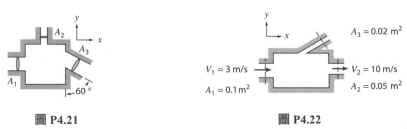

圖 P4.21　　　　　　　　圖 P4.22

4.23 一個種米的農場主人需要在她的 20,000m² 田地於 1 小時內灌溉 76mm 深的水如果每根管的平均流速度必須低於 3m/s,請問需要多少根直徑 150mm 的輸水管?

4.24 你正以 0.3L/s 的流率將汽油倒入你的汽車。雖然你看不見,油箱內的汽油以每分鐘 110mm 的速率升高。你的油箱的水平截面積是多少?這是一個合乎實際的答案嗎?

4.25 你家的水槽，流速是 5000units/hr。累積量是 2500units。如果外流的流率是 60units/min，請問累積率是多少？突然，外流率變成 13units/min 請問累積率是多少？在另一個時間，流速是 5units/min。累積量是 50units。累積率是 − 4units/sec，請問外流的流率是多少？

4.26 你試圖在暴風雨期間把雨水抽出你的地下室。幫浦抽水率是 0.6Lit/s。什麼是流速(Lit/s)，在地下室的水平面現在正以約 0.4mm/min 的速率淹高。暴風雨吹進地下室之雨水的流率是多少？地下室長寬尺寸分別是 7.6m 與 6m。

4.27 在穩定流動的下流區，密度是 64kg/m^3，流速是 3m/s，且面積是 0.1m^2。上游區，流速是 4.6m/s，且面積是 0.025m^2。請問上游的密度是多少？

4.28 🖱

對於通過圖中所示裝置的不可壓縮流動，在入口截面和出口截面的速度可以視為均勻分布。已知以下條件：$A_1 = 0.1\text{m}^2$、$A_2 = 0.2\text{m}^2$、$A_3 = 0.15\text{m}^2$、$V_1 = 10e^{-t/2}$ 和 $V_2 = 2\cos(2\pi t)$ m/s(t 的單位是秒)。試求在截面③的速度分布，並繪出 V_3 與時間的函數關係。在何時 V_3 會第一次變為零？在截面③的總平均體積流率為多少？

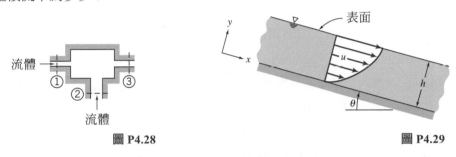

圖 P4.28　　　　　　　　　　　　　　圖 P4.29

4.29 油很穩定地以薄膜的方式沿傾斜平面流下。其速度分布為

$$u = \frac{\rho g \sin \theta}{\mu} \left[hy - \frac{y^2}{2} \right]$$

請利用 ρ、μ、g、θ 與 h 表示每單位寬度的質量流率。

4.30 水以均勻速度 2.5m/s 進入一個又寬又平且高度為 $2h$ 的通道。在通道出口處其速度分布為

$$\frac{u}{u_{\max}} = 1 - \left(\frac{y}{h} \right)^2$$

其中 y 是以通道中心線為測量基準所量得。試求出口處的中心線速度 $u_{\max}$。

4.31 水很穩定地流過長度 L 半徑 $R = 75$mm 的圓管，如果在出口處的速度分布如下式，試計算在入口處的均勻速度 U，

$$u = u_{\max} \left[1 - \frac{r^2}{R^2} \right]$$

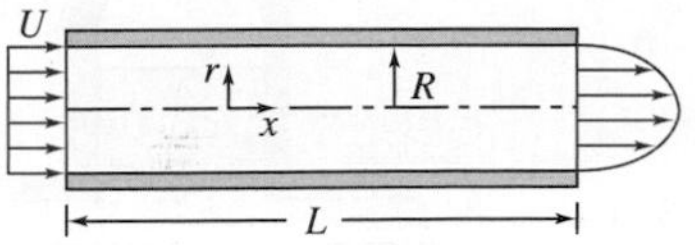

圖 P4.31

其中 $u_{\max} = 3$m/s。

4.32 不可壓縮流動以穩定的方式通過一個平面漸擴通道。在高度為 H 的入口處，流動均勻而且速度大小為 V_1。在高度為 $2H$ 的出口處，速度分布為

$$V_2 = V_m \cos \left(\frac{\pi y}{2H} \right)$$

其中 y 是以通道中心線為測量基準所量得。請以 V_1 表示 V_m。

4.33

在某一個環形物內層流的速度分布爲

$$u(r) = -\frac{\Delta p}{4\mu L}\left[R_o^2 - r^2 + \frac{R_o^2 - R_i^2}{\ln(R_i/R_o)}\ln\frac{R_o}{r}\right]$$

其中 $\Delta p/L = 10$ kPa/m 爲壓力梯度，μ 是黏度(20℃時的 SAE10 規格的油)，而且 $R_o = 5$ mm 和 $R_i = 1$ mm 是出口處和入口處的半徑。試求體積流率、平均速度和最大速度。並繪出速度分布。

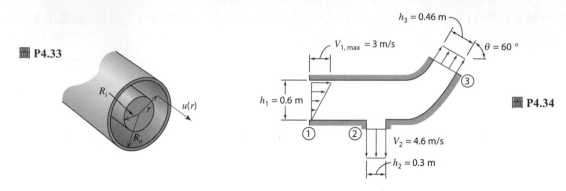

圖 P4.33

圖 P4.34

4.34 某一個二維漸縮彎管在截面①具有線性速度分布。流動在截面②與③是均勻的。流體爲不可壓縮而且流動呈穩定的。試求在截面③處，其均勻速度的大小與方向。

4.35 水以均勻速度 U，進入一個固定寬度 $h = 75.5$ mm 的二維方形通道中。通道有一個 90 度彎曲，此彎曲結構會扭曲流動情況，形成在出口處所顯示的線性速度分布，其 $v_{max} = 2v_{min}$。如果 $U = 7.5$ m/s，請計算 v_{min}。

4.36 直徑 $D = 60$ mm 的多孔圓管，其內運送著水。入口速度爲均勻的 $V_1 = 7.0$ m/s。水以徑向和軸對稱的形式流出這些多孔管壁，其速度分布爲

$$v = V_0\left[1 - \left(\frac{x}{L}\right)^2\right]$$

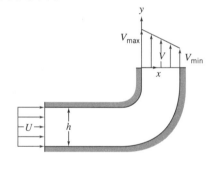

圖 P4.35，4.75，4.92

其中 $V_0 = 0.03$ m/s 而且 $L = 0.950$ m。請計算在管內 $x = L$ 處的質量流率。

4.37 液壓儲壓器(hydraulic accumulator)是設計來減低工具機液壓系統內的壓力脈衝。在圖中所顯示的瞬間，試求儲壓器獲得或失去液壓油的速率。

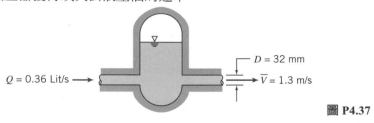

圖 P4.37

4.38 體積 0.4m³ 的氣槽內含壓縮空氣。閥門被打開以後，空氣以 250m/s 的速率經由 100mm² 的開口散失。通過開口的氣體溫度爲 − 20℃，絕對壓力爲 300kPa。試求此時槽內空氣密度的變化率。

4.39 來自直徑 $D=300$mm 的圓形槽內的黏液，經由半徑 $R=50$mm 的長圓形管排出。排放管的速度分布為

$$u = u_{\max}\left[1 - \left(\frac{r}{R}\right)^2\right]$$

請證明排放管內的平均流速為 $\bar{V} = \frac{1}{2}u_{\max}$。並計算在 $u_{\max}=0.155$m/s 的瞬間，槽內液面高度的變化率。

4.40 速度 4.6m/s、密度 15.5kg/m³ 的空氣，通過面積 0.018m² 的截面進入氣槽內。空氣離開時的速度為 1.5m/s，而且密度與槽內空氣相等。槽內空氣的初始密度為 10.3kg/m³。氣槽總體積為 0.6m³，出口處面積為 0.04m²。試求槽內密度的初始變化率。

4.41 一個矩形槽是用來供應雷諾流動實驗的用水，其深度為 230mm。它的寬度和長度是 $W=150$mm 與 $L=230$mm。當水槽半滿時，水在雷諾數 $R_e=2000$ 的條件下由出口管線(內徑 $D=6.35$mm) 流出。已知水的供應閥門處於關閉狀態。試求此時槽內水面高度的變化率。

4.42 直徑 0.3m 的柱形槽，經由底部小孔排出內部的水。在水深 0.6m 的瞬間，從水槽流出的水流率經觀察為 4kg/s。試求此時水高度的變化率。

4.43 最近有一則電視新聞專題報導，提到為了降低印第安那州蒙特梭利附近的雪佛特湖的水面高度，於是增加用於貯蓄湖水的水壩的排放量，這個報導告訴我們以下關於水流通過水壩時的資訊：

正常時流率　　8.2m³/s

洩洪時流率　　57m³/s

(根據報導，洩洪時流率等於 60.5m³/s)，廣播員也說在洩洪期間，預期湖面下降速率為每 8 小時下降 0.3m。試計算洩洪期間真實的流率，並且以單位 m³/s 表示之。然後再估計湖的表面積。

4.44 🖱

直徑 $D=50$mm 的柱形槽，經由槽底部直徑 $d=5$mm 的開口往外排水。液體離開水槽的速度約為 $V=\sqrt{2gy}$，其中 y 為槽底部到自由面的高度。假設槽一開始裝水至 $y_0=0.4$m，試求 $t=12$s 時水的深度。當 $0.1 \le y_0 \le 1$ 時，請繪出 y/y_0 相對於 t 的曲線圖，其中的 y_0 扮演參數的角色。當 $2 \le D/d \le 10$，且 $y_0=0.4$m 時，請繪出 y/y_0 相對於 t 的曲線圖，其中 D/d 扮演著參數的角色。

4.45 🖱

如同習題 4.44 的諸項條件，請估計要將槽內水的深度排放到 $y=20$mm 所需要的時間。當 $0.1 \le y_0 \le 1$m 而且 $0.1 \le d/D \le 0.5$ 時，請繪出排水時間與 y/y_0 的函數關係圖。

4.46 某一個圓錐形的燒瓶內含高度 $H=36.8$mm 的水，其中燒瓶直徑 $D=29.4$mm。水經由位於圓錐頂點的直徑 $d=7.35$mm 的平滑圓孔排放出來。出口流速約為 $V=(2gy)^{1/2}$，其中 y 為位於圓孔上方的液體自由面距離圓孔的高度。水流以固定體積流率 $Q=3.75\times10^{-7}$ m³/hr，流入燒瓶的上方頂部。試求在燒瓶底部的體積流率。請計算此刻燒瓶內水面高度變化的方向與速率。

4.47 半頂角 $\theta=15$ 度的圓錐形漏斗，最大直徑 $D=70$mm 而且高度為 H，經由底部一個小孔(直徑 $d=3.12$mm) 排放內部的液體。液體離開漏斗的速度約為 $V=(2gy)^{1/2}$，其中 y 為位於小孔上方的液體表面到小孔的高度。當 $y=H/2$ 時，試求此刻漏斗內液面高度的變化率。

4.48 水很穩定地流過一個多孔平板。在該多孔區域被施以固定吸力。在 cd 區域的速度分布為

$$\frac{u}{U_\infty} = 3\left[\frac{y}{\delta}\right] - 2\left[\frac{y}{\delta}\right]^{1.5}$$

請計算通過 bc 區域的質量流率。

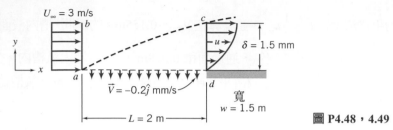

圖 P4.48，4.49

4.49 考慮如圖所示之多孔表面上之標準空氣的不可壓縮穩定流動的邊界層,假設表面下游末端的邊界層具有拋物線型速度分布 $u/U_\infty = 2(y/\delta) - (y/\delta)^2$。如圖所示,沿著多孔表面被施加了均勻吸力。請分別計算通過 cd 面、多孔吸收表面和 bc 面的體積流率。

4.50 固定體積的容器內含密度 ρ_i 的濃鹽水,已知此密度大於水。純水很穩定地流入容器內,並且與容器內的濃鹽水完全混合。容器內液面高度維持不變。請推導下列數學式:(a) 容器內混合液體的密度變化率。(b) 密度變成 ρ_f 所需要的時間,其中 $\rho_i > \rho_f > \rho_{H_2O}$。

圖 P4.50

4.51 🖱

半頂角為 θ 的圓錐形漏斗,經由錐頂點上直徑 d 的小孔排出漏斗內所含的液體。液體離開漏斗的速度約為 $V = \sqrt{2gy}$,其中 y 為位於小孔上方的液體自由面到小孔的高度。漏斗一開始裝有高度為 y_0 的液體。試求要排出漏斗內全部液體所需要時間 t 的數學表示式。利用漏斗內液體的初始體積 $\mathcal{V}_0$,和初始體積流率 $Q_0 = A\sqrt{2gy_0} = AV_0$,將結果表示出來。如果小孔直徑 $d = 5mm$,請繪出完全排出漏斗內液體所需要的時間,相對於 y_0 的函數關係圖,其中 y_0 的範圍 $0.1 \le y_0 \le 1m$,並且以角度 θ 作為參數,其範圍是 $15° \le \theta \le 45°$。

4.52 🖱

在腳踏車高壓輪胎內,空氣會隨時間的逝去從氣孔漏出。一般的說法是輪胎的壓力損失率為「一天一磅[6.9kPa]」。真實的壓力流失率並不是固定的,事實上任何時刻的質量散逸流率會正比於輪胎內空氣密度,和胎內的錶壓,即 $\dot{m} \propto \rho p$。因為散逸的速率很緩慢,所以胎內空氣幾近於等溫狀態。已知輪胎一開始就充氣到 0.7MPa(錶壓)。假設初始的壓力損失率為每天 6.9kPa。請估計壓力降至 500kPa 所需要的時間。在為期 30 天的期間,「一天一磅」這句話的準確性為何?請繪出壓力相對於時間的函數關係圖,其中假設時間範圍是 30 天。圖中也請畫出代表經驗法則的曲線,以方便比較。

4.53 試計算通過習題 4.21 的控制表面所流出的動量通量淨流率。

4.54 如同習題 4.30 的諸項條件,請計算通道出口處相對於入口處的 x 方向動量通量的比值。

4.55 如同習題 4.31 的諸項條件，試計算管線出口處相對於入口處的 x 方向動量通量的比值。

4.56 試計算通過習題 4.34 的彎管的淨動量通量，其中假設垂直於圖形的管線深度為 $w=0.9$m。

4.57 試計算通過習題 4.35 的通道的淨動量通量。你會預期出口壓力高於、低於或等於入口壓力？為什麼？

4.58 一水平直徑 50mm 的水流以 6m/s 速度移動中，當它撞擊一垂直平板時所產生的力(N) 為何？

4.59 考慮一根管中流動完全開展的流域，在管的所有截面，軸向動量的積分都相同，請解釋沿著軸向壓力會下降的原因。

4.60 試求將塞子固定在水管出口所需的力量。已知流率是 1.5m³/s，而且其上游處壓力為 3.5MPa。

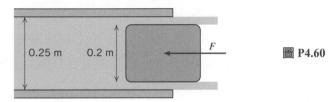

圖 P4.60

4.61 🖱

一個高 $h=1$m、直徑 $D=0.75$m 的大型水槽，如圖所示裝置在推車上。槽內的水經由直徑 $d=15$mm 的噴嘴流出。液體離開水槽的速率約為 $V=\sqrt{2gy}$，其中 y 是從噴嘴到自由表面的高度。試求當 $y=0.9$m 時金屬線上的張力。如果 $0 \le y \le 0.9$m，請繪出金屬線的張力相對於水深度的函數關係圖。

圖 P4.61　　　　　　　　　　　　　　　　　　圖 P4.62

4.62 🖱

從靜止噴嘴噴射出來的($A_j=0.1$m²) 水流，以 10m/s 的速率撞擊於安裝於推車上的導流葉片，如圖所示。導流葉片將噴射水流轉向 $\theta=40$ 度。試求要讓推車維持靜止不動所需 M 的大小。如果導流角 θ 可以調整，而且調整範圍是 $0 \le \theta \le 180$ 度，試繪出要讓推車維持靜止不動所需的質量 M 相對於 θ 的圖形。

4.63 🖱

某垂直平板的中心位置有一個邊緣很鋒利的孔洞。速度 V 的噴射水流撞擊於平板的正中間。如果水柱離開小孔時的速度也是 V，試求要讓平板固定在原處所需外力的數學表示式。當 $V=4.6$m/s、$D=100$mm 而且 $d=25$mm 時，請計算此力量的值。並且請針對適當範圍內的直徑 d，繪出所需力量與直徑比率的函數關係圖。

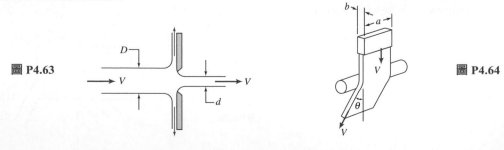

圖 P4.63　　　　　　　　　　　　　　　　　　圖 P4.64

4.64 穿過水流的圓柱,會如圖所示將水流偏折 θ 角。[此稱為「康達效應」(Coanda effect)。]當 a = 12.5mm、b = 2.5mm、V = 3m/s 而且 θ = 20 度時,試求水流作用在圓柱上的水平分力。

4.65 在某實驗室的實驗,待測水流速之水會垂直地自一根管子流出並進入一個空空且開口的圓柱形(直徑 0.9m)水箱而儲存起來,此水箱重量已歸零。水箱的底部位於出口水管之下方的 1.5m 之處,該管的直徑是 50mm。某個學生藉由記下 30 秒後水箱中水(於 10℃)的體積是 0.4m³ 藉此算出流速。另一個學生則根據在第 30 秒所讀到的瞬時重量 4270N 來求算流速。請得出每個學生所計算的質量流速。為什麼兩人的答案並不一致?哪一個學生比較準確?你可以用任何你所知的觀念來解釋這其間的差異。

4.66 一個箱水被放置在一輛車上,其車輪不具摩擦力如圖所示。此車用一條繩索繫住 9kg 的質量,並且此質量與地面的靜摩擦係數是 0.5。在時間 t = 0,第 2 根繩索被用來移走原先堵住水箱出口的門。出口處的水流足以使油箱開始移動嗎?(假設水流是無摩擦力。)

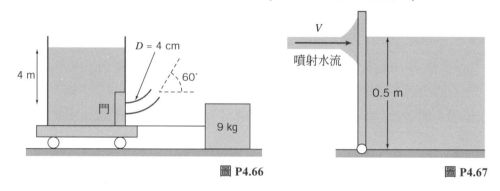

圖 P4.66　　　　　　　　　　　　　　　圖 P4.67

4.67 一扇門寬 0.5m,高 0.6m,且在底部裝上絞鏈。在門的一側阻擋 0.5m 深的水域。另一方面,直徑 10cm 的噴射水流在高 0.5m 的位置沖擊這扇門,若要讓門維持在垂直的樣子,請問噴射水流的流速 V 是多少?如果這片水域的水位降低了 0.25m,噴射水流的流速應是多少?如果水面達於門頂,噴射水流的流速應是多少?

4.68 農夫由地區合作社購買了 675 公斤的散裝穀粒。穀粒經由出口直徑為 0.3m 的送料斗,裝載於他的小貨車上。裝料操作員經由將儀器指示的卡車粗估總質量視為時間的函數,來判斷已裝載的穀物量。當地磅上的讀數達到所需的重量時,從送料斗流出的穀粒($\dot{m} = 40$ kgs) 就會停止。如果穀粒密度為 600kg/m³,試求真正的裝載量。

4.69 水流很穩定地由消防軟管和噴嘴中流出。消防軟管內徑為 75mm,噴嘴端內徑為 25mm;消防軟管內的錶壓為 510kPa,而且離開噴嘴時水流是均勻的。出口處速率與壓力分別為 32m/s 和大氣壓力。試求消防軟管與噴嘴之間耦合處所傳送的力量。請說明耦合處是處於伸張或壓縮的狀態。

4.70 請導出如圖所示之控制體積的質量變化率,以及把它保持在既有的位置的水平和垂直的力的表示式,以 p_1,A_1,V_1,p_2,A_2,V_2,p_3,A_3,V_3,p_4,A_4,V_4,以及不變的密度 ρ 來寫出。

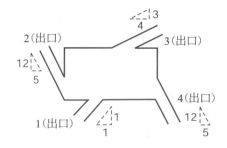

圖 P4.70

4.71 🖱

某一個淺圓盤的中心點有一個邊緣銳利的孔洞。速度 V 的噴射水流撞擊於圓碟的正中間。如果噴射水流離開小孔時速度也是 V，試求要讓圓碟固定在原處所需外力的數學表示式。當 V = 5m/s、D = 100mm 而且 d = 25mm 時，請求出此力量。在直徑 d 的適當範圍內，請繪出所需力量相對於角度 θ(0 ≤ θ ≤ 90 度)的函數關係圖，其中並且將直徑比視為參數。

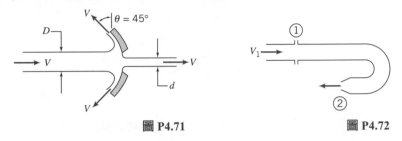

圖 P4.71　　　　　　　　　　　圖 P4.72

4.72 水很穩定地流過圖中 180 度彎管。在彎管入口處的錶壓為 103kPa。然後水會排放於大氣壓力中。假設在入口與出口截面的物理性質均勻：A_1 = 2500mm²、A_2 = 650mm² 而且 V_1 = 3m/s。試求要讓彎管維持在原處所需要的水平分力。

4.73 某一個 180 度彎管在入口處取得平均速度 0.8m/s 且壓力 350kPa(錶壓)的水，入口處直徑為 0.2m。已知出口處壓力為 75kPa，直徑為 0.04m。請問要將彎管維持靜止不動所需的力量。

4.74 水很穩定地流過圖中所示的噴嘴，然後排放到大氣中。請計算在凸緣接頭上的水平分力。並且指出接頭處是處於伸張或壓縮狀態。

4.75 假設習題 4.35 中的彎管是屬於較大通道的一部分，並且位於水平面上。入口壓力是 170kPa(abs)，出口壓力為 130kPa(abs)。試求要將彎管維持在原處所需的力量。

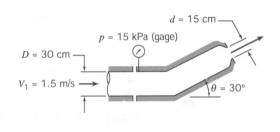

圖 P4.74

4.76 直徑 50mm 的平面小孔，位於直徑為 100mm 管線的末端。水以 0.57m³/s 的速度流過管線和平孔。在平孔下游處的噴射水流直徑為 38mm。試計算要將小孔固定在原處所需的外力。忽略管壁的摩擦力。

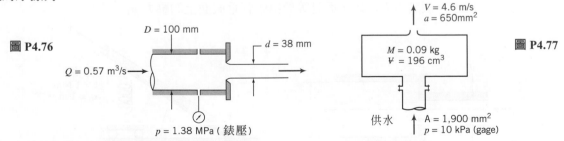

4.77 圖中所示為一組灑水系統。水是在壓力 p = 10kPa(gage) 下經由面積為 A = 1,900mm² 的凸緣開口供應給灑水系統。然後水以穩定自由流的形式離開，並且排放至大氣中。噴射水流的面積和速度分別為 a = 650mm² 和 V = 4.6m/s。灑水系統的質量是 0.09kg，內有 V = 196cm³ 的水。試求灑水系統作用於供給管線的力量。

4.78 圖中噴嘴經由 180 度的弧形構造，灑出一大片水流。在距離供給管路中心線的徑向距離為 0.3m 的位置，噴射水流的速度是 15m/s，厚度為 30mm。試求(a) 片狀噴射水流的體積流率，以及 (b) 要將噴嘴維持在原處所需的方向分力。

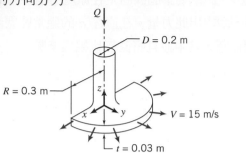

圖 P4.78

4.79 在額定推力下，一個液態燃料馬達以 80kg/s 的速率消耗硝酸氧化劑，以及 32kg/s 的速率消耗苯胺燃料。流體以相對於噴嘴的軸向速度 180m/s 離開火箭，而且壓力為 110kPa。噴嘴出口直徑為 $D = 0.6$m。請計算於標準海平面壓力下，在測試平台上由馬達產生的推力。

4.80 圖中所示為典型的噴射引擎測試平台裝置，以及一些測試數據。燃料由引擎的頂部垂直進入引擎，燃料流率相當於入口空氣質量流率的百分之二。請由已知條件，計算通過引擎的空氣流速，並估計產生的推力。

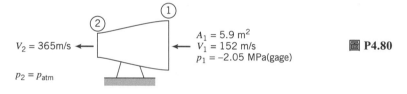

圖 P4.80

4.81

考慮如圖所示通過突然擴張的管線的流動。如果流動不可壓縮，而且摩擦力可以忽略，請證明壓力昇 $\Delta p = p_2 - p_1$ 可以如下求出

$$\frac{\Delta p}{\frac{1}{2}\rho \overline{V}_1^2} = 2\left(\frac{d}{D}\right)^2\left[1 - \left(\frac{d}{D}\right)^2\right]$$

並繪出無因次壓力昇相對於直徑比率的曲線圖，然後利用它決定最佳的 d/D，以及相對應無因次壓力昇的數值。**提示**：假設壓力均勻，而且等於擴張管垂直面上的壓力 p_1。

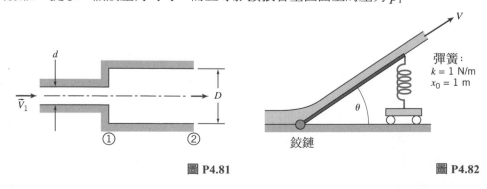

圖 P4.81　　　　　　　　　　　圖 P4.82

4.82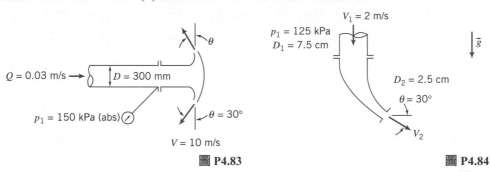

一個截面積固定為 $0.005m^2$ 的自由噴射水流,受到裝有鉸鏈的平板偏折其流動方向,平板長度是 2m,平板下方有彈性係數 $k=1N/m$ 加以支撐,彈簧未受壓縮時長度 $x_0=1m$。試求得並繪出偏折角 θ 相對於噴射水流速度 V 的函數關係。請問偏折角度 10 度時噴射速度為多少?

4.83 某一種錐形灑水頭如圖所示。其流體為水,而且出口處為均勻流動。請計算(a) 在半徑 400mm 處片狀噴灑水流的厚度,以及(b) 灑水頭作用在供給管路上的軸向力。

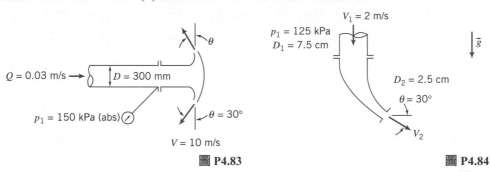

圖 **P4.83**   圖 **P4.84**

4.84 圖中顯示的是彎曲噴嘴裝置,而且此噴嘴會將水射到大氣中。噴嘴重 4.5kg,其內部容積為 $0.002m^3$。其流體為水。試求噴嘴作用於入口管線連接處的反作用力。

4.85 圖中所示為某一個管路系統內的漸縮管。漸縮管的內部容積為 $0.2m^3$,質量為 25kg。請計算要讓漸縮管維持在原處,其周遭管線所需提供的總力量。流體為汽油。

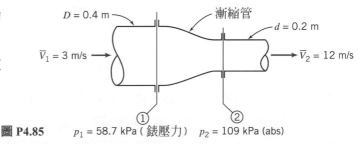

圖 **P4.85** $p_1 = 58.7$ kPa(錶壓力) $p_2 = 109$ kPa (abs)

4.86 水噴射泵浦的噴射水流截面積為 $0.009m^2$,噴射水流速度為 30.5m/s。噴射水流會流入速度 $V_s = 3m/s$ 的第二組水流內。導管總面積(噴射水流和第二組水流面積的總和) 為 $0.07m^2$。兩組水流會完全混合,而且離開噴射泵浦時為均勻流動。噴射水流與第二組水流的壓力,在泵浦入口處相等。試求水在泵浦出口處的速度,以及壓力昇 $p_2 - p_1$。

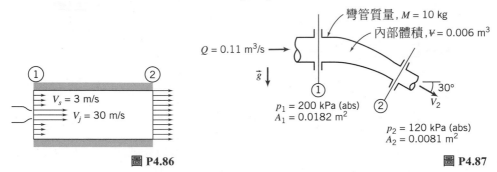

圖 **P4.86**   圖 **P4.87**

4.87 圖中所示為一個 30 度漸縮彎管。其流體為水。請計算要讓彎管保持在固定位置,附近管線所需提供的各分力。

4.88 某一個直流鍋爐(monotube boiler)是由長 6m、內徑 9.5mm 的管線組成。水在壓力 3.45MPa(abs) 下,以 0.135kg/s 的速率進入鍋爐。蒸氣離開鍋爐時的密度是 12.4kg/m³,壓力為 2.76MPa(gage)。試求流體作用在管線上的力量的大小與方向。

4.89 已知穩定的絕熱空氣流,通過截面積為 0.05m² 的長直管路。在入口處空氣狀態為 200kPa(gage) 和 60℃,而且速度為 150m/s。出口處空氣壓力為 80kPa,速度為 300m/s。請計算空氣作用在管線上的軸向力。(請確定自己瞭解方向代表的意義。)

4.90 某一種氣體很穩定地流經截面積固定為 0.15m² 的多孔性加熱管。在加熱管入口處,絕對壓力為 400kPa,密度是 6kg/m³,而且平均速度為 170m/s。流體流經多孔管壁之後,會以垂直於管軸的方向離開,而且通過多孔管壁的總流率為 20kg/s。在加熱管出口處,絕對壓力是 300kPa,密度為 2.75kg/m³。試求流體作用在管線的軸向力。

4.91 水從直徑 150mm 管線上的細縫漏出。產生的水平二維噴射水流長度為 1m,厚度為 15mm,但具有不均勻的速度分布。在入口截面的壓力為 30kPa(錶壓)。試算(a) 在入口截面的體積流率,(b) 要讓噴灑管維持固定不動,在接合點上所需的力量。忽略管線的質量,和它所包含的水的質量。

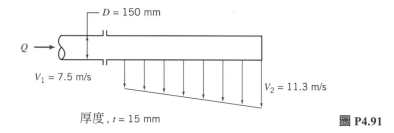

圖 **P4.91**

4.92 水很穩定地流經習題 4.35 中的方形彎管。在入口處的流動所處的壓力為 $p_1 = 185$kPa(abs)。出口處的流動為垂直的非均勻流,而且處於大氣壓力下。管路結構的質量為 $M_c = 2.05$kg;管路內部體積為 $\Psi = 0.00355$m³。請計算管路裝置作用在供給導管上的力量。

4.93 灑水系統的噴嘴是設計成產生輻射片狀水流。片狀水流離開噴嘴時速度 $V_2 = 10$m/s,涵蓋了 180 度的弧形,而且厚度為 $t = 1.5$mm。噴嘴排放半徑為 $R = 50$mm。供水管線直徑為 35mm,入口處壓力 $p_1 = 150$kPa(abs)。請計算灑水噴嘴作用在接合處的軸向分力。

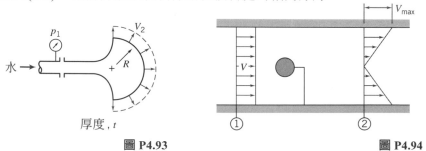

圖 **P4.93**   圖 **P4.94**

4.94 某一個小型圓形物體在直徑 0.75m 的風洞內進行測試。壓力在截面①與②是均勻的其上游處壓力為 30mmH₂O(錶壓),下游處壓力為 15mmH₂O(錶壓),平均空氣速度為 12.5m/s。速度在截面②為線性分布;此速度分布在風洞中心線為零,在風洞壁上達到最大速度。試計算(a) 風洞內的質量流率,(b) 在截面②的最大速度,(c) 物體和其支撐葉片的阻力。忽略洞壁的黏性阻力。

4.95 某一個物體放置在速度為 U 的空氣流中，其後方尾流的水平速度為

$$u(r) = U\left[1 - \cos^2\left(\frac{\pi r}{2}\right)\right] \quad |r| \le 1$$
$$u(r) = U \quad\quad\quad\quad\quad |r| > 1$$

其中 r 為無因次徑向座標，它是以垂直於流動來測量。試求作用在物體的阻力的數學表示式。

4.96 某一個不可壓縮流體，穩定流入高度為 $2h$ 的二維管道入口。管路入口處的速度呈現均勻分布，速度為 $U_1 = 7.5\text{m/s}$。在下游截面的速度分布為

$$\frac{u}{u_{\max}} = 1 - \left[\frac{y}{h}\right]^2$$

請計算在下游截面的最大速度。假設管壁的黏性摩擦力可以忽略，試計算存在於管道內的壓力降。

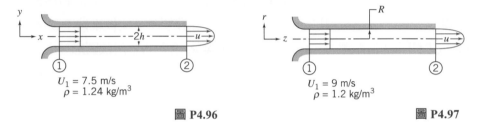

圖 **P4.96**　　　　　　　　　　　　圖 **P4.97**

4.97 某一個不可壓縮流體穩定流入半徑為 R 的圓形管路入口。管路入口處呈現均勻速度，其速度為 $U_1 = 9\text{m/s}$。在其下游處截面的速度分布為

$$\frac{u}{u_{\max}} = 1 - \left[\frac{r}{R}\right]^2$$

請計算下游截面的最大速度。假設管壁的黏性摩擦力可以忽略，請計算管內存在的壓力降。

4.98 空氣以均勻速度 $U_1 = 0.870\text{m/s}$，經由圓形入口進入直徑 $D = 25.0\text{mm}$ 的導管中。在下游處 $L = 2.25\text{m}$ 的截面，其完全展流速度為

$$\frac{u(r)}{U_c} = 1 - \left(\frac{r}{R}\right)^2$$

在這兩個截面之間的壓力降為 $p_1 - p_2 = 1.92\text{N/m}^2$。試求管路作用在空氣的總摩擦力。

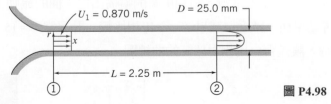

圖 **P4.98**

4.99 如同範例 4.2 中的邊界層圖形，已知邊界層內的流體流動為不可壓縮的。請證明流體作用在平板表面的摩擦阻力為

$$F_f = \int_0^\delta \rho u(U - u)w\, dy$$

請針對範例 4.2 所敘述的條件，計算其阻力值。

4.100 標準狀態的空氣沿著平板流動。未擾動自由流的流速為 $U_0 = 9$m/s。在距離平板前緣 $L = 150$mm 的下游處,邊界層厚度 $\delta = 2.5$mm。在該位置的速度分布為

$$\frac{u}{U_0} = \frac{3}{2}\frac{y}{\delta} - \frac{1}{2}\left[\frac{y}{\delta}\right]^3$$

試計算要讓平板維持不動,所需要每單位寬度的水平分力。

4.101 標準狀態的空氣沿著平板流動。未擾動自由流的流速為 $U_0 = 20$m/s。在距離平板前緣 $L = 0.4$m 的下游處,邊界層厚度是 $\delta = 2$mm。該位置的速度分布大致上為 $u/U_0 = y/\delta$。請計算要讓平板維持不動,所需要的每單位寬度的水平分力。

4.102 🐭

某一個邊緣銳利的分隔板,插入水平流動的水流中,結果產生圖中所示的流動樣式。請分析這種情況,以便求得以 α 為函數的 θ,其中 $0 \le \alpha \le 0.5$。並且計算要讓分流板維持不動所需的力量。(忽略水流和分流板之間的任何摩擦力。) 最後再繪出 θ 與 R_x 兩者的 α 函數圖形。

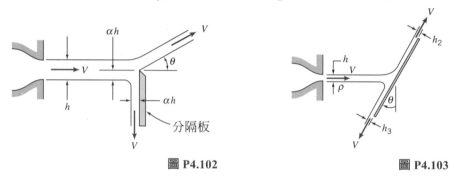

圖 P4.102   圖 P4.103

4.103 🐭

當平面液體噴流撞擊在一個傾斜平板,它會分成兩股相同速度但不同厚度的水流。對無摩擦力的流動而言,不會有任何切線方向力作用在平板表面。請使用這項假設去推導 h_2/h 相對於平板角度 θ 的函數。繪出所得的結果,並且針對 $\theta = 0$ 和 $\theta = 90$ 度兩個極限情況進行評論。

4.104 🐭

離開火箭推進噴嘴的氣體,可以利用從噴嘴上游處的一點,往外放射出來的流動加以模擬。假設出口處流動的速度為 V_e,其大小是常數。請利用離開噴嘴出口平面的流動,來推導軸向推力 T_a 的數學表示式。將推導結果與一維近似結果 $T = \dot{m}V_e$ 相比較。計算當 $\alpha = 15$ 度時的誤差百分比。請繪出 $0 \le \alpha \le 22.5$ 度時,誤差百分比相對於 α 的曲線圖。

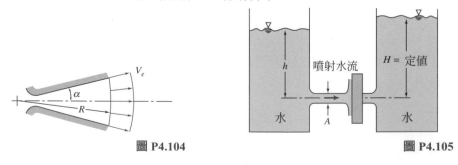

圖 P4.104   圖 P4.105

*4.105 兩個內部裝水的大型水槽，同時具有相同面積、形狀平滑的小孔。噴射水流從左方水槽流出。假設流動是均勻的，並且不受摩擦力影響。噴流撞擊在一個覆蓋在右方水槽開口的垂直平板上。試求要讓覆蓋在右方水槽開口的平板維持在原處，所需要的最小高度 h。

*4.106 直徑 13mm 的水平、軸對稱的空氣噴流，撞擊在直徑 203mm 的靜止垂直圓盤。在噴嘴出口處，噴流速度為 69m/s。圓盤中心連接了一個壓力計。試計算(a)當壓力計液體的 SG $= 1.75$ 時的液面偏移高度 h，以及(b)噴流作用在圓盤上的力量。

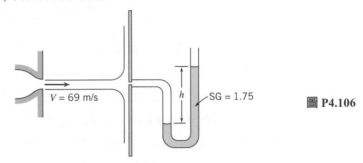

圖 P4.106

*4.107 學生計畫在大學校園草坪上以水管進行假想戰(mock battle)。工科學生知道，為了給予對手更大的沖擊力，調整軟管的噴嘴有助於噴出更緊促的噴射水流。他們怎麼知道的？請用水平方向噴射水流沖向固定垂直面所產生之力來解釋。

如果 650N 是人的一小塊皮膚所能承受而不會造成損傷的最大的力量，當噴嘴的最小出口直徑是 6mm，安全限度內最大的水流率(以 L/min 為單位)是多少？

*4.108 一道性質均勻的噴射水流離開直徑 15mm 的噴嘴後，直接往下流動。在噴嘴出口處，噴流速度為 2.5m/s。噴流撞擊在一水平圓盤上，並以扁平片狀的幾何樣式往外作放射狀流出。請求出當水流抵達圓盤高度時，其速度的一般數學表示式。在忽略圓盤以及位於圓盤上水的質量的條件下，請推導要讓圓盤維持不動所需力量的數學表示式。當 $h = 3$m 時，請計算上述各數學式的數值。

*4.109 一個 2kg 的圓盤被水平固定，但是垂直方向可以自由移動。一道垂直噴射水流從下方撞擊在圓盤上。在噴嘴出口處，噴射水流的速度和直徑分別為 10m/s 和 25mm。針對噴射水流速度相對於高度 h 的函數關係，請求出其一般數學表示式。然後再求出圓盤可以上升並維持靜止的高度。

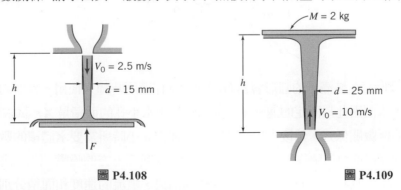

圖 P4.108   圖 P4.109

*4.110 從直徑 D 的噴射器流出的水被用來支撐圖示的錐狀物。請用與適當選擇的控制體積相關的參數，推導噴射水流所能支撐圓錐與水的總質量 M 的數學表示式。當 $V_0 = 10$m/s、$H = 1$m、$h = 0.8$m、$D = 50$mm 且 $\theta = 30$ 度時，請用求出的表示式計算 M 值。再估計在控制體積內水的質量。

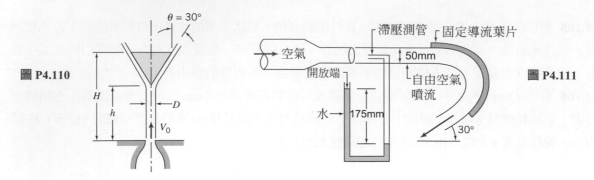

圖 P4.110

圖 P4.111

*4.111 從直徑 50mm 噴嘴流出的標準狀態空氣流撞擊在圖示的彎曲導流片。一滯壓測管連接到其內裝水的 U 形管壓力計,滯壓測管位於噴嘴出口面上。請計算空氣離開噴嘴時的速度。並估計空氣噴流作用在導流葉片上的水平分力。並且對解題過程使用的每一項假設進行評論。

*4.112 沿著水管安裝的某文氏流量計,由漸縮管線區段、面積固定的管喉以及漸擴管線區段組成。管線直徑 $D = 100mm$,管喉直徑 $d = 40mm$。如果管線內的水壓為 600kPa(錶壓),而且平均流速為 5m/s,試求作用於漸縮管線區段的淨流體力。假設黏性效應可以忽略。

*4.113 某一個平面噴嘴垂直往下排放流體到大氣中。噴嘴被供應穩定的水流。水流撞擊到位於噴嘴下方的靜止傾斜平板。平板將水流分流後,水流沿著傾斜平板流動;兩道水流離開平板時的厚度並不相同。摩擦效應在噴嘴中和在沿著平板表面的流動中是可以忽略的。請計算在噴嘴入口處所需要的最小錶壓。然後計算水流作用在傾斜平面上的力量的大小與方向。繪出沿著板面的壓力分布。解釋為何壓力會如你所畫的那樣分布。

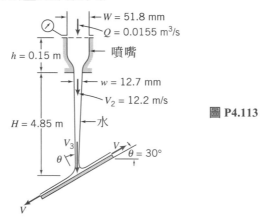

圖 P4.113

*4.114 在古埃及時代,裝滿水的圓形容器有時候會當作簡陋時鐘來使用。容器的外形是這樣:水會從底部排出,水面因此以固定的速率 s 下降。假設排水小孔的面積是 A。試求容器半徑 r 相對於水面高度 h 的函數關係式。然後求出使該時鐘能運作 n 小時所需要水體積的數學表示式。

*4.115 某一個運動中的不可壓縮流體,以低速離開方向朝正上方的噴嘴。假設在任何一個截面的速度都是均勻的,而且黏性效應可以忽略。在噴嘴出口,噴流的速度和面積分別為 V_0 與 A_0。將質量守恆方程式和動量方程式,應用到長度為 dz 的微分控制體積,其中 dz 是在流動方向上。試推導噴流速度和面積隨著 z 變化的函數關係式。並且計算要讓噴流速度降低到零所需的垂直距離。(降噴嘴出口設定為座標原點。)

*4.116 某一個運動中的不可壓縮流體，以低速離開方向朝正下方的噴嘴。假設在任何一個截面的速度都是均勻的，而且黏性效應可以忽略。在噴嘴出口，噴流的速度和面積分別為 V_0 與 A_0。將質量守恆方程式和動量方程式，應用到長度為 dz 的微分控制體積，其中 dz 是在流動方向上。試推導噴流速度和面積隨著 z 變化的函數關係式。並且計算當噴流面積為原始值的一半時的距離。(將座標原點設定在噴嘴出口。)

*4.117 黏性可忽略的不可壓縮流體，受到泵浦的作用以總體積流率 Q，通過一個多孔性表面，進入圖中所示兩個距離很接近的平行板面之間的小間隙中。流體在間隙中只進行水平運動。假設流體以均勻狀態通過任何一個垂直截面。試求壓力隨 x 變化的函數關係式。**提示**：將質量守恆方程式和動量方程式，應用在位於 x、厚度為 dx 的微分控制體積。

圖 **P4.117**　　　　　　　　　　　　　　　　　　　圖 **P4.118**

*4.118 黏性可忽略的不可壓縮流體，經過泵浦的作用以總體積流率 Q，通過兩個小孔，進入圖中所示兩個距離很接近的圓碟面之間的小間隙中。離開小孔後的液體只進行徑向運動。假設流體以均勻狀態流過任何垂直截面，並且在 $r = R$ 處釋放到大氣壓力中。試求壓力變化的數學表示式，並且繪出壓力隨著半徑變化的函數關係圖。提示：將質量守恆方程式和動量方程式，應用在位於半徑 r 處、厚度為 dr 的微分控制體積。

*4.119 兩個緊密放置的圓形平板間的細縫，一開始裝了不可壓縮液體。在 $t = 0$ 時，上方圓板開始以固定速率 V_0 往下方圓板移動，使得液體從細縫中擠出。忽略黏性效應並假設液體在徑向上呈現均勻流動，請推導兩平板間速度場的數學表示式。提示：將質量守恆定律應用在其外部表面位於半徑 r 處的控制體積。請注意，即使上方圓板的下移速度為定值，流動仍然是非穩定的的。

*4.120 液體垂直落入寬度為 b 的短距離水平長方形明渠中。總體積流率 Q 均勻分布在面積 bL 上。忽略黏性效應。試求以 h_2、Q 和 b 表示 h_1 所得到的數學式。選澤一個外部邊界位於 $x=L$ 的控制體積。請繪出表面剖面圖 $h(x)$。**提示**：使用寬度為 dx 的微分控制體積。

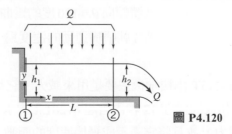

圖 **P4.120**

*4.121 請設計一個漏壺(埃及水鐘)，我們指的是水會受重力影響從其底部小孔排出的一種容器，容器中水的高度可以用來指出時間。請具體指明容器的尺寸和排水孔的大小；並指示裝滿容器所需的水量，以及它需要被裝水的時間間隔。然後繪出容器半徑相對於高度的函數關係圖。

4.122 噴射水流直接撞擊在某一個導流葉片，這種導流葉片可以是渦輪機或任何一種液力機器的葉片。水離開直徑 40mm 的靜止噴嘴時速度為 25m/s，而且進入葉片時的方向正切於在 A 點的表面。在 B 點的葉片內表面與 x 方向形成的角度 $\theta = 150$ 度。請計算為維持葉片速度固定在 $U = 5$m/s，所需施加的力量。

圖 P4.122　　　　　　　　　　圖 P4.123，126，128，140

4.123 水從一個靜止噴嘴噴出後衝擊到轉向角 $\theta = 120$ 度的運動中導流葉片上。葉片以固定速度 $U = 10$m/s 遠離噴嘴，並承接一股來自噴嘴、速度為 $V = 30$m/s 的噴流。噴嘴出口面積為 0.004m²。試求要讓葉片維持在固定速度所需施加的力量。

4.124 截面如圖所示的一個圓盤，其外徑為 0.20m。速度 35m/s 的噴射水流撞擊在圓盤的正中心。圓盤以 15m/s 的速度往左移動。噴流直徑為 20mm。圓盤中心有一個可以讓直徑 10mm 的水流無摩擦通過的小孔。殘餘的噴流會偏折，並且沿著圓盤流動。請計算要讓圓盤維持固定速度運動所需的力量。

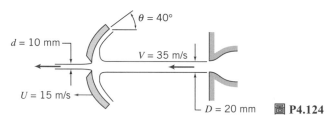

圖 P4.124

4.125 噴射快艇經由側面通口以等體積流率 Q 吸入水，並且將水以高噴射速度 V_j 從後方排出。噴射速度可以經由可變化的出口孔徑面積來加以調整。作用在快艇的阻力可以利用數學式 $F_{drag} \approx KV^2$ 加以計算，其中 V 為船速。試求穩定的速度 V 的數學表示式。如果噴射速度 $V_j = 25$m/s 可以讓船以 10m/s 的速度行進，則噴射速度應該為多少才能讓船速變成原來的兩倍。

4.126 油噴射流(SG = 0.8)撞擊在一個可讓液體轉向 $\theta = 180$ 度的彎曲葉片上。噴流面積為 1200mm² 而且其相對於靜止噴嘴的速度為 20m/s。葉片朝噴嘴運動的速度為 10m/s。試求要讓葉片維持固定速度所需施加的力量。

4.127 Canadair 公司生產的 CL-215T 兩棲飛機主要是用來滅火。它是量產飛機中，唯一具有舀水功能的，可以從任何湖泊、河川或海洋在 12 秒內舀起 6120 Lit 的水。試求在合理速度範圍內，舀水的過程中需要額外施加的推力，並且將它表示成飛機速度的函數。

4.128 已知一個轉向角為 θ 的單葉片，受習題 4.123 中噴流的撞擊影響，在水平方向以固定速度 U 移動。噴流絕對速度為 V。請求出葉片產生的合力和功率的一般表示式。並證明當 $U = V/3$ 時，產生的功率具有最大值。

4.129　一個截面如圖所示的圓盤，外徑為 0.15m。噴射水流撞擊在圓盤正中心，然後沿著圓盤表面往外流動。噴流速度為 45m/s，圓盤以 10m/s 的速度往左移動。試求在離噴流軸心半徑 75mm處的片狀噴流的厚度。要讓圓盤維持在該運動狀態所需的水平力為多少？

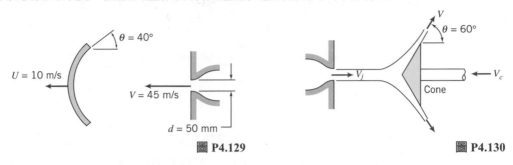

圖 P4.129　　　　　　　　　　　　圖 P4.130

4.130　直徑為 100mm 的噴射水流，其往右流動的速度為 30m/s，受到以速度 14m/s 往左移動的圓錐體偏折其方向。試求(a) 片狀水流在半徑 230mm 處的厚度，(b) 要移動圓錐體所需的外加水平力。

4.131　已知一排導流葉片受到由噴嘴所產生的連續噴射水流的撞擊，噴射水流以定速 $V = 86.6$m/s 離開直徑為 50mm 的噴嘴。葉片以固定速度 $U = 50$m/s 在運動。請注意，離開噴嘴的所有質量流都會通過葉片。導流葉片的曲率可以如圖所示以角度 $\theta_1 = 30$ 度與 $\theta_2 = 45$ 度來描述。請計算為了使噴射水流能切線方向進入每一個葉片的前緣，所需的噴嘴角度 α。並求出要讓葉片維持固定速度所需施加的力量。

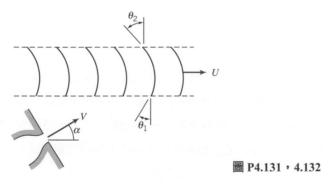

圖 P4.131，4.132

4.132　承接習題 4.131 所描述的移動多葉片系統。假設我們有辦法讓 α 趨近於零(也因此 θ_1 會接近 90 度)，請計算當由運動的葉片系統所輸出的功率具有最大值時，其所需的葉片速度 U。

4.133　將一道穩定的噴射水流用來推進水平軌道上的小型推車，如圖所示。推車組遭遇的總運動阻力已知為 $F_D = kU^2$，其中 $k = 0.92$N · s²/m²。請計算當推車速度為 $U = 10$m/s 時的推車瞬間加速度。

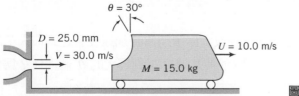

圖 P.133，4.135，4.139，4.167

4.134 某一道平面噴射水流撞擊在分流葉片上,然後如圖所示分成兩道平面水流。試求要讓作用在分流葉片上的淨垂直力為零,所需的質量流率比 $\dot{m}_2 / \dot{m}_3$。並且求出在這些條件下,要讓葉片維持穩定速度所需施加的水平力。

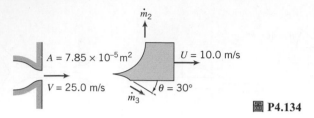

圖 P4.134

4.135 習題 4.133 中的液壓彈射車是經由將噴射水流撞擊在曲面葉片而加速。推車沿著摩擦阻力可忽略的平面軌道在移動。在任何時刻它的速度為 U。試計算將推車由靜止加速到 $U = V/2$ 所需花費的時間。

4.136 導流葉片/滑行物體的組合在液體噴流的作用下如圖所示進行移動。滑行物體沿著表面運動的動摩擦係數為 $\mu_k = 0.30$,試計算滑行物體的終端速度。

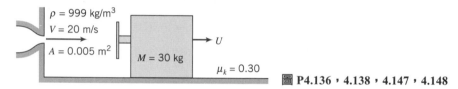

圖 P4.136,4.138,4.147,4.148

4.137 🖱

一輛推車如圖所示由液槽水平噴出的液體噴流所推動。軌道是水平的;運動所受阻力可以忽略。液槽經過加壓處理使得噴流速度可以視為定值。試求推車從靜止開始加速的過程中,其速度的一般數學表示式。如果 $M_0 = 100$kg、$\rho = 999$kg/m³ 而且 $A = 0.005$m²,請求出在開始加速以後第 30 秒要讓推車達到速度 1.5m/s 所需的噴流速度 V。在這個條件下,請繪出推車速度 U 相對於時間的函數關係。請繪出在第 30 秒推車速度相對於噴流速度的函數關係圖。

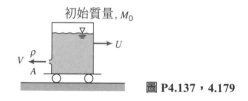

圖 P4.137,4.179

4.138 🖱

在習題 4.136 的葉片/滑具問題中,試求並且繪出滑動器具的加速度、速度以及位置,相對於時間的函數關係。

4.139 若習題 4.133 中的推車是在 $t = 0$ 時加以釋放,你預期何時加速度會達到最大?請繪出你所預期加速度相對於時間的曲線圖。在任一時間,能使加速度達到最大的 θ 值為何?為什麼?推車速度會等於噴流速度嗎?請簡短解釋之。

4.140 🖱

習題 4.123 中導流葉片/推車組合的加速度，在它從靜止狀態開始加速的時候，可以利用葉片角度 θ 的變化加以控制。我們希望獲得固定加速度 $a = 1.5\text{m/s}^2$。噴射水流離開面積 $A = 0.025\text{m}^2$ 的噴嘴時，速度為 $V = 15\text{m/s}$。葉片/推車組合的質量為 55kg；並且忽略摩擦力的影響。試求在 $t = 5\text{s}$ 時的 θ。並且在已知適當範圍的 t 內，於給定的固定加速度下，繪出 $\theta(t)$。

4.141 如圖所示裝有輪子的推車在滾動時其摩擦力可以忽略。推車固定地以加速度 2m/s^2 朝右運動。要達到這個要求，其作法是我們可以事先「設計」噴射水流面積 $A(t)$ 的函數形式。噴射水流速度必須固定在 10m/s。試求要達到此運動條件所需 $A(t)$ 的數學表示式。請繪出 $t \leq 4\text{s}$ 時的面積變化。並且計算 $t = 2\text{s}$ 時的噴流面積。

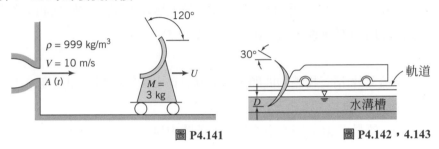

圖 P4.141　　　　　圖 P4.142，4.143

4.142 🖱

某一個火箭動力雪橇重 44500N，行進速度 960kmh，經由將雪剷降入水溝槽中來達到煞車的目的。已知雪剷寬 150mm。試求要使雪橇速度減少至 32km/h 所需的時間(在將雪剷伸入水深 75mm 之後)。並且繪出雪橇速度相對於時間的函數。

4.143 某一個火箭雪橇經由將雪鏟降入水溝槽中來減低速度，其初速為 300m/s。雪剷寬 0.3m；它使水偏折 150 度。水溝槽長度為 800m。雪橇質量為 8000kg。在初始速度下，它所受空氣阻力為 90kN。空氣阻力正比於雪橇速度的平方。我們想要將雪橇速度減低至 100m/s。試求在這些條件下，雪剷必須降至水面以下的深度 D。

4.144 🖱

推車如圖所示由靜止啟動，由一種液壓彈射器(液體噴流)所推動。噴流衝擊著彎曲表面，產生了 $180°$ 的反轉，並以水平方向離去。空氣阻力以及滾動阻力可以忽略。若推車質量為 100kg，而且噴射水流離開噴嘴(面積 0.001m^2)的速度為 35m/s，請求出推車在受到噴流衝擊 5 秒之後的速度。並繪出推車速度相對於時間的函數關係圖。

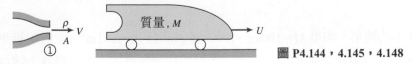

圖 P4.144，4.145，4.148

4.145 再一次探究習題 4.144 中的噴流以及推車問題，但是本習題將考慮空氣阻力，並且假定它正比於推車速度的平方 $F_D = kU^2$，其中 $k = 2.0\text{N} \cdot \text{s}^2/\text{m}^2$。請導出推車加速度相對於推車速度和其他已知參數的函數關係數學式。然後計算當 $U = 10\text{m/s}$ 時，推車加速度為多少？這個速度是推車終端速度的多少百分比？

4.146 🖱

攜帶著單一導向葉片的小推車,行駛於平面軌道上。推車質量 $M=10.5\text{kg}$,而且其初始速度為 U_0 $=12.5\text{m/s}$。在 $t=0$ 時,葉片受到逆向噴流衝擊,如圖所示。請忽略空氣阻力或滾動摩擦阻力等外力。試求液體噴流要讓推車變成靜止所需的時間與距離。並且畫出推車速度(以 U_0 使其無因次化)和移動距離相對於時間的函數關係圖。

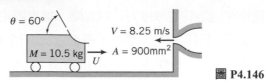

圖 P4.146

4.147 在習題 4.136 中,如果葉片與滑行物體是在油膜上移動,而不是與表面直接接觸,請重新解答之。假設運動阻力正比於速度,$F_R=kU$,其中 $k=7.5\text{N}\cdot\text{s/m}$。

4.148 🖱

對於習題 4.147 中導流葉片/滑行物體的問題,請求解並繪出滑行物體的加速度、速度與位置相對於時間的函數關係圖。(考慮數值積分。)

4.149 具有垂直表面、質量為 M 的四方形方塊,沿著圖中無摩擦的平滑水平面在移動。方塊一開始以速度 U_0 在運動。在 $t=0$ 時,方塊受到液體噴流衝擊,速度開始減緩。請求出 $t>0$ 時,方塊加速度的代數表示式。然後解出該方程式,求解當 $U=0$ 時的時間值。

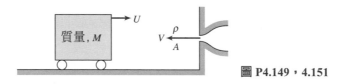

圖 P4.149,4.151

4.150 具有垂直面、質量 M 的四方形方塊,如圖所示在兩股反向噴流之間的水平面上移動。當 $t=0$ 時,將方塊運動速度設定為 U_0。其後它在無摩擦力的情形下,以速度 $U(t)$ 平行於噴流軸向進行運動。與 M 相較之下,附著在方塊上的任何液體質量都可以忽略。請求出方塊的加速度 $a(t)$ 與速度 $U(t)$ 的一般表示式。

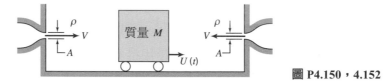

圖 P4.150,4.152

4.151 🖱

延續習題 4.149 中的圖形。如果 $M=100\text{kg}$、$\rho=999\text{kg/m}^3$ 且 $A=0.01\text{m}^2$,並假設推車的初始速度為 $U_0=5\text{m/s}$,試求要在一秒後將推車停止下來,所需的噴流速度 V。然後根據上述條件,繪出推車速度 U 和位置 x 相對於時間的函數關係圖。x 的最大值是多少?推車回到它原始位置所需的時間又是多少?

4.152 延續習題 4.150 中的說明和圖形。假設 $t=0$ 時方塊位於 $x=0$,其運動速度被設定成 U_0 $=10\text{m/s}$,方向往右。試算要將方塊速度減低至 $U=0.5\text{m/s}$ 所需的時間,以及在該瞬間方塊的位置。

*4.153 垂直噴射水流撞擊在水平圓盤上，如圖所示。圓盤組重量為 30kg。當圓盤位於噴嘴出口上方 3m 處，它往上運動的速度為 $U=5$m/s。請計算這個時候圓盤的垂直加速度。

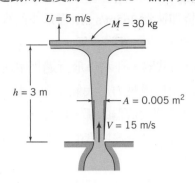

U = 5 m/s　M = 30 kg

h = 3 m　　A = 0.005 m²

V = 15 m/s

圖 **P4.153**，**4.154**，**4.175**

*4.154

垂直噴射水流從直徑 75mm 的噴嘴噴出。噴流衝擊在一個水平圓盤上(參看習題 4.153)。圓盤在水平方向的運動受到限制，但是垂直方向可以自由移動。圓盤質量為 35kg。請繪出圓盤質量相對於流率的曲線圖形，以便求出要將圓盤懸吊在噴流出口所在平面的上方 3m 處所需水的流率。

4.155

某一個火箭雪橇行進於水平軌道上，利用在行進方向上啓動減速火箭來減緩速度。雪橇初速為 $U_0=500$m/s。雪橇初始質量為 $M_0=1500$kg。減速火箭消耗燃料的速率為 7.75kg/s，雪橇及火箭位於一大氣壓環境下，而且廢氣離開噴嘴時其速度相對於火箭為 2500m/s。減速火箭啓動時間為 20s。請忽略空氣阻力和滾動摩擦阻力。試求出並繪出雪橇速度 U 相對於啓動時間的代數表示式。並計算在減速火箭啓動過程結束時雪橇的速度。

4.156

某一個載人太空船以初始速度 $U_0=8.00$km/s 在大氣層上方等高度飛行。太空船利用減速火箭減速到 $U=5.00$km/s，來作為進入大氣層的準備。太空船的初始質量 $M_0=1600$kg。火箭消耗燃料的速率為 $\dot{m}=8.0$kg/s，廢氣離開的速度相對於太空船為 $V_e=3000$m/s，而且壓力可以忽略。請計算要達成這項要求所需要的火箭啓動時間間隔。並且繪出在啓動時間間隔的 ±10% 範圍內，火箭最後速度相對於啓動時間間隔的函數關係圖。

4.157 位於水平軌道上的火箭雪橇，在空氣阻力和滾動摩擦阻力可以忽略的情形下從靜止開始加速。雪橇的初始質量為 $M_0=600$kg。火箭一開始裝填了 150kg 的燃料。火箭引擎以固定速率 $\dot{m}=15$kg/s 燃燒燃料。廢氣很均勻地離開火箭噴嘴，並且沿著噴嘴軸向以相對於噴嘴的速度 $V_e=2900$m/s 離開火箭，壓力為一大氣壓力。試求火箭雪橇可達到的最大速度。並計算整個過程雪橇可達到的最大加速度。

4.158

火箭雪橇具有初始質量 4 公噸，其中包括 1 公噸的燃料。雪橇行駛於軌道上的阻力和空氣阻力的總運動阻力為 kU，其中 k 為 75N・s/m，U 為雪橇速度，其單位為 m/s。廢氣在出口處的速度相對於火箭為 1500m/s，而且出口處壓力為大氣壓力。火箭燃燒燃料的速率為 75kg/s。請計算滑雪橇在 10 秒後的速度。並繪出雪橇速度和加速度相對於時間的函數關係圖。然後求出其最大速度。

4.159 初始質量為 900kg 的火箭雪橇,在一個平面軌道上進行加速。火箭引擎燃料消耗速率固定為 $\dot{m} = 13 : 5kg/s$。火箭廢氣流是均勻且呈軸向的。氣體以相對速度 2750m/s 離開噴嘴,而且壓力為大氣壓力。請求出在燃料耗盡之前要將雪橇加速到 265m/s,所需最少的火箭燃料質量為多少?在求第一近似值時,我們可以忽略阻力的影響。

4.160 某一個火箭引擎是用來使一個具有動能的武器,在水平飛行過程中速度增加到 5600km/h。排出的氣流沿著噴嘴的中心軸方向離開噴嘴,出口處壓力為大氣壓力,離去的速度相對於火箭為 9600km/h。當水平飛行速度 $U_0 = 960km/h$ 的飛機釋放武器的那一瞬間,火箭就會點燃。在忽略空氣阻力的條件下,請求出武器在等高度飛行過程,其所達速度的代數表示式。並且求出要達到所需加速度,其燃料佔武器初始重量的最小百分比為多少?

4.161 初始質量 3 公噸的火箭雪車內部裝填了 1 公噸燃料,靜止在軌道水平區段上。$t = 0$ 時,火箭固態燃料被點燃,火箭燃燒燃料的速率為 75kg/s。廢氣離去速度相對於火箭為 2500m/s,而且壓力為大氣壓力。在忽略摩擦力以及空氣阻力的情形下,試計算 $t = 10s$ 時,雪車的加速度和速度。

4.162 一不怕死的人想試創一項紀錄,他想達成世界最長的摩托車跳躍紀錄,並且需要你的幫忙:他必須達到 875km/hr(從水平地面靜止起點開始出發) 才可以完成壯舉,所以說他需要火箭推進力量。摩托車、無燃料的火箭引擎以及騎士的總質量為 375kg。在大氣壓力下,氣體以速度 2510m/s 水平離開火箭噴嘴。試計算要將機車以及騎士加速到所需速度,其火箭的燃料最少需要多少?

4.163 🖱

某一個「土製」固態推進火箭的原始質量為 9kg;其中有 6.8kg 為燃料。火箭從靜止垂直上升,以固定速率 0.225kg/s 燃燒燃料,而且排出氣體的速度相對於火箭為 1980m/s。假設火箭的出口壓力為大氣壓力,而且空氣阻力可以忽略。請計算 20 秒後火箭的速度,以及火箭在這 20 秒內的行進距離。並繪出火箭的速度與行進距離相對於時間的函數關係圖。

4.164 質量 30,000kg 的兩階段液態火箭,從海平面發射台發射。主引擎以 2450kg/s 的速率燃燒以化學計量混合的液態氫和液態氧。推進噴嘴的出口直徑為 2.6m。排出氣體離開噴嘴的速度為 2270m/s,而且出口平面壓力為絕對壓力 66kPa。請計算火箭升空時的加速度。並且在忽略空氣阻力的情況下,求出速度相對於時間的函數表示式。

4.165 🖱

在忽略空氣阻力的條件下,如果火箭從靜止開始啟動,初始質量為 300kg,燃燒燃料速率為 8kg/s,在大氣壓力下排氣速度相對於火箭是 3000m/s,試問垂直上升的火箭在 8 秒後的速度為多少?並繪出火箭速度相對於時間的函數關係圖。

4.166 以空氣充飽玩具氣球,然後釋放它。觀察氣球在房間內飛奔的情形。請解釋是什麼原因造成你所看到的現象。

4.167 🖱

如同習題 4.123 所示的導流葉片/推車組的質量有 $M = 30kg$,其驅動動力是一道噴射水流。水離開面積 $A = 0.02m^2$ 的靜止噴嘴時,速度為 20m/s。裝置與地表面之間的動摩擦係數為 0.10。請繪出在 $0 \le \theta \le \pi/2$ 的情形下,裝置的終端速度相對於葉片轉向角 θ 的函數關係圖。如果靜摩擦係數為 0.15,則在哪一個角度下,裝置會開始移動?

4.168 考慮習題 4.144 的車輛。推車由靜止開始動，並由液壓噴流(液體噴流)所推動。噴流衝擊在彎曲表面上，產生 180 度反轉，並以水平方向離開。忽略空氣阻力和滾動摩擦阻力。利用圖中所示的變數記號，求出推車的加速度在任意時刻的表示式，以及推車速度到達 $U=V/2$ 所需的時間。

4.169 圖中的可移動液體槽是經由將勺子降入水溝槽中取水來減低速度。括其內所裝液體在內的液槽，其初始質量和速度分別爲 M_0 和 U_0。忽略由壓力或摩擦效應所引起的外力，並假設軌道是水平的。試應用連續方程式和動量方程式，去證明在任何時間下 $U=U_0M_0/M$。並求出 U/U_0 相對於時間的一般函數關係式。

圖 P4.169

圖 P4.170

4.170 圖中所示的液體槽沿著水平軌道滾動，其摩擦力可以忽略。它會受液體噴流衝擊而從靜止開始加速，此液體噴流將撞擊在導流葉片，然後轉向進入到液體槽中。液體槽的初始質量爲 M_0。試利用連續方程式與動量方程式，去證明在任何時刻推車以及其內含液體的質量爲 $M=M_0V/(V-U)$。試求 U/V 的時間函數的一般表示式。

4.171 🖱

某一個模型固態推進火箭的質量爲 69.6g，其中有 12.5g 是燃料。火箭持續產生 1.7s 的 5.75N 推力。在這些條件下，請計算在沒有空氣阻力的情形下，火箭可到達的最大速度和高度。並繪出火箭速度和航行距離相對於時間的函數關係圖。

4.172 某一個小型火箭引擎被用來作爲「噴射背包」裝置的動力來源，以便在地表上方舉起單一太空人的重量。火箭引擎會產生速度固定爲 $V_e=2940$m/s 的均勻噴氣。太空人和背包的初始總質量爲 $M_0=130$kg。其中 40kg 爲火箭引擎的燃料。請導出要將太空人和噴射背包維持在地表上方固定高度，所需燃料質量流率的一般代數表示式。請計算在燃料耗盡之前，在空中盤旋的最長時間。

*4.173 🖱

幾家玩具製造商在銷售水「火箭」，其構造包括了用於部分裝水的塑膠容器，然後再以空氣對它加壓。在釋放之後，壓縮空氣會迫使水迅速地從噴嘴噴出，因而推動火箭前進。你的任務是幫忙指出這個水噴流推進系統的最佳條件。爲了簡化分析，我們只考慮水平方向的運動。請執行要定義壓縮空氣/水推進系統的加速性能，所需的分析和設計。請求出爲了達到最佳性能(亦即最大噴水速度)，容器一開始應該裝入多少體積比例的壓縮空氣？請說明改變槽內空氣壓力所產生的影響。

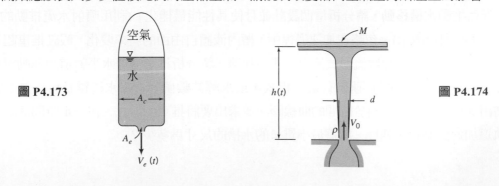

圖 P4.173

圖 P4.174

*4.174 某一個質量 M 的圓盤在水平方向的移動已經被限制,但是垂直方向則可以自由移動。一道噴射水流從下方衝擊圓盤。噴流離開噴嘴的初速為 V_0。如果圓盤是從很高的高度 H 上被釋放,試求圓盤在距噴流出口平面上方高度 $h(t)$ 的微分方程式。假設當圓盤抵達平衡狀態時,它位於噴流出口平面上方的高度將是 h_0。如果圓盤是在 $t=0$ 時,從 $H > h_0$ 處被釋放,請繪出 $h(t)$ 的圖形。並且解釋為何圖形會是你所畫出的樣子。

*4.175 🖱
考慮習題 4.153 所描述水平圓盤受垂直噴流衝擊的情形。假設圓盤在高於噴流出口平面 2m 的初始高度由靜止釋放。請解出圓盤接下來的運動過程。請找出圓盤的穩定的高度。

4.176 某一個小型固態火箭引擎在測試台上點燃。其燃燒室為圓形,直徑有 100mm。密度 1660kg/m^3 的燃料以 12.7mm/s 的速率均勻燃燒。經過測量發現廢氣離開火箭進入大氣時的速度為 2750m/s。燃燒室的絕對壓力和溫度分別為 7.0MPa 和 3610K。將燃燒產生的廢氣視為分子量 25.8 的理想氣體。請計算火箭引擎內,質量和線性動量的變化率。試以火箭推力的百分比,來表示引擎內線性動量的變化率。

*4.177 🖱
NASA 的 Langley 研究中心想要對所屬實驗室的設備性能予以升級。設備包括了安裝在軌道上由壓力槽所射出的噴射水流予以推進的滑動架。(此裝置在概念上與習題 4.133 的液壓彈射裝置很類似。)其操作條件要求將質量 49,000kg 的滑動架,在 122m 距離內加速到 220knots 的速度。(葉片轉向角度是 170℃。)請找出要達到此項要求所需要噴射水流的大小和速度的範圍。具體說明噴射水流系統的最佳操作壓力,並且算出承裝加壓水的槽體的形狀和估計尺寸。

*4.178 🖱
規劃中的線性動量課堂示範,是使用一個能讓推車在水平線性空氣軌道上進行運動的噴射水流推進系統。軌道長 5m,推車質量 155g。設計的目的是想利用密度為 0.0819g/cm^2 的無蓋塑膠製圓柱容器,容器內裝著 1L 的水,使得推車能有最佳性能。為了穩定起見,水槽最大高度不可超過 0.5m。平滑圓形噴射水流的直徑不可超過水槽直徑的 10%。試利用對系統性能進行模擬,來求得水槽與噴射水流的最佳尺寸。請繪出加速度、速度和距離的時間函數。並求出水槽和槽壁上噴流開口的最佳化尺寸。然後討論你的分析所受的限制。並討論所做假設如何影響推車的預期性能。推車真實的性能比預期好或差?為什麼?造成這些差異的因素為何?

*4.179 🖱
有一台推車架設在水平軌道,車上攜帶著無蓋圓柱水槽,由重力所造成的水壓讓水槽可以射出噴射水流,進而推動水槽移動,請分析這個設計並且使其性能最佳化。(利用噴射水流推動的推車,如習題 4.137 的圖形所示)。忽略在加速過程中,槽內液體自由面的斜率變化。假設推車起初是處於靜止狀態,在水槽的水以噴流形式流出時開始加速,請分析推車沿著水平軌道的運動過程。推導推車的加速度和速度的時間函數代數方程式,或求解其數值解。在水槽質量可以忽略的情況下,請繪出加速度與速度相對於時間的曲線圖。並求出要將推車由靜止,在一定時間間隔內,沿著水平軌道加速到某特定速度,所需最小質量的水槽的尺寸為多少?

*4.180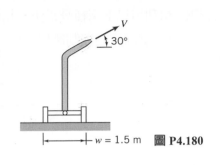

有一個裝在推車上的大型灑水器，會以與水平夾角 30 度、速率 40m/s 來進行排水。直徑 50mm 的噴嘴位於地面上方 3m 處。灑水裝置與推車的總質量為 $M = 350$kg。請計算可讓推車傾覆所需的彎矩大小。V 要多少才會發生上述情形？會發生這種情形的原因為何？噴射水流的傾斜角度對這項結果的影響為何？針對推車傾覆的情形，請繪出在一個適當噴射水流的角度範圍內，噴射水流的速度相對於噴流傾斜角的函數關係圖。

*4.181 範例 4.6 中的 90 度漸縮彎管會將流體排放到大氣中。截面②位於截面①右邊 0.3m 處。請估計由凸緣施加在彎管上的力矩。

*4.182 來自油輪碼頭的原油(SG = 0.95)將流經構造如圖所示、直徑為 0.25m 的管線。流率為 0.58m³/s，錶壓如圖所示。試求管線裝置對其支撐物所施加的力量及力矩。

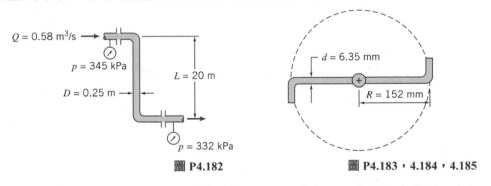

圖 P4.182   圖 P4.183，4.184，4.185

*4.183 如圖所示的簡化草皮灑水器在水平面上轉動。在中心軸處，流率 Q=16.8Lit/min 的水垂直進入。水會由每一道噴射水流釋放到水平面上。若軸心沒有摩擦力，請計算要讓灑水頭不轉動所需施加的力矩。在忽略灑水頭本身的慣量的情形下，請計算當力矩移去時所產生的角加速度。

*4.184 讓我們再一次考慮習題 4.183 中的灑水器。請推導灑水器角速度的時間函數微分方程式。如果軸心沒有摩擦力，請計算灑水器的穩定的轉動速度。

*4.185 假設軸心有固定的阻滯力矩 0.06N・m，請重作習題 4.184。

*4.186 圖示的轉動灑水系統中，水會均勻地由 5mm 的狹長細縫流出。水的流率是 15kg/s。試求要讓系統保持靜止不動所需施加的力矩，並且求出在此力矩移除以後，灑水器的穩定的旋轉速度。

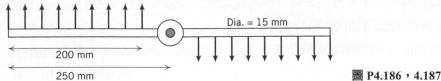

圖 P4.186，4.187

4.187 在習題 4.186 的轉動灑水系統中，如果其流率相同但是並不均勻，而是在最外圍的半徑處具有最大值，然後以線性關係往內變化，直到距軸心 50mm 處變為零，試求要讓灑水器維持靜止所需的力矩，以及在力矩移除以後的穩定的旋轉速度。

*4.188 其內運送著水的管線以固定角速度在轉動,如圖所示。水以體積流率 $Q = 13.8$L/min 通過管線。請利用以下兩種分析法,求出要讓管線維持穩定轉速所需施加的力矩:(a) 旋轉的控制體積以及(b) 形狀固定的控制體積。

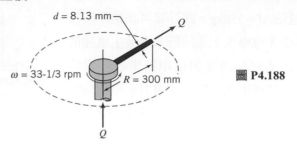

圖 P4.188

*4.189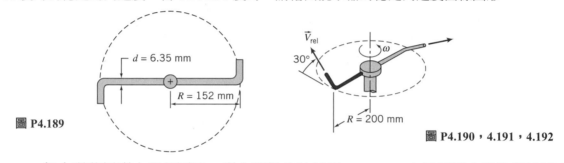

供應給圖中所示草坪灑水器的水流速率為 68L/min。在軸心處摩擦力可以忽略的情形下,請求出 $\theta = 30$ 度時的穩定的角速度。當 $0 \le \theta \le 90$ 度時,請繪出灑水器的穩定角速度曲線圖形。

圖 P4.189

圖 P4.190,4.191,4.192

*4.190 一架小型草坪灑水器如圖示。灑水器操作於錶壓 140kPa。水通過灑水器的總流速為 4L/min。每一股噴流流率為 17m/s(相對於灑水臂),其流動方向在水平面上方 30 度。灑水頭以垂直軸為轉動軸。軸承摩擦力產生 0.18N·m 反方向力矩。請求出要使灑水器靜止不動所需的轉矩。

*4.191 在習題 4.190 中,如果沒有外力矩存在,而且灑水頭在裝滿水時的轉動慣量為 0.1kg·m²,試計算灑水頭從靜止開始的初始加速度。

*4.192 一架小型草坪噴水器(習題 4.190)如圖所示。灑水器運作時的入口處錶壓為 140kPa。水通過灑水器的總流率為 4.0L/min。每一股噴流的水流速率為 17m/s(相對於灑水臂),其流動方向是在水平面上方 30 度。灑水頭以垂直軸為轉動軸。軸承的摩擦力產生了 0.18N·m 反方向力矩。請求出灑水頭的穩定的旋轉速度,以及灑水所涵蓋的面積。

*4.193 當用於花園中的水管被用來向一個水桶裝水,水桶內的水可能會產生渦流運動。為何會發生這種現象?渦流的數量如何約略計算?

*4.194 水以 0.15m³/s 的流率通過轉動速率固定為 30rpm 的噴嘴裝置。旋臂和噴嘴的質量相對於其內部的水而言可以忽略。試求要驅動裝置所需的力矩,以及在凸緣的反作用力矩。

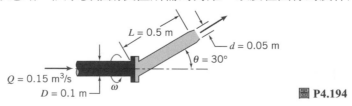

圖 P4.194

*4.195 一管路對稱地分成兩長度為 L 的分支管路，整個系統以角速度 ω 圍繞對稱軸旋轉。每分支與旋轉軸的夾角為 α。不具角動量的液體以體積流率 Q 穩定進入管線中。管線直徑 D 遠小於 L。試求要轉動管線所需外力矩的數學表示式。需要多少額外的力矩，才可以使角加速度再增加 $\dot{\omega}$？

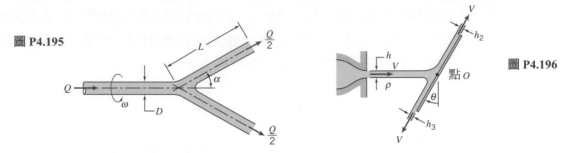

圖 P4.195

圖 P4.196

*4.196 從細長狹縫流出的薄片狀液體，其寬度 w 為厚度為 h，衝擊在傾斜的固定平板上，如圖所示。實驗證實液體噴流作用在平板上的合力，並沒有作用通過噴流中心線與平板的交點 O。試求合力的作用線和大小，並且將它表示為 θ 的函數。如果合力是施加於 O 點上，則請計算平板的平衡角度。忽略任何黏性效應。

*4.197

對於範例 4.14 中的轉動灑水器，請問能產生最大旋轉速度的 α 值是多少？哪一種角度可以提供涵蓋範圍最大的面積？請繪製速度圖(利用 r、θ、z 座標系統)，來顯示噴射水流在離開噴嘴時的絕對速度。是什麼因素在控制著灑水器的穩定的旋轉速度？灑水頭的轉動速度會影響灑水涵蓋面積嗎？如何估計面積的大小？對於固定 α 而言，應該如何做才能增加或減少灑水所涵蓋的面積？

4.198 標準狀態下的空氣以 75m/s 的速度進入壓縮機，離開壓縮機時絕對壓力和溫度分別為 200kPa 與 345K，速度則為 $V=125$m/s。流率為 1kg/s。圍繞著壓縮機外殼循環流動的冷卻水可以將空氣熱量移走 18kJ/kg。試求壓縮機所需要的功率。

4.199 經過壓縮的空氣儲存於體積 0.5m³、壓力 20MPa、溫度為 60℃ 的壓力瓶中。在某一瞬間閥門被打開，空氣質量流出壓力瓶的流率為 $\dot{m}=0.05$kg/s。試求此時瓶內溫度的變化率。

4.200 某一個離心水泵浦入口直徑為 0.1m，排水管直徑為 0.1m，具有流率 0.02m³/s。入口壓力為 0.2m 真空汞柱，出口壓力為 240kPa。入口與出口截面位於相同高度。經過量測，其輸入功率為 6.75kW。試求泵浦的效率。

4.201 某一個渦輪機是從直徑 0.3m 的供應管線取得流率 0.6m³/s 的水；排水管直徑是 0.4m。如果它輸出的功率是 60kW，試求渦輪機入口和出口之間的壓力降。

4.202 空氣以 96kPa、27℃ 進入壓縮機，其速度可以忽略，然後以 480kPa、260℃ 和速度 152m/s 排出。如果輸入功率為 2.38MW，流率是 9kg/s，試求熱傳速率。

4.203 將空氣從大氣中抽取進入渦輪機。出口處的狀態是 500kPa(錶壓)、130℃。出口速度是 100m/s，質量流率為 0.8kg/s。流動為穩定的而且沒有熱傳遞發生。請計算與環境相互作用的軸功。

4.204 所有主要港口都備有滅火船來撲滅船上火災。這類船上 11kW 排水泵浦的出口連接著直徑 75mm 的水管。接於水管末端的噴嘴直徑為 25mm。若噴嘴出口高於水面 3m，試求通過噴嘴的體積流率，水能噴灑的最大高度，以及在噴射水流對著船尾水平射出的情況下，作用在船上的力量。

4.205 泵浦經由直徑 150mm 的吸管從貯水池抽取水，然後送到直徑 75mm 的排水管。吸管的末端位於貯水池自由面下方 2m 處。在排水管(水面上方 2m 處)上的壓力錶讀值是 170kPa。排水管平均速度為 3m/s。如果泵浦效率是 75%，試求要驅動它所需要的功率。

*4.206 某一種直昇機型態飛行器的總質量是 1500kg。出口處的空氣壓力是大氣壓。假設流動為穩定的而且是一維流動。將標準狀態下的空氣視為不可壓縮，然後對於盤旋位置，計算空氣離開飛機時的速度，以及螺旋槳必須輸送給空氣的最小功率。

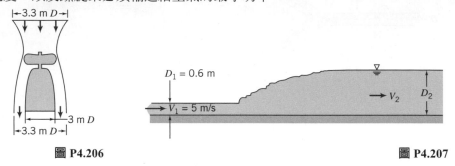

圖 P4.206   圖 P4.207

4.207 在寬的水平明渠內以高速流動的液體，在某些條件下會如圖所示發生水躍(hydraulic jump)現象。如果我們適當選擇控制體積，則流體進入和離開水躍區處，其靜液壓分布都可以視為均勻(請參看範例 4.7)。已知水渠寬 w，水在 $D_1 = 0.6$m 處流動時 $V_1 = 5$m/s。請證明一般而言 $D_2 = D_1 \left[\sqrt{1 + 8V_1^2 / gD_1} - 1 \right] / 2$。並且計算通過水躍區的機械能變化。如果傳到環境中的熱傳遞可以忽略，試求通過水躍區的水溫變化。

All science is either physics or stamp collecting.

Ernest Rutherford

5

流體運動
微分分析簡介

5-1 質量守恆

5-2 二維不可壓縮流體的流線函數

5-3 流體粒子的運動(運動學)

5-4 動量方程式

5-5 簡介計算流體力學

5-6 摘要和常用的方程式

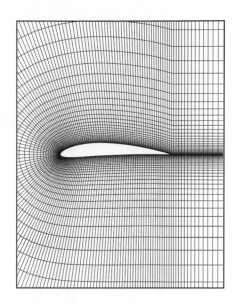

專題研究 　　奧林匹克游泳和雪橇比賽

　　在很多競技性運動項目中運動員常借助科技來取得優勢。近年以來，Speedo 研發出快速皮膚(Fastskin®) 衣料。這種衣料是全世界研發之競速泳裝中擁有最低的阻力。該材質於身體的主要部位模仿鯊魚皮膚突起的小齒狀小菱紋來降低阻力。(與許多魚類相較，鯊魚的身形不算很大而且還擁有齒狀的架構，稱之為魚皮齒(dermal denticles)——按照字面上來說，「微細的皮膚牙齒」這些齒是鯊魚與生具有的降低阻力方式。游泳衣的細節設計是根據水中的試驗與計算流體力學(CFD) 上的分析。上圖顯示一個所得到的結果的例子。為了讓泳衣最佳

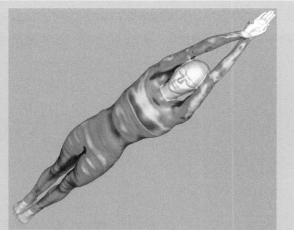

CFD 模擬水流過划水中的菁英女游泳員顯露出剪應力

化，這些結果可被用來指引縫線、前臂下面的夾片(gripper panel) 以及在胸、肩和衣背處的「渦旋」凸點的位置——以及不同的織片和織品覆片的位置。

　　相同的技術現在也用來製作冬季奧林匹克運動會之雪橇與平底雪橇賽事運動員的服裝。服裝的修改，是根據風洞試驗，以降低之出現於雪橇運動的氣流方向的阻力。新的裝備也大大降低常在其他競速服裝所發現的衣服振動(阻力主要的來源)。

　　對於夏季和冬季運動，具有從事實驗流體力學與理論流體力學分析的能力以及根據這些分析所做的設計更改能使速度的差距只在幾個百分點之內——銀牌與金牌之差！

第四章中，我們導出了控制體積的基本公式之積分式。當我們對某一流場的整體行為以及它在許多裝置產生的效應感到興趣時，積分方程式就很有用。然而，積分的方法，並不能讓我們得到流場逐點的資訊，舉個例子，積分法可以提供機翼產生上升力的訊息；它不能用來判斷機翼上升的壓力分布情況。

想要更詳細了解於某個流動中發生了哪些事，我們需要不同形式的運動方程式。這一章中，我們會導出質量守恆以及牛頓第二運動定律的微分方程式，因為我們意在推導微分方程式，我們需要分析無窮小的系統和控制體積。

5-1 質量守恆

在第二章中，我們導出了流體性質之場的表示式。性質場可以利用空間座標以及時間的連續函數來加以定義，密度場以及速度場可以經由第 4 章中提到的質量守恆積分式(4.12 式)予以關聯在一起，這一章中，我們將會導出直角座標以及圓柱座標下的質量守恆微分方程式。這兩種情況中，我們將質量守恆應用於一個微分控制體積來完成。

直角座標系統

直角座標中，控制體積選定在邊長為 dx、dy、dz 的無限小方塊內，如圖 5.1 所示。位於控制體積中心點 O 的密度假設為 ρ，那裡的速度假設為 $\vec{V} = \hat{i}u + \hat{j}v + \hat{k}w$。

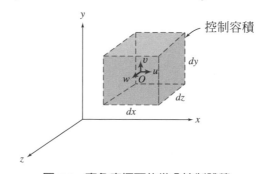

圖 5.1　直角座標下的微分控制體積

為了知道控制體積六個面每一面的性質，我們對點 O 取泰勒級數展開式。例如，在右平面，

$$\rho\Big)_{x+dx/2} = \rho + \left(\frac{\partial \rho}{\partial x}\right)\frac{dx}{2} + \left(\frac{\partial^2 \rho}{\partial x^2}\right)\frac{1}{2!}\left(\frac{dx}{2}\right)^2 + \cdots$$

忽略高階項，我們可以寫出

$$\rho\Big)_{x+dx/2} = \rho + \left(\frac{\partial \rho}{\partial x}\right)\frac{dx}{2}$$

且

$$u\Big)_{x+dx/2} = u + \left(\frac{\partial u}{\partial x}\right)\frac{dx}{2}$$

其中 ρ、u、$\partial \rho / \partial x$ 與 $\partial u / \partial x$ 都是在 O 點作計算，左平面相關項為

$$\rho\Big)_{x-dx/2} = \rho + \left(\frac{\partial \rho}{\partial x}\right)\left(-\frac{dx}{2}\right) = \rho - \left(\frac{\partial \rho}{\partial x}\right)\frac{dx}{2}$$

$$u\Big)_{x-dx/2} = u + \left(\frac{\partial u}{\partial x}\right)\left(-\frac{dx}{2}\right) = u - \left(\frac{\partial u}{\partial x}\right)\frac{dx}{2}$$

我們能針對無窮小的立方體 $dx\,dy\,dz$ 前後面的 ρ 和 v 以及上下面的 ρ 和 w 寫出類似的表示式。這些式子稍後可以用來計算 4.12 式的積分(請回想 $\int_{CS} \rho \vec{V} \cdot d\vec{A}$ 是流出控制體積的淨質量通量：

$$\frac{\partial}{\partial t}\int_{CV} \rho d\Psi + \int_{CS} \rho \vec{V} \cdot d\vec{A} = 0 \tag{4.12}$$

表 5.1 詳細顯示箇中的計算細節。註：我們假設速度分量 u、v 和 w 分別沿正的 x、y 和 z 方向；面積的法線方向，依慣例，指的是朝向立方體外側的方向；而高階項[例如$(dx)^2$]在 dx、dy 和 $dz \to 0$ 的極限情況下可以忽略不計。

將上述所有工作的結果整理在一起就是

$$\left[\frac{\partial \rho u}{\partial x} + \frac{\partial \rho v}{\partial y} + \frac{\partial \rho w}{\partial z}\right] dx\,dy\,dz$$

這個式子是微分立方體的表面積分。想要完成 4.12 式，我們需要計算體積積分(不要忘記 $\partial/\partial t \int_{CV} \rho d\Psi$ 是控制體積的質量變化率)：

$$\frac{\partial}{\partial t}\int_{CV} \rho d\Psi \to \frac{\partial}{\partial t}\left[\rho dx\,dy\,dz\right] = \frac{\partial \rho}{\partial t} dx\,dy\,dz$$

因此，從 4.12 式(在取消 dx、dy、dz 之後)我們獲得一個微分形式的質量守恆定律

$$\frac{\partial \rho u}{\partial x} + \frac{\partial \rho v}{\partial y} + \frac{\partial \rho w}{\partial z} + \frac{\partial \rho}{\partial t} = 0 \tag{5.1a}$$

5.1a 式常被稱為連續方程式(continuity equation)。

因為直角座標中的向量運算子 ∇ 為：

$$\nabla = \hat{i}\,\frac{\partial}{\partial x} + \hat{j}\,\frac{\partial}{\partial y} + \hat{k}\,\frac{\partial}{\partial z}$$

則

$$\frac{\partial \rho u}{\partial x} + \frac{\partial \rho v}{\partial y} + \frac{\partial \rho w}{\partial z} = \nabla \cdot \rho \vec{V}$$

注意運算子 ∇ 作用在 ρ 與 $\vec{V}$。將之想成 $\nabla \cdot (\rho \vec{V})$。質量守恆可以寫成

$$\nabla \cdot \rho \vec{V} + \frac{\partial \rho}{\partial t} = 0 \tag{5.1b}$$

表 5.1 直角座標下，通過微分控制體積之控制表面的質量通量

表面	$\int \rho \vec{V} \cdot \delta \vec{A}$

左面 (−x)
$$= -\left[\rho - \left(\frac{\partial \rho}{\partial x}\right)\frac{dx}{2}\right]\left[u - \left(\frac{\partial u}{\partial x}\right)\frac{dx}{2}\right]dy\,dz = -\rho u\,dy\,dz + \frac{1}{2}\left[u\left(\frac{\partial \rho}{\partial x}\right) + \rho\left(\frac{\partial u}{\partial x}\right)\right]dx\,dy\,dz$$

右面 (+x)
$$= \left[\rho + \left(\frac{\partial \rho}{\partial x}\right)\frac{dx}{2}\right]\left[u + \left(\frac{\partial u}{\partial x}\right)\frac{dx}{2}\right]dy\,dz = \rho u\,dy\,dz + \frac{1}{2}\left[u\left(\frac{\partial \rho}{\partial x}\right) + \rho\left(\frac{\partial u}{\partial x}\right)\right]dx\,dy\,dz$$

底面 (−y)
$$= -\left[\rho - \left(\frac{\partial \rho}{\partial y}\right)\frac{dy}{2}\right]\left[v - \left(\frac{\partial v}{\partial y}\right)\frac{dy}{2}\right]dx\,dz = -\rho v\,dx\,dz + \frac{1}{2}\left[v\left(\frac{\partial \rho}{\partial y}\right) + \rho\left(\frac{\partial v}{\partial y}\right)\right]dx\,dy\,dz$$

上面 (+y)
$$= \left[\rho + \left(\frac{\partial \rho}{\partial y}\right)\frac{dy}{2}\right]\left[v + \left(\frac{\partial v}{\partial y}\right)\frac{dy}{2}\right]dx\,dz = \rho v\,dx\,dz + \frac{1}{2}\left[v\left(\frac{\partial \rho}{\partial y}\right) + \rho\left(\frac{\partial v}{\partial y}\right)\right]dx\,dy\,dz$$

後面 (−z)
$$= -\left[\rho - \left(\frac{\partial \rho}{\partial z}\right)\frac{dz}{2}\right]\left[w - \left(\frac{\partial w}{\partial z}\right)\frac{dz}{2}\right]dx\,dy = -\rho w\,dx\,dy + \frac{1}{2}\left[w\left(\frac{\partial \rho}{\partial z}\right) + \rho\left(\frac{\partial w}{\partial z}\right)\right]dx\,dy\,dz$$

前面 (+z)
$$= \left[\rho + \left(\frac{\partial \rho}{\partial z}\right)\frac{dz}{2}\right]\left[w + \left(\frac{\partial w}{\partial z}\right)\frac{dz}{2}\right]dx\,dy = \rho w\,dx\,dy + \frac{1}{2}\left[w\left(\frac{\partial \rho}{\partial z}\right) + \rho\left(\frac{\partial w}{\partial z}\right)\right]dx\,dy\,dz$$

六面結果作相加，

$$\int_{CS} \rho \vec{V} \cdot d\vec{A} = \left[\left\{u\left(\frac{\partial \rho}{\partial x}\right) + \rho\left(\frac{\partial u}{\partial x}\right)\right\} + \left\{v\left(\frac{\partial \rho}{\partial y}\right) + \rho\left(\frac{\partial v}{\partial y}\right)\right\} + \left\{w\left(\frac{\partial \rho}{\partial z}\right) + \rho\left(\frac{\partial w}{\partial z}\right)\right\}\right]dx\,dy\,dz$$

或

$$\int_{CS} \rho \vec{V} \cdot d\vec{A} = \left[\frac{\partial \rho u}{\partial x} + \frac{\partial \rho v}{\partial y} + \frac{\partial \rho w}{\partial z}\right]dx\,dy\,dz$$

有兩種微分連續方程式可以被簡化的流動情況頗值得我們留意。

對不可壓縮(incompressible)流體，$\rho=$ 常數；密度既非空間座標的函數，也不是時間的函數。對不可壓縮流體，連續方程式可簡化成

$$\frac{\partial u}{\partial x} + \frac{\partial v}{\partial y} + \frac{\partial w}{\partial z} = \nabla \cdot \vec{V} = 0 \tag{5.1c}$$

因此不可壓縮流體的速度場 $\vec{V}(x, y, z, t)$，必須滿足 $\nabla \cdot \vec{V} = 0$。

對於穩定流動來說，根據定義，所有流體性質都與時間無關。因此 $\partial \rho / \partial t = 0$，且大部分 $\rho = \rho(x,y,z)$。穩定流動的連續方程式可寫成

$$\frac{\partial \rho u}{\partial x} + \frac{\partial \rho v}{\partial y} + \frac{\partial \rho w}{\partial z} = \nabla \cdot \rho \vec{V} = 0 \tag{5.1d}$$

(記住 del 運算子 ∇ 作用於 ρ 與 $\vec{V}$ 上)。

範例 5.1　二維微分連續方程式的積分

對 xy 平面上的二維流體，速度的 x 分量為 $u=Ax$。求不可壓縮流體可能的 y 分量。可能有多少個 y 分量？

已知：xy 平面上的二維流動，其 $u=Ax$。

求解：(a) 求不可壓縮流體可能的 y 分量。

　　　　(b) y 分量可能的數目。

解答：

控制方程式：$\nabla \cdot \rho \vec{V} + \dfrac{\partial \rho}{\partial t} = 0$

對不可壓縮流體來說，這可簡化成 $\nabla \cdot \vec{V} = 0$。直角座標中，

$$\frac{\partial u}{\partial x} + \frac{\partial v}{\partial y} + \frac{\partial w}{\partial z} = 0$$

對 xy 平面上的二維流動，$\vec{V} = \vec{V}(x, y)$。所以對 z 的偏微分為零，且

$$\frac{\partial u}{\partial x} + \frac{\partial v}{\partial y} = 0$$

則

$$\frac{\partial v}{\partial y} = -\frac{\partial u}{\partial x} = -A$$

得到於 x 維持不變時 v 的變化率。這個方程式可被積分，來得到 v 的表示式。結果為：

$$v = \int \frac{\partial v}{\partial y} \, dy + f(x,t) = -Ay + f(x,t) \quad\underleftarrow{\hspace{6cm}}\quad v$$

{因為我們對 v 取 y 的偏微分，因此會出現 x 與 t 的函數}

因為 $\partial/\partial y \, f(x,t) = 0$，所以任何函數 $f(x, t)$ 都是容許的。因此不論有多少個 v 的表示式，在給定的條下，都可以滿足微分連續方程式。v 的最簡單表示式可以設定 $f(x, t)=0$ 來得到。則 $v=-Ay$

$$\vec{V} = Ax\hat{i} - Ay\hat{j} \quad\underleftarrow{\hspace{5cm}}\quad \vec{V}$$

本題中：

✓　展示如何使用微分連續方程式來得出流場的訊息。

✓　舉例說明偏導數的積分。

✓　證明原先在範例 2.1 中所討論的流體確為不可壓縮流。

範例 5.2　非穩定流動的微分連續方程式

汽車懸吊系統中的氣體減震支柱，其運作類似汽缸活塞裝置，當活塞遠離汽缸底 $L=0.15\text{m}$ 處時的瞬間，氣體密度為均勻的 $\rho=18\text{kg/m}^3$，且活塞遠離汽缸底部的速度為 $V=12\text{m/s}$。假設是個簡單的模型為氣體的速度是一維的，且成正比於活塞到底部的距離；活塞速度由底部的零開始線性變化到 $u=V$。求解此瞬間氣體密度變化的速度。求平均密度為時間函數的表示式。

已知：如圖所示的汽缸活塞。

求解：(a) 密度變化的速率。

　　　(b) $\rho(t)$。

解答：

控制方程式：$\nabla \cdot \rho\vec{V} + \dfrac{\partial \rho}{\partial t} = 0$

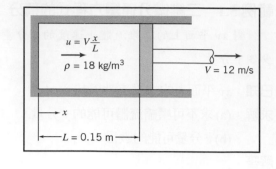

直角座標中，$\dfrac{\partial \rho u}{\partial x} + \dfrac{\partial \rho v}{\partial y} + \dfrac{\partial \rho w}{\partial z} + \dfrac{\partial \rho}{\partial t} = 0$

因為 $u = u(x)$，對 y 與 z 的偏微分為零，且

$$\frac{\partial \rho u}{\partial x} + \frac{\partial \rho}{\partial t} = 0$$

則

$$\frac{\partial \rho}{\partial t} = -\frac{\partial \rho u}{\partial x} = -\rho \frac{\partial u}{\partial x} - u \frac{\partial \rho}{\partial x}$$

因為 ρ 在容積內假設為均勻，$\dfrac{\partial \rho}{\partial x} = 0$ 且 $\dfrac{\partial \rho}{\partial t} = \dfrac{d\rho}{dt} = -\rho \dfrac{\partial u}{\partial x}$

因為 $u = V\dfrac{x}{L}$、$\dfrac{\partial u}{\partial x} = \dfrac{V}{L}$，則 $\dfrac{d\rho}{dt} = -\rho\dfrac{V}{L}$。然而請注意，$L = L_0 + Vt$，

分離變數並積分，

$$\int_{\rho_0}^{\rho} \frac{d\rho}{\rho} = -\int_0^t \frac{V}{L}\,dt = -\int_0^t \frac{V\,dt}{L_0 + Vt}$$

$$\ln\frac{\rho}{\rho_0} = \ln\frac{L_0}{L_0 + Vt} \quad\text{and}\quad \rho(t) = \rho_0\left[\frac{1}{1 + Vt/L_0}\right] \qquad\longleftarrow\qquad \rho(t)$$

當 $t = 0$，

$$\frac{\partial \rho}{\partial t} = -\rho_0\frac{V}{L} = -18\,\frac{\text{kg}}{\text{m}^3} \times 12\,\frac{\text{m}}{\text{s}} \times \frac{1}{0.15\,\text{m}} = -1440\,\text{kg/(m}^3 \cdot \text{s)} \qquad\longleftarrow\qquad \frac{\partial \rho}{\partial t}$$

這個習題說明了運用微分連續方程式從非穩定流動中得到密度隨時間變化的情形。

🖱 密度-時間圖可用 *Excel* 來繪出，此工作表是互動式的：它可以讓我們看到不同的 ρ_0、L 與 V 對 ρ 的效應隨時間 t 函數的影響。另外密度變成某數值所需的時間也可以被計算出來。

圓柱座標系統

　　圓柱座標內的一個適當的微分控制體積，如圖 5.2 所示。位於控制體積中心點 O 的密度假設為 ρ，且那邊的速度假設為 $\vec{V} = \hat{e}_r V_r + \hat{e}_\theta V_\theta + \hat{k} V_z$，其中 $\hat{e}_r$、$\hat{e}_\theta$ 與 $\hat{k}$ 分別為 r、θ 與 z 方向的單位向量，且 V_r、V_θ 與 V_z 分別為 r、θ 與 z 方向的速度分量。為了計算 $\int_{cs} \rho\vec{V}\cdot d\vec{V}$，我們需要考量通過六個控制表面的質量通量，六個控制表面的特性均可利用對 O 點的泰勒級數展開式來得到。質量通量計算的細節請詳見表 5.2。速度分量 V_r、V_θ 與 V_z 都假設位於正座標軸方向，我們再一次根據慣例；面積法線由每一面往外為正，且高階向可以忽略。

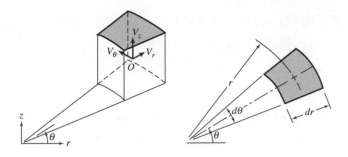

(a) 等角視埠　　　　　　　(b) $r\theta$ 平面上的投影

圖 5.2　圓柱座標下之微分控制體積

我們瞭解到流出控制面的淨質量流率(4.12 式中的 $\int_{CS} \rho\vec{V}\cdot d\vec{A}$ 項)為：

$$\left[\rho V_r + r\frac{\partial \rho V_r}{\partial r} + \frac{\partial \rho V_\theta}{\partial \theta} + r\frac{\partial \rho V_z}{\partial z}\right] dr\, d\theta\, dz$$

任一時刻控制體積內的質量為單位體積的質量 ρ 與體積 $rd\theta dr dz$ 的乘積。因此控制體積內質量變化速率(4.12 式中的 $\partial/\partial t \int_{CV} \rho d V$ 項)為：

$$\frac{\partial \rho}{\partial t} r\, d\theta\, dr\, dz$$

圓柱座標中質量守恆微分式為

$$\rho V_r + r\frac{\partial \rho V_r}{\partial r} + \frac{\partial \rho V_\theta}{\partial \theta} + r\frac{\partial \rho V_z}{\partial z} + r\frac{\partial \rho}{\partial t} = 0$$

或

$$\frac{\partial(r\rho V_r)}{\partial r} + \frac{\partial \rho V_\theta}{\partial \theta} + r\frac{\partial \rho V_z}{\partial z} + r\frac{\partial \rho}{\partial t} = 0$$

除以 r 得到

$$\frac{1}{r}\frac{\partial(r\rho V_r)}{\partial r} + \frac{1}{r}\frac{\partial(\rho V_\theta)}{\partial \theta} + \frac{\partial(\rho V_z)}{\partial z} + \frac{\partial \rho}{\partial t} = 0 \qquad (5.2a)$$

圓柱座標中向量運算子 ∇ 為

$$\nabla = \hat{e}_r\frac{\partial}{\partial r} + \hat{e}_\theta\frac{1}{r}\frac{\partial}{\partial \theta} + \hat{k}\frac{\partial}{\partial z} \qquad (3.19)$$

5.2a 式也可以向量標記寫成[1]

$$\nabla \cdot \rho\vec{V} + \frac{\partial \rho}{\partial t} = 0 \qquad (5.1b)$$

對不可壓縮流體，ρ＝常數，5.2a 式可簡化成

$$\frac{1}{r}\frac{\partial(rV_r)}{\partial r} + \frac{1}{r}\frac{\partial V_\theta}{\partial \theta} + \frac{\partial V_z}{\partial z} = \nabla\cdot\vec{V} = 0 \qquad (5.2b)$$

---

[1]　為了計算圓柱座標中的 $\nabla\cdot\rho\vec{V}$，我們必須記住

$$\frac{\partial \hat{e}_r}{\partial \theta} = \hat{e}_\theta \quad \text{及} \quad \frac{\partial \hat{e}_\theta}{\partial \theta} = -\hat{e}_r$$

因此不可壓縮流體的速度場 $\vec V(x,y,z,t)$ 必須滿足 $\nabla\cdot\vec V$ 。對於穩定流而言，5.2a 式可簡化成：

$$\frac{1}{r}\frac{\partial(r\rho V_r)}{\partial r} + \frac{1}{r}\frac{\partial(\rho V_\theta)}{\partial\theta} + \frac{\partial(\rho V_z)}{\partial z} = \nabla\cdot\rho\vec V = 0 \tag{5.2c}$$

(再一次記住 del 運算子 ∇ 作用於 ρ 與 $\vec V$ 上)。

　　當寫成向量式時，微分連續方程式(質量守恆數學式) 5.1b 式可用於任何座標系統上。我們可以將適當的表示式，以向量運算子 ∇ 取代。回顧一下，因為不管怎麼選擇座標系統質量均須守恆，所以結果並不令人驚訝。

表 5.2　通過圓柱微分控制體積之控制面的質量通量

表面	$\int\rho\vec V\cdot d\vec A$
內面 $(-r)$	$= -\left[\rho - \left(\frac{\partial\rho}{\partial r}\right)\frac{dr}{2}\right]\left[V_r - \left(\frac{\partial V_r}{\partial r}\right)\frac{dr}{2}\right]\left(r - \frac{dr}{2}\right)d\theta\,dz = -\rho V_r\,rd\theta\,dz + \rho V_r\frac{dr}{2}d\theta\,dz + \rho\left(\frac{\partial V_r}{\partial r}\right)r\frac{dr}{2}d\theta\,dz + V_r\left(\frac{\partial\rho}{\partial r}\right)r\frac{dr}{2}d\theta\,dz$
外面 $(+r)$	$= \left[\rho + \left(\frac{\partial\rho}{\partial r}\right)\frac{dr}{2}\right]\left[V_r + \left(\frac{\partial V_r}{\partial r}\right)\frac{dr}{2}\right]\left(r + \frac{dr}{2}\right)d\theta\,dz = \rho V_r\,rd\theta\,dz + \rho V_r\frac{dr}{2}d\theta\,dz + \rho\left(\frac{\partial V_r}{\partial r}\right)r\frac{dr}{2}d\theta\,dz + V_r\left(\frac{\partial\rho}{\partial r}\right)r\frac{dr}{2}d\theta\,dz$
前面 $(-\theta)$	$= -\left[\rho - \left(\frac{\partial\rho}{\partial\theta}\right)\frac{d\theta}{2}\right]\left[V_\theta - \left(\frac{\partial V_\theta}{\partial\theta}\right)\frac{d\theta}{2}\right]dr\,dz = -\rho V_\theta\,dr\,dz + \rho\left(\frac{\partial V_\theta}{\partial\theta}\right)\frac{d\theta}{2}dr\,dz + V_\theta\left(\frac{\partial\rho}{\partial\theta}\right)\frac{d\theta}{2}dr\,dz$
後面 $(+\theta)$	$= \left[\rho + \left(\frac{\partial\rho}{\partial\theta}\right)\frac{d\theta}{2}\right]\left[V_\theta + \left(\frac{\partial V_\theta}{\partial\theta}\right)\frac{d\theta}{2}\right]dr\,dz = \rho V_\theta\,dr\,dz + \rho\left(\frac{\partial V_\theta}{\partial\theta}\right)\frac{d\theta}{2}dr\,dz + V_\theta\left(\frac{\partial\rho}{\partial\theta}\right)\frac{d\theta}{2}dr\,dz$
底面 $(-z)$	$= -\left[\rho - \left(\frac{\partial\rho}{\partial z}\right)\frac{dz}{2}\right]\left[V_z - \left(\frac{\partial V_z}{\partial z}\right)\frac{dz}{2}\right]rd\theta\,dr = -\rho V_z\,rd\theta\,dr + \rho\left(\frac{\partial V_z}{\partial z}\right)\frac{dz}{2}rd\theta\,dr + V_z\left(\frac{\partial\rho}{\partial z}\right)\frac{dz}{2}rd\theta\,dr$
頂面 $(+z)$	$= \left[\rho + \left(\frac{\partial\rho}{\partial z}\right)\frac{dz}{2}\right]\left[V_z + \left(\frac{\partial V_z}{\partial z}\right)\frac{dz}{2}\right]rd\theta\,dr = \rho V_z\,rd\theta\,dr + \rho\left(\frac{\partial V_z}{\partial z}\right)\frac{dz}{2}rd\theta\,dr + V_z\left(\frac{\partial\rho}{\partial z}\right)\frac{dz}{2}rd\theta\,dr$

Then,

$$\int_{CS}\rho\vec V\cdot d\vec A = \left[\rho V_r + r\left\{\rho\left(\frac{\partial V_r}{\partial r}\right) + V_r\left(\frac{\partial\rho}{\partial r}\right)\right\} + \left\{\rho\left(\frac{\partial V_\theta}{\partial\theta}\right) + V_\theta\left(\frac{\partial\rho}{\partial\theta}\right)\right\} + r\left\{\rho\left(\frac{\partial V_z}{\partial z}\right) + V_z\left(\frac{\partial\rho}{\partial z}\right)\right\}\right]dr\,d\theta\,dz$$

or

$$\int_{CS}\rho\vec V\cdot d\vec A = \left[\rho V_r + r\frac{\partial\rho V_r}{\partial r} + \frac{\partial\rho V_\theta}{\partial\theta} + r\frac{\partial\rho V_z}{\partial z}\right]dr\,d\theta\,dz$$

範例 5.3　圓柱座標下的微分連續方程式

已知 $r\theta$ 平面上的一維徑流，以 $V_r=f(r)$ 以及 $V_\theta=0$ 來描述。求流體為不可壓縮 $f(r)$ 所需的條件為何。

已知：$r\theta$ 平面上的一維徑流：$V_r=f(r)$ 以及 $V_\theta=0$。

求解：對不可壓縮流體，$f(r)$ 所需的條件。

解答：

控制方程式：$\nabla\cdot\rho\vec{V}+\dfrac{d\rho}{dt}=0$

對於圓柱座標下的不可壓縮流體來說，上式可簡化成 5.2b 式，

$$\frac{1}{r}\frac{\partial}{\partial r}(rV_r)+\frac{1}{r}\frac{\partial}{\partial\theta}V_\theta+\frac{\partial V_z}{\partial z}=0$$

對已知速度場而言，$\vec{V}=\vec{V}(r)$、$V_\theta=0$ 並且對 z 偏微分為零，故

$$\frac{1}{r}\frac{\partial}{\partial r}(rV_r)=0$$

對 r 積分得到

$$rV_r = 常數$$

因此連續方程式顯示，對一維不可壓縮徑流而言，徑向速度必為 $V_r=f(r)=C/r$。這並不是一個令人驚訝的結果：當流體從中心往外移動，體積流率(z 方向單位深度)為 $Q=2\pi rV$，於任意半徑 r 下均為常數。

*5-2　二維不可壓縮流體的流線函數

我們已經在第 2 章簡單的討論過流線，在該章我們說過流線是於某瞬間流動之速度向量的切線

$$\left.\frac{dy}{dx}\right)_{\text{streamline}}=\frac{v}{u}$$

我們現在引進流線函數(stream function)，ψ。以更正式的方式導出流線的定義。這有助於我們以單一函數 $\psi(x,y,t)$ 來表現兩個實體——二維不可壓縮流的速度分量 $u(x,y,t)$ 與 $v(x,y,t)$。

有好幾種方法可用來定義流線函數。我們從不可壓縮流的連續方程式的二維說明開始(5.1c 式)：

$$\frac{\partial u}{\partial x}+\frac{\partial v}{\partial y}=0 \tag{5.3}$$

我們使用的方法乍看之下像是數學習作(我們稍後將看見以物理為基礎者)並且定義流線函數為

---

* 本章節可以省略，其並不影響後續教材的連續性。

$$u \equiv \frac{\partial \psi}{\partial y} \quad \text{且} \quad v \equiv -\frac{\partial \psi}{\partial x} \tag{5.4}$$

所以對於任何我們選用的 $\psi(x,y,t)$，5.3 式會自動的被滿足！要說明這件事，將 5.4 式放進 5.3 式：

$$\frac{\partial u}{\partial x} + \frac{\partial v}{\partial y} = \frac{\partial^2 \psi}{\partial x \, \partial y} - \frac{\partial^2 \psi}{\partial y \, \partial x} = 0$$

使用 2.8 式，我們能得到一個只沿著流線才成立的方程式

$$u \, dy - v \, dx = 0$$

或者，使用我們流線函數的定義，

$$\frac{\partial \psi}{\partial x} dx + \frac{\partial \psi}{\partial y} dy = 0 \tag{5.5}$$

另一方面，從嚴格的數學的觀點來看，在任何瞬時 t，函數 $\psi(x,y,t)$ 於空間(x,y) 的改變等於：

$$d\psi = \frac{\partial \psi}{\partial x} dx + \frac{\partial \psi}{\partial y} dy \tag{5.6}$$

比較 5.5 式以及 5.6 式，我們瞭解沿著瞬間流線 $d\psi = 0$；換句話說，沿著流線時 ψ 是個常數。因此我們可以利用流線函數的值來指定一條個別的流線：$\psi = 0$，1，2，等等。而 ψ 值的意義為何？答案是它們可以用來求得兩流線間的體積流率。已知圖 5.3 中的流線。我們可以利用 AB、BC、DE 或 EF 線(回想看看流體不會跨過流線)，來計算流線 ψ_1 以及 ψ_2 間的體積流率。

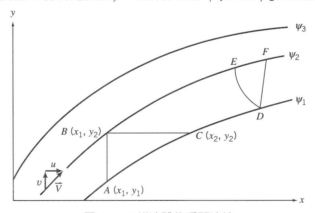

圖 5.3　二維流體的瞬間流線

讓我們利用 AB 以及 BC 線段計算流率——兩者應該是相同的！。

對單位深度(垂直於 xy 平面的尺寸)而言，通過 AB 截面的流率為

$$Q = \int_{y_1}^{y_2} u \, dy = \int_{y_1}^{y_2} \frac{\partial \psi}{\partial y} dy$$

但是沿著 AB，$x=$常數，且(由 5.6 式) $d\psi = \partial\psi / \partial y \, dy$，因此，

$$Q = \int_{y_1}^{y_2} \frac{\partial \psi}{\partial y} dy = \int_{\psi_1}^{\psi_2} d\psi = \psi_2 - \psi_1$$

對單位深度而言，通過 BC 截面的流率為

$$Q = \int_{x_1}^{x_2} v\,dx = -\int_{x_1}^{x_2} \frac{\partial\psi}{\partial x}\,dx$$

沿著 BC，y= 常數，(由 5.6 式) $d\psi = \partial\psi / \partial x\,dx$，因此，

$$Q = -\int_{x_1}^{x_2} \frac{\partial\psi}{\partial x}\,dx = -\int_{\psi_2}^{\psi_1} d\psi = \psi_2 - \psi_1$$

因此，不論我們使用線段 AB 或線段 BC(或者線段 DE 或 DF)，我們發現兩流線之間的體積流率 (每單位深度) 等於兩流線函數值之間的差值[2]。(線段 AB 與 BC 的結果印證 5.4 式流線函數定義的 使用)。通過原點的流線以 $\psi = 0$ 表示，則任一流線的 ψ 值，表示原點以及該流線間的流動。[我 們可以很自由地，選擇任一流線當成零，因為流線函數定義為差值(5.3 式)；另外流速常以 ψ 值 的差異(difference) 表示]。注意因為任兩流線間的體積流率為常數，在流線緊緻處速度相對地高， 在流線疏鬆處速度相對來說就低，這是一種很有用的「目測(eyeballing)」速度場的概念，來判斷 我們所在區域是高速還是低速。

　　對 $r\theta$ 平面二維不可壓縮流體而言，5.2b 式質量守恆定律可以寫成

$$\frac{\partial(rV_r)}{\partial r} + \frac{\partial V_\theta}{\partial \theta} = 0 \tag{5.7}$$

使用類似於 5.4 式所用的邏輯，流線函數，$\psi(r，\theta，t)$，被定義成

$$V_r \equiv \frac{1}{r}\frac{\partial\psi}{\partial\theta} \qquad 且 \qquad V_\theta \equiv -\frac{\partial\psi}{\partial r} \tag{5.8}$$

根據 5.8 式來定義 ψ，並確實滿足連續方程式 5.7 式。

範例 5.4　轉角處流動的流線函數

　　已知穩定流動、不可壓縮流動於轉角處之速度場(範例 2.1)，$\vec{V} = Ax\hat{i} - Ay\hat{j}$，其中 $A = 0.3\text{s}^{-1}$， 求產生該速度場的流線函數。在 xy 平面的第一象限以及第二象限，繪出並說明流線的型態。

已知：速度場 $\vec{V} = Ax\hat{i} - Ay\hat{j}$，其中 $A = 0.3\text{s}^{-1}$。

求解：試求並繪出第一以及第二象限的流線函數 ψ；說明此結果。

解答：

流體不可壓縮，所以流線函數滿足 5.4 式。

從 5.4 式，$u = \dfrac{\partial\psi}{\partial y}$ 以及 $v = -\dfrac{\partial\psi}{\partial y}$，由已知速度場：

$$u = Ax = \frac{\partial\psi}{\partial y}$$

對 y 積分得到

---

[2] 對於 xy 平面上二維穩定流動可壓縮流體而言，流線函數 ψ 定義為

　　$\rho u \equiv \dfrac{\partial\psi}{\partial y} \qquad 且 \qquad \rho v \equiv -\dfrac{\partial\psi}{\partial x}$

　　定義兩流線的 ψ 定值間的差異，為兩流線間的質量流率(單位深度)。

$$\psi = \int \frac{\partial \psi}{\partial y}\, dy + f(x) = Axy + f(x) \tag{1}$$

其中 $f(x)$ 爲任意函數。函數 $f(x)$ 可利用 v 的方程式求得,因此從 1 式

$$v = -\frac{\partial \psi}{\partial x} = -Ay - \frac{df}{dx} \tag{2}$$

由已知速度場 $v = -Ay$,將此與 2 式比較,發現 $\dfrac{df}{dx} = 0$ 或 $f(x) =$ 常數。因此,1 式變成

$$\psi = Axy + c \quad\longleftarrow\quad\qquad\qquad\qquad\qquad\qquad\qquad\psi$$

ψ 爲定值之線表示流場中的流線。爲了作圖的目的,常數 c 可以任選一個方便的數值,令此常數爲零,以便於讓通過原點的流線 $\psi = \psi_1 = 0$。之後任一流線的值就可視爲原點與該流線間的流動。加上 $c = 0$ 以及 $A = 0.3\mathrm{s}^{-1}$,則

$$\psi = 0.3xy \qquad (\mathrm{m^3/s/m})$$

此流線函數與範例 2.1 所得到的結論($xy =$ 常數) 相同。

第一象限以及第二象限個別的流線圖,如以下所示。在第一象限,$u > 0$,所以 ψ 值爲正。在第二象限,$u = 0$,所以 ψ 值爲負。

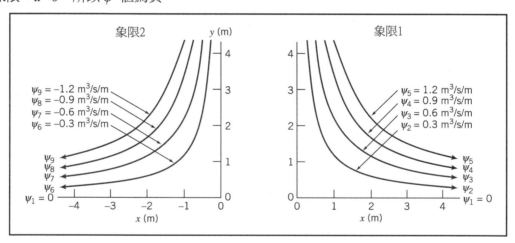

第一象限中,因爲 $u > 0$ 且 $v < 0$,流體從左邊流往右下方。經過原點的流線 $\psi = \psi_1$ 以及 $\psi = \psi_2$ 流線間的體積流率爲

$$Q_{12} = \psi_2 - \psi_1 = 0.3\ \mathrm{m^3/s/m}$$

第二象限中,因爲 $u < 0$ 且 $v > 0$,流體從右邊流往左下方。流線 ψ_7 與 ψ_9 間的體積流率爲

$$Q_{79} = \psi_9 - \psi_7 = [-1.2 - (-0.6)]\ \mathrm{m^3/s/m} = -0.6\ \mathrm{m^3/s/m}$$

負號與 $u < 0$ 的流體相吻合。

如同圖中的流線間距以及 $\vec{V}$ 的方程式所指出的,速度在靠近原點(轉角)時爲最小。

本問題有一個 *Excel* 活頁本,可以用來產生本問題以及其他很多流線函數的用途之用。

5-3 流體粒子的運動(運動學)

　　圖 5.4 為一個典型的有限流體單元，在此流體單元內部，我們選了一個無限小的粒子，質量 dm，在 t 時的初始體積為 $dx\ dy\ dz$，它(以及無限小粒子)會在時間間隔 dt 後出現。有限單元會移動並改變它的形狀以及方向。請注意，當這個有限單元受到嚴重的扭曲，無限微小的粒子形狀變化受限於單元邊上的收縮以及轉動——這是因為我們考慮無限短暫時間以及粒子，所以邊緣還是維持筆直。我們將探究這個無限微小粒子，所以我們最後將可以得到，適用於點上的結論。我們可以將粒子的運動分解成四部分：粒子由一點移到另一點的平移(translation)；對於 x、y、z 軸之一或同時發生的旋轉(rotation)；粒子邊長伸展或收縮的線性形變(linear deformation)；邊與邊間角度改變(我們的粒子一開始為 90 度)的角形變(angular deformation)。

　　圖 5.4 中，要分辨無限小流體粒子的旋轉以及角形變，似乎有點困難。一個很重要的觀念是，單純的旋轉旋轉不包括形變，而角形變卻包括，我們在第二章中學過，流體形變產生了剪應力。圖 5.5 顯示，典型 xy 平面的運動分解成上述的四個分項，當我們討論每一項時，我們將會看到，我們有能力分辨旋轉以及角形變的不同。

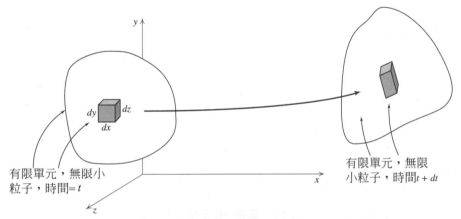

有限單元，無限小粒子，時間=t

有限單元，無限小粒子，時間$t + dt$

圖 5.4　時間 t 以及 $t+dt$ 的有限流體單元，以及無限小流體粒子

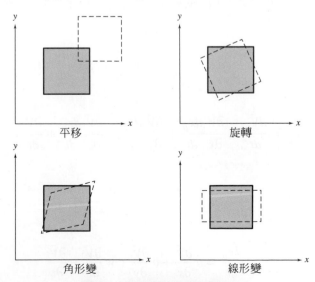

平移

旋轉

角形變

線形變

圖 5.5　流體運動分量的圖示法

流體平移：速度場中流體粒子的加速度

流體粒子的平移，很容易與我們之前在 2-2 節中的速度場 $\vec{V} = \vec{V}(x, y, z, t)$ 聯想在一起。我們將需要流體粒子的加速度，用於牛頓第二定律中。你可能會發現，我們可以 $\vec{a} = \partial\vec{V}/\partial t$ 來計算。這其實不是正確的方法，因為 $\vec{V}$ 是一個場(field)，也就是它描述了整個流體，不只是單一粒子的運動。(我們可以從習題 5.4 中，看到這種計算方式不是正確的，因為粒子很明顯地加速以及減速，故 $\vec{a} \neq 0$，但是 $\partial\vec{V}/\partial t = 0$。)

本問題還是維持在流體性質的場描述，以及當流體粒子在流場中運動，它加速度的表示式。簡單來說，問題為：

已知速度場 $\vec{V} = \vec{V}(x, y, z, t)$，試求流體粒子的加速度 $\vec{a}_p$。

已知在速度場中運動的一個粒子。時間 t 時，粒子位於 x、y、z 相對於該點以及時間 t 其速度為

$$\vec{V}_p]_t = \vec{V}(x, y, z, t)$$

時間 $t + dt$ 時，粒子移動到新的位置上，座標為 $x + dx$，$y + dy$，$z + dz$，其速度為

$$\vec{V}_p]_{t+dt} = \vec{V}(x + dx, y + dy, z + dz, t + dt)$$

如圖 5.6 所示。

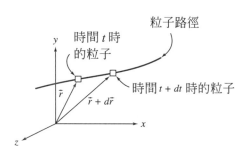

圖 5.6　流場中粒子的運動

時間 t 時(位置 $\vec{r}$) 粒子速度為 $\vec{V}_p = \vec{V}(x, y, z, t)$。則 $d\vec{V}_p$ 為粒子於時間 dt 從位置 $\vec{r}$ 移到 $\vec{r} + d\vec{r}$ 速度之改變量。可由連鎖法則：

$$d\vec{V}_p = \frac{\partial\vec{V}}{\partial x}dx_p + \frac{\partial\vec{V}}{\partial y}dy_p + \frac{\partial\vec{V}}{\partial z}dz_p + \frac{\partial\vec{V}}{\partial t}dt$$

粒子的總加速度為：

$$\vec{a}_p = \frac{d\vec{V}_p}{dt} = \frac{\partial\vec{V}}{\partial x}\frac{dx_p}{dt} + \frac{\partial\vec{V}}{\partial y}\frac{dy_p}{dt} + \frac{\partial\vec{V}}{\partial z}\frac{dz_p}{dt} + \frac{\partial\vec{V}}{\partial t}$$

因為

$$\frac{dx_p}{dt} = u \text{ , } \frac{dy_p}{dt} = v \text{ , 且} \frac{dz_p}{dt} = w$$

我們得到

$$\vec{a}_p = \frac{d\vec{V}_p}{dt} = u\frac{\partial\vec{V}}{\partial x} + v\frac{\partial\vec{V}}{\partial y} + w\frac{\partial\vec{V}}{\partial z} + \frac{\partial\vec{V}}{\partial t}$$

爲了提醒我們速度場中流體粒子的加速度計算需要一個特殊的導數，我們給它 $D\vec{V}/Dt$ 的符號。因此，

$$\frac{D\vec{V}}{Dt} \equiv \vec{a}_p = u\frac{\partial \vec{V}}{\partial x} + v\frac{\partial \vec{V}}{\partial y} + w\frac{\partial \vec{V}}{\partial z} + \frac{\partial \vec{V}}{\partial t} \tag{5.9}$$

導數 D/Dt 由 5.9 式定義，常被稱爲實質微分(substantial derivative)，用來提醒我們它是計算一個實際的粒子。它常被稱爲隨體導數(material derivative)或是粒子導數(particle derivative)。

5.9 式中每一項的物理意義爲

$$\vec{a}_p = \underset{\substack{\text{粒子的}\\\text{總加速度}}}{\frac{D\vec{V}}{Dt}} = \underset{\text{對流加速度}}{\underbrace{u\frac{\partial \vec{V}}{\partial x} + v\frac{\partial \vec{V}}{\partial y} + w\frac{\partial \vec{V}}{\partial z}}} + \underset{\text{區域加速度}}{\frac{\partial \vec{V}}{\partial t}}$$

從 5.9 式，我們知道流場中的流體粒子可能會有兩種加速度。圖示請參考範例 5.4。這是將粒子傳送到低速度區域(靠近「轉角」)的穩定流動流體，之後會遠離至高速區[3]。若流場不穩定的話，因爲速度場爲時間的函數，流體粒子將會受到額外的區域加速度。

對流加速度可以利用梯度運算子 ∇，寫成單一向量表示式。因此，

$$u\frac{\partial \vec{V}}{\partial x} + v\frac{\partial \vec{V}}{\partial y} + w\frac{\partial \vec{V}}{\partial z} = (\vec{V} \cdot \nabla)\vec{V}$$

(我們建議妳可利用熟悉的點積運算，展開方程式右邊，來檢查這個等式)。因此 5.9 式可寫成

$$\frac{D\vec{V}}{Dt} \equiv \vec{a}_p = (\vec{V} \cdot \nabla)\vec{V} + \frac{\partial \vec{V}}{\partial t} \tag{5.10}$$

對二維流體，如 $\vec{V} = \vec{V}(x,y,t)$，5.9 式簡化成

$$\frac{D\vec{V}}{Dt} = u\frac{\partial \vec{V}}{\partial x} + v\frac{\partial \vec{V}}{\partial y} + \frac{\partial \vec{V}}{\partial t}$$

對一維流體，如 $\vec{V} = \vec{V}(x,t)$，5.9 式變成

$$\frac{D\vec{V}}{Dt} = u\frac{\partial \vec{V}}{\partial x} + \frac{\partial \vec{V}}{\partial t}$$

最後，對三維穩定流體，5.9 式變成

$$\frac{D\vec{V}}{Dt} = u\frac{\partial \vec{V}}{\partial x} + v\frac{\partial \vec{V}}{\partial y} + w\frac{\partial \vec{V}}{\partial z}$$

這個式子，我們已經看過，即使流動是穩定的情況下也不一定爲零。因此即使在穩定速度場中流體粒子可能遭遇其運動造成的對流加速度。

---

[3]　NCFMF 影帶 Eulerian and Lagrangian Descriptions in Fluid Mechanics 展現對流加速度，並以實例說明流體粒子之總加速度計算方式。

（參見 http：//web.mit.edu/fluids/www/Shapiro/ncfmf.html 的免費線上影片，影片雖舊但仍值得一看！）

5.9 式爲向量運算。與所有向量方程式一樣，它可以寫成純量分量方程式，相對於 xyz 座標系統，5.9 式的純量分量可寫成

$$a_{x_p} = \frac{Du}{Dt} = u\frac{\partial u}{\partial x} + v\frac{\partial u}{\partial y} + w\frac{\partial u}{\partial z} + \frac{\partial u}{\partial t} \tag{5.11a}$$

$$a_{y_p} = \frac{Dv}{Dt} = u\frac{\partial v}{\partial x} + v\frac{\partial v}{\partial y} + w\frac{\partial v}{\partial z} + \frac{\partial v}{\partial t} \tag{5.11b}$$

$$a_{z_p} = \frac{Dw}{Dt} = u\frac{\partial w}{\partial x} + v\frac{\partial w}{\partial y} + w\frac{\partial w}{\partial z} + \frac{\partial w}{\partial t} \tag{5.11c}$$

圓柱座標的加速度分量，可藉由 5.10 式之圓柱座標(第 5-1 節)速度 $\vec{V}$ 表示式，配合適當的向量運算子∇表示式(3.19 式，見網頁版)來得到。因此[4]，

$$a_{r_p} = V_r\frac{\partial V_r}{\partial r} + \frac{V_\theta}{r}\frac{\partial V_r}{\partial \theta} - \frac{V_\theta^2}{r} + V_z\frac{\partial V_r}{\partial z} + \frac{\partial V_r}{\partial t} \tag{5.12a}$$

$$a_{\theta_p} = V_r\frac{\partial V_\theta}{\partial r} + \frac{V_\theta}{r}\frac{\partial V_\theta}{\partial \theta} + \frac{V_r V_\theta}{r} + V_z\frac{\partial V_\theta}{\partial z} + \frac{\partial V_\theta}{\partial t} \tag{5.12b}$$

$$a_{z_p} = V_r\frac{\partial V_z}{\partial r} + \frac{V_\theta}{r}\frac{\partial V_z}{\partial \theta} + V_z\frac{\partial V_z}{\partial z} + \frac{\partial V_z}{\partial t} \tag{5.12c}$$

對於流場中任意位置的流體，將速度場(x、y、z 與 t 的函數)代入 5.9、5.11 與 5.12 式以計算其加速度是非常有用的；這就是尤拉(Eulerian)描述法，此爲流體力學最常使用的方法。

另外的方式(也就是說，假設我們想要追蹤單一粒子的運動，如用在污染研究上)，我們有時候會用拉格朗日(Lagrangian)粒子運動描述法，就是粒子的加速度、位置以及速度只爲時間的函數。兩種敘述法在範例 5.5 中都有說明。

範例 5.5　尤拉與拉格朗日描述法下的粒子加速度

已知圖上二維的穩定不可壓縮流體，通過一個平坦收縮的管路。位於水平中心線(x 軸)的速度已知爲 $\vec{V} = V_1[1+(x/L)]\hat{i}$。使用 (a) 尤拉方法；(b) 拉格朗日法，以這兩者求粒子沿著中心線流動時的加速度。計算粒子位於管路的管首和管尾時的加速度。

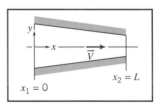

已知：已知圖上二維的穩定不可壓縮流體，通過一個平坦收縮的管路。

$$\vec{V} = V_1\left(1+\frac{x}{L}\right)\hat{i} \text{ 位於 } x \text{ 軸上。}$$

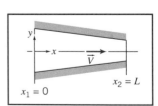

求解：(a) 使用尤拉法求粒子沿著中心線流動時的加速度。

(b) 使用拉格朗日法求粒子沿著中心線流動時的加速度。

---

[4]　在計算 $(\vec{V} \cdot D)\vec{V}$ 時，請回想到 $\hat{e}_r$ 與 $\hat{e}_\theta$ 皆爲 θ 的函數(請詳見先前註腳 1)。

(c)計算粒子位於管路的管首和管尾時的加速度。

解答：

(a) 尤拉法

求流體粒子的加速度所用的控制方程式是 5.9 式：

$$\vec{a}_p(x,y,z,t) = \frac{D\vec{V}}{Dt} = u\frac{\partial\vec{V}}{\partial x} + v\frac{\partial\vec{V}}{\partial y} + w\frac{\partial\vec{V}}{\partial z} + \frac{\partial\vec{V}}{\partial t} \tag{5.9}$$

在這個情況下，我們對加速度的 x 分量感到興趣(5.11a 式}：

$$a_{x_p}(x,y,z,t) = \frac{Du}{Dt} = u\frac{\partial u}{\partial x} + v\frac{\partial u}{\partial y} + w\frac{\partial u}{\partial z} + \frac{\partial u}{\partial t} \tag{5.11a}$$

於 x 軸，$v = w = 0$ 及 $u = V_1\left(1 + \dfrac{x}{L}\right)$，所以對於穩定的流動，我們獲得

$$a_{x_p}(x) = \frac{Du}{Dt} = u\frac{\partial u}{\partial x} = V_1\left(1 + \frac{x}{L}\right)\frac{V_1}{L}$$

或

$$a_{x_p}(x) = \frac{V_1^2}{L}\left(1 + \frac{x}{L}\right) \longleftarrow \qquad a_{x_p}(x)$$

這個表示式可以算出在某一瞬間任何粒子在 x 點的加速度。

(b) 拉格朗日法

在這個方法，我們需要算出某個流體粒子的運動一如我們在質點力學所做的；即，我們需要位置 $\vec{x}_p(t)$，然後我們能算出速度 $\vec{V}_p(t) = d\vec{x}_p/dt$ 以及加速度 $\vec{a}_p(t) = d\vec{V}_p/dt$。實際上，我們正考慮沿著 x 軸的運動，因此我們需要 $x_p(t)$，$u_p(t) = dx_p/dt$，以及 $a_{x_p}(t) = du_p/dt$。但我們並不知道 $x_p(t)$，然而我們確實有

$$u_p = \frac{dx_p}{dt} = V_1\left(1 + \frac{x_p}{L}\right)$$

作分離變數，並使用極限 $x_p(t=0) = 0$ 與 $x_p(t=t) = x_p$，

$$\int_0^{x_p}\frac{dx_p}{\left(1 + \dfrac{x_p}{L}\right)} = \int_0^1 V_1 dt \quad 及 \quad L\ln\left(1 + \frac{x_p}{L}\right) = V_1 t \tag{1}$$

我們隨之求出 $x_p(t)$：

$$x_p(t) = L(e^{V_1 t/L} - 1)$$

所以速度和加速度是

$$u_p(t) = \frac{dx_p}{dt} = V_1 e^{V_1 t/L}$$

且

$$a_{x_p}(t) = \frac{du_p}{dt} = \frac{V_1^2}{L}e^{V_1 t/L} \longleftarrow \qquad (2)\quad a_{x_p}(t)$$

這表示式可用來計算於任何時間 t 初始位置是 $x = 0$ 之粒子的加速度。

(c) 我們希望計算當粒子在 $x=0$ 與 $x=L$ 的加速度。對於尤拉方法而言,這並不困難:

$$a_{z_p}(x=0) = \frac{V_1^2}{L}, \qquad a_{x_p}(x=L) = 2\frac{V_1^2}{L} \qquad\longleftarrow \quad a_{x_p}$$

對於拉格朗日法,我們需要找到在 $x=0$ 與 $x=L$ 的時間。使用式 1,這些是

$$t(x_p=0) = \frac{L}{V_1} \qquad t(x_p=L) = \frac{L}{V_1}\ln(2)$$

然後,由式 2

$$a_{z_p}(t=0) = \frac{V_1^2}{L} \quad 且 \quad a_{x_p}\left(t=\frac{L}{V_1}\ln(2)\right) = \frac{V_1^2}{L}e^{\ln(2)} = 2\frac{V_1^2}{L} \qquad\longleftarrow \quad a_{x_p}$$

請注意這兩個方法所得到的粒子加速度是相同的,正如它們該是如此。

這個問題舉例說明流體粒子運動之尤拉與拉式描述。

流體旋轉

典型三維流場內運動的流體粒子,可能會繞三個座標軸旋轉,因此粒子旋轉是一個向量,一般說來,

$$\vec{\omega} = \hat{i}\,\omega_x + \hat{j}\,\omega_y + \hat{k}\,\omega_z$$

其中 ω_x 是繞 x 軸旋轉,ω_y 為繞 y 軸旋轉,以及 ω_z 是繞 z 軸旋轉。使用右手定則定義旋轉的正指向。

現在我們看看,如何得到流體運動的旋轉分量。已知時間 t 時,粒子的 xy 平面視角,粒子的左以及下方兩邊,為兩垂直線段 oa 以及 ob,長度分別為 Δx 與 Δy,如圖 5.7a 所示。一般說來,時間間隔 Δt 之後,粒子將會移動到新的位置,也會旋轉以及形變。時間 $t+\Delta t$ 時,線段可能的瞬間方向,如圖 5.7b 所示。

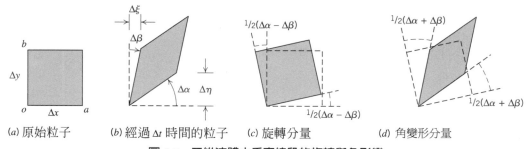

(a) 原始粒子　　(b) 經過 Δt 時間的粒子　(c) 旋轉分量　　(d) 角變形分量

圖 5.7　二維流體中垂直線段的旋轉與角形變

在這裡我們對於角度的正負號需要小心。依循右手規則,逆時針方向旋轉視為正的方向,而我們已經顯示邊 oa 逆時針方向旋轉了角度 $\Delta\alpha$,但是要留意我們顯示邊 ob 是順時針轉了角度 $\Delta\beta$。很明顯的這兩個角度可以是任意大小的,但是如果我們給定這些角度的大小,有助於讓討論更具象化,例如,令 $\Delta\alpha = 6°$ 以及 $\Delta\beta = 4°$。

我們如何拿取 $\Delta\alpha$ 與 $\Delta\beta$ 作粒子旋轉的度量值?答案是我們取旋轉 $\Delta\alpha$ 與 $\Delta\beta$ 的平均值,所以該粒子的剛體性逆時針方向的旋轉是 $\frac{1}{2}(\Delta\alpha - \Delta\beta)$,如圖 5.7c 所示。於此需要負號,因為 ob 逆時

針方向旋轉是 $-\Delta\beta$。使用所指定的值，粒子旋轉角度便是 $\frac{1}{2}(6° - 4°) = 1°$ (假使有兩個旋轉，取平均值是我們唯一能用以度量粒子旋轉角度的方式，因為任何其他方法都會偏厚於另一個方向的旋轉，這並不具有意義。)

　　現在我們能由 $\Delta\alpha$ 與 $\Delta\beta$ 來決定粒子的角變形量，如圖 5.7d 所示。要獲得圖 5.7d 中邊 oa 的形變，我們使用圖 5.7b 與 5.7c：如果我們從圖 5.7b 中 oa 實際的旋轉 $\Delta\alpha$，減去圖 5.7c 中粒子旋轉 $\frac{1}{2}(\Delta\alpha - \Delta\beta)$，剩下的必定是純形變[$\Delta\alpha - \frac{1}{2}(\Delta\alpha - \Delta\beta) = \frac{1}{2}(\Delta\alpha + \Delta\beta)$，於圖 5.7d 中]。使用所設定的值，邊 oa 的形變是 $6° - \frac{1}{2}(6° - 4°) = 5°$。採用一個類似的做法，我們最後有邊 ob 為 $\Delta\beta - \frac{1}{2}(\Delta\alpha - \Delta\beta) = -\frac{1}{2}(\Delta\alpha + \Delta\beta)$，或者順時針形變 $\frac{1}{2}(\Delta\alpha + \Delta\beta)$，如圖 5.7d 所示。粒子的總形變是各邊形變的總和，即 $(\Delta\alpha + \Delta\beta)$ (以例子所示的值，10°)。我們證明這正是粒子的形變：請記得在第 2-4 節我們曾看過形變是以在90°角內的增減來度量的。於圖 5.7a 我們看出這是角 aob，而於圖 5.7d 我們看出這個角度的總變化確實是 $\frac{1}{2}(\Delta\alpha + \Delta\beta) + \frac{1}{2}(\Delta\alpha + \Delta\beta) = (\Delta\alpha + \Delta\beta)$。

　　我們需將這些測量角轉換成可從流場得到的數量。為了這樣，我們知道(對於小角度) $\Delta\alpha = \Delta\eta / \Delta x$ 且 $\Delta\beta = \Delta\xi / \Delta y$。但是 $\Delta\xi$ 會增加，因為假設位於時間間隔 Δt 內，o 點水平移動距離為 $u\Delta t$，則 b 點移動距離為 $(u + [\partial u / \partial y]\Delta y)\Delta t$ (利用泰勒級數展開式)。同樣地，$\Delta\eta$ 上升是因為，於時間間隔 Δt 內，o 點垂直移動距離 $v\Delta t$，則 a 點將會移動距離 $(v + [\partial v / \partial x]\Delta x)\Delta t$。因此

$$\Delta\xi = \left(u + \frac{\partial u}{\partial y}\Delta y\right)\Delta t - u\Delta t = \frac{\partial u}{\partial y}\Delta y\Delta t$$

且

$$\Delta\eta = \left(v + \frac{\partial v}{\partial x}\Delta x\right)\Delta t - v\Delta t = \frac{\partial v}{\partial x}\Delta x\Delta t$$

結合上述所有的成果，我們現在可以計算對 z 軸的粒子角速度 ω_z：

$$\omega_z = \lim_{\Delta t \to 0}\frac{\frac{1}{2}(\Delta\alpha - \Delta\beta)}{\Delta t} = \lim_{\Delta t \to 0}\frac{\frac{1}{2}\left(\dfrac{\Delta\eta}{\Delta x} - \dfrac{\Delta\xi}{\Delta y}\right)}{\Delta t} = \lim_{\Delta t \to 0}\frac{\frac{1}{2}\left(\dfrac{\partial v}{\partial x}\dfrac{\Delta x}{\Delta x}\Delta t - \dfrac{\partial u}{\partial y}\dfrac{\Delta y}{\Delta y}\Delta t\right)}{\Delta t}$$

$$\omega_z = \frac{1}{2}\left(\frac{\partial v}{\partial x} - \frac{\partial u}{\partial y}\right)$$

　　利用平面 yz 與平面 xz 上該對垂直線段的旋轉，可以依樣得出

$$\omega_x = \frac{1}{2}\left(\frac{\partial w}{\partial y} - \frac{\partial v}{\partial z}\right) \quad \text{and} \quad \omega_y = \frac{1}{2}\left(\frac{\partial u}{\partial z} - \frac{\partial w}{\partial x}\right)$$

則 $\vec{\omega} = \hat{i}\omega_x + \hat{j}\omega_y + \hat{k}\omega_z$ 變成

$$\vec{\omega} = \frac{1}{2}\left[\hat{i}\left(\frac{\partial w}{\partial y} - \frac{\partial v}{\partial z}\right) + \hat{j}\left(\frac{\partial u}{\partial z} - \frac{\partial w}{\partial x}\right) + \hat{k}\left(\frac{\partial v}{\partial x} - \frac{\partial u}{\partial y}\right)\right] \tag{5.13}$$

我們知道(正方形)內的項為

$$\text{curl } \vec{V} = \nabla \times \vec{V}$$

則其向量式可寫成

$$\vec{\omega} = \frac{1}{2}\nabla \times \vec{V} \tag{5.14}$$

在此值得注意的是，我們不可將流體粒子旋轉，與具有環狀流線的流體或是渦流，彼此混淆。我們將在範例 5.6 中看到，在這類流體中，粒子在環狀運動時可能會旋轉，但是它們不全然一定會這樣！

我們何時可以預期，粒子在移動時會旋轉的流場呢？$(\vec{\omega} \neq 0)$？有一個可能我們的出發點是一個粒子已經在旋轉的流場(不論何種原因)，另一方面，若我們假設粒子一開始沒有旋轉，粒子將會開始轉動，假設它們受到由表面剪應力造成的力矩；粒子物體力以及正向力(壓力) 可能會使得粒子加速度以及形變，但是不會產生力矩。我們可以作個結論，粒子的轉動總發生在具有剪應力的流體中。在第二章中我們已經學到，只有受到角形變(剪切)的黏性流體，剪應力才會存在。因此我們可以說，流體粒子轉動，只發生在黏性流體中[5](除非粒子一開始就是轉動，如範例 3.10)。

沒有粒子轉動發生的流場，稱為非旋(irrotational) 流場。雖然真實流場都不為非旋流(所有流體具有黏度)，很多流場還是可以利用假設無黏性以及非旋轉，來研究它們的行為，因為黏性效應通常可以忽略[6]。我們在第一章中，之後也會在第六章，很多氣體動力學理論都假設為無黏性流體。我們只要注意，任何流場中，總會有一些區域(如機翼上方的邊界層) 黏性效應不可忽略。

只要定義渦度 ζ 為旋轉的兩倍，即可將 5.14 式裡的 1/2 消去：

$$\vec{\zeta} \equiv 2\vec{\omega} = \nabla \times \vec{V} \tag{5.15}$$

渦度是流體單元在流場運動中，量測其旋轉的一種方式，圓柱座標下渦度為[7]

$$\nabla \times \vec{V} = \hat{e}_r\left(\frac{1}{r}\frac{\partial V_z}{\partial \theta} - \frac{\partial V_\theta}{\partial z}\right) + \hat{e}_\theta\left(\frac{\partial V_r}{\partial z} - \frac{\partial V_z}{\partial r}\right) + \hat{k}\left(\frac{1}{r}\frac{\partial rV_\theta}{\partial r} - \frac{1}{r}\frac{\partial V_r}{\partial \theta}\right) \tag{5.16}$$

環流 Γ (我們將會在範例 6.12 中再度看到) 定義為，流體中任何封閉曲線上的切線速度分量沿著曲線的線積分，

$$\Gamma = \oint_c \vec{V} \cdot d\vec{s} \tag{5.17}$$

其中 $d\vec{s}$ 為與曲線相切方向的向量，其長度為弧線的長 ds；沿著曲線逆時針的積分路徑視為正向。只要利用圖 5.8 中的四方形迴路，我們可以得到環流以及渦度間的關係，其中 o 點的速度分量假設為$(u，v)$，沿著線段 bc 與 ac 的速度可以利用泰勒級數近似來得到。

---

[5]　一個使用完全運動方程式的流體粒子之確切證明(請參閱參考文獻[1]的 第 142-145 頁)。

[6]　在 NCFMF 錄影帶渦度展現迴轉運動和不旋轉運動的例子。

　　(參見 http：//web.mit.edu/fluids/www/Shapiro/ncfmf.html 線上免費觀賞這個影片。)

[7]　在進行捲曲操作方面，請記住 $\hat{e}_r$ 與 $\hat{e}_\theta$ 皆為 θ 的函數(詳見先前的註腳 1)。

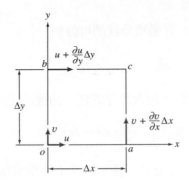

圖 5.8　流體元素邊界上的速度分量

對封閉曲面 $oacb$ 而言，

$$\Delta\Gamma = u\Delta x + \left(v + \frac{\partial v}{\partial x}\Delta x\right)\Delta y - \left(u + \frac{\partial u}{\partial y}\Delta y\right)\Delta x - v\,\Delta y$$

$$\Delta\Gamma = \left(\frac{\partial v}{\partial x} - \frac{\partial u}{\partial y}\right)\Delta x\Delta y$$

$$\Delta\Gamma = 2\omega_z\Delta x\Delta y$$

則

$$\Gamma = \oint_C \vec{V}\cdot d\vec{s} = \int_A 2\omega_z\,dA = \int_A (\nabla\times\vec{V})_z\,dA \tag{5.18}$$

5.18 式是二維 Stokes 定理的一項論述。因此沿著封閉輪廓的環流，等於其內所涵蓋的渦度。

範例 5.6　自由以及強制渦流

　　已知純切線運動(環狀流線)的流場：$V_r = 0$ 與 $V_\theta = f(r)$。計算強制剛體旋轉形式的渦流之旋轉、渦度以及環流。請證明我們可以找到一個非旋性 $f(r)$，比如說產生一個自由渦流。

已知：具有切線運動 $V_r = 0$ 與 $V_\theta = f(r)$ 的流場。

求解：(a)　剛體運動之旋轉、渦流以及環流(強制渦流)。

　　　　(b)　非旋運動的 $V_\theta = f(r)$ (自由渦流)。

解答：

控制方程式：$\vec{\zeta} \equiv 2\vec{\omega} = \nabla\times\vec{V}$ $\qquad\qquad\qquad\qquad\qquad\qquad\qquad\qquad$ (5.15)

　　對 $r\theta$ 平面上的運動而言，旋轉以及渦度的唯一分量都位於 z 方向，

$$\zeta_z = 2\omega_z = \frac{1}{r}\frac{\partial rV_\theta}{\partial r} - \frac{1}{r}\frac{\partial V_r}{\partial\theta}$$

因為在流場中任何地點 $V_r = 0$，這可簡化成 $\xi_z = 2\omega_z = \frac{1}{r}\frac{\partial rV_\theta}{\partial r}$。

(a)　剛體運動，$V_\theta = \omega r$

　　則$\omega_z = \frac{1}{2}\frac{1}{r}\frac{\partial rV_\theta}{\partial r} = \frac{1}{2}\frac{1}{r}\frac{\partial}{\partial r}\omega r^2 = \frac{1}{2r}(2\omega r) = \omega$ $\qquad$ 且 $\qquad$ $\zeta_z = 2\omega$

　　環流為 $\Gamma = \oint_c \vec{V}\cdot d\vec{s} = \int_A 2\omega_z dA$ $\qquad\qquad\qquad\qquad\qquad\qquad$ (5.18)

因為 $\omega_z = \omega = $ 常數，封閉輪廓的環流為 $\Gamma = 2\omega A$，其中 A 為輪廓所包圍的面積。因此對剛體運動(強制渦流)而言，旋轉以及渦度為常數；環流受輪廓所涵蓋的面積影響。

(b) 對於非旋流體而言，$\omega_z = \dfrac{1}{r}\dfrac{\partial}{\partial r} r V_\theta = 0$。經過積分我們可得到

$$rV_\theta = \text{常數} \qquad \text{或} \qquad V_\theta = f(r) = \frac{C}{r}$$

對此流體而言，原點爲 $V_\theta \to \infty$ 時的一點。包含原點的任一曲面的環流爲

$$\Gamma = \oint_C \vec{V} \cdot d\vec{s} = \int_0^{2\pi} \frac{C}{r}\, r\, d\theta = 2\pi C$$

事實證明任一不包括位於原點上的奇異點之任一曲面，其上的環流爲零。下圖爲兩渦流的流線，十字標示一開始位於 12 點鐘位置的流體，於不同時刻的位置與方向。對剛體運動來說(舉個例子，發生在颱風眼中心所產生的「死亡」區域)，當它環形運動時，十字會轉動，另外當我們遠離原點時，流線彼此會更加靠近。對非旋運動而言(舉個例子，發生在颱風眼以外的位置，這裡黏性效應可以忽略)，當它環形運動時，十字不會轉動，另外當我們遠離原點時，流線彼此會更加疏離。

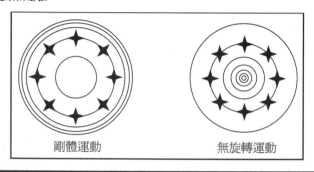

剛體運動　　　　　　　　無旋轉運動

流體形變

a. 角形變

　　我們之前有討論過(如圖 5.7d 所示)，粒子的角形變可由兩個角形變的總和求得，換句話說，就是由 $(\Delta\alpha + \Delta\beta)$。

　　我們回想 $\Delta\alpha = \Delta\eta / \Delta x$、$\Delta\beta = \Delta\zeta / \Delta y$，同時 $\Delta\xi$ 及 $\Delta\eta$ 已知爲

$$\Delta\xi = \left(u + \frac{\partial u}{\partial y}\Delta y \right)\Delta t - u\Delta t = \frac{\partial u}{\partial y}\Delta y \Delta t$$

且

$$\Delta\eta = \left(v + \frac{\partial v}{\partial x}\Delta x \right)\Delta t - v\Delta t = \frac{\partial v}{\partial x}\Delta x \Delta t$$

現在藉由合併這些結果，我們可以計算粒子於 xy 平面上的角形變速率

$$xy\,\text{平面上的}\atop\text{角形變速率} = \lim_{\Delta t \to 0} \frac{(\Delta\alpha + \Delta\beta)}{\Delta t} = \lim_{\Delta t \to 0} \frac{\left(\dfrac{\Delta\eta}{\Delta x} + \dfrac{\Delta\xi}{\Delta y}\right)}{\Delta t}$$

$$xy\,\text{平面上的}\atop\text{角形變速率} = \lim_{\Delta t \to 0} \frac{\left(\dfrac{\partial v}{\partial x}\dfrac{\Delta x}{\Delta x}\Delta t + \dfrac{\partial u}{\partial y}\dfrac{\Delta y}{\Delta y}\Delta t\right)}{\Delta t} = \left(\frac{\partial v}{\partial x} + \frac{\partial u}{\partial y}\right) \quad (5.19\,a)$$

yz 與 zx 平面上粒子角形變速率，也可得到相似的表示式。

$$yz\ \text{平面上的角形變速率} = \left(\frac{\partial w}{\partial y} + \frac{\partial v}{\partial z}\right) \tag{5.19b}$$

$$zx\ \text{平面上的角形變速率} = \left(\frac{\partial w}{\partial x} + \frac{\partial u}{\partial z}\right) \tag{5.19c}$$

我們在第二章中看到，對一維牛頓層流，剪應力正比於流體粒子的角形變速率(du/dy)：

$$\tau_{yx} = \mu\frac{du}{dy} \tag{2.15}$$

很快地我們可把 2.15 式歸納為三維層流的情況；這將會產生涵蓋三項上述的角形變速率的三維剪應力表示式。(2.15 式為 5.19a 式的特殊情況)

詳細的旋轉以及形變的概念，請參見 NCFMF 影帶 Deformation of Continuous Media(參見 http://web.mit.edu/fluids/www/Shapiro/ncfmf.html 線上免費觀賞這個影片)。角形變的計算，在範例 5.7 中的簡易流場，會加以說明。

範例 5.7　測黏流體的旋轉

有一測黏流體，位於平行板間的窄縫中，如圖所示。窄縫中的速度場為 $\vec{V} = U(y/h)\hat{i}$，其中 $U = 4$mm/s 且 $h = 4$mm。在 $t = 0$ 時，線段 ac 以及 bd 在流體中被作上十字標記，計算標示點在 $t = 1.5$s 時的位置，並繪圖比較之。計算在速度場中，流體粒子的旋轉速率以及角形變速率。並解釋妳的結果。

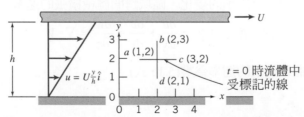

已知：速度場 $\vec{V} = U(y/h)\hat{i}$；$U = 4$mm/s 以及 $h = 4$mm，$t = 0$ 時，標記的流體粒子在通過行程如圖所示。

求解：(a) 在 $t = 1.5$s 時，a'、b'、c'、d' 點的位置，並繪圖表示。

(b) 角形變速率。

(c) 流體粒子轉動的速率。

(d) 這些結果的重要性。

解答：

對已知流場 $v=0$，所以沒有垂直運動。每一點的速度為常數，所以每一點的 $\Delta x=u\Delta t$。b 點上，$u=3$mm/s，故

$$\Delta x_b = \frac{3 \text{ mm}}{\text{s}} \times 1.5 \text{ s} = 4.5 \text{ mm}$$

同理可證，a 與 c 點都位移 3mm，且 d 點移動 1.5mm。$t=1.5$s 時的圖為：

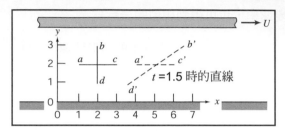

角形變速率為

$$\frac{\partial u}{\partial y} + \frac{\partial v}{\partial x} = U\frac{1}{h} + 0 = \frac{U}{h} = \frac{4 \text{ mm}}{\text{s}} \times \frac{1}{4 \text{ mm}} = 1 \text{ s}^{-1} \quad \longleftarrow$$

轉動速率為

$$\omega_z = \frac{1}{2}\left(\frac{\partial v}{\partial x} - \frac{\partial u}{\partial y}\right) = \frac{1}{2}\left(0 - \frac{U}{h}\right) = -\frac{1}{2} \times \frac{4 \text{ mm}}{\text{s}} \times \frac{1}{4 \text{ mm}} = -0.5 \text{ s}^{-1} \quad \longleftarrow \quad \omega_z$$

此一習題中，因為是黏性流體，所以應該預期會有角形變以及粒子轉動。

b. 線性形變

線性形變的過程中，由於所有直角還是直角(圖 5.5)，由頂點角度所描述之單元流體的形狀，將維持不變。單位將會在方向長度變化，若 $\partial u/\partial x$ 不為零。同理，y 方向的改變則需要 $\partial v/\partial y$ 非零值，且 z 方向的變化需要 $\partial w/\partial z$ 不為零。這些數量分別表示 x、y 與 z 方向各縱向應變率的分量。

邊長的變化可能會造成單元體積的變化，區域瞬間體積擴張的速率為

$$\text{本積擴張速率} = \frac{\partial u}{\partial x} + \frac{\partial v}{\partial y} + \frac{\partial w}{\partial z} = \nabla \cdot \vec{V} \tag{5.20}$$

對不可壓縮流體而言，體積擴張的速率為零(5.1c 式)。

範例 5.8　轉角處流動的形變率

範例 5.4 中速度場 $\vec{V} = Ax\hat{i} - Ay\hat{j}$ 為轉角的流場，其中 $A=0.3 \text{ s}^{-1}$，且座標單位為公尺。在 $t=0$ 時，於流體中標上四方形，如圖所示。當 a 在秒 τ 後，移動到 $x = \frac{3}{2}$ m，請計算四個轉角點的新位置。請計算 x 與 y 方向的線性形變率。比較 $t=\tau$ 時面積 $a'b'c'd'$，與 $t=0$ 時面積 $abcd$，說明該結果的含意。

已知：$\vec{V} = Ax\hat{i} - Ay\hat{j}$；$A = 0.3\,\text{s}^{-1}$；$x$、$y$ 以公尺為單位。

求解：(a) 於 $t = \tau$ 時，a 移到 $x = \dfrac{3}{2}$ m 之 a'，試求此時四方形所在的位置。

(b) 試求線性形變的速度。

(c) 試求面積 $a'b'c'd'$ 與面積 $abcd$ 相比較。

(d) 說明這些結果的意義。

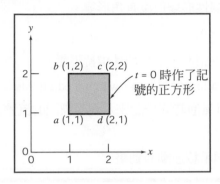

解答：

首先我們必須找出 τ，所以我們必須利用拉氏描述法來追蹤流體粒子。因此，

$$u = \frac{dx_p}{dt} = Ax_p, \quad \frac{dx}{x} = A\,dt, \text{so} \quad \int_{x_0}^{x} \frac{dx}{x} = \int_{0}^{\tau} A\,dt \quad \text{and} \quad \ln\frac{x}{x_0} = A\tau$$

$$\tau = \frac{\ln x/x_0}{A} = \frac{\ln\left(\frac{3}{2}\right)}{0.3\ \text{s}^{-1}} = 1.35\,\text{s}$$

在 y 方向：

$$v = \frac{dy_p}{dt} = -Ay_p \qquad \frac{dy}{y} = -A\,dt \qquad \frac{y}{y_0} = e^{-A\tau}$$

τ 的點座標為：　　　　　　　　　　　　　　　　圖為：

點	$t = 0$	$t = \tau$
a	$(1, 1)$	$(\frac{3}{2},\ \frac{2}{3})$
b	$(1, 2)$	$(\frac{3}{2},\ \frac{4}{3})$
c	$(2, 2)$	$(3,\ \frac{4}{3})$
d	$(2, 1)$	$(3,\ \frac{2}{3})$

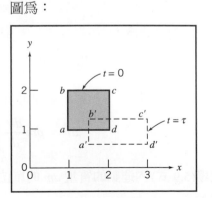

線性形變率為：

$$\frac{\partial u}{\partial x} = \frac{\partial}{\partial x} Ax = A = 0.3\text{s}^{-1} \qquad \text{在 } x \text{ 方向}$$

$$\frac{\partial v}{\partial y} = \frac{\partial}{\partial y}(-Ay) = -A = -0.3\text{s}^{-1} \qquad \text{在 } y \text{ 方向}$$

體積膨脹率為：

$$\nabla \cdot \vec{V} = \frac{\partial u}{\partial x} + \frac{\partial v}{\partial y} = A - A = 0$$

面積 $abcd = 1\text{m}^2$，面積 $a'b'c'd' = \left(3 - \frac{3}{2}\right)\left(\frac{4}{3} - \frac{2}{3}\right) = 1 \text{ m}^2$。

備註：

✓ 平行面還是維持平行；有線性形變但沒有角形變。

✓ 流場非旋轉 $(\partial v / \partial x - \partial u / \partial y = 0)$。

✓ 因為兩個線性形變率相等且相反，所以體積維持不變。

✓ NCFMF 影片 Flow Visualization(參見 http://web.mit.edu/fluids/ www/Shapiro/ncfmf.html 線上免費觀賞這個影片)。利用氫氣泡時間標記來示範受標記的流體區塊面積，在二維非壓縮流體中維持不變。

🖱 這個問題的 *Excel* 試算表顯示該運動的動畫。

這一節中，我們已經說明了速度場包含了所有用來決定流場中流體粒子的加速度、轉動、角形變以及線性形變所需要的資訊。

5-4 | 動量方程式

可將牛頓第二定律應用於一個粒子以獲得用以描述流運動之動態方程式。為了導出動量方程式的微分式，我們對一個質量 dm 的無限小流體粒子，應用牛頓第二定律。

一有限系統的牛頓第二定律為

$$\vec{F} = \left.\frac{d\vec{P}}{dt}\right)_{\text{system}} \tag{4.2a}$$

其中系統的線性動量 $\vec{P}$ 為：

$$\vec{P}_{\text{system}} = \int_{\text{mass (system)}} \vec{V} \, dm \tag{4.2b}$$

對質量 dm 的無限小系統，牛頓第二定律可寫成

$$d\vec{F} = \left. dm \frac{d\vec{V}}{dt}\right)_{\text{system}} \tag{5.21}$$

得到在速度場(5.9 式)內運動的質量 dm 的單位流體加速度表示式之後，我們可以將牛頓第二定律寫成向量式：

$$d\vec{F} = dm \frac{D\vec{V}}{Dt} = dm\left[u \frac{\partial \vec{V}}{\partial x} + v \frac{\partial \vec{V}}{\partial y} + w \frac{\partial \vec{V}}{\partial z} + \frac{\partial \vec{V}}{\partial t} \right] \tag{5.22}$$

我們現在需要得到力 $d\vec{F}$ 的合適方程式，或是作用在單位流體上的分力 dF_x、dF_y 與 dF_z。

作用在流體粒子上的力

作用在單元流體上的力，可被區分成物體力以及表面力；表面力包括了法線作用力以及切線(剪)作用力。

我們考慮作用在微分單元質量 dm、體積 $dV = dx\,dy\,dz$ 只有作用在 x 方向的應力，會使 x 方向的表面力增加，若微分單元的中心應力為 σ_{xx}、τ_{yx} 與 τ_{zx}，則作用單元(對單元中心作泰勒級數展開式得到)所有面上 x 方向的應力如圖 5.9 所示。

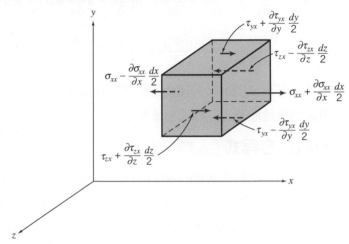

圖 5.9　單位流體 x 方向的應力

為了得到 x 方向的淨面力 dF_s，我們必須加總 x 方向的所有力。因此，

$$dF_{S_x} = \left(\sigma_{xx} + \frac{\partial \sigma_{xx}}{\partial x}\frac{dx}{2}\right)dy\,dz - \left(\sigma_{xx} - \frac{\partial \sigma_{xx}}{\partial x}\frac{dx}{2}\right)dy\,dz$$
$$+ \left(\tau_{yx} + \frac{\partial \tau_{yx}}{\partial y}\frac{dy}{2}\right)dx\,dz - \left(\tau_{yx} - \frac{\partial \tau_{yx}}{\partial y}\frac{dy}{2}\right)dx\,dz$$
$$+ \left(\tau_{zx} + \frac{\partial \tau_{zx}}{\partial z}\frac{dz}{2}\right)dx\,dy - \left(\tau_{zx} - \frac{\partial \tau_{zx}}{\partial z}\frac{dz}{2}\right)dx\,dy$$

經簡化，我們得到

$$dF_{S_x} = \left(\frac{\partial \sigma_{xx}}{\partial x} + \frac{\partial \tau_{yx}}{\partial y} + \frac{\partial \tau_{zx}}{\partial z}\right)dx\,dy\,dz$$

當重力為唯一的物體力時，則單位質量的物體力為 $\vec{g}$，x 方向的淨力 dF_x 為

$$dF_x = dF_{B_x} + dF_{S_x} = \left(\rho g_x + \frac{\partial \sigma_{xx}}{\partial x} + \frac{\partial \tau_{yx}}{\partial y} + \frac{\partial \tau_{zx}}{\partial z}\right)dx\,dy\,dz \qquad (5.23a)$$

我們可以導出 y 與 z 方向分力的類似表示式：

$$dF_y = dF_{B_y} + dF_{S_y} = \left(\rho g_y + \frac{\partial \tau_{xy}}{\partial x} + \frac{\partial \sigma_{yy}}{\partial y} + \frac{\partial \tau_{zy}}{\partial z}\right)dx\,dy\,dz \qquad (5.23b)$$

$$dF_z = dF_{B_z} + dF_{S_z} = \left(\rho g_z + \frac{\partial \tau_{xz}}{\partial x} + \frac{\partial \tau_{yz}}{\partial y} + \frac{\partial \sigma_{zz}}{\partial z}\right)dx\,dy\,dz \qquad (5.23c)$$

微分動量方程式

我們現在作用於單元質量 dm 上的力量 $d\vec{F}$ 分力 dF_x、dF_y 與 dF_z 的表示式。若我們利用這些表示式(5.23 式)，替代 5.22 式的 x、y 與 z 分力，可得到運動微分方程式，

$$\rho g_x + \frac{\partial \sigma_{xx}}{\partial x} + \frac{\partial \tau_{yx}}{\partial y} + \frac{\partial \tau_{zx}}{\partial z} = \rho\left(\frac{\partial u}{\partial t} + u\frac{\partial u}{\partial x} + v\frac{\partial u}{\partial y} + w\frac{\partial u}{\partial z}\right) \tag{5.24a}$$

$$\rho g_y + \frac{\partial \tau_{xy}}{\partial x} + \frac{\partial \sigma_{yy}}{\partial y} + \frac{\partial \tau_{zy}}{\partial z} = \rho\left(\frac{\partial v}{\partial t} + u\frac{\partial v}{\partial x} + v\frac{\partial v}{\partial y} + w\frac{\partial v}{\partial z}\right) \tag{5.24b}$$

$$\rho g_z + \frac{\partial \tau_{xz}}{\partial x} + \frac{\partial \tau_{yz}}{\partial y} + \frac{\partial \sigma_{zz}}{\partial z} = \rho\left(\frac{\partial w}{\partial t} + u\frac{\partial w}{\partial x} + v\frac{\partial w}{\partial y} + w\frac{\partial w}{\partial z}\right) \tag{5.24c}$$

5.24 式為滿足連續體假設任何流體的微分運動方程式。在這些方程式可用來解出 u、v 與 w 之前，以速度以及壓力場適切表達地應力方程式必須先得到。

牛頓流體：Navier-Stokes 方程式

對牛頓流體而言，黏性應力正比於切應變的速率(角形變速率)。我們在第二章中看到，對一維牛頓層流，剪應力正比於角形變速率：$\tau_{yx} = du/dy$ (2.15 式)，對三維流體而言，這情況會複雜一點(除此之外我們需要利用更複雜角形變速率方程式，5.19 式。)應力可以直角座標下的速度梯度以及流體性質來表示[8]：

$$\tau_{xy} = \tau_{yx} = \mu\left(\frac{\partial v}{\partial x} + \frac{\partial u}{\partial y}\right) \tag{5.25a}$$

$$\tau_{yz} = \tau_{zy} = \mu\left(\frac{\partial w}{\partial y} + \frac{\partial v}{\partial z}\right) \tag{5.25b}$$

$$\tau_{zx} = \tau_{xz} = \mu\left(\frac{\partial u}{\partial z} + \frac{\partial w}{\partial x}\right) \tag{5.25c}$$

$$\sigma_{xx} = -p - \frac{2}{3}\mu\nabla\cdot\vec{V} + 2\mu\frac{\partial u}{\partial x} \tag{5.25d}$$

$$\sigma_{yy} = -p - \frac{2}{3}\mu\nabla\cdot\vec{V} + 2\mu\frac{\partial v}{\partial y} \tag{5.25e}$$

$$\sigma_{zz} = -p - \frac{2}{3}\mu\nabla\cdot\vec{V} + 2\mu\frac{\partial w}{\partial z} \tag{5.25f}$$

其中 p 為區域熱力壓力[9]。熱力壓力與密度以及溫度間的關聯性，可以熱力學中的狀態方程式來描述。

若這些應力表示式被導入運動微分方程式(5.24 式)，我們可得：

---

[8]　這些結論的推導，超出本書的範圍。詳細推導過程，請見參考資料 2、3 與 4。

[9]　參考資料 5 探討熱力壓力以及平均壓力的關係 $p = -\left(\sigma_{xx} + \sigma_{yy} + \sigma_{zz}\right)/3$。

$$\rho \frac{Du}{Dt} = \rho g_x - \frac{\partial p}{\partial x} + \frac{\partial}{\partial x}\left[\mu\left(2\frac{\partial u}{\partial x} - \frac{2}{3}\nabla\cdot\vec{V}\right)\right] + \frac{\partial}{\partial y}\left[\mu\left(\frac{\partial u}{\partial y} + \frac{\partial v}{\partial x}\right)\right]$$

$$+ \frac{\partial}{\partial z}\left[\mu\left(\frac{\partial w}{\partial x} + \frac{\partial u}{\partial z}\right)\right] \tag{5.26a}$$

$$\rho \frac{Dv}{Dt} = \rho g_y - \frac{\partial p}{\partial y} + \frac{\partial}{\partial x}\left[\mu\left(\frac{\partial u}{\partial y} + \frac{\partial v}{\partial x}\right)\right] + \frac{\partial}{\partial y}\left[\mu\left(2\frac{\partial v}{\partial y} - \frac{2}{3}\nabla\cdot\vec{V}\right)\right]$$

$$+ \frac{\partial}{\partial z}\left[\mu\left(\frac{\partial v}{\partial z} + \frac{\partial w}{\partial y}\right)\right] \tag{5.26b}$$

$$\rho \frac{Dw}{Dt} = \rho g_z - \frac{\partial p}{\partial z} + \frac{\partial}{\partial x}\left[\mu\left(\frac{\partial w}{\partial x} + \frac{\partial u}{\partial z}\right)\right] + \frac{\partial}{\partial y}\left[\mu\left(\frac{\partial v}{\partial z} + \frac{\partial w}{\partial y}\right)\right]$$

$$+ \frac{\partial}{\partial z}\left[\mu\left(2\frac{\partial w}{\partial z} - \frac{2}{3}\nabla\cdot\vec{V}\right)\right] \tag{5.26c}$$

這些運動方程式稱為 Navier-Stokes 方程式。當這些方程式用於黏度固定的不可壓縮流體時，可以大大簡化。這些狀況下，方程式可簡化成

$$\rho\left(\frac{\partial u}{\partial t} + u\frac{\partial u}{\partial x} + v\frac{\partial u}{\partial y} + w\frac{\partial u}{\partial z}\right) = \rho g_x - \frac{\partial p}{\partial x} + \mu\left(\frac{\partial^2 u}{\partial x^2} + \frac{\partial^2 u}{\partial y^2} + \frac{\partial^2 u}{\partial z^2}\right) \tag{5.27a}$$

$$\rho\left(\frac{\partial v}{\partial t} + u\frac{\partial v}{\partial x} + v\frac{\partial v}{\partial y} + w\frac{\partial v}{\partial z}\right) = \rho g_y - \frac{\partial p}{\partial y} + \mu\left(\frac{\partial^2 v}{\partial x^2} + \frac{\partial^2 v}{\partial y^2} + \frac{\partial^2 v}{\partial z^2}\right) \tag{5.27b}$$

$$\rho\left(\frac{\partial w}{\partial t} + u\frac{\partial w}{\partial x} + v\frac{\partial w}{\partial y} + w\frac{\partial w}{\partial z}\right) = \rho g_z - \frac{\partial p}{\partial z} + \mu\left(\frac{\partial^2 w}{\partial x^2} + \frac{\partial^2 w}{\partial y^2} + \frac{\partial^2 w}{\partial z^2}\right) \tag{5.27c}$$

流體力學方程式中最有名、受到廣泛研究的可能是此種型式的 Navier-Stokes 方程式(僅次於白努立方程式)。這些方程式，加上連續方程式(5.1c 式)，構成了 u、v、w 以及 p 的四組非線性偏微分方程式。原則上來說，這四個方程式描述許多共通的流動，僅有的限制是流體需是牛頓性(黏度為常數)且不可壓縮。例如，潤滑理論(描述機器軸承的情況)、管流、甚至你攪拌咖啡時咖啡的運動，都可以透過這些方程式來解釋。令人遺憾的是，它們不可能以純數學解析的途徑解出，除了最基本的情況[3]，也就是我們有很簡單的邊界和初始條件或是邊界條件！我們將在習題 5.9 中解出這類簡單的方程式。

　　以密度及黏度為常數之圓柱座標系統的 Navier-Stokees 方程式，可參見附錄 B；它們也可導出球形座標的型態(請參閱參考文獻[3])。我們將利用圓柱座標型態，來解習題 5.10。

　　最近幾年，計算流體力學(CFD) 電腦應用(如 Fluent [請參閱參考文獻 6]以及 STAR-CD[請參閱參考文獻 7])，已經發展到可以用來分析更複雜、真實情況的 Navier-Stokes 方程式。雖然詳細的處理此主題已超過本文範圍，在下一節裡我們將簡短的介紹 CFD。

無摩擦情況下($\mu = 0$)，運動方程式(5.26 式或 5.27 式)可簡化成尤拉方程式(Euler's equation)，

$$\rho \frac{D\vec{V}}{Dt} = \rho\vec{g} - \nabla p$$

於第 6 章中將探討無摩擦流的情況。

範例 5.9　沿著傾斜平面流下之完全發展層流分析

液體以穩定、厚度為 h 的完全發展層流膜，流下傾斜平面。簡化連續方程式以及 Navier-Stokes 方程式，來模擬這個流場。求液體速度分布、剪應力分布、體積流率以及平均速度的表示式，以液膜厚度，說明垂直於流體單位表面厚度的體積流率。計算厚度 $h = 1\text{mm}$ 的水膜，沿著寬度 $b = 1\text{m}$、與水平面傾斜 $\theta = 15$ 度的面積的體積流率。

已知：液體以穩定、厚度為 h 的完全發展層流膜，流下傾斜平面。

求解：(a) 簡化連續方程式以及 Navier-Stokes 方程式，來模擬這個流場。

(b) 速度分布。

(c) 剪應力分布。

(d) 垂直於圖形流體單位表面厚度的體積流率。

(e) 平均流速。

(f) 以液膜厚度、垂直於圖形的單位表面厚度的體積流率，來表示膜厚。

(g) 厚度 $h = 1\text{mm}$ 的水膜，沿著寬度 $b = 1\text{m}$ 且與水平面傾斜 $\theta = 15$ 度的面積的體積流率。

解答：

用以建立流場模型之幾何以及座標系統如圖所示。(將其中一座標與向下流動之流場對齊，解題會比較方便。)

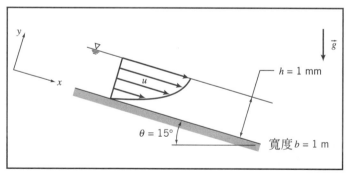

黏度固定之不可壓縮流體的控制方程式為

$$\overset{4}{\frac{\partial u}{\partial x}} + \frac{\partial v}{\partial y} + \overset{3}{\frac{\partial w}{\partial z}} = 0 \tag{5.1c}$$

$$\rho\left(\overset{1}{\frac{\partial u}{\partial t}} + u\overset{4}{\frac{\partial u}{\partial x}} + v\overset{5}{\frac{\partial u}{\partial y}} + w\overset{3}{\frac{\partial u}{\partial z}}\right) = \rho g_x - \overset{4}{\frac{\partial p}{\partial x}} + \mu\left(\overset{4}{\frac{\partial^2 u}{\partial x^2}} + \frac{\partial^2 u}{\partial y^2} + \overset{3}{\frac{\partial^2 u}{\partial z^2}}\right) \tag{5.27a}$$

$$\rho\left(\overset{1}{\frac{\partial v}{\partial t}} + u\overset{4}{\frac{\partial v}{\partial x}} + v\overset{5}{\frac{\partial v}{\partial y}} + w\overset{3}{\frac{\partial v}{\partial z}}\right) = \rho g_y - \frac{\partial p}{\partial y} + \mu\left(\overset{4}{\frac{\partial^2 v}{\partial x^2}} + \overset{5}{\frac{\partial^2 v}{\partial y^2}} + \overset{3}{\frac{\partial^2 v}{\partial z^2}}\right) \tag{5.27b}$$

$$\rho\left(\overset{1}{\frac{\partial w}{\partial t}} + u\overset{3}{\frac{\partial w}{\partial x}} + v\overset{3}{\frac{\partial w}{\partial y}} + w\overset{3}{\frac{\partial w}{\partial z}}\right) = \rho g_z - \overset{3}{\frac{\partial p}{\partial z}} + \mu\left(\overset{3}{\frac{\partial^2 w}{\partial x^2}} + \overset{3}{\frac{\partial^2 w}{\partial y^2}} + \overset{3}{\frac{\partial^2 w}{\partial z^2}}\right) \tag{5.27c}$$

用來簡化基本方程式所被消去的幾項，被標上所做假設的號碼，如下所示。假設是根據它們用於簡化方程式的順序來作討論。

假設： (1) 穩定流動流場(已知)。

(2) 不可壓縮流體，ρ＝常數。

(3) z 方向沒有流體或是性質變化；w＝0 且 $\partial/\partial z = 0$。

(4) 完全發展流場，所以 x 方向性質沒有變化；$\partial/\partial x = 0$。

假設(1)消去任何流體性質隨時間變化的可能性。

假設(2)消去密度的空間變化。

假設(3)說明了，速度沒有 z 分量，且 z 方向沒有性質變化。Navier-Stokes 方程式中 z 分量的所有項都可被消去。

假設(4)成立，連續方程式可簡化成 $\partial v/\partial y = 0$。假設(3)與(4)也表示 $\partial v/\partial z = 0$ 與 $\partial v/\partial x = 0$。因此 v 必為常數。因為 v 在固體表面為零，則 v 在任何位置必為零。

v＝0 可更進一步簡化 Navier-Stokes 方程式，如 5.27a 與 5.27b 式中的(5)所示。最終簡化式為：

$$0 = \rho g_x + \mu \frac{\partial^2 u}{\partial y^2} \tag{1}$$

$$0 = \rho g_y - \frac{\partial p}{\partial y} \tag{2}$$

因為 $\partial u/\partial z = 0$(假設 3)，以及 $\partial u/\partial x = 0$ (假設 4)，則 u 至多為 y 的函數，故 $\partial^2 u/\partial y^2 = d^2 u/dy^2$ 且由 1 式，則

$$\frac{d^2 u}{dy^2} = -\frac{\rho g_x}{\mu} = -\rho g \frac{\sin \theta}{\mu}$$

積分之

$$\frac{du}{dy} = -\rho g \frac{\sin \theta}{\mu} y + c_1 \tag{3}$$

再積分一次

$$u = -\rho g \frac{\sin \theta}{\mu} \frac{y^2}{2} + c_1 y + c_2 \tag{4}$$

用來計算常數的邊界條件，在固體表面為非滑動狀態(y＝0 時 u＝0)，且在液面為無剪應力(du/dy＝0 在 y＝h)。

計算 y＝0 時的 4 式，得到 c_2＝0，當 y＝h 時，從 3 式：

$$0 = -\rho g \frac{\sin \theta}{\mu} h + c_1$$

或

$$c_1 = \rho g \frac{\sin \theta}{\mu} h$$

將其帶入 4 式，便可得出速度分布曲線

$$u = -\rho g \frac{\sin\theta}{\mu} \frac{y^2}{2} + \rho g \frac{\sin\theta}{\mu} hy$$

或

$$u = \rho g \frac{\sin\theta}{\mu}\left(hy - \frac{y^2}{2}\right) \qquad\qquad\qquad\qquad\qquad u(y)$$

剪應力分布為(令 $\partial v / \partial x$ 為零之後,從 5.25a 式得到,或對一維流體,由 2.15 式得到)

$$\tau_{yx} = \mu \frac{du}{dy} = \rho g \sin\theta\,(h - y) \qquad\qquad\qquad\qquad \tau_{yx}(y)$$

流體中的剪應力在壁上($y=0$)達到最大值;如同我們所預期的,它在液面($y=h$)為零。在壁上,剪應力 τ_{yx} 為正,但是流體的面法線,在 y 方向為負;因此剪應力作用在負 x 方向,且剛好與作用於流體上體力的 x 分量相平衡。體積流率為

$$Q = \int_A u\,dA = \int_0^h u\,b\,dy$$

其中 b 為 z 方向的表面寬度。代入

$$Q = \int_0^h \frac{\rho g \sin\theta}{\mu}\left(hy - \frac{y^2}{2}\right)b\,dy = \rho g \frac{\sin\theta\,b}{\mu}\left[\frac{hy^2}{2} - \frac{y^3}{6}\right]_0^h$$

$$Q = \frac{\rho g \sin\theta\,b}{\mu}\frac{h^3}{3} \qquad\qquad\qquad\qquad\qquad\qquad (5)\,Q$$

平均流體速度為 $\bar{V} = Q / A = Q / bh$,因此,

$$\bar{V} = \frac{Q}{bh} = \frac{\rho g \sin\theta}{\mu}\frac{h^2}{3} \qquad\qquad\qquad\qquad\qquad\qquad \bar{V}$$

解出膜厚得到:

$$h = \left[\frac{3\mu Q}{\rho g \sin\theta\,b}\right]^{1/3} \qquad\qquad\qquad\qquad\qquad\qquad (6)\,h$$

厚度 $h=1$mm 的水膜,沿著寬度 $b=1$m、與水平面傾斜 $\theta=15$ 度的面積的體積流率為

$$Q = 999\,\frac{kg}{m^3} \times 9.81\,\frac{m}{s^2} \times \sin(15°) \times 1\,m \times \frac{m\cdot s}{1.00\times10^{-3}\,kg}$$

$$\times \frac{(0.001)^3\,m^3}{3} \times 1000\,\frac{L}{m^3}$$

$$Q = 0.846\ L/s \qquad\qquad\qquad\qquad\qquad\qquad\qquad Q$$

備註:

✓ 這個習題說明了完整的 Navier-Stokes 方程式(5.27 式),如何簡化成可解的方程式組(這裡為 1 式與 2 式)。

✓ 對簡化方程式積分過後,邊界(或初始)條件可用來完成解題。

✓ 一旦得到速度場,其他可用的量(如剪應力、體積流率)可以被求得。

✓ 方程式(5) 與(6) 說明了,就算很簡單的習題,結果也可能很複雜:流體的深度,與流速非線性關係(h 與 $Q^{1/3}$ 成正比)。

範例 5.10　同軸圓柱間的測黏層流分析

　　黏性流體填充垂直同軸圓柱間的環狀間隙，內圓柱固定，外圓柱以定速度轉動。流體為層流。簡化連續、Navier-Stokes 以及切向剪應力方程式，來模擬該流場。求液體速度分布以及剪應力分布的表示式。將內圓柱表面剪應力，與利用將環狀「解開(unwrapping)」成平面的平面近似方法所計算出來的結果相比較，並假設整個間隙的速度分布為線性。求平面近似法所在內圓柱表面，所預測剪應力與正確誤差在百分之一內的圓柱半徑比為多少。

已知： 垂直同軸圓柱間的環狀間隙內的測黏層流，內圓柱固定，外圓柱以定速度轉動。

求解： (a) 簡化連續方程式及 Navier-Stokes 方程式來模擬此流場。

　　　　(b) 環狀間隔內的速度分布。

　　　　(c) 環狀間隔內的剪應力分布。

　　　　(d) 內圓柱表面的剪應力。

　　　　(e) 比較在圓柱間窄間隙，固定剪應力的「平面」近似法。

　　　　(f) 平面近似預測的剪應力與正確值誤差在 1% 內的圓柱半徑比。

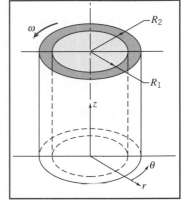

解答：

模擬流場所用的幾何以及座標系統如圖所示。(z 座標軸為垂直向上；結果 $g_r = g_\theta = 0$ 且 $g_z = -g$。)

　　對固定黏度不可壓縮流體，其連續、Navier-Stokes 以及切向剪應力方程式(從附錄 B)為

$$\frac{1}{r}\frac{\partial}{\partial r}(rv_r) + \frac{1}{r}\frac{\partial}{\partial \theta}(v_\theta)^{4} + \frac{\partial}{\partial z}(v_z)^{3} = 0 \tag{B.1}$$

r 分量：

$$\rho\left(\frac{\partial v_r}{\partial t}^{1} + v_r\frac{\partial v_r}{\partial r}^{5} + \frac{v_\theta}{r}\frac{\partial v_r}{\partial \theta}^{4} - \frac{v_\theta^2}{r} + v_z\frac{\partial v_r}{\partial z}^{3}\right)$$

$$= \rho g_r^{0} - \frac{\partial p}{\partial r} + \mu\left\{\frac{\partial}{\partial r}\left(\frac{1}{r}\frac{\partial}{\partial r}[rv_r]\right)^{5} + \frac{1}{r^2}\frac{\partial^2 v_r}{\partial \theta^2}^{4} - \frac{2}{r^2}\frac{\partial v_\theta}{\partial \theta}^{4} + \frac{\partial^2 v_r}{\partial z^2}^{3}\right\} \tag{B.3a}$$

θ 分量：

$$\rho\left(\frac{\partial v_\theta}{\partial t}^{1} + v_r\frac{\partial v_\theta}{\partial r}^{5} + \frac{v_\theta}{r}\frac{\partial v_\theta}{\partial \theta}^{4} + \frac{v_r v_\theta}{r}^{5} + v_z\frac{\partial v_\theta}{\partial z}^{3}\right)$$

$$= \rho g_\theta^{0} - \frac{1}{r}\frac{\partial p}{\partial \theta}^{4} + \mu\left\{\frac{\partial}{\partial r}\left(\frac{1}{r}\frac{\partial}{\partial r}[rv_\theta]\right) + \frac{1}{r^2}\frac{\partial^2 v_\theta}{\partial \theta^2}^{4} + \frac{2}{r^2}\frac{\partial v_r}{\partial \theta}^{4} + \frac{\partial^2 v_\theta}{\partial z^2}^{3}\right\} \tag{B.3b}$$

z 分量：

$$\rho\left(\frac{\partial v_z}{\partial t}^{1} + v_r\frac{\partial v_z}{\partial r}^{5} + \frac{v_\theta}{r}\frac{\partial v_z}{\partial \theta}^{4} + v_z\frac{\partial v_z}{\partial z}^{3}\right) = \rho g_z - \frac{\partial p}{\partial z} + \mu\left\{\frac{1}{r}\frac{\partial}{\partial r}\left(r\frac{\partial v_z}{\partial r}\right)^{3} + \frac{1}{r^2}\frac{\partial^2 v_z}{\partial \theta^2}^{3} + \frac{\partial^2 v_z}{\partial z^2}^{3}\right\} \tag{B.3c}$$

$$\tau_{r\theta} = \mu\left[r\frac{\partial}{\partial r}\left(\frac{v_\theta}{r}\right) + \frac{1}{r}\frac{\partial v_r}{\partial \theta}^{4}\right] \tag{B.2}$$

用來簡化基本方程式所被消去的幾項，被標上所做假設的號碼，如下所示。假設是根據它們用於簡化方程式的順序來作討論。

假設：(1) 穩定流動流場；外圓柱的角速度為定值。

(2) 不可壓縮流體，$\rho =$ 常數。

(3) z 方向沒有流動或是性質變化；$v_z = 0$ 且 $\partial / \partial z = 0$。

(4) 圓周對稱式流動，所以性質不會隨 θ 以及 $\partial / \partial \theta = 0$ 改變。

假設(1) 消去任何流體性質隨時間變化的可能性。

假設(2) 消去密度的空間變化。

假設(3) 使得 Navier-Stokes 方程式(B.3c 式)中所有 z 方向的項都可以消去，除了靜壓分布。

利用假設(3) 與(4)，連續方程式(B.1 式)可簡化成

$$\frac{1}{r}\frac{\partial}{\partial r}(rv_r) = 0$$

根據假設(3) 與(4)，因為 $\partial / \partial \theta = 0$ 以及 $\partial / \partial z = 0$，因此 $\dfrac{\partial}{\partial r} \to \dfrac{d}{dr}$，所以積分之後得到，

$$rv_r = 常數$$

因為 v_r 在每一圓柱固體表面為零，則 v_r 在任何位置必為零。

$v_r = 0$ 可以更進一步簡化 Navier-Stokes 方程式，如(5) 所示。最後方程式(式 B.3a 與 B.3b) 可簡化成

$$-\rho \frac{v_\theta^2}{r} = -\frac{\partial p}{\partial r}$$

$$0 = \mu \left\{ \frac{\partial}{\partial r}\left(\frac{1}{r}\frac{\partial}{\partial r}[rv_\theta] \right) \right\} \underleftarrow{\hspace{3cm}}$$

根據假設(3) 與(4)，因為 $\partial / \partial \theta = 0$ 以及 $\partial / \partial z = 0$，則 v_θ 只為半徑的函數，且

$$\frac{d}{dr}\left(\frac{1}{r}\frac{d}{dr}[rv_\theta] \right) = 0$$

積分之

$$\frac{1}{r}\frac{d}{dr}[rv_\theta] = c_1$$

或

$$\frac{d}{dr}[rv_\theta] = c_1 r$$

再次積分

$$rv_\theta = c_1 \frac{r^2}{2} + c_2 \quad 或 \quad v_\theta = c_1 \frac{r}{2} + c_2 \frac{1}{r}$$

計算常數 c_1 與 c_2，需要兩個邊界條件：邊界條件為

$$v_\theta = \omega R_2 \quad 位於 \quad r = R_2 \quad 且$$

$$v_\theta = 0 \quad 位於 \quad r = R_1$$

代入

$$\omega R_2 = c_1 \frac{R_2}{2} + c_2 \frac{1}{R_2}$$

$$0 = c_1 \frac{R_1}{2} + c_2 \frac{1}{R_1}$$

代數運算之後

$$c_1 = \frac{2\omega}{1 - \left(\dfrac{R_1}{R_2}\right)^2} \qquad \text{且} \qquad c_2 = \frac{-\omega R_1^2}{1 - \left(\dfrac{R_1}{R_2}\right)^2}$$

代入 v_θ 的表示式中

$$v_\theta = \frac{\omega r}{1 - \left(\dfrac{R_1}{R_2}\right)^2} - \frac{\omega R_1^2/r}{1 - \left(\dfrac{R_1}{R_2}\right)^2} = \frac{\omega R_1}{1 - \left(\dfrac{R_1}{R_2}\right)^2}\left[\frac{r}{R_1} - \frac{R_1}{r}\right] \qquad \longleftarrow \qquad v_\theta(r)$$

於使用假設(4) 之後，剪應力分布可以從 B.2 式得到

$$\tau_{r\theta} = \mu r \frac{d}{dr}\left(\frac{v_\theta}{r}\right) = \mu r \frac{d}{dr}\left\{\frac{\omega R_1}{1 - \left(\dfrac{R_1}{R_2}\right)^2}\left[\frac{1}{R_1} - \frac{R_1}{r^2}\right]\right\} = \mu r \frac{\omega R_1}{1 - \left(\dfrac{R_1}{R_2}\right)^2}(-2)\left(-\frac{R_1}{r^3}\right)$$

$$\tau_{r\theta} = \mu \frac{2\omega R_1^2}{1 - \left(\dfrac{R_1}{R_2}\right)^2}\frac{1}{r^2} \qquad \longleftarrow \qquad \tau_{r\theta}$$

位於內圓柱表面，$r = R_1$，故

$$\tau_{\text{surface}} = \mu \frac{2\omega}{1 - \left(\dfrac{R_1}{R_2}\right)^2} \qquad \longleftarrow \qquad \tau_{\text{surface}}$$

對「平面」間隙而言

$$\tau_{\text{planar}} = \mu \frac{\Delta v}{\Delta y} = \mu \frac{\omega R_2}{R_2 - R_1}$$

$$\tau_{\text{planar}} = \mu \frac{\omega}{1 - \dfrac{R_1}{R_2}} \qquad \longleftarrow \qquad \tau_{\text{planar}}$$

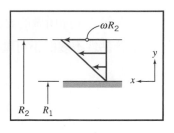

將表面剪應力表示式的分母分解：

$$\tau_{\text{surface}} = \mu \frac{2\omega}{\left(1 - \dfrac{R_1}{R_2}\right)\left(1 + \dfrac{R_1}{R_2}\right)} = \mu \frac{\omega}{1 - \dfrac{R_1}{R_2}} \cdot \frac{2}{1 + \dfrac{R_1}{R_2}}$$

因此，

$$\frac{\tau_{\text{surface}}}{\tau_{\text{planar}}} = \frac{2}{1 + \dfrac{R_1}{R_2}}$$

對百分之一精確度來說，

$$1.01 = \frac{2}{1 + \dfrac{R_1}{R_2}}$$

或

$$\frac{R_1}{R_2} = \frac{1}{1.01}(2 - 1.01) = 0.980 \qquad\longleftarrow\qquad \frac{R_1}{R_2}$$

當間隙寬度小於圓柱半徑百分之二時，精確度可達到。

備註：

✓ 本題中舉例說明有時候圓柱座標中的完全 Navier-Stokes 方程式(B.1 式至 B.3 式)如何可簡化成一組可解的方程式。

✓ 如同範例 5.9 所示，在對簡化過的方程式進行積分之後，邊界(或初始)條件可用以完成解算。

✓ 速度場一旦得之，其餘有用的數值(本題中者，如剪應力)皆可得知。

🖰 本題之 *Excel* 工作簿對黏度計與線性速度分布做比較。有助於吾人推導出黏度計外徑適當值，以達到平面近似所規定的精度。我們將於第八章時再次探討同心圓柱平行板的議題。

---

*5-5 簡介計算流體力學

在這一節裡我們以非常基本的方式來討論計算流體力學(computational fluid dynamics，CFD)背後的觀念。我們首先將某些數值方法應用於簡單的一維模型來複習這些數值方法的概念，但是這些概念卻是非常基本的，幾乎適用於任何 CFD 的計算。當我們把 CFD 求解步驟用於該模型，我們將講解如何延伸於一般的情況。目標是使讀者能夠把 CFD 求解步驟用於簡單的非線性方程式。

為什麼需要 CFD

一如在第 5-4 節所做的討論，描述流體的流動方程式可能有一點令人卻步。例如，即使我們自己設限於黏性不變的不可壓縮流，我們仍然會得到下列方程式：

$$\frac{\partial u}{\partial x} + \frac{\partial v}{\partial y} + \frac{\partial w}{\partial z} = 0 \tag{5.1c}$$

$$\rho\left(\frac{\partial u}{\partial t} + u\frac{\partial u}{\partial x} + v\frac{\partial u}{\partial y} + w\frac{\partial u}{\partial z}\right) = \rho g_x - \frac{\partial p}{\partial x} + \mu\left(\frac{\partial^2 u}{\partial x^2} + \frac{\partial^2 u}{\partial y^2} + \frac{\partial^2 u}{\partial z^2}\right) \tag{5.27a}$$

$$\rho\left(\frac{\partial v}{\partial t} + u\frac{\partial v}{\partial x} + v\frac{\partial v}{\partial y} + w\frac{\partial v}{\partial z}\right) = \rho g_y - \frac{\partial p}{\partial y} + \mu\left(\frac{\partial^2 v}{\partial x^2} + \frac{\partial^2 v}{\partial y^2} + \frac{\partial^2 v}{\partial z^2}\right) \tag{5.27b}$$

$$\rho\left(\frac{\partial w}{\partial t} + u\frac{\partial w}{\partial x} + v\frac{\partial w}{\partial y} + w\frac{\partial w}{\partial z}\right) = \rho g_z - \frac{\partial p}{\partial z} + \mu\left(\frac{\partial^2 w}{\partial x^2} + \frac{\partial^2 w}{\partial y^2} + \frac{\partial^2 w}{\partial z^2}\right) \tag{5.27c}$$

---

* 本章節可以省略，並不影響後續教材的連續性。

5.1c 式是連續性方程式(質量守恆)而 5.27 式是用直角座標表示的 Navier–Stokes 方程式(動量)。原則上，只要有了完整的的初始條件和邊界條件，我們就能借助速度場 $\vec{V}=\hat{i}u+\hat{j}v+\hat{k}w$ 與壓力場 p 解出這些方程式。請注意通常 u、v、w 與 p 都與 x、y、z 和 t 有牽連。實際上，這些方程式並沒有一體適用的解析解，因為許多原因相互羈絆的影響(就中沒哪一個能被單獨地被排除在外)：

1. 它們是互相糾結在一起的。未知數 u、v、w 與 p，出現於所有的方程式(p 不在 5.1c 式)，我們不能左挪右移方程式以得到只出現一個未知數的方程式。因此我們必須同時解出全部的未知數。

2. 它們是非線性的。例如，於 5.27a 式，對流加速度項，$u\,\partial u/\partial x+v\,\partial u/\partial y+w\,\partial u/\partial z$，有與 u 本身以及與 v 和 w.的乘積。這樣的結果使我們不能將方程式的第一個解與第二個解相加減以得到第三個解。在第 6 章我們將看見，我們能自我設限於無摩擦的流動情況，我們能推導出線性的方程式，這讓我們得以做如是的加減程序(你可以在表 6.3 找到一些這類的引人範例)。

3. 它們是二階偏微分方程。例如，於 5.27a 式，黏性項 $\mu\left(\partial^2 u/\partial x^2+\partial^2 u/\partial y^2+\partial^2 \mu/\partial z^2\right)$，是 u 的二階項。這些顯然比，譬如說，一階的常微分方程式具有不同層次的複雜性(無意打雙關語)。

這些困難令工程師、科學家和數學家搜羅數種解決辦法來找出流體力學問題的答案。

對於相對簡單的物理幾何形狀和邊界條件或是初始條件來說，這些方程式常能被簡化到一個可被解出的形式。這樣的例子我們曾在範例 5.9 和 5.10 看過(圓柱座標形式的方程式)。

如果我們能忽略掉黏性項，所得到的不可壓縮、無黏性流動通常能被成功地予以分析出來。這是第 6 章的主題。

當然，大多數令人感到興趣之不可壓縮流，並沒有簡單的幾何形狀，並且也不是無粘性的；為此，我們無法擺脫 5.1c 與 5.27 式。剩下唯一的選項是使用數值法來分析問題。為各式各樣的工程問題，尋求電腦之助解出方程式的近似解。這也是 CFD 的主要課題。

CFD 的應用

CFD 在不同產業各式各樣的工程應用上被廣泛地運用。為了說明 CFD 在工業上的應用，我們會在後文展示使用 ANSYS 公司的 FLUENT，一個 CFD 套裝軟體，所發展的幾個例子。CFD 用於研究流過交通載具之流動場，包括汽車、卡車、飛機、直升飛機和船等等。圖 5.10 顯示所選取之流體粒子流經某一級方程式賽車的路線。透過研究這樣的路線和其他流動屬性，工程師得以深入內情以設計阻力較低與性能提升的汽車。流過一個觸媒轉換器，這是一個用來淨化汽車排氣的裝置，讓我們能更大口呼吸，如圖 5.11 所示。這張圖中標示出依速度大小來染色的流動路線。CFD 幫助工程師研究於該裝置中不同化學製品種類不同混合與反應，以允許他們研發展更有效的觸媒轉換器。圖 5.12 展示於通風應用中後傾式離心風扇之靜壓力的輪廓。從 CFD 模擬所得之風扇的工作特性與從物理試驗所得之結果相去不遠。

CFD 對工業界是具有吸引力的，因為它比實體試驗更節省成本。不過，我們必須注意複雜的流動模擬是充滿挑戰性和容易出錯的，並且極度仰賴工程專門知識以獲得實際的解決辦法。

圖 5.10　流經一級方程式賽車的徑線(圖片承蒙 ANSYS，Inc.提供 © 2008)

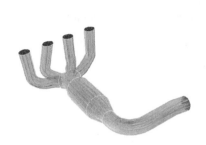

圖 5.11　流過觸媒轉換器(圖片承蒙
ANSYS，Inc.提供 © 2008)

圖 5.12　流過離心風扇之流動的靜壓力輪廓
(圖片承蒙 ANSYS，Inc.提供 © 2008)

CFD 的做法

籠統的說，CFD 的做法是使用「格子」或「網格」，以離散的領域(discrete domain)取代連續問題的領域。在連續的領域，每個流動變數在每個點都是有定義的。例如，如圖 5.13 所示的連續一維領域的壓力 p 會是

$$p = p(x), 0 \leq x \leq 1$$

在離散領域，各流動變數只在格點處有定義。於圖 5.13 的離散領域壓力遂只在 N 格點被定義，

$$p_i = p(x_i), i = 1，2，...，N$$

我們能將這個連續轉換離散的想法延伸至二維或三維。圖 5.14 顯示一個二維格子用於求解機翼上方的流動。格點是格子線交叉的位置。於 CFD 的計算方法中，我們將只求出格接交叉之處之相關的流動變數。在其他位置的值則透過插算格點值的方式予以定義。控制偏微分方程和邊界條件是以連續變數 p、$\bar{V}$ 等等來定義。我們能在離散領域中，以離散變數 p_i、$\bar{V}_i$ 等等來寫出近似的式子。使用這個程序，我們最後得到以離散變數構成了許多相互耦合、代數方程式所組成的離散系統。建立離散系統並且解出它(這是一個求算反矩陣的問題)牽涉到許許多多的反復計算，這是只有現代電腦才可能達成的任務。

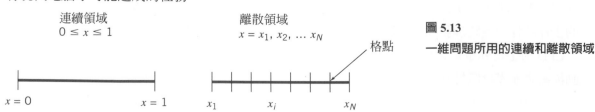

連續領域
$0 \leq x \leq 1$

離散領域
$x = x_1, x_2, ... x_N$

格點

圖 5.13
一維問題所用的連續和離散領域

$x = 0$　　　　$x = 1$　　x_1　　x_i　　x_N

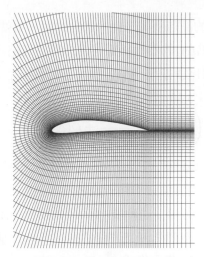

圖 5.14　一個用來解出環繞機翼流動之格子的例子

使用有限差分法予以離散化

　　為了避免過於瑣碎，我們將連續領域應用於單純的一維方程式，藉此來示範如何從連續領域著手然後轉換到離散領域：

$$\frac{du}{dx} + u^m = 0; \qquad 0 \le x \le 1; \qquad u(0) = 1 \tag{5.28}$$

我們將首先考慮 $m=1$ 的情況，其中方程式是線性。我們稍後會考慮非線性 $m=2$ 的情況。請記住前述的問題屬於初始值問題，而下文所介紹的數值解的步驟其實更適用於邊界值問題。大多數的 CFD 問題屬於邊界值問題。

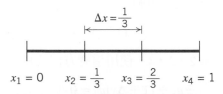

圖 5.15　簡單的一維格子有四個格點

　　我們將針對簡單的格子如圖 5.15 所示者，推導一個於 $m=1$ 時 5.28 式的離散表示式。這個格子有 4 個等距的格點，其中 $\Delta x = \frac{1}{3}$ 是相鄰兩點的間隔。因為控制方程式適用於任何格點，我們有

$$\left(\frac{du}{dx}\right)_i + u_i = 0 \tag{5.29}$$

其中下標 i 代表在格點的值 x_i。為了要得到以在格點的 u 值來寫出 $(du/dx)_i$ 的表示式，我們以泰勒級數將 u_{i-1} 予以展開：

$$u_{i-1} = u_i - \left(\frac{du}{dx}\right)_i \Delta x + \left(\frac{d^2u}{dx^2}\right)_i \frac{\Delta x^2}{2} - \left(\frac{d^3u}{dx^3}\right)_i \frac{\Delta x^3}{6} + \cdots$$

重新安排而有

$$\left(\frac{du}{dx}\right)_i = \frac{u_i - u_{i-1}}{\Delta x} + \left(\frac{d^2u}{dx^2}\right)_i \frac{\Delta x}{2} - \left(\frac{d^3u}{dx^3}\right)_i \frac{\Delta x^2}{6} + \cdots \tag{5.30}$$

我們將不計入第 2、3 以及其右的高階項。因此,式右的第一項就是我們所要的$(du/dx)_i$的有限差分(finite difference)表示式。$(du/dx)_i$的泰勒級數中由於刻意忽略不計之項所產生的誤差稱爲截尾誤差(truncation error)。通常,截尾誤差是微分方程和它的有限差分表示式之間的差值。5.30 式之截尾誤差的主要階項正比於Δx。5.30 式改寫爲

$$\left(\frac{du}{dx}\right)_i = \frac{u_i - u_{i-1}}{\Delta x} + O(\Delta x) \tag{5.31}$$

其中最後一項的唸法是「order of delta x」。符號 $O(\Delta x)$ 有一個精確的數學意義,但我們不於此詳述。相反的,爲簡潔起見,我們討論完畢格子收斂的課題後,我們會很快的回頭面對它。截尾誤差的多寡與第一個 Δx 的冪次成正比,這個離散表示式稱爲一階準確(first-order accurate)。

於 5.29 式中使用 5.31 式,爲我們的模型方程式得到下述的離散表示式:

$$\frac{u_i - u_{i-1}}{\Delta x} + u_i = 0 \tag{5.32}$$

注意我們已經從微分方程步入代數方程式!雖然我們沒有明白地把它寫出,但是不要忘記在這個表示式的誤差是 $O(\Delta x)$。

這個使用泰勒級數展開式來推導離散方程式的方法,被稱爲有限差分法(finite-difference method)。請記住大多數工業界的 CFD 套裝軟體是使用有限體積法(finite-volume)或是有限元素法(finite-element)等離散化方法,因爲這些方法更適於模擬複雜幾何形狀的流動。我們將在本書中鎖定有限差分法;因爲這個方法最容易的被理解,於此討論的觀念也適用於其他離散化方法。

離散系統和邊界條件之應用的結合

重新安排離散方程式,5.32 式,我們得到

$$-u_{i-1} + (1 + \Delta x)u_i = 0$$

對圖 5.15 中的一維格子的格點 $i = 2, 3, 4$,使用這個方程式知

$$-u_1 + (1 + \Delta x)u_2 = 0 \tag{5.33a}$$
$$-u_2 + (1 + \Delta x)u_3 = 0 \tag{5.33b}$$
$$-u_3 + (1 + \Delta x)u_4 = 0 \tag{5.33c}$$

離散方程式不能用於左邊界$(i=1)$因爲$u_{i-1} = u_0$沒被定義。我們改爲使用邊界條件得到

$$u_1 = 1 \tag{5.33d}$$

5.33 式構成一組含四個未知數 u_1, u_2, u_3 與 u_4 的聯立代數方程式系統。將這個方程式組寫成矩陣形式會顯得更方便:

$$\begin{bmatrix} 1 & 0 & 0 & 0 \\ -1 & 1+\Delta x & 0 & 0 \\ 0 & -1 & 1+\Delta x & 0 \\ 0 & 0 & -1 & 1+\Delta x \end{bmatrix} \begin{bmatrix} u_1 \\ u_2 \\ u_3 \\ u_4 \end{bmatrix} = \begin{bmatrix} 1 \\ 0 \\ 0 \\ 0 \end{bmatrix} \tag{5.34}$$

在一般的情況(例如,二維或是三維領域),我們將把離散方程式加諸於領域內的各格點。對於在邊界上或附近的格點,我們併同使用離散方程式和邊界條件。最後,會得出一組類似於 5.33 式的

聯立代數方程式與類似於 5.34 式的矩陣方程式,其中方程式的個數等於獨立之離散變數的個數。這過程基本上與用於上述模型的方程式雷同,只是細節部分明顯的複雜許多。

離散系統的解

離散系統(5.34 式)對我們自己簡單的一維例子來說,使用線性代數的許多技術,可以很容易的算出導數,求出格點上的未知數。對於 $\Delta x = \frac{1}{3}$,其解是

$$u_1 = 1 \quad u_2 = \frac{3}{4} \quad u_3 = \frac{9}{16} \quad u_4 = \frac{27}{64}$$

對於 $m=1$,5.28 式的正確解很容易被證明是

$$u_{\text{exact}} = e^{-x}$$

圖 5.16 顯示使用 *Excel* 所得四個格點的離散解與正確解的比較。在右邊界的誤差最大,等於 14.7%。[這張圖也顯示了使用 8 個格點($N=8$,$\Delta x = \frac{1}{7}$) 以及 16 個格點($N=16$,$\Delta x = \frac{1}{15}$) 的結果,我們將在下文討論。]

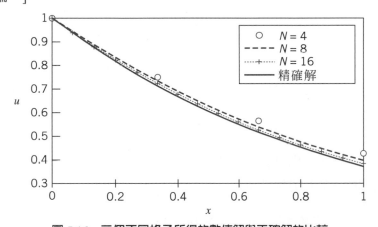

圖 5.16　三個不同格子所得的數值解與正確解的比較

在實際的 CFD 應用上,離散系統的未知數會多達數千個、甚至數百萬個;如果某人使用高斯消去法(Gaussian elimination) 作反矩陣計算,即使使用一台高速的電腦也將是極其費時的事。為了使要求的 CPU 時間和記憶體降到最低,因此許多反矩陣的工作都已被最佳化了。要被反算之矩陣常屬於稀疏型;也就是說,大多數的矩陣元素是零。那些非零元素則錯落在對角線的左右側,因為在格點處的離散方程式只包含了與其相鄰之格點的數值,如 5.34 式所示。CFD 程式只會儲存非零的值讓記憶體的用量減到最小。它也常使用疊代(iteration) 程序作反矩陣的計算;疊代越久,所得到的反矩陣解越逼近真實的解。我們稍後再回到這個概念。

格子的收斂

我們推導一維模型問題的有限差分近似法(5.34 式)時,我們已見過的離散系統的截尾誤差是 $O(\Delta x)$。因此我們預期增加格點的數量之後,$O(\Delta x)$ 會隨之降低,數值解的誤差應會縮減,使得數值解與正確解之間更貼近。

　　讓我們考慮將一維問題之數值解的格點數 N 增加並看看有什麼影響。除了前面已解過 $N=4$ 的例子，我們將考慮 $N=8$ 與 $N=16$。我們重複上述的組合與求解步驟於這些增加的格子上；我們最後有個 8×8 與 16×16 的問題，而不是 5.34 式的 4×4 問題。圖 5.16 顯示這三種格點數得到的結果與正確解所作的比較(使用了 *Excel*)。一如所預期的，當格點的數量增加時，數值的誤差減少了[但是最好也不過如此了——如果我們讓 Δx 太小，我們開始有捨去誤差(rounf off error) 累增的現象，會使得結果變得更差！]。不同的格子所得到之數值解的誤差，若落在使用者預先指定的容許誤差水準之內，則這些解就被稱爲「格子收斂(grid-converged)」解。重要的是去研究格子的粗細對所有的 CFD 問題之解的影響。我們不應該相信某個 CFD 解，除非我們確信這個解是格子收斂於容許誤差的水準之內(視問題而定)。

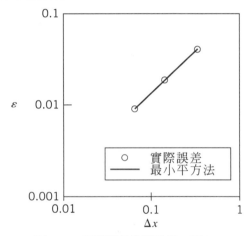

圖 5.17　累積誤差的變動量 ε 與 Δx

　　令 ε 代表某個特定格子之數值解的誤差的累積度量值。對於圖 5.17 的數值解，ε 是，例如，數值解與正確解之間的差的均方根值(RMS) 來估計的：

$$\varepsilon = \sqrt{\dfrac{\displaystyle\sum_{i=1}^{N}\left(u_i - u_{i_{\text{exact}}}\right)^2}{N}}$$

合理的預期可以是

$$\varepsilon \propto \Delta x^n$$

因爲於我們離散的方式，截尾誤差是 $O(\Delta x)$，我們期望 $n=1$(或更精確的說，$n\to1$ 當 $\Delta x\to0$)。於圖 5.17 以對數的尺度繪出三種格子數量的 ε 值。最小平方法直線的斜率可算出 n。對於圖 5.17 而言，我們得到 $n=0.92$，非常接近 1。當進一步縮小格子時，我們預期 Δx 會逐漸變小，n 的值也將趨近 1。對於一個二階的方法，我們預期 $n\sim2$；這意謂離散化的誤差會以兩倍於格子縮小的程度來減少。

處理非線性

Navier-Stokes 方程式(5.27 式)包含了非線性的對流項；例如，於 5.27a 式，對流的加速度項，$u\,\partial u/\partial x + v\,\partial u/\partial y + w\,\partial u/\partial z$，有 u 與其自身以及 v 與 w 的乘積，像擾流和化學反應會引進額外的非線性。流體控制方程式的高度非線性，使得要獲得實務上所關心之複雜的流動現象的準確數值解變得甚具挑戰性。

我們將於簡單的一維例子中藉由設定 $m=2$ 來說明非線性的影響，5.28 式：

$$\frac{du}{dx} + u^2 = 0; \quad 0 \le x \le 1; \quad u(0) = 1$$

這個方程式的一階有限差分近似式，類似於 $m=1$ 的 5.32 式，是

$$\frac{u_i - u_{i-1}}{\Delta x} + u_i^2 = 0 \tag{5.35}$$

這是一個非線性代數方程式含有非線性之來源的 u_i^2 項。

面對非線性所採取的策略是，將方程式於某個猜測值(guess value)的附近予以線性化，並且持續疊代直到猜測的值與解之間的誤差達於可容忍的水準。我們將用上述例子說明這個想法。令 u_{g_i} 是 u_i 的猜測值。定義

$$\Delta u_i = u_i - u_{g_i}$$

重新安排並且平方這個方程式得到

$$u_i^2 = u_{g_i}^2 + 2u_{g_i}\Delta u_i + (\Delta u_i)^2$$

假定 $\Delta u_i \ll u_{g_i}$，我們能夠忽略 $(\Delta u_i)^2$ 項而得到

$$u_i^2 \approx u_{g_i}^2 + 2u_{g_i}\Delta u_i = u_{g_i}^2 + 2u_{g_i}(u_i - u_{g_i})$$

因此，

$$u_i^2 \approx 2u_{g_i}u_i - u_{g_i}^2 \tag{5.36}$$

將 u_i 線性化之後，有限差分近似式，5.35 式，變成

$$\frac{u_i - u_{i-1}}{\Delta x} + 2u_{g_i}u_i - u_{g_i}^2 = 0 \tag{5.37}$$

因為由於線性化所伴生的誤差是 $O(\Delta u^2)$，當 $u_g \to u$ 這個誤差趨於零。

為了計算有限差分近似式，5.37 式，我們需要格點的猜測值 u_g。於第一次疊代的時候，我們先以一個猜測的值開始。對下一個疊代來說，上一次疊代中所得到的 u 值會被用做猜測值。我們重複這樣的疊代過程，直到它們收斂為止。我們將稍後討論如何評估收斂。

這是 CFD 程式中將守恆方程式之非線性項線性化所用的基本過程，實作的細節則因程式而異。要記得的重點是，線性化是圍繞著猜測值來進行的，然後逐步逼近直到疊代收斂為止。

直接和疊代解答工具

我們已經看過為了處理控制方程式中的非線性項，我們必須執行疊代工作。我們下一步討論為了讓實務上的 CFD 問題也能執行疊代，所需要的另一個不可或缺的因素。

當作一個練習,證明 5.37 式的有限差分近似式的離散方程式系統,用在我們的四個格點之後,變成

$$
\begin{bmatrix}
1 & 0 & 0 & 0 \\
-1 & 1 + 2\Delta x u_{g_2} & 0 & 0 \\
0 & -1 & 1 + 2\Delta x u_{g_3} & 0 \\
0 & 0 & -1 & 1 + 2\Delta x u_{g_4}
\end{bmatrix}
\begin{bmatrix}
u_1 \\ u_2 \\ u_3 \\ u_4
\end{bmatrix}
=
\begin{bmatrix}
1 \\
\Delta x u_{g_2}^2 \\
\Delta x u_{g_3}^2 \\
\Delta x u_{g_4}^2
\end{bmatrix}
\tag{5.38}
$$

於實務問題中,通常面對的是數千到數百萬個格點或者格子,以致於上述矩陣的維數也達百萬(其中大多數的元素是零)。直接反算這樣的矩陣將佔用超乎想像的記憶空間,所以改為使用一種如下面所討論的疊代方式來求算反矩陣。

重新安排在格點 i 處的有限差分近似式,5.37 式,所以 u_i 會以與其隔鄰之格點值和猜測值來表示:

$$
u_i = \frac{u_{i-1} + \Delta x\, u_{g_i}^2}{1 + 2\Delta x\, u_{g_i}}
$$

如果於目前的疊代過程尚無法知道其隔鄰的值,我們會對之採用猜測值。讓我們從右到左逐一掃過每個格子;也就是說,在每次疊代過程中,我們先更新 u_4 然後 u_3 最後 u_2。在任何一個疊代的過程中,更新 u_i 時 u_{i-1} 的資料並無法得知,因此我們改為使用猜測值 $u_{g_{i-1}}$:

$$
u_i = \frac{u_{g_{i-1}} + \Delta x\, u_{g_i}^2}{1 + 2\Delta x\, u_{g_i}}
\tag{5.39}
$$

因為我們對相鄰的點使用的是猜測的值,在每次疊代過程間,我們為只能有效地得到 5.38 式中的反矩陣的近似解,但是在這過程裡我們已經大大的降低反算所需的記憶空間需求。這樣的妥協是個好策略,因為當矩陣元素所用的是持續被調整的猜測值時,耗用龐大的資源做精確的反矩陣運算並沒有意義。我們實際已經有效地將處理非線性項所用的疊代工作與反矩陣的疊代工作合而為單一的疊代工作。最重要的是,當疊代呈現收斂而 $u_g \rightarrow u$,反矩陣的近似解會趨向正確解,因為於 5.39 式中,使用 u_g 而非 u 所引進的誤差也會趨向零。我們得出這個解而毋需鉅細靡遺地架構出整個矩陣系統(5.38 式),大大的簡化了計算機的執行工作。

因此,疊代滿足了兩種目的:

1. 它允許大大降低記憶的需求而不失有效率的計算出反矩陣。
2. 它使我們能夠解非線性方程式。

在穩定的流動問題中,CFD 程式常被廣泛而有效使用的策略是,先解出非穩定形式的控制方程式,並「推進」這個解,直到解收斂於某個穩定值。在這種情況,每個時間增量(time step)都算得上是一個疊代,任一時間的猜測值可由前一個時間的解取得。

疊代的收斂

　　記得當 $u_g \to u$，線性化和反矩陣的誤差傾向於零。因此我們繼續疊代過程，直到一些被選擇用來度量 u_g 和 u 之間的差，稱為殘差(residual)，變得足夠的「小」。我們能，例如，把殘差 R 定義為在格點上 u 與 u_g 之差的均方根(RMS)值：

$$R \equiv \sqrt{\frac{\sum\limits_{i=1}^{N}(u_i - u_{g_i})^2}{N}}$$

　　將殘差等比例於領域中 u 之平均值是非常有用的。等比例保證殘差是一個相對而不是一個絕對的度量。藉著除以 u 的平均值依比例調整殘差

$$R = \left(\sqrt{\frac{\sum\limits_{i=1}^{N}(u_i - u_{g_i})^2}{N}}\right)\left(\frac{N}{\sum\limits_{i=1}^{N} u_i}\right) = \frac{\sqrt{N \sum\limits_{i=1}^{N}(u_i - u_{g_i})^2}}{\sum\limits_{i=1}^{N} u_i} \tag{5.40}$$

　　於我們非線性的一維例子，我們將所有格點之初始的猜測值等於其左邊界的值，也就是說，$u_g^{(1)} = 1$(其中(1)標示這是第一次疊代)。在每一次的疊代，我們從右到左逐格更新 u_g，使用 5.39 式依次更新 u_4、u_3 與 u_2，並且使用 5.40 式計算殘差。當殘差低降至 10^{-9}(稱之為收斂標準)時，我們就停止整個疊代程序。疊代過程中殘差的變動情形顯示於圖 5.18。注意縱座標使用的是對數的尺度。僅僅疊代 6 次後，疊代收斂至低於 10^{-9} 的水準。對於更複雜的問題，難免需要更多的疊代次數才足以達到收斂的程度。

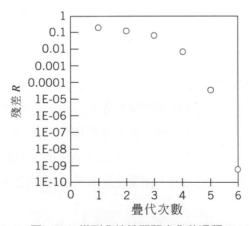

圖 5.18　模型非線性問題之收斂過程

　　疊代 2 次、4 次和 6 次之後所得到的解與正確解顯示於圖 5.19。正確解很容易被證明為

$$u_{\text{exact}} = \frac{1}{x+1}$$

於此圖中。疊代 4 次和 6 次所得到的解已難以區別。這是解已經收斂的另一個跡象。收斂的解與正確解並非十分吻合，因為我們使用較粗的格子，截尾誤差相對較高(我們在本章章末會以更細的格子重做這個問題來當作為習題)。疊代的收斂誤差，等級是 10^{-9}，被等級為 10^{-1} 的截尾誤差

所掩蓋。因此當截尾誤差的等級是10^{-1}的時候,想要迫使殘差降至10^{-9}顯然是浪費計算資源的。於一個有效率的計算裡,這兩種誤差將被設定在可比較的水準上,且小於使用者所選定的容忍誤差水準。於線性的情況($m=1$),對於更細的格子,數值解和正確解之間的一致性應該會好很多。不同的 CFD 程式使用略微不同的殘差定義。你應該閱讀應用軟體的文件以了解殘差如何計算。

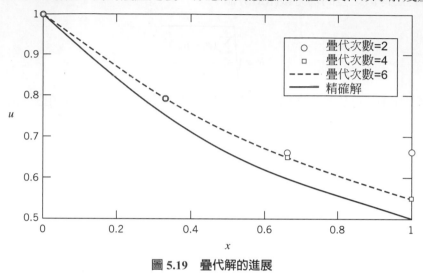

圖 5.19 疊代解的進展

結論

在我們的簡單的一維例子裡,疊代收斂得非常迅速的。實際上,常遇見許多的實例是疊代的過程無法收斂或是收斂極為緩慢。因此,知道在什麼情況下數值方法才會收斂的前提是很有用的。這需要經過執行數值方法的穩定性分析來決定。如果想深入研究 CFD 方面的課題,數值方法的穩定性分析與用來克服非收斂之各式的穩定性策略是非常重要的課題而且需要你深入探索。

很多工程上的流動屬於擾流,大致的特徵是,不論空間或時間,其速度和壓力都近乎隨機的上下波動。擾流經常發生在雷諾數的上限情況。對大多數的擾流流動,要解決冗長的時間範圍和長度尺度等問題是難以做到的,即使使用了高速的電腦亦然。取而代之的做法是,我們求取流動性質於統計上的平均值。為了做這件事,必須將擾流模型加入控制方程式。令人遺憾的是,沒有單一的擾流模型能一體適用於所有的流動情況,所以大多數的 CFD 軟體允許你從幾個模型之中挑選所要的。在你使用一個擾流模型之前,你需要針對所欲考慮之流動類型下,這個模型的可能性和侷制性。

在這裡簡短的介紹裡,我們試圖解釋 CFD 背後的一些概念。因為開發 CFD 程式是非常的困難與耗時的,大多數的工程師多使用商業軟體如 Fluent [6] 與 STAR-CD [7]。這段介紹文字希望有助於你認識隱身於那些應用軟體背後的複雜性,因此它們不完全是變戲法的「黑盒子」。

5-6 摘要和常用的方程式

在本章中,我們知道:

✓ 將質量守恆微分方程式，導成直角座標系統以及圓柱座標系統的向量式。

✓ *定義二維不可壓縮流體的流線函數 ψ，以及學習如何由它導出速度分量，並由速度場求得 ψ。

✓ 學習如何由速度場，得到流體粒子的總、區域以及對流加速度。

✓ 以範例說明了流體粒子轉移以及轉動的情形，以及線性與角形變。

✓ 定義流體的渦流以及環流。

✓ 導出並解出在一些簡單的情況中的 Navier-Stokes 方程式，並探討每一項的物理意義。

✓ *介紹了計算流體力學背後的一些基本想法。

　　我們也探究了一些像是如何利用速度場，來知道一個流體是否為不可壓縮，以及已知二維不可壓縮流場的一個速度分量，來知道如何導出另一項速度分量。

　　這一章中，我們研究了黏性應力在流體粒子形變以及轉動上的效應；下一章我們會討論黏性效應可以忽略的流體。

注意： 在下表中所列的常用的方程式中多數有侷限性或者限制──請參見它們的內文敘述，以了解相關的細節！

常用的方程式	
連續方程式(一般性、直角座標)	$\dfrac{\partial \rho u}{\partial x} + \dfrac{\partial \rho v}{\partial y} + \dfrac{\partial \rho w}{\partial z} + \dfrac{\partial \rho}{\partial t} = 0$ (5.1a) $\nabla \cdot \rho \vec{V} + \dfrac{\partial \rho}{\partial t} = 0$ (5.1b)
連續方程式(不可壓縮、直角座標)	$\dfrac{\partial u}{\partial x} + \dfrac{\partial v}{\partial y} + \dfrac{\partial w}{\partial z} = \nabla \cdot \vec{V} = 0$ (5.1c)
連續方程式(穩定流動、直角座標)	$\dfrac{\partial \rho u}{\partial x} + \dfrac{\partial \rho v}{\partial y} + \dfrac{\partial \rho w}{\partial z} = \nabla \cdot \rho \vec{V} = 0$ (5.1d)
連續方程式(一般性、圓柱座標)	$\dfrac{1}{r}\dfrac{\partial (r\rho V_r)}{\partial r} + \dfrac{1}{r}\dfrac{\partial (\rho V_\theta)}{\partial \theta} + \dfrac{\partial (\rho V_z)}{\partial z} + \dfrac{\partial \rho}{\partial t} = 0$ (5.2a) $\nabla \cdot \rho \vec{V} + \dfrac{\partial \rho}{\partial t} = 0$ (5.1b)
連續方程式(不可壓縮、圓柱座標)	$\dfrac{1}{r}\dfrac{\partial (rV_r)}{\partial r} + \dfrac{1}{r}\dfrac{\partial V_\theta}{\partial \theta} + \dfrac{\partial V_z}{\partial z} = \nabla \cdot \vec{V} = 0$ (5.2b)
連續方程式(穩定流動、圓柱座標)	$\dfrac{1}{r}\dfrac{\partial (r\rho V_r)}{\partial r} + \dfrac{1}{r}\dfrac{\partial (\rho V_\theta)}{\partial \theta} + \dfrac{\partial (\rho V_z)}{\partial z} = \nabla \cdot \rho \vec{V} = 0$ (5.2c)
連續方程式 (二維、不可壓縮、直角座標)	$\dfrac{\partial u}{\partial x} + \dfrac{\partial v}{\partial y} = 0$ (5.3)
流線函數 (二維、不可壓縮、直角座標)	$u \equiv \dfrac{\partial \psi}{\partial y}$ and $v \equiv -\dfrac{\partial \psi}{\partial x}$ (5.4)
連續方程式 (二維、不可壓縮、圓柱座標)	$\dfrac{\partial (rV_r)}{\partial r} + \dfrac{\partial V_\theta}{\partial \theta} = 0$ (5.7)
流線函數 (二維、不可壓縮流體、圓柱座標)	$V_r \equiv \dfrac{1}{r}\dfrac{\partial \psi}{\partial \theta}$ and $V_\theta \equiv -\dfrac{\partial \psi}{\partial r}$ (5.8)
粒子加速度(直角座標)	$\dfrac{D\vec{V}}{Dt} \equiv \vec{a}_p = u\dfrac{\partial \vec{V}}{\partial x} + v\dfrac{\partial \vec{V}}{\partial y} + w\dfrac{\partial \vec{V}}{\partial z} + \dfrac{\partial \vec{V}}{\partial t}$ (5.9)

---

* 本主題應用於可被略過但並不會影響教材的連貫性之章節。

粒子加速度的直角座標分量	$a_{x_p} = \dfrac{Du}{Dt} = u\dfrac{\partial u}{\partial x} + v\dfrac{\partial u}{\partial y} + w\dfrac{\partial u}{\partial z} + \dfrac{\partial u}{\partial t}$	(5.11a)
	$a_{y_p} = \dfrac{Dv}{Dt} = u\dfrac{\partial v}{\partial x} + v\dfrac{\partial v}{\partial y} + w\dfrac{\partial v}{\partial z} + \dfrac{\partial v}{\partial t}$	(5.11b)
	$a_{z_p} = \dfrac{Dw}{Dt} = u\dfrac{\partial w}{\partial x} + v\dfrac{\partial w}{\partial y} + w\dfrac{\partial w}{\partial z} + \dfrac{\partial w}{\partial t}$	(5.11c)
粒子加速度的圓柱座標分量	$a_{r_p} = V_r\dfrac{\partial V_r}{\partial r} + \dfrac{V_\theta}{r}\dfrac{\partial V_r}{\partial \theta} - \dfrac{V_\theta^2}{r} + V_z\dfrac{\partial V_r}{\partial z} + \dfrac{\partial V_r}{\partial t}$	(5.12a)
	$a_{\theta_p} = V_r\dfrac{\partial V_\theta}{\partial r} + \dfrac{V_\theta}{r}\dfrac{\partial V_\theta}{\partial \theta} + \dfrac{V_r V_\theta}{r} + V_z\dfrac{\partial V_\theta}{\partial z}$ $+ \dfrac{\partial V_\theta}{\partial t}$	(5.12b)
	$a_{z_p} = V_r\dfrac{\partial V_z}{\partial r} + \dfrac{V_\theta}{r}\dfrac{\partial V_z}{\partial \theta} + V_z\dfrac{\partial V_z}{\partial z} + \dfrac{\partial V_z}{\partial t}$	(5.12c)
Navier-Stokes 方程式 (不可壓縮、粘度不變)	$\rho\left(\dfrac{\partial u}{\partial t} + u\dfrac{\partial u}{\partial x} + v\dfrac{\partial u}{\partial y} + w\dfrac{\partial u}{\partial z}\right)$ $= \rho g_x - \dfrac{\partial p}{\partial x} + \mu\left(\dfrac{\partial^2 u}{\partial x^2} + \dfrac{\partial^2 u}{\partial y^2} + \dfrac{\partial^2 u}{\partial z^2}\right)$	(5.27a)
	$\rho\left(\dfrac{\partial v}{\partial t} + u\dfrac{\partial v}{\partial x} + v\dfrac{\partial v}{\partial y} + w\dfrac{\partial v}{\partial z}\right)$ $= \rho g_y - \dfrac{\partial p}{\partial y} + \mu\left(\dfrac{\partial^2 v}{\partial x^2} + \dfrac{\partial^2 v}{\partial y^2} + \dfrac{\partial^2 v}{\partial z^2}\right)$	(5.27b)
	$\rho\left(\dfrac{\partial w}{\partial t} + u\dfrac{\partial w}{\partial x} + v\dfrac{\partial w}{\partial y} + w\dfrac{\partial w}{\partial z}\right)$ $= \rho g_z - \dfrac{\partial p}{\partial z} + \mu\left(\dfrac{\partial^2 w}{\partial x^2} + \dfrac{\partial^2 w}{\partial y^2} + \dfrac{\partial^2 w}{\partial z^2}\right)$	(5.27c)

參考文獻

[1] Li，W. H.，and S. H. Lam，*Principles of Fluid Mechanics*. Reading，MA：Addison-Wesley，1964.

[2] Daily，J. W.，and D. R. F. Harleman，*Fluid Dynamics*. Reading，MA：Addison-Wesley，1966.

[3] Schlichting，H.，B*oundary-Layer Theory*，7th ed. New York：McGraw-Hill，1979.

[4] White，F. M.，*Viscous Fluid Flow*，3rd ed. New York：McGraw-Hill，2000.

[5] Sabersky，R. H.，A. J. Acosta，E. G. Hauptmann，and E. M. Gates，*Fluid Flow—A First Course in Fluid Mechanics*，4th ed. New Jersey：Prentice Hall，1999.

[6] *Fluent*. Fluent Incorporated，Centerra Resources Park，10 Cavendish Court，Lebanon，NH 03766(www.fluent.com)．

[7] *STAR-CD*. Adapco，60 Broadhollow Road，Melville，NY 11747(www.cd-adapco.com)．

本章習題

◆ 題號前註有「*」之習題需要學過前述可被略過而不會影響教材的連貫性之章節內容。

5.1 以下哪一組方程式，可能是二維不可壓縮流體？

    a. $u = 2x^2 + y^2 - x^2 y$; $v = x^3 + x\left(y^2 - 2y\right)$

    b. $u = 2xy - x^2 + y$; $v = 2xy - y^2 + x^2$

    c. $u = xt + 2y$; $v = xt^2 - yt$

    d. $u = \left(x + 2y\right)xt$; $v = -\left(2x + y\right)yt$

5.2 以下哪一組方程式，可能是三維不可壓縮流體？

    a. $u = y^2 + 2xz$; $v = -2yz + x^2 yz$; $w = \dfrac{1}{2} x^2 z^2 + x^3 y^4$

    b. $u = xyzt$; $v = -xyzt^2$; $w = \left(z^2 / 2\right)\left(xt^2 - yt\right)$

    c. $u = x^2 + y + z^2$; $v = x - y + z$; $w = -2xz + y^2 + z$

5.3 速度場的三個速度分量已知為 $u = Ax + By + Cz$、$v = Dx + Ey + Fz$ 與 $w = Gx + Hy + Jz$。若這可能是不可壓縮流場的話，求參數 A 到 J 間的關係。

5.4 對 xy 平面上的流體，速度的 x 分量已知為 $u = Ax\left(y - B\right)$，其中 $A = 3.3\,\text{m}^{-1} \cdot \text{s}^{-1}$，$B = 1.8\text{m}$，且 x 與 y 單位為公尺。對穩定、不可壓縮流體而言，求可能的 y 分量。對不穩定、不可壓縮流體，這也為正確嗎？為什麼？可能會有幾個 y 分量？

5.5 對 xy 平面上的流體，速度的 x 分量已知為 $u = x^3 - 3xy^2$，對穩定、不可壓縮流體而言，求可能的 y 分量。對不穩定、不可壓縮流體，這也為正確嗎？為什麼？可能會有幾個 y 分量？

5.6 xy 平面上穩定、不可壓縮流場內速度的 x 分量為 $u = A/x$，其中 $A = 2\,\text{m}^2 / \text{s}$，且 x 單位為公尺。求該流場速度的最簡 y 分量。

5.7 xy 平面上穩定、不可壓縮流場內速度的 y 分量為 $v = Axy\left(y^2 - x^2\right)$，其中 $A = 2\,\text{m}^{-3} \cdot \text{s}^{-1}$，且 x 與 y 單位為公尺。求該流場速度的最簡 x 分量。

5.8 xy 平面上穩定不可壓縮流場內速度的 x 分量為 $u = Ae^{x/b} \cos(y/b)$，其中 $A = 10\text{m/s}$，$b = 5\text{m}$，且 x 與 y 單位為公尺。求該流場速度的最簡 y 分量。

5.9 xy 平面上穩定不可壓縮流場內速度的 y 分量為

$$v = \frac{2xy}{(x^2 + y^2)^2}$$

證明速度的 x 分量最簡單的表達式是

$$u = \frac{1}{(x^2 + y^2)} - \frac{2y^2}{(x^2 + y^2)^2}$$

5.10 不可壓縮層流邊界層內的速度 x 分量之概略近似值，從表面($y = 0$)為 $u = 0$，線性變化至邊界層邊緣($y = \delta$)為自由流體 U。分布情況方程式為 $u = Uy/\delta$，其中 $\delta = cx^{1/2}$ 與 c 為常數。說明速度 y 分量最簡單表示式為 $v = uy/4x$。計算當在 $x = 0.5\text{m}$ 與 $\delta = 5\text{mm}$ 位置時，v/U 比例的最大值。

5.11 🖱

不可壓縮層流邊界層內的速度 x 分量之概略近似值,從表面($y=0$)爲 $u=0$,拋物線變化至邊界層邊緣($y=\delta$)爲自由流體 U。分布情況方程式爲 $u/U=2(y/\delta)-(y/\delta)^2$,其中 $\delta=cx^{1/2}$ 與 c 爲常數。說明速度分量最簡單表示式爲

$$\frac{v}{U} = \frac{\delta}{x}\left[\frac{1}{2}\left(\frac{y}{\delta}\right)^2 - \frac{1}{3}\left(\frac{y}{\delta}\right)^3\right]$$

畫出 v/U 對 y/δ 的圖。求出比值 v/U 最大值的位置。計算當 $\delta=5$mm 與 $x=0.5$m 時,比例爲多少。

5.12 🖱

不可壓縮層流邊界層內的速度 x 分量之概略近似值,從表面($y=0$)爲 $u=0$,正弦變化至邊界層邊緣($y=\delta$)爲自由流體 U。分布情況方程式爲 $u=U\sin(\pi y/2\delta)$,其中 $\delta=cx^{1/2}$ 與 c 爲常數。說明速度 y 分量的最簡單表示式爲如下

$$\frac{v}{U} = \frac{1}{\pi}\frac{\delta}{x}\left[\cos\left(\frac{\pi}{2}\frac{y}{\delta}\right) + \left(\frac{\pi}{2}\frac{y}{\delta}\right)\sin\left(\frac{\pi}{2}\frac{y}{\delta}\right) - 1\right]$$

將 u/U 與 v/U 對 y/δ 作圖。求出 v/U 比例最大值的位置。計算當 $x=0.5$m 與 $\delta=5$mm 時比例爲何。

5.13 🖱

不可壓縮層流邊界層內的速度 x 分量之概略近似值,從表面($y=0$)爲 $u=0$,立方變化至邊界層邊緣($y=0$)爲自由流體 U。分布情況方程式爲 $u/U = \frac{3}{2}(y/\delta) - \frac{1}{2}(y/\delta)^3$,其中 $\delta=cx^{1/2}$ 與 c 爲常數。

導出 v/U 速度比的 y 分量之最簡單表示式,以 u/U 與 v/U 對 y/δ 作圖。求出 v/U 比例最大值的位置。計算當 $\delta=5$mm 與 $x=0.5$m 時比例爲多少。

5.14 🖱

xy 平面上穩定、不可壓縮流場內速度的 y 分量爲 $v=-Bxy^3$,其中 $B=0.2$ m$^{-3}\cdot$s^{-1},且 x 與 y 單位爲公尺。求該流場速度的最簡 x 分量。求流線函數,繪出通過點(1,4) 與 (2,4)的流線。

5.15 🖱

對 xy 平面上的流體,速度的 x 分量已知爲 $u=Ax^2y^2$,其中 $A=0.3$ m$^{-3}\cdot$s^{-1},且 x 與 y 單位爲公尺。對穩定、不可壓縮流體而言,求可能的 y 分量。對不穩定、不可壓縮流體,這也爲正確嗎?爲什麼?可能會有幾個 y 分量?求速度 y 分量的最簡流線函數。繪出通過點(1,4)與(2,4)的流線。

5.16 利用對 O 點的泰勒展開式,展開密度與速度分量 ρu、ρv 以及 ρw 的乘積,導出直角座標內質量守恆微分方程式。說明結果等於 5.1a 式。

5.17 已知一個從旋轉中的草坪灑水器噴出來的水流,說明水流的徑線以及跡線。

5.18 以下哪一組方程式,可能是不可壓縮流體?

    a. $V_r = U\cos\theta$; $V_\theta = -U\sin\theta$

    b. $V_r = -q/2\pi r$; $V_\theta = K/2\pi r$

    c. $V_r = U\cos\theta[1-(a/r)^2]$; $V_\theta = -U\sin\theta[1+(a/r)^2]$

5.19 位於 $r\theta$ 平面的不可壓縮流體,速度的 r 分量已知爲 $V_r = -\Lambda\cos\theta/r^2$。求速度可能的 θ 分量。可能會有幾個 θ 分量?

5.20 兩個半徑為 R 的平行圓盤間剪切的黏性液體，圓盤其中一個轉動，其中一個固定。速度場完全為正切，速度隨 z 成線性變化，由速度在 $z=0$(固定圓盤)為 $V_\theta = 0$，變化至在轉動圓盤表面 $(z=h)$。請導出兩圓盤間的速度場表示式。

5.21 計算圓柱座標中的 $\nabla \cdot \rho \vec{V}$。利用圓柱座標中 ∇ 的定義。使用 5-節最末的註腳 1 的提示。代入速度向量並執行所示的運算，集中各個項並加以簡化；說明結果與 5.2c 式相等。

5.22 圓柱座標內的速度場已知為 $\vec{V} = \hat{e}_r A/r + \hat{e}_\theta B/r$，其中 A 與 B 為單位 m^2/s 的常數。請問這可能是不可壓縮流體嗎？繪出通過點 $r_0 = 1m$，$\theta = 90$ 度的流線，若 $A = B = 1\,m^2/s$，若 $A = 1\,m^2/s$ 以及 $B=0$，若 $B = 1\,m^2/s$ 以及 $A=0$。

*5.23 範例 5.7 中測黏流體的速度場為 $\vec{V} = U(y/h)\hat{i}$，求該流體的流線函數。標出將整個流速區分成兩個相等區塊的流線位置。

*5.24 求出產生速度場 $\vec{V} = y(2x+1)\hat{i} + \left[x(x+1) - y^2\right]\hat{j}$ 的流線函數群 ψ。

*5.25 某不可壓縮流場的流線函數已知為 $\psi = -Ur\sin\theta + q\theta/2\pi$。求速度場表示式，求當 $|\vec{V}| = 0$ 的停滯點，並證明其 $\psi = 0$。

*5.26 請問習題 5.22 中的速度場可能為不可壓縮流體嗎？若是的話，請繪出該流體的流線。若不是的話，請計算流場中密度變化率。

*5.27 已知速度分量為 $u=0$、$v = y(y^2 - 3z^2)$ 與 $w = z(z^2 - 3y^2)$ 的流體。

　　a. 請問它是一維、二維或是三維的流體？

　　b. 證明它是可壓縮還是不可壓縮流體。

　　c. 若可能的話，導出該流體的流線函數。

*5.28 無摩擦不可壓縮流場可有流線函數 $\psi = -2Ax - 5Ay$ 來具體說明，其中 $A = 1m/s$，且 x 與 y 的座標單位為公尺。繪出流線 $\psi = 0$ 與 $\psi = 5$。說明位於圖上點 $(0, 0)$ 的速度向量方向。求通過點 $(2, 2)$ 與 $(4, 1)$ 的流線間流速的大小。

*5.29 正 x 方向平行一維流體，速度由 $y=0$ 的零，線性變化至 $y=1.5m$ 的 $30m/s$。求流線函數 ψ 的表示式。也請求介於 $y=0$ 以及 $y=1.5m$ 間，總體積流率一半的 y 座標。

*5.30 習題 5.10 中的不可壓縮層流邊界層內的流體，以線性速度分布來模擬，導出該流場的流線函數。找出位於第一象限的流線以及邊界層內總體機流率一半的位置。

*5.31 習題 5.11 中的不可壓縮層流邊界層內的流體，以拋物線速度分布來模擬，導出該流場的流線函數。找出位於第一象限的流線以及邊界層內總體機流率一半的位置。

*5.32 導出習題 5.12 中，用來模擬邊界層速度 x 分量的正弦近似法的流線函數。找出位於第一象限的流線以及邊界層內總體機流率一半的位置。

*5.33 習題 5.13 中的不可壓縮層流邊界層內的流體，以立方速度分布來模擬，導出該流場的流線函數。找出位於第一象限的流線以及邊界層內總體機流率一半的位置。

*5.34 習題 5.6 中的剛體運動可由速度場公式 $\vec{V} = r\omega\hat{e}_\theta$ 來模擬。求該流場的流線函數。計算 $r_1 = 0.10m$ 與 $r_2 = 0.12m$ 間單位深度的體積流率，若 $\omega = 0.5\,rad/s$。繪出沿著常數線 θ 的速度分布。請核對利用沿著這條線的速度場積分所得的流線函數，所計算出來的流率。

*5.35 習題 5.6 證明了 $r\theta$ 平面上渦流的速度場為 $\vec{V} = \hat{e}_\theta C/r$，請找出該流體的流線函數。計算 $r_1 = 0.10\text{m}$ 與 $r_2 = 0.12\text{m}$ 間單位深度的體積流率，若 $C = 0.5\ \text{m}^2/s$。繪出沿著常數線 θ 的速度分布。請核對利用沿著這條線的速度場積分所得的流線函數，所計算出來的流率。

5.36 已知 xy 平面上的速度場公式 $\vec{V} = A(x^4 - 6x^2y^2 + y^4)\hat{i} + A(4xy^3 - 4x^3y)\hat{j}$，其中 $A = 0.25\ \text{m}^{-3}\cdot\text{s}^{-1}$，且座標軸單位為公尺。這可能為不可壓縮流場嗎？計算通過點 $(x,y) = (2,1)$ 的流體粒子的加速度。

5.37 已知流場公式 $\vec{V} = xy^2\hat{i} - \frac{1}{3}y^3\hat{j} + xy\hat{k}$。求(a)流體的維數。(b)它是否可能為不可壓縮流體且(c)通過 $(x, y, z) = (1, 2, 3)$ 的流體粒子加速度。

5.38 已知流場公式 $\vec{V} = ax^2y\hat{i} - by\hat{j} + cz^2\hat{k}$，其中 $a = 1\ \text{m}^{-2}\cdot\text{s}^{-1}$、$b = 3\ \text{s}^{-1}$ 且 $c = 2\ \text{m}^{-1}\cdot\text{s}^{-1}$。試求(a)流體的維數。(b)它是否可能為不可壓縮流體且(c)通過 $(x, y, z) = (3, 1, 2)$ 的流體粒子加速度。

5.39 層流邊界層內的速度場可利用下列公式來求近似值

$$\vec{V} = \frac{AUy}{x^{1/2}}\hat{i} + \frac{AUy^2}{4x^{3/2}}\hat{j}$$

這個表示式中，$A = 141\ \text{m}^{-1/2}$ 且 $U = 0.240\text{m/s}$ 為自由流速度。試證明該速度場，可能為不可壓縮流體。計算通過點 $(x，y) = (0.5\text{m}，0.5\text{m})$ 的流體粒子的加速度。求通過該點流線的斜率。

5.40 xy 平面上穩定、不可壓縮流場內速度的 x 分量為 $u = A(x^5 - 10x^3y^2 + 5xy^4)$，其中 $A = 2\ \text{m}^{-4}\cdot\text{s}^{-1}$，且 x 單位為公尺。求該流場速度的最簡 y 分量。計算通過點 $(x, y) = (1, 3)$ 的流體粒子的加速度。

5.41 已知 xy 平面上的速度場 $\vec{V} = Ax/(x^2 + y^2)\hat{i} + Ay/(x^2 + y^2)\hat{j}$，其中 $A = 10\ \text{m}^2/s$，且 x 與 y 單位為公尺。這可能為不可壓縮流場嗎？導出流體加速度表示式。求沿著 x 軸、y 軸以及 $y=x$ 線的速度以及加速度。請問妳如何推斷出這個流場？

5.42 二維不可壓縮流場速度的 y 分量已知為 $v = -Axy$，其中 v 單位為 m/s，x 與 y 單位為公尺，且 A 為有因次常數。z 方向沒有速度分量或是變化。求有因次常數 A。求該速度場中最簡單的速度 x 分量。計算通過點 $(x, y) = (1, 2)$ 的流體粒子的加速度。

5.43 黏度可忽略的不可壓縮液體，穩定地通過一個固定直徑的水平管，位於長度 $L = 0.3\text{m}$ 的多孔性區域，液體以固定單位長度的速率流失，所以管內均勻的軸向速度為 $u(x) = U(1 - x/2L)$，其中 $U = 5\text{m/s}$。請導出沿著多孔性區域中心線的流體粒子加速度的表示式。

5.44 🖱

黏性可以忽略的不可壓縮流體穩定地流過一根水平的管子。沿著 2m 的管長，管的直徑從 10cm 線性的增加至 2.5cm。請導出一個流體粒子沿管的中心線之加速度。如果入口處中心線的速度是 1m/s，請畫出於不同的管中心線位置的速度和加速度。

5.45 請解習題 4.118 來說明窄縫中的徑向速度為 $V_r = Q/2\pi rh$。導出縫中流體粒子加速度表示式。

5.46 已知如圖平行圓盤間低速的氣流。假設流體為不可壓縮且無黏性，且速度在任何區域只有均勻的徑向運動。流體速度在 $R = 75\text{mm}$ 為 $V = 15\text{m/s}$。簡化連續方程式來得到適合該流場的形式。證明該流場的通式為 $\vec{V} = V(R/r)\hat{e}_r$，當 $r_i \le r \le R$。計算流體粒子位於 $r = r_i$ 以及 $r = R$ 處的加速度。

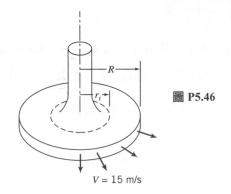

圖 P5.46

$V = 15$ m/s

5.47 🖱

作為污染研究的一環，以位置 x 為函數的濃度模型 c 已推導出如下，

$$c(x) = A(e^{-x/a} - e^{-x/2a})$$

其中 $A = 10^{-5}$ ppm(百萬分之幾) 及 $a = 1$ m。畫出從 $x = 0$ 至 $x = 10$ m 的濃度。若一輛裝有空污感測器的車輛以 $u = U(U = 20$ m/s$)$ 的速度橫越這片大氣，請推導測量之濃度 c 隨時間變化的表示式，並用所給數據繪製一張圖。感測器在什麼位置時所顯示的變化率最劇烈，且這個變化率的值是多少？

5.48 飛機以地面速度 480km/h 往北飛行。爬升速度為 15m/s，垂直溫度梯度為每 km 高度 $-5.6℃$。通過冷鋒處，地面溫度與地點變化為每 km 下降 $0.345℃$。計算機上記錄器所指示出的溫度變化速率。

5.49 飛機通過一道冷鋒，機上的儀器顯示大氣溫度每分鐘會下降 $0.28℃$。其他儀器指示，氣流速度為 154m/s，上升速度為 18m/s。鋒面穩定且垂直面均勻，計算溫度隨冷鋒垂直距離改變的速率。

5.50 降雨過後，河流中某特定點的沈降濃度增加速度為每小時 100ppm。除此之外，沈降濃度會往下游增加，是因為支流的流入；增加的速率為每英里 50ppm。該點的流速為 0.8km/h。有一艘船，用來研究該沈降濃度，當船隻往上游移動、隨波逐流或是往下游移動時，操作員很驚訝地發現有三種明顯不同的沈降速率，請以物理解釋，為何會發現三種不同的現象？若船速為 4km/h，計算這三種速度變化。

5.51 在直角座標中，利用直接取代速度向量來詳細說明 $(\vec{V} \cdot \nabla)\vec{V}$，來得到流體粒子的對流加速度。驗證 5.11 式所得的結果。

5.52 🖱

一速度場表示式為 $\vec{V} = (Ax - B)\hat{i} + Cy\hat{j} + Dt\hat{k}$，其中 $A = 2$ s^{-1}、$B = 4$ m·s^{-1}、$D = 5$ m·s^{-2}，座標軸是以公尺測量。求 C 的合適值，若速度場不可壓縮。計算位於點$(x, y) = (3, 2)$的流體粒子的加速度。在 xy 平面上繪出幾條流線。

5.53 🖱

一穩定二維速度場為 $\vec{V} = Ax\hat{i} - Ay\hat{j}$，其中 $A = 1$ s^{-1}。說明該流體的流線為雙曲線 $xy = C$。求該速度場中流體粒子加速度通式。計算位於這些點 $(x, y) = \left(\dfrac{1}{2}, 2\right)$、$(1, 1)$ 以及 $\left(2, \dfrac{1}{2}\right)$ 的流體粒子加速度，其中 x 與 y 是以公尺來測量。繪出 $C = 0$、1 以及 2m^2 所對應的流線，並說明位於流線圖上的加速度向量。

5.54 🖱

一速度場表示式為 $\vec{V} = (Ax - B)\hat{i} - Ay\hat{j}$，其中 $A = 0.2$ s⁻¹、$B = 0.6$ m·s⁻¹，座標軸是以公尺測量。求該速度場流體粒子的加速度通式。計算位於點 $(x, y) = \left(0, \frac{4}{3}\right)$、$(1, 2)$ 以及$(2, 4)$ 的流體粒子加速度。

在 xy 平面上繪出幾條流線。在流線圖上標出加速度向量。

5.55 🖱

請問習題 2.16 中的速度場可能為不可壓縮流體嗎？求出並繪出，在 $t = 1.5$s 時，通過點$(x, y) = (2, 4)$的流線。對位於同時間同地點的粒子，在圖上標出其速度向量以及區域、對流以及總加速度的向量。

5.56 習題 5.10 中使用的線性近似速度分布，用來模擬平板上不可壓縮層流邊界層。對這個分布情形來看，請求邊界層內流體粒子加速度的 x 與 y 分量表示式。標出 x 與 y 最大加速度的位置。計算習題 5.10 中流動情形的最大 x 強度與最大 y 強度的比例。

5.57 🖱

習題 5.11 中使用的拋物線近似速度分布，用來模擬平板上不可壓縮層流邊界層。對這個分布情形來看，請求邊界層內流體粒子加速度的 x 分量 a_x。對於 $U = 6$m/s 的流體，繪出位於 $x = 0.8$m 處的 a_x，其中 $\delta = 1.2$mm，求出在該 x 位置 a_x 的最大值。

5.58 🖱

習題 5.12 中使用的正弦近似速度分布，用來模擬平板上不可壓縮層流邊界層。對這個分布情形來看，請求邊界層內流體粒子加速度的 x 與 y 分量表示式。對於 $U = 5$m/s 的流體，繪出位於 $x = 1$m 處的 a_x 與 a_y，其中 $\delta = 1$mm，求出在該 x 位置 a_x 與 a_y 的最大值。

5.59 空氣流入介於兩緊密放置的平行圓盤間，高度為 h 的窄縫內，經由圖中的多孔面流入。利用控制體積，以及位置 x 上的外表面，來說明 x 方向的均勻速度為 $u = v_0 x/h$。求出 y 方向速度分量的表示式。計算間隙內流體粒子的加速度。

圖 P5.59

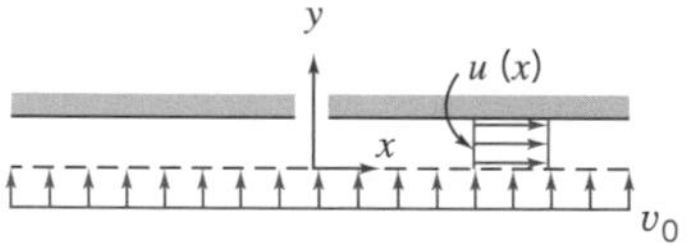

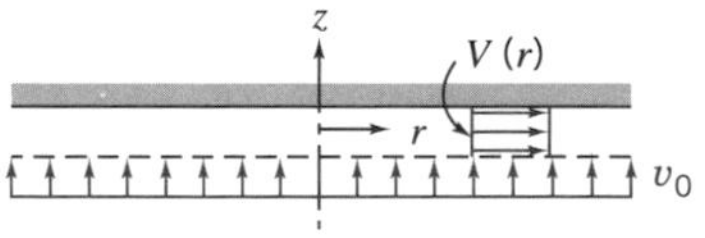

圖 P5.60

5.60 空氣流入介於兩緊密放置的平行圓盤間，高度為 h 的窄縫內，經由圖中的多孔面流入。利用控制體積，以及位置 r 上的外表面，來說明 r 方向的均勻速度為 $V = v_0 r/2h$。求出 z 方向$(v_0 \ll V)$速度分量的表示式。計算間隙內流體粒子的加速度分量。

5.61 🖱

從左到右通過半徑 R 的圓柱之穩定無黏性流體，其速度場為：

$$\vec{V} = U\cos\theta\left[1 - \left(\frac{R}{r}\right)^2\right]\hat{e}_r - U\sin\theta\left[1 + \left(\frac{R}{r}\right)^2\right]\hat{e}_\theta$$

求沿著停滯流線$(\theta = \pi)$，以及沿著圓柱表面$(r = R)$ 運動的流體粒子加速度表示式。繪出 $\theta = \pi$ 時，a_r 的 r/R 函數圖，及 $r = R$ 時的 θ 函數圖；繪出 $r = R$ 時，a_θ 的 θ 函數圖。在圖上作註解。求加速度到達最大以及最小值的位置。

5.62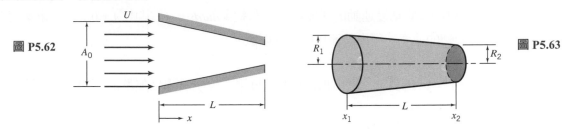

如圖所示，已知通過噴嘴的不可壓縮流體，噴嘴面積為 $A = A_0(1 - bx)$ ，入口速度變化是依據 $U = U_0 (1 - e^{-\lambda t})$ ，其中 $A_0 = 0.5\text{m}^2$、$L = 5\text{m}$、$b = 0.1\ \text{m}^{-1}$、$\lambda = 0.2\ \text{s}^{-1}$ 且 $U_0 = 5\text{m/s}$。求出並繪出中心線的加速度，參數為時間。

圖 P5.62

圖 P5.63

5.63

已知通過圖中的圓形通道的一維不可壓縮流體。截面①的速度為 $U = U_0 + U_1 \sin\omega t$，其中 $U_0 = 20\text{m/s}$、$U_1 = 2\text{m/s}$ 且 $\omega = 0.3\text{rad/s}$。管線尺寸為 $L = 1\text{m}$、$R_1 = 0.2\text{m}$ 且 $R_2 = 0.1\text{m}$。求管線出口粒子加速度。繪出結果在整個圓形內，都為時間的函數。同一圖形上，若通道為固定面積，而不是收縮，說明管線出口處的加速度，並解釋曲線不同間的差異。

5.64 再一次探討習題 5.53 中的穩定二維速度場。求粒子座標 $x_p = f_1(t)$ 與 $y_p = f_2(t)$，為時間以及粒子初始位置在 $t = 0$ 為 $(x_0，y_0)$ 的函數表示式。決定粒子由初始位置 $(x_0, y_0) = \left(\dfrac{1}{2}, 2\right)$ 到位置 $(x,$ $y) = (1，1)$ 與 $\left(2, \dfrac{1}{2}\right)$ 所需的時間，並比較微分 $f_1(t)$ 與 $f_2(t)$ 所得到粒子加速度，與習題 5.53 所得到的，有什麼不一樣。

5.65 在直角座標中利用直接取代速度向量詳細解說 $(\vec{V} \cdot \nabla)\vec{V}$，來得到流體粒子的對流加速度(回想註腳 1 中的提示)。驗證 5.12 式所得的結果。

5.66 若存在的話，習題 5.1 中的那些流場屬於非旋轉者？

5.67 流體的速度場為 $\vec{V} = (x^7 - 21x^5 y^2 + 35x^3 y^4 - 7xy^6)\hat{i} + (7x^6 y - 35x^4 y^3 + 21x^2 y^5 - y^7)\hat{j}$。說明該速度場是否為(a) 不可壓縮流體，以及(b) 非旋轉。

5.68 再一次考慮習題 5.12 中用來模擬邊界層內速度 x 分量，所用的正弦速度分布情形，忽略速度垂直分量。計算沿著由 $x = 0.4\text{m}$、$x = 0.6\text{m}$、$y = 0$ 以及 $y = 8\text{mm}$ 所包圍之輪廓的環流。若它再往下游 0.2m 處進行的話，該計算結果會是怎樣？假設 $U = 0.5\text{m/s}$。

5.69 已知習題 5.8 中，$A = 0.3\ \text{s}^{-1}$ 的直角「角落」的速度場 $\vec{V} = Ax\hat{i} - Ay\hat{j}$，計算習題 5.8 中單位正方形的環流。

5.70 已知位於 $u = Axy$ 以及 $v = By^2$ 的二維流場，其中 $A = 1\ \text{m}^{-1} \cdot \text{s}^{-1}$、$B = -\frac{1}{2}\ \text{m}^{-1} \cdot \text{s}^{-1}$ 以及座標都以公尺量測。試證明該速度場，可能為不可壓縮流體。求位於點 $(x, y) = (1, 1)$ 的轉動情形。計算沿著由 $y = 0$、$x = 1$、$y = 1$ 以及 $x = 0$ 所圍繞的「曲面」上的環流。

*5.71 已知由流線函數 $\psi = x^6 - 15x^4 y^2 + 15x^2 y^4 - y^6$ 所表示的流場，這可能為二維不可壓縮流體嗎？流體為無漩流嗎？

*5.72 已知由流線函數 $\psi = 3x^5y - 10x^3y^3 + 3xy^5$ 所表示的流場,這可能為二維不可壓縮流體嗎?流體為無漩流嗎?

*5.73 已知由流線函數 $\psi = -A/2(x^2+y^2)$ 所表示的流場,其中 A = 常數。這可能為二維不可壓縮流體嗎?流體為無漩流嗎?

*5.74 已知平行於 x 軸的固定切變運動的速度場,切變率為 $du/dy = A$,其中 $A = 0.1 \text{ s}^{-1}$。求速度場 $\vec{V}$ 的表示式。計算旋轉的速率。導出該流場的流線函數。

*5.75 🖱
流場由流線函數 $\psi = x^2 - y^2$ 所表示。求出相對應的速度場。說明流場為無漩流。繪出幾條流線並說明速度場。

*5.76 🖱
已知速度場 $\vec{V} = Axy\hat{i} + By^2\hat{j}$,其中 $A = 4 \text{ m}^{-1}\cdot\text{s}^{-1}$、$B = -2 \text{ m}^{-1}\cdot\text{s}^{-1}$ 且座標以公尺測量。求流體旋轉的情形。計算沿著由 $y=0$、$x=1$、$y=1$ 以及 $x=0$ 所圍繞的「曲面」上的環流。求流線函數。並繪出在第一象限的幾條流線。

*5.77 🖱
流場由流線函數 $\psi = Axy + Ay^2$ 所表示,其中 $A = 1 \text{ s}^{-1}$。說明它為不可壓縮流場。計算流體的旋轉情形。在上半平面上繪出幾條流線。

*5.78 🖱
已知速度場 $\vec{V} = (Ay + B)\hat{i} + Ax\hat{j}$,其中 $A = 6 \text{ s}^{-1}$、$B = 3 \text{ m}\cdot\text{s}^{-1}$,且座標以公尺測量。求流線函數表示式,繪出在第一象限的幾條流線(包括停滯流線)。計算沿著由 $y=0$、$x=1$、$y=1$ 以及 $x=0$ 所圍繞的「曲面」上的環流。

5.79 習題 5.7 中的測黏流體。計算與 x 軸夾 $\pm45°$ 的一對相互垂直線段平均的轉速。證明它與習題相同。

*5.80 🖱
龍捲風核心附近的速度場約為:

$$\vec{V} = -\frac{q}{2\pi r}\hat{e}_r + \frac{K}{2\pi r}\hat{e}_\theta$$

這是為非漩流場嗎?求該流體的流線函數。

5.81 已知介於兩距離為 b 的固定平行板間,由壓力驅動的流體,y 座標是從下方平板開始測量。速度場為 $u = U(y/b)[1 - (y/b)]$。求沿著高度 h、長度 L 所圍成的密閉輪廓的環流表示式。計算當 $h=b/2$ 以及 $h=b$ 時為多少。說明由 Stokes 理論(5.18 式)所積分計算出來的面積,跟這個結果相同。

5.82 圓管內完全發展流體的速度場為 $V_z = V_{max}[1 - (r/R)^2]$。計算該流體的線性以及角形變速率。求渦流向量 $\vec{\xi}$ 表示式。

5.83 已知介於兩距離為 $2b$ 的固定平行板間,由壓力驅動的流體,其中 y 座標為從管道中心來測量,速度場為 $u = u_{max}[1 - (r/R)^2]$。計算線性以及角形變速率。求渦流向量 $\vec{\xi}$ 表示式。求渦流最大處的位置。

5.84 習題 5.10 中的不可壓縮層流邊界層內的流體，以線性速度分布來模擬，請表示流體粒子的轉動情形。找出最大轉速的位置。表示流體粒子角形變速率。找出最大角形變速率的位置。表示流體粒子線性形變率。找出最大線性形變率的位置。表示 x 方向單位體積的剪切力。找出單位體積最大剪切力的位置，說明這個結論的意義。

5.85 水中層流邊界層內速度分量為 $u = U\sin(\pi y/2\delta)$，其中 $U = 3\text{m/s}$ 且 $\delta = 2\text{mm}$。速度 y 分量遠小於 u。求單位流體 x 方向單位體積的淨剪切力表示式。計算該流體的最大值。

5.86 習題 4.31 提供了圓管內完全發展層流速度分布情形為 $u = u_{\text{max}}[1 - (r/R)^2]$。求該流體 x 方向單位體積的剪應力表示式。計算習題 4.31 中的情況，最大值為多少。

*5.87 🖱

使用 *Excel* 來產生 5.28 式於 $m = 1$ 的解如圖 5.16.所示。要做這件事，你需要學習如何於 *Excel* 中執行線性代數。例如，對於 $N = 4$ 你會得到 5.34 式的矩陣方程式。想要解出這個方程式的 u 值，你必須計算 4×4 反矩陣，然後把這反矩陣乘以方程式右邊的 4×1 矩陣。於 *Excel*，要從事**陣列操作**，你必須使用下述的規則：預先選擇一個用來儲存結果的儲存格；使用適當的 *Excel* **陣列函數**(有關的細節請查閱 *Excel* 的輔助說明)；按下 Ctrl+ Shift+ Enter，而非僅僅是 Enter 鍵。例如，為了要計算 4×4 反矩陣，你會：預先選擇一個用以儲存反矩陣的 4×4 空白陣列；輸入 $= minverse([$陣列包含矩陣被倒置$])$；按下 Ctrl+ Shift+ Enter 要將一個 4×4 矩陣乘以 4×1 矩陣你會：預先選擇一個用來儲存結果的 4×1 空白陣列；輸入 $= mmult([$包含了 4×4 矩陣的陣列$]，[$包含 4×1 矩陣的陣列$])$；按下 Ctrl+ Shift+ Enter。

*5.88 🖱

遵循步驟將微分方程 5.28 式($m = 1$)轉換成一個差分方程式(例如，5.34 式 $N = 4$)，求解

$$\frac{du}{dx} + u = 2\sin(x) \qquad 0 \le x \le 1 \qquad u(0) = 0$$

對 $N = 4$、8 以及 16 並與正確解作比較

$$u_{\text{exact}} = \sin(x) - \cos(x) + e^{-x}$$

提示：*Excel* 的陣列操作方式請參照習題 5.87 所描述的規則。與 5.28 式的解答方式作比較，只有差分方程式的右邊會改變(例如，只有 5.34 式的右邊需要修改)。

*5.89 🖱

遵循步驟將微分方程 5.28 式($m = 1$)轉換成一個差分方程式(例如，5.34 式 $N = 4$)，求解

$$\frac{du}{dx} + u = x^2 \qquad 0 \le x \le 1 \qquad u(0) = 2$$

對 $N = 4$、8、以及 16 並與正確解作比較

$$u_{\text{exact}} = x^2 - 2x + 2$$

提示：請參見習題 5.88 的提示。

*5.90 🖱

一個邊長 10cm 的立方體的質量 M＝5kg 正滑過一個油膩的表面。油的黏性是 $\mu = 0.4 \, \text{N} \cdot \text{s} / \text{m}^2$，並且立方體和表面之間油的厚度是 $\delta = 0.25\text{mm}$。如果立方體的初始速度是 $u_0 = 1\text{m/s}$，使用被應用在 5.28 式之線性形式的數值法來預測立方體的第一秒的運動。使用 N＝4、8 與 16 並與正確解相互比較。

$$u_{\text{exact}} = u_0 e^{-(A\mu/M\delta)t}$$

其中 A 是接觸的面積。提示：請參見習題 5.87 的提示。

*5.91 🖱

使用 *Excel* 產生 5.28 式於 m＝2 的解如圖 5.19 所示。

*5.92 🖱

使用 *Excel* 產生 5.28 式於 m＝2 的解如圖 5.19 所示，不過使用 16 個格點以及任何為取得合理的收斂所必要的疊代。

*5.93 🖱

使用 *Excel* 產生 5.28 式於 m＝ −1 的解，此處 $u(0)$＝2，使用 4 個與 16 個格點，以及足夠的疊代，並與正確解相互比較。

$$u_{\text{exact}} = \sqrt{4 - 2x}$$

要做這件事，請遵循「處理非線性」一節所述的步驟。

*5.94 🖱

你(質量是 M＝70kg 的某個人)掉入一個湍急的河流中(河水的速度是 U＝7.5m/s)。你的速度為 u 的運動方程式是

$$M \frac{du}{dt} = k(U - u)^2$$

其中 $k = 10 \, \text{N} \cdot \text{s}^2 / \text{m}^2$ 是個常數用以說明水的阻力。請使用 *Excel* 產生並畫出你的速度與時間(前 10 秒)關係圖，這裡請使用與求取 5.28 式於 m＝2 之解相同的方式，如圖 5.19 所示，不過使用 16 個格點以及任何為取得合理的收斂所必要的疊代。將你的結果與正確解相互比較。

$$u_{\text{exact}} = \frac{kU^2 t}{M + kUt}$$

提示：取代$(U - u)$讓運動方程式看起來類似於 5.28 式。

Not only is the universe stranger than we imagine,
it is stranger than we can imagine.

Sir Arthur Eddington

不可壓縮
非黏滯流

6-1 無摩擦流動的運動方程式：尤拉方程式

6-2 流線座標中的尤拉方程式

6-3 白努利方程式——穩定流中沿流線的尤拉方程式積分

6-4 以能量方程式闡述白努利方程式

6-5 能量坡線與流力坡線

6-6 非穩定態的白努利方程式

　　——沿同一流線對尤拉方程式積分(網頁版)

6-7 非旋性流

6-8 摘要和常用的方程式

專題研究　　座頭鯨的鰭狀肢

　　儘管於第 5 章曾論及的 Navier-tokes 方程式與我們將在這一章討論的尤拉方程式，描述了流體力學中許多的現象，關於許多的不同的流動問題我們仍然有許多學習。舉例來說，傳統上對翼型以及水翼的認知是應該有平滑且流線化的前緣——即使昆蟲碎片撞擊到風力渦輪機轉子的前緣，舉例來說，會降低其性能。不過，賓州賈斯特西部大學的法蘭克費許(Frank E. Fish) 博士與杜克大學研究同事以及美國海軍高等學校已經研究座頭鯨之鰭狀肢的流體力學，鰭狀肢並非是平滑的，如圖所示的。研究人員好奇的是即使允許有的動物之外形可

座頭鯨(Humpback whale)的鰭狀肢與新的翼型設計

能的自然演變，座頭鯨似已演化出具有一排獨特駝峰或肉疣(tubercles) 的鰭狀肢，沿著鰭狀肢的前緣產生鋸齒般的外觀。

　　肉疣在那些鰭狀肢上有什麼作用呢？測試和分析(其中使用到的許多想法取材自不可壓縮無黏滯流，這種流動是這一章的主題) 已經將具有疣的翼型與類似但具有傳統平滑前緣的翼型兩相比較。這項研究已經證實失速的角度(當攻角處於某個角度時，氣流不再保有流線般的形狀而變得紊亂時，升力開始出現急劇的損失) 被大大地增加以及當失速出現時，此翼型會逐漸的失去升力，而非如同傳統翼型是驟然失去升力。除此之外，具有翼疣的翼型更有效率：它的阻力顯著的減少且有更多的升力。

　　咸信會出現這種現象是因為當氣流撞擊機翼的前緣時翼疣能劈開氣流,導致當氣流沿著翼型表面移動發展出渦流,穩定了氣流,除此之外,抑制了次級氣流沿著翼的翼展方向流到它的翼尖處,這原會引起噪音與升力的損失。

　　翼疣翼型截面未來可能使用對象包括任何講求有效率、安靜性能、具有優越失速表現的應用:風力渦輪機、飛機機翼、船隻螺旋槳及舵、家用電扇等等。甚至現有的設備如大尺寸的風力渦輪機可能被改裝為具有翼疣來改進它們的性能並降低它們的噪音。

　　在第五章中,我們花了許多精力導出可描述任何滿足連續體假設的流體微分方程式(式5.24)。也展示了如何將這些方程式化簡成各種特別的形式,最令人熟知的就是針對不可壓縮且黏性維持一定的流體所導出的 Navier-Stokes 方程式(5.27 式)如第五章中討論的,雖然 5.27 式可以描述廣泛的問題中常見流體行為(例如水、空氣或潤滑油),但是卻求不出解析解,除非是針對形式最簡單的幾何形狀與流體。舉例而言,當你緩慢攪動杯中咖啡時,即使用這些方程式去預測中咖啡的運動,仍需要使用高等計算流體力學的電腦應用軟體,而且計算這項預測所花的時間比實際上攪動的時間長得多。本章中,不再介紹 Navier-Stokes 方程式,我們將研讀尤拉方程式,這個方程式可應用於非黏滯流。雖然真正的非黏滯流並不存在,但是許多流體問題(尤其在航空動力學中)可以利用近似 $\mu = 0$ 成功地求出解析解。

6-1 　無摩擦流動的運動方程式:尤拉方程式

　　尤拉方程式為(由 5.27 式中忽略黏滯力項而得)

$$\rho \frac{D\vec{V}}{Dt} = \rho \vec{g} - \nabla p \tag{6.1}$$

由上述公式可知,對非黏滯流動而言,流體中粒子的動量改變是由物體力(假設只有重力有貢獻)以及淨壓力造成的。為方便起見,請回想微分項可寫成

$$\frac{D\vec{V}}{Dt} = \frac{\partial \vec{V}}{\partial t} + (\vec{V} \cdot \nabla)\vec{V} \tag{5.10}$$

在本章中,我們將利用 6.1 式求不可壓縮非黏滯流問題的解。除了 6.1 式之外,對於不可壓縮流,質量守恆方程式可寫成

$$\nabla \cdot \vec{V} = 0 \tag{5.1c}$$

6.1 式在直角座標下可寫成

$$\rho \left(\frac{\partial u}{\partial t} + u \frac{\partial u}{\partial x} + v \frac{\partial u}{\partial y} + w \frac{\partial u}{\partial z} \right) = \rho g_x - \frac{\partial p}{\partial x} \tag{6.2a}$$

$$\rho \left(\frac{\partial v}{\partial t} + u \frac{\partial v}{\partial x} + v \frac{\partial v}{\partial y} + w \frac{\partial v}{\partial z} \right) = \rho g_y - \frac{\partial p}{\partial y} \tag{6.2b}$$

$$\rho \left(\frac{\partial w}{\partial t} + u \frac{\partial w}{\partial x} + v \frac{\partial w}{\partial y} + w \frac{\partial w}{\partial z} \right) = \rho g_z - \frac{\partial p}{\partial z} \tag{6.2c}$$

若假設軸爲垂直方向，則 $g_x = 0$、$g_y = 0$ 且 $g_z = -g$，因此 $\vec{g} = -g\hat{k}$。

在圓柱座標中，因爲物體力只有重力，故各分量的方程式爲

$$\rho a_r = \rho\left(\frac{\partial V_r}{\partial t} + V_r\frac{\partial V_r}{\partial r} + \frac{V_\theta}{r}\frac{\partial V_r}{\partial \theta} + V_z\frac{\partial V_r}{\partial z} - \frac{V_\theta^2}{r}\right) = \rho g_r - \frac{\partial p}{\partial r} \tag{6.3a}$$

$$\rho a_\theta = \rho\left(\frac{\partial V_\theta}{\partial t} + V_r\frac{\partial V_\theta}{\partial r} + \frac{V_\theta}{r}\frac{\partial V_\theta}{\partial \theta} + V_z\frac{\partial V_\theta}{\partial z} + \frac{V_r V_\theta}{r}\right) = \rho g_\theta - \frac{1}{r}\frac{\partial p}{\partial \theta} \tag{6.3b}$$

$$\rho a_z = \rho\left(\frac{\partial V_z}{\partial t} + V_r\frac{\partial V_z}{\partial r} + \frac{V_\theta}{r}\frac{\partial V_z}{\partial \theta} + V_z\frac{\partial V_z}{\partial z}\right) = \rho g_z - \frac{\partial p}{\partial z} \tag{6.3c}$$

若 z 軸方向爲垂直向上，則 $g_r = g_\theta = 0$ 且 $g_z = -g$。

6.1、6.2 以及 6.3 式可應用於黏滯應力不存在的問題。繼續本章的主題(非黏滯流)之前，先考慮沒有黏滯應力時的情況，暫不考慮 $\mu = 0$ 時的情況。在前幾章的討論中曾提及，一般而言，黏滯應力產生於流體形變時(事實上，這就是一開始對流體做的定義)；當無任何形變時，例如剛體運動(rigid-body motion)，則不會產生任何黏滯應力，即使是在 $\mu \neq 0$ 的狀況下。因而尤拉方程式不僅適用於剛體運動，亦適用於非黏滯流。在第 3.7 節中，曾詳細討論了剛體運動作爲流體靜力學中的特例。讀者可自行練習證明尤拉方程式可以解出範例習題 3.9 與 3.10。

6-2　流線座標中的尤拉方程式

第 2 章及第 5 章中，曾指出利用在流場中每個點上與速度向量相切的流線，就可繪成合適的圖示。在穩定流動中，流體粒子會沿著流線運動，因爲對穩定流動而言，流動路徑與流線是一致的。因此，要描述穩定流動中流體粒子的運動，除了用直角座標 x, y, z，沿著流線的移動距離也是用以寫出運動方程式的合理座標。「流線座標」(Streamline coordinates) 也可用來描述非穩定流動。在非穩定流動中，流線可作爲瞬時流體速度的圖示表徵。

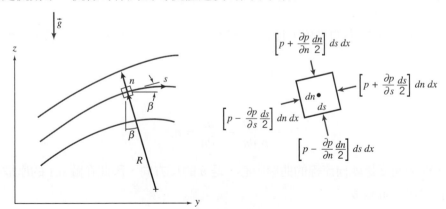

圖 6.1　沿著流線運動的流體粒子

爲了簡化，考慮在 yz 平面流動的流體，如圖 6.1 所示。我們希望用沿著流線的距離，即座標 s，與垂直流線的距離，即座標 n，來描述運動方程式。流體單元的中心壓力爲 p。若在流向方向 s 將牛頓第二運動定律運用於體積爲 $ds\,dn\,dx$ 的流體單元上，並忽略黏滯力，則可獲得

$$\left(p - \frac{\partial p}{\partial s}\frac{ds}{2}\right)dndx - \left(p + \frac{\partial p}{\partial s}\frac{ds}{2}\right)dndx - \rho g \sin\beta\,dsdn\,dx = \rho a_s\,ds\,dn\,dx$$

其中 β 是流線的切線與水平線之間的角度,且 a_s 是流體粒子沿著流線的加速度。簡化方程式後,可得

$$-\frac{\partial p}{\partial s} - \rho g \sin\beta = \rho a_s$$

因為 $\sin\beta = \partial z / \partial s$,可得

$$-\frac{1}{\rho}\frac{\partial p}{\partial s} - g\frac{\partial z}{\partial s} = a_s$$

沿著任一流線 $V = V(s, t)$,流體粒子的粒子加速度或總加速度在流向方向上的方程式為

$$a_s = \frac{DV}{Dt} = \frac{\partial V}{\partial t} + V\frac{\partial V}{\partial s}$$

當 z 軸為垂直方向時,尤拉方程式在流向方向上則可表成

$$-\frac{1}{\rho}\frac{\partial p}{\partial s} - g\frac{\partial z}{\partial s} = \frac{\partial V}{\partial t} + V\frac{\partial V}{\partial s} \tag{6.4a}$$

對於穩定流動而言,忽略物體力時,尤拉方程式在流向方向還可簡化成

$$\frac{1}{\rho}\frac{\partial p}{\partial s} = -V\frac{\partial V}{\partial s} \tag{6.4b}$$

由上式可知(對於不可壓縮、非黏滯流)速度下降時會伴隨壓力上升,反之亦然[1]。這很合理:粒子上唯一受的力是淨壓力,所以當粒子靠近高壓區域時會減速而朝低壓區域時會加速。

為了獲得在流線法線方向上的尤拉方程式,將牛頓第二定律應用於流體單元的方向上,再次忽略黏滯力,可得

$$\left(p - \frac{\partial p}{\partial n}\frac{dn}{2}\right)ds\,dx - \left(p + \frac{\partial p}{\partial n}\frac{dn}{2}\right)ds\,dx - \rho g\cos\beta\,dn\,dx\,ds = \rho a_n\,dn\,dx\,ds$$

其中 β 是 a_n 方向與垂直方向的夾角,且 a_n 是流體粒子在 n 方向的加速度。簡化方程式後,可得

$$-\frac{\partial p}{\partial n} - \rho g\cos\beta = \rho a_n$$

因為 $\cos\beta = \partial z / \partial n$,可得

$$-\frac{1}{\rho}\frac{\partial p}{\partial n} - g\frac{\partial z}{\partial n} = a_n$$

流體單元的法線加速度是朝向流線的曲率中心,是 n 的反方向,因此在圖 6.1 的座標系統下,我們熟悉的向心加速度可寫成

$$a_n = \frac{-V^2}{R}$$

---

[1] 對於穩定不可壓縮非黏滯流沿流線方向之壓力變化與速度變化間的關係展示於 NCFMF 的錄影帶「Pressure Fields and Fluid Acceleration」。

(參見 http://web.mit.edu/fluids/www/Shapiro/ncfmf.html 提供的免費線上影片,影片雖舊但仍值得一看!)

對穩定流動而言，R 是所選取之點處流線的曲率半徑。因此對穩定流，尤拉方程式在流線的法線方向可寫成

$$\frac{1}{\rho}\frac{\partial p}{\partial n} + g\frac{\partial z}{\partial n} = \frac{V^2}{R} \tag{6.5a}$$

對在水平平面的穩定流而言，尤拉方程式在流線的法線方向變成

$$\frac{1}{\rho}\frac{\partial p}{\partial n} = \frac{V^2}{R} \tag{6.5b}$$

由 6.5b 式可知，壓力隨流線的曲率中心向外增加[2]。這是很合理的：因為粒子所受的唯一力只有淨壓力，壓力場產生了向心加速度。在流線為直線的區域中，則曲率半徑 R 是無限大，所以對直的流線而言，在流線法線方向上不存在壓力變化。

範例 6.1　彎道中的流動

　　空氣在標準條件下於平面管道中的流率，可藉由彎道處裝置的壓力接點決定。管道深 0.3 公尺，寬 0.1 公尺。彎道的內徑為 0.25 公尺。若量測得在兩接點之間的壓力差為 40 公釐水柱，請計算流率的近似值。

已知：流體經過彎道的情形，如圖所示。

$$p_2 - p_1 = \rho_{H_2O}\, g\, \Delta h$$

其中 $\Delta h = 40$ mm H_2O。空氣在標準條件下。

求解：容積流率 Q。

解答：

在流線兩端上，應用 n 方向上的尤拉方程式。

控制方程式：$\dfrac{\partial p}{\partial r} = \dfrac{\rho V^2}{r}$

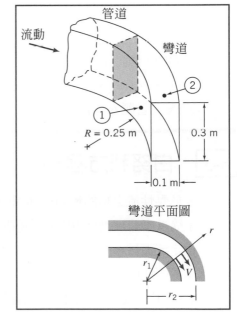

假設：(1) 無摩擦流動。

　　　　(2) 不可壓縮流動。

　　　　(3) 量測截面處為均勻流動。

在此流動中，$p = p(r)$，所以

$$\frac{\partial p}{\partial r} = \frac{dp}{dr} = \frac{\rho V^2}{r}$$

或者

$$dp = \rho V^2 \frac{dr}{r}$$

積分後可得

流線曲率在垂直流線方向上的梯度效應，在 NCFMF 的錄影帶「Pressure Fields and Fluid Acceleration」中有詳盡的探討。(參見 http://web.mit.edu/fluids/www/Shapiro/ncfmf.html 線上免費觀賞這個影片。)

$$p_2 - p_1 = \rho V^2 \ln r \Big|_{r_1}^{r_2} = \rho V^2 \ln \frac{r_2}{r_1}$$

因此

$$V = \left[\frac{p_2 - p_1}{\rho \ln(r_2/r_1)} \right]^{1/2}$$

然而

$$\Delta p = p_2 - p_1 = \rho_{H_2O} g\, \Delta h \text{，故 } V = \left[\frac{\rho_{H_2O} g\Delta h}{\rho \ln(r_2/r_1)} \right]^{1/2}$$

將已知數值代入

$$V = \left[999\, \frac{kg}{m^3} \times 9.81\, \frac{m}{s^2} \times 0.04\, m \times \frac{m^3}{1.23\, kg} \times \frac{1}{\ln(0.35\, m/0.25\, m)} \right]^{1/2} = 30.8\ m/s$$

對均勻流動而言

$$Q = VA = 30.8\, \frac{m}{s} \times 0.1\, m \times 0.3\, m$$

$$Q = 0.924\ m^3/s \longleftarrow \qquad\qquad Q$$

在這個習題中,假設了在量測截面上為均勻流動。實際上,在彎道中的流速近似於自由渦流(無旋性),此時 $V \propto 1/r$ (r 是半徑),而不是 $V=$ 常數。因此,此流動量測裝置只可能被使用來獲得流率的近似值(參見習題 6.28)。

6-3 白努利方程式──穩定流中沿流線的尤拉方程式積分

相較於黏性流之類的流動,不可壓縮非黏滯流的動量或尤拉方程式(6.1 式)有較簡單的數學形式,但是欲求出其解仍顯得困難重重(與質量守恆方程式 5.1c 相較下),除了最基本的流動問題以外。對穩定流而言,有一種方便的求解方式是利用沿流線對尤拉方程式作積分。在以下內容中,會使用兩種不同的數學途徑沿流線對尤拉方程式作積分,而且這兩個方法都將會導出白努利方程式。在 4-4 節中,我們曾以微分控制容積分析導出白努利方程式;接下來另舉的這兩種推導方式,將讓我們對白努利的應用限制條件有更深的洞見。

以流線座標來推導

穩定流動中沿流線的尤拉方程式(由 6.4a 式可知)為

$$-\frac{1}{\rho}\frac{\partial p}{\partial s} - g\frac{\partial z}{\partial s} = V\frac{\partial V}{\partial s} \tag{6.6}$$

若流體粒子沿著流線移動一段距離 ds,則

$$\frac{\partial p}{\partial s}\,ds = dp \qquad (\text{沿 } s \text{ 上壓力的變化})$$

$$\frac{\partial z}{\partial s}\,ds = dz \qquad (\text{沿 } s \text{ 上高度的變化})$$

$$\frac{\partial V}{\partial s}\,ds = dV \qquad (\text{沿 } s \text{ 上速度的變化})$$

因此，將 6.6 式乘以 ds 後可得

$$-\frac{dp}{\rho} - g\,dz = V\,dV \quad \text{或} \quad \frac{dp}{\rho} + V\,dV + g\,dz = 0 \qquad (\text{沿著 } s)$$

積分上述方程式，可得

$$\int \frac{dp}{\rho} + \frac{V^2}{2} + gz = \text{常數} \qquad (\text{沿著 } s) \tag{6.7}$$

在使用 6.7 式之前，必須先指明壓力與密度之間的關係。對不可壓縮流的特殊情況而言，$\rho =$ 常數，因此公式會變成白努利方程式，

$$\frac{p}{\rho} + \frac{V^2}{2} + gz = \text{常數} \tag{6.8}$$

限制條件：(1) 穩定流動。

　　　　　　(2) 不可壓縮流動。

　　　　　　(3) 無摩擦流動。

　　　　　　(3) 沿同一流線的流動。

　　　白努利方程式或許是於所有的流體力學方程式中最著名的與被濫用的。總是忍不住想要使用，是因為它是個用來關聯流體中的壓力、速度與液位高度的簡單代數方程式。舉例來說，常用於解釋機翼的升力：於空氣動力學重力項通常忽略不計的，所以 6.8 式指出速度是相對地高(例如：機翼的上翼面) 之處，壓力必相對地低與速度相對地低(例如：機翼的下翼面) 之處，壓力必相對地高，遂產生了實質的升力。另一方面，它無法被用來解釋沿水平方向直徑不變之管流的壓力降：根據這個方程式，對 $z=$ 常數且 $V=$ 常數，$p=$ 常數！方程式 6.8 指出，一般而言(如果該流動不是以某種方式予以圈限)，如果某個粒子增加了它的液位高度或者進入一個更高壓的區域，它將傾向於降低流速；從動量觀點(請回想這方程式推導自動量的考量) 來看這是合乎道理的。這些見解只適用於列出的四個限制是合理的情況。我們要不厭其煩的說，無論何時你考慮使用白努利方程式時，你應該將這些使用上的限制條件時時銘記於心！(一般而言，沿著不同的流線，在 6.8 式中的白努利常數會有不同的數值[3]。)

*以直角座標來推導

　　　尤拉方程式(6.1 式) 中的向量也可沿著流線作積分。我們將針對穩定流作推導，因此所得的結

---

[3]　對非旋流的例子而言，在整個流場中，白努利常數皆為單一值(第 6-7 節)。

*　略過本小節並不會影響此教科書教材的連續性。

果應與 6.7 式相同。

對於穩定流,尤拉方程式在直角座標下可表示成

$$\frac{D\vec{V}}{Dt} = u\frac{\partial \vec{V}}{\partial x} + v\frac{\partial \vec{V}}{\partial y} + w\frac{\partial \vec{V}}{\partial z} = (\vec{V} \cdot \nabla)\vec{V} = -\frac{1}{\rho}\nabla p - g\hat{k} \tag{6.9}$$

穩定流的速度場為 $\vec{V} = \vec{V}(x, y, z)$。流線為流場中各點上正切於速度向量的線。請回想,對穩定流而言,流線、路徑與煙線都是一致的。粒子沿流線的運動方程式為 6.9 式。在 dt 時間內,此粒子沿流線的位移向量為 $d\vec{s}$。

如果對 6.9 式中的各項與沿著流線的位移 $d\vec{s}$ 作內積運算,則會得到沿流線上,壓力、速度與高度的純量關係方程式。將 $d\vec{s}$ 與方程式作內積,可得

$$(\vec{V} \cdot \nabla)\vec{V} \cdot d\vec{s} = -\frac{1}{\rho}\nabla p \cdot d\vec{s} - g\hat{k} \cdot d\vec{s} \tag{6.10}$$

其中

$$d\vec{s} = dx\hat{i} + dy\hat{j} + dz\hat{k} \quad (\text{沿著 } s)$$

從 6.10 式的右手邊開始計算其中的各項,

$$-\frac{1}{\rho}\nabla p \cdot d\vec{s} = -\frac{1}{\rho}\left[\hat{i}\frac{\partial p}{\partial x} + \hat{j}\frac{\partial p}{\partial y} + \hat{k}\frac{\partial p}{\partial z}\right] \cdot [dx\hat{i} + dy\hat{j} + dz\hat{k}]$$

$$= -\frac{1}{\rho}\left[\frac{\partial p}{\partial x}dx + \frac{\partial p}{\partial y}dy + \frac{\partial p}{\partial z}dz\right] \quad (\text{沿著 } s)$$

$$-\frac{1}{\rho}\nabla p \cdot d\vec{s} = -\frac{1}{\rho}dp \quad (\text{沿著 } s)$$

且

$$-g\hat{k} \cdot d\vec{s} = -g\hat{k} \cdot [dx\hat{i} + dy\hat{j} + dz\hat{k}]$$

$$= -g\,dz \quad (\text{沿著 } s)$$

使用向量等式[4],可將第三項改寫成

$$(\vec{V} \cdot \nabla)\vec{V} \cdot d\vec{s} = \left[\tfrac{1}{2}\nabla(\vec{V} \cdot \vec{V}) - \vec{V} \times (\nabla \times \vec{V})\right] \cdot d\vec{s}$$

$$= \left\{\tfrac{1}{2}\nabla(\vec{V} \cdot \vec{V})\right\} \cdot d\vec{s} - \left\{\vec{V} \times (\nabla \times \vec{V})\right\} \cdot d\vec{s}$$

因為 $\vec{V}$ 平行於 $d\vec{s}$,因此方程式右手邊的最後一項為零 [請回想 $\vec{V} \times (\nabla \times \vec{V}) \cdot d\vec{s} = -(\nabla \times \vec{V}) \times \vec{V} \cdot d\vec{s} = -(\nabla \times \vec{V}) \cdot \vec{V} \times d\vec{s}$]。進而得:

---

[4] 下式的向量等式可經由展開兩邊的每一項來證明。

$$(\vec{V} \cdot \nabla)\vec{V} = \frac{1}{2}\nabla(\vec{V} \cdot \vec{V}) - \vec{V} \times (\nabla \times \vec{V})$$

$$(\vec{V} \cdot \nabla)\vec{V} \cdot d\vec{s} = \frac{1}{2}\nabla(\vec{V} \cdot \vec{V}) \cdot d\vec{s} = \frac{1}{2}\nabla(V^2) \cdot d\vec{s} \quad (\text{沿著 } s)$$

$$= \frac{1}{2}\left[\hat{i}\frac{\partial V^2}{\partial x} + \hat{j}\frac{\partial V^2}{\partial y} + \hat{k}\frac{\partial V^2}{\partial z}\right] \cdot [dx\,\hat{i} + dy\,\hat{j} + dz\,\hat{k}]$$

$$= \frac{1}{2}\left[\frac{\partial V^2}{\partial x}dx + \frac{\partial V^2}{\partial y}dy + \frac{\partial V^2}{\partial z}dz\right]$$

$$(\vec{V} \cdot \nabla)\vec{V} \cdot d\vec{s} = \frac{1}{2}d(V^2) \quad (\text{沿著 } s)$$

將這三項代入 6.10 式，可得

$$\frac{dp}{\rho} + \frac{1}{2}d(V^2) + g\,dz = 0 \quad (\text{沿著 } s)$$

積分方程式得

$$\int \frac{dp}{\rho} + \frac{V^2}{2} + gz = \text{常數} \qquad (\text{沿著 } s)$$

若密度為常數，即得白努利方程式

$$\frac{p}{\rho} + \frac{V^2}{2} + gz = \text{常數}$$

一如預期，我們發現最後兩個方程式與使用流線座標推導的 6.7 及 6.8 式相同。由直角座標推得的白努利方程式仍受限於下列條件：(1) 穩定流動、(2) 不可壓縮流動、(3) 無摩擦力流動以及(4) 沿同一流線流動。

靜壓、滯壓與動壓

在推導 6.8 式的白努利方程式時，所採用的壓力為熱力壓，通常被稱為靜壓(static pressure)。靜壓是流體粒子移動時會感受到的壓力(所以稱之為靜壓是種誤稱)，除了靜壓外，尚有滯壓與動壓這兩種壓力，之後將會簡單地介紹。我們要如何量測移動中流體裡的壓力呢？

在第 6-2 節中，曾證明當流線為直線時，在垂直流線方向上，壓力無並變化。利用上述現象，我們可將壁式壓力接點放置在流線為直線的區域來量測流動中流體的靜壓，如圖 6.2a 所示。此壓力接點為一個細心鑽挖的小孔，其軸垂直於表面。假如孔道垂直於管道壁，而且沒有粗糙的邊緣，將壓力接點連接上合宜的壓力量測儀器即可測得精準的靜壓[1]。

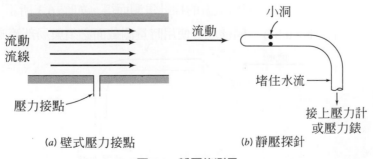

(a) 壁式壓力接點　　　　(b) 靜壓探針

圖 6.2　靜壓的測量

對於遠離管壁的流線或者彎曲的流線而言，利用圖 6.2b 所示的靜壓探針，即可測得精準的靜壓。這類探針在設計上需考慮到量測孔洞與探針放置的正確性，才可避免量得錯誤的結果[2]。在使用時，量測截面必須與局部流動方向對位重合。(從這些圖，看起來壓力接取口與小洞似乎允許流體流入或流出，要不就是透過主流的牽引，但是這裡所提及的最後都被固著於壓力感測器或是液體壓力計，因此其實是堵住的，從而不會有任何流動的可能——參見範例 6.2。)

這類靜壓探針的樣式除了如圖 6.2b 所示之外，還有其他各種樣式，市面上可買到直徑小達 1.5mm($\frac{1}{16}$in) 的規格[3]。

讓流體在無摩擦力過程下，減速至靜止時所獲得的壓力稱為滯壓(stagnation pressure)。對於上述過程的流動為不可壓縮流時，可用白努利方程式表示沿流線上速度變化與壓力變化之間的關係。忽略高度差，6.8 式可寫成

$$\frac{p}{\rho} + \frac{V^2}{2} = 常數$$

若流體中一點上的靜壓為 p，速度為 V，則滯壓 p_0 與滯壓速度 V_0(等於零) 可由下列式子計算獲得

$$\frac{p_0}{\rho} + \frac{\overset{=\,0}{\cancel{V_0^2}}}{2} = \frac{p}{\rho} + \frac{V^2}{2}$$

或者

$$p_0 = p + \frac{1}{2}\rho V^2 \tag{6.11}$$

6.11 式是適用於不可壓縮流動下的滯壓數學定義式，其中 $\frac{1}{2}\rho V^2$ 項稱為動壓(dynamic pressure)。6.11 式敘述了滯壓(或總壓) 等於靜壓加動壓。為了幫助思索這三種壓力，可以想像當站在穩定的風中時，張開手擋住風：靜壓就是大氣壓力；而在手心所感受到較大的壓力即為滯壓，而累增的壓力(滯壓與靜壓的差異量) 就是動壓力。解 6.11 式以求得速度，

$$V = \sqrt{\frac{2(p_0 - p)}{\rho}} \tag{6.12}$$

因此，若可在點上量得滯壓與靜壓，則就能由 6.12 式求得局部流速。

滯壓是在實驗室中，利用圓孔內面向上游的探針量測而得，如圖 6.3 所示。這類的探針稱為滯壓探針，或者是皮托管(pitot tube)。同樣地，使用時量測截面必須與局部流動方向對位重合。

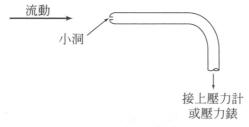

圖 6.3　滯壓的測量

我們已知某一點的靜壓可由靜壓接點或靜壓探針量得(如圖 6.2 所示)。若我們知道相同一點上的滯壓，則可利用 6.12 式求得流速。在圖 6.4 中，展示了兩種可行的實驗架設。

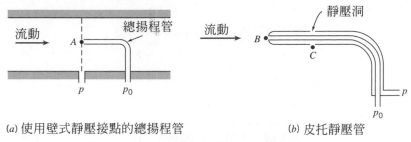

(a) 使用壁式靜壓接點的總揚程管　　　　(b) 皮托靜壓管

圖 6.4　同時量測滯壓與靜壓

在圖 6.4a 中，讀取壁式靜壓接點上的數值可得 A 點靜壓，而且由總揚程管(total head tube) 可直接地量得 A 處的滯壓，如圖所示。(此總揚程管的管子置在量測區域的下流處，以期將局部流動的干擾降至最小。)

這兩種探針經常被組合成如圖 6.4b 所示的皮托靜壓管。內管是用來測量 B 處的滯壓，而 C 處的靜壓是由外管上的小孔量得。在流線方向上靜壓變化很小的流場中，藉由假設 $p_B=p_C$，利用 6.12 式，可由皮托靜壓管推算得 B 點的速率。(注意，當時 $p_B \neq p_C$，這樣的推算方式會造成錯誤的結果。)

請牢記住，白努利定律只成立於不可壓縮流(馬赫數 $M \leq 0.3$)。在第 11-3 節中，將定義並計算可壓縮流的滯壓。

範例 6.2　皮托管

將皮托管插在空氣流動中(在 STP 條件下)量測流速。皮托管管口朝上流處讓探針得以量測滯壓。而靜壓也在空氣流中同一處用壁式壓力接點測得。若壓力差為 30mm 汞柱，試求流速。

已知：將皮托管如圖中所示放置，流體為空氣，壓力計中的液體為水銀。

求解：流速。

解答：

控制方程式：$\dfrac{p}{\rho} + \dfrac{V^2}{2} + gz =$ 常數

假設：(1) 穩定流動。

(2) 不可壓縮流動。

(3) 沿著同一流線流動。

(4) 沿著滯流流線上為無摩擦力減速。

寫出沿著滯流流線上的白努利方程式(取 $\Delta z = 0$)，可得

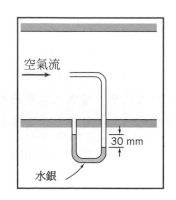

$$\frac{p_0}{\rho} = \frac{p}{\rho} + \frac{V^2}{2}$$

p_0 是管子開口處，速度在無摩擦力下減速降至零處的滯壓。求解 V 可得

$$V = \sqrt{\frac{2(p_0 - p)}{\rho_{\text{air}}}}$$

由圖可知

$$p_0 - p = \rho_{\text{Hg}}\, g h = \rho_{\text{H}_2\text{O}}\, g\, h\,(\text{SG}_{\text{Hg}})$$

且

$$V = \sqrt{\frac{2\rho_{\text{H}_2\text{O}} g h (\text{SG}_{\text{Hg}})}{\rho_{\text{air}}}}$$

$$= \sqrt{2 \times 1000\,\frac{\text{kg}}{\text{m}^3} \times 9.81\,\frac{\text{m}}{\text{s}^2} \times 30\,\text{mm} \times 13.6 \times \frac{\text{m}^3}{1.23\,\text{kg}} \times \frac{1\,\text{m}}{1000\,\text{mm}}}$$

$$V = 80.8\ \text{m/s} \qquad\qquad\qquad\qquad\qquad\qquad\qquad V$$

當 $T = 20°\text{C}$ 時，空氣中聲速為 343m/s。因此，$M = 0.236$ 且不可壓縮流的假設成立。

此習題示範了如何使用皮托管求得流速。皮托(或皮托靜壓管)通常放置在飛機的外部以測得相對飛機的空氣速度，因為飛機速度是相對空氣而定的。

應用

白努利方程式在其餘三個條件皆滿足時可以應用於任一流線上任兩點，其結果為

$$\frac{p_1}{\rho} + \frac{V_1^2}{2} + g z_1 = \frac{p_2}{\rho} + \frac{V_2^2}{2} + g z_2 \tag{6.13}$$

其中下標 1 與 2 代表流線上的任兩點。6.8 與 6.13 式在典型流動問題上的應用，將在範例 6.3 至 6.5 中作說明。

在某些情況中，流動對於某個參考座標顯示出不穩定的狀態，但是卻對另一個隨流動平移的參考座標而言，流動是穩定的。既然白努利方程式是由對流體粒子積分牛頓第二定律推導而得的，故可應用在任一慣性參考座標中(參閱第 4-4 節中對平移座標的討論)。此程序將於範例 6.6 中作說明。

範例 6.3　噴嘴流動

空氣以低速穩定地從一個水平噴嘴流過(由定義可知，水平噴嘴為加速流動的裝置)，然後釋放到大氣中。噴嘴入口截面積為 0.1m^2。噴嘴出口截面積為 0.02m^2。若出口速度為 50m/s，試求噴嘴入口處的錶壓力需為多少？

已知：經過噴嘴的流動如圖所示。

求解：$p_1 - p_{\text{atm}}$

解答：

控制方程式：

$$\frac{p_1}{\rho} + \frac{V_1^2}{2} + g z_1 = \frac{p_2}{\rho} + \frac{V_2^2}{2} + g z_2$$

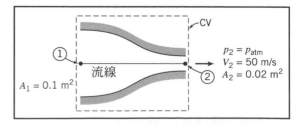

不可壓縮流且均勻流之連續性：

$$\sum_{\text{CS}} \vec{V} \cdot \vec{A} = 0 \tag{4.13b}$$

假設： (1) 穩定流動。

　　　　(2) 不可壓縮流動。

　　　　(3) 無摩擦流動。

　　　　(4) 沿著同一流線流動。

　　　　(5) $z_1 = z_2$

　　　　(6) 流動在截面①與②是均勻的

最大流速 50m/s 遠低於 100m/s，而 100m/s 在標準條件下相當於馬赫數 $M \approx 0.3$。因此可將此流動視爲不可壓縮流。

　　沿著①與②兩點間的流線，應用白努利方程式以求得 p_1，則

$$p_1 - p_{\text{atm}} = p_1 - p_2 = \frac{\rho}{2}(V_2^2 - V_1^2)$$

應用連續方程式以求得 V_1，

$$(-\rho V_1 A_1) + (\rho V_2 A_2) = 0 \quad \text{或} \quad V_1 A_1 = V_2 A_2$$

因此

$$V_1 = V_2 \frac{A_2}{A_1} = \frac{50\ \text{m}}{\text{s}} \times \frac{0.02\ \text{m}^2}{0.1\ \text{m}^2} = 10\ \text{m/s}$$

根據標準條件下，空氣的 $\rho = 1.23\text{kg/m}^3$。則

$$p_1 - p_{\text{atm}} = \frac{\rho}{2}(V_2^2 - V_1^2)$$

$$= \frac{1}{2} \times 1.23\ \frac{\text{kg}}{\text{m}^3} \left[(50)^2\ \frac{\text{m}^2}{\text{s}^2} - (10)^2\ \frac{\text{m}^2}{\text{s}^2} \right] \frac{\text{N} \cdot \text{s}^2}{\text{kg} \cdot \text{m}}$$

$$p_1 - p_{\text{atm}} = 1.48\ \text{kPa} \qquad\qquad\qquad p_1 - p_a$$

注意：

✓　本習題是白努利方程式的典型應用示範。

✓　流線在入口與出口端處必須爲直線，在這些截面上壓力才會均勻分布。

範例 6.4　流經虹吸管的流動

　　將 U 型管作爲水的虹吸管來用。管子彎曲處高於水面 1m；管子的出口在水面下 7m 處。在虹吸管下端，水爲大氣壓力下的自由噴流。試算此自由噴流的速度(在列出各項必要假設後)，以及在管子彎處水的最小絕對壓力值。

已知： 水流經虹吸管的情形如圖所示。

求解：(a) 水以自由噴流形式流出的速度。(b) 水流中在Ⓐ點(最小壓力點)上的壓力。

解答：

控制方程式：$\dfrac{p}{\rho} + \dfrac{V^2}{2} + gz = $ 常數

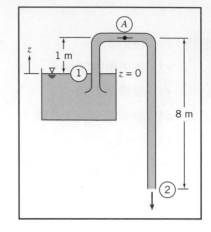

假設：(1) 忽略摩擦力。　　　(2) 穩定流動。

　　　　(3) 不可壓縮流動。　　(4) 沿著同一流線流動。

　　　　(5) 儲水槽的容積遠大於管子。

沿著①與②點上的流線，應用白努利方程式。

$$\frac{p_1}{\rho} + \frac{V_1^2}{2} + gz_1 = \frac{p_2}{\rho} + \frac{V_2^2}{2} + gz_2$$

因 面積$A_{儲水槽}$ ≫ 面積$A_{管子}$，故$V_1 \approx 0$。而且$p_1 = p_2 = p_{\text{atm}}$，所以

$$gz_1 = \frac{V_2^2}{2} + gz_2 \qquad\qquad V_2^2 = 2g(z_1 - z_2)$$

$$V_2 = \sqrt{2g(z_1 - z_2)} = \sqrt{2 \times \frac{9.81\ \text{m}}{\text{s}^2} \times 7\ \text{m}} = 11.7\ \text{m/s} \longleftarrow \qquad V_2$$

爲了求出局部Ⓐ的壓力，寫出①與Ⓐ之間的白努利方程式。

$$\frac{p_1}{\rho} + \frac{V_1^2}{2} + gz_1 = \frac{p_A}{\rho} + \frac{V_A^2}{2} + gz_A$$

同樣地，$V_1 \approx 0$，且由質量守恆得$V_A = V_2$。因此

$$\frac{p_A}{\rho} = \frac{p_1}{\rho} + gz_1 - \frac{V_2^2}{2} - gz_A = \frac{p_1}{\rho} + g(z_1 - z_A) - \frac{V_2^2}{2}$$

$$p_A = p_1 + \rho g(z_1 - z_A) - \rho\frac{V_2^2}{2}$$

$$= \frac{1.01 \times 10^5\ \text{N}}{\text{m}^3} + \frac{999\ \text{kg}}{\text{m}^3} \times \frac{9.81\ \text{m}}{\text{s}^2} \times (-1\text{m})\frac{\text{N} \cdot \text{s}^2}{\text{kg} \cdot \text{m}}$$

$$- \frac{1}{2} \times \frac{999\ \text{kg}}{\text{m}^3} \times (11.7)^2\frac{\text{m}^2}{\text{s}^2} \times \frac{\text{N} \cdot \text{s}^2}{\text{kg} \cdot \text{m}}$$

$$p_A = 22.8\ \text{kPa}\,(絕對壓力)\ 或\ -78.5\ \text{kPa}\,(錶壓力) \longleftarrow \qquad p_A$$

注意：

✓　此習題展示了包含高度變化白努利方程式的應用。

✓　令人感興趣的是留意當白努利方程式運用於儲水槽與水槽表面下方h之處水槽流出的自由噴流之間時，噴流速度將是$V = \sqrt{2gh}$：這與水滴(或是石塊)無摩擦的從水槽面向下滴落時所得到的速度是相同的，如果它滴落的距離是h。你能解釋箇中的理由嗎？

✓　忽略內部流動中的摩擦力時，必須小心謹慎。在本題中，忽略摩擦力是合理的，只要管子具有平滑表面，且長度相當短。在第8章中，將研究內部流動中摩擦力的效應。

範例 6.5　流經水閘門的流動

水流經水平河床上水閘而流進引水槽。水閘門上游處水深為 0.45m，且流速可不計。堰門下縮流斷面處，流線平直且水深 50mm。試求閘門下流的流速，以及每公尺的門寬每秒有多少立方公尺的水被排放。

已知：水流過一個水閘門。

求解：(a) V_2。

(b) 以 m³/s/m 為單位求 Q。

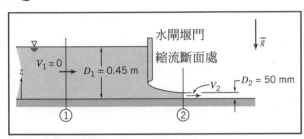

解答：

在下列假設的情況下，水流滿足應用白努利方程式時所有所需條件。問題在於該選擇哪條流線？

控制方程式：$\dfrac{p_1}{\rho}+\dfrac{V_1^2}{2}+gz_1 = \dfrac{p_2}{\rho}+\dfrac{V_2^2}{2}+gz_2$

假設：(1) 穩定流動。　　　　(2) 不可壓縮流動。

(3) 無摩擦流動。　　　(4) 沿著同一流線流動。

(5) 截面處為均勻流動。 (6) 靜液壓分布(在每個位置，壓力隨深度線性地增加)。

若我們選擇沿著流道底部流動的流線(即 $z=0$ 處)作為考量，根據第六點假設得知，在①與②處的壓力為

$$p_1 = p_{\text{atm}} + \rho g D_1 \qquad 且 \qquad p_2 = p_{\text{atm}} + \rho g D_2$$

因此對這條流線而言，白努利方程式為

$$\frac{(p_{\text{atm}} + \rho g D_1)}{\rho} + \frac{V_1^2}{2} = \frac{(p_{\text{atm}} + \rho g D_2)}{\rho} + \frac{V_2^2}{2}$$

或者

$$\frac{V_1^2}{2} + gD_1 = \frac{V_2^2}{2} + gD_2 \tag{1}$$

另一方面，考慮沿著堰門前後之自由表面以及下至門內側面的這條流線。對該流線而言

$$\frac{p_{\text{atm}}}{\rho} + \frac{V_1^2}{2} + gD_1 = \frac{p_{\text{atm}}}{\rho} + \frac{V_2^2}{2} + gD_2$$

或者

$$\frac{V_1^2}{2} + gD_1 = \frac{V_2^2}{2} + gD_2 \tag{1}$$

無論是底部的流線或自由表面的流線,我們得到一樣的方程式(式 1),這暗示了這兩條流線有一樣的白努利常數。在第 6-6 節中,將可看見此流動只是能滿足上述情況的流動族中的一支。求解 V_2,可得

$$V_2 = \sqrt{2g(D_1 - D_2) + V_1^2}$$

但是 $V_1^2 \approx 0$,故

$$V_2 = \sqrt{2g(D_1 - D_2)} = \sqrt{2 \times 9.81 \frac{\text{m}}{\text{s}^2} \times \left(0.45 \text{ m} - 50 \text{ mm} \times \frac{\text{m}}{1000 \text{ mm}}\right)}$$

$$V_2 = 2.8 \text{ m/s} \qquad\qquad\qquad\qquad\qquad\qquad\qquad\qquad\qquad\qquad\qquad V_2$$

對均勻流動而言,$Q = VA = VD_w$,或者

$$\frac{Q}{w} = VD = V_2 D_2 = 2.8 \frac{\text{m}}{\text{s}} + 50 \text{ mm} \times \frac{\text{m}}{1000 \text{ mm}} = 0.14 \text{ m}^2/\text{s}$$

$$\frac{Q}{w} = 0.14 \text{ m}^3/\text{s/m of width} \qquad\qquad\qquad\qquad\qquad\qquad\qquad\qquad \frac{Q}{w}$$

範例 6.6　平移參考座標下的白努利方程式

在標準大氣下,一架輕型飛機以 150km/hr 飛行於海拔 1000m 處。試求在機翼前端處的滯壓。在靠近機翼的某一點處,空氣相對機翼的速率是 60m/s。試求此點上的壓力大小。

已知:在標準大氣下,海拔 1000m 處以 150km/hr 飛行的飛機。

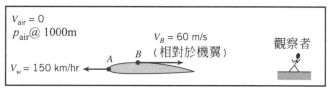

求解:A 點處的滯壓 p_{0_A},以及 B 點處的靜壓 p_B。

解答:

當在固定座標下觀察時,流動是非穩定的,換句話說,此時觀察者位於地面上。然而,對在機翼上的觀察者而言,流動是穩定的:

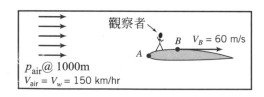

在標準大氣下,位於 $z = 1000\text{m}$ 處的溫度為 281K,聲速為 336m/s。因此,B 點處,$M_B = V_B/c = 0.178$。這小於 0.3,所以可以將流動視為不可壓縮流。故白努利方程式可適用於移動中觀察者所在慣性參考座標下的流線上。

控制方程式： $\dfrac{p_{\text{air}}}{\rho} + \dfrac{V_{\text{air}}^2}{2} + g z_{\text{air}} = \dfrac{p_A}{\rho} + \dfrac{V_A^2}{2} + g z_A = \dfrac{p_B}{\rho} + \dfrac{V_B^2}{2} + g z_B$

假設： (1) 穩定流動。

　　　　(2) 不可壓縮流動($V < 100 \text{m/s}$)。

　　　　(3) 無摩擦流動。

　　　　(4) 沿著同一流線流動。

　　　　(5) 不計 Δz。

由表 A.3 可查得壓力與密度值。因此，在 1000m 處，$p/p_{SL} = 0.8870$ 且 $\rho/\rho_{SL} = 0.9075$。進而得

$$p = 0.8870 p_{SL} = 0.8870 \times \frac{1.01 \times 10^5}{}\,\frac{\text{N}}{\text{m}^2} = 8.96 \times 10^4\,\text{N/m}^2$$

且

$$\rho = 0.9075 \rho_{SL} = 0.9075 \times \frac{1.23}{}\,\frac{\text{kg}}{\text{m}^3} = 1.12\,\text{kg/m}^3$$

因為滯壓點的速度 $V_A = 0$，故

$$p_{0_A} = p_{\text{air}} + \frac{1}{2} \rho V_{\text{air}}^2$$

$$= 8.96 \times 10^4\,\frac{\text{N}}{\text{m}^2} + \frac{1}{2} \times 1.12\,\frac{\text{kg}}{\text{m}^3} \left(150\,\frac{\text{km}}{\text{hr}} \times 1000\,\frac{\text{m}}{\text{km}} \times \frac{\text{hr}}{3600\,\text{s}} \right)^2 \times \frac{\text{N} \cdot \text{s}^2}{\text{kg} \cdot \text{m}}$$

$$p_{0_A} = 90.6\,\text{kPa (abs)} \underleftarrow{\hspace{6cm} p_{0_A}}$$

求解在 B 點的靜壓，可得

$$p_B = p_{\text{air}} + \frac{1}{2} \rho \left(V_{\text{air}}^2 - V_B^2 \right)$$

$$p_B = 8.96 \times 10^4\,\frac{\text{N}}{\text{m}^2} + \frac{1}{2} \times 1.12\,\frac{\text{kg}}{\text{m}^3} \left[\left(150\,\frac{\text{km}}{\text{hr}} \times 1000\,\frac{\text{m}}{\text{km}} \times \frac{\text{hr}}{3600\,\text{s}} \right)^2 - (60)^2\,\frac{\text{m}^2}{\text{s}^2} \right] \frac{\text{N} \cdot \text{s}^2}{\text{kg} \cdot \text{m}}$$

$$p_B = 88.6\,\text{kPa (abs)} \underleftarrow{\hspace{6cm} p_B}$$

這個問題提供了一個有關機翼是如何產生升力的啟示。迎面而來的氣流速度 $V_{\text{air}} = 150\text{km/h} = 41.7\text{m/s}$ 而上表面的氣流速度加速至 60m/s。這會導致，透過白努利方程式，壓力下降 1kPa(從 89.6kPa 至 88.6kPa)。原來於下表面的氣流則會減速，導致壓力升高約 1kPa。因此，機翼感受一個大約 2kPa 向上的淨壓力差，很明顯的效應。

使用白努利方程式的注意事項

從範例 6.3 至 6.6 中，我們可看出白努利方程式適用的原因爲其中所使用的限制條件滿足合理的流動模型。然而，在某些限制不被滿足的狀況下，你有可能想嘗試使用白努利方程式。本節中，將簡要地討論一些違反限制條件的複雜情況。

範例 6.3 檢驗了噴嘴中流動的情形。在次音速噴嘴(subsonic nozzle，其爲收斂截面)中壓力下降，因此流速加速。因爲壓力下降且噴嘴管壁收縮，所以壁上流動無分離現象，且邊界層厚度維持細薄。此外，噴嘴的長度通常相當短，因此摩擦力效應並不重要。總結上述原因可下結論，白努利方程式適用於次音速噴嘴。

我們有時需要減速流體流動速度。則可使用次音速擴散器(subsonic diffuser，有擴張的截面)來完成這個目的，或者利用突然擴張流道的手法來減速(例如，讓水從管道流入儲水槽)。在這類裝置中，流體減速的原因是因反向的壓力梯度。如在第 2-6 節中所討論的，逆向壓力梯度傾向於導致邊界層劇烈地增厚且分離[5]。因此，當應用白努利方程式於這類裝置時需特別謹慎，算出的結果充其量也只是個近似值。因爲邊界層成長導致會面積封鎖，在實際的擴散器中，壓力的增加總是小於一維非黏滯流模型預測的結果。

對範例 6.4 中的虹吸管而言，白努利方程式是合適的模型，因爲虹吸管入口近似圓形，彎道是緩和的且總長度很短。流動分流的現象發生於有尖銳的稜角且激烈彎曲的入口，會導致流動偏離一維模型以及白努利方程式。若管道很長時，則需考慮摩擦力效應。

範例 6.5 顯示了類似在噴嘴中流動的明渠流，白努利方程式對它而言是好的流動模型。具逆向壓力梯度明渠流的例子就是水躍[6] (hydraulic jump)。堅流過水躍時，流場變得十分混亂，因而無法定義流線。故白努利方程式不作爲流經水躍的流動模型。我們將在第 11 章看到有關明渠流動更詳細的文字介紹。

白努利方程式不適用於如推進器、泵浦或風車等機器中的流動。此方程式是沿流管(第 4-4 節)或流線(第 6-3 節)積分推導而得，其中不具移動平面如輪葉或葉片。在流過此類機器時，不可能有局部穩定流動且不可能定義出流線。因此白努利方程式不能應用於流經機器的流暢，然而卻可適用於流入機器前或流出機器後的各點之間(假設滿足所需限制條件)。(實際上，機器會改變白努利常數的值。)

最後，必須考慮流動空氣的可壓縮性。在工程應用上，若局部馬赫數低於 $M \approx 0.3$，則氣體運動導致動力的壓縮所產生的密度變化可忽略不計，如同在範例 6.3 與 6.6 所述。即使對低速氣流而言，溫度變化會造成氣體密度有顯著改變。因此，白努利方程式不適用於氣流流過加熱元件的情況(例如，手持式吹風機)，因爲該區域的溫度變化十分顯著。

---

[5] 詳見 NCFMF 錄影帶「Flow Visualization」。(參見 http://web.mit.edu/fluids/www/Shapiro/ncfmf.html 線上免費觀賞這個影片。)

[6] 詳見 NCFMF 錄影帶「Waves in Fluids」與「Stratified Flow」，其中有水躍的舉例。
(參見 http:// web.mit.edu/fluids/www/Shapiro/ncfmf.html 線上免費觀賞這個影片。)

6-4　以能量方程式闡述白努利方程式

　　白努利方程式 6.8 式的是沿著穩定、不可壓縮、無摩擦流的流線，對尤拉方程式積分而得的。因此，6.8 式是由流體粒子的動量方程式推導而來的。

　　由熱力學第一定律，我們可推導出一個與 6.8 式形式相同的方程式(雖然過程中需要的限制非常不同)。本節的目標是將能量方程式化簡成 6.8 式中白努利方程式的形式。在得到同一形式的方程式後，將比較這兩個方程式的限制條件，以讓我們更明瞭使用 6.8 式時的限制。

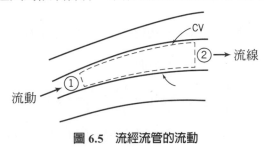

圖 6.5　流經流管的流動

　　考慮無剪力下的穩定流動，選擇流線周圍的區域作爲控制容積。如圖 6.5 所示，這類的邊界常稱爲流管(stream tube)。

基本方程式：

$$= 0(1) \quad = 0(2) \quad = 0(3) \quad = 0(4)$$

$$\dot{Q} - \cancel{\dot{W}_s} - \cancel{\dot{W}_{shear}} - \cancel{\dot{W}_{other}} = \frac{\partial}{\partial t}\int_{CV} e\,\rho\,dV + \int_{CS}(e + pv)\,\rho\vec{V}\cdot d\vec{A} \tag{4.56}$$

$$e = u + \frac{V^2}{2} + gz$$

限制條件：(1) $\dot{W}_s = 0$

　　　　　(2) $\dot{W}_{shear} = 0$

　　　　　(3) $\dot{W}_{other} = 0$

　　　　　(4) 穩定流動。

　　　　　(5) 每一截面的流動與性質均爲均勻。

(記得此處 v 代表的是比容，u 代表的是比內能而不是速度！)在這些限制下，4.56 式變成

$$\left(u_1 + p_1 v_1 + \frac{V_1^2}{2} + gz_1\right)(-\rho_1 V_1 A_1) + \left(u_2 + p_2 v_2 + \frac{V_2^2}{2} + gz_2\right)(\rho_2 V_2 A_2) - \dot{Q} = 0$$

根據連續性，搭配限制條件(4)與(5)：

$$\sum_{CS}\rho\vec{V}\cdot\vec{A} = 0 \tag{4.15b}$$

或者

$$(-\rho_1 V_1 A_1) + (\rho_2 V_2 A_2) = 0$$

即是

$$\dot{m} = \rho_1 V_1 A_1 = \rho_2 V_2 A_2$$

亦即

$$\dot{Q} = \frac{\delta Q}{dt} = \frac{\delta Q}{dm}\frac{dm}{dt} = \frac{\delta Q}{dm}\dot{m}$$

因此,由能量方程式,經過重新整理之後

$$\left[\left(p_2 v_2 + \frac{V_2^2}{2} + gz_2\right) - \left(p_1 v_1 + \frac{V_1^2}{2} + gz_1\right)\right]\dot{m} + \left(u_2 - u_1 - \frac{\delta Q}{dm}\right)\dot{m} = 0$$

或者

$$p_1 v_1 + \frac{V_1^2}{2} + gz_1 = p_2 v_2 + \frac{V_2^2}{2} + gz_2 + \left(u_2 - u_1 - \frac{\delta Q}{dm}\right)$$

在不可壓縮流的額外假設下,$v_1 = v_2 = 1/\rho$,因而

$$\frac{p_1}{\rho} + \frac{V_1^2}{2} + gz_1 = \frac{p_2}{\rho} + \frac{V_2^2}{2} + gz_2 + \left(u_2 - u_1 - \frac{\delta Q}{dm}\right) \tag{6.14}$$

若括號中的項為零,則 6.14 式可化簡成白努利方程式。因此,再增列限制

$$(7) \quad (u_2 - u_1 - \delta Q/dm) = 0$$

此能量方程式將簡化成

$$\frac{p_1}{\rho} + \frac{V_1^2}{2} + gz_1 = \frac{p_2}{\rho} + \frac{V_2^2}{2} + gz_2$$

或者

$$\frac{p}{\rho} + \frac{V^2}{2} + gz = 常數 \tag{6.15}$$

6.15 式的形式與 6.8 式的白努利方程式相同。白努利方程式是由動量考量(牛頓第二定律) 推導而來,且適用於沿穩定、不可壓縮、非黏滯流的流線上。6.15 式是由在流管控容分析中,應用熱力學第一定律推得的,受限於上述 1 至 7 的限制條件。因此,白努利方程式(6.8 式) 以及與其同形式的能量方程式(6.15 式) 是分別由完全不同的模式推導出的,來自完全不同的基本概念,且涉及全然不同的限制條件。

看起來我們需要限制條件(7) 以最後地轉換能量方程式為白努利方程式。事實上,我們不需要!原來對於不可壓縮無摩擦的流動[限制條件(6),以及我們只關注沒有剪力之流動的事實],限制條件(7) 自動地被滿足,我們將於範例 6.7 中示範說明。

範例 6.7　在無摩擦不可壓縮流動中的內能與熱傳遞

考慮具熱傳遞的無摩擦不可壓縮流動,試證

$$u_2 - u_1 = \frac{\delta Q}{dm}$$

已知:具熱傳遞的無摩擦不可壓縮流動。

試證:$u_2 - u_1 = \dfrac{\delta Q}{dm}$

解答：

一般而言，可將內能表示成 $u = u(T,v)$。對於不可壓縮流，$v =$ 常數，$u = u(T)$。因此流體的熱力狀態只由單一熱力性質 T 決定。對任何過程而言，內能變化量 $u_2 - u_1$ 只取決於初始與最終狀態的溫度。

由適用於純物質經歷任何過程的吉布斯方程式(Gibbs equation)，$Tds = du + \rho du$，可得

$$Tds = du$$

因爲對於不可壓縮流而言，$dv = 0$。因爲兩特定端點狀態間的內能變化 du 無關於過程，我們取可逆過程，$Tds = d(\delta Q/dm) = du$。則

$$u_2 - u_1 = \frac{\delta Q}{dm} \longleftarrow$$

對於本節所考慮的特例(穩定無摩擦且不可壓縮流)而言，熱力學第一定律真的可化簡成白努利方程式。於 6.15 式中每一項的單位爲每單位質量的能量(有時會將這三項分別稱爲流體每單位質量的「壓力」能量，動能與位能)。在 6.15 式中包含能量項並不在意料之外，畢竟這是使用熱力學第一定律推導而得的。爲何由動量方程式會推出具能量形式項的白努利方程式？答案是因爲我們沿流線(其中涉及距離)積分動量方程式(其中包含作用力項)，因此會得到功或能量項(功的定義爲力乘上距離)。重力與壓力所作的功會導致動能變化(其爲對距離積分動量而來)。在本書中，可將白努利方程式視爲機械能的平衡(mechanical energy balance)，且機械能(「壓力」加上位能與動能)爲常數。必須牢記在心，白努利方程式適用於穩定且不可壓縮非黏滯流的流線上。令人感到興趣的是這兩個流體性質——它的可壓縮性與摩擦性——是熱能與機械能兩者間的「連結」。如果流體是可壓縮的，則任何的肇因於流動所引發之壓力改變將會壓縮或是膨脹該流體，因此作了功與改變了粒子熱能；而摩擦性，由我們日常經驗知道，總是轉換機械能至熱能。它們的從缺，因此，打破機械能與熱能之間的連結，它們是彼此無關的——宛如它們置身於平行而沒有交集的兩個世界！

總而言之，當使用白努利方程式的條件成立時，對流體來說，我們可將機械能與內熱能分開加以考慮(這在範例 6.8 中有說明)；當白努利方程式的條件不成立時，這些能量將會相互影響，因此不能應用白努利方程式，而必須使用完整的熱力學第一定律。

範例 6.8　具熱傳遞的無摩擦流動

水由大型開口儲槽經截面積 $A = 560 mm^2$ 的噴嘴與短管流出。有一個絕熱良好的 10kW 加熱器包圍短管。試求流體溫度上升多少。

已知：如圖所示，水由大型儲槽流過系統並釋放到大氣壓中。加熱器爲 10kW；$A_4 = 560 mm^2$。

求解：在點①與點②之間水溫度的上升值。

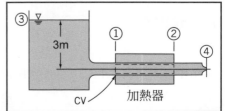

解答：

控制方程式：$\dfrac{p}{\rho} + \dfrac{V^2}{2} + gz = $ 常數

$$\sum_{CS} \vec{V} \cdot \vec{A} = 0 \tag{4.13b}$$

$$\dot{Q} - \overset{= 0(4)}{\cancel{\dot{W}_s}} - \overset{= 0(4)}{\cancel{\dot{W}_{shear}}} = \overset{= 0(1)}{\cancel{\frac{\partial}{\partial t}}} \iint_{CV} e\, \rho\, dV + \int_{CS} \left(u + pv + \frac{V^2}{2} + gz \right) \rho \vec{V} \cdot d\vec{A} \tag{4.56}$$

假設：(1) 穩定流動。

　　　(2) 無摩擦流動。

　　　(3) 不可壓縮流動。

　　　(4) 無軸功，無剪力做功。

　　　(5) 沿著同一流線流動。

　　　(6) 每一個截面都是均勻的流動[假設(2)的結果]。

在上列的假設下，對如圖示的控制容積應用熱力學第一定律可得

$$\dot{Q} = \int_{CS} \left(u + pv + \frac{V^2}{2} + gz \right) \rho \vec{V} \cdot d\vec{A}$$

$$= \int_{A_1} \left(u + pv + \frac{V^2}{2} + gz \right) \rho \vec{V} \cdot d\vec{A} + \int_{A_2} \left(u + pv + \frac{V^2}{2} + gz \right) \rho \vec{V} \cdot d\vec{A}$$

因為①與②處具均勻性質

$$\dot{Q} = -(\rho V_1 A_1) \left(u_1 + p_1 v + \frac{V_1^2}{2} + gz_1 \right) + (\rho V_2 A_2) \left(u_2 + p_2 v + \frac{V_2^2}{2} + gz_2 \right)$$

由質量守恆得 $\rho V_1 A_1 = \rho V_2 A_2 = \dot{m}$，故

$$\dot{Q} = \dot{m} \left[u_2 - u_1 + \left(\frac{p_2}{\rho} + \frac{V_2^2}{2} + gz_2 \right) - \left(\frac{p_1}{\rho} + \frac{V_1^2}{2} + gz_1 \right) \right]$$

對無摩擦，不可壓縮穩定流的流線而言

$$\frac{p}{\rho} + \frac{V^2}{2} + gz = \text{常數}$$

則

$$\dot{Q} = \dot{m}(u_2 - u_1)$$

對不可壓縮流體而言，$u_2 - u_1 = c(T_2 - T_1)$，故

$$T_2 - T_1 = \frac{\dot{Q}}{\dot{m}c}$$

由連續條件得

$$\dot{m} = \rho V_4 A_4$$

為求出 V_4，可寫出自由表面③與④間的白努利方程式

$$\frac{p_3}{\rho} + \frac{V_3^2}{2} + gz_3 = \frac{p_4}{\rho} + \frac{V_4^2}{2} + gz_4$$

因為 $p_3 = p_4$ 且 $V_3 \approx 0$，則

$$V_4 = \sqrt{2g(z_3 - z_4)} = \sqrt{2 \times 9.81 \frac{m}{s^2} \times 3\ m} = 7.7\ m/s$$

且

$$\dot{m} = \rho V_4 A_4 = 1000\ \frac{kg}{m^3} \times 7.7\ \frac{m}{s} \times 560\ mm^2 \times \frac{m^2}{10^6\ mm^2} = 4.31\ kg/s$$

假設沒有任熱傳遞到周圍環境，可得

$$T_2 - T_1 = \frac{\dot{Q}}{\dot{m}c} = 10{,}000\ W \times \frac{1}{4.31\ kg/s \times 4179\ J/kg \cdot K} \times \frac{J}{W \cdot s}$$

$$T_2 - T_1 = 0.555\ K \quad \longleftarrow \qquad\qquad T_2 - T_1$$

由此問題可知：

✓　一般而言，熱力學第一定律與白努利方程式是無關的兩個方程式。

✓　對不可壓縮非黏滯流而言，內熱能只會因熱傳遞而變化，與流體力學無關。

6-5　能量坡線與流力坡線

我們已經學過對於穩定、不可壓縮、無摩擦的流動我們可以使用白努利方程式(6.8 式)，此式推導自動量方程式，以及 6.15 式也是，此式推導自能量方程式：

$$\frac{p}{\rho} + \frac{V^2}{2} + gz = \text{常數} \tag{6.15}$$

我們也解讀過由「壓力」、動能與位勢能組成的三個項構成每單位質量，該流體的總機械能。如果我們將 6.15 式除以 g，我們得到另一個形式，

$$\frac{p}{\rho g} + \frac{V^2}{2g} + z = H \tag{6.16a}$$

於此 H 是流動的總揚程(total head)；它以公尺為單位來量測總機械能。我們將於第 8 章學到於實際的流體(有摩擦性者)中這個揚程不會是常數，而當機械能被轉換為熱時其值會持續地減少；於這一章 H 是常數。如果我們將之定義為能量坡線(EGL)，我們於此能夠進一步得到一個以圖形近似而又非常有用的解法。

$$EGL = \frac{p}{\rho g} + \frac{V^2}{2g} + z \tag{6.16b}$$

這能夠使用皮托管(總揚程)予以量測(如圖 6.3 所示)。放置這樣一根皮托管於流動中來量測總壓力，$p_0 = p + \frac{1}{2}\rho V^2$，所以這個將導致相同的流體之圓柱高度上昇至高度 $h = p_0/\rho g = p/\rho g = V^2/2g$。如果皮托管垂直方向的位置是 z，自某基準(例如：地面)量起，自基準處所量出之流體的液柱高將等於 $h + z = p/\rho g + V^2/2g + z = EGL = H$。總而言之，由被附掛之皮托管中所看到的自基準量起的液柱高度直接地代表了 EGL。

我們也能夠定義水力坡線(HGL)，

$$HGL = \frac{p}{\rho g} + z \tag{6.16c}$$

這能夠使用靜壓孔予以量測出來(如圖 6.2a 所示)。放置這樣一根皮托管於流動中來量測靜壓，p，所以這個將導致相同的流體之圓柱高度上升至高度 $h = p/\rho g$。如果皮托管自某基準量起垂直方向的位置是 z，則自該基準所量出之流體的液柱高將是。$h + z = p/\rho g + z = HGL$ 因此黏附於靜壓孔之液柱的高度直接地代表了 HGL。

從 6.16b 與 6.16c 式我們得到

$$EGL - HGL = \frac{V^2}{2g} \tag{6.16d}$$

這顯示 EGL 與 HGL 之間的差異量等於動壓項。

想要透過圖解的方式來看 EGL 與 HGL，請參考如圖 6.6 所示例子，這例子顯示無摩擦流動從水槽流經漸縮管的情形。

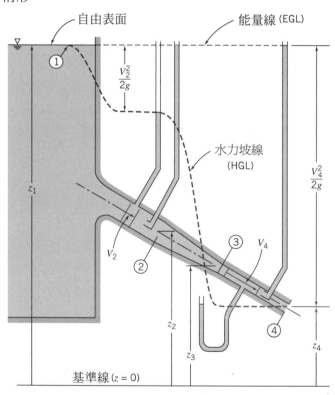

圖 6.6　無摩擦流動的能量坡線與水力坡線

在所有的位置 EGL 是相同的因為沒有機械能的損失。站①位在水槽而此處 EGL 和 HGL 與自由表面是一致的：於 6.16b 與 6.16c 式 $p = 0$(錶壓)，$V = 0$ 與 $Z = z_1$，所以 $EGL_1 = HGL_1 = H = z_1$；所有的機械能屬於位勢型的。(如果我們於該流體中站①處放置一根皮托管，該流體當然只會升到自由表面的水準。)

在站②我們有一根皮托管(總揚程)與一個靜壓孔。皮托管的液柱代表了 $EGL(EGL_1 = EGL_2 = H)$ 正確的值，但是兩個站之間有些事情被改變了：該流體現在出現顯著的動能且損失了一些位勢能(你是否能夠從該圖中判斷出壓力發生了什麼改變？)。從 6.16d 式，我們可以看出 HGL 較 EGL 低 $V_2^2/2g$；在站②的 HGL 顯示了這件事。從站②至站③之間直徑有縮減，所以依連續性要求 $V_3 > V_2$；因此 EGL 與 HGL 之間的缺口進一步擴增了，如圖所示。

站④位在出口(面對大氣)。於此壓力等於零(錶壓)，所以 EGL 完全由動能與位勢能項組成，且 $HGL_4 = HGL_3$。當描製 EGL 與 HGL 曲線時，我們能夠歸納出兩個重要的想法：

1.　對於不可壓縮非黏滯流 EGL 是常數(沒有做功設備的情況下)。我們將於第 8 章看到做功的設備可能增加或是減少 EGL，而摩擦則總是會讓 EGL 下降。

2.　HGL 總是較 EGL 低 $V^2/2g$ 之多。請留意速度 V 的值與整個系統有關(例如：水槽高度、管子直徑等等。)，但是速度的改變僅僅出現於直徑改變之處。

6-6　非穩定態的白努利方程式 ——沿同一流線對尤拉方程式積分(網頁版)

*6-7　非旋性流

我們已經於第 5-3 節討論過非旋性流。這些流動之流體粒子不會旋轉($\bar{\omega} = 0$)。我們回想能夠造成粒子旋轉僅有的應力是剪應力；因此，無黏滯流(也就是說，那些具有零剪應力者)將是非旋轉的，除非粒子一開始的時候就處於旋轉的狀態。使用 5.14 式，我們得到非旋性條件

$$\nabla \times \vec{V} = 0 \tag{6.22}$$

得出

$$\frac{\partial w}{\partial y} - \frac{\partial v}{\partial z} = \frac{\partial u}{\partial z} - \frac{\partial w}{\partial x} = \frac{\partial v}{\partial x} - \frac{\partial u}{\partial y} = 0 \tag{6.23}$$

於圓柱座標，從 5.16 式，非旋性條件要求

$$\frac{1}{r}\frac{\partial V_z}{\partial \theta} - \frac{\partial V_\theta}{\partial z} = \frac{\partial V_r}{\partial z} - \frac{\partial V_z}{\partial r} = \frac{1}{r}\frac{\partial r V_\theta}{\partial r} - \frac{1}{r}\frac{\partial V_r}{\partial \theta} = 0 \tag{6.24}$$

白努利方程式應用於非旋性流

於第 6-3 節，我們沿著一條穩定、不可壓縮、非黏滯流的流線積分尤拉方程式以得到白努利方程式。

$$\frac{p}{\rho} + \frac{V^2}{2} + gz = 常數 \tag{6.8}$$

方程式 6.8 能夠應用於同一條流線上任何兩個點之間。一般來說，於不同的流線該常數值也會不同。

---

* 這個部分可被省略而無損於課文內容的一貫性。(請留意第 5-2 節含有研讀本節所需的背景材料。)

如果,除了是非粘滯、穩定與不可壓縮,流場也是非旋轉的(也就是說,粒子沒有初始的旋轉),所以 $\nabla \times \vec{V} = 0$ (6.22 式),我們能夠證明白努利方程式適用於流動中任何點與所有點之間。那麼對於所有的流線 6.8 式中的常數值都是相同的。要說明這個,我們以向量形式的尤拉方程式著手,

$$(\vec{V} \cdot \nabla)\vec{V} = -\frac{1}{\rho}\nabla p - g\hat{k} \tag{6.9}$$

使用向量恆等式

$$(\vec{V} \cdot \nabla)\vec{V} = \frac{1}{2}\nabla(\vec{V} \cdot \vec{V}) - \vec{V} \times (\nabla \times \vec{V})$$

我們看到對於非旋性流動,此處 $\nabla \times \vec{V} = 0$,

$$(\vec{V} \cdot \nabla)\vec{V} = \frac{1}{2}\nabla(\vec{V} \cdot \vec{V})$$

而對於非旋性流的尤拉方程式可以被寫為

$$\frac{1}{2}\nabla(\vec{V} \cdot \vec{V}) = \frac{1}{2}\nabla(V^2) = -\frac{1}{\rho}\nabla p - g\hat{k} \tag{6.25}$$

考慮於流場中從位置 $\vec{r}$ 到位置 $\vec{r} + d\vec{r}$ 的一個位移量;該位移量 $d\vec{r}$ 可以是沿任何方向任意無限小的位移量,不一定非得沿著一條流線。取 $d\vec{r} = dx\hat{i} + dy\hat{j} + dz\hat{k}$ 與 6.25 式中每一項的純量積,我們有

$$\frac{1}{2}\nabla(V^2) \cdot d\vec{r} = -\frac{1}{\rho}\nabla p \cdot d\vec{r} - g\hat{k} \cdot d\vec{r}$$

因此

$$\frac{1}{2}d(V^2) = -\frac{dp}{\rho} - g dz$$

或者

$$\frac{dp}{\rho} + \frac{1}{2}d(V^2) + g dz = 0$$

對於可壓縮流,積分這個方程式得到

$$\frac{p}{\rho} + \frac{V^2}{2} + gz = 常數 \tag{6.26}$$

因為 $d\vec{r}$ 是一個任意的位移量,6.26 式於任何兩個點之間都是成立的[也就是說,非僅是沿著一條流線]於穩定的、不可壓縮非黏滯同時也是非旋轉的流動(參見範例 6.5)。

速度位勢

我們曾經於第 5-2 節介紹過二維可壓縮流之流線函數的記號 ψ。

對於非旋性流我們能夠引進一個夥伴函數,位勢函數 ϕ,被定義為

$$\vec{V} = -\nabla\phi \tag{6.27}$$

為什麼這樣定義?因為它保證任何連續純量函數 ϕ (x,y,z,t) 自動地滿足非旋性條件(6.22 式)因為一個基本的恆等式[7]:

$$\nabla \times \vec{V} = -\nabla \times \nabla\phi = -\mathrm{curl}(\mathrm{grad}\,\phi) \equiv 0 \tag{6.28}$$

---

[7] 展開分量後很容易說明 $\nabla \times \nabla(\quad) \equiv 0$。

被放進的負號(爲大多數教科書所採用)單純的因爲 ϕ 沿流動方向會減少(類似於熱傳導中溫度沿熱流動的方向減少)。因此，

$$u = -\frac{\partial \phi}{\partial x}, \quad v = -\frac{\partial \phi}{\partial y}, \quad \text{and} \quad w = -\frac{\partial \phi}{\partial z} \tag{6.29}$$

(你可以檢視於圓柱座標下非旋性條件，6.22 式，是同樣地被滿足。)

於圓柱座標

$$\nabla = \hat{e}_r \frac{\partial}{\partial r} + \hat{e}_\theta \frac{1}{r} \frac{\partial}{\partial \theta} + \hat{k} \frac{\partial}{\partial z} \tag{3.19}$$

從 6.27 式，那麼，於圓柱座標

$$V_r = -\frac{\partial \phi}{\partial r} \qquad V_\theta = -\frac{1}{r} \frac{\partial \phi}{\partial \theta} \qquad V_z = -\frac{\partial \phi}{\partial z} \tag{6.30}$$

因爲對於所有的 ϕ，$\nabla \times \nabla \phi \equiv 0$，速度位勢只存在於非旋性流。

對於那些流動的黏滯力是忽略不計的區域，非旋性可能是個眞確的假設[8]。(舉例來說，如存在於流過機翼表面之流動的邊界層外的區域，能夠是予以分析來找出由機翼產生的升力。)非旋性流理論的發展是以一個虛擬黏性等於零的理想流體來表現。因爲，於非旋性流，速度場可被定義爲位勢函數 ϕ，此理論常常被稱爲位勢流理論。

所有的眞實流體具有黏性，但是有許多的情境無黏滯流的假設相當程度地簡化了分析，且同時得到具有實益的結果。因爲它相對的簡單性與數學上的優美，位勢流已經被廣泛的研究[9]。

二維非旋性不可壓縮流的流線函數與速度位勢：拉普拉斯方程式

對於二維不可壓縮非旋性流，我們以流線函數 ψ 與速度位勢 ϕ 這兩者來寫出速度分量 u 與 v 的表示式，

$$u = \frac{\partial \psi}{\partial y} \qquad v = -\frac{\partial \psi}{\partial x} \tag{5.4}$$

$$u = -\frac{\partial \phi}{\partial x} \qquad v = -\frac{\partial \phi}{\partial y} \tag{6.29}$$

將 5.4 式的 u 與 v 代入非旋性條件，

$$\frac{\partial v}{\partial x} - \frac{\partial u}{\partial y} = 0 \tag{6.23}$$

我們獲得

$$\frac{\partial^2 \psi}{\partial x^2} + \frac{\partial^2 \psi}{\partial y^2} = \nabla^2 \psi = 0 \tag{6.31}$$

將 6.29 式的 u 與 v 代入連續方程式，

$$\frac{\partial u}{\partial x} + \frac{\partial v}{\partial y} = 0 \tag{5.3}$$

---

[8]　旋轉與非旋轉運動的例子，讀者可以請觀看 NCFMF 影片 Vorticity。

　　(線上免費觀賞這個影片，請參見 http:// web.mit.edu/fluids/www/Shapiro/ncfmf.html)

[9]　任何人對位勢流理論研究的細節感到興趣者可以在[4–6]找到有趣的材料。

我們獲得

$$\frac{\partial^2 \phi}{\partial x^2} + \frac{\partial^2 \phi}{\partial y^2} = \nabla^2 \phi = 0 \tag{6.32}$$

方程式 6.31 與 6.32 是拉普拉斯方程式的形式——這是個出現在許多的物理科學與工程領域的方程式。任何滿足拉普拉斯方程式的函數 ψ 或是 ϕ 都可代表二維不可壓縮非旋性流場。

表 6.1 歸納我們對於二維流動之流線函數與速度位勢討論的結果。

相同的規則(當不可壓縮性與非旋性成立時，搭配適當的拉普拉斯方程式形式) 對於以圓柱座標表達出的流線函數與速度位勢也一體適用，

$$V_r = \frac{1}{r}\frac{\partial \psi}{\partial \theta} \quad \text{and} \quad V_\theta = -\frac{\partial \psi}{\partial r} \tag{5.8}$$

且

$$V_r = -\frac{\partial \phi}{\partial r} \quad \text{and} \quad V_\theta = -\frac{1}{r}\frac{\partial \phi}{\partial \theta} \tag{6.33}$$

於第 5-2 節我們曾經證明過沿任何一條流線流線函數 ψ 是不變的常數。對於 ψ= 常數，$d\psi$= 0 且

$$d\psi = \frac{\partial \psi}{\partial x}\,dx + \frac{\partial \psi}{\partial y}\,dy = 0$$

流線的斜率——常數線 ψ——是由下式得出

$$\left.\frac{dy}{dx}\right)_\psi = -\frac{\partial \psi/\partial x}{\partial x/\partial y} = -\frac{-v}{u} = \frac{v}{u} \tag{6.34}$$

沿著一條常數線 ϕ，$d\phi$= 0 且

$$d\phi = \frac{\partial \phi}{\partial x}\,dx + \frac{\partial \phi}{\partial y}\,dy = 0$$

流線的斜率——常數線 ϕ——是由下式得出

$$\left.\frac{dy}{dx}\right)_\phi = -\frac{\partial \phi/\partial x}{\partial \phi/\partial y} = -\frac{u}{v} \tag{6.35}$$

(6.35 式的最後一個等式沿用了 6.29 式。)

比較 6.34 與 6.35 式，我們看到常數線 ψ 在任一點的斜率等於常數 ϕ 線在那個點之斜率的倒數的負值；這意指常數 ψ 線與常數 ϕ 線是相互垂直的。位勢線與流線的這項性質於圖形分析流場時是很有用的。

表 6.1　ψ 與 ϕ 的定義以及滿足拉普拉斯方程式的必要條件

定義	恆滿足	滿足拉普拉斯方程式 $\dfrac{\partial^2(\ )}{\partial x^2} + \dfrac{\partial^2(\ )}{\partial y^2} = \nabla^2(\ ) = 0$
流線函數 $u = \dfrac{\partial \psi}{\partial y} \quad v = -\dfrac{\partial \psi}{\partial x}$	不可壓縮性 $\dfrac{\partial u}{\partial x} + \dfrac{\partial v}{\partial y} = \dfrac{\partial^2 \psi}{\partial x \partial y} - \dfrac{\partial^2 \psi}{\partial y \partial x} \equiv 0$	如果只是非旋轉： $\dfrac{\partial v}{\partial x} - \dfrac{\partial u}{\partial y} = -\dfrac{\partial^2 \psi}{\partial x \partial x} - \dfrac{\partial^2 \psi}{\partial y \partial y} = 0$
速度位勢 $u = -\dfrac{\partial \phi}{\partial x} \quad v = -\dfrac{\partial \phi}{\partial y}$	非旋性 $\dfrac{\partial v}{\partial x} - \dfrac{\partial u}{\partial y} = -\dfrac{\partial^2 \phi}{\partial x \partial y} - \dfrac{\partial^2 \phi}{\partial y \partial x} \equiv 0$	如果只是不可壓縮： $\dfrac{\partial u}{\partial x} + \dfrac{\partial v}{\partial y} = -\dfrac{\partial^2 \phi}{\partial x \partial x} - \dfrac{\partial^2 \phi}{\partial y \partial y} = 0$

範例 6.10　速度位勢

考慮 $\psi = ax^2 - ay^2$ 所得流場，$a = 3\,\text{s}^{-1}$。請證明該流動是非旋轉的。請導出此流動的速度位勢。

已知：不可壓縮流場的 $\psi = ax^2 - ay^2$，其中 $a = 3\,\text{s}^{-1}$。

求解：(a) 該流動是否爲非旋轉的。(b) 此流動的速度位勢。

解答：

如果流動是非旋轉的，$\nabla^2 \psi = 0$。檢查已知的流動，

$$\nabla^2 \psi = \frac{\partial^2}{\partial x^2}(ax^2 - ay^2) + \frac{\partial^2}{\partial y^2}(ax^2 - ay^2) = 2a - 2a = 0$$

所以該流動是非旋轉的。另一個證明方法是，我們能夠計算流體粒子的旋轉(於 xy 平面，僅有的旋轉分量是 ω_z)：

$$2\omega_z = \frac{\partial v}{\partial x} - \frac{\partial u}{\partial y} \quad \text{且} \quad u = \frac{\partial \psi}{\partial y} \quad v = -\frac{\partial \psi}{\partial x}$$

然後

$$u = \frac{\partial}{\partial y}(ax^2 - ay^2) = -2ay \quad \text{且} \quad v = -\frac{\partial}{\partial x}(ax^2 - ay^2) = -2ax$$

所以

$$2\omega_z = \frac{\partial v}{\partial x} - \frac{\partial u}{\partial y} = \frac{\partial}{\partial x}(-2ax) - \frac{\partial}{\partial y}(-2ay) = -2a + 2a = 0 \qquad \overset{2\omega_z}{\longleftarrow}$$

再一次，我們得到的結論是流動是非旋轉的。因爲是非旋轉的，ϕ 必然存在，且

$$u = -\frac{\partial \phi}{\partial x} \quad \text{且} \quad v = -\frac{\partial \phi}{\partial y}$$

從而，$u = -\dfrac{\partial \phi}{\partial x} = -2ay$ 及 $\dfrac{\partial \phi}{\partial x} = 2ay$。針對 x 來積分得到 $\phi = 2axy + f(y)$，其中 $f(y)$ 是個任意的 y 函數。然後

$$v = -2ax = -\frac{\partial \phi}{\partial y} = -\frac{\partial}{\partial x}[2axy + f(y)]$$

因此，$-2ax = -2ax - \dfrac{\partial f(y)}{\partial y} = -2ax - \dfrac{df}{dy}$，因此 $\dfrac{df}{dy} = 0$ 且 $f =$ 常數。因此，

$$\phi = 2axy + \text{常數} \qquad \overset{\phi}{\longleftarrow}$$

我們也能證明常數 ψ 與常數 ϕ 的線是互相垂直的。

$$\psi = ax^2 - ay^2 \quad \text{且} \quad \phi = 2axy$$

對於 ψ 常數，$d\psi = 0 = 2ax\,dx - 2ay\,dy$，因此 $\left.\dfrac{dy}{dx}\right)_{\psi=c} = \dfrac{x}{y}$

對於 ϕ 常數，$d\phi = 0 = 2ay\,dx + 2ax\,dy$，因此 $\left.\dfrac{dy}{dx}\right)_{\phi=c} = -\dfrac{x}{y}$

　　ϕ 常數線與 ψ 常數線的斜率是負的倒數。因此 ϕ 的常數線垂直於 ψ 的常數線。

這個問題示範說明了流線函數、速度位勢、與速度場之間的關係。

🐭 流線函數 ψ 與速度位勢 ϕ 如 *Excel* 活頁簿所示。藉由輸入 ψ 與 ϕ 的方程式，可以畫出其他場。

基本的平面型流動

對於五個基本的二維的流動——均勻流動、源流、沉流、渦流與源沉偶流——之 ψ 與 ϕ 函數歸納於表 6.2。每一個基本的流動的 ψ 與 ϕ 函數可以得自速度場。(我們曾於範例 6.10 見過我們能夠自 u 與 v 得到 ϕ。)

表 6.2　基本的平面型流動

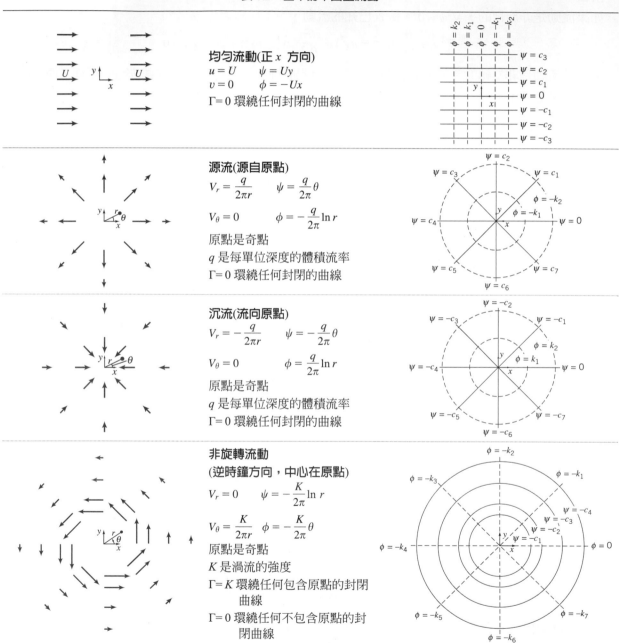

均勻流動(正 x 方向)
$u = U$　$\psi = Uy$
$v = 0$　$\phi = -Ux$
$\Gamma = 0$ 環繞任何封閉的曲線

源流(源自原點)
$V_r = \dfrac{q}{2\pi r}$　$\psi = \dfrac{q}{2\pi}\theta$
$V_\theta = 0$　$\phi = -\dfrac{q}{2\pi}\ln r$
原點是奇點
q 是每單位深度的體積流率
$\Gamma = 0$ 環繞任何封閉的曲線

沉流(流向原點)
$V_r = -\dfrac{q}{2\pi r}$　$\psi = -\dfrac{q}{2\pi}\theta$
$V_\theta = 0$　$\phi = \dfrac{q}{2\pi}\ln r$
原點是奇點
q 是每單位深度的體積流率
$\Gamma = 0$ 環繞任何封閉的曲線

非旋轉流動
(逆時鐘方向，中心在原點)
$V_r = 0$　$\psi = -\dfrac{K}{2\pi}\ln r$
$V_\theta = \dfrac{K}{2\pi r}$　$\phi = -\dfrac{K}{2\pi}\theta$
原點是奇點
K 是渦流的強度
$\Gamma = K$ 環繞任何包含原點的封閉曲線
$\Gamma = 0$ 環繞任何不包含原點的封閉曲線

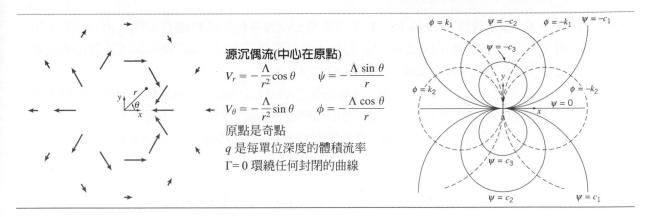

源沉偶流(中心在原點)

$$V_r = -\frac{\Lambda}{r^2}\cos\theta \qquad \psi = -\frac{\Lambda\sin\theta}{r}$$

$$V_\theta = -\frac{\Lambda}{r^2}\sin\theta \qquad \phi = -\frac{\Lambda\cos\theta}{r}$$

原點是奇點
q 是每單位深度的體積流率
$\Gamma = 0$ 環繞任何封閉的曲線

一個平行於 x 座標軸且等速的均勻流動滿足連續方程式與非旋性條件。於表 6.2 我們列出了對於沿正 x 座標軸方向之均勻流動的 ψ 與 ϕ 函數。

對於大小不變的 V，並以角度 α 斜交於 x 座標軸的均勻流動。

$$\psi = (V\cos\alpha)y - (V\sin\alpha)x$$
$$\phi = -(V\sin\alpha)y - (V\cos\alpha)x$$

一個簡單的源流是一種位於 xy 平面上的流動樣式，於此樣式是從 z 座標軸朝半徑外側的方向流動且沿所有的方向都是對稱的。源流的強度，q，是每單位深度的體積流率。從源流中心至任意半徑，r，之處切線方向的速度，V_θ，等於零；徑向速度，V_r，等於每單位深度的體積流率，q，除以每單位深度的流動面積，$2\pi r$。因此對於源流 $V_r = q/2\pi r$。知道了 V_θ 與 V_r，可以直截了當的分別從 5.8 與 6.33 式得出 ψ 與 ϕ。

對於一個簡單的沉流，流動是朝半徑內側的方向；沉流是負的源流。如表 6.2 所示之沉流的 與函數是源流流動相應的函數的負值。

不論沉流或是源流的原點都是個奇點，因為當半徑趨近於零，徑向速度會趨近於無限大。因此，儘管實際的流動或許十分神似於源流或是沉流，但源流與沉流在物理世界並沒有足資匹配的實體。源流與沉流概念是的主要價值是，當與其他的基本流動組合，它們產生流動樣式足以代表實際的流動。

一個是同心圓流線的流動樣式是渦流；於一個自由的(非旋轉的) 渦流，當流體粒子沿圓形路徑繞著渦流中心移動它們不會旋轉。有許多得到速度場的方式，舉例來說，透過結合運動的方程式(尤拉方程式) 與白努利方程式以消除壓力。這裡，儘管，對於圓形的流線，我們只有 $V_r = 0$ 與 $V_\theta = f(\theta)$。我們也已經在前面介紹過於圓柱座標下非旋性的條件，

$$\frac{1}{r}\frac{\partial rV_\theta}{\partial r} - \frac{1}{r}\frac{\partial V_r}{\partial \theta} = 0 \qquad (6.24)$$

因此，使用已知的 V_r 與 V_θ 形式，我們得到

$$\frac{1}{r}\frac{d(rV_\theta)}{dr} = 0$$

積分這個方程式得到

$$V_\theta r = 常數$$

渦流的強度，K，被定義爲 $K = 2\pi r V_\theta$；K 的因次是 L^2/t(每單位深度的體積流率)。再一次的，知道了 V_r 與 V_θ，要從 5.8 與 6.33 式分別地得到 ψ 與 ϕ 是直截了當的。非旋轉的渦流對龍捲風流場是一合理的近似(除了原點內的區域；原點是一個奇點)。

最後一個被列於表 6.2 的「基本型」流動是強度Λ的源沉偶流。這種流動是讓數值上相等強度之源流與沉流合併而數學性的製造出來。在極限情況下，當它們之間的距離，δs，趨近於零，它們的強度會增加因此乘積 $q\delta s/2\pi$ 傾向於有限的值，Λ，稱之爲源沉偶流的強度。

疊加基本平面型流動

先前曾看過對於既是不可壓縮也非旋轉之流動的ϕ與ψ均滿足拉普拉斯方程式。因拉普拉斯方程式是一個線性的、齊次的偏微分方程式，解答可以被疊加(加起來)以發展更複雜與有趣的流動的樣式。因此若 ψ_1 與 ψ_2 滿足拉普拉斯方程式，則 $\psi_3 = \psi_1 + \psi_2$ 一樣會滿足。基本的平面型流動是這個疊加過程的基本的積木。但有一點要注意：儘管流線函數之拉普拉斯方程式與流線函數-速度場方程式(5.3 式)是線性的，白努利方程式則不是；因此，於疊加過程將有 $\psi_3 = \psi_1 + \psi_2$，$u_3 = u_1 + u_2$ 且 $v_3 = v_1 + v_2$，但是 $p_3 \ne p_1 + p_2$！必須使用白努利方程式，式中的 V 是非線性的，來找出 p_3。

我們能夠將基本流動加起來試著產生可辨識的流動樣式。最簡單的疊加方式稱爲直接法，此處我們試驗不同的基本流動組合與看看什麼樣的流動樣式被產生。這聽來像是一隨機過程，但只要有些許的經驗它會變得是十分邏輯的過程。例如，看看一些表 6.3 所列的典型例子。源流與均勻流動組合是合乎道理——會直覺地期望有個源流來局部地向上游推出流路並岔分環繞它的流動。源流、沉流與均勻流動[產生了所謂的藍金體(Rankine body)]也不令人意外——整個自源流流出的流動都流向它的沉流，形成了封閉的流線。這其中任一條流線都能被解讀爲固體的表面，因爲不會有任何的流動橫越它；我們能夠因此假裝這條封閉流線代表一個固體。我們能很容易地一般化這個源流-沉流方式至沿著 x 座標軸分布任何個數的源流與沉流，只要源流與沉流強度的總和加起來等於零，我們會產生一個封閉流線的物體形狀。源沉偶流-均勻流動(有或沒有渦流)產生一非常有趣的結果：流經圓柱體(有或沒有迴流)！首先看看於圖 2.12a 沒有迴流的流動。具有順時針渦流的流動產生一個由上至下的不對稱。這個是因爲於圓柱體上方區域因爲均勻流動與渦流的速度都是沿相同的方向從而有高流速；圓柱體下方區域兩者的流動方向則是相反的從而有低流速。如我們曾經學過的，每當流速高的時候，流線會更緊靠在一起，反之亦然——解釋了圖內所示的流動樣式。更重要的是，從白努利方程式我們知道流速高的時候壓力會降低，反之亦然——因此，能夠預測具有迴流的圓柱體將因爲壓力的關係體驗到一個淨向上的力(升力)。這個方式，即藉由查看流線樣式來看出有哪些高或低流速的區域從而看出低或是高壓力區域，是非常有用的。我們將於範例 6.11 與 6.12 檢視後兩個流動。於表 6.3 中最後一個例子，渦流對，提示了創造一個模擬出現一堵牆或是數堵牆之流動的方法：欲使 y 座標軸是一條流線(即一堵牆)，只要確認對於任何位於正 x 象限的物件(例如：源流，渦流)在負的 x 象限有一模一樣的物件；y 座標軸將因此是一條線對稱軸。對於一個 90 度轉角的流動樣式，我們需要放置的物件須使我們得以同時對稱於 x 與 y 兩個座標軸。對於流動的轉角角度是 90 度的幾分之幾時(例如：30 度)，我們需要以徑向對稱的方式來放置物件。

因爲拉普拉斯方程式出現於許多的工程上的與物理應用，它已經被廣泛的研究。一種方式是以複數表示法使用保角映射(conformal mapping)。這結果變成任何連續的複數函數 $f(z)$ (其中 $z = x + iy$ 且 $i = \sqrt{-1}$) 都可以是拉普拉斯方程式之解，而都能夠代表 ϕ 與 ψ。透過這個方式已經有許多優雅的數學結果被得到[7–10]。我們僅僅提出兩個：圓定理(circle theorem)，這定理能使任何已知的流動[例如：位於點 $(a，b)$ 的源流]很容易地被轉換成一個在原點的圓柱體的面貌；與舒瓦茲-克里斯托夫(Schwarz-Christoffel) 定理，這定理可使一個已知的流動被轉換成無限分割之線性邊界的面貌(例如：x 座標軸上一幢建築物的剪影)。

這其中有許多的分析工作在幾個世紀前就已完成，當時它被稱爲「流體動力學」而非位勢理論。著名的貢獻者名單中包括白努利(Bernoulli)、拉格朗日(Lagrange)、達朗培(d'Alembert)、柯西(Cauchy)、藍金(Rankine) 與尤拉(Euler)[11]。如我們於第 2-6 節所討論過的，這個理論立即地遇到了困境：於一個理想流體的流動中不會感受到物體阻力——1752 年的達朗培詭論——一個完全與日常經驗相左的結果。卜朗特(Prandtl)，於 1904，指出現實的流動各處幾乎都可視爲是非黏滯的，唯獨鄰近於物體附近之處總會有一層「邊界層」化解了這個矛盾。在這一層明顯出現黏滯效應以及無滑動條件能被滿足(無滑動條件於位勢流理論並不成立)。這個觀念的發展與懷特兄弟歷史性的首次人類飛行，引發 1900 年代航空學的蓬勃發展。我們將於第 9 章詳盡地研究邊界層，我們將看到它們的存在形成了形體的阻力同時也影響了形體的升力。

另一種疊加方式是反向法(inverse method) 此處分布的物件例如源流、沉流與渦流被用來模型某個形體[12]。這種方式之所以稱爲反向是因爲形體的形狀是根據所要求的壓力分布所推導出來的。直接與反向這兩個方法，包括三維的空間，目前最常使用電腦應用軟體例如 Fluent[13] 與 STAR-CD[14] 予以分析。

表 6.3　基本平面型流動的疊加

源流與均勻流(流動通過一個半剖體)

$$\psi = \psi_{so} + \psi_{uf} = \psi_1 + \psi_2 = \frac{q}{2\pi}\theta + Uy$$

$$\psi = \frac{q}{2\pi}\theta + Ur\sin\theta$$

$$\phi = \phi_{so} + \phi_{uf} = \phi_1 + \phi_2 = -\frac{q}{2\pi}\ln r - Ux$$

$$\phi = -\frac{q}{2\pi}\ln r - Ur\cos\theta$$

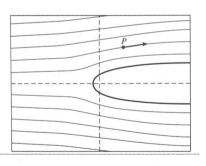

源流與沉流(等強度，於 x 軸上相隔距離= 2a)

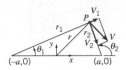

$$\psi = \psi_{so} + \psi_{si} = \psi_1 + \psi_2 = \frac{q}{2\pi}\theta_1 - \frac{q}{2\pi}\theta_2$$

$$\psi = \frac{q}{2\pi}(\theta_1 - \theta_2)$$

$$\phi = \phi_{so} + \phi_{si} = \phi_1 + \phi_2 = -\frac{q}{2\pi}\ln r_1 + \frac{q}{2\pi}\ln r_2$$

$$\phi = \frac{q}{2\pi}\ln\frac{r_2}{r_1}$$

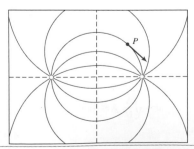

源流、沉流與均勻流(流動通過一個藍金體)

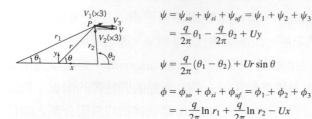

$$\psi = \psi_{so} + \psi_{si} + \psi_{uf} = \psi_1 + \psi_2 + \psi_3$$

$$= \frac{q}{2\pi}\theta_1 - \frac{q}{2\pi}\theta_2 + Uy$$

$$\psi = \frac{q}{2\pi}(\theta_1 - \theta_2) + Ur\sin\theta$$

$$\phi = \phi_{so} + \phi_{si} + \phi_{uf} = \phi_1 + \phi_2 + \phi_3$$

$$= -\frac{q}{2\pi}\ln r_1 + \frac{q}{2\pi}\ln r_2 - Ux$$

$$\phi = \frac{q}{2\pi}\ln\frac{r_2}{r_1} - Ur\cos\theta$$

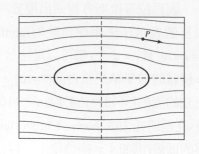

渦流(順時針方向)與均勻流

$$\psi = \psi_v + \psi_{uf} = \psi_1 + \psi_2 = \frac{K}{2\pi}\ln r + Uy$$

$$\psi = \frac{K}{2\pi}\ln r + Ur\sin\theta$$

$$\phi = \phi_v + \phi_{uf} = \phi_1 + \phi_2 = \frac{K}{2\pi}\theta - Ux$$

$$\phi = \frac{K}{2\pi}\theta - Ur\cos\theta$$

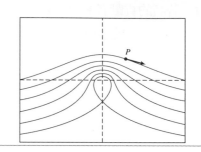

源沉偶流與均勻流(流動環繞圓柱體)

$$\psi = \psi_d + \psi_{uf} = \psi_1 + \psi_2 = -\frac{\Lambda\sin\theta}{r} + Uy$$

$$= -\frac{\Lambda\sin\theta}{r} + Ur\sin\theta$$

$$\psi = U\left(r - \frac{\Lambda}{Ur}\right)\sin\theta$$

$$\psi = Ur\left(1 - \frac{a^2}{r^2}\right)\sin\theta \quad a = \sqrt{\frac{\Lambda}{U}}$$

$$\phi = \phi_d + \phi_{uf} = \phi_1 + \phi_2 = -\frac{\Lambda\cos\theta}{r} - Ux$$

$$= -\frac{\Lambda\cos\theta}{r} - Ur\cos\theta$$

$$\phi = -U\left(r + \frac{\Lambda}{Ur}\right)\cos\theta = -Ur\left(1 + \frac{a^2}{r^2}\right)\cos\theta$$

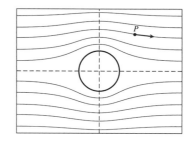

源沉偶流、渦流(順時針方向)與均勻流(通過圓柱體具有迴流)

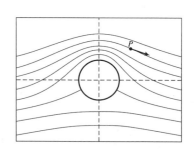

$$\psi = \psi_d + \psi_v + \psi_{uf} = \psi_1 + \psi_2 + \psi_3$$

$$= -\frac{\Lambda\sin\theta}{r} + \frac{K}{2\pi}\ln r + Uy$$

$$\psi = -\frac{\Lambda\sin\theta}{r} + \frac{K}{2\pi}\ln r + Ur\sin\theta$$

$$\psi = Ur\left(1 - \frac{a^2}{r^2}\right)\sin\theta + \frac{K}{2\pi}\ln r$$

$$\phi = \phi_d + \phi_v + \phi_{uf} = \phi_1 + \phi_2 + \phi_3$$

$$= -\frac{\Lambda\cos\theta}{r} + \frac{K}{2\pi}\theta - Ux$$

$$a = \sqrt{\frac{\Lambda}{U}}; \ K < 4\pi aU$$

$$\phi = -\frac{\Lambda\cos\theta}{r} + \frac{K}{2\pi}\theta - Ur\cos\theta$$

$$\phi = -Ur\left(1 + \frac{a^2}{r^2}\right)\cos\theta + \frac{K}{2\pi}\theta$$

源流與渦流(螺旋狀渦流)

$$\psi = \psi_{so} + \psi_v = \psi_1 + \psi_2 = \frac{q}{2\pi}\theta - \frac{K}{2\pi}\ln r$$

$$\phi = \phi_{so} + \phi_v = \phi_1 + \phi_2 = -\frac{q}{2\pi}\ln r - \frac{K}{2\pi}\theta$$

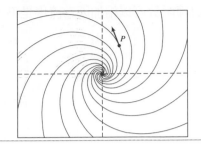

沉流與渦流

$$\psi = \psi_{si} + \psi_v = \psi_1 + \psi_2 = -\frac{q}{2\pi}\theta - \frac{K}{2\pi}\ln r$$

$$\phi = \phi_{si} + \phi_v = \phi_1 + \phi_2 = \frac{q}{2\pi}\ln r - \frac{K}{2\pi}\theta$$

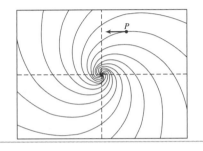

渦流對(相等強度，旋轉方向相反，於 x 軸上相隔距離= 2a)

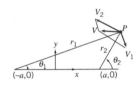

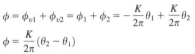

$$\psi = \psi_{v1} + \psi_{v2} = \psi_1 + \psi_2 = -\frac{K}{2\pi}\ln r_1 + \frac{K}{2\pi}\ln r_2$$

$$\psi = \frac{K}{2\pi}\ln\frac{r_2}{r_1}$$

$$\phi = \phi_{v1} + \phi_{v2} = \phi_1 + \phi_2 = -\frac{K}{2\pi}\theta_1 + \frac{K}{2\pi}\theta_2$$

$$\phi = \frac{K}{2\pi}(\theta_2 - \theta_1)$$

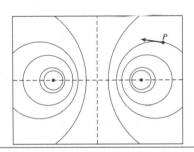

範例 6.11　流過一個圓柱體的流動：源沉流與均勻流動的疊加

　　對於二維、可壓縮非旋性流，源沉偶流與均勻流動的疊加代表環繞圓柱體的流動。請得出此流動樣式的流線函數與速度位勢。請找出速度場，找出停滯點與圓柱體表面，並得出表面上的壓力分布。將壓力分布積分以得到圓柱體上的阻力與升力。

已知：從疊加源沉偶流與均勻流動形成的二維不可壓縮非旋性流。

求解：(a) 流線函數與速度位勢。

　　　　(b) 速度場。

　　　　(c) 停滯點。

　　　　(d) 圓柱體表面。

　　　　(e) 表面壓力分布。

　　　　(f) 圓柱體上的阻力。

　　　　(g) 圓柱體上的升力。

解答：

流線函數可以相加因為流場是不可壓縮和非旋轉的。所以從表 6.2，組合後的流線函數是

$$\psi = \psi_d + \psi_{uf} = -\frac{\Lambda \sin \theta}{r} + Ur \sin \theta \qquad \psi$$

速度位勢是

$$\phi = \phi_d + \phi_{uf} = -\frac{\Lambda \cos \theta}{r} - Ur \cos \theta \qquad \phi$$

使用 6.30 式可以得到相應的速度分量為

$$V_r = -\frac{\partial \phi}{\partial r} = -\frac{\Lambda \cos \theta}{r^2} + U \cos \theta$$

$$V_\theta = -\frac{1}{r}\frac{\partial \phi}{\partial \theta} = -\frac{\Lambda \sin \theta}{r^2} - U \sin \theta$$

速度場是

$$\vec{V} = V_r \hat{e}_r + V_\theta \hat{e}_\theta = \left(-\frac{\Lambda \cos \theta}{r^2} + U \cos \theta\right)\hat{e}_r + \left(-\frac{\Lambda \sin \theta}{r^2} - U \sin \theta\right)\hat{e}_\theta \qquad \vec{V}$$

停滯點位在 $\vec{V} = V_r \hat{e}_r + V_\theta \hat{e}_\theta = 0$ 之處

$$V_r = -\frac{\Lambda \cos \theta}{r^2} + U \cos \theta = \cos \theta \left(U - \frac{\Lambda}{r^2}\right)$$

因此 $V_r = 0$ 當 $r = \sqrt{\dfrac{\Lambda}{U}} = a$ ，同時，

$$V_\theta = -\frac{\Lambda \sin \theta}{r^2} - U \sin \theta = -\sin \theta \left(U + \frac{\Lambda}{r^2}\right)$$

因此 $V_\theta = 0$ 當 $\theta = 0$ ， π 。

停滯點是 $(r, \theta) = (a, 0), (a, \pi)$. _____ 停滯點

請留意沿著 $r = a$ 的 $V_r = 0$，所以這代表環繞圓柱體的流動，如表 6.3 所示。流動是非旋轉的，所以白努利方程式可被應用到任兩個點之間。於某一個位在上游遠處的點與一個位在圓柱體表面上的點之間(不計入液位高度差) 應用此方程式，我們得到

$$\frac{p_\infty}{\rho} + \frac{U^2}{2} = \frac{p}{\rho} + \frac{V^2}{2}$$

因此，

$$p - p_\infty = \frac{1}{2}\rho(U^2 - V^2)$$

沿著表面，$r = a$，與

$$V^2 = V_\theta^2 = \left(-\frac{\Lambda}{a^2} - U\right)^2 \sin^2 \theta = 4U^2 \sin^2 \theta$$

因為 $\Lambda = Ua^2$ 代入得到

$$p - p_\infty = \frac{1}{2}\rho(U^2 - 4U^2 \sin^2 \theta) = \frac{1}{2}\rho U^2(1 - 4\sin^2 \theta)$$

或者

$$\frac{p - p_\infty}{\frac{1}{2}\rho U^2} = 1 - 4\sin^2\theta$$

壓力分佈

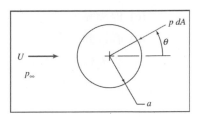

阻力是平行於自由流向之力的分量。阻力可得爲

$$F_D = \int_A -p\,dA\cos\theta = \int_0^{2\pi} -pa\,d\theta\,b\cos\theta$$

因爲 $dA = a\,d\theta\,b$，其中 b 是垂直於圖面之圓柱體長度。代入
$p = p_\infty + \frac{1}{2}\rho U^2\left(1 - 4\sin^2\theta\right)$，

$$F_D = \int_0^{2\pi} -p_\infty ab\cos\theta\,d\theta + \int_0^{2\pi} -\frac{1}{2}\rho U^2(1 - 4\sin^2\theta)ab\cos\theta\,d\theta$$

$$= -p_\infty\,ab\sin\theta\Big]_0^{2\pi} - \frac{1}{2}\rho U^2 ab\sin\theta\Big]_0^{2\pi} + \frac{1}{2}pU^2 ab\frac{4}{3}\sin^3\theta\Big]_0^{2\pi}$$

$F_D = 0$ ← F_D

升力是垂直於自由流向之力的分量。(按照慣例，正的升力指的是向上的力。)升力可得爲

$$F_L = \int_A p\,dA(-\sin\theta) = -\int_0^{2\pi} pa\,d\theta\,b\sin\theta$$

代入 p 而有

$$F_L = -\int_0^{2\pi} p_\infty ab\sin\theta\,d\theta - \int_0^{2\pi}\frac{1}{2}\rho U^2(1 - 4\sin^2\theta)ab\sin\theta\,d\theta$$

$$= p_\infty a\,b\cos\theta\Big]_0^{2\pi} + \frac{1}{2}\rho U^2 ab\cos\theta\Big]_0^{2\pi} + \frac{1}{2}\rho U^2 ab\left[\frac{4\cos^3\theta}{3} - 4\cos\theta\right]_0^{2\pi}$$

$F_L = 0$ ← F_L

這個問題示範說明：

✓　基本的平面型流動如何被組合以產生有趣與有用的流動樣式。

✓　達朗白矛盾，流過一個形體的位勢流不產生任何阻力。

　流線函數與壓力分布都畫在 *Excel* 活頁簿中。

範例 6.12　　流過一個圓柱體而具有迴流的流動：源沉流，均勻流動與順時針的自由
渦流的疊加

　　對於二維、不可壓縮非旋性流，源沉偶流、均勻流動與一個自由渦流的疊加代表環繞一個圓
柱體而具有迴流的流動。得出此流動樣式的流線函數與速度位勢，使用順時針的自由渦流。請找
出速度場，找出停滯點與圓柱體表面，並得出表面上的壓力分布。將壓力分布積分以得到圓柱體
上的阻力與升力。關聯圓柱體上的升力至自由渦流的迴流。

已知：二維不可壓縮非旋性流形成從疊加的源沉偶流，均勻流動與一個順時針的自由渦流。

求解：(a) 流線函數與速度位勢。

(b) 速度場。

(c) 停滯點。

(d) 圓柱體表面。

(e 表面壓力分布。

(f) 圓柱體上的阻力。

(g) 圓柱體上的升力。

(h) 自由渦流的迴流來表現升力。

解答：

流線函數可被相加因為流場是不可壓縮與非旋轉的。由表 6.2，對於順時針的自由渦流的流線函數與速度位勢是

$$\psi_{fv} = \frac{K}{2\pi} \ln r \qquad \phi_{fv} = \frac{K}{2\pi} \theta$$

使用範例 6.11 的結果，組合下的流線函數是

$$\psi = \psi_d + \psi_{uf} + \psi_{fv}$$

$$\psi = -\frac{\Lambda \sin \theta}{r} + Ur \sin \theta + \frac{K}{2\pi} \ln r \qquad\qquad\qquad\qquad \longleftarrow \qquad \psi$$

組合下的速度位勢是

$$\phi = \phi_d + \phi_{uf} + \phi_{fv}$$

$$\phi = -\frac{\Lambda \cos \theta}{r} - Ur \cos \theta + \frac{K}{2\pi} \theta \qquad\qquad\qquad\qquad \longleftarrow \qquad \phi$$

使用 6.30 式得到相應的流速分量為

$$V_r = -\frac{\partial \phi}{\partial r} = -\frac{\Lambda \cos \theta}{r^2} + U \cos \theta \tag{1}$$

$$V_\theta = -\frac{1}{r} \frac{\partial \phi}{\partial \theta} = -\frac{\Lambda \sin \theta}{r^2} - U \sin \theta - \frac{K}{2\pi r} \tag{2}$$

速度場是

$$\vec{V} = V_r \, \hat{e}_r + V_\theta \, \hat{e}_\theta$$

$$\vec{V} = \left(-\frac{\Lambda \cos \theta}{r^2} + U \cos \theta \right) \hat{e}_r + \left(-\frac{\Lambda \sin \theta}{r} - U \sin \theta - \frac{K}{2\pi r} \right) \hat{e}_\theta \qquad \longleftarrow \qquad \vec{V}$$

停滯點位在 $\vec{V} = V_r \hat{e}_r + V_\theta \hat{e}_\theta = 0$ 之處從式 1，

$$V_r = -\frac{\Lambda \cos \theta}{r^2} + U \cos \theta = \cos \theta \left(U - \frac{\Lambda}{r^2} \right)$$

因此 $V_r = 0$ 當 $\sqrt{\Lambda/U} = a$ $\longleftarrow$ 圓柱表面

停滯點位在 $r = a$。以 $r = a$ 代入式 2，

$$V_\theta = -\frac{\Lambda \sin \theta}{a^2} - U \sin \theta - \frac{K}{2\pi a}$$

$$= -\frac{\Lambda \sin \theta}{\Lambda / U} - U \sin \theta - \frac{K}{2\pi a}$$

$$V_\theta = -2U \sin \theta - \frac{K}{2\pi a}$$

因此沿 $r=a$，$V_\theta = 0$，當

$$\sin \theta = -\frac{K}{4\pi Ua} \qquad 或 \qquad \theta = \sin^{-1}\left[\frac{-K}{4\pi Ua}\right]$$

停滯點 $r=a$　　$\theta = \sin^{-1}\left[\dfrac{-K}{4\pi Ua}\right]$ ←──────────────────── 停滯點

　　一如範例 6.11，沿 $r=a$ 時 $V_r = 0$，所以這個流場再一次代表環繞圓柱體的流動，如表 6.3 所示。對於 $K=0$ 該解答與範例 6.11 者完全相同。

　　自由渦流的出現($K>0$)將停滯點移動到圓柱體的中心之下。因此自由渦流改變了流場於垂直方向的對稱。於 $K=0$ 與 $K=4\pi Ua$ 範圍之間的渦流強度流場有兩個停滯點。

　　當 $K=4\pi Ua$ 時，一個停滯點位在 $\theta = -\pi/2$。

　　即使有了自由渦流，流場還是非旋轉的，所以白努利方程式可被應用到任何兩個位置之間。應用此方程式於上游遠處的一個位置與圓柱體的表面上的一個位置之間，我們得到

$$\frac{p_\infty}{\rho} + \frac{U^2}{2} + gz = \frac{p}{\rho} + \frac{V^2}{2} + gz$$

因此，不計入液位高度差，

$$p - p_\infty = \frac{1}{2}\rho\,(U^2 - V^2) = \frac{1}{2}\rho U^2 \left[1 - \left(\frac{U}{V}\right)^2\right]$$

沿著表面 $r=a$ 與 $V_r = 0$，所以

$$V^2 = V_\theta^2 = \left(-2U \sin \theta - \frac{K}{2\pi a}\right)^2$$

且

$$\left(\frac{V}{U}\right)^2 = 4 \sin^2 \theta + \frac{2K}{\pi Ua} \sin \theta + \frac{K^2}{4\pi^2 U^2 a^2}$$

因此

$$p = p_\infty + \frac{1}{2}\rho U^2 \left(1 - 4\sin^2 \theta - \frac{2K}{\pi Ua}\sin \theta - \frac{K^2}{4\pi^2 U^2 a^2}\right) \longleftarrow \quad p(\theta)$$

　　阻力是平行於自由流向之力的分量。一如於範例 6.11，阻力可得為

$$F_D = \int_A -p\,dA \cos \theta = \int_0^{2\pi} -pa\,d\theta b \cos \theta$$

因為 $dA = ad\theta b$，其中 b 是垂直於圖面之圓柱體長度。

　　比較壓力分布，自由渦流只對含有因子 K 之項有貢獻。這些項對阻力的貢獻是

$$\frac{F_{D_{fv}}}{\frac{1}{2}\rho U^2} = \int_0^{2\pi} \left(\frac{2K}{\pi Ua} \sin \theta + \frac{K^2}{4\pi^2 U^2 a^2}\right) ab \cos \theta\,d\theta \tag{3}$$

$$\frac{F_{D_{fv}}}{\frac{1}{2}\rho U^2} = \frac{2K}{\pi Ua}\, ab\, \frac{\sin^2\theta}{2}\bigg]_0^{2\pi} + \frac{K^2}{4\pi^2 U^2 a^2}\, ab\, \sin\theta\bigg]_0^{2\pi} = 0$$

$\longleftarrow$ F_D

升力是垂直於自由流向之力的分量。(按照慣例，正的升力指的是向上的力。) 升力可得為

$$F_L = \int_A -p\, dA \sin\theta = \int_0^{2\pi} -pa\, d\theta\, b \sin\theta$$

比較壓力分布，自由渦流只對含有因子 K 之項有貢獻。這些項對升力的貢獻是

$$\frac{F_{L_{fv}}}{\frac{1}{2}\rho U^2} = \int_0^{2\pi}\left(\frac{2K}{\pi Ua}\sin\theta + \frac{K^2}{4\pi^2 U^2 a^2}\right) ab \sin\theta\, d\theta$$

$$= \frac{2K}{\pi Ua}\int_0^{2\pi} ab \sin^2\theta\, d\theta + \frac{K^2}{4\pi^2 U^2 a^2}\int_0^{2\pi} ab \sin\theta\, d\theta$$

$$= \frac{2Kb}{\pi U}\left[\frac{\theta}{2} - \frac{\sin^2\theta}{4}\right]_0^{2\pi} - \frac{K^2 b}{4\pi^2 U^2 a}\cos\theta\bigg]_0^{2\pi}$$

$$\frac{F_{L_{fv}}}{\frac{1}{2}\rho U^2} = \frac{2Kb}{\pi U}\left[\frac{2\pi}{2}\right] = \frac{2Kb}{U}$$

則

$$F_{L_{fv}} = \rho UKb$$

$\longleftarrow$ F_L

由 5.18 式所定義之迴流為

$$\Gamma \equiv \oint \vec{V} \cdot d\vec{s}$$

在圓柱體表面上，$r=a$，以及 $\vec{V} = V_\theta\, \hat{e}_\theta$，所以

$$\Gamma = \int_0^{2\pi}\left(-2U\sin\theta - \frac{K}{2\pi a}\right)\hat{e}_\theta \cdot a\, d\theta\, \hat{e}_\theta$$

$$= -\int_0^{2\pi} 2Ua\sin\theta\, d\theta - \int_0^{2\pi}\frac{K}{2\pi}\, d\theta$$

$$\Gamma = -K$$

$\longleftarrow$ 迴流

代入升力的表示式，

$$F_L = \rho UKb = \rho U(-\Gamma)b = -\rho U\, \Gamma b$$

或者每單位圓柱體長度的升力是

$$\frac{F_L}{b} = -\rho U\Gamma$$

$\longleftarrow$ $\dfrac{F_L}{b}$

這個問題示範說明：

✓ 再一次的，達朗白矛盾，的位勢流流對形體不產生任何阻力。

✓ 每單位長度的升力是 $-\rho U\Gamma$。但其實這個升力表示式對於所有置身於理想流體之中的形體都一體適用的，無關乎其外形！

🖱 流線函數與壓力分布都畫在 *Excel* 活頁簿中。

6-8　摘要和常用的方程式

在讀完第六章之後，讀者應可達到下列目標：

✓　在直角座標、圓柱座標或流線座標下導出尤拉方程式的向量形式。

✓　在穩定流動中沿同一流線對尤拉方程式作積分，以求得白努利方程式，並且討論其限制。另外，知道在那些限制下，如何將穩定不可壓縮流的熱力學第一定律化簡成白努利方程式。

✓　定義靜壓、動壓與滯壓(或總壓)。

✓　定義能量坡線與流力坡線。

✓　*導出分穩定流的白努利方程式，並討論其限制。

✓　*明瞭對穩定且不可壓縮的非旋流而言，白努利方程式可應用在流體中任兩點。

✓　*定義速度位勢 ϕ，並討論其限制。

*我們已詳細探索二維不可壓縮非旋性流，並且習得下列概念：流線函數 ψ 與速度位勢 ϕ 能滿足白努利方程式；由速度分量可導出 ψ 與 ϕ，反之亦然；流線函數 ψ 與速度位勢 ϕ 兩者的定值線為正交。我們亦針對這類流動，探索如何與結合位勢流以產生各種流動型態，且探索如何決定圓柱流動的壓力分布以及升力與阻力。

注意：下表裡的大多數常用的方程式使用上有某些限制條件或者極限——進一步的細節請務必參閱它們的內文敘述！

<table>
<tr><td colspan="2" align="center">常用的方程式</td></tr>
<tr><td>尤拉方程式適用於不可壓縮、
非黏滯流：</td><td>$\rho \dfrac{D\vec{V}}{Dt} = \rho\vec{g} - \nabla p$　　(6.1)</td></tr>
<tr><td>尤拉方程式(直角座標)：</td><td>$\rho\left(\dfrac{\partial u}{\partial t} + u\dfrac{\partial u}{\partial x} + v\dfrac{\partial u}{\partial y} + w\dfrac{\partial u}{\partial z}\right) = \rho g_x - \dfrac{\partial p}{\partial x}$　　(6.2a)</td></tr>
<tr><td></td><td>$\rho\left(\dfrac{\partial v}{\partial t} + u\dfrac{\partial v}{\partial x} + v\dfrac{\partial v}{\partial y} + w\dfrac{\partial v}{\partial z}\right) = \rho g_y - \dfrac{\partial p}{\partial y}$　　(6.2b)</td></tr>
<tr><td></td><td>$\rho\left(\dfrac{\partial w}{\partial t} + u\dfrac{\partial w}{\partial x} + v\dfrac{\partial w}{\partial y} + w\dfrac{\partial w}{\partial z}\right) = \rho g_z - \dfrac{\partial p}{\partial z}$　　(6.2c)</td></tr>
<tr><td>尤拉方程式(圓柱座標)：</td><td>$\rho a_r = \rho\left(\dfrac{\partial V_r}{\partial t} + V_r\dfrac{\partial V_r}{\partial r} + \dfrac{V_\theta}{r}\dfrac{\partial V_r}{\partial \theta} + V_z\dfrac{\partial V_r}{\partial z} - \dfrac{V_\theta^2}{r}\right) = \rho g_r - \dfrac{\partial p}{\partial r}$　　(6.3a)</td></tr>
<tr><td></td><td>$\rho a_\theta = \rho\left(\dfrac{\partial V_\theta}{\partial t} + V_r\dfrac{\partial V_\theta}{\partial r} + \dfrac{V_\theta}{r}\dfrac{\partial V_\theta}{\partial \theta} + V_z\dfrac{\partial V_\theta}{\partial z} + \dfrac{V_r V_\theta}{r}\right) = \rho g_\theta - \dfrac{1}{r}\dfrac{\partial p}{\partial \theta}$　　(6.3b)</td></tr>
<tr><td></td><td>$\rho a_z = \rho\left(\dfrac{\partial V_z}{\partial t} + V_r\dfrac{\partial V_z}{\partial r} + \dfrac{V_\theta}{r}\dfrac{\partial V_z}{\partial \theta} + V_z\dfrac{\partial V_z}{\partial z}\right) = \rho g_z - \dfrac{\partial p}{\partial z}$　　(6.3c)</td></tr>
<tr><td>白努利方程式
(穩定、不可壓縮、非黏性、沿一條流線)：</td><td>$\dfrac{p}{\rho} + \dfrac{v^2}{2} + gz = $ 常數　　(6.8)</td></tr>
</table>

---

* 略過這些主題並不會影響此教科書教材的連續性。

流動總揚程的定義：	$\dfrac{p}{\rho g} + \dfrac{V^2}{2g} + z = H$	(6.16a)
能量坡線(EGL)的定義：	$EGL = \dfrac{p}{\rho g} + \dfrac{V^2}{2g} + z$	(6.16b)
水力坡線(HGL)的定義：	$HGL = \dfrac{p}{\rho g} + z$	(6.16c)
EGL、HGL 與動壓間的關係：	$EGL - HGL = \dfrac{V^2}{2g}$	(6.16d)
非穩定白努利方程式 (不可壓縮縮，非黏性、沿一條流線)：	$\dfrac{p_1}{\rho} + \dfrac{V_1^2}{2} + gz_1 = \dfrac{p_2}{\rho} + \dfrac{V_2^2}{2} + gz_2 + \displaystyle\int_1^2 \dfrac{\partial V}{\partial t}\,ds$	(6.21)
流線函數的定義 (二維、不可壓縮流)：	$u = \dfrac{\partial \psi}{\partial y} \qquad v = -\dfrac{\partial \psi}{\partial x}$	(5.4)
速度位勢的定義 (二維、不可壓縮流)：	$u = -\dfrac{\partial \phi}{\partial x} \qquad v = -\dfrac{\partial \phi}{\partial y}$	(6.29)
流線函數的定義 (二維、不可壓縮流、圓柱座標)：	$V_r = \dfrac{1}{r}\dfrac{\partial \psi}{\partial \theta} \qquad V_\theta = -\dfrac{\partial \psi}{\partial r}$	(5.8)
速度位勢的定義 (二維、不可壓縮流、圓柱座標)：	$V_r = -\dfrac{\partial \phi}{\partial r} \qquad V_\theta = -\dfrac{1}{r}\dfrac{\partial \phi}{\partial \theta}$	(6.33)

參考文獻

[1] Shaw,R., ''The Influence of Hole Dimensions on Static Pressure Measurements,'' *J. Fluid Mech.*, 7, Part 4, April 1960, pp. 550-564.

[2] Chue, S. H., ''Pressure Probes for Fluid Measurement,'' *Progress in Aerospace Science*, 16, 2, 1975, pp. 147-223.

[3] United Sensor Corporation, 3 Northern Blvd., Amherst, NH 03031.

[4] Robertson, J. M., *Hydrodynamics in Theory and Application*. Englewood Cliffs, NJ:Prentice-Hall, 1965.

[5] Streeter, V. L., *Fluid Dynamics*. New York: McGraw-Hill, 1948.

[6] Vallentine, H. R., *Applied Hydrodynamics*. London: Butterworths, 1959.

[7] Lamb, H., *Hydrodynamics*. New York: Dover, 1945.

[8] Milne-Thomson, L. M., *Theoretical Hydrodynamics*, 4th ed. New York: Macmillan, 1960.

[9] Karamcheti, K., *Principles of Ideal-Fluid Aerodynamics*. New York: Wiley, 1966.

[10] Kirchhoff, R. H., *Potential Flows*: *Computer Graphic Solutions*. New York: Marcel Dekker, 1985.

[11] Rouse, H., and S. Ince, *History of Hydraulics*. New York: Dover, 1957.

[12] Kuethe, A. M., and C.-Y. Chow, *Foundations of Aerodynamics: Bases of Aerodynamic Design*, 4th ed. New York: Wiley, 1986.

[13] *Fluent*. Fluent Incorporated, Centerra Resources Park, 10 Cavendish Court, Lebanon, NH 03766(www.fluent.com).

[14] *STAR-CD*. Adapco, 60 Broadhollow Road, Melville, NY 11747(www.cd-adapco.com).

本章習題

◆ 題號前註有「*」之習題需要學過前述可被略過而不會影響教材的連貫性之章節內容。

6.1 已知流場的速度為 $\vec{V} = \left[A\left(y^2 - x^2\right) - Bx \right]\hat{i} + \left[2Axy + By \right]\hat{j}$，其中，$A = 3.28\,\mathrm{m^{-1} \cdot s^{-1}}$、$B = 3.28\,\mathrm{m^{-1} \cdot s^{-1}}$；座標以公尺為單位。密度為 1,030kg/m³，重力作用在負 y 軸方向上。試計算流體粒子的加速度，以及位於點$(x, y) = (0.3, 0.3)$處的壓力梯度。

6.2 不可壓縮流動的流場為 $\vec{V} = (Ax - By)\hat{i} - Ay\hat{j}$，其中 $A = 1\mathrm{s^{-1}}$、$B = 3\mathrm{s^{-1}}$，且座標以公尺為單位。試求流體粒子位於$(x, y) = (0.7, 2)$處的加速度大小與方向。若 $\vec{g} = -g\hat{j}$ 此流體為水，試求同一點上的壓力梯度。

6.3 某水平流動的水流速度場為 $\vec{V} = (Ax + Bt)\hat{i} + (-Ay + Bt)\hat{j}$，其中 $A = 5\mathrm{s^{-1}}$、$B = 3\mathrm{m \cdot s^{-2}}$，$x$ 與 y 以呎為單位，且時間 t 單位為秒。試求局部加速度、對流加速度及總加速度的表示式。並計算出時間 $t = 5$ 秒時，上述各加速度在點$(0.6, 0.6)$處的值。試計算同時間，位於同一點上 ∇p 的值。

6.4 密度為 1500kg/m³ 的流體，已知其速度場為 $\vec{V} = (Ax - By)t\hat{i} - (Ay + Bx)t\hat{j}$，其中 $A = 1\mathrm{s^{-1}}$、$B = 2\mathrm{s^{-2}}$，x 與 y 的單位為公尺，且時間 t 單位為秒。可忽略物體力，試計算 $t = 1\mathrm{s}$，位於$(x, y) = (1, 2)$點上的 ∇p 值。

6.5 考慮速度為的流場 $\vec{V} = \left[A\left(x^2 - y^2\right) - 3Bx \right]\hat{i} - \left[2Axy - 3By \right]\hat{j}$，其中，$A = 3.28\,\mathrm{m^{-1} \cdot s^{-1}}$，$B = 1\mathrm{s^{-1}}$，且座標單位為呎。密度為 1,030kg/m³，重力作用在負 y 軸方向上。試計算流體粒子的加速度，以及位於點$(x, y) = (1, 1)$處的壓力梯度。

6.6 考慮速度為 $\vec{V} = Ax\sin(2\pi\omega t)\hat{i} - Ay\sin(2\pi\omega t)\hat{j}$ 的流場，其中 $A = 2\mathrm{s^{-1}}$，且 $\omega = 1\mathrm{s^{-1}}$。流體密度為 2kg/m³。試求局部加速度、對流加速度及總加速度的表示式。並計算出時間 $t = 0$、0.5、1 秒時，上述各加速度在點$(1, 1)$處的值。試計算同時間，位於同一點上 ∇p 的值。

6.7 某不可壓縮流場的速度 x 分量為 $U = Ax$，其中 $A = 2\mathrm{s^{-1}}$，且座標的單位是公尺。在$(x, y) = (0, 0)$處的壓力為 $p_0 = 190\mathrm{kPa}$(錶壓)。密度為 $\rho = 1.50\mathrm{kg/m^3}$，$z$ 軸為垂直方向。試求速度 y 分量最簡單且可行的形式。試計算流體粒子的加速度，以及位於點$(x, y) = (2, 1)$處的壓力梯度。試求沿正 x 軸的壓力分布。

6.8 🖱

某平面流源位於無限長沿 x 軸的牆壁上 $h = 1\mathrm{m}$ 處，其速度場如下

$$\vec{V} = \frac{q}{2\pi\left[x^2 + (y-h)^2 \right]}\left[x\hat{i} + (y-h)\hat{j} \right] + \frac{q}{2\pi\left[x^2 + (y+h)^2 \right]}\left[x\hat{i} + (y+h)\hat{j} \right]$$

其中 $q = 2\mathrm{m^3/s/m}$。流體密度為 1,000kg/m³，且物體力可不計。請導出流體粒子沿牆壁移動的速度與加速度的表示式，並繪出表示式從 $x = 0$ 至的 $x = +10h$ 的圖示。證明垂直於牆壁的速度與加速度為零。繪出 $\partial p/\partial x$ 沿牆壁上的壓力梯度。請問沿牆壁壓力梯度是逆向(與流動方向相反)的嗎？或者不是？

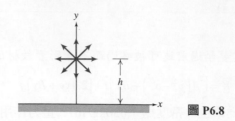

圖 P6.8

6.9 在平面上二維穩定流的速度分布爲 $\vec{V} = (Ax - B)\hat{i} + (C - Ay)\hat{j}$，其中 $A = 2\,s^{-1}$、$B = 5\,\text{m} \cdot \text{s}^{-1}$、$C = 3\,\text{m} \cdot \text{s}^{-1}$，座標的單位是公尺，且物體力的分布爲 $\vec{g} = -g\hat{k}$。試問此速度場可表示不可壓縮流嗎？試求此流場的滯壓，並求出流場中壓力梯度的表示式。若流體密度爲 $1.2\,\text{kg/m}^3$，請計算$(x, y) = (1, 3)$點與原點之間的壓力差。

6.10 在某無摩擦不可壓縮流中，單位爲 m/s 的速度場與物體力分別是 $\vec{V} = Ax\hat{i} - Ay\hat{j}$ 與 $\vec{g} = -g\hat{k}$，且座標的單位是公尺。在點$(x, y, z) = (0, 0, 0)$ 處的壓力爲 p_0。試求壓力場 $p(x, y, z)$ 的表示式。

6.11 密度爲 $900\,\text{kg/m}^3$，摩擦力可忽略的不可壓縮液體穩定地流過等徑水平管道中。若流體以每單位長度固定速率自長度爲 $L = 0.3\text{m}$ 的多孔截面流出，以致於液體軸向速度爲 $u(x) = U(1 - x/2L)$，其中 $U = 5\text{m/s}$。請推導流體粒子沿多孔截面中心線的加速度表示式，以及沿中心線的壓力梯度的表示式。若多孔截面入口處的壓力爲 35kPa(錶壓)，試求出口處的壓力。

6.12 針對習題 4.118 中的流動，證明其均勻徑向速度爲 $V_r = Q/2\pi rh$。試求間隙內流體粒子加速度的 r 分量，並以自圓孔中心量起的距離爲函數來表示壓力的變化。

6.13 某平面渦沒流的速度場爲 $\vec{V} = (-q/2\pi r)\hat{e}_r + (k/2\pi r)\hat{e}_\theta$，其中 $q = 2\text{m}^3/\text{s/m}$，$K = 1\text{m}^3/\text{s/m}$。流體密度爲 $1,000\,\text{kg/m}^3$。試求$(1, 0)$、$(1, \pi/2)$ 與 $(2, 0)$ 處的加速度。在同一條件下，計算 ∇p 值。

6.14 某不可壓縮非黏性流經由多孔壁流入水平圓形管道中。管道左端是封閉的，流體由管道右端流至大氣中。爲了簡化起見，考慮在管道每一截面上速度的 x 分量是均勻的。流體的密度爲 ρ，管徑與長度分別爲 D 與 L，且均勻流入速度爲 v_0，流動是穩定的。試以 v_0、x 及 D 表示位於 x 處流體加速度在 x 方向上的分量，並找出在位置 x 處壓力梯度 $\partial p / \partial x$ 的表示式。以積分法求出在 $x = 0$ 處錶壓力的表示式。

6.15 🖱

一個黏性可以忽略不計且密度 $\rho = 850\,\text{kg/m}^3$ 的不可壓縮流體穩定地流過一根水平的管子。管子截面積沿 2m 的管長從 100cm^2 線性地變成 25cm^2。請推導一個管子之位置與壓力梯度和壓力的關係式並畫圖，如果入口中心線的流速是 1m/s 與入口壓力是 250kPa。

6.16 🖱

黏性可以忽略不計且密度 $\rho = 750\,\text{kg/m}^3$ 的不可壓縮流體穩定地流過一根 10m 長且其截面爲漸縮漸擴(convergentdivergent) 的管子，管子面積的變化如

$$A(x) = A_0(1 + e^{-x/a} - e^{-x/2a})$$

其中 $A_0 = 0.1\text{m}^2$ 與 $a = 1\text{m}$。請推導一個管子之位置與壓力梯度和壓力的關係式並畫圖，如果入口中心線流速是 1m/s 與入口壓力是 200kPa。

6.17 🖱

某個為密度是 $\rho = 1000 \text{kg}/\text{m}^3$ 的不可壓縮非黏性流動設計的噴嘴是由具漸縮截面的管子所組成的。入口處的直徑為 $D_i = 100\text{mm}$，出口處的直徑為 $D_o = 20\text{mm}$。噴嘴的長度為 $L = 500\text{mm}$，且直徑隨距離 x 沿噴嘴線性遞減。假設在每個截面上均為均勻流動，且位於入口處的速度為 $V_i = 1\text{m}/\text{s}$，請推導並繪出流體粒子的加速度，並畫出流過噴嘴的壓力梯度變化，且求出其最大絕對值。若壓力梯度的絕對值必須小於 5MPa/m，試問此噴嘴需為多長？

6.18 🖱

某個為密度是 $\rho = 1000 \text{kg}/\text{m}^3$ 的不可壓縮非黏性流動設計的擴散器是由具漸擴截面的管子所組成的。入口處的直徑為 $D_i = 0.25\text{m}$，出口處的直徑為 $D_o = 0.75\text{m}$。擴散器的長度為 $L = 1\text{m}$，且直徑隨 x 距離沿擴散器線性增加。假設在每個截面上均為均勻流動，且位於入口處的速度為 $V_i = 5\text{m}/\text{s}$，請推導並繪出流體粒子的加速度，並畫出流過擴散器的壓力梯度變化，且求出其最大值。若壓力梯度必須小於 25kPa/m，試問此擴散器需為多長？

6.19 考慮習題 5.46 中的流動問題。若 $r_i = R/2$，試求作用在位於 r_i 與 R 之間的上平板靜壓力強度與方向。

6.20 再次考慮習題 5.59 中的流動問題。假設流體是密度為 $\rho = 1.23 \text{kg}/\text{m}^3$ 的不可壓縮流，且摩擦力可不計。再假設垂直氣流速度為 $V_0 = 15\text{mm}/\text{s}$，空穴的半寬為 $L = 22\text{mm}$ 且高度為 $h = 1.2\text{mm}$。試計算位於處的壓力梯度 $(x, y) = (L, h)$，並求出空穴中流線的流動方程式。

6.21 如圖所示流體將平面一分為二。下方的表面是固定的；上方的表面以等速 V 向下運動。移動表面的寬度為 w，垂直圖的平面，且 $w \gg L$。密度為 ρ 的不可壓縮流在兩個表面之間流動。假設每一截面處流動為均勻，且將忽略摩擦力作為第一項近似。選擇合適的控制容積以證明空隙中 $u = Vx/b$，其中 $B = b_0 - Vt$。試求流體粒子位於 x 處的加速度代數表示式。決定液體層的壓力梯度 $\partial p/\partial x$，並求壓力分布 $p(x)$。試求施於上(移動)平面表面的靜壓力表示式。

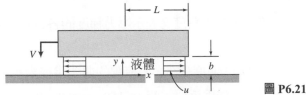

圖 P6.21

6.22 某方形微電路「晶片」浮在厚 $h = 0.5\text{mm}$ 的空氣薄層上，而此空氣薄層位於一個多孔表面之上。如圖所示，晶片寬度為 $b = 20\text{mm}$。晶片的長度 L 非常長，且垂直於此圖面。在 z 方向上沒有流動。假設晶片下間隙中 x 方向上的流動是均勻的。流動為不可壓縮流，且可忽略摩擦力效應。選適當的控制容積，證明間隙中 $U(x) = qx/h$。試求間隙中流體加速度的一般表示式，求出加速度的最大值。試求壓力梯度 $\partial p/\partial x$ 的表示式，並繪出晶片下方的壓力分布。在所畫的圖指出 p_{atm}。請問施於晶片上的靜壓力方向是向上抑是向下？解釋你的答案。如圖上所示的情形，若 $q = 0.06\text{m}^3/\text{s}/\text{m}$，請估計晶片每單位長度的質量。

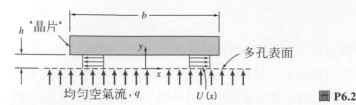

6.23 重物可利用如圖所示的負載棘輪輕易地在氣墊上移動。空氣通過多孔表面 *AB* 由充氣室供應。空氣以穩定速度 *q* 垂直進入間隙中。一但流入間隙,所有的空氣將沿正 *x* 軸流動(在 $x=0$ 的平面上沒有任何空氣流過)。假設間隙中每個截面上的流動是不可壓縮且均勻的,速度為 $u(x)$,如放大圖所示。雖然間隙很窄($h \ll L$),首先將忽略摩擦效應作為近似。選適當的控制容積,證明間隙中 $u(x)=qx/h$。請計算間隙中流體粒子的加速度。試求壓力梯度 $\partial p/\partial x$,並繪出間隙中壓力的分布。請在 $x=L$ 處指出壓力大小。

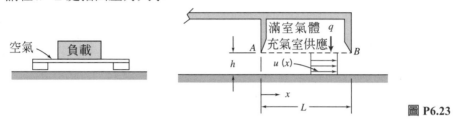

圖 P6.23

6.24 壓力為 138kPa(abs),溫度 38℃的空氣在擴散器入口處經平滑轉角流入。壓力速度為 46m/s,且流線的曲率半徑為 75mm。試求流體粒子流過轉角時所受到的向心加速度大小。以 gs 為單位作答。請求出壓力梯度 $\partial p/\partial r$ 的表示式。

6.25 平面源沉偶流的速度場列於表 6.2。請找出一個在任何一點(r,θ)之壓力梯度的表示式。

6.26🖱

穩定無摩擦不可壓縮流自右往左流過半徑為 *a* 的圓柱時,其速度場為

$$\vec{V} = U\left[\left(\frac{a}{r}\right)^2 - 1\right]\cos\theta\,\hat{e}_r + U\left[\left(\frac{a}{r}\right)^2 + 1\right]\sin\theta\,\hat{e}_\theta$$

考慮沿圓柱表面 $r=a$ 形成的流線,試以角度 θ 表示壓力梯度的各分量。針對$r>a$,沿著徑向線 $\theta = \pi/2$,繪出以為函數的速度。

6.27 為了模擬在風洞彎曲入口截面的速度分布,將流線的曲率半徑表示成 $R=LR_0/2y$。首先假設每條流線上的速度均為 $V=20$m/s 來作為近似。若 $L=150$mm,$R_0=0.6$m,試求 $y=0$ 從 $y=L/2$ 至洞壁處的壓力變化。

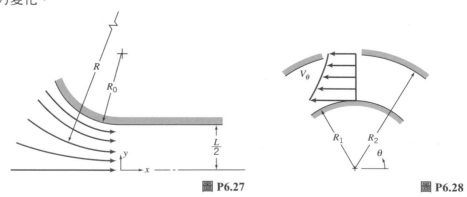

圖 P6.27   圖 P6.28

6.28 重複範例 6.1，但是增添一些更實際的假設，即該流動類似於一個自由渦流(非旋轉的)的分布方式，$V_\theta = c/r$ (其中 c 是一個常數)，如圖 P6.28 所示。這樣之下，請證明流率可由下式得出 $Q = k\sqrt{\Delta\rho}$，其中 k 是

$$k = w\ln\left(\frac{r_2}{r_1}\right)\sqrt{\frac{2r_2^2 r_1^2}{\rho(r_2^2 - r_1^2)}}$$

且 w 是彎道的深度。

6.29 🖱

使用範例 6.1 與習題 6.28 的分析，畫出於假設均勻流動的情況下與自由渦流(非旋轉的) 分布方式為內徑 r_1 為函數下兩者間的流率差異量(百分率)。

6.30 🖱

在平面上，某二維穩定非黏滯流場的速度場可表示成 $\vec{V} = (Ax + B)\hat{i} - Ay\hat{j}$，其中 $A = 1\text{s}^{-1}$，$B = 2\text{m/s}$ 且 x 與 y 的單位是公尺。請證明此流動的流線為 $(x + B/A)y =$ 常數。畫出流經點 $(x,y) = (1,1)$、$(1,2)$ 與 $(2,2)$ 的流線。計算並繪出點 $(x,y) = (1, 2)$ 處的加速度向量與速度向量。試求該點處在流線方向上的加速度分量，請以向量形式表示。若流體為空氣，請求出同一點上沿流線的壓力梯度。根據位於 $(1, 1)$ 與 $(2, 2)$ 處的相對壓力值，你能下什麼結論嗎？

6.31 某一速度場為 $\vec{V} = \left[Ax^3 + Bxy^2\right]\hat{i} + \left[Ay^3 + Bx^2 y\right]\hat{j}$，其中 $A = 0.2\,\text{m}^{-2}\cdot\text{s}^{-1}$，$B$ 為常數，且座標的單位是公尺。若此速度場可表示不可壓縮流，試決定 B 的值與單位。試計算流體粒子位於點 $(x,y) = (2, 1)$ 處的加速度。並求出該點上垂直於速度向量方向上的質點加速度分量。

6.32 🖱

某二維不可壓縮流速度的 x 分量為 $U = Ax^2$，座標的單位是呎，且 $A = 3.28\,\text{m}^{-1}\cdot\text{s}^{-1}$。速度在 z 方向上沒有分量且無速度變化。試計算流體粒子位於點 $(x,y) = (0.3, 0.6)$ 處的加速度。請估算流過該點的流線曲率半徑，並繪出流線，且在圖上標出速度向量與加速度向量。(假設速度 y 分量的最簡單形式。)

6.33 🖱

某二維不可壓縮流速度的 x 分量為 $u = Axy$，座標的單位是公尺，且 $A = 2\,\text{m}^{-1}\cdot\text{s}^{-1}$。速度在方向上沒有分量且無速度變化。試計算流體粒子位於點 $(x, y) = (2, 1)$ 處的加速度。請估算流過該點的流線曲率半徑，並繪出流線，且在圖上標出速度向量與加速度向量(假設速度 y 分量的最簡單形式)。

6.34 🖱

某二維不可壓縮流速度的 x 分量為 $u = -\Lambda\left(x^2 - y^2\right)/\left(x^2 + y^2\right)^2$，座標的單位是公尺，且 $\Lambda = 2\,\text{m}^3\cdot\text{s}^{-1}$。試證最簡單的速度 y 分量形式為 $v = -2\Lambda xy/\left(x^2 + y^2\right)^2$。速度在 z 方向上沒有分量且無速度變化。試計算流體粒子位於點 $(x,y) = (0, 1)$、$(0, 2)$ 與 $(0, 3)$ 處的加速度。請估算流過該點的流線曲率半徑，根據這三點之間的關係以及曲率半徑，你對流場有什麼看法？請由各點的流線證明你的看法。(**提示**：必須使用積分因子。)

6.35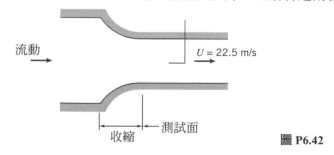

某二維不可壓縮流速度的 y 分量為 $v = -Axy$，座標的單位是公尺，且 $A = 1\,m^{-1} \cdot s^{-1}$。速度 z 在方向上沒有分量且無速度變化。試計算流體粒子位於點$(x,y) = (1,2)$處的加速度。請估算流過該點的流線曲率半徑，並繪出流線，且在圖上標出速度向量與加速度向量。(假設速度 x 分量的最簡單形式。)

6.36 某流體的速度場為 $\vec{V} = A\left[x^4 - 6x^2y^2 + y^4\right]\hat{i} + B\left[x^3y - xy^3\right]\hat{j}$，其中 $A = 2\,m^{-1} \cdot s^{-1}$、$B$ 為常數且座標單位為公尺。試證此流體可能為不可壓縮流。試計算通過點$(x, y) = (1, 2)$的流線方程式。試求流體粒子的加速度代數表示式。試計算位於點$(x, y) = (1, 2)$的流線曲率半徑。

6.37 水以 $3\,m/s$ 的速度流動。試求流動的動壓，請以釐米汞柱表示你的答案。

6.38 試計算相對應於標準大氣下速度為 $100\,km/hr$ 的空氣動壓，請以釐米汞柱表示你的答案。

6.39 在車子中將手張開伸出窗外，手掌垂直於氣流方向。為簡單起見，假設施於車子正面空氣壓力為滯壓(相對於汽車座標)，施於車子側面的壓力為大氣壓力，若車速分別為(a) $48\,km/h$ 與 (b) $96\,km/h$，請估計手上所受的淨力各多少。請問所得的答案與日常經驗相符嗎？為簡化所做的假設會高估了或低估了結果？

6.40 一股噴射氣流從一個噴嘴以垂直角度吹向一面牆壁，此處牆壁放置了兩個壓力孔。被直接連接到這股氣流前方之孔的壓力計顯示大氣之下水銀揚程 $3.8\,mm$。請計算氣流離開噴嘴時的大概流速，如果空氣為 $10°C$ 及 $101\,kPa$(絕對)。在第二個壓力孔，一具壓力計顯示在大氣之下水銀揚程 $2.5\,mm$；請問於該處空氣的大概流速是多少？

6.41 利用皮托靜壓管測量流動中某點在標準條件下的速度。為確保在工程計算上假設不可壓縮流的精確度，流速需維持在 $100\,m/s$ 以下。試求對應於最大速率時，壓力計偏移多少公釐水柱。

6.42 實驗風洞入口收縮的情況與測試截面如圖所示。測試截面中空氣速度為 $U = 22.5\,m/s$。由指向上流處的總揚程管可知測試截面中央線上的滯壓低於大氣壓力 $6.0\,mm$ 水柱。實驗室中已校正的氣壓計與溫度計的讀數分別為 $99.1\,kPa$(abs) 與 $23°C$。試求風洞測試截面中央線上的動壓，以及同一點上的靜壓。定量地比較風洞壁面上與中央線上靜壓的大小，並解釋這兩者為何不同。

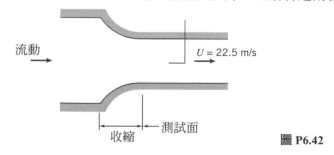

流動 →

$U = 22.5\ m/s$ →

收縮　測試面

圖 P6.42

6.43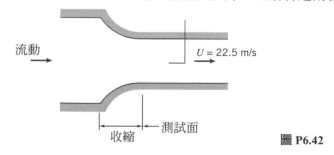

為維護高壓液體系統工作時的安全，需要有特殊的預警裝置。一個小漏洞會導致高速噴流，有可能穿透皮膚造成重大傷害(因此偵測漏洞時必須小心地使用紙或紙板，而不是手指)。試計算並畫出漏洞噴流速度與系統壓力的關係，系統壓力最大至 $40\,MPa$(錶壓)。請解釋為何高速噴射流體會造成傷害。

6.44 某個開放式的風洞以輪廓良好的噴嘴自大氣中吸取空氣。在測試截面中,流動是平直且近乎均勻的,而且在風洞壁上裝了一個靜壓接點。連接壓力接點的壓力計顯示通道內的靜壓低於大氣壓 45mm 水柱。假設氣流不可壓縮,溫度為 25℃,壓力為 100kPa(abs)。試求風洞測試截面中的空氣速度。

6.45 考慮習題 4.123 中輪車滾動,且滾動阻力不計。車子向右加速,噴射速度為 $V=40m/s$,而噴射截面固定為 $A=25mm^2$。忽略水與葉片之間的黏滯力。當車速到達 $U=15m/s$ 時,試算相對於靜止觀察者以及相對於葉片水離開噴嘴的滯壓;並計算相對於靜止觀察者水離開葉片的絕對速度,以及對於靜止觀察者水離開葉片的滯壓。請問黏滯力會如何影響離開葉片的噴流滯壓,亦即黏滯力的會增加、減少或不影響此滯壓大小?請證明你的答案。

6.46 水穩定地沿直徑為 0.1m 的圓管垂直往上流,然後再由直徑為 0.05m 的噴嘴流出至大氣壓力中。噴嘴出口處的流線速度必須為 20m/s,試算截面①處的錶壓力最小需為多少。若將此裝置整個倒置,則截面①處的壓力至少需為多少才能使得噴嘴出口速度為 20m/s。

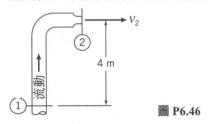

圖 P6.46

6.47 水在圓管中流動。在直徑為 0.3m 的截面處靜壓為 260kPa(錶壓),速度為 3m/s,且高度比地平面高出 10m。在朝地平面的下流截面處,管子的直徑為 0.15m。若不考慮摩擦效應,試求下流截面的錶壓。

6.48 你正在約會。你的約會對象沒預料到汽油用罄了。你從另一輛車用虹吸管吸汽油來解圍。虹吸管高度差大約是 150mm。吸管直徑是 25mm。你汽油的流率是多少?

6.49 一根管子破裂且苯朝向空氣射出 7.6m。請問管子內側的壓力是多少?

6.50 一罐可樂其上有一個小漏孔。可樂垂直向上地噴向空氣至高度 510mm。請問這罐可樂內側的壓力是多少?

6.51 水以 $0.02m^3/s$ 的流率流入虹吸管,溫度為 21℃,且管徑為 50mm。試求在點 A 處壓力高於水蒸發壓力的最到容許高度 h(假設該流動為無摩擦)。

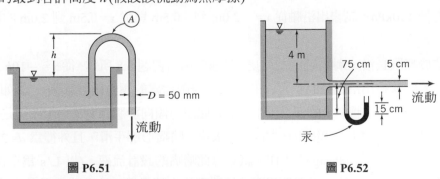

圖 P6.51　　　　　　　　　　　　　　　　　圖 P6.52

6.52 水由一巨型儲槽流入直徑為 5cm 的管道。壓力計中深色液體是汞，請估計管道中的速度以及儲槽排水的流率。(假設該流動為無摩擦。)

6.53 某種液態流體以低速從噴嘴向下流出。可將噴嘴出口處的流速視為均勻分布，並且可忽略摩擦力的效應。在高度為 z_0 的噴嘴出口處，噴流速度與噴流面積分別是 V_0 與 A_0。試求噴流面積隨高度的變化。

6.54 在實驗室的實驗中，水以適當的速度自兩平行圓碟盤之間的空間徑向地向外流。圓盤周圍是開放在大氣中的。圓盤的直徑為 $D=150$mm，兩圓盤間的高度為 $h=0.8$mm。經量測得水的質量流率為 $\dot{m}=305$ g / s。假設在兩圓盤間的流動為無摩擦流動，試估計 $r=50$mm 處圓盤間的理論靜壓值。在實驗室實際狀況中，無法避免摩擦力的存在，請問在上述同一點處的量測值會比理論值大或小？為什麼？

6.55 通過飛機機翼考慮的穩定無摩擦不可壓縮空氣流。空氣在 75kPa(gage)，4℃時，以相對於機翼的速率 60m / s 接近機翼。在流動中某一點的壓力為 3kPa(錶壓)。試求此點上相對於機翼的空氣速度。

6.56 在無風的狀態下，水銀氣壓計在車內放了一天。溫度為 20℃時，氣壓計的正確高度為 761mm 水銀柱。當車子以 105km/h r 行駛時，慢慢打開一扇窗戶。氣壓計在車子行駛時壓力較車子靜止時低了 5mm。請解釋為何會如此。並計算相對於汽車，空氣流過窗戶的局部速度。

6.57 消防用噴嘴的末端接上內徑為 $D=75$mm 的軟管。噴嘴的輪廓十分良好，且具有直徑為 $d=25$mm 的出口。將噴嘴入口壓力設計成 $p_1=690$kPa(gage)，試求噴嘴可運送的流率最多為多少。

6.58 車子以 98.3m/s 的速率在印第安那市車賽中沿一平直道路前進。車隊工程師應駕駛員的需要要求要在車體裝置一個空氣入口，以獲得空氣的冷卻效果。因此計劃將空氣入口處置於沿車體表面空氣速率為 25.5m/s 處。試求所規劃的入口處靜壓大小，並用自由流動壓來表示的周圍壓力昇。

6.59 穩定無摩擦不可壓縮流由左往右流過半徑為 a 的靜止圓柱時，其速度場可表示成

$$\vec{V} = U\left[1-\left(\frac{a}{r}\right)^2\right]\cos\theta\,\hat{e}_r - U\left[1+\left(\frac{a}{r}\right)^2\right]\sin\theta\,\hat{e}_\theta$$

試求沿著形成圓柱表面 $r=a$ 處流線上壓力分布的表示式。試求圓柱上靜壓等於自由流靜壓的位置。

6.60 🖱
某平面偶流(plane doublet)的速度場如表 6.2 所述。若 $\Lambda=3\text{m}^3\cdot\text{s}^{-1}$，流體密度為 $\rho=1.5\text{kg/m}^3$，且無限遠處壓力是 100kPa，請畫出沿軸從 $x=-2.0$m 到 -0.5m 與從 $x=0.5$m 到 2.0m 的壓力分布。

6.61 🖱
某平面流源位於無限長沿 x 軸的牆壁上 h 處，且速度場如習題 6.8 所述。從 $x=-10h$ 到 $x=+10h$ 試由習題 6.8 的數據畫出沿牆壁的壓力分布，(假設無限遠處的壓力為大氣壓)。假如較低表面上的壓力為大氣壓力，試求牆壁上的淨力大小。請問此淨力傾向於將牆壁推向流源還是推離流源？

6.62 某消防噴嘴的末端連接內徑為 $D=75$mm 的水管。噴嘴形廓平滑，且外徑為 $d=25$mm。該噴嘴設計成在入口水壓為 700psig 下工作。試計算此噴嘴的設計流速。(以 L/s 為單位作答。)計算為了固定噴嘴所須的軸向力。並說明用來連接噴嘴的水管是承受拉力還是壓力。

6.63 某外徑爲 $d=20mm$ 的平滑形廓噴嘴，藉由凸緣與直管相連接。水流經直徑爲 $D=50mm$ 的管子及噴嘴放流至大氣中。對穩定流且不計粘滯效應，計算管子的體積流率，亦即是相對應計算欲保持噴嘴與管子連接所需軸向力 45.5N 時的體積流率。

6.64 水穩定地在直徑爲 82mm 的管子中流動，並由直徑爲 32mm 的噴嘴流放至大氣壓力中。流速爲 93L／min。試計算可產生上述流速所需的管中最小靜壓。並計算噴嘴施在管子凸緣上的軸向力。

6.65 水穩定地流過如圖所示截面積漸減的急彎。因爲急彎是平滑且短，加上水流的加速，故摩擦力的效應很小。水流的體積流率爲 $Q=76L／min$。急彎位於水平面上。試估計截面①上的錶壓力。並計算因急彎面積減少所產生施於供應管上力的 x 分量大小。

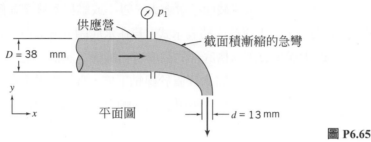

圖 P6.65

6.66 流動噴嘴是一個用於量測管子流率的裝置。這個特殊的噴嘴被用於量測低流速氣流，其中流體的可壓縮性被忽略不計。在操作期間，壓力 p_1 與 p_2，以及上游溫度，T_1，都被記錄下來。請以 $p=p_2-p_1$ 與 T_1、空氣的氣體常數與該裝置的直徑 D_1 與 D_2 等表示出質量流率。假設該流動不具無摩擦性。請問實際的流動高於或低於這個預測的流動？爲什麼？

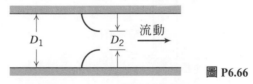

圖 P6.66

6.67 血管的枝管如圖所示。主血管的血壓 100mmHg 並以 4L／min 流動。請估計每一根枝管的血壓，假設血管被視作硬管、我們有無摩擦流動以及血管平躺在水平面。請問血液所產生的力是多少？你可以將血液的密度視爲與水近似。

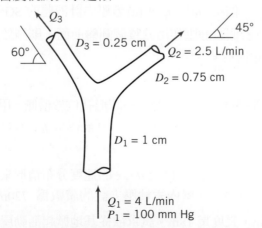

圖 P6.67

6.68 水流由面積為 $A_1=600\text{mm}^2$,設計良好的噴嘴向上噴出,出口速度為 $V_1=6.3\text{m/s}$。水流是穩定的且水柱並沒有分解。點②位於噴嘴出口平面上方 $H=1.55\text{m}$ 處。試求無干擾噴流中位於點②的速度。要計算點②的壓力需在那裡裝上滯壓管。試算出將一面平板垂直於水流置於點②上所承受的力。請畫出平板上壓力分布的情形。

6.69 在習題 4.77 的灑水系統中,一個下方具平坦水平表面的物體以 $U=1.5\text{m/s}$ 的速度朝向噴流移動。試算能使噴流以 $V=4.6\text{m/s}$ 的速度離開此灑水系統所需的最小供應壓力。當該物體位於噴流出口上方 $h=0.46\text{m}$ 處時,試求此瞬間液體噴流施於該物所產生的最大壓力。請估計水作用於平板物體上的力。

6.70 水以 0.1L/s 的流速從直徑 1.25cm 的廚房水龍頭向下流。水槽底部距水龍頭出口處 45cm。試問從水龍口出口處到水槽底部間,水流截面積會增大、變小或維持不變?並解釋原因。試求以水槽底部為基準的距離 y 來表示的水流截面積表示式。若在水龍頭下方放置一片平板,為了使平板維持水平,則所需施加的力與平板距水槽底部的高度有何關係?請簡述之。

6.71 有個老把戲的道具是空線軸與卡片。將卡片置於線軸下方,當從線軸中心口向下吹氣時,令人不敢相信地,卡片並沒有被吹走,反而被「吸附」在線軸上。請解釋原因。

6.72 🖱

直徑為 D 的水槽具有一個良好圓孔直徑為 d 的噴嘴。在 $t=0$ 時,水位高度為 h_0。試推導無因次的水位高度 h/h_0 的時間表示式。針對 $D/d=10$,以 h_0 為參數畫出 $0.1\le h_0\le 1\text{m}$ 之間 h/h_0 的時間函數圖形。針對 $h_0=1\text{m}$,以 D/d 為參數畫出 $2\le D/d\le 10$ 之間 h/h_0 的時間函數圖形。

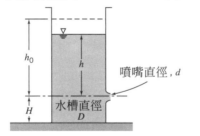

圖 P6.72

6.73 🖱

直徑為 10mm 的水平對稱空氣噴流衝擊於直徑為 190mm 的靜止垂直圓盤上。噴嘴出口處噴流的速度是 69m/s。在圓盤中心處裝了一個壓力計。試求(a) 若壓力計液體的 SG=1.75,則指針偏角為何;(b) 噴流施於圓盤上的力;(c) 若假設靜壓作用於整個圓盤前面,則施於圓盤上的力為何。請繪出流線型態與圓盤表面壓力分布情形。

6.74 🖱

在巨大水槽內的水保持高於周圍地勢高度 H 的水位。一圓形孔位於槽側,用來釋放水平噴流。忽略摩擦力,試算讓噴流落地距水槽的距離 X 為最大時,圓孔的高度 h。並以 h 為函數繪出噴流速度 V 與距離 $h(0<h<H)$。

6.75 通過半桶形活動屋的流動可藉習題 6.59 中 $0\le\theta\le\pi$ 的速度分布情形來近似表示。在風速達 100km/hr 的暴風雨中,戶外溫度為 5℃。屋內汞柱壓力計的讀數為 720mm 汞柱,且 p_∞ 亦為 720mmHg。此活動屋的直徑為 6m,長度是 18m。試求欲從基地掀起活動屋的淨力大小。

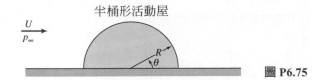

半桶形活動屋

圖 P6.75

6.76 許多娛樂設備都是使用可充氣的「氣泡式」結構。某座可容納四個場地的網球館外觀近似直徑爲 30m，長度爲 70m 的半圓柱。在此用來維持氣泡式結構的風箱可使建築物內部壓力比外界高出 10mm 水柱。氣泡結構受制於速度爲 60km/hr 的風，且風向垂直於此半圓柱結構的軸。請使用極座標，角 θ 由結構逆風側的地面開始量起，且其所導致的壓力分布可表示成

$$\frac{p - p_\infty}{\frac{1}{2}\rho V_w^2} = 1 - 4\sin^2\theta$$

其中 p 爲表面的壓力，p_∞ 爲大氣壓力，V_w 爲風速。試求施於表面的垂直淨力大小。

6.77 水以低速流過內徑爲 50mm 的圓管。直徑爲 38mm 的平滑塞子置於圓管末端，水於此處放流至大氣中。忽略摩擦效應，並假設每個截面上的速度爲均勻。試求由壓力表量的的壓力讀值與固定塞子所需之力。

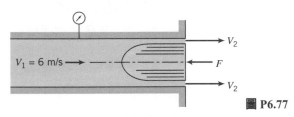

$V_1 = 6$ m/s

V_2

F

V_2

圖 P6.77

6.78 利用高壓空氣迫使水由槽中一個很小的圓孔流出。因爲壓力夠大，故可不計重力影響。且空氣緩慢膨脹，所以可視爲等溫膨脹。槽中空氣的初始體積爲 V_0。稍後瞬間空氣的體積爲 $V(t)$，且槽的總容積爲 V_t。試求水離開槽時質量流率的代數表示式。試求槽內水質量變化率的代數表示式。請推導出一常微分方程式，並解出槽中水在任一時間的質量。若 $V_0 = 5$ m³，$V_t = 10$m³，$A = 25$mm² 且 $p_0 = 1$MPa，請畫出槽中水的質量相對於時間的圖。

6.79 承習題 6.78，假設空氣膨脹快速可視爲絕熱膨脹，試重解該習題。

6.80 試描述處於穩定流動風中多層建築物外面的壓力分布。請標示出最大與最小壓力的所在位置。請討論這些壓力對外面空氣進入大樓的影響。

6.81 將澆花水管接至噴嘴上，水自噴嘴流出。試解釋爲何當握住距噴嘴端半公尺左右之處時，水管尾端可能會有不穩定的情形。

6.82 吸氣器利用流過文氏管的水流以提供吸力。試分析此設備的形狀與尺寸，並評論其使用限制。

6.83 如圖所示，槽中有一個稱爲波達流口(Borda mouthpiece) 的重入圓孔(reentrant orifice)。槽中的流體是非黏滯且不可壓縮流體。此重入圓孔必然會消除沿槽壁上的流動，因此該處的壓力近乎呈靜液壓力狀態。試求收縮係數(contraction coefficient)，$C_c = A_j / A_0$。**提示**：令未平衡的靜液壓力等於噴流的動量通量。

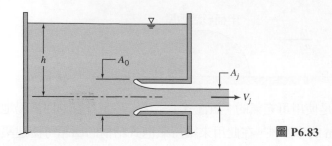

圖 P6.83

6.84 請細心地繪出圖 6.6 中系統的能量坡線(EGL) 與流力坡線(HGL)，其中假設水管是水平的(亦即出口處在儲槽的底部)，且水渦輪機(淬取能量) 位於點②，處或點③處。在第 8 章中，將研究內部流動中摩擦力的效應。請問你能對這兩的例子預期且繪出摩擦力對能量坡線與流力坡線的影響嗎？

6.85 請細心地繪出圖 6.6 中系統的能量坡線(EGL) 與流力坡線(HGL)，其中假設泵浦(加入能量)位於點②處或點②處，因此流體流入儲槽。在第 8 章中，我們將研究內部流動中摩擦力的效應。請問你能對這兩的例子預期且繪出摩擦力對能量坡線與流力坡線的影響嗎？

***6.86** 藉由壓縮空氣加速管中的水流。忽略儲槽中的流速，且假設任何截面的流動都是均勻的。在一特別的瞬間，已知 $V = 1.8\text{m/s}$ 且 $dV/dt = 2.3\text{m/s}^2$。管子的截面積為 $A = 20{,}645\text{mm}^2$。試求此刻槽中的壓力。

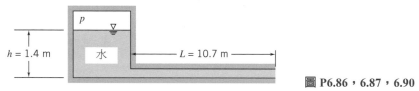

圖 P6.86，6.87，6.90

***6.87** 若習題 6.86 中管子內的水初始時是靜止的且空氣壓力為 21kPa(gage)，請問管中水的初始加速度會是多少？

***6.88** 應用非穩定白努力方程式於圖中的等直徑型管壓力計。假設壓力計一開始兩邊有高度差但雖後被釋放。請導出以時間為函數來表示 l 的微分方程式。

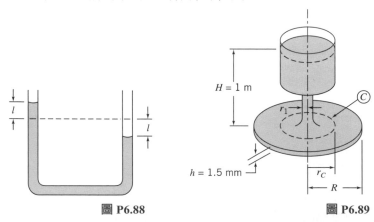

圖 P6.88   圖 P6.89

***6.89** 考慮儲槽與圓盤流動系統，且儲槽的水位維持固定。圓盤間的流動在 $t=0$ 時由靜止開始流動。若 $r_1 = 50\text{mm}$，試計算 $t=0$ 時體積流率的改變率。

*6.90 🖰

若習題中 6.86 管內水一開始是靜止的，且空氣壓力維持在 10.3kPa(gage)，試導出以時間為函數管內速度 V 的微分方程式，並積分求得 V，且畫出 V 隨時間的變化圖，從 $t=0$ 到 5 秒。

*6.91 考慮習題 4.44 中的水槽。使用沿流線上非穩流的白努力方程式，試求假設自水槽流出的水流近似穩定時，所需的最小直徑比 D/d。

*6.92 兩個直徑均為 R 的圓盤彼此相距 b。上方的圓盤以等速度 V 朝向下方的圓盤靠近。圓盤間的空隙充滿了無摩擦不可壓縮流體，當圓盤靠近時，液體將被擠出。假設在任何徑向截面上，速度均勻分布在寬度為 b 的空隙中。然而，需注意是時間的函數。圓盤周圍的壓力為大氣壓；試求 $r=0$ 處的錶壓力。

*6.93 試判斷白努利方程式是否能應用在下列渦流場中不同半徑之間：(a) $\vec{V} = \omega r \hat{e}_\theta$ 與 (b) $\vec{V} = \hat{e}_\theta k/2\pi r$。

*6.94 考慮流線方程式為 $\psi = Ax^2 y$ 的流動，其中 A 是等於 $2.5\,\mathrm{m^{-1} \cdot s^{-1}}$ 的維度常數。流體密度是 $1200\mathrm{kg/m^3}$ 此流動是否為旋性？可算出點$(x,y)=(1,4)$ 與 $(2,1)$ 間的壓力差嗎？如果可以，請計算；如果不行，試解釋原因。

*6.95 某二維流動的速度場為 $\vec{V} = (Ax-By)t\hat{i} - (Bx+Ay)t\hat{j}$，其中 $A=1\,\mathrm{s^{-2}}$，$B=2\,\mathrm{s^{-2}}$，t 的單位是秒，且座標單位是公尺。請問請此流動可能為不可壓縮流動嗎？流動是穩定的還是不穩定的？證明流動為非旋性流並推導速度位勢的表示式。

*6.96 🖰

使用表 6.2，試求強度為 q，在 90 度轉角附近的平面流源的流線方程式與速度位勢。此流源在構成轉角的兩無限平面之間各距 h 處。假設在無限遠處 $p=p_0$，試求沿其中一個平面上的速度分布。選擇適當的 q 值與 h 值，繪出流線與等速度位勢線。(**提示**：使用範例 6.10 中 *Excel* 的工作簿。)

*6.97 某平面流源位於無限長沿 x 軸的牆壁上 h 處，其流場如下

$$\vec{V} = \frac{q}{2\pi[x^2+(y-h)^2]}[x\hat{i}+(y-h)\hat{j}] + \frac{q}{2\pi[x^2+(y+h)^2]}[x\hat{i}+(y+h)\hat{j}]$$

其中 q 是流源強度。槽中的流體是非旋性且不可壓縮流體。試推導流線函數與速度位勢。選擇適當的 q 值與 h 值，繪出流線與等速度位勢線(**提示**：使用範例 6.10 中 *Excel* 的工作簿)。

*6.98 🖰

使用表 6.2，試求強度為 K，在 90° 轉角附近的平面渦流的流線方程式與速度位勢。此流源在構成轉角的兩無限平面之間各距 h 處。假設在無限遠處 $p=p_0$，試求沿其中一個平面上的速度分布。選擇適當的 K 值與 h 值，繪出流線與等速度位勢線。(**提示**：使用範例 6.10 中 *Excel* 的工作簿。)

*6.99 某流動的速度場為 $\psi = Ax^2 y - By^3$，其中 $A=1\mathrm{m^{-1} \cdot s^{-1}}$、$B=\frac{1}{3}\mathrm{m^{-1} \cdot s^{-1}}$，且座標單位是公尺。試求速度位勢的表示式。

*6.100 某流場可由流線方程式 $\psi = x^5 - 10x^3 y^2 + 5xy^4$ 表示。試求相對應的速度場。證明此流場為非旋性，並且求得其位勢函數。

*6.101 某流場由位勢函數 $\phi = Ax^2 + Bxy - Ay^2$ 表示。證明為不可壓縮流，且求對應的流線方程式。

*6.102 某流場可由位勢函數 $\phi = x^6 - 15x^4y^2 + 15x^2y^4 - y^6$ 表示。證明此為不可壓縮流,且試求相對應的流線方程式。

*6.103 請證明 $f(z) = z^6$(其中 z 是複數 $z = x + iy$)是個非旋轉且可壓縮流的合理的速度位勢(f 的實數部分)以及相應的流線函數(f 的虛數部分)。然後證明 df/dz 之實數與虛數部分分別得出 u 與 $-v$。

*6.104 請證明任何可微分的函數 $f(z)$ 的複數 $z = x + iy$ 是個非旋轉且可壓縮流合理的速度位勢(f 的實數部分)以及相應的流線函數(f 的虛數部分)。要做這件事,請使用連鎖律證明 $f(z)$ 自動地滿足拉普拉斯方程式。然後證明 $df/dz = u - iv$。

*6.105 考慮速度位勢為 $\phi = Ax + Bx^2 - By^2$ 的流場,其中 $A = 1\text{m} \cdot \text{s}^{-1}$、$B = 1\text{m}^{-1}$,且座標單位是公尺。試求速度場與流線方程式的表示式。並計算原點與點 $(x, y) = (1, 2)$ 之間的壓力差。

*6.106 🖱
某不可壓縮流動的流線方程式為 $\phi = 3Ax^2y - Ay^3$,其中 $A = 1\text{m}^{-1} \cdot \text{s}^{-1}$。試證此流動為非旋性流。請推導此流動的速度位勢。繪出流線與位勢線,並且用圖形證明此二線彼此垂直。(**提示**:使用範例 6.10 中 *Excel* 的工作簿。)

*6.107 考慮速度位勢為 $\phi = Ay^3 - Bx^2y$ 的流場,其中 $A = 1/3\,\text{m}^{-1} \cdot \text{s}^{-1}$、$B = 1\,\text{m}^{-1} \cdot \text{s}^{-1}$,且座標單位是公尺。試求速度向量大小的表示式。試求此流動的流線方程式。繪出流線與位勢線,並且用圖形證明此二線彼此垂直。(**提示**:使用範例 6.10 中 *Excel* 的工作簿。)

*6.108 🖱
在平面上有一非旋性流場,流線函數為 $\psi = Bxy$,其中 $B = 0.25\,\text{s}^{-1}$,且座標的單位是公尺。試求在點 $(x, y) = (2, 2)$ 與 $(3, 3)$ 之間的流率。請推導此流動的速度位勢。繪出流線與位勢線,並且用圖形證明此二線彼此垂直。(**提示**:使用範例 6.10 中 *Excel* 的工作簿。)

*6.109 🖱
在 xy 平面上一個二維穩定非黏滯流動的速度分布是 $\vec{V} = (Ax + B)\hat{i} + (C - Ay)\hat{j}$,其中 $A = 3\,\text{s}^{-1}$、$B = 6\text{m/s}$、$C = 4\text{m/s}$,且座標的單位是公尺。物體力的分布為 $\vec{B} = -g\hat{k}$,且流體密度是 825kg/m^3。請問此表示式可能代表不可壓縮流場?試在上半平面繪出幾條流線,找出流場的滯壓點。此流動是否為旋性?如果是旋性流動,請求出位勢函數。並計算原點與點 $(x, y, z) = (2, 2, 2)$ 之間的壓力差。

*6.110 考慮在範例習題 6.11 中流過一個直徑為 a 的圓柱的流動。試證沿線上 $(r, \theta) = (r, \pm \pi/2)$,$V_r = 0$。請沿著直線 $(r, \theta) = (r, \pi/2)$,在 $r \geq a$ 的區間繪出 V_θ/U 對半徑的圖形。試求圓柱影響力小於 U 的百分之一的距離。

*6.111 考慮由右向左的自由流動與一個逆時針自由渦流所組成的流動流經圓柱的情形。試證如範例所示 6.12,圓柱的升力可表示成 $F_L = -\rho U \Gamma$。

*6.112 龍捲風的粗略模型是由強度為 $q = 2800\text{m}^2/\text{s}$ 的沒源與強度為 $K = 5600\text{m}^2/\text{s}$ 的自由渦流所組成。試求流場的流線函數與速度位勢。請估計半徑超過若干後,流動可視為不可壓縮,並求出在此半徑處的錶壓。

*6.113 等強度 $q=3\pi\ \mathrm{m^2/s}$ 的流源與沒源分別位於 x 軸上 $x=-a$ 與 $x=a$ 處。加入一個在正 x 方向速率為 $U=20\mathrm{m/s}$ 的均勻流動，以期獲得流動通過郎肯物體。試求此組合流場的流線函數、速度位勢以及速度場。並求出在滯流線上 $\psi=$ 常數的值。若 $a=0.3\mathrm{m}$，試指出滯流點位置。

*6.114 再次考慮習題 6.113 中，流過郎肯物提的流動。該物在 y 方向的半寬 h 可由下述超越方程式描述：

$$\frac{h}{a}=\cot\left(\frac{\pi U h}{q}\right)$$

半寬試求半寬的值。並求出 $(x,y)=(0,\ \pm h)$ 處的局部速度與壓力。假設流體密度如同標準大氣。

*6.115 🖰

某流場是由一個在 x 方向 $U=10\mathrm{m/s}$ 的均勻流與位於原點強度為 $K=16\pi\ \mathrm{m^2/s}$ 的逆時針渦流所組成；試求此組合流場的流線函數，速度位勢以及速度場，找出該流動的滯壓點。試繪流線與位勢線(提示：使用範例 6.10 中 *Excel* 的工作簿)。

*6.116 考慮由在 x 方向的均勻流與位於原點的沒流所組成的流場。令 $U=50\mathrm{m/s}$，$q=90\mathrm{m^2/s}$。選擇適當的控制容積，計算欲維持因滯流流線形成的表面形狀而所需的每單位深度的淨力。

*6.117 🖰

考慮由在 x 方向均勻流與位於原點的源流所組成的流場。令 $U=30\mathrm{m/s}$，$q=150\mathrm{m^2/s}$。以 θ 為函數，試繪出沿滯流流線上局部速度與自由流速度的比值。請指出滯流流線上速度達最大值的位置。若流體密度為 $1.2\mathrm{kg/m^3}$，試求該處的錶壓力。

*6.118 🖰

考慮由在方向均勻流與位於原點的源流所組成的流動。試求此組合流動的流線函數，速度位勢以及速度場的表示式。若 $U=25\mathrm{m/s}$，且滯流點在 $x=-1\mathrm{m}$ 處，試求源流強度。試繪流線與位勢線。

(提示：使用範例 6.10 中 *Excel* 的工作簿。)

It doesn't matter how beautiful your theory is, it doesn't matter how smart you are. If it doesn't agree with experiment, it's wrong.

Richard Feynman

7 因次分析和模擬

7-1 無因次化基本微分方程式

7-2 因次分析的意義

7-3 白金漢 PI 理論

7-4 決定 Π 組合

7-5 流體力學中重要的無因次組合

7-6 流動模擬和模型研究

7-7 摘要和常用的方程式

專題研究　暴龍(T. Rex)

暴龍 (舊金山加州科學博物館)

　　因次分析，這一章的主題，被使用在於許多的科學研究。它甚至曾經使用於嘗試定義恐龍例如暴龍能夠奔跑的速度會是多少[1]。這些動物僅存的數據是化石記錄——最相關的數據是恐龍平均的腿長度 l 與步伐距 s。這些數據能否用於揭露恐龍的速度？比較數據 l 與 s 與四足動物的速度 V(例如：馬、狗) 與兩足動物(例如：人) 並未透露出某種樣式，直到使用因次分析得知所有的數據都應該依循下述的方式畫出來：畫出無因次量 V^2/gl 相對於無因次比值 s/l 的圖(其中 V 是所測量到動物奔行的速度而 g 是重力加速度)。這麼做了之後，大多數動物的數據「奇幻似地」錯落於在同一條曲線附近！因此，可以自該圖得出大多數動物奔跑的表現：於這個例子，恐龍的 s/l 值可以由從曲線中相應的 V^2/gl 值內插算出來，從而估計恐龍的 V(因為 l 與 g 已知)。據此，對照於侏羅紀公園電影，人能輕易的脫離暴龍是很可能地！

前幾章我們曾提及數個例子，於這些例子我們宣稱存在一個簡化之流動。舉例來說，我們曾說過對於流速為 V 的流動，如果其馬赫數，$M \equiv V/c$ (其中 c 是音速)，小於 0.3，本質上是不可壓縮的，也說過雷諾數，$Re = \rho VL/\mu$ (L 是流動之典型的或是「視為特徵」的尺寸大小)，是「巨大的」時，則對於大多數流動而言我們可以不用考量黏滯效應。我們也能廣泛的使用以管子直徑，$D(Re = rVD/\mu)$，的雷諾數為準據所做出具有高度準確性的預測，無論管的流動是層流或是擾流。原來於工程科學上有許多如此有趣的無因次組合——舉例來說，於熱傳，一個長度 L 與傳導係數 k 之熱物體的必歐數(Biot number)值，$Bi - hL/k$，能指出當此物體被扔入對流係數為 h 的冷流中，這個熱的物體會先自外表面冷卻或是一體地均勻冷卻。(你能不能猜想出一個高的必歐值預測的會是什麼？)我們如何得到這些組合以及為什麼它們的值有如此強的預測能力？

這些問題的答案將於這一章我們引進因次分析方法後得到。這是一個在我們做廣泛的理論分析或是實驗之前，洞察流體流動內在行為的技術(事實上，洞察許多的工程上的與科學內在行為的現象)；它也促使我們從原本貌似雜亂無章與互不相干的數據中理出脈絡。

我們將也討論模型化。舉例來說，我們如何於風洞中正確地執行一輛汽車之 3/8-比例模型的阻力測試來預測相同速度下有多少阻力會作用於其全尺寸的汽車？我們非得對模型與全尺寸汽車使用相同的速度嗎？我們如何依比例調整所測量到的模型阻力來找出作用於汽車的阻力？

7-1 無因次化基本微分方程式

在說明因次分析之前，讓我們先探討我們能從前面關於流體流量的分析描述中學習到哪些事物。舉例來說，考慮具有固定黏度的穩定不可壓縮牛頓流體的二次元流動(這已經具有相當多的假設了！)。質量守恆方程式(式 5.1c)變成

$$\frac{\partial u}{\partial x} + \frac{\partial v}{\partial y} = 0 \tag{7.1}$$

而且納威爾-史托克方程式(式 5.27)可以簡化成

$$\rho \left(u \frac{\partial u}{\partial x} + v \frac{\partial u}{\partial y} \right) = -\frac{\partial p}{\partial x} + \mu \left(\frac{\partial^2 u}{\partial x^2} + \frac{\partial^2 u}{\partial y^2} \right) \tag{7.2}$$

以及

$$\rho \left(u \frac{\partial v}{\partial x} + v \frac{\partial v}{\partial y} \right) = -\rho g - \frac{\partial p}{\partial y} + \mu \left(\frac{\partial^2 v}{\partial x^2} + \frac{\partial^2 v}{\partial y^2} \right) \tag{7.3}$$

如同我們在第 5-4 節所討論的，這些方程式形成一組 u、v 和 p 的耦合非線性偏微分方程式，而且對大多數流體流動而言它們很難以求解。式 7.1 的因次是 1/時間，而且式 7.2 和 7.3 的因次是力/體積。讓我們檢視當我們將它們轉換成無因次方程式時會產生什麼結果。(即使你沒有研讀過第 5-4 節你也將能了解後面的課程內容。)

為了想將這些方程式無因次化，必須將所有的長度除以參考長度 L，並且將所有的速度除以參考速度 V_∞，其中 V_∞ 通常被視為自由流場速度。經由將壓力除以 ρV_∞^2 (2 倍自由流場的動態壓力)後，可以使壓力變成無因次。如果使用星號表示無因次數量，則我們可以得到

$$x^* = \frac{x}{L}, \quad y^* = \frac{y}{L}, \quad u^* = \frac{u}{V_\infty}, \quad v^* = \frac{v}{V_\infty} \qquad \text{以及} \qquad p^* = \frac{p}{\rho V_\infty^2} \quad (7.4)$$

所以 $x = x^*L$, $y = y^*L$, $u = u^* V_\infty$，等等。我們然後能代入 7.1 至 7.3 式，以下我們展示兩個具代表性的代入方式：

$$u \frac{\partial u}{\partial x} = u^* V_\infty \frac{\partial(u^* V_\infty)}{\partial(x^* L)} = \frac{V_\infty^2}{L} u^* \frac{\partial u^*}{\partial x^*}$$

以及

$$\frac{\partial^2 u}{\partial x^2} = \frac{\partial(u^* V_\infty)}{\partial(x^* L)^2} = \frac{V_\infty}{L^2} \frac{\partial^2 u^*}{\partial x^{*2}}$$

使用這個程序，方程式成為

$$\frac{V_\infty}{L} \frac{\partial u^*}{\partial x^*} + \frac{V_\infty}{L} \frac{\partial v^*}{\partial y^*} = 0 \tag{7.5}$$

$$\frac{\rho V_\infty^2}{L} \left(u^* \frac{\partial u^*}{\partial x^*} + v^* \frac{\partial u^*}{\partial y^*} \right) = -\frac{\rho V_\infty^2}{L} \frac{\partial p^*}{\partial x^*} + \frac{\mu V_\infty}{L^2} \left(\frac{\partial^2 u^*}{\partial x^{*2}} + \frac{\partial^2 u^*}{\partial y^{*2}} \right) \tag{7.6}$$

$$\frac{\rho V_\infty^2}{L} \left(u^* \frac{\partial v^*}{\partial x^*} + v^* \frac{\partial v^*}{\partial y^*} \right) = -\rho g - \frac{\rho V_\infty^2}{L} \frac{\partial p^*}{\partial y^*} + \frac{\mu V_\infty}{L^2} \left(\frac{\partial^2 v^*}{\partial x^{*2}} + \frac{\partial^2 v^*}{\partial y^{*2}} \right) \tag{7.7}$$

將式 7.5 除以 V_∞/L，並且將式 7.6 和式 7.7 除以 $\rho V_\infty^2/L$，其結果為

$$\frac{\partial u^*}{\partial x^*} + \frac{\partial v^*}{\partial y^*} = 0 \tag{7.8}$$

$$u^* \frac{\partial u^*}{\partial x^*} + v^* \frac{\partial u^*}{\partial y^*} = -\frac{\partial p^*}{\partial x^*} + \frac{\mu}{\rho V_\infty L} \left(\frac{\partial^2 u^*}{\partial x^{*2}} + \frac{\partial^2 u^*}{\partial y^{*2}} \right) \tag{7.9}$$

$$u^* \frac{\partial v^*}{\partial x^*} + v^* \frac{\partial v^*}{\partial y^*} = -\frac{gL}{V_\infty^2} - \frac{\partial p^*}{\partial y^*} + \frac{\mu}{\rho V_\infty L} \left(\frac{\partial^2 v^*}{\partial x^{*2}} + \frac{\partial^2 v^*}{\partial y^{*2}} \right) \tag{7.10}$$

　　式 7.8、7.9 和 7.10 是我們的原始方程式(式 7.1、7.2、7.3) 無因次形式。同樣地，我們可以將它們的解答(具有適當的邊界條件) 視為應用數學中的一個習題。式 7.9 中在二階導數(黏滯力) 項之前含有無因次係數 $\mu/\rho V_\infty L$ (我們可以辨識出這是雷諾數的倒數)；式 7.10 含有這個無因次係數和另一個與重力有關的無因次係數 gL/V_∞^2 (我們將會簡短地討論它)。從微分方程式的相關理論，我們想起這類方程式解答的數學形式對方程式係數的數值是非常敏感的(例如，某些二階偏微分方程式會根據係數值而分類成橢圓、拋物線或雙曲線形式)。

　　這些方程式告訴了我們，其解答以及它們所描述的實際流動模式，是由二個係數的數值來決定。舉例來說，如果 $\mu/\rho V_\infty L$ 非常小的(也就是，雷諾數很大)，代表黏滯力的二階微分項可以疏忽，至少在大部分流體流動中我們是可以這麼做的，而且在最後我們會以 Euler's 方程式(式 6.2) 的形式來呈現結果。我們說「在大部分流體流動中」，是因為我們已經知道實際上在這種情況下將出現一個具有明顯黏度效應的界面層，除此之外，從數學上的觀點，忽視高階導數總是具有危險性(即使它們的係數很小)，因為化簡成低階方程式意味著我們會失去某些邊界條件(尤其是在無滑動條件下)。我們能預知，如果 $\mu/\rho V_\infty L$ 是大或小，則黏滯力效應是否會很明顯；如果 gL/V_∞^2 是大或小，我們可以分別地預測重力效應是否會明顯的。我們甚至在試著解出方程式之前就已成竹

在胸了！請注意，為求完備，我們也必須對問題的邊界條件應用相同的無次因次化程序，而這麼做通常將引入更多無因次係數。

然後，寫出控制方程式的無因次形式，可以幫助我們對其背後的物理現象具有進一步瞭解，而且這樣做也能指出哪些力是主要的。如果我們有二個滿足 7.8、7.9 和 7.10 式而且在幾何相似但是不同比例的流體流量(例如，一個是模型，一個原型)，如果二個流體流動的二個係數具有相同數值，方程式將只會產生相同的數學結果。(也就是說，重力、黏滯力和慣性力具有相同的相對大小)。方程式的這種無因次形式也是數值方法的分析起點，使用數值分析通常是獲得方程式解答的唯一方法。其他從問題的控制方程式以建立類似的推導和範例，我們將它們放在[2]和[3]裡。

我們現在將看看因次分析的方法如何能夠使用於上述的程序來找出物理參數之適當的無因次組合。正如我們提及過的，使用無因次組合對於實驗測量數據是非常有用的，而我們將於下兩節看到即使我們沒有控制方程式如 7.1、7.2 與 7.3 式來運用，我們也能夠得出它們。

7-2 因次分析的意義

流體力學的大多數現象是以複雜的方式由其幾何和流量參數來決定。舉例來說，考慮一個浸在均勻流動流體中的靜止平滑球面上的阻力。我們必須執行什麼樣的實驗才能找出在球面產生的阻力呢？為了要回答這一個問題，我們必須指定有哪些參數是我們心中認為對於決定阻力是很重要的。很清楚地，我們會猜想阻力與球的尺寸(以直徑 D 做為特徵)、流體流動速度 V 和流體黏度 μ 參數有關。另外，流體密度 ρ 可能也很重要。在以 F 代表阻力之後，我們寫出符號方程式

$$F = f(D,\ V,\ \rho,\ \mu)$$

雖然我們可能已經剔除了某些與阻力相倚的參數例如表面粗度(或也可能納入與它無關的參數)，我們已經以實驗室中可控制且可測量的物理量來建立了計算靜止球體阻力的問題。

我們可以建立一個實驗程序用以找出 F 與 V、D、ρ 和 μ 之間相依的關係。要瞭解阻力 F 是如何的受到流體流速的影響，我們可以把一個球體放在風洞中，並且針對特定範圍內的各種 V 值來測量相應的 F 值。然後經由使用不同直徑的球體，我們可以進行更多的測試，利用這些測試可以探究球面直徑 D 對 F 的影響。這樣我們已經產生了許多數據。如果我們讓風洞，譬如說，針對 10 個不同球體尺寸，以 10 個不同的風速下作運轉，我們將會取得 100 個數據點。我們可以將這些結果畫在一個數據圖上(例如，我們可以畫出 10 個 F 相對於 V 的曲線，其中每一個都是在特定球面尺寸下進行)，但是取得這些數據會相當耗費時間：如果假設每次風洞運作過程都花費 $\frac{1}{2}$ 小時，我們總共花費 50 工作小時！但是問題還沒結束呢！例如，我們必須將使用水槽的時間也包含在內，在這個水槽中，我們必須針對不同的 ρ 和 μ 值，重覆上述所有的測試過程。因此，基本上我們接著必須找出一個使用不同流體的方法，以便能夠針對特定範圍內的各種 ρ 和 μ 值進行實驗(譬如說，每個 10 種)。在那天結束的時候(實際上是在大約每週 40 工作小時，持續測試 $2\frac{1}{2}$ 年之後！)我們將會執行大約 10^4 個測試過程。然後我們將會必須整理和了解數據：譬如，我們如何畫出 F 相對於 V 的曲線圖，其中 D、ρ 和 μ 全都必須視為參數？即使對像在球體上的阻力這樣看似簡單的現象而言，這卻是使人望而卻步的工作！

很幸運地我們並不需要做所有這些工作。如同我們將在範例 7.1 中看見的，平滑球體所受阻力的所有數據，可以化成兩個無因次參數之間的單一數學關係，其形式為

$$\frac{F}{\rho V^2 D^2} = f\left(\frac{\rho VD}{\mu}\right)$$

函數 f 的形式仍然必須經由實驗來決定，但是重點是所有的球體，於所有的流體，於大多數的流速下都會落在相同的曲線。與其需要執行 10^4 個實驗，我們能僅用大約 10 個試驗就能夠準確地勾勒出函數的基本特徵。進行 10 次而不是 10^4 次測試過程所節省的時間是很可觀的。更重要的是這樣做將使實驗的進行更方便。我們不再一定要找出具有 10 個不同密度值和黏度值的流體了。我們也不一定要做出 10 個不同直徑的球體。取而代之的是，我們只要改變 10 次 $\rho VD/\mu$ 參數值。舉例來說，只需使用一個球體(例如：25mm 直徑)，於一種流體(例如：空氣)並略微改變流速就能達成這個目的。

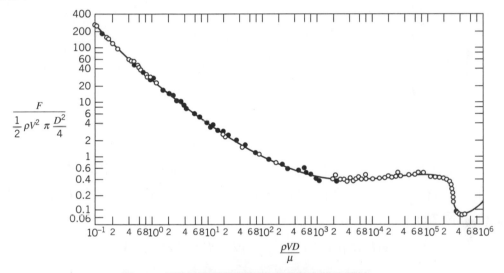

圖 7.1　經由實驗所取得無因次參數之間的關係[4]

圖 7.1 所示是在球體上流體流動的一些典型數據(因數 $\frac{1}{2}$ 和 $\pi/4$ 已經被包含到數據圖左側的參數的分母中，使它呈現常用的無因次組合的形式，也就是阻力係數 C_D，我們將在第 9 章詳細討論這個係數)。如果我們執行上述概略說明的實驗，在實驗容許誤差內，我們所得的結果將會落在相同曲線上。這些數據點代表的是，不同實驗者針對幾個不同的流體和球體所取得的實驗結果。請注意我們最後所得到的曲線圖，可以應用到在非常寬廣的不同球體/流體結合後的變動範圍下，求出其對應的阻力值。舉例來說，它可以用來求得由側風(crosswind)對熱氣球產生的阻力，或是當紅血球(假設可以使用球體模擬其形狀)通過大動脈時所受的阻力。在這兩種情況中的任何一種，假設流體(ρ 和 μ)，流量速度 V 和球體直徑 D 已知，我們可以計算出 $\rho VD/\mu$ 值，然後對應得到 C_D 值，最後再計算阻力 F。

第 7-3 節介紹白金漢 PI 定理，一個已制式化而用於推演給定之流體力學或是其他工程問題上適當的無因次組合的程序。該節與 7-4 節，學起來會有些難度；我們建議你先讀它們一次，然後，在返回兩節重讀之前，先研究範例 7.1、7.2 與 7.3 以了解這方法事實上是如何的切合實際與有用。

白金漢 PI 理論是一個關於以因次參數表達的函數，及與此函數相關且以無因次參數表達的函數之間關係的陳述。白金漢 PI 理論能讓我們很快而且容易地推導重要的無因次參數。

7-3 白金漢 PI 理論

於前一節我們討論過作用於球體的阻力 F 是如何的關聯於球體直徑 D、流體密度 ρ 與黏性 μ 與流體流速 V，或是

$$F = f(D, V, \rho, \mu)$$

還需要理論或是實驗以定義出函數 f 的基本特徵。更正式地，我們寫出

$$g(F, D, V, \rho, \mu) = 0$$

其中 g 是一個尚未指明的函數，且異於 f。白金漢 PI 定理[5]指出我們能夠轉換如下形式的 n 個參數之間的關係

$$g(q_1, q_2, \ldots, q_n) = 0$$

為如下的 $n\text{-}m$ 個獨立的無因次 Π 參數之間相應的關係形式

$$G(\Pi_1, \Pi_2, \ldots, \Pi_{n-m}) = 0$$

或

$$\Pi_1 = G_1(\Pi_2, \ldots, \Pi_{n-m})$$

其中 m 通常是足夠用來定義所有參數的因次 $q_1, q_2, \ldots, q_n$ 所需的最小獨立因次(例如：質量、長度、時間)的數目，r。(有時候 $m \neq r$；我們將會於範例 7.3 看到這個情況。舉例來說，對於球體問題，我們見到(於範例 7.1)

$$g(F, D, \rho, \mu, V) = 0 \qquad \text{或} \qquad F = F(D, \rho, \mu, V)$$

導出

$$G\left(\frac{F}{\rho V^2 D^2}, \frac{\mu}{\rho VD}\right) = 0 \quad \text{或} \quad \frac{F}{\rho V^2 D^2} = G_1\left(\frac{\mu}{\rho VD}\right)$$

這個定理並不能預測 G 或 G_1 的函數形式。獨立無因次 Π 參數之間的函數關係必須以實驗方式決定。

從程序中獲得的 $n-m$ 個無因次 Π 參數是獨立的參數。如果一個 Π 參數能夠從任何一或多個其他的 Π 參數的組合來形成，則它不是獨立的。舉例來說，如果

$$\Pi_5 = \frac{2\Pi_1}{\Pi_2\Pi_3} \quad \text{或} \quad \Pi_6 = \frac{\Pi_1^{3/4}}{\Pi_3^2}$$

那麼不論 Π_5 或 Π_6 都稱不上是獨立於其他無因次參數。

有幾個決定無因次參數的方法可供我們利用。下一節將會提供詳細的程序。

7-4　決定 Π 組合

　　無論使用何種方法來決定無因次參數，首先都必須列出已知(或我們相信)會影響想探討的流動現象的所有因次參數。有一些公認的經驗可以幫助編寫這分清單。但是學生並沒有這種經驗，他們時常因為需要面對大量的變數進行工程學的判斷，而感到困擾。然而，如果不要吝嗇於將參數選擇到清單中，就不容易出現差錯。

　　如果你懷疑一種現象是由某個已知參數決定，則將它包含到此清單中。如果你的懷疑正確，實驗將顯示這個參數必須包括在內才能得到一致的結果。如果這個參數是無關的，則結果將產生一個多餘的 Π 參數，但是稍後會由實驗顯示它可以剔除在考慮之外。因此，不要害怕將你覺得重要的所有參數含括到清單中。

　　如下文所列的六個步驟(這些步驟似乎有些抽象但是實際上很容易做的)概述決定 Π 參數所建議的程序：

步驟 1.　列出牽涉在內的所有因次參數(假設 n 是參數的數目)。如果所有具有直接關聯性的參數都未被納入，即或能得出某個關係式，但是它將無助於整個無因次化的過程。如果將物理現象實際上沒有影響的參數也包括在清單內，則因次分析的過程將顯示這些參數並不存在於我們要尋找的數學關係式中，或者是我們將取得一個或更多個無因次組合，而且實驗將顯示這些無因次組合是無關的。

步驟 2.　選擇一組基本的(主要的)因次，例如 MLt 或 FLt (請注意，對於熱傳遞問題而言，關於溫度你也可能需要 T，在電力系統中，關於電荷則可能需要 q)。

步驟 3.　利用主要因次列出所有參數的因次(假設 r 是主要因次的數目)。力或質量皆可選擇為主要因次。

步驟 4.　選擇一組包含所有主要因次的 r 個因次參數。這些 r 個因次參數全部都將與剩餘參數每一個相互組合，且一次只針對剩餘參數中的一個進行這項工作，所以這些參數將稱為重複參數。任何重複參數的因次不該是另一個重複參數因次的乘方；例如，切勿將面積(L^2)和第二面積慣性矩(L^4)同時選擇為重複參數。選定的重複參數可能出現在所有的無因次組合中；因此我們應該記住，在這個步驟切勿選擇相依的因次參數。

步驟 5.　建立因次方程式，將步驟 4 選擇的參數依次與其餘的參數結合起來，形成無因次組合 (共有 $n-m$ 個方程式)。解出因次方程式以便獲得 $n-m$ 個無因次組合。

步驟 6.　檢查每一個得到的組合是否都是無因次。如果質量已經選擇為主要因次，則檢查以力量作為主要因次的組合會是一個明智的作法，或反之亦然。

　　Π 參數之間的函數關係必須以實驗決定。詳細的決定無因次 Π 參數程序，將在範例 7.1 和 7.2 中說明。

範例 7.1 作用在平滑球體上的阻力

第 7-2 節提醒過,作用在平滑球體上的阻力 F 與相對速度 V、球直徑 D、流體密度 ρ 以及流體黏度 μ 有關。我們必須獲得一組能用來使實驗數據互相關連的無因次組合。

已知:作用在一個平滑球體的 $F = f(\rho, V, D, \mu)$。

求解:一組適當的無因次組合。

解答:

(框上圓圈的數字指的是決定無因次 Π 參數程序中的步驟)。

① $\quad F \quad V \quad D \quad \rho \quad \mu \qquad\qquad n = 5$ 個無因次參數

② 選擇 M、L 和 t 為主要因次。

③ $\quad F \qquad V \qquad D \qquad \rho \qquad \mu$

$\quad \dfrac{ML}{t^2} \quad \dfrac{L}{t} \quad L \quad \dfrac{M}{L^3} \quad \dfrac{M}{Lt} \qquad r = 3$ 個主要因次

④ 選擇重複因次 ρ、V、D $\qquad m = r = 3$ 個重複因次

⑤ 然後產生 $n - m = 2$ 個無因次組合。接著建立因次方程式,我們獲得

$$\Pi_1 = \rho^a V^b D^c F \text{ 以及 } \left(\frac{M}{L^3}\right)^a \left(\frac{L}{t}\right)^b (L)^c \left(\frac{ML}{t^2}\right) = M^0 L^0 t^0$$

令 M、L 和 t 的指數相等,結果產生

$$
\begin{array}{lll}
M: & a + 1 = 0 & a = -1 \\
L: & -3a + b + c + 1 = 0 & c = -2 \\
t: & -b - 2 = 0 & b = -2
\end{array} \left.\right\} \quad \text{因此,} \Pi_1 = \frac{F}{\rho V^2 D^2}
$$

同樣地;

$$\Pi_2 = \rho^d V^e D^f \mu \quad \text{以及} \quad \left(\frac{M}{L^3}\right)^d \left(\frac{L}{t}\right)^e (L)^f \left(\frac{M}{Lt}\right) = M^0 L^0 t^0$$

$$
\begin{array}{lll}
M: & d + 1 = 0 & d = -1 \\
L: & -3d + e + f - 1 = 0 & f = -1 \\
t: & -e - 1 = 0 & e = -1
\end{array} \left.\right\} \quad \text{因此,} \Pi_2 = \frac{\mu}{\rho V D}
$$

⑥ 使用 F、L 和 t 因次檢查

$$[\Pi_1] = \left[\frac{F}{\rho V^2 D^2}\right] \quad \text{以及} \quad F\frac{L^4}{Ft^2}\left(\frac{t}{L}\right)^2 \frac{1}{L^2} = 1$$

其中[ ]的意義是「具有的因次」,而且

$$[\Pi_2] = \left[\frac{\mu}{\rho V D}\right] \quad \text{以及} \quad \frac{Ft}{L^2}\frac{L^4}{Ft^2}\frac{t}{L}\frac{1}{L} = 1$$

函數關係式為 $\Pi_1 = f(\Pi_2)$,或

$$\frac{F}{\rho V^2 D^2} = f\left(\frac{\mu}{\rho V D}\right)$$

這與前面所提的事項一致。函數 f 的形式必須由實驗決定。(參看圖 7.1)

這個範例所用的 *Excel* 活頁簿可以很方便的用於計算這個問題或其他問題的 a、b 和 c 值。

範例 7.2　在圓管中流動的壓力降

　　經過水平直線圓管的穩定不可壓縮黏滯流的壓力降 Δp 與管路長度 l、平均速度 $\bar{V}$、流體黏度 μ、管路直徑 D、流體密度 ρ 和平均「粗糙」高度 e 有關。試求一組能用來使數據互相關連的無因次組合。

已知：在圓形管路中流體流動的壓力降 $\Delta p = f(\rho, \bar{V}, D, l, \mu, e)$。

求解：一組適當的無因次組合。

解答：

(框上圓圈的數字指的是決定無因次　參數程序中的步驟)

① 　Δp　　ρ　　μ　　$\bar{V}$　　l　　D　　e　　　$n = 7$ 個因次參數

② 　選擇 M、L 和 t 為主要因次。

③ 　Δp　　ρ　　μ　　$\bar{V}$　　l　　D　　e

　　$\dfrac{M}{Lt^2}$　$\dfrac{M}{L^3}$　$\dfrac{M}{Lt}$　$\dfrac{L}{t}$　　L　　L　　L　　　$r = 3$ 個主要因次

④ 　選擇重複參數 ρ、$\bar{V}$、D　　　　　$m = r = 3$ 個重複參數

⑤ 　然後將產生 $n - m = 4$ 個無因次組合。建立因次方程式以後，我們獲得：

$$\Pi_1 = \rho^a \bar{V}^b D^c \Delta p \quad \text{及} \qquad\qquad \Pi_2 = \rho^d \bar{V}^e D^f \mu \quad \text{及}$$

$$\left(\frac{M}{L^3}\right)^a \left(\frac{L}{t}\right)^b (L)^c \frac{M}{Lt^2} = M^0 L^0 t^0 \qquad \left(\frac{M}{L^3}\right)^d \left(\frac{L}{t}\right)^e (L)^f \frac{M}{Lt} = M^0 L^0 t^0$$

$$
\begin{aligned}
M: &\quad 0 = a + 1 \\
L: &\quad 0 = -3a + b + c - 1 \\
t: &\quad 0 = -b - 2
\end{aligned}
\left.\right\}
\begin{aligned}
a &= -1 \\
b &= -2 \\
c &= 0
\end{aligned}
\qquad
\begin{aligned}
M: &\quad 0 = d + 1 \\
L: &\quad 0 = -3d + e + f - 1 \\
t: &\quad 0 = -e - 1
\end{aligned}
\left.\right\}
\begin{aligned}
d &= -1 \\
e &= -1 \\
f &= -1
\end{aligned}
$$

所以，$\Pi_1 = \rho^{-1} \bar{V}^{-2} D^0 \Delta p = \dfrac{\Delta p}{\rho \bar{V}^2}$ 　　　　所以，$\Pi_2 = \dfrac{\mu}{\rho \bar{V} D}$

$$\Pi_3 = \rho^g \bar{V}^h D^i l \quad \text{及} \qquad\qquad \Pi_4 = \rho^j \bar{V}^k D^l e \quad \text{及}$$

$$\left(\frac{M}{L^3}\right)^g \left(\frac{L}{t}\right)^h (L)^i L = M^0 L^0 t^0 \qquad \left(\frac{M}{L^3}\right)^j \left(\frac{L}{t}\right)^k (L)^l L = M^0 L^0 t^0$$

$$
\begin{aligned}
M: &\quad 0 = g \\
L: &\quad 0 = -3g + h + i + 1 \\
t: &\quad 0 = -h
\end{aligned}
\left.\right\}
\begin{aligned}
g &= 0 \\
h &= 0 \\
i &= -1
\end{aligned}
\qquad
\begin{aligned}
M: &\quad 0 = j \\
L: &\quad 0 = -3j + k + l + 1 \\
t: &\quad 0 = -k
\end{aligned}
\left.\right\}
\begin{aligned}
j &= 0 \\
k &= 0 \\
l &= -1
\end{aligned}
$$

所以，$\Pi_3 = \dfrac{l}{D}$ 　　　　　　　　　　　　所以，$\Pi_4 = \dfrac{e}{D}$

⑥ 　使用 F、L、t 因次檢查

$$[\Pi_1] = \left[\frac{\Delta p}{\rho \bar{V}^2}\right] \quad \text{以及} \quad \frac{F}{L^2} \frac{L^4}{Ft^2} \frac{t^2}{L^2} = 1 \qquad [\Pi_3] = \left[\frac{l}{D}\right] \quad \text{以及} \quad \frac{L}{L} = 1$$

$$[\Pi_2] = \left[\frac{\mu}{\rho \bar{V} D}\right] \quad \text{以及} \quad \frac{Ft}{L^2} \frac{L^4}{Ft^2} \frac{t}{L} \frac{1}{L} = 1 \qquad [\Pi_4] = \left[\frac{e}{D}\right] \quad \text{以及} \quad \frac{L}{L} = 1$$

最後得到的函數關係式為

$$\Pi_1 = f(\Pi_2, \Pi_3, \Pi_4) \quad \text{或} \quad \frac{\Delta p}{\rho \bar{V}^2} = f\left(\frac{\mu}{\rho \bar{V} D}, \frac{l}{D}, \frac{e}{D}\right)$$

備註:

✓ 如同我們即將看到的,當我們詳細研讀第八章的管線流動時,這個關係式可以讓資料很好地彼此關連在一起。

✓ 每一個 Π 群組都是獨一無二的(例如,只有唯一一個 μ、ρ、V 和 D 的可能無因次組合)。

✓ 我們通常可以經由檢視的方式來推論 Π 群組,例如,l/D 明顯是 l 以 ρ、V 和 D 的唯一組合。

🖱 有關這個範例 7.1 的 *Excel* 練習簿,在計算這個或其他問題的 a、b 和 c 值時是很方便的。

在上述說明的程序中,當 m 等於 r(足夠制定所有相關連之參數所需的最少獨立因次個數)時,幾乎總是能產生無因次 Π 參數的正確數目。在某一些情況下,當變數使用不同的因次系統來表示時,由於使用到的主要因次個數不盡相同,因而產生困擾(例如 MLt 或 FLt)。可以經由判斷秩為 m 之因次矩陣的秩來肯定 m 值的成立;儘管在大多數的應用上這樣做並非必要,但為了說明的完整性,將利用範例 7.3 說明這個程序。

從程序中獲得的 $n-m$ 無因次組合是獨立的但不是獨一無二。如果選擇的是一組不同的重複參數,將產生不同的無因次組合。重複參數之所以如此命名是因為它們或會出現在所有我們得出的無因次組合中。根據經驗,黏度應該只有出現於一個無因次參數。因此,μ 不應該被選擇作為重複參數。

當我們有得選擇,通常選擇密度 ρ (於 MLt 系統其因次是 M/L^3)、流速 V(因次 L/t)與特徵長度 L(因次 L) 做為重複參數會有最好的結果,因為經驗顯示通常這樣推導出的一組無因次參數可關聯甚為寬廣範圍的實驗數據;除此之外,ρ、V 與 L 通常相當地容易量測或是得到。使用這些重複參數所得的無因次參數值幾乎都有非常明確的意義,告訴你各式流體作用力(例如:黏滯性方面的) 相對於慣性力的強度——我們稍後將討論幾個「傳統的」重複參數。

值得強調的是,事先告知你打算結合的參數,我們常能透過檢視的方式來決定出獨一無二的因次參數。舉例來說,如果我們有重複參數 ρ、V 與 L 且以一個參數 A_f,代表一個物體的迎面面積,來組合它們,顯而易見的只有組合 A_f/L^2 是無因次的;有經驗的流體力學人員也知道 ρV^2 產生應力的因次,所以任何時候出現一個應力或是力的參數,除以 ρV^2 或是 $\rho V^2 L^2$ 就會產生一個無因次量。

我們將找出一個衡量流體慣性力大小的有用方式,由牛頓第二運動定律得到的,$F=ma$;慣性力的因次因此是 MLt^{-2}。使用 ρ、V 與 L 建立 ma 的因次得到獨一無二的組合 $\rho V^2 L^2$(僅有 ρ 有因次 M 且僅有 V^2 會產生因次 t^{-2};然後需要 L^2 以讓我們有 MLt^{-2})。

如果 $n-m=1$,則我們得到單獨一個無因次 Π 參數。在這種情況下,白金漢 PI 理論指出此單一 Π 參數一定是常數。

範例 7.3　毛細效應：使用因次矩陣

　　當一個小管浸入一池液體的時候，表面張力將導致液體自由表面上形成彎月形狀，至於液體表面是上升或下降，則視液體－固體－氣體的交界面上的接觸角而定。實驗指出這種毛細管效應的大小 Δh 是管直徑 D、液體比重 γ 和表面張力 σ 的函數。試求所能形成的獨立 Π 參數的數目，並且求出一組 Π 參數。

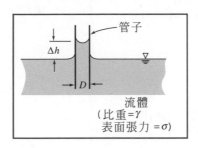

已知：$\Delta h = f(D, \gamma, \sigma)$

求解：(a)　獨立 Π 參數的數目。

　　　　(b)　一組 Π 參數。

解答：

(框上圓圈的數字指的是決定無因次 Π 參數程序中的步驟)。

① 　Δh　D　γ　σ　　$n = 4$ 個因次參數

② 　選擇主要因次(為了說明求出 m 時將面臨的問題，我們使用 M、L、t 和 F、L、t 兩組因次)

③

(a)　M、L、t	(b)　F、L、t
Δh　D　　γ　　σ	Δh　D　　γ　σ
L　L　$\dfrac{M}{L^2 t^2}$　$\dfrac{M}{t^2}$	L　L　$\dfrac{F}{L^3}$　$\dfrac{F}{L}$
$r = 3$ 個主要因次	$r = 2$ 個主要因次

因此對於每一組主要因次，我們都要問「m 等於 r 嗎」？為了找到答案，讓我們檢查每一個因次矩陣。因次矩陣為

	Δh	D	γ	σ
M	0	0	1	1
L	1	1	–2	0
t	0	0	–2	–2

	Δh	D	γ	σ
F	0	0	1	1
L	1	1	–3	–1

矩陣的秩等於它的最大非零行列式的階。

$$\begin{vmatrix} 0 & 1 & 1 \\ 1 & -2 & 0 \\ 0 & -2 & -2 \end{vmatrix} = 0 - (1)(-2) + (1)(-2) = 0$$

$$\begin{vmatrix} 1 & 1 \\ -3 & -1 \end{vmatrix} = -1 + 3 = 2 \neq 0$$

$$\begin{vmatrix} -2 & 0 \\ -2 & -2 \end{vmatrix} = 4 \neq 0 \qquad \therefore m = 2$$
$$m \neq r$$

$$\therefore m = 2$$
$$m = r$$

④ $\quad m = 2.$ 選擇 D 和 γ 作爲重複參數。$\qquad m = 2.$ 選擇 D 和 γ 作爲重複參數。

⑤ $\quad$結果產生 $n - m = 2$ 個無因次組合。$\qquad$結果產生 $n - m = 2$ 個無因次組合。

$$\Pi_1 = D^a \gamma^b \Delta h \quad 及$$

$$(L)^a \left(\frac{M}{L^2 t^2}\right)^b (L) = M^0 L^0 t^0$$

$$\left.\begin{array}{ll} M: & b + 0 = 0 \\ L: & a - 2b + 1 = 0 \\ t: & -2b + 0 = 0 \end{array}\right\} \quad \begin{array}{l} b = 0 \\ a = -1 \end{array}$$

因此, $\Pi_1 = \dfrac{\Delta h}{D}$

$$\Pi_2 = D^c \gamma^d \sigma \quad 及$$

$$(L)^c \left(\frac{M}{L^2 t^2}\right)^d \frac{M}{t^2} = M^0 L^0 t^0$$

$$\left.\begin{array}{ll} M: & d + 1 = 0 \\ L: & c - 2d = 0 \\ t: & -2d - 2 = 0 \end{array}\right\} \quad \begin{array}{l} d = -1 \\ c = -2 \end{array}$$

因此, $\Pi_2 = \dfrac{\sigma}{D^2 \gamma}$

$$\Pi_1 = D^e \gamma^f \Delta h \quad 及$$

$$(L)^e \left(\frac{F}{L^3}\right)^f L = F^0 L^0 t^0$$

$$\left.\begin{array}{ll} F: & f = 0 \\ L: & e - 3f + 1 = 0 \end{array}\right\} \quad e = -1$$

因此, $\Pi_1 = \dfrac{\Delta h}{D}$

$$\Pi_2 = D^g \gamma^h \sigma \quad 及$$

$$(L)^g \left(\frac{F}{L^3}\right)^h \frac{F}{L} = F^0 L^0 t^0$$

$$\left.\begin{array}{ll} F: & h + 1 = 0 \\ L: & g - 3h - 1 = 0 \end{array}\right\} \quad \begin{array}{l} h = -1 \\ g = -2 \end{array}$$

因此, $\Pi_2 = \dfrac{\sigma}{D^2 \gamma}$

⑥ 使用 F、L、t 因次進行檢測 $\qquad$ 使用 F、L、t 因次進行檢測

$$\left[\Pi_1\right] = \left[\frac{\Delta h}{D}\right] \qquad 及 \qquad \frac{L}{L} = 1$$

$$\left[\Pi_2\right] = \left[\frac{\sigma}{D^2 \gamma}\right] \qquad 及 \qquad \frac{F}{L} \frac{1}{L^2} \frac{L^3}{F} = 1$$

$$\left[\Pi_1\right] = \left[\frac{\Delta h}{D}\right] \qquad 及 \qquad \frac{L}{L} = 1$$

$$\left[\Pi_2\right] = \left[\frac{\sigma}{D^2 \gamma}\right] \qquad 及 \qquad \frac{M}{t^2} \frac{1}{L^2} \frac{L^2 t^2}{M} = 1$$

所以，兩種因次系統都產生相同的無因次 Π 參數。預測的函數關係是

$$\Pi_1 = f(\Pi_2) \quad 或 \quad \frac{\Delta h}{D} = f\left(\frac{\sigma}{D^2 \gamma}\right)$$

備註：

✓ 這個結果在物理基礎上是合理的。流體是靜態的；我們並不期待時間是重要因次。

✓ 我們在範例 2.3 中已經分析過這個問題，我們發現 $\Delta h = 4\sigma \cos(\theta)/\rho g D$ (θ 是接觸角)。因此 $\Delta h/D$ 直接正比於 $\sigma/D^2 \gamma$ 。

✓ 這個問題的目的是說明將因次陣列用於決定所需要重複參數數目時的運用方式。

7-5 流體力學中重要的無因次組合

經過這麼多年，有幾百個在工程學上重要的不同無因次組合已經發展出來。每一個這種組合傳統上都已經以顯著科學家或工程師的名字加以命名，通常他們都是率先使用該組合的人。其中幾個是在流體力學中非常基本的，也常因此常出現，所以我們應該花時間學習他們的定義。了解他們的物理意義，也將使我們對研究現象有深刻瞭解。

在流動流體中遇到的力，包括那些起因於慣性、黏度、壓力、重力、表面張力和可壓縮性等。任何二個力的比值都將是無因次的。我們先前已經證明慣性力與 $\rho V^2 L^2$ 成正比。

我們現在能夠使用下列方案來比較各式流體力相對於慣性力的強度：

$$黏滯力 = \tau A = \mu \frac{du}{dy} A \propto \mu \frac{V}{L} L^2 = \mu VL \qquad 所以 \qquad \frac{黏滯性}{慣性} \sim \frac{\mu VL}{\rho V^2 L^2} = \frac{\mu}{\rho VL}$$

$$壓力 = (\Delta p)A \propto (\Delta p)L^2 \qquad 所以 \qquad \frac{壓力}{慣性} \sim \frac{\Delta p L^2}{\rho V^2 L^2} = \frac{\Delta p}{\rho V^2}$$

$$重力 = mg \propto g\rho L^3 \qquad 所以 \qquad \frac{重力}{慣性} \sim \frac{g\rho L^3}{\rho V^2 L^2} = \frac{gL}{V^2}$$

$$表面張力 = \sigma L \qquad 所以 \qquad \frac{表面張力}{慣性} \sim \frac{\sigma L}{\rho V^2 L^2} = \frac{\sigma}{\rho V^2 L}$$

$$可壓縮力 = E_v A \propto E_v L^2 \qquad 所以 \qquad \frac{可壓縮力}{慣性} \sim \frac{E_v L^2}{\rho V^2 L^2} = \frac{E_v}{\rho V^2}$$

所有上面列出的無因次參數由於出現甚為頻繁且於預測各式的流體力相對的強度甚為有效，所以它們(略微被修改過——通常取倒數) 都取了可資識別的名稱。

第一個參數，$\mu / \rho VL$，習慣上以其倒數的形式 $\rho VL / \mu$ 表現且實際上其與因次分析無涉而是於 1880 年間由英國的工程師奧斯本雷諾(Osborne Reynolds)所研究的，他研究管子內層流與擾流流動區域之間的轉換。他發現參數(日後以他的名字為名)

$$Re = \frac{\rho \bar{V} D}{\mu} = \frac{\bar{V} D}{\nu}$$

是一個決定流動狀態的判準。稍後的實驗已經顯示雷諾數對其他的流動狀態也是重要的參數。因此，一般而言

$$Re = \frac{\rho VL}{\mu} = \frac{VL}{\nu} \qquad (7.11)$$

其中 L 是描述流場幾何特性的特徵長度。雷諾數(Reynolds number) 是慣性力對黏滯力的比。具有「大」雷諾數的流動通常是紊流。當慣性力與黏滯力相比是「小」的情況下，此流動是層流。

於空氣動力及其他的模型測試，修改第二個參數，$\Delta p / \rho V^2$，的簡單方法是插入一個 $\frac{1}{2}$ 因數使得分母代表動壓(係數，當然不會影響因次) 。比例式

$$Eu = \frac{\Delta p}{\frac{1}{2} \rho V^2} \qquad (7.12)$$

因此形成，其中 Δp 是局部壓力減去自由流場壓力的差，而且 ρ 和 V 是自由流體內的性質。這一個比值是根據瑞士數學家尤拉(Leonhard Euler) 命名，在早期的流體力學領域，他做過許多分析工作。尤拉被認為是第一個認識到壓力在流體運動中扮演重要作用的人；第 6 章的尤拉方程式示範說明了此作用。尤拉數(Euler number) 是壓力相對於慣性力的比。尤拉數通常稱為壓力係數 (pressure coefficient) C_p。

在孔蝕現象研究中,壓力差 Δp 被取為 $\Delta p = p - p_v$,其中 p 是液體流內的壓力,而 p_v 是在測試溫度下的液體蒸汽壓力。將這些性質與 ρ 和 V 結合在一起,則產生稱為孔蝕係數(cavitation number)的無因次參數,

$$Ca = \frac{p - p_v}{\frac{1}{2}\rho V^2} \tag{7.13}$$

孔蝕係數越小,越有可能發生孔蝕。這通常是人們不想要的現象。

威廉福勞得(William Froude)是一位英國造船技師。他與其兒子羅勃特愛德蒙(Robert Edmund Froude)發現參數

$$Fr = \frac{V}{\sqrt{gL}} \tag{7.14}$$

對具有自由表面效應的流動是重要的。將福勞得數(Froude number)平方,我們得到

$$Fr^2 = \frac{V^2}{gL}$$

它可以詮釋成慣性力相對於重力的比(其為上面討論的第三個力比值 V^2/gL 之倒數)。長度 L 是描述流場的特徵長度。在明渠流動的情況下,特徵長度即為水深。福勞得數小於 1,代表這是次臨界流動,當其值比 1 大時,代表這是超臨界流動。在第 11 章我們對此會有更多的著墨。

習慣上,第四個力比值的倒數,$\sigma/\rho V^2 L$,如前文所討論過的,稱之為韋柏數(Weber Number);它顯示出慣性力與表面張力的比值

$$We = \frac{\rho V^2 L}{\sigma} \tag{7.15}$$

韋伯數的值可以指出在自由表面上表面張力波的存在與否,以及其頻率。

在 1870 年代,奧地利物理學者馬赫(Ernst Mach)引入參數

$$M = \frac{V}{C} \tag{7.16}$$

其中 V 是流動速度,而 c 是局部音波速度。分析和實驗都顯示馬赫數是描述流動中可壓縮性效應的重要參數。馬赫數(Mach number)可以寫成

$$M = \frac{V}{c} = \frac{V}{\sqrt{\dfrac{dp}{d\rho}}} = \frac{V}{\sqrt{\dfrac{E_v}{\rho}}} \quad 或 \quad M^2 = \frac{\rho V^2 L^2}{E_v L^2} = \frac{\rho V^2}{E_v}$$

它是最後一個力比值的倒數,$E_v/\rho V^2$,如前文討論過且能夠被解讀為慣性力與肇因於壓縮性之力的比值。對於真正不可壓縮流動(而且請注意,在一些條件下,即使液體也是非常可壓縮的)而言,$c = \infty$,使得 $M = 0$。

方程式 7.11 至 7.16 是於流體力學最常見使用到的一些無因次組合因為對於任何的流動樣式,它們立即地(即使在執行任何的實驗或是分析之前)指出慣性、黏性、壓力、重力、表面張力與壓縮性的相對重要性。

7-6　流動模擬和模型研究

　　模型測試所產生的數據，必須能依比例來還原獲得原尺寸實物上的力、動量和動力負載，才會有用。必須滿足什麼條件才能確保模型和原型的類似性。

　　也許最明顯的條件是模型和原型在幾何上必須相似。幾何相似性(Geometric similarity) 要求模型和原型的外形要相同，而且模型的所有線性尺寸都必須以一個固定不變的比例值，與原型的相對應尺寸產生對應關係。

　　第二個條件是模型和原型中各個流動必須運動相似。當兩個流動在對應點上的速度都具有相同方向，而且其大小只相差一個固定不變的比例值時，我們稱這兩個流動爲運動相似(kinematically similar)。因此二個運動相似的流動，其流線模型也是經由一個固定不變的比例值互相關連。既然邊界會形成邊界流線，具有運動相似的流動必然是幾何相似。

　　大體而言，爲了要正確模擬一個無窮流場的行爲，運動相似性需要一個無窮橫截面的風洞，用來取得一個物體上阻力的數據。在實際狀況下，這項限制可以相當程度予以放寬，准許使用具有合理尺寸的設備。

　　運動相似性要求模型和原型具有相同流動狀態。如果在定性流動型態中也會改變的可壓縮性或孔蝕效應，並未出現在原型中，則它們也必須避免出現在模型中。

　　當兩個流動的力分布在所有對應點上，相同類型的力是平行的，而且力的強度以一個固定不變的比例值彼此關連時，我們稱這兩個流動爲動力相似(dynamically similar)。

　　動力相似性的條件是最嚴格的。運動相似性要求幾何相似性；對動力相似性而言，運動相似性是必要條件，但並不是充分條件。

　　爲了建立完整的動力相似性的必要條件，必須考慮在流動情形中所有重要的力。因此黏滯力、壓力和表面張力等力量所產生的效應都一定要加以考慮。所建立的測試條件必須使得在模型和原型之間所有重要的力，都以相同的比例值彼此關連。當動力相似性存在時，在模型流動中量測到的數據，都必須在數值上能與原型流動的數據產生關連。那麼什麼是能確保模型流動和原型流動之間，具有動力相似性的條件呢？

　　白金漢理論可用來獲得一個流動現象中，佔主導地位的無因次組合；爲能在幾何相似的流動間達到動力相似性，我們須確定每一個獨立的無因次組合，在模型和原型間具有相同的值。那麼不但各個力具有一樣的相對重要性，而且相依無因次組合在模型和原型之間也將具有相同的值。

　　舉例來說，在考慮作用在範例 7.1 之球體的阻力時，我們先以

$$F = f(D, V, \rho, \mu)$$

白金漢 PI 理論預測其函數關係爲

$$\frac{F}{\rho V^2 D^2} = f_1\left(\frac{\rho VD}{\mu}\right)$$

在第 7-5 節我們證明了無因次參數可以視爲力的比例式。因此在考慮關於球面(流動具有幾何相似性)的模型流動和原型流動時，如果獨立參數 $\rho VD/\mu$ 的值在模型和原型之間是相同的，則流動也將是動力相似，也就是說，如果

$$\left(\frac{\rho VD}{\mu}\right)_{\text{model}} = \left(\frac{\rho VD}{\mu}\right)_{\text{prototype}}$$

更進一步地,如果

$$Re_{\text{model}} = Re_{\text{prototype}}$$

則相依參數 $F/\rho V^2 D^2$ 的值在模型和原型之間將完全一樣,也就是

$$\left(\frac{F}{\rho V^2 D^2}\right)_{\text{model}} = \left(\frac{F}{\rho V^2 D^2}\right)_{\text{prototype}}$$

而且,從模型研究中求得的結果,可以用來預測在全尺寸原型上的阻力。

　　流體實際作用於物體上的力與作用於模型和原型者並不相同,但是其無因次組合的值則一致。如果需要,進行這二種測試時可以使用不同流體,只要雷諾數吻合即可。為了實驗方便,測試數據可以在風洞中以空氣進行測量,並且使用這些結果預測在水中所受阻力,如同範例 7.4 的說明。

範例 7.4　相似性:作用在聲納訊號轉換器的阻力

　　根據風洞的測試數據,可以預測聲納訊號轉換器所受的阻力。原型是直徑 0.3m 的球體,被放在 4.5℃海水中以 5 節(每小時的海浬數)速度拖行。模型的直徑是 152mm。試求在空氣必需具備的測試速度。如果在這些測試條件下模型所受阻力為 2.7N,試估計作用在原型的阻力。

已知:要將聲納訊號轉換器放置在風洞中進行測試。

求解:(a) V_m

　　　　(b) F_p

解答:

因為原型是水中操作,而模型測試是在空氣中執行,所以只有在原型流動中沒有出現孔蝕效應,而且在模型測試中未曾出現可壓縮性效應時,才能期待產生有用的結果。在這些條件下,

$$\frac{F}{\rho V^2 D^2} = f\left(\frac{\rho VD}{\mu}\right)$$

而且,測試必須在下列條件下執行

$$Re_{\text{model}} = Re_{\text{prototype}}$$

以確保動力相似性。對 4.5℃的海水而言,$\rho = 1000\text{kg/m}^3$,而 $\nu \approx 1.57 \times 10^{-6} \text{ m}^2/\text{s}$。在原型狀況下,

$$V_p = \frac{5 \text{ knots}}{} \times \frac{0.514 \text{ m/s}}{\text{knots}} = 2.57 \text{ m/s}$$

$$Re_p = \frac{V_p D_p}{v_p} = 2.57 \frac{\text{m}}{\text{s}} \times 0.3 \text{ m} \times \frac{1}{1.57 \times 10^{-6} \text{ m}^2/\text{s}} = 4.91 \times 10^5$$

進行模型測試的條件，必須具有完全相同的雷諾數。因此

$$Re_m = \frac{V_m D_m}{v_m} = 4.91 \times 10^5$$

對於 STP 下的空氣，$\rho = 1.227 \text{kg/m}^3$ 且 $v = 1.46 \times 10^{-5} \text{ m}^2/\text{s}$。風洞必須操作在

$$V_m = Re_m \frac{v_m}{D_m} = 4.91 \times 10^5 \times 1.46 \times 10^{-5} \frac{\text{m}^2}{\text{s}} \times \frac{1}{152 \text{ mm}} \times \frac{1000 \text{ mm}}{\text{m}}$$

$$V_m = 47.16 \text{ m/s} \longleftarrow \hspace{4cm} V_m$$

這個速度已經低到可以忽略可壓縮性效應。

在這些測試條件下，模型和原型流動是動力相似的。因此

$$\left. \frac{F}{\rho V^2 D^2} \right)_m = \left. \frac{F}{\rho V^2 D^2} \right)_p$$

而且

$$F_p = F_m \frac{\rho_p}{\rho_m} \frac{V_p^2}{V_m^2} \frac{D_p^2}{D_m^2} = 2.7 \text{ N} \times \frac{1000}{1.227} \times \frac{(2.57)^2}{(47.16)^2} \times \frac{(0.3)^2}{(0.152)^2}$$

$$F_p = 25.5 \text{ N} \longleftarrow \hspace{4cm} F_p$$

如果我們發現孔蝕現象產生(如果聲納探針是在海水的自由表面附近以高速度來操作)，則在空氣中進行的模型測試並無法獲得有用的結果。

這個問題：

✓　示範了從模型測試資料計算原型數值的作法。

✓　「重新發明輪子(Reinvented the wheel)」：在平滑球體上所受阻力的結果已經是人們很清楚知道的事情，所以我們不需要再執行這個模型實驗，而是可以從圖 7.1 直接讀取對應到雷諾數 4.91×105 的數值 $C_D = F_p/(\frac{1}{2} \rho V_p^2 \frac{\pi}{4} D_p^2) \approx 0.1$。然後可以很容易計算 $F_p \approx 23.3$ N。第九章將有更多關於阻力的探討。

不完全模擬

我們已經證明：要在幾何構造相似的各流場之間，達到完全動力相似性，需要複製出獨立無因次組合的數值；這樣做也可以複製出相依之參數值。

在範例 7.4 的簡化情形中，複製在模型和原型之間的雷諾數數值，可以確保它們是動力相似流動。在空氣中進行測試，能讓雷諾數被精確地複製(針對這種情況，在水風洞中也可以達到此項條件)。在球體上的阻力，實際上與邊界層流動的性質有關。因此，幾何模擬必須要求模型和原型的相對表面粗度是相同的。這意謂著相對粗度也是一個必須在模型和原型情形之間予以複製的參數。如果我們假設模型是很小心地被建造出來，則從模型測試所量測到阻力值，經過比例調整之後可以用來預測在原型操作條件下的阻力。

　　在許多模型研究中，要達到動力相似性需要複製幾個無因次組合。在一些情況下，要在模型和原型之間達到完全動力相似性是不可能的。決定水面船隻的阻力是這種情形的一個例子。一艘水面船隻所受阻力是由船殼的表面摩擦(黏滯力)和表面水波阻力(重力)所造成。完全的動力相似性必須要求在模型和原型之間複製其雷諾數和福勞得數。

　　一般而言，分析地預測水波阻力是不可能的，因此必須建造它的模型。這要求

$$Fr_m = \frac{V_m}{(gL_m)^{1/2}} = Fr_p = \frac{V_p}{(gL_p)^{1/2}}$$

因此要在模型和原型之間匹配其福勞得數，需要的速度比率是

$$\frac{V_m}{V_p} = \left(\frac{L_m}{L_p}\right)^{1/2}$$

以便確保動力相似的表面水波樣式。

　　因此，於任何模型長度尺寸，對福勞得數的匹配決定了速度比率。然後，只有動黏度能加以改變來匹配雷諾數。因此

$$Re_m = \frac{V_m L_m}{\nu_m} = Re_p = \frac{V_p L_p}{\nu_p}$$

導致以下條件

$$\frac{\nu_m}{\nu_p} = \frac{V_m}{V_p}\frac{L_m}{L_P}$$

如果我們使用從匹配福勞得數時所獲得的速度比率，則雷諾數的相等引導我們取得以下的動黏度比率需求條件

$$\frac{\nu_m}{\nu_p} = \left(\frac{L_m}{L_p}\right)^{1/2}\frac{L_m}{L_p} = \left(\frac{L_m}{L_p}\right)^{3/2}$$

如果 $L_m/L_p = \frac{1}{100}$ (針對船模型測試之典型長度比率)，則 ν_m/ν_p 必須是 $\frac{1}{1000}$。圖 A.3 顯示汞是動黏度小於水的唯一液體。不過，它只是大約小一個量值的數量級，因此複製雷諾數所需要的動黏度比率並不能達到。

　　我們得到的結論是我們有個問題：$\frac{1}{100}$ 的模型/原型比率，要同時滿足雷諾數和福勞得數兩個判準，在實務上是不可能的。除此之外，對大部分自由表面流動的模型測試，水是獨一無二實際液體。那麼要獲得完全的動力相似性將需要全尺度測試。然而，這並不會失去全部的價值：即使無法取得完全的模擬，模型研究確實提供了有用的訊息。例如，圖 7.2 顯示的是一艘船的 1：80 比例模型的測試資料，這是在美國海軍官校流體力學實驗室所進行。曲線圖顯示「阻力係數」資料和福勞得數的比較。方形點是從在測試中測量到總阻力數值所計算出來。我們試圖想要獲得全尺度船隻的對應總阻力曲線。

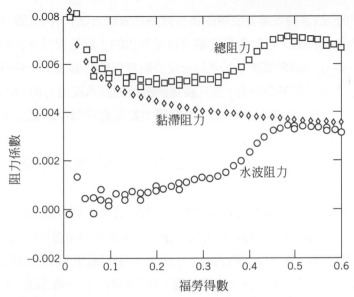

圖 7.2　美國海軍飛彈巡防艦 Oliver Hazard Perry (FFG-7) 的 1：80 模型的測試資料(感謝 Bruce Johnson
　　　　教授所提供美國海軍官校流體力學實驗室的測試資料)

　　如果思考這個問題，我們只能測量總阻力(方形資料點)。總阻力是由水波阻力(與福勞得數有
關) 和摩擦阻力(與雷諾數有關) 所引起。因為如同我們前面已經討論過的，我們無法建立模型條
件，使得它的雷諾數和福勞得數與全尺度船隻的對應數值相匹配，所以在全尺度船隻的情形下，
我們不能夠使用圖 7.2 的總阻力曲線。然而，對於全尺度船隻，我們試圖想要從圖 7.2 萃取出對
應的總阻力曲線。在許多實驗情形中，我們需要使用具創造性的「謀略」來提供解決方案。在這
種情況下，實驗者使用邊界層理論(在第 9 章將會討論) 去預測模型的黏滯阻力分量(在圖 7.2 中顯
示成鑽石形狀)；然後經由從實驗總阻力中一點接著一點地(在圖 7.2 中顯示成圓圈) 萃取這個理論
黏滯阻力，他們將可以估計水波阻力(從理論無法獲得)。

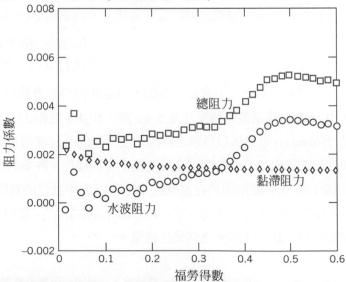

圖 7.3　由模型測試結果所預測的全尺度船隻的阻力 (感謝 Bruce Johnson 教授所提供美國海軍官校流
　　　　體力學實驗室的測試資料)

利用這個聰明的想法(實驗者需要使用的典型實驗和分析方法),因此圖 7.2 可以將模型的水波阻力表示成福勞得數的函數。它對全尺度船隻也是有效的,這是因為水波阻力只有與福勞得數有關!我們現在可以建立一個類似圖 7.2 而對全尺度船隻有效的圖表:一點接著一點地,從邊界層理論直接計算全尺度船隻的黏滯阻力,並且將這個數值加到水波阻力值。結果顯示於圖 7.3 中。水波阻力點與圖 7.2 中的相對應點是相同的;黏滯阻力點是從理論中計算出來(不同於圖 7.2 的對應點);最後獲得全尺度船隻的總阻力曲線。

在這個例子中,經由使用分析計算,我們克服了不完全模型測試;模型實驗仿製了福勞得數,但是雷諾數則不能。

因為對於水面船隻的模型測試而言,雷諾數無法加以匹配,所以邊界層行為在模型和原型中是不相同的。模型的雷諾數只有原型數值的 $(L_m/L_p)^{3/2}$,因此模型中邊界層的層流效應太大了,相差了相對應因數的好幾倍數。剛才描述的方法,是假設了邊界層的行為可以依比例決定。為使這個成為可能,模型邊界層在特定位置上會加上「干擾」和「刺激」來形成紊流,以便符合在全尺度船隻相對應位置上的行為。圖 7.2 顯示的模型測試結果,是使用「螺栓」來刺激邊界層所得到的。

由模型測試資料計算而得的全尺度相關係數,有時候會加上修正。這個校正是用於解釋粗度、波和表面不平所造成的影響,這些因素不可避免地在全尺度船隻上會比在模型上影響更顯著。在從模型測試所做的預測和全尺度試驗過程所做的量測值之間的比較結果,讓我們可以合理猜測總準確度會在±5%以內[6]。

正如我們將在第 11 章看到,在河裡和港內所做的模型測試中,福勞得數是一個重要的參數。在這些情形中,要獲得完全模擬是不切實際的。使用合理的模型長度比率將會導致非常小的水深度。黏滯力和表面張力在模型中會比在原型中具有大許多的相對影響。其結果是,在垂直和水平方向將使用不同的長度比率。我們可以使用人造粗度元件來增加在比較深的模型流動中的黏滯力。

人們逐漸強調燃料經濟,已經使降低汽車、卡車和公共汽車的氣體力學阻力變得重要。開發低阻力結構時,大多工作都是使用模型測試來執行。傳統上,汽車模型會建造成 $\frac{3}{8}$ 比例,此時全尺寸汽車的模型大約有 0.3m^2 的迎風面積。這樣的測試可以在測試截面積為 6m^2 或更大的風洞中來進行。在 $\frac{3}{8}$ 比例中,要模擬一輛原型汽車以合法極限速度在行進時,所需要的風速大約是 240km/hr。這樣做,在可壓縮性效應上不會產生問題,但是比例模型會很貴,而且建造很費時。

通用汽車公司使用大風洞(測試截面積尺寸是 5.4m 高、10.4m 寬和 21.3m 長;當風洞是空的時候最大空氣流速是 250km/hr)來測試以高速公路的速度行進的全尺度汽車。大的測試截面積可以讓我們測試公司製造出來的汽車,或者測試全尺度黏土實物模型。許多其他的車輛製造業者使用的是大致相當的設備;圖 7.4 顯示的是在富豪汽車公司風洞中進行的實際尺寸私家轎車的測試。因為速度比較低,我們可以使用細穗或「煙」流來顯示流動情形[1]。使用全尺寸「模型」,造型設計師和技術工程師可以一起工作以便達到最佳結果。

1　液態氮和蒸汽的混合物可以用來在蒸發之後產生「煙」條紋線,而且不會阻塞用來在風洞中減少紊流程度的細網格。在照相機鏡頭放置濾光鏡之後,可以讓條紋線在相片中看起來是「彩色」的。用來顯示流動的這項或其他技術,在[7] 和[8] 中有詳細討論。

圖 7.4　在富豪(Volvo) 風洞中進行測試的全尺度汽車，測試過程中使用煙條紋線來顯示流動狀況
(感謝 Volvo Cars of North America, inc.所提供的照片)

　　在測試卡車和公共汽車時，要達到動力相似性會比較困難；與自由汽車相比，此時模型必須做成更小的比例[2]。對於卡車和公共汽車的測試而言，大的模型比例是 1：8。要藉由匹配在這個比例上的雷諾數，來達到完全的動力相似性所需的測試速度是 700km/hr。這將引起不必要的可壓縮性效應，而且模型和原型流動並不會形成動力學相似。很幸運地，卡車和公共汽車是「嚇唬人」的物體。實驗顯示，雷諾數在特定值以上的時候，它們的無因次阻力會變得與雷諾數無關[9]。(圖 7.1 實際上展示了這麼一個例子——對一個球體，無因次阻力約是常數 $2000 < Re <2 \times 10^5$) 儘管相似性並非全整，所測量到的數據能予以調整大小來預測原型的阻力。這個程序會在範例 7.5 中加以說明。

　　關於因次分析的技術和應用的額外細節說明，請參考[10-13]。

2　為了模擬運載器具受側風影響時的行為，所執行的大偏航角度測試中，運載器具的長度是很重要的影響因素。風洞阻塞效應的考量限制了可以接受的模型尺寸。有關值得推薦的實習請參看[9]。

範例 7.5 不完全相似性模擬：公共汽車的空氣動力阻力

關於 1：16 比例公共汽車模型的風洞測試資料有下列數據可供利用：

空氣流速 (m/s)	18.0	21.8	26.0	30.1	35.0	38.5	40.9	44.1	46.7
阻力 (N)	3.10	4.41	6.09	7.97	10.7	12.9	14.7	16.9	18.9

使用標準空氣的性質，計算並且畫出無因次空氣動力阻力係數，

$$C_D = \frac{F_D}{\frac{1}{2}\rho V^2 A}$$

與雷諾數 $Re = \rho Vw/\mu$ 相比較，其中 w 是模型寬度。找出能使 C_D 保持固定的最小測試速度。估計在 100 公里/小時速度下原型車輛所需的空氣動力阻力和馬力。(原型車輛的寬度和迎風面積分別是 2.44m 和 7.8m^2。)

已知：公共汽車模型的風洞測試數據。原型的尺寸是 2.44m 寬，而且迎風面積是 7.8m^2。模型的比例是 1：16。測試流體是標準空氣。

求解：(a) 空氣動力阻力係數 $C_D = F_D / \frac{1}{2}\rho V^2 A$，相對於雷諾數 $Re = \rho Vw/\mu$ 的比較；畫出曲線圖。

(b) 能使 C_D 保持固定的速度。

(c) 針對以 100 公里/小時行進的全尺度車輛所必需的空氣動力阻力和馬力。

解答：

模型寬度是

$$w_m = \frac{1}{16} w_p = \frac{1}{16} \times \frac{2.44 \text{ m}}{} = 0.152 \text{ m}$$

模型面積是

$$A_m = \left(\frac{1}{16}\right)^2 A_p = \left(\frac{1}{16}\right)^2 \times 7.8 \text{ m}^2 = 0.0305 \text{ m}^2$$

空氣動力阻力係數可以如下計算

$$C_D = \frac{F_D}{\frac{1}{2}\rho V^2 A}$$

$$= 2 \times F_D(\text{N}) \times \frac{\text{m}^3}{1.23 \text{ kg}} \times \frac{\text{s}^2}{(V)^2 \text{ m}^2} \times \frac{1}{0.0305 \text{ m}^2} \times \frac{\text{kg} \cdot \text{m}}{\text{N} \cdot \text{s}^2}$$

$$C_D = \frac{53.3 \, F_D \text{ (N)}}{[V(\text{m/s})]^2}$$

雷諾數可以如下計算

$$Re = \frac{\rho Vw}{\mu} = \frac{Vw}{\nu} = \frac{V \text{ m}}{\text{s}} \times 0.152 \text{ m} \times \frac{\text{s}}{1.46 \times 10^{-5} \text{ m}^2}$$

$$Re = 1.04 \times 10^4 \, V(\text{m/s})$$

將計算出來的數值繪製在下圖中：

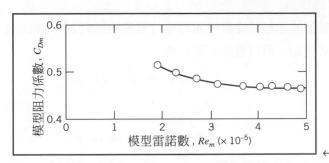

C_{Dm} 對 Re_m

曲線圖顯示，模型的阻力係數在 $C_{Dm} \approx 0.46$ 而 $Re_m = 4 \times 10^5$ 時變成常數，此時所對應的空氣流速大約是 40m/s。因為當雷諾數大於 $Re \approx 4 \times 10^5$ 時，阻力係數與雷諾數無關，所以對於原型車輛 $(Re \approx 4.5 \times 10^6)$，$C_D \approx 0.46$。在全尺度車輛上的阻力是

$$F_{Dp} = C_D \tfrac{1}{2} \rho V_p^2 A_p$$

$$= \frac{0.46}{2} \times 1.23 \frac{\text{kg}}{\text{m}^3} \left(100 \frac{\text{km}}{\text{hr}} \times 1000 \frac{\text{m}}{\text{km}} \times \frac{\text{hr}}{3600 \text{ s}} \right)^2 \times 7.8\text{m}^2 \times \frac{\text{N} \cdot \text{s}^2}{\text{kg} \cdot \text{m}}$$

$$F_{Dp} = 1.71 \text{ kN} \qquad\qquad F_{Dp}$$

要克服空氣動力阻力所需要的對應馬力是

$$\mathscr{P}_p = F_{Dp} V_p$$

$$= \frac{1.71 \times 10^3 \text{ N}}{} \times 100 \frac{\text{km}}{\text{hr}} \times 1000 \frac{\text{m}}{\text{km}} \times \frac{\text{hr}}{3600 \text{ s}} \times \frac{\text{W} \cdot \text{s}}{\text{N} \cdot \text{m}}$$

$$\mathscr{P}_p = 47.5 \text{ kW} \qquad\qquad \mathscr{P}_p$$

這個範例指出空氣動力學中一個常見的現象：當雷諾數大於特定最小值時，物體的阻力係數通常會趨近一個常數，換言之，此時阻力會變得與雷諾數無關。所以在這種情況下，我們不需要為了讓模型和原型具有相同的阻力係數，來刻意匹配兩者的雷諾數，這是值得我們重視的優點。然而，SAE 推薦練習[9]建議對卡車和公共汽車的測試應該在 $Re \geq 2 \times 10^6$ 的條件下進行。

多相依參數的比例關係

在一些實務上很重要的情形中，依存參數可能超過一個以上。在這樣的情況下，每一個依存參數的無因次組合都必須獨自形成。

例如，讓我們考慮一個典型的離心泵。在泵裡面的詳細流動樣式會隨著體積流率和速度而改變；這些改變將影響泵的性能。重要的性能參數包括所形成壓力上升(或揚程)、所需要的輸入功率、和在特定操作條件下所測量的機器效率[3]。性能曲線可以經由改變像體積流率這樣的獨立參數來產生。因此獨立變數是體積流率、角速度、動葉輪直徑和流體的特性。依存變數是一些重要的性能變數。

---

[3]　效率定義為輸送到流體的功率除以輸入功率所形成的比率 $\eta = \mathscr{P} / \mathscr{P}_{\text{in}}$。對於不可壓縮流動而言，在第 8 章我們將看到能量方程式會化簡成 $\mathscr{P} = \rho Qh$(當「揚程」h 代表每單位質量的能量時)，或化簡成 $\mathscr{P} = \rho g QH$(當揚程 H 代表每單位重量的能量時)。

求取無因次參數的過程是從揚程 h(每單位質量的能量 L^2/t^2) 和功率 $\mathcal{P}$ 對獨立參數的數值依存關係的符號方程式開始,可以寫成下列形式

$$h = g_1(Q, \rho, \omega, D, \mu)$$

以及

$$\mathcal{P} = g_2(Q, \rho, \omega, D, \mu)$$

直接使用 PI 理論,可獲得揚程係數(head coefficient) 和功率係數(power coefficient),其數學式為

$$\frac{h}{\omega^2 D^2} = f_1\left(\frac{Q}{\omega D^3}, \frac{\rho \omega D^2}{\mu}\right) \tag{7.17}$$

以及

$$\frac{\mathcal{P}}{\rho \omega^3 D^5} = f_2\left(\frac{Q}{\omega D^3}, \frac{\rho \omega D^2}{\mu}\right) \tag{7.18}$$

這些方程式中的無因次參數 $Q/\omega D^3$ 稱為流動係數(flow coefficient)。無因次參數 $\rho \omega D^2/\mu$ ($\propto \rho VD/\mu$) 是雷諾數的一種形式。

泵的揚程和功率是利用慣性力推演出來。在泵裡面的流動樣式和泵的效能會隨著體積流率和旋轉速度而改變。除了在泵的設計點上之外,想利用分析方式預測效能是很困難的,因此它是以實驗方式來測量。在固定速度下測試離心泵,由其實驗數據所繪製的典型特性曲線是表示成體積流率的函數,如圖 7.5 所示。圖 7.5 的揚程、功率和效率曲線會透過量測資料所算出來的各點來平滑化。最大效率通常發生在設計點上。

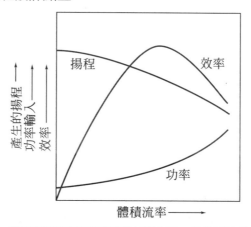

圖 7.5 針對在固定速度下測試之離心泵,其典型的特性曲線

泵性能測試的完全模擬,需要完全相同的流動係數和雷諾數。在實務上,我們發現,當兩個幾何相似的機器在「相似的」流動條件下操作時,黏滯效應相對而言比較不重要。因此,利用 7.17 式和 7.18 式,當

$$\frac{Q_1}{\omega_1 D_1^3} = \frac{Q_2}{\omega_2 D_2^3} \tag{7.19}$$

可以推論得到

$$\frac{h_1}{\omega_1^2 D_1^2} = \frac{h_2}{\omega_2^2 D_2^2} \tag{7.20}$$

以及

$$\frac{\mathscr{P}_1}{\rho_1 \omega_1^3 D_1^5} = \frac{\mathscr{P}_2}{\rho_2 \omega_2^3 D_2^5} \tag{7.21}$$

　　黏滯效應在相似流動條件下並不重要的這項經驗觀測結果，允許我們使用 7.19 式到 7.21 式依比例將機器的效能特性縮放到不同的操作條件下，例如像速度或直徑之類條件改變的情況。這些有用的比例關係即是所謂的泵或風扇「法則」。如果一個機器的操作條件已知，則任何幾何相似的機器操作條件都可以根據 7.19 式到 7.21 式改變 D 和 ω 而求得。(關於流體機械的無因次分析、設計和效能曲線的更多細節，會在第 10 章才提出。)

　　另一個有用的泵參數，可以經由利用 7.19 式和 7.20 式消去機器直徑而獲得。如果我們指定 $\Pi_1 = Q/\omega D^3$ 和 $\Pi_2 = h/\omega^2 D^2$，則比率 $\Pi_1^{1/2}/\Pi_2^{3/4}$ 是另一個無因次參數；這一個參數是比速(specific speed) N_s，

$$N_s = \frac{\omega Q^{1/2}}{h^{3/4}} \tag{7.22a}$$

比速，定義於 7.22a 式，是個無因次參數(假設揚程 h 表示成每單位質量的能量)。我們可以將比速想成是一個機器要在單位體積流率下產生單位揚程所需的速度。固定比速描述了具有相似流動條件的幾何相似機器的所有操作條件。

　　雖然比速是無因次參數，但在標明變數 ω 和 Q 時，經過較方便但不一致的單位組合；亦即使用每單位重量的能量 H 去替換 7.22a 式的每單位質量的能量 h，是常見的做法。當我們這麼處理比速的時候，

$$N_{s_{cu}} = \frac{\omega Q^{1/2}}{H^{3/4}} \tag{7.22b}$$

它並不是無單位參數，而且它的量值與用來計算它的單位有關。工程實務上使用於泵的慣用單位是對於 ω 為 rpm，對於 Q 是 m^3/h，而對於 H 是公尺(每單位重量的能量)。於這些慣用單位，「低」比流速意指 $600 < N_{s_{cu}} < 4600$，而「高」意指 $11500 < N_{s_{cu}} < 17500$。範例 7.6 說明了使用的泵尺度法則(scaling laws)與比速參數。更多有關流體機械比速計算的細節與額外的應用例子會於第 10 章展示。

範例 7.6　泵「法則」

　　某一個離心泵在它的比速 2300(單位是 rpm、m^3/h 和 m)之設計點上，效率為 80%。動葉輪直徑是 200mm。在設計點下的流動條件，水的轉速是 1170rpm 時，體積流率是 $68m^3/h$。為了獲得比較高的流率，泵必須配備 1750rpm 的馬達。使用泵「法則」，求出泵在較高速度下的設計點性能特徵。證明在比較高的操作速度下比速保持固定。求出所需要的馬達尺寸。

已知：比速設計值為 2300(單位是 rpm、m^3/h 和 m)之離心泵。葉輪直徑是 $D = 200mm$。在泵設計點之流動條件，$\omega = 1170rpm$，而且 $Q = 68m^3/h$，流體為水。

求解：(a) 效能特徵。

(b) 比速。

(c) 所需要的馬達尺寸。在 1750rpm 相似流動條件下。

解答：

利用泵「法則」，$Q/\omega D^3$ = 常數，所以

$$Q_2 = Q_1 \frac{\omega_2}{\omega_1}\left(\frac{D_2}{D_1}\right)^3 = 68\ \text{m}^3/\text{h}\left(\frac{1750}{1170}\right)(1)^3 = 101.7\ \text{m}^3/\text{h} \qquad\qquad Q_2$$

所指明的泵揚程並不是 ω_1 = 1170rpm，但是它可以由比速 $N_{s_{cu}}$ = 2300 計算出來。使用 $N_{s_{cu}}$ 的給定單位和定義，

$$N_{s_{cu}} = \frac{\omega Q^{1/2}}{H^{3/4}} \qquad 故 \qquad H_1 = \left(\frac{\omega_1 Q_1^{1/2}}{N_{s_{cu}}}\right)^{4/3} = 6.8\ \text{m}$$

然後 $H/\omega^2 D^2$ = 常數，所以

$$H_2 = H_1\left(\frac{\omega_2}{\omega_1}\right)^2\left(\frac{D_2}{D_1}\right)^2 = 6.8\ \text{m}\left(\frac{1750}{1170}\right)^2(1)^2 = 15.2\ \text{m} \qquad\qquad H_2$$

泵輸出功率是 $\mathcal{P}_1 = \rho g Q_1 H_1$，所以當 ω_1 = 1170 rpm 時，

$$\mathcal{P}_1 = 1000\ \frac{\text{kg}}{\text{m}^3} \times 9.81\ \frac{\text{m}}{\text{s}^2} \times 68\ \frac{\text{m}^3}{\text{h}} \times \frac{\text{h}}{3600\text{s}} \times 6.8\ \text{m} \times \frac{\text{N}\cdot\text{s}^2}{\text{kg}\cdot\text{m}} \times \frac{\text{J}}{\text{N}\cdot\text{m}} \times \frac{\text{W}\cdot\text{s}}{\text{J}}$$

$$\mathcal{P}_1 = 1260\ \text{W}$$

但是 $\mathcal{P}/\rho\omega^3 D^5$ = 常數，所以

$$\mathcal{P}_2 = \mathcal{P}_1\left(\frac{\rho_2}{\rho_1}\right)\left(\frac{\omega_2}{\omega_1}\right)^3\left(\frac{D_2}{D_1}\right)^5 = 1260\ \text{W}(1)\left(\frac{1750}{1170}\right)^3(1)^5 = 4216\ \text{W} \qquad\qquad \mathcal{P}_2$$

所需要的輸入功率可以如下計算

$$\mathcal{P}_{\text{in}} = \frac{\mathcal{P}_2}{\eta} = \frac{4216\ \text{W}}{0.80} = 5270\ \text{W} \qquad\qquad \mathcal{P}_{\text{in}}$$

所以可以註明這是 6kW 馬達(下一個比較大的標準尺寸)。

在 ω_2 = 1750rpm 下的比速是

$$N_{s_{cu}} = \frac{\omega Q^{1/2}}{H^{3/4}} = \frac{1750(101.7)^{1/2}}{(15.2)^{3/4}} = 2292 \simeq 230 \qquad\qquad N_{s_{cu}}$$

各比速值會有些出入是因為 Q 與 H 之值被四捨五入之故。

這個範例說明了依比例決定效能資料時，相關的泵「法則」和比速的應用方式。在工業界，泵和風扇「法則」非常廣泛地用於從單一效能曲線，依比例決定各相關機器的效能曲線，以及用於在機器應用中指明驅動速度和功率。

關於模型測試的註解

在概要說明模型測試所牽涉的程序時，我們已經嘗試不要去暗示模型測試是一個能自動提供容易解釋、準確和完整的結果的簡單任務。就像在所有實驗工作的情形一樣，要獲得有效的結果需要小心計劃和執行。模型必須小心和正確地建造，而且對於要進行測量的現象，模型必須包括與這些現象有很密切關係的領域的充分詳細資訊。空氣動力平衡或其他的力測量系統，必須小心地對齊並且正確校準刻度。架設方法必須設計成能提供適當的剛度和模型運動，然而卻不能干擾正在測量的現象。我們可以將參考文獻[14-16]視為有關風洞測試技術詳細說明的標準來源。[17]會說明有關水衝擊測試的更多特殊技術。

實驗設備必須小心加以設計和建造。風洞中流動的品質必須符合相關文件的要求。測試區域的流動應該盡可能均勻(除非我們想要模擬像大氣邊界層這樣的特別阻力分布)，無傾斜度(angularity)，和具有小漩渦。如果它們干擾到測量，在風洞壁上的邊界層必須以吸取的方式移除，或者以吹的方式來加強。風洞測試區域的壓力梯度可能導致由流動方向的變異而造成錯誤的阻力讀值。

對於不尋常的條件或特別的測試需求，會需要特別的設備，尤其是為了達到大雷諾數的時候。由於許多設備非常大或特殊，使得大學實驗室或私人工業機構難以支援這些設備持續運作。這裡有幾個例子[18-20]：

- **National Full-Scale Aerodynamics Complex, NASA, Ames Research Center, Moffett Field, California.**
  兩個風洞測試區域，由 93.25kW 電力驅動系統提供功率：
  - 12m 高和 24m 寬的測試區域，最大風速 300 節。
  - 24m 高和 36m 寬的測試區域，最大風速 137 節。

- **U.S. Navy, David Taylor Research Center, Carderock, Maryland.**
  - 高速拖曳水槽(High-Speed Towing Basin) 905m 長，6.4m 寬，以及 4.9m 深。當測量的阻力負載是 35,600N 而且側負載是 8,900N 時，拖曳載具可以到達 100 節的行進速度。
  - 壓力可變的 0.91m 水風洞，壓力在 13.8 和 413.4kPa(abs)之間時最大的測試速度可達 50 節。
  - 具有安靜、低紊流空氣流動的無回音流動設備(Anechoic Flow Facility)，其長開口式風洞測試區域尺寸是 $0.75m^2 \times 6.4m$ 長。在最大速度 61m/s 下的流動噪音低於一般對話的音量。

- **U.S. Army Corps of Engineers, Sausalito, California.**
  - 舊金山灣和 Delta 模型的面積稍大於 $4,047m^2$，水平比例是 1：1000，垂直比例是 1：100，泵給水能力是 $0.85m^3/s$，使用淡水和鹽水，而且能作潮汐模擬。

- **NASA, Langley Research Center, Hampton, Virginia.**
  - 具有低溫技術(溫度低如 $-184°C$) 能降低空氣黏度的美國國立近音速設備(National Transonic Facility, NTF)，在供應一半驅動功率時，可以提升雷諾數 6 倍。

7-7 摘要和常用的方程式

在本章中我們已經：

✓ 經由將問題的控制微分方程式無因次化而獲得無因次係數。

✓ 說明白金漢 PI 理論並且使用它去決定一個問題的物理參數的獨立和依存無因次參數。

✓ 定義許多重要的無因次組合：雷諾數、尤拉數、孔蝕係數、福勞得數和馬赫數，並且討論它們的物理意義。

我們也已經探究了製作模型背後的一些想法：幾何學的、運動學的、動力相似性、不完全模型化以及從模型測試來預測原型結果。

注意：下表裡的大多數常用的方程式使用上有某些限制條件或者極限——進一步的細節請務必參閱它們的內文敘述！

常用的方程式	
雷諾數(慣性力比黏滯力)：	$Re = \dfrac{\rho VL}{\mu} = \dfrac{VL}{v}$ (7.11)
尤拉數(壓力比慣性力)：	$Eu = \dfrac{\Delta p}{\frac{1}{2}\,\rho V^2}$ (7.12)
孔蝕係數：	$Ca = \dfrac{p - p_v}{\frac{1}{2}\,\rho V^2}$ (7.13)
福勞得數(慣性力比重力)：	$Fr = \dfrac{V}{\sqrt{gL}}$ (7.14)
韋伯數(慣性力比表面張力)：	$We = \dfrac{\rho V^2 L}{\sigma}$ (7.15)
馬赫數(慣性力比壓縮性)：	$M = \dfrac{V}{c}$ (7.16)
離心泵比速(以揚程 h 表示)：	$N_s = \dfrac{\omega Q^{1/2}}{h^{3/4}}$ (7.22a)
離心泵比速(以揚程 H 表示)：	$N_{s_{cu}} = \dfrac{\omega Q^{1/2}}{H^{3/4}}$ (7.22b)

參考文獻

[1] McNiell, Alexander, R., "How Dinosaurs Ran," *Scientific American*, 264, 4, April 1991, pp. 130-136.

[2] Kline, S. J., *Similitude and Approximation Theory*. New York：McGraw-Hill, 1965.

[3] Hansen, A. G., *Similarity Analysis of Boundary-Value of Problems in Engineering*.Englewood Cliffs, NJ：Prentice-Hall, 1964.

[4] Schlichting, H., *Boundary Layer Theory*, 7th ed. New York：McGraw-Hill, 1979.

[5] Buckingham, E., "On Physically Similar Systems：Illustrations of the Use of Dimensional Equations," *Physical Review*, 4, 4, 1914, pp. 345-376.

[6] Todd, L. H., "Resistance and Propulsion," in *Principles of Naval Architecture*, J. P. Comstock, ed. New York：Society of Naval Architects and Marine Engineers, 1967.

[7] "Aerodynamic Flow Visualization Techniques and Procedures."Warrendale, PA：Society of Automotive Engineers, SAE Information Report HS J1566, January 1986.

[8] Merzkirch, W., *Flow Visualization*, 2nd ed. New York：Academic Press, 1987.

[9] "SAE Wind Tunnel Test Procedure for Trucks and Buses," *Recommended Practice* SAE J1252, Warrendale, PA：Society of Automotive Engineers, 1981.

[10] Sedov, L. I., *Similarity and Dimensional Methods in Mechanics*. New York：Academic Press, 1959.

[11] Birkhoff, G., *Hydrodynamics——A Study in Logic, Fact, and Similitude*, 2nd ed. Princeton, NJ：Princeton University Press, 1960.

[12] Ipsen, D. C., *Units, Dimensions, and Dimensionless Numbers*. New York：McGraw-Hill, 1960.

[13] Yalin, M. S., *Theory of Hydraulic Models*. New York：Macmillan, 1971.

[14] Pankhurst, R. C., and D. W. Holder, *Wind-Tunnel Technique*. London：PItman, 1965.

[15] Rae, W. H., and A. Pope, *Low-Speed Wind Tunnel Testing*, 2nd ed. New York：Wiley-Interscience, 1984.

[16] Pope, A., and K. L. Goin, *High-Speed Wind Tunnel Testing*. New York：Krieger, 1978.

[17] Waugh, J. G., and G. W. Stubstad, *Hydroballistics Modeling*. San Diego, CA：U.S. Naval Undersea Center, ca. 1965.

[18] Baals, D. W., and W. R. Corliss, *Wind Tunnels of NASA*.Washington, D.C.：National Aeronautics and Space Administration, SP-440, 1981.

[19] Vincent, M., "The Naval Ship Research and Development Center."Carderock, MD：Naval Ship Research and Development Center, Report 3039 (Revised), November 1971.

[20] Smith, B. E., P. T. Zell, and P. M. Shinoda, "Comparison of Model-and Full-Scale Wind-Tunnel Performance," *Journal of Aircraft*, 27, 3, March 1990, pp. 232-238.

本章習題

🖱 本章有許多問題牽涉到獲取能描述一個問題的特徵的 Π 組合。使用於範例 7.1 的 *Excel* 練習簿，在執行所牽涉到的計算時是很有用的。為了避免不需要的複製，滑鼠符號只在有額外益處的時候(例如，有關曲線圖的部分)，才會使用於緊靠習題的地方。

7.1 在一個淺液體層中，一維流動穩定波的自由表面斜度，可以用下列方程式加以描述，

$$\frac{\partial h}{\partial x} = -\frac{u}{g}\frac{\partial u}{\partial x}$$

試使用長度尺標 L 和速度尺標 V_0 去無因次化這個方程式。並求得能描述這個流動的特徵的無因次組合。

7.2 在深度均勻的區域中，小振幅表面波的傳播速度可以由下式求得

$$c^2 = \left(\frac{\sigma}{\rho}\frac{2\pi}{\lambda} + \frac{g\lambda}{2\pi}\right)\tanh\frac{2\pi h}{\lambda}$$

其中 h 是未受擾動的液體深度，而且 λ 是波長。以 L 當作特性長度而且以 V_0 當作特性速度，求取描述方程式的特徵的無因次組合。

7.3 描述一根細小之樑震動幅度的方程式是

$$\rho A\frac{\partial^2 y}{\partial t^2} + EI\frac{\partial^4 y}{\partial x^4} = 0$$

其中 y 是樑在位置 x 與時間 t 時的撓曲量，ρ 與 E 分別是樑材料的密度與彈性模數，且 A 與 I 分別是樑截面積與斷面二次矩。使用樑的長度 L 與震動的頻率無因次化這個方程式。得出特徵化此方程式的無因次組合。

7.4 在一個薄液體層中，一維非穩定流動可以用下列方程式加以描述，

$$\frac{\partial u}{\partial t} + u\frac{\partial u}{\partial x} = -g\frac{\partial h}{\partial x}$$

試使用長度尺標 L 和速度尺標 V_0 去無因次化這個方程式。並求得能描述這個流動的特徵的無因次組合。

7.5 藉由使用數量級分析，連續性和 Navier-Stokes 方程式可以簡化成 Prandtl 邊界層方程式。對於穩定、不可壓縮和二維流動，在忽略重力影響的情況下，其結果是

$$\frac{\partial u}{\partial x} + \frac{\partial v}{\partial y} = 0$$

$$u\frac{\partial u}{\partial x} + v\frac{\partial u}{\partial y} = -\frac{1}{\rho}\frac{\partial p}{\partial x} + \nu\frac{\partial^2 u}{\partial y^2}$$

分別以 L 和 V_0 作為特性長度和速度。無因次化這些方程式並且找出所產生的相似性參數。

7.6 在大氣研究中，地球大氣的運動有時候可以用下列方程式加以模擬

$$\frac{D\vec{V}}{Dt} + 2\vec{\Omega} \times \vec{V} = -\frac{1}{\rho}\nabla p$$

其中 $\bar{V}$ 是橫過地球表面大氣的大規模速度，∇p 是氣候壓力梯度，而且 $\bar{\Omega}$ 是地球的角速度。試問數項 $\bar{\Omega} \times \bar{V}$ 的意義是什麼？請使用壓力差 Δp 和典型的長度尺標 L(例如它們可以分別是大氣高氣壓和低氣壓的量值，和介於高氣壓和低氣壓之間的距離) 去無因次化這個方程式。並求得能描述這個流動的特徵的無因次組合。

7.7 在一個從靜止開始流動的管中，能描述由所施加的壓力梯度所引起的流體運動的方程式是

$$\frac{\partial u}{\partial t} = -\frac{1}{\rho}\frac{\partial p}{\partial x} + \nu\left(\frac{\partial^2 u}{\partial r^2} + \frac{1}{r}\frac{\partial u}{\partial r}\right)$$

請使用平均速度 $\bar{V}$，壓力降 Δp，管路長度 L 和直徑 D 去無因次化這個方程式。並求得能描述這個流動的特徵的無因次組合。

7.8 一個非穩定的、二維、可壓縮的、無黏滯流能夠使用下述方程式予以描述

$$\frac{\partial^2 \psi}{\partial t^2} + \frac{\partial}{\partial t}(u^2 + v^2) + (u^2 - c^2)\frac{\partial^2 \psi}{\partial x^2} + (v^2 - c^2)\frac{\partial^2 \psi}{\partial y^2} + 2uv\frac{\partial^2 \psi}{\partial x \partial y} = 0$$

其中 ψ 是流線函數，u 與 v 分別是流速的 x 與 y 分量，c 是當地的音速與 t 是時間。使用 L 當作特徵長度以及 c_0(在停滯點的音速) 來無因次化這個方程式，得出特徵化此方程式的無因次組合。

7.9 在非常低速度下，作用在一個物體上的阻力與流體密度無關。因此作用在一個小球體上的阻力 F 是只由速度 V，液體黏度 μ 和球體直徑 D 所形成的函數。請使用因次分析去決定阻力 F 如何受速度 V 的影響。

7.10 以相對而言比較高的速度下，作用在一個物體上的阻力與流體黏度無關。因此作用在一輛汽車上的空氣動力阻力 F 是只由速度 V，空氣密度 ρ 和車輛尺寸所形成的函數，而車輛尺寸可以用迎風面積 A 來代表。請使用因次分析去找出阻力 F 如何受速度 V 的影響。

7.11 某一個直徑 D 的圓形管線，其上安裝著直徑 d 的孔口板，實驗顯示通過孔口板的流動的壓力降可以表示成 $\Delta p = p_1 - p_2 = f(\rho, \mu, \bar{V}, d, D)$。請組織一些實驗資料。以便求得所產生的無因次參數。

7.12 一個自由表面波於淺流處的速度 V，是深度 D、密度 ρ、重力 g 與表面張力 s 的函數。請使用因次分析來找出 V 對其他的變數的函數相依關係。以可能的最簡單形式來表達 V。

7.13 在邊界層中器壁剪應力 τ_w 取決於到物體前緣的距離 x、流體密度 ρ、流體黏度 μ 以及流動的自由流速度 U。試求取無因次組合，並且寫出他們之間的函數關係。

7.14 在沒有壓力梯度的情況下，在不可壓縮流內的平滑平板上厚度為 δ 的邊界層取決於自由流 (freestream) 速度 U、流體密度 ρ、流體黏度 μ 和到平板前緣的距離 x。試以無因次形式表示這些變數。

7.15 如果一個物體輕得足以被流體表面的表面張力所撐持。準備展開一項測試來探討這個現象。以這樣的方式所能支持的重量，W，與物體的周長 p 以及該流體的密度 ρ、表面張力 s 與重力 g 有關。請找出能特徵化這個問題的無因次參數。

7.16 一個管路或邊界層的平均速度 $\bar{u}$ 可以與器壁剪應力 τ_w，到器壁的距離 y，以及流體特性 ρ 和 μ 互相關連。使用因次分析去找出適於組織實驗資料的兩個無因次參數，其中一個包含 $\bar{u}$，另一個包含 y。試證明結果可以寫成

$$\frac{\bar{u}}{u_*} = f\left(\frac{yu_*}{\nu}\right)$$

其中 $u* = (\tau_w/\rho)^{1/2}$ 是摩擦速度(friction velocity)。

7.17 在深水中自由表面重力波的速度 V 是波長 λ、深度 D、密度 ρ 和重力加速度 g 的函數。請使用因次分析去找出 V 與其他變數的函數依存關係。以最簡單的可能形式表達 V。

7.18 一具手持式汽車拋光輪的扭矩 T 是轉速 ω、所施加之垂直力 F、汽車表面粗糙度 e、拋光膏的黏性 μ 與表面張力 σ 的函數。請找出能特徵化這個問題的無因次參數。

7.19 ω 在一個明渠流動中放置障礙物，量測在障礙物上游的液體高度可以用來決定體積流率。(這種經過設計和校準來測量明渠流動流率的障礙物稱為堰)。假設在堰上的體積流量率 Q 是向上游高度 h，重力 g 和波道寬度的函數。試使用因次分析去找出 Q 與其他變數的函數依存關係。

7.20 在液體自由表面上形成的毛細波動是表面張力的結果。他們具有短波長。毛細波動的速度與表面張力 σ、波長 λ 和液體密度 ρ 等因素有關。請使用因次分析將波速表達成這些變數的函數。

7.21 已知與某一個軸頸軸承的負載容量 W 有關的因素有其直徑 D、長度 l、餘隙 c，除此之外還有它的角速度 ω 和潤滑劑黏度 μ。試求能描述這個問題的特徵的無因次參數。

7.22 將油從黏度校準容器汲取出來的時間 t 與流體黏度 μ 和流體密度 ρ，孔口直徑 d 和重力 g 有關。試使用因次分析去找出 t 與其他變數的函數依存關係。將 t 表示成最簡單的可能形式。

7.23 真空吸塵器所需用的電力，$\mathscr{P}$，與其所提供的吸力(表現於低於四周室內壓力之壓力降，Δp)是有關的。也分別與扇葉直徑 D 和寬度 d、馬達速度 ω、空氣密度 ρ 與吸塵器吸氣口與排氣口寬度 d_i 及 d_o 有關。請找出特徵化這個問題的無因次參數

7.24 被聲波傳輸的每單位截面積的功率 E 是波速度 V、介質密度 ρ、波幅 r 和波頻率 n 的函數。請利用因次分析求出以其他變數表達 E 的一般形式。

7.25 請找出一組無因次參數，以便組織從實驗室實驗取得的資料，在這個實驗中一個初始液面高度 h_0 的槽被經由孔口排出液體。排掉槽內液體的時間 τ 與槽直徑 D、孔口直徑 d、重力加速度 g、液體密度 ρ 和液體黏度 μ 有關。試問會產生多少無因次參數？要決定無因次參數，必須選擇多少個重複變數？試求包含黏度的 Π 參數。

7.26 我們相信驅動風扇所需要的功率 $\mathscr{P}$ 與流體密度 ρ、體積流率 Q、動葉輪徑 D 和角速度 ω 有關。請使用因次分析去決定 $\mathscr{P}$ 對其他變數的依存關係。

7.27 垂直移動的連續傳送帶，通過內含黏滯液體的池子時，沿著傳送帶拉引出一層厚度 h 的液體。假設液體的體積流率 Q 與 μ、ρ、g、h 和 V 有關，其中 V 是傳送帶的速度。試應用因次分析去預測 Q 對其他變數的依存形式。

7.28 在流體力學實驗室的實驗中，直徑 D 的水槽從最初高度 h_0 開始排水。平滑圓形排放洞直徑是 d。假設從槽中流出的質量流率是 h、D、d、g、ρ 和 μ 的函數，其中 g 是重力加速度，而且 ρ 和 μ 是流體的特性。我們想要量測資料以無因次形式相互關連起來。試求所產生的無因次參數的數目。請指明要決定無因次參數的重複參數的數目。試求包含黏度的 Π 參數。

7.29 當液體噴出物在噴灑和燃料注入過程產生分離現象的時候，會形成小液滴。產生的液滴直徑 d 可以視為與液體密度、黏度和表面張力，以及噴射速度 V 和直徑 D 有關。試問要描述這個過程的特徵需要多少無因次比率？並求出這些比率。

7.30 與噴墨印表機產生的圓點直徑 d 有關的因素包括墨水黏度 μ、密度 ρ 和表面張力 σ，噴嘴直徑 D，從噴嘴到紙表面的距離 L 和墨水噴射的速度 V。請使用因次分析去找出能描述墨水噴射行為的特徵的 Π 參數。

7.31 附圖顯示空氣噴嘴垂直射出的情形。實驗顯示放置在噴嘴的球懸吊在一個穩定位置。我們發現與在噴嘴的球的平衡高度有關的因素包括 D、d、V、ρ、μ 和 W，其中 W 是球的重量。我們建議使用因次分析來使實驗資料互相關連。請找出能描述這種現象的特徵的 Π 參數。

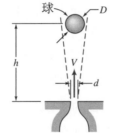

圖 P7.31

7.32 在一層空氣(通過傾斜面上許多小孔噴射出來)上沿著傾斜面滑下的運送盒的終端速度是 V，與其有關的因素包括：盒子質量 m、盒底面積 A、重力 g、傾斜角度 θ、空氣黏度 μ 和空氣層厚度 δ。試使用因次分析去找出能描述這種現象的特徵的 Π 參數。

7.33 由產生泡泡玩具所生成的泡泡，影響其直徑 d 的因素包括：肥皂水黏度 μ、密度 ρ 與表面張力 σ、玩具環的直徑 D 和產生泡泡的壓力差 Δp。試使用因次分析去找出能描述這種現象的特徵的 Π 參數。

7.34 想要設計洗衣機的洗衣攪棒。洗衣攪棒所需要的電力，$\mathscr{P}$，與所用到的水量(表現於水的深度 H)。也與洗衣攪棒直徑 D，高度 h，最大的角速度 ω_{max} 與攪動頻率 f 以及水的密度 ρ 與黏性 μ 等有關。請找出能特徵化這個問題的無因次參數。

7.35 一個飛輪，具有慣性矩 I，從靜止狀態下達到角速度 ω，的時間 t 與施加其上的扭矩 T 以及飛輪軸承的下述性質有關：滑油黏性 μ、間隙 d、直徑 D 與長度 L。請使用因次分析找出特徵化這個現象的 Π 參數。

7.36 受有壓力的大型液體槽，透過一個輪廓平滑而且面積為 A 的噴嘴排出液體。質量流率可以視為與下列因素有關，包括噴嘴面積 A、液體密度 ρ、液體表面和噴嘴的高度差 h、液體槽錶壓力 Δp 以及重力加速度 g。試問這個問題可以形成多少個獨立 Π 參數。求出無因次參數。並寫出質量流率以無因次參數表示的函數關係。

7.37 郵輪上俱樂間的通風裝置不足以排除菸支的煙霧(船上並非全然地禁菸)。想要測試是否使用一台更大的抽風扇會有所幫助。煙霧的濃度 c (每立方公尺粒子數) 與吸菸人數 N、由風扇造成的壓力降 Δp、風扇直徑 D、馬達速度 ω、粒子與空氣密度分別是 ρ_p 與 ρ、重力 g 與空氣黏性 μ 等有關。請找出能特徵化這個問題的無因次參數。

7.38 自旋對高爾夫球、乒乓球和網球的飛行軌道扮演很重要的角色。因此,知道自旋在球的飛行過程減少的比率是很重要的。在飛行過程中作用在球上的空氣動力轉矩 T 可以視為與幾個因素有關,包括飛行速度 V、空氣密度 ρ、空氣黏度 μ、球直徑 D、自旋速率(角速度) ω 以及球上小凹痕的直徑 d。試求所產生的無因次參數。

7.39 軸頸軸承的功率損失 $\mathscr{P}$ 與幾個因素有關,包括軸承長度 l、直徑 D 和餘隙 c,除此之外還有角速度 ω。潤滑劑的黏度和平均壓力也很重要。試求得能描述這個問題的特徵的無因次參數。並求出 $\mathscr{P}$ 以這些參數表示的函數形式。

7.40 航海螺旋槳的推力是在「開放水域」測試過程中,在各種角速度和順向速度(「前行速度」)下加以量測。推力 F_T 可以視為與幾個因素有關,包括水密度 ρ、螺旋槳直徑 D、前行速度 V、重力加速度 g、角速度 ω、液體壓力 p 和液體黏度 μ。試求一組能描述螺旋槳性能特徵的無因次參數。(產生的參數之一 gD/V^2 即所謂的 Froude 前進速度)。

7.41 在一個風扇輔助對流烤箱中,傳送到烤肉的熱傳遞率 $\dot{Q}$ (每單位時間的能量) 與幾個因素有關,包括空氣比熱 c_p、溫度差 Θ、長度尺標 L、空氣密度 ρ、空氣黏度 μ 和空氣速度 V。在這些變數中包含了幾個基本因次?試求要描述烤箱特徵的 Π 參數的數目。並評估 Π 參數。

7.42 我們知道驅動螺旋槳所需的功率 $\mathscr{P}$ 與下列各變數有關:自由流場速度 V、螺旋槳葉直徑 D、角速度 ω、流體黏度 μ、流體密度 ρ 和聲音在流體中的速度 c。試問要描述這種情形的特徵所需要的無因次組合是多少個?並求得這些無因次組合。

7.43 米的核仁中心溫度 T 在食品技術處理過程中的下降率 dT/dt 是很重要的,溫度太高會導致核仁碎裂,溫度太低會使處理過程變得緩慢和昂貴。溫度下降率與米的比熱 c、熱傳導率 k 和大小 L 有關,另外也與冷卻空氣的比熱 c_p、密度 ρ、黏度 μ 和速度 V 有關。這些變數所包含的基本因次有多少個?試求這個問題的 Π 參數。

7.44 當一個其內有水在流動的閥被突然關閉的時候,將建立水錘壓力波。這種波產生的極高壓力可能對管路造成損害。由水錘產生的最大壓力 $p_{\max}$ 是液體密度 ρ,起始的流速 U_0 和液體容積彈性模數 E_v 的函數。試問要描述水錘的特徵所需要的無因次組合有多少個?試找出這些變數之間的函數關係(利用必要的 Π 組合)。

7.45 於邊界層內任何一處流體的流速 u 與該處距表面上方之高度 y、自由流動處的流速 U 與自由流動處之流速梯度 dU/dx、該流體的動黏性 v 與邊界層厚度 d 有關。請問需要多少無因次組合才足以描述這個問題?請找出:(a) 透過觀察的方式的兩個 Π 組合,(b) 一個標準的流體力學 Π 組合與 (c) 其餘任何使用白金漢 PI 定理的 Π 組合。

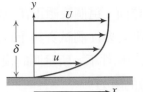

圖 **P7.45**

7.46 某一艘飛船在標準條件下會在空氣中以 20m/s 的速度前進。模型是依 $\frac{1}{20}$ 的比例建造出來，在風洞中進行測試時，是於相同空氣溫度下來決定阻力。要取得動力相似性時應該考慮什麼判斷原則？如果模型是在 75m/s 下進行測試，則在風洞中應該使用什麼壓力？如果模型阻力是 250N，則原型的阻力會是多少？

7.47 一個大型以鍊栓住的污染取樣氣球的設計者想知道，在預期的最大風速 5m/s(假設空氣溫度是 20℃)下的阻力是多少。設計者建造了一個 $\frac{1}{20}$ 比例的模型，用來在 20℃ 水中進行測試。要模擬原型的情況需要的水速度是多少？在這個速度下量測到的模型阻力是 2kN。在原型上所受的相對應阻力是多少？

7.48 一艘遠洋船利用旋轉的圓形圓柱施以動力。我們計畫利用模型測試來估計旋轉原型圓柱所需要的功率。這個過程需要利用因次分析依比例從模型測試結果決定原型所需要的功率。請列舉在因次分析過程中應該包含在內的參數。執行因次分析去識別重要的無因次組合。

7.49 要使用相同尺寸的模型在空氣流動和水流動中匹配雷諾數，試問哪一種流動需要比較高的流速？必須高多少？

7.50 模型汽車所受阻力是在一個裝滿水的拖曳槽來進行。模型長度原型的 $\frac{1}{5}$。請說明要確保在模型和原型之間具有動力相似性所需要的條件。在請求出為了確保動力相似條件的成立，模型測試在水中的速度應該是原型在空氣中速度的多少比例。在各種速度下的測量結果顯示無因次的力比率在模型測試的速度大於 $V_m=4m/s$ 時會變成固定。在這個速度下進行測試的期間所測量的阻力是 $F_{Dm}=182N$。試計算原型車輛在空氣中以 90km/hr 行進時所預期的阻力。

7.51 於一個郵輪上，旅客抱怨從郵輪本身螺旋槳產生的噪音(或許起因於螺旋槳與郵輪之間的擾流效應)。你被僱請來找出這個噪音的根源。你欲研究環繞螺旋槳四周的流動樣式並決定使用一個 1：10 比例的水槽。如果郵輪的螺旋槳以 125rpm 的轉速在旋轉，如果以(a) 福勞得數；或(b) 雷諾數主宰無因次組合時，請估計模型螺旋槳旋的轉速。哪一種方式最有可能推導出最佳模型？

7.52 比例 $\frac{1}{5}$ 的水雷模型在風洞中測試以便決定阻力。在水中操作的原型具有 533mm 的直徑，而且長度是 6.7m。原型所需要的操作速度是 28m/s。為了避免在風洞中的可壓縮性效應，最大速度必須限制在 110m/s。不過當溫度維持在 20℃ 的同時，風洞中的壓力是可以調整的。為了達到動力相似測試，風洞能操作的最小壓力是什麼？在動態相似測試條件下，模型所受阻力經過量測的結果是 618N。請評估在全尺度水雷上被預期的阻力。

7.53 當衝角為零時，螺旋槳所受阻力是下列幾個因素的函數，包括密度、黏度和速度，除此之外還有長度參數。以弦長為基礎，螺旋槳的 $\frac{1}{10}$ 比例模型在雷諾數為 5.5×10^6 的風洞中進行測試。在風洞的空氣流測試條件是 15℃ 和 10 個大氣絕對壓力。原型螺旋槳有 2m 的弦長，而且它是在空氣的標準條件下來飛行。試求模型在風洞中測試時的速度，以及相對應的原型速度。

7.54 考慮一個浸在流體中的直徑 D 平滑球面，這個液體正在以速度 V 移動。在空氣中以 1.5m/s 移動的 3m 直徑氣象探測氣球，其所受阻力要從測試資料予以計算出來。測試過程是使用直徑 50mm 的模型在水中來進行。在動力相似的條件下，所量測的模型阻力是 3.8N。請評估模型的測試速度，以及在全尺度氣球上所預期出現的阻力。

7.55 弦長 1.5m 翼展 9m 的飛機翼是設計來在 7.5m/s 的速度下通過標準空氣進行移動。這個飛機翼的 $\frac{1}{10}$ 比例模型要在水風洞加以測試。要在水風洞中達到動力相似所需的速度是多少？在模型流動中量測到的力相對於在原型翼上的力的比率是多少？

7.56 高爾夫球的流體動態特性要在水風洞中使用模型進行測試。依存參數有作用在球上的阻力 F_D 和提升力 F_L。獨立參數應該包括角速度 ω 和凹痕深度 d。試求適當的無因次參數，並且表示它們之間的函數依存性。有一個高爾夫球職業球員可以在 $V=73$m/s 和 $\omega=300$ Ⅱ rad/s 的條件下擊中球。要在最大速度 24m/s 的水風洞中模擬這些條件，則應該使用什麼直徑的模型？模型的自旋必須多快？(美國高爾夫球的直徑是 42.6mm)

7.57 一台葉輪直徑為 60cm 的水泵被設計於 800rpm 轉速下運轉時能傳送 0.4m³/s。於一個以 2000rpm 轉動且使用空氣(20℃)當作工作流體的 $\frac{1}{2}$ 比例模型上執行測試。於類似的條件下(不計入雷諾數效應)，模型的流率將會是多少？如果模型耗用 75W，則原型的電力需求會是多少？

7.58 利用模型測試來決定飛盤的飛行特性。依存參數是阻力 F_D 和提升力 F_L。獨立參數應該包括角速度 ω 和粗度高 h。試求適當的無因次參數，並且表達他們之間的函數依存性。對 $\frac{1}{4}$ 的飛盤模型加以測試(使用空氣) 必須與原型達到幾何，運動和動力相似。原型數值是 $V_p=5$m/s 和 $\omega_p=100$rpm。試問應該使用什麼 V_m 和 ω_m 值？

7.59 某一個模型水上飛機是在 1：20 的比例下進行測試。所選擇測試速度是要複製對應到 60 節原型速度的 Froude 數。為了正確模擬孔蝕，孔蝕係數也必須予以複製。執行測試時的周遭壓力必須是多少？在模型測試盆中的水可以加熱到 54℃，相對而言原型則為 7℃。

7.60 SAE10W 的油在 25℃下流動於直徑 25mm 的水平管線中，其平均速度是 1m/s，在 150m 的長度上產生 450kPa(gage) 壓力降。在動力相似的條件下，15℃的水流經相同的管路。使用範例 7.2 的結果，計算水流的平均速度，以及相對應的壓力降。

7.61 在一些速度範圍下，擺放位置越過一個流動的非流線型柱體的後面會有旋渦流出。如圖所示，旋渦會交替地離開柱體的頂部和底部，導致產生正交於自由流場速度的交互力。漩渦的釋放頻率 f 可以視為與 ρ、d、V 和 μ 有關。試使用因次分析去推導的函數關係。兩個位於標準空氣而且直徑比為 2 的柱體都有漩渦流出。試求達到動力相似的速度比，和漩渦釋放的頻率比率。

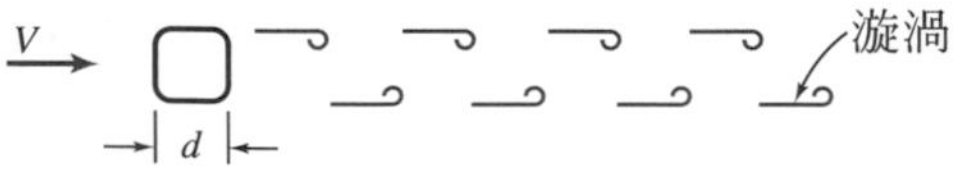

圖 P7.61

7.62 貨櫃拖車隨車裝備的 $\frac{1}{8}$ 比例模型在施以壓力的風洞中測試。隨車裝備的寬度、高度和長度分別是 $W=0.305$m、$H=0.476$m 和 $L=2.48$m。當風速 $V=75.0$m/s 時，模型阻力是 $F_D=128$N。(風洞中的空氣密度是 $\rho=3.23$kg/m³。) 請計算模型的空氣動力阻力係數。比較模型測試和在 588km/h

下行進的原型車輛的雷諾數。當行進速度是 88km/h 的原型車輛駛入 16km/h 的逆風中，試計算作用在原型車輛上的空氣動力阻力。

7.63 於一艘郵輪上，旅客抱怨煙囪圓管背後拖行的煙霧的數量。你被僱請來研究環繞囪管四周的流動樣式，並決定使用一個該 4.75m 煙囪圓管的 1：12.5 比例模型。如果問題出現在船速是 15 節至 25 節的時候，則你能用於風洞之風速的範圍是多少？

7.64 飛行昆蟲的空氣動力行為要以十倍大模型來進行研究。如果昆蟲以 1.2m/s 的速度飛行時每秒必須拍打翅膀 50 次，試求要達到動力相似所需要的風洞空氣速度和翅膀的振盪頻率。如果想要產生易於量測的翅膀提升，則你預期這會是一個成功或實際的模型嗎？如果不是，你能建議一個會產生比較好的模擬結果的不同流體(例如，在不同壓力及溫度的水或空氣) 嗎？

7.65 貨櫃拖車隨車設備的模型是在風洞中加以測試。我們發現阻力 F_D 與迎風區域 A、風速 V、空氣密度 ρ 和空氣黏度 μ 有關。模型的比例是 1：4；模型的迎風面積 $A=0.625m^2$。試求一組適於描述模型測試結果的特徵的無因次參數。請寫出要在模型和原型流動之間獲得動力相似的條件。當測試是在風速 $V=89.6m/s$ 的標準空氣中進行時，作用在模型上的阻力經量測是 $F_D=2.46kN$。假設已經達成動力相似，請估計 $V=22.4m/s$ 的全尺度車輛所受的空氣動力阻力。如果沒有風，則計算克服這個阻力所需要的功率。

7.66 執行測試於一個 1：5 比例的船隻模型。如果摩擦與波浪阻力現象要被正確地模型，則流體的動黏性必須是多少？全尺寸的船隻將航行於平均水溫度是 10℃的淡水湖。

7.67 你喜歡的教授喜歡登山，因此教授總是有一種會掉入冰河裂縫的可能性。如果今天發生了這樣的事情，而且教授被困在一條緩慢移動的冰河中，我們很好奇想知道教授在這學年期間是否會再出現於冰河下游。假設冰是密度等同於甘油但黏度有一百萬倍的牛頓流體，我們決定建立甘油模型，並且使用因次分析和相似性去估計教授會再出現的時刻。假設真正的冰河有 15m 深而且它是位於在水平距離 1850m 會下落 1.5m 的斜坡上。請推導無因次參數，以及我們預期會主導這個問題的動力相似的條件。如果模型教授在 9.6 小時之後重新出現於實驗室，則我們應該在什麼時候返回真正冰河的尾端去幫忙你喜歡的教授？

7.68 一輛汽車以 100 公里/小時的速度通過標準空氣。為了決定壓力分布，我們要在水中測試 $\frac{1}{5}$ 比例的模型。為了確保測試過程的動力相似性，必須考慮什麼因數？試求應該使用的水速度。在原型和模型流動之間的相對應阻力比率是多少？在表面上的最小靜態壓力的位置，最低壓力係數是 $C_p=-1.4$。如果孔蝕的開始是發生孔蝕係數為 0.5 的時候，則請估計避免孔蝕效應所需要的最小風洞壓力。

7.69 一艘潛水艇的 1：30 比例模型要在兩個條件下於拖曳槽中進行測試：在自由表面上移動，和在遠低於自由表面的位置來移動。測試是在淡水中執行。在表面上，潛水艇以 20 節的速度巡航。為了確保動力相似，應該以什麼速度拖曳模型？在遠低於表面下的地方，潛水艇以 0.5 節的速度巡航。為了確保動力相似，應該以什麼速度拖曳模型？在每一個條件下，模型的阻力必須乘以多少，才能獲得全尺度潛水艇所受的阻力。

7.70 請考慮圍繞著直徑 D 長度 l 的圓形柱體周圍的水流動。除了幾何構造之外,我們也知道阻力與液體速度 V、密度 ρ 和黏度 μ 有關。以無因次形式將阻力 F_D 表示成所有相關變數的函數。在實驗室中測量到的圓形柱體的靜態壓力分布可以利用無因次壓力係數予以表示;在圓形柱體上最小靜態壓力的位置的最低壓力係數是 $C_p = -2.4$。如果孔蝕的開始是發生在孔蝕係數為 0.5 的時候,則在不引起孔蝕效應下,請估計在大氣壓力下柱體在水中能被拖曳的最大速度。

7.71 貨櫃拖車隨車裝備的 $\frac{1}{10}$ 比例模型在風洞中加以測試。模型的迎風面積 $A_m = 0.1m^2$。當測試是在標準空氣中,而且 $V_m = 75m/s$ 的時候,量測到的阻力是 $F_D = 350N$。試評估在給定模型條件下的阻力係數。假設模型和原型的阻力係數是相同的,則請計算原型隨車裝置在 90km/hr 公路速度下所受的阻力。如果原型速度是 90km/hr,為確保取得動力相似的結果,請求出模型測試時的空氣速度。這個空氣速度實際嗎?為什麼是,或者,為什麼不是?

7.72 某一個部分裝滿水的圓形容器,以固定角速度 ω 繞著它的軸旋轉。從開始轉動以後的任何時刻 τ,與旋轉軸相距 r 的位置的速度 V_θ 是 τ、ω 和液體性質的函數。請寫出能描述這個問題的特徵的無因次參數。如果在另一個實驗中,裝在相同容器內的蜂蜜以相同角速度旋轉,請從你所選擇的無因次參數中判斷蜂蜜是否像水一樣快地達到穩定運動。並且解釋在依比例決定容器內液體的穩態運動時,雷諾數為什麼不是重要的無因次參數。

7.73 參考文獻[9]有推薦,模型的迎風面積要比風洞測試區域面積小 5%,而且 $R_e = V_w/v > 2 \times 10^6$,其中 w 是模型的寬度。另外,模型高度必須比測試區域高度小 30%,而且在最大偏離角(20°)上模型的最大投影寬度必須比測試區域寬度小 30%。為了避免可壓縮性效應,最大空氣速度應該小於 91m/s。為了要讓貨櫃拖車隨車裝置的模型能在一個具有高 0.46m 和寬 0.61m 的測試區域的風洞中進行測試。全尺度隨車裝置的高度,寬度和長度分別是 4.1m、2.4m 和 19.8m。請評估符合前面所推薦的判斷標準的最大模型比例。請估計在這測試設備中是否可以達到一個適當的雷諾數。

7.74 假設驅動一個風扇所需要的功率 $\mathcal{P}$ 與流體密度 ρ、體積流率 Q、動葉輪直徑 D 和角速度 ω 等因素有關。如果 $D_1 = 200mm$ 的風扇在 $\omega_1 = 2400$ rpm 的轉速下送出 $Q_1 = 0.4m^3/s$ 的空氣,則具有相似幾何形狀而且 $D_2 = 400mm$ 的風扇在 $\omega_2 = 1850$ rpm 轉速下所送出的體積流率應該是多少?

7.75 🖱

在特定範圍的空氣速度 V 內,完整飛機模型在風洞中所產生提升力 F_L 與幾個因素有關,包括空氣速度、空氣密度 ρ 和特性長度(機翼底部弦長度 $c = 150mm$)。下列實驗數據是在標準大氣條件下的空氣中所取得:

V (m/s)	10	15	20	25	30	35	40	45	50
F_L (N)	2.2	4.8	8.7	13.3	19.6	26.5	34.5	43.8	54

請畫出提升力相對於速度的曲線。藉由對這一個曲線使用 *Excel* 來執行趨勢線分析,請讀者產生原型所生成的提升力數據,並且畫出曲線圖,其中原型機翼底部弦長是 5m,而且速度範圍是從 75m/s 到 250m/s。

7.76 穩定流過離心泵後，液體所增加的壓力 Δp 與幾個因素有關，包括泵直徑 D、轉子的角速度 ω、體積流率 Q 和密度 ρ。表格提供了原型的數據和幾何相似的模型泵的數據。針對在模型和原型泵之間的動力相似所對應的條件，試計算表格缺少的數值。

變數	原型	模型
Δp		29.3 kPa
Q	1.25 m³/min	
ρ	800 kg/m³	999 kg/m³
ω	183 rad/s	367 rad/s
D	150 mm	50 mm

7.77 於一個水槽中測試一艘 1m 長的船隻模型。所得的結果(做了一些數據分析之後)如下：

V (m/s)	3	6	9	12	15	18	20
D_{Wave} (N)	0	0.125	0.5	1.5	3	4	5.5
$D_{Friction}$ (N)	0.1	0.35	0.75	1.25	2	2.75	3.25

假設使用福勞得數模型化水波浪阻力且雷諾數模型化摩擦阻力。全尺寸船隻建造完成後會是 50m 長。請估計當它於一個淡水湖以 15 節與 20 節航速巡航時候的總阻力。

7.78 🖱

以 ω=750rpm 在運行的離心抽水機，具有下列關於流率 Q 和壓力落差 Δp 的數據：

Q (m³/hr)	0	100	150	200	250	300	325	350
Δp (kPa)	361	349	328	293	230	145	114	59

壓力落差 Δp 是幾個因素的函數，包括流量率 Q、速度 ω、動葉輪直徑 D 和水密度 ρ 的函數。試畫出壓力落差相對於流率的比較曲線。請找出這個問題的兩個 Π 參數，並且利用上述資料，畫出一個參數相對於另一個參數的曲線。經由對這個比較晚提到的曲線使用 Excel 來執行趨勢線分析，請讀者產生在動葉輪為 500rpm 和 1000rpm 轉速時的壓力落差和流率的數據，並且畫出壓力落差相對於流率的比較曲線圖。

7.79 在壓力落差 15J/kg 的情況下，一個軸向流動泵需要輸送 0.75m³/s 的水。轉子的直徑是 0.25m，而且要將它驅動到 500rpm 的轉速。從原型製作出來的模型要在具有 2.25kW、1000rpm 電源供應的小型設備上進行測試。針對在原型和模型之間的相似性能，試計算模型的壓力落差、體積流率和直徑。

7.80 直徑 0.61m 的模型螺旋槳在風洞進行測試。當螺旋槳以 2000rpm 旋轉時，空氣以 45.8m/s 的速度接近它。在這些條件下測量到的推進力和轉矩分別是 111N 和 10.2N・m。我們想建造一個比模型大十倍的原型。在動力相似的操作點上，吹入的空氣速度是 122m/s。在這些條件下，試計算原型螺旋槳的速度，推進力和轉矩，其中請疏忽黏度的影響但必須考慮密度的效應。

7.81 讓我們再一次考慮習題 7.40。經驗顯示，對於船尺寸的動葉輪，經過比例處理後的黏滯效應是很小的。而且，當孔蝕沒出現時，包含壓力的無因次參數是可忽略的。假設轉矩 T 和功率 $\mathscr{P}$ 取決於與推進力相同的參數。針對在其前提下 μ 和 p 的影響可以疏忽的條件，請模仿第 7-6 節的泵「法則」，推導螺旋槳的比例「法則」，這個法則可以讓推進力、轉矩和功率跟螺旋槳的角速度和直徑產生關聯。

7.82 水滴威信是依循樣式 $d_p = D(We)^{-3/5}$ 的機制所產生。於這個公式，d_p 是水滴的大小，D 正比於一個長度尺度而 We 是韋伯數。於調高尺度時，如果大尺度特徵長度的尺度增加 10 倍而大尺度速度減少 4 倍，對於相同的材料，舉例來說，水，小尺度的與大尺度的水滴彼此之間有何不同？

7.83 因為能量在測試區域下游的擴散器會被回收，所以在相同輸入功率的情況下，閉迴路風洞可以產生比開迴路風洞高的速度。動能比率(kinetic energy ratio) 是一個定義成在測試區域的動能通量對驅動器功率的比率的優值因數。請估計 7-6 節範例 7.6 後的最末段落所描述的 NASA-Ames 的 12.2m × 24.4m 風洞的動能比率。

7.84 一輛長 20m 卡車的 1：16 模型在風洞中以 80m/s 的速度進行測試，其中軸向靜態壓力梯度是每公尺 −1.2mm 的水。原型的迎風面積是 10m²。請替這種情形估計水平浮力的校正值。如果 $C_D = 0.85$，則將校正表示成所量測到 C_D 的分數的函數。

7.85 一個 1：16 公共汽車模型在標準空氣中於風洞內進行測試。模型是 152mm 寬、200mm 高和 762mm 長。在 26.5m/s 風速下量測到的阻力是 6.09N。風洞測試區域的縱向壓力梯度是 −11.8N/m²/m。請估計應該對量測到的阻力所做的修正，以便校正由測試區域的壓力梯度所引起的水平浮力。請計算模型的阻力係數。並且評估在一個平靜日子，以 100 公里/小時行進的原型所受的空氣動力阻力。

7.86 我們時常觀察到一面旗子在風中的旗桿上拍打著。請解釋為什麼會發生這種情形。

7.87 🖰

在水的自由表面的流動中，試探究由習題 7.2 的方程式所給予的波傳播速度的變動。請找出能使表面張力波達到最小的操作深度(波長比較小的波，也稱為紋波)。首先假設波長比水的深度小很多。然後探究深度的效應。對於用來視覺化可壓縮流動波現象的水表格，你會推薦什麼深度？藉由添加表面活性劑來減少表面張力所產生的影響是什麼？

In questions of science the authority of thousand is not worth the humble reasoning of a single individual.

Galileo Galilei

內部不可壓縮
黏滯流

8-1 簡介

A **完全發展的層流流動**

8-2 無限平行板間的完全發展層流流動

8-3 管中完全發展的層流流動

B **圓管和管道內的流動**

8-4 完全發展之管流的剪應力分布

8-5 完全發展之管流的紊流流速分布曲線

8-6 管流之能量考量

8-7 揚程損失的計算

8-8 管流問題的解

C **流量測量**

8-9 直接方法

8-10 內部流動的限制流量計

8-11 線性流量計

8-12 橫斷法

8-13 摘要與常用的方程式

專題研究   **拉斯維加斯百樂宮酒店的噴泉**

　　任何至拉斯維加斯的遊客對於百樂宮酒店
(Bellagio hotel) 前的噴泉多耳熟能詳。這些是一組由水
景設計公司(WET Design Company) 設計與興建的強力
水柱，水柱的強度與方向會配合所選取的音樂曲目作
變化來編舞。

　　水景設計公司研發出許多新點子來製作這噴泉。
傳統的噴泉多使用泵與圓管，兩者必須配合無間才有
最佳的流動(這一章主要討論的課題之一)。許多水景公
司的設計使用的是壓縮空氣來代替水泵，這允許能量
能夠持續地產生與累積，隨時準備好作即時的噴射。
這個使用壓縮空氣的創意作法使得噴泉變成實際可

拉斯維加斯百樂宮酒店的噴泉

行——若以傳統的的圓管或是泵系統來做，類似百樂宮的噴泉將會不切實際而又昂貴的。舉例來說，沒有昂貴
的、龐大與嘈雜的水泵是不可能噴出 73m 高的噴泉。水景公司所開發的「噴射器(Shooter)」借助於引入大的

壓縮空氣泡泡灌入圓管內,迫使被收集到的水於高壓之下通過噴嘴。安裝於百樂宮的噴射器能夠將 $0.28m^3/s$ 的水射向空氣中達 73m。除了提供一個令人目眩神移的效果外,它們僅僅耗用大約傳統水泵十分之一的能量來產生相同效果。其他的氣動設備產生脈衝式噴水柱,可達到 38m 的最大的高度。除了它們的電力外,這些創新也導致 80%或更多的能源費用能被省下以及較諸傳統的管-泵噴泉大約省下百分之五十的專案建築費用。

　　由實體表面所完全封閉的流動稱為內部流。因此,內部流包括許多重要和實用的流動,例如:流經管道、管路、噴嘴、擴散器、瞬間收縮器和擴張器、閥和接頭配件等的流體皆屬於內部流。

　　內部的流動可能是層流或紊流。某些層流狀況可以用解析的方式求解。如果是紊流的情況,則無法求得解析的解,我們必須借重半經驗法則與實驗數據。第 2-6 節討論層流與紊流的性質。對於內部流而言,流動的方式(層流或紊流) 主要由雷諾數決定。

　　於這一章我們將僅考慮不可壓縮流的情況;因此我們將研究液體與氣體的流動,且熱傳可以忽略不計,以及馬赫數 $M<0.3$;於空氣中馬赫數 $M=0.3$ 的值相當於 100m/s 的速度。扼要介紹之後,這一章分成下述幾部分:

A A 部分討論牛頓流體於兩平行板之間以及於管內完全發展的層流流動。這兩個例子都能夠完整地解出。

B B 部分是關於圓管與管道內的層流與紊流流動。層流的分析工作仍依照第 A 部分所述者;而紊流(這是最常見的)則過於複雜而難以被完整分析,所以實驗數據常會被用來發展求解的技術。

C C 部分是流動量測方法的討論。

8-1 簡介

層流與紊流

　　如先前在第 2-6 節中討論,圓管流體流動的方式(層流或紊流)取決於雷諾數, $Re=\rho \vec{V}D/\mu$。藉由典型的雷諾實驗[1] 可以明確顯示出層流和紊流在性質上的差別。在此實驗中,水從一個大型儲水槽流出而經過一個透明圓管。在通往管的入口注射染色劑,染色劑的色絲讓我們可以觀察到流量。在低流量率(低雷諾數) 時,染料沿著管形成一條細絲,或多層狀,因為流量是層流,所以僅有很少的染色劑分散。層流就是以多層方式流動的流體,視覺上,層與層相鄰處沒有混合現象。

---

[1] NCFMF 影片《*Turbulence* (紊流)》有此實驗的示範。(請參見 http://web.mit.edu/fluids/www/ Shapiro/ncfmf.html 免費線上觀賞這部影片;雖然有些久遠,但仍然值得一看!)

當經過圓管的流量率增加時，染色劑細絲最後變得很不穩定，進而分裂成為整個管內的隨機運動；染色劑的色絲線被拉扯捲繞，糾纏在一起，很快地在整個的流域各處散開來。流體的此種行為係由於疊加在紊流主運動平均的小量、高頻的速度變動所引起，如先前圖 2.15 中所舉例說明；來自相鄰層流間的流動粒子混合，導致染色劑迅速分散。我們於第 2 章提及過日常生活上層流與紊流不同之處的例子——當你輕輕地扭開廚房水龍頭(不使之暴露於空氣中)。於非常低的出水率時，水會平滑地流出(從水龍頭流出的層流可以看出)；於更高的出水率時，水流變得翻攪不止(紊流)。

在正常的情況下，$Re \approx 2300$ 時圓管中的流體將轉換為紊流：就 25mm 直徑圓管中的水流而言，這些相當於 0.091m/s 的平均速度。如果非常小心地保持流量穩定而避免攪動，並且使用光滑表面，實驗已經能夠維持圓管中雷諾數大約 100,000！然而，大多數工程上的流動情形並非如此小心控制，所以，我們採用 $Re \approx 2300$ 作為進入紊流狀況的基準點。有關其他流動狀況的紊流轉變雷諾數，將會在範例中提出。當流體中的黏滯性不能夠壓抑流體運動中的隨機變動(例如，肇因於圓管鑄壁粗糙度的流體運動)，然後流量變成混亂就會造成紊流。舉例來說，高黏滯性流體如機油較諸低黏滯性流體如水能夠更有效的平撫波動，也因此即使處於相對高的流量率依然能夠維持於層流的流動狀態。另一方面，高密度流體由於運動中的隨機變動，會產生明顯的慣性力，並且此流體在相對低流量率時即轉變為擾動狀態。

入口區域

圖 8.1 舉例說明在一個圓管入口區域的層流。在圓管入口，流量有固定的速度 U_0。由於管壁處的無滑動條件，我們知道整條圓管之管壁處的速度一定是零。一個邊界層(第 2-6 節)沿著渠道的壁面發展而成。實體表面對流體施予阻滯的剪力；因此與鄰近管壁表面處的流體速度會降低。在此入口區域以後接續的圓管截面，固體表面的影響更加可以感覺出來。

對於不可壓縮流而言，當管壁附近的流遠減少時，質量守恆使得管中央無摩擦區域中速度一定要些微地增加以做償還；對於此無摩擦之中央區域，則其壓力(如白努利方程式所指) 也一定要略微降低些。

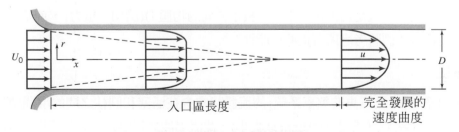

圖 8.1　圓管入口區中的流體

在距離圓管入口夠遠的地方，圓管壁上發展的邊界層到達圓管中線，而且流體變成完全黏性流。在非黏性的中心消失之後，速度分布形狀發生些微變化。當分布線型不再隨距離 x 的增加而改變，此流動稱之為已完全發展(fully developed)。從入口至完全發展流量的開始處稱為入口長度(entrance length)。完全發展流場速度分布之實際形狀，必須端視流場是層流或紊流而決定。在圖 8.1 中展示了一個定性的層流線型分布。雖然對某些已完全發展的層流而言，其速度分布線型能藉由第 5 章的完全運動反應式去簡化獲得，但是擾流卻不能夠如此處理。

對於層流而言，入口長度 L 是雷諾數的函數，

$$\frac{L}{D} \simeq 0.06 \frac{\rho \bar{V} D}{\mu} \tag{8.1}$$

其中 $\bar{V} \equiv Q/A$ 是平均速度(因為流量率 $Q = A\bar{V} = AU_0$，我們有 $\bar{V} = U_0$)。可以只將圓管中層流的雷諾數設定為低於 2300。因此圓管層流流場的入口長度大約等於

$$L \simeq 0.06 \, Re \, D \le (0.06)(2300) \, D = 138D$$

或說將近 140 倍。如果流場是流體層與層中混合作用的紊流，邊界層的成長更為快速[2]。實驗顯示，距入口的 25 倍到 40 倍的管徑裡面，可讓平均速度分布達到完全發展。然而，在距入口 80 倍或更遠的管徑中，紊流擾動運動的局部細小部分可能沒有完全發展。我們現在準備研究內部層流流動(第 A 部分)。以及圓管和管道內的層流與紊流流動(第 B 部分)。為此我們將專注於入口區域後面發生的事情，即，完全發展的層流流動。

A 完全發展的層流流動

此部分中，我們考慮幾個典型的完全發展的層流例子。我們的意圖是獲得關於速度的詳細資訊，因為從速度場的知識中可以讓我們計算得知剪應力、壓力降和流量率。

8-2 無限平行板間的完全發展層流流動

平行板之間的流動是很引人入勝的，因為其幾何形狀是可能的形狀中最簡單者，但是為什麼板之間會出現流動呢？答案是可以透過施加一個平行於板子的壓力梯度，或是藉著移動一片平行於另一片板子的板子，或是藉由承受平行於板子方向的物體力(例如：重力)，或是組合這些驅動機制來產生流動。我們將考慮所有這些可能性。

兩板皆靜止

高壓水力系統(像是汽車的煞車系統)的流體時常會在活塞和圓柱之間的環間隙發生滲漏現象。間隙非常小的時候(通常是 0.005mm 或更小)，此流場能以無限延長而又互相平行的板子之間的流動來模擬，如圖 8.2 所示。為了計算漏失流量率，我們須首先決定出速度場。

---

2 此種混合可用 NCFMF 影片之介紹部分去解釋紊流甚佳。

(請參見 http://web.mit.edu/fluids/www/Shapiro/ncfmf.html 免費線上觀賞這部影片。)

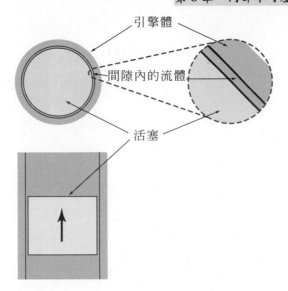

圖 8.2　以平行的板子來近似活塞-引擎體

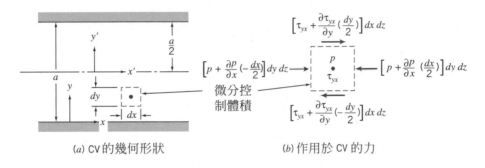

(a) CV 的幾何形狀　　　　　　　(b) 作用於 CV 的力

圖 8.3　分析靜止之無限平行板之間層流所用的控制體積

　　讓我們考慮在水平的無限平行板之間的完全發展層流。平板分開距離 a，如圖 8.3 所示。在 z 方向板被視為無限，在此方向沒有任何流體性質的變動。流量也被假定是為穩定與不可壓縮。在我們開始分析之前，關於流場，我們知道些什麼？由於壁面上不滑動，有一件事我們可以確定，即在上下的板兩者的 x 方向速度分量皆是零。其邊界條件遂為

$$在 y=0 \qquad u=0$$

$$在 y=a \qquad u=0$$

因為流動已是完全發展的，速度不隨 x 而改變，因此，只和視 y 有關，所以 $u=u(y)$，此外，也沒有 y 或 z 方向的速度分量($v=w=0$)。事實上，對於完全發展流而言，壓力將在(也只能在)x 方向中變更(從分析來決定方法)。

　　此為使用直角座標之納維爾-史托克方程式的明顯狀況(5.27 式)。使用上述之假定，這些方程式能被大大地簡化，然後使用邊界條件來解算(請參見習題 8.16)。在此節中，我們將採用較不直接的方法：微分控制體積，藉此推導出流體力學的某些重要特徵。

　　為了便於分析，我們選擇大小為 $d V = dx\,dy\,dz$ 的微分控制體積，而且應用 x 分量的動量方程式。

基本方程式：

$$= 0(3) \quad = 0(1)$$

$$F_{S_x} + \cancel{F_{B_x}}^{\nearrow} = \cancel{\frac{\partial}{\partial t}}^{\nearrow} \int_{CV} u \, \rho \, d\Psi + \int_{CS} u \, \rho \vec{V} \cdot d\vec{A} \tag{4.18a}$$

假設：(1) 穩定流(已知)

(2) 完全發展流(已知)

(3) $F_{B_x} = 0$(已知)

完全發展的流動的特性是沿著流動方向上所有位置的流速分布曲線都是一致的；因此動量沒有增減。4.18a 式因而簡化成一個簡單的結果就是作用於控制體積上之表面力的總和等於零，

$$F_{S_x} = 0 \tag{8.2}$$

下一步是將沿 x 方向作用於控制體積上之力加總起來。我們認出作用於左與右面的垂直力(壓力)以及作用於頂面與底面的切向力(剪力)。

如果在單元的中心的壓力是 p，那麼在左面壓力是

$$dF_L = \left(p - \frac{\partial p}{\partial x} \frac{dx}{2} \right) dy \, dz$$

且在右面上壓力是

$$dF_R = -\left(p + \frac{\partial p}{\partial x} \frac{dx}{2} \right) dy \, dz$$

如果在單元中心的剪應力是 τ_{yx}，則底面上的剪力是

$$dF_B = -\left(\tau_{yx} - \frac{d\tau_{yx}}{dy} \frac{dy}{2} \right) dx \, dz$$

而且在頂面上剪力是

$$dF_T = \left(\tau_{yx} + \frac{d\tau_{yx}}{dy} \frac{dy}{2} \right) dx \, dz$$

請注意，以泰勒級數對元件中心剪應力 τ_{yx} 展開時，我們使用全微分，而非偏微分。我們之所以這樣做是因為我們知道 τ_{yx} 只是 y 的函數，因為 $u = u(y)$。

使用 8.2 式內四個表面的作用力 $dF_L, dF_R, dF_B,$ 與 dF_T；此式被簡化成

$$\frac{\partial p}{\partial x} = \frac{d\tau_{yx}}{dy} \tag{8.3}$$

這個方程式說明因為動量方面沒有變化，淨壓力(實際上是 $-\partial p / \partial x$) 平衡了淨摩擦力(實際上是 $-d\tau_{yx} / dy$)。8.3 式有一個有趣的特徵：左邊最多只是 x 的一個函數(將動量方程式的 y 分量寫出來即可得知)；右邊最多只是 y 的函數(因為是完全發展流)。因此，只有在方程式的兩邊都是常數時，才能對所有的 x 及 y 成立：

$$\frac{d\tau_{yx}}{dy} = \frac{\partial p}{\partial x} = 常數$$

將此方程式積分，我們得知

$$\tau_{yx} = \left(\frac{\partial p}{\partial x}\right)y + c_1$$

其指出剪應力隨著 y 而成線性變化。我們希望找到速度的分布。為了達到這個目的，我們必須使剪應力和速度場產生關聯。對於牛頓流體，我們使用 2.15 式，因為我們預設其為一維空間流[否則我們應該從完全的應力方程式(5.25a 式)開始，並且簡化之]，

$$\tau_{yx} = \mu \frac{du}{dy} \tag{2.15}$$

因此我們得到

$$\mu \frac{du}{dy} = \left(\frac{\partial p}{\partial x}\right)y + c_1$$

再一次積分

$$u = \frac{1}{2\mu}\left(\frac{\partial p}{\partial x}\right)y^2 + \frac{c_1}{\mu}y + c_2 \tag{8.4}$$

有個值得注意的有趣現象：假如我們從納維爾－史托克方程式開始(即 5.27 式)而不是使用差分的控制體積，幾個步驟之後(也就是簡化和積分兩次) 我們會獲得 8.4 式(請參見習題 8.16)。為了要算出常數 c_1 和 c_2，我們必須用到邊界條件。在 $y=0$ 時，我們得到 $u=0$，因此 $c_2=0$。在 $y=a$ 時，$u=0$。因此

$$0 = \frac{1}{2\mu}\left(\frac{\partial p}{\partial x}\right)a^2 + \frac{c_1}{\mu}a$$

由此可知

$$c_1 = -\frac{1}{2}\left(\frac{\partial p}{\partial x}\right)a$$

所以，

$$u = \frac{1}{2\mu}\left(\frac{\partial p}{\partial x}\right)y^2 - \frac{1}{2\mu}\left(\frac{\partial p}{\partial x}\right)ay = \frac{a^2}{2\mu}\left(\frac{\partial p}{\partial x}\right)\left[\left(\frac{y}{a}\right)^2 - \left(\frac{y}{a}\right)\right] \tag{8.5}$$

此時我們已經有了速度分布。這是找出其他的流動性質的關鍵之處，我們將接著討論。

剪力分布

下式提供剪應力分布

$$\tau_{yx} = \left(\frac{\partial p}{\partial x}\right)y + c_1 = \left(\frac{\partial p}{\partial x}\right)y - \frac{1}{2}\left(\frac{\partial p}{\partial x}\right)a = a\left(\frac{\partial p}{\partial x}\right)\left[\frac{y}{a} - \frac{1}{2}\right] \tag{8.6a}$$

體積流率

下式提供體積流率

$$Q = \int_A \vec{V} \cdot d\vec{A}$$

對於 z 方向深度 l 處，

$$Q = \int_0^a ul\,dy \quad \text{or} \quad \frac{Q}{l} = \int_0^a \frac{1}{2\mu}\left(\frac{\partial p}{\partial x}\right)(y^2 - ay)\,dy$$

因此下式提供每單位深度的體積流率

$$\frac{Q}{l} = -\frac{1}{12\mu}\left(\frac{\partial p}{\partial x}\right)a^3 \tag{8.6b}$$

以壓力降為函數所表示的流量率

因為 $\partial p/\partial x$ 是常數,壓力隨 x 與下式而成線性變化

$$\frac{\partial p}{\partial x} = \frac{p_2 - p_1}{L} = \frac{-\Delta p}{L}$$

代入體積流率的表示式可得

$$\frac{Q}{l} = -\frac{1}{12\mu}\left[\frac{-\Delta p}{L}\right]a^3 = \frac{a^3\Delta p}{12\mu L} \tag{8.6c}$$

平均速度

平均速度大小 $\bar{V}$,由下式得出

$$\bar{V} = \frac{Q}{A} = -\frac{1}{12\mu}\left(\frac{\partial p}{\partial x}\right)\frac{a^3 l}{la} = -\frac{1}{12\mu}\left(\frac{\partial p}{\partial x}\right)a^2 \tag{8.6d}$$

最大速度點

為了要找出最高的速度點,我們設定 du/dy 等於 0 並且解出對應的 y。從 8.5 式

$$\frac{du}{dy} = \frac{a^2}{2\mu}\left(\frac{\partial p}{\partial x}\right)\left[\frac{2y}{a^2} - \frac{1}{a}\right]$$

因此,

$$\frac{du}{dy} = 0 \quad \text{在} \quad y = \frac{a}{2}$$

在

$$y = \frac{a}{2}, \quad u = u_{\max} = -\frac{1}{8\mu}\left(\frac{\partial p}{\partial x}\right)a^2 = \frac{3}{2}\bar{V} \tag{8.6e}$$

座標轉換

從上述關係的推導中,是以下方的平板為座標原點 $y=0$,我們也很容易便可取管道的中央線為原點。若以符號 x, y' 表示原點在中央線的座標,則當 $y' = \pm a/2$ 時,邊界條件為 $u=0$。

為了要獲得以 x, y' 表示的速度分布,我們將 $y = y' + a/2$ 代入 8.5 式之內,結果為

$$u = \frac{a^2}{2\mu}\left(\frac{\partial p}{\partial x}\right)\left[\left(\frac{y'}{a}\right)^2 - \frac{1}{4}\right] \tag{8.7}$$

8.7 式顯示在固定不動的平行板之間的層流速度分布線型是拋物線,如圖 8.4 所示。

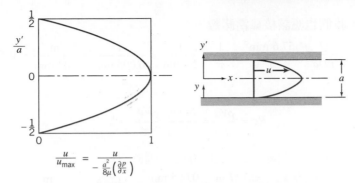

圖 8.4　在平行板之間完全發展的層流之無因次速度分布

由於所有經過牛頓黏滯定律的應力僅僅與速度梯度有關，而由紊流波動所造成的應力並未列入考慮，本節所有結果只對層流有效。實驗顯示；在固定不動的平行板之間的層流，其雷諾數(定義為 $Re = \rho \overline{V} a / \mu$) 超過約 1400 時會變成紊流，因此在使用 8.6 式之後，應檢算其雷諾數，以確保為有效答案。

範例 8.1　活塞的漏流量

在錶壓 20MPa 和 55℃下運作的一個液壓系統。液壓流體是 SAE 10W 油。控制閥包含有直徑 25 公釐的活塞，裝在平均間隙 0.005 公釐的汽缸中。如果活塞低壓側的錶壓為 1.0MPa，試求漏失流量率(活塞長度是 15 公釐)。

已知：在活塞和汽缸之間有液壓油流動，如圖所示。此流體係 55℃下之 SAE 10W 油。

求解：漏失流量率 Q。

解答：

間隙寬度非常小，因此，可模擬成在兩平行平板之間的流動。8.6c 式可以適用。

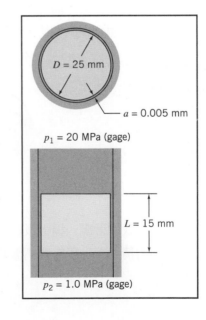

控制方程式：
$$\frac{Q}{l} = \frac{a^3 \Delta p}{12 \mu L} \qquad (8.6c)$$

假設：(1) 層流。
　　　　(2) 穩定流。
　　　　(3) 不可壓縮流。
　　　　(4) 完全發展流。
　　　　(請注意 $L/a = 15/0.005 = 3000$ ！)

平板寬度 l，近似 $l = \pi D$。因此

$$Q = \frac{\pi D a^3 \Delta p}{12 \mu L}$$

對於在 55℃的 SAE 10W 油，$\mu = 0.018 \text{kg}/(\text{m} \cdot \text{s})$，從附錄 A 的圖 A.2，因此

$$Q = \frac{\pi}{12} \times 25 \text{ mm} \times \frac{(0.005)^3 \text{ mm}^3}{} \times (20-1)10^6 \frac{\text{N}}{\text{m}^2} \times \frac{\text{m} \cdot \text{s}}{0.018 \text{ kg}} \times \frac{1}{15 \text{ mm}} \times \frac{\text{kg} \cdot \text{m}}{\text{N} \cdot \text{s}^2}$$

$$Q = 57.6 \text{ mm}^3/\text{s} \longleftarrow \underset{}{\hspace{1cm}} Q$$

為確保此流是層流，我們也應該核算雷諾數。

$$\bar{V} = \frac{Q}{A} = \frac{Q}{\pi D a} = 57.6 \frac{\text{mm}^3}{\text{s}} \times \frac{1}{\pi} \times \frac{1}{25 \text{ mm}} \times \frac{1}{0.005 \text{ mm}} \times \frac{\text{m}}{10^3 \text{ mm}} = 0.147 \text{ m/s}$$

而且

$$Re = \frac{\rho \bar{V} a}{\mu} = \frac{\text{SG} \, \rho_{\text{H}_2\text{O}} \bar{V} a}{\mu}$$

因為 SAE 10W 油，從附錄 A 的圖 A.2，SG = 0.92。因此

$$Re = \frac{0.92}{} \times 1000 \frac{\text{kg}}{\text{m}^3} \times 0.147 \frac{\text{m}}{\text{s}} \times 0.005 \text{ mm} \times \frac{\text{m} \cdot \text{s}}{0.018 \text{ kg}} \times \frac{\text{m}}{10^3 \text{ mm}} = 0.0375$$

因為 $Re \ll 1400$，故而此流確實是層流。

上板以等速率 U 移動

第二種在無限平行板子之間產生流動的基本方法，不論有或沒有施加壓力梯度，是將一個板子平行於另一個板子移動。我們將下一步將針對層流的情況來分析這個問題。

這樣的流動通常出現在，舉例來說，軸頸軸承中的流動(常用的軸承型式，例如；汽車引擎中主曲柄軸的軸承)，在此軸承中，內部氣缸、軸頸，在靜止的構件中旋轉。負載輕時，二個構件中心基本上是重合的，而且小間隙是對稱的。由於間隙很小，「展開」軸承並且模擬成兩平行板之間的流動是個合理的做法，一如在圖 8.5 中所畫的圖。

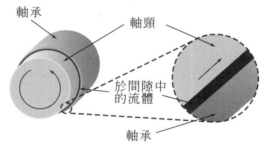

圖 8.5　以平行板子近似軸頸軸承

現在讓我們考慮一種上板以等速率 U 向右移動的狀況，如圖 8.4 所示，從上板原本穩定不動變成移動的情況下，所有我們需要做的僅是改變一項邊界條件，此移動平板狀況的邊界條件是

$$u = 0 \quad 在 \quad y = 0$$

$$u = U \quad 在 \quad y = a$$

因為只有邊界條件改變，故不需要重覆前節的整個分析。導出 8.4 式的分析對移動平板情形同樣有效。因此流速分布為

$$u = \frac{1}{2\mu} \left(\frac{\partial p}{\partial x} \right) y^2 + \frac{c_1}{\mu} y + c_2 \tag{8.4}$$

而我們唯一的工作是，使用適當的邊界條件算出常數 c_1 和 c_2。[再次叮嚀您，請注意，使用完整的納維爾-史托克方程式(5.27 式)可以非常快地導到 8.4 式。]

在 $y=0$ 時，$u=0$。因此，$C_2=0$。

在 $y=a$ 時，$u=U$。因此，

$$U = \frac{1}{2\mu}\left(\frac{\partial p}{\partial x}\right)a^2 + \frac{c_1}{\mu}a \quad \text{於是，} c_1 = \frac{U\mu}{a} - \frac{1}{2}\left(\frac{\partial p}{\partial x}\right)a$$

因此，

$$u = \frac{1}{2\mu}\left(\frac{\partial p}{\partial x}\right)y^2 + \frac{Uy}{a} - \frac{1}{2\mu}\left(\frac{\partial p}{\partial x}\right)ay = \frac{Uy}{a} + \frac{1}{2\mu}\left(\frac{\partial p}{\partial x}\right)(y^2 - ay)$$

$$u = \frac{Uy}{a} + \frac{a^2}{2\mu}\left(\frac{\partial p}{\partial x}\right)\left[\left(\frac{y}{a}\right)^2 - \left(\frac{y}{a}\right)\right] \tag{8.8}$$

請注意對於上平板靜止不動的情況(設定 $U=0$)，8.8 式會簡化成 8.5 式，可知結果是可靠的。從 8.8 式，對於零壓力梯度(因為 $\partial p/\partial x = 0$)而言，其速度會隨著 y 而線性地改變。這是稍早在第 2 章處理過的情況，這個線性分布曲線稱之為克維特流(Couette flow)，是以十九世紀一位法國物理學家之名來命名。

從 8.8 式的流速分布曲線我們可以得到更多關於此流動的資訊。

剪應力分布

剪應力分布為 $\tau_{yx} = \mu(du/dy)$

$$\tau_{yx} = \mu\frac{U}{a} + \frac{a^2}{2}\left(\frac{\partial p}{\partial x}\right)\left[\frac{2y}{a^2} - \frac{1}{a}\right] = \mu\frac{U}{a} + a\left(\frac{\partial p}{\partial x}\right)\left[\frac{y}{a} - \frac{1}{2}\right] \tag{8.9a}$$

體積流率

體積流率為 $Q = \int_A \vec{V} \cdot d\vec{A}$，對於 z 方向的深度 l 而言，

$$Q = \int_0^a ul\, dy \quad \text{or} \quad \frac{Q}{l} = \int_0^a \left[\frac{Uy}{a} + \frac{1}{2\mu}\left(\frac{\partial p}{\partial x}\right)(y^2 - ay)\right]dy$$

因此每單位深度體積流率為

$$\frac{Q}{l} = \frac{Ua}{2} - \frac{1}{12\mu}\left(\frac{\partial p}{\partial x}\right)a^3 \tag{8.9b}$$

平均速度

平均速度 $\bar{V}$，為

$$\bar{V} = \frac{Q}{A} = l\left[\frac{Ua}{2} - \frac{1}{12\mu}\left(\frac{\partial p}{\partial x}\right)a^3\right]\Big/ la = \frac{U}{2} - \frac{1}{12\mu}\left(\frac{\partial p}{\partial x}\right)a^2 \tag{8.9c}$$

最大速度點

為了要發現最大速度點,我們設定 du/dy 等於 0,並解算出相應的 y 值。從 8.8 式

$$\frac{du}{dy} = \frac{U}{a} + \frac{a^2}{2\mu}\left(\frac{\partial p}{\partial x}\right)\left[\frac{2y}{a^2} - \frac{1}{a}\right] = \frac{U}{a} + \frac{a}{2\mu}\left(\frac{\partial p}{\partial x}\right)\left[2\left(\frac{y}{a}\right) - 1\right]$$

因此,

$$\frac{du}{dy} = 0 \quad 在 \quad y = \frac{a}{2} - \frac{U/a}{(1/\mu)(\partial p/\partial x)}$$

此流動的狀況中,就最高速度 u_{max} 與平均速度 $\bar{V}$ 之間沒有簡單關係。

從 8.8 式我們可將速度線型視為線性型與拋物線型的組合;8.8 式的最後一項就是 8.5 式的最後一項。所得的結果是速度分布曲線族,視 U 與 $(1/\mu)(\partial p/\partial x)$ 而定;圖 8.5 中畫出了三種速度分布(如圖 8.6 所示,有些逆流——朝向負的 x 方向的流動——發生於 $\partial p/\partial x > 0$ 時)。

再一次的說,本節中所研討出的結果只對層流有效。實驗顯示此種流動在雷諾數約為 1500 時變為紊流(由於 $\partial p/\partial x = 0$),其中對此種流動狀況而言 $Re = \rho Ua/\mu$。對於壓力梯度不為零的情況下,沒有太多可供利用的資料。

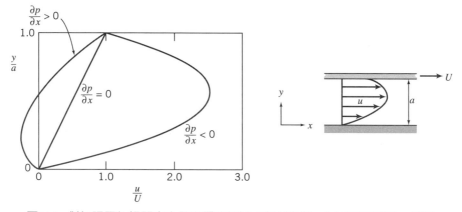

圖 8.6 對無限平行板間完全發展層流的無因次化速度:上板以等速率 U 移動

範例 8.2 頸軸承中的力矩與功率

汽車引擎的曲柄軸軸頸在 99℃ 下,以 SAE 30 油潤滑。軸承直徑是 76mm,直徑間隙是 0.0635mm,並且轉速為 3600rpm;其長度為 31.8mm。軸承在空載下,故而間隙對稱。試決定轉動軸承所需之力矩以及功率消耗。

已知:頸軸承,如圖所示。請注意間隙寬度 a,為直徑間隙的一半。潤滑料是 99℃ 之 SAE 30。速度為 3600rpm。

求解: (a) 轉矩 T。
　　　　 (b) 功率消耗。

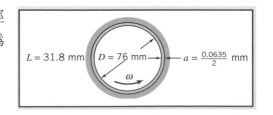

解答：

作用於頸軸承上的力矩是，由於油膜中的黏滯剪力所引起。因為間隙寬度極小，故此流可以模擬為在無限的平行板之間的流動：

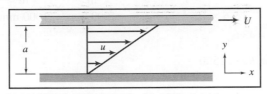

控制方程式：

$$\tau_{yx} = \mu \frac{U}{a} + a \underbrace{\left(\frac{\partial p}{\partial x}\right)}_{=0(6)}\left[\frac{y}{a} - \frac{1}{2}\right] \tag{8.9a}$$

假設：(1) 層流。

(2) 穩流。

(3) 不可壓縮流。

(4) 完全發展流。

(5) 無限寬度($L/a = 31.8/0.03175 = 1000$，所以，這是合理的假定)。

(6) $\partial p / \partial x = 0$ (在無外力情況下，流動是對稱的)。

則

$$\tau_{yx} = \mu \frac{U}{a} = \mu \frac{\omega R}{a} = \mu \frac{\omega D}{2a}$$

對於 SAE 30 潤滑油在 99℃，$\mu = 9.6 \times 10^{-3}\,\text{N} \cdot \text{s} / \text{m}^2$，從附錄 A 的圖 A.2。於是，

$$\tau_{yx} = \frac{9.6 \times 10^{-3}\,\text{N} \cdot \text{s}}{\text{m}^2} \times \frac{3600\,\text{rev}}{\text{min}} \times \frac{2\pi\,\text{rad}}{\text{rev}} \times \frac{\text{min}}{60\,\text{s}} \times 76\,\text{mm} \times \frac{\text{m}}{1000\,\text{mm}} \times \frac{1}{2} \times \frac{1}{0.03175\,\text{mm}} \times \frac{1000\,\text{mm}}{\text{m}} \times \frac{\text{Pa} \cdot \text{m}^2}{\text{N}}$$

$$\tau_{yx} = 4331.6\,\text{Pa}$$

總剪力為剪應力乘上面積且作用在頸軸承表面。因此，就轉矩而言

$$T = FR = \tau_{yx}\pi DLR = \frac{\pi}{2}\tau_{yx}D^2 L$$

$$= \frac{\pi}{2} \times 4331.6\,\text{Pa} \times (76)^2\text{mm}^2 \times 31.8\,\text{mm} \times \frac{\text{N}}{\text{m}^2} \times \frac{\text{m}^2}{10^6\,\text{mm}^2} \times \frac{\text{m}}{1000\,\text{mm}}$$

$$T = 1.25\,\text{N} \cdot \text{m} \underline{\hspace{6cm}} T$$

在軸承中之功率消耗是

$$\dot{W} = FU = FR\omega = T\omega$$

$$= 1.25\,\text{N} \cdot \text{m} \times \frac{3600\,\text{rev}}{\text{min}} \times \frac{\text{min}}{60\,\text{s}} \times \frac{2\pi\,\text{rad}}{\text{rev}} \times \frac{\text{J}}{\text{N} \cdot \text{m}} \times \frac{\text{W}}{\text{J} \cdot \text{s}}$$

$$\dot{W} = 471\,\text{W} \underline{\hspace{6cm}} \dot{W}$$

為確定是層流，檢查雷諾數。

$$Re = \frac{\rho Ua}{\mu} = \frac{\text{SG}\rho_{\text{H}_2\text{O}}Ua}{\mu} = \frac{\text{SG}\rho_{\text{H}_2\text{O}}\omega Ra}{\mu}$$

假定，SAE 30 油與 SAE 10W 油的比重近似相同。從附錄 A 之圖 A.2，SG= 0.92。如此

$$Re = \frac{0.92 \times 1000 \frac{kg}{m^3} \times \frac{(3600)2\pi}{60} \frac{rad}{s} \times 38\,mm \times 0.03175\,mm}{}$$

$$\times \frac{1}{9.6 \times 10^{-3}\,N\cdot s/m^2} \times \frac{m}{1000\,mm} \times \frac{m}{1000\,mm}$$

$$Re = 43.6$$

因此，此流動爲層流，因爲 $Re \ll 1500$ 。

在上述問題中，我們將環形小間隙的圓形流線流動視作無限平行板間的線性流動。如同我們在範例分析 5.10 中所見；對於間隙寬度 a 對 R 之比率 a/R(在問題中小於 1%)，剪應力誤差約爲比值之 $\frac{1}{2}$。因此，所引進之誤差甚微——比起選定潤滑油之黏性而造成的不確定性少得許多。

我們已經看過如何藉由施加壓力梯度、讓兩平行板作相對地移動，或這兩種驅動機制兼具來產生穩定、一維的層流流動。爲了要完成我們對此種型態流的討論，範例分析 8.3 探討一個受重力所驅動(gravity-driven)、穩定的、一維的層流，沿垂直壁面向下流下；再次，直接的方法是以納維爾-史托克方程式(5.27 式)的二維直角座標模型解算；而不是我們將要用到的微分控制體積。

範例 8.3　垂直壁面上的層流

一個黏滯、不可壓縮的、牛頓流體，以穩定的層流型式流下垂直的壁面。液體薄膜的厚度 δ 爲常數。因爲流體的自由表面暴露於大氣壓力之下，所以沒有壓力梯度。應用動量方程式於此重力驅動之流體的微分控制體積 $dx\,dy\,dz$，以推導液體薄膜之流速分布。

已知：不可壓縮之完全發展的層流的牛頓流體流下垂直壁面，液體薄膜厚度 δ 爲一常數，且 $\partial p / \partial x = 0$ 。

求解：膜的流速分布表示式。

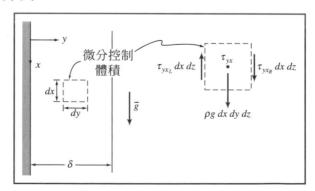

解答：

控制體積動量方程式之 x 分量爲

$$F_{S_x} + F_{B_x} = \frac{\partial}{\partial t} \int_{CV} u\,\rho\,d\forall + \int_{CS} u\,\rho \vec{V} \cdot d\vec{A} \tag{4.18a}$$

根據已知條件，我們正處理的是穩定的不可壓縮並且已完全發展之層流。

對於穩定的流動，$\dfrac{\partial}{\partial t}\displaystyle\int_{CV} u\,\rho\,d\forall = 0$

對於完全發展的流動，$\displaystyle\int_{CS} u\,\rho\vec{V}\cdot d\vec{A} = 0$

因此，就本例而言，動量方程式可簡化為

$$F_{S_x} + F_{B_x} = 0$$

物體力 F_{B_x} 可由 $F_{B_x} = \rho g\,d\forall = \rho g\,dx\,dy\,dz$ 得知。唯一作用於微分控制體積的表面力是作用於垂直表面的剪力。(因為我們有的只是自由表面流動，其具有直線型的流線，壓力全都是大氣壓力；沒有淨壓力作用於控制體積。)

如果微分控制體積中心的剪應力是 τ_{yx}，那麼，

在左面上的剪應力是 $\tau_{yx_L} = \left(\tau_{yx} - \dfrac{d\tau_{yx}}{dy}\dfrac{dy}{2}\right)$，

而且

在右面上的剪應力是 $\tau_{yx_R} = \left(\tau_{yx} + \dfrac{d\tau_{yx}}{dy}\dfrac{dy}{2}\right)$

剪應力向量的方向取成與第 2-3 節的慣用符號一致，如此在左面上，負 y 表面，τ_{yx_L} 作用向上，而且在右邊的面上，一個正 y 表面，τ_{yx_R} 作用向下。

表面力藉由每個剪應力乘上其作用的面積可得。代入 $F_{S_x} + F_{B_x} = 0$，我們得到

$$-\tau_{yx_L}\,dx\,dz + \tau_{yx_R}\,dx\,dz + \rho g\,dx\,dy\,dz = 0$$

或

$$-\left(\tau_{yx} - \dfrac{d\tau_{yx}}{dy}\dfrac{dy}{2}\right)dx\,dz + \left(\tau_{yx} + \dfrac{d\tau_{yx}}{dy}\dfrac{dy}{2}\right)dx\,dz + \rho g\,dx\,dy\,dz = 0$$

簡化之

$$\dfrac{d\tau_{yx}}{dy} + \rho g = 0 \quad 或 \quad \dfrac{d\tau_{yx}}{dy} = -\rho g$$

因為

$$\tau_{yx} = \mu\dfrac{du}{dy} \quad 則 \quad \mu\dfrac{d^2u}{dy^2} = -\rho g \quad 及 \quad \dfrac{d^2u}{dy^2} = -\dfrac{\rho g}{\mu}$$

對 y 積分

$$\dfrac{du}{dy} = -\dfrac{\rho g}{\mu}y + c_1$$

再一次積分，得到

$$u = -\dfrac{\rho g}{\mu}\dfrac{y^2}{2} + c_1 y + c_2$$

為了要計算出常數 c_1 和 c_2，我們加上適當的邊界條件：

(i) $y=0$,　$u=0$　　(不滑動)

(ii) $y=\delta$,　$\dfrac{du}{dy} = 0$　　(省略空氣阻力，亦即，假定在自由面的剪應力為零)

從邊界條件(i)　$c_2 = 0$

從邊界條件(ii)　$0 = -\dfrac{\rho g}{u}\delta + c_1$　或　$c_1 = -\dfrac{\rho g}{u}\delta$

因此,

$$u = -\frac{\rho g}{\mu}\frac{y^2}{2} + \frac{\rho g}{\mu}\delta y \quad \text{或} \quad u = \frac{\rho g}{\mu}\delta^2\left[\left(\frac{y}{\delta}\right) - \frac{1}{2}\left(\frac{y}{\delta}\right)^2\right]$$

$\xleftarrow{\hspace{3cm}} u(y)$

使用上述速度分布曲線可展示:

$$\text{體積流率為 } Q/l = \frac{\rho g}{3u}\delta^3$$

$$\text{最大速度為 } U_{max} = \frac{\rho g}{2u}\delta^2$$

$$\text{平均速度為 } \bar{v} = \frac{\rho g}{3u}\delta^2$$

由於($Re = \bar{V}\delta/v \leq 1000$ [1]),液體薄膜的流動為層流[1]。

備註:

✓　此範例是範例 5.9 中,分析傾斜平面流動並使用納維爾-史托克方程式解算之特例 ($\theta = 90$ 度)。

✓　此範例與範例 5.9 示範了使用微分控制體積或納維爾-史托克方程式,會推導出同樣的結果。

8-3　管中完全發展的層流

　　以完全發展層流的最後一個例子而言,讓我們考慮在管中完全發展的層流。在此狀況中,流體呈現軸對稱現象。所以,使用圓柱座標最為方便。此次係使用圓柱座標(式 B.3),然而在其他狀況中,我們也可以使用納維爾-史托克方程式。我們將再次使用微分控制體積雖然這是較長的路徑,從而證明流體力學的幾項重要特性。這樣的發展過程與前節所研討的平行板方法十分相似;僅就數學上而言,圓柱座標的分析方式較為犀利。因為流體呈現軸對稱現象,控制體積之法將會是環狀微分,如圖 8.7 所示。控制體積長度為 dx,並且其厚度為 dr。

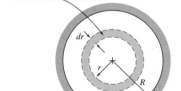

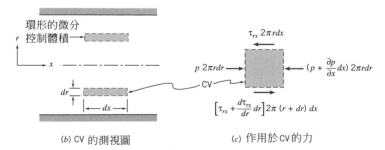

(a) CV 的端視圖　　　　　(b) CV 的測視圖　　　　　(c) 作用於 CV 的力

圖 8.7　為分析圓管中完全發展層流之控制體積

對於一個完全發展的穩定流動，當動量方程式(4.18a 式)的 x 分量應用於微分控制體積時，可簡化成

$$F_{S_x} = 0$$

下一步是將作用於體積控制上 x 方向的力加總。我們知道正向力(壓力)作用於控制體積的左右端，而切線力(剪力)作用於內外圓柱面。

如果控制體積左面壓力為 p，則左端的壓力是

$$dF_L = p2\pi r\, dr$$

且右端的壓力是

$$dF_R = -\left(p + \frac{\partial p}{\partial x}\, dx\right) 2\pi r\, dr$$

如果在環形的控制體積的內表面的剪應力是 τ_{rx}，則內圓柱形表面的剪應力為

$$dF_I = -\tau_{rx} 2\pi r\, dx$$

在外部圓柱面的剪力為

$$dF_O = \left(\tau_{rx} + \frac{d\tau_{rx}}{dr}\, dr\right) 2\pi (r + dr)\, dx$$

作用於控制體積之力的 x 分量，dF_L、dF_R、dF_I、及 dF_O，的總和一定是零。此導引出下列狀況

$$-\frac{\partial p}{\partial x} 2\pi r\, dr\, dx + \tau_{rx} 2\pi\, dr\, dx + \frac{d\tau_{rx}}{dr} 2\pi r\, dr\, dx = 0$$

此式除以 $2\pi r\, dr\, dx$ 並解出 $\partial p / \partial x$ 可得

$$\frac{\partial p}{\partial x} = \frac{\tau_{rx}}{r} + \frac{d\tau_{rx}}{dr} = \frac{1}{r}\frac{d(r\tau_{rx})}{dr}$$

由於我們有用到圓柱座標，將此式與平行板(8.3 式)的相關式子相比較，更顯示出先前所提過的數學上的複雜性。方程式的左邊最多只是 x 的函數(每處截面的壓力都是一樣的)；方程式的右邊最多只是半徑 r 的函數(因為流體已是完全發展的)。因此，只有在方程式的兩邊都是常數時，才能對所有的 x 及 r 成立。

$$\frac{1}{r}\frac{d(r\tau_{rx})}{dr} = \frac{\partial p}{\partial x} = 常數 \quad 或 \quad \frac{d(r\tau_{rx})}{dr} = r\frac{\partial p}{\partial x}$$

我們還沒有全部做完，但是我們已經有一個重要的結果：在一個直徑不變的圓管中，壓力均勻地沿著管的長度方向降低(除了入口區域以外)。

將此方程式積分,我們得到

$$r\tau_{rx} = \frac{r^2}{2}\left(\frac{\partial p}{\partial x}\right) + c_1$$

或

$$\tau_{rx} = \frac{r}{2}\left(\frac{\partial p}{\partial x}\right) + \frac{c_1}{r} \tag{8.10}$$

因為 $\tau_{rx} = \mu\,du/dr$,我們有

$$\mu\frac{du}{dr} = \frac{r}{2}\left(\frac{\partial p}{\partial x}\right) + \frac{c_1}{r}$$

而且

$$u = \frac{r^2}{4\mu}\left(\frac{\partial p}{\partial x}\right) + \frac{c_1}{\mu}\ln r + c_2 \tag{8.11}$$

我們需要計算出常數 c_1 和 c_2。然而,我們只有一個邊界條件,即當 $r=R$ 時 $u=0$。該怎麼做呢?在投降之前,讓我們看看 8.11 式所解出的速度分布曲線。雖然我們不知道管之中線流速,但是我們從實際的考慮中確實可以曉得:在 $r=0$ 處的速度一定是有限的。唯一可使這件事變成真實的方法是使 c_1 等於零。(我們可以從 8.10 式中斷定 $c_1=0$,否則將會造成:在 $r=0$ 處的應力變成無限大)因此,從實際的考慮,我們得出結論 $c_1=0$,也因此

$$u = \frac{r^2}{4\mu}\left(\frac{\partial p}{\partial x}\right) + c_2$$

常數 c_2 可以經由管壁處既有的邊界條件算出:在 $r=R$,$u=0$ 計算得到。

$$0 = \frac{R^2}{4\mu}\left(\frac{\partial p}{\partial x}\right) + c_2$$

此給出

$$c_2 = -\frac{R^2}{4\mu}\left(\frac{\partial p}{\partial x}\right)$$

以及

$$u = \frac{r^2}{4\mu}\left(\frac{\partial p}{\partial x}\right) - \frac{R^2}{4\mu}\left(\frac{\partial p}{\partial x}\right) = \frac{1}{4\mu}\left(\frac{\partial p}{\partial x}\right)(r^2 - R^2)$$

或

$$u = -\frac{R^2}{4\mu}\left(\frac{\partial p}{\partial x}\right)\left[1 - \left(\frac{r}{R}\right)^2\right] \tag{8.12}$$

因為我們有速度分布曲線,我們能獲得流體許多額外的特性。

剪應力分布

剪應力為

$$\tau_{rx} = \mu\frac{du}{dr} = \frac{r}{2}\left(\frac{\partial p}{\partial x}\right) \tag{8.13a}$$

體積流率

體積流(量)率為

$$Q = \int_A \vec{V} \cdot d\vec{A} = \int_0^R u \, 2\pi r \, dr = \int_0^R \frac{1}{4\mu}\left(\frac{\partial p}{\partial x}\right)(r^2 - R^2) 2\pi r \, dr$$

$$Q = -\frac{\pi R^4}{8\mu}\left(\frac{\partial p}{\partial x}\right) \tag{8.13b}$$

以壓力降函數表示的流量率

我們曾經證明過完全發展的流體之壓力梯度 $\partial p/\partial x$ 是常數。因此，對於一水平圓管的層流，$\partial p/\partial x = (p_2 - p_1)/L = -\Delta p/L$。代入計算體積流率之 8.13b 式而有

$$Q = -\frac{\pi R^4}{8\mu}\left[\frac{-\Delta p}{L}\right] = \frac{\pi \Delta p R^4}{8\mu L} = \frac{\pi \Delta p D^4}{128\mu L} \tag{8.13c}$$

請注意 Q 是 D 的敏感函數；$Q \sim D^4$，因此，例如，直徑 D 加倍時，流量率 Q 增加 16 倍。

平均速度

平均速度大小 $\bar{V}$ 如下式為

$$\bar{V} = \frac{Q}{A} = \frac{Q}{\pi R^2} = -\frac{R^2}{8\mu}\left(\frac{\partial p}{\partial x}\right) \tag{8.13d}$$

最大速度點

為了要發現最大的速度點，我們設定 du/dr 等於零並且解出相對應的 r。從 8.12 式

$$\frac{du}{dr} = \frac{1}{2\mu}\left(\frac{\partial p}{\partial x}\right) r$$

因此，

$$\frac{du}{dr} = 0 \quad 在 \ r = 0$$

在 $r=0$，

$$u = u_{\max} = U = -\frac{R^2}{4\mu}\left(\frac{\partial p}{\partial x}\right) = 2\bar{V} \tag{8.13e}$$

速度輪廓(8.12 式)可以最大(中心線)值表示如下

$$\frac{u}{U} = 1 - \left(\frac{r}{R}\right)^2 \tag{8.14}$$

由 8.14 式所描述對於完全發展的圓管層流之拋物線的速度輪廓，已繪製於圖 8.1。

範例 8.4 毛細管黏度計

一個簡單而精確的黏度計可由毛細管製成。如果測得流量率和壓力降，而且管的幾何形狀已知，牛頓流的液體黏滯度可由 8.13c 式算出。某種流體在毛細管黏度計中測得下列各項資料：

流率：	880 mm³/s	管長：	1 m
管直徑：	0.50 mm	壓力降：	1.0 MPa

試決定流體之黏滯度。

已知：在一個毛細管黏度計中之流。

　　　流量率是 $Q = 880\,\text{mm}^3/\text{s}$。

求解：流體的黏滯度。

解答：

可應用 8.13c 式。

控制方程式：$Q = \dfrac{\pi \Delta p D^4}{128 \mu L}$ (8.13c)

假設：(1) 層流。

　　　(2) 穩流。

　　　(3) 不可壓縮流。

　　　(4) 完全發展流。

　　　(5) 水平圓管。

則

$$\mu = \frac{\pi \Delta p D^4}{128 LQ} = \frac{\pi}{128} \times 1.0 \times 10^6 \, \frac{\text{N}}{\text{m}^2} \times (0.50)^4 \, \text{mm}^4 \times \frac{\text{s}}{880 \, \text{mm}^3} \times \frac{1}{1 \, \text{m}} \times \frac{\text{m}}{10^3 \, \text{mm}}$$

$$\mu = 1.74 \times 10^{-3} \, \text{N} \cdot \text{s/m}^2 \longleftarrow \hspace{3cm} \mu$$

檢查雷諾數。假定流動的密度與水的密度(999kg/m³)近似。則

$$\bar{V} = \frac{Q}{A} = \frac{4Q}{\pi D^2} = \frac{4}{\pi} \times \frac{880 \, \text{mm}^3}{\text{s}} \times \frac{1}{(0.50)^2 \, \text{mm}^2} \times \frac{\text{m}}{10^3 \, \text{mm}} = 4.48 \, \text{m/s}$$

而且

$$Re = \frac{\rho \bar{V} D}{\mu} = 999 \, \frac{\text{kg}}{\text{m}^3} \times 4.48 \, \frac{\text{m}}{\text{s}} \times 0.50 \, \text{mm} \times \frac{\text{m}^2}{1.74 \times 10^{-3} \, \text{N} \cdot \text{s}} \times \frac{\text{m}}{10^3 \, \text{mm}} \times \frac{\text{N} \cdot \text{s}^2}{\text{kg} \cdot \text{m}}$$

$$Re = 1290$$

結果，因為 $Re < 2300$，此流體是為層流。

此題稍微過分簡化；為了要設計出毛細管黏度計，其入口長度、流體之溫度、動能皆須考慮。

B　圓管和管道中的流動

於這部分我們將感到興趣的是於圓管或是管道(我們說是「圓管」但是其實也暗示「管道」)內,不可壓縮的流體流動時,判斷會影響壓力的因素有哪些。如果我們暫且不考慮摩擦(並假設流動為穩定者且考慮流動的某條流線),援用第 6 章的白努利方程式,

$$\frac{p}{\rho} + \frac{v^2}{2} + gz = 常數 \tag{6.8}$$

從這個方程式我們可以看出於無摩擦流動的情況有哪些因素會促使沿著流線方向的壓力降低:圓管中某處面積的縮減(導致流速 V 增加),或是圓管正向傾斜(從而 z 增加)。反之,如果流動面積增加或是圓管向下傾斜則壓力傾向於增加。我們說「傾向於」因為某個因素可與另一個因素交互作用;舉例來說,我們可有個下斜的圓管(壓力傾向於增加)卻有著縮減的直徑(壓力傾向於減少)。

實情是,圓管與管道內的流動會感受到明顯的摩擦且常常是紊流,所以白努利方程式並非適用(即使使用 V 不具意義;取而代之的是我們將使用 $\bar{V}$,來代表沿著圓管方向某處截面的平均流速)。我們將學到,實際上,摩擦的影響導致 6.8 式白努利之常數值持續的減少(這代表機械能的「損失」)。我們業已看過,對照白努利方程式來看,即使於水平的、直徑不變的圓管於層流的情況下也有壓力降;於這一節我們將看到紊流會經歷甚至更大的壓力降。我們需要一個能納入摩擦效應的能量方程式來取代白努利方程式。

總而言之,我們能夠條舉出三個讓圓管流動的壓力傾向降低的因素:圓管面積縮減、向上傾斜與摩擦。現在我們將專注於肇因於摩擦的壓力損失而所分析的圓管將是面積不變且是水平走向。

於前一節我們已經看過我們能夠推論出層流理論上的壓力降值。重新安排 8.13c 式以求解壓力降,Δp,

$$\Delta p = \frac{128\mu LQ}{\pi D^4}$$

我們打算發展一個運用於紊流的類似表示式,但是我們將看到這不是可能的解析;取而代之的是,我們將發展表示式根據一個理論的與實驗的近似組合方式。在進行之前,請留意我們習慣上將起因於摩擦的損失歸類成兩種:主要損失,這類的損失起因於截面面積不變之圓管上的摩擦損失;以及次要損失(某些時候大於「主要的」損失),這類的損失起因於閥、彎頭等等(而我們將視入口區域的壓力降為次要損失項)。

因為工程上的應用上圓形的圓管是最常見的,因此將針對圓形幾何形狀從事基本的分析。藉由引進水力直徑(hydraulic diameter)的觀念能夠將其結果引申至其他的幾何形狀,這將於第 8-7 節處理。(開放明渠流動將於第 11 章處理以及管道可壓縮流將於第 13 章處理。)

8-4　完全發展之管流的剪力分布

我們再次考慮水平圓管中的完全發展流,無論層流或紊流。在第 8-3 節中,我們證明了摩擦力和壓力之間的一個力平衡可推導出 8.10 式:

$$\tau_{rx} = \frac{r}{2}\left(\frac{\partial p}{\partial x}\right) + \frac{c_1}{r} \tag{8.10}$$

因為我們在中線的應力不能是無限大，積分常數 c_1 一定是零，因此

$$\tau_{rx} = \frac{r}{2}\frac{\partial p}{\partial x} \tag{8.15}$$

8.15 式指出，對於完全發展的層流或紊流而言，剪應力隨管半徑呈現線性變化；也就是從中心線之零值到管壁處之最大值。管壁處之應力 τ_w(與管壁處之流體應力，大小相等、方向相反)可由下式得知

$$\tau_w = -[\tau_{rx}]_{r=R} = -\frac{R}{2}\frac{\partial p}{\partial x} \tag{8.16}$$

對於層流，使用 8.15 式中我們所熟悉的應力方程式 $\tau_{rx} = \mu\,du/dr$，最後獲得層流的流速分布。這引導出一組有用的方程式，用於獲得各種不同的流度特性；例如 8.13c 式就是流量率 Q 的關係式，而且是首先由法國物理學家 Jean Louis Poiseuille 與德國工程師 Gotthilf H. L. Hagen 同時於 1850 年代[參考文獻 2]，各自透過實驗獲得的成果。

　　不幸地，對於紊流則沒有等同之應力方程式，因此，我們不能將層流分析依樣畫葫蘆地推導 8.13 式之紊流方程式。在這一小節，我們所能做的僅僅是說明某些古典的半經驗成果。

　　如同我們在第 2-6 節中所討論並且在圖 2.15 中所舉例說明過的，在每一點之紊流係以時間平均速度 $\bar{u}$ 加上(對於二維流體)x、y 方向隨機波動速度分量 u' 與 v'(於此 y 指的是與管壁相距的距離)來表示，這些分量不斷地移轉兩相鄰流體層之間的動量，傾向於弭平任何存在的速度梯度。此效應如同視應力般地呈現，由奧斯本雷諾首度介紹並稱其為雷諾應力[3](Reynolds stress)，此應力係由 $-\rho\overline{u'v'}$ 可得知，其中有上橫線者代表時間平均值，因此，我們發現到

$$\tau = \tau_{\text{lam}} + \tau_{\text{turb}} = \mu\frac{d\bar{u}}{dy} - \rho\overline{u'v'} \tag{8.17}$$

不要誤解 8.17 式的負號——事實是 u' 與 v' 是負向相關的，所以 $\tau_{\text{turb}} = -\rho\overline{u'v'}$ 是正的。於圖 8.8，呈現了完全發展的紊流管流於兩個不同雷諾數下的實驗所得的雷諾應力量測值；$Re_U = UD/v$，其中 U 是中心線處的流速。紊流剪應力已經以管壁剪應力予以無因次化了。請回想 8.15 式曾經證明過於該流體的剪應力從管壁處($y/R \to 0$)之 τ_w 以線性的方式遞減為中心線處($y/R = 1$)的零；從圖 8.8 我們看到雷諾應力幾乎都有相同的傾向，所以摩擦幾乎全都起因於雷諾應力。圖 8.8 所沒有顯示的是接近管壁處($y/R \to 0$)時，雷諾應力降至 0。這個是因為無滑動條件成立，所以不僅僅平均流速 $\bar{u} \to 0$，而且此流速的波動分量 u' 與 $v' \to 0$(管壁傾向抑制該波動)。因此，紊流應力，$\tau_{\text{turb}} = -\rho\overline{u'v'} \to 0$，當我們捱近管壁，在管壁處其等於零。因為雷諾應力在管壁處等於零，8.17 式顯示管壁剪力可由下式得出 $\tau_w = \mu(d\bar{u}/dy)_{y=0}$。在十分靠近管壁的區域，稱之為管壁層(wall layer)，黏性剪力占有舉足輕重的地位。在管壁層與管中央之間的區域中，黏性和紊流性兩種剪力都很重要。

---

[3]　就紊流而言，雷諾應力的項是因考量完整的運動方程式而形成 [4]。

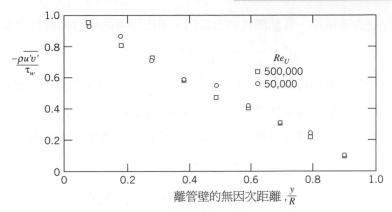

圖 8.8　圓管中完全發展之紊流的紊流剪應力(雷諾應力)(數據資料取自[參考文獻 5])

8-5　完全發展之管流的紊流流速分布曲線

除了在小直徑管道中且黏滯性甚高之流體外，一般內部流通常是紊流。正如討論完全發展之管流的剪力分布(第 8-4 節)時所作的提醒，在紊流中，其應力場與平均速度場之間不存在一體適用的關係。因此，對於紊流而言，我們不得不仰賴實驗的資料。

以 ρ 除 8.17 式，可得

$$\frac{\tau}{\rho} = \nu \frac{d\bar{u}}{dy} - \overline{u'v'} \tag{8.18}$$

考慮紊流時經常出現 τ/ρ 項；其因次為速度的平方。特別的是，$(\tau_w/\rho)^{1/2}$ 的量稱之為摩擦速度 (friction velocity) 並且以符號 u_* 表示。對於給定的流動它是個常數。

平滑管中完全發展之紊流的流速分布如圖 8.8 所示。為 $\bar{u}/u_*$ 相對於 (yu_*/ν) 而繪製的半對數圖。如果推論鄰近管壁處之速度可經由管壁之狀況、流體特性以及與管壁之距離來決定，則因次分析時會產生無因次參數 $\bar{u}/u_*$ 與 yu_*/ν。圖 8.9 的無因次量圖是關於在圓管中遠離管壁時，流動速度曲線的精確描述；請注意圓管中心線區域中些微的偏差。

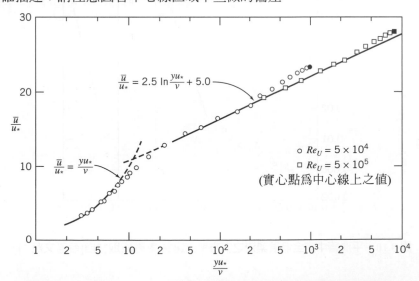

圖 8.9　平滑圓管中，完全發展流的紊流速度曲線(摘錄自參考文獻[5])

在十分接近管壁的區域中,其黏滯性剪力甚鉅,平均流速曲線遵循線性的黏滯性關係。

$$u^+ = \frac{\bar{u}}{u_*} = \frac{y u_*}{\nu} = y^+ \tag{8.19}$$

其中 y 是從管壁所測量之距離($y = R - r$; R 是圓管半徑),而 $\bar{u}$ 是平均流速。當 $0 \leq y^+ \leq 5-7$ 時,8.19 式是有效的;此區域稱之為次黏滯流層(viscous sublayer)。

對於 $yu_*/\nu > 30$ 的值,數據資料應用半對數化方程式時有著相當好的表現性。

$$\frac{\bar{u}}{u_*} = 2.5 \ln \frac{y u_*}{\nu} + 5.0 \tag{8.20}$$

在此區域中黏滯性與紊流的剪力均很重要(雖然我們一般認為紊流剪力大得甚為顯著)。在 8.20 式的數值常數之近似取捨,仍有相當大的空間可討論;目前的數值是多次實驗的平均值[參考文獻 6]。在 $y^+ = 5-7$ 和 $y^+ = 30$ 之間的區域稱之為過渡區(transition region)或緩衝層(buffer layer)。

如果在中線($y = R$ 和 $u = U$)計算 8.20 式,並將其結果減掉 8.20 式之一般式,我們可得

$$\frac{U - \bar{u}}{u_*} = 2.5 \ln \frac{R}{y} \tag{8.21}$$

其中 U 為在中心線的流速。8.2 式稱為缺陷定律(defect law),顯示速度缺陷(以及由此推導而得到的中線區附近的速度曲線)僅為距離比值的一個函數,而且與流體黏滯性無關。

流經一個光滑圓管之紊流速度分布也可能以經驗的次方率(power-law)方程式取近似解。

$$\frac{\bar{u}}{U} = \left(\frac{y}{R} \right)^{1/n} = \left(1 - \frac{r}{R} \right)^{1/n} \tag{8.22}$$

其中的指數 n 隨雷諾數而改變。在圖 8.10 中 Laufer 的數據資料[參考文獻 5],以 $\ln y/R$ 對 $\ln \bar{u}/U$ 繪製而成。如果次方率速度曲線是資料的正確表現,所有的資料測點將會落在一條斜率為 n 的最適直線上。很清楚的,當 $Re_U = 5 \times 10^4$ 時,管壁鄰近處的數據會偏離最適直線。

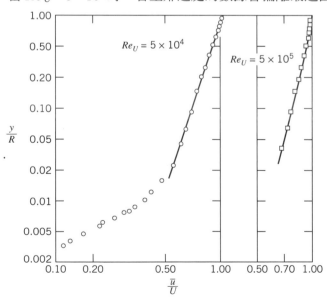

圖 8.10 平滑管中完全發展紊流之次方率流速曲線(數據取材自[參考文獻 5])

接近管壁處($y/R < 0.04$)時，次方率並不適用。因為此區域速度甚低，於計算整體量，諸如質量、動量與截面能量通量方面的錯誤，相對變小。次方率線型在管壁處的速度梯度是無限大，故不適用於計算管壁剪應力。雖然速度曲線適用於接近中心線之數據，然而該處之斜率仍不為零。儘管有上述這些缺點，次方率速度曲線仍為人所公認在許多計算上可提出恰當的成果。

根據[參考文獻 7]的數據資料：就平滑圓管中的完全發展流而言，隨著雷諾數而變的次方率指數 n 的變動(以圓管直徑 D 及中心線速度 U 為基準)，可從下式得知

$$n = -1.7 + 1.8 \log Re_U \tag{8.23}$$

對於 $Re_U > 2 \times 10^4$。

因為平均速度為 $\bar{V} = Q/A$，而且

$$Q = \int_A \vec{V} \cdot d\vec{A}$$

假設次方率曲線從管壁到中心線都適用，則平均速度與中心線速度之比，可用 8.22 式的次方率曲線計算。結果為：

$$\frac{\bar{V}}{U} = \frac{2n^2}{(n+1)(2n+1)} \tag{8.24}$$

從 8.24 式，我們知道當 n 增加(隨著雷諾數逐漸增加)時，平均速度對中線速度之比值增加；隨著雷諾數逐漸增加，速度曲線變得更鈍、亦或「更加圓角化」($n=6$ 時，$\bar{V}/U = 0.79$；$n=10$ 時，$\bar{V}/U = 0.87$)。我們常以 7 做為指數的代表性數值，因此才會有針對完全發展紊流之術語「七分之一次方曲線」。

$$\frac{\bar{u}}{U} = \left(\frac{y}{R}\right)^{1/7} = \left(1 - \frac{r}{R}\right)^{1/7}$$

當 $n=6$ 以及 $n=10$ 時的速度曲線如圖 8.11，包括完全發展紊流的拋物線曲線是用來作比較的。很清楚的，接近管壁時紊流曲線更加陡峭，這與我們導出 8.17 式的討論一致，變動中的速度分量 u' 和 v' 在毗連的液體層之間連續傳遞動量，這使得速度梯度減緩。

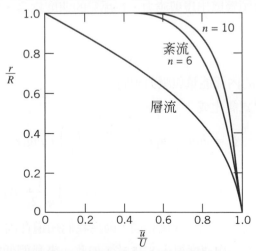

圖 8.11　完全發展管流之流速分布曲線

8-6 管流之能量考量

我們到目前為止使用控制體積形式的動量與質量守恆方程式以討論黏滯性的流動。顯而易見的是黏滯效應於能量考量上具有重要的影響。於第 6-5 節我們討論過的能量坡度線(EGL)，

$$EGL = \frac{p}{\rho g} + \frac{V^2}{2g} + z \tag{6.16b}$$

並看看這個是流動總機械能的一種度量(「壓力」、運動與位勢，每單位質量)。我們能夠預期 EGL 不會是常數(對於無黏滯流則是)，而是持續地沿著流動的方向遞減宛如摩擦「吞噬了」機械能(範例 8.9 與 8.10 有這類 EGL —— 與 HGL —— 曲線的圖形；你或想要先看看它們)。我們現在考慮能量方程式(熱力學第一定律)以得到摩擦的效應方面的資訊。

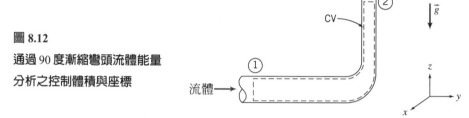

圖 8.12
通過 90 度漸縮彎頭流體能量
分析之控制體積與座標

例如，考慮穿越圓管系統的穩定流，含有減縮彎頭，如圖 8.12 所示，控制體積的邊界以虛線標示出來。虛線在截面①和②處與流向正交，並與管壁各處內面疊合。

基本方程式：

$$\dot{Q} - \overset{= 0(1)}{\cancel{\dot{W}_s}} - \overset{= 0(2)}{\cancel{\dot{W}_{shear}}} - \overset{= 0(1)}{\cancel{\dot{W}_{other}}} = \overset{= 0(3)}{\cancel{\frac{\partial}{\partial t}\int_{CV} e\, \rho\, dV}} + \int_{CS} (e + pv)\, \rho\vec{V} \cdot d\vec{A} \tag{4.56}$$

$$e = u + \frac{V^2}{2} + gz$$

假設：(1) $\dot{W}_S = 0$，$\dot{W}_{other} = 0$。

(2) $\dot{W}_{shear} = 0$(雖然彎頭管壁出現剪應力，在那兒的速度為零，因此沒有做功的可能性)。

(3) 穩定流。

(4) 不可壓縮流。

(5) 通過截面①與②的內部能量與壓力相同。

在這些假設之下，能量方程式簡化成

$$\dot{Q} = \dot{m}(u_2 - u_1) + \dot{m}\left(\frac{p_2}{\rho} - \frac{p_1}{\rho}\right) + \dot{m}g(z_2 - z_1)$$

$$+ \int_{A_2} \frac{V_2^2}{2}\rho V_2\, dA_2 - \int_{A_1} \frac{V_1^2}{2}\rho V_1\, dA_1 \tag{8.25}$$

請注意，我們沒有假定在①和②截面之速度相同，因為我們知道在同一個截面下的黏性流其速度不可能均勻相同。然而，可將平均速度導入 8.25 式，如此一來我們便能消去積分。為了要達成此目的，我們定義一個動能係數。

動能係數

動能係數(kinetic energy coefficient) α，定義如下

$$\int_A \frac{V^2}{2} \rho V \, dA = \alpha \int_A \frac{\bar{V}^2}{2} \rho V \, dA = \alpha \dot{m} \frac{\bar{V}^2}{2} \tag{8.26a}$$

或

$$\alpha = \frac{\int_A \rho V^3 \, dA}{\dot{m} \bar{V}^2} \tag{8.26b}$$

我們能將 α 想成一個讓我們能使用能量方程式中的平均速度 $\bar{V}$ 來計算截面處之動能的校正因子。

對於在圓管中之層流(速度曲線為 8.12 式所提供)，$\alpha = 2.0$。

在圓管紊流中，速度曲線相當平坦，如圖 8.11 所示。我們能使用 8.26b 式、8.22 和 8.24 式解出，將 8.22 式的次方率速度曲線帶入 8.26b 式之內，我們可得

$$\alpha = \left(\frac{U}{\bar{V}}\right)^3 \frac{2n^2}{(3+n)(3+2n)} \tag{8.27}$$

方程式 8.24 得到 $\bar{V}/U$ 其為次方率幕次 n 的函數；結合這與 8.27 式導出非常複雜的 n 的表達式。整個結果是於實際 n 的範圍內，對於高雷諾數 $n=6$ 至 $n=10$，α 的值於 1.08 到 1.03 之間變動；對於七分之一次方的分布曲線($n=7$)，$\alpha = 1.06$。因為在高雷諾數時，α 相當地接近 1，並且相較於能量方程式之主要項，其動能的改變通常很小；所以在計算管流時，我們幾乎總是使用近似值 $\alpha = 1$。

揚程損失

使用 α 定義，能量方程式(8.25 式) 可以寫成

$$\dot{Q} = \dot{m}(u_2 - u_1) + \dot{m}\left(\frac{p_2}{\rho} - \frac{p_1}{\rho}\right) + \dot{m}g(z_2 - z_1) + \dot{m}\left(\frac{\alpha_2 \bar{V}_2^2}{2} - \frac{\alpha_1 \bar{V}_1^2}{2}\right)$$

除以質量流率後可得

$$\frac{\delta Q}{dm} = u_2 - u_1 + \frac{p_2}{\rho} - \frac{p_1}{\rho} + gz_2 - gz_1 + \frac{\alpha_2 \bar{V}_2^2}{2} - \frac{\alpha_1 \bar{V}_1^2}{2}$$

重組此方程式，我們寫成

$$\left(\frac{p_1}{\rho} + \alpha_1 \frac{\bar{V}_1^2}{2} + gz_1\right) - \left(\frac{p_2}{\rho} + \alpha_2 \frac{\bar{V}_2^2}{2} + gz_2\right) = (u_2 - u_1) - \frac{\delta Q}{dm} \tag{8.28}$$

在 8.28 式中，下列的項

$$\left(\frac{p}{\rho} + \alpha \frac{\bar{V}^2}{2} + gz\right)$$

代表於截面上每單位質量之機械能。(將之與 EGL 表示式，6.16b 式，計算「機械的」能量的方式作比較，這我們在這一節的開頭處曾討論過。不同之處是，於 EGL 我們除以 g 以得到單位為公尺的 EGL，而此處 $\alpha \bar{V}^2$ 允許在管流中我們可有流速不同的分布，而非得均勻一致的事實。

$u_2 - u_1 - \delta Q/dm$ 這項等於截面①與②之間每單位質量之機械能的差值。它代表機械能在截面①(不可逆的)轉換成不想要的熱能$(u_2 - u_1)$ 並經由熱傳遞逸失能量$(-\delta Q/dm)$。我們認定這些項的組合為每單位質量的總能量損失並以符號 h_{l_T} 來代表。則

$$\left(\frac{p_1}{\rho} + \alpha_1 \frac{\bar{V}_1^2}{2} + gz_1\right) - \left(\frac{p_2}{\rho} + \alpha_2 \frac{\bar{V}_2^2}{2} + gz_2\right) = h_{l_T} \tag{8.29}$$

每單位質量能量的因次 FL/M 等同於 L^2/t^2 的因次。8.29 式是流體力學最重要且最有用的方程式之一。它使我盆能夠計算圓管兩個截面之間由摩擦造成的機械能的損失。回想我們在第 B 段開頭處曾做過的討論，其中我們曾討論過是什麼原因導致壓力改變。我們假設一個無摩擦的流動(也就是說，可被白努利方程式所描述者，或是 8.29 式其中$\alpha = 1$ 與 $h_{l_t} = 0$) 所以壓力僅僅在流速改變(如果圓管直徑有變化)，或是位能有所改變時(如果圓管不是水平的話) 會改變。現在，有了摩擦，8.29 式指出壓力會變化即使管的截面積不變且呈水平走向亦然——機械能持續地被轉換成熱能。

當應用流體力學的經驗科學在十九世紀期間發展時，表達能量平衡常見的做法係根據流動的流體(舉例來說：水) 單位重量(weight)的能量，並非單位質量(mass)的能量，當 8.29 式除以重力加速度 g 時。我們得到

$$\left(\frac{p_1}{\rho g} + \alpha_1 \frac{\bar{V}_1^2}{2g} + z_1\right) - \left(\frac{p_2}{\rho g} + \alpha_2 \frac{\bar{V}_2^2}{2g} + z_2\right) = \frac{h_{l_T}}{g} = H_{l_T} \tag{8.30}$$

8.30 式中每個項的因次為每單位重量的能量，而 $H_{l_T} = H_{l_T}/g$ 的因次是$(L^2/t^2)(t^2/L) = L$，或以呎為流體單位。因為揚程損失這個名詞常會用到，當談及 HIT(以每單位重量之能量或長度的大小) 或 $h_{l_T} = gH_{l_T}$(以每單位質量的能量大小) 時，我們將使用到它。

8.29 式(或 8.30 式) 能用來計算圓管系統在任何兩點之間的壓力差，如果揚程損失 h_{l_T}(或 H_{l_T}) 能夠得知的話。我們將於下一節中考慮揚程損失的計算。

8-7 揚程損失的計算

總揚程損失 h_{l_T} 為兩種損失的總和：主要損失 h_l，肇因完全發展流於截面積不變之管中的摩擦效應，以及次要損失 h_{l_m}，肇因於入口處、配件、截面面積改變等等。因此，我們將分別考慮主要損失與次要損失。

主要損失：摩擦因子

8.29 式所表達之能量平衡可用來評估主要的揚程損失。對於經過一個固定截面積的水管的完全發展流而言，$h_{l_m} = 0$ 且 $\alpha_1(\bar{V}_1^2/2) = \alpha_2(\bar{V}_2^2/2)$。8.29 式可簡化成

$$\frac{p_1 - p_2}{\rho} = g(z_2 - z_1) + h_l \tag{8.31}$$

如果圓管是水平的，則 $z_2 = z_1$ 並且

$$\frac{p_1 - p_2}{\rho} = \frac{\Delta p}{\rho} = h_l \qquad (8.32)$$

因此，主要的揚程損失能表示成完全發展流經過固定區域水平管的壓力損失。

　　因為揚程損失代表由摩擦效應所產生的機械能轉換到熱能，對於固定截面積管路中的完全發展流而言，揚程損失僅端視於通過管路之詳細流動情形，與管之方位無關。

a. 層流

　　於層流中，我們曾在第 8.3 節看過對於水平管中完全發展的流動而言，壓力降可以解析性地計算出來。因此，從 8.13c 式；

$$\Delta p = \frac{128\mu L Q}{\pi D^4} = \frac{128\mu L \bar{V}(\pi D^2/4)}{\pi D^4} = 32\frac{L}{D}\frac{\mu\bar{V}}{D}$$

代入 8.32 式

$$h_l = 32\frac{L}{D}\frac{\mu\bar{V}}{\rho D} = \frac{L}{D}\frac{\bar{V}^2}{2}\left(64\frac{\mu}{\rho\bar{V}D}\right) = \left(\frac{64}{Re}\right)\frac{L}{D}\frac{\bar{V}^2}{2} \qquad (8.33)$$

(我們不久就會知道以此形式寫 hl 的理由)。

b. 紊流

　　在紊流中我們不能夠解析性地計算出壓力降；我們一定要訴諸實驗的結果並對於互相有關係之實驗數據實施因次分析。在完全發展的紊流中，壓力降 Δp 係由水平且固定截面積管道中的摩擦所引發，此壓力降已知與管的直徑 D、管的長度 L、管的粗度 e、平均流速 $\bar{V}$、流體密度 ρ 與流體黏性 μ 等等有關。以函數形式表示如下

$$\Delta p = \Delta p(D, L, e, \bar{V}, \rho, \mu)$$

我們對範例 7.2 的問題施以因次分析，其結果如下列關係式

$$\frac{\Delta p}{\rho\bar{V}^2} = f\left(\frac{\mu}{\rho\bar{V}D}, \frac{L}{D}, \frac{e}{D}\right)$$

我們明白 $\mu/\rho\bar{V}D = 1/Re$，因此可以寫成

$$\frac{\Delta p}{\rho\bar{V}^2} = \phi\left(Re, \frac{L}{D}, \frac{e}{D}\right)$$

將 8.32 式代入，我們可得出

$$\frac{h_l}{\bar{V}^2} = \phi\left(Re, \frac{L}{D}, \frac{e}{D}\right)$$

雖然因次分析可預測函數間的關係，但是我們一定要透過實驗獲得實際的數據。

　　實驗顯示無因次的揚程損失與 L/D 成正比，因此我們可寫成

$$\frac{h_l}{\bar{V}^2} = \frac{L}{D}\phi_1\left(Re, \frac{e}{D}\right)$$

由於函數 ϕ_1 仍未確定,因此允許上述方程式左邊引入一個常數。代入數值 $\frac{1}{2}$ 進入分母之內,以便方程式的左邊是揚程損失對流體每單位質量動能之比。故而

$$\frac{h_l}{\frac{1}{2}\bar{V}^2} = \frac{L}{D}\,\phi_2\left(Re, \frac{e}{D}\right)$$

未知函數 $\phi_2(Re, e/D)$,定義為摩擦因子 f

$$f \equiv \phi_2\left(Re, \frac{e}{D}\right)$$

而且

$$h_l = f\frac{L}{D}\frac{\bar{V}^2}{2} \tag{8.34}$$

或者

$$H_l = f\frac{L}{D}\frac{\bar{V}^2}{2g} \tag{8.35}$$

摩擦因子[4]以實驗方式定出。L.F.Moody [參考文獻 8] 發表此成果,如圖 8.13 所示。

為了要對已知狀態之完全發展流決定其揚程損失,先要計算其雷諾數。從表 8.1 查出粗糙度 e 值,然後藉由已知值 Re 與 e/D 就能從圖 8.12 的適當曲線中讀取摩擦因子 f。最後,使用 8.34 式或 8.35 式時便能得出揚程損失。

表 8.1　工程常見材質所製之圓管之粗糙度(數據取自[參考文獻 8])

管	粗糙度,e(毫公尺)
鉚合鋼	0.9-9
水泥	0.3-3
木條	0.2-9
鑄鐵	0.26
鍍鋅鐵	0.15
瀝青鑄鐵	0.12
商用鋼或鍛鐵	0.046
拉管	0.0015

---

[4]　由 8.34 式所定義之摩擦因子為達西摩擦因子(Darcy friction factor),至於較為少用的范寧摩擦因子(Fanning friction factor) 將在習題 8.83 中有所定義。

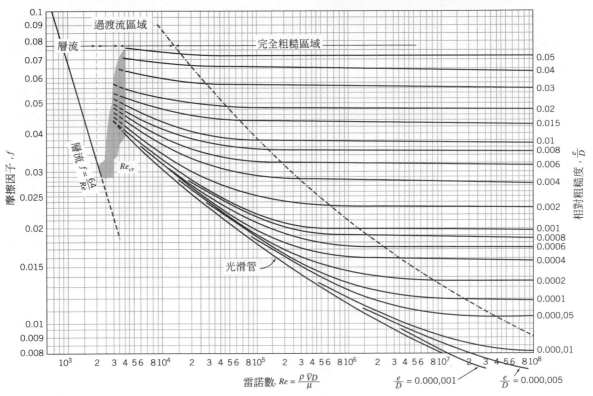

圖 8.13　圓管內完全發展流的摩擦因子(數據取自[參考文獻 8]，業經許可使用)

圖 8.13 有某些特點需要討論。層流的摩擦因子可能藉由比較 8.33 式和 8.34 式來獲得。

$$h_l = \left(\frac{64}{Re}\right)\frac{L}{D}\frac{\bar{V}^2}{2} = f\frac{L}{D}\frac{\bar{V}^2}{2}$$

因此，就層流而言

$$f_{\text{laminar}} = \frac{64}{Re} \tag{8.36}$$

因此，於層流中；摩擦因子僅是雷諾數的函數，與粗糙度無關。雖然我們在推導 8.33 式時對於粗糙度方面未多著墨，然而實驗結果證明層流中摩擦因子確實僅是雷諾數的函數。

　　改變管雷諾數最容易的方式，即為改變其平均流速。如果在一個管中的流體本為層流，增加速度直至達到臨界雷諾數而導致轉變發生；這便是層流通往紊流之路。速度分布中的轉變效應在第 8-5 節中有所討論。圖 8.11 顯示；管壁中紊流的速度梯度遠超過於層流的速度梯度。藉由在摩擦因子上的相同效果；此速度分布的變化導致管壁剪應力激增。

　　當雷諾數增加得超過過度值時，速度分布曲線將接連地變得更飽滿，如第 8-5 節所提及者。對於相對粗糙度 $e/D \le 0.001$，摩擦因子剛開始傾向於順著平滑的管的弧線，沿著這弧線摩擦因子僅是雷諾數的函數。然而，當雷諾數增大，速度分布曲線仍然飽滿，管壁附近薄薄的黏滯次層的範圍縮減。當粗糙度組件開始捅破此薄薄的黏滯次層時，粗糙度的效應變得甚為顯著，並且摩擦因子變成雷諾數與相對粗糙度的函數。

在雷諾數甚大時，大部分管壁上粗糙度組件會突出次黏滯層，阻力以及，也因此壓力損失，會視粗糙度組件之大小而定。這稱之為「完全粗糙(fully-rough)」流體區；摩擦因子與此區之 e/D 有關。

就相對粗糙度 $e/D \geq 0.001$ 值而言，當雷諾數增加且超過過渡值時，摩擦因子大於光滑管之值。至於較低的 e/D 值時，流體之雷諾數落在完全粗糙區域時，其雷諾數隨著相對粗糙度的增加而降低。

總結前面的研討，我們知道只要流量保持層流狀態，雷諾數增加時，摩擦因子隨之減少。過渡流區域，f 則激增。在紊流狀態下，摩擦因子逐漸減少，最後於足夠大的雷諾數後趨近於定值。

要記住實際損失的能為 h_l (8.34 式)，且與 f 和 $\bar{V}^2$ 成正比。因此，對於層流 $h_l \propto \bar{V}$；(因為 $f = 64/Re$，並且 $Re \propto \bar{V}$)；過渡流區域，則突然增加 h_l；完全粗糙區 $h_l \propto \bar{V}^2$ (因 $f \approx$ 常數)；並且在其餘的紊流區域，h_l 以介於 $\bar{V}$ 與 $\bar{V}^2$ 之間增加。我們總結出揚程損失總是隨著流量率而增加，並當流體為紊流時，會增加得更快速。

為避免必須用圖解式的方法以獲得紊流 f，就有各種不同的數學表達式用以代表數據。最廣泛使用在摩擦因子的公式，來自柯爾布魯克(Colebrook)[參考文獻 9]，

$$\frac{1}{\sqrt{f}} = -2.0 \log\left(\frac{e/D}{3.7} + \frac{2.51}{Re\sqrt{f}}\right) \tag{8.37}$$

8.37 式為 f 之內隱式求解，但是近來多數的科學用計算器具有方程式求解的功能，可以很方便的用來解出粗糙度 e/D 與雷諾數 Re 俱已知時的 f(而且某些計算器本身已內建柯爾布魯克方程式)。當然，一個試算表如 *Excel*、或其他數學應用程式，也都適用(網站上提供一個 *Excel* 增益工具用於計算層流與紊流之 f)。即使不使用這些自動化方法，借助 8.37 式解出 f 也非難事——我們所需要做的就是疊代方程式 8.37 十分穩定——幾乎任何在右側之 f 初始猜測值，經過幾次疊代之後，就會得到收斂的 f 值至三位有效數字。由圖 8.13，我們能看見對於紊流 $f < 0.1$，因此 $f = 0.1$ 會是一個好的起始值。另一個策略是使用圖 8.13 獲得一個第一個良好的估計值；然後使用 8.37 式通常經過一個疊代之後得到好的 f 值。另一個選擇，哈蘭(Haaland) [10] 發展出下述的方程式，

$$\frac{1}{\sqrt{f}} = -1.8 \log\left[\left(\frac{e/D}{3.7}\right)^{1.11} + \frac{6.9}{Re}\right]$$

做為柯爾布魯克方程式的近似公式；針對 $Re > 3000$，它與柯爾布魯克方程式所產生結果相差在百分之二之內，不需要疊代。

對於光滑管中的紊流，Blasius 關係式，適用於 $Re \leq 10^5$ 的情況，是

$$f = \frac{0.316}{Re^{0.25}} \tag{8.38}$$

當此關係與管壁剪應力表示式(8.16 式)、揚程損失表示式(8.32 式)、與摩擦因子定義(8.34 式)結合時，所得出管壁剪應力的有效表示式為

$$\tau_w = 0.0332\rho\bar{V}^2 \left(\frac{\nu}{R\bar{V}}\right)^{0.25} \tag{8.39}$$

稍後此方程式將供我們研究流過平板的紊流邊界層流(第 9 章)。

　　所有表 8.1 提供的 e 值適用於處於相對良好的情況下的新管子。在長期使用後，並且特別是在硬水區域中會發生腐蝕、石灰質沈澱與在管牆壁上形成銹斑。腐蝕會弱化管子，最後導致損壞。沈澱阻滯除了增厚，亦明顯增大管壁粗糙度，以及減少有效直徑。對於舊的管子，上述諸種因素湊在一起後會造成 e/D 增加 5 到 10 倍(參見習題 10.65)，圖 8.14 中展現一個範例。

　　在圖 8.13 中呈現之曲線，代表從多數實驗中所得到的數據平均值。約在曲線之 $\pm$ 10%範圍內，均該被認爲是正確，此對於許多工程分析上而言精確性是足夠了。如果需要更高的精度，應使用實測數據。

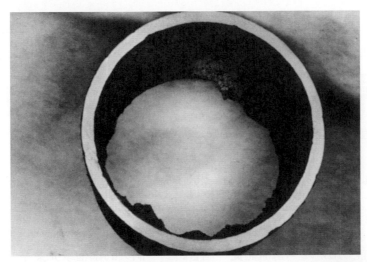

圖 8.14　使用 40 年的水管截面；展現鏽蝕形成(Alan T McDonald **免費攝影作品**)

次要損失

　　在圓管系統中，流體可能需要在區域範圍中通過多種配件、彎管或陡峭處，此時所發生之額外的揚程損失，主要是流體分離的結果(能量終會因分離區裡劇烈的混攪而消散)。如果管路系統是由截面積固定且足夠長之圓管組成。這些損失較爲次要(故而名之爲次要損失)，根據所用的裝置，次要損失傳統上也能以二個方法之一算出，其一爲：

$$h_{l_m} = K\,\frac{\bar{V}^2}{2} \tag{8.40a}$$

其中，損失係數 K 必須依各種情形實驗性地予以決定。或者，

$$h_{l_m} = f\,\frac{L_e}{D}\,\frac{\bar{V}^2}{2} \tag{8.40b}$$

其中，L_e 爲直管的等效長度。

　　對於流過彎曲管與各式配件之流體而言，我們發現到損失係數 K，隨管之尺寸(直徑)變化而改變；如同流過直管的流體之摩擦因子 f。結果，對於某一特定類型配件之不同尺寸而言，直管等效長度 L_e/D，有趨向於一個固定常數的傾向。

　　次要損失的實驗數據甚繁，惟其散布於多種來源。不同來源，可能就相同的流體組態提供出不同的數值。此處所提出的數據應該被視爲是一些常常遇到狀況的代表性數據；於每種狀況其數據來源會予以確認。

a. 入口與出口

一個管路的入口設計不佳時會引起明顯的揚程損失。如果入口有尖角，流體分離會在尖角處發生，並且形成束縮(vena contracta)。在束縮處，流體會局部性地加速通過流動面積縮減之處。當流量流再次減速並充滿整個管路時，無所束制的混合導致機械能損失。在表 8.2 中展示三個基本的入口幾何形狀。從表中可清楚的看到；當入口略予圓角化時，損失係數明顯降低。對於一個圓角化良好的入口($r/D \geq 0.15$)，入口處的損失係數幾乎可以忽略。範例 8.9 仍就管入口實驗以決定其損失係數，舉例說明其程序。

表 8.2　圓管入口處的次要損失係數(數據資料來自[參考文獻 11])

入口型式		次要損失係數, K^a		
凹角	→	0.78		
直角型	→	0.5		
圓角型	→	r/D　0.02　0.06　≥ 0.15		
		K　0.28　0.15　0.04		

[a] 依據 $h_{l_m} = K(\bar{V}^2/2)$，其中 $\bar{V}$ 是管流中之平均流速。

每單位質量動能為 $\alpha \bar{V}^2/2$，當流體從一個管路到一個大的儲槽或充氣室時，動能會因混合作用而完全消散。此情形與具有 $AR = 0$(圖 8.15)且流過一個突然膨脹區的流體狀況相符合。次要損失係數因此等於 α，它的值，如同我們在前節所見過的，於紊流的情況下我們通常設定為 1。出口處的次要損失係數可能不會有太多的改進；不過，添加一個擴散器能夠相當顯著地降低 $\bar{V}^2/2$ 從而降低 h_{l_m}(請參見範例 8.10)。

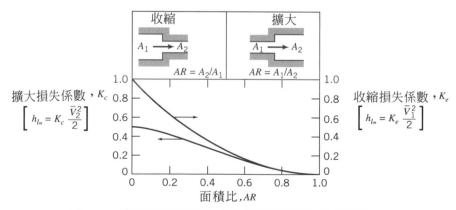

圖 8.15　面積驟變下的損失係數(數據資料取自[參考文獻 1])

b. 擴大和收縮

圖 8.14 係圓形管道突然擴張與收縮時的次要損失係數。請注意兩種損失係數都以較大的 $\bar{V}^2/2$ 為基礎，因此突然擴張損失係以 $\bar{V}_1^2/2$ 為基礎；而收縮則以 $\bar{V}_2^2/2$ 為基礎。

　　由面積變化所引起的損失，可藉由在直管的二個截面間安裝噴嘴或擴散器而略微減少，表 8.3 提供噴嘴數據。注意最後一欄(傾斜角 $\theta = 180$ 度之數據) 與圖 8.15 的數據一致。

表 8.3　漸縮管道之損失係數：(K) 圓形與矩形管路(數據資料取自[參考文獻 12])

			傾斜角度, θ, 度				
A_2/A_1	10	15–40	50–60	90	120	150	180
0.50	0.05	0.05	0.06	0.12	0.18	0.24	0.26
0.25	0.05	0.04	0.07	0.17	0.27	0.35	0.41
0.10	0.05	0.05	0.08	0.19	0.29	0.37	0.43

註：表中之係數係依據 $h_{l_m} = K(\bar{V}_2^2/2)$.

　　擴散器損失，仍取決於幾個幾何形狀與流動上的變數。擴散器的數據通常以壓力回復係數 C_p(即靜壓上升量與入口處動壓力之比值)來表現，

$$C_p \equiv \frac{p_2 - p_1}{\frac{1}{2}\rho \bar{V}_1^2} \tag{8.41}$$

　　這張表指出壓力上升時，入口處的動能相對應所占的比率。理想(無摩擦的) 壓力回復係數，並不難推導(使用伯努利與連續方程式，參見習題 8.181) 得出如下

$$C_{p_i} = 1 - \frac{1}{AR^2} \tag{8.42}$$

其中，AR 是面積比。因此，理想壓力回復係數僅是面積比率之函數。實際上，典型的擴散器必有紊流，如果擴散器設計不佳，沿流動方向升高的靜壓力，可能導致流動與管壁分離。基於這些理由，實際的 C_p 將會略少於 8.42 式所表示者。舉例來說，對於在入口有完全發展紊流管路流之錐形擴散器，其數據是以幾何形狀之函數的型式呈現於圖 8.16。請留意擴散器愈尖細(小擴散角 ϕ 或大長度比例 N/R_1) 就愈可能趨近理想的常數 C_p 值。當我們縮短錐長時，對於既定的固定面積比，我們開始看見 C_p 下降的現象—我們可考慮出現此現象之時的錐形長度為最佳長度(也就是我們對既定的面積比所能獲得的最大係數時的最短長度—非常接近 8.42 式所預測者)。我們能建立 C_p 與揚程損失之關聯性。如果忽略重力，以及 $\alpha_1 = \alpha_2 = 1.0$，8.29 式可簡化至

$$\left[\frac{p_1}{\rho} + \frac{\bar{V}_1^2}{2}\right] - \left[\frac{p_2}{\rho} + \frac{\bar{V}_2^2}{2}\right] = h_{l_T} = h_{l_m}$$

因此，

$$h_{l_m} = \frac{\bar{V}_1^2}{2} - \frac{\bar{V}_2^2}{2} - \frac{p_2 - p_1}{\rho}$$

$$h_{l_m} = \frac{\bar{V}_1^2}{2}\left[\left(1 - \frac{\bar{V}_2^2}{\bar{V}_1^2}\right) - \frac{p_2 - p_1}{\frac{1}{2}\rho \bar{V}_1^2}\right] = \frac{\bar{V}_1^2}{2}\left[\left(1 - \frac{\bar{V}_2^2}{\bar{V}_1^2}\right) - C_p\right]$$

根據連續性來看 $A_1\bar{V}_1 = A_2\bar{V}_2$，因此

$$h_{l_m} = \frac{\bar{V}_1^2}{2}\left[1 - \left(\frac{A_1}{A_2}\right)^2 - C_p\right]$$

或

$$h_{l_m} = \frac{\bar{V}_1^2}{2} \left[\left(1 - \frac{1}{(AR)^2} \right) - C_p \right] \tag{8.43}$$

如果 $h_{l_m} = 0$，從 8.43 式中可得出無摩擦之結果(8.42 式)。我們能結合 8.42 式與 8.43 式，並依據實際與理想的 C_p 值爲揚程損失建立表達式：

$$h_{l_m} = (C_{p_i} - C_p) \frac{\bar{V}_1^2}{2} \tag{8.44}$$

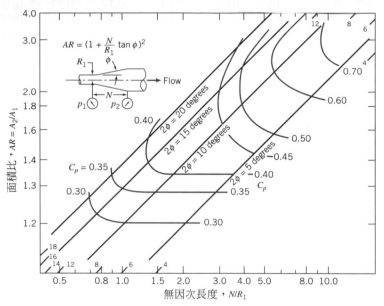

圖 8.16 於入口處圓錐擴散器內完全發展系流的壓力回復(數據資料取自[參考文獻 13])

對於平坦管壁、環狀擴散器[參考文獻 14]以及放射狀擴散器[參考文獻 15]的性能圖，都可在文獻中參考到。

當入口雷諾數高於 7.5×10^{-4} [參考文獻 16]時，擴散器壓力回復係數本質上與雷諾數比無關。入口處流動均匀之擴散器的壓力回復係數略優於入口處完全發展之流動者。平管壁、錐形與環形擴散器於各式入口流動狀態下的性能圖，提供在[參考文獻 17]。

既然靜壓力沿擴散器的流動方向上升，流動可能從管壁中被分離。就幾何學來看，出口流動被扭曲。平管壁擴散器的流動行爲完整地呈現於 NCFMF 影片流動的具像化(Flow Visualization)(請參見 http://web.mit.edu/ fluids/ www/ Shapiro/ ncfmf.html 免費線上觀賞這部影片)。對於寬角擴散器、輪葉或間隔版，則可應用於抑制失速並且改善壓力回復係數[參考文獻 18]。

c. 彎曲管

彎曲管的揚程損失，大於流過相等長度的直截面之完全發展流的揚程損失。額外的損失，主要是來自二次流的結果[5]。該損失若能由一個等效長度的直管表示，則甚爲方便。就 90 度彎曲而

---

[5] NCFMF 影帶二次流中展示二次流。
　　(請參見 http://web.mit.edu/fluids/www/ Shapiro/ncfmf.html 免費線上觀賞這部影片。)

言，其所謂等效長度端視於彎管的相關曲率半徑。如圖 8.17a 所示；一個近似程序，用以計算所提供具有其他的折轉角的彎管阻力，可於[參考文獻 11]中獲得。

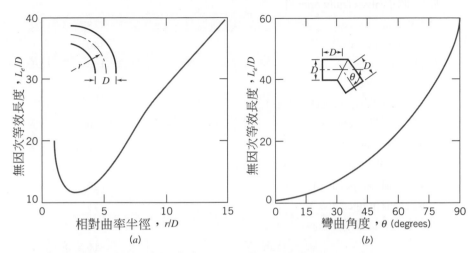

圖 8.17　對於(a) 90 度彎曲管與裝了凸緣之彎頭；(b) 斜接彎管，兩種情形之總阻力(Le/D)

　　　　(數據資料取自[參考文獻 11])

　　因在現場裝配時，即簡單又便宜，斜接彎管時常用於大型管系統。圖 8.17b 提供斜接彎管的設計數據。注意一分錢一分貨：圖 8.17a 提供圓管彎曲之等效長度從直徑的 10 倍變化到直徑的 40 倍；圖 8.17b 中對於更便宜的 90 度斜接管我們得到更長的 60 倍直徑等效長度。

d. 閥與配件

　　因流過閥與配件之損失，可以直管之等效長度表示，表 8.4 提出一些具有代表性的數據。

　　所有提供的阻力均針對完全開口的閥；當閥部分開口時，損失會顯著地增加。在製造業中，閥之設計有明顯的不同與變化。無論何時，如果需要正確結果，應該使用閥供應者所供給之阻力(損失)。

　　一個管道系統之配件可能帶有螺紋、凸緣或經焊接接口。對於小孔徑的管道系統之配件，螺紋接合是最普通的；大型管系統時常以裝凸緣或熔接接合。

　　在實務上，配件與閥的嵌入損失多寡之間相差甚鉅，並與製造管系統時的小心謹慎程度有關。如果切管截面處之毛邊還留在上面，其所引起區域流量障礙將略微地增加損失。

　　雖然在此截面中所討論的損失稱之為「次要的損失」，但是他們可能是全部的系統損失很大的一塊。因此，每個計算系統一定要小心地檢查，確定所有的損失均已確認，並且計算其大小。如果小心計算，將有令人滿意的工程精度結果。你或許期望預測實際損失在 ±10％以內。

　　我們在此介紹另一項能夠改變流體能量的裝置；這次例外的是，流體的能量會增加，因此它創造「負的能量損失」。

表 8.4　閥與配件之無因次等效長度代表值(L_e/D)(數據資料來自[參考文獻 11])

配件形式	等效長度 [a]，L_e/D
閥(全開)[Valves (fully open)]	
閘門閥(Gate valve)	8
球形閥(Globe valve)	340
角閥(Angle valve)	150
球閥(Ball valve)	3
升降式止回閥(Lift check valve)：	
●球形升降(globe lift)	600
●角升降(angle lift)	55
含過濾器的底閥(Foot valve with strainer)：	
●提動盤(poppet disk)	420
●鉸鍊盤(hinged disk)	75
標準肘型(Standard elbow)：90 度	30
45 度	16
迴彎管，閉合式(Return bend, close pattern)	50
標準 T 型(Standard tee)：	
●主管流(flow through run)	20
●支管流(flow through branch)	60

[a] 根據 $h_{l_m} = f(L_e/D)(\bar{V}^2/2)$。

流體系統中的泵、風扇與鼓風機

在眾多實際的流體情形中(舉例來說，汽車引擎的冷卻系統、建築物的空調系統)，維持流體對抗摩擦的驅動力是一具泵(對液體而言)、或風扇、鼓風機(就氣體而言)。在此我們先考慮泵的情況，雖然所有的結果也對等地可適用於風扇和鼓風機。我們通常忽略熱傳遞與流體的內能變化(我們稍後會將其併入泵效率的定義之內)，因此，應用通過泵的熱力學第一定律為

$$\dot{W}_{\text{pump}} = \dot{m}\left[\left(\frac{p}{\rho} + \frac{\bar{V}^2}{2} + gz\right)_{\text{discharge}} - \left(\frac{p}{\rho} + \frac{\bar{V}^2}{2} + gz\right)_{\text{suction}}\right]$$

我們也能計算泵所產生的揚程 Δh_{pump}(能/質量)，

$$\Delta h_{\text{pump}} = \frac{\dot{W}_{\text{pump}}}{\dot{m}} = \left(\frac{p}{\rho} + \frac{\bar{V}^2}{2} + gz\right)_{\text{discharge}} - \left(\frac{p}{\rho} + \frac{\bar{V}^2}{2} + gz\right)_{\text{suction}} \qquad (8.45)$$

在許多情況中，入出口之直徑(故可推知其速度)與其高度差大致上是相同或僅有些微之差異而已，因此 8.45 式可簡化成

$$\Delta h_{\text{pump}} = \frac{\Delta p_{\text{pump}}}{\rho} \qquad (8.46)$$

令人不禁注意的是泵以增加壓力的形式將能量注入流體——而我們每天錯覺地以為是泵將動能加入流體。(當一個泵-管系統首先啟動的時候，泵做功把流體加速直至它的流速為穩定，這也是當電動馬達驅動泵之時其本身最可能被燒燬的時候。)

想法是於泵-管系統中，為了彌補揚程的損失，泵所需產生的揚程(8.45 式或 8.46 式)。因此，在這樣的系統中的流量端視於泵的特性以及管路系統的主要與次要的損失。我們將在第 10 章中學到，一個給定的泵所產生的揚程不是不變的，而是隨著通過泵的流量率而改變；引發針對給定的系統「搭配」某種的泵以達到所要求的流量率的概念。

從 8.46 式中可得出一個有用的關係式；[如果我們乘以 $\dot{m} = \rho Q$ (Q 是流率)]，並回想到 $\dot{m}\,\Delta h_{\text{pump}}$ 仍為供給到流體的動力，

$$\dot{W}_{\text{pump}} = Q\Delta p_{\text{pump}} \tag{8.47}$$

我們也能定義泵的效率為：

$$\eta = \frac{\dot{W}_{\text{pump}}}{\dot{W}_{\text{in}}} \tag{8.48}$$

其中 $\dot{W}_{\text{pump}}$ 為注入流體的功率，並且 $\dot{W}_{\text{in}}$ 是代表泵的輸入的功率(通常指的是電量)。

我們注意到，在將能量方程式(8.29 式)應用到管路系統時，我們有時會選擇點 1 與點 2，以便將泵包含在系統中。在這些情況下，我們會包納泵的揚程，成為「負損失」：

$$\left(\frac{p_1}{\rho} + \alpha_1\frac{\bar{V}_1^2}{2} + gz_1\right) - \left(\frac{p_2}{\rho} + \alpha_2\frac{\bar{V}_2^2}{2} + gz_2\right) = h_{l_T} - \Delta h_{\text{pump}} \tag{8.49}$$

非圓形管道

圓管流量的經驗關係式也能用在非圓形管路的計算，此類非圓形管路的截面不可過大。因此，如果高度對寬度的比率低於 3 或 4，則截面為方形或矩形的管路大概都可以使用。

藉由引進水力直徑(hydraulic diameter)觀念，紊流管路流體的相互關係可擴大應用於非圓形幾何上；其定義為

$$D_h \equiv \frac{4A}{P} \tag{8.50}$$

取代 8.50 式中的直徑 D，A 是截面積；P 則為濕潤周界，即於截面處與流動之流體所沾觸到的管壁長度。引進因數 4 使得水力直徑等於管道圓形截面的直徑($A = \pi D^2/4$，$P = \pi D$)。

$$D_h = \frac{4A}{P} = \frac{4\left(\frac{\pi}{4}\right)D^2}{\pi D} = D$$

由於寬度為 b 並且高度為 h，$A = bh$ 以及 $P = 2(b+h)$，因此

$$D_h = \frac{4bh}{2(b+h)}$$

如果高寬比(aspect ratio) ar，定義為 $ar = h/b$，則

$$D_h = \frac{2h}{1 + ar}$$

上式係針對矩形管路而言；若是對正方形的管路來說，$ar = 1$ 並且 $D_h = h$。

水力直徑觀念能應用在約 $\frac{1}{4} < ar < 4$ 的範圍之中。在這些條件下，管路流動的關聯式對於矩形管道提供了可接受的結果。因為像這樣的金屬片所製作的管路，組裝容易又便宜，因而普遍用於

空調、加熱與通風的應用上。許多氣流上損失的數據資料,都可得到(例如,見[參考文獻 12、19])。

就較為極端的幾何型式而言,二次流所引起的損失快速增加,因此關聯式不適用在寬廣而平坦的管路、三角形管路或者其他不規則形狀的管路。於某些需要精確的設計資料的特定情況時,務必使用實驗所得的數據。

8-8 管流問題的解

第 8-7 節提供我們一個解決許多不同管流問題的完整方略。為了方便起見,我們將有關的計算方程式都蒐集在一起。

單管系統中,任意二點 1 與 2 的關聯狀態能量方程式(energy equation)如下

$$\left(\frac{p_1}{\rho} + \alpha_1 \frac{\bar{V}_1^2}{2} + gz_1\right) - \left(\frac{p_2}{\rho} + \alpha_2 \frac{\bar{V}_2^2}{2} + gz_2\right) = h_{l_T} = \Sigma h_l + \Sigma h_{l_m} \tag{8.29}$$

此方程式表示:管中會有機械能(「壓力」、動能與/或位能)的損失。請回想紊流 $\alpha \approx 1$。請留意藉著明智而審慎的選擇點 1 與 2,我們能分析的不只有整個管路系統,還包括我們可能感興趣的特定區域。總落差損失(total head loss)為主要與次要的損失之總和。(記得我們也能夠納入任何出現在點 1、2 之間泵的「負損失」。相關的能量方程式為 8.49 式。)

每個主要損失(major loss)可由下式得知

$$h_l = f \frac{L}{D} \frac{\bar{V}^2}{2} \tag{8.34}$$

其中摩擦因子(friction factor)得自於

$$f = \frac{64}{Re} \quad \text{適用於層流}(Re < 2300) \tag{8.36}$$

或

$$\frac{1}{\sqrt{f}} = -2.0 \log\left(\frac{e/D}{3.7} + \frac{2.51}{Re\sqrt{f}}\right) \text{適用於擾流 } (Re \geq 2300) \tag{8.37}$$

而且在穆迪圖(圖 8.12)中 8.36 式與 8.37 式以圖解方式呈現。

每個次要損失(minor loss)也由下式可知

$$h_{l_m} = K \frac{\bar{V}^2}{2} \tag{8.40a}$$

其中 K 為裝置之損失係數(loss coefficient),也就是

$$h_{l_m} = f \frac{L_e}{D} \frac{\bar{V}^2}{2} \tag{8.40b}$$

其中 L_e 為額外的等效管長。

依據下式,我們也會注意到流量率 Q 與每個管路截面的平均速度 $\bar{V}$ 有關。

$$Q = \pi \frac{D^2}{4} \bar{V}$$

我們首先將在單一路徑(single-path)系統中應用這些方程式。

單一路徑系統

在單一路徑的管路問題中，我們通常知道系統規劃(管材種類以及因而衍生的管粗糙度、彎頭、閥和其他配件之數量與種類等等及液面高度變化)與我們所用到的流體性質(ρ 和 μ)。雖然不是唯一的，通常我們的目標係為決定下列各項之一：

    (a)　圓管(L 和 D)及流量率 Q 已知時之壓力降 Δp。

    (b)　圓管直徑 D、流量率 Q 及壓力降 Δp 已知時之管長 L。

    (c)　圓管(L 和 D)、流量率 Q 及壓力降 Δp 已知時之流量率 Q。

    (d)　管長 L、壓力降 Δp 及流量率 Q 已知時之管徑 D。

上述狀況中的每一項，在真實世界中都常發生。舉例來說，狀況(a)為在一個系統中，選擇正確大小的泵，以維持所需要的流量率時，泵一定要能夠以所指定的流量率 Q 去產生系統所需的 Δp。(我們將於第 10 章，更詳細討論這一點)。狀況(a)與狀況(b)可以直接解算；我們將會發現狀況(c)與狀況(d)在計算上稍有難度。我們會對於每個狀況都加以討論，而且為每個狀況提出一個範例。你可以使用計算機進行範例計算，以得到解答；然而，每個範例也都有其試算表活頁簿。(記得網站提供了 Excel 增益工具完成安裝後會從 Re 與 e/D 自動地計算出 f！)使用電腦應用程式(諸如工作表)，其好處為我們不須使用穆迪圖(圖 8.12)或解算柯爾布魯克經驗方程式(8.37 式)去求得紊流摩擦因子，而只需應用程式就能幫助我們求解！除此之外，如同我們所見的一樣，狀況(c)與狀況(d)牽涉到可觀的疊代計算而此可借助電腦應用程式免於親力親為。最後，一旦我們運用了電腦應用程式的解法，工程上的「假定推測(what-ifs)」就會變得容易；舉例來說，如果我們想要泵所產生的揚程加倍，那麼已知的系統流量率將要增加多少才行呢？

a. 已知 L、D 與 Q 時，求解 Δp

這些類型的問題十分的簡單——能量方程式(8.29 式)可以用已知或是可計算的量直接解出 $\Delta p = (p_1 - p_2)$。因為對於流體而言，流量率會導引出雷諾數(或好幾個數值；如果有直徑變化的話)與摩擦因子(或因子們)；次要損失係數和等效管長，則可直接於表列數據資料中取得。然後，直接使用能量方程式去求算壓力降。範例 8.5 舉例說明此類型的問題。

b. 已知 Δp、L，D 時，求解 Q

這些類型的問題也十分的簡單——能量方程式(8.29 式)可以用已知或是可計算的量直接解出 L。流量率再次導引出源於雷諾數與摩擦因子。

次要損失係數與等效管長，亦可於表列數據資料中獲得。然後，重組能量方程式並且直接求解管路長度。範例 8.6 舉例說明此類型的問題。

c. 已知 Δp、L，D 時，求解 Q

這些問題之類型可以用重複手算或者使用電腦應用程式，如試算表去求解。在取得雷諾數之前，需要求得未知的流量率或速度，並因此摩擦因子能求得。關於手算疊代方面，首先我們直接求解能量方程式(依據已知值求得 $\overline{V}$ 與設定一未知的摩擦因子 f)。為了著手開始進行疊代程序，我們先預測 f 值(上善之策為從穆迪(Moody)圖中的完全紊流區域取值，因為在這個區域中有許多實際的流體)，並且算得 $\overline{V}$ 值。然後我們能算得雷諾數，並且因此而獲得 f 的新值。我們重覆疊代程序 $f \to \overline{V} \to Re \to f$ 直到數值收斂(通常只需要二或三個疊代)。使用電腦應用程式是一個更加快速的程序。舉例來說，工作表(諸如試算表)具有內建解算的特點，可以專門用來解決具有一個或多個未知數的代數方程式。範例 8.7 舉例說明此類型的問題。

d. 已知 Δp、L 和 Q 時，求解 D

舉例來說，當我們設計好一個泵管路系統並且希望選擇出最佳的管路直徑時，便會遇到此類型的問題，最好是直徑小(為了管路成本最低)，並能輸送經設計規劃的流量率。我們必須反覆手算，或使用像 *Excel* 這樣的電腦應用程式。在雷諾數和相關粗糙度的求解之前，需要先解出未知數直徑，而且摩擦因子也可由此得知。在手算方式疊代方面，首先我們可以直接解算能量方程式的 D 值，此係依據已知值與未知的摩擦因子 f，並接著從起始值 f 開始疊代程序，按照類似上述狀況(c)的 $f \to D \to Re$ 與 $e/D \to f$ 的方式。實務上，這個方法稍嫌不便，因為我們連續不斷猜測 D 值，直到與能量方程式所計算的對應壓力降 Δp(從已知流量率 Q 而來)與設計 Δp 一致為止。如同狀況(c)一般，更快速的程序為使用電腦應用程式。舉例來說，工作表(諸如試算表)有內建解算功能的特點，可專門用來解決具有一個或多個未知數的代數方程式。範例 8.8 舉例說明問題的這一個型。

在選擇管路尺寸方面，使用商業上通用的孔徑才為合理；亦即管路係在標準尺寸下，有限的誤差範圍內製造。表 8.5 提供標準管路尺寸的一些數據。對於加強型或雙倍加強型管路的數據資料請參閱手冊，例如[參考文獻 11]。

表 8.5　碳鋼、合金鋼與不鏽鋼管的標準尺寸(數據資料來自[參考文獻 12])

標稱管線尺寸(in.)	內徑 (in.)	標稱管線尺寸(in.)	內徑 (in.)
6	6.83	65	62.71
8	9.25	80	77.93
10	12.52	100	102.26
15	15.80	125	128.19
20	20.93	150	154.05
25	26.64	200	202.71
40	40.89	250	254.51
50	52.50	300	304.80

範例 8.5　流入儲水槽的管流：壓力降未知

　　一長100m的平滑水平圓管聯結至一個大水槽。一個泵附著於圓管的末端用來將水以$0.01\text{m}^3/\text{s}$體積流率將水輸送至該水槽。該泵必須於圓管產生多少壓力(錶壓)才足以產生這個流量率？該平滑圓管的內徑是 75mm。

已知：水流以 $0.01\text{m}^3/\text{s}$ 流過直徑 75mm、$L=100\text{m}$ 的平滑圓管，此管聯結至一個深度 $d=10\text{m}$ 的水槽。

求解：維持這樣的流動下所需的泵壓力 p_1。

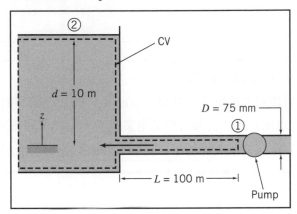

解答：
控制方程式：

$$\left(\frac{p_1}{\rho}+\alpha_1\frac{\overline{V}_1^2}{2}+gz_1\right)-\left(\frac{p_2}{\rho}+\alpha_2\frac{\overline{V}_2^2}{2}+gz_2\right)=h_{l_T}=h_l+h_{l_m} \tag{8.29}$$

其中

$$h_l=f\frac{L}{D}\frac{\overline{V}^2}{2} \tag{8.34} \quad\text{和}\quad h_{l_m}=K\frac{\overline{V}^2}{2} \tag{8.40a}$$

對於所給定的問題來說，$p_1=p_{\text{pump}}$ 且 $p_2=0$(錶壓)，所以 $\Delta p=p_1-p_2=p_{\text{pump}}$，$\overline{V}_1=\overline{V}$，$\overline{V}_2\approx 0$，$K$(出口損失)$=1.0$，以及 $\alpha_1\approx 1.0$。如果 $z_1=0$，則 $z_2=d$。簡化 8.29 式可得

$$\frac{\Delta p}{\rho}+\frac{\overline{V}^2}{2}-gd=f\frac{L}{D}\frac{\overline{V}^2}{2}+\frac{\overline{V}^2}{2} \tag{1}$$

方程式的左邊是在點①與②之間的機械能損失；右側是損失中的主要和次要損失。求出壓力降，$\Delta p=p_{\text{pump}}$，

$$p_{\text{pump}}=\Delta p=\rho\left(gd+f\frac{L}{D}\frac{\overline{V}^2}{2}\right)$$

方程式右邊的所有東西都是已知的或是很容易被算出的。流量率 Q 得出 $\overline{V}$，

$$\overline{V}=\frac{Q}{A}=\frac{4Q}{\pi D^2}=\frac{4}{\pi}\times\frac{0.01}{\text{s}}\frac{\text{m}^3}{\text{s}}\times\frac{1}{(0.075)^2\,\text{m}^2}=2.26\,\text{m/s}$$

由此依次[假定水 20°C，$\rho=999\text{kg}/\text{m}^3$，並且 $\mu=1.0\times10^{-3}\text{kg}/(\text{m·s})$]導出雷諾數

$$Re = \frac{\rho \overline{V} D}{\mu} = 999 \, \frac{kg}{m^3} \times 2.26 \, \frac{m}{s} \times 0.075 \, m \times \frac{m \cdot s}{1.0 \times 10^{-3} kg} = 1.70 \times 10^5$$

對於在一平滑圓管中的紊流動來說($e=0$)，由 8.37 式，$f=0.0162$ 則

$$p_{pump} = \Delta p = \rho \left(gd + f \frac{L}{D} \frac{\overline{V}^2}{2} \right)$$

$$= 999 \, \frac{kg}{m^3} \left(9.81 \, \frac{m}{s^2} \times 10 \, m + (0.0162) \times \frac{100 \, m}{0.075 \, m} \times \frac{(2.26)^2 m^2}{2 \, s^2} \right) \times \frac{N \cdot s^2}{kg \cdot m}$$

$$p_{pump} = 1.53 \times 10^5 \, N/m^2 \, \text{(gage)}$$

因此，

$$p_{pump} = 153 \, kPa \, \text{(gage)} \longleftarrow \qquad\qquad p_{pump}$$

這個問題示範說明了計算總揚程損失的方法。

本題所用之 *Excel*，可從已知數據中自動算出 Re 與 f。它然後直接解式 1 求出壓力 p_{pump} 而不必先以外顯的方式求出它。活頁簿可容易用來觀看，例如，保持流動 Q 所需要的泵壓力 p_{pump} 是如何的受到直徑 D 變動的影響；它很容易修改而運用於情況(a)型的其他問題。

範例 8.6 管道內的流動：長度未知

原油以 $2.944 m^3/s$ 流過阿拉斯加油管的平直管段。管內徑為 1.22m，它的粗糙度相當於鍍鋅鐵。最大的容許壓力為 8.27MPa；原油的溶液中，所需維持溶解氣體的最小壓力為 344.5kPa。原油 SG=0.93；在 60℃ 的抽泵溫度下，其黏性為 $\mu = 0.0168 N \cdot s/m^2$。對於這些狀態，決定出在抽泵站之間的最大可能間距。如果泵效率為 85%，試決定在每個抽泵站所必須供給的動力。

已知：流經阿拉斯加平坦區域管道的原油流體。

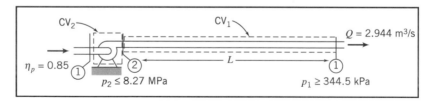

$D = 1.22m$ (鍍鋅鐵的粗糙度)，SG=0.93，$\mu = 0.0168 N \cdot s/m^2$

求解：(a) 最大間距 L。

(b) 每個泵站所需要的動力。

解答：

如圖所示，我們假設阿拉斯加的管道是由數組相同的泵與圓管架構所組成。我們能繪出二個控制體積：CV_1，用於管路的流動(狀態②到狀態①)；以及 CV_2，用於泵(狀態①到狀態②)。

首先我們針對穩定的、並就 CV_1 而言為不可壓縮的管路流，應用能量方程式。

控制方程式：

$$\left(\frac{p_2}{\rho} + \alpha_2 \frac{\bar{V}_2^2}{2} + g z_2\right) - \left(\frac{p_1}{\rho} + \alpha_1 \frac{\bar{V}_1^2}{2} + g z_1\right) = h_{l_T} = h_l + h_{l_m} \tag{8.29}$$

其中

$$h_l = f \frac{L}{D} \frac{\bar{V}^2}{2} \tag{8.34} \qquad 和 \qquad h_{l_m} = K \frac{\bar{V}^2}{2} \tag{8.40a}$$

假設： (1) $\alpha_1 \bar{V}_1^2 = \alpha_2 \bar{V}_2^2$

(2) 水平管 $z_1 = z_2$。

(3) 忽略不計次要損失。

(4) 不變的黏滯性。

然後，使用 CV_1

$$\Delta p = p_2 - p_1 = f \frac{L}{D} \rho \frac{\bar{V}^2}{2} \tag{1}$$

或

$$L = \frac{2D}{f} \frac{\Delta p}{\rho \bar{V}^2} \quad \text{where } f = f(Re, e/D)$$

如此，

$$\bar{V} = \frac{Q}{A} = 2.944 \frac{\text{m}^3}{\text{s}} \times \frac{4}{\pi (1.22)^2 \, \text{m}^2} = 2.52 \text{ m/s}$$

$$Re = \frac{\rho \bar{V} D}{\mu} = 0.93 \times 1000 \frac{\text{kg}}{\text{m}^3} \times 2.52 \frac{\text{m}}{\text{s}} \times 1.22 \text{ m} \times \frac{1}{0.0168 \text{ N} \cdot \text{s/m}^2} \times \frac{\text{N} \cdot \text{s}^2}{\text{kg} \cdot \text{m}}$$

$$Re = 1.71 \times 10^5$$

從表 8.1，$e = 0.0005$ ft，並因而得出 $e/D = 0.00012$。然後，從 8.37 式，$f = 0.017$ 因此

$$L = \frac{2}{0.017} \times 1.22 \text{ m} \times (8.27 \times 10^6 - 3.445 \times 10^5) \text{ Pa} \times \frac{1}{0.93 \times 1000 \times \text{kg/m}^3}$$

$$\times \frac{1}{(2.52)^2} \frac{\text{s}^2}{\text{m}^2} \times \frac{\text{N}}{\text{m}^2 \cdot \text{Pa}} \times \frac{\text{kg} \cdot \text{m}}{\text{N} \cdot \text{s}^2} = 192,612 \text{ m}$$

$$L = 192.612 \text{ km} \qquad\longleftarrow\qquad\qquad\qquad\qquad L$$

　　為了求出抽泵功率，我們能對 $CV2$ 應用熱力學第一定律。此控制體積只由泵所組成，並且我們在第 8-7 節中見過此定律已簡化如下式

$$\dot{W}_{\text{pump}} = Q \Delta p_{\text{pump}} \tag{8.47}$$

並且泵的效率為

$$\eta = \frac{\dot{W}_{\text{pump}}}{\dot{W}_{\text{in}}} \tag{8.48}$$

我們回想 $\dot{W}_{\text{pump}}$ 為注入流體的功率，且 $\dot{W}_{\text{in}}$ 為輸入的功率。因為我們有的是個重複相疊的系統、壓力經過泵(亦即，狀態①到狀態②)的升高程度即等於油管中的壓力的下降程度(亦即，狀態②到狀態①)，

$$\Delta p_{\text{pump}} = \Delta p$$

故而

$$\dot{W}_{\text{pump}} = Q\Delta p_{\text{pump}} = 2.944\ \frac{\text{m}^3}{\text{s}} \times (8.27 \times 10^6 - 3.445 \times 10^5)\ \text{Pa} \times \frac{\text{N}}{\text{m}^2 \cdot \text{Pa}} \times \frac{\text{J}}{\text{N} \cdot \text{m}} \times \frac{\text{W} \cdot \text{s}}{\text{J}} \approx 23.13\ \text{MW}$$

並且所需輸入的功率為

$$\dot{W}_{\text{in.}} = \frac{\dot{W}_{\text{pump}}}{\eta} = \frac{23.13}{0.85} = 27.21\ \text{MW} \quad\longleftarrow\quad \dot{W}_{\text{needed}}$$

此範例示範說明了以手算方式計算管路長度 L 的方法。

🐭 本題之 *Excel* 活頁簿，可從已知的數據中自動算出 Re 與 f。然後直接求解式 1 得出 L，而不需要先直截地解出它。活頁簿容易用於觀測，例如，從 L 的改變中會影響流量率 Q 多少；這對於狀況(b)的其他問題，甚為容易處理。

範例 8.7　水塔的水流：流量率未知

　　一個防火系統，從一個水塔和 24.4m 高的給水豎管供水。系統中最長的管路長度為 182.9m，並且是用鑄鐵做成，且已使用了約有 20 年之久。管路含有一個閘門閥；其他的次要損失可能忽略不計。管路直徑為 101.6m。試決定通過此管的最大流量率。

已知：防火系統，如圖所示。

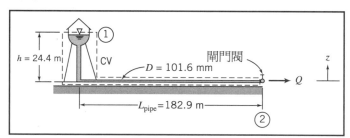

求解：Q, gpm。

解答：

控制方程式：

$$\overset{\approx 0(2)}{\left(\frac{\cancel{p_1}}{\rho} + \alpha_1 \frac{\cancel{\bar{V}_1^2}}{2} + gz_1\right)} - \left(\frac{\cancel{p_2}}{\rho} + \alpha_2 \frac{\bar{V}_2^2}{2} + gz_2\right) = h_{l_T} = h_l + h_{l_m} \tag{8.29}$$

其中

$$h_l = f\frac{L}{D}\frac{\bar{V}^2}{2} \quad (8.34) \qquad 和 \qquad h_{l_m} = f\frac{L_e}{D}\frac{\bar{V}^2}{2} \tag{8.40b}$$

假設：(1) $p_1 = p_2 = p_{\text{atm}}$。

　　　　(2) $\bar{V}_1 = 0$，和 $\alpha_2 \approx 1.0$。

則 8.29 式可寫成

$$g(z_1 - z_2) - \frac{\bar{V}_2^2}{2} = h_{l_T} = f\left(\frac{L}{D} + \frac{L_e}{D}\right)\frac{\bar{V}_2^2}{2} \tag{1}$$

由於此係為一完全開口的閘門閥，從表 8.4 中 $Le/D = 8$。因此

$$g(z_1 - z_2) = \frac{\bar{V}_2^2}{2}\left[f\left(\frac{L}{D} + 8\right) + 1\right]$$

爲了要以手算的方式作疊代的工作，我們解出 $\bar{V}_2$ 並得出

$$\bar{V}_2 = \left[\frac{2g(z_1 - z_2)}{f(L/D + 8) + 1}\right]^{1/2} \tag{2}$$

保守起見，假設給水豎管與水平管的直徑一樣。則

$$\frac{L}{D} = \frac{182.9 \text{ m} + 24.4 \text{ m}}{101.6 \text{ mm}} \times \frac{1000 \text{ mm}}{\text{m}} = 2040$$

以及

$$z_1 - z_2 = h = 24.4 \text{ m}$$

爲了解算式 2，我們需要疊代，爲了起個頭，我們假定流體爲完全發展的紊流(其中 f 是常數)來估計 f。此值可從使用計算器解出 8.37 式或從圖 8.13 得出。對於大的 Re 值(例如，10^8)與粗糙度比 $e/D \approx 0.005$ (從表 8.1 可知鑄鐵之 $e = 0.26$mm，並且考慮到管路老舊的事實而予以加倍)，我們發現 $f \approx 0.03$。因此式 2 中對於 $\bar{V}_2$ 的第一次疊代爲

$$\bar{V}_2 = \left[2 \times 9.81 \frac{\text{m}}{\text{s}^2} \times 24.4 \text{ m} \times \frac{1}{0.03(2040 + 8) + 1}\right]^{1/2} = 2.77 \text{ m/s}$$

現在得出新的 f 值：

$$Re = \frac{\rho \bar{V} D}{\mu} = \frac{\bar{V} D}{\nu} = 2.77 \frac{\text{m}}{\text{s}} \times 101.6 \text{ mm} \times \frac{\text{s}}{1.124 \times 10^{-6} \text{ m}^2} \times \frac{\text{m}}{1000 \text{ mm}} = 2.5 \times 10^5$$

由於 8.37 式中，$e/D = 0.005$，$f = 0.0308$，因此我們可得

$$\bar{V}_2 = \left[2 \times 9.81 \frac{\text{m}}{\text{s}^2} \times 24.4 \text{ m} \times \frac{1}{0.0308 (2040 + 8) + 1}\right]^{1/2} = 2.73 \text{ m/s}$$

所得出之 $\bar{V}_2$ (2.77m/s 和 2.73m/s) 其差異小於 2%──爲可接受的準確度。假如不能達到此準確度，我們將繼續疊代，直到此項或其他任何我們想要的準確度達成上述標準爲止；(通常最多只再需要一或二次疊代，準確度即可達到合理範圍)。請注意，若不用完全粗糙的 f 值做起始運算，我們亦可以使用 $\bar{V}_2$ 爲猜測值，例如假設 0.3m/s 或者 3m/s。體積流率爲

$$Q = \bar{V}_2 A = \bar{V}_2 \frac{\pi D^2}{4} = 2.73 \frac{\text{m}}{\text{s}} \times \frac{\pi}{4}(101.6 \text{ mm})^2 \times \frac{\text{m}^2}{10^6 \text{ mm}^2}$$

$$Q = 0.022 \text{ m}^3/\text{s} \longleftarrow \underline{\hspace{8cm}} Q$$

這個範例示範說明了如何以手算疊代的方法來計算流量率。

這 本範例之 *Excel* 活頁簿會自動地疊代以解出流量率 Q。它解出式 1 而不必先得到外顯方程式 (式 2) 對於 $\bar{V}_2$ (或是 Q)。該活頁簿能夠輕易地使用於執行無數若以手算方式來做會極度耗時的「假設條件」，例如：想要看看改變粗糙度 e/D 時 Q 是如何的受到影響。舉例來說，它顯示以一個新的圓管更換舊的生鐵圓管($e/D \approx 0.0025$) 有助於將流量率從 0.0221m³/s 增加到約 0.0244m³/s，增加了 10%！該活頁簿能夠被修改來求解其他的狀況(c) 類型問題。

範例 8.8 灌溉系統的流動：直徑未知

農業用噴灑系統的噴灑頭準備接取馬達驅動之泵自 152.4m 長的拉製鋁管輸送來的水。在最有效率的操作範圍，泵輸出流量率於排水壓力不超過 448.2kPa(錶壓) 的情況下為 $0.0946\text{m}^3/\text{s}$，為了操作安全，灑水器運作壓力須在 206.8kPa(錶壓) 以上。次要損失可忽略，水面高度變化也可忽略。試求適用的最小標準管徑的大小。

已知：自來水系統，如圖所示。

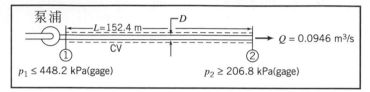

求解：最小標準 D。

解答：

已知 Δp、L 與 Q。D 未知，因此需要疊代算出在給定的流量率下能滿足壓力降限制的最小標準直徑。通過長度 L 之最大容許壓力降為

$$\Delta p_{\max} = p_{1\max} - p_{2\min} = (448.2 - 206.8)\text{kPa} = 241.4\text{kPa}$$

控制方程式：

$$\left(\frac{p_1}{\rho} + \alpha_1 \frac{\bar{V}_1^2}{2} + \cancel{gz_1}\right) - \left(\frac{p_2}{\rho} + \alpha_2 \frac{\bar{V}_2^2}{2} + \cancel{gz_2}\right) = h_{l_T} \tag{8.29}$$

$$= 0(3)$$

$$h_{l_T} = h_l + \cancel{h_{l_m}} = f\frac{L}{D}\frac{\bar{V}_2^2}{2}$$

假設：(1) 穩定流。

(2) 不可壓縮流。

(3) $h_{l_T} = h_l$，即 $h_{l_m} = 0$。

(4) $z_1 = z_2$。

(5) $\bar{V}_1 = \bar{V}_2 = \bar{V}$；$\alpha_1 \simeq \alpha_2$

則

$$\Delta p = p_1 - p_2 = f\frac{L}{D}\frac{\rho\bar{V}^2}{2} \tag{1}$$

由於 $\bar{V}$ 與 f 兩者均取決於 D，所以用式 1 求解 D 很困難！最好的解決方法為運用電腦應用程式如 *Excel* 自動地解算 D 值。在此為了完整說明起見，我們展示手算疊代的程序。第一步為將式 1 與雷諾數中的 $\bar{V}$ 以 Q 取而代之(Q 是常數，然而 $\bar{V}$ 隨 D 而變動)。我們有 $\bar{V} = Q/A = 4Q/\pi D^2$，因此

$$\Delta p = f\frac{L}{D}\frac{\rho}{2}\left(\frac{4Q}{\pi D^2}\right)^2 = \frac{8fL\rho Q^2}{\pi^2 D^5} \tag{2}$$

以 Q 寫出之雷諾數為

$$Re = \frac{\rho\bar{V}D}{\mu} = \frac{\bar{V}D}{\nu} = \frac{4Q}{\pi D^2}\frac{D}{\nu} = \frac{4Q}{\pi\nu D}$$

對起始猜測值，先採用公稱 100mm(內徑 102.3mm)的圓管：

$$Re = \frac{4Q}{\pi \nu D} = \frac{4}{\pi} \times \frac{0.094 \text{ m}^3}{\text{s}} \times \frac{\text{s}}{1.21 \times 10^{-6} \text{ m}^2} \times \frac{1}{102.3 \text{ mm}} \times \frac{1000 \text{ mm}}{\text{m}} = 1.04 \times 10^6$$

對於拉製管其 $e = 0.0015$mm(表 8.1)，因而 $e/D = 1.47 \times 10^{-5}$，因此 $f \simeq 0.012$ (8.37 式)，並且

$$\Delta p = \frac{8fL\rho Q^2}{\pi^2 D^5} = \frac{8}{\pi^2} \times 0.012 \times 152.4 \text{ m} \times 1000 \frac{\text{kg}}{\text{m}^3} \times (0.0946)^2 \frac{\text{m}^6}{\text{s}^2}$$

$$\times \frac{1}{(102.3)^5 \text{mm}^5} \times \frac{10^{15} \text{ mm}^5}{\text{m}^5} \times \frac{\text{N} \cdot \text{s}^2}{\text{kg} \cdot \text{m}} \times \frac{\text{Pa} \cdot \text{m}^2}{\text{N}} = 1184 \text{ kPa}$$

$$\Delta p = 1184 \text{ kPa} > \Delta p_{\max}$$

因為此壓力降太大，我們將從新試用 $D = 150$mm 圓管(其實際內徑為 154mm)：

$$Re = \frac{4}{\pi} \times \frac{(0.0946) \text{ m}^3}{\text{s}} \times \frac{\text{s}}{1.12 \times 10^{-6} \text{ m}^2} \times \frac{1}{150 \text{ mm}} \times \frac{1000 \text{ mm}}{1 \text{ m}} = 7.17 \times 10^5$$

對於拉製管其 $D = 150$mm，$e/D = 9.7 \times 10^{-6}$，因此 $f \simeq 0.0125$ (8.37 式)，並且

$$\Delta p = \frac{8}{\pi^2} \times 0.0125 \times 152.4 \text{ m} \times 1000 \frac{\text{kg}}{\text{m}^3} \times (0.0946)^2 \frac{\text{m}^6}{\text{s}^2}$$

$$\times \frac{1}{(154)^5 \text{ mm}^5} \times \frac{10^{15} \text{ mm}^5}{\text{m}^5} \times \frac{\text{N} \cdot \text{s}^2}{\text{kg} \cdot \text{m}} \times \frac{\text{Pa} \cdot \text{m}^2}{\text{N}}$$

$$\Delta p = 159.5 \text{ kPa} < \Delta p_{\max}$$

既然這比容許壓力降更低，我們應該檢查 125mm(額定) 管路。此類圓管實際內徑 128mm。

$$Re = \frac{4}{\pi} \times 0.0946 \times \frac{\text{s}}{1.12 \times 10^{-6} \text{ m}^2} \times \frac{1}{128 \text{ mm}} \times \frac{1000 \text{ mm}}{1 \text{ m}} = 8.4 \times 10^5$$

對於拉製管其 $D = 125$mm，$e/D = 1.17 \times 10^{-5}$，因此 $f \simeq 0.0125$ (8.37 式)，並且

$$\Delta p = \frac{8}{\pi^2} \times 0.0125 \times 152.4 \text{ m} \times 1000 \frac{\text{kg}}{\text{m}^3} \times (0.0946)^2 \frac{\text{m}^6}{\text{s}^2}$$

$$\times \frac{1}{(128)^5 \text{ mm}^5} \times \frac{10^{15} \text{ mm}^5}{\text{m}^5} \times \frac{\text{N} \cdot \text{s}^2}{\text{kg} \cdot \text{m}} \times \frac{\text{Pa} \cdot \text{m}^2}{\text{N}}$$

$$\Delta p = 402.2 \text{ kPa} > \Delta p_{\max}$$

因此最小公稱直徑 150mm 可滿足壓力降標準。 $\longleftarrow \quad D$

此範例示範說明以手算疊代的方法計算圓管直徑。

🖱 用於此問題的 *Excel* 活頁簿，可自動疊代算出可滿足式 1 的實際管徑 D。不需要先得出 D 的外顯方程式(式 2)，然後該做的即是選擇最小標準管路尺寸，此最小標準管路尺寸必須大於或等於 D 值。對於給定的數據而言，$D = 142$mm，因此其圓管近似尺寸為 150mm。活頁簿可以很容易地用在執行「假設條件」的數值問題上，此類問題若以人工方式計算將會極費時間。舉例來說，觀測改變圓管長度 L 會對所需的 Q 有多少影響。例如，L 降低至 76m 時，便可使用 125mm(公稱)圓管。我們能輕易地修改活頁簿中的數值，以解算狀況(d)中的其他問題。

我們已經藉由疊代方式(手算或使用 *Excel*)解算過範例 8.7 與 8.8。也介紹過幾個特殊的摩擦因子形式對雷諾數的圖以求解這類問題而毋須訴諸疊代方式。有關這些特殊圖形的範例,請詳見[參考文獻 20] 與[參考文獻 21]。

範例 8.9 與 8.10 舉例說明次要損失係數的計算,以及應用擴散器以降低一個流動系統出口處的動能。

範例 8.9　計算入口損失係數

[參考文獻 22] 報告了為決定儲水槽至不同入口倒角之管路之入口損失所做的測量結果。一個 3m 長、內徑 38mm 的銅管,用作測試。該管排放至大氣。對於一個直角入口而言,當儲水槽水面高度是在管中線上方 25.9m 時,測得出水率為 $0.016\text{m}^3/\text{s}$。從這些數據,計算一個直角入口的損失係數。

已知:具有直角入口之圓管,自儲水槽排放如圖所示。

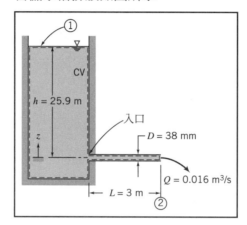

求解:K_{entrance}。

解答:

採用穩定、不可壓縮流的能量方程式。

控制方程式:

$$\underset{\rho}{\cancel{\frac{p_1}{\rho}}} + \alpha_1 \underset{\approx 0(2)}{\cancel{\frac{\bar{V}_1^2}{2}}} + gz_1 = \cancel{\frac{p_2}{\rho}} + \alpha_2 \frac{\bar{V}_2^2}{2} + \underset{=0}{\cancel{gz_2}} = h_{l_T}$$

$$h_{l_T} = f\frac{L}{D}\frac{\bar{V}_2^2}{2} + K_{\text{entrance}}\frac{\bar{V}_2^2}{2}$$

假設:(1)　$p_1 = p_2 = p_{\text{atm}}$。

　　　　(2)　$\bar{V}_1 \approx 0$

替換 h_{l_T} 並除以 g 可得 $z_1 = h = \alpha_2\frac{\bar{V}_2^2}{2g} + f\frac{L}{D}\frac{\bar{V}_2^2}{2g} + K_{\text{entrance}}\frac{\bar{V}_2^2}{2g}$

或

$$K_{\text{entrance}} = \frac{2gh}{\bar{V}_2^2} - f\frac{L}{D} - \alpha_2 \tag{1}$$

平均速度為

$$\bar{V}_2 = \frac{Q}{A} = \frac{4Q}{\pi D^2}$$

$$\bar{V}_2 = \frac{4}{\pi} \times 0.016\,\frac{m^3}{s} \times \frac{1}{(38)^2\,mm^2} \times 10^6\,\frac{mm^2}{m^2} = 14.1\,m/s$$

假定 $T = 21°C$ ，因此 $v = 9.75 \times 10^{-7}$ (表 A.7)，然後則

$$Re = \frac{\bar{V}D}{v} = 14.1\,\frac{m}{s} \times 38\,mm \times \frac{m}{1000\,mm} \times \frac{s}{9.75 \times 10^{-7}\,m^2} = 5.49 \times 10^5$$

對於拉製管，$e = 0.0015mm$(表 8.1)，因此 $e/D = 0.000,04$ 與 $f = 0.0135$(8.37 式)。

在此一問題中，我們對於評估動能係數 α_2 之修正方面，需要很小心，因為它在計算式 1 中的 $K_{entrance}$ 方面是很重要的因子。從 8-6 節和先前的範例中去回想，我們通常已經假定 $\alpha \approx 1$，但是在此我們將計算 8.27 式之值。

$$\alpha = \left(\frac{U}{\bar{V}}\right)^3 \frac{2n^2}{(3+n)(3+2n)} \tag{8.27}$$

為使用此式，我們需要紊流次方率係數 n 與中心線速度與平均速度的比值 $U/\bar{V}$。對於第 8-5 節之 n 值

$$n = -1.7 + 1.8\log(Re_U) \approx 8.63 \tag{8.23}$$

其中，我們已經使用近似值 $Re_U \simeq Re_{\bar{V}}$。計算 $\bar{V}/U$，我們有

$$\frac{\bar{V}}{U} = \frac{2n^2}{(n+1)(2n+1)} = 0.847 \tag{8.24}$$

使用 8.27 式的結果，可發現 $\alpha = 1.04$。代入 1 式，我們可得

$$K_{entrance} = 2 \times 9.81\,\frac{m}{s^2} \times 25.9\,m \times \frac{s^2}{(14.1)^2\,m^2} - 0.0135\,\frac{3\,m}{38\,mm} \times \frac{1000\,mm}{m} - 1.04$$

$$K_{entrance} = 0.45 \longleftarrow \qquad\qquad K_{entrance}$$

這個係數與表 8.2 之值相比較，結果相當良好。其水力坡線和能量坡線已繪製如下圖所示。直角入口處的大量揚程損失，主要是源自入口直角轉角處的流動分離現象與轉角下游不遠處的維納縮流(venacontracta)。在維納縮流處有效流動面積達到最小，故此處流速最大。然後，流動再度擴張而充塞整個管路。維納縮流現象之後無法控制的擴張是揚程損失的主要原因。(請詳見範例 8.12)。

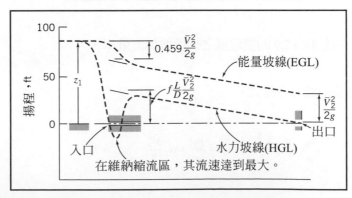

將入口轉角修圓,可明顯地降低分離效應。此過程減少了流體流過維納縮流區的速度,且降低了因為入口所導致的揚程損失。一個「良好圓角化」的入口,流體分離現象幾乎消失;其流動型態趨向於如圖 8.1 所示。良好修圓入口之增加揚程損失與完全發展流之情況作比較時,其所衍生的揚程損失的原因,為其入口管壁具有較高的剪應力。

於本範例:

✓ 示範說明了從實驗數據中得出最小損失係數值的方法。

✓ 說明首先於第 6.5 節介紹的非黏滯性流之 EGL 與 HGL 線因主要與次要損失的出現所做的修改。當機械能消耗時 EGL 線會持續地下降——舉例來說,當我們有直角入口損失時,會陡降,HGL 各位置都會較 EGL 者低約 $\bar{V}^2/2g$。在維納縮流處 HGL 會經歷一個大的跌降,然後接著回復。

範例 8.10   使用擴散器增加流量率

羅馬皇帝規定每一個市民的用水權力,並允許市民用一個經校準的銅製圓管噴嘴引用公共水道[參考文獻 23]。但有些比較聰明的市民,用以下方法而獲得較不公平的利益;他們裝置擴散器於噴嘴的出口處以增加流量率。假設主水管的靜壓為 $z_0 = 1.5\text{m}$ 且噴嘴出口直徑為 $D = 25\text{mm}$ 公釐(大氣壓力不變)。若擴散器之 $N/R_1 = 3.0$ 且 $AR = 2.0$,試決定所增加的流量率。

已知:裝在主要水管的噴嘴如圖所示。

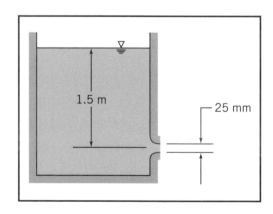

求解:加裝 $N/R_1 = 3.0$ 且 $AR = 2.0$ 的擴散器之後所增加流量率。

解答:

應用穩定不可壓縮管流的能量方程式。

控制方程式:

$$\frac{p_0}{\rho} + \alpha_0 \frac{\bar{V}_0^2}{2} + gz_0 = \frac{p_1}{\rho} + \alpha_1 \frac{\bar{V}_1^2}{2} + gz_1 + h_{l_T} \tag{8.29}$$

假設：(1) $\bar{V}_0 \approx 0$

(2) $\alpha_1 \approx 1$

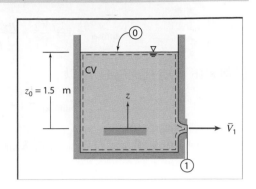

針對噴嘴本身而言：

$$\underset{\approx 0(1)}{\cancel{\frac{p_0}{\rho}}} + \alpha_0 \underset{\approx 1(2)}{\cancel{\frac{\bar{V}_0^2}{2}}} + gz_0 = \underset{= 0}{\cancel{\frac{p_1}{\rho}}} + \alpha_1 \frac{\bar{V}_1^2}{2} + \cancel{gz_1} + h_{l_T}$$

$$h_{l_T} = K_{\text{entrance}} \frac{\bar{V}_1^2}{2}$$

因此

$$gz_0 = \frac{\bar{V}_1^2}{2} + K_{\text{entrance}} \frac{\bar{V}_1^2}{2} = (1 + K_{\text{entrance}}) \frac{\bar{V}_1^2}{2} \tag{1}$$

解出速度，並且代入 $K_{\text{entrance}} \approx 0.04$ (根據表 8.2)的值，

$$\bar{V}_1 = \sqrt{\frac{2gz_0}{1.04}} = \sqrt{\frac{2}{1.04} \times 9.81 \frac{\text{m}}{\text{s}^2} \times 1.5\,\text{m}} = 5.32\ \text{m/s}$$

$$Q = \bar{V}_1 A_1 = \bar{V}_1 \frac{\pi D_1^2}{4} = 5.32 \frac{\text{m}}{\text{s}} \times \frac{\pi}{4} \times (0.025)^2\ \text{m}^2 = 0.00261\ \text{m}^3/\text{s} \longleftarrow \quad Q$$

針對加裝擴散器的噴嘴而言，

$$\underset{\approx 0(1)}{\cancel{\frac{p_0}{\rho}}} + \alpha_0 \underset{\approx 1(2)}{\cancel{\frac{\bar{V}_0^2}{2}}} + gz_0 = \underset{= 0}{\cancel{\frac{p_2}{\rho}}} + \alpha_2 \frac{\bar{V}_2^2}{2} + \cancel{gz_2} + h_{l_T}$$

$$h_{l_T} = K_{\text{entrance}} \frac{\bar{V}_1^2}{2} + K_{\text{diffuser}} \frac{\bar{V}_1^2}{2}$$

或

$$gz_0 = \frac{\bar{V}_2^2}{2} + (K_{\text{entrance}} + K_{\text{diffuser}}) \frac{\bar{V}_1^2}{2} \tag{2}$$

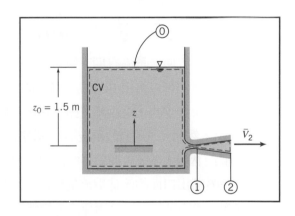

根據連續性 $\bar{V}_1 A_1 = \bar{V}_2 A_2$，所以

$$\bar{V}_2 = \bar{V}_1 \frac{A_1}{A_2} = \bar{V}_1 \frac{1}{AR}$$

至於 2 式則變成

$$gz_0 = \left[\frac{1}{(AR)^2} + K_{\text{entrance}} + K_{\text{diffuser}} \right] \frac{\bar{V}_1^2}{2} \tag{3}$$

圖 8.15 提供擴散器的數據 $C_p = \dfrac{p_2 - p_1}{\frac{1}{2} \rho \bar{V}_1^2}$ 。

為了推導 K_{diffuser}，應用從①到②的能量方程式

$$\frac{p_1}{\rho} + \alpha_1 \frac{\bar{V}_1^2}{2} + \cancel{gz_1} = \frac{p_2}{\rho} + \alpha_2 \frac{\bar{V}_2^2}{2} + \cancel{gz_2} + K_{\text{diffuser}} \frac{\bar{V}_1^2}{2}$$

利用 $\alpha_2 \approx 1$ 求解後，我們得到

$$K_{\text{diffuser}} = 1 - \frac{\bar{V}_2^2}{\bar{V}_1^2} - \frac{p_2 - p_1}{\frac{1}{2}\rho\bar{V}_1^2} = 1 - \left(\frac{A_1}{A_2}\right)^2 - C_p = 1 - \frac{1}{(AR)^2} - C_p$$

從圖 8.16 可知 $C_p = 0.45$，所以

$$K_{\text{diffuser}} = 1 - \frac{1}{(2.0)^2} - 0.45 = 0.75 - 0.45 = 0.3$$

解出式 3 中的速度，並將 K_{entrance} 與 K_{diffuser} 的值代入，可以得到

$$\bar{V}_1^2 = \frac{2gz_0}{0.25 + 0.04 + 0.3}$$

所以，

$$\bar{V}_1 = \sqrt{\frac{2gz_0}{0.59}} = \sqrt{\frac{2}{0.59} \times 9.81\frac{\text{m}}{\text{s}^2} \times 1.5\,\text{m}} = 7.06 \ \text{m/s}$$

而且

$$Q_d = \bar{V}_1 A_1 = \bar{V}_1 \frac{\pi D_1^2}{4} = 7.06\frac{\text{m}}{\text{s}} \times \frac{\pi}{4} \times (0.025)^2\,\text{m}^2 = 0.00347\,\text{m}^3/\text{s} \longleftarrow \quad Q_d$$

由於加裝擴散器所增加的流量率為

$$\frac{\Delta Q}{Q} = \frac{Q_d - Q}{Q} = \frac{Q_d}{Q} - 1 = \frac{0.00347}{0.00261} - 1 = 0.330 \quad \text{或} \quad 33 \text{ percent} \longleftarrow \qquad \frac{\Delta Q}{Q}$$

加裝擴散器確實使流量率有顯著的提升！有兩種方式可以解釋其原因。

　　首先，我們可以畫出 EGL 曲線與 HGL 曲線(只要大約畫一下即可)，如下頁所示。我們可以看到，一如所要求的，這兩種流動，在出口處的 HGL 曲線為零(別忘了 HGL 是靜壓揚程與位勢揚程之和)。然而，通過擴散器後壓力會增加，所以在擴散器入口的壓力將會，如圖所示，降低(低於大氣壓)。因此，在裝有擴散器的情況下，噴嘴的驅動力 Δp 比不含擴散器的噴嘴還要高出許多，這導致在噴嘴出口面的流速與流量率都會比較高——擴散器的作用就好像是位於噴嘴的吸入裝置。

　　其次，我們可以檢視這兩種流動的能量方程式(不含擴散器的噴嘴是公式 1，而加裝擴散器的噴嘴是公式 3)。可以將這些方程式移項，改成位於噴嘴出口的流速方程式，

$$\overline{V}_1 = \sqrt{\frac{2gz_0}{1 + K_{\text{entrance}}}} \quad \text{(只有噴嘴)} \qquad \overline{V}_1 = \sqrt{\frac{2gz_0}{\frac{1}{(AR)^2} + K_{\text{diffuser}} + K_{\text{entrance}}}} \quad \text{(噴嘴+擴散器)}$$

比較這兩個表示式，我們看到於分母之處因擴散器而額外多了一項(它的損失係數 $K_{\text{diffuser}} = 0.3$)，這使得噴嘴處的流速降低，但在另一方面，我們將 1(表示不含擴散器的噴嘴出口平面的動能損失)取代為 $1/(AR)^2 = 0.25$(表示較小的損失，擴散器出口平面動能的)。淨效果就是我們將分母的 1 換成 $0.25 + 0.3 = 0.55$，造成噴嘴流速的淨增。加裝擴散器所增加的阻力因我們在此裝置出口所「扔掉」的動能少了許多而獲得彌補(不含擴散器的噴嘴在出口的流速是 5.32m/s，然而加裝擴散器後的出口流速是 1.77m/s)。

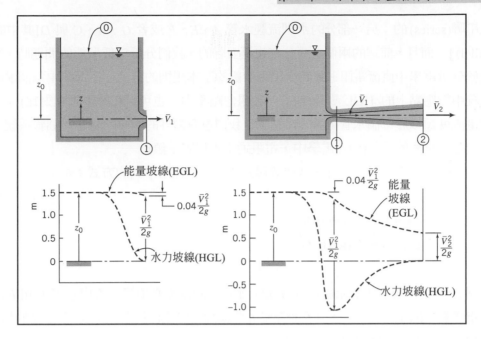

水務委員 Frontinus 在西元 97 年制訂了羅馬的標準。他要求用戶的管道噴嘴必須具有相同直徑，而且與公用的主水管必須相距 15m(參考習題 8.137)。

*多管系統

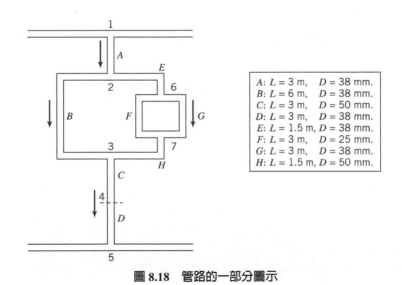

A: $L = 3$ m,	$D = 38$ mm.
B: $L = 6$ m,	$D = 38$ mm.
C: $L = 3$ m,	$D = 50$ mm.
D: $L = 3$ m,	$D = 38$ mm.
E: $L = 1.5$ m,	$D = 38$ mm.
F: $L = 3$ m,	$D = 25$ mm.
G: $L = 3$ m,	$D = 38$ mm.
H: $L = 1.5$ m,	$D = 50$ mm.

圖 8.18　管路的一部分圖示

　　許多實際的管路系統(例如，供應大樓公寓的水管網路)是由各種口徑的管路網組成，這些網路的安裝複雜，並聯與串聯的方式都有。舉例而言，考慮圖 8.18 的系統。水是以某些壓力從岐管的點 1 供應的，而且流經圖中所示分支向下流到點 5。一部分的水流經過水管 A、B、C 和 D，這

些水管是串聯(series)的；另一部分的水則流經水管 A、E、F 或者 G、H、C 與 D[其中的 F 與 G 並聯(parallel)]。而且，前述的兩個主要分支也是並聯的。我們分析這種型態的問題時，所使用的方法類似於分析電學中直流電阻迴路時：應用少數的基本規則的方式。在迴路中每個點的電位能可以和系統中對應點上的 HGL 對比(或者，如果忽略重力，也可以和靜壓揚程對比)；在每個電阻器上的電流就類似於每個水管截面的流量率。我們還有額外的困難之處是：圓管系統中各管路的流動阻力是流量率的函數(但在電學中，電阻通常視爲固定值)。

分析水管網路的簡單規則，有好幾種解釋方法。我們採用下列的方式：

1. 離開任何節點(接面)的淨流動爲零。

2. 每個節點都有獨特的壓力揚程(HGL)。

例如，在圖 8.18 中，規則 1 表示從水管 A 流進節點 2 的水流必須等於流出水管 B 和 E 的總和。規則 2 意指節點 7 的壓力揚程，必須等於節點 6 的揚程扣除水流經管路 F 或管路 G 的損失；也等於節點 3 加上在管路 H 中的損失。

在應用這些規則時，還必須考量我們已經討論過關於管流的限制(例如，當 Re2300 時，流動成爲紊流)，也必須加上在某些情況下，例如突然膨脹時，我們會得到顯著的次要損失的事實。可以預期的是，在管路 F(直徑爲 25mm)的流動將會比管路 G(直徑 38mm) 中的流動還要難處理，而流經分支 E 的流體會比流經分支 B 還要多(爲什麼？)。

圓管網路所形成的問題與我們在學習單一路徑系統所討論的問題相當不同，但是它們都與在已知施予的壓力差的情況下，找出遞送到每個管路的流體有關。在範例 8.11 將會檢視這種情況。很明顯的，要分析圓管網路比單一路徑的問題要難得多，所花費的時間也會較長，而且幾乎都必須使用疊代求解的方法；因此在實務上常常只用電腦求解。目前已經發展出許多可用以分析網路的電腦方案[24]，許多工程顧問公司也都會使用具有專利的軟體來分析這些問題。微軟的 *Excel* 也是用以設定這些問題以及解決這些問題的有用軟體之一。

It is not a question

At the quesiton period after a Dirac lecture at the University of Toronto, somebody in the audience remarked:

"*Professor Dirac, I do not understand how you derived the formula on the top left side of the blackboard.*"

"*This is not a question,*" snapped Dirac, "*it is a statement. Next question, please.*"

範例 8.11　管路網路的流量率

如圖 8.18 所顯示鑄鐵水管網路，靜壓揚程(測量儀)在點 1 是 30m 的水壓，並且點 5 是流失(大氣壓)。試求各個管線中的流速(Lit/min)。

已知：橫誇圓管網路的壓力揚程 h_{1-5} 爲 30m。

求解：各管線裡的流速。

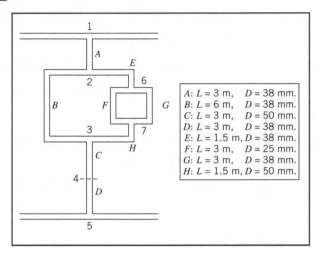

A: $L = 3$ m,　$D = 38$ mm.
B: $L = 6$ m,　$D = 38$ mm.
C: $L = 3$ m,　$D = 50$ mm.
D: $L = 3$ m,　$D = 38$ mm.
E: $L = 1.5$ m,　$D = 38$ mm.
F: $L = 3$ m,　$D = 25$ mm.
G: $L = 3$ m,　$D = 38$ mm.
H: $L = 1.5$ m,　$D = 50$ mm.

解答：

控制方程式：

針對管線的各個部分，

$$\left(\frac{p_1}{\rho} + \alpha_1 \frac{\bar{V}_1^2}{2} + g z_1\right) - \left(\frac{p_2}{\rho} + \alpha_2 \frac{\bar{V}_2^2}{2} + g z_2\right) = h_{l_T} = h_l + \sum h_{l_m} \tag{8.29}$$

其中

$$h_l = f \frac{L}{D} \frac{\bar{V}^2}{2} \tag{8.34}$$

而且 f 是從 8.36 式(層流)或 8.37 式(紊流)其中之一推導出來的。對於鑄鐵管線而言，表 8.1 列出生鐵的粗糙度 $e = 0.26$mm。

假設：(1) 忽略重力作用。

(2) 忽略次要損失。

(假定 2 是用來使分析更爲清楚—稍後很容易便可以將次要損失併入。)

另外還有基本規則的數學表達式

1. 任一個節點(連接點)外面的淨流是零。

2. 每個節點都有獨特的壓力揚程(HGL)。

將基本規則 1 應用在節點 2 和節點 6：

節點 2：$Q_A = Q_B + Q_E$　(1)　　　　　　　　節點 6：$Q_E = Q_F + Q_G$　(2)

此外還有明顯的約束式

$$Q_A = Q_C \quad (3) \qquad\qquad Q_A = Q_D \quad (4) \qquad\qquad Q_E = Q_H \quad (5)$$

我們能運用基本規則 2 得到以下的壓力降限制式

$$h_{1\text{-}5}: h = h_A + h_B + h_C + h_D \quad (6) \qquad h_{2\text{-}3}: h_B = h_E + h_F + h_H \quad (7) \qquad h_{6\text{-}7}: h_F = h_G \quad (8)$$

這組八個方程式(以及每個截面需用的 8.29 式與 8.34 式)必須以疊代的方式求解。如果以手算的方式執行疊代,就需要使用 3、4 和 5 式使未知數與等式的個數降低為五個(Q_A、Q_B、Q_E、Q_F、Q_G)。有幾種方法可以執行疊代,其中之一是:

1. 先猜測 Q_A、Q_B 和 Q_F。
2. 然後使用上述的 1 式和 2 式推導 Q_E 和 Q_G的值。
3. 最後使用公式 6、7 和 8 檢查是否符合規則 2(在節點有特定的壓力揚程)。
4. 如果不符合公式 6、7 或 8 任何一個,使用知識調整 Q_A、Q_B 或 Q_F的值。
5. 重覆步驟 2 至 5 直到收斂為止。

我們所舉運用步驟 4 的例子,是當不符合 8 式的情況。假設 $h_f > h_G$,選擇一個數值過大的 Q_F,然後稍微地減少這個值以後,重新計算所有流速和揚程。

這個疊代過程很明顯是相當不切實際的,因為手算(記住從各個 Q 推導各個揚程損失 h 需要相當大量的計算)。很幸運地的,我們能使用諸如 *Excel* 的工作表自動地執行所有這些演算!並且還可以自動地解出所有 8 個未知數!第一步是針對各個管線部分設定一個工作表,以便於在已知流速 Q 的情況下計算管線揚程 h。通常這樣的工作表如下所示:

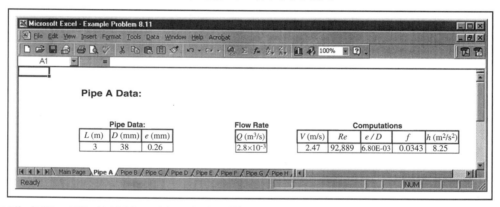

在這些工作表裡,已知的流速 Q 是用來計算 $\overline{V}$、Re、f 的值,而 h 則是根據 L、D 和 e 計算而得。

下一個步驟是設定一個計算頁面,該頁面針對所有管線部分將流速和對應的頂揚程損失收集在一起,然後使用這些資料檢查是否符合 1 到 8 式。這頁下面所顯示的是以 $2.8 \times 10^3 \text{m}^3/\text{s}$ 的最初猜測值的流速。工作表的邏輯是,針對 Q_A 至 Q_H 所輸入的 8 個值可以求出所有其它的值,也就是 h_A 至 h_H,以及約束方程式的值。每個約束方程式的誤差與總和都已經顯示。然後我們能使用 *Excel* 的 Solver 功能(如果有必要可以重複使用這個功能),透過變化 Q_A 至 Q_H 的值使總誤差(目前是 768.1%) 減到最小。

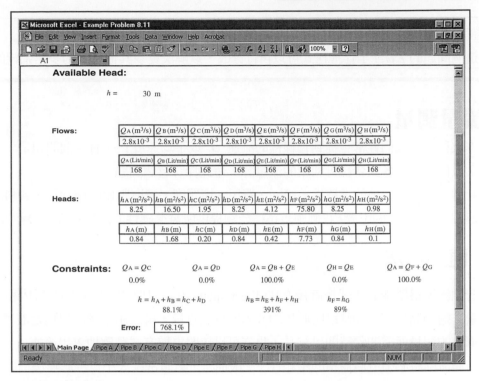

Excel 所得到的最後結果是：

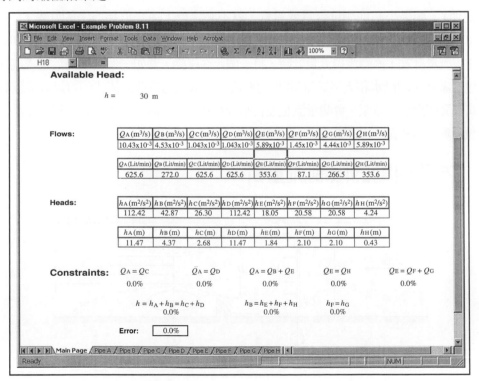

流速是：

$$Q_A = Q_C = Q_D = 625.6 \text{ Lit/min}$$
$$Q_B \text{ (Lit/min)} = 272.0 \text{ Lit/min}$$
$$Q_E \text{ (Lit/min)} = Q_H \text{(Lit/min)} = 353.6 \text{ Lit/min}$$
$$Q_F \text{ (Lit/min)} = 87.1 \text{ Lit/min}$$
$$Q_G \text{ (Lit/min)} = 266.5 \text{ Lit/min}$$

這個問題實際說明如何使用 *Excel* 求解未知體速率的耦合非線性方程組。

🖱 解決這個問題的 *Excel* 工作簿程式可以再行修改，以解決更多其他型式的多路系統的問題。

C 流量測量

在這本教科書裡我們經常會提到管線裡的流速 Q 或平均速度$\overline{V}$。有一個問題是：如何測量這些數量？我們將討論各式各樣可利用的流量計，藉此探討這個問題。

流量計的選擇深受必要的準確性，範圍、費用、複雜度、讀取數值的便利性、資料縮減的容易度，以及產品使用期限的影響。我們應該選擇能夠提供所需準確性的最簡單而且最便宜的設備。

8-9 直接方法

測量管內流速最明顯的方式是直接方法(direct method)—只要測量固定的時段內積累在容器的流體總量！透過測量在已知時段所收集的液體容量或質量，可以用水槽解出穩定液體的流速。如果對於準確的測量而言間隔時間足夠長，也許可以依照這種方式精確地求出流速。

測量氣體流動時必須考慮體積的壓縮性。一般而言，氣體密度太小以至於無法準確地直接測量流速。但是，在水上放置「鐘形瓶」或倒置的水瓶即可取得氣體的體積樣本(如果壓力可藉由平衡力保持定值)。如果小心地測量容量或質量，就不必定標；這是直接方法的好處。

在特定的應用方面，特別是對遙控或紀錄的用途，也許會指定使用正位移(positive displacement)流量計。在該流量計裡，流體流過流量計時，將一個元件移動，譬如一個交換的活塞或擺動的盤。常見的例子包括家庭用的儲水和天然氣流量計，這些流量計都經過校準而使我們可以直接讀取產品的單位數值，或者又如汽油計量泵，會測量流量並自動計算費用。市面上有許多正位移流量計。關於這些流量計的設計與裝置細節，請查詢製造商的說明書或參考文獻(例如[25])。

8-10 內部流動的限制流量計

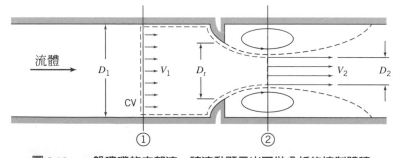

圖 8.19　一般噴嘴的內部流，該流動顯示出可供分析的控制體積

絕大多數內部流的限制流量計(除了之前簡短地討論過的層流元件以外)，都是根據流體通過某種形式噴嘴時的加速度，如圖 8.19 所示。其想法是，在速度上的變化會導致壓力的變化。這個 Δp 可以使用壓力表(電子式或機械式的)或測壓器加以測量，而且流量率可以使用理論分析或設備

的實驗性交互作用加以推斷。在噴嘴喉頭鋒利邊緣的流動分離現象，將導致一個的迴流區域，如同從噴嘴流出的虛線所示。主流繼續從噴嘴喉頭加速形成在截面②的維納縮流(vena contracta)，然後再次減速以填裝輸送管。在發生維納縮流的地方，流動區域是一個極小值，流動流線根本上是平直的，而且橫跨渠道部分的壓力是一致的。

理論流量率也許與截面①與截面②之間的壓力差有關，這可以運用連續性和白努利方程式得到。然後可以應用從經驗所得到的校正因子以導出實際流量率。

基本方程式：

我們需要質量守恆，

$$\sum_{CS} \vec{V} \cdot \vec{A} = 0 \tag{4.13b}$$

[我們能使用這各式子而非 4.12 式，是基於下述假設(5)] 以及白努利方程式，

$$\frac{p_1}{\rho} + \frac{V_1^2}{2} + \cancel{g}z_1 = \frac{p_2}{\rho} + \frac{V_2^2}{2} + \cancel{g}z_2 \tag{6.8}$$

我們能使用這式子如果假設(4)成立的話。就所考慮一段不長的管路而言，這是合理的。

假設：(1) 穩定的流動。

    (2) 不可壓縮流。

    (3) 沿著流線連動的流體。

    (4) 無摩擦力。

    (5) 在截面①與截面②的速度均勻。

    (6) 在截面①與截面②的流線曲率為零，因此橫跨那些截面的壓力也是均勻的。

    (7) $z_1 = z_2$

然後，根據白努利方程式，

$$p_1 - p_2 = \frac{\rho}{2}\left(V_2^2 - V_1^2\right) = \frac{\rho V_2^2}{2}\left[1 - \left(\frac{V_1}{V_2}\right)^2\right]$$

並且根據連續性

$$(-\rho V_1 A_1) + (\rho V_2 A_2) = 0$$

或

$$V_1 A_1 = V_2 A_2 \quad \text{so} \quad \left(\frac{V_1}{V_2}\right)^2 = \left(\frac{A_2}{A_1}\right)^2$$

執行代入，得到

$$p_1 - p_2 = \frac{\rho V_2^2}{2}\left[1 - \left(\frac{A_2}{A_1}\right)^2\right]$$

解出速度 V_2 的理論值，

$$V_2 = \sqrt{\frac{2(p_1 - p_2)}{\rho[1 - (A_2/A_1)^2]}} \tag{8.51}$$

而質量流量率的理論值

$$\dot{m}_{\text{theoretical}} = \rho V_2 A_2$$

$$= \rho \sqrt{\frac{2(p_1 - p_2)}{\rho[1 - (A_2/A_1)^2]}} A_2$$

或

$$\dot{m}_{\text{theoretical}} = \frac{A_2}{\sqrt{1 - (A_2/A_1)^2}} \sqrt{2\rho(p_1 - p_2)} \tag{8.52}$$

方程式 8.52 表示：在我們的假設之下，針對已知的流體(ρ) 和流量計幾何(A_1 和 A_2)，流量率與橫跨計量器接點的壓力降方根直接成正比，

$$\dot{m}_{\text{theoretical}} \propto \sqrt{\Delta p}$$

這正是這些裝置的基本想法。這個關係式將可以準確測出的流量率限制於在大約 4：1 的範圍裡。

幾個因素限制了 8.52 式可用來計算通過計量器的質量流量率。當維納縮流很顯著時(例如，當 D_t 只是 D_1 的一小部分圓孔平板時)，在截面的實際流動面積是未知的。只有在雷諾數很大時，流場的速度分布接近均勻一致。當流量計的外型突出時，摩擦作用可能變得重要(特別是流量計的下流處)。最後一點，壓力接點的位置也會影響壓力差值的讀數。

理論方程式可以針對雷諾數和直徑比 D_t / D_1 加以調整，只需定義由經驗取得的排流係數(discharge coefficient) C，使得我們可得下式代替公式 8.52：

$$\dot{m}_{\text{actual}} = \frac{CA_t}{\sqrt{1 - (A_t/A_1)^2}} \sqrt{2\rho(p_1 - p_2)} \tag{8.53}$$

令 $\beta = D_t/D_1$，則 $(A_t/A_1)^2 = (D_t/D_1)^4 = \beta^4$，所以

$$\dot{m}_{\text{actual}} = \frac{CA_t}{\sqrt{1 - \beta^4}} \sqrt{2\rho(p_1 - p_2)} \tag{8.54}$$

在 8.54 式，$1/\sqrt{1-\beta^4}$ 是趨近速度因子(velocity-of-approach factor)。放流係數與趨近速度因子，經常結合成為單一流動係數(flow coefficient)，

$$K \equiv \frac{C}{\sqrt{1 - \beta^4}} \tag{8.55}$$

根據這個流動係數，實際質量流量率可寫成

$$\dot{m}_{\text{actual}} = KA_t\sqrt{2\rho(p_1 - p_2)} \tag{8.56}$$

針對標準化的測量元件，可以用測試數據[25, 26] 發展經驗公式，以預測不同導管孔徑與雷諾數之下的流放係數和流動係數。公式的準確性(在指定的範圍內)，通常使得這些量測計無須校正即可使用。如果雷諾數、導管大小或孔徑落在方程式指定的範圍以外，則係數必須以實驗的方式加以測量。

針對紊流區域(導管雷諾數大於 4000)，放流係數可以由下列形式的方程式加以表達[25]：

$$C = C_\infty + \frac{b}{Re_{D_1}^n} \tag{8.57}$$

對應形式的流動係數方程式是

$$K = K_\infty + \frac{1}{\sqrt{1 - \beta^4}} \frac{b}{Re_{D_1}^n} \tag{8.58}$$

在 8.57 式和 8.58 式，下標∞表示雷諾數為無限大的係數；針對雷諾數有限的情況，可以使用常數 b 和 n 調整大小。係數相對於雷諾數的關係式與曲線，在後續三個小節裡將會說明，然後是測量元件特徵的一般性具體比較。

　　如同我們之前所提醒的，流量計的選擇取決於諸如費用、精確性、是否需要校正、設置和維護的容易度等因素。表 8.6 針對其中某些因素，與圓孔平板、流動噴嘴和文氏管等流量進行比較。請注意！高揚程損失意味著設備的運作費用也很高——這將會消耗很多流體的能量。較高的最初成本必須在設備的生命週期裡攤還。這是公司(與個人)常用的費用計算的範例——在較高最初成本但低運作費用，抑或是在較低最初成本但高運作費用之間作取捨。

　　文獻報告所提出的流量計係數，都是在流量計入口處(斷面①處)，以完全擴展的紊流速度分布測量而得。如果將流量計安裝閥門、彎管，或其它干擾的下流處，一斷平直截面的導管必須安置在流量計之前。對於文氏管流量計而言，直徑必須接近平直導管的 10 倍，而對於圓孔平板或流動噴嘴形式的流量計，直徑必須是管徑的 40 倍。如果流量計的安裝適當，在選擇定義於 8.54 式與 8.56 式裡的經驗放流係數 C 或流動係數 K 的合適值以後，流量率可以分別根據 8.53 式或 8.55 式加以計算。某些不可壓縮流的設計資料會在後續的小節裡討論。同樣的基本方法可以延伸到可壓縮流，但我們在這裡不探討這個議題。如果想要瞭解完整的細節，請見參考文獻[25] 或[26]。

表 8.6　圓孔平板、流動噴嘴及文氏管的特徵

流量計類型	圖示	揚程損失	最初成本
圓孔平版	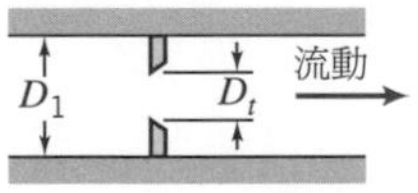	高	低
流動噴嘴	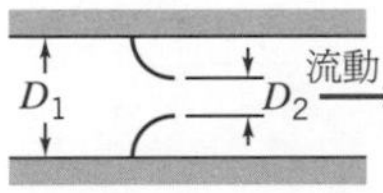	中	中
文氏管	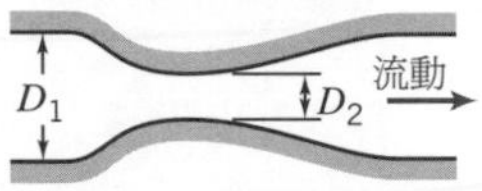	低	高

圓孔平板

　　圓孔平板(圖 8.20) 是夾在管路邊緣之間的一塊薄板。因為它的幾何構造簡單，所以成本低廉而且容易安裝或替換。因為管口的邊緣夠鋒利，所以不會有積存水分或懸浮物的問題。但是，懸浮物的問題可能發生在水平管路同心裝置的入口邊緣，為了避免這個問題，可以在管線底部使用偏心平板。這種圓孔平板的主要缺點是容量有限，以及來自於測量元件順流處無法控制的膨脹所造成的永續性高揚程損失。

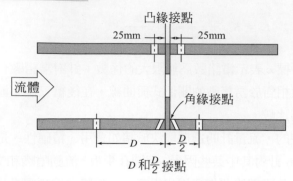

圖 8.20　圓孔平板的形狀以及壓力接點的位置[25]

　　圓孔的壓力接點可以放置在好幾個不同的位置，如圖 8.20 所示(其細節請見[25] 或[26])。因為壓力接點的地點會影響依據經驗所決定的流動係數，我們必須選擇與壓力接點一致的 C 或 K 手冊值。

　　具有角緣接點的同心圓孔平板關聯方程式[25]為

$$C = 0.5959 + 0.0312\beta^{2.1} - 0.184\beta^8 + \frac{91.71\beta^{2.5}}{Re_{D_1}^{0.75}} \tag{8.59}$$

8.59 式是 8.57 式針對圓孔平板之放流係數 C 的形式；它預測 $0.2<\beta<0.75$ 與 $10^4 < Re_{D_1} < 10^6$ 之排流係數在 $\pm 0.6\%$ 誤差之間。某些從 8.59 式與 8.55 式計算的流動係數呈現於圖 8.21。

　　針對接點位置 D 和 $D/2$ 的圓孔平板，也有類似的關聯方程式可用。當管線尺寸不同時，管緣接點需要不同的關係式。位於 $2\frac{1}{2}$ 和 $8D$ 的圓管接點，並不適用於準確的測量。

　　這個小節稍後所提出的範例 8.12，說明流動係數資料對管口大小的應用。

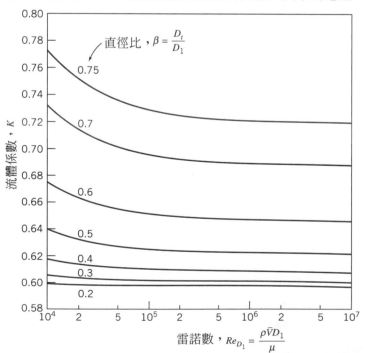

圖 8.21　同心圓孔平板與角緣接點的流動係數

流動噴嘴

　　流動噴嘴可以用來作為在艙室或輸送管的測量元件，如圖 8.22 所示；噴嘴的截面近似於四分之一的橢圓。其中的設計細節與建議壓力接點安裝的位置，請參考[26]。

　　針對 ASME 提供之長半徑流動噴嘴的關係式[25]為

$$C = 0.9975 - \frac{6.53\beta^{0.5}}{Re_{D_1}^{0.5}} \tag{8.60}$$

8.60 式是 8.57 式針對流動噴嘴之排流係數 C 的形式；它預測 $0.25 < \beta < 0.75$ 與 $10^4 < Re_{D_1} < 10^7$ 之排流係數在 $\pm 2.0\%$ 誤差之間。某些從 8.60 與 8.55 式計算的流動係數展示於圖 8.23(當速度趨近因子超過 1 的時候，K 可以大於 1。)

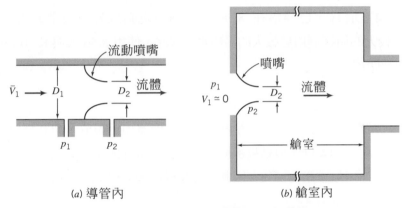

(*a*) 導管內　　　　　　　　　　(*b*) 艙室內

圖 8.22　典型的流動噴嘴測量元件配置

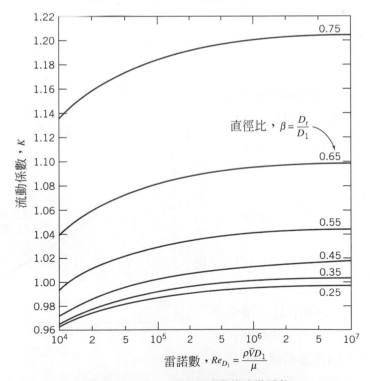

圖 8.23　ASME 長直徑噴嘴的流動係數

a. 管路設置

設置管路時，K 是 β 和 Re_{D_1} 的函數。圖 8.23 顯示於 $Re_{D_1} > 10^6$ 時 K 將與不再與雷諾數有任何關聯。因而在高流量率時，流量率可以直接地使用 8.56 式進行計算。在比較低的流量率時，是雷諾數的微弱函數，可能需要執行疊代。

b. 艙室設置

設置艙室時，噴嘴可以用旋壓鋁材、玻璃纖維鑄件或其他比較便宜的材料。因此，艙室的製造與安裝比較簡單也比較便宜。因為艙室的壓力是 p_2，所以順流壓力接點的位置不是非常重要。如果要讓流量計的適用流量率範圍較為廣泛，可以在艙室裡安裝好幾個噴嘴。當流量率低時，可以塞住其中幾個噴嘴。當流動高時，則可以使用比較多的噴嘴。

對於 $\beta = 0$ 的艙室而言，已經落在 8.58 式的適用範圍以外。典型的流動係數是在範圍 $0.95 < K < 0.99$ 裡，較大的值則適用於較大的雷諾數。因此，使用 8.56 式與 K＝0：97，可以算出流量大約在 ± 2% 的範圍裡。

文氏管

文氏管流量計(如表 8.6 的描述)，一般是由鑄件與機器加工製成，使其沿用標準設計的性能時可以接近我們可以忍受的範圍。但結果卻使得文氏管流量計既重又龐大，而且很昂貴。喉部後端的圓錐形分散器截面可以讓壓力回復。因此，整體揚程損失很低。文氏管流量計也可以自行清洗，因為管路的內部相當平滑。

實驗性資料表示：文氏管流量計的排流係數在高雷諾數 ($Re_{D_1} > 2 \times 10^5$) 的時候，其範圍是從 0.980 到 0.995。因而，當雷諾數較高時，可以使用 $C = 0.99$ 測量質量流量率，其誤差大約在 ± 1% 範圍裡[25]。在雷諾數字在 10^5 以下時，請查閱製造商的說明文件以取得特定資訊。

根據 8.56 式，以圓孔平板、流動噴嘴和文氏管而言，壓力差與流量率的平方成正比。在實際的應用方面，流量計尺寸的選取，必須能夠容納預期的最高流量率。由於壓降對流量率的關係是非線性的，所以能夠準確測量流量率的範圍很有限。僅有單一喉部的流量計，通常考慮其流量率在 4：1 範圍裡[25]。

測量元件裡無法恢復的揚程損失可以表示為壓差 Δp 的分數。在圖 8.24，壓力損失被表示為直徑比率的函數[25]。請注意！文氏管流量計的永久揚程損失比圓孔(具有最高損失)或者噴嘴還要低得多，我們將這點列於表 8.6 的摘要。

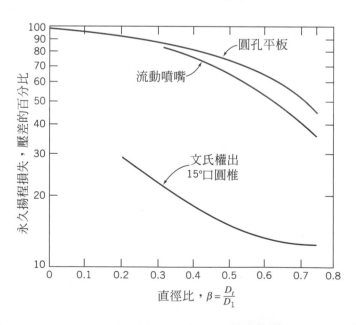

圖 8.24　各種流量測量元件的永久揚程損失[25]

層流元件

層流元件(laminar flow element)[6]的設計是為了使壓力差直接與流量率成正比。其想法是，層流元件包含一計量截面，在該截面中的流動通過大量的管路或通路(這些經常看起來像一束吸管)，每個管路足夠狹窄使得通過這些管路的流體成為層流;無論流動的條件是否在主要管路裡(請回想 $Re_{tube} = \rho V_{tube} D_{tube} / \mu$，如果 D_{tube} 造得夠小，我們便能保證 $Re_{tube} < Re_{crit} \approx 2300$)。針對各層流管，我們可以應用第 8-3 節的結果;具體而言

$$Q_{tube} = \frac{\pi D_{tube}^4}{128 \mu L_{tube}} \Delta p \propto \Delta p \tag{8.13c}$$

所以，在各支管裡的流量率是橫跨裝置壓降的線性函數。整體管路中的流量率將是每個管路中流量率的總和，因此也是壓降的線性函數。通常製造商會將這個線性關係顯示在定標上，而且 LFE 可能用在流量率 10:1 的範圍裡。對於層流而言，壓降與流量率之間的關係也和黏度有關(也是溫度的主要函數)。所以，為了以 LFE 準確地測量，就必須知道流體的溫度。

層流元件的花費幾乎與文氏管相同，但層流元件比較輕也比較小。因此，LFE 廣泛地使用在體積小而且測量範圍較大的重要應用。

範例 8.12 流體通過孔口流量計

在直徑為 0.25m 的直管管路裡，預期標準條件中空氣流量率為 $1m^3/s$。使用孔口流量計測量流量率。壓力計測量的最大範圍為 300mm 水柱高。請問在角緣接點的圓孔平板直徑應該是多少？如果流動區域在維納縮流是 $A_2 = 0.65 A_t$，試分析其揚程損失，並且與圖 8.24 的資料互相比較。

已知：通過輸送管和管口的流體，如圖所示。

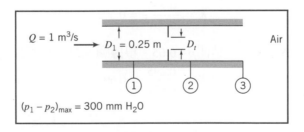

求解：(a) D_t。

　　　(b) 在截面①與截面③之間的揚程損失。

　　　(c) 與圖 8.24 所呈現資料的吻合程度。

解答：

圓孔平板可以被設計，以便使用 8.56 式和從圖 8.21 所表示的資料。

---

[6] Meriam 儀器公司享有其專利權 (10920 Madison Ave., Cleveland, Ohio 44102)，該產品亦由他們所製造。

■ 控制方程式：
$$\dot{m}_{\text{actual}} = KA_t\sqrt{2\rho(p_1 - p_2)} \tag{8.56}$$

假設：(1) 穩流。

　　　(2) 不可壓縮流。

從 $A_t / A_1 = (D_t / D_1)^2 = \beta^2$

$$\dot{m}_{\text{actual}} = K\beta^2 A_1\sqrt{2\rho(p_1 - p_2)}$$

或

$$
\begin{aligned}
K\beta^2 &= \frac{\dot{m}_{\text{actual}}}{A_1\sqrt{2\rho(p_1 - p_2)}} = \frac{\rho Q}{A_1\sqrt{2\rho(p_1 - p_2)}} = \frac{Q}{A_1}\sqrt{\frac{\rho}{2(p_1 - p_2)}}\\
&= \frac{Q}{A_1}\sqrt{\frac{\rho}{2g\rho_{\text{H}_2\text{O}}\Delta h}}\\
&= \frac{1\ \text{m}^3}{\text{s}} \times \frac{4}{\pi}\frac{1}{(0.25)^2\ \text{m}^2}\left[\frac{1}{2} \times 1.23\frac{\text{kg}}{\text{m}^3} \times \frac{\text{s}^2}{9.81\ \text{m}} \times \frac{\text{m}^3}{999\ \text{kg}} \times \frac{1}{0.30\ \text{m}}\right]^{1/2}
\end{aligned}
$$

$$K\beta^2 = 0.295 \quad \text{or} \quad K = \frac{0.295}{\beta^2} \tag{1}$$

因為 K 同時是 β (式 1) 和 Re_{D_1} 的函數(圖 8.21)，我們必須進行疊代，以求出 β。管道的雷諾數是

$$Re_{D_1} = \frac{\rho\bar{V}_1 D_1}{\mu} = \frac{\rho(Q/A_1)D_1}{\mu} = \frac{4Q}{\pi\nu D_1}$$

$$Re_{D_1} = \frac{4}{\pi} \times \frac{1\ \text{m}^3}{\text{s}} \times \frac{\text{s}}{1.46 \times 10^{-5}\ \text{m}^2} \times \frac{1}{0.25\ \text{m}} = 3.49 \times 10^5$$

先猜測 $\beta = 0.75$。根據圖 8.21，K 應該是 0.72。從 1 式，

$$K = \frac{0.295}{(0.75)^2} = 0.524$$

因而，我們對 β 的猜測太大了。再猜測 $\beta = 0.70$。根據圖 8.21，K 應該是 0.69。根據 1 式，

$$K = \frac{0.295}{(0.70)^2} = 0.602$$

因而，我們對 β 的猜測仍然太大了。猜測 $\beta = 0.65$。根據圖 8.21，K 應該是 0.67。根據 1 式，

$$K = \frac{0.295}{(0.65)^2} = 0.698$$

與 $\beta \approx 0.66$ 大致相符，而且

$$D_t = \beta D_1 = 0.66(0.25\ \text{m}) = 0.165\ \text{m} \quad\longleftarrow\quad D_t$$

若要解出這個裝置的永久揚程損失，我們可以在圖 8.24 裡使用直徑比率 $\beta \approx 0.66$；但是在這裡，我們反而要從已知的資料去求出。為了評估永久揚程損失，在截面①與③之間應用 8.29 式。

■ 控制方程式：

$$\left(\frac{p_1}{\rho} + \alpha_1\frac{\bar{V}_1^2}{2} + gz_1\right) - \left(\frac{p_3}{\rho} + \alpha_3\frac{\bar{V}_3^2}{2} + gz_3\right) = h_{l_T} \tag{8.29}$$

假設：(3) $\alpha_1\bar{V}_1^2 = \alpha_3\bar{V}_3^2$。

　　　(4) 忽視 Δz。

然後

$$h_{l_T} = \frac{p_1 - p_3}{\rho} = \frac{p_1 - p_2 - (p_3 - p_2)}{\rho} \tag{2}$$

方程式 2 指出我們的方法：使用 $p_1 - p_2 = 300\text{mmH}_2\text{O}$ 解出 $p_1 - p_3$，並且透過使用 x 分量的動量方程式於控制體積②與③之間，以推導出 $p_3 - p_2$ 的值。

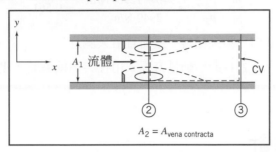

■ **控制方程式：**

$$F_{S_x} + \overcancel{F_{B_x}}^{= 0(5)} = \overcancel{\frac{\partial}{\partial t} \int_{\text{CV}} u\, \rho d\Psi}^{= 0(1)} + \int_{\text{CS}} u\, \rho \vec{V} \cdot d\vec{A} \tag{4.18a}$$

假設： (5) $F_{B_x} = 0$。

(6) 在截面②與③的流動均勻。

(7) 橫跨截面②與③之間輸送管壓力均勻。

(8) 忽略 CV 的摩擦力。

然後，簡化並且重新整理，

$$(p_2 - p_3) A_1 = u_2(-\rho \bar{V}_2 A_2) + u_3(\rho \bar{V}_3 A_3) = (u_3 - u_2)\rho Q = (\bar{V}_3 - \bar{V}_2)\rho Q$$

或

$$p_3 - p_2 = (\bar{V}_2 - \bar{V}_3)\frac{\rho Q}{A_1}$$

現在 $\bar{V}_3 = Q/A_1$，而且

$$\bar{V}_2 = \frac{Q}{A_2} = \frac{Q}{0.65 A_t} = \frac{Q}{0.65\beta^2 A_1}$$

因此，

$$p_3 - p_2 = \frac{\rho Q^2}{A_1^2}\left[\frac{1}{0.65\beta^2} - 1\right]$$

$$p_3 - p_2 = 1.23\,\frac{\text{kg}}{\text{m}^3} \times (1)^2\,\frac{\text{m}^6}{\text{s}^2} \times \frac{4^2}{\pi^2}\,\frac{1}{(0.25)^4\,\text{m}^4}\left[\frac{1}{0.65(0.66)^2} - 1\right]\frac{\text{N} \cdot \text{s}^2}{\text{kg} \cdot \text{m}}$$

$$p_3 - p_2 = 1290\ \text{N/m}^2$$

選取直徑比率 β，使得在最大流量率時壓力計的指針擺動也最大。因此

$$p_1 - p_2 = \rho_{\text{H}_2\text{O}}g\Delta h = 999\,\frac{\text{kg}}{\text{m}^3} \times 9.81\,\frac{\text{m}}{\text{s}^2} \times 0.30\,\text{m} \times \frac{\text{N} \cdot \text{s}^2}{\text{kg} \cdot \text{m}} = 2940\ \text{N/m}^2$$

代入式 2 得到

$$h_{l_T} = \frac{p_1 - p_3}{\rho} = \frac{p_1 - p_2 - (p_3 - p_2)}{\rho}$$

$$h_{l_T} = (2940 - 1290)\,\frac{\text{N}}{\text{m}^2} \times \frac{\text{m}^3}{1.23\,\text{kg}} = 1340\,\text{N} \cdot \text{m/kg} \quad\longleftarrow\quad h_{l_T}$$

如果和圖 8.24 相比，將永久壓力損失表達爲流量計計差的分數

$$\frac{p_1 - p_3}{p_1 - p_2} = \frac{(2940 - 1290)\,\text{N/m}^2}{2940\,\text{N/m}^2} = 0.561$$

根據圖 8.24，分數是大約 0.57。結果相當一致而且令人滿意。

這個問題說明流量計的計算，並且顯示動量方程式用在突然擴展時，壓力上升的計算。

8-11 線性流量計

限制流量計(除了 LFE 以外)的缺點是，測量後的輸出(Δp)與流速 Q 並非線性關係。但有幾種流量計的輸出是與流速成正比的。這些流量計並不需要測量壓力差便可以得到測量值。下面係針對常見的線性流量計進行簡要的介紹。

浮子流量計(Float meters)可以直接針對液體或氣體標示其流速。圖 8.25 是一個例子。在操作時，流動的流體將球或浮子在逐漸變細的清析圓管中向上運載，直到阻力和浮子重量平衡爲止。這種流量計(經常稱爲轉子式流量計(rotameters)，是由生產的廠商針對常見的流體和流速範圍進行校正。

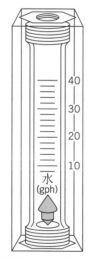

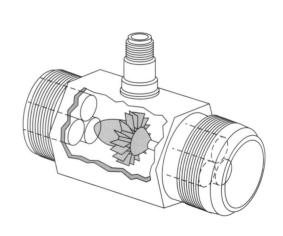

圖 8.25 浮子型的可變區域流量計(資料來源：Dwyer Instrument Co., Michigan City, Indiana.)

圖 8.26 渦輪流量計(資料來源：Potter Aeronautical Corp., Union, New Jersey.)

將自由轉動的葉片安裝在管路的圓柱段裡(如圖 8.26)，形成渦輪式流量計(turbine flow meter)。透過適當的設計，可以在相當大的流量率範圍中使葉片的轉動速率幾乎與體積流量率成正比。

使用流量計外部的磁性或調變載波檢波器，便可以感測流量計渦輪的旋轉速度。這種感測的方法，並不需要貫穿管路也不需要油封。因而在腐蝕性或具有毒性的流體裡，可以安全地使用渦輪流量計測量流速。將電子訊號加以顯示、記錄或者整合，便可提供總體的流動資訊。

一個有趣的裝置是渦流流量計(vortex flow meter)。這個裝置是利用下列的事實：當均勻流遇到垂直的物體時，譬如當圓柱與流動垂直時，將引起一條渦旋列(vortex street)。渦旋列是來自於物體後方的一系列交替的漩渦散流；前述的交替引起側向力的振盪，以及因此造成圓柱的振盪(典型例子是在高速風力中，電話導線會發出聲音，就像是正在「唱歌」)。結果，用以描繪這種現象的無因次參數是司徒哈數(Strouhal number) $St=fL/V$(f 是渦流頻率，L 是圓柱直徑，而 V 是自由流動的速度)，而且它幾乎是常數($St \approx 0.21$)。因此，我們有一個的裝置 $V \propto f$。f 的測量值因而可直接換算出速度 $\bar{V}$(然而，速度分布確實會影響流出頻率，因此校正是必需的)。在流量計中所使用的圓柱通常相當短，其長度大約是 10mm 或更小，而且都會將圓柱安裝成與流動垂直(甚至對於某些裝置而言，根本不是使用圓柱，而是其他小型而垂直的物體)。振盪的測量可以使用張力計或其它感測器。在流速 20：1 的範圍裡，都可以使用渦流流量計[25]。

電磁式流量計(electromagnetic flow meter)是應用磁感應的原理，製造橫跨管路的磁場。當導電性流體通過該區域時，會在與磁場以及速度向量垂直角度形成電壓；安裝在管路管徑外的電極則用以檢測產生的電壓訊號，當阻力分布是軸對稱的時候，訊號電壓與平均軸向速度成正比。

針對電導度在 100microsiemens/公尺的液體(1siemen=每伏特 1 安培)，可以使用磁性流量計(Magnetic flow meters)。最小的流程速度至少必須是 0.3m/s 以上，關於雷諾數則沒有限制。流速範圍通常標示為 10：1[25]。

超音波流量計(Ultrasonic flow meters)也可以測量管路橫剖面的平均速度。常見的超音波流量計有兩種主要類型：一種是測量乾淨液體的傳播時間；另一種則是當流體內含微粒物質時，測量流體的反射頻率平移量(都卜勒效應)。與流動方向相同時，音波的速度會增加；而當與移動方向相反時，音波速度則減少。就乾淨的液體而言，可使用音波路徑對管路軸的傾斜程度，推斷流速。使用多個路徑時，可以準確地估計體積流量率。

都卜勒效應超音波流量計與流體中散粒所產生聲波的反射(在兆赫範圍內)有關。當微粒以流速移動時，頻率平移與流速成正比；針對適當挑選之路徑而言，電訊輸出與體積流量率成正比。也可能使用一至兩個轉換器；量表可夾在管路的外部。超音波流量計必須仔細校正。流速範圍是10：1(請參看[25])。

8-12 橫斷法

在某些情況下，譬如在空氣處理設備或者冷藏設備裡，安裝固定式的流量計也許不切實際或甚至不可行。針對這樣的情況，可以使用橫斷技術求出流量率的資料。

為了透過橫斷法進行流量率的測量，在概念上是將輸送管截面細分為面積相等的區段。使用皮托管、總揚程管，或適合的風速表，測量各個區域段中心的速度。各段的體積流量率是由測量速度與區段面積的乘積求其近似值。通過整個輸送管的流量率是這些區段流量率的總和。橫斷法所推薦流量率測量的規定細節請見參考文獻[27]。

　　針對橫斷法測量，使用皮托管(pitot tube)或皮托管靜壓管(pitot-static tube)，必須直接進入對流場。當壓力梯度或流線曲率存在時，皮托管所提供的是不確定的結果，而且其反應速度將呈現比較緩慢。有兩種類型的風速錶：效應測速儀(thermal anemometer)和雷射都卜勒測速儀(laser Doppler anemometer, LDA)——可以克服這些困難的某些部分。然而，這兩種儀器也引入了新的複雜度。

　　熱效應測速儀，則使用以電子方式加熱的微小元件(熱線或者熱絲的其中之一)。精緻的電子反饋電路用來使元件的溫度維持恆定，並且感測達成這個目標所需的輸入加熱速率。加熱速率透過校正而與區域流動速度關聯起來(更高的速度導致更多熱傳遞)。元件熱效應測速儀主要的好處是感測元件的尺寸比較小。商用的感測器尺寸為直徑 0.002mm 而且長度為 0.1mm。由於這類微小元件的質量非常的小，它們對於流體中波動的反應在非常迅速。文獻記載的反應頻率可達對 50kHz[28]。因為它們的快速反應與微小尺寸，熱效應測速儀對於測量紊流相關資料是一理想的工具。至於對導電性、腐蝕性氣體或液體的應用，則可以漆上絕緣的塗層。

　　由於快速的反應和小尺寸，熱效應測速儀廣泛地使用於研究。針對如何處理實驗數據的方法，目前有許多出版品[29]。數位處理技術(包括快速傅立葉變換)，可納入於信號處理以得到平均值和矩量，並分析頻率內容和相關函數。

　　針對難以介入或不可能直接以實體介入流場的特定應用，雷射都卜勒測速儀變得廣為使用。一條或更多雷射束可聚焦到一小塊我們感到興趣之流體體積上(如圖 8.27 所示)。雷射光是針對存在於流體裡的粒子(塵土或微粒物質)，或針對這個目的所引入的粒子作用，而形成散射。頻移是由於局部流動速度(都卜勒效應)造成。散射光和參考波束是由接受光學鏡片所收集。頻移與流動速度成正比；這個關係是可以計算的，所以不需要刻度校正。因為直接測量速度，信號不受溫度、密度，或流場組成變化的影響。LDA 的主要缺點是由於光學設備比較昂貴而容易毀壞，並且需要非常仔細地進行校準(作者有親身體驗)。

圖 8.27 一台二分量雷射杜卜勒流速儀[承蒙奧克拉荷馬州立大學法蘭克錢伯斯(Frank W. Chambers)博士提供]

8-13　摘要和常用的方程式

在這個章節裡我們已經：

✓ 定義了許多在研究內部不可壓縮黏滯流時用到的詞彙，譬如：入口區長度、完全發展流、摩擦速度、雷諾應力、動能係數、摩擦係數、主要/次要揚程損失以及水力直徑。

✓ 分析了在平行的板材與圓管中之間的層流，以及觀察到我們能以分析的方式解出速度的分布，並從下列資料推導：平均速度、最大速度和它的位置、流量率、壁面剪應力和剪力分布。

✓ 學習在圓管中和輸送管裡的紊流，並且瞭解到以半經驗式的方法處理是必要的，例如，次方律速度分布曲線。

✓ 以分析管路流動時有用的形式，寫出能量方程式。

✓ 討論如何將泵、風扇和鼓風機併入管路流動的分析裡。

✓ 描述各種各樣的流動測量裝置：直接測量、限制設備(圓孔平板、噴嘴和文氏管)、線性流量計(轉子式流量計、各種各樣的電磁式或聲波設備、渦流流量計)和橫斷裝置(皮托管和雷射都卜勒儀風速錶)。

　　我們已經學習到管路和輸送管流動問題必須使用疊代解法——除非是層流(在實務操作並不常見)，流量率 Q 經常不是驅動力(通常記為 Δp)的線性函數[*]。我們也學到管線網路可以使用分析單一管路系統時所使用相同的技術，而僅需增加少數基本規則。而且，要解決所有管線網路問題(不僅僅是最簡單的網路)，也需要用到譬如 *Excel* 之類的電腦應用程式。

注意：下表的常用方程式中多數有侷限性或者限制——請參見它們的內文敘述了解相關的細節！

常用的方程式	
靜止平行板間壓力驅動之層流流速分布曲線：	$u = \dfrac{a^2}{2\mu}\left(\dfrac{\partial p}{\partial x}\right)\left[\left(\dfrac{y}{a}\right)^2 - \left(\dfrac{y}{a}\right)\right]$　(8.5)
靜止平行板間壓力驅動之層流的流量率：	$\dfrac{Q}{l} = -\dfrac{1}{12\mu}\left[\dfrac{-\Delta p}{L}\right]a^3 = \dfrac{a^3\,\Delta p}{12\mu L}$　(8.6c)
靜止平行板間壓力驅動之層流的流速分布曲線 (中心線座標)：	$u = \dfrac{a^2}{2\mu}\left(\dfrac{\partial p}{\partial x}\right)\left[\left(\dfrac{y'}{a}\right)^2 - \dfrac{1}{4}\right]$　(8.7)
靜止平行板間壓力驅動之層流的流速分布曲線 (上板移動)：	$u = \dfrac{Uy}{a} + \dfrac{a^2}{2\mu}\left(\dfrac{\partial p}{\partial x}\right)\left[\left(\dfrac{y}{a}\right)^2 - \left(\dfrac{y}{a}\right)\right]$　(8.8)
靜止平行板間壓力驅動之層流的流量率 (上板移動)：	$\dfrac{Q}{l} = \dfrac{Ua}{2} - \dfrac{1}{12\mu}\left(\dfrac{\partial p}{\partial x}\right)a^3$　(8.9b)

---

[*] 這些習題需要選讀教材的知識，雖然省略這些選讀教材並不影響教學的連續性。

圓管內層流之流速分布曲線：	$$u = -\frac{R^2}{4\mu}\left(\frac{\partial p}{\partial x}\right)\left[1 - \left(\frac{r}{R}\right)^2\right] \qquad (8.12)$$
圓管內層流之流量率：	$$Q = -\frac{\pi R^4}{8\mu}\left[\frac{-\Delta p}{L}\right] = \frac{\pi \Delta p R^4}{8\mu L} = \frac{\pi \Delta p D^4}{128\mu L} \qquad (8.13c)$$
圓管內層流之流速分布曲線(正規化形式)：	$$\frac{u}{U} = 1 - \left(\frac{r}{R}\right)^2 \qquad (8.14)$$
平滑圓管內紊流的流速分布曲線 (次方率方程式)：	$$\frac{\bar{u}}{U} = \left(\frac{y}{R}\right)^{1/n} = \left(1 - \frac{y}{R}\right)^{1/n} \qquad (8.22)$$
揚程損失方程式：	$$\left(\frac{p_1}{\rho} + \alpha_1\frac{\bar{V}_1^2}{2} + gz_1\right) - \left(\frac{p_2}{\rho} + \alpha_2\frac{\bar{V}_2^2}{2} + gz_2\right) = h_{l_T} \quad (8.29)$$
主要揚程損失方程式：	$$h_l = f\,\frac{L}{D}\,\frac{\bar{V}^2}{2} \qquad (8.34)$$
摩擦因子(層流)：	$$f_{\text{laminar}} = \frac{64}{Re} \qquad (8.36)$$
摩擦因子(紊流——柯爾布魯克方程式)：	$$\frac{1}{\sqrt{f}} = -2.0\log\left(\frac{e/D}{3.7} + \frac{2.51}{Re\sqrt{f}}\right) \qquad (8.37)$$
使用損失係數 K 的次要損失：	$$h_{l_m} = K\,\frac{\bar{V}^2}{2} \qquad (8.40a)$$
使用等效長度 L_e 的次要損失：	$$h_{l_m} = f\,\frac{L_e}{D}\,\frac{\bar{V}^2}{2} \qquad (8.40b)$$
擴散器壓力回復係數：	$$C_p \equiv \frac{p_2 - p_1}{\frac{1}{2}\rho\bar{V}_1^2} \qquad (8.41)$$
擴散器理想的壓力回復係數：	$$C_{p_i} = 1 - \frac{1}{AR^2} \qquad (8.42)$$
以壓力回復係數表示的擴散器揚程損失：	$$h_{l_m} = (C_{p_i} - C_p)\frac{\bar{V}_1^2}{2} \qquad (8.44)$$
泵功：	$$\dot{W}_{\text{pump}} = Q\Delta p_{\text{pump}} \qquad (8.47)$$
泵效率：	$$\eta = \frac{\dot{W}_{\text{pump}}}{\dot{W}_{\text{in}}} \qquad (8.48)$$
水力直徑：	$$D_h \equiv \frac{4A}{P} \qquad (8.50)$$
流量計的質量流量率方程式 (以排流係數 C 表示)：	$$\dot{m}_{\text{actual}} = \frac{CA_t}{\sqrt{1-\beta^4}}\sqrt{2\rho(p_1 - p_2)} \qquad (8.54)$$
流量計的質量流量率方程式 (以流動係數 K 表示)：	$$\dot{m}_{\text{actual}} = KA_t\sqrt{2\rho(p_1 - p_2)} \qquad (8.56)$$
流動係數(Re 的函數)：	$$C = C_\infty + \frac{b}{Re_{D_1}^n} \qquad (8.57)$$
排流係數(Re 的函數)：	$$K = K_\infty + \frac{1}{\sqrt{1-\beta^4}}\frac{b}{Re_{D_1}^n} \qquad (8.58)$$

參考文獻

[1] Streeter, V. L., ed., *Handbook of Fluid Dynamics*. New York：McGraw-Hill, 1961.

[2] Rouse, H., and S. Ince, *History of Hydraulics*. New York：Dover, 1957.

[3] Moin, P., and J. Kim, ''Tackling Turbulence with Supercomputers,'' *Scientific American*, 276, 1, January 1997, pp. 62-68.

[4] Panton, R. L., *Incompressible Flow*, 2nd ed. New York：Wiley, 1996.

[5] Laufer, J., ''The Structure of Turbulence in Fully Developed Pipe Flow,'' U.S. National Advisory Committee for Aeronautics (NACA), Technical Report 1174, 1954.

[6] Tennekes, H., and J. L. Lumley, *A First Course in Turbulence*.Cambridge, MA：The MIT Press, 1972.

[7] Hinze, J. O., *Turbulence*, 2nd ed. New York：McGraw-Hill, 1975.

[8] Moody, L. F., ''Friction Factors for Pipe Flow,'' *Transactions of the ASME, 66*, 8, November 1944. pp. 671-684.

[9] Colebrook, C. F., ''Turbulent Flow in Pipes, with Particular Reference to the Transition Region between the Smooth and Rough Pipe Laws,'' *Journal of the Institution of Civil Engineers, London, 11*, 1938–39, pp. 133-156.

[10] Haaland, S. E., ''Simple and Explicit Formulas for the Friction Factor in Turbulent Flow,'' *Transactions of ASME, Journal of Fluids Engineering, 103*, 1983, pp. 89-90.

[11] ''Flow of Fluids through Valves, Fittings, and Pipe,'' New York：Crane Company, Technical Paper No. 410, 1982.

[12] *ASHRAE Handbook——Fundamentals*.Atlanta, GA：American Society of Heating, Refrigerating, and Air Conditioning Engineers, Inc., 1981.

[13] Cockrell, D. J., and C. I. Bradley, ''The Response of Diffusers to Flow Conditions at Their Inlet,'' Paper No. 5, *Symposium on Internal Flows*, University of Salford, Salford, England, April 1971. pp.A32–A41.

[14] Sovran, G., and E. D. Klomp, ''Experimentally Determined Optimum Geometries for Rectilinear Diffusers with Rectangular, Conical, or Annular Cross-Sections,'' *in Fluid Mechanics of Internal Flows*, G. Sovran, ed. Amsterdam：Elsevier, 1967.

[15] Feiereisen, W. J., R. W. Fox, and A. T. McDonald, ''An Experimental Investigation of Incompressible Flow without Swirl in R-Radial Diffusers,'' *Proceedings, Second International Japan Society of Mechanical Engineers Symposium on Fluid Machinery and Fluidics*, Tokyo, Japan, September 4–9, 1972. pp. 81-90.

[16] McDonald, A. T., and R. W. Fox, ''An Experimental Investigation of Incompressible Flow in Conical Diffusers,'' *International Journal of Mechanical Sciences, 8*, 2, February 1966. pp. 125-139.

[17] Runstadler, P. W., Jr., ''Diffuser Data Book,'' Hanover, NH：Creare, Inc., Technical Note 186, 1975.

[18] Reneau, L. R., J. P. Johnston, and S. J. Kline, ''Performance and Design of Straight, Two-Dimensional Diffusers,'' *Transactions of the ASME, Journal of Basic Engineering, 89D*, 1, March 1967. pp. 141–150.

[19] *Aerospace Applied Thermodynamics Manual.*New York：Society of Automotive Engineers, 1969.

[20] Daily, J. W., and D. R. F. Harleman, *Fluid Dynamics.*Reading, MA：Addison-Wesley, 1966.

[21] White, F. M., *Fluid Mechanics*, 6th ed. New York：McGraw-Hill, 2007.

[22] Hamilton, J. B., ''The Suppression of Intake Losses by Various Degrees of Rounding,'' University of Washington, Seattle, WA, Experiment Station Bulletin 51, 1929.

[23] Herschel, C., *The Two Books on the Water Supply of the City of Rome, from Sextus Julius Frontinus* (ca.40–103 A.D.). Boston, 1899.

[24] Lam, C. F., and M. L. Wolla, ''Computer Analysis of Water Distribution Systems：Part 1, Formulation of Equations,'' *Proceedings of the ASCE, Journal of the Hydraulics Division, 98*, HY2, February 1972. pp. 335–344.

[25] Miller, R. W., *Flow Measurement Engineering Handbook.*3rd ed. New York：McGraw Hill, 1996.

[26] Bean, H. S., ed., *Fluid Meters, Their Theory and Application.*New York：American Society of Mechanical Engineers, 1971.

[27] ISO 7145, *Determination of Flowrate of Fluids in Closed Conduits or Circular Cross Sections——Method of Velocity Determination at One Point in the Cross Section*, ISO UDC 532.57.082.25：532.542, 1st ed. Geneva：International Standards Organization, 1982.

[28] Goldstein, R. J., ed., *Fluid Mechanics Measurements*, 2nd ed. Washington, D.C.：Taylor & Francis, 1996.

[29] Bruun, H. H., *Hot-Wire Anemometry——Principles and Signal Analysis.*New York：Oxford University Press, 1995.

[30] Swamee, P. K., and A. K. Jain, ''Explicit Equations for Pipe-Flow Problems,'' *Proceedings of the ASCE, Journal of the Hydraulics Division, 102*, HY5, May 1976. pp. 657–664.

[31] Potter, M. C., and J. F. Foss, *Fluid Mechanics.*New York：Ronald, 1975.

本章習題

◆ 題號前註有「＊」之習題需要學過前述可被略過而不會影響教材的連貫性之章節內容。

8.1 標準空氣進入一條直徑為 150mm 的輸送管。試求當流體變成紊流時的體積流量率。在這個流量率之下，估計建立完全發展流所需要的入口長度。

8.2 考慮圓管中的不可壓縮流。試利用下列條件推導雷諾數的一般表達式：(a) 體積流量率與圓管直徑，(b) 質量流量率與圓管直徑。當圓管直徑是 10mm 時，其斷面的雷諾數是 1800。試求當圓管直徑是 6mm 時的斷面上，同樣流速的雷諾數是多少。

8.3 考慮管路系統中的標準氣流，該管路的面積分兩個階段縮減：從 25mm 到 12mm，然後再縮減為 6mm。每段的長度是 1.5m。當流速增加時，哪一段會最先變成紊流？請確定第一段、第二段以及第三段中最先變成紊流時的流速。在這些流速中的每一個，如果有的話，請確定是哪個部分會成為完全發展流。

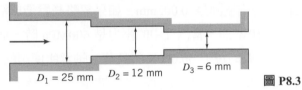

$D_1 = 25$ mm　　$D_2 = 12$ mm　　$D_3 = 6$ mm　　　**圖 P8.3**

8.4 🖰
針對在圓管裡的流動，變成紊流的轉換通常發生在大約 $Re \approx 2300$。請探討在(a) 標準空氣流動，以及(b) 15℃ 水的環境裡的流動如何變成紊流。在 log-log 圖表裡，請將紊流首次發生時的平均速度、體積流量率以及質量流量率，描繪成圓管直徑的函數。

8.5 針對圖 8.1 所示管路部分的層流，以管路的距離為橫座標，繪製預期的壁面剪應力、壓力與中心線速度的函數圖形。並解釋該圖形的重要特點，與完全發展流進行比較。白努利方程式可以應用在流場中的什麼地方？如果可以，是在哪些地方？請簡要地加以解釋。

8.6 在兩塊無限長的固定式平行的板材之間有不可壓縮流。速度可以用 $u = u_{max}(Ay^2 + By + C)$ 表示，其中 A、B 和 C 是常數，而 y 是從較低的板材向上測量所得的距離。整個的空隙寬度是 h 單位。請使用適當的邊界條件，根據 h 表達常數的量值和單位。並針對每單位深度的體積流量率推導一個表達式，並且估算其比率 $\bar{V}/u_{max}$。

8.7 在固定式平行的板材之間，完全發展流的速度是 $u = a(h^2/4 - y^2)$，其中 a 是常數，h 是在板材之間整個空隙的寬度，而 y 是從間隙的中心所測量的距離。試求比率 $\bar{V}/u_{max}$。

8.8 在兩塊平行板材間有穩定流動的流體。該流體是完全發展流也是層流。在板材間的距離是 h。
(a) 試推導一個方程式，將剪應力表示為 y 的函數。然後繪製這個函數的圖形。
(b) 當 $\mu = 1.15$N・s/m^2、$\partial p / \partial x = 58$ Pa/m 而且 $h = 1.3$mm 時，試求最大剪應力，以 Pa 為單位。

8.9 具有黏性的油平穩地在固定式平行板材之間流動。該流體是完全發展流也是層流。壓力梯度是 1.25kPa/m，而通道的半寬度是 $h = 1.5$mm。試求上部板材表面壁面剪應力的量值和方向。並解出通過通道的體積流量率($\mu = 0.50$N・s/m^2)。

8.10 具有黏性的油平穩地在固定式平行板材之間流動。該流體是層流而且是完全發展流。在板材之間的總空隙寬度是 $h=5$mm。油的流速是 0.5N·s/m^2 而且壓力梯度是 -1000N/m^2/m。試求上板的剪應力量值和方向,以及通過通道每公尺寬度的體積流量率。

8.11 在 100mm 直徑圓柱中的油受到徑向間隙為 0.025mm 且長度為 50mm 的活塞的控制。固定的 20,000N 力量施於該活塞。假設是 SAE30 的油在 49℃ 的性質。試求通過該活塞的漏出流量率。

8.12 液壓式起重器要支撐 9000kg 的負荷。已知以下的資料:

活塞直徑	100mm
活塞和汽缸之間的徑向間距	0.05mm
活塞長度	120mm

請計算液壓流體通過活塞的漏出流量率,假設流體是 30℃ 的 SAE30 油。

8.13 系統中的高壓是由一個活塞-汽缸的組件所產生。活塞直徑是 6mm,並且延伸到汽缸裡 50mm。活塞和汽缸之間的徑向空隙是 0.002mm。如果忽略高壓造成活塞和汽缸的彈性變形。假設流體性質是 35℃ 的 SAE10W 油。當汽缸中的壓力是 600MPa 時,估計漏出流量率。

8.14 液壓承軸要支撐垂直於圖的每呎 50,000N 的負荷。軸承所使用的是流過中央細縫的 35℃ 且為 700kPa(gage) 的 SAE 30 油。因為油是黏滯的並且間隙很小,流動可以視為完全發展流。請計算(a)軸承墊的必要寬度,(b)所形成的壓力梯度,dp/dx,以及(c)間隙高度,如果 $Q=1$mL/min 每呎長度。

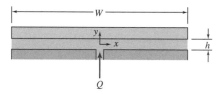

圖 **P8.14**

8.15 壓力錶測試的基本部分包括圖中所顯示得活塞汽缸裝置。在直徑為 6mm 的活塞施加外力,以產生既定的壓力值(活塞長度是 25mm)。請計算汽缸產生 1.5MPa(gage) 所需要的質量 M。如果液體是 20℃ 的 SAE 30 油,針對這個外力,試以徑向間距 a 的函數表示漏出流量率。並找出使活塞的垂直移動小於 1mm/min 的最大容許徑向間距。

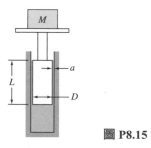

圖 **P8.15**

8.16 於第 8-2 節藉由使用微分控制體積,我們推導過平行板之間的流速分布曲線(8.5 式)替代的做法是,循著我們於範例 5.9 所用的程序,推導 8.5 式並以那維爾-史托克方程式(5.27 式)著手。請務必陳述出所有所作的假設。

8.17 將體積流量率爲 Q 的黏滯液體，經過中央開口抽到如圖所示的平行圓盤間的窄縫裡。由於流速很低，所以該流動是層流，而且由於間隙中的對流加速度的關係，相較於黏滯力[(這稱爲緩流，creeping flow)] 所形成的壓力梯度，該流體的壓力梯度可以忽略。試求圓盤內間隙平均速度改變的一般表達式。對於緩流而言，任合間隙截面上的速度曲線和靜止並行板材之間的完全發展流相同。請計算壓力梯度 dp/dr，以半徑的函數加以表示。並找出 $p(r)$ 的表達式。然後證明讓上部板材維持在目前所顯示位置所需要的淨力是

$$F = \frac{3\mu Q R^2}{h^3}\left[1 - \left(\frac{R_0}{R}\right)^2\right]$$

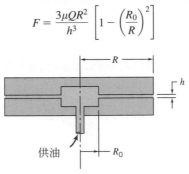

圖 P8.17

8.18 🐭

考慮 2.16 式針對非牛頓流體的簡單次方律模型。請將第 8-2 節的分析加以延伸，以證明如果固定式並行板材之間分隔的距離是 $2h$，則次方律流體的完全發展層流的曲線速度可以寫成：

$$u = \left(\frac{h}{k}\frac{\Delta p}{L}\right)^{1/n}\frac{nh}{n+1}\left[1 - \left(\frac{y}{h}\right)^{\frac{n+1}{n}}\right]$$

其中 y 是從通道中心線開始測量所得的座標。並繪製在 $n = 0.7$、1.0、和 1.3 時，$u/U_{\max}$ 相對於 y/h 的函數圖形。

8.19 🐭

使用習題 8.18 的曲線，證明在固定式平行板材之間，次方率流體完全發展層流的流速可以寫成：

$$Q = \left(\frac{h}{k}\frac{\Delta p}{L}\right)^{\frac{1}{n}}\frac{2nwh^2}{2n+1}$$

這裡的 w 是板材寬度。在這樣的實驗設定裡，可以得到下列關於所施予的壓力差 Δp 以及流速 Q 的資料：

Δp (kPa)	10	20	30	40	50	60	70	80	90	100
Q (L/min)	0.451	0.759	1.01	1.15	1.41	1.57	1.66	1.85	2.05	2.25

確定流體是否爲擬似塑膠流體或者膨脹流體，並且推導 n 的實驗值。

8.20 密封的頸軸承是由同心圓柱所組成。內徑和外徑分別是是 25mm 和 26mm，頸長度是 100mm，並且以 2800rpm 的速度轉動。間隙中充滿層流運動的油。而且截面上的速度函數是線性函數。轉動頸必要的力矩是 0.2N·m。請計算油的黏度。力矩會隨時間增加還是減少？爲什麼？

8.21 60℃ 的水在兩塊大平板之間流動。位於下面的板材以 0.3m/s 的速度向左移動；而上部板材靜止不動。板材的間距是 3mm，並且流體是層流。試確定在截面上產生零淨流的壓力梯度。

8.22 考慮在空隙寬度 $d = 10\text{mm}$ 的無限平行板材之間完全發展的層流。上部板材以 $U_2 = 0.5\text{m/s}$ 的速度向右移動；下部板材以 $U_1 = 0.25\text{m/s}$ 的速度向左移動。在流動方向上的壓力梯度是零。請針對間隙中的速度分布推導其表達式。並找出通過某個已知截面每單位深度的體積流量率。

8.23 在無限平行板材之間有兩種不相溶的流體。板材之間的距離是 $2h$，並且兩層流體的厚度都是 h；在上面流體的動態黏滯度是在下面流體的三分之一。如果下面的板材是固定的，而上部的板材以等速度 $U = 6.1\text{m/s}$ 移動，則在界面的速度是多少？假設是層流，而且在流動方向上的壓力梯度是零。

8.24 🖱

在無限平行板材之間有兩種不相溶的流體。板材之間的距離是 $2h$，而且兩個流體層的厚度同樣都是 $h = 2.5\text{mm}$。上部流體的動態黏滯度是下部流體的兩倍，其中 $\mu\,\text{lower} = 0.5\text{N} \cdot \text{s/m}^2$。如果板材是靜止的，而所施予的壓力梯度是 $-1000\text{N/m}^2/\text{m}$，試求界面的速度。流體的最大速度是多少？請繪製速度分布圖形。

8.25 🖱

圖 8.6 是當上部板材以等速 U 移動時，在無限平行板材之間完全發展層流的無因次速度曲線圖。根據 U、a 與 μ，試求下列情況的壓力梯度 $\partial p / \partial x$：當(a) 上部板材，以及(b) 下部板材剪應力都是零時。並針對上述條件繪製無因次速度曲線。

8.26 電腦硬碟記憶體存貯系統的讀寫頭位於旋轉中碟片上方非常薄的一層空氣上(薄膜的厚度是 $0.25\mu\text{m}$)。而讀寫頭與碟片中心線的距離是 25mm；碟片以 8500rpm 的速度旋轉。讀寫頭是 5mm 的正方形。針對在碟片和讀寫頭之間的標準空氣，試求(a) 流體的雷諾數，(b) 黏滯的剪應力和(c) 克服黏滯剪力所需要的功率。

8.27 🖱

考慮在斜面下且沒有壓力梯度時，黏滯液體的穩定不可壓縮完全發展的層流。速度曲線已經在範例 5.9 推導出來。請繪製其速度曲線圖。如果在傾斜 30 的地方，薄膜的厚度是 0.8mm，並且最大速度是 15.7mm/s，請計算液體的運動黏滯度。

8.28 考慮在傾斜表面下，穩態的黏滯液體完全發展的層流。液體層的厚度是固定的 h。請使用適當挑選的不同控制體積，以得到速度曲線圖。並推導體積流量率的表達式。

8.29 範例 5.9 推導了斜面的表面下，稀薄黏滯薄膜流動的速度分布。考慮液體薄膜的厚度為 7mm，比重為 $\text{SG} = 1.2$，而且動力黏滯度為 $1.60\text{N} \cdot \text{s/m}^2$。推導薄膜內剪力分布的表達式。計算在薄膜內的最大剪應力並指出其方向。以每 mm 表面寬度之 mm^3/s 為單位，估計薄膜內的體積流量率。根據平均速度，計算薄膜的雷諾數。

8.30 🖱

在傾斜角度 30 度的表面下密度相等但不互溶的兩種流體。這兩個流體層的厚度同樣都是 $h = 2.5\text{mm}$；在上層的流體其運動黏滯度是下層流體的兩倍，其中 $v_{\text{lower}} = 2 \times 10^{-4}\text{m}^2/\text{s}$。試求在界面的速度，以及在自由表面的速度。請繪製速度分布圖形。

8.31

考慮介於兩平行平板之間的完全發展流,其中上部板材以 $U = 1.5 \text{m/s}$ 的速度移動;在板材之間的間距是 $a = 2.5 \text{mm}$。針對壓力梯度為零的情況,試求每單位深度的流速。如果流體是空氣,請估計下層平板的剪應力,並且針對壓力梯度為零的情況繪製橫跨通道的剪力分布。如果壓力梯度是使反向的,則流速將會增加還是減少?試求在 $y = 0.25a$ 時,造成剪應力為零的壓力梯度。並針對這個條件繪製橫跨通道的剪力分布圖。

8.32

在空隙寬度為 $b = 2.5 \text{mm}$ 的兩平行平板之間,有 15℃的水在流動。上部板材以 $U = 0.25 \text{m/s}$ 的速度沿著 x 軸的正向移動。壓力梯度是 $\partial p / \partial x = -175 \text{ Pa/m}$。請找出速度最大的點並確定其值(令下層板材位於 $y = 0$)。試求在 10 秒內通過一個已知截面(即 $x = $ 常數)的體積流量率。繪製速度和剪力分布圖。

8.33

在兩平行平板之間,當上層平板持續移動時,空氣完全發展流的速度分布函數為 8.8 式。假設 $U = 2 \text{m/s}$ 而且 $a = 2.5 \text{mm}$。試求當 x 方向沒有淨流時的壓力梯度。針對這個流動,繪製預計的速度分布圖和橫跨通道的預估剪力。針對當 $y/a = 0.5$ 且 $u = 2U$ 時,繪製預估的速度分配和橫跨通道的預估剪力。並說明這些函數圖有什麼特點。

8.34 在兩平行平板之間,當上層平板持續移動時,水的完全發展流的速度分布函數如 8.8 式。假設 $U = 2 \text{m/s}$ 而且 $a = 2.5 \text{mm}$。確定每單位深度體積流量率為零的壓力梯度。評估下層板材的剪應力並且說明橫跨通道剪力分布狀況。如果壓力梯度是和緩且逆向的,則體積流量率會增加還是減少?請計算在 $y/a = 0.25$ 使得剪應力為零的壓力梯度。並針對這個條件繪製剪力分布圖。

8.35 一條連續的傳送帶以速度 U_0 通過化學池上方,帶動厚度為 h、密度為 ρ,而且黏度為 μ 的液體薄膜。重力傾向使得液體向下流光,但傳送帶的移動保留了一部分的液體。假設流體是完全發展流,而且是壓力梯度為零的層流,大氣也不會在薄膜外表產生剪應力。請清楚地將 $y = 0$ 和 $y = h$ 時,速度所應滿足的邊界條件加以描述。

並推導速度分布的表達式。

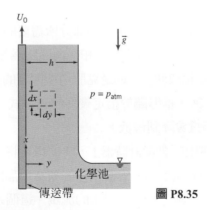

圖 P8.35

8.36 於範例 8.3 我們使用微分控制體積推導垂直壁面上的層流之流速分布曲線。替代的做法是,循著我們於範例 5.9 所用的程序,推導流速分布曲線並以納維爾-史托克方程式(5.27 式)著手。請務必陳述出所有所作的假設。

8.37 🖱

在製造微晶片過程的某個階段,微晶片浮在光滑水平表面的稀薄空氣薄膜上。晶片長是 11.7mm 和寬 9.35mm 而且質量是 0.325g。空氣薄膜的厚度是 0.125mm。晶片的初速是 $V_0 = 1.75$mm/s,並由於黏滯剪力而在空氣薄膜中減慢。試分析晶片在減速期間的運動,以推導爲晶片速度 V 相對於時間 t 的微分方程。計算晶片比初速降低 5%所需的時間。繪製在減速期間晶片速度相對於時間的變化。並解釋爲什麼會呈現出你所繪製圖形的特徵。

8.38 只要根據流量每單位薄膜寬度的質量流量率所得到的雷諾數大約超過 33 時,從傾斜的表面向下流動的層流液體薄膜會就開始形成自由表面波。試求當層流水膜從垂直表面流下時,維持不具有自由表面波的水膜最大厚度是多少。

8.39 具有黏性的剪力泵由一個靜止的外殼,以及其內部緊密接合的旋轉鼓組成。相較於旋轉鼓的直徑接合的間隙很小,因此在環狀空間的流動也許可以視爲介於兩平行平板之間的流動。在環狀空間的流體會受到黏滯力的阻礙。試以體積流量率的函數表示剪力泵的效能特徵(壓力差、輸入功率和效率)。假設垂直於圖的深度是 b。

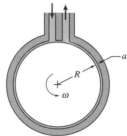

圖 P8.39,8.40

8.40 🖱

圖 P8.39 黏滯剪力泵的效率如下:

$$\eta = 6q \frac{(1 - 2q)}{(4 - 6q)}$$

其中 $q = Q/abR\omega$ 是無因次流量率(Q 是在壓力差爲 Δp 的流量率,而 b 是垂直於圖的深度)。請繪製效率相對於無因次流速的函數圖,並且找出當效率最高時的流量率。解釋爲什麼效率的曲線會銳化,以及爲什麼在某些 q 值的效率是零。

8.41 在轉動金屬的操作裡,爲了固定其中某個部分所需要的夾力是使用泵所供應的高壓。油液沿著軸的方向,通過一個直徑爲 D,長度爲 L 和徑向間距爲 a 的環型間隙而漏出。環體的內部結構以角速度 ω 轉動。無論是抽取油液,或是克服環型間隙的黏滯散逸,都需要功率。請利用泵功率 $\mathcal{P}_p$,以及黏滯散逸功率 $\mathcal{P}_v$,推導關於指定幾何的表達式。證明當我們選取的徑向間距 a 使得 $\mathcal{P}_v = 3\mathcal{P}_p$ 時,需要的總功率量會降到最低。

8.42 有一個發明家提議要製作「黏滯計時器」,其構想是將一個圓柱形重物放置在內含黏性液體且稍大的圓柱形容器裡,使其產生貼近容器內壁的狹窄環形間隙。當這個計時器製造完成,且當重物開始因爲重力而下沈時,請分析其所產生的流場。這個系統成爲令人滿意的計時器嗎?如果可以,時間的間隔範圍是多少?溫度變化對於時間的測量有何影響?

8.43 四輪傳動是汽車設計的趨勢，其目的是為了當抓地力較弱時，可以改進車輛性能和安全性。四輪傳動車輛必須有一個中間軸差速器(interaxle differential)，才可以在乾燥的路面行駛。目前有許多車輛的製造方式是使用多板黏滯驅動器作為中間軸差速器。如果速度差值已知，針對定義這個差速器所能傳輸的扭矩進行分析與設計，並以設計參數表示扭矩值。使用具有 SAE 30 油的性質的潤滑劑，為了讓黏滯差速器在 125rpm 的速度損失下傳送 150N·m 的扭矩，試求其所需的適當尺寸。如果每平方公尺的板材花費是固定的，請討論如何將建造黏滯差速器所需的物料費用降到最低。

8.44 頸承軸是由直徑 $D = 50$mm 且長度 $L = 1$m 的頸(慣性矩是 $I = 0.055$kg·m^2)，以對稱的方式安裝在固定的遮罩(housing) 而成，使得環狀間隙是 $\delta = 1$mm。間隙中的流體黏度為 $\mu = 0.1$N·s/m^2。如果軸的初始角速度為 $\omega = 60$rpm，試求軸減速為 10rpm 所需的時間。

8.45 針對圓管中的完全發展流，試求與圓管中心相距多少距離時的速度會等於平均速度。

8.46 先考慮水，然後考慮在一支直徑為 6mm 圓管中 40℃的 SAE 10W 潤滑油。針對每個預期會產生層流的流動，試求最大其流速(以及對應的壓力梯度 $\partial p / \partial x$)。

8.47 我們使用內徑為 $d = 0.127$mm，長度為 $L = 25$mm 的皮下針，以注射黏度是水的 5 倍的鹽溶液。針筒直徑是 $D = 10$mm；而拇指可以施加在針筒的最大力量是 $F = 33.4$N。試求可能產生的鹽溶液體積流量率。

8.48 在工程科學的領域裡，經常取不同的現象作為比喻。例如，在圓管中所施予的壓力差額 Δp 和對應的體積流量率 Q，分別可以對照於通過電子電阻器的直流電壓 V 和電流 I。透過這樣的比喻，在長度為 L 且直徑為 D 的圓管中，找出黏度為 μ 的流體層流的「阻力」公式，對應於電阻 R。針對長度為 100mm 且內徑 0.3mm 的圓管，找出對於 40℃的(a) 煤油和(b) 蓖麻油，這個類比將會成立的最大流速以及壓力差。當流動超過這個最大值的時候，為什麼類比會失敗？

8.49 考慮在兩條同心管路環狀間隙之間的完全發展層流。外部管路是固定的，而內部管路沿 x 軸的方向以速度 V 移動。假設軸向的壓力梯度是零($\partial p / \partial x = 0$)。根據常數 C_1，將剪應力 τ 視為半徑 r 的函數，請推導應剪力的一般表達式。根據兩個常數 C_1 和 C_2，推導速度分布 $u(r)$ 的一般表達式。並推導 C_1 和 C_2 的表達式。

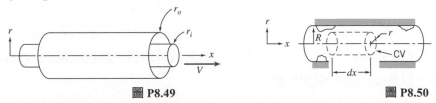

圖 P8.49　　　　　　　　　　　圖 P8.50

8.50 考慮圓管路中的完全發展層流。使用如圖所示的圓柱形控制體積。指出作用在控制體積的力量。使用動量方程式，推導速度分布的表達式。

8.51 🖱

考慮習題 8.49 中所示，由兩個同心圓柱所形成環型空間中的完全發展層流，但其與壓力梯度 $\partial p / \partial x$，以及內部圓柱是靜止不動的。令 $r_0 = R$ 且 $r_i = kR$。證明速度分布如下：

$$u = -\frac{R^2}{4\mu}\frac{\partial p}{\partial x}\left[1 - \left(\frac{r}{R}\right)^2 + \left(\frac{1-k^2}{\ln(1/k)}\right)\ln\frac{r}{R}\right]$$

將最大速度的位置視為 k 的函數，推導其表達式。將最大速度($\alpha=r/R$)的地點繪製成為半徑比率 k 的函數圖。比較極限的情況，即 $k\rightarrow0$，與圓管路中流動的對應表達式。

8.52 如果習題 8.51 的流動具有下列的體積流量率：

$$Q = -\frac{\pi R^4}{8\mu}\frac{\partial p}{\partial x}\left[(1-k^4)-\frac{(1-k^2)^2}{\ln(1/k)}\right]$$

試求平均速度的表達式。試求平均速度的表達式。將極限的情況，即 $k\rightarrow0$，與圓管路中流動的對應表達式進行比較。

8.53 🖱

關於農業灌溉系統設計的建議是，沿管路的中心線以金屬線將結構的某個部分加以固定；可以推測，對於既定的流速而言，相對較小的金屬線對於壓力降會有少許影響。請使用問題 8.52 的結果推導壓力降的表達式，該表達式將壓力降表示為金屬線直徑相對於層流管路直徑的百分比函數。在 $0.001\leq k\leq0.10$ 的範圍裡，繪製壓力降百分比相對於半徑 k 的函數圖。

8.54 🖱

在食品工業的工廠中，將抽取兩種不互溶的流體而通過一條圓管，使得第一種流體($\mu_1=0.96$N・s/m^2) 形成內核，而第二種流體($\mu_2=1.436$N・s/m^2) 形成外環。圓管的直徑是 $D=5$mm，而長度為 $L=15$m。如果所施予的壓力差 Δp 是 10kPa，請推導，並且繪製速度分布圖。

8.55 一條水平的管路運載的流體是完全發展的紊流。在兩個截面之間所測量到的靜態壓力差是 35kPa。兩截面之間的距離是 10m，而管路直徑是 150mm。試求管壁上的剪應力 τ_w。

8.56 水平的圓管一端被黏膠固著於一個裝有流體及其他的有蓋壓力槽。圓管的內徑是 2.5cm 而槽的壓力是 250kPa(錶壓)。請算出黏膠必須承受的力以及當蓋子打開且流體排放至大氣時它必須承受的力。

8.57 在水平的完全發展管道裡的水流，流動方向上相距 9m 的兩個接點之間，其壓力降是 6.9kPa。管道的橫截面是 25mm×240mm 的長方形。試求平均壁面剪應力。

8.58 煤油受到抽取而通過內徑為 $D=30$mm 的光滑管道，而且接近臨界的雷諾數。流動是不穩定的，而且在層流和紊流狀態之間變化，這導致壓力梯度斷斷續續地從大約 -4.5kPa/m 變成 -11kPa/m。針對各流動，計算管壁的剪應力在，並且繪製剪力分布圖。

8.59 有一種黏度和密度都與水相同的液體藥物將會透過一支針筒進行注射。針筒的內徑是 0.25mm 而且長度是 50mm。試求(a) 當流體將會成為層流時的最大體積流量率，(b) 提供最大流速所需的壓力降，以及(c) 對應的壁面剪應力。

8.60 🖱

針對圓管中的紊流考慮經驗法則「次方律」，即 8.22 式。當時 $n=7$，試求當 u 等於平均速度 $\overline{V}$ 時的 r/R 值為何。在 $6\leq n\leq10$ 的範圍上繪製其結果，並與圓管中完全發展層流的情況(8.14 式)進行比較。

8.61 🖱

在 $Re_U=50,000$ 時，Laufer[5]針對圓管中完全發展紊流的平均速度而測量得到以下資料：

$\bar{u}/U$	0.996	0.981	0.963	0.937	0.907	0.866	0.831
y/r	0.898	0.794	0.691	0.588	0.486	0.383	0.280

$\bar{u}/U$	0.792	0.742	0.700	0.650	0.619	0.551
y/R	0.216	0.154	0.093	0.062	0.041	0.024

另外，在 $Re_U = 500,000$ 時，Laufer 也針對圓管中完全發展紊流的平均速度得到以下的測量資料：

$\bar{u}/U$	0.997	0.988	0.975	0.959	0.934	0.908
y/R	0.898	0.794	0.691	0.588	0.486	0.383

$\bar{u}/U$	0.874	0.847	0.818	0.771	0.736	0.690
y/R	0.280	0.216	0.154	0.093	0.062	0.037

使用 *Excel* 的趨勢線分析(trendline analysis)，求出每一組資料相對於 8.22 式的紊流「次方律」曲線的最適曲線，並且針對每一組資料求出 n 的值。資料是否證實 8.22 式的有效性？請繪製資料圖表，並在該圖上顯示對應的趨勢線。

8.62 🖱

針對光滑管路中的完全發展紊流，等式 8.23 將次方律速度分布的次方數 n 當作是中心線雷諾數 Re_U 的函數。而等式 8.24 則針對不同的 n 值，提供平均速度 $\bar{V}$ 與中心線速度 U 的關係。請將 $\bar{V}/U$ 繪製為雷諾數 $Re_{\bar{V}}$ 的函數。

8.63 🖱

動量係數 β 的定義如下

$$\int_A u\,\rho u\,dA = \beta \int_A \bar{V}\,\rho u\,dA = \beta\dot{m}\bar{V}$$

請針對層流的速度函數 8.14 式，及「次方律」紊流函數 8.22 式，計算 β 的值。在範圍 $6 \le n \le 10$ 上針對紊流次方的分布曲線，繪製 β 相對於 n 的函數圖，並和管路中完全發展層流的情況進行比較。

8.64 考慮在靜止的平行板材之間，水的完全發展層流。最大流速是 6.1m/s，平板間距是 1.9mm，而平板寬度是 38mm。試求動能係數 α。

8.65 考慮圓管路中的完全發展層流。針對這個流體試求動能係數。

8.66 🖱

請證明用於「次方率」紊流流速分布曲線的 8.22 式之動能係數，α，是由下式得出 8.27 式。將 α 視作 $Re_{\bar{V}}$ 的函數，繪出於 $Re_{\bar{V}}=1\times10^4$ 至 1×10^7 範圍間的函數圖。當分析管流問題實務上常假設 $\alpha \approx 1$。將與這假設相關的誤差視作 $Re_{\bar{V}}$ 的函數，繪出於 $Re_{\bar{V}}=1\times10^4$ 至 1×10^7 範圍間誤差的圖。

8.67 對於如圖 8.12 所示的流動配置所做的量測。於入口處，截面①，壓力是 70kPa(錶壓)、平均流速是 1.75m/s 且液面高度是 2.25m。於出口處，截面②，壓力、平均流速與液位高度分別是 45kPa(錶壓)、3.5m/s 與 3m。請計算以公尺為單位的揚程損失。轉換成每單位質量能量的單位。

8.68 水在一條水平恆定區域的管路中流動；管路直徑是 50mm，且平均流程速度是 1.5m/s。在管路入口的錶壓是 588kPa，且在出口的錶壓等於大氣壓力。求管路的揚程損失。將管路加以排列使得出口比入口高 25m，則如果為了要維持同樣流速，入口壓力必須要是多少？如果現在將管路安排為出口比入口低 25m，則為了要維持同樣流速，入口壓力必須要是多少？最後，如果兩個管路的末端都等於大氣壓力(即，透過重力的饋送)，為了要維持同樣的流速，出口必須必入口低多少？

8.69 對於圖 8.12 的流動配置，已知揚程損失是 1m。自入口至出口的壓力降是 50kPa，從入口至出口流速加倍且液面高度增加 2m。請計算入口處的水流速。

8.70 考慮範例 8.7 從水塔流出的管流。經過另一個十年後管路的粗糙度增加使得該流動完全地變成紊流且 $f = 0.04$。請算出流量率減少了多少。

8.71 考慮習題 8.70 從水塔流出的管流。為了增加供水量，管路長度從 183m 被縮減為 91m(該流動仍是完全地紊流且 $f \approx 0.04$)。請問流量率是多少？

8.72 於一個截面直徑不變的阿拉斯加管線其平均流速是 2.5m/s。在入口，壓力是 8.25MPa(錶壓)且液面高度是 45m；在出口，壓力是 350kPa(錶壓)且液面高度是 115m。請計算於這段管線的揚程損失。

8.73 水流從水平的管道流入一個大池塘。管路設置在在池塘的自由表面以下 2.5m 處。揚程損失是 2J/kg。試求管路中的平均流速。

8.74 在截面直徑固定的阿拉斯加油管道的入口處，壓力是 8.5MPa 而海拔高度是 45m；在出口處的海拔高度則是 115m。如果油管中這個部分的揚程損失是 6.9kJ/kg。試求出口處的壓力。

8.75 水流以 0.19Liter/s 流經一條 16mm 直徑的園水平方向的園藝水管。沿著一條 15m 長之水管的壓力降是 85kPa。請計算揚程損失。

8.76 以 $0.075m^3/s$ 的速率從泵上方 20m 蓄水池中的水，抽取到泵上方 35m 的自由釋流管。在泵的進水閘的壓力是 150kPa 而在釋流管的壓力是 450kPa。所有管路都是直徑為 15cm 的商業鋼品所製成。試求(a)泵所提供的揚程，以及(b)泵和自由釋流管之間的揚程損失。

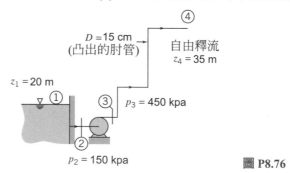

圖 P8.76

8.77 🖱

Laufer[5] 在空氣裡當 $Re_U = 50{,}000 (U = 3m/s$ 而且 $R = 123mm)$ 時，針對完全發展紊流在圓管管壁附近測量了以下關於平均速度的資料：

$\dfrac{\bar{u}}{U}$	0.343	0.318	0.300	0.264	0.228	0.221	0.179	0.152	0.140
$\dfrac{y}{R}$	0.0082	0.0075	0.0071	0.0061	0.0055	0.0051	0.0041	0.0034	0.0030

請繪製資料並且以最小方差法推導最佳斜率 $d\bar{u}/dv$。使用這個資料根據 $\tau_w = \mu \, d\bar{u}/dy$ 估計壁面剪應力。將這個最小方差法得到的數值，與使用下列公式所計算出來的摩擦係數 f 所推導出的數值進行比較：(a) Colebrook 公式(8.37 式)，以及(b) Blasius 相關函數(8.38 式)。

8.78 在家用冰箱裡,膨脹閥使用由拉長的鋁所製成的一支小直徑毛細管。內徑是 0.5mm。計算對應的相對粗糙度。相對於液體流動,請評論這個管路是否能夠視爲「光滑的」。

8.79 有一條光滑且直徑爲 75mm 的水平管路輸送(65℃)的水。當流量率是 0.075kg/s 時,所測量到的壓力降是每 100m 管路 7.5Pa。根據這些測量,摩擦係數是多少?雷諾數是多少?一般而言,這樣的雷諾數是表示層流還是紊流?而該流體是實際上是層流還是紊流?

8.80 🖱
使用公式 8.36 與 8.37,繪製圖 8.13 的穆迪圖。

8.81 🖱
柯爾布魯克方程式(88.37 式)所計算的紊流摩擦因子是內隱於 f。一個可以得到合理準確度的外顯表示式[30] 是

$$f_0 = 0.25 \left[\log\left(\frac{e/D}{3.7} + \frac{5.74}{Re^{0.9}} \right) \right]^{-2}$$

將這個 f 表示式與 8.37 式之間的差異量百分率當做 Re 與 e/D 的函數並對 $Re = 10^4$ 至 10^8 以及 $e/D = 0$,0.0001,0.001,0.01 與 0.05 計算出差異量來比較兩個式子的準確度。於這些 Re 與 e/D 值之下最大的差異量會達到多少?以 e/D 爲參數繪出 f 對 Re 的圖。

8.82 🖱
我們於第 8-7 節看過除了使用內隱型柯爾布魯克方程式(式 8.37)來計算紊流摩擦因子 f 之外,取而代之的方法是使用一個可比得到合理準確度的外顯型表示式

$$\frac{1}{\sqrt{f}} = -1.8\log\left[\left(\frac{e/D}{3.7} \right)^{1.11} + \frac{6.9}{Re} \right]$$

將這個 f 表示式與 8.37 式之間的差異量百分率當做 Re 與 e/D 的函數並對 $Re = 10^4$ 至 10^8 以及 $e/D = 0$,0.0001,0.001,0.01 與 0.05 計算出差異量來比較兩個式子的準確度。於這些 Re 與 e/D 值之下最大的差異量會達到多少?以 e/D 爲參數繪出 f 對 Re 的圖。

8.83 穆迪圖根據雷諾數和相對粗糙度而提供達西摩擦因數 f。管路中流體的范寧摩擦因數則定義爲:

$$f_F = \frac{\tau_w}{\frac{1}{2}\rho \overline{V}^2}$$

其中 τ_w 是管路的壁面剪應力。請針對管路中的完全發展流證明:達西和范寧摩擦係數之間的關係是 $f = 4f_F$。

8.84 通過直徑爲 25mm 的水流管路突然擴大爲直徑是 50mm 的管路。在擴大的管路中的流速是 1.25Liter/s。試求橫跨擴大截面的壓力。並與無摩擦的流動情況相比較。

8.85 水流以 0.003mm³/s 的速度流經一個漸縮處,此處管路直徑從 5cm 縮減至 2.5cm,具有 120° 傾斜角。如果在收縮之前壓力是 200kPa,請估計收縮之後的壓力是多少。請重新計算如果傾斜角度變成 180° (突然的收縮) 後的答案。

8.86 在標準條件中的空氣流經某條瞬間膨脹的圓形輸送管。上游輸送管的直徑是 75mm 而下游則是 225mm。下流的壓力比上流的壓力高 5mm 的水柱。試求空氣接近擴大區時的平均速度和體積流量率。

8.87 水流流經直徑爲 50mm 的管路,並且突然收縮爲 25mm 的直徑。橫跨收縮區域的壓力降爲 3.45kPa。試求體積流量率。

8.88 🖱

在大學生實驗室有一個開發粗暴流量計的工作,該流量計是爲了測量在一個直徑爲 400mm 管路系統的流動。如果要安裝截面直徑爲 200mm 的管路,以及一個水壓測量器,以測量在突然的收縮處的壓力降。請針對 $Q = k\sqrt{\Delta h}$ 中的理論刻度常數 k 推導其數學表達式,其中 Q 是以 L/min 爲單位的體積流量率,而 Δh 是以 mm 爲單位的測壓器偏折。針對 0 到 $200L/min$ 的流速範圍繪製理論定標曲線。我們是否可以預期這是一個測量流速的實用設備?

8.89 🖱

流動如同所示發生突然的收縮。根據收縮係數,在維那縮流的最小流面積可以表示成面積比的關係式[31],如下:

$$C_c = \frac{A_c}{A_2} = 0.62 + 0.38\left(\frac{A_2}{A_1}\right)^3$$

在突然收縮區域的損失幾乎就是維納縮流的結果:流體加速進入收縮區,然後流體會分開(如圖中的虛線),而維納縮流的行爲就像是具有顯著次要流程損失的突然收縮一樣。使用這些假設,針對突然的收縮推導次要損失係數的估計值,繪製其函數圖,並與圖 8.15 所呈現的資料相比。

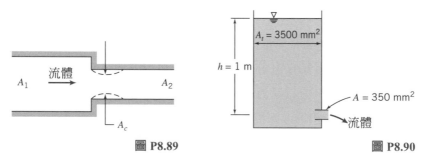

圖 P8.89　　　　　　　　　　　圖 P8.90

8.90 從池塘中流出的水流通過一條非常短的管路。假設流動類似於穩定流。試求瞬間流速。如果想要讓流速更大,應該如何改進系統?

8.91 再次考慮範例 4.6 的肘管流。使用指定的條件,針對肘管流計算次要揚程損失係數。

8.92 乾淨的實驗室流出的氣流,通過一條長度爲 L 直徑爲 150mm 輸送管。原始的輸送管有一個正方形的入口,但現在想要以圓形入口替換。實驗室的壓力比大氣高 2.5mm 的水柱。相較於入口和出口的損失,摩擦阻力可以忽略。請估計在改變入口外型之後的體積流量率的增量。

8.93 一個水槽(面對大氣開口)裝有深度爲 3m 的水。其底部有一個 12.5mm 直徑的穿孔。將該孔模型化爲有方角者,請估計流出該槽的流量率(Lit/s)。如果你插入一節短的圓管於該孔,請問流量率會改變多少?如果取而代之的你將該孔鑽削成圓形的孔($r = 0.01$in),請問流量率會改變多少?

8.94 使用圓錐形擴散器將管流從 100mm 的直徑擴大成 150mm 的直徑。試求擴散器的最小的長度，如果我們想要損失係數是(a) $K_{\text{diffuser}} \leq 0.2$，(b) $K_{\text{diffuser}} \leq 0.35$。

8.95 使用長度為 150mm 的圓錐形擴散器，將管流從 50mm 的直徑擴展為 89mm 的直徑。當水的流速是 47Lit/s 時，估計靜壓上升的量。損失係數的近似值為何？

8.96 在習題 8.92 所描述的乾淨實驗室的通風系統裡，已求出圓錐形擴散器的空間長度為 0.45m。我們將被使用這個最佳的擴散器尺寸。假設圖 8.16 的資料也是可以使用的。試求這個設施的適當擴散器角度與面積比，並估計在安裝該設施之後的體積流量率。

8.97 🖱

運用基本的等式以嚮控制下流積開始擴展時與和結束時的體積，分析經過瞬間膨脹的流動(假設入口壓力 p_1 在擴張時作用在區域 A_2)。推導橫跨擴展區域次要揚程損失的數學表達式，並繪製為面積比的函數圖，然後與圖 8.15 的資料相比。

8.98 45℃的水通過內徑為 15.8mm 的圓管進入淋浴噴頭。水流分成 24 個小水流，各水流的直徑是 1.05mm。體積流量率是 $5.67L/\text{min}$。試求淋浴噴頭入口所需要的最小壓力值。請評估使淋浴噴頭可接於圓管所需的力量為何。並清楚地表明這是壓縮力還是張力。

8.99 分析經過瞬間膨脹區域的流動，根據壓力改變 $\Delta p = p_2 - p_1$、面積比 AR、流體密度 ρ 和損失係數 K，以推導上游平均速度 $\overline{V}_1$。若流體的摩擦力不計，則經過測量的壓力所表示的流速比真正流動為高或低，為何？反之，若流體為無摩擦，既定的流體會引起較大若較小的壓力變動，為何？

8.100 水流從大型蓄水池通過 25mm 直徑，適當圓形的水平噴頭噴出到大氣裡。自由表面是在噴嘴出口平面之上的 1.5m。當 50mm 直徑管路的其中一截附有噴嘴，以形成瞬間膨脹時，計算流速變化。試求瞬間膨脹最小壓力的量值以及位置。如果流體不受摩擦力影響(具有適當的瞬間膨脹)，則最小壓力會是變高的，下降，還是相同？流速會是變高、變低、還是相同？

8.101 水流穩定地從一個大池塘流過光滑的塑料管，然後從管口流出到空氣裡。圓管內徑是 3.18mm，長度是 15.3m。試求在圓管中的流體仍然維持層流的最大體積流量率。並估計池塘水面必須低於何值，流體才會是層流(對於層流而言，$\alpha = 2$ 而且 $K_{\text{ent}} = 1.4$)。

8.102 請比較不同的情況下，在一條水平管路裡完全發展層流和完全發展紊流的行為有何異同。當流速相同時，何者具有較大的中心線速度？為什麼？如果管路將流體釋出到空氣裡，可以預計這個被釋出流體的軌跡看起來像什麼(當流速相同時)？請說明你對於各個情況的估計。當流速相同時，流體是否會提供更大的壁面剪應力？為什麼？針對各流體，將剪力分布 τ/τ_w 表示為半徑的函數。當雷諾數相同時，流體每單位長度的壓力降是否會變大？為什麼？針對已知的壓力差，流速是否會變大？為什麼？

🖱 本章後面的習題大多與紊流摩擦係數 f 的求解有關，請根據雷諾數 Re 和無因次粗糙度 e/D 求其值。針對近似值的計算，可從圖 8.12 讀取 f 值；另一種較精確方法是將這個值(或一些其它的值，甚至可用 $f=1$) 當作迭代 8.37 式的初值。最方便的方法是將 8.37 式的解答製作到(或內建到) 計算機中，或是 *Excel* 工作表。因此，使用 *Excel* 對後續習題幫助很大。為避免不必要重複，於本章中後續的習題中，當使用該軟體有額外的好處(例如，疊代求解，或可以繪圖) 時其編號前面會有個滑鼠的標誌。

8.103 試求習題 8.101 中的池塘水面至少必須多高,才會使流體變成紊流。

8.104 實驗室的實驗設定是針對水流通過一支光滑的圓管時,其壓力降的測量。圓管直徑是 15.9mm,長度是 3.56m。流體從蓄水池通過一個正方形入口而進入圓管。試求圓管中流體成為紊流所需的體積流量率。並評計使圓管中流體成為紊流所需的蓄水池高度。

8.105 🖱

如同習題 8.48 的討論,圓管中的層流被施予的壓力差 Δp,與對應的體積流量率 Q,分別可以使用電阻器中的直流電壓 V,和通過的電流 I 作為比喻。請探討上述的比喻對於紊流是否有效:針對 100mm 長且內徑為 0.3mm 圓管中流動的(40℃)煤油的紊流,將「電阻」 $\Delta p/Q$ 視為 Q 的函數並繪製其圖形。

8.106 🖱

當水流在直徑為 10mm 且長度為 100m 的光滑圓管流動,如果要讓流速介於 $1L/\min$ 至 $10L/\min$ 的範圍,請繪製所需的蓄水池深度的圖形。

8.107 動黏性 $v = 0.00005\text{m}^2/\text{s}$ 之油脂以 $0.003\text{m}^3/\text{s}$ 的速度流經一根水平 25m 長且直徑為 4cm 的鋼管。當管徑被縮減至 1cm 的時候,如果要維持相同的流量率,則能量損失增加多少百分比?

8.108 在實驗室研究在光滑管路中的流體時,常使用水流系統。為了得到合理的範圍,管路中雷諾數的最大值是必須 100,000。該系統是由上方固定揚程的水池所供應。管路系統包括一個正方形的入口、兩個 45 度的標準肘管、兩個 90 度的標準肘管,以及一個全開的閘閥。管路直徑是 15.9mm,總長度是 9.8m。為了達成目標的雷諾數,試求供應的蓄水池應該設在管路系統出口上方多高。

8.109 🖱

水受到重力作用從蓄水池流到較低的傾斜鍍鋅的直鋼管。管路直徑是 50mm,總長度是 250m。每個蓄水池都對大氣開放。當 Q 的範圍是從 0 到 $0.01\text{m}^3/\text{s}$,請將必需的海拔高度 Δz 繪製成流速 Q 的函數。並次要損失佔 Δz 多少比例。

8.110 水從泵流經一條直徑為 0.25m 的商業鋼管,該管路與泵將蓄水池開啟對大氣距 6400m。蓄水池的水面在泵放流處以上 15m,而且管路中水的平均速度是 3m/s。試求泵放流處的壓力。

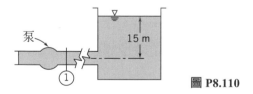

圖 P8.110

8.111 一根 5cm 直徑的飲用水線打算穿越一棟商業大樓的維修室。共有三個可能的水線配置被提議,如圖所示。根據損失最小化,哪一種配置是最佳的選擇?假設是鍍鋅,流量率 350L/min。

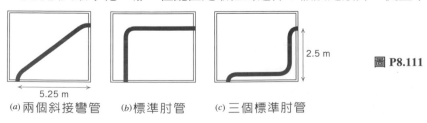

圖 P8.111

(a) 兩個斜接彎管   (b) 標準肘管   (c) 三個標準肘管

8.112 在某些空調設施裡，在標準條件下的空氣必需具有 $35m^3/min$ 的流速。並且使用 0.3m 的方形截面生鐵導管。試求流經 30m 水平輸送管的壓力降。

8.113 管路摩擦阻力的實驗是以水做爲流體，其雷諾數到達 100,000。在固定揚程的水槽與流體工作台之間，系統將會使用 5cm 平滑 PVC 圓管，而針對測試區段也會使用長度爲 2.5cm 直徑爲 20m 的平滑 PVC 管路水平地加以接合。固定揚程水槽的水平面比 5cm 的 PVC 管路高 0.5m。試求在 2.5 cm 的管路中所需的平均水速是多少。評估使用固定揚程水槽的可行性。計算與水平測試區段相隔 5m 處的壓力差。

8.114

如圖所示，用來測試可變輸出泵的系統是由泵、四個標準肘管，以及形成閉路的開放閘閥依照。電路將吸收由泵所增加的能量。管材是 75mm 直徑的生鐵，而電路的長度總是 20m。請針對水流速 Q，從 $0.01m^3/s$ 到 $0.06m^3/s$ 的範圍繪製由泵所產生的壓力函數圖。

圖 P8.114

8.115 請考慮 $0.6m^3/s$ 的標準空氣流動。當輸送管縱橫比爲 1、2 和 3 時，比較圓型輸送管與長方形輸送管的單位長度壓力降。假設所有輸送管都是光滑的，而且截面的面積是 $0.09m^2$。

8.116 兩個水槽由三根串聯的潔淨生鐵管連接在一起，$L_1=600m$、$D_1=0.3m$、$L_2=900m$、$D_2=0.4m$、$L_3=1500m$ 與 $D_3=0.45m$。15℃的水以 $0.11m^3/s$ 流出，請計算各水槽之間的液面高度差。

8.117 體積流量率 $Q=21$ Lit/s 的水是由滅火軟管和噴嘴所遞送。軟管($L=76m$、$D=75mm$，而且 $e/D=0.004$)是由四段長度爲 18m 管路聯結而成。入口是正方形；根據通過的軟管平均速度，各連接處的次要損失係數是 $K_c=0.5$。根據 $D_2=25mm$ 直徑出口的噴射速度，噴嘴的損失係數是 $K_n=0.02$，估計爲了達到這個流速所需供應的壓力。

8.118 數據是從老舊、腐蝕的鍍鋅鋼管路，且內徑爲 25mm 的垂直截面測量而得。在一個截面上的壓力是 $p_1=700kPa(gage)$；在第二個截面，即比第一個低 6m 處，其壓力是 $p_2=525kPa(gage)$。水的體積流量率是 $0.2m^3/min$。試求管路的相對粗糙度。如果恢復成新的、乾淨的管路，則幫浦節省的功率是多少百分比？

8.119

在雷諾數的過渡區域裡，管路中的流動可能在層流和紊流狀態之間交替變換。請設計一個「bench-top」的實驗，其組成有一個固定揚程且刻度很深的圓柱形透明塑膠水槽，以及附在該水槽底部的塑膠管材(假設是光滑的) 可透過水流測量該容器。選擇水槽和管材的尺寸，以便使系統是緊湊的，但是將會在轉變的範圍上運作。請設計一個實驗，以便你能夠很容易使水槽的揚程從低範圍(層流) 轉變爲紊流，或者反過來。(當流程是層流或紊流時，請寫出給學生看的指導手冊。) 然後繪製水槽深度相對於雷諾數或紊流速度的函數圖(在同一個曲線圖上)。

8.120 有一個小型游泳池使用橡膠軟管排水。軟管內徑的是 20mm，粗糙高度是 0.2mm，而長度是 30m。軟管的自由末端是在水池的底部以下 3m 處。在軟管放流處的平均速度是 1.2m/s。請估計游泳池的水深。如果流體無摩擦，則速度是多少？

8.121 壓縮空氣鑽在鑽孔時需要 650kPa(計錶)的空氣流量率 0.25kg/s。從空氣壓縮機連接到鑽孔機的軟管內徑是 40mm。壓縮機的最大排氣壓力是 670kPa；而空氣離開壓縮機的溫度是 40℃。如果忽略密度的改變在以及所有軟管曲度的作用。試求可使用的最長的軟管長度。

8.122 🖱

於一根 100mm 直徑的水管流過 91m 的長度時出現 276kPa 的壓力降，請問產生的流量率(Lit/s)是多少？管的粗糙度是 3mm。水溫是 20℃。

8.123 🖱

當你用一根吸管喝飲料，你需要克服吸管的重力與摩擦。請估計在解渴付出的努力中這兩個因子各占多少比率，適當假設有關流體與吸管特性以及你的飲用率(舉例來說，如果你一口氣吸盡 340g 的飲料需要耗時多久(就一根吸管而言是相當傲人的表現)。流動是層流或是紊流？(忽略不計次要損失。)

8.124 🖱

汽油在一條很長且恆溫為 15℃地下管路中流動。兩個泵站在分別位於同樣的 13km 海拔高度上。在抽水站之間的壓力降是 1.4MPa。管路是由直徑為 0.6m 圓管組成。雖然管路以鍍鋅的商業鋼鐵所製成，但長時間的使用與腐蝕也提高了管路的粗糙度。試求體積流量率。

8.125 🖱

水流平穩地在一條水平的且直徑為 125mm 的鑄鐵管路中流動。管路長度是 150m，而且截面①與②之間的壓力降的和是 150kPa。試求通過管路體積流量率。

8.126 🖱

水流平穩地在一條直徑為 125mm 起，且長度為 150m 的鑄鐵管路中流動。在截面①和②之間壓力降的和是 150kPa，並且截面②是位於截面上方 15m。試求體積流量率。

8.127 🖱

如圖所示，兩個直徑相等的開放蓄水池由一支平直的圓管連接。水流受到重力作用而從一座蓄水池流到另一座蓄水池。針對圖中所顯示的瞬間，試求在左邊蓄水池中水平面變化率。

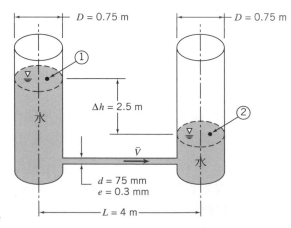

圖 P8.127

8.128 🖰

如圖所示，直徑為 D 的兩條鍍鋅鋼管與一個大型蓄水池連接。圓管 A 的長度為 L，而且管路 B 的長度是 $2L$。兩條管路都釋放到大氣中。則哪條管路的通過流速比較大？並且(在不計算各條管路中流速的情況下)驗證前述答案。如果 $H=10m$、$D=50mm$ 而且 $L=61m$，請計算流速。

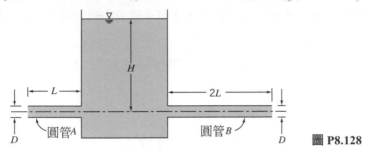

圖 P8.128

8.129 🖰

直徑 7.5cm 的鍍鋅排水管位於建築物的四個轉角，但是其中三根被塵埃阻塞了。請計算唯一能正常排水的排水管能夠不再宣洩到屋頂時的傾洩率(cm/min)。建築物屋頂面積是 $500m^2$ 與高度是 5m。假設排水管的高度與建築物的高度相同且管的兩個末端都是開口面向大氣。次要損失忽略不計。

8.130 🖰

採礦工程師計劃使用高速水柱進行水力式採礦。湖泊位於礦區上方 $H=300m$ 之處。湖水將通過長度為 $L=900m$ 的消防水管加以輸送；軟管的內徑是 $D=75mm$ 而相對粗糙度是 $e/D=0.01$。沿著軟管每 10m 之處以等效長度 $L_e=20D$ 加以耦合。噴嘴出口直徑是 $d=25mm$。根據出口速度，它的次要損失係數是 $K=0.02$。請估計這個系統能提供的最大出口速度。並求噴出的水柱施於岩石面的最大力量。

8.131 🖰

透過計算壓力差 $\Delta p=100kPa$ 施於長度為 $L=100m$ 的光滑圓管所引起的流動，探討圓管粗糙度對於流速的影響，其中圓管直徑為 $D=25mm$。在圓管相對粗糙度 e/D 從 0 到 0.05 的範圍上，繪製流速對 e/D 的函數圖(這個實驗可以不斷地使表面變粗糙，然後重複進行)。是否可能使圓管粗化到流動減緩為層流的程度？

8.132 🖰

透過計算壓力差 $\Delta p=100kPa$ 施於長度為 L 的光滑圓管所引起的流動，探討圓管長度對於流速的影響，其中圓管直徑為 $D=25mm$。在流動從低速層流到完全發展紊流的範圍上，繪製流速對圓管長度的函數圖。

8.133 🖰

於範例 8.5 中流進水槽的管流，考慮圓管的粗糙度對於流量率的影響，假設該泵的壓力維持在 153kPa。繪出從平滑($e=0$)至非常粗糙($e=3.75mm$)的範圍之間流量率對圓管粗糙度的圖。此外考慮平滑圓管之管長的影響(再次假設該泵一直產生 153kPa 的壓力)。繪出於 $L=100m$ 至 $L=1000m$ 之間流量率對管長的圖。

8.134 🖱

消防系統用水的供應方式是從一個水塔通過一條 150mm 鑄鐵管路加以輸送。當沒有水在流動時，消防水龍頭的壓力計指出 600kPa。在較高位置的水塔與消防栓之間的管路總長度是 200m。試求水塔位於消防栓上方的高度是多少。並計算當系統被打開沖洗消防栓寬(假設次要損失是主要損失的百分之 10 在這個情況) 可能達到的最大體積流量率。當消防軟管附有消防栓時，體積流量率是 0.75m³/min。試求在這個流動條件下的壓力讀數。

8.135 下面所示的虹吸管是以內徑為 50mm 的鋁管製成。液體是 15℃的水。試求通過虹吸管的體積流量率。並估計管中壓力的最小值。

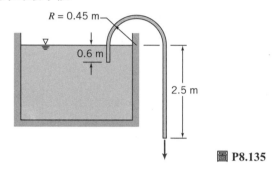

R = 0.45 m

0.6 m

2.5 m

圖 P8.135

8.136 🖱

一個大的開口水槽有一根水平直徑 2.5cm 的鑄鐵排水管，水管長度 1.5m 且被固著於水槽的底部，如果水槽水的深度是 3.5m，請計算如果排水管的入口是：(a)凹角，(b)直角，(c)圓角($r = 3.75$mm)時的流量率(m³/hr)。

8.137 🖱

再次考慮在範例 8.10 所討論的羅馬供水問題。假設依照法律規定的 15m 水平等截面圓管已經安裝完畢。管路的相對粗糙度是 0.01。試求在範例所設定的入口條件下，管路所提供水速。如果在 15m 管路的末端加裝同樣的擴散器，會有什麼影響？

8.138 🖱

擬使用一根直徑 25mm、粗糙度 0.254mm 與長度 15m 的排水管以重力注料的方式將一個 28.4m³ 槽的煤油清空。槽的頂面面向大氣而水管出口通向一個開放的室。如果煤油液面最初在排水出口上方 3m，請估計(假設穩定的流動) 最初的排水率。請估計當液面下降至 1.5m 與 0.3m 時的流量率。根據這三個估計值，請粗略地估計的排放至 0.3m 的液面高度所需要的時間。

8.139 🖱

在範例 8.10 我們發現，如果在主要水管的噴嘴出口加裝擴散器，則主水管的流量率會增加(至多到達 33%)。我們閱讀文獻時發現羅馬水務委員要求，若管道與用戶圓管上的噴嘴相連則管道的直徑必須相同，而且，至少必須和公用主水管相距 15m。請問水務委員是否過於保守？使用已知的數據，求出當管路(其中 $e/D = 0.01$)和擴散器組成的系統，與只含噴嘴的單獨系統所提供的流速相等時，管路的長度為何。繪製體積流量率比值 Q/Q_i 相對於 L/D 的函數圖，其中 L 是噴嘴和擴散器之間的管路長度，Q_i 是單一噴嘴的體積流量率，而且 Q 是在插入噴嘴和擴散器的管路之間的實際體積流量率。

8.140 🖱

你正在使用老舊的軟管噴灑你的草坪。由於長期使用的關係，這個內徑 19mm 的軟管目前已經具有高達 0.56mm 的平均粗糙度。如果將長度爲 15m 的軟管接在舊水管的上方，每分鐘輸送 57Lit/min 的水(15℃)。試求水龍頭的壓力，以 kPa 爲單位。如果將兩條 15m 的軟管串接在一起，試求其輸送的水量。假設在水龍頭的壓力隨流速變化，而和水的主要壓力維持 345kPa。

8.141 🖱

你的老闆，畢業於「老式的學校」，聲稱管流的流量率，$Q \propto \sqrt{\Delta p}$，其中 Δp 是驅動流動的壓力差。你表示異議，所以做了一些計算。你拿一根 25mm 直徑的商用鋼管且假設水的起始流量率爲 4.7Lit/m。你然後以同等的增量增加所施加的壓力並計算新的流量率由此你可以繪出 Q 與你和你老闆算出的 Δp 相對應的圖。將兩條曲線繪於同一張圖上。你的老闆是對的嗎？

8.142 有一部液壓機是由遠方的高壓泵供給動力。泵出口的錶壓是 20.7MPa，但是液壓機所需的壓力是 18.9MPa(gage)，且流量率爲 0.57m³/s。液壓機與泵由 50.3m 的平滑、拉製管所連接。流體是 38℃的 SAE 10W 油。試求可以使用的圓管直徑最小值。

8.143 泵與水池相距 4.5m，且高度爲 3.5m。泵的設計流量率爲 6L/s。爲了符合要求，泵入口的吸收揚程不能低於 – 6m 水柱。針對前述要求的效能，試求其最小標準商業鋼管的規格。

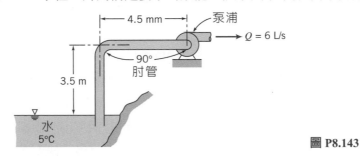

圖 P8.143

8.144 🖱

在長寬比爲 2 的光滑方形輸送管路中，輸送 1.345m³/s 的標準空氣，但每 100m 的揚程損失爲 104mm 水柱，試求方形輸送管的最小尺寸。

8.145 🖱

一個新的工廠需要流速爲 5.7m³/min 的供水。在與工廠相距 50m 街道中的管路裡，錶壓爲 800kPa。在總長度爲 65m 的供水管路中，必須裝設 4 個肘管。工廠所需要的錶壓則是 500kPa。試求應該安裝的鍍鋅鋼管尺寸爲何？

8.146 🖱

20℃的空氣於一根商用鋼所製作出來且水平的正方形截面的管道內流動。該管道是 25m 長。管道的尺寸(邊長)需要是多少才足於 1.5cmH₂O 的壓力降下傳送 2m³/s 的空氣？

8.147 🖱

請計算由於壓力差 $\Delta p = 100$kPa 作用於長度爲 $L = 100$m 的光滑圓管所引起的流動，藉此探討圓管直徑對於流速的影響。在包含層流和紊流的範圍上，繪製流速相對於圓管直徑的函數圖。

8.148

處理 76Lit/s 與 345kPa 壓力降所需要的水管直徑是多少？管長是 152m 及粗糙度是 3mm。水溫是 20℃。

8.149

有一個大型蓄水池為社區供應用水。圖中所示為用水供應系統的一部分。在輸送到用水處理設施之前，將水從蓄水池抽到對一個大儲水箱。系統的設計是提供以 1310L/s 的速度提供 20℃ 的用水。從 B 到 C 系統是由正方形的入口、760m 的管路、3 個閘閥、2 個 45 度肘管和兩個 90 度肘管所組成。在 C 的錶壓是 197kPa。在 F 和 G 之間的系統則是由 760m 管路、2 個閘閥與 4 個 90 度肘管組成。所有管路都是直徑 508mm 的生鐵圓管。試求在管路中水的平均速度，截面 F 的錶壓力，輸入到泵的功率(其效率是 80%)，以及截面 FG 的壁面剪應力。

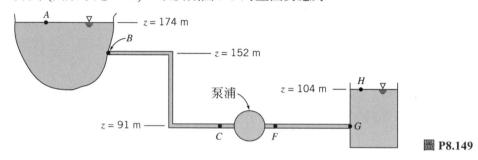

圖 P8.149

8.150 空氣管路摩擦力實驗的設備包括一支內徑 63.5mm 的光滑黃銅管；而壓力接點之間的距離是 1.52m。測壓器填裝 Meriam 紅色油以指出壓力降。以皮托管測量中心線速度 U。在某個流程情況裡，$U = 23.1$m/s，而且壓力降是 12.3mm 油柱。針對這個條件，根據平均流速求解雷諾數。計算摩擦係數，並且與 8.37 式(在次方律速度分布函數中使用 $n = 7$)所解出的值進行比較。

*8.151 油料從在山上的大儲油槽流到碼頭的油輪。油輪的容量是幾乎快要滿了，所以某個操作員是在停止輸送的程序。碼頭的閥門是以某個速率閉合，使得在上流管線中立即維持 1MPa。假設：

油槽至閥的管線長度	3km
油管內徑	200mm
油槽油面高度	60m
碼頭閥的高度	6m
瞬時流量率	2.5m3/min
於此流量率之管線揚程損失（關閉的閥除外）	2.3m 油
油料的比重	0.88

試求最初的體積流量率的瞬間變化率。

*8.152

習題 8.151 描述如何將山上的油槽透過長途管線的輸送而使油料減速，以避免產生很大的壓力升。請將這個分析模式加以延伸，藉此預測為了在整個停止輸送的過程中，使位於閥門最大壓力不大於某個已知值所需要的關閉行程表(閥門損失係數的時間函數圖)，並且繪製該函數圖。

8.153 泵通過管道系統，以 11.3kg/s 的穩定流量率抽取水流。在泵的吸入端的壓力是 −17.2kPa(gage)。泵出口端的壓力是 345kPa(gage)。入口端的管路直徑是 75mm；出口端的管路直徑是 50mm。泵的效率是 70%。試求驅動泵所需的功率。

8.154 體積流量率是 25L/s 時，橫跨泵的壓力升是 75kPa。若泵效率是 80%，求輸入到泵的功率。

8.155 標稱值為 50mm 的輸水管道轉包含 88mm 的平直鍍鋅的管路，2 個完全開啓的閘閥、1 個完全開啓的角度閥門、7 個標準的 90 度肘管、一個正方形入口的儲水槽，以及一個自由放流出口。入口和出口條件是：

位置	高度	壓力
入口	15 m	138 kPa(gage)
出口	29 m	0 kPa(gage)

管線中裝有離心式泵以便於使水流動。泵必須提供的壓力升是多少，才能使體積流量率是 $Q = 0.012\text{m}^3/\text{s}$ ？

8.156 在工程建設裡所使用的冷卻水從圖中所示的系統抽送到岩石鑽孔機。流量率必須達到 38Lit/s，而且離開灑水噴頭的水流速率必須是 37m/s。試求入口截面所需要的最小壓力。如果泵效率是 70%，試求所需的功率輸入。

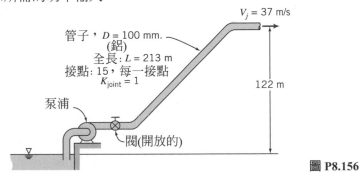

管子，$D = 100$ mm.
(鋁)
全長：$L = 213$ m
接點：15，每一接點
$K_{\text{joint}} = 1$

$V_j = 37$ m/s

122 m

泵浦

閥(開放的)

圖 P8.156

8.157 請為芝加哥 Sears Tower 的用水供應系統決定其應裝設的泵大小。系統要求將 6.3Lit/s 的水抽到離街道平面 340m 高的上方儲水槽。街道平面泵入口處的城市水壓是 400kPa(gage)。輸送管材質是商業鋼。試求欲使管內平均水速度在 3.5m/s 以下所需的最小的直徑。計算穿越泵的壓力升。估計將泵驅動所需的最小功率。

8.158 普度(Purdue) 大學的空調系統是由通過一條主要供應管路的冷卻水所提供。管路長度是 4800km 長。管路直徑是 0.6m，而且材質是鋼製品。最大設計的體積流量率是 $0.7\text{m}^3/\text{s}$。循環泵是由電動機所驅動。泵和馬達效率分別是 $\eta_p = 0.8$ 以及 $\eta_m = 0.90$。電費是 $12¢/(\text{kW} \cdot \text{hr})$。試求(a)壓力降，(b)加入到水中的能量，以及(c)泵的每日電費。

8.159 🐭

消防噴水管是內徑為 3.5cm、長度為 100m 的平滑橡皮軟管所製成。抽水馬達所提供給消防軟管的水壓是 350kPa(gage)。在設計條件，在噴嘴入口的壓力是 700kPa(gage)，並且沿軟管的壓力降是每 100m 長度 750kPa。試求(a)設計流速，(b)噴嘴出口速度，假設在噴嘴沒有損失，以及(c)驅動泵所需的功率，如果它的效率是 70%。

8.160 重質原油(SG = 0.925 且 $v = 1.0 \times 10^{-4} m^2/s$) 通過管道而抽送到平地上的油管。管路的內徑是 600mm,而且其壁面厚度是 12mm。由於腐蝕性的考量,管內的張力限制在 275MPa。而且重要的是,維持石油的加壓力以確保油氣會溶解。建議的最小壓力是 500kPa。這個油管每天傳輸 400,000 桶原油(在石油工業的「一桶」是 159Lit),試求泵加壓站之間的最大間距。計算泵加壓站施於原油的功率。

8.161 根據普度大學的學生報紙,在工程系館的噴泉體積流量率是 35 Lit/s。噴水池的水柱高度是 10m。試求維持噴水池運作的成本。假設泵馬達效率是 90%,泵效率是 80%,而且電費是 12¢/(kW·hr)。

8.162 石油產品在長距管道中加以運輸,例如,阿拉斯加的油管(參看範例 9.6)。試求抽送典型的石油產品所需要的能量,表示為油管所輸送的生產量能量的百分比。請清楚說明並且你的假設並加以檢視。

8.163 🖱

習題 8.114 中的泵測試系統是用會產生壓力差 $\Delta p = 750 - 15 \times 10^4 Q^2$ 的泵,其中 Δp 的單位是 kPa,而且所產生的流速是 $Q m^3/s$。如果效率為 70%,試求水的流速、壓力差,以及供應給泵的功率。

8.164 🖱

抽水的泵可以產生壓力差 Δp(kPa),其中 $\Delta p = 999 - 859Q^2$,流速為 $Q m^3/s$。管路的直徑是 0.5m,粗糙度為 13mm,而且長度為 760m。如果效率是 70%,試求流速、壓力差與供應給泵的功率。如果換成粗糙度為 6mm 的管路,則流量率增量是多少,而必需提供的功率是多少?

8.165 🖱

一正方形截面的管道(0.5m × 0.5m × 30m) 用於運送空氣($\rho = 1.1 kg/m^3$) 至電子生產工廠的無塵室。空氣是由一台風扇所供給並通過安裝於該管道的濾網。該管道的摩擦因子是 $f = 0.03$,濾網損失係數 $K = 12$ 且無塵室被維持在正 50Pa 錶壓壓力。風扇性能是由下式得出 $\Delta p = 1020 - 25Q - 30Q^2$,其中 Δp(Pa) 是由風扇在流量率 Q(m^3/s) 下產生之壓力。請計算吹送到無塵室的流量率。

8.166 🖱

對於某種風扇而言,揚程相對於容量的曲線可以透過方程式 $H = 762 - 11.4Q^2$ 加以近似,其中 H 是水的輸出靜態揚程,以 mm 為單位,而 Q 是空氣的流量率,以 m^3/s 為單位。風扇出口的面積是 200 × 400mm。試求由風扇所驅動,在長度為 61m,且截面積為 200 × 400mm 的方形管路中的流速為何。

*8.167 🖱

圖中所示的水管系統是以 75mm 的鍍鋅鋼管路製成。次要損失可以忽略。入口壓力是 250kPa(gage),而且所有出口的壓力是大氣壓力。試求流速 Q_0、Q_1、Q_2 以及 Q_3。如果將 400m 的分支管路封閉($Q_1 = 0$),試求流速 Q_2 和 Q_3 的流速增量。

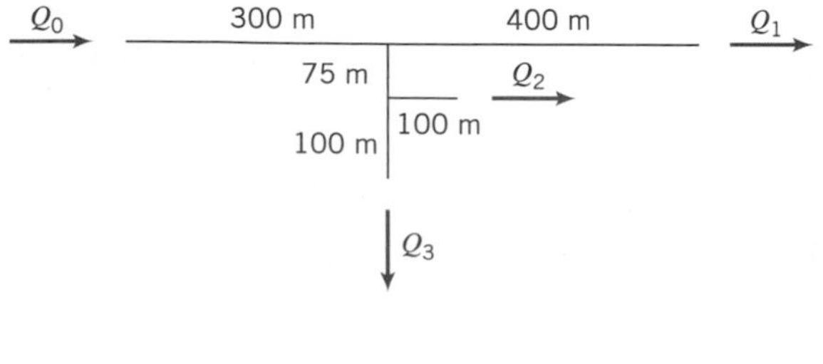

圖 **P8.167**

*8.168

鑄鐵管路系統的組成是一段 46m 的水管，然後分為兩個 46m 的分支，並在最後的 46m 部分接合在一起。次要損失可以忽略。所有的截面直徑都是 38mm，除了兩個分支的其中之一是直徑為 25mm 的截面。如果橫跨系統的壓力是 345kPa，試求整體系統的流速，以及在兩個分支管路中的流速。

*8.169

游泳池有部分流動濾清系統。24℃的水從水池透過圖中所示系統抽送。泵的輸送量是 1.9Lit/s。管路的標稱規格是 20mm 的 PVC(內徑為 20.93mm)。通過過濾器壓力損失大約是 Δp= 1039Q^2，其中 Δp 以 kPa 為單位，而且 Q 是以 Lit/s 單位。試求泵壓力和通過系統各個分支的流速。

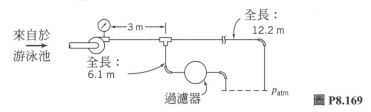

圖 P8.169

8.170 為什麼當馬桶沖水時，水流的溫度會有所變化？請說明熱水供應系統與冷水供應系統的壓力曲線，以解釋其原因。

8.171 65℃的水流經直徑為 75mm 的管口，該管口安裝於 150mm 內徑的管路。流速為 20L/s。試求在壁角接點之間的壓力差。

8.172 正方形的管口與壁角接點和水測壓器被使用來測量壓縮空氣。已知以下的資料：

空氣管路內徑	150 mm
圓孔平板直徑	100 mm
上游壓力	600 kPa
空氣溫度	25°C
壓力計讀值	750 mm H_2O

計算在管線中之體積流量率，並表示成立方米/小時。

8.173 將管口直徑為 762mm 的文氏管安裝在 152mm 直徑的管線上，該管線輸送 24℃水。在上流接點和文氏管軟管之間的壓力降是 305mm 水銀柱，試求其流速。

8.174

一條光滑的 200m 管路、直徑為 100mm 且與兩個儲水槽相連(管路的入口和出口是尖形的)。在管路的中點是直徑為 40mm 的圓孔平板。如果儲水槽的水面高度相差 30m，試求由圓孔平板和流速所指出的壓力差。

8.175 汽油流經 50×25 mm 的文氏管。壓力差是 380mm 水銀柱。試求體積流量率。

8.176 考慮內含水流且內徑為水平 50×25 mm 的文氏管。當壓力差為 150kPa 時，求其體積流量率。

8.177 內燃機的空氣流量率測試可以使用安裝在 plenum 中的流動噴嘴加以測量。引擎排氣量是 1.6 公升，而且其最大運轉速度是 6000rpm。為了避免裝載引擎，橫跨噴嘴的最大壓力降不應該大於 0.25m 水柱。測壓器的讀數可能是 ± 0.5mm 水柱。試求應該使用的流動噴嘴直徑。找出使用這個裝置所能測量的空氣最低流量率，誤差在 ± 2%以內。

8.178 空氣流經習題 8.173 所描述的文氏管。假設,在上流的壓力是 413kPa,而且任何位置的溫度都維持在固定的 20℃。針對有效的工程近似作法中不可壓縮流的假設,試求空氣的最大可能的流量率。並計算在水銀測壓器對應的不同壓力讀數。

8.179 21℃的水穩定地流過文氏管。來自於軟管的壓力上流是 34.5kPa(gage)。軟管面積是 0.0023m²;在上流面積是 0.009m²。試求這個設備在沒有氣蝕的情況下可以處理的最大流速。

8.180

考慮裝設在管路中的流動噴嘴。針對指出的控制體積運用基本的方程式,以證明跨越測量計的永久揚程損失能夠以,無因次的形式表示爲下列揚程損失係數的表達式:

$$C_l = \frac{p_1 - p_3}{p_1 - p_2} = \frac{1 - A_2/A_1}{1 + A_2/A_1}$$

將 C_l 繪製爲直徑比率 D_2/D_1 的函數圖。

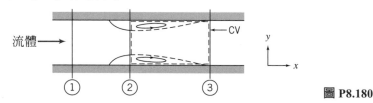

圖 P8.180

8.181 請推導 8.42 式,擴散器的壓力損失係數假設理想(無摩擦)流動。

8.182 在一些西方國家,用來採礦和灌溉的水是以「礦工的英寸」作爲出售的單位,也就是水流經垂直木板上一個面積爲 645mm² 之開口,水流的揚程維持在 152 到 229mm 情況下的流量率。請推導一個可以預估通過這種管口的流速方程式。針對揚程的測量(開頭的上面、底部或中部的測量),清楚地指定平板開頭、平板厚度和 datum 水平的縱橫比。證明等於 0.0283m³/s 的測量單位從 39.4 礦工的英寸(在科羅拉多)變化到 50 礦工的英寸(在亞利桑那、愛達荷、內華達和猶他州)。

8.183 我們使用吸管以改進管路流動實驗中的氣流。將附有吸管的空氣管路包在一起而形成「層流元件」,使我們可以直接測量空氣流量率,而且在此同時,該管路的作用就如同是流程矯直器 (straightener)。請對這個想法加以評論,並求解(a) 在各吸管中流動的雷諾數,(b) 在各吸管中流動的摩擦係數,以及(c) 從吸管離開的出口錶壓。針對管中的層流,進入的損失係數是 $K_{ent} = 1.4$,而且 $\alpha = 2.0$,請對這個概念的實用性加以評論。

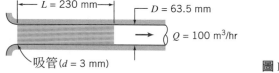

圖 P8.183

8.184

在一條圓輸送管中的體積流量率可以透過「皮托管越過測量」;亦即測量橫跨輸送管每一個區域段的速度,然後求和。評論在途中這樣越過應該被設定。將測量流速時預期的錯誤表示爲橫越徑向位置的函數,並且繪製該函數圖。

8.185 🖱

問題 8.158 是為 Purdue 大學提供空調的空調管道系統。該系統所選擇管路直徑是以總費用(建置成本加上運作成本)最小化為考量。因為建置成本僅發生一次,而運作成本卻會在系統的生命週期中持續產生,所以我們以年度費用進行比較。最適當的直徑取同時決於兩個費用的因素以及運作的條件;當這些變數改變時就必須重複進行分析。請讀者執行管路口徑的最適值分析。解出習題 8.158,設計一套計算方法以便於研究管路直徑對於年度費用的影響。(假設摩擦因素維持固定。)請推導每單位輸送管的總年度費用(亦即每立方公尺多少美元)的表達式,假設的建置費用隨管路直徑平方成正比。分析可以產生每單位輸送管總費用極小值的管路直徑。假設目前的冷水管道是針對 20 年的使用期限,且年利率 5%條件下的最佳選擇。請針對的流速增加 30%時的設計再次進行最佳化分析。針對管路和建置成本繪製電能的年度費用,使用習題 8.158 的流動條件,其管路直徑的變化範圍從 300mm 到 900mm。說明該如何選擇直徑使得總費用降到最低。對於結果對於利率的敏感度有多高?

外部不可壓縮黏滯流

A 邊界層

9-1 邊界層的觀念

9-2 邊界層厚度

9-3 層流平板邊界層：精確解(網頁版)

9-4 動量積分方程式

9-5 對零壓力梯度流動引用動量積分方程式

9-6 邊界層流動的壓力梯度

B 沉體周圍的流體流動

9-7 阻力

9-8 升力

9-9 摘要和常用的方程式

專題研究	翼體合一的飛機

　　研究人員正測試翼展為 6.3m 的(百分之 $8\frac{1}{2}$ 的比例) X-48B 原型機，翼體合一(BWB) 飛機具有軍事與商用上的用途。波音幻影工作與美國航空暨太空總署與美國空軍研究實驗室(AFRL) 共同研究先進概念又燃料節省的翼體合一飛機。它被稱之翼體合一是因它看起來像改過的三角形機翼而迥異於傳統的飛機，實質上是由圓管與配置尾翼的機翼所組成。

　　這架飛機和傳統的圓管翼形飛機之間最大的不同，除了機體隱沒於機翼的外形的事實之外，就是它沒有尾翼。傳統的飛機為因應穩定度和控

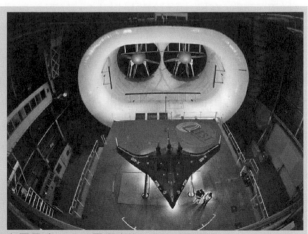

在原尺寸 NASA 風洞中的 X-48B 原型機
[承蒙波音/鮑勃弗格森(Bob Ferguson) 提供]

制而需要一個機尾；X-48B 則使用了好幾個不同的複控制面來控制機體。

　　如果被證明可行，則 BWB 具有一些優越之處。除了燃料可能節省達 30%之外，由於改良的流線外型，商用 BWB 飛機的內部將會與目前飛機者大異其趣。乘客將會進入像電影院一樣的房間而非狹促的半圓桶，不會有窗戶(改為連接到外部相機的放映螢幕)，而乘客將會坐在像房間一樣大的電影院。(因為座位不但是安排在機腹的中心而且也坐落於機翼之內)。

　　外部流動，指的是越過物體(浸在無邊界流體中)的流動。越過球面(圖 2.14b)的流動和越過流線型物體(圖 2.16)的流動，是外部流動的例子，這兩個例子在第 2 章都已經定性地加以說明。比較有趣的例子，是圍繞在像機翼(圖 9.1)、汽車和飛機這樣的物體周圍的流動場。這一章的目的是定量說明在外部流動中不可壓縮黏性流體的行為。

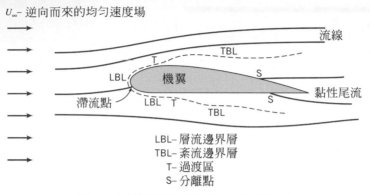

U_∞– 逆向而來的均勻速度場

流線
TBL
機翼
黏性尾流
滯流點
LBL
LBL T
TBL
S
S
T

LBL– 層流邊界層
TBL– 紊流邊界層
T– 過渡區
S– 分離點

圖 9.1　在機翼周圍的黏性流詳細說明圖

　　許多發生在越過物體的外部流動中的現象，可以用越過機翼的高雷諾數黏性流動的概要圖形來加以說明(圖 9.1)。自由流動會在停滯點分離，並且圍繞著物體的周圍流動。在無滑動條件的前提下，在物體表面上的流體速度會與物體的速度相同。在物體的上表面和下表面上將形成邊界層。(為了清楚顯示，圖 9.1 兩個表面的邊界層厚度都已經過度誇大。)邊界層流動起初是層流的。過渡到紊流現象發生在與停滯點相距某個距離之處出現，其位置與自由流的狀況、表面粗度和壓力梯度有關。在圖中過渡點是以「T」代表。在過渡點之後的紊流邊界層發展得比層流層快。外部流動的流線的小位移，是由表面上邊界層加厚所引起。在增加壓力的區域中(逆向壓力梯度，這麼稱呼是因為它與流體運動成對立態勢，傾向於減加速)，可能發生流體粒子分離流動現象。在圖中分離點以「S」代表。在物體表面上邊界層中的流體，在分離點後行成黏性尾流。

　　這一章有兩個部分。A 部分是對邊界層流動的回顧。在這裡我們稍微詳細地討論第 2 章已經介紹的觀念，然後應用我們已經學習過的流體力學概念，去分析沿著平板流動的邊界層。因為平板流動邊界層的壓力場是固定的，所以它是最簡單的可能邊界層。我們感興趣的是看看邊界層厚度如何成長、表面摩擦阻力會是多少，諸如此類。我們將對層流式邊界層以一種經典的分析解決方式探究，並且瞭解當邊界層是紊流的時候，我們需要訴諸近似解法(而且為了避免使用略微困難的分析方法，我們也可以對層流式邊界層使用這些近似方法)。我們將簡短討論在邊界層中的壓力梯度(除了平板以外的所有物體外形都會出現的現象)，然後就對邊界層的介紹作一個總結。

　　在 B 部分中，我們將討論作用於浸在流體內物體的受力，例如像圖 9.1 的機翼。我們將探討這個由作用在物體表面的剪力和壓力所導致的力，以及探討當系統具有邊界層時這兩個力都會受到深遠影響，尤其在這會引起流動分離和尾流時更是如此。傳統上，物體遭受的力可以分解成平行於流動的力，即阻力，和垂直於流動的力，即提升力。因為大多數物體確實有分離點和尾流，所以要使用分析方式去決定力的分量是有困難的，因此我們將針對我們感興趣的各種物體外形，提出近似分析方法和實驗數據。

A　邊界層

9-1　邊界層的觀念

邊界層的觀念是由一位德國空氣動力學者 Ludwig Prandtl [1] 在 1904 年首先引入。

在 Prandtl 的歷史性突破以前，流體力學這門科學已經在兩個相當不同的方向上發展。理論流體動力學是從無黏性流體的 Euler 運動方程式推演出來(即 6.1 式，它是在 1755 年由 LeonhardEuler 所發表)。因為流體動力學的結果與許多實驗觀測互相衝突(尤其是如同我們在第 6 章所看見的，在非黏性流的假設下沒有物體遭受阻力！)，從事實務工作的工程師開始發展他們自己的流體力學經驗應用技術。這項工作是以實驗數據為根據，並且與理論流體動力學的純粹數學方式有明顯不同。

雖然描述黏性流體的運動(Navier-Stokes 方程式，5.26 式，由 Navier 在 1827 年推演出來，並且在 1845 年由 Stokes 獨力推演)的完整方程式在 Prandtl 以前已經為人所知，但是解決這些方程式的數學困難(除了一些簡單情況以外)，阻止了黏性流動的理論處理作法。Prandtl [1] 證明：許多黏性流動，可以經由將流動分成兩個區域來加以分析；一個區域靠近固體邊界，另一個則覆蓋著其餘的流動。只有在鄰近固體邊界的薄區域(邊界層)中，黏性效應才重要。在邊界層以外的區域中，黏度效應是可忽略的，而且流體可以視為無黏性。

邊界層觀念提供了在理論和實務之間以前所沒有的聯結(對於一件事物，它引進了阻力的理論可能性！)。此外，邊界層觀念允許我們透過將 Navier-Stokes 方程式運用到完整的流動場的方式，獲得黏性流動場的解答，而這在之前是不可能做到的[1]。因此，邊界層觀念的引入，標記著現代流體力學的開始。

在固體表面邊界層的發展，於第 2-6 節已經討論過。在邊界層中，黏性力和慣性力都很重要。其結果是我們並不驚訝在描述邊界層流動特徵時，雷諾數(它代表慣性力對黏滯力的比率) 會顯得重要。使用於雷諾數的特性長度，若不是指在流動方向的邊界層已經發展的長度，就是指邊界層厚度的一些度量。

當真實察看一個導管的流動時，在邊界層中的流動可以是層流或紊流。在邊界層中，從層流過渡到紊流的發生，其雷諾數並不是固定不變的。影響邊界層過渡的因數，有壓力梯度、表面粗度、熱傳遞、物體力和自由流動擾動。這些效應的詳細考慮，已經超過本書的範圍。

在許多真實流動情形中，基本上邊界層會在長的、平坦的表面上發展出來。這樣的例子包括在船和潛水艇外殼上的、飛機翼上的流動和平坦地帶的大氣運動。既然所有這些流動的基本特色都可以顯示在比較簡單的平板上流動的情形中，我們將首先考慮這種情況。在無窮大平板上流動的單純性是指，在邊界層以外的速度 U 是固定的，而且這所造成的結果是：因為這個區域是穩定、無黏性和不可壓縮的，所以壓力也將是固定的。這個固定壓力是邊界層感受到的壓力，很明顯地這是可能存在的最簡單壓力場。換句話說，這是一個零壓力梯度流(*zero pressure gradient flow*)。

---

[1] 現在的 Navier-Stokes 方程式電腦解答是很常見的。

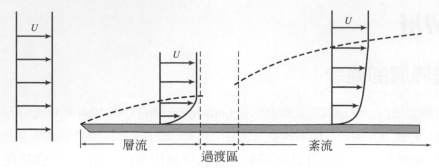

圖 9.2　平板上的邊界層(垂直厚度已經相當程度地誇大)

　　圖 9.2 所示是一個在平板上有關邊界層成長的定性說明圖。與平板前緣距離很近的下游處，其邊界層是層流式的；而過渡是發生在平板上的一個區域內，而不是橫過平板的一條線上。過渡區往下游延伸到邊界層之流動變成完全紊流的位置上。

　　對於在平滑平板(零壓力梯度) 上的不可壓縮流動，在沒有熱傳遞，而且外部干擾是最小化的情形下，邊界層上從層流到紊流的過渡可以被延遲到雷諾數($Re_x = \rho Ux/\mu$) 大於一百萬(長度 x 是從前緣開始測量)。為了便於計算，在典型流動條件下，通常是將過渡視為發生在雷諾數是 500,000 的長度上。對於在標準條件下自由流動速度 $U = 30\text{m/s}$ 的空氣，所對應的 $x \approx 0.24\,\text{m}$。在圖 9.2 的定性說明圖中，我們已經說明紊流邊界層成長得比層流快速。在本章後面的各節中，我們將說明實際情況確實是如此。

　　在下一節，我們將討論以定量化探討邊界層厚度的各種方法。

9-2　邊界層厚度

　　邊界層是鄰近固體表面的區域，在這個區域會出現黏性應力，而與自由流動區域中黏性應力可忽略不計有所不同。會出現這些應力是因為我們已經在邊界層中剪切了流體層，也就是速度梯度。如同圖 9.2 所指出的，層流層和紊流層兩者都有這樣的速度梯度，但是困難之處是在於當我們抵達邊界層的邊緣時，速度梯度是漸近地接近零。因此，邊緣的位置(也就是邊界層的厚度) 並不是很明顯；我們不能只是將它定義成：是在邊界層速度 u 等於自由流動速度 U 的地方。因為這個緣故，已經有幾個邊界層定義發展出來：擾動厚度 δ、位移厚度 δ^* 和動量厚度 θ。(在我們沿著平板往下移動時，這些厚度將增加，且其增加的方式是我們現在必須去決定的。)

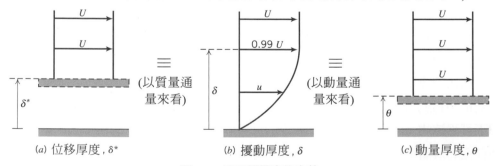

圖 9.3　邊界層厚度的定義

最直接的定義是擾動厚度(disturbance thickness) δ。這通常定義成：以表面爲起點，速度在自由流速度的 1%以內的位置，即 $u \approx 0.99U$ (如圖 9.3b 所示)。其餘兩個定義是以邊界層會阻滯流體的觀念爲基礎，使得質量通量和動量通量兩者都小於沒有邊界層時它們應該有的數值。我們可以想像，流動會保持在均勻的速度 U，但是板表面往上移動，以便讓質量或動量通量減少因邊界層實際造成的相同數量的質量與動量。位移厚度(displacement thickness) δ *是將板移動到所損失的質量通量(由均勻流動區域減少所引起)：相當於邊界層造成的損失的距離。如果我們沒有邊界層，實際的質量通量爲 $\int_0^\infty \rho U\, dy\, w$，其中 w 是垂直於流動的板寬度。實際流動的質量通量是 $\int_0^\infty \rho u\, dy\, w$。因此，由邊界層造成的損失是 $\int_0^\infty \rho(U-u)\, dy\, w$。如果我們想像將速度保持在固定的 U，而且改爲讓板往上移動距離 δ*(如圖 9.3a 所示)，則質量通量的損失將是 $\rho U\delta$ *w。將這些損失設定成彼此相等(沿邊界層方向)，結果產生

$$\rho U\delta^*\, w = \int_0^\infty \rho(U-u)\, dy\, w$$

對於不可壓縮流動，ρ =常數，而且

$$\delta^* = \int_0^\infty \left(1 - \frac{u}{U}\right) dy \approx \int_0^\delta \left(1 - \frac{u}{U}\right) dy \tag{9.1}$$

在 $y = \delta$ 的距離上，$u \approx U$；所以對 $y \geq \delta$ 而言，積分函數基本上爲零。位移厚度觀念的應用，會在範例分析 9.1 中加以說明。

動量厚度 θ，是板必須移動到使得由移動引起的動量通量的損失相當於邊界層實際造成的損失的距離。如果沒有邊界層，動量通量將會是 $\int_0^\infty \rho u U\, dy\, w$ (眞實的質量通量是 $\int_0^\infty \rho u\, dy\, w$，而且均勻流動的每單位質量通量的動量是 U 本身)。邊界層的眞實動量通量是 $\int_0^\infty \rho u^2\, dy\, w$。因此，邊界層的動量損失是 $\int_0^\infty \rho u(U-u)\, dy\, w$。如果我們想像將速度保持在固定的 U，而且改爲將平板往上移動距離 θ (如圖 9.3c 所示)，則動量通量的損失爲 $\int_0^\theta \rho U U\, dy\, w = \rho U^2 \theta w$。將這些損失設定成彼此相等(沿邊界層方向)，其結果產生

$$\rho U^2 \theta = \int_0^\infty \rho u(U-u)\, dy$$

而且

$$\theta = \int_0^\infty \frac{u}{U}\left(1 - \frac{u}{U}\right) dy \approx \int_0^\delta \frac{u}{U}\left(1 - \frac{u}{U}\right) dy \tag{9.2}$$

再一次地，對 $y \geq \delta$ 而言，積分值基本上爲零。

位移和動量厚度(δ *和 θ)是積分厚度(integral thicknesses)，這是因爲他們的定義 9.1 式和 9.2 式是以跨越邊界層的範圍取積分來表示。因爲他們是利用積分來定義，而這個積分在自由流動中的積分值爲零，所以利用實驗數據求出精確值比使用邊界層擾動厚度 δ 時稍微容易。這項事實與他們的物理意義組合在一起，可以解釋爲什麼它們比較常用於標明邊界層厚度。

我們已經看到，在邊界層的速度分布會漸近地與局部自由流速融合在一起。在進行近似分析時，如果忽略在邊界層邊緣上的微小速度差，則會導致些許誤差。對於邊界層成長的工程分析，通常會作以下的簡化假設：

1.   在 $y=\delta$ 時，$u \to U$。

2.   在 $y=\delta$ 時，$\partial u / \partial y \to 0$。

3.   在邊界層裡面，$v \ll U$。

在下兩節所推演的分析結果會顯示：與邊界層沿著表面發展出來的長度相比較，邊界層是非常薄的。因此以下的假設也是很合理的：

4.   橫跨邊界層的壓力變化是可以忽略的。其實，自由流的壓力分布也會影響邊界層。

範例 9.1　管流的邊界層

實驗室風洞的測試區域是 305mm 平方。邊界層速度分布在兩個截面上加以測量，而且位移厚度可以利用測量到的分布數據進行評估。在截面①，自由流速是 $U_1 = 26\text{m/s}$，位移厚度是 $\delta_1^* = 1.5\text{ mm}$。截面②位於截面①的下游，在其上 $\delta_2^* = 2.1\text{ mm}$。請計算在截面①和②之間的靜態壓力的變化。將結果表示成相對於截面①上自由流動態壓力的比例。假設系統處於標準大氣條件下。

已知： 實驗室風洞中標準條件的氣流。測試區域是 $L=305\text{mm}$ 的正方形。位移厚度是 $\delta_1^* = 1.5\text{ mm}$ 和 $\delta_2^* = 2.1\text{ mm}$。自由流速度是 $U_1 = 26\text{m/s}$。

求解： 在截面①和②之間的靜態壓力變化。(表示成相對於截面①上自由流動態壓力的比例)

解答：

這裡的想法是，在每個位置上邊界層位移厚度會有效地減少均勻流動的區域，如同下列圖形所指出的：位置②的有效流動區域比位置①小(因為 $\delta_2^* > \delta_1^*$)。因此，利用質量守恆可知，在位置②的均勻速度會比較高。最後，利用白努利方程式，在位置②的壓力會低於位置①。

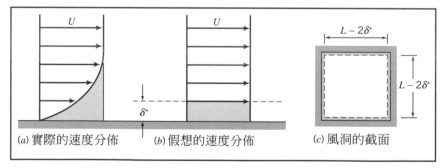

(a) 實際的速度分佈　　(b) 假想的速度分佈　　(c) 風洞的截面

對邊界層位移厚度以外的自由流動施以連續性和白努利方程式，其中的黏滯效應是可以忽略的。

控制方程式：

$$\overset{=\,0(1)}{\frac{\partial}{\partial t}\int_{\text{CV}} \rho\, d\forall} + \int_{\text{CS}} \rho\, \vec{V} \cdot d\vec{A} = 0$$

$$\frac{p_1}{\rho} + \frac{V_1^2}{2} + g\cancel{z_1} = \frac{p_2}{\rho} + \frac{V_2^2}{2} + g\cancel{z_2}$$

假設：(1) 穩定流。

(2) 不可壓縮流。

(3) 在 δ* 以外的每個區域中流動均勻。

(4) 流動會沿著截面①和②之間的流線進行。

(5) 自由流中沒有磨擦效應。

(6) 可以忽略高度改變。

利用白努利方程式，我們獲得

$$p_1 - p_2 = \frac{1}{2}\rho\left(V_2^2 - V_1^2\right) = \frac{1}{2}\rho\left(U_2^2 - U_1^2\right) = \frac{1}{2}\rho U_1^2\left[\left(\frac{U_2}{U_1}\right)^2 - 1\right]$$

或

$$\frac{p_1 - p_2}{\frac{1}{2}\rho U_1^2} = \left(\frac{U_2}{U_1}\right)^2 - 1$$

由連續性可知，$V_1 A_1 = U_1 A_1 = V_2 A_2 = U_2 A_2$，所以 $U_2/U_1 = A_1/A_2$，其中 $A = (L - 2\delta*)^2$ 是有效的流動面積。

經過代換以後，我們得到

$$\frac{p_1 - p_2}{\frac{1}{2}\rho U_1^2} = \left(\frac{A_1}{A_2}\right)^2 - 1 = \left[\frac{(L - 2\delta_1^*)^2}{(L - 2\delta_2^*)^2}\right]^2 - 1$$

$$\frac{p_1 - p_2}{\frac{1}{2}\rho U_1^2} = \left[\frac{305 - 2(1.5)}{305 - 2(2.1)}\right]^4 - 1 = 0.0161 \ \text{或} \ 1.61\ \text{percent} \quad\longleftarrow\quad \frac{p_1 - p_2}{\frac{1}{2}\rho U_1^2}$$

備註：

✓ 這個問題可以說明位移厚度觀念的基本應用。因為流動受到限制，所以由邊界層引起的流動面積下降，導致了無黏性流動區域中壓力下降的結果，這種現象有些不尋常。在大部分應用情況下，壓力分布是由無黏性流動中求出，然後再應用到邊界層上。

✓ 在第 8-1 節中，我們看到類似的現象，在那裡我們發現：由於邊界層「擠壓」有效的流動面積，使得管路入口處的中心線速度增加。

9-3 層流平板邊界層：精確解(網頁版)

9-4 動量積分方程式

Blasius 精確解，於第 9-3 節討論過(網頁版)，分析一個平板層流的邊界層。即使這個最簡單的情況(也就是說，自由流動流速 U 與壓力 p 都固定不變，層流)牽涉到兩個微分方程式相當細膩的數學轉換。該解是依據層流邊界層流速分布曲線是自我相似(self-similar) 所得的觀察——當我們沿著平板移動時只有它的比例改變。為求得答案，針對邊界層厚度 $\delta(x)$、流速分布曲線 u/U 對 y/δ、與壁面剪應力 $\tau_w(x)$ 做數值積分是必要的。

我們希望得到能泛用於分析一般性情況的方法——也就是，對於層流與擾流的邊界層，其自由流動流速 $U(x)$ 與壓力 $p(x)$ 已知是沿著表面(例如翼的弧形翼面或是流動擴散器平坦但是外擴的表面) 之位置 x 的函數。方式是我們再次援用基本的方程式於控制體積。這個推導，自質量守恆(或是連續性) 方程式與動量方程式出發，將花上數頁的篇幅。

我們現在考慮越過固體表面的不可壓縮、穩定的二維流動。邊界層厚度 δ，會以某種形式隨著距離 x 的增加而成長。在我們的分析中，我們選擇一個微分控制體積，其長度是 dx，寬度 w，而且高度是 $\delta(x)$，如圖 9.4 所示。自由流速度是 $U(x)$。

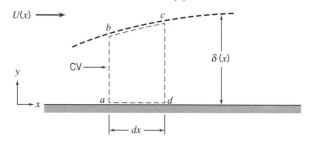

圖 9.4　在邊界層中的微分隔控制體積

我們想要求出邊界層厚度 δ 隨著 x 變化的函數關係。微分控制體積 $abcd$ 的表面 ab 和 cd 將會有質量流通過。那麼表面 bc 會如何呢？表面 bc 不是一條流線(我們於範例 9.2 已經證明過了，網頁版) ；它是分隔黏滯性邊界層與非黏滯性自由流動流動的虛擬邊界。因此將會質量流通過表面 bc。因為控制表面 ad 與固體邊界相毗鄰，所以不會有流動通過 ad。在考慮作用在控制體積的力，和通過控制表面的動量通量以前，讓我們應用連續方程式來求出經過控制表面的每部分的質量通量。

a. 連續方程式

基本方程式：

$$\overset{= 0(1)}{\cancel{\frac{\partial}{\partial t}} \int_{CV} \rho \, d\forall} + \int_{CS} \rho \, \vec{V} \cdot d\vec{A} = 0 \qquad (4.12)$$

假設：(1) 穩定流。

　　　(2) 二維流動。

則

$$\int_{CS} \rho \vec{V} \cdot d\vec{A} = 0$$

因此

$$\dot{m}_{ab} + \dot{m}_{bc} + \dot{m}_{cd} = 0$$

或者是

$$\dot{m}_{bc} = -\dot{m}_{ab} - \dot{m}_{cd}$$

現在讓我們計算寬度 w 的微分控制體積的這些數項:

表面	質量通量
ab	表面 ab 位在 x。因為該流動是二維的(在 z 方向上沒有變化),通過 ab 之質量通量是 $$\dot{m}_{ab} = -\left\{ \int_0^\delta \rho u \, dy \right\} w$$
cd	表面 cd 位在 $x+dx$。以泰勒級數於位置 x 展開 $\dot{m}$,我們得到 $$\dot{m}_{x+dx} = \dot{m}_x + \frac{\partial \dot{m}}{\partial x}\bigg]_x dx$$ 或 $$\dot{m}_{cd} = \left\{ \int_0^\delta \rho u \, dy + \frac{\partial}{\partial x}\left[\int_0^\delta \rho u \, dy \right] dx \right\} w$$
bc	因此從連續方程式與上述結果,於表面 bc 我們得到 $$\dot{m}_{bc} = -\left\{ \frac{\partial}{\partial x}\left[\int_0^\delta \rho u \, dy \right] dx \right\} w$$

(注意速度 u 與邊界層厚度 δ,積分的上限值,兩者都視 x 而定。)

現在讓我們考慮與控制體積 $abcd$ 有關的動量通量和力量。這些因素是可以用動量方程式使其產生關連。

b. 動量方程式

將動量方程式的 x 分量應用到控制體積 $abcd$:

基本方程式:

$$F_{S_x} + \cancelto{0(3)}{F_{B_x}} = \cancelto{0(1)}{\frac{\partial}{\partial t} \int_{CV} u \, \rho \, dV} + \int_{CS} u \, \rho \vec{V} \cdot d\vec{A} \tag{4.18b}$$

假設:(3) $F_{B_x} = 0$。

則

$$F_{S_x} = \text{mf}_{ab} + \text{mf}_{bc} + \text{mf}_{cd}$$

其中 mf 代表動量通量的 x 分量。

為了將這個方程式應用到微分控制體積 $abcd$，我們必須取得通過控制表面的 x 動量通量的數學表示式，以及作用在控制體積 x 方向的表面力的數學表示式。首先讓我們考慮動量通量，而且再一次考慮控制表面的每一區段。

表面	動量通量 (mf)
ab	表面 ab 位於 x。因為流動是二維的，所以通過 ab 的 x 動量通量是 $$mf_{ab} = -\left\{\int_0^\delta u\,\rho u\,dy\right\}w$$
cd	表面 cd 位於 $x + dx$。以泰勒級數在位置 x 上展開動量通量 (mf) 後，我們獲得 $$mf_{x+dx} = mf_x + \frac{\partial mf}{\partial x}\bigg]_x dx$$ 或者是 $$mf_{cd} = \left\{\int_0^\delta u\,\rho u\,dy + \frac{\partial}{\partial x}\left[\int_0^\delta u\,\rho u\,dy\right]dx\right\}w$$
bc	既然通過表面 bc 的質量的 x 方向速度分量是 U，則通過 bc 的 x 動量通量可以由下式求得 $$mf_{bc} = U\dot{m}_{bc}$$ $$mf_{bc} = -U\left\{\frac{\partial}{\partial x}\left[\int_0^\delta \rho u\,dy\right]dx\right\}w$$

利用上述推導我們可以如下計算出經過控制表面的淨 x 動量通量

$$\int_{CS} u\,\rho\vec{V}\cdot d\vec{A} = -\left\{\int_0^\delta u\,\rho u\,dy\right\}w + \left\{\int_0^\delta u\,\rho u\,dy\right\}w$$
$$+ \left\{\frac{\partial}{\partial x}\left[\int_0^\delta u\,\rho u\,dy\right]dx\right\}w - U\left\{\frac{\partial}{\partial x}\left[\int_0^\delta \rho u\,dy\right]dx\right\}w$$

將各數項加以組合以後，我們發現

$$\int_{CS} u\,\rho\vec{V}\cdot d\vec{A} = +\left\{\frac{\partial}{\partial x}\left[\int_0^\delta u\,\rho u\,dy\right]dx - U\frac{\partial}{\partial x}\left[\int_0^\delta \rho u\,dy\right]dx\right\}w$$

現在我們已經有通過控制表面的 x 動量通量的適當數學表示式。讓我們考慮在 x 方向上，作用在控制體積上的表面力。(為了方便起見，微分控制體積已經在圖 9.5 中重新畫過。) 注意表面 ab、bc 與 cd 全都會承受沿 x 方向產生力即垂直力(即，壓力)。除此之外，有一個剪應力作用在表面 ad 上。因為，根據邊界層的定義，邊界層的邊界處的流速梯度趨近於零，沿著表面 bc 作用的剪應力可以忽略不計。

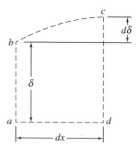

圖 9.5　微分控制體積

表面	力
ab	如果在位置 x 的壓力是 p，則作用在表面 *ab* 上的力可以如下求出 $$F_{ab} = pw\delta$$ (邊界層是非常薄的；所有我們製作的圖形中其厚度都已經加以誇大顯示。因為它很薄，所以在 y 方向的壓力變化已經予以疏忽，而且我們假設在邊界層裡面，$p = p(x)$)
cd	以泰勒級數加以展開，在 $x + dx$ 上的壓力可以如下求出 $$p_{x+dx} = p + \frac{dp}{dx}\bigg]_x dx$$ 然後次用在表面 *cd* 上的力可以如下求出 $$F_{cd} = -\left(p + \frac{dp}{dx}\bigg]_x dx\right)w(\delta + d\delta)$$
bc	作用在表面 *bc* 上的平均壓力是 $$p + \frac{1}{2}\frac{dp}{dx}\bigg]_x dx$$ 然後作用 *bc* 上的法向力的 x 分量可以如下求出 $$F_{bc} = \left(p + \frac{1}{2}\frac{dp}{dx}\bigg]_x dx\right)w\,d\delta$$
ad	作用在 *ad* 的平均剪力為 $$F_{ad} = -\left(\tau_w + \tfrac{1}{2}d\tau_w\right)w\,dx$$

加總這些 x 分量，我們得到沿 x 方向作用於控制體積上之全部的力，

$$F_{S_x} = \left\{ -\frac{dp}{dx}\delta\,dx - \frac{1}{2}\frac{dp}{dx}\,\overset{\simeq 0}{dx\,d\delta} - \tau_w\,dx - \frac{1}{2}\overset{\simeq 0}{d\tau_w\,dx} \right\}w$$

其中我們注意到 $dx\,d\delta \ll \delta\,dx$ 以及 $d\tau_w \ll \tau_w$，而且因此可以忽略第二和第四項。

將 $\int_{CS} u\,\rho\vec{V}\cdot d\vec{A}$ 和 F_{S_x} 代入 x 動量方程式(4.18a 式)內，我們獲得

$$\left\{-\frac{dp}{dx}\delta\,dx - \tau_w\,dx\right\}w = \left\{\frac{\partial}{\partial x}\left[\int_0^\delta u\,\rho u\,dy\right]dx - U\frac{\partial}{\partial x}\left[\int_0^\delta \rho u\,dy\right]dx\right\}w$$

wdx 除以這個方程式，其結果是

$$-\delta\frac{dp}{dx} - \tau_w = \frac{\partial}{\partial x}\int_0^\delta u\,\rho u\,dy - U\frac{\partial}{\partial x}\int_0^\delta \rho u\,dy \tag{9.16}$$

9.16 式是一個「動量積分」方程式，它能告訴我們作用在邊界層的力量之 x 分量與 x 動量通量之間的關係。

經由將伯努利方程式應用在邊界層外面的非黏性流，我們可以求出壓力梯度 dp/dx：$dp/dx = -\rho U\,dU/dx$。如果我們認得 $\delta = \int_0^\delta dy$，則 9.16 式可以寫成

$$\tau_w = -\frac{\partial}{\partial x}\int_0^\delta u\,\rho u\,dy + U\frac{\partial}{\partial x}\int_0^\delta \rho u\,dy + \frac{dU}{dx}\int_0^\delta \rho U\,dy$$

既然

$$U \frac{\partial}{\partial x} \int_0^\delta \rho u \, dy = \frac{\partial}{\partial x} \int_0^\delta \rho u U \, dy - \frac{dU}{dx} \int_0^\delta \rho u \, dy$$

我們得到

$$\tau_w = \frac{\partial}{\partial x} \int_0^\delta \rho u(U - u) \, dy + \frac{dU}{dx} \int_0^\delta \rho (U - u) \, dy$$

而且

$$\tau_w = \frac{\partial}{\partial x} U^2 \int_0^\delta \rho \frac{u}{U} \left(1 - \frac{u}{U}\right) dy + U \frac{dU}{dx} \int_0^\delta \rho \left(1 - \frac{u}{U}\right) dy$$

利用位移厚度 $\delta *$ 的定義(9.1 式)，和動量厚度 θ (9.2 式)的定義，我們得到

$$\frac{\tau_w}{\rho} = \frac{d}{dx}(U^2\theta) + \delta * U \frac{dU}{dx} \tag{9.17}$$

9.17 式是動量積分方程式(momentum integral equation)。這個方程式將得到一個為 x 函數之邊界層厚度 δ 的常微方程式。δ 會出現於 9.17 式的什麼地方呢？它會出現在定義 $\delta *$ 與 θ 之積分式的上限！我們所需要做的是提供一個合用的表示式予流速分布曲線 u/U 並多多少少將壁面應力 τ_w 與其他變數關聯在一起——不必然是件容易的工作！一旦邊界層厚度已經求出，則也能得到動量厚度、位移厚度和壁面剪應力的表示式。

經由將基本方程式(連續性和 x 動量)應用到微分控制體積，我們可以獲得 9.17 式。回顧我們在推導過程所做的假設，我們發覺方程式被限制在穩定、不可壓縮的二維流動，而且不能有平行於表面的物體力。

我們還沒有做過任何讓壁面剪應力 τ_w 關連到速度場的特定假設。因此不論是對層流或紊流邊界層流動而言，9.17 式都有效。為了使用這個方程式去估計邊界層厚度隨著 x 變化的函數關係，首先我們必須：

1. 獲得第一個自由流速度分布 $U(x)$ 的近似式。這是從無黏性流理論(無邊界層時的速度) 中求出，而且與物體的外形有關。
2. 假設在邊界層裡面有一個合理的速度分布曲線外形。
3. 使用從第 2 項獲得的結果，推導 τ_w 的數學表示式。

為了舉例說明 9.17 式在邊界層流動上的應用，我們首先考慮在一個平板(第 9-5 節)上零壓力梯度的流動情況，然後將針對層流邊界層所取得結果與精確的 Blasius 結果進行相較。邊界層流動中壓力梯度的影響則會在第 9-6 節中予以討論。

9-5 對零壓力梯度流動引用動量積分方程式

在平板(零壓力梯度)的特殊情形中，自由流壓力 p 和速度 U 都是常數，因此針對第 1 項，我們知道 $U(x) = U = $ 常數。

然後將動量積分方程式化簡成

$$\tau_w = \rho U^2 \frac{d\theta}{dx} = \rho U^2 \frac{d}{dx} \int_0^\delta \frac{u}{U}\left(1 - \frac{u}{U}\right) dy \tag{9.18}$$

在邊界層中的速度分布 u/U，可以假設成對所有 x 值而言都是相似的，而且正常情況下可以標示成 y/δ 的函數。(請注意，u/U 是無因次的，而且 δ 只為 x 的函數)。其結果是，將積分變數從 y 改變成 y/δ 是很方便的。定義

$$\eta = \frac{y}{\delta}$$

我們得到

$$dy = \delta\, d\eta$$

而且，對零壓力梯度而言，動量積分方程式可以寫成

$$\tau_w = \rho U^2 \frac{d\theta}{dx} = \rho U^2 \frac{d\delta}{dx} \int_0^1 \frac{u}{U}\left(1 - \frac{u}{U}\right) d\eta \tag{9.19}$$

我們想要求解這個邊界層厚度隨著 x 變化的函數的方程式。為了完成這個工作，我們必須滿足其餘的項目：

2. 設想邊界層中的一個速度分布，其函數關係的形式為

$$\frac{u}{U} = f\left(\frac{y}{\delta}\right)$$

a. 所設想的速度分布應該滿足下列近似的物理邊界條件：

在 $y = 0$, 　　$u = 0$

在 $y = \delta$, 　　$u = U$

在 $y = \delta$, 　$\dfrac{\partial u}{\partial y} = 0$

b. 請注意一旦我們已經假設了某種速度分布，從動量厚度的定義(9.2 式)，9.19 式內的積分數值很簡單就是

$$\int_0^1 \frac{u}{U}\left(1 - \frac{u}{U}\right) d\eta = \frac{\theta}{\delta} = 常數 = \beta$$

而且動量積分方程式變成

$$\tau_w = \rho U^2 \frac{d\delta}{dx} \beta$$

3. 取得將 τ_w 以 δ 表示的數學式。然後這可以讓我們求解 $\delta(x)$，其過程說明如下。

層流

對於在平板上的層流，以下的 y 多項式是一個合理的速度分布假設：

$$u = a + by + cy^2$$

物理邊界條件是：

$$在 \ y = 0, \qquad u = 0$$
$$在 \ y = \delta, \qquad u = U$$
$$在 \ y = \delta, \qquad \frac{\partial u}{\partial y} = 0$$

計算常數 a、b 和 c 之後,我們得到

$$\frac{u}{U} = 2\left(\frac{y}{\delta}\right) - \left(\frac{y}{\delta}\right)^2 = 2\eta - \eta^2 \tag{9.20}$$

9.20 式滿足第 **2** 項。對於第 **3** 項,我們想起壁面剪應力可以表示成

$$\tau_w = \mu\frac{\partial u}{\partial y}\bigg)_{y=0}$$

將所設想的速度分布 9.20 式代入這一個 τ_w 的數學式,其結果爲

$$\tau_w = \mu\frac{\partial u}{\partial y}\bigg]_{y=0} = \mu\frac{U}{\delta}\frac{\partial(u/U)}{\partial(y/\delta)}\bigg]_{y/\delta=0} = \frac{\mu U}{\delta}\frac{d(u/U)}{d\eta}\bigg]_{\eta=0}$$

或

$$\tau_w = \frac{\mu U}{\delta}\frac{d}{d\eta}(2\eta - \eta^2)\bigg]_{\eta=0} = \frac{\mu U}{\delta}(2 - 2\eta)\bigg]_{\eta=0} = \frac{2\mu U}{\delta}$$

注意這顯示壁面應力 τ_w 是 x 的函數,因爲邊界層厚度 $\delta = \delta(x)$。既然我們已經完成第 **1**、**2** 和 **3** 項,我們可以回到動量積分方程式

$$\tau_w = \rho U^2\frac{d\delta}{dx}\int_0^1 \frac{u}{U}\left(1 - \frac{u}{U}\right)d\eta \tag{9.19}$$

替換掉 τ_w 和 u/U,我們得到

$$\frac{2\mu U}{\delta} = \rho U^2\frac{d\delta}{dx}\int_0^1 (2\eta - \eta^2)(1 - 2\eta + \eta^2)\,d\eta$$

或

$$\frac{2\mu U}{\delta\rho U^2} = \frac{d\delta}{dx}\int_0^1 (2\eta - 5\eta^2 + 4\eta^3 - \eta^4)\,d\eta$$

積分並且代入極限後的結果爲

$$\frac{2\mu}{\delta\rho U} = \frac{2}{15}\frac{d\delta}{dx} \quad \text{or} \quad \delta\,d\delta = \frac{15\mu}{\rho U}\,dx$$

上式有關 δ 的微分方程式。再一次積分之後的結果是

$$\frac{\delta^2}{2} = \frac{15\mu}{\rho U}x + c$$

如果我們假設在 $x=0$ 的 $\delta = 0$,則 $c=0$,因此

$$\delta = \sqrt{\frac{30\mu x}{\rho U}}$$

注意這顯示層流邊界層厚度 δ 是以 $\sqrt{x}$ 的形式增厚，它有個拋物線的形狀。習慣上以無因次形式表示：

$$\frac{\delta}{x} = \sqrt{\frac{30\mu}{\rho Ux}} = \frac{5.48}{\sqrt{Re_x}} \tag{9.21}$$

9.21 式顯示：層流邊界層厚度對沿著平板的距離之比率，會與雷諾數的平方根成反比。它與 H. Blasius 在 1908 年經由完整的運動微分方程所推導出來的精確解具有相同的形式。引人注目的是：與精確解(第 9-3 節網頁版) 相比，9.21 式大約只有 10%的誤差(常數太大)。表 9.2 整理了使用其他近似之速度分布所計算出來的相對應結果，並且也註明從精確解所得到的結果。(在我們使用不同速度分布以後，唯一改變的是前面步驟 **2.b.**中 $\tau_w = \rho U^2 d\delta/dx\ \beta$ 的 β 值)。如果想比較近似分布的曲線外形，只要畫出 u/U 相對於 y/δ 的比較曲線即可。

表 9.2　使用近似速度分布在零傾角的情形下，所計算得到的平板上層流邊界層的結果

速度分布 $\dfrac{u}{U} = f\left(\dfrac{y}{\delta}\right) = f(\eta)$	$\beta \equiv \dfrac{\theta}{\delta}$	$\dfrac{\delta^*}{\theta}$	$H \equiv \dfrac{\delta^*}{\theta}$	常數 a 為 $\dfrac{\delta}{x} = \dfrac{a}{\sqrt{Re_x}}$	常數 b 為 $C_f = \dfrac{6}{\sqrt{Re_x}}$
$f(\eta) = \eta$	$\dfrac{1}{6}$	$\dfrac{1}{2}$	3.00	3.46	0.577
$f(\eta) = 2\eta - \eta^2$	$\dfrac{2}{15}$	$\dfrac{1}{3}$	2.50	5.48	0.730
$f(\eta) = \dfrac{3}{2}\eta - \dfrac{1}{2}\eta^3$	$\dfrac{39}{280}$	$\dfrac{3}{8}$	2.69	4.64	0.647
$f(\eta) = 2\eta - 2\eta^3 + \eta^4$	$\dfrac{37}{315}$	$\dfrac{3}{10}$	2.55	5.84	0.685
$f(\eta) = \sin\left(\dfrac{\pi}{2}\eta\right)$	$\dfrac{4-\pi}{2\pi}$	$\dfrac{\pi-2}{\pi}$	2.66	4.80	0.654
精確解	0.133	0.344	2.59	5.00	0.664

一旦我們知道邊界層厚度，則所有流動細節就可求出。壁面剪應力或「表面摩擦阻力(skin friction)」係數可以定義為

$$C_f \equiv \frac{\tau_w}{\frac{1}{2}\rho U^2} \tag{9.22}$$

將速度分布和 9.21 式代入，其結果為

$$C_f = \frac{\tau_w}{\frac{1}{2}\rho U^2} = \frac{2\mu(U/\delta)}{\frac{1}{2}\rho U^2} = \frac{4\mu}{\rho U\delta} = 4\frac{\mu}{\rho Ux}\frac{x}{\delta} = 4\frac{1}{Re_x}\frac{\sqrt{Re_x}}{5.48}$$

最後，

$$C_f = \frac{0.730}{\sqrt{Re_x}} \tag{9.23}$$

一旦 τ_w 的變化已經知道,經由在平板面積上進行積分,我們可以計算得到表面的黏滯阻力,如範例 9.3 所示。

9.21 式可以用來計算在過渡區的層流邊界層的厚度。當 $Re_x = 5 \times 10^5$,而且 $U = 30\text{m/s}$ 時,對於在標準條件的空氣而言,$x = 0.24\text{m}$。因此

$$\frac{\delta}{x} = \frac{5.48}{\sqrt{Re_x}} = \frac{5.48}{\sqrt{5 \times 10^5}} = 0.00775$$

而且邊界層厚度是

$$\delta = 0.00775x = 0.00775(0.24 \text{ m}) = 1.86 \text{ mm}$$

在過渡區上邊界層厚度小於成長長度 x 的 1%。這些計算結果確認了:黏滯效應被侷限在靠近物體表面附近一層非常薄的區域內。

表 9.2 的結果指出,運用不同的近似速度分布,仍然可以得到合理的結果。

範例 9.3　平板上的層流邊界層:使用正弦曲線速度分布的近似解

讓我們考慮沿著平板的二維層流邊界層的流動。假設邊界層的速度分布是正弦曲線,

$$\frac{u}{U} = \sin\left(\frac{\pi}{2}\frac{y}{\delta}\right)$$

試求有關下列各項的速度分布:

(a) δ 的成長率,並且將它表示成 x 的函數。

(b) 位移厚度 δ^*,並且將它表示成 x 的函數。

(c) 長度 L 寬度 b 的平板上的總摩擦阻力。

已知:沿著平板的二維層流邊界層的流動。邊界層速度分布是

$$\frac{u}{U} = \sin\left(\frac{\pi}{2}\frac{y}{\delta}\right) \quad \text{對於 } 0 \le y \le \delta$$

和

$$\frac{u}{U} = 1 \quad \text{對於 } y > \delta$$

求解:(a) $\delta(x)$。(b) $\delta^*(x)$。(c) 長度 L 寬度 b 的平板上的總摩擦阻力。

解答:

對於平板流動而言,$U =$ 常數,$dp/dx = 0$,而且

$$\tau_w = \rho U^2 \frac{d\theta}{dx} = \rho U^2 \frac{d\delta}{dx}\int_0^1 \frac{u}{U}\left(1 - \frac{u}{U}\right)d\eta \tag{9.19}$$

假設:(1) 穩定流。

　　　(2) 不可壓縮流。

將 $\dfrac{u}{U} = \sin\dfrac{\pi}{2}\eta$ 代入 9.19 式內,我們得到

$$\tau_w = \rho U^2 \frac{d\delta}{dx} \int_0^1 \sin\frac{\pi}{2}\eta \left(1 - \sin\frac{\pi}{2}\eta\right) d\eta = \rho U^2 \frac{d\delta}{dx} \int_0^1 \left(\sin\frac{\pi}{2}\eta - \sin^2\frac{\pi}{2}\eta\right) d\eta$$

$$= \rho U^2 \frac{d\delta}{dx} \frac{2}{\pi} \left[-\cos\frac{\pi}{2}\eta - \frac{1}{2}\frac{\pi}{2}\eta + \frac{1}{4}\sin\pi\eta\right]_0^1 = \rho U^2 \frac{d\delta}{dx} \frac{2}{\pi} \left[0 + 1 - \frac{\pi}{4} + 0 + 0 - 0\right]$$

$$\tau_w = 0.137\rho U^2 \frac{d\delta}{dx} = \beta\rho U^2 \frac{d\delta}{dx}; \quad \beta = 0.137$$

現在

$$\tau_w = \mu\frac{\partial u}{\partial y}\bigg]_{y=0} = \mu\frac{U}{\delta}\frac{\partial(u/U)}{\partial(y/\delta)}\bigg]_{y=0} = \mu\frac{U}{\delta}\frac{\pi}{2}\cos\frac{\pi}{2}\eta\bigg]_{\eta=0} = \frac{\pi\mu U}{2\delta}$$

因此，

$$\tau_w = \frac{\pi\mu U}{2\delta} = 0.137\rho U^2 \frac{d\delta}{dx}$$

將變數分開以後，其結果為

$$\delta\, d\delta = 11.5\frac{\mu}{\rho U}dx$$

積分之後，我們獲得

$$\frac{\delta^2}{2} = 11.5\frac{\mu}{\rho U}x + c$$

但是 $c=0$，而且既然在 $x=0$ 處的 $\delta = 0$，所以

$$\delta = \sqrt{23.0\frac{x\mu}{\rho U}}$$

或

$$\frac{\delta}{x} = 4.80\sqrt{\frac{\mu}{\rho Ux}} = \frac{4.80}{\sqrt{Re_x}} \qquad\qquad\qquad \delta(x)$$

位移厚度 $\delta*$，可以如下求出

$$\delta* = \delta\int_0^1 \left(1 - \frac{u}{U}\right)d\eta$$

$$= \delta\int_0^1 \left(1 - \sin\frac{\pi}{2}\eta\right)d\eta = \delta\left[\eta + \frac{2}{\pi}\cos\frac{\pi}{2}\eta\right]_0^1$$

$$\delta* = \delta\left[1 - 0 + 0 - \frac{2}{\pi}\right] = \delta\left[1 - \frac{2}{\pi}\right]$$

既然由(a)得到

$$\frac{\delta}{x} = \frac{4.80}{\sqrt{Re_x}}$$

則

$$\frac{\delta*}{x} = \left(1 - \frac{2}{\pi}\right)\frac{4.80}{\sqrt{Re_x}} = \frac{1.74}{\sqrt{Re_x}} \qquad\qquad \delta*(x)$$

在平板一邊上的總摩擦阻力為

$$F = \int_{A_p} \tau_w\, dA$$

既然 $dA = b\,dx$ 而且 $0 \le x \le L$，則

$$F = \int_0^L \tau_w b\,dx = \int_0^L \rho U^2 \frac{d\theta}{dx} b\,dx = \rho U^2 b \int_0^{\theta_L} d\theta = \rho U^2 b \theta_L$$

$$\theta_L = \int_0^{\delta_L} \frac{u}{U}\left(1 - \frac{u}{U}\right)dy = \delta_L \int_0^1 \frac{u}{U}\left(1 - \frac{u}{U}\right)d\eta = \beta \delta_L$$

利用(a)中 $\beta = 0.137$ 及 $\delta_L = \dfrac{4.80L}{\sqrt{Re_L}}$，所以

$$F = \frac{0.658\rho U^2 bL}{\sqrt{Re_L}} \longleftarrow \hspace{6cm} F$$

這個問題說明了如何將動量積分應用在平板上的層流邊界層上。

🖰 這個範例的 *Excel* 活頁簿畫出了邊界層上 δ 和 $\delta*$ 的成長以及精確解(9.13 式網頁版)。它也畫出針對正弦速度分布的壁面剪應力，以及精確解。

紊流

對於平板，有關其前述的第 **1** 項，我們仍然可以使用 $U=$ 常數。與層流邊界層的情形相同，為了求解 9.19 式的 $\delta(x)$，我們需要滿足第 **2** 項(有關紊流速度分布的近似用法)和第 **3** 項(τ_w 的數學表示式)：

$$\tau_w = \rho U^2 \frac{d\delta}{dx} \int_0^1 \frac{u}{U}\left(1 - \frac{u}{U}\right)d\eta \qquad (9.19)$$

在邊界層上零壓力梯度的紊流速度分布細節，與紊流在圓管線中和管道中者非常相似。如圖 8.9 所示，使用 $\bar{u}/u*$ 相對於 $yu*/\nu$ 的座標系統，並將紊流邊界層的數據畫在萬用速度分布上。不過從數學上的角度，如果要輕鬆運用動量積分方程式，這一個分布是相當複雜的。動量積分方程式是一種近似；因此，一個對於平滑平板上之紊流邊界層之可接受的速度分布曲線是透過實驗獲得的次方律(power-law) 分布。指數 $\frac{1}{7}$ 一般會用來模擬紊流的速度分布。因此

$$\frac{u}{U} = \left(\frac{y}{\delta}\right)^{1/7} = \eta^{1/7} \qquad (9.24)$$

然而，這一個分布在非常靠近壁面時並不能繼續適用，因為在壁面上它預測 $du/dy = \infty$。其結果是，我們不能夠像在層流邊界層流動的情形下，將這個分布用於 τ_w 的定義中，以便取得將 τ_w 表示成 δ 的數學表示式。對於紊流邊界層流，我們修改由管路流動中所發展出來的數學式，

$$\tau_w = 0.0332\rho \bar{V}^2 \left[\frac{\nu}{R\bar{V}}\right]^{0.25} \qquad (8.39)$$

對於 $\frac{1}{7}$ 次方分布而言，8.24 式可以得到 $\bar{V}/U = 0.817$ 這樣的結果。將 $\bar{V} = 0.817U$ 和 $R = \delta$ 代入 8.39 式，我們得到

$$\tau_w = 0.0233\rho U^2 \left(\frac{\nu}{U\delta}\right)^{1/4} \tag{9.25}$$

將 τ_w 和 u/U 代入 9.19 式內並且予以積分，我們得到

$$0.0233\left(\frac{\nu}{U\delta}\right)^{1/4} = \frac{d\delta}{dx}\int_0^1 \eta^{1/7}(1-\eta^{1/7})\,d\eta = \frac{7}{72}\frac{d\delta}{dx}$$

因此，我們取得有關 δ 的微分方程式：

$$\delta^{1/4}\,d\delta = 0.240\left(\frac{\nu}{U}\right)^{1/4}dx$$

積分之後，得到

$$\frac{4}{5}\delta^{5/4} = 0.240\left(\frac{\nu}{U}\right)^{1/4}x + c$$

如果我們假設在 $x=0$ 處 $\delta \approx 0$ (這相當於假設紊流是從物體的前緣開始存在)，則 $c=0$ 而且

$$\delta = 0.382\left(\frac{\nu}{U}\right)^{1/5}x^{4/5}$$

請注意這顯示紊流的邊界層厚度 δ 以 $x^{4/5}$ 的形式增厚，它幾乎以線性的方式增加(記得對於層流的邊界層來說 δ 增厚更緩慢，以 $\sqrt{x}$ 的形式)。習慣上以無因次形式表示：

$$\frac{\delta}{x} = 0.382\left(\frac{\nu}{Ux}\right)^{1/5} = \frac{0.382}{Re_x^{1/5}} \tag{9.26}$$

使用 9.25 式，我們得到以 δ 表示的表面摩擦阻力係數：

$$C_f = \frac{\tau_w}{\frac{1}{2}\rho U^2} = 0.0466\left(\frac{\nu}{U\delta}\right)^{1/4}$$

將 δ 代入，我們獲得

$$C_f = \frac{\tau_w}{\frac{1}{2}\rho U^2} = \frac{0.0594}{Re_x^{1/5}} \tag{9.27}$$

　　實驗顯示：當 $5\times10^5 < Re_x < 10^7$ 時，9.27 式可以非常好地預測在平板上的紊流表面摩擦力。在考慮到我們的分析所採用的近似作法，這個近似結果的吻合程度是很引人注意的。

　　我們將針對紊流邊界層流動的動量積分方程式的應用，放置在範例 9.4 中來加以說明。

範例 9.4　在平板上的紊流邊界層：使用 $\frac{1}{7}$ 次方速度分布的近似解

　　$U=1$m/s 的水流經過一個平板，這個平板在水流動方向上的長度是 $L=1$m。邊界層受到顛躓，使得它在前緣就變成紊流。請計算在 $x=L$ 處的擾動厚度 δ、位移厚度 δ^*和壁面剪應力 τ_w。請與維持在相同位置的層流流動互相比較。假設使用 $\frac{1}{7}$ 次方的紊流速度分布。

已知：平板邊界層流動；從前緣開始的紊流。假設這是 $\frac{1}{7}$ 次方速度分布。

求解：(a) 擾動厚度 δ_L。

(b) 位移厚度 $\delta*_L$。

(c) 壁面剪應力 $\tau_w (L)$。

(d) 與從前緣開始的層流流動的結果互相比較。

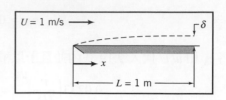

解答：

運用由動量積分方程式獲得的結果。

控制方程式：

$$\frac{\delta}{x} = \frac{0.382}{Re_x^{1/5}} \tag{9.26}$$

$$\delta* = \int_0^\infty \left(1 - \frac{u}{U}\right) dy \tag{9.1}$$

$$C_f = \frac{\tau_w}{\frac{1}{2}\rho U^2} = \frac{0.0594}{Re_x^{1/5}} \tag{9.27}$$

在 $x=L$ 上，對於水$(T=20℃)$ 而言，$\nu = 1.00 \times 10^{-6} \text{m}^2/\text{s}$，

$$Re_L = \frac{UL}{\nu} = 1\,\frac{\text{m}}{\text{s}} \times 1\,\text{m} \times \frac{\text{s}}{10^{-6}\,\text{m}^2} = 10^6$$

利用 9.26 式，

$$\delta_L = \frac{0.382}{Re_L^{1/5}} L = \frac{0.382}{(10^6)^{1/5}} \times 1\,\text{m} = 0.0241\,\text{m} \quad \text{or} \quad \delta_L = 24.1\,\text{mm} \qquad\qquad \underset{\underline{\qquad}}{\delta_L}$$

使用 9.1 式，並且配合 $u/U = (y/\delta)^{1/7} = \eta^{1/7}$，我們得到

$$\delta_L^* = \int_0^\infty \left(1 - \frac{u}{U}\right) dy = \delta_L \int_0^1 \left(1 - \frac{u}{U}\right) d\left(\frac{y}{\delta}\right) = \delta_L \int_0^1 (1 - \eta^{1/7})\, d\eta = \delta_L \left[\eta - \frac{7}{8}\eta^{8/7}\right]_0^1$$

$$\delta_L^* = \frac{\delta_L}{8} = \frac{24.1\,\text{mm}}{8} = 3.01\,\text{mm} \qquad\qquad\qquad\qquad \underset{\underline{\qquad}}{\delta_L^*}$$

利用 9.27 式，

$$C_f = \frac{0.0594}{(10^6)^{1/5}} = 0.00375$$

$$\tau_w = C_f \frac{1}{2}\rho U^2 = 0.00375 \times \frac{1}{2} \times 999\,\frac{\text{kg}}{\text{m}^3} \times (1)^2\,\frac{\text{m}^2}{\text{s}^2} \times \frac{\text{N} \cdot \text{s}^2}{\text{kg} \cdot \text{m}}$$

$$\tau_w = 1.87\,\text{N/m}^2 \qquad\qquad\qquad\qquad\qquad\qquad\qquad\qquad \underset{\underline{\qquad}}{\tau_w(L)}$$

對於層流流動，必須使用 Blasius 的解。利用 9.13 式(網頁版)，

$$\delta_L = \frac{5.0}{\sqrt{Re_L}} L = \frac{5.0}{(10^6)^{1/2}} \times 1\,\text{m} = 0.005\,\text{m}\ \text{或}\ 5.00\,\text{mm}$$

利用範例 9.2 可知 $\delta*/\delta = 0.344$，所以

$$\delta* = 0.344\,\delta = 0.344 \times 5.0\,\text{mm} = 1.72\,\text{mm}$$

利用 9.15 式，$C_f = \frac{0.664}{\sqrt{Re_x}}$，所以因此

$$\tau_w = C_f \frac{1}{2}\rho U^2 = \frac{0.664}{\sqrt{10^6}} \times \frac{1}{2} \times 999\,\frac{\text{kg}}{\text{m}^3} \times (1)^2\,\frac{\text{m}^2}{\text{s}^2} \times \frac{\text{N} \cdot \text{s}^2}{\text{kg} \cdot \text{m}} = 0.332\,\text{N/m}^2$$

與在 $x=L$ 上的數值互相比較，我們得到

$$\text{擾動厚度}, \frac{\delta_{\text{turbulent}}}{\delta_{\text{laminar}}} = \frac{24.1\,\text{mm}}{5.00\,\text{mm}} = 4.82$$

$$\text{位移厚度}, \frac{\delta^*_{\text{turbulent}}}{\delta^*_{\text{laminar}}} = \frac{3.01\,\text{mm}}{1.72\,\text{mm}} = 1.75$$

$$\text{壁面剪應力}, \frac{\tau_{w,\text{turbulent}}}{\tau_{w,\text{laminar}}} = \frac{1.87\,\text{N/m}^2}{0.332\,\text{N/m}^2} = 5.63$$

這個問題說明了如何將動量積分方程式應用在平板上的紊流邊界層。與層流邊界層相較，很明顯地紊流邊界層的成長快了許多；這是因為紊流的壁面應力非常明顯地比層流壁面應力大的緣故。用於這個範例的 *Excel* 活頁簿上，畫有 $\frac{1}{7}$ 次方律紊流邊界層(9.26 式)和層流邊界層(9.13 式)。它也有顯示兩種情形下的壁面應力分布。

零壓力梯度邊界層的結果摘要

使用的動量積分方程式是一個用於預測邊界層發展的近似技術；方程式正確地預測趨勢。層流邊界層的參數依 $Re_x^{-1/2}$ 的形式變動；紊流邊界層的參數依 $Re_x^{-1/5}$ 的形式變動。因此擾流邊界層發展較層流邊界層更為快速。

在範例 9.4 有層流和紊流邊界層的比較。在紊流邊界層的壁面剪應力比在層流層者高出許多。這是紊流邊界層會擴展得更迅速的主要原因。

我們得到與實驗結果吻合的結果顯示動量積分方程式的使用是一種有效的近似方法，它可以幫助我們洞察邊界層的大致行為。

9-6　邊界層流動的壓力梯度

因為壓力梯度為零，所以沿著無窮大平板上的均勻流動邊界層(層流或紊流)是最易於探討的情形；在邊界層中的流體粒子只因受到剪應力的影響而速度減緩，結果導致邊界層的成長。我們現在就要考慮由壓力梯度所引起的影響；除了我們已經看到的平板之外，對於所有物體，壓力梯度的效應都會出現。

有利的壓力梯度(fariable pressure gradient) 指的是壓力沿流動方向降低(也就是說，$\partial p/\partial x < 0$)；稱之為有利是因為它傾向於排除因邊界層摩擦造成流體粒子流速的減緩現象。當自由流動的流速 U 是隨著 x 而增加時，這樣的壓力梯度就會出現，例如一個於噴嘴的漸縮流場。另一方面，逆向壓力梯度(adverse pressure gradient) 指的是壓力沿流動的方向增加(也就是說，$\partial p/\partial x > 0$)；它稱之為逆向是因為它會致使邊界層流體粒子的流速以較諸單獨起因於邊界層摩擦者為大的遞減率來減慢。它稱之為逆向是因為它會致使流體粒子於邊界層減緩率較諸單獨起因於邊界層摩擦者為大。如果逆向壓力梯度非常嚴重的話，於邊界層的流體粒子實際上會停止不動了。當這個現象出現，它們挪出空間給隨後而至的粒子，粒子將被迫從物體表面脫離[這現象稱之為流動分離(flow separation)] 導致尾流出現，而尾流是紊流。這樣的例子有擴散器的壁面擴增的太迅速以及機翼的攻角過大；這兩者通常是非常令人不欲見到的！

這個逆向壓力的梯度與於邊界層摩擦併在一起迫使流動分離的敘述,當然在直覺上是可以體會到;出現的問題是我們是否能夠更正式地看出這個現象什麼時候會出現。舉例來說,對於流經一個平板的均勻流動,我們是否能夠目睹流動分離與尾流出現呢,其中 $\partial p/\partial x > 0$?有關這個問題的一些內情可以思考邊界層流速變成零的事實來偵知。考慮距離平板上方無限小距離 Δy 之處邊界層之流速 u。這將是

$$u_{y=\Delta y} = u_0 + \frac{\partial u}{\partial y}\bigg)_{y=0} \Delta y = \frac{\partial u}{\partial y}\bigg)_{y=0} \Delta y$$

其中 $u_0 = 0$ 是平板的表面之流速。很明顯的是只有當 $\partial u/\partial y)_{y=0} = 0$ 時 $u_{y=\Delta y}$ 才為零(也就是說,將發生分離現象)。因此,我們能夠使用這個當做我們對流動分離的測試條件。我們記得接近層流邊界層與黏滯的紊流邊界層之次流層的表面的流速梯度,其與壁面剪應力的關係是

$$\tau_w = \mu \frac{\partial u}{\partial y}\bigg)_{y=0}$$

更進一步地,在前一節我們學習到,平板的壁面剪應力可表示成下式

$$\frac{\tau_w(x)}{\rho U^2} = \frac{\text{常數}}{\sqrt{Re_x}}$$

上式是用於層流邊界層,而且

$$\frac{\tau_w(x)}{\rho U^2} = \frac{\text{常數}}{\sqrt{Re_x^{1/5}}}$$

上式是用於紊流邊界層。我們發覺:對於在平板上的流動而言,壁面應力總是符合 $\tau_w > 0$ 的條件。因此,$\partial u/\partial y)_{y=0} > 0$ 總是成立;所以最後 $u_{y=\Delta y} > 0$ 也總是成立。因此我們可以得到結論:對於平板上的均勻流動而言,絕不會發生流動分離的情形,而且不論邊界層是層流或紊流,也不論平板的長度為何,都不會有尾流區域成長出來。

我們得出結論:當 $\partial p/\partial x = 0$,對於平板上的流動而言,流動都不會發生分離的現象。很清楚地,對於 $\partial p/\partial x < 0$ 的流動(每當自由流速度是逐漸增加),我們能確定將不會有流動分離的情形發生;對於 $\partial p/\partial x > 0$ 的流動(也就是逆向壓力梯度),則可能會發生流動分離的現象。我們無法得出這樣的結論:逆向壓力梯度總是導致流動分離和尾流的產生;我們只能說,它是流動分離要發生必須具備的必要條件。

為了說明這些結果,讓我們考慮圖 9.6 所顯示橫截面可變的流動。在邊界層的外面,速度場具有流動加速(區域 1)的區域,速度不變的區域(區域 2),以及減速的區域(區域 3)。與這些互相對應,我們可以看到壓力梯度分別是有利、零和逆向的,如圖所示。(請注意,平直的壁面並不是單純的平板,因為在這個壁面的上方存在的不是均勻流動,所以它會有各種壓力梯度。)從上述討論我們可得結論:在區域 1 和 2 中不會發生流動分離的現象,但是在區域 3 則可能(如圖所示)發生。在像這樣的裝置中我們可以避免讓流動發生分離的現象嗎?就直覺而言,我們可以發覺如果我們讓漸闊區域不那麼劇烈變化,我們或許能夠消除流動分離。換句話說,如果我們讓逆向壓力梯度 $\partial p/\partial x$ 夠小的話就可以泯除流動分離。剩下的最後問題是,要達到這個要求所需要的逆向

壓力梯度有多小。有關這一點，以及在流動分離發生的時候必須滿足 $\partial p / \partial x > 0$ 條件的更嚴格證明，都已經超過本書的範圍[3]。我們得出結論：當系統提供的是逆向壓力梯度的時候，流動分離是可能發生的，但是不保證會發生。

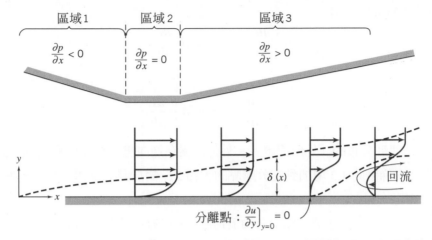

圖 9.6　具有壓力梯度的邊界層流動(為了能清楚顯示，邊界層厚度已經予以過度誇大)

　　對於平板上層流和紊流邊界層，其無因次速度分布顯示於圖 9.7a。紊流速度分布比層流速度分布更豐滿(更鈍)。在相同的自由流速度下，在紊流邊界層裡面的動量通量大於層流邊界層者(圖 9.7b)。當在表面附近的流體層的動量藉由壓力和黏性力的結合作用而降低為零時，將發生分離的現象。如同圖 9.7b 所顯示的，對於紊流分布而言，在表面附近的液體的動量很明顯地比較大。其結果是，紊流層比較能夠抵抗在逆向壓力梯度中的分離現象。在第 9-7 節我們將討論這個行為的一些後果。

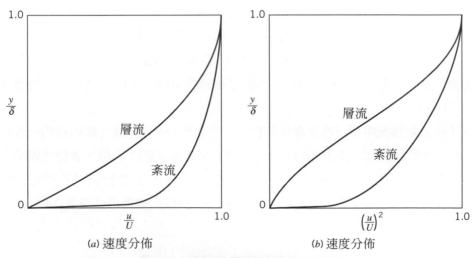

圖 9.7　平板邊界層流體的無因次分布

對於層流和紊流邊界層流體而言，逆向壓力梯度將在速度分布方面引起明顯變化。有關非零壓力梯度流動的近似解，可以從動量積分方程式取得。

$$\frac{\tau_w}{\rho} = \frac{d}{dx}(U^2\theta) + \delta^* U \frac{dU}{dx} \tag{9.17}$$

將第一項展開，我們可以寫出

$$\frac{\tau_w}{\rho} = U^2 \frac{d\theta}{dx} + (\delta^* + 2\theta)U \frac{dU}{dx}$$

或

$$\frac{\tau_w}{\rho U^2} = \frac{C_f}{2} = \frac{d\theta}{dx} + (H+2)\frac{\theta}{U}\frac{dU}{dx} \tag{9.28}$$

其中 $H = \delta^*/\theta$ 是速度分布的「外形因素」。外形因素在逆向壓力梯度中會增加。對於紊流邊界層流動，H 從零壓力梯度的 1.3 增加到在分離點的大約 2.5。對於具有零壓力梯度的層流流動而言，$H = 2.6$；而在分離點，$H = 3.5$。

在能應用 9.28 式之前，必須先知道自由流速度分布 $U(x)$。因為 $dp/dx = -\rho U dU/dx$，所以指明 $U(x)$ 相當於指明壓力梯度。利用在相同條件下無黏性流動的理想流動理論，我們可以求取 $U(x)$ 的第一近似解。如同在第 6 章所指出的，對於無摩擦的無旋轉流動(勢流)而言，流函數(stream function) ψ 和速度勢(velocity potential) ϕ 滿足 Laplace 方程式。這些可以用來求出在物體表面上的 $U(x)$。

到目前為止，關於如何計算已知外形的物體的速度分布，和如何求出要產生我們想要的壓力分布所需的物體外形(前一個問題的倒轉)，已經有很多人致力於解決這些問題。史密斯和其同事[6]已經發展出一些計算方法，他們使用分布在物體表面的奇異點，去求解二維或軸對稱物體外形的直接問題。有一種有限元素的方法，使用定義在不連續表面嵌板(「嵌板(panel)」法[7])上的奇異點，最近在應用於三維流動問題時，逐漸獲得重視。記得第 5-5 節我們簡短的複習過有關 CFD(計算流體力學)的一些基本觀念。

一旦速度分布 $U(x)$ 已知，如果 H 和 C_f 可以使用 θ 使其相互關連，則對 9.28 式積分將能求得 $\theta(x)$。有關非零壓力梯度的流動的各種計算方法，其詳細討論已經超過這一本書的範圍。關於層流流動的數值解法可以在[8]中找到。[9]則檢討了根據動量積分方程式且用於紊流邊界層流動的計算方法。

因為在工程流動情況中紊流邊界層具有相當的重要性，所以計算方略的技巧一直在快速進步中。有很多計算方略已經有人提出[10,11]；大部分用於紊流流動的方略，會使用模型去預測紊流的剪應力，然後以數值方法去求解邊界層方程式[12,13]。由於計算機尺寸和速度方面的不斷改進，已經開始讓使用數值方法求解完整的 Navier-Stokes 方程式變得可能成真[14,15]。

B 　沉體周圍的流體流動

每當在固態物體與其周圍的黏性流體之間存在著相對運動，則物體將會受到淨力 $\vec{F}$ 作用在其上。這個力量的量值與許多因素有關，其中當然包括相對速度 $\vec{V}$，但是也包含物體的外形和尺寸，以及流體的性質(ρ 、 μ 等等)。當流體在物體的周圍流動時，它將在物體表面的每一個元素產生表面應力，而且就是這些力量導致物體受到淨力的作用。表面應力是由兩種成分組成，一種是由黏性作用所引起的切向力，一種是由局部壓力所引起的法向力。我們可能因而被誘導，認為我們可以用分析的方式經由針對物體表面進行積分而推導出淨力。我們或許會想，第一個步驟可能是：在知道物體的形狀(並且假設雷諾數大到讓我們可以使用無黏性流動理論)以後，計算壓力分布。然後在物體表面上對壓力進行積分，以便獲得壓力對淨力 $\vec{F}$ 的貢獻。(如同我們在第 6 章已經討論過的，這個步驟在流體力學發展很早的階段就已經有人提出；不過那個時候竟然導引出沒有物體遭受阻力這樣的結論！)而第二個步驟可能是：使用這個壓力分布去求出表面的黏滯應力 τ_w (至少原則上，使用，例如，9.17 式)。然後在物體表面上針對黏滯應力進行積分，以便獲得它對淨力的貢獻。這一個程序在觀念上聽起來是很直接的，但是在實務上，除了最簡單的物體形狀以外，則執行起來相當困難。除此之外，即使這個作法可能成功，因為它沒有考慮到邊界層存在的一個很重要的後果，即流動分離，所以在大部分情形下它會導致錯誤的結果。當導致尾流的產生時，尾流不但創造出一個通常會導致作用在物體上的巨大阻力的低壓區域，而且會讓整個流動場產生根本的變化，因此會根本改變無黏性流動區域和作用在物體上的壓力分布。

因為這些理由，要求出大部分物體形狀所受的淨力時，我們必須訴諸實驗方法(雖然 CFD 方法有長足的改進)。在傳統上，淨力 $\vec{F}$ 會被分解成阻力 F_D 和提升力 F_L，前者被定義成平行於運動方向的力分量；後者(如果存在於物體上的話)則定義成與物體運動方向垂直的力分量。在第 9-7 節和 9-8 節中，我們將針對幾個不同形狀的物體檢視這些力量。

9-7 　阻力

阻力是作用在物體的方向與運動方向平行的力分量。在討論流體力學(第 7 章)中對實驗結果的需求時，我們考慮的是求：解作用在直徑 d 平滑球體上的阻力 F_D 這樣的問題，這個球體以速度 V 移動通過黏性、不可壓縮流體；流體密度和黏度分別是 ρ 和 μ。阻力 F_D 可以用函數形式寫成

$$F_D = f_1(d, V, \mu, \rho)$$

運用白金漢 PI 定理，結果產生兩個無因次 Π 參數，它們可以用函數形式寫成

$$\frac{F_D}{\rho V^2 d^2} = f_2 \left(\frac{\rho V d}{\mu} \right)$$

請注意， d^2 與截面面積($A = \pi d^2 / 4$)成正比，所以我們可以將上式寫成

$$\frac{F_D}{\rho V^2 A} = f_3 \left(\frac{\rho V d}{\mu} \right) = f_3(Re) \tag{9.29}$$

雖然 9.29 式是針對球體而獲得，但是其方程式的形式對不可壓縮流動中任何物體都有效；使用於雷諾數的特性長度與物體形狀有關。

阻力係數(drag coefficient，C_D)的定義是

$$C_D \equiv \frac{F_D}{\frac{1}{2}\rho V^2 A} \tag{9.30}$$

在上一個式子中，為了形成我們熟悉的動態壓力，式子中已經插入(就像在定義摩擦因子方程式時所做的)數值 $\frac{1}{2}$。然後 9.29 式可以寫成

$$C_D = f(Re) \tag{9.31}$$

在這個有關阻力的討論過程，我們沒有考慮可壓縮性或自由表面效應。在這些都包括在內之後，我們會獲得下列的函數形式

$$C_D = f(Re, Fr, M)$$

在目前這個時候，我們將考慮的作用在幾個物體上的阻力，都是針對 9.31 式為有效的情況。總阻力是摩擦阻力與壓力阻力的總和。不過，阻力係數則只有是雷諾數的函數。

我們現在考慮幾個物體的阻力和阻力係數。先從最簡單的開始：與流動平行的平板(這種情形只有摩擦阻力)；與流動垂直的平板(這種情形只有壓力阻力)；以及圓柱和球體(最簡單的 2D 和 3D 物體，它們同時具有摩擦和壓力兩種阻力)。我們也將簡短討論流線化。

純摩擦阻力：流經一個與流動方向平行之平板

這種流動情形在第 9-5 節已經詳細考慮過。既然壓力梯度為零(而且在任何情形下壓力方向都會與平板垂直，因此，不會對物體形成阻力的效應)，所以總阻力等於摩擦阻力。因此

$$F_D = \int_{\text{plate surface}} \tau_w \, dA$$

而且

$$C_D = \frac{F_D}{\frac{1}{2}\rho V^2 A} = \frac{\int_{\text{PS}} \tau_w \, dA}{\frac{1}{2}\rho V^2 A} \tag{9.32}$$

其中，A 是與流體有接觸的總表面積[也就是濕潤區域(wetted area)]。與流動方向平行的平板的阻力係數，會與沿著平板的剪應力分布有關。

對於平板上的層流，其剪應力係數可以如下求出

$$C_f = \frac{\tau_w}{\frac{1}{2}\rho U^2} = \frac{0.664}{\sqrt{Re_x}} \tag{9.15}$$

一個長度 L 寬度 b 的平板，在其上具有自由流 V 速度的流動的阻力係數，可以經由將 9.15 式取得的 τ_w 代入 9.32 式而求得。因此

$$C_D = \frac{1}{A}\int_A 0.664\,Re_x^{-0.5}\,dA = \frac{1}{bL}\int_0^L 0.664\left(\frac{V}{\nu}\right)^{-0.5}x^{-0.5}b\,dx$$

$$= \frac{0.664}{L}\left(\frac{\nu}{V}\right)^{0.5}\left[\frac{x^{0.5}}{0.5}\right]_0^L = 1.33\left(\frac{\nu}{VL}\right)^{0.5}$$

$$C_D = \frac{1.33}{\sqrt{Re_L}} \tag{9.33}$$

假設邊界層自前緣開始即為紊流，則根據第 9-5 節的近似分析，剪應力係數可以如下求出

$$C_f = \frac{\tau_w}{\frac{1}{2}\rho U^2} = \frac{0.0594}{Re_x^{1/5}} \tag{9.27}$$

將由 9.27 式取得的 τ_w 代入 9.32 式，我們得到

$$C_D = \frac{1}{A}\int_A 0.0594\,Re_x^{-0.2}\,dA = \frac{1}{bL}\int_0^L 0.0594\left(\frac{V}{\nu}\right)^{-0.2}x^{-0.2}b\,dx$$

$$= \frac{0.0594}{L}\left(\frac{\nu}{V}\right)^{0.2}\left[\frac{x^{0.8}}{0.8}\right]_0^L = 0.0742\left(\frac{\nu}{VL}\right)^{0.2}$$

$$C_D = \frac{0.0742}{Re_L^{1/5}} \tag{9.34}$$

當時 $5\times10^5 < Re_L < 10^7$，9.34 式是有效的。

當 $Re_L < 10^9$ 時，Schlichting[3] 已經整理出一個經驗方程式，其形式為

$$C_D = \frac{0.455}{(\log Re_L)^{2.58}} \tag{9.35}$$

上式的預測結果與實驗數據相當吻合。

　　對於一個起初是層流，而且在平板上的某些位置會進行狀態轉變的邊界層，紊流阻力係數必須予以調整，才能解釋初始長度上的層流流動。調整的執行方式，是將從完全的紊流流動所求出的 C_D 減去 B/Re_L。B 值與過渡區的雷諾數有關；B 可以如下求出

$$B = Re_{tr}(C_{D_{turbulent}} - C_{D_{laminar}}) \tag{9.36}$$

對於 5×10^5 的過渡區雷諾數，阻力係數可以經由對 9.34 式進行調整而計算得到，在這種情形下，

$$C_D = \frac{0.0742}{Re_L^{1/5}} - \frac{1740}{Re_L} \qquad (5\times10^5 < Re_L < 10^7) \tag{9.37a}$$

或者對 9.35 式進行調整，在這種情形下

$$C_D = \frac{0.455}{(\log Re_L)^{2.58}} - \frac{1610}{Re_L} \qquad (5\times10^5 < Re_L < 10^9) \tag{9.37b}$$

與流動方向平行的平板，其阻力係數的變動情形顯示於圖 9.8 中。

　　在圖 9.8 的圖形中，對於邊界層最初是層流的流動而言，過渡過程是假設發生在 $Re_x = 5\times10^5$ 上。過渡過程發生之實際雷諾數，取決於幾個因素的組合，例如像是表面粗度和自由流的擾動等等。當表面粗度或自由流擾動增加的時候，過渡過程傾向於提早發生(在較低的雷諾數時)。對於發生位置不是在 $Re_x = 5\times10^5$ 的其他過渡過程，9.37 式第二項的常數可以使用 9.36 式加以修正。

圖 9.8 顯示,對於給定的平板長度,當層流流動被維持在可能的最長長度上,阻力係數將會變小。然而,當 $Re_L(>10^7)$ 時,層流阻力的影響是可以忽略的。

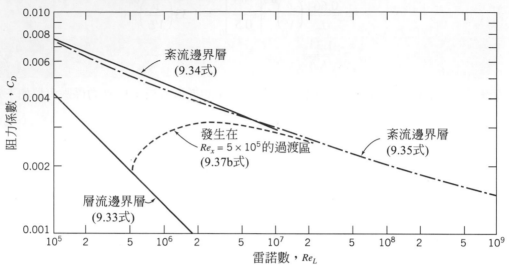

圖 9.8 對於與流動方向平行的平板,其阻力係數隨著雷諾數變動的情形

範例 9.5 作用在超大型油輪上的表面摩擦阻力

有一個超大型油輪的長度是 360m,樑寬 70m,而且吃水 25m。在 10℃ 海水中以 13 節的速度航行時,試估計要克服表面摩擦阻力所需要的的力和功率。

已知:超大型油輪的巡航速度是 $U=13$ 節。

求解:(a) 力。

(b) 要克服表面摩擦阻力所需要的功率。

解答:

將油輪的外殼模擬成一個與海水接觸的長 L 和寬 $b=B+2D$ 的平板。試由阻力係數估計表皮摩擦阻力。

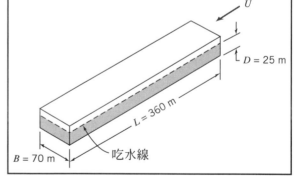

控制方程式:

$$C_D = \frac{F_D}{\frac{1}{2}\rho U^2 A} \tag{9.32}$$

$$C_D = \frac{0.455}{(\log Re_L)^{2.58}} - \frac{1610}{Re_L} \tag{9.37b}$$

船速是 13 節(每小時的海浬數),所以

$$U = \frac{13\ \text{kt}}{} \times \frac{1852\ \text{m}}{\text{kt} \times \text{hr}} \times \frac{\text{hr}}{3600\ \text{s}} = 6.69\ \text{m/s}$$

由附錄 A 可知,在 10℃ 下,對海水而言 $\nu = 1.37 \times 10^{-6}\text{m}^2/\text{s}$。然後

$$Re_L = \frac{UL}{\nu} = \frac{6.69\ \frac{\text{m}}{\text{s}} \times 360\ \text{m}}{} \times \frac{\text{s}}{1.37 \times 10^{-6}\ \text{m}^2} = 1.76 \times 10^9$$

假設 9.37b 式適用，則

$$C_D = \frac{0.455}{(\log 1.76 \times 10^9)^{2.58}} - \frac{1610}{1.76 \times 10^9} = 0.00147$$

而且利用 9.32 式，我們得到

$$F_D = C_D A \frac{1}{2} \rho U^2$$

$$= 0.00147 \times (360\,\text{m})(70 + 50)\,\text{m} \times \frac{1}{2} \times 1020\,\frac{\text{kg}}{\text{m}^3} \times (6.69)^2\,\frac{\text{m}^2}{\text{s}^2} \times \frac{\text{N} \cdot \text{s}^2}{\text{kg} \cdot \text{m}}$$

$$F_D = 1.45\,\text{MN} \xleftarrow{\hspace{6cm}} F_D$$

相對應的功率是

$$\mathscr{P} = F_D U = 1.45 \times 10^6\,\text{N} \times 6.69\,\frac{\text{m}}{\text{s}} \times \frac{\text{W} \cdot \text{s}}{\text{N} \cdot \text{m}}$$

$$\mathscr{P} = 9.70\,\text{MW} \xleftarrow{\hspace{6cm}} \mathscr{P}$$

這個問題為我們說明了阻力係數方程式在與流動方向平行的平板上的應用。

✓　所需要的功率(大約 9.7MW) 非常大，這是因為雖然摩擦應力很小，但是卻作用在大面積上的緣故。

✓　幾乎對於船的整個長度而言，邊界層是紊流(過渡過程發生在 $x \approx 0.1\,\text{m}$ 的長度上)。

純壓力阻力：流經與流動方向垂直的平板：

在與流動方向垂直的平板上的流動(圖 9.9) 中，壁面剪應力與流動方向垂直，因此不會引起阻力。其阻力可以如下求出

$$F_D = \int_{\text{surface}} p\,dA$$

對於這種幾何結構，流動分離的現象發生在平板的邊緣；在平板的低能量尾流中會有逆流存在。雖然在平板背面上的壓力基本上是固定的，但是它的大小無法以分析方式求得。其結果是，我們必須訴諸實驗才能求出阻力。

對於一個沈體上的流動的阻力係數，通常與物體的迎風面積(或投影面積) 有關。[對於方向舵和機翼，使用的是平面形面積(planform area)；請參考第 9-8 節]。

對於與流動方向垂直的有限平板，其阻力係數與平板的寬度對高度的比率，和雷諾數有關。當 Re(以高度為依據) 約略大於 1000，阻力係數基本上與雷諾數無關。C_D 隨著平板寬度對高度的比率(b/h) 而變動的情形，顯示於圖 9.10 中。[比率 b/h 被定義為平板的橫縱比(aspect ratio)]。當 $b/h = 1.0$ 時，對應的阻力係數是最小值 $C_D = 1.18$；這恰好比圓盤在大雷諾數的情形下的值($C_D = 1.17$) 稍高一些。

因為物體的幾何外型給定以後，會使分離點固定下來，也因此使尾流尺寸固定，所以對於具有陡峭邊緣的所有物體，其阻力係數基本上與雷諾數(對於 Re1000 的情形) 無關。表 9.3 所提供的是幾個經過選擇的物體的阻力係數。

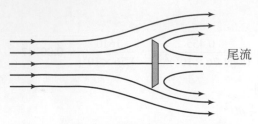

圖 9.9 與流動方向垂直的平板上的流動

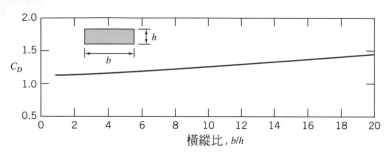

圖 9.10 當流體的 $Re_h > 1000$ 時，與流動方向垂直的有限寬度平板，其阻力係數隨著橫縱比變動的情形[16]

表 9.3 經過選擇的物體的阻力係數數據$(Re \gtrsim 10^3)$ [a]

物體	示意圖		$C_D(Re \gtrsim 10^3)$
方柱		$b/h = \infty$	2.05
		$b/h = 1$	1.05
圓盤			1.17
圓環			1.20^b
半球 (開口朝向流動)			1.42
半球 (開口朝下游動)			0.38
C-截面(開邊朝向流動)			2.30
C-截面(開邊朝向下游)			1.20

[a] 資料來自[16]
[b] 根據環形面積

摩擦阻力和壓力阻力：在球面和圓柱上的流動

我們已經看過兩個特別的流動情形，在其中的摩擦阻力或壓力阻力是獨立出現的阻力形式。在前一種情形中，阻力係數是雷諾數的強函數(strong function)；而在後一種情形中，當 $Re \gtrsim 1000$ 時 C_D 基本上與雷諾數無關。

對於球面上的流動，摩擦阻力和壓力阻力都會影響到總阻力。圖 9.11 則將平滑球面上流動的阻力係數顯示成雷諾數的函數[2]。

在雷諾數非常低 $Re \leq 1$ 的情形下[3]，球面上不會發生流動分離的現象；其尾流為層流，而且阻力主要是由摩擦阻力構成。Stokes 已經以分析方式證明，對於慣性力可以忽略之非常低雷諾數的流動，一個直徑 d 移動速度 V 的球體，其通過黏度 μ 的流體所受的阻力可以如下求出

$$F_D = 3\pi\mu V d$$

然後，由 9.30 式所定義的阻力係數 C_D 變成

$$C_D = \frac{24}{Re}$$

如同圖 9.11 所顯示的，這個數學式在低雷諾數的區域與實驗數值頗吻合，但是當 $Re > 1.0$ 時，它開始明顯地偏離實驗數據。

當雷諾數更進一步增加時，阻力係數持續地減少，直到雷諾數大約為 1000 的地方(但是並不像 Stokes 理論所預測的那麼快速減少)。當分離點從球的背面往前面移動時，紊流尾流(Stokes 的理論沒有處理這種現象) 會在球的背面發展與成長；這個尾流的壓力非常低，因而引起很大的壓力阻力。在 $Re \approx 1000$ 的時候，大約 95% 的總阻力是由壓力引起。當 $10^3 < Re < 3 \times 10^5$，阻力係數大致上固定不變。在這個範圍中，球的整個背面有一個低壓紊流尾流，如圖 9.12 所示，而且大部分阻力是由前後的壓力不對稱所引起。請注意：$C_D \propto 1/Re$ 對應到 $F_D \propto V$；而 $C_D \sim$ 常數 對應到 $F_D \propto V^2$，這代表此時阻力增加得很快。

當雷諾數大約大於 3×10^5 時，會有過渡現象發生，而且在球的前面部分的邊界層將變成紊流。然後分離點會從球的中央部分往下游移動，而且尾流的區域將減少。此時作用在球上的淨壓力減少(圖 9.12)，而且阻力係數突然降低。

因為紊流邊界層跟層流邊界層相比具有更多的動量通量，所以它更能抵抗逆向壓力梯度，這在第 9-6 節已經討論過。其結果是，因為紊流邊界層能延後分離現象的發生，並且因此減少壓力阻力，所以在鈍形物體上它是令人比較想要的流動。

---

[2] 習題 9.11 中有提出符合圖 9.130 的數據的近似曲線。

[3] 有關作用在球面或其他形狀的阻力，在 NCFMF 影片 *The Fluid Dynamics of Drag* 或[17] 上有比較詳細的討論。另一個值得參考的 NCFMF 影片是 *Low Reynolds Number Flows*。或者也可以參看 [18]。(讀者可上網參見 http：//web.mit.edu/fluids/www/Shapiro/ncfmf.html 的免費線上影片，影片雖舊但仍值得一看！)

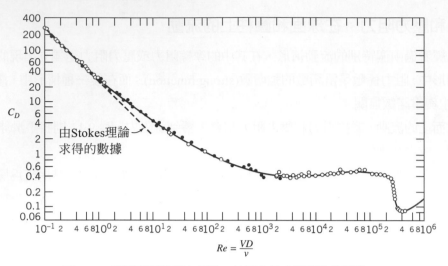

圖 9.11 平滑球面的阻力係數，並且表示成雷諾數的函數[3]

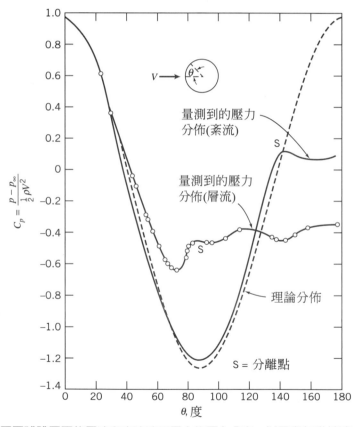

圖 9.12 平圓球體周圍的層流和紊流邊界層中的壓力分布，以及與無黏性流的比較[18]

　　邊界層的過渡，會受球表面的粗度和流體擾動的影響。因此，與紊流邊界層相關連的阻力下降，不會只發生在單獨一個雷諾數上。在一個平滑球體置於低擾動流動的實驗顯示過渡現象可能被延後到一個大約是 4×10^5 的臨界雷諾數 Re_D。對於粗糙表面和(或) 高紊流自由流動，過渡現象可能在臨界雷諾數低到 50,000 就會出現。

在臨界雷諾數附近，具有紊流邊界層流動的球面阻力係數大約是層流流動的五分之一。其阻力的相對應減少量，會明顯地影響球體(例如高爾夫球)的移動範圍。在高爾夫球上的「凹槽」就是設計來「擾亂」邊界層，並且因而保証紊流邊界層流動能發生，因而產生最小阻力。爲了以圖解說明這個效應，數年以前我們取得沒有凹槽的高爾夫球樣品。我們的學生中有一個人志願推擊這些平滑小球。在分別對每個類型的球進行 50 次的測試中，標準高爾夫球平均的距離是 215 碼；平滑球平均只有 125 碼！

在球體上添加粗糙元素，也能對在邊界層中層流和紊流之間發生過渡的位置上，產生局部振盪而形成抑制的效果。這些振盪會導致阻力的變動，以及提升力的隨機波動(請參看第 9-8 節)。在棒球中，「慢速變化球」的投法就是要讓球的路徑變化不定，因而混淆打擊者的判斷。藉著投出幾乎沒有旋轉的球，在棒球往打擊者移動的過程中，投手依靠球上的縫合區域以我們無法預測的方式引起過渡過程。這會引起我們所想要的球移動路徑之變化。

圖 9.13 顯示的是在平滑圓柱上流動的阻力係數。C_D 隨著雷諾數的變化顯示出與在平滑球體上觀察到的特性雷同，但是這種情況下 C_D 值大約是球體情況下的兩倍。

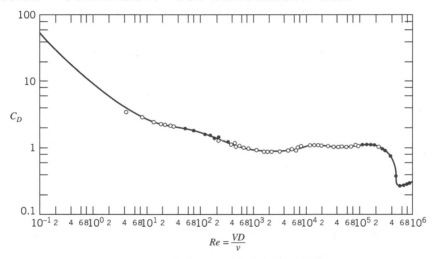

$$Re = \frac{VD}{\nu}$$

圖 9.13 平滑圓柱的阻力係數與雷諾數的函數關係[3]

平滑圓柱周圍的流動可能會在下游處發展出交互出現旋渦的規律樣式。漩渦尾流(vortex trail)[4]將導致在圓柱上產生垂直於流體運動方向的振盪性提升力。漩渦不斷流出，刺激著振盪現象的產生，這種振盪導致電報線「鳴叫」，也導致旗子上的繩子發出惱人的「拍響聲」。有時候結構性振盪可能達到危險的振幅，並且引起大的應力；經由在柱體上施以粗糙元素或鰭(軸向或螺旋狀，有時可以在煙囪或汽車天線上看到它們)，讓它們破壞柱體的對稱性，並且使流動穩定，因而減少或消除振盪。

---

[4] 爲了表示對傑出的流體力學家馮卡門(Theodore von Kármán)的敬意，柱體尾流中漩渦的規則排列樣式，有時稱爲卡門漩渦列(Karman vortex street)。這位流體力學家於 1911 年，首先在理論的基礎上預測穩定間格排列的漩渦尾流；請參看[19]。

實驗數據顯示：流出的規律性漩渦，在大約從 60 到 5000 的雷諾數範圍內，具有最大的振幅。當 $Re > 1000$，如果將漩渦流出的無因次頻率表示成史屈霍數(Strouhal Number)，其中 $St = fD/V$，則其值大約等於 0.21 [3]。

粗糙度以類似的方式影響柱體和球體的阻力：臨界雷諾數會因粗糙的表面而減少，而且在邊界層中從層流到紊流流動的過渡過程，會因此提早發生。當圓柱上的邊界層變成紊流時，阻力係數會降低大約 4 倍。

範例 9.6　作用在煙囪上的空氣動力阻力和動量

在標準大氣條件下，直徑 1m 且高 25m 的圓柱狀煙囪，暴露在速度 50km/hr 的均勻風中。終端效應和陣風可以忽略。試估計由風力引起的煙囪底部的彎曲力矩。

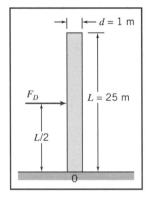

已知：圓柱形煙囪 $D = 1m$，$L = 25m$，其所在的流體具有下列條件

$$V = 50 \text{km/hr} \qquad p = 101 \text{ kPa (abs)} \qquad T = 15°C$$

忽略終端效應。

求解：在煙囪底部的彎曲力矩。

解答：

阻力係數可以由 $C_D = F_D / \frac{1}{2}\rho V^2 A$ 求得，因此 $F_D = C_D A \frac{1}{2} \rho V^2$。既然在整個長度上每個單位長度的力是均勻的，所以合力 F_D 會作用在煙囪的中點。因此作用在煙囪底部的力矩是

$$M_0 = F_D \frac{L}{2} = C_D A \frac{1}{2} \rho V^2 \frac{L}{2} = C_D A \frac{L}{4} \rho V^2$$

$$V = \frac{50 \text{ km}}{\text{hr}} \times \frac{10^3 \text{ m}}{\text{km}} \times \frac{\text{hr}}{3600 \text{ s}} = 13.9 \text{ m/s}$$

對於在標準條件下的空氣 $\rho = 1.23 \text{kg/m}^3$，而且 $\mu = 1.79 \times 10^{-5} \text{kg/(m·s)}$。因此

$$Re = \frac{\rho VD}{\mu} = 1.23 \frac{\text{kg}}{\text{m}^3} \times 13.9 \frac{\text{m}}{\text{s}} \times 1 \text{ m} \times \frac{\text{m·s}}{1.79 \times 10^{-5} \text{ kg}} = 9.55 \times 10^5$$

由圖 9.13 可知 $C_D \approx 0.35$。對於圓柱體，$A = DL$，所以

$$M_0 = C_D A \frac{L}{4} \rho V^2 = C_D D L \frac{L}{4} \rho V^2 = C_D D \frac{L^2}{4} \rho V^2$$

$$= \frac{1}{4} \times 0.35 \times 1\,\text{m} \times (25)^2\,\text{m}^2 \times 1.23\,\frac{\text{kg}}{\text{m}^3} \times (13.9)^2\,\frac{\text{m}^2}{\text{s}^2} \times \frac{\text{N} \cdot \text{s}^2}{\text{kg} \cdot \text{m}}$$

$$M_0 = 13.0\,\text{kN} \cdot \text{m} \longleftarrow \hspace{6cm} M_0$$

> 這個問題說明了如何將阻力係數數據，應用來計算作用在結構上的力量與力矩。我們將風模擬成均勻流動；然後比較真實的說法是，較低的大氣層可以模擬成巨型的紊流邊界層，其次方律速度分布是 $u \sim y^{1/n}$（是高度）。請參考習題 9.135，這個習題是針對 $n=7$ 的情形進行分析。

範例 9.7　利用阻力傘減速的汽車

　　重量 7120N 的短程加速賽車，在四分之一哩中達到 430km/hr 的速度。就在通過計時燈號之後，駕駛員打開面積 $A=2.3\text{m}^2$ 的阻力傘。汽車的空氣和滾動阻力可以忽略。試求出在標準空氣中汽車減速到 160km/hr 所需要的時間。

已知：短程加速賽車重 7,120N，最初的移動速度是 V_0=430km/hr，由面積 A=2.3m² 傘的阻力使其減速。忽略汽車的空氣和滾動阻力。假設整個過程是在標準空氣中進行。

求解：讓汽車減速到 160km/hr 所需要的時間。

解答：

將汽車視為一個系統，並且寫出在運動方向上的牛頓第二運動定律，其結果是

$$-F_D = ma = m\frac{dV}{dt}$$

$V_0 = 430\,\text{km/hr}$
$V_f = 160\,\text{km/hr}$
$\rho = 1.227\,\text{kg/m}^3$

既然 $C_D = \dfrac{F_D}{\frac{1}{2}\rho V^2 A}$ ，則 $F_D = \frac{1}{2} C_D \rho V^2 A$ 。

代進入牛頓第二運動定律，其結果是

$$-\frac{1}{2} C_D \rho V^2 A = m\frac{dV}{dt}$$

將變數分離並且予以積分，我們得到

$$-\frac{1}{2} C_D \rho \frac{A}{m} \int_0^t dt = \int_{V_0}^{V_f} \frac{dV}{V^2}$$

$$-\frac{1}{2} C_D \rho \frac{A}{m} t = -\frac{1}{V}\Big|_{V_0}^{V_f} = -\frac{1}{V_f} + \frac{1}{V_0} = -\frac{(V_0 - V_f)}{V_f V_0}$$

最後我們得到

$$t = \frac{(V_0 - V_f)}{V_f V_0} \frac{2m}{C_D \rho A} = \frac{(V_0 - V_f)}{V_f V_0} \frac{2W}{C_D \rho A g}$$

將阻力傘模擬成半球(其開口端朝向流動)。由表 9.2 可知，$C_D = 1.42$(假設 $Re > 10^3$)。然後，將相關數值代入，

$$t = \frac{(430 - 160)\,\text{km/hr}}{160\,\text{km/hr} \times 430\,\text{km/hr}} \times \frac{2 \times 7120\,\text{N}}{1.42 \times 1.227\,\text{kg/m}^3 \times 2.3\,\text{m}^2 \times 9.81\,\text{m/s}^2} \times \frac{\text{km}}{1000\,\text{m}} \times \frac{3600\,\text{s}}{\text{hr}} \times \frac{\text{kg} \cdot \text{m}}{\text{N} \cdot \text{s}^2}$$

$t = 5.12\,\text{s} \longleftarrow \underline{\hspace{10cm}} t$

檢驗關於 Re 的假設：

$$Re = \frac{DV}{\nu} = \left[\frac{4A}{\pi}\right]^{1/2} \frac{V}{\nu}$$

$$= \left[\frac{4}{\pi} \times 2.3\,\text{m}^2\right]^{1/2} \times \frac{160\,\text{km}}{\text{hr}} \times \frac{1000\,\text{m}}{\text{km}} \times \frac{\text{hr}}{3600\,\text{s}} \times \frac{\text{s}}{1.46 \times 10^{-5}\,\text{m}^2}$$

$$Re = 5.21 \times 10^6$$

因此假設是有效的。

這個問題說明了如何將阻力係數數據，應用來計算作用在運輸工具上的阻力傘的阻力。

✏ 這個範例分析有關的 *Excel* 活頁簿畫，出了賽車速度(以及所行經的距離)和時間之間的函數關係；它也有提供「若是...則如何？(what-ifs)」的應用功能。舉例來說，我們可以找到要讓賽車在 5 秒內減速到 96km/ hr 所需要的阻力傘面積。

在本節所提出的所有實驗數據都是針對浸在無邊限流體流動中的單一物體而言。風洞測試的目的，是要模擬無邊限流動的條件。儀器尺寸上的限制，使得在實務中要達到這個目標是不可能的。一般都需要對量測到的數據施以修正，才能得到可以應用到無邊限流動條件的結果。

在很多真實流動情形中，物體會與附近的物體或表面發生交互作用。當兩個或更多縱向排列進行移動的物體產生交互作用時，阻力可以明顯降低。對腳踏車騎士和對汽車競速有興趣的人而言，這一個現象是他們所熟悉的。在汽車競賽中，「牽引(drafting)」是常見的做法；經過最佳化排列之後，可以減少 80%的阻力[20]。當間隔距離沒有達到最佳化，阻力也可能會明顯增加。

阻力也會受並排的鄰近物體所影響。受重力影響而下降的小型物體，當他們的鄰近有物體存在時，其速度會比單獨存在時減少。NCFMF 的影片《低雷諾數流動(*Low Reynolds Number Flows*)》(請參見 http：//web.mit.edu/ fluids/www/ Shapiro/ncfmf.html 的免費線上影片，影片雖舊但仍值得一看！)有舉例說明這種現象，對於混合和沈殿過程，這種現象會產生重要影響。

有關物體的阻力係數的實驗數據，必須小心地選擇和應用。在進行量測時，測量的真實條件和受控制的條件之間的差異，必須予以適當地注意。

流線化

在前一節所討論過之許多物體後面的分離流動區域的範圍，可藉由將物體外形流線化(streamlining)或平順化(fairing)，而使其減小或消除。我們已經觀察道：受到任何物體尾部的漸縮

形狀(畢竟每個物體的長度都是有限的！)的影響，其流線都將發散，使得速度將會減少；而且更重要的是(如同以白努利方程式應用到自由流區域所示)，壓力將因此增加。因此，我們剛開始的時候在物體背後有逆向壓力梯度，導致邊界層分離，並且最終會演變成引起大壓力阻力的低壓尾流。流線化就是要減少作用在物體上阻力的一種嘗試。經由使物體尾部變得更尖細，我們可以減少物體的阻力(舉例來說，經由使球體具有「淚滴」的形狀，可以使球受到比較小的阻力)；這種尖細的尾部形狀，將減少逆向梯度壓力，並且因此使紊流尾流變小。不過我們這麼做的時候，因為已經增加物體的表面積，我們將冒著增加表面摩擦阻力的危險。在實務中，平順化或尖細化存在著最佳化額度，在此額度下總阻力(壓力阻力和表面摩擦阻力的總和)會減到最少。在 NCFMF的影片系列《阻力的流體動力學(*The Fluid Dynamics of Drag*)》中，有詳細討論這些效應。(請參見http：//web.mit.edu/fluids/www/Shapiro/ncfmf.html的免費線上影片)

　　在「淚滴」形狀(「流線化」圓柱)周圍的壓力梯度，與在圓柱截面附近的壓力梯度相比較，前者的壓力梯度變動顯得比較不那麼劇烈。在這個情形下，壓力阻力和摩擦阻力之間的消長，可以利用圖 9.14 呈現的結果來加以說明，而這個圖形的測試結果是在 $Re_c = 4 \times 10^5$ 的條件下進行的(對於早期飛機上的支柱，這個雷諾數是一個典型值。) 由圖形我們知道，最小的阻力係數$C_D \approx 0.06$，它是發生在厚度對翼弦的比率 $t/c \approx 0.25$ 的時候。這個數值大約是相同厚度圓柱體之最小阻力係數的 20%！因此，即使是一架小型飛機在許多結構組件上，一般也都會予以流線化，例如著陸時所用的輪子組的支柱，這樣做可以明顯地節省燃料。

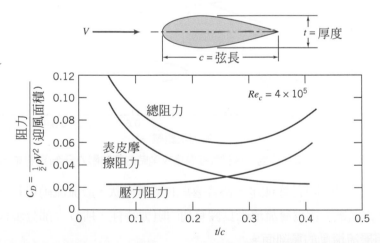

圖 9.14　流線化支柱的阻力與厚度比的函數關係，並且顯示表面摩擦阻力與壓力阻力對總阻力的貢獻[19]

　　對於圖 9.14 所顯示的形狀，其最大厚度是位於從前緣開始的翼弦距離大約 25%的位置上。在比較薄區域上的阻力，大部分是由逐漸變小尾部上的紊流邊界層的表面摩擦阻力所引起。在 1930年代期間，人們對於低阻力翼形的興趣漸漸增加。美國航空顧問委員會(National Advisory Committeefor Aeronautics, NACA)開發了幾個系列的「層流流動」翼剖面，在這些翼剖面上，過渡過程可以延後到從翼剖面鼻部開始往尾部方向上的 60 或 65%弦長上。

圖 9.15 顯示的是：兩種對稱翼剖面的壓力分布和阻力係數[5]，這兩種翼剖面具有無窮大翼展寬度，15%厚度，而且攻角為零度。在傳統(NACA 0015)翼剖面上，過渡現象是發生最大的厚度點附近、壓力梯度變成逆向的位置上，$x/c = 0.13$。因此，大部分翼剖面表面都覆蓋著紊流邊界層；阻力係數 $C_D \approx 0.0061$。在設計成適於層流流動的翼剖面(NACA 66$_2$-015)上，最大厚度點已經往尾部方向移動。藉著有利(favorable)壓力梯度，到 $x/c = 0.63$ 為止，邊界層都維持在層流。因此多數的流動是層流的；以鳥瞰式平面面積來衡量，此截面的 $C_D \approx 0.0035$。以迎風面積為準的阻力係數是 $C_{D_f} = C_D/0.15 = 0.0233$，或者大約是圖 9.14 所示形狀的最佳狀況的 40%。

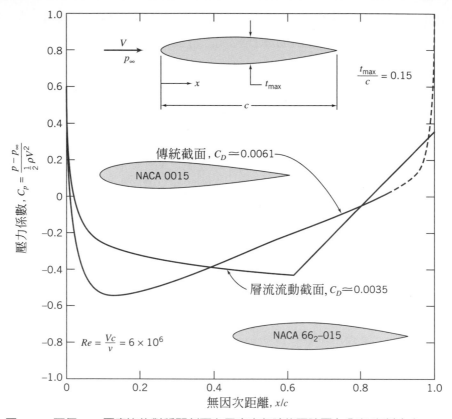

圖 9.15　兩個 15%厚度比的對稱翼剖面在零度攻角時的理論壓力分布(資料來自[21])

在特別風洞中進行的測試已經顯示，藉著適當的機翼形狀，層流流動可以一直維持，直到高達 3000 萬的長度雷諾數。因為層流流動具備有利的阻力特性，所以大部分現代的次音速飛機在設計時，都會使用層流流動的翼剖面。

最新技術進展已可設計出比 NACA 60 系列機翼形狀更好的低阻力機翼外形。許多實驗[21]指引去設計能避免分離現象的壓力分布，且這種壓力分布又能在產生可忽略的表面摩擦阻力條件下，維持紊流邊界層。針對計算出能滿足想要的壓力分布所需的物體形狀[23,24]，有些改良方法已可導引我們去開發，具有低阻力特性的厚支柱的幾近最佳化形狀。圖 9.16 之例顯示了這些結果。

---

[5]　請注意，翼剖面的阻力係數是以平面形面積(*planform* area)為計算依據，即 $CD = FD12\rho V2Ap$，其中 A_p 是最大的投影機翼面積。

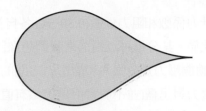

圖 9.16　適用於低阻力支柱、幾近最佳化的形狀[24]

減少空氣動力阻力，對在道路上行駛的車輛也是很重要的。對燃料經濟方面的興趣，明顯地刺激著我們：必須在有效的空氣動力效能和吸引人目光的汽車設計之間，取得一個平衡點。對於公共汽車和卡車，減少阻力也已經變得很重要。

實務上的考慮，限制著道路交通工具的整體長度。除了要創造陸地行駛速度極限的車輛，完全流線化的尾部並不切合實際。其結果是要達到能與最佳翼剖面形狀的特性相比美的結果，幾乎是不可能的。不過，在與整體長度有關的限制條件下，使前面和後面的輪廓最佳化則是可行的[25 - 27]。

目前已經有很多人將心力擺放在車輛前面輪廓的設計。對公共汽車的研究已經顯示：如果小心注意前方輪廓的設計，要將阻力減少達到 25% 是可能的[27]。因此，藉著實際的設計，公共汽車的阻力係數可能從大約 0.65 減少到小於 0.5。高速公路上的貨櫃拖車的附加裝備，具有比較高阻力係數，有報告指出其 C_D 值是從 0.90 到 1.1。商業上可資利用的附加裝置，可以將阻力減少達到 15%，尤其在受風而且偏轉角非零的條件下更是如此。一般所節省的燃料，則是空氣動力阻力所減少百分比的一半。

對於汽車而言，前面部分的輪廓和相關細節是很重要的。低的鼻部和半滑圓化的輪廓，是促進低阻力的主要特性。經由「A 型柱」的半徑、擋風玻璃前罩和配件的混合，來降低寄生(parasite)和干擾阻力，已經逐漸受到重視。結果使得最近製造出來的車輛，其阻力係數已經從大約 0.55 減少到 0.30 或更少。最近在計算方法上的進步，已經讓用電腦產生最佳形狀方面的努力有所進展。幾個被提出來的設計，宣稱利用運行機構(running gear)可以讓車輛的 C_D 值低於 0.2。

9-8 升力

對於在流體中處於相關運動的大多數物體，最重要的流體力是阻力。然而有些像翼剖面這樣的物體，其升力則是很重要的[6]。升力被定義成與流動運動方向垂直的流體力分量。對翼剖面而言，升力係數 C_L 的定義是

$$C_L \equiv \frac{F_L}{\frac{1}{2}\rho V^2 A_p} \tag{9.38}$$

---

[6]　NCFMF 影片《邊界層控制 (Boundary Layer Control)》有顯示翼截面的流動樣式。
　　(請參見 http：//web.mit.edu/ fluids/www/Shapiro/ncfmf.html 線上免費觀賞影片。)

值得注意的是，前面所定義的升力係數和阻力係數(9.30 式) 各自被定義成，真實力(升力或阻力) 除以動態壓力和面積的乘積之比值。其分母可以視為當我們想像將直接趨近該面積的流體變成靜止時所產生的力(請回想一下，動態壓力是總壓力和靜壓力之間的差值)。這讓我們能「感覺」到這些係數的意義：它們代表真實力對這個(並不真實但是仍然有直觀上的意義) 力的比值。我們也注意到：係數的定義包含分母的 V^2，這使得與 V^2 成正比的 F_L(或 F_D) 對應到常數 C_L(或 C_D)；而且使得以比二次方低的比率隨著 V 增加的 F_L(或 F_D)，會對應到隨著 V 減少的 C_L(或 C_D)。

翼剖面的升力和阻力係數，是攻角和雷諾數兩者的函數；攻角 α 是介於翼剖面弦和自由流速度向量之間的角度。翼剖面的弦(*chord*)是連結前緣和後緣的直線。機翼部分的形狀，是經由將中線(*mean line*)和厚度分布加以組合而取得(關於細節請參看[21])。當翼剖面具有對稱的區域時，中線和弦線兩者都是直線，而且它們兩個會重合。我們將中線呈曲線的翼剖面稱為是弧形的(*cambered*)。

與流動方向成直角的面積會隨著攻角而改變。其結果是，平面形面積(planform area) A_p(機翼的最大投影面積) 會用來定義翼剖面的升力和阻力係數。

空氣動力升力現象，很常藉由在翼剖面頂部的速度增加，導致壓力減少(伯努利效應)，以及沿著翼剖面底部的速度減少(導致壓力增加)，來加以解釋。所產生的壓力分布，在影片《邊界層控制(Boundary Layer Control)》中有清楚說明。因為與大氣相對壓力差值的緣故，翼剖面的上表面可以稱為吸力面(suction surface)，而且下表面稱為壓力面(pressure surface)。

如同範例 6.12 所示，作用在該物體的升力也會與圍繞在縱剖面的環流量有關：為了能產生升力，在縱剖面周圍必須有淨環流量產生。我們可以想像由「限制」在縱剖面裡面的漩渦所引起的環流量。

計算方法和電腦硬體持續地進步中。然而，在文獻中大部分可資利用的翼剖面資料，都是從風洞測試中取得。參考文獻 21 包含很多由 NACA 主導的測試結果(NACA 是美國航空暨太空總署 NASA 的前身)。後面幾個段落會描述一些具有代表性的 NACA 縱剖面形狀。

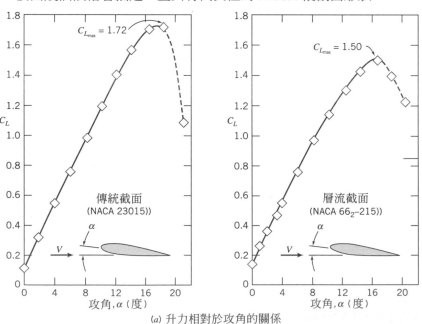

(a) 升力相對於攻角的關係

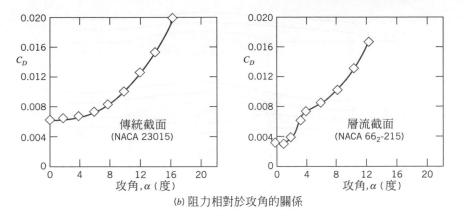

(b) 阻力相對於攻角的關係

圖 9.17　對於厚度比為 15%的兩種翼截面，在 $Re_c = 9 \times 10^6$ 時，上升係數和阻力係數相對於攻角的關係 (數據資料來自[21])

圖 9.17 有畫出幾個典型的傳統和層流流動縱剖面的升力和阻力係數資料；它們是在雷諾數 9×10^6 時取得的資料，並且是以弦長度為準來繪製。圖 9.17 的截面形狀可以依右圖方式予以標示。

兩個截面被設計成具有弧形，使得在零度攻角時能提供升力。當攻角增加時，在上表面和下表面之間的 Δp 會增加，導致升力係數平順地增加，直到抵達最大值。攻角進一步增加會使 C_L 突然減少。當 C_L 值以這種方式下降時，我們說此時翼剖面已經失速 (stalled)。

當流動分離發生在翼剖面的上表面主要部分時，會產生翼剖面失速的情形。當攻角增加時，滯流點會沿著翼剖面的下表面向後移動，如同圖 9.18a 的對稱層流流動截面

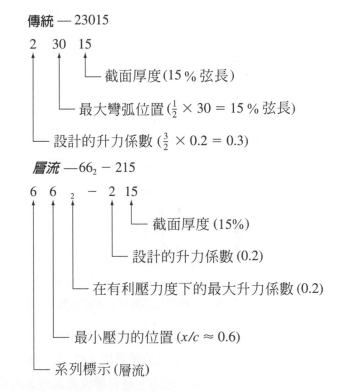

傳統 — 23015

層流 —$66_2 - 215$

所概要顯示的。然後上表面的流動必須急遽加速，以便繞過翼剖面的鼻部[7]。攻角對上表面的理論壓力分布的影響顯示於圖 9.18b。最小的壓力變得更小，而且它所在的位置會在上表面上向前移動。最小的壓力變得更小，而且它所在的位置會在上表面上向前移動。在最小壓力點之後會出現陡峭的逆向壓力梯度曲線；最後，逆向壓力梯度導致流動自上表面完全分離，因此也導致翼剖面失速(在紊流的尾流的均勻壓力大約等於分離之前的壓力，也就是最低值)。

---

[7]　NCFMF 影片《邊界層控制 (*Boundary Layer Control*)》有顯示翼截面的流動樣式和壓力分布。
(請參見 http：//web.mit.edu/fluids/www/Shapiro/ncfmf.html 線上免費觀賞影片。)

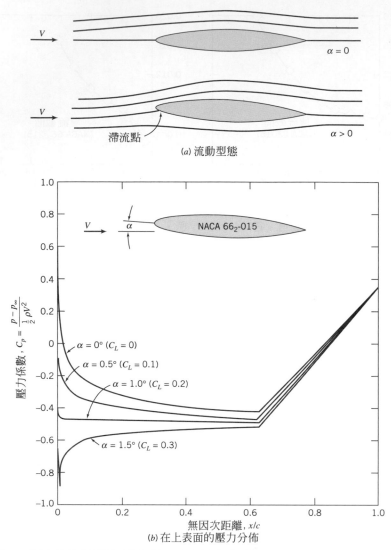

(a) 流動型態

(b) 在上表面的壓力分佈

圖 9.18 對於 15%厚度比的對稱層流翼剖面，攻角對流動型態和理論壓力分布的影響(資料來自[21])

　　最小的壓力點的移動，以及逆向壓力梯度曲線的上揚，都是由層流流動截面的 C_D 突然增加所引起；這從圖 9.17 可以清楚看出。C_D 突然增加，則是導因於在上表面上，從層流到紊流邊界層的過渡太早發生所引起的。具有層流流動截面的飛機是設計來巡航於低阻力區域中。

　　因為層流流動截面具有非常尖銳的前緣，所以我們已經描述過的所有效應都已經被誇大，而且它們發生失速的攻角會比傳統截面小，如同圖 9.17 所示。對於層流流動截面，其可能的最大升力係數 $C_{L_{max}}$ 也比較小。

　　C_L 相對於 C_D 的比較圖形(稱為升阻力曲線)，常常用來當作呈現翼剖面之精簡資料。圖 9.19 的對比曲線，提供了兩個我們已經討論過的截面。顯示這兩種截面的升力/阻力比 C_L/C_D 時，是在所設計的升力係數為基準的情形下來進行的。這個比值在設計飛機時是非常重要的：升力係數決定了機翼的升力，因此也決定了飛機能攜帶的載量；而阻力係數則能指出為了產生所需要的升力，飛機引擎必須克服的一大部分阻力(除了由機身等等部分所引起的之外)；因此一般而言，高 C_L/C_D 是我們的設計目標，在這個條件下層流翼剖面明顯地具有優勢。

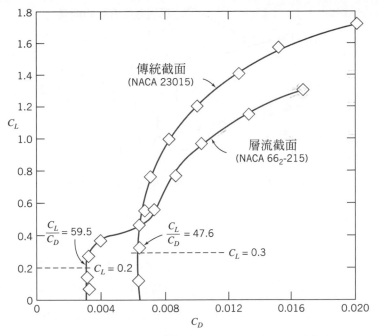

圖 9.19　厚度比為 15% 的兩種翼截面的升阻力曲線(資料來自[21])

最近在模擬和計算能力的進步，已經使設計出具有大的升力，並且能維持極低阻力的的翼截面成為可能[23,24]。為了開發出能將過渡現象盡可能地往尾部延後的壓力分布之物體形狀，我們可以使用邊界層計算程式碼，再配合計算勢流時所運用逆方法(inverse method) 來達成。藉助於適當選取壓力分布曲線的形狀，可以讓在過渡過程之後的紊流邊界層維持在初生的分離狀態下；在這種狀態中表面摩擦力幾乎為零。

利用電腦設計翼剖面，已經運用在賽車上，以便開發出很大的負值升力(往下)，因而改善高速時的穩定性，以及轉彎時的效能[23]。在為 Kremer 贏得獎項的人力「Gossamer Condor」號[28]上，其機翼和螺旋槳都使用了特別設計成用於在低雷諾數下進行操作的翼截面，這款飛機目前懸掛在華盛頓特區的美國航空太空博物館內。

所有真實翼剖面(機翼) 都具有有限長度的翼展，而且與它們的翼截面資料相比，真實翼剖面的升力比較小，阻力則比較大。要解釋這種現象有幾個方式。如果我們考慮靠近機翼尾端附近的壓力分布，則在上表面的低壓力與在下表面的高壓力，會在機翼的端點周圍引起流動，因而導致拖曳旋渦(如圖 9.20 所示)的發生，而且壓力差會下降，因而使升力下降。這些拖曳旋渦，也可以利用環流量以抽象的方式加以解釋。在第 6-6 節我們已經學習過，每當機翼上具有升力時，在機翼截面周圍會出現環流，而且環流呈螺旋管形；換言之，它不會在流體中結束；因此，環流會越過機翼以拖曳旋渦的形式延伸出去。拖曳旋渦可能非常強勁和持久，當大型飛機的速度大於 320km/hr 時，可以量測到這種情形，此時在它後面大約 8 到 16km 的其他飛機可能都會有危險[8]。

---

[8]　Sforza, P. M., "Aircraft Vortices：Benign or Baleful?" *Space/Aeronautics*, *53*, 4, April 1970, pp.42-49。
　　也可以參看愛荷華大學的影片《形狀阻力、升力和推進力(*Form Drag, Lift, and Propulsion*)》

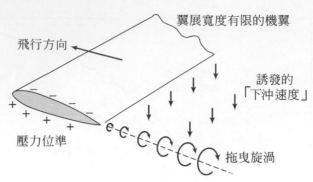

圖 9.20　翼展寬度有限的機翼的拖曳漩渦系統示意圖

　　因為拖曳漩渦會導致壓力差的損失(有關這種現象我們剛才提起過)，所以拖曳漩渦會使升力下降。經由下列方式，也可以解釋這種升力的下降和阻力的增加[稱為誘導阻力(induced drag)]：由漩渦誘引的「下沖氣流(downwash)」速度，會讓有效攻角減少，此時機翼所「看見」流動方向大約是往上游方向和往下游方向的平均方向，這可以解釋為什麼機翼產生的升力比文獻記載的數據還小。這也導致升力(與有效攻角垂直)稍微「向後靠」(lean backwards)，使得有些升力看起來像阻力。

　　由有限的翼展寬度所引起的升力減少和阻力增加的效應，會集中在機翼的末端附近；因此很清楚的，短粗的的機翼所遭受的這種效應會比很長的機翼遭受的更加嚴重。我們因此會預期這些效應與機翼的展弦比(*aspect ratio*)互有關連，展弦比的定義是

$$AR \equiv \frac{b^2}{A_p} \tag{9.39}$$

其中 A_p 是平面形面積(planform area)，而 b 是翼展寬度。對於一個翼展 b 而弦長度 c 的矩形翼面，

$$AR \equiv \frac{b^2}{A_p} = \frac{b^2}{bc} = \frac{b}{c}$$

對於無限大的展弦比，現代的低阻力截面的最大升力/阻力比($L/D = C_L/C_D$)可以高達 400。$AR = 40$ 的高效能滑翔機可以產生 $L/D = 40$，而典型的輕型飛機($AR \approx 12$)，則可以產生大約 $L/D \approx 20$ 左右。具有相當差外形的兩個例子，分別是用於從大氣層重返地球的太空飛行返回船，以及滑水板；後者是具有低展弦比的水翼(*hydrofoil*)。對於這兩種形狀，其 L/D 一般都小於一。

　　在大自然的一般現象中，我們可以看見展弦比的變化。像信天翁或加州禿鷹這類能夠滑翔的鳥類，都具有很薄的翅膀和很長的翼展。而像貓頭鷹(必須很快地移動位置才能捕捉獵物的鳥類)，其翅膀的翼展相對而言都比較短，但卻有大的面積，如此可以讓翅膀具有低的機翼載荷(*wing loading*)，因而可以有高機動性。其中，所謂的機翼載荷指的是載重量對平面形面積(planform area)的比值。

　　當我們試著要從有限寬度的機翼產生更多升力時(例如經由增加攻角)，拖曳漩渦會增加而且下沖氣流也跟著增加，這種現象是有其道理的。我們也學習到：下沖氣流會導致有效攻角小於相對應的翼截面(也就是當 $AR = \infty$ 時)時的攻角，最後導致升力的損失和引發阻力的產生。因此我們

得出結論：展弦比為有限值的影響，且可用下列各項來描述其特徵；有效攻角 $\Delta\alpha$ 會減少，而且當我們要產生更多升力(也就是當升力係數 C_L 增加)，以及當 AR 變得更小的時候，這種情形(通常是人們不想要的)將變得更糟。理論和實驗均指出

$$\Delta\alpha \approx \frac{C_L}{\pi AR} \tag{9.40}$$

與翼截面($AR=\infty$)相較，機翼(AR 有限)的幾何攻角必須增加，這個數量才能得到相同的升力，如同圖 9.21 所示。這也意謂著，升力並不是與運動方向成垂直，而是從垂直方向往後傾斜 $\Delta\alpha$ 的角度，因為此時機翼具有由阻力係數引起的誘發阻力的力分量。運用簡單的幾何學，我們知道

$$\Delta C_D \approx C_L \Delta\alpha \approx \frac{C_L^2}{\pi AR} \tag{9.41}$$

這種現象也顯示於圖 9.21 中。

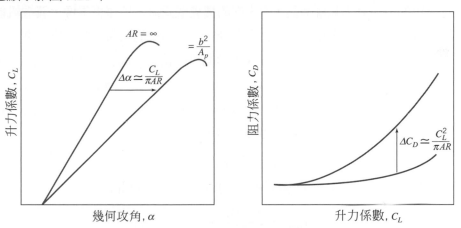

圖 9.21　展弦比為有限的時候，對機翼的升力係數和阻力係數的影響

如果以展弦比來表示，則有限翼展寬度的機翼阻力變成[21]

$$C_D = C_{D,\infty} + C_{D,i} = C_{D,\infty} + \frac{C_L^2}{\pi AR} \tag{9.42}$$

其中，$C_{D,\infty}$ 是在 C_L 上的截面阻力係數，$C_{D,i}$ 是在 C_L 上的誘發阻力係數，而 AR 是有限翼展寬度的機翼的展弦比。

作用在翼剖面上的阻力是由黏滯力和壓力所引起。黏滯阻力會隨著雷諾數變化，但是受攻角的影響則很小。圖 9.22 所示為這些物理量的關係和一些普遍使用的術語。

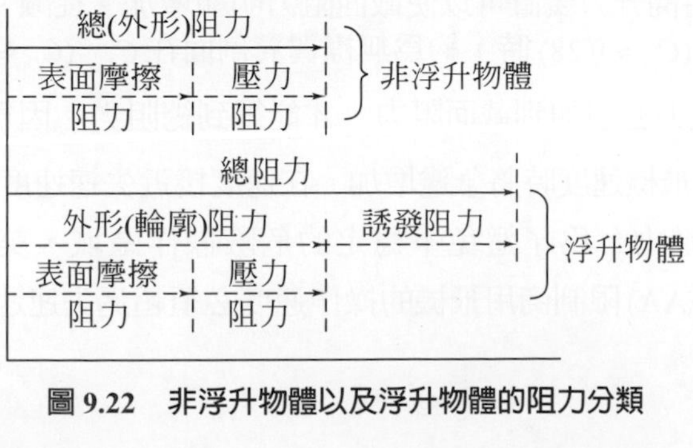

圖 9.22　非浮升物體以及浮升物體的阻力分類

經由升力爲零時的阻力及加上誘發阻力,我們可以取得完整飛機阻力圖的有用近似。在任何升力係數下的阻力,可以由下式求出

$$C_D = C_{D,0} + C_{D,i} = C_{D,0} + \frac{C_L^2}{\pi AR} \tag{9.43}$$

其中,$C_{D,0}$ 是零升力時的阻力係數,而且 AR 是展弦比。

針對給定的機翼幾何比值,藉著對機翼末端添加尾板(*endplate*)或翼端帆(*winglet*),是有可能增加其有效展弦比的。尾板可以是一個附在末端並且與翼展垂直的簡單平板,如同賽車用的後擾翼(請參看圖 9.26)。尾板發揮的功能是在機翼要產生升力時,流動要從在機翼末端下方的高壓力區域移動到在末端上方的低壓力區域時,用來阻滯氣流之用。在添加尾板以後,拖曳漩渦和誘發阻力的強度都會減少。

翼端帆是很短的空氣動力輪廓機翼,與末端的機翼成垂直。與尾板很像,翼端帆能減少拖曳漩渦系統和誘發阻力的強度。翼端帆也產生了在飛行方向的小的力量分量,它能進一步地減少飛機的整體阻力。翼端帆的攻角和輪廓可以根據風動測試的結果,調整到能提供最佳的效果。

如同我們已經看到的,飛機可以配備低阻力翼剖面,使其在巡航的條件下產生最好的效能。不過,既然薄翼剖面的最大升力係數偏低,我們必須付出額外的心力去取得我們可以接受的低著陸速度。在穩定的飛行條件下,升力必須等於飛機重量。因此

$$W = F_L = C_L \tfrac{1}{2} \rho V^2 A$$

因此當 $C_L = C_{L_{\max}}$ 時,可以求得最小的飛行速度。求解 V_{min},我們得到

$$V_{\min} = \sqrt{\frac{2W}{\rho C_{L_{\max}} A}} \tag{9.44}$$

根據根據 9.44 式,藉由增加 $C_{L_{\max}}$ 或機翼面積兩者其中之一,我們可以減少最小的著陸速度。要控制這些變數,有兩種基本技術可以供我們利用:可變的幾何機翼截面(例如,經由使用襟翼來取得這個效應),或者是邊界層控制技術。

襟翼是在機翼尾部邊緣的可移動部分,它可以在著陸和起飛期間予以延伸,以便增加有效的機翼面積。兩種典型襟翼結構當運用於 NACA 23012 的翼截面時,其升力和阻力效應顯示於圖 9.23 中。這種截面的最大升力係數會從無襟翼條件下的 1.52,增加到使用雙開縫(double-slotted)襟翼時的 3.48。從 9.44 式可知,相對應的著陸速度會減少 34%。

從圖 9.23 顯示,利用高升力裝置可以使截面阻力明顯增加。從圖 9.23*b*,我們知道使用雙開縫襟翼的截面阻力在 $C_{L_{\max}}$ ($C_D \approx 0.28$) 時,約爲無襟翼翼剖面在 $C_{L_{\max}}$ ($C_D \approx 0.055$) 時的截面阻力的五倍。由升力引起的誘導阻力必須加到截面阻力,才能得到總阻力。因爲誘發阻力與 C_L^2 (9.41 式) 成正比,所以總阻力在低飛機速度時將急遽增加。在速度接近失速速度時,阻力增加到足以超過從引擎得到的可利用推進力。爲了避免不穩定的危險操作區域,美國聯邦航空總署(Federal Aviation Admin.istration, FAA)限制商用飛機的操作速度必須超過失速速度的 1.2 倍。

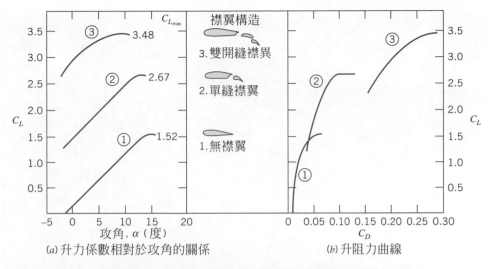

(a) 升力係數相對於攻角的關係　　(b) 升阻力曲線

圖 9.23　襟翼對 NACA 23012 翼截面的空氣動力特性的影響(資料來自[21])

　　雖然有關邊界層控制技術的細節，已經超過這本書的範圍，但是所有邊界層控制技術的基本目的，都是要經由吹氣增加邊界層的動量，或者經由吸氣移除低動量邊界層流體，以便將分離現象延後，減少阻力[9]。實際邊界層控制系統的許多例子，可以在你所在的地方機場的商業運輸飛機上看到。圖 9.24 顯示的是兩個典型的系統。

圖 9.24　**(a) 高升力邊界層控制裝置應用於減少噴射運輸機的著陸速度。波音 777 的機翼是高度機械化的。在著陸時的機件結構中，尾端邊緣的大型單縫襟翼會由機翼底下捲出，並且向下偏斜以便增加機翼面積和翼面弧形，因而增加升力係數。在機翼前緣的狹條會往前和向下移動，以便增加前緣的有效半徑，避免流動分離，並且打開一個縫幫助空氣流保持附著於機翼的上表面。在飛機觸地之後，在每一個襟翼的前面會有擾流板(未顯示)升起，以便減少減少升力，並且在升力增加設備還在使用中的情況下，確保飛機保持在地面上(這張相片是在一次飛行測試期間所拍攝。將流錐附著在襟翼和副翼，可以幫助我們辨識這些表面上個別流動的區域)(感謝波音飛機公司提供這張照片)**

---

[9]　有關這些技術的回顧，請參看 NCFMF 的優良影片《邊界層控制 (*Boundary Layer Control*)》
　　(請參見 http：// web.mit.edu/fluids/www/Shapiro/ncfmf.html 線上免費觀賞影片。)

圖 9.24 **(b)** 高升力邊界層控制裝置應用於減少噴射運輸機的起飛速度。這是波音 777 機翼的另一個觀測照片。在起飛的飛機機件結構中,尾端邊緣的大型單縫襟翼會偏斜,以便增加升力係數。為了改善起飛期間的翼展載荷(span loading),在翼尖附近的低速副翼也會偏斜。這個觀察照片也顯示了單縫外側襟翼、高速副翼和最靠近機身的雙縫內側襟翼(感謝波音飛機公司提供這張照片)

範例 9.8 噴射運輸機的最佳巡航效能

噴射引擎燃料消耗率與輸出的推進力成正比。噴射飛機的最佳航行條件,是在給定的引擎推力下航行於最大的速度。在穩定的同高度飛行過程,推進力和阻力相等。因此,最佳的航行速度是發生在阻力對空氣流速(air speed)的比值變得最小的時候。

波音 727-200 噴射運輸機的機翼平面形面積(planform area) 為 $A_p = 149\text{m}^2$,而且展弦比 $AR = 6.5$。當襟翼撐起而且總重量是 667,500N 時,這種飛機在海平面的失速速度是 280km/ hr。在 $M = 0.6$ 以下,由於可壓縮性效應引起的阻力是可以忽略的,因此 9.43 式可以用來估計作用在飛機上的總阻力。這種飛機的 $C_{D,0}$ 固定在 0.0182。假設在海平面的音速是 $c = 1,214\text{km}/\text{hr}$。

試藉由畫出在失速速度與 $M = 0.6$ 之間阻力相對於速度的曲線,評估在海平面上這架飛機的航行效能。使用這一個曲線圖去估計在海平面條件下,此飛機的最佳航行速度。並且評論在標準天氣下,這架飛機在 9140m 高度時的失速速度和最佳航行速度。

已知:波音 727-200 噴射機在海平面條件下進行運輸工作。

$$W = 667{,}500\text{N}, \ A = 149\text{m}^2, \ AR = 6.5, \ \text{及} \ C_{D,0} = 0.182$$

失速速度是 $V_{\text{stall}} = 280\text{km}/\text{hr}$,而且當 $M \leq 0.6$ 時可壓縮性對阻力的影響是可以忽略的(在海平面的音速是 $c = 1{,}214\text{km} = \text{hr}$)。

求解：(a) 從 V_{stall} 到 $M = 0.6$ 的範圍內，將阻力表示成速度函數；將結果以曲線圖表示出來。

(b) 試估計在海平面上的最佳航行速度。

(c) 在 9,140m 高度上的失速速度和最佳航行速度。

解答：

對於穩定的等高飛行，重量等於升力而且推進力等於阻力。

控制方程式：

$$F_L = C_L A \frac{1}{2} \rho V^2 = W \qquad C_D = C_{D,0} + \frac{C_L^2}{\pi AR}$$

$$F_D = C_D A \frac{1}{2} \rho V^2 = T \qquad M = \frac{V}{c}$$

在海平面上 $\rho = 1.227 \text{kg/m}^3$，而且 $c = 1,214 \text{km/hr}$。

既然對於任何速度的等高度飛行，$F_L = W$，則

$$C_L = \frac{W}{\frac{1}{2} \rho V^2 A} = \frac{2W}{\rho V^2 A}$$

在失速速度，$V = 280 \text{km/hr}$，所以

$$C_L = \frac{2 \times 667,500 \text{ N}}{1.227 \text{ kg/m}^3 \times (280)^2 (\text{km/hr})^2 \times 149 \text{ m}^2} \times \frac{\text{kg} \cdot \text{m}}{\text{N} \cdot \text{s}^2} \times \left(\frac{3,600 \text{ s}}{\text{hr}} \right)^2 \times \left(\frac{\text{km}}{1,000 \text{ m}} \right)^2$$

$$C_L = \frac{9.46 \times 10^4}{[V(\text{km/hr})]^2} = \frac{9.46 \times 10^4}{(280)^2} = 1.207, \text{ and}$$

$$C_D = C_{D,0} + \frac{C_L^2}{\pi AR} = 0.0182 + \frac{(1.207)^2}{\pi(6.5)} = 0.0895$$

然後

$$F_D = W \frac{C_D}{C_L} = 667,500 \left(\frac{0.0895}{1.207} \right) = 49,496 \text{ N}$$

當 $M = 0.6$，$V = Mc = (0.6) 1,214 \text{km/hr} = 728 \text{km/hr}$，因此 $C_L = 0.178$ 而且

$$C_D = 0.0182 + \frac{(0.178)^2}{\pi(6.5)} = 0.0198$$

因此

$$F_D = 667,500 \text{ N} \left(\frac{0.0198}{0.178} \right) = 74,250 \text{ N}$$

類似以上之計算過程，可以推導出下列表格(使用 *Excel*) 來計算)：

V (km/hr)	280	320	480	640	730
C_L	1.207	0.924	0.411	0.231	0.178
C_D	0.0895	0.0600	0.0265	0.0208	0.0197
F_D (N)	49,510	43,348	43,009	60,150	74,237

利用這些資料可以畫出下列曲線圖：

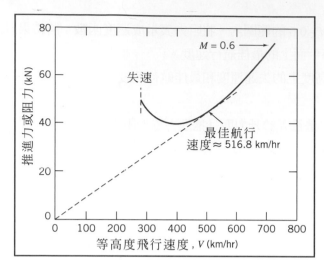

利用這個曲線圖，我們估計在海平面上的最佳航行速度是 516.8km/hr(如果使用 *Excel*，我們得到 518.4km/hr)。

在 9140m 高度時，從表 A3 可知，其密度只有海平面密度的 0.375 倍。相對應力量的速度可以由下式計算得到

$$F_L = C_L A \tfrac{1}{2} \rho V^2 \qquad 或 \qquad V = \sqrt{\frac{2 F_L}{C_L \rho A}} \qquad 或 \qquad \frac{V_{30}}{V_{SL}} = \sqrt{\frac{\rho_{SL}}{\rho_{30}}} = \sqrt{\frac{1}{0.375}} = 1.63$$

因此在 9140m 高度時，增加的速度有 63%：

$$V_{\text{stall}} \approx 456 \text{ km/hr}$$

$$V_{\text{cruise}} \approx 845 \text{ km/hr}$$

這個問題說明了高度飛行會增加飛機的最佳航行速度；一般而言，最佳航行速度與飛機的構造、總重、元件長度和高空風速有關。

有關這個問題的 *Excel* 活頁簿，有將推進力、阻力以及功率表示成速度的函數。它也有提供「若是…則如何？(what-ifs)」的應用功能。舉例來說，如果高度增加，則最佳航行速度會如何，或者是如果展弦比增加，則最佳航行速度又如何等等。

在設計像賽車和陸地速極限紀錄的交通工具等高速陸地車輛時，空氣動力升力是很重要的考慮因素。道路用車輛可以憑藉它的形狀來產生升力[29]。圖 9.25 顯示的是，一部在風洞中進行量測的汽車所具有代表性的中心線壓力分布[30]。

當流動經過鼻部時，因為流線曲率的緣故，使得鼻部周圍的壓力偏低。在擋風玻璃的底部，壓力達到極大值(這是由流線曲率所造成)。低壓區域也發生在擋風玻璃頂部和汽車的頂部。越過頂端的空氣速度大約比自由流動空氣速度高 30%。相同的效應也發生在擋風玻璃邊緣的「A 型柱」周圍。像天線、車頭燈或鏡子等及在其所在的位置上的附加物件，其所引起阻力的增加，會是物件在未受擾動的流動場中遭受的阻力的 $(1.3)^2 \approx 1.7$ 倍。因此附加組件的寄生阻力(*parasite drag*)，可能比其在自由流動中計算出來的阻力，所預期的數值大許多。

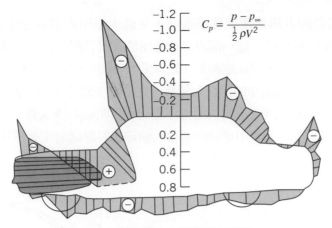

$$C_p = \frac{p - p_\infty}{\frac{1}{2}\rho V^2}$$

圖 9.25　沿著汽車中心線的壓力分布[30]

在高速度下，空氣動力升力可能使輪胎浮起，導致航行控制性嚴重降低，並且將穩定性減少到發生危險的程度。早期賽車會利用「擾流板」來抵銷一部分升力，但是會因此引起相當的阻力。在 1965 年 Jim Hall 在他的 Chaparral 賽車上，率先使用可移動的倒裝機翼，以便產生由空氣動力引起的向下力量，並且提供空氣動力煞車[31]。自從那時候空氣動力裝置的發展就很迅速。空氣動力的設計是用來減少作用在所有現代賽車上的升力，如圖 9.26 所顯示的例子。Liebeck 翼剖面[23] 經常用於高速汽車上。它們的高升力係數和相對低的阻力，可以讓賽車在競賽速度下所產生的向下力量等於或大於汽車重量。「地面效應」汽車在汽車下方使用了文氏管形的導管，以及使用裙腳來密閉洩漏氣流。這些空氣動力的淨效果是，向下的力量(隨著速度增加) 可以在不使車輛增加明顯重量的情況下，經由曲線使車輛具有比較快的速度，使得賽車繞行一圈的時間減少。

圖 9.26　當代賽車(舒馬克方程式一級賽車法拉利) 顯示空氣動力性能。賽車前後翼被設計用來於高速時提供可觀的下壓力以改進牽引性能。也可看得見的是整流罩用於引導來自環繞後輪之幅射器與前方賽車排出的熱氣，冷卻空氣吹向煞車。圖片沒有顯示出來的是其他的空氣動力性能例如車身底部，使用擴散器，被設計用來小心地引導氣流，以建立負壓並促使這個負的壓力盡可能涵蓋賽車下方的大部分面積，以建立額外的下壓力[攝影©韋恩詹森(Wayne P. Johnson)]

另一個邊界層控制的方法是使用移動表面，來減少作用在邊界層上的表面摩擦阻力效應 [32]。因為幾何和重量的複雜性，這一個方法很難用於實際裝置，但是在休閒娛樂中它是非常重要的。大多數打高爾夫球的人、網球運動員、足球愛好者和棒球投手都可以證明這一點！網球和足球選手使用旋轉來控制每次出球的軌跡和彈跳。在高爾夫球中，一次反轉速度 9000rpm 的擊球，可以將球座遺留在 84m/s 或更遠的位置上！旋球提供明顯的空氣動力升力，可以實質上增加球的射程。旋球也是擊球動作未正中球時所產生的曲球或斜擊球的主要原因。棒球投手會使用自旋作用去投出曲線球。

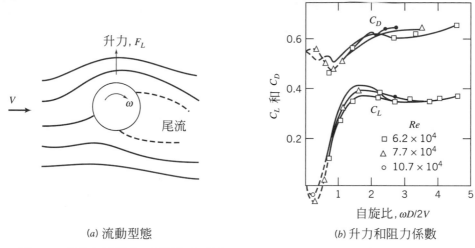

(a) 流動型態   (b) 升力和阻力係數

圖 9.27　在均勻流動中，平滑旋轉球體的流動型態、升力和阻力係數(資料來自[19])

在旋球附近的流動，顯示於圖 9.27a。旋球改變了壓力分布，因此影響到邊界層分離的位置。在圖 9.27a 中，分離在球體的上表面受到延後，而在下表面上則提早發生。因此壓力(由於伯努利效應)在上表面上會減少，而在下表面上則增加；另外，如圖所示尾流會往下偏斜。壓力會導致在所顯示的方向上產生升力；而在相反方向的自旋將會產生負向升力，即一個向下的力量。這個力量會指向與 V 和自旋軸兩者垂直的方向。

有關平滑自旋球面的升力和阻力數據，請參考圖 9.27b。最重要的參數是自旋比(spin ratio) $\omega D/2V$，它是表面速度對自由流動速度的比值；雷諾數則扮演次要角色。當自旋比偏低時，就圖 9.27a 所顯示的方向而言，升力是負的。只有在 $\omega D/2V \approx 0.5$ 以上時，升力才會變成正值，並且隨著自旋比增加而持續增加。升力係數在大約 0.35 時開始變得平坦(即其值固定)。自旋對球的阻力係數的影響不大，在圖中顯示的自旋比範圍內，阻力係數約從 0.5 左右變化到 0.65 左右。

早些時候我們已經提過小，凹槽對高爾夫球阻力的影響。當次臨界雷諾數介於 126,000 和 238,000 之間時，有關自旋高爾夫球的升力和阻力係數的實驗數據顯示於圖 9.28。再一次地，獨立變數是自旋比；高爾夫球典型的自旋比範圍小很多，我們將其顯示於圖 9.28。

有一個趨勢是很明顯的：有一個趨勢是很明顯的：對於六角形和「傳統式」(圓形)兩種高爾夫球小凹槽，升力係數都一貫地隨著自旋比增加。具有六角形小凹槽的高爾夫球的升力係數，很明顯地高於具有圓形小凹槽的球，其差值可以達到 15%。六角形小凹槽的領先優勢，持續到所測量過的最大自旋比。當自旋比偏低時，具有六角形小凹槽的球的阻力係數，會一貫地比具有圓形小凹槽的球的阻力係數低 5 到 7%，但是當自旋比繼續增加，其差距會變得比較不明顯。

比較高的升力和比較低的阻力組合在一起，可以增加高爾夫球擊球的射程。Callaway HX 是一項最近的設計成果，藉由使用「管狀格子網路」，這種球具有更進一步的改善效能，管狀格子網路使用六角形和五角形的脊(精確高度是 0.21mm)而不是小凹槽，使得在其表面上根本沒有平坦的地方[34]。Callaway 宣稱 HX 飛得比任何他們曾經測試過的球還遠。

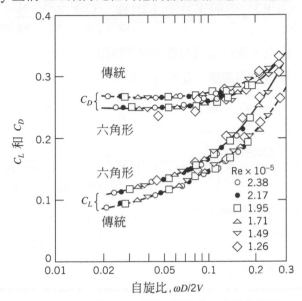

圖 9.28　具有傳統和六角形小凹槽的高爾夫球的比較[33]

範例 9.9　作用在自旋球上的升力

某一個平滑網球的質量是 57g，直徑為 64mm，被擊出後的速度是 25m/s，上旋速率是 7500rpm。試計算作用在球上的空氣動力升力。並且計算在垂直平面中的最大高度上，其移動路徑的曲率半徑。試與沒有自旋時的半徑相比較。

已知：飛行中的網球的 $m = 57g$，而且 $D = 64mm$，擊出後的速度 $V = 25m/s$，上旋速率是 7500rpm。

求解：(a) 作用在球上的空氣動力升力。

(b) 在垂直平面中路徑的曲率半徑。

(c) 與沒有自旋時的半徑相比較。

解答：

假設球是平滑的。

利用圖 9.27 中的數據去求出升力：

$$C_L = f\left(\frac{\omega D}{2V}, Re_D\right)$$

利用給定的數據(對於標準空氣，$\nu = 1.46 \times 10^{-5} \text{m}^2/\text{s}$)，

$$\frac{\omega D}{2V} = \frac{1}{2} \times 7500 \ \frac{\text{rev}}{\text{min}} \times 0.064 \ \text{m} \times \frac{\text{s}}{25 \ \text{m}} \times \frac{2\pi \ \text{rad}}{\text{rev}} \times \frac{\text{min}}{60 \ \text{s}} = 1.01$$

$$Re_D = \frac{VD}{\nu} = 25 \ \frac{\text{m}}{\text{s}} \times 0.064 \ \text{m} \times \frac{\text{s}}{1.46 \times 10^{-5} \ \text{m}^2} = 1.10 \times 10^5$$

從圖 9.27 可知 $C_L \approx 0.3$，因此

$$F_L = C_L A \frac{1}{2} \rho V^2$$

$$= C_L \frac{\pi D^2}{4} \frac{1}{2} \rho V^2 = \frac{\pi}{8} C_L D^2 \rho V^2$$

$$F_L = \frac{\pi}{8} \times 0.3 \times (0.064)^2 \, \text{m}^2 \times 1.23 \, \frac{\text{kg}}{\text{m}^3} \times (25)^2 \, \frac{\text{m}^2}{\text{s}^2} \times \frac{\text{N} \cdot \text{s}^2}{\text{kg} \cdot \text{m}} = 0.371 \, \text{N} \longleftarrow \qquad F_L$$

因爲球擊出後的自旋方向往上，所以這個力量是向下作用。

使用牛頓第二運動定律計算路徑的曲率。在垂直平面中，

$$\sum F_z = -F_L - mg = ma_z = -m \frac{V^2}{R} \quad \text{或} \quad R = \frac{V^2}{g + F_L/m}$$

$$R = (25)^2 \, \frac{\text{m}^2}{\text{s}^2} \left[\frac{1}{9.81 \, \dfrac{\text{m}}{\text{s}^2} + 0.371 \, \text{N} \times \dfrac{1}{0.057 \, \text{kg}} \times \dfrac{\text{kg} \cdot \text{m}}{\text{N} \cdot \text{s}^2}} \right]$$

$$R = 38.3 \, \text{m (with spin)} \longleftarrow \qquad R$$

$$R = (25)^2 \, \frac{\text{m}^2}{\text{s}^2} \times \frac{\text{s}^2}{9.81 \, \text{m}} = 63.7 \, \text{m (without spin)} \longleftarrow \qquad R$$

因此上旋對出球的軌跡有明顯的影響！

　　長久以來我們知道，具有自旋的投射物在飛行過程中，會受到垂直於運動方向和自旋軸方向的力量的影響。這個效應稱爲 *Magnus* 效應，是火砲彈殼的系統偏移的主要原因。

　　在旋轉圓柱附近的交叉流，就性質而言與自旋球體附近的流動相似，如圖 9.27a 所概要顯示的。如果圓柱的上表面速度具有與自由流動速度相同的方向，則在上表面上的分離會延後；在下表面上則會提早發生。因此尾流會偏斜，而且當自旋出現時，在圓柱表面的壓力分布會改變。在上表面的壓力將減少，而且在下表面的壓力會增加，這會導致一個向上的淨升力。在相反方向的自旋會使這些效應產生相反的影響，並且導致向下的升力。

　　旋轉圓柱的升力和阻力係數是以投影面積 LD 爲衡量基準。對於介於 40,000 和 660,000 之間的次臨界雷諾數，圖 9.29 顯示了實驗量測到升力和阻力係數，並且將它表成自旋比的函數。當表面速度超過流動速度的時候，升力係數增加到令人驚訝的高數值；與此同時二維流動阻力則只適度地受到影響。對於有限圓柱，誘導阻力必須予以考慮；經由在末端使用直徑比圓柱體大的圓盤，可以使誘導阻力降低。

　　旋轉圓柱所需要的功率，可以從圓柱表面的表面摩擦阻力予以估計。Hoerner[35] 建議我們在估計表面摩擦阻力時，可以根據切線表面速度和表面面積來進行。Goldstein[19] 則建議，當我們將旋轉圓柱所需要的功率以等效阻力係數表示時，此功率可以代表靜止圓柱的空氣動力 C_D 的 20% 或更多。

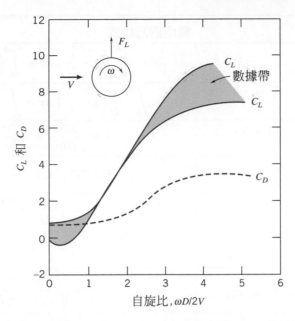

圖 9.29　旋轉圓柱的升力和阻力，此圖將它們表示成相對旋轉速度的函數；麥格納斯力(Magnus Force)(資料來自
　　　　[35])

9-9　摘要與常用的方程式

在本章中，我們已經：

✓　定義和討論在空氣動力學中經常使用的各種術語，例如：邊界層之擾動，位移和動量厚度；
　　流動分離；流線化；表面摩擦阻力、壓力阻力和阻力係數；升力和升力係數；翼弦、翼展和
　　展弦比；和誘發阻力。
✓　使用精確法*和近似法(利用動量積分方程式)，推導在平板(零壓力梯度)上的邊界層厚度數學
　　式。
✓　學習了如何從針對各種物體所提供的資料，估計升力和阻力。

在探討上述現象的同時，我們漸漸取得對空氣動力設計的一些基本觀念的洞察，諸如該如何
將阻力減到最少、該如何決定飛機的最佳航行速度等等。

注意： 在下表中所列的常用的方程式中多數有侷限性或者限制——請參見它們的內文敘述，以了
　　　　解相關的細節！

---

*　本主題應用之章節可被略過但並不會影響教材的連貫性。

常用的方程式

位移厚度的定義：	$\delta^* = \int_0^\infty \left(1 - \dfrac{u}{U}\right) dy \approx \int_0^\delta \left(1 - \dfrac{u}{U}\right) dy$	(9.1)
動量厚度的定義：	$\theta = \int_0^\infty \dfrac{u}{U}\left(1 - \dfrac{u}{U}\right) dy \approx \int_0^\delta \dfrac{u}{U}\left(1 - \dfrac{u}{U}\right) dy$	(9.2)
邊界層厚度(層流，精確——布拉斯)：	$\delta \approx \dfrac{5.0}{\sqrt{U/\nu x}} = \dfrac{5.0x}{\sqrt{Re_x}}$	(9.13)
壁面應力(層流，精確——布拉斯)：	$\tau_w = 0.332U\sqrt{\rho\mu U/x} = \dfrac{0.332\rho U^2}{\sqrt{Re_x}}$	(9.14)
表面摩擦係數 (層流，精確——布拉斯)：	$C_f = \dfrac{\tau_w}{\frac{1}{2}\rho U^2} = \dfrac{0.664}{\sqrt{Re_x}}$	(9.15)
動量積分方程式：	$\dfrac{\tau_w}{\rho} = \dfrac{d}{dx}(U^2\theta) + \delta^* U\dfrac{dU}{dx}$	(9.17)
平板邊界層厚度 (層流，近似式——多項式流速分布曲線)：	$\dfrac{\delta}{x} = \sqrt{\dfrac{30\mu}{\rho Ux}} = \dfrac{5.48}{\sqrt{Re_x}}$	(9.21)
表面摩擦係數的定義：	$C_f \equiv \dfrac{\tau_w}{\frac{1}{2}\rho U^2}$	(9.22)
平板表面摩擦係數 (層流，近似式——多項式流速分布曲線)：	$C_f = \dfrac{0.730}{\sqrt{Re_x}}$	(9.23)
平板邊界層厚度 (擾流，近似式——$\frac{1}{7}$次方律流速分布曲線)：	$\dfrac{\delta}{x} = 0.382\left(\dfrac{\nu}{Ux}\right)^{1/5} = \dfrac{0.382}{Re_x^{1/5}}$	(9.26)
平板表面摩擦係數 (擾流，近似 $\frac{1}{7}$ 次方律流速分布曲線)：	$C_f = \dfrac{\tau_w}{\frac{1}{2}\rho U^2} = \dfrac{0.0594}{Re_x^{1/5}}$	(9.27)
阻力係數的定義：	$C_D \equiv \dfrac{F_D}{\frac{1}{2}\rho V^2 A}$	(9.30)
平板阻力係數 (完全是層流，根據布拉斯解)：	$C_D = \dfrac{1.33}{\sqrt{Re_L}}$	(9.33)
平板阻力係數 (完全是擾流，根據 $\frac{1}{7}$ 次方律流速分布曲線)：	$C_D = \dfrac{0.0742}{Re_L^{1/5}}$	(9.34)
平板阻力係數(經驗，$Re_L < 10^9$)：	$C_D = \dfrac{0.455}{(\log Re_L)^{2.58}}$	(9.35)
平板阻力係數(根據 $\frac{1}{7}$ 次方律流速分布曲線，$5\times10^5 \le Re_L \le 10^7$)：	$C_D = \dfrac{0.0742}{Re_L^{1/5}} - \dfrac{1740}{Re_L}$	(9.37a)
平板阻力係數 (經驗，$5\times10^5 \le Re_L \le 10^9$)：	$C_D = \dfrac{0.455}{(\log Re_L)^{2.58}} - \dfrac{1610}{Re_L}$	(9.37b)
升力係數的定義：	$C_L \equiv \dfrac{F_L}{\frac{1}{2}\rho V^2 A_p}$	(9.38)
展弦比的定義：	$AR \equiv \dfrac{b^2}{A_p}$	(9.39)
機翼的阻力係數 (有限翼展翼型，使用 $C_{D,\infty}$)：	$C_D = C_{D,\infty} + C_{D,i} = C_{D,\infty} + \dfrac{C_L^2}{\pi\,AR}$	(9.42)
機翼的阻力係數 (有限翼展翼型，使用 $C_{D,0}$)：	$C_D = C_{D,0} + C_{D,i} = C_{D,0} + \dfrac{C_L^2}{\pi AR}$	(9.43)

參考文獻

[1] Prandtl, L., "Fluid Motion with Very Small Friction (in German)," *Proceedings of the Third International Congress on Mathematics*, Heidelberg, 1904; English translation available as NACA TM 452, March 1928.

[2] Blasius, H., "The Boundary Layers in Fluids with Little Friction (in German)," *Zeitschrift für Mathematik und Physik, 56*, 1, 1908, pp.1-37; English translation available as NACA TM 1256, February 1950.

[3] Schlichting, H., *Boundary-Layer Theory*, 7th ed. New York：McGraw-Hill, 1979.

[4] Stokes, G. G., "On the Effect of the Internal Friction of Fluids on the Motion of Pendulums," *Cambridge Philosophical Transactions*, IX, 8, 1851.

[5] Howarth, L., "On the Solution of the Laminar Boundary-Layer Equations," *Proceedings of the Royal Society of London*, A164, 1938, pp. 547-579.

[6] Hess, J. L., and A. M. O. Smith, "Calculation of Potential Flow about Arbitrary Bodies," in *Progress in Aeronautical Sciences*, Vol.8, D. Kuchemann et al., eds.Elmsford, NY：Pergamon Press, 1966.

[7] Kraus, W., "Panel Methods in Aerodynamics," in *Numerical Methods in Fluid Dynamics*, H. J. Wirz and J. J. Smolderen, eds.Washington, D.C.：Hemisphere, 1978.

[8] Rosenhead, L., ed., *Laminar Boundary Layers*.London：Oxford University Press, 1963.

[9] Rotta, J. C., "Turbulent Boundary Layers in Incompressible Flow," in *Progress in Aeronautical Sciences*, A. Ferri, et al., eds.New York：Pergamon Press, 1960, pp. 1-220.

[10] Kline, S. J., et al., eds., *Proceedings, Computation of Turbulent Boundary Layers——1968 AFOSR-IFP-Stanford Conference*, Vol. I：Methods, Predictions, Evaluation, and Flow Structure, and Vol. II：Compiled Data.Stanford, CA：Thermosciences Division, Department of Mechanical Engineering, Stanford University, 1969.

[11] Kline, S. J., et al., eds., *Proceedings, 1980-81 AFOSRHTTM-Stanford Conference on Complex Turbulent Flows：Comparison of Computation and Experiment*, three volumes.Stanford, CA：Thermosciences Division, Department of Mechanical Engineering, Stanford University, 1982.

[12] Cebeci, T., and P. Bradshaw, *Momentum Transfer in Boundary Layers*.Washington, D.C.：Hemisphere, 1977.

[13] Bradshaw, P., T. Cebeci, and J. H. Whitelaw, *Engineering Calculation Methods for Turbulent Flow*.New York：Academic Press, 1981.

[14] *Fluent*. Fluent Incorporated, Centerra Resources Park, 10 Cavendish Court, Lebanon, NH 03766 (www.fluent.com).

[15] *STAR-CD*.Adapco, 60 Broadhollow Road, Melville, NY 11747 (www.cd-adapco.com).

[16] Hoerner, S. F., *Fluid-Dynamic Drag*, 2nd ed. Midland Park, NJ：Published by the author, 1965.

[17] Shapiro, A. H., *Shape and Flow, the Fluid Dynamics of Drag*. New York：Anchor, 1961 (paperback).

[18] Fage, A., ''Experiments on a Sphere at Critical Reynolds Numbers,'' Great Britain, *Aeronautical Research Council, Reports and Memoranda*, No. 1766, 1937.

[19] Goldstein, S., ed., *Modern Deyelopments in Fluid Dynamics*, Vols. I and II.Oxford：Clarendon Press, 1938. (Reprinted in paperback by Dover, New York, 1967.)

[20] Morel, T., and M. Bohn, ''Flow over Two Circular Disks in Tandem,'' *Transactions of the ASME, Journal of Fluids Engineering, 102*, 1, March 1980, pp. 104-111.

[21] Abbott, I. H., and A. E. von Doenhoff, *Theory of Wing Sections, Including a Summary of Airfoil Data*. New York：Dover, 1959 (paperback).

[22] Stratford, B. S., ''An Experimental Flow with Zero Skin Friction,'' *Journal of Fluid Mechanics, 5*, Pt. 1, January 1959, pp. 17-35.

[23] Liebeck, R. H., ''Design of Subsonic Airfoils for High Lift,'' *AIAA Journal of Aircraft, 15*, 9, September 1978, pp. 547-561.

[24] Smith, A. M. O., ''Aerodynamics of High-Lift Airfoil Systems,'' in *Fluid Dynamics of Aircraft Stalling*, AGARD CP102, 1973, pp.10-1 through 10-26.

[25] Morel, T., ''Effect of Base Slant on Flow in the Near Wake of an Axisymmetric Cylinder,'' *Aeronautical Quarterly, XXXI*, Pt. 2, May 1980, pp. 132-147.

[26] Hucho, W. H., ''The Aerodynamic Drag of Cars——Current Understanding, Unresolved Problems, and Future Prospects,'' in *Aerodynamic Drag Mechanisms of Bluff Bodies and Road Vehicles*, G. Sovran, T. Morel, and W. T. Mason, eds.New York：Plenum, 1978.

[27] McDonald, A. T., and G. M. Palmer, ''Aerodynamic Drag Reduction of Intercity Buses,'' *Transactions, Society of Automotive Engineers, 89*, Section 4, 1980, pp.4469-4484 (SAE Paper No. 801404).

[28] Grosser, M., *Gossamer Odyssey*. Boston：Houghton Mifflin, 1981.

[29] Carr, G. W., ''The Aerodynamics of Basic Shapes for Road Vehicles.Part 3：Streamlined Bodies,'' The Motor Industry Research Association, Warwickshire, England, Report No. 107/4, 1969.

[30] Goetz, H., ''The Influence of Wind Tunnel Tests on Body Design, Ventilation, and Surface Deposits of Sedans and Sports Cars,'' SAE Paper No. 710212, 1971.

[31] Hall, J., ''What's Jim Hall Really Like?''*Automobile Quarterly, VIII*, 3, Spring 1970, pp. 282-293.

[32] Moktarian, F., and V. J. Modi, ''Fluid Dynamics of Airfoils with Moving Surface Boundary-Layer Control,'' *AIAA Journal of Aircraft, 25*, 2, February 1988, pp. 163-169.

[33] Mehta, R. D., ''Aerodynamics of Sports Balls,'' in *Annual Review of Fluid Mechanics*, ed. by M. van Dyke, et al.Palo Alto, CA：Annual Reviews, 1985, *17*, pp. 151-189.

[34] "The Year in Ideas," *New York Times Magazine*, December 9, 2001, pp. 58-60.

[35] Hoerner, S. F., and H. V. Borst, *Fluid-Dynamic Lift*. Bricktown, NJ：Hoerner Fluid Dynamics, 1975.

[36] Chow, C.-Y., *An Introduction to Computational Fluid Mechanics*. New York：Wiley, 1980.

[37] Carr, G. W., "The Aerodynamics of Basic Shapes for Road Vehicles, Part 1：Simple Rectangular Bodies," The Motor Industry Research Association, Warwickshire, England, Report No. 1968/2, 1967.

本章習題

◆ 題號前註有「*」之習題需要學過前述可被略過而不會影響教材的連貫性之章節內容。

9.1 以 1：18 縮尺測試河道拖船模型。此船被設計在 10℃淡水中以 3.5m／s 移動。試求過渡現象發生於距離船首多遠處。在模型船中,過渡現象發生於何處?

9.2 🖱

廂型車的車頂近似於一個水平平板。繪製層流邊界層的長度,此長度係為如廂型車速度 V 的函數,當廂型車從 16km／hr 加速到 144km／hr。

9.3 波音 757 的起飛速率為 260km／hr。機翼上的邊界層約在多少距離處變成紊流?若飛機以 850km／hr 飛航於 10,000m 高處,機翼上的邊界層約在多少距離處變成紊流?

9.4 對環繞球體之流,邊界層約於 $Re_D \approx 2.5 \times 10^5$ 變成紊流。求產生紊流邊界層之速率:(a) 美國高爾夫球(D= 43mm),(b) 英國高爾夫球(D= 41.1mm),(c) 足球(D= 222mm)。假設為標準大氣條件。

9.5 一名學生要設計實驗,對通過一桶油的球施以阻力,以展示:(a)「蠕流」(Re_D<1),(b) 邊界層變成紊流($Re_D \approx 2.5 \times 10^5$)。學生打算使用光滑球體且直徑 1cm,置入室溫之 SAE 10 油。這設計對兩項展示目標是否可行?若有對任一目標不可行,請另選適合的球體直徑及一般流體來解決。

9.6 一片夾板為 1.2m×2.4m,從五金行買回來後,被貼到車頂上。速率(km／hr) 多少時,邊界層會先開始變成紊流?速率多少時,約 90%的邊界層為紊流?

9.7 🖱

在航空器或飛彈表面的層流邊界層範圍隨著高度變化而改變。對於已知的速度而言,層流邊界層的長度將會隨著高度而增加或減少嗎?為什麼?繪製在高度 z 的層流邊界層長度對於海平面上的邊界層長度的比值。在標準大氣、向上高度 z=30km 時,此海平面上的邊界層長度為高度 z 的函數。

9.8 🖱

繪製一個平板上的層流邊界層長度的圖,此長度為自由流(freestream)速度的函數,當(a) 在水與標準大氣,(b) 海平面以及(c) 10km 高度時。使用對數與對數的軸,而且對於從 0.01m 到 10m 排列的邊界層長度,計算此長度數據。

9.9 對於平板層流之邊界層最常用的正弦速度分布曲線為 $u = A\sin(By) + C$。說出三個可以應用在層流邊界層速度分布的邊界條件。請計算常數 A,B 與 C。

9.10 🖰

層流邊界層的速度分布時常用方程式求算其近似值。

$$\text{線性：}\quad \frac{u}{U} = \frac{y}{\delta}$$

$$\text{正弦：}\quad \frac{u}{U} = \sin\left(\frac{\pi}{2}\frac{y}{\delta}\right)$$

$$\text{拋物線：}\quad \frac{u}{U} = 2\left(\frac{y}{\delta}\right) - \left(\frac{y}{\delta}\right)^2$$

藉由繪製 y/δ(在縱座標上) 與 u/U(在橫座標上)，比較這些速度分布的形狀。

9.11 一個層流邊界層速度分布曲線的近似式子是

$$\frac{u}{U} = \frac{3}{2}\frac{y}{\delta} - \frac{1}{2}\left(\frac{y}{\delta}\right)^3$$

請問這個表示式滿足層流邊界層流速分布曲線所需有之邊界條件嗎？請計算 $\delta*/\delta$ 與 θ/δ.

9.12 一個層流邊界層速度分布曲線的近似式子是

$$\frac{u}{U} = 2\frac{y}{\delta} - 2\left(\frac{y}{\delta}\right)^3 + \left(\frac{y}{\delta}\right)^4$$

請問這個表示式滿足層流邊界層流速分布曲線所需有之邊界條件嗎？請計算 $\delta*/\delta$ 與 θ/δ.

9.13 一個最簡單的層流邊界層的模型是

$$\frac{u}{U} = \sqrt{2}\frac{y}{\delta} \qquad 0 < y \le \frac{\delta}{2}$$

$$\frac{u}{U} = (2 - \sqrt{2})\frac{y}{\delta} + (\sqrt{2} - 1) \qquad \frac{\delta}{2} < y \le \delta$$

請問這個表示式滿足層流邊界層流速分布曲線所需有之邊界條件嗎？請計算 $\delta*/\delta$ 與 θ/δ.

9.14 🖰

一個紊流邊界層的速度分布時常應用 $\frac{1}{7}$ 次方律方程式去求算其近似值。

$$\frac{u}{U} = \left(\frac{y}{\delta}\right)^{1/7}$$

藉由繪製兩個曲線分布；y/δ (在縱標上) 對 u/U(在橫標上)，比較此具有拋物線型的層流邊界層速度分布(習題 9.10)。

9.15 對於從習題 9.10 中所知的每一個層流邊界層速度分布，試計算其 θ/δ。

9.16 對於從習題 9.10 中所知的每一個層流邊界層速度分布，試計算其 $\delta*/\delta$。

9.17 對於從習題 9.14 中所知的層流 $\frac{1}{7}$ 次方律速度分布，試計算其 $\delta*/\delta$ 與 θ/δ。對於從習題 9.10 中所知的雙曲線層流邊界層速度分布，試比較其比率。

9.18 一個流體，其密度為 $\rho = 800\text{kg}/\text{m}^3$，以 $U = 3\text{m/s}$ 的速度流過一個 3m 長、1m 寬的平板。在邊緣蔓延處，其邊界層厚度 $\delta = 25\text{mm}$。假定速度分布為線性，如下圖所示，並且流體為二度空間(流量狀態與 z 無關)。使用控制容積 $abcd$，如虛線所表示，試計算通過 ab 表面的質量流量率。並請試著決定出作用於此平板上表面的阻力。即使我們不知道此流體之黏度，請試著解釋此(黏著性)拖曳；如何能從已知的數據中進行計算(詳見習題 9.41)。

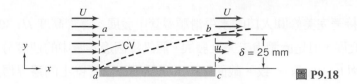

圖 **P9.18**

9.19 翻轉習題 9.18 中的平板，以便 1m 邊與流體平行(寬度變成 3m)。我們預計拖曳應該是增加還是減少？爲什麼？現在蔓延邊緣邊界層厚度爲 $\delta = 14$mm。再一次假設，速度分布爲線性，並且流體爲二度空間的(流量狀態與 z 無關)。試重覆習題 9.18 的分析。

9.20 再次以習題 9.18 的拋物線表示式在 bc 部分所給定的速度分布去求解習題 9.10。

9.21 一個低流速風洞的測試段是 1.5 公尺長，前方有個噴嘴而在出口處配置一個擴散器。風洞截面是 20cm×20cm。風洞是以 40℃的空氣作業且於測試段設計流速是 50m/s。這樣的風洞存在一個潛在的邊界層阻塞問題。邊界層位移量厚度縮減了有效的截面面積(測試面積，於此處流動是均勻的)，且除此之外均勻流動將會被加速。如果這些效應過於顯著，我們結果只能得到流速略微高出所預測者的較小有效測試截面。如果在入口處邊界層厚度是 10mm 與在出口處是 25mm 且邊界層流速分布曲線是由下式得出 $u/U = (y/\delta)^{1/7}$，請估計測試段末端的位移量厚度與入口與出口之間均勻流速變動的百分率。

9.22 實驗室風洞測試區大小爲 25 平方公分以及深 50 公分。在測試區入口處，具有公稱空氣速率 $U_1 = 25$m/s，在風洞隧道的頂面、底面與側面壁上的紊流邊界層的形狀。入口處，邊界層厚度爲 $\delta_1 = 20$mm、以及從測試區算起；出口處 $\delta_2 = 30$mm。邊界層速度分布是次方律形狀的，爲 $u/U = (y/\delta)^{1/7}$。試計算來自風洞測試區出口的自由流(freestream)速度，U_2。沿著測試區試，試決定出靜壓力方面的改變。

9.23 直徑 $D = 100$mm 的一個水平圓筒形導管中的氣流。在與入口相距幾公尺之處，紊流邊界層厚度 $\delta_1 = 5.25$mm，並且中央非黏性核心區的速度爲 $U_1 = 12.5$m/s。下游更遠處之邊界層 $\delta_2 = 24$mm 厚度。以 $\frac{1}{7}$ 次方表達式可以完好地算出速度分布曲線近似值。試求出第二中央非黏性核心區之速度 U_2，與二區之間的壓降。

9.24 小型實驗室風洞的測試區具有寬度的邊 $W = 305$mm。某一個量測點上，在風洞隧道壁上的紊流邊界層厚度爲 $\delta_1 = 10$mm。以 $\frac{1}{7}$ 次方表達式可以完好地算出速度分布曲線近似值。在這個測點上，空氣自由流速率爲 $U_1 = 18.3$m/s，並且靜壓力 $p_1 = -25$mmH$_2$O(gage)。在下游的第二個測量點處，邊界層厚度 $\delta_2 = 12.7$mm。試計算此截面的空氣自由流速率。試計算從截面①到截面②，靜壓力之差。

9.25 正方形導管入口截面中的氣流，如圖所示。速度處處相等，$U_0 = 30$m/s，並且導管爲 76 平方公釐。從入口算起；在下游 0.3m 處，對於每面管壁測量 0.9mm，變位厚度，$\delta*$。試決定出在截面①、②之間的壓力變化。

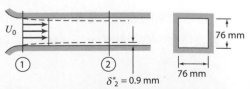

圖 **P9.25**

9.26 氣流在一個緊接著完美修圓入口的水平滑順導管中發展。導管高度 $H=300mm$。紊流邊界層在導管牆壁上逐漸發展，但是流體尚未完全發展。假設每個邊界層中的速度分布 $u/U=(y/\delta)^{1/7}$。入口流在截面①中與 $\bar{V}=10$ m/s 一致。截面②中，通風槽每面管壁上的邊界層厚度 $\delta_2=100mm$。對於這個流體而言，證明其 $\delta^*=\delta/8$。計算截面中靜止的規壓力。試求入口與設置於 $L=5m$ 處的截面②之間的平均管壁剪應力。

9.27 一個實驗室風洞有一個正方形的測試區；其邊的寬度 $W=305mm$、長度 $L=610mm$。當測試區入口處的空氣自由流速率爲時 $U_1-24.4m/s$，來自大氣的揚程損失爲 $6.5mmH_2O$。紊流邊界層在測試區頂面、底面與側面的管壁形成。測量值顯示邊界層之厚度；在入口處 $\delta_1=20.3mm$，在出口處 $\delta_2=25.4mm$。速度分布爲 $\frac{1}{7}$ 次方律的形式。請計算來自測試區出口的空氣自由流速率。試決定測試區入口與出口處的靜壓力。

9.28 氣流在一個水平的圓筒形的導管中發展，直徑 $D=400mm$，並接在一個完善修圓的入口之後。一個狂暴的邊界層在導管壁上漸漸形成，但是流體尚未完全發展。假定在邊界層中的速度分布 $u/U=(y/\delta)^{1/7}$。在截面①，流體在入口速度 $\bar{V}=15$ m/s。在截面②，邊界層厚度 $\delta_2=100mm$。試計算在截面②處之靜錶壓；設置在 $L=6m$ 處。試求平均管壁剪應力。

9.29 氣體流進大學實驗室風洞的入口收縮區。空氣從入口進入測試區；其截面爲正方形、邊長 305mm，長度 609mm。不計邊界層厚度，氣流以 50.2m/s 之速率離開收縮區，量測結果顯示邊界層在測試區的下游端之厚度爲 20.3mm。請算出風洞測試區下游端的邊界層的變位厚度。沿著風洞測試區，試計算在靜壓力方面的改變。並且求出每一個風洞壁面的總表面阻力。

*9.30 🖱
由布拉希亞斯(Blasius)的正數值解，繪出平板上層流邊界層的無因次速度分布 u/U(橫座標)對距離表面之無因次距離 y/δ(縱標上)。並與習題 9.10 之近似拋物線型速度分布做比較。

*9.31 🖱
使用被布拉希亞斯(表 9.1)獲得的數字結果，計算在一個平板上的一個層流邊界層的剪應力的分布。繪製 τ/τ_w 對 y/δ 圖。並且與習題 9.10 所給定的近似正弦曲線速度分布的結果相比較。

*9.32 🖱
由布拉希亞斯(Blasius)的正數值解(表 9.1)，計算平板上的一個層流邊界層的剪應力分布。繪製 τ/τ_w 對 y/δ 圖。將結果與習題 9.10 的近似拋物線的速度分布結果相比較。

*9.33 🖱
使用被布拉希亞斯(表 9.1)獲得的數字結果，計算在一個平板上的一個層流邊界層的垂直分速度。就 $Re_x=10^5$，繪製 v/U 對 y/δ 圖。

*9.34 🖱
證明普蘭多(Prandtl)邊界層方程式的布拉希亞斯的速度分量如 9.10 式。在層流邊界層中，就流動粒子的加速度的 x 分量，求出一個代數表達式。在已知的 x 下，繪製 a_x 對 η 之圖以決定出最大的 x 加速度分量。

*9.35 普蘭多(Prandtl)邊界層方程式的布拉希亞斯數值解表列於表 9.1。考慮穩定不可壓縮空氣流以 U=4.6m/s 的自由流速通過平板。在 x=190mm，請估計 u=0.95U 之處距離表面多遠。請計算通過此點之流線的斜率。試求局部表層摩擦 $\tau_w(x)$ 之代數表示式，與平板上總表面摩擦阻力之代數表示，以及 L=0.9m 處的動量厚度。

*9.36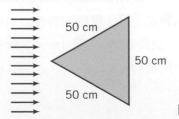

布拉希亞斯正解包括解決一個非線性方程式即 9.11 式，此式具有 9.12.式所提供的起始與邊界條件，建立 *Excel* 活頁簿以求得此系統的數值解。活頁簿應該由 η、f、f' 與 f'' 各欄位所組成。列中應包含其數值，並具有適當的 η 步長(舉例來說，η 的 1000 列的步長大小爲 0.01 以產生通過 η=10 的數據，稍微超過表 9.1 的數據)。第一列的 f 和 f' 的值爲零(從初始條件，9.12 式)，需要一個 f'' 的猜測值(式 0.5)。使用尤拉(Euler)的有限差分法，緊接其後的列值 f、f' 與 f'' 都可得出其一次導函數的近似值(與 9.11 式)。最後，藉由使用 *Excel* 的目標找尋(*Excel's Goal Seek*)或 *Solver* 函數去變更 f'' 起始值直到 f'=1；對於大 η 值而言(舉例來說，η=10，9.12 式的邊界條件)。請將結果繪製成圖表示。請注意：因爲尤拉的方法相對地粗糙，當誤差在 1%以內時，其結果視爲與布拉希亞斯相同。

9.37

考慮在一個平板上的空氣流量。在一張圖內，當自由流速度 U=1m/s、2m/s、3m/s、4m/s、5m/s 和 10m/s 時，繪製出層流邊界層厚度的圖；此厚度爲沿著板緣(過渡決定)的距離的函數。

9.38

一個薄的平板，長度 L=0.25m、寬度 b=1m，安裝在充滿水的隧道中；用作分流。自由流速度爲 U=1.75m/s 並且在邊界層的速度分布近似拋物線。繪製此平板的 δ、δ^*和 τ_w 對 x/L 的圖。

9.39 考慮習題 9.38 中分流板上的流體。以代數表示作用在分流板一側上的總阻力，能將其寫成 $F_D = \rho U^2 \theta_L b$。請就已知條件計算出 θ_L 與總阻力。

9.40 一個薄的平板安裝在充滿水的隧道中用作分流。板長 0.3m、寬 1m。自由流速度爲 1.6m/s。在板的兩側上形成層流邊界層。邊界層速度分布近似拋物線。假設壓力拖曳可以忽略，試決定作用在板上的總黏滯阻力。

9.41 在習題 9.18 與 9.19 中，從動量通量的計算中，決定出平板頂面的阻力，其流體(流體密度 ρ=800kg/m³) 自由流速度 U=3m/s。由於平板具有長邊(3m)與平行流體的短邊(1m)，即可定出拖曳。如果流體的黏滯性 μ=0.02N·s/m²，使用邊界層方程式計算其阻力。

9.42 假設層流邊界層流動來估計如所示平行於 5m/s 的氣流擺放之平板所受的阻力。空氣是 20℃與 1atm。

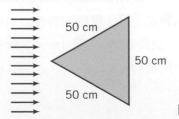

50 cm

50 cm

50 cm

圖 P9.42，9.43

9.43 假設層流邊界層流動來估計如所示平行於 5m/s 的氣流擺放之平板所受的阻力，不同的是改以板的底面而非板的尖角來面向氣流。你預期相較於習題 9.42 這樣的擺放方式所承受的阻力會更高、相同或是更低？

9.44 假設層流邊界層流動來估計如所示平行於 7.5m/s 的氣流擺放之平板所受的阻力。空氣是 20℃與 1atm。(注意形狀可由下式得出 $x=y^2/25$,其中 x 與 y 是以 cm 為單位。)

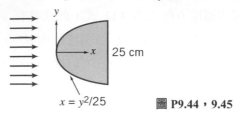

圖 P9.44，9.45

9.45 假設層流邊界層流動來估計如所示平行於 7.5m/s 的氣流擺放之平板所受的阻力，不同的是改以板的底面而非板的尖角來面向氣流。你預期相較於習題 9.44 這樣的擺放方式所承受的阻力會更高、相同、或是更低？

9.46 假設層流邊界層流動來估計平行於 1m/s 的水流擺放之四塊方板(每片 7.5cm×7.5cm)於所示的兩種放法時所受的阻力。在計算之前？你預期待哪一種配置的方式會承受較低的阻力？假設板子以鏈子串在一起並相距得夠遠以致於尾流效應可以忽略不計與水溫是 20℃。

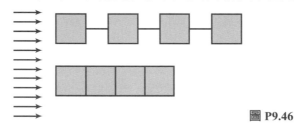

圖 P9.46

9.47 🖱

一個水平面，長度 $L=1.8m$、寬度 $b=0.9m$，被 $U=3.2m/s$ 的標準空氣流浸入。假設形成層流邊界層並且速度分布近似直線。試繪製此板的 δ、$\delta*$與 τ_w 對 x/L 圖。

9.48 一個層流邊界層流體在零壓力梯度的速度分布，近似於習題 9.10 所提供的線性表達式。使用這一個動量積分方程式配合此線型，以得出 δ/x 和 C_f 的方程式。

9.49 🖱

一個水平面，長度 $L=0.8m$、寬度 $b=1.9m$，被 $U=5.3m/s$ 的標準空氣流浸入。假設形成層流邊界層並且速度分布近似正弦曲線。試繪製此板的 δ、$\delta*$與 τ_w 對 x/L 圖。

9.50 對於習題 9.49 的流體條件，試推導出沿著表面的壁面剪應力對距離變化之代數表示式。積分以獲得作用於表面的薄層摩擦阻力的代數表示式。就已知條件計算阻力。

9.51 10℃的水以 0.8m/s 的速度流過平板。板長 0.35m、寬 1m。平板各面上的邊界層均為層流。假設速度分布可能近似直線。試決定板上的阻力。

9.52 🖱

標準空氣流從大氣進入寬廣平坦的通風槽，如圖所示。在通風槽的頂面和底面的壁上形成層流邊界層(邊界層作用於側面壁上的效應可忽視)。假設，邊界層的表現如同其作用在平板一般；具有直線速度線型。從入口算起；在任何軸距上，通過通風槽的靜壓力均一致不變。在截面①處，假設為均勻流體。請指出白努利方程式能否應用在這一個流場中。試求在截面②處之靜壓力(以規錶量測) 與變位厚度。畫出通過通風槽截面②之處的停滯壓力(錶壓)，並解釋所得到的結果。試求截面①處的靜壓力(以規錶量測) 並且與截面②處的靜壓力(以規錶量測) 做比較。

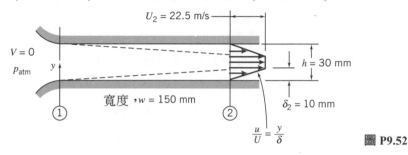

圖 P9.52

9.53 🖱

考慮在長度 5m 的一個平板上的空氣流體。考慮在長度 5m 的一個平板上的空氣流體。在圖中，繪出邊界層厚度，因為自由流速率 $U = 10\text{m/s}$，此邊界層厚度為沿著板的距離的函數，假設(a) 一個完全層流的邊界層，(b) 一個完全紊流的邊界層，與(c) 一個在 $Re_x = 5 \times 10^5$，變成紊流的層流邊界層的自由流。使用 $Excel$ 的目標找尋($Excel's\ Goal\ Seek$) 或 $Solver$ 函數去求出速度 U，此速度為過渡發生並且在 $x = 4\text{m}$、3m、2m 與 1m 處。

9.54 圖 P9.18 展示出平板上的標準空氣的一個發展中的邊界層。在邊界層外的 $U = 50\text{m/s}$ 自由流流體未受到干擾。板有 0.3m 寬，與圖面垂直。假定邊界層的流體是紊流，並有 $\frac{1}{7}$ 次方律速度分布，並且在 bc 表面 $\delta = 19\text{mm}$。計算通過 ad 表面的質量流量率與通過 ab 表面的質通量。計算通過 bc 表面的動量通量。試決定出作用在 d、c 之間的平板阻力。試問從層流過渡到紊流是在距離平板前緣若干距離處。

9.55 對於範例 9.4 的流量狀態，推演出一個隨著沿表面距離而變動的管壁剪應力的代數表達式。積分以獲得作用於表面的總薄層摩擦阻力的代數表示式。就已知條件計算阻力。

9.56 🖱

假設範例 9.4 中的流量狀態。試繪製此板的 δ、δ^* 與 τ_w 對 x/L 圖。

9.57 重做習題 9.42，除了氣流流速現在是 25m/s(假設是紊流邊界層)。

9.58 重做習題 9.44，除了氣流流速現在是 25m/s(假設是紊流邊界層)。

9.59 重做習題 9.46，除了氣流流速現在是 10m/s(假設是紊流邊界層)。

9.60 紊流邊界層的速度分布在梯度為零時，請用 $\frac{1}{6}$ 次方律線型表示式近似求解。

$$\frac{u}{U} = \eta^{1/6}, \quad \text{其中} \quad \eta = \frac{y}{\delta}$$

用動量積分方程式與此線型得到 δ/x 與 C_f 表示式。將結果與 9-5 節中對 $\frac{1}{7}$ 次方律線型所得作比較。

9.61 對於範例 9.4 的流量狀條件，僅使用習題 9.60 的 $\frac{1}{6}$ 次方律速度分布，推導出隨著表面距離而變動的管壁剪應力變化值的代數表示式。積分以獲得作用於表面的總薄層摩擦阻力的代數表示式。就已知條件計算阻力。

9.62 重覆習題 9.60，使用那 $\frac{1}{8}$ 次方律線型表示式。

9.63 標準氣體以自由流速度 $U = 20\text{m/s}$ 流過一個水平的光滑平板。板長 $L = 1.5\text{m}$，並且其寬度 $b = 0.8\text{m}$。壓力傾斜度為零。邊界層受阻滯，因此此流體為來自前緣的紊流；其速度分布以 $\frac{1}{7}$ 次方律表示式代表，至為恰當。試計算平板延伸邊的邊界層厚度 δ。試計算平板延生邊的管壁剪應力。試計算在 $x = 0.5\text{m}$ 和平板延伸邊之間的薄層摩擦阻力。

9.64 空氣以標準狀態流過平板。自由流速度 10m/s。試求從前緣算起在 $x = 1\text{m}$ 處之 δ 和 τ_w 值，假設(a) 完全地層流(假設為一個拋物線的速度分布)，並且(b) 完全地紊流(假設為 $\frac{1}{7}$ 次方律速度分布)。

9.65 標準均勻氣體以 60m/s 的速度，進入一個可以忽略邊界層厚度的平面管壁擴散器。入口寬度是 75mm。擴散器壁面些微地分叉以容納邊界層成長，因此壓力梯度是可以忽略的。假定平板邊界層行為。請解釋白努利方程式為什麼可以應用在這個流體上。從入口往下游量估寬度 1.2m 的擴散器。

9.66 一個實驗室風洞；其頂面管壁可以調整以補整邊界層成長，已知沿著測試截面的壓力梯度為零。壁面邊界層可用 $\frac{1}{7}$ 次方律型式完好表示其速度分布。在入口隧道橫截面為正方形，高度 H_1、寬度 W_1；皆為 305mm。其自由流速度 $U_1 = 26.5\text{m/s}$，量測顯示 $\delta_1 = 12.2\text{mm}$，下游處 $\delta_6 = 16.6\text{mm}$。試求截面⑥風洞壁高度，及可產生入口邊界層厚度之等效平板長度。估測風洞中截面①至⑥的流線距離。

9.67 具有 305mm 正方形測試截面的大學實驗室小風洞。測量顯示；在隧道壁上的邊界層為完全紊流並且可用 $\frac{1}{7}$ 次方律型式完好表示其速度分布。在截面處①，自由流速為 $U_1 = 26.1\text{m/s}$ 且數據顯示 $\delta_1 = 12.2\text{mm}$；在下游截面①處，$\delta_2 = 16.6\text{mm}$。試求截面①至②的靜壓差，並評估兩截面間的距離。

9.68 直徑 $D = 150\text{mm}$ 的一個圓筒形的導管氣流。在截面處①，紊流的邊界層厚度 $\delta_1 = 10\text{mm}$，並且無黏滯性的中心速度是 $U_1 = 25\text{m/s}$。往下游更進一步，在截面②處，邊界層厚度 $\delta_2 = 30\text{mm}$。壁面邊界層可用 $\frac{1}{7}$ 次方律型式完好表示其速度分布。試求第二個截面的無黏滯中心速度 U_2，以及二截面之間的壓降。壓降的大小是否指出；當截面①、②中有一者壓力梯度為零時，我們將截面①、②之間壓降值取近似值是正確的？估計截面①、②之間的導管長度。估計從截面①向下游至邊界層厚度 $\delta = 20\text{mm}$ 處的距離為何。

9.69 針對一個作為傳送石油的典型大油輪，執行成本效益分析。請以石油貨物百分率的型式決定出；行進 3200km 所消耗的石油量。請使用範例 9.5 的數據與下列各項資料：假設，石油貨物占總重量的 75%，螺旋推進器效能為 70%，波浪阻力與運作輔助設施所構成的損耗相當於另加 20%，引擎有 40% 熱效率，而且石油能是 46,520kJ/kg。並且就此油輪與阿拉斯加管線兩者的運作做出比較；運作阿拉斯加管線每噸每公里進行石油運輸大約需要 79kJ。

9.70 考慮習題 9.10 的線性、正弦，以及拋物面層流邊界層的近似公式。請比較這些速度函數的動量通量。當遇到逆向壓力梯度時，哪些可能最先分離？

*9.71 🖱

表 9.1 顯示從層流邊界層方程式的 Blasius 正解所得到的數值結果。請繪製速度的分布圖(請注意，根據 9.13 式可知 $\eta \approx 5.0 \dfrac{y}{\delta}$)。在同一個圖表上繪製 9.24 式的($\frac{1}{7}$)次方表達式所提供的紊流速度分布。當遇到逆向壓力梯度時，哪些可能最先分離？爲了驗證你的答案，請比較這些分布曲線的動量通量(使用 Simpson 法則之類的數值方法可以將層流資料加以整合)。

9.72 考慮圖 P9.72 所示的飛機壁面擴散器。首先，假設流體不黏滯的。當擴散器角度 ϕ 從零度(與壁面平行)增加時，請說明流動的情況與其壓力分布。其次，針對邊界層的影響修改你的描述。一般而言，哪種流體(不黏滯的還是黏滯的)的出口壓力最高？

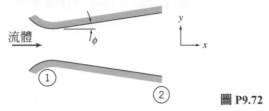

圖 P9.72

9.73 🖱

當表面的剪應力變成零時，就會發生邊界層分離。假設層流邊界層的多項表示法具有下列形式：$u/U = a + b\lambda + c\lambda^2 + d\lambda^3$，其中 $\lambda = y/\delta$。針對分離曲線，試求適當的常數 a、b、c 和 d。並計算在分離處的形狀因數 H。繪製阻力分布並與拋物線速度近似分布進行比較。

9.74 當流體流經一塊平板時的壓力梯度爲零，則沿著平板的剪應力將增加、減少還是維持恆定？請驗證你的答案。當流體沿著平板時，動量通量將會增加、減少還是保持固定？請驗證你的答案。請比較流經平板的層流和紊流(兩者都來自於平板前沿)的行爲。在相距於前沿某個距離上，哪種流動的邊界層厚度比較大？板材前沿的距離是否會影響你的答案？如何驗證你的答案？

9.75 如圖所示，冷卻空氣是經由寬且平的管道加以供應。爲了讓出口流體的噪音和干擾最小化，層流邊界層必須維持在渠道壁面上。請估計使出口流動成爲層流的最大入口流速。假設層流邊界層是拋物線曲線速度，試求其壓力降 $p_1 - p_2$。將答案以水柱(英吋)表示。

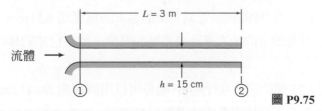

圖 P9.75

9.76 實驗室風洞測試區是方形截面，入口寬度 W_1 與高度 H_1 都是 305mm。如果自由流動速度是 $U_1 = 24.5$m/s，測量顯示邊界層厚度是 $\delta_1 = 9.75$mm，且具有 $\frac{1}{7}$ 次方的紊流速度分布。在這個的區域壓力梯度可以用 $dp/dx = -0.035$mmH$_2$O/mm 加以近似。試求在截面①由於邊界層在管道上、下與壁面所造成的有效流動面積的減少量爲何。計算截面①的邊界層動量厚度變化率 $d\theta/dx$。並估計位於 $L = 254$mm 的下流處測試區的終端動量厚度。

9.77 🖱️

可變壁面概念的提出是爲了維持習題 9.76 風洞邊界層厚度的恆定。以習題 9.76 的初始條件開始，試求維持邊界層厚度恆定所需的自由流動速度。假設寬度 W_1 是固定的。試求沿測試區從截面①的 $x=0$mm 到下流截面②的 $x=254$mm 的頂部高度設定爲何。

9.78 陸上速度記錄汽車的垂直穩定翼片(stabilizing fin)的長度是 $L=1.65$m 而高度爲 $H=0.785$m。有一輛汽車行駛在美國猶他州邦納維爾鹽晶湖床(Bonneville Salt Flats)，其海拔是 1340m，而且夏天溫度高達 50℃。車速爲 560km/hr。試求翼片的長度雷諾數。並估計邊界層上從層流過渡到紊流的位置。計算克服翼片的表面摩擦力所需的功率。

9.79 重做習題 9.46，除了水流流速現在是 10m/s(使用第 9-7 節 C_D 的公式)。

9.80 在拖曳水池中針對河流駁船的拖曳船進行測試。拖曳船的模型比例尺是 1：13.5。模型尺寸是整體長度爲 3.4m，寬度爲 0.95m，而吃水深爲 0.19m。(在淡水中，模型的排水量是 540kg)。試求船身被弄濕的表面平均長度。並計算當在原型以相對於水 12.8km 的速度移動時，表面摩擦力爲何。

9.81 噴射運輸飛機在高度爲 12,200m 的天空平穩地以 800km/hr 的速度巡航。以直徑爲 $D=3.6$m 且長度爲 $L=38.1$m 的圓柱作爲飛機機體的模型。忽略可壓縮性的作用，試求機體的表面摩擦力。爲了克服該摩擦力，需要的功率是多少？

9.82 貨船的阻力是根據測試資料所決定的。模型是依照 1：13.5 的比例尺所建造，而長度爲 6.7m，橫樑爲 1.2m，吃水深爲 0.2m。這個測試的目的是要模擬原型在 12.8km/hr 的表現。爲了模型和原型顯示相似的波浪阻力行爲時，速度的必定是什麼數量級？原型中的邊界層是主要是層流還是紊流？在可比較的點上，模型邊界層是否會變成紊流？如果不會，透過在橫跨船身處置放絆索，即可讓模型邊界層以人工的方式觸發紊流。請問應該放置在什麼地方？試求模型與原型表面摩擦阻力。

9.83 🖱️

有一艘平底貨船的長度爲 24m，寬度爲 10.7m，吃水深度爲 1.5m，而且在河水中受到推擠(河水是 15.5℃)。如果要求速度提升 24km/hr，試求克服表面摩擦阻力所需的功率，並繪製其函數圖。

9.84 美國普度(Purdue)大學的划船隊請你評估他們八人座船殼的表面摩擦力。船殼可以用直徑爲 457mm 且長度爲 7.32m 的半圓柱體加以近似。船通過水的速度是 6.71m/s。試求船殼邊界層從層流轉變爲紊流的位置。計算船身的後方紊流邊界層的厚度。並在已知的條件下，求解船身的總表面摩擦力。

9.85 一艘核潛艇完全以 27 節的速度進行巡航。船身可以用直徑爲 $D=11.0$m 且長度爲 $L=107$m 的圓柱加以近似。請估計船長百分比爲多少時邊界層是層流。並計算船身的表面摩擦阻力以及消耗的功率。

9.86 將厚度爲 10mm，比重爲 SG=1.5 的塑膠板丟到有裝水的大型儲水槽中。塑膠板的高度爲 0.5m 且寬度爲 1m。假設這個塑膠板是(a)以較短的邊垂直入水，以及(b)以較長的邊垂直入水，試求這兩種情況的最終速率。假設阻力僅來自於表面摩擦力，而邊界層是來自於板材前沿的紊流。

9.87 空中巴士公司(Airbus Industrie)的 600 人座噴射客機的機身長是 70m，且直徑為 7.5m。這架客機每天飛行 14 個小時，一星期飛 6 天；在 12km 的高度時的巡航速度是 257m/s($M = 0.87$)。為了產生 1N 的推力，引擎必須以每小時 0.06kg 的速率消耗燃料。試求客機在巡航時的表面摩擦力。如果改變機身的塗料而使其摩擦力降低 1%，試求該客機每年可以節省的燃料是多少。

9.88 超級油輪的排水量是大約 600,000 公噸。這艘船的長度是 $L = 300m$，寬度是 $b = 80m$，而吃水深度為 $D = 25m$。船以 14 節的速度通過 4℃的海水。針對這些條件試求(a) 船尾的邊界層厚度，(b) 作用於船身的總表面摩擦力，以及(c) 克服阻力所需的功率。

9.89 🖱

在第 7-6 節討論過模型船和原型的波浪阻力以及黏滯阻力。針對原型而言，$L = 125m$ 而且 $A = 1810m^2$。根據圖 7.2 和 7.3 的資料，將原型所遭遇到的波浪阻力、黏滯阻力和總阻力(lbf)繪製成速度的函數圖形。並針對其模型繪製一張類似的圖表。談論你得到的結果。最後，將原型船克服總阻力所需要的功率(kW)繪製為圖表。

9.90 為了 1976 的兩百週年慶，有一個活動小組從 Verrazano 窄橋的懸浮纜繩懸掛了一條巨型的美國國旗(高 59m，寬 112m)。他們在旗子裁出孔洞以緩和風力，因此能有效地使旗面垂直於風的流動。當風速到達 16km/hr 時，旗子開始從懸掛裝置上鬆脫。試求在這個風速下，風力作用在旗子的力量有多大。他們是否應該對於旗子被吹倒感到驚奇？

9.91 捕魚網以 0.8mm 直徑的尼龍線以長方形圖案編織而成。隔鄰網線之中心線之間的水平與垂直距離是 9.5mm。請估計這個網於 16℃水中以 7 節的速度被拖拉(垂直於流動方向)時，1.5m×12.2m 的截面所受到的阻力是多少。請問需要多少馬力才足以維持這個動作？

9.92 圖示之 1 台攪拌器由 2 個圓盤製成。攪拌器在盛有鹽水溶液(SG = 1.1)的大型容器中，每分鐘 60 轉的速度轉動。若忽略桿上的阻力與液體的運動。試求將攪拌器驅動所需的扭矩和功率最小值。

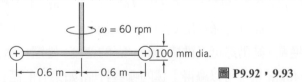

圖 P9.92，9.93

9.93 如果你是一位年輕的設計工程師，決定將轉盤以圓環代替而使旋轉攪拌器看起來更「酷」。圓環可能有額外的好處，可以使攪拌器有效率地執行混合的工作。如果在 60rpm 時攪拌器吸收 350W 則重新設計該裝置。有一個設計上的限制是，圓環外面的直徑必須低於 125mm。

9.94 降落傘的著陸速度垂直分量必須低於 6m/s。傘本身與跳傘者總質量是 120kg。試求當降落傘開啟時的直徑最小值。

9.95 🖱

軍用飛機上的緊急剎車降落傘系統是由直徑為 6m 大降落傘組成。如果飛機的質量是 8500kg，而且以 400km/hr 的速度登陸，試求單一降落傘使飛機減速為 100km/hr 的時間和距離。繪製飛機速度相對於距離和相對於時間的函數圖。飛機所遭受到的「g 力」最大值是多少？工程師提議說，用三個直徑都是 3.75m 的非干涉降落傘取代大降落傘，則占據的空間會比較少。對於將速度減緩為 100km/hr 的目標而言，這對於時間和距離有何影響？

9.96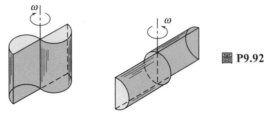

如果你是一位年輕的設計工程師,且被要求針對 9500 公斤的軍用飛機設計緊急剎車的降落傘系統。飛機以 350km/hr 的速度登陸,並且在僅使用降落傘系統的情況下,必須在 1200m 的距離內使飛機的速度降到 100km/hr。試求單獨降落傘,以及三個非干涉的降落傘的直徑最小值。繪製飛機速度相對於距離和相對於時間的函數圖。飛機所遭受到的「g-力」最大值是多少?

9.97 針對未開發國家,有人提議使用剩下的 55 加侖的油桶製作簡單的風車。並展示兩種可能的配置方式。請評估哪種方式比較好,其理由為何,其花費又是多少。一個 55 加侖油桶的直徑是 $D=610mm$,而深度是 $H=737mm$。

圖 P9.92

9.98 在光滑路面上,一輛性能優良自行車的行動阻力幾乎僅剩下空動阻力。假設車手和自行車的總質量是 $M=100kg$。根據相片所測量到正面的面積是 $A=0.46m^2$。在小山丘上進行實驗時,如果道路等級是 8%,結果顯示終端速度是 $V_t=15m/s$。根據這分資料,我們可以估計阻力係數是 $C_D=1.2$。請驗證上述阻力係數的計算結果。當自行車和車手滑行到達平地的路面以後,估計從 15m/s 減速到 10m/s 所需的距離為何。

9.99 我們所獲得關於射擊距離的彈道資料顯示,飛行動力學的阻力使一枚點 44 馬格南左輪手槍子彈的速度從 250m/s 降低到 210m/s,而其水平飛行距離是 150m。子彈的直徑是 11.2mm,而質量是 15.6g。試求子彈的平均阻力係數。

9.100 在無風的情況下,自行車選手的最大速度可以高達 30km/hr。車手和自行車總質量是 65kg。輪胎的滾動阻力是 $F_R=7.5N$,而阻力係數是 $C_D=1.2$,正面的面積是 $A=0.25m^2$。自行車選手打賭,即使今天有 10km/hr 的逆風,她仍然可以維持 24km/hr 的速度。她還打賭說,如果有風力的支援,她的最高速度可以到達 40km/hr。可以贏得上述的哪些打賭(如果有的話)?

9.101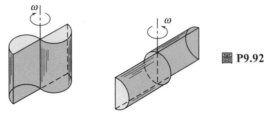

考慮習題 9.100 的自行車選手問題。在風速為 10km/hr 的情況下,試求她逆風與順風時,實際上能獲得的最大速度。如果她將自行車的輪胎換成轉動阻力僅有 3.5N 的高科技輪胎,試求在無風的情況下,她的逆風與順風所能達到的最大速度。如果她另外附有使阻力係數降低到 $C_D=0.9$ 的一個飛行動力學的紀念品,何數值將是她的新最大速度?

9.102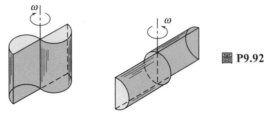

考慮習題 9.100 的自行車選手問題。她今天的運氣不太好,因為她必須攀登傾斜度為 5° 的小山。請問她能夠達到的速度是多少?如果另外還有 10km/hr 的逆風,則最大速度是多少?她到達小山丘的頂端時,轉向然後面朝向小山的下山方向。如果她仍然盡最大的努力踩自行車踏板(當無風時,以及當風力存在時),她可以達到的最高速度是多少?如果她決定滑行到小山下(且如果有風力以及如果在沒有風力的幫助下),她的最大速度是多少?

9.103 🖱

在一個爲朋友辦的驚喜派對上你於一根旗杆上綁了一串 229mm 直徑的氦氣球,每一個氣球都用一根短線綁緊。第一個被綁在高於地面 0.9m 之處而其他八個依次相隔 0.9m 綁在一起,所以最後一個氣球被綁在高 19.2m 之處。做爲一個令人討厭的工程師,你注意到於穩定的風速下,每個氣球被風吹的看起來像與垂直方向做出的角度線大約是 5°、10°、20°、30°、35°、45°、50°、60° 與 65°。請估計並畫出於 19.2m 的範圍之間風速的分布曲線。假設氦溫度是 21.1℃與 10.3kPa(錶壓)且每個氣球是由 1/10oz 乳膠所製成。

9.104 一個 0.3m 直徑中空的塑膠球體裝有污染測試設備正被一名乘坐水動力噴射推進設備的潛水員沿著紐約哈德森河拖移著。球體(有效比重 SG = 0.25)是完全地沒入河水中且被一條細的 1.2m 長的線繫於潛水員。如果細線與水平的夾角是 45°,則潛水員與球體相對的速度是多少?水溫是 10℃。

9.105 🖱

如圖所示,一個圓盤由具有樞軸的支柱垂懸在空氣流裡。在風洞實驗中,空氣流速是 15m/s,圓盤直徑是 25mm,所測量到的 α 是 10°。針對這些條件,試求圓盤質量。假設圓盤的阻力係數的適當使用時機是當風力速度的分量與圓盤垂直時。假設支柱所受到的阻力以及樞軸的摩擦阻力是微不足道的。繪製 α 以空氣速度爲函數的理論曲線圖。

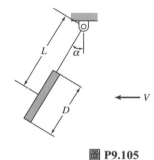

圖 P9.105

9.106 🖱

測量風速的風速儀是由四個半球面狀且直徑爲 50mm 的杯子製成,如圖所示。各個杯子的中心設置在與樞軸距離 $R = 80mm$ 的地方。試求定標方程式 $V = k\omega$ 中的理論校正常數 k,其中 V(km/hr) 是風速而 ω (rpm) 是轉動速度。你的分析是根據當兩杯子正交且其他二個杯子是平行時所引發的瞬間阻力的扭矩的計算,忽略軸承的摩擦力。請解釋爲什麼在沒有摩擦力,且風速爲任何指定值的條件下,風速儀是以定速運轉,而不是毫無極限地加速。如果實際風速儀的軸承有(固定的)摩擦力,使得風速儀至少需要 1km/hr 的的風速才會開始旋轉,請比較當 $V = 10$km/hr 時,有摩擦力和沒有摩擦力的轉動速度。

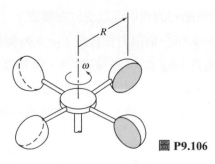

圖 P9.106

9.107 使用一塊薄板並觀察其在風力中偏轉方向,即可作爲用來測量風速的簡單但有效的風速儀。我們考慮一塊薄板由是 20mm 高且 10mm 寬的黃銅製成。請將風速表示爲偏轉角度 θ 的函數。當風速爲 10m/s 時的偏轉角度 $\theta = 30°$,則黃銅厚度應該是多少?

9.108 實驗資料[16]針對跳傘人員,建議其阻力區域($C_D A$)最大值(當使用俯視地面且四肢伸展的姿勢跳傘時)爲 $0.85m^2$ 而極小值(當使用垂直向下的姿勢時)則爲 $0.11m^2$。如果跳傘人員的質量是 75kg,針對各種姿勢估計終端速度。在標準的天氣條件中,當高度爲 3000m 時,試求跳傘人員到達終端速度的 95%所需要的時間和距離。

9.109 飛機 F-4 在後方的兩個降落傘張開減速後著陸。降落傘的直徑都是 3.7m。F-4 的重量是 142,400N,並且以 160 節的速度降落。假設不使用煞車且飛機本身的阻力可忽略時,試求飛機減速爲 100 節所需的時間和距離。

9.110 有一輛車是針對猶他州邦納維爾鹽晶湖(海拔 1340m)的路上速度記錄而製造。引擎提供 373kW 給後輪,而且根據 $1.4m^2$ 正面區域面積,仔細地使其成爲流線型之後的阻力係數是 0.15。試求(a) 在靜止空氣裡,以及(b) 當逆風風速爲 32km/hr 的情況下,汽車的陸上速度理論值。

9.111 🖱
比較並畫出於標準空氣下一個典型 1970 年代美製大型轎車與一台現今的中型轎車爲克服空氣動力阻力所需要的功率(kW) 對道路速度的圖,速度範圍從 32km/hr 至 160km/hr。使用下述數據的作爲代表值:

	重量(N)	阻力係數	正面面積(m^2)
1970 年代的轎車	20025	0.5	2.23
現今轎車	15575	0.3	1.86

如果滾動阻力是整車重量的百分 1.5,請算出每輛車之空氣動力超過摩擦阻力時的速度。

9.112 公共汽車在標準空氣裡以 80km/hr 的速度行駛。車輛的正面區域面積是 $7.4m^2$,而阻力係數是 0.95。需要多少功率才能克服空動阻力?如果引擎是的限制是 336kW,試求公共汽車的最大速度。一位年輕工程師提議在公共汽車的前面與後方加裝整流器,以減少阻力係數。測試結果指出,在不改變正面區域面積的情況下,整流器使阻力係數降低到 0.85。當時速爲 80km/hr 時需要的功率是多少,而新的最高速度又是多少?如果目前公共汽車的燃料費用是$200/day,而且整流器安裝費$4,500,多久以後修改所節省的費用可以支付安裝費?

9.113 拖船的正面區域面積是 $A = 9.5m^2$,而阻力係數是 $C_D = 0.9$。轉動阻力是 6N/1000N 車輛重量。柴油引擎的具體燃料消耗是每馬力小時 0.206kg 的燃料,而其效率是 92%。柴油燃料的密度是 $821kg/m^3$。如果船具的總重量是 320,400N,試求在 88km/hr 時的燃料經濟。整流器系統使得空動阻力減少 15%。假設每年航行 192,000km。試求頂部的整流器每年所節省的燃料爲何。

9.114

一輛 123kW 的跑車其正面區域面積是 $1.72m^2$，阻力係數爲 0.32，而且以要求 88km/hr 行駛時需要 9kW。則以什麼速度行駛時的空動阻力會先大於轉動阻力？(轉動阻力是汽車重量的 1%而汽車質量是 1240kg)。試求驅動火車的效率。當 88km/hr 時的最大加速度爲何？最大速度爲何？重新設計以得到更高的最大速度：從目前的數值改進驅動火車效率 5%，使阻力係數降爲到 0.29，或者使得轉動阻力降爲汽車重量的 0.93%？

9.115 半徑爲 R 的薄圓盤垂直指向流線。測量前後面表面的壓力分，並以壓力係數加以表示。針對前後表面，下列的模型可以分別用來表示壓力係數：

$$前面表面 \quad C_p = 1 - \left(\frac{r}{R}\right)^6$$

$$後面表面 \quad C_p = -0.42$$

計算圓盤的阻力係數。

9.116

再一次分析習題 9.88 的無摩擦風速表，但這次的基礎是使用更接近實際的模型，在一次旋轉上進行積分以計算扭矩，瞬間扭矩是從各個杯子所產生的(亦即，杯子的定向對風力變化)。

9.117 質量爲 m 且截面面積等於滑道人小的一半的物體從郵件滑道中落下。而且移動是平穩的。尾流區域是滑道尺寸最大面積的 $\frac{3}{4}$。假設尾流區的壓力固定。運用連續性、白努利方程式與動量方程式，推導物體的最終速度，並以質量以及其他數量加以表示。

9.118 有一個物體在垂直長管中掉落。物體的速度是固定在 3m/s。在物體附近的流動樣式已經加以顯示。橫跨截面①和②的靜壓是均勻的；而截面①的壓力等於大氣壓力。截面②的有效的流動面積在是管道面積的 20%。截面①和②之間摩擦力的影響可以忽略。試求流體相對於物體在截面②時的速度。並計算截面②的靜壓。試求物體的質量。

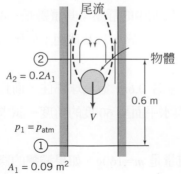

圖 P9.118

9.119 將一個大輪槳浸沒在河流中以產生動力。如果各支槳的面積是 A 且阻力係數爲 C_D；槳面中心位於與輪槳中心線相距半徑 R 的地方。假設將各支槳連續地沉放到河流中。請以幾何變數、流速 V 與槳面中心的線性速度 $U = R$，推導單一槳面的阻力表達式。並推導輪槳所產生的扭矩和功率。試求在已知流場中，使輪槳具有最大功率輸出的輪槳轉速。

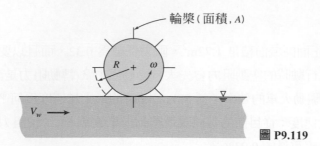

圖 **P9.119**

9.120 在星期六下午有一架輕型飛機拖曳著橫幅廣告的飛越橄欖球場。橫幅廣告的寬是 1.2m 而長是 13.7m。根據 Hoerner [16] 的研究指出,根據面積(Lh),這個橫幅廣告的阻力係數大約是 $C_D = 0.05L/h$,其中 L 是橫幅長度的而 h 是橫幅高度。試求以 $V = 88$km/hr 拖曳橫幅廣告所需的功率,並與一塊剛性平板的所遭遇的阻力互相比較。為什麼橫幅廣告的阻力比較大?

9.121 汽車天線的直徑是 10mm,而長度為 1.8m。試求在標準天氣下,如果汽車以 120km/hr 的速率行駛,試求施加於天線的扭矩。

9.122 一台大型三葉片水平軸的風力渦輪機(HAWT)於風速太高時會損壞。為避免這種事,渦輪機的葉片能夠調整指向使得它們是平行於風的流動方向。請找出風速達 45m/s 時每個葉片底部所承手的彎曲力矩。每個葉片模型成 35m 寬與 0.45m 長的平板。

9.123 習題 9.122 的 HAWT 不是自我啟動的。發電機被用來當作電動馬達以使渦輪機達到 20rpm 的操作速度。為了使這件事更容易些,葉片是對齊好以便同躺在旋轉面。假設馬達與傳動系統的整體效率是 65%,請找出維持渦輪機在操作速度所需要的功率。當做一種近似,模型每個葉片看成一連串的平板(每個葉片的外側區域移動的速度遠高於其內側區域)。

9.124 考慮從水中浮起的小油滴(SG = 0.85)。假設是史托克流動,請推導油滴最終速度(以 m/s 為單位)與油滴直徑(以 mm 為單位)的函數關係式。當油滴的直徑在什麼範圍內時,史托克流動是合理的假設?

9.125 將標準空氣引入一個低速風洞。將直徑為 30mm 的球安裝在力平衡器上,已測量升力和阻力。然後使用填裝油液的測壓器來測量風洞中的靜壓;其讀數是 −40mm 油柱(SG = 0.85)。試求風洞中的自由氣流速度,球面周圍流動的雷諾數,以及球面上的阻力在。球面邊界層是層流還是紊流?請解釋原因。

9.126 靜止無風的標準空氣裡將一個直徑為 0.6m 氫氣球綁住,而且施加於繩索的一種向上力為 1.3N。如果風速為 3m/s,氣球的繩索與水平面呈 60 度的角度。試求在這些條件下的氣球的阻力係數,忽略繩索的重量。

9.127 曲棍球的直徑是 $D = 73$mm,而質量是 $m = 160$g。如果觸擊的條件很好,球離開球桿的初速可達到 $U_0 = 50$m/s。球本質上是光滑的。如果球是水平飛行,試求該圓球受空動阻力而使速度降低 10%以前的飛行距離。

9.128 在標準空氣中,試求直徑為 3mm 的雨滴(假設是球形)的最終速率。

9.129 觀察得知通過蓖麻油的一小圓球($D = 6$mm) 以 60mm/s 的最終速度下落。溫度是 20℃。求該圓球的阻力係數。並求解球的密度。如果落到水中,圓球的下落會比較快還是比較慢?為什麼?

9.130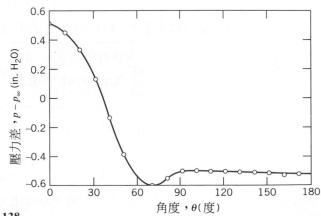

下列是 Chow [36] 針對圓球阻力與雷諾數的函數關係提出的描合曲線：

$$C_D = 24/Re \qquad\qquad Re \leq 1$$
$$C_D = 24/Re^{0.646} \qquad\qquad 1 < Re \leq 400$$
$$C_D = 0.5 \qquad\qquad 400 < Re \leq 3 \times 10^5$$
$$C_D = 0.000366\ Re^{0.4275} \qquad\qquad 3 \times 10^5 < Re \leq 2 \times 10^6$$
$$C_D = 0.18 \qquad\qquad Re > 2 \times 10^6$$

使用圖 9.11 的資料，試求描合曲線與數據的最大誤差，以及產生該誤差的數據。

9.131

習題 9.105 顯示由圓柱狀的支柱懸吊於空氣中的圓盤。假設支柱的長度是 $L = 40\text{mm}$ 而直徑爲 $d = 3\text{mm}$。當習題 9.105 的支柱包括阻力的作用時，請重解該習題的問題。

9.132 將質量 57g 且直徑爲 64mm 的網球投到標準海平面的空氣裡。求圓球的最終速度。假設在最終速度的阻力係數保持固定以作爲估計值，求當圓球達到它最終速度 95%所需的時間與距離。

9.133 一個翼弦 15cm 與翼展 60cm 的模型翼型被放置於氣流速度 30m/s(空氣溫度是 20℃)的風洞中。它被固定於直徑 2cm 高 25cm 的圓形支柱上。柱底部的儀器顯示垂直方向的力是 50N 與水平方向的力是 6N。請計算該翼型的升力與阻力係數。

9.134 水塔是由的直徑爲 12m 的球體組成，垂直方向的塔高 30m，而頂部直徑 2m。試求在標準天氣中，由 100km/hr 的風力對於水塔造成的空動阻力將會對於塔底施加多少彎矩。忽略球形水塔與塔頂連接處之間的干擾。

9.135 考慮高度爲的圓柱形旗杆 H。如果風速變化是 $u/U = (y/H)^{1/7}$，其中的 y 是從地面量起的距離，當阻力係數固定時，試求旗杆所承受的阻力和力矩。當風速 U 是均勻分布時的結果爲何，請比較這兩種情況。

9.136 使用鑄鐵製成的「12 磅」砲彈船的甲板滾落到 1000m 深的海底。試求在炮彈撞擊到海底之前所經過的時間。

9.137 將鋼珠投擲到甘油中即可以實驗的方式驗證光滑的圓球史托克阻力定律。針對 $Re<1$ 時，計算鋼珠直徑的最大值。試求鋼珠到達 95%最終速度所需的甘油管長度。

9.138

曲線圖顯示 $Re = 80,000$ 時，針對圓柱周圍測量空氣流動的壓力差相對於角度的關係。使用這些數據估計這個流動的 C_D。並與圖 9.13 所顯示的資料進行比較。如何解釋其中的差異？

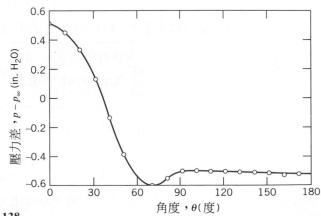

圖 P9.138

9.139

考慮習題 9.132 的網球。使用習題 9.130 所提供的方程式與阻力係數，以及數值積分表(亦即 Simpson 法則)計算當網球到達 95%的最終速度所需要的時間和距離。

9.140

當習題 3.11 的氣泡從水中浮起時會擴展。試求氣泡到達水面所需的時間。如果氣泡直徑爲 5mm 以及 15mm，重複前述問題。試求氣泡影的深度與時間的關係式，並繪製其函數圖。

9.141

考慮習題 9.132 的網球。假設它被擊中，使其有向上的初速 50m/s。試求這顆球的最大高度，假設(a)阻力係數是某個常數，以及(b)阻力係數是習題 9.130 所提供的方程式，與數值積分表(亦即 Simpson 法則)。

9.142 圖中顯示出租貨櫃屋頂的近似尺寸。當時速爲 100km/hr 時，試求作用在貨櫃上的阻力(r= 10cm)。如果車輛的驅動效率是 0.85，而引擎制動比燃油消耗是 0.3kg/(kW・hr)，試求貨櫃造成的額外增加燃油消耗。如果卸除貨櫃的汽車時速達到 12.75km/L 時，請計算燃油節約效果。如果出租公司要提供你一個比目前貨櫃更便宜 $5 的正方形貨櫃。假設燃油是每加侖$3.50，試求當使用這個方形貨櫃而不是圓形貨櫃行駛 750km 時，額外費用是多少。這個「更便宜」的貨櫃眞的有比較便宜嗎？

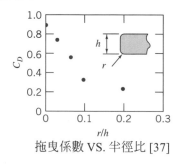

拖曳係數 VS. 半徑比 [37]

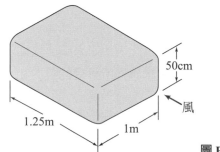

圖 P9.142

9.143 在無風的天氣裡，一條水平道路上執行滑行測試道的測試(Coastdown test)，這種測試可以用來測量原尺寸車輛的空動阻力和轉動阻力係數。轉動阻力是根據在低速所量到的 dV/dt 估計而得，其中在低速時的空動阻力很小。然後，從高速所量得的 dV/dt 扣除上述的轉動阻力，以求得空動阻力。以下的資料是針對車重 W= 111,250N 且前視面積 A= 7.34m² 的測試條件所得到的結果：

V(km/hr)	8	88
$\dfrac{dV}{dt}$(km/hr/s)	−0.24	−0.76

試求這個車輛的空動阻力。空動阻力恰超過轉動阻力的速度爲何？

9.144 將一個直徑爲 0.375m 的球形聲納探側器沉放到海水中。然後以 31.1 節的速度潛行。爲了避免空蝕的發生，探測器表面的最小的壓力必須大於 30kPa(絕對壓力)。試求上述的拖曳速度所造成作用於探測器的阻力是多少。如果要避免空蝕發生，探測器水深的最小值是多少？

9.145 在某個颳大風的日子裡，Floyd 走過校園時突發奇想地將雨傘當作「風帆」使用，想藉此驅動一輛自行車而使其沿人行道行走。請推導由這個雨傘「推進系統」所驅動的自行車車速的代數表達式。已知車手與自行車的正面面積是 0.3m²，而阻力係數大約是 1.2。假設轉動阻力是自行車和車手重量的 0.75%；兩者合計約 75kg。如果雨傘直徑是 1.22m，而風速為 24km/hr，試求自行車的速度，並討論這個推進系統的可行性。

9.146 🖱

範例 4.12 中關於小型火箭的運動分析是根據空動阻力可忽略的假設。當最後計算出來的速度高達 369m/s 時，這是不切實際的假設。請以歐拉的有限差分法求出第一階導數的近似值，並利用 *Excel* 工作表以解出火箭運動的方程式。假設 $C_D = 0.3$ 且火箭直徑為 700mm，請繪製火箭速度相對於時間的函數圖。並將此成果與 $C_D = 0$ 的成果進行比較。

9.147 電視發射塔的高度可能是 500m。在冬天時塔上會結冰。當冰解凍時，塊狀的冰塊會掉落到地面上。為了避免行人被冰塊擊中，應該建議圍牆與塔基距離多遠？

9.148 Wiffle™ 球是表面有許多小洞的輕塑膠球，常用來作為棒球和高爾夫球的練習球。請解釋這些為何需要這些小洞，以及這些小洞如何運作。並解釋你如何透過實驗性來測試你的假說。

9.149 🖱

設計一種使用空動阻力而將桿件或連桿移動或偏轉，進而產生與風速有關數據的風速計，這個風速計的測量範圍在是標準空氣裡從 1m/s 到 10m/s。現在考慮三個不同的設計觀念。選出其中最佳的概念，並準備一個詳細的設計圖。具體指定風速計各元件的形狀、大小和材料。計算風速和風速計輸出之間的定量關係。並將風速計輸出相對於風速的定量關係視為理論上的「校正曲線」。請談論何以淘汰其他選擇，以及最後選擇該設計觀念的理由。

9.150 🖱

用來製造球行鉛彈的「彈塔」曾公認為是一個機械工程地標。在彈塔中，熔化的鉛從高處向下墜落；而在凝固過程中，表面張力會使其成為球狀。請討論利用向上氣流取代原本的靜止氣流，以增加鉛彈「飄浮時間」或降低塔高的可能性。並以數據支持你的論點。

9.151 舊式的飛機具有 50m 的外部固定繩索，該繩索與飛機的移動方向垂直。繩索的直徑是 5mm。估計在海平面標準空氣中，以 175km/hr 的平面速度的最佳流線化所能夠節省的能源最大值。

9.152 為什麼現代槍的槍管要有膛線？

9.153 為什麼美式足球以螺旋轉動的方式會比頭尾晃動的方式還要飛得更遠？

9.154 一架飛機的有效升力面積是 25m²，並且配有 NACA23012 截面機翼(圖 9.23)。起飛時的最大副翼設備如圖 9.23 ②所示。如果在海平面(忽略地面效應所增加的升力)的起飛速率是 150km/hr，試求飛機的最大總質量。如果飛機改為從丹佛(海拔高度大約是 1.6km)起飛，針對這個總質量，試求最小起飛速度。

9.155 拖車駕駛座上方的導流板如何運作？使用拖車周圍的流動型態與車體上的壓力分布加以解釋。

9.156 飛機以 225km/hr 的速度通過標準條件的空氣平飛。這個速度下的升力係數是 0.45,而阻力係數是 0.065。飛機的質量是 900kg。試求飛機的有效升力面積,以及必需的引擎推力和功率。

9.157 滑板式船艇所配置的滑板有效面積是 $0.7m^2$。滑板的升力係數是 1.6,而阻力係數是 0.5。在 running trim 船艇的總質量是 1800kg。試求船艇受到滑板的支持撐時,其最低速度為何。在這個最低速度,試求克服水面阻力所需的功率。如果船艇裝配有一個 110kW 的引擎,試求它的最高速度。

9.158 有一個高中計畫要製造一架超輕型的飛機。某些學生提議使用長 1.5m,寬 2m 的塑料板,而且以 12 度的攻角來製造機翼。這個機翼縱橫比和攻角的推力和阻力係數是 C_L= 0.72 和 C_D= 0.17。如果飛機的設計是以 12m/s 的速度飛行,則其總酬載量的最大值是多少?為了維持飛行所需的功率是多少?這個提案看起來是否可行?

9.159 美國空軍 F-16 戰鬥機的平面形面積 A= $27.9m^2$;它能達到的最大升力係數 C_L= 1.6。在滿載時,它的最大質量是 M= 11,600kg。機身能夠在產生 9g 垂直加速度的情形下進行操作。然而,飛行學員在訓練期間被限制在 5g 的操作加速度。請考慮飛機在水平飛行時的傾側轉彎。試求在標準空氣中,飛行員可以產生 5g 總加速度時的最小速度。試計算相對應的飛行半徑。並且討論高度對這些結果的影響。

9.160 某一架輕型飛機的質量 M= 1000kg,它使用平面形面積 A= $10m^2$ 的傳統截面(NACA 23015)機翼。試求出航行速度為 V= 63m/s 時的機翼攻角。所需要的功率是多少?如果攻角突然增加,試求出在航行速度下,飛機承受的最大瞬間垂直「g 力」。

9.161 在學生設計習題 9.158 的飛機以後,其老師並不滿意學生使用一張塑膠薄板作為翼剖面的想法。如果將塑膠薄板以傳統截面(NACA 23015) 翼剖面予以取代,而且攻角和展弦比相同,他要求學生評估預期的最大總酬載量,以及要維持飛行所需的功率。試問分析的結果為何?

9.162 某一架輕型飛機具有 10m 的有效翼展和 1.8m 的弦長。它本來是設計成使用傳統(NACA 23015) 翼截面。利用這個翼剖面,它在標準天氣下海平面附近的航行速度是 225km/hr。有人提議將翼剖面換成層流(NACA 66_2-215) 翼剖面。試求在相同功率下,使用新的翼截面所能達到的航行速度。

9.163 假設波音 727 飛機的機翼具有 NACA 23012 截面,雙縫襟翼和 6.5 的有效展弦比,而且翼面積為 $150m^2$。如果在標準空氣中,當總重量為 778,750N 時,飛機的航行速度為 150 節,請估計要維持等高度飛行所需要的推進力。

9.164 假設使用的不是新的層流流動翼剖面,而是提議將習題 9.162 的輕型飛機重新設計,作法是以另一個具有相同面積的翼截面取代現行的傳統翼截面,但是展弦比 AR= 8。試求在相同功率條件下,使用這個新的翼剖面所能達到的航行速度。

9.165 質量 4500kg 的飛機在固定高度和速度下,沿著圓形路徑飛行,飛行速度是 240km/hr。飛行圓圈的半徑是 990m。飛機具有 $23m^2$ 的升力面積,而且使用的是 NACA 23015 截面翼剖面,有效展弦比為 7。試估計作用在飛機上的阻力,和其所需要的功率。

9.166 假設習題 9.165 的飛機能在半徑為 990m 圓形航線上飛行,試求出其最低和最高速度,並且估計在這些速度極限下,作用在飛機的阻力和所需要的功率。

9.167 在無動力飛行時的滑翔角(glide angle) 會使得升力、阻力和重量形成平衡狀態。請證明滑翔傾斜角 θ 滿足 $\theta = C_D/C_L$。最小滑翔斜率發生在 C_L/C_D 呈現最大值時的速度。針對範例 9.8 的條件,試評估波音 727-200 的最小滑翔角。在標準天氣下,如果飛機的初始高度是 10km,則這種飛機能夠滑行多遠?

9.168 Jim Hall 的 Chaparral 2F 運動賽車,在 1960 年代率先在尾部懸吊系統上安裝翼剖面,以便提高穩定性,並且改善煞車效能。翼剖面的有效寬度是 1.8m(翼展),而且弦長是 0.3m。它的攻角在 0 和負 12 度之間是可調整的。假設升力和阻力係數數據可以由圖 9.17 的曲線(傳統截面)求出。假設天氣平靜,而且汽車速度為 192km/hr。針對向下偏斜 12° 的翼剖面,請計算(a) 最大向下力量和(b) 由翼剖面產生的最大減速力量。

9.169 有些汽車出廠時已經具備擾流板,它是安裝在車輛尾部的車翼元件,銷售員有時會宣稱它可以在高速公路行駛速度下,明顯增加輪胎的摩擦力。試探討這個宣稱的正確性。這些裝置真的只具有裝飾作用嗎?

9.170 Gossamer Condor 型飛機的機翼荷重是 19N/m²。粗略估計顯示,在 19.2km/hr 的速度下,阻力大約是 27N。Condor 的總重量是 890N。其有效展弦比是 17。請估計要讓飛機飛行所需要的最小功率。試與讓飛行員 Brian Allen 持續飛行 2 hr 的 290w 相比較。

9.171 試問 Frisbee™ 如何飛行?何者導致它轉向左或向右?自旋對它的飛行有何影響?

9.172 當有強風吹襲時,路旁的交通標誌很容易以左右扭動的方式形成振盪現象。請討論要引發這種行為所必須發生的現象。

9.173 一輛汽車沿著道路往下行駛,其車尾行李廂的載物架上放置著一輛腳踏車。腳踏車的輪子緩慢旋轉。請解釋為什麼輪子會旋轉,以及其旋轉方向。

9.174 越過汽車的移動中空氣,被加速到比行駛速度高的速度,如圖 9.25 所示。當窗戶打開或關閉時,這會引起內部壓力的改變。當車速為 100km/hr,如果車窗被些微打開,請使用圖 9.25 的數據去估計內部壓力的減少量。靠近窗戶開口附近,自由流的空氣速度是多少?

9.175 課堂上的示範實例顯示,當圓柱在空氣流中旋轉的時候會產生升力。有一條線纏繞在紙製圓柱周圍,拉動它會導致圓柱旋轉,並且在同一時間往前移動。假設圓柱的直徑是 50mm,長度是 250mm,其旋轉速率是 1.2m/s,往前的速度是 1.2m/s。試估計作用在圓柱上的約略升力值。

9.176 具有圓形小凹槽的高爾夫球球(直徑 $D=43$mm),從沙坑中以 20m/s 被擊出,此時的後旋速率是 2000rpm。球的質量是 48g。請評估作用在每種球上的升力和阻力。將求得的結果表示成相對於球重的比例。

9.177 在 1924 年,德國工程師 Flettner 提議使用旋轉圓柱當作船隻推進的工具。最初 Flettner 的船隻有兩個轉子,每個轉子的直徑大約 3m,高有 15m,旋轉速度達到 750rpm。試計算在 50km/hr 的風中,作用在每個轉子的最大升力和阻力。將總力與在相同風速中最佳 L/D 所產生的總力相比較。請估計要讓轉子以 750rpm 旋轉所需要的功率。

9.178 美國和英國高爾夫球的直徑有些微不同，但是質量相同(請參看習題 1.39 和 1.42)。假設一個職業高爾夫球選手從球座上擊中每一種類型的球後，球的前進速度是 85m/s，後旋速度是 9000rpm。請評估作用在每種球上的升力和阻力。將答案表示成相對於每個球的重量的比例值。估計每種球的軌道曲率半徑。在這些條件下，試問哪種球具有比較長的射程？

9.179 某一個棒球投手以 128km/hr 的速度投出球。本壘板與投手丘相距 18.3m。為了讓球形成偏離直線路徑的最大水平移位，試問球的旋轉速率應該是多少？(一顆棒球質量是 142g 且周長是 230mm)。球偏離直線有多遠？

9.180 某一個足球運動員採用自由踢球。在 10m 的距離上，球往右改變方向大約 1m。如果它的速度是 30m/s，請估計運動員對球施加的旋轉速度。球重 420gm 而且直徑是 70cm。

第 10 至 13 章之章節內容
置於隨書「部分內容光碟」

Your theory is crazy, but it's not crazy enough to be true

Niels Bohr

流體特性數據

A-1　比重

　　數種常見的流體與固體之比重數據提供於圖 A.1a 與 A.1b 以及表 A.1 與 A.2。由於液體的比重是溫度的函數，(我們將水與空氣密度數據資料視爲溫度的函數，列於表 A.7 至表 A.10 中。) 對於大部分的液體而言，其比重會隨著溫度的上升而降低。但是水卻是一個特例：水的的最大密度值出現在 4℃ 時而爲 1,000kg/m³。水的最大密度被當作基準值來計算比重。因此，

$$SG \equiv \frac{\rho}{\rho_{H_2O} \text{ (at 4°C)}}$$

水的最大 SG 值，就等於 1。

　　相對而言固體的比重較不會隨著溫度的增減而改變；表 A.1 所列的比重值是在攝氏 20 度下所量測而得。

　　海水比重值取決於水溫與鹽度二者，表 A.2 提供海水比重代表值 SG= 1.025。

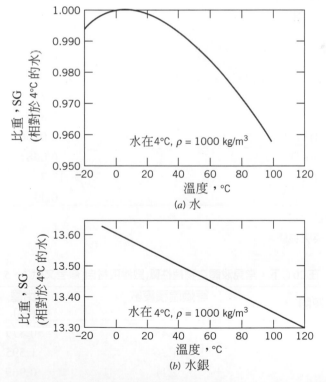

圖 A.1　水與汞之比重與溫度的函數關係(數據取材自[參考文獻 1]) (水銀比重隨溫度改變而呈線性
　　　　地變化，變化量的關係是 $SG = 13.60 - 0.00240T$，其中 T 的量測單位是℃)

表 A.1 幾種工程材料之比重

(a) 在 20℃下，常見的壓力計液體(數據取材自[參考文獻 1、2、3])

液體	比重
E.V.希爾藍油	0.797
梅里亞姆紅油	0.827
苯	0.879
鄰苯二甲酸二丁酯	1.04
單氯萘(Monochloronaphthalene)	1.20
四氯化碳	1.595
溴乙苯(梅里亞姆藍色)	1.75
四溴乙烷	2.95
汞	13.55

(b) 常用材料(數據取材自[參考文獻 4])

材料	比重(—)
鋁	2.64
輕木	0.14
黃銅	8.55
鑄鐵	7.08
混凝土(固化)	2.4[a]
混凝土(液體)	2.5[b]
銅	8.91
冰(0℃)	0.917
鉛	11.4
橡樹	0.77
鋼鐵	7.83
發泡膠(1pcf[b])	0.0160
發泡膠(3pcf)	0.0481
鈾(depleted)	18.7
白松	0.43

[a] 視累計值而定。

[b] 每立方英吋英磅。

表 A.2 在 20℃下，常見液體之物裡性質(數據取材自[參考文獻 1、5、6])

液體	等熵體積模數[a] (GN/m^2)	比重 (—)
苯	1.48	0.879
四氯化碳	1.36	1.595
蓖麻油	2.11	0.969
原油	——	0.82–0.92
乙醇	——	0.789
汽油	——	0.72

甘油	4.59	1.26
庚烷	0.886	0.684
煤油	1.43	0.82
潤滑油	1.44	0.88
甲醇	——	0.796
汞	28.5	13.55
辛烷	0.963	0.702
海水 [b]	2.42	1.025
SAE 10W 潤滑油	——	0.92
水	2.24	0.998

[a] 計算出的音速，$1GN/m^2 = 109N/m^2$。

[b] 海水在 20℃的動力黏度是 $\mu = 1.08 \times 10^{-3} N \cdot s/m^2$(因此，海水的動黏性較淡水者高約 5%)。

表 A.3　美國標準大氣特性(數據取材自[參考文獻 7])

幾何高度 (m)	溫度 (K)	p/p_{SL} (—)	ρ/ρ_{SL} (—)
−500	291.4	1.061	1.049
0	288.2	1.000[a]	1.000[b]
500	284.9	0.9421	0.9529
1,000	281.7	0.8870	0.9075
1,500	278.4	0.8345	0.8638
2,000	275.2	0.7846	0.8217
2,500	271.9	0.7372	0.7812
3,000	268.7	0.6920	0.7423
3,500	265.4	0.6492	0.7048
4,000	262.2	0.6085	0.6689
4,500	258.9	0.5700	0.6343
5,000	255.7	0.5334	0.6012
6,000	249.2	0.4660	0.5389
7,000	242.7	0.4057	0.4817
8,000	236.2	0.3519	0.4292
9,000	229.7	0.3040	0.3813
10,000	223.3	0.2615	0.3376
11,000	216.8	0.2240	0.2978
12,000	216.7	0.1915	0.2546
13,000	216.7	0.1636	0.2176
14,000	216.7	0.1399	0.1860
15,000	216.7	0.1195	0.1590
16,000	216.7	0.1022	0.1359
17,000	216.7	0.08734	0.1162
18,000	216.7	0.07466	0.09930
19,000	216.7	0.06383	0.08489
20,000	216.7	0.05457	0.07258
22,000	218.6	0.03995	0.05266
24,000	220.6	0.02933	0.03832
26,000	222.5	0.02160	0.02797
28,000	224.5	0.01595	0.02047
30,000	226.5	0.01181	0.01503
40,000	250.4	0.002834	0.003262
50,000	270.7	0.0007874	0.0008383
60,000	255.8	0.0002217	0.0002497
70,000	219.7	0.00005448	0.00007146
80,000	180.7	0.00001023	0.00001632
90,000	180.7	0.000001622	0.000002588

[a] $p_{SL} = 1.01325 \times 10^5 N/m^2 (abs)$。

[b] $\rho_{SL} = 1.2250 kg/m^3$。

A-2 表面張力

大多數有機化合物在室溫度下的表面張力的值 σ 極其接近；典型的範圍是 25 至 40mN/m。水的表面張力值更高，在 20℃約 73mN/m。液態金屬的值介於 300 與 600mN/m 的範圍之間；汞的值在 20℃約 480mN/m。表面張力會隨溫度減少；減少的程度與絕對溫度近乎是線性關係的。臨界溫度下，表面張力為零。

σ 值常依研究之液體表面與純蒸汽或空氣接觸時紀錄下來。在低壓情況下這兩個值幾乎一致。

表 A.4　在 20℃下，常見液體之表面張力(數據取材自[參考文獻 1、5、8、9])

液體	表面張力，σ (mN/m) [a]	接觸角度，θ (度)
(a) 與空氣接觸		空氣 / 液體 θ
苯	28.9	
四氯化碳	27.0	
乙醇	22.3	
甘油	63.0	
己烷	18.4	
煤油	26.8	
潤滑油	25-35	
汞	484	140
甲醇	22.6	
辛烷	21.8	
水	72.8	~0
(b) 與水接觸		水 / 液體 θ
苯	35.0	
四氯化碳	45.0	
己烷	51.1	
汞	375	140
甲醇	22.7	
辛烷	50.8	

[a] $1mN/m = 10^{-3}N/m$。

A-3　黏性的物理本質

　　黏性是內部液體摩擦性的一種量度,也就是說,對其變形上的阻力氣體黏性的機制已相當程度地為人所瞭解,但是對於液體方面的理論仍然進展有限。從這些機制的大略探討,我們對黏性流體的物理性質會有深入的理解。

　　牛頓流體的黏滯性取決於材料本身的狀態。因此 $\mu = \mu(T, p)$。其中溫度是最重要的變數,因此我們要首先考慮。就黏度為溫度的函數方面,有些優良的經驗方程式可供運用。

黏性的溫度效應

a. 氣體

　　所有的氣體分子皆處於連續的隨機運動狀態。當因流動而發生整體運動時,隨機運動中又有整體運動。流體中遍布分子碰撞現象,此時根據動力學理論之分析預測如下

$$\mu \propto \sqrt{T}$$

動力學理論預測的結果與實驗值趨勢相當一致,但是必需求得比例常數以及一個或更多個修正因子;這一點限制了此簡單方程式的實用性。

　　如果有二個乃至於更多的實驗數據點可用,便可應用 Sutherland 經驗關係式[參考文獻 7]以建構數據資料之間的關連性

$$\mu = \frac{bT^{1/2}}{1 + S/T} \tag{A.1}$$

常數 b 與 S 可以非常容易地由下式求得。

$$\mu = \frac{bT^{3/2}}{S + T}$$

或者

$$\frac{T^{3/2}}{\mu} = \left(\frac{1}{b}\right)T + \frac{S}{b}$$

　　(將之與 $y = mx + c$ 作比較)。從 $T^{3/2}/\mu$ 對 T 的關係圖,我們可以得到斜率 $1/b$,以及截距 S/b。對於空氣,

$$b = 1.458 \times 10^{-6} \frac{\text{kg}}{\text{m} \cdot \text{s} \cdot \text{K}^{1/2}}$$

$$S = 110.4 \text{ K}$$

於[參考文獻 7]中這些常數被用於 A.1 式以計算標準大氣的黏度值,不同溫度下的空氣黏度值顯示於表 A.10,使用適當的轉換因子後,所得的黏度值顯示於表 A.9。

b. 液體

　　液體黏度值無法以純理論方式做精確計算。由於在緊緊塞滿的液體分子之間的交互作用力場的影響,液體內分子碰撞所產生的動量轉移現象相形見拙。

　　液體黏度受到溫度影響甚鉅,其與絕對溫度之相關性或許可藉由經驗方程式進行描述

$$\mu = Ae^{B/(T-C)} \tag{A.2}$$

或者是下列相同型式

$$\mu = A10^{B/(T-C)} \tag{A.3}$$

其中 T 為絕對溫度。

A.3 式至少需三個數據點以通過常數 A、B 與 C。理論上,只需三個溫度下的黏度量測值,就足以決定這些常數。較好的方式是採用更多數據資料並以統計學數據調適方式,來得出常數。

無論如何,所發展出來的曲線調適法都會將成果線或者曲線與有價值的數據資料進行比對。最好的方式,就是將與數據比對的曲線調適圖進行詳細檢查。一般來說,曲線調適的成果,只有在有用數據與經驗關係式兩者品質已知皆優的情況下,始可成立。

水的動力黏度的數據於使用常數值 $A = 2.414 \times 10^{-5} \text{N} \cdot \text{s/m}^2$、$B = 247.8\text{K}$ 與 $C = 140\text{K}$ 之下所得的插算結果不錯。參考文獻 10 指出於 A.3 式使用這些常數值來預測溫度範圍 0℃至 370℃之間水的黏度誤差在 ±2.5 %之間。*Excel* 使用方程式 A.3 計算在不同的溫度下水的黏性值如表 A.8 所示並使用適當的轉換因子,所得的值如表 A.7 所示。

請注意,液體的黏度隨著溫度而遞減,然而氣體的黏度卻隨著溫度而遞增。

黏度的壓力效應

a. 氣體

在數個大氣壓至數百個大氣壓的範圍內,氣體的黏度幾乎與壓力無關。然而,黏度在高壓下,會隨著壓力(或密度)的增加而增加。

b. 液體

大多數液體的黏度不受中度壓力的影響;但發現在極高壓時,黏度會大幅提高。例如,10000 大氣壓下的水黏度,為 1 大氣壓下水黏度值的二倍。更複雜的化合物在相同的壓力範圍內,黏度值會增加好幾個數量級。

[參考文獻 11]中有更多相關資料。

A-4 潤滑油

根據汽車工程協會所訂定的標準[參考文獻 12],引擎與變速器潤滑油,可藉黏滯度來進行分類。表 A.5 中表列某些等級黏(滯) 度的容許範圍。

附有 W 的黏度數(例如,20W)是依據 −17.8℃下的黏度值來分類。那些未附 W 則是依據 98.9 ℃下的黏度值來分類。

多級油(例如 10W-40W) 是為了降低黏度受溫度影響所製造的油品。高分子聚合物「黏性指數改良劑」被使用來調和多級油。由於這些添加物是極端的非牛頓流體,故這些油料將承受因剪力造成的永久黏滯損失。

已有許多有關於溫度函數的特殊圖表用作石油產品黏滯度的估算；常用潤滑油所得到的數據繪於圖 A.2 與圖 A.3。詳情請參閱[參考文獻 15]。

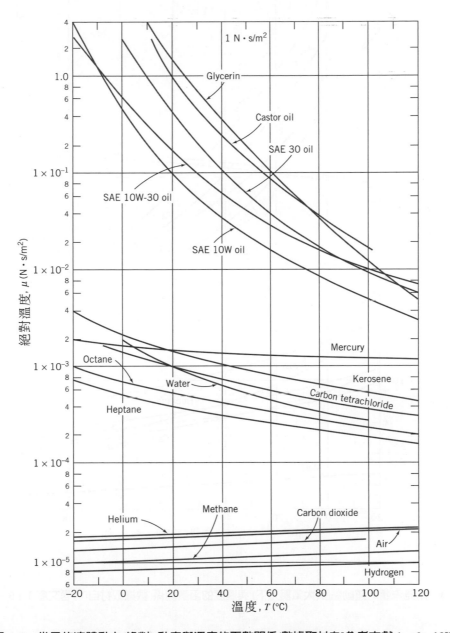

圖 A.2　常見的液體動力(絕對) 黏度與溫度的函數關係(數據取材自[參考文獻 1、6、10])

🖰 空氣與水的圖形是 *Excel* 活頁簿 *Absolute Viscosities* 分別使用 A.1 式與 A.3 式所計算得出的。如果常數 b 與 S(氣體) 或是 A，B 與 C(液體) 事先已經知道的話，該活頁簿能夠用於計算其他流體的黏度。

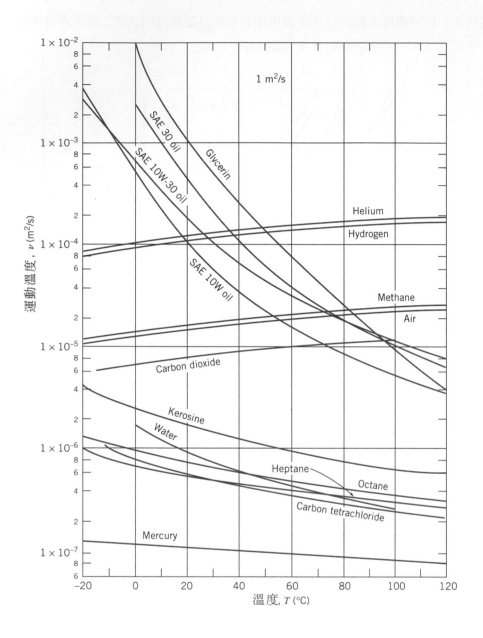

圖 A.3　常見流體之運動黏度(大氣壓力下)與溫度的函數關係(數據取材自[參考文獻 1、6、10])

表 A.5　潤滑油之容許黏度範圍(數據取材自[參考文獻 12、14])

機油	SAE 黏度等級	最大黏度(cP) [a] 於溫度(℃)	黏度(cSt) [b] 於 100℃	
			最小	最大
	0W	3250 at −30	3.8	—
	5W	3500 at −25	3.8	—
	10W	3500 at −20	4.1	—
	15W	3500 at −15	5.6	—
	20W	4500 at −10	5.6	—
	25W	6000 at −35	9.3	—
	20	—	5.6	<9.3
	30	—	9.3	<12.5
	40	—	12.5	<16.3
	50	—	16.3	<21.9

軸及手動排檔潤滑油	SAE 黏度等級	黏度 150,000cP 下的 最大溫度(℃)	黏度(cSt) 於 100℃	
			最小	最大
	70W	−55	4.1	—
	75W	−40	4.1	—
	80W	−26	7.0	—
	85W	−12	11.0	—
	90	—	13.5	<24.0
	140	—	24.0	<41.0
	250	—	41.0	—

自動排檔潤滑油 (典型)	最大黏度(cP)	溫度 (℃)	黏度(cSt) 於 100℃	
			最小	最大
		−40	6.5	8.5
		−23.3	6.5	8.5
		−18	6.5	8.5

[a] 厘泊 centipoise= 1cP= 1mPa•s= 10^{-3} Pa•s。

[b] 厘斯 centistoke= 10^{-6} m^2/s。

表 A.6　常見氣體於 STP[a] 下的熱力學特性(參考文獻[7,16,17])

氣體	化學符號	分子量，M_m	$\left(\dfrac{R^b}{\dfrac{\text{J}}{\text{kg•k}}}\right)$	$\left(\dfrac{c_p}{\dfrac{\text{J}}{\text{kg•k}}}\right)$	$\left(\dfrac{c_p}{\dfrac{\text{J}}{\text{kg•k}}}\right)$	$k = \dfrac{c_p}{c_v}$ (一)
空氣	——	28.98	286.9	1004	717.4	1.40
二氧化碳	CO_2	44.01	188.9	840.4	651.4	1.29
一氧化碳	CO	28.01	296.8	1039	742.1	1.40
氦	He	4.003	2077	5225	3147	1.66
氫	H_2	2.016	4124	14180	10060	1.41
甲烷	CH_4	16.04	518.3	2190	1672	1.31
氮	N_2	28.01	296.8	1039	742.0	1.40
氧氣	O_2	32.00	259.8	909.4	649.6	1.40
蒸汽	H_2O	18.02	461.4	～2000	～1540	～1.30

[a] STP= 標準溫度與壓力，T= 15℃ 及 p = 101.325kPa(abs)。

[b] $R_u \equiv R_u = M_m$；R_u= 8314.3J/(kgmol•K)。

[c] 當水蒸汽過熱 55℃ 以上時，其行為宛如理想氣體。

表 A.7 水之特性(美制慣用單位)

溫度, T (°F)	密度, ρ (slug/ft³)	動力 黏度, μ (lbf · s/ft²)	運動 黏度, ν (ft²/s)	表面 張力, σ (lbf/ft)	蒸發 壓力, p_v (psia)	膨脹 模數, E_v (psi)
32	1.94	3.68E-05	1.90E-05	0.00519	0.0886	2.92E + 05
40	1.94	3.20E-05	1.65E-05	0.00514	0.122	
50	1.94	2.73E-05	1.41E-05	0.00509	0.178	
59	1.94	2.38E-05	1.23E-05	0.00504	0.247	
60	1.94	2.35E-05	1.21E-05	0.00503	0.256	
68	1.94	2.10E-05	1.08E-05	0.00499	0.339	
70	1.93	2.05E-05	1.06E-05	0.00498	0.363	3.20E + 05
80	1.93	1.80E-05	9.32E-06	0.00492	0.507	
90	1.93	1.59E-05	8.26E-06	0.00486	0.699	
100	1.93	1.43E-05	7.38E-06	0.00480	0.950	
110	1.92	1.28E-05	6.68E-06	0.00474	1.28	
120	1.92	1.16E-05	6.05E-06	0.00467	1.70	3.32E + 05
130	1.91	1.06E-05	5.54E-06	0.00461	2.23	
140	1.91	9.70E-06	5.08E-06	0.00454	2.89	
150	1.90	8.93E-06	4.70E-06	0.00448	3.72	
160	1.89	8.26E-06	4.37E-06	0.00441	4.75	
170	1.89	7.67E-06	4.06E-06	0.00434	6.00	
180	1.88	7.15E-06	3.80E-06	0.00427	7.52	
190	1.87	6.69E-06	3.58E-06	0.00420	9.34	
200	1.87	6.28E-06	3.36E-06	0.00413	11.5	3.08E + 05
212	1.86	5.84E-06	3.14E-06	0.00404	14.7	

表 A.8 水之特性(SI 單位)

溫度, T (°C)	密度, ρ (kg/m³)	動力 黏度, μ (N·s/m²)	運動 黏度, ν (m²/s)	表面 張力, σ (N/m)	蒸發 壓力, p_v (kPa)	膨脹 模數, E_v (GPa)
0	1000	1.76E-03	1.76E-06	0.0757	0.661	2.01
5	1000	1.51E-03	1.51E-06	0.0749	0.872	
10	1000	1.30E-03	1.30E-06	0.0742	1.23	
15	999	1.14E-03	1.14E-06	0.0735	1.71	
20	998	1.01E-03	1.01E-06	0.0727	2.34	2.21
25	997	8.93E-04	8.96E-07	0.0720	3.17	
30	996	8.00E-04	8.03E-07	0.0712	4.25	
35	994	7.21E-04	7.25E-07	0.0704	5.63	
40	992	6.53E-04	6.59E-07	0.0696	7.38	
45	990	5.95E-04	6.02E-07	0.0688	9.59	
50	988	5.46E-04	5.52E-07	0.0679	12.4	2.29
55	986	5.02E-04	5.09E-07	0.0671	15.8	
60	983	4.64E-04	4.72E-07	0.0662	19.9	
65	980	4.31E-04	4.40E-07	0.0654	25.0	
70	978	4.01E-04	4.10E-07	0.0645	31.2	
75	975	3.75E-04	3.85E-07	0.0636	38.6	
80	972	3.52E-04	3.62E-07	0.0627	47.4	
85	969	3.31E-04	3.41E-07	0.0618	57.8	
90	965	3.12E-04	3.23E-07	0.0608	70.1	2.12
95	962	2.95E-04	3.06E-07	0.0599	84.6	
100	958	2.79E-04	2.92E-07	0.0589	101	

表 A.9　大氣壓力之下的空氣特性(美制慣用單位)

溫度， T (°F)	密度， ρ (slug/ft³)	動力 黏度， μ (lbf · s/ft²)	運動 黏度， ν (ft²/s)
40	0.00247	3.63E-07	1.47E-04
50	0.00242	3.69E-07	1.52E-04
59	0.00238	3.74E-07	1.57E-04
60	0.00237	3.74E-07	1.58E-04
68	0.00234	3.79E-07	1.62E-04
70	0.00233	3.80E-07	1.63E-04
80	0.00229	3.85E-07	1.68E-04
90	0.00225	3.91E-07	1.74E-04
100	0.00221	3.96E-07	1.79E-04
110	0.00217	4.02E-07	1.86E-04
120	0.00213	4.07E-07	1.91E-04
130	0.00209	4.12E-07	1.97E-04
140	0.00206	4.18E-07	2.03E-04
150	0.00202	4.23E-07	2.09E-04
160	0.00199	4.28E-07	2.15E-04
170	0.00196	4.33E-07	2.21E-04
180	0.00193	4.38E-07	2.27E-04
190	0.00190	4.43E-07	2.33E-04
200	0.00187	4.48E-07	2.40E-04

表 A.10　大氣壓力之下的空氣特性(SI 單位)

溫度， T (°C)	密度， ρ (kg/m³)	動力 黏度， μ (N · s/m²)	運動 黏度， ν (m²/s)
0	1.29	1.72E-05	1.33E-05
5	1.27	1.74E-05	1.37E-05
10	1.25	1.76E-05	1.41E-05
15	1.23	1.79E-05	1.45E-05
20	1.21	1.81E-05	1.50E-05
25	1.19	1.84E-05	1.54E-05
30	1.17	1.86E-05	1.59E-05
35	1.15	1.88E-05	1.64E-05
40	1.13	1.91E-05	1.69E-05
45	1.11	1.93E-05	1.74E-05
50	1.09	1.95E-05	1.79E-05
55	1.08	1.98E-05	1.83E-05
60	1.06	2.00E-05	1.89E-05
65	1.04	2.02E-05	1.94E-05
70	1.03	2.04E-05	1.98E-05
75	1.01	2.06E-05	2.04E-05
80	1.00	2.09E-05	2.09E-05
85	0.987	2.11E-05	2.14E-05
90	0.973	2.13E-05	2.19E-05
95	0.960	2.15E-05	2.24E-05
100	0.947	2.17E-05	2.29E-05

參考文獻

[1] *Handbook of Chemistry and Physics*, 62nd ed. Cleveland, OH: Chemical Rubber Publishing Co., 1981–1982.

[2] ''Meriam Standard Indicating Fluids,'' Pamphlet No. 920GEN:430-1, The Meriam Instrument Co., 10920 Madison Avenue, Cleveland, OH 44102.

[3] E. Vernon Hill, Inc., P.O. Box 7053, Corte Madera, CA 94925.

[4] Avallone, E. A., and T. Baumeister, III, eds., *Marks' Standard Handbook for Mechanical Engineers*, 11th ed. New York: McGraw-Hill, 2007.

[5] *Handbook of Tables for Applied Engineering Science*. Cleveland, OH:Chemical Rubber Publishing Co., 1970.

[6] Vargaftik, N. B., *Tables on the Thermophysical Properties of Liquids and Gases*, 2nd ed. Washington, D.C.:Hemisphere Publishing Corp., 1975.

[7] *The U.S. Standard Atmosphere (1976)*.Washington, D.C.:U.S. Government Printing Office, 1976.

[8] Trefethen, L.,''Surface Tension in Fluid Mechanics,'' in *Illustrated Experiments in Fluid Mechanics*. Cambridge, MA:The M.I.T. Press, 1972.

[9] Streeter, V. L., ed., *Handbook of Fluid Dynamics*. New York:McGraw-Hill, 1961.

[10] Touloukian, Y. S., S. C. Saxena, and P. Hestermans, *Thermophysical Properties of Matter, the TPRC Data Series. Vol. 11——Viscosity*. New York:Plenum Publishing Corp., 1975.

[11] Reid, R. C., and T. K. Sherwood, The Properties of Gases and Liquids, 2nd ed. New York: McGraw-Hill, 1966.

[12] ''Engine Oil Viscosity Classification——SAE Standard J300 Jun86,'' *SAE Handbook*, 1987 ed. Warrendale, PA:Society of Automotive Engineers, 1987.

[13] ''Axle and Manual Transmission Lubricant Viscosity Classification——SAE Standard J306 Mar85,'' *SAE Handbook*, 1987 ed. Warrendale, PA:Society of Automotive Engineers, 1987.

[14] ''Fluid for Passenger Car Type Automatic Transmissions——SAE Information Report J311 Apr86,'' *SAE Handbook*, 1987 ed. Warrendale, PA:Society of Automotive Engineers, 1987.

[15] ASTM Standard D 341–77, ''Viscosity-Temperature Charts for Liquid Petroleum Products,'' American Society for Testing and Materials, 1916 Race Street, Philadelphia, PA 19103.

[16] NASA, *Compressed Gas Handbook* (Revised) .Washington, D.C.:National Aeronautics and Space Administration, SP-3045, 1970.

[17] ASME, *Thermodynamic and Transport Properties of Steam*. New York:American Society of Mechanical Engineers, 1967.

B 圓柱座標下的運動方程式

圓柱座標中之等密度連續方程式

$$\frac{1}{r}\frac{\partial}{\partial r}(rv_r) + \frac{1}{r}\frac{\partial}{\partial\theta}(v_\theta) + \frac{\partial}{\partial z}(v_z) = 0 \tag{B.1}$$

圓柱座標下等密度與等黏滯度之垂直應力與剪應力是

$$\sigma_{rr} = -p + 2\mu\frac{\partial v_r}{\partial r} \qquad\qquad \tau_{r\theta} = \mu\left[r\frac{\partial}{\partial r}\left(\frac{v_\theta}{r}\right) + \frac{1}{r}\frac{\partial v_r}{\partial\theta}\right]$$

$$\sigma_{\theta\theta} = -p + 2\mu\left(\frac{1}{r}\frac{\partial v_\theta}{\partial\theta} + \frac{v_r}{r}\right) \qquad \tau_{\theta z} = \mu\left(\frac{\partial v_\theta}{\partial z} + \frac{1}{r}\frac{\partial v_z}{\partial\theta}\right)$$

$$\sigma_{zz} = -p + 2\mu\frac{\partial v_z}{\partial z} \qquad\qquad \tau_{zr} = \mu\left(\frac{\partial v_r}{\partial z} + \frac{\partial v_z}{\partial r}\right) \tag{B.2}$$

圓柱座標下之等密度與等黏滯度的納維爾-史托克方程式是

r 分量：

$$\rho\left(\frac{\partial v_r}{\partial t} + v_r\frac{\partial v_r}{\partial r} + \frac{v_\theta}{r}\frac{\partial v_r}{\partial\theta} - \frac{v_\theta^2}{r} + v_z\frac{\partial v_r}{\partial z}\right)$$

$$= \rho g_r - \frac{\partial p}{\partial r} + \mu\left\{\frac{\partial}{\partial r}\left(\frac{1}{r}\frac{\partial}{\partial r}[rv_r]\right) + \frac{1}{r^2}\frac{\partial^2 v_r}{\partial\theta^2} - \frac{2}{r^2}\frac{\partial v_\theta}{\partial\theta} + \frac{\partial^2 v_r}{\partial z^2}\right\} \tag{B.3a}$$

θ 分量：

$$\rho\left(\frac{\partial v_\theta}{\partial t} + v_r\frac{\partial v_\theta}{\partial r} + \frac{v_\theta}{r}\frac{\partial v_\theta}{\partial\theta} + \frac{v_r v_\theta}{r} + v_z\frac{\partial v_\theta}{\partial z}\right)$$

$$= \rho g_\theta - \frac{1}{r}\frac{\partial p}{\partial\theta} + \mu\left\{\frac{\partial}{\partial r}\left(\frac{1}{r}\frac{\partial}{\partial r}[rv_\theta]\right) + \frac{1}{r^2}\frac{\partial^2 v_\theta}{\partial\theta^2} + \frac{2}{r^2}\frac{\partial v_r}{\partial\theta} + \frac{\partial^2 v_\theta}{\partial z^2}\right\} \tag{B.3b}$$

z 分量：

$$\rho\left(\frac{\partial v_z}{\partial t} + v_r\frac{\partial v_z}{\partial r} + \frac{v_\theta}{r}\frac{\partial v_z}{\partial\theta} + v_z\frac{\partial v_z}{\partial z}\right)$$

$$= \rho g_z - \frac{\partial p}{\partial z} + \mu\left\{\frac{1}{r}\frac{\partial}{\partial r}\left(r\frac{\partial v_z}{\partial r}\right) + \frac{1}{r^2}\frac{\partial^2 v_z}{\partial\theta^2} + \frac{\partial^2 v_z}{\partial z^2}\right\} \tag{B.3c}$$

附 錄 C 流體力學影片

以下列出各方所提供之流體力學方面的影片名稱。這些影片也可以在 http://web.mit.edu/fluids/www/Shapiro/ncfmf.html 線上免費觀賞。

1. 大英百科全書教育公司

310 South Michigan Avenue

Chicago, Illinois 60604

下述二十二部影片是由國家流體力學製片委員會(NCFMF)所錄製[1]，可供取用(長度如所註明者)：

- 空氣動力產生的聲音(*Aerodynamic Generation of Sound*)(44 分鐘，主講人：M. J. Lighthill，J. E. Ffowcs- Williams)
- 邊界層控制(*Boundary Layer Control*)(25 分鐘，主講人：D. C. Hazen)
- 孔蝕化(*Cavitation*)(31 分鐘，主講人：P. Eisenberg)
- 可壓縮流體的渠道流(*Channel Flow of a Compressible Fluid*)(29 分鐘，主講人：D. E. Coles)
- 連續介質的形變(*Deformation of Continuous Media*)(38 分鐘，主講人：J. L. Lumley)
- 尤拉和拉格朗日於流體力學的描述 (*Eulerian and Lagrangian Descriptions in Fluid Mechanics*)(27 分鐘，主講人：J.L.Lumley)
- 流動的不穩定性(*Flow Instabilities*)(27 分鐘，主講人：E. L. Mollo-Christensen}
- 目睹流動(*Flow Visualization*)(31 分鐘，主講人：S. J. Kline)
- 阻力的流體動力學(*The Fluid Dynamics of Drag*)[2](4 parts，120 分鐘，主講人：A. H. Shapiro)
- 邊界層基礎(*Fundamentals of Boundary Layers*)(24 分鐘，主講人：F. H. Abernathy)
- 低雷諾數流動(*Low-Reynolds-Number Flows*)(33 分鐘，主講人：Sir G. I. Taylor)
- 磁流體力學(*Magnetohydrodynamics*)(27 分鐘，主講人：J. A. Shercliff)
- 壓力場和流體加速度(*Pressure Fields and Fluid Acceleration*)(30 分鐘，主講人：A. H. Shapiro)
- 稀薄氣體動力學(*Rarefied Gas Dynamics*)(33 分鐘，主講人：F.C. Hurlbut，F. S. Sherman)

---

[1] 詳細的 NCFMF 影片摘要說明包含在 Illustrated Experiments in Fluid Mechanics(Cambridge，MA:The M.I.T. Press，1972)

[2] 這部影片的內容摘述並例釋於 Shape and FlowThe Fluid Dynamics of Drag，by Ascher H. Shapiro(New York:Anchor Books，1961)

- 流體的流變行為(*Rheological Behavior of Fluids*) (22 分鐘，主講人：H. Markovitz)
- 旋轉流(*Rotating Flows*) (29 分鐘，主講人：D. Fultz)
- 二次流(*Secondary Flow*) (30 分鐘，主講人：E. S. Taylor)
- 分層流(*Stratified Flow*) (26 分鐘，主講人：R. R. Long)
- 表面張力於流體力學(*Surface Tension in Fluid Mechanics*) (29 分鐘，主講人：L. M. Trefethen)
- 紊流(*Turbulence*) (29 分鐘，主講人：R. W. Stewart)
- 渦旋(*Vorticity*) (2 parts，44 分鐘，主講人：A.H..Shapiro)
- 流體的波(*Waves in Fluids*) (33 分鐘，主講人：A. E. Bryson)

2. 愛荷華州立大學

工學院流體實驗室

http://css.engineering.uiowa.edu/fluidslab/referenc/instructional.html

下面所列的六部影片，是由 H.Rouse 按照順序排好的一套影片資料。這些影片能自上述網站下載而且即使沒有依次地連續觀賞也沒有什麼大礙。

- 簡介流體運動之研究(*Introduction to the Study of Fluid Motion*) (24 分鐘)。這部介紹影片展示了許多種常常會看見的流體現象。並且以實例說明，在許多複雜現象的實際觀察研究裡頭，所使用的縮小比例尺模型。還有的就是在模型與標準原型流體當中的幾個連續鏡頭裡面，彰顯出作為相似參數的尤拉數、福洛得數、馬赫數、以及雷諾數所代表的重要意義。
- 流體基本原理(*Fundamental Principles of Flow*) (23 分鐘)。分析流體運動所必要的基本觀念與物理意義上的關係，在本片中都有詳盡的闡述。並推導出連續方程式、動量方程式、和能量方程式而且用於分析一個噴射推進裝置。
- 重力場內的流體運動(*Fluid Motion in a Gravitational Fluid*) (23 分鐘)。本影片中以實例說明浮力的效應以及自由表面流動。且證明了就自由表面流動來說，福洛得數是一個基本的重要參數。還展現了在明渠與密度分層流體。
- 層流與紊流的特性(*Characteristics of Laminar and Turbulent Flow*) (26 分鐘)。為了要看見層流和紊流，染色劑、煙霧、懸浮微塵粒子以及氫氣氣泡都用上了。影片中驗證了不穩定性會導致紊流的產生與發生，並且描述紊流的衰退與混合的過程。
- 形狀阻力、升力、與推力(*Form Drag*、*Lift*、*and Propulsion*) (24 分鐘)。影片裡頭論述了邊界層分離對流體樣式的影響，並且顯示出在某些個物體形狀下的壓力分布狀況。其中對於包含了外觀尺度比例的提昇型模型基本特性，有所研討，並將考量結果，應用在螺漩槳推進器與扭矩轉化器性能的分析上。
- 流體可壓縮性的影響(*Effects of Fluid Compressibility*) (17 分鐘)。使用明渠液體流動與可壓縮氣體流動兩者間的水力間的類比以顯示具有代表型的波動型式。超音速風洞裡頭可用想像的紋影光學流體，以展示出流體在超音速和在亞音速的情況下，流過某些個物體時的流動樣式。

可以從底下連結免費下載的額外影片如下：

http://www.engineering.uiowa.edu/fluidslab/referenc/processes.html

- 自然界的流動(*Fluid Flows in Nature*)。自然界流動現象的例子。

- 流體力學術語(*Fluid Mechanics Terminology*)。基本的流體因次、特定的流體特性(慣性、引力、粘度、彈性)；和特定的物理量(速度、加速度、質量、力、壓力)。

- 實驗流體力學(*Experimental Fluid Dynamics*)。實驗的角色；模型相似；和無因次數(Eu, Fr, Re, M)的特點。

- 流體運動的基本概念和物理關係(*Basic Concepts and Physical Relationships of Fluid Motion*)流動樣式(速度向量、簡化、徑線；煙線)；區域和對流加速度；相對運動、連續性的關係；渦旋、迴流以及旋轉和無旋流動。

- 流體動力學(*Flow Dynamics*)。非均勻狀態運動的流動加速度和壓力速度關係；測量流體速度、壓力和速度之簡單儀器的動靜壓原理；分離；孔蝕化、連續方程式、動量方程式和能量方程式的積分；和推進。

- 黏性對流動樣式的影響(*Effect of Viscosity on Flow Pattern*)。具象化黏性的影響；科特、旋轉和非旋，以及普瓦塞尹流；形變阻力、潤滑原理；層流和紊流、建立軸對稱流動；以及邊界層流動。

- 層流和紊流(*Laminar and Turbulent Flows*)。管流的流動範圍和轉換；速度分布和穆迪圖。

- 紊流簡介(*Introduction to Turbulent Flows*)。管流和剪層流之流動範圍和過渡；分子和渦黏度；紊流強度、紊流尺度；和產生、混合、與消散。

- 重力對流體流動的影響(*Gravity Action on Liquid Flows*)。重力的影響；靜壓力分布、流體物體的旋轉；受限的流動、白努利方程、水力坡線和能量坡線、流體噴流；自由表面外流；溢流和潛流、明渠流的比能；和傅勞德數。

- 重力波(*Gravitational Waves*)。波的特性；波的傳播(包括產生、傳送、反射、穩定性和減弱之穩定)；波的類型(包括振動波、駐波、孤波、湧浪、水躍)、以及由鹽水或熱效應所驅動的海洋和大氣波的過程。

- 阻力(*Drag Force*)邊界層分離；隨物體形狀不同而變動的壓力分布和阻力；流動樣式和阻力係數。

- 流體迴流(*Flow Circulation*)定義；升力；交叉推力、強迫震動；和結構失效。

- 升力和升力葉片(*Lift Force and Lifting Vanes*)升力係數、升力；失速；和最佳阻力/升力比值。

- 推進(*Propulsion*)推力、推進器、軸流式機械；流體連結器和扭矩轉換器。

- 流體中波的產生(*Wave Generation in Fluids*)壓縮性；重力波與彈性波之間的類比、對流體樣式影響；彈性波、潮、水錘和血錘；和等密度流之等溫及絕熱脫離。

- 震波(*Shock waves*)類比於同心波產生的二維樣式；類比於明渠流的浪湧；和應用 Schlierern 量測到環繞形狀簡單物體(球體、平板、圓柱體、升力葉片)之次音速和超音速流動。

3. 美國航空太空學會

370 L'Enfant Promenade，S.W.

Washington，D.C. 20024-2518

　　美國之翼(*America's Wings*) (29 分鐘)。訪問對於高速飛行飛機之研發展有卓越貢獻的人士，他們暢談並說明他們的貢獻。對於經驗豐富的觀眾而言，本部影片會令人印象深刻。

4. 普渡大學

教學服務中心

影片登錄

Hicks Undergraduate Library

West Lafayette，Indiana 47907

　　塔科馬海峽大橋的崩塌(*Tacoma Narrows Bridge*) (3 分鐘)這個簡短的影片包含發生於 1940 年 11 月 7 日塔科馬海峽之 2800 英呎長的吊橋在微風下自發性崩塌的第一手壯觀畫面。(橋崩塌的影片也可以於下列網址欣賞到

http://en.wikipedia.org/wiki/Tacoma_Narrows_Bridge_Collapse# Film_of_collapse

附錄 D 泵與風扇的性能曲線選讀

D-1 簡介

全世界有許多公司製造各式各樣標準型式與尺寸的流體機器。每家製造廠都會公布完整的性能數據,以供其機械在系統中運用。本附錄涵蓋幾種選定的性能數據資料,以供解釋泵與風扇問題之用。包括二個泵以及一個風扇型式。

可根據慣例、地點或成本來選擇製造商。一旦選出了製造商,機器的選擇可分為三個步驟:

1. 由製造商提供的全生產線目錄中了解各機型的壓升(揚程)與流量率的範圍來選擇切合實用的機型。

2. 從主選型圖,於此圖同系列機型的揚程與流量率的範圍都放在一起,來選擇適切的機型與驅動速率。

3. 使用該指定機型的細部性能曲線來確認候選的機型能滿足預期的應用功能需求。

在做最後購買決定之前,聰明的作法是諮商有經驗的系統工程師、不論是由製造商所雇用的或你自己公司的員工。

目前有許多廠商採用電腦化的程序選擇機型,此種方式最適用於已知應用需求的情形。這樣的程序,是傳統選擇方式的簡易自動版。採用廠商提供各個機器型號的主選擇表以及詳細性能曲線的方法,將在下文中說明。其他製造商所提供的文件也是大同小異,但一定會包含機型選購的必要資訊。

D-2 泵的選用

圖 D.1 至 D.9 為培利斯牌(Peerless)[3]水平分離式單級(AE 系列)泵的代表性數據而圖.D.10 與 D.11 為培利斯牌水平分離式多級(seriesTUandTUT)泵的代表性數據。

圖 D.1 與 D.2 是 AE 系列泵於 2950 與 1450rpm 公稱轉速的主泵選擇圖。在這些圖表,型號上(例如,4AE12)指示排放管的尺寸(4in.或大約 100mm 公稱管),泵系列(AE),以及最大的葉輪直徑(約 12in.或 300mm)。

圖 D.3 至圖 D.10 為 AE 系列每個泵型的詳細性能圖。

圖 D.10 與 D.11 為 TU 與 TUT 系列每個泵型的詳細性能圖。

各泵的性能圖包括了數種葉輪直徑的總揚程對體積流率——測試於同樣的狀況——的曲線都畫在同一張圖面。另外，每張性能圖亦包含泵效率與驅動馬達功率之包絡線；以及隨流量率改變的 NPSH 需求值畫在每張圖的底部。使用效率包絡線可找出每個葉輪的最佳效率點(BEP)。

範例分析 D.1 中，以實例說明泵主選型圖表與詳細的性能曲線之使用。

範例 D.1　泵的選用程序

選用一個泵水輸送率為 210m³/h 且總揚程為 50m。選擇一個適當的泵型與轉動速率。指明泵的效率、驅動馬達功率與 NPSH 需求。

問題 D.1

已知：選用一個泵其水輸送率為 210m³/h 且總揚程為 50m。

求解：(a) 泵機型與驅動馬達轉速。　(b) 泵效率。

　　　(c) 驅動馬達功率。　　　　(d) NPSH 需求值。

解答：

使用在 D-1 節所描述的泵選擇程序。(以下的數字相對於已知程序中的步驟)。

1. 首先，選擇一個適於所要應用的機型(此步驟實際上是需要製造商全生產線的目錄，本文並沒有於此重現此目錄。培利斯牌生產線目錄指出對於 570m3/h 與 99m 的最大輸送率與揚程所需之 AE 系列的泵。因此需要的效率由此可得；假設欲選用的機型出自此系列。)

2. 其次，查閱泵的主選型圖。所需的工作點是在 2950rev/min 選型表之 5AE8 機型的泵包絡線內(圖 D.1)。針對 5AE8 機型的泵(圖 D.1)，從性能曲線中選擇 206mm 的葉輪。

3. 第三，利用細部效率圖，核對並查明機器的效率。在 5A8E 泵的性能圖上，從橫坐標 $Q=210m^3/h$ 之處向上畫條垂直線，從縱座標 $H=50m$ 之處朝右畫條水平線。兩線交會處即為所欲之操作點處的泵性能：

$$\eta \approx 81.8\% \qquad \mathcal{P} \approx 35Kw$$

從操作點處向下投影至 NPSH 需求曲線。於兩線交會處，讀出 $NPSH \approx 4.6\ m$。

至此完成了這個泵所有的選用程序。吾人應該就教於有經驗的系統工程師以確認泵的運作狀況一如所預期者且已正確地選用了泵。

D-3 風扇的選用

風扇的選用類似於泵的選用。圖 D.12 所示的是 Buffalo Forge[4]二軸流風扇系列之典型的主風扇選型圖。此圖展示出全系列風扇的性能，其為扇葉尺寸與驅動馬達轉速的函數。

主風扇選擇圖，用於詳細考量選擇扇葉尺寸與驅動馬達轉速。對於風扇機型之適用與否的最後評估須借助所指定機型之細部性能圖。Buffalo Forge 系列尺寸規格 48，葉瓣型軸流風機，的樣本性能圖示如圖 D.13。

性能圖以總壓升對體積流率的方式繪製。圖 D.13 包含 HB、LB、與 MB 輪子在多種定速下運作的曲線，陰影帶表示所量得的風扇總效率。

範例 D.2　風扇的選用程序

選擇一台軸流式風扇足以輸送 $1100 m^3/min$ 之標準空氣達 $32 mmH_2O$ 總揚程。選擇適當的風扇機型與驅動馬達轉速。指定風扇的效率和驅動馬達功率.

問題 D.2

已知：選擇一台軸流式風扇足以輸送 $1100 m^3/min$ 之標準空氣達 $32 mmH_2O$ 總揚程。

求解：(a) 風扇規格尺寸與驅動馬達轉速。(b) 風扇效率。(c) 驅動馬達功率。

解答：

使用在 D-1 節所描述的風扇選用程序。(以下的數字相應於已知程序中的步驟)。

1. 首先，選擇一個適合應用需求的機型(此步驟實際上是需要製造商全生產線的目錄，本文並沒有於此重現此目錄。假設風扇的選擇是依據圖 D.13 所示之軸向風扇數據。)

2. 其次，查閱風扇主選型圖。所描述的工作點位在選型圖(圖 D.13) 尺寸規格 48 號風扇的包絡線之內。為達到要求的性能，需要風扇的轉速為 870rev/min。

3. 第三，利用細部性能圖(圖 D.14)來驗證風扇的性能。在細部性能圖上，從橫坐標 Q =1100m³/h 之處向上畫條垂直線，從縱坐標 p=32mmH₂O 之處朝右畫條水平線。交叉點即為所要的工作點。這些工作狀況是無法以 LB 型轉輪達成的；然而，這些狀況接近 HB 或 MB 轉輪的最高效率。採用 HB 轉輪下大約可達成此操作狀況下 75%的總效率。若採用 MB 轉輪，會略高於 75%。風扇驅動馬達的功率需求是

$$\mathscr{P} = \frac{Q \Delta p}{\eta} = 1100 \frac{m^3}{min} \times \frac{min}{60\ s} \times 32\ mm\ H_2O \times 999 \frac{kg}{m^3} \times 9.81 \frac{m}{s^2} \times \frac{1}{0.75} \times \frac{N \cdot s^2}{kg \cdot m}$$

$$\times \frac{kW \cdot s}{kN \cdot m} \times \frac{m}{1000\ mm} = 7.67\ kW$$

至此完成了所有的風扇選擇程序。再次重申，吾人應該就教於有經驗的系統工程師以確認風扇的運作狀況一如所預期者且已正確地選用了風扇。

---

[4] Buffalo Forge, 465 Broadway, Buffalo, NY 14240 USA.

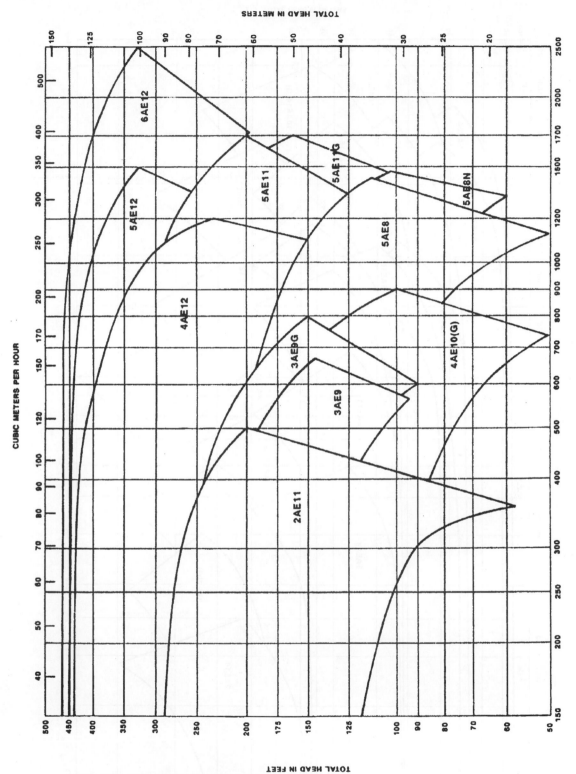

圖 **D.1** 選型圖適用於培利斯泵公司水平分離式(AE 系列) 泵運轉於 2950rev/min

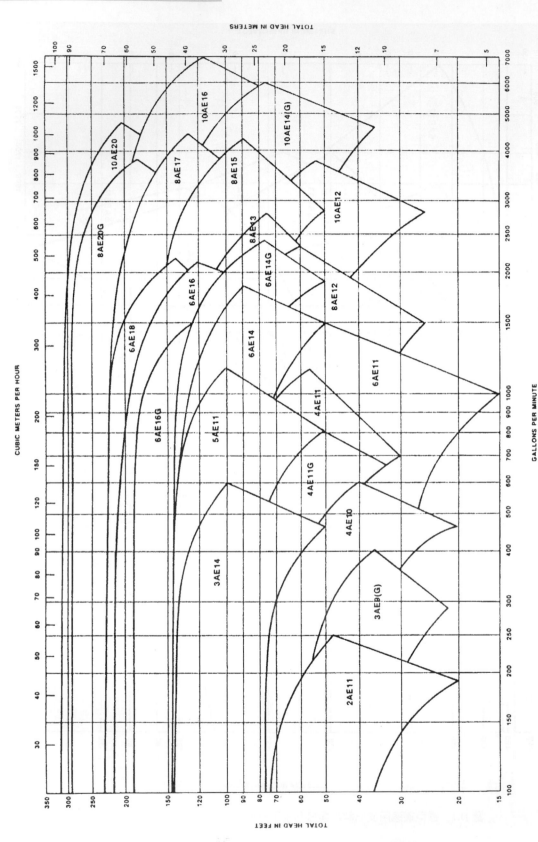

圖 D.2　選型圖適用於培利斯泵公司水平分離式(AE 系列) 泵運轉於 1450rev/min

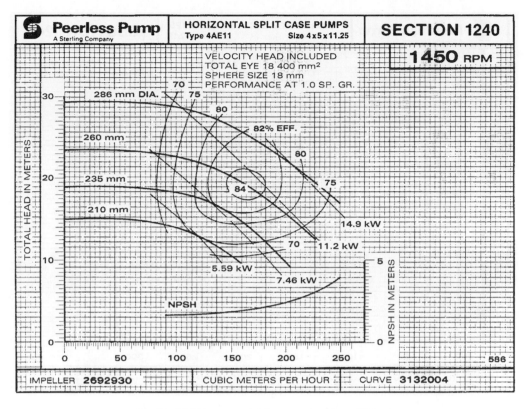

圖 D.3　性能曲線適用於培利斯泵公司的 4AE11 型泵，運轉於 1450rev/min

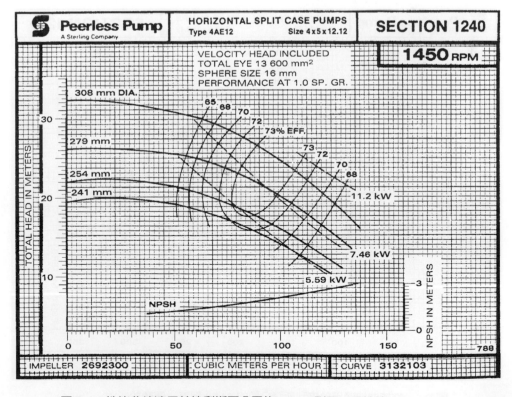

圖 D.4　性能曲線適用於培利斯泵公司的 4AE12 型泵，運轉於 1450rev/min

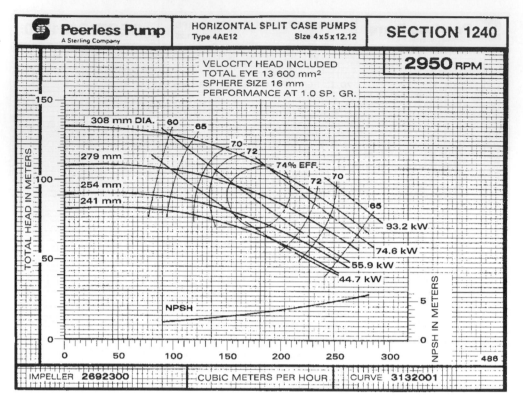

圖 D.5　性能曲線適用於培利斯泵公司的 4AE12 型泵，運轉於 2950rev/min

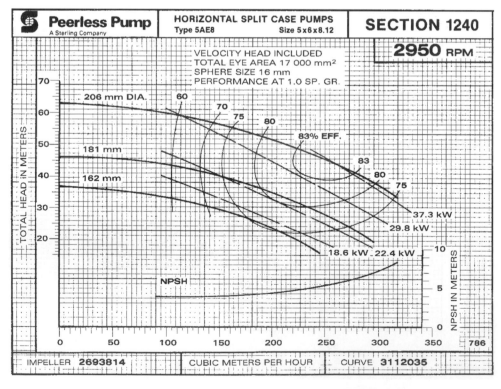

圖 D.6　性能曲線適用於培利斯泵公司的 5AE8 型泵，運轉於 2950rev/min

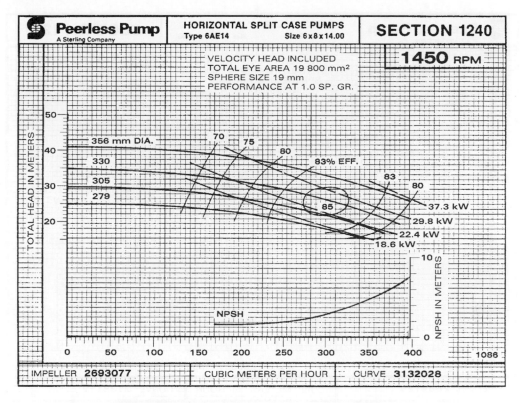

圖 D.7　性能曲線適用於培利斯泵公司的 6AE14 型泵，運轉於 1450rev/min

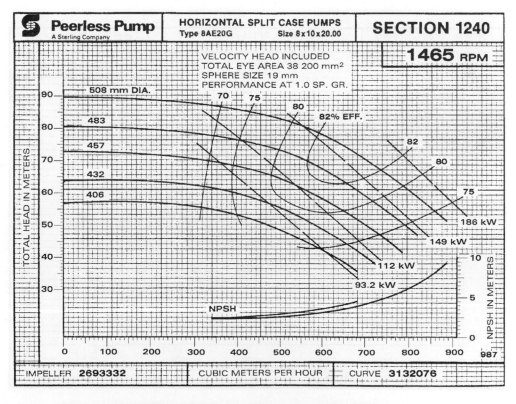

圖 D.8　性能曲線適用於培利斯泵公司的 8AE20G 型泵，運轉於 1465rev/min

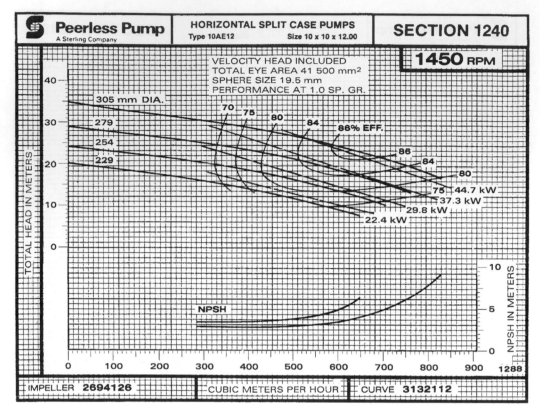

圖 D.9　性能曲線適用於培利斯泵公司的 10AE12 型泵，運轉於 1450rev/min

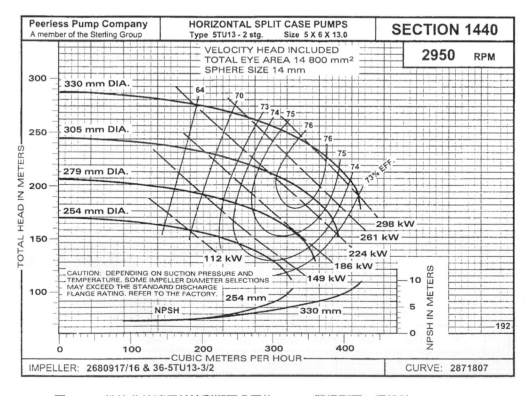

圖 D.10　性能曲線適用於培利斯泵公司的 5TU13 雙級型泵，運轉於 2950rev/min

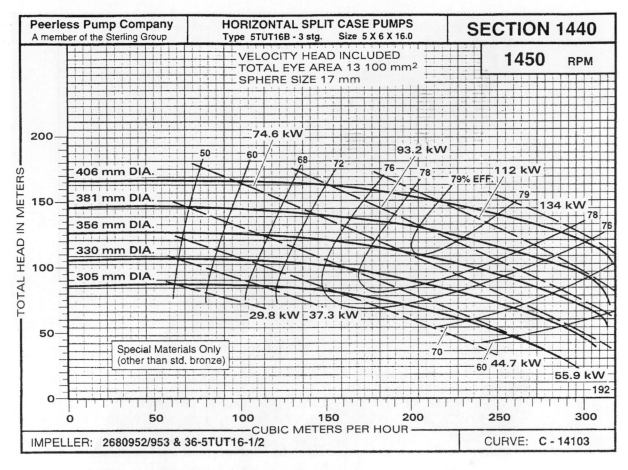

圖 D.11 性能曲線適用於培利斯泵公司的 5TUT16B 三級型泵，運轉於 1450rev/min

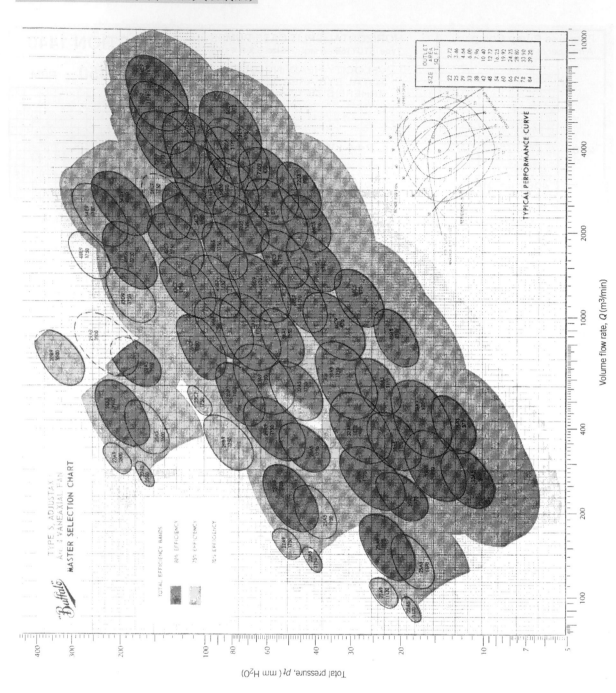

圖 D.12　BuffaloForge 軸流式風扇主選型圖

SIZE 48

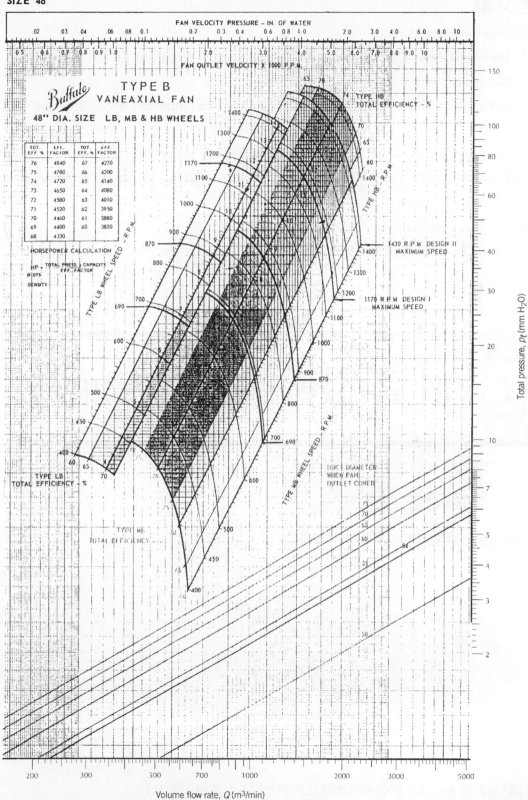

圖 D.13 BuffaloForge 軸流式風扇性能圖

參考文獻

[1] Peerless Pump literature:

　－Horizontal Split Case Single Stage Double Suction Pump, AE 系列， Brochure B-1200, November 1990.

　－Horizontal Split Case AE Series Pump, 60 Hertz, Performance Curves, Brochure, B-1240X, n.d.

　－Horizontal Split Case Multistage Single Suction Pump, Series TU, TUT, Brochure B-1400, n.d.

　－Horizontal Split Case Multistage Single Suction Pump, 50 Hertz, Performance Curves Brochure B-1440, n.d.

[2] Buffalo Forge literature:

　－Axial Flow Fan, Bulletin F-305A, 1968.

附 錄 E 計算可壓縮流之流動函數

E-1　等熵流動

等熵流動函數使用下列方程式予以計算：

$$\frac{T_0}{T} = 1 + \frac{k-1}{2}M^2 \tag{12.21b)/(13.7b}$$

$$\frac{p_0}{p} = \left[1 + \frac{k-1}{2}M^2\right]^{k/(k-1)} \tag{12.21a)/(13.7a}$$

$$\frac{\rho_0}{\rho} = \left[1 + \frac{k-1}{2}M^2\right]^{1/(k-1)} \tag{12.21c)/(13.7c}$$

$$\frac{A}{A^*} = \frac{1}{M}\left[\frac{1 + \dfrac{k-1}{2}M^2}{\dfrac{k+1}{2}}\right]^{(k+1)/2(k-1)} \tag{13.7d}$$

等熵流動函數於 $k=1.4$ 時的代表性函數值表列於表 E.1 並繪如圖 E.1。

表 E.1　等熵流動函數(一維流動、理想氣體、$k = 1.4$)

M	T/T_0	p/p_0	ρ/ρ_0	A/A^*
0.00	1.0000	1.0000	1.0000	∞
0.50	0.9524	0.8430	0.8852	1.340
1.00	0.8333	0.5283	0.6339	1.000
1.50	0.6897	0.2724	0.3950	1.176
2.00	0.5556	0.1278	0.2301	1.688
2.50	0.4444	0.05853	0.1317	2.637
3.00	0.3571	0.02722	0.07623	4.235
3.50	0.2899	0.01311	0.04523	6.790
4.00	0.2381	0.006586	0.02766	10.72
4.50	0.1980	0.003455	0.01745	16.56
5.00	0.1667	0.001890	0.01134	25.00

本表係援用 *Excel* 活頁簿 *Isentropic Relations*(等熵關係式) 所計算出來的；此活頁簿內含更為詳盡並且可以列印的表格且很易於修改以針對不同範圍的馬赫數或氣體來產生新的資料。

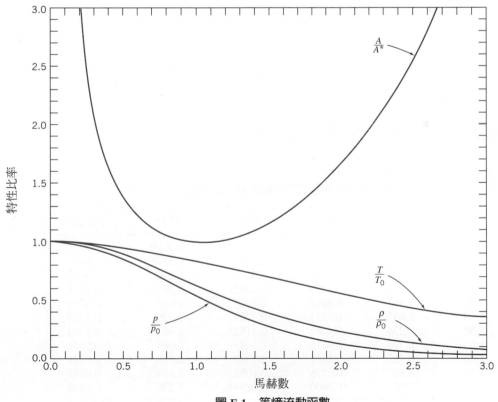

圖 E.1　等熵流動函數

本表係援用 *Excel* 活頁簿所產生。本活頁簿很易於修改以針對不同氣體產生曲線。

E-2 范諾線流動

范諾線流動函數採用下列方程式予以計算：

$$\frac{p_0}{p_0^*} = \frac{1}{M}\left[\left(\frac{2}{k+1}\right)\left(1 + \frac{k-1}{2}M^2\right)\right]^{(k+1)/2(k-1)} \tag{13.21e}$$

$$\frac{T}{T^*} = \frac{\left(\frac{k+1}{2}\right)}{\left(1 + \frac{k-1}{2}M^2\right)} \tag{13.21b}$$

$$\frac{p}{p^*} = \frac{1}{M}\left[\frac{\left(\frac{k+1}{2}\right)}{1 + \frac{k-1}{2}M^2}\right]^{1/2} \tag{13.21d}$$

$$\frac{V}{V^*} = \frac{\rho^*}{\rho} = \left[\frac{\left(\frac{k+1}{2}\right)M^2}{1 + \frac{k-1}{2}M^2}\right]^{1/2} \tag{13.21c}$$

$$\frac{\bar{f}L_{\max}}{D_h} = \frac{1 - M^2}{kM^2} + \frac{k+1}{2k}\ln\left[\frac{(k+1)M^2}{2\left(1 + \frac{k-1}{2}M^2\right)}\right] \tag{13.21a}$$

范諾線流動函數於 $k = 1.4$ 時的代表性函數值表列於表 E.2 並繪如圖 E.2。

表 E.2　范諾線流動函數(一維流動、理想氣體、$k = 1.4$)

M	p_0/p_0^*	T/T^*	p/p^*	V/V^*	$\bar{f}L_{\max}/D_h$
0.00	∞	1.200	∞	0.0000	∞
0.50	1.340	1.143	2.138	0.5345	1.069
1.00	1.000	1.000	1.000	1.000	0.0000
1.50	1.176	0.8276	0.6065	1.365	0.1361
2.00	1.688	0.6667	0.4083	1.633	0.3050
2.50	2.637	0.5333	0.2921	1.826	0.4320
3.00	4.235	0.4286	0.2182	1.964	0.5222
3.50	6.790	0.3478	0.1685	2.064	0.5864
4.00	10.72	0.2857	0.1336	2.138	0.6331
4.50	16.56	0.2376	0.1083	2.194	0.6676
5.00	25.00	0.2000	0.08944	2.236	0.6938

🖱 本表係援用 *Excel* 活頁簿 *Fanno-Line Relations* (范諾關係式) 所計算出來的；此活頁簿內含更為詳盡並且可以列印的表格且很易於修改以針對不同範圍的馬赫數或氣體來產生新的資料。

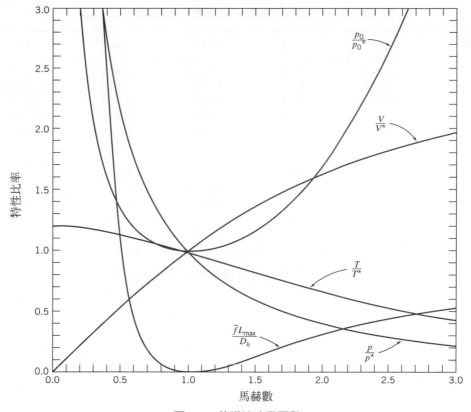

圖 E.2　范諾線流動函數

🖱 本表係援用 *Excel* 活頁簿所產生。本活頁簿很易於修改以針對不同氣體產生曲線。

E-3 　Rayleigh 線流動

Rayleigh 線流動函數採用下列方程式予以計算：

$$\frac{T_0}{T_0^*} = \frac{2(k+1)M^2\left(1+\dfrac{k-1}{2}M^2\right)}{(1+kM^2)^2} \tag{13.31d}$$

$$\frac{p_0}{p_0^*} = \frac{1+k}{1+kM^2}\left[\left(\frac{2}{k+1}\right)\left(1+\frac{k-1}{2}M^2\right)\right]^{k/(k-1)} \tag{13.31e}$$

$$\frac{T}{T^*} = \left[M\left(\frac{1+k}{1+kM^2}\right)\right]^2 \tag{13.31b}$$

$$\frac{p}{p^*} = \frac{1+k}{1+kM^2} \tag{13.31a}$$

$$\frac{\rho^*}{\rho} = \frac{V}{V^*} = \frac{M^2(1+k)}{1+kM^2} \tag{13.31c}$$

Rayleigh 線流動函數於 $k = 1.4$ 時的代表性函數值表列於表 E.3 並繪如圖 E.3。

表 E.3　Rayleigh 線流動函數(一維流體、理想氣體、$k=1.4$)

M	T_0/T_0^*	p_0/p_0^*	T/T^*	p/p^*	V/V^*
0.00	0.0000	1.268	0.0000	2.400	0.0000
0.50	0.6914	1.114	0.7901	1.778	0.4444
1.00	1.000	1.000	1.000	1.000	1.000
1.50	0.9093	1.122	0.7525	0.5783	1.301
2.00	0.7934	1.503	0.5289	0.3636	1.455
2.50	0.7101	2.222	0.3787	0.2462	1.539
3.00	0.6540	3.424	0.2803	0.1765	1.588
3.50	0.6158	5.328	0.2142	0.1322	1.620
4.00	0.5891	8.227	0.1683	0.1026	1.641
4.50	0.5698	12.50	0.1354	0.08177	1.656
5.00	0.5556	18.63	0.1111	0.06667	1.667

本表係援用 *Excel* 活頁簿 *Rayleigh* 線關係式所計算出來的；此活頁簿內含更為詳盡並且可以列印的表格且很易於修改以針對不同範圍的馬赫數或氣體來產生新的資料。

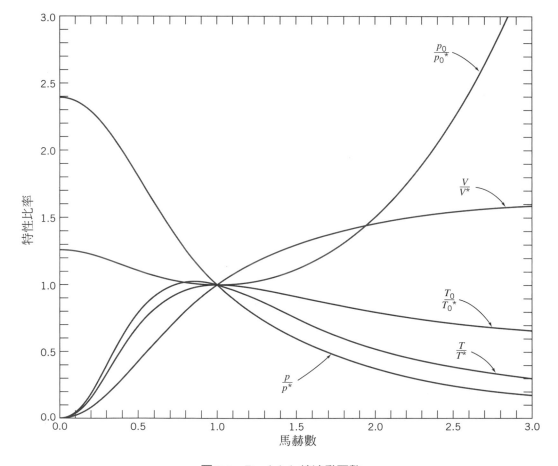

圖 E.3　Rayleigh 線流動函數

本表係援用 *Excel* 活頁簿所產生。本活頁簿很易於修改以針對不同氣體產生曲線。

E-4 正震波

正震波流動函數使用下列方程式予以計算:

$$M_2^2 = \frac{M_1^2 + \dfrac{2}{k-1}}{\dfrac{2k}{k-1}M_1^2 - 1} \tag{13.41a}$$

$$\frac{p_{0_2}}{p_{0_1}} = \frac{\left[\dfrac{\dfrac{k+1}{2}M_1^2}{1+\dfrac{k-1}{2}M_1^2}\right]^{k/(k-1)}}{\left[\dfrac{2k}{k+1}M_1^2 - \dfrac{k-1}{k+1}\right]^{1/(k-1)}} \tag{13.41b}$$

$$\frac{T_2}{T_1} = \frac{\left(1+\dfrac{k-1}{2}M_1^2\right)\left(kM_1^2 - \dfrac{k-1}{2}\right)}{\left(\dfrac{k+1}{2}\right)^2 M_1^2} \tag{13.41c}$$

$$\frac{p_2}{p_1} = \frac{2k}{k+1}M_1^2 - \frac{k-1}{k+1} \tag{13.41d}$$

$$\frac{\rho_2}{\rho_1} = \frac{V_1}{V_2} = \frac{\dfrac{k+1}{2}M_1^2}{1+\dfrac{k-1}{2}M_1^2} \tag{13.41e}$$

正震波流動函數於 $k = 1.4$ 時的代表性函數值表列於表 E.2 並繪如圖 E.2。

表 E.4　正震波流動函數(一維流體、理想氣體、$k=1.4$)

M_1	M_2	p_{0_2}/p_{0_1}	T_2/T_1	p_2/p_1	ρ_2/ρ_1
1.00	1.000	1.000	1.000	1.000	1.000
1.50	0.7011	0.9298	1.320	2.458	1.862
2.00	0.5774	0.7209	1.687	4.500	2.667
2.50	0.5130	0.4990	2.137	7.125	3.333
3.00	0.4752	0.3283	2.679	10.33	3.857
3.50	0.4512	0.2130	3.315	14.13	4.261
4.00	0.4350	0.1388	4.047	18.50	4.571
4.50	0.4236	0.09170	4.875	23.46	4.812
5.00	0.4152	0.06172	5.800	29.00	5.000

本表係援用 *Excel* 活頁簿 *Normal-Shock Relations*(正震波關係式) 所產生。此活頁簿內含更為詳盡並且可以列印的表格且很易於修改以針對不同範圍的馬赫數或氣體來產生新的資料。

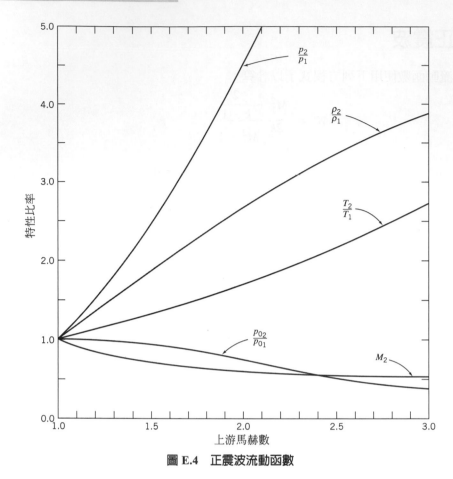

圖 E.4　正震波流動函數

🖱 本圖係援用 *Excel* 活頁簿所產生。本活頁簿很易於修改以針對不同氣體產生曲線。

E-5 斜震波

斜震波流動函數使用下列方程式予以計算：

$$M_{2_n}^2 = \frac{M_{1_n}^2 + \dfrac{2}{k-1}}{\dfrac{2k}{k-1}M_{1_n}^2 - 1} \tag{13.48a}$$

$$\frac{p_{0_2}}{p_{0_1}} = \frac{\left[\dfrac{\dfrac{k+1}{2}M_{1_n}^2}{1 + \dfrac{k-1}{2}M_{1_n}^2}\right]^{k/(k-1)}}{\left[\dfrac{2k}{k+1}M_{1_n}^2 - \dfrac{k-1}{k+1}\right]^{1/(k-1)}} \tag{13.48b}$$

$$\frac{T_2}{T_1} = \frac{\left(1 + \dfrac{k-1}{2}M_{1_n}^2\right)\left(kM_{1_n}^2 - \dfrac{k-1}{2}\right)}{\left(\dfrac{k+1}{2}\right)^2 M_{1_n}^2} \tag{13.48c}$$

$$\frac{p_2}{p_1} = \frac{2k}{k+1}M_{1_n}^2 - \frac{k-1}{k+1} \tag{13.48d}$$

$$\frac{\rho_2}{\rho_1} = \frac{V_{1_n}}{V_{2_n}} = \frac{\dfrac{k+1}{2}M_{1_n}^2}{1 + \dfrac{k-1}{2}M_{1_n}^2} \tag{13.48e}$$

斜震波流動函數於 $k = 1.4$ 時的代表性函數值表列於表 E.5 並繪如圖 E.5。

表 **E.5** 斜震波流動函數(理想氣體，$k = 1.4$)

M_{1_n}	M_{2_n}	p_{0_2}/p_{0_1}	T_2/T_1	p_2/p_1	ρ_2/ρ_1
1.00	1.000	1.0000	1.000	1.000	1.000
1.50	0.7011	0.9298	1.320	2.458	1.862
2.00	0.5774	0.7209	1.687	4.500	2.667
2.50	0.5130	0.4990	2.137	7.125	3.333
3.00	0.4752	0.3283	2.679	10.33	3.857
3.50	0.4512	0.2130	3.315	14.13	4.261
4.00	0.4350	0.1388	4.047	18.50	4.571
4.50	0.4236	0.09170	4.875	23.46	4.812
5.00	0.4152	0.06172	5.800	29.00	5.000

偏向角 θ、斜震波角度 β、與馬赫數 M_1 由下述方程式關聯在一起：

$$\tan\theta = \frac{2\cot\beta\left(M_1^2 \sin^2\beta - 1\right)}{M_1^2(k + \cos 2\beta) + 2} \tag{13.49}$$

θ 角度的代表性述值表列於表 E.6。

表 E.6 斜震波偏向角度 θ(單位：度) (理想氣體、$k = 1.4$)

	馬赫數 M_1										
斜震角 β (deg)	1.2	1.4	1.6	1.8	2	2.5	3	4	6	10	∞
0	–	–	–	–	–	–	–	–	–	–	–
5	–	–	–	–	–	–	–	–	–	–	4.16
10	–	–	–	–	–	–	–	–	0.64	5.53	8.32
15	–	–	–	–	–	–	–	0.80	7.18	10.5	12.4
20	–	–	–	–	–	–	0.77	7.44	12.4	15.1	16.5
25	–	–	–	–	–	1.93	7.28	12.9	17.1	19.3	20.6
30	–	–	–	–	–	7.99	12.8	17.8	21.5	23.4	24.5
35	–	–	–	1.41	5.75	13.2	17.6	22.2	25.6	27.3	28.3
40	–	–	1.31	6.49	10.6	17.7	21.8	26.2	29.4	31.1	32.0
45	–	–	5.73	10.7	14.7	21.6	25.6	29.8	33.0	34.6	35.5
50	–	3.28	9.31	14.2	18.1	24.9	28.9	33.1	36.2	37.8	38.8
55	–	6.18	12.1	16.9	20.7	27.4	31.5	35.8	39.0	40.7	41.6
60	1.61	8.20	13.9	18.6	22.4	29.2	33.3	37.8	41.1	42.9	43.9
65	3.16	9.27	14.6	19.2	23.0	29.8	34.1	38.7	42.3	44.2	45.3
70	3.88	9.32	14.2	18.5	22.1	28.9	33.3	38.2	42.1	44.2	45.4
75	3.80	8.29	12.5	16.2	19.5	25.9	30.2	35.3	39.5	41.8	43.1
80	3.01	6.25	9.34	12.2	14.8	20.1	23.9	28.7	32.8	35.2	36.6
85	1.66	3.36	5.03	6.61	8.08	11.2	13.6	16.8	19.7	21.6	22.7
90	0	0	0	0	0	0	0	0	0	0	0

表 E.5 與表 E.6 係援用 *Excel* 活頁簿 *Oblique-Shock Relations*(協震波關係式) 計算得出的。此活頁簿內含更為詳盡並且可以列印的表格且很易於修改以針對不同範圍的馬赫數或氣體來產生新的資料。

E-6　等熵膨脹波之關係式

卜朗特‧梅攸超音速膨脹函數 ω 是：

$$\omega = \sqrt{\frac{k+1}{k-1}}\,\tan^{-1}\!\left(\sqrt{\frac{k-1}{k+1}(M^2-1)}\right) - \tan^{-1}\!\left(\sqrt{M^2-1}\right) \tag{13.55}$$

表 E.7 表列出 ω 角的代表性數值。

表 E.7　卜朗特‧梅攸超音速膨脹函數 ω(單位；度) (理想氣體、$k=1.4$)

M	ω (deg)	M	ω (deg)	M	ω (deg)	M	ω (deg)
1.00	0.00	2.00	26.4	3.00	49.8	4.00	65.8
1.05	0.49	2.05	27.7	3.05	50.7	4.05	66.4
1.10	1.34	2.10	29.1	3.10	51.6	4.10	67.1
1.15	2.38	2.15	30.4	3.15	52.6	4.15	67.7
1.20	3.56	2.20	31.7	3.20	53.5	4.20	68.3
1.25	4.83	2.25	33.0	3.25	54.4	4.25	68.9
1.30	6.17	2.30	34.3	3.30	55.2	4.30	69.5
1.35	7.56	2.35	35.5	3.35	56.1	4.35	70.1
1.40	8.99	2.40	36.7	3.40	56.9	4.40	70.7
1.45	10.4	2.45	37.9	3.45	57.7	4.45	71.3
1.50	11.9	2.50	39.1	3.50	58.5	4.50	71.8
1.55	13.4	2.55	40.3	3.55	59.3	4.55	72.4
1.60	14.9	2.60	41.4	3.60	60.1	4.60	72.9
1.65	16.3	2.65	42.5	3.65	60.9	4.65	73.4
1.70	17.8	2.70	43.6	3.70	61.6	4.70	74.0
1.75	19.3	2.75	44.7	3.75	62.3	4.75	74.5
1.80	20.7	2.80	45.7	3.80	63.0	4.80	75.0
1.85	22.2	2.85	46.8	3.85	63.7	4.85	75.5
1.90	23.6	2.90	47.8	3.90	64.4	4.90	76.0
1.95	25.0	2.95	48.8	3.95	65.1	4.95	76.4
2.00	26.4	3.00	49.8	4.00	65.8	5.00	76.9

本表係援用 Excel 活頁簿 *Isentropic Expansion Wave Relations*(等熵膨脹波關係式) 所計算出來的。此活頁簿內含更為詳盡並且可以列印的表格且很易於修改以針對不同範圍的馬赫數或氣體來產生新的資料。

附錄 F 實驗不確定性分析

F-1 前言

工程上，實驗數據常用來增補分析之用，實為工程設計的基礎。但是並非所有的數據都是同樣良好；在工程設計用到測試結果之前，數據資料之有效性就應先記錄完善。而不確定分析就是用於數據有效性與準確性的量化程序。

當然在實驗設計期間，不確定分析依然有用。縝密的研究或許可以標示出誤差的潛在源頭並提出改進的量測方法。

F-2 誤差的類型

進行實驗量測時，總是會看到誤差出現。摒除實驗者粗心大意所造成的大錯誤以外，實驗誤差大概可分為兩種型態。每次實驗中因重複量測所造成的固定的(或稱為對稱的) 等量誤差。固定(等量) 誤差的每次讀值皆相等，且可藉由適當的分類等級或改正予以消除。每次讀值的隨機誤差(具有不重複性) 皆不相同，因而無法消除。形成隨機誤差的因素，因本質的不同而有所差異。不確定性分析的目的，就是要在實驗成果中估算出可能的隨機誤差。

我們假設設備都已經正確地建構完成並經過適當校準，並足以去除固定誤差了。我們再假設儀器具有足夠的解析度，讀值時變化起伏也不會過大。我們再假設觀測和紀錄時小心謹慎，因此只會有隨機誤差存留。

F-3 不確定性的估算

我們目標是估計出實驗量測上的不確定性並計算源於隨機誤差的結果。程序上分三步驟：

1. 估算每個量測量的不確定性區間。
2. 指定各量測值的信心水準。
3. 分析不確定性是如何的傳播至由實驗數據計算所得到的結果。

以下我們將概述每個步驟的程序並以實例說明其應用。

步驟 1　估計測量之不確定性的區間。標示出於實驗中量測到之變數值，例如：x_1、x_2、...、x_n。而找出各個變量不確定性區間的可行方式之一，就是針對各個變量進行多次重複的量測。所得到的結果，將會是各個變量多次量測之數據形成某種型態的分布。量測當中的隨機誤差常產生量測值的常態(高斯)次數分布。對於常態分布的數據分布可以用標準偏差，σ，予以特徵化。每個所測量之變量 x_i 的不確定區間可以表示成 $\pm n\sigma_i$，其中 $n=1$、2、或 3。

對於常態分布的數據，x_i 的量測值中 99%以上落在數據組平均值的 $\pm 3\sigma_i$ 之間，95%以上落在數據組平均值的 $\pm 2\sigma_i$ 之間以及 68%以上落在數據組平均值的 $\pm\sigma_i$ 之間[1]。如此有可能量化所預期望的誤差值使之落於任何我們所想要的信心水準之內。

然而重複量測方式，在實作上通常礙難實行。就大部分的應用層面而言，因為涉及過多的時間與成本，想要求得充分的數據資料致使樣本具有統計意義的目標，是不可能達成的。無論如何，常態分布還是提供了我們幾項重要的概念：

1.　小誤差比大誤差更可能發生。

2.　正負誤差大約相等。

3.　極大誤差無法確定。

工程上更為常用的作法就是進行「單一取樣」試驗，也就是對每一點只取一個量測值[參考文獻 2]。在單一取樣試驗中，由於隨機誤差影響致使量測值出現不確定性；此量測值不確定性的合理估算方式經常可用加上或減掉所使用儀器之最小刻度值(最小數值)的一半。然而，使用這個方法時要非常小心，舉例說明如下。

範例 F.1　氣壓計讀數的不確定性

所觀看到的氣壓計之高度的汞液柱是 $h=752.6$mm。vernier scale 的最小刻度為是 0.1mm，所以你可以估計可能之量測誤差為 ± 0.05mm。

一個量測不見得能精準無誤地得到個值氣壓計滑標與水銀凸面必須靠肉眼對齊。滑標的最小刻度為 1mm。保守的估計，一個量測可做得非常接近毫米。一個單一量測可能的值因此可以被表示成 752.6 ± 0.5mm。氣壓高度的相對不確定性被寫為

$$u_h = \pm \frac{0.5 \text{ mm}}{752.6 \text{ mm}} = \pm 0.000664 \qquad 或 \qquad \pm 0.0664 \text{ percent}$$

註解：

1.　一個 ± 0.1%的不確定性區間等同於指定答案的有效數字至第三位；對於大多數工程上的工作而言，這樣的精度已足敷所需。

2.　藉由不確定性估算，可得出精確的氣壓計高度讀值。但是這樣做就真的正確嗎？在典型室溫下，觀測所得的氣壓計讀值必須降低將近 3mm 的溫度校正。這是一個需要校正因子之固定誤差的例子。

步驟 2 **明訂各量測值的信心限度。** 量測值的不確定區間必須以具體可能性來描述。舉例來說，某人可能寫 $h = 752.6 \pm 0.5$mm(20 比 1)。這意謂他願意以 20 比 1 的賭率來打賭汞柱的實際高度與其所聲言的值相差在 ± 0.5mm 之間。很顯然地[參考文獻 3]，「…要想指明清楚想這樣的可能性，就只能藉由…所有的實驗室經驗為之。紮實的量測變數不確定性估算工程判斷力是無可取代的。」

信賴區間陳述是基於常態分布下標準差的概念。370 比 1 的機率相應於 $\pm 3\sigma$，所有未來讀數中的 99.7%預期會落在此區間之內。20 比 1 的機率相應於 $\pm 2\sigma$，而 3 比 1 的機率相應於 $\pm \sigma$ 信心水準。20 比 1 的機率常被工程作業所採用。

步驟 3 **分析於計算時不確定性是如何的傳播。** 假設獨立變數之量測值是，$x_1 \cdot x_2 \cdot \ldots \cdot x_n$，都是在實驗室取得。每一個獨立量測值的相對不確定性經估算為 u_i。這些量測值被用來計算實驗結果 R。我們希望分析出這些 x_i 的誤差是如何傳播從而影響從量測值計算 R。

通常，R 可寫成數學式如 $R = R(x_1, x_2, \ldots, x_n)$。各個 x_i 量測上的誤差對 R 的影響可援用函數的導數觀念來估算[參考文獻 4]。x_i 的變動量，δx_i，會造成 R 的變動量 δR_i。

$$\delta R_i = \frac{\partial R}{\partial x_i} \delta x_i$$

R 的相對變動量為

$$\frac{\delta R_i}{R} = \frac{1}{R} \frac{\partial R}{\partial x_i} \delta x_i = \frac{x_i}{R} \frac{\partial R}{\partial x_i} \frac{\delta x_i}{x_i} \tag{F.1}$$

F.1 式可用來估算 x_i 的不確定性造成結果的相對不確定性。引入相對不確定性的記號，我們可得

$$u_{R_i} = \frac{x_i}{R} \frac{\partial R}{\partial x_i} u_{x_i} \tag{F.2}$$

我們如何估算 R 的相對不確定性是如何地受到所有 x_is 的不確定性併合後的影響呢？各個變數的隨機誤差，在其不確定性區間中都有一個範圍的值。所有的誤差不可能同時皆為逆減的值。業經證明[參考文獻 2]對結果之相對不確定性 最佳的表示式為

$$u_R = \pm \left[\left(\frac{x_1}{R} \frac{\partial R}{\partial x_1} u_1 \right)^2 + \left(\frac{x_2}{R} \frac{\partial R}{\partial x_2} u_2 \right)^2 + \cdots + \left(\frac{x_n}{R} \frac{\partial R}{\partial x_n} u_n \right)^2 \right]^{1/2} \tag{F.3}$$

範例 F.2　圓柱體積的不確定性

在量測圓柱半徑與高度以求取體積的過程中，求取不確定性之表示式。依據半徑與高度，圓柱體積為

$$V = V(r, h) = \pi r^2 h$$

微分之，可得

$$dV = \frac{\partial V}{\partial r} dr + \frac{\partial V}{\partial h} dh = 2\pi r h \, dr + \pi r^2 dh$$

因為

$$\frac{\partial V}{\partial r} = 2\pi r h \quad 及 \quad \frac{\partial V}{\partial h} = \pi r^2$$

從 F.2 式，半徑所導致的不確定性為

$$u_{V,r} = \frac{\delta V_r}{V} = \frac{r}{V} \frac{\partial V}{\partial r} u_r = \frac{r}{\pi r^2 h} (2\pi r h) u_r = 2u_r$$

且因為高度所造成的相對不確定性為

$$u_{V,h} = \frac{\delta V_h}{V} = \frac{h}{V} \frac{\partial V}{\partial h} u_h = \frac{h}{\pi r^2 h} (\pi r^2) u_h = u_h$$

體積的相對不確定性因此為

$$u_V = \pm \left[(2u_r)^2 + (u_h)^2 \right]^{1/2} \tag{F.4}$$

註解：於 F.4 式中的係數 2，顯示測量圓柱半徑引起的相對不確定性之影響大於測量高度引起的相對不確定性。這是合乎實情的，因為在計算體積的方程式中，半徑被平方了。

F-4　數據的應用

由實驗室中量測所得數據的應用，將於下列例題中舉例說明。

範例 F.3　流體質量流率之不確定性

水通過圓管的質量流率，可藉由燒杯收集進行量測。從所收集水的淨質量去除以收集所用掉的時間，便可得知質量流率。

$$\dot{m} = \frac{\Delta m}{\Delta t} \tag{F.5}$$

其中 $\Delta m = m_f - m_e$。量測所得數值之誤差估算是

全滿燒杯的質量，$m_f = 400 \pm 2g$(20 比 1)

全空燒杯的質量，$m_e = 200 \pm 2g$(20 比 1)

收集時間間隔，$\Delta t = 10 \pm 0.2s$(20 比 1)

測量所得之數據的相對不確定是

$$u_{m_f} = \pm \frac{2\,\mathrm{g}}{400\,\mathrm{g}} = \pm 0.005$$

$$u_{m_e} = \pm \frac{2\,\mathrm{g}}{200\,\mathrm{g}} = \pm 0.01$$

$$u_{\Delta t} = \pm \frac{0.2\,\mathrm{s}}{10\,\mathrm{s}} = \pm 0.02$$

測量所得之淨質量的相對不確定可由 F.3 式計算

$$u_{\Delta m} = \pm \left[\left(\frac{m_f}{\Delta m} \frac{\partial \Delta m}{\partial m_f} u_{m_f} \right)^2 + \left(\frac{m_e}{\Delta m} \frac{\partial \Delta m}{\partial m_e} u_{m_e} \right)^2 \right]^{1/2}$$

$$= \pm \{ [(2)(1)(\pm 0.005)]^2 + [(1)(-1)(\pm 0.01)]^2 \}^{1/2}$$

$$u_{\Delta m} = \pm 0.0141$$

因 $\dot{m} = \dot{m}(\Delta m, \Delta t)$，我們能將 F.3 式寫為

$$u_{\dot{m}} = \pm \left[\left(\frac{\Delta m}{\dot{m}} \frac{\partial \dot{m}}{\partial \Delta m} u_{\Delta m} \right)^2 + \left(\frac{\Delta t}{\dot{m}} \frac{\partial \dot{m}}{\partial \Delta t} u_{\Delta t} \right)^2 \right]^{1/2} \tag{F.6}$$

所需的偏導數項為

$$\frac{\Delta m}{\dot{m}} \frac{\partial \dot{m}}{\partial \Delta m} = 1 \quad 及 \quad \frac{\Delta t}{\dot{m}} \frac{\partial \dot{m}}{\partial \Delta t} = -1$$

代入 F.6 式得

$$u_{\dot{m}} = \pm \{ [(1)(\pm 0.0141)]^2 + [(-1)(\pm 0.02)]^2 \}^{1/2}$$

$$u_{\dot{m}} = \pm 0.0245 \quad 或 \quad \pm 2.45 \text{ percent (20 to 1)}$$

註解：時間量測中 2%的不確定性，對於成果的不確定區間有著至為重要的影響。

範例 F.4　水流雷諾數的不確定性

圓管內水流雷諾數須經計算。其雷諾數計算方程式如下：

$$Re = \frac{4\dot{m}}{\pi \mu D} = Re(\dot{m}, D, \mu) \tag{F.7}$$

先前在計算質量流率時，我們已經考慮過其不確定性區間。μ 與 D 的不確定度又為何？管的直徑已知為 $D = 6.35\,\mathrm{mm}$。我們是否可以假定它是準確的？直徑的值可能於最接近的 0.1mm 之處測量而得。如果這樣的話，直徑的相對不確定性可被估計為

$$u_D = \pm \frac{0.05\,\mathrm{mm}}{6.35\,\mathrm{mm}} = \pm 0.00787 \quad 或 \quad \pm 0.787\ \%$$

水的黏度取決於溫度。所估計出之溫度為 $T = 24 \pm 0.5\,°C$。溫度的不確定性對 μ 的不確定性會有什麼影響呢？一種估算的方法是寫出下式

$$u_{\mu(T)} = \pm \frac{\delta \mu}{\mu} = \frac{1}{\mu} \frac{d\mu}{dT} (\pm \delta T) \tag{F.8}$$

其導數可由黏度數據表中接近 24°C 之公稱溫度者估算出來。因此，

$$\frac{d\mu}{dT} \approx \frac{\Delta\mu}{\Delta T} = \frac{\mu(25°C) - \mu(23°C)}{(25-23)°C} = \frac{(0.000890 - 0.000933)}{} \frac{N \cdot s}{m^2} \times \frac{1}{2°C}$$

$$\frac{d\mu}{dT} = -2.15 \times 10^{-5} \text{ N} \cdot \text{s/(m}^2 \cdot °C)$$

從 F.8 式知道黏度的相對不確定性中肇因於溫度者是

$$u_{\mu(T)} = \frac{1}{0.000911} \frac{m^2}{N \cdot s} \times -2.15 \times 10^{-5} \frac{N \cdot s}{m^2 \cdot °C} \times (\pm 0.5°C)$$

$$u_{\mu(T)} = \pm 0.0118 \quad 或 \quad \pm 1.18\%$$

黏度數據表本身也存在些許的不確定性。若此不確定性為 $\pm 1.0\%$，對於所得之相對黏度不確定性的估計為

$$u_{\mu} = \pm[(\pm 0.01)^2 + (\pm 0.0118)^2]^{1/2} = \pm 0.0155 \quad 或 \quad \pm 1.55\%$$

現在已知，要計算雷諾數需要質量流率、管徑、與黏性的不確定性資料。所需的偏導數，由 F.7 式算出，是

$$\frac{\dot{m}}{Re}\frac{\partial Re}{\partial \dot{m}} = \frac{\dot{m}}{Re}\frac{4}{\pi\mu D} = \frac{Re}{Re} = 1$$

$$\frac{\mu}{Re}\frac{\partial Re}{\partial \mu} = \frac{\mu}{Re}(-1)\frac{4\dot{m}}{\pi\mu^2 D} = -\frac{Re}{Re} = -1$$

$$\frac{D}{Re}\frac{\partial Re}{\partial D} = \frac{D}{Re}(-1)\frac{4\dot{m}}{\pi\mu D^2} = -\frac{Re}{Re} = -1$$

代入 F.3 式得

$$u_{Re} = \pm\left\{ \left[\frac{\dot{m}}{Re}\frac{\partial Re}{\partial \dot{m}} u_{\dot{m}}\right]^2 + \left[\frac{\mu}{Re}\frac{\partial Re}{\partial \mu} u_{\mu}\right]^2 + \left[\frac{D}{Re}\frac{\partial Re}{\partial D} u_D\right]^2 \right\}^{1/2}$$

$$u_{Re} = \pm\{[(1)(\pm 0.0245)]^2 + [(-1)(\pm 0.0155)]^2 + [(-1)(\pm 0.00787)]^2\}^{1/2}$$

$$u_{Re} = \pm 0.0300 \quad 或 \quad \pm 3.00\%$$

註解：範例 F.3 與 F.4 說明了實驗設計上的二個重點。第一個，所收集之水的質量 Δm 是由兩個測量到的數值，m_f 與 m_e，算出。針對 m_f 與 m_e 測量值所訂定的不確定性間隔，Δm 之相對不確定可以藉著增加 Δm 來降低。這可以藉著使用較大的容器或更長的測量時間間隔，Δt，來達成，這也會減少測量得到之 Δt 的相對不確定性。第二個，特性數據表之不確定性可能很顯著。數據的不確定性也會因流體溫度之量測值的不確定性而增加。

範例 **F.5**　空氣速率的不確定性

風洞中的空氣速率，可由皮托管量測值計算得知。從伯努利方程式中可知；

$$V = \left(\frac{2gh\rho_{water}}{\rho_{air}}\right)^{1/2} \tag{F.9}$$

其中 h 為所觀察到壓力計的柱高；

此範例中唯一引進的新元素為平方根。h 不確定性區間造成 V 的變化量為

$$\frac{h}{V}\frac{\partial V}{\partial h} = \frac{h}{V}\frac{1}{2}\left(\frac{2gh\rho_{\text{water}}}{\rho_{\text{air}}}\right)^{-1/2}\frac{2g\rho_{\text{water}}}{\rho_{\text{air}}}$$

$$\frac{h}{V}\frac{\partial V}{\partial h} = \frac{h}{V}\frac{1}{2}\frac{1}{V}\frac{2g\rho_{\text{water}}}{\rho_{\text{air}}} = \frac{1}{2}\frac{V^2}{V^2} = \frac{1}{2}$$

使用 F.3 式,我們計算 V 的相對不確定性為

$$u_V = \pm\left[\left(\frac{1}{2}u_h\right)^2 + \left(\frac{1}{2}u_{\rho_{\text{water}}}\right)^2 + \left(-\frac{1}{2}u_{\rho_{\text{air}}}\right)^2\right]^{1/2}$$

如果 $u_h = \pm0.01$ 且其他的不確定性予以忽略不計,

$$u_V = \pm\left\{\left[\frac{1}{2}\,(\pm0.01)\right]^2\right\}^{1/2}$$

$$u_V = \pm0.00500 \quad \text{或} \quad \pm0.500\%$$

註解:平方根使得計算所得的速度值的不確定性降低為 u_h 者一半。

F-5 摘要

數據不準確性的描述,為完整且清楚記載實驗結果中佔相當重要的部分。美國機械工程師協會要求所有論文投稿均須詳實闡明其實驗數據的不確定性[參考文獻 5]。如工程上所須的盡心盡力,評估實驗結果的不確定性一樣需要細心、經驗與判斷力。雖然我們強調將量測值不確定性進行量化的必要性,然而,限於篇幅本文中僅涵蓋幾個範例。在下列的參考文獻中可獲得更多的參考資料(例如,[參考文獻 5、6、7])。我們極力主張在進行實驗設計或數據分析時,應先查閱。

參考文獻

[1] Pugh, E. M., and G. H. Winslow, *The Analysis of Physical Measurements*. Reading, MA:Addison-Wesley, 1966.

[2] Kline, S. J., and F. A. McClintock, ''Describing Uncertainties in Single-Sample Experiments,'' *Mechanical Engineering*, 75, 1, January 1953, pp. 3–9.

[3] Doebelin, E. O., *Measurement Systems*, 4th ed. New York:McGraw-Hill, 1990.

[4] Young, H. D., *Statistical Treatment of Experimental Data*. New York:McGraw-Hill, 1962.

[5] Rood, E. P., and D. P. Telionis, ''JFE Policy on Reporting Uncertainties in Experimental Measurements and Results,'' *Transactions of ASME, Journal of Fluids Engineering, 113*, 3, September 1991, pp. 313–314.

[6] Coleman, H. W., and W. G. Steele, *Experimentation and Uncertainty Analysis for Engineers*. New York:Wiley, 1989.

[7] Holman, J. P., *Experimental Methods for Engineers*, 5th ed.New York:McGraw-Hill, 1989.

附 錄

SI 單位，前置字和轉換因子

表 G.1　**SI 單位與前置字**[a]

SI 單位	物理量	單位	SI 符號	公式
SI 基本單位：	長度	meter	m	—
	質量	kilogram	kg	—
	時間	second	s	—
	溫度	kelvin	K	—
SI 輔助單位：	平面角	radian	rad	—
SI 導出單位：	能量	joule	J	N・m
	力	newton	N	$Kg \cdot m/s^2$
	功率	watt	W	J/s
	壓力	pascal	Pa	N/m^2
	功	joule	J	N・m

SI 前置字	倍數因子	前置字	SI 符號
	$1\ 000\ 000\ 000\ 000 = 10^{12}$	tera	T
	$1\ 000\ 000\ 000 = 10^{9}$	giga	G
	$1\ 000\ 000 = 10^{6}$	mega	M
	$1\ 000 = 10^{3}$	kilo	k
	$0.01 = 10^{-2}$	centi[b]	c
	$0.001 = 10^{-3}$	milli	m
	$0.000\ 001 = 10^{-6}$	micro	μ
	$0.000\ 000\ 001 = 10^{-9}$	nano	n
	$0.000\ 000\ 000\ 001 = 10^{-12}$	pico	p

[a] 資料來源：ASTM Standard for Metric Practice E 380–97, 1997。

[b] 應盡可能避免。

G-1 單位轉換

解題所需的數據資料經常是不同單位系統的,因而經常要做單位系統之間的轉換。

原則上,所有推延而得的單位均能用基本單位進行表達。因此,基本單位需要轉換因子。

然而實際上,許多工程量的表達均依照已慣用之單位;例如,馬力、英制熱力單位(Btu)、夸特、或者海浬。諸如此類的數量定義是必須的,並且於計算時需要另加轉換因子。

表 G.2 中,表列基本的 SI 單位、必須的轉換因子、加上一些定義及方便的轉換因子。

表 G.2 轉換因子與定義

基本因次	英制單位	SI 正確值	SI 近似值
長度	1 in.	0.0254m	—
質量	1 lbm	0.453 592 37kg	0.454kg
溫度	1°F	5/9K	—

定義:

重力加速度: ● $g = 9.8066 m/s^2 (= 32.174 ft/s^2)$

能量: ● Btu(英制能量單位)≡將 1lbm 水升高 1°F溫度時所需要的能量
  (1Btu = 778.2 ft · lbf)

  ● 大卡≡將 1kg 水升高 1K 溫度時所需要的能量 1K(1kcal = 4187J)

長度: ● 1mile = 5280ft;1 海浬 = 6076.1ft = 1852m(精確值)

功率: ● 1 馬力 ≡ 550ft·lbf/s

壓力: ● 1bar ≡ 10^5Pa

溫度: ● 華氏度數,$T_F = \frac{9}{5}T_C + 32$ (其中 T_C 是攝氏)

  ● degree Rankine,$T_R = T_F + 459.67$

  ● Kelvin,$T_K = T_C + 273.15$(精確值)

黏度: ● 1 Poise ≡ 0.1kg/(m · s)

  ● 1 Stoke ≡ $0.0001 m^2/s$

體積: ● 1 gal ≡ 231in.^{3}(1ft^3 = 7.48gal)

實用轉換因子:

1 lbf = 4.448N

1 lbf/in.^{2} = 6895Pa

1 Btu = 1055J

1 hp = 746W = 2545Btu/hr

1 kW = 3413Btu/hr

1 quart = 0.000946m^3 = 0.946liter

1 kcal = 3.968Btu

附錄 H 之(英文)PDF 檔可於官網下載:
www.wiley.com/go/global/fox
也有置於隨書「部分內容光碟」

奇數習題解答

1.5 $M = 5913$ kg

1.7 $L = 466$ mm $D = 236$ mm

1.9 $y = 2.05 \dfrac{W^2}{gt^2}$

1.11 $d = 0.109$ mm

1.15 $y = 0.922$ mm

1.17   a) $N \cdot m / s$ b) N/m^2 c) N/m^2, d) $1/s$ e) $N \cdot m$

       f) $N \cdot s$ g) N/m^2 h) $m^2 / s^2 \cdot K$ i) $1/K$ j) $N \cdot m \cdot s$

1.19   a) 6.89 kPa   b) 0.264 gal $47.9 \, N \cdot s / m^2$

1.21   a) $0.0472 \, m^3/s$ b) $0.0189 \, m^3$ c) 29.1 m/s   d) $2.19 \times 10^4 \, m^2$

1.23   377 Lit/min

1.25   SG = 13.6 $\nu = 7.38 \times 10^{-5} \, m^3/kg$ $\gamma_E = 1.33 \times 10^5 \, N/m^3$, $\gamma_M = 2.26 \times 10^4 \, N/m^3$

1.27   2.22 kgf/cm^2

1.29 $c = 0.04 \, K^{1/2} \cdot s / m$ $0.04 = \dfrac{m_{max} \cdot \sqrt{T_o}}{A_b \cdot P_o} \left(m^2, p_a, k \right)$

1.31 C_d is dimensionless

1.33 $c : N \cdot s / m$ k:N/m   F : N

1.35   The units or dimensions of "0.46" are m. The units or dimensions of "9.57×10^{-7}" are m/(Lit/min)^2

1.37   p = $1.23 \pm 4.24 \times 10^{-3}$ kg/m^3 ($\pm 0.345\%$)

1.39   p = 1090 ± 18.9 kg/m^3 1.09 ± 0.0189

1.41 $\rho = 930 \pm 27.2$ kg/m^3

1.43 $t = 1, 5, 5$ s   Flow rate uncertainty = $\pm 5.0, 1.0, 1.0\%$

1.45 $\mu = 1.01 \times 10^{-3} \, N \cdot s / m^2$ $\pm 0.609\%$

1.47 $\delta x = \pm 0.158$ mm

1.49 $H = 17.3 \pm 0.164$ m $\theta_{min} = 31.4°$

2.1   1) 1 D, Unsteady   2) 1 D, Steady 3) 2 D, Unsteady   4) 2 D, Unsteady

5) 1 D, Unsteady   6) 3 D, Steady 7) 2 D, Unsteady   8) 3 D, Steady

2.3   Streamlines: $y = \dfrac{c}{\sqrt{x}}$

2.5   Streamlines: $y = cx^{-\frac{b}{a}t}$

2.7   Streamlines: $y = \dfrac{1}{\sqrt{2\left(\dfrac{b}{ax} + c\right)}}$

2.9   Streamlines: $y = 3x$ $\Delta t = 0.75$ s

2.11   Streamlines: $x^2 + y^2 = c$

2.13   Pathlines: $y = 2/x$ Streamlines: $y = 2/x$

2.15 $\omega = \dfrac{K}{2\pi a^2}$

2.17   Pathlines: $y = y_0 e^{Ct}$, $x = x_0 e^{B\left(t + \frac{1}{2}At^2\right)}$ Streamlines: $y = x^{\frac{1}{1+0.5t}}$

2.19   Pathlines: $y = y_0 e^{-bt}$, $x = x_0 e^{\frac{1}{2}at^2}$ Streamlines: $y = Cx^{-\frac{b}{at}}$

2.21   Pathlines: $y = 4t + 1$, $x = 3e^{0.05t^2}$ Streamlines: $y = 1 + \dfrac{40}{t}\ln\left(\dfrac{x}{3}\right)$

2.23   Streaklines: $y(t_0) = v_0 \sin(\omega t)(t - t_0), x(t_0) = u_0(t - t_0)$

2.25   Streaklines: $y = e^{(t-\tau)}$, $x = e^{(t-\tau)+0.1\left(t^2 - \tau^2\right)}$ Streamlines: $y = x^{\frac{1}{(1+0.2t)}}$

2.29   Streamlines: $y = \dfrac{x^2}{4} + 4$ (4 m, 8 m)   (5 m, 10.25 m)

2.31   (2.8 m, 5 m)   (3 m, 3 m)

2.33 $k = \dfrac{bT^{1/2}}{1 + S/T}$ $b = 1.531\mathrm{E} - 06\,\mathrm{kg/msK^{1/2}}$, $S = 101.9\,\mathrm{K}$

2.35   F = 2.28 N

2.39   F = 79.5 N

2.41   V = 10.2 m/s

2.43   (a) $F_v = \mu \dfrac{v}{h} A$, (b) $mg - \mu \dfrac{v}{h} A = (M + m)\dfrac{dv}{dt}$, (c) $v = \dfrac{mgh}{\mu A}\left(1 - e^{-\frac{\mu At}{(M+m)h}}\right)$, (d)

$$\mu = 1.29\,\text{N}\cdot\text{s}/\text{m}^2$$

2.45   (a) $T_{yx} = \mu\dfrac{v}{h}$, (b) $t = 3.0\dfrac{mh}{\mu a^2}$

2.47   F = 0.0345 N

2.49   F = 143 N, v_i = 0.714 m/s

2.51 $T = 100\,\text{N}\cdot\text{m}$

2.53 $\mu = 0.0208\,\text{N}\cdot\text{s}/\text{m}^2$

2.55   (a) $T = \dfrac{2_\Pi R^3 \mu h}{a}\omega$, (b) $\omega(t) = \dfrac{mga}{2\Pi R^2 \mu h}\left[1 - e^{-\frac{2\Pi R \mu h}{a(M_1 + M_2)}t}\right]$, (c) $\omega_{\max} = \dfrac{mga}{2\Pi R^2 \mu h}$

2.57 $\mu = 0.202\,\text{N}\cdot\text{s}/\text{m}^2$

2.59   (a) $j = \dfrac{w}{\theta}$, (b) $T = \dfrac{2\Pi}{3}R^3 T_{yx}$

2.61 $k = 0.0162$, $n = 0.7934$, $\mu_{\text{water}} = 0.001\,\text{N}\cdot\text{s}/\text{m}^2$

2.63   (a) $T = \dfrac{\Pi \mu \Delta\omega R^4}{2a}$, (b) $P_o = \dfrac{\Pi \mu \omega_o \Delta\omega R^4}{2a}$, (c) $S = \dfrac{2aT}{\Pi \mu R^4 \omega_i}$, (d)

$$n = 1 - \dfrac{\Delta\omega}{\omega_i} = 1 - s$$

2.65 $T = 0.0643\,\text{N}\cdot\text{m}$

2.69 $p = 2.91\,\text{kPa}$

2.75 $a = 0$, $b = \dfrac{3}{2}\text{U}$, $c = -\dfrac{U}{2}$

2.77 $L_{\text{turb}} = 98.55\,\text{mm}$

2.79   Re $= 1389$, $T = 52°\text{C}$

2.81 $X_{\text{trans}} = 0.169\,\text{m}$

3.1　　$M = 62.4$ kg　　　　　　　　　　$t = 22.3$ mm

3.3　　At 90°C, altitude is 3014 m. Change in altitude is 1446 m.

3.5　　$F = 45.6$ N

3.9　　$\Delta p = 972$ Pa　　　　　　　　　$\rho = 991$ kg/m^3

3.11　$D = 12.7$ mm

3.13　$\Delta\rho/\rho_0 = 4.34\%$　　　　　　　$\Delta p/p_0 = 2.15\%$

3.15　$p = 0.1$ N/mm^2

3.17　$p = 6.39$ kPa (gage)　　　　　　$h = 39.3$ mm

3.19　$p = 128$ kPa (gage)

3.21　$\Delta p = 59.5$ Pa

3.23　$H = 30$ mm

3.25　SG $= 0.900$

3.27　$\Delta p = 0.0111$ N/mm^2

3.29　$L = \dfrac{\Delta p}{\text{Poil } g\left[1+\left(\dfrac{d}{D}\right)^2\right]}$　　　$L = 27.2$ mm

3.31　$h = 27.8$ mm

3.33　$\theta = 11.1°$　　　　　　　　　$s = 5/\text{SG}$

3.35　$p_{\text{atm}} = 99.5$ kPa　　　Shorter column at higher temperature

3.37　$\Delta h = 38.1$ mm　　　　　　　$\Delta h = 67.8$ mm

3.39　$\Delta h = 0.389$ cm

3.43　$\Delta z = 178$ m　　　　　　　　$\Delta z = 930.5$ m

3.45　$p = 57.5$ kPa　　　　　　　　$p = 60.2$ kPa

3.49　$p_A = 1.96$ kPa　　　$p_B = 8.64$ kPa　　　　$p_C = 21.9$ kPa　　　$p_{\text{air}} = -11.3$ kPa

　　　$p_{\text{air}} = 1.99$ kPa

3.51　$F_A = 354$ kN

3.53　$W = 68$ kN

3.55　$F_R = 1.785$ N

3.57　$F_R = 8.63$ MN　　　　　$R = (8.34$ MN, 14.4 MN$)$

3.59　$F = 2.6$ kN

3.63　$D = 2.6$ m

3.65　$d = 2.66$ m

3.67　SG $= 0.542$

3.69　$F = -137$ kN

3.71 $F_V = 7.62\,\text{kN}$ $x'F_V = 3.76\,\text{kN}\cdot\text{m}$ $F_A = 5.71\,\text{kN}$

3.73 $F_V = -\rho g w R^2 \pi / 4$ $x' = 4R/3\pi$

3.75 $F_V = 1.05 \times 10^6\,\text{N}$ $x' = 1.61\,\text{m}$

3.77 $F_V = 1.83 \times 10^7\,\text{N}$ $\alpha = 19.9°$

3.79 $F_V = 416\,\text{kN}$ $F_H = 370\,\text{kN}$ $\alpha = 48.3°$ $F = 557\,\text{kN}$

3.81 $F_V = 2.47\,\text{kN}$ $x' = 0.645\,\text{m}$ $F_H = 7.35\,\text{kN}$

       $y' = 0.217\,\text{m}$

3.83 $M = \dfrac{4\rho L (H-d)^{\frac{3}{2}}}{3\sqrt{a}}$ $M = 583\,\text{kg}$

3.85 $M = 2\rho LR \left[(d-R)\sin(\theta_{max}) + R \left(\dfrac{(\theta_{max})}{2} + \dfrac{\sin(2\theta_{max})}{4} \right) \right]$ $M = 631\,\text{kg}$

3.87 $\gamma = 8829\,\text{N/m}^3$ $h = 0.292\,\text{m}$

3.89 $\cancel{V}_{\text{Not submerged}} / \cancel{V}_{\text{Submerged}} = 10.5\%$

3.91 $\text{SG} = W_a / (W_a - W_w)$

3.93 $F_B = 8.03 \times 10^{-11}\,\text{N}$ $V = 3.4 \times 10^{-4}\,\text{m/s}\,(20.4\,\text{mm/min})$

3.95 $L/\cancel{V}_{\text{He}} = 1.06\,\text{kg/m}^3$ $L/\cancel{V}_{\text{H}_2} = 1.14\,\text{kg/m}^3$

       $L/\cancel{V}_{\text{air}} = 0.23\,\text{kg/m}^3 / 0.36\,\text{kg/m}^3$

3.97 $D = 116\,\text{m}$ $M = 703\,\text{kg}$

3.99 $\theta = 9.1°$ (with $A = 25\,\text{cm}^2$ not $A = 20\,\text{cm}^2$)

3.101 $x = 0.257\,\text{m}$ $f = 6.1\,\text{N}$

3.103 $D = 0.78\,\text{m}$

3.105 $f = 0.288\,\text{cycle/s}$ ($\omega = 1.81\,\text{rad/s}$)

3.107 $F = 149\,\text{N}$

3.113 $a = g(h/L)$

3.115 $\omega = 188\,\text{rad/s}$ (1795 rpm)

3.117 $\Delta p = \rho \omega^2 R^2 / 2$ $\omega = 7.16\,\text{rad/s}$

3.119 $dy/dx = -0.25$ $p = 105 - 1.96x$ (p: kPa, x: m)

3.121 $\alpha = 30°$ $dy/dx = 0.346$

3.123 $T = 210\,\text{N}$ $P = 2.74\,\text{kN/m}^2$ (gage)

4.1　　$x = 0.934$ m

4.3　　$x = 747$ m　　　$t = 23.9$ s

4.5　　$V_0 = 87.5$ km/hr

4.7　　$\tau = 1.72$ hr

4.9　　$y_c = \dfrac{3.47\,h^2 + 2400}{6.94\,h + 40}\ (y_c, h : \text{mm})$　　　　$h = 21.2$ mm　　$\mu_s \ge 0.604$

4.11　　$Q = -7.29$ m^3/s

$$\rho \int \vec{V}\left(\vec{V} \cdot d\vec{A}\right) = -10.935\rho\hat{i} + 20.412\rho\hat{j} \left(\frac{\text{kg} \cdot \text{m/s}}{s} ; \rho : \text{kg/m}^3\right)$$

4.13　　$\displaystyle\int \vec{V} \cdot d\vec{A} = -24\,\text{m}^3/s$　　　$\displaystyle\int \vec{V}\left(\vec{V} \cdot d\vec{A}\right) = \left(64\hat{i} - 96\hat{j} - 60\hat{k}\right)\,\text{m}^4/s^2$

4.15　　$Q = \frac{1}{2}u_{\max}\pi R^2$　m.f.$= \frac{1}{3}u_{\max}^2 \pi R^2 \hat{i}$

4.17　　$V = 0.432$ m/s　$Q = 12.72$ L/min

4.19　　$Q_{\text{cool}} = 1800\,\text{L/min}$　　　$\dot{m}_{\text{cool}} = 1.08 \times 10^5\,\text{kg/hr}$　　　　$\dot{m}_{\text{moist}} = 5.86\,\text{kg/s}$

　　　　$\dot{m}_{\text{air}} = 4.36\,\text{kg/s}$

4.21　　$V_3 = (1.3\ \text{m/s}, -0.75\ \text{m/s})$

4.23　　Eight pipes

4.25　　1400 units/hr　4220 units/hr　Outflow $= 9$ units/s

4.27　　$\rho = 167$ kg/m^3

429　　$\dfrac{\dot{m}}{w} = \dfrac{\rho^2 g \sin(\theta) h^3}{3\mu}$

4.31　　$U = 1.5$ m/s

4.33　　$Q = 1.05 \times 10^{-5}\,\text{m}^3/s\ (10.45\,\text{mL/s})$　　$V_{\text{ave}} = 0.139\,\text{m/s}$　　　$u_{\max} = 0.213\,\text{m/s}$

4.35　　$v_{\min} = 5.0$ m/s

4.37　　$\partial V_{\text{oil}} / \partial \text{t} = -1.036 \times 10^{-3}\ \dfrac{\text{m}^3}{\text{s}}\,(1.036\,\text{lit/s})$

4.39　　$dh/dt = -8.61$ mm/s

4.41　　$dh/dt = -0.289$ mm/s

4.43　　$Q = 57\,\text{m}^3/s$　　$A = 0.47 \times 10^7\,\text{m}^2$

4.45　$t = 22.2$ s

4.47　$dy/dt = -9.01$ mm/s

4.49　$Q_{cd} = 4.50 \times 10^{-3}$ m³/s　　　　$Q_{ad} = 6.0 \times 10^{-4}$ m³/s　$Q_{bc} = 1.65 \times 10^{-3}$ m³/s

4.51　$t = \dfrac{2}{5} \dfrac{\pi \tan^2 (\theta) y_0^{5/2}}{\sqrt{2g}\, A}$　$t = \dfrac{6}{5} \dfrac{V_0}{Q_0}$

4.53　mf = (−317, 271) N

4.55　$mf_2/mf_1 = 1.33$

4.57　mf = (−320, 332) N

4.61　$T = 3.12$ N

4.63　$F = 156$ N

4.65　$\dot{m}_1 = 13.3$ kg/s　$\dot{m}_2 = 14.52$ kg/s　(because of weight plus momentum loss)

4.67　$V = 51$ m/s　　$V = 18.0$ m/s　$V = 67.1$ m/s

4.69　$F = -1.81$ kN (i.c force on CV is to the left) (tension)

4.71　$R_x = -\rho V^2 \dfrac{\pi D^2}{4} (1 + \sin\theta) \left[1 - \left(\dfrac{d}{D}\right)^2 \right]$　　　$R_x = -314$ N

4.73　$F = -11.6$ kN

4.75　$F = (-714, 498)$ N

4.77　$F = 7.16$ N

4.79　$F = 22.7$ kN

4.81　$d/D = 0.707$　No-dimensional pressure = 0.5

4.83　$t = 1.19$ mm　$F = 3.63$ kN

4.85　$R_x = -4.68$ kN $R_y = 1.66$ kN

4.87　$R_x = -1040$ N　$R_y = -667$ kN

4.89　$F = 2456$ N

4.91　$Q = 0.141$ m³/s　　　$R_x = -1.65$ kN $R_y = -1.34$ kN

4.93　$F = 37.9$ N

4.95　$f = \rho U^2 \left(\dfrac{5\pi}{8} - \dfrac{2}{\pi} \right)$

4.97　$u_{max} = 18$ m/s　$\Delta p = 32.4$ N/m²

4.99　$D = 0.446$ N

4.101　$D/w = 0.163$ N/m

4.103　$h_2/h = (1 + \sin\theta)/2$

4.105 $h = H/2$

4.107 $Q = 257$ L/min

4.109 $V = \sqrt{V_0^2 - 2gh}$ $h = 4.28$ m

4.111 $V = 53$ m/s $F = 12.66$ N

4.113 $p_1 = 68.4$ kPa (gage) $F = 209$ N

4.115 $V = \sqrt{V_0^2 - 2gz}$ $A = \dfrac{A}{\sqrt{1 - \dfrac{2gz}{V_0^2}}}$

4.117 $p = p_0 - \rho \left(\dfrac{Q}{wh} \right)^2 \left(\dfrac{x}{L} \right)^2$

4.119 $V = \dfrac{V_0 r}{2(h_0 - V_0 t)}$

4.123 $R_x = -2400$ N $R_y = 1386$ N

4.125 $V = -\dfrac{\rho Q}{2k} + \sqrt{\left(\dfrac{\rho Q}{2k} \right)^2 + \dfrac{\rho Q}{k} V_j}$ $V_j = 80$ m/s

4.127 $F = 16.8$ kN

4.129 $F = 4.24$ kN $t = 4.17$ s

4.131 $\alpha = 30°$ $F = 10.3$ kN

4.133 $a = 13.5$ m/s^2

4.135 $t = 0.680$ s

4.137 $\dfrac{U}{V} = \ln \left(\dfrac{M_0}{M_0 - \rho V A t} \right)$ $V = 0.61$ m/s

4.139 $a_{\max}$ at $t = 0$ $\theta = 90° U \to V$

4.141 $A = \dfrac{2aM}{3\rho(V - at)^2}$ $A = 111$ mm^2

4.143 $h = 17.9$ mm

4.145 $a = \dfrac{2\rho(V-U)^2 A - kU^2}{M}$ $a = 5.99$ m/s^2 $U/U_t = 0.667$

4.147 $a = 14.2$ m/s^2 $t = 15.2$ m/s

4.149 $a = -\dfrac{\rho(V+U)^2 A}{M}$ $t = \dfrac{M}{\rho V A \left(1 + \dfrac{V}{U_0} \right)}$

4.151 $V = 5$ m/s $x_{max} = 1.93$ m $t = 2.51$ s

4.153 $a = 2.28$ m/s^2

4.155 $U = U_0 + V_e \ln\left(1 + \dfrac{\dot{m}t}{M_0}\right)$ $U = 227$ m/s

4.157 $V_{max} = 834$ m/s $a_{max} = 96.7$ m/s^2

4.159 $m_f = 82.7$ kg

4.161 $a = 83.3$ m/s^2 $U = 719$ m/s

4.163 $V = 1176$ m/s $Y = 10,200$ m

4.165 $V = 641$ m/s

4.167 $\theta = 19°$

4.169 $U = \dfrac{U_0}{\sqrt{1 + \dfrac{2\rho U_0 A}{M_0}t}}$

4.171 $V_{max} = 138$ m/s $y_{max} = 1085$ m

4.175 $h = 10.7$ m

4.181 $M = -192\,\text{N}\cdot\text{m}$

4.183 $T = 0.193\,\text{N}\cdot\text{m}$ $\dot{\omega} = 2540\,\text{rad}/\text{s}^2$

4.185 $\dot{\omega} = \dfrac{3}{2\rho AR^3}\left(T - \rho QRV - 2\omega\rho VAR^2\right)$ $\omega_{max} = -19.8\,\text{rad}/\text{s}\,(-193\,\text{rpm})$

4.187 $T = 30\,\text{N}\cdot\text{m}$ $\omega = 1434$ rpm

4.189 $\omega = 78.3\sin(\theta)$ rad/s $\omega = 39.1$ rad/s

4.191 $\dot{\omega} = 0.161\,\text{rad}/\text{s}^2$

4.195 $T = \rho\omega QL^2\sin^2\alpha$ $\Delta T = \dfrac{2}{3}\rho\dot{\omega}AL^3\sin^2\alpha$

4.197 $\alpha = 0°$ $\alpha \approx 42°$

4.199 $dT/dt = -0.064\,\text{K/s}\,(°\text{C/s})$

4.201 $\Delta p = 75.4$ kPa

4.203 $\dot{W}_s = -96.0$ kW

4.205 $\dot{W}_{s,actual} = -3.41$ kW

4.207 $\dfrac{\Delta mef}{\dot{m}} = -1.88$ J/kg $\Delta t = 4.49\times10^{-4}\,\text{K}\,(°\text{C})$

5.1 a) $\rho \neq$ const b) Possible c) Possible d) Possible

5.3 $A + E + J = 0$ (Others arbitrary)

5.5 $v = -3x^2y + y^3 + f(x)$

5.7 $u = x^4/2 - 3x^2y^2$

5.11 $\left. \dfrac{v}{U} \right)_{max} = 0.00167 \, (0.167\%)$

5.3 $\left. \dfrac{v}{U} \right)_{max} = \dfrac{3}{8}\dfrac{\delta}{x}\left[\left(\dfrac{y}{\delta}\right)^2 - \dfrac{1}{2}\left(\dfrac{y}{\delta}\right)^4 \right] \quad \dfrac{y}{\delta} = 1 \quad \left. \dfrac{v}{U} \right)_{max} = \dfrac{3}{8}\dfrac{\delta}{x}\left[\left(\dfrac{y}{\delta}\right)^2 - \dfrac{1}{2}\left(\dfrac{y}{\delta}\right)^4 \right]$

5.15 $v = -2Axy^3/3 + f(x) \quad \psi = xy^{3/2}$

5.19 $V_\theta = -\dfrac{\Lambda \sin\theta}{r^2} + f(r)$

5.23 $\psi = \dfrac{Uy^2}{2h} \quad y \dfrac{h}{\sqrt{2}}$

5.25 $\vec{V} = \left(-U\cos\theta + \dfrac{q}{2\pi r} \right)\hat{i}_r + U\sin\theta\hat{i}_\theta \quad (r,\theta) = \left(\dfrac{q}{2\pi U}, 0 \right)$

5.27 2D Incompressible $\psi = zy^3 - z^3y$

5.29 $\psi = \dfrac{Uy^2}{2h} \quad h_{half} = 1.06\,\text{m}$

5.31 $\psi = U\delta\left[\left(\dfrac{y}{\delta}\right)^2 - \dfrac{1}{3}\left(\dfrac{y}{\delta}\right)^3 \right] \quad \dfrac{y}{\delta} = 0.442\,(1/4\,\text{flow}) \quad \dfrac{y}{\delta} = 0.652\,(1/2\,\text{flow})$

5.33 $\psi = U\delta\left[\dfrac{3}{4}\left(\dfrac{y}{\delta}\right)^2 - \dfrac{1}{8}\left(\dfrac{y}{\delta}\right)^4 \right] \quad \dfrac{y}{\delta} = 0.465\,(1/4\,\text{flow}) \quad \dfrac{y}{\delta} = 0.671\,(1/2\,\text{flow})$

5.35 $\psi = -C\ln(r) + C_1 \quad Q/b = 0.0912\,\text{m}^3/\text{s}/\text{m}$

5.37 2D Incompressible $\vec{a} = \dfrac{16}{3}\hat{i} + \dfrac{32}{3}\hat{j} + \dfrac{16}{3}\hat{k}\,\text{m}/\text{s}^2$

5.39 $\vec{a} = -2.86\left(10^{-2}\hat{i} + 10^{-4}\hat{j}\right)\text{m}/\text{s}^2 \quad dy/dx = 0.0025$

5.41 Incompressible $\quad a_x = -\dfrac{\Lambda^2 x}{\left(x^2 + y^2\right)^2} \quad a_y = \dfrac{\Lambda^2 y}{\left(x^2 + y^2\right)^2} \quad a = -\dfrac{100}{r^3}$

5.43 $a_x = -\dfrac{U^2}{2L}\left(1 - \dfrac{x}{2L}\right)$

5.45 $a = -\left(\dfrac{Q}{2\pi h}\right)^2 \dfrac{1}{r^3}$ (Radial)

5.47 $\dfrac{Dc}{Dt} = \dfrac{UA}{a}\left(\dfrac{1}{2}e^{-\frac{Ut}{2a}} - e^{-\frac{Ut}{a}}\right) \quad x = 2.77\,\text{m} \quad \left.\dfrac{Dc}{Dt}\right|_{\text{max}} = 1.25\times 10^{-5}\,\dfrac{\text{ppm}}{\text{s}}$

5.49 $\partial T / \partial x = -0.030\,°\text{C}/\text{km}$

5.53 $\vec{a} = A^2\left(x\hat{i} + y\hat{j}\right) \quad \vec{a} = -\dfrac{1}{2}\hat{i} + 2\hat{j} \quad \vec{a} = \hat{i} + \hat{j} \quad \vec{a} = 2\hat{i} + \dfrac{1}{2}\hat{j}$

5.55 $xy = 8 \quad \vec{V} = 12\hat{i} - 24\hat{j}$

$\vec{V} = 6\pi\hat{i} - 12\pi\hat{j}$ (Local) $\quad \vec{V} = 72\hat{i} + 144\hat{j}$ (Convective) $\quad \vec{V} = 90.8\hat{i} + 106\hat{j}$ (Total)

5.57 $a_x = \dfrac{U^2}{x}\left[-\left(\dfrac{y}{\delta}\right)^2 + \dfrac{4}{3}\left(\dfrac{y}{\delta}\right)^2 - \dfrac{1}{3}\left(\dfrac{y}{\delta}\right)^4\right] \quad a_{x(\text{max})} = -5.22\,\text{m}/\text{s}^2$

5.59 $v = v_0\left(1 - \dfrac{y}{h}\right) \quad \vec{a} = \dfrac{a_0^2 x}{h^2}\hat{i} + \dfrac{v_0^2}{h}\left(\dfrac{y}{h} - 1\right)\hat{j}$

5.61 $a_r = \dfrac{2U^2}{R}\left[1 - \left(\dfrac{R}{r}\right)^2\right]\left(\dfrac{R}{r}\right)^3 \quad a_\theta = 0 \quad r = 1.29R\,(\text{max}\,a)$

$a_r = -\dfrac{4U^2}{R^2}\sin^2\theta \quad a_\theta = \dfrac{4U^2}{R^2}\sin\theta\cos\theta \quad \theta = \pm\pi/2\,(\text{max}\,a)$

5.63 $a_x = 32[20 + 2\sin(\omega t)]^2 + 2.4\cos(\omega t)\,(\text{m}/\text{s}^2)\,\text{at}\,x = L$

5.67 Incompressible $\qquad\qquad\qquad\qquad\qquad\qquad\qquad$ Irrotational

5.69 $\Gamma = 5$

5.71 Incompressible $\qquad\qquad\qquad\qquad\qquad\qquad\qquad$ Irrotational

5.73 Incompressible $\qquad\qquad\qquad\qquad\qquad\qquad\qquad$ Not irrotational

5.75 $\quad \vec{V} = -2y\hat{i} - 2x\hat{j}$

5.77 $\quad \vec{\omega} = -\hat{k}\,(\text{rad/s})$

5.79 $\quad \omega = -\dfrac{u}{2h}$ $\qquad\qquad\qquad \omega = -0.5\,\text{s}^{-1}$

5.81 $\quad \Gamma = -UL\dfrac{h}{b}\left(1-\dfrac{h}{b}\right)$ $\qquad \Gamma = -UL/4 \;\; (h=b/2)$ $\qquad\qquad \Gamma = 0 \;\; (h=b)$

5.83 $\quad \gamma = -\dfrac{2yU_{\max}}{b^2}$ $\qquad\qquad \vec{\zeta} = \dfrac{2yU_{\max}}{b^2}\hat{k}$

5.85 $\quad \dfrac{dF_{\max}}{d\mathcal{V}} = -\mu U\left(\dfrac{\pi}{2\delta}\right)^2$ $\qquad\qquad \dfrac{dF_{\max}}{d\mathcal{V}} = -1.85\dfrac{\text{kN}}{\text{m}^3}$

6.1 $\quad \vec{a} = 2.8\hat{i} + 2.3\hat{j}\,\text{m/s}^2 \quad \nabla p = -2884\hat{i} - 16593\hat{j}\,\text{Pa/m}$

6.3 $\quad \vec{a}_{\text{local}} = 3\left(\hat{i} + \hat{j}\right)\text{m/s}^2 \qquad \vec{a}_{\text{conv}} = A\left(Ax + Bt\right)\hat{i} - A\left(-Ay + Bt\right)\hat{j}$

$\qquad \vec{a}_{\text{conv}} = 90\hat{i} - 60\hat{j}\,\text{m/s}^2 \quad \nabla p = -93000\hat{i} + 57000\hat{j} - 9810\hat{k}\,\text{Pa/m}$

6.5 $\quad \vec{a} = 0.3\hat{i} - 2.1\hat{j}\,\text{m/s}^2 \quad \nabla p = -13.1\hat{i} - 93.5\hat{j}\,\text{kPa/m}$

6.7 $\quad v = -Ay$ $\qquad\qquad\qquad\qquad \vec{a} = 8\hat{i} + 4\hat{j}\,\text{m/s}^2$

$\qquad \nabla p = -12\hat{i} - 6\hat{j} - 14.7\hat{k}\,\text{Pa/m} \quad p(x) = 190 - 3x^2/1000\,(p\text{ in Pa}, x\text{ in m})$

6.9 $\quad$ Incompressible $\qquad\qquad\qquad$ Stagnation point : $\left(\tfrac{5}{2}, \tfrac{3}{2}\right)$

$\qquad \nabla p = -\rho\left[\left(4x - 10\right)\hat{i} + \left(4y - 6\right)\hat{j} + g\hat{k}\right] \quad \Delta p = 9.6\,\text{Pa}\left(\text{N/m}^2\right)$

6.11 $\quad a_x = -\dfrac{U^2}{2L}\left(1 - \dfrac{x}{2L}\right) \quad \dfrac{dp}{dx} = \rho\dfrac{U^2}{2L}\left(1 - \dfrac{x}{2L}\right) \quad p_{\text{out}} = 43.3\,\text{kPa (gage)}$

6.13 $\quad$
$\vec{a} \;\; = \;\; -0.127\hat{e}_r + 0\hat{e}_\theta\,\text{m/s}^2 \quad \vec{a} \;\; = \;\; -0.127\hat{e}_r + 0\hat{e}_\theta\,\text{m/s}^2$
$\vec{a} \;\; = \;\; -0.0158\hat{e}_r + 0\hat{e}_\theta\,\text{m/s}^2 \quad \nabla p \;\; = \;\; 127\hat{e}_r + 0\hat{e}_\theta\,\text{Pa/m}$
$\nabla p \;\; = \;\; 127\hat{e}_r + 0\hat{e}_\theta\,\text{Pa/m} \qquad \nabla p \;\; = \;\; 15.8\hat{e}_r + 0\hat{e}_\theta\,\text{Pa/m}$

6.15 $\quad \dfrac{\partial p}{\partial x} = -\dfrac{\rho A_i^2 L^2 u_i^2\left(A_e - A_i\right)}{\left(A_i L + A_e x - A_i x\right)^3} \quad p = p_i + \dfrac{\rho u_i^2}{2}\left\{1 - \left[\dfrac{A_i}{A_i - \dfrac{\left(A_i - A_e\right)}{L}x}\right]^2\right\}$

6.17 $\quad a_x = -\dfrac{2V_i^2\left(D_o - D_i\right)}{D_i L\left[1 + \dfrac{\left(D_o - D_i\right)}{D_i L}x\right]^5} \quad \left.\dfrac{\partial p}{\partial x}\right|_{\max} = -10\,\text{MPa/m} \quad L \geq 1\,\text{m}$

6.19 $\quad F_z = -1.56\,\text{N (Acts downwards)}$

6.21 $\quad$
$a_x = \dfrac{2V^2 x}{b^2} \qquad\qquad\qquad \dfrac{\partial p}{\partial x} = -\dfrac{2\rho V^2 x}{b^2}$
$p = p_{\text{atm}} + \dfrac{p V^2 L^2}{b^2}\left[1 - \left(\dfrac{x}{L}\right)^2\right] \quad F_y = \dfrac{4\rho V^2 L^3 W}{3b^2}$

6.23 $\quad a_x = \dfrac{q^2 x}{h^2} \quad \dfrac{\partial p}{\partial x} = -\dfrac{\rho q^2 x}{h^2}$

6.25 $\nabla p = \dfrac{2\Lambda^2 \rho}{r^5} \hat{e}_r + 0\hat{e}_\theta$

6.27 $\Delta p = -30.6 \,\text{Pa} \left(\text{N} / \text{m}^2 \right)$

6.31 $B = -0.6 \,\text{m}^{-2} \cdot \text{s}^{-1}$ $\vec{a} = 6\hat{i} + 3\hat{j} \,\text{m} / \text{s}^2$ $a_n = 6.45 \,\text{m} / \text{s}^2$

6.33 $\vec{a} = 4\hat{i} + 2\hat{j} \,\text{m} / \text{s}^2$ $R = 5.84 \,\text{m}$

6.35 $\vec{a} = 0.5\hat{i} + \hat{j} \,\text{m} / \text{s}^2$ $R = 5.84 \,\text{m}$

6.37 $\Delta h = 34 \,\text{mm}$

6.39 $F = 1.70 \,\text{N}$ $F = 6.8 \,\text{N}$

6.41 $h = 628 \,\text{mm}$

6.47 $p_2 = 291 \,\text{kPa} \left(\text{gage} \right)$

6.49 $p = 65.5 \,\text{kPa} \left(\text{gage} \right)$

6.51 $h = 48 \,\text{m}$

6.53 $A = A_1 = \sqrt{\dfrac{1}{1 + \dfrac{2g\left(z_1 - z\right)}{V_1^2}}}$

6.55 $V = 262 \,\text{m/s}$

6.57 $Q = 1.1 \,\text{kL} / \text{min} \left(0.0184 \,\text{m}^3 / \text{s} \right)$

6.59 $p = p_\infty + \dfrac{1}{2} \rho U^2 \left(1 - 4\sin^2 \theta \right)$ $\theta = 30°, 150°, 210°, 330°$

6.61 $F = -278 \,\text{N/m}$

6.63 $Q = -2.55 \times 10^{-3} \,\text{m}^3 / \text{s}$

6.65 $p_1 = 45.2 \,\text{kPa}$ $K_x = 52.7 \,\text{N}$

6.67 $p_2 = 13.2 \,\text{kPa} \left(\text{gage} \right) \left(98.9 \,\text{mm Hg} \right)$

       $R_x = 0.375 \,\text{N}$

       $p_3 = 706 \,\text{Pa} \left(\text{gage} \right) \left(5.52 \,\text{mm Hg} \right)$

       $R_y = 0.553 \,\text{N}$

6.69 $p_1 = 9.34 \,\text{kPa} \left(\text{gage} \right)$ $p_0 = 12.4 \,\text{kPa}$

6.73 $\Delta h = 170 \,\text{mm}$ $F = 0.46 \,\text{N}$ $F = 83 \,\text{N}$

6.75 $F = 83.3 \,\text{kN}$

6.77 $p_1 = 82.8 \,\text{kPa}$ $F = 66 \,\text{N}$

6.79 $\dot{m} = A\sqrt{2p\rho}$ $\dfrac{dM}{dt} = -\rho_w \dfrac{d\forall_{air}}{dt}$

       $M_w = \rho_w \forall_0 \left\{ \dfrac{V_t}{\forall_0} - \left[1 + 1.70 \sqrt{\dfrac{2p_0}{\rho_w}} \dfrac{At}{\forall_0} \right]^{0.588} \right\}$

6.83 $C_c = \dfrac{1}{2}$

6.87 $a_x = 3.25\,\text{m/s}^2$

6.89 $dQ/dt = 0.516\,\text{m}^3/\text{s}/\text{s}$

6.91 $D_j/dt = 0.32$

      6.93   Bernoulli can be applied

6.95   Incompressible   Unsteady   Irrotational $\phi = \left[\dfrac{A}{2}\left(y^2 - x^2\right) + Bxy\right]t$

6.97 $\psi = \dfrac{q}{2\pi}\left[\tan^{-1}\left(\dfrac{y-h}{x}\right) + \tan^{-1}\left(\dfrac{y+h}{x}\right)\right]$

         $\phi = -\dfrac{q}{2\pi}\ln\left\{\left[x^2 + \left(y-h\right)^2\right]\left[x^2 + \left(y+h\right)^2\right]\right\}$

6.99   NOTE: Error –function is $\psi = Ax^2 y - By^3$ $\phi = 3Bxy^2 - \dfrac{A}{3}x^3$

6.101 $\psi = \dfrac{B}{2}\left(x^2 - y^2\right) - 2Axy$

6.105 $\vec{V} = -\left(A + 2Bx\right)\hat{i} + 2By\hat{j}$ $\psi = -\left(Ay + 2Bxy\right)$

        $\Delta p = 12\,\text{kPa}$

6.107 $V = x^2 + y^2$ $\psi = 3Ax^2 y - \dfrac{B}{3}x^3$

6.109   Incompressible   Irrotational   Stagnation point: $(-2, 4/3)$

        $\phi = \dfrac{A}{2}\left(y^2 - x^2\right) - Bx - Cy$ $\Delta p = 55.8\,\text{kPa}$

6.113 $\psi = \dfrac{q}{2\pi}\ln\left(\theta_1 - \theta_2\right) + Ur\sin\theta$ $\phi = \dfrac{q}{2\pi}\ln\left(\dfrac{r_2}{r_1}\right) - Ur\cos\theta$

        $\vec{V} = \left[\dfrac{q}{2\pi}\left(\dfrac{\cos\theta_1}{r_1} - \dfrac{\cos\theta_2}{r_2}\right)\hat{i} + \dfrac{q}{2\pi}\left(\dfrac{\sin\theta_1}{r_1} - \dfrac{\sin\theta_2}{r_2}\right)\hat{j}\right]$

        Stagnations points: $\theta = 0, \pi$ $r = 0.367\,\text{m}$

        $\psi_{\text{stag}} = 0$

6.115 $\psi = Ur\sin\theta - \dfrac{K}{2\pi}\ln r$ $\phi = -Ur\cos\theta - \dfrac{K}{2\pi}\theta$

        $\vec{V} = U\cos\theta\,\hat{e}_r + \left(\dfrac{K}{2\pi r} - U\sin\theta\right)\hat{e}_\theta$

        Stagnations Point: $\theta = \pi/2$ $r = \dfrac{K}{2\pi U}$

6.117   Stagnations Points: $\theta = 63°, 297°$ $r = 1.82\,\text{m}$

        $\Delta p = 317\,\text{Pa}$

7.1 $\dfrac{V_0^2}{gL}$

7.3 $\dfrac{E}{\rho L^2 \omega^2}$

7.5 $\dfrac{v}{V_0 L}\left(=\dfrac{1}{\text{Re}}\right)$

7.7 $\dfrac{\Delta p}{\rho \overline{V}^2}, \dfrac{v}{D\overline{V}}, \dfrac{L}{D}$

7.9 $F \propto \mu V D$

7.11 $\dfrac{\Delta p}{\rho V^2} = f\left(\dfrac{\mu}{\rho V D}, \dfrac{d}{D}\right)$

7.13 $\dfrac{\tau_w}{\rho U^2} = f\left(\dfrac{u}{\rho U L}\right)$

7.15 $\dfrac{W}{g \rho p^3}, \dfrac{\sigma}{g \rho p^3}$

7.17 $V = \sqrt{gD}\, f\left(\dfrac{\lambda}{D}\right)$

7.19 $Q = h^2 \sqrt{gh}\, f\left(\dfrac{b}{h}\right)$

7.21 $\dfrac{W}{D^2 \omega \mu} = f\left(\dfrac{L}{D}, \dfrac{c}{D}\right)$

7.23 $\dfrac{\wp}{\rho D^5 \omega^3}, \dfrac{\Delta p}{\rho D^2 \omega^2}, \dfrac{d}{D}, \dfrac{d_l}{D}, \dfrac{d_o}{D}$

7.25 Four parameters $\qquad \Pi_{\text{I}} = \dfrac{\mu}{\rho d^{3/2} g^{1/2}}$

7.27 $\dfrac{Q}{V h^2} = f\left(\dfrac{\rho V h}{\mu}, \dfrac{V^2}{gh}\right)$

7.29 $\dfrac{d}{D}, \dfrac{\mu}{\rho V D}, \dfrac{\sigma}{\rho D V^2}$

7.31 $\dfrac{W}{\rho V^2 d^2}, \dfrac{\mu}{\rho V d}, \dfrac{h}{d}, \dfrac{D}{d}$

7.33 $\dfrac{d}{D}, \dfrac{\mu}{\rho \Delta p D^2}, \dfrac{\sigma}{D \Delta p}$

7.35 $\dfrac{\delta}{d}, \dfrac{L}{D}, \dfrac{\mu \omega D^3}{T}, \dfrac{I \omega^2}{T}$

7.37 $\dfrac{\Delta p}{\rho D^2 \omega^2}, \dfrac{\mu}{\rho D^2 \omega}, cD^3, N, \dfrac{\rho_p}{\rho}, \dfrac{g}{D \omega^2}$

7.39　　$\dfrac{\wp}{p\omega D^3} = f\left(\dfrac{\rho\omega}{p}, \dfrac{c}{D}, \dfrac{l}{D}\right)$

7.41　　Four primary dimensions　　$\dot{Q} = \rho V^3 L^2 f\left(\dfrac{c_p\Theta}{V^2}, \dfrac{\mu}{\rho VL}\right)$

7.43　　$\dfrac{dT}{dt}\dfrac{Lc_p}{V^3} = f\left(\dfrac{c}{c_p}, \dfrac{k}{\rho L^2 c_p}, \dfrac{\mu}{\rho LV}\right)$

7.45　　$\Pi_1 = \dfrac{u}{U}$ 　　　　$\Pi_2 = \dfrac{y}{\delta}$ 　　　　$\Pi_3 = \dfrac{(dU/dy)\delta}{U}$ 　　　　$\Pi_4 = \dfrac{v}{\delta U}$

4.47　　$V_w = 6.90\,\text{m/s}$ 　　　　$F_{\text{air}} = 522\,\text{N}$

4.49　　$V_{\text{air}} > V_{\text{water}}$ 　　　　$V_{\text{air}} = 15.1 \cdot V_{\text{water}}$

4.51　　$\omega_m = 395\,\text{rpm}$ 　　　　$\omega_m = 12500\,\text{rpm}$ 　　　　Froude number modelling is most likely

7.53　　$V_m = 40.3\,\text{m/s}$ 　　　　$V_p = 40.3\,\text{m/s}$

7.55　　$V_m = 5.07\,\text{m/s}$ 　　　　$F_m / F_p = 3.77$

7.57　　$Q_m = 0.125\,\text{m}^3/\text{s}$ 　　　　$P_p = 127\,\text{kW}$

7.59　　$p_m = 20.4\,\text{kPa(abs)}$

7.61　　$\dfrac{fd}{V} = F\left(\dfrac{\rho Vd}{\mu}\right)$ 　　　　$\dfrac{V_1}{V_2} = \dfrac{1}{2}$ 　　　　$\dfrac{f_1}{f_2} = \dfrac{1}{4}$

7.63　　$V_m = 0.618\,\text{m/s} - 1.03\,\text{m/s}$

7.65　　$\dfrac{F_D}{\rho V^2 A^{1/2}} = f\left(\dfrac{\mu}{\rho V A^{1/2}}\right)$ 　　　　$F_{D_p} = 2.46\,\text{kN}$ 　　　　$P = 55.1\,\text{kW}$

7.67　　$\tau_p = 1070\,\text{hr}\,(\sim 45\,\text{days})$

4.69　　$V_m = 1.88\,\text{m/s}$ 　　　　$V_p = 7.36\,\text{m/s}$ 　　　　$F_p / F_m = 1.13\,(\text{submerged}), = 2.77 \times 10^4\,(\text{surface})$

7.71　　$CD = 1.028$ 　　　　$Vp = 7.36\,\text{m/s}$ 　$V_m = 250\,\text{m/s}\,(\text{model is impractical, compressible flow})$

7.73　　$\text{Model} = \dfrac{1}{50} \times \text{Prototype}$ 　　　　Adequate Reynolds number not achievable

7.77　　$D_{\text{Total}} = 1305\,\text{N}$ 　　　　$D_{\text{Total}} = 2316\,\text{N}$ 　　　　(Wave drag negligible)

7.79　　$h_m = 13.8\,\text{J/kg}$ 　　　　$Q_m = 0.166\,\text{m}^3/\text{s}$ 　　　　$D_m = 0.120\,\text{m}$

7.81　　$\dfrac{F_t}{\rho\omega^2 D^4} = f_1\left(\dfrac{V}{\omega D}, \dfrac{g}{\omega^2 D}\right)$ 　　　　$\dfrac{T}{\rho\omega^2 D^5} = f_2\left(\dfrac{V}{\omega D}, \dfrac{g}{\omega^2 D}\right)$ $\dfrac{\wp}{\rho\omega^3 D^5} = f_3\left(\dfrac{V}{\omega D}, \dfrac{g}{\omega^2 D}\right)$

7.83　　K.E. ratio $= 6990$ 　　　　$C_{D_m} = 0.433$ 　　　　$F_{D_p} = 1.64\,\text{kN}$

8.1 $\quad Q = 4.06 \times 10^{-3}\,\text{m}^3/\text{s} \quad L = 20.7\,\text{m}\,(\text{turbulent}) \quad L = 3.75 - 6\,\text{m}\,(\text{laminar})$

8.3

Smallest turbulent first $\quad Q_{\text{large}} = 6.77 \times 10^{-4}\,\text{m}^3/\text{s} \quad$ None are fully developed

$\quad\quad\quad\quad\quad\quad\quad\quad\quad Q_{\text{mid}} = 3.25 \times 10^{-4}\,\text{m}^3/\text{s} \quad$ Smallest fully developed

$\quad\quad\quad\quad\quad\quad\quad\quad\quad Q_{\text{small}} = 1.63 \times 10^{-4}\,\text{m}^3/\text{s} \quad$ Smallest fully developed

8.7 $\quad \overline{V} / u_{\text{max}} = 2/3$

8.9 $\quad \tau_{yx} = -1.88\,\text{Pa} \quad Q/b = -5.63 \times 10^{-6}\,\text{m}^2/\text{s}$

8.11 $\quad Q = 3.47 \times 10^{-7}\,\text{m}^3/\text{s}\,(347\,\text{mm}^3/\text{s})$

8.13 $\quad Q = 3.97 \times 10^{-9}\,\text{m}^3/\text{s}\,(3.97 \times 10^{-6}\,\text{L/s})$

8.15 $\quad M = 4.32\,\text{kg} \quad Q = \dfrac{\pi}{12}\dfrac{\Delta p D}{\mu L}a^3 \quad a = 1.28 \times 10^{-5}\,\text{m}\,(12.8\,\mu\text{m})$

8.17 $\quad \overline{V} = \dfrac{Q}{2\pi r h} \quad \dfrac{dp}{dr} = -\dfrac{6\mu Q}{\pi r h^3} \quad p = P_{\text{atm}} - \dfrac{6\pi Q}{\pi r h^3}\ln\left(\dfrac{r}{R}\right) \quad (p = p_0, r < R_0)$

8.19 $\quad n = 1.48$ (dilatant)

8.21 $\quad \partial p / \partial x = -92.6\,\text{Pa/m}$

8.23 $\quad u_{\text{interface}} = 4.6\,\text{m/s}$

8.25 $\quad \partial p / \partial x = -2U\mu / a^2 \quad \partial p / \partial x = 2U\mu / a^2$

8.27 $\quad \nu = 1.00 \times 10^{-4}\,\text{m}^2/\text{s}$

8.29 $\quad \tau = \rho g \sin(\theta)(h - y) \quad Q/w = 217\,\text{mm}^3/\text{s/mm} \quad Re = 0.163$

8.31 $\quad Q/w = 1.88 \times 10^{-3}\,\text{m}^3/\text{s/m} \quad \tau = 1.1 \times 10^{-8}\,\text{N/mm}^2 \quad \partial p / \partial x = 17.4\,\text{Pa/m}$

8.33 $\quad \partial p / \partial x = 34.4\,\text{Pa/m}$

8.35 $\quad$ B.C.: $y = 0, u = U_0; y = h, \tau = 0 \quad u = \dfrac{\rho g}{\mu}\left(\dfrac{y^2}{2} - hy\right) + U_0$

8.37 $\quad \dfrac{dV}{dt} = -\dfrac{\pi w L}{mh}V \quad t = 1.06\,\text{s}$

8.39

$$\Delta p = \frac{6\mu L R\omega}{a^2}\left(1 - \frac{2Q}{abR\omega}\right) \quad \wp = \frac{\mu L b (R\omega)^2}{a}\left(4 - \frac{6Q}{abR\omega}\right) \quad \eta = \frac{6Q}{abR\omega}\frac{\left(1 - \dfrac{2Q}{abR\omega}\right)}{\left(4 - \dfrac{6Q}{abR\omega}\right)}$$

8.41 $\quad \wp_v = \dfrac{\pi\mu\omega^2 D^3 L}{4a} \quad \wp_p = \dfrac{\pi D a^3 \Delta p^2}{12\mu L} \quad \wp_v = 3\wp_p$

8.45 $\quad r = 0.707\,R$

8.47 $\quad Q = 21.5\,\text{m}^3/\text{s}\left(1290\,\text{mm}^3/\text{min}\right)$

8.49 $\quad \tau = c_1 / r \quad u = \dfrac{c_1}{\mu}\ln r + c_2 \quad c_1 = \dfrac{\mu V_0}{\ln\left(r_i / r_o\right)} \quad c_2 = -\dfrac{V_0 \ln r_o}{\ln\left(r_i / r_o\right)}$

8.51 $\quad r = R\left[\dfrac{1}{2}\dfrac{\left(1 - k^2\right)}{\ln\left(1/k\right)}\right]^{1/2}$

8.53 $\quad \%\,\text{change} = -100/\left(1 + \ln k\right)$

8.55 $\quad \tau_w = -131\,\text{Pa}$

8.57 $\quad \tau_w = 9.33\,\text{Pa}$

8.59 $\quad Q = 4.52\times 10^{-7}\,\text{m}^3/\text{s} \quad \Delta p = 235\,\text{kPa} \quad \tau_w = 294\,\text{Pa}$

8.61 $\quad n = 6.21 \quad n = 8.55$

8.63 $\quad \beta_{\text{lam}} = 4/3 \quad \beta_{\text{turb}} = 1.02$

8.65 $\quad \alpha = 2$

8.67 $\quad H_{lT} = 1.33\,\text{m} \quad h_{lT} = 13.0\,\text{J/kg}$

8.69 $\quad V_1 = 3.70\,\text{m/s}$

8.71 $\quad Q = 0.026\,\text{m}^3/\text{s}$

8.73 $\quad \overline{V}_1 = 2\,\text{m/s}$

8.75 $\quad h_{lT} = 85\,\text{m}^2/\text{s}^2 \quad \left(H_{lT} = 8.66\,\text{m}\right)$

8.77 $\quad \dfrac{d\overline{u}}{dy} = 963\,\text{s}^{-1} \quad \tau_w = 1.73\times 10^{-2}\,\text{N/m}^2 \quad \tau_w = 0.02\,\text{N/m}^2$

8.79 $\quad f = 0.0390 \quad Re = 3183 \quad \text{Turbulent}$

8.81 $\quad \text{Maximum} = 2.12\% \text{ at } Re = 10000 \text{ and } e/D = 0.01$

8.85 $p_2 = 177\,\text{kPa}$ $p_2 = 175\,\text{kPa}$

8.87 $Q = 1.114 \times 10^{-3}\,\text{m}^3/\text{s} \left(0.067\,\text{m}^3/\text{min}, 67\,\text{L/min}\right)$

8.91 $K = 9.38 \times 10^{-4}$

8.93

$Q = 0.706\,\text{lit/s}$ $Q = 0.832\,\text{Lit/s} \left(\Delta Q = 0.069\,\text{Lit/s}\right)$ $Q = 0.864\,\text{Lit/s} \left(\Delta Q = 0.063\,\text{lit/s}\right)$

8.95 $\Delta p = 172.8\,\text{kPa}$ $K = 0.3$

8.97 $h_{l_m} = \left(1 - AR\right)^2 \dfrac{V_1^2}{2}$

8.99 $\bar{V}_1 = \sqrt{\dfrac{2\Delta p}{\rho\left(1 - AR^2 - K\right)}}$ Inviscid assumption: Lower indicated

flow/larger Δp

8.101 $Q = 0.345\,\text{L/min}$ $d = 3.65\,\text{m}$

8.103 $d = 6.13$ m (or 6.16 m if $\alpha = 2$, laminar)

8.105   Analogy fails at $Q = 7.34 \times 10^{-7}\,\text{m}^3/\text{s}$

8.107   118800%! (A huge increase because $V \sim 1/d^2$, and $\Delta p \sim V^2$)

8.111   (a) $\Delta p = 25.2$ kPa   (b) $\Delta p = 32.8$ kPa   (c) $\Delta p = 43.3$ kPa   ((a) is best)

8.113 $V_B = 4.04$ m/s $L_A = 12.8$ m (Not feasible!) $\Delta p = 29.9$ kPa

8.115 $\Delta p / L = 1.32\,\text{N/m}^3 \left(\text{round}\right)$ $\Delta p / L = 1.53\,\text{N/m}^3 \left(1:1\right)\left(+15.9\%\right)$

$\Delta p / L = 1.65\,\text{N/m}^3 \left(2:1\right)\left(+25\%\right)$ $\Delta p / L = 1.82\,\text{N/m}^3 \left(3:1\right)\left(+37.9\%\right)$

8.117 $p_1 = 1290$ kPa

8.121 $L = 26.5$ m

8.123   Friction $\approx 77\%$, Gravity $\approx 23\%$ (Turbulent)

8.125 $Q = 0.0395\,\text{m}^3/\text{s}$

8.127 $V_1 = 0.0423$ m/s (down)   (Falls at 42.3 mm/s)

8.129   Rate of downpour = 0.418 cm/min

8.135 $Q = 6.68 \times 10^{-3}\,\text{m}^3/\text{s}$ $p_{\min} = -20.0\,\text{kPa}\left(\text{gage}\right)$

8.137 $Q = 5.30 \times 10^{-4}\,\text{m}^3/\text{s}$ $Q = 5.35 \times 10^{-4}\,\text{m}^3/\text{s}\left(\text{diffuser}\right)$

8.139 $L = 0.296$ m

8.141   Your boss was wrong (which is s-w-e-e-e-e-t!)

8.143 $D = 5.0 - 5.1$ cm

8.145 $D = 15$ cm (nominal)

8.149 $\overline{V} = 6.46$ m/s $\quad p_F = 705$ kPa (gage) $\quad \wp = 832$ kW $\quad \tau_w = 88.6$ Pa

8.151 $dQ/dt = -0.524$ m^3/s/min

8.153 $\wp = 6.074$ kW

8.154 $\Delta p = 346.7$ kPa

8.157 $D = 48$ mm $\quad \Delta p = 3840$ kPa $\quad \wp_{pump} = 24.3$ kW

8.159 $Q = 5.58 \times 10^{-3}$ m^3/s $\left(0.335 \, \text{m}^3/\text{min} \right)$ $\quad\quad V = 37.9$ m/s

$\quad\quad \wp = 8.77$ kW

8.161 Cost = \$4980/year

8.163 $Q = 0.0419$ m^3/s $\quad\quad \Delta p = 487$ kPa $\quad\quad \wp = 29.1$ kW

8.165 $Q = 2.51$ m^3/s

8.167 $Q_0 = 0.00928$ m^3/s $\quad Q_1 = 0.00306$ m^3/s $\quad Q_2 = Q_3 = 0.00311$ m^3/s

$\quad\quad Q_4 = 0.00623$ m^3/s

$\quad\quad Q_0 = 0.00862$ m^3/s $\quad Q_1 = 0.0$ m^3/s $\quad\quad Q_2 = Q_3 = 0.00431$ m^3/s

$\quad\quad Q_4 = 0.00862$ m^3/s

8.169 $\Delta p = 36.8$ kPa $\quad\quad Q_{22} \approx 0.329$ Lit/s $\quad\quad Q_{24} \approx 1.572$ lit/s

8.171 $\Delta p = 25.8$ kPa

8.173 $Q = 0.042$ m^3/s

8.175 $Q = 0.00611$ m^3/s

8.177 $\Delta t = 40.8$ mm $\quad\quad \dot{m}_{min} = 0.0220$ kg/s

8.179 $Q = 0.038$ m^3/s

8.183 $Re_d = 1800$ $\quad f = 0.0356$ $\quad p_2 = -290$ Pa (gage) (29.6 mm Hg)

8.185 $K_c = \$15.33/\text{mm}^2$ $\quad\quad K_p = 1.77 \times 10^{20}$ \$ $\cdot$ mm^5

9.1　　$x_p = 18.6$ cm　　　　$x_m = 10.3$ mm

9.2　　$x_p = 10.4$ cm　　　　$x_p = 7.47$ mm

9.3　　$Re_D = 1$ (reasonable)　$Re_D = 2.5 \times 10^5$ (not reasonable)　　Use water and $D = $ 10 cm

9.7　　L increases with elevation

9.9　　$A = U$　　　　$B = \dfrac{\pi}{2\delta}$　　　$C = 0$

9.11　　$\dfrac{\delta^*}{\delta} = 0.375$　　$\dfrac{\theta}{\delta} = 0.139$

9.13　　$\dfrac{\delta^*}{\delta} = 0.396$　　$\dfrac{\theta}{\delta} = 0.152$

9.15　　Linear: $\dfrac{\theta}{\delta} = 0.167$　　Sinusoidal: $\dfrac{\theta}{\delta} = 0.137$　　Parabolic: $\dfrac{\theta}{\delta} = 0.133$

9.17　　Power: $\dfrac{\delta^*}{\delta} = 0.125, \dfrac{\theta}{\delta} = 0.0972$　　Parabolic: $\dfrac{\delta^*}{\delta} = 0.333, \dfrac{\theta}{\delta} = 0.133$

9.19　　$\dot{m}_{ab} = 50.4$ kg/s　　　$F_D = 50.4$ N

9.21　　$d_{exit} = 3.13$ mm　　　$\Delta U = 3.91\%$

9.23　　$U_2 = 13.8$ m/s　　　$\Delta p = 20.6$ Pa

9.25　　$\Delta p = -56.7$ N/m^2

9.27　　$U_2 = 24.6$ m/s　　　$p_2 = -44.5$ mm H$_2$O

9.29　　$\delta_2^* = 2.54$ mm　　　$\Delta p = -107$ Pa　　　$F_D = 2.00$ N

9.35　　$y = 3.06 \times 10^{-3}$ m　　$dy/dx = 0.00326$　　$\tau_w = 0.3321 \dfrac{\rho U^2}{\sqrt{Re_x}}$

　　　　$F_D = 0.6642 \dfrac{\rho U^2 bL}{\sqrt{Re_L}}$　$\theta_L = 1.15 \times 10^{-3}$ m

9.39　　$\theta_L = 0.278$ mm　　　$F_D = 0.850$ N

9.41　　$F_D = 26.3$ N　　　　$F_D = 45.5$ N

9.43　$F_D = 8.40 \times 10^{-4}$ N (or $F_D = 1.68 \times 10^{-3}$ N for two sides) (Higher than Problem 9.42)

9.45　$F_D = 3.45 \times 10^{-3}$ N (or $F_D = 6.90 \times 10^{-3}$ N for two sides) (Higher than Problem 9.44)

9.51　$F_D = 0.557$ N

9.53　$U = 1.81, 2.42, 3.63,$ and 7.25 m/s

9.55　$\tau_w = 0.0297 \dfrac{\rho U^2}{\mathrm{Re}_x^{1/5}}$　　$F_D = 0.0360 \dfrac{\rho U^2 bL}{\mathrm{Re}_L^{1/5}}$　　　$F_D = 2.34$ N

9.57　$F_D = 4.57 \times 10^{-3}$ N (or $F_D = 9.14 \times 10^{-3}$ N for two sides)

9.59　$F_D = 55.8$ N (or $F_D = 112$ N for two sides)

9.61　$\dfrac{\delta}{x} = \dfrac{0.353}{\mathrm{Re}_x^{1/5}}$　　$c_f = \dfrac{0.0612}{\mathrm{Re}_x^{1/5}}$　　　$F_D = 2.41$ N

9.63　$\delta_L = 31.3$ mm　　　$\tau_{w_L} = 0.798$ Pa　　　$F_D = 0.700$ N

9.65　$w_2 = 80.3$ mm

9.67　$\Delta p = 6.16$ Pa　　　$L = 0.233$ m

9.69　Petroleum used $\approx 0.089\%$ (about 15% of pipeline use)

9.71　$\dot{m}_{\mathrm{lam}} = 0.525 \rho U^2 \delta$　　　$\dot{m}_{\mathrm{turb}} = 0.777 \rho U^2 \delta$

9.73　$a = 0$　　　　$b = 0$　　　　$c = 3$　　　　$d = -2$　　　　$H = 3.89$

9.75　$U_2 = 2.50$ m/s　　　$\Delta h = 0.0940$ mm H_2O　　　$\Delta p = 0.922$ Pa

9.77　$\dfrac{U}{U_1} = \sqrt{\left[1 + \dfrac{c_f}{\theta (H+2)} x \right]}$ (constant τ_w)

　　　$\dfrac{U}{U_1} = \left[1 + 0.00583 \left(\dfrac{v}{U_1 \delta} \right)^{\frac{1}{4}} \dfrac{x}{\theta (H+2)} \right] (\tau_w \neq \text{constant})$

9.79　$F_D = 5.58$ N (11.2 N for two sides)　　　One system: $F_D = 4.23$ N (8.46 N for both sides)

9.81　$F_D = 6.47$ kN　　　$\wp = 1.44$ MW

9.85　$x_{\mathrm{lam}} / L = 0.0352\%$　　　$F_D = 5.49 \times 10^5$ N　　　$\wp = 7.63$ MW

9.87　$F_D = 3.02 \times 10^4$ N　　　Savings $= F_D = 7.94 \times 10^4$ kg/yr

9.91　$F_D = 16.05$ kN　　　$\wp = 57.8$ kW

9.93　$d_i = 96.5$ mm

9.95 $t = 9.29$ s, $x = 477$ m $(t = 7.93$ s, $x = 407$ m for three parachutes)   "g" =
       -3.66

9.97 B is 20.8% better than A $(H > D)$

9.99 $\overline{C}_D = 0.299$

9.101 $V = 24.7/35.8$ km/hr   New tires: $V = 26.8/32.6/39.1$ km/hr   Plus fairing: $V =$
       $29.8/35.7/42.1$ km/hr

9.105 $M = 0.0451$ kg

9.107 $V = \sqrt{\left[\dfrac{2mg \sin\theta}{C_D A\rho \cos^2\theta} \right]}$ $t = 1.30$ mm

9.109 $t = 2.86$ s $x = 186$ m

9.111 $V = 76.12$ km/hr (1970's car) $V = 96$ km/hr (current car)

9.113 $FE = 2.89$ km/Lit $\Delta Q = 6.85$ m^3/yr(9.34%)

9.115 $C_D = 1.17$

9.117 $V = \sqrt{\left[\dfrac{2mg}{\rho A} \dfrac{1}{\left(\dfrac{A_1}{A_2}\right)^2 - 2\left(\dfrac{A_1}{A_2}\right) + 1} \right]}$

9.119 $F_D = C_D A \dfrac{1}{2}\rho(V-U)^2$ $T = C_D A \dfrac{1}{2}\rho(V-U)^2 R$

       $P = C_D A \dfrac{1}{2}\rho(V-U)^2 U$ $\omega_{opt} = \dfrac{V}{3R}$

9.121 $M = 11.0$ N·m

9.123 $\wp = 3.00$ kW

9.125 $V = 23.3$ m/s $Re = 48{,}200$ $F_D = 0.111$ N

9.127 $x = 13.9$ m

9.129 $C_D = 61.9$ $\rho_s = 3720$ kg/m^3 $V = 0.731$ m/s

9.131 $M = 0.0471$ kg

9.133 $C_L = 1.01$ $C_D = 0.0654$

9.135 $F_D = \dfrac{7}{9} C_D \dfrac{1}{2}\rho U^2 DH$ $M = \dfrac{7}{16} C_D \dfrac{1}{2}\rho U^2 DH^2$ $\dfrac{F_D}{F_{D_{uniform}}} = \dfrac{7}{9}$

       $\dfrac{M}{M_{uniform}} = \dfrac{7}{8}$

9.137 $D = 7.99$ mm $\qquad y = 121$ mm

9.139 $t = 4.69$ s $\qquad x = 70.9$ m

9.141 $x_{max} = 48.7$ m (both methods)

9.143 $C_D = 0.606$ $\qquad V = 60$ km/hr

9.145 $V_b = V_w - \sqrt{\dfrac{2F_R}{\rho\left(C_{Du}A_u + C_{Db}A_b\right)}}$ $\qquad V_b = 4.56$ m/s (16.4 km/hr)

9.147 $x \approx 203$ m

9.151 $\Delta \wp = 16.3 \text{ kW} \left(94\%\right)$

9.157 $V_{min} = 5.62$ m/s $\qquad \wp_{min} = 31.0$ kW $\qquad V_{max} = 19.9$ m/s

9.159 $V_{min} = 144$ m/s $\qquad R = 431$ m

9.161 $M = 37.9$ kg $\qquad \wp = 1.53$ kW (or 3.02 kW if treated as two wings)

9.163 $T = 75.6$ kN

9.165 $F_D = 2.2$ kN $\qquad \wp = 147$ kN

9.167 $\theta = 3.42°$

9.169 For a race car, effective; for a passenger car, not effective

9.175 $F_L = 0.0122$ N

9.177 $F_L = 50.9$ kN $\qquad F_D = 18.7$ kN $\qquad F = 54.2$ kN $\quad \wp = 5.94$ kW

9.179 $\omega = 14,000 - 17,000$ rpm $\qquad x = 1.21$ m

10.1　$H = 29.9$ m, $\dot{W} = 2634$ W, $\beta = 60°$　　　$H = 31$ m, $\dot{W} = 2731$ W, $\beta = 70°$

　　　　$H = 32.1$ m, $\dot{W} = 2828$ W, $\beta = 80°$　　$H = 32.5$ m, $\dot{W} = 2863$ W, $\beta = 85°$

10.3　$r_2 = 55$ mm　　　　　　$b_2 = 5.36$ mm

10.5　$H = 100$ m　　　　　　$\dot{W} = 91{,}949$ N·m/s

10.7　$H = 14.9$ m　　　　　　$\dot{W} = 9.15$ kW

10.9　NOTE: Flow rate is 1800 m³/hr not 180 m³/hr.　　　$\beta_1 = 80.9°$　　$\beta_2 = 75°$

　　　　$\dot{W} = 7.68 \times 10^4$ W

10.11　$H_0 = 161.5$ m　　　　$V_n = 4.2$ m/s　　$V_t = 38.7$ m/s　$H = 161.4$ m

　　　　$\dot{W} = 105$ hp

10.13　$q_{\text{eff}} = 30.4°$

10.15　$\beta_1 = 22.3°$　　　$\alpha_2 = 77.3°$　　$\dot{W} = 11.7$ kW　　　　$H = 34.2$ m

10.17　$Q = 29.8$ L/s (0.0298 m³/s)　　$\alpha_2 = 73.9°$　　$\dot{W} = 8.22$ kW　　　$H = 28.1$ m

10.19　$\omega - 2310$ rpm (243 rad/s)　　$\alpha_2 = 80.5°$　　$\dot{W} = 33.1$　　$H = 113$ m

10.21　$Q = 0.0282$ m³/s　　　$H_{\text{ideal}} = 17.3$ m　　　　$H_{\text{actual}} = 4.60$ m

　　　　$\dot{W} = 5.72$ kW　$\eta = 22.2\%$

10.25　$Q = 0.058$ m³/s　　　$H = 53.4$ m　　$\eta = 82.1\%$

10.27　$\dot{W} = 2.38$ kW　　　$p_2 = 361.4$ kPa

10.29　$N_s = \Pi_1^{\frac{1}{2}} / \Pi_2^{\frac{3}{4}}$

10.31　$BEP_{11} \approx 33$ m$(Q \approx 6390$ L/min$)$　　　$BEP_{12} \approx 40$ m$(8300$ L/min$)$

　　　　$BEP_{13} \approx 47$ m$(10550$ L/min$)$

10.33　$H_0 = 25.8$ m　　$\eta = 78.9\%$　　$Q' = 1.07$ m³/s　　　　$H' = 21.9$ m

　　　　$H_0' = 56.6$ m　$\dot{W}' = 292$ kW

10.35　$H' = 10.9$ m

10.37　$Q = 20580$ L/min　　$N = 542$ rpm

10.43 $\hat{H}\,(\mathrm{ft}) = 19.9\,\mathrm{m} - 3\times10^{-5}\left[Q\left(\mathrm{m}^3/\mathrm{hr}\right)\right]^2$

10.45 Motor is not suitable; run pump at 1510 rpm

10.47 $Q_\mathrm{p} = 33.8\,\mathrm{m}^3/\mathrm{s}$ $H_\mathrm{p} = 63.3\,\mathrm{m}$ $\dot{W}_\mathrm{p} = 20.9\,\mathrm{MW}$

10.49 $a = 0.0384$ $b = 1.11\times10^{-9}$

10.51 $NPSHA = 8.38\,\mathrm{m}$ $p = -20.3\,\mathrm{kPa}$ (80.7 kPa abs)

10.57 $D = 150\,\mathrm{mm}$ $\dot{W} = 660.33\,\mathrm{kW}$

10.59 $H \approx 37.93\,\mathrm{m}$ $Q \approx 0.0221\,\mathrm{m}^3/\mathrm{s}$

10.61 $Q = 0.0803\,\mathrm{m}^3/\mathrm{s}\ (D = 20\,\mathrm{cm})$ $Q = 0.1284\,\mathrm{m}^3/\mathrm{s}\ (D = 30\,\mathrm{cm})$ $Q = 0.1413\,\mathrm{m}^3/\mathrm{s}\ (D = 40\,\mathrm{cm})$

10.63 $Q = 348\,\mathrm{m}^3/\mathrm{hr}$ $L_e/D = 62720$ (valve)

10.65 $Q_\mathrm{loss} = 617\,\mathrm{L/min}$ (6.0% loss in 20 years) $Q_\mathrm{loss} = 836\,\mathrm{L/min}$ (8.2% loss in 40 years)

$Q_\mathrm{loss} = 953\,\mathrm{L/min}$ (9.3% loss in 20 years) $Q_\mathrm{loss} = 1855\,\mathrm{L/min}$ (18.1% loss in 40 years)

10.67 $Q_\mathrm{loss} = 2998\,\mathrm{L/min}$ (14.4% loss in 20 years) $Q_\mathrm{loss} = 3240\,\mathrm{L/min}$ (18.7% loss in 40 years)

$Q_\mathrm{loss} = 3255\,\mathrm{L/min}$ (18.8% loss in 20 years) $Q_\mathrm{loss} = 5360\,\mathrm{L/min}$ (31.0% loss in 40 years)

10.69 $NPSHA = 8.41\,\mathrm{m}$ $H_\mathrm{p} = 90.8\,\mathrm{m}$ A *4AE12* pump would work

10.71 $H_\mathrm{p} = 35.3\,\mathrm{m}$ An 11 in *4AE12* pump would work
$NPSHA = 25\,\mathrm{m} > NPSHR \approx 1.5\,\mathrm{m}$

10.73 A *5TUT168* would work $\eta \approx (0.86)^3 = 0.636 = 63.6\%$

10.77 *10AE12* pumps would work $H_\mathrm{p} = 32.8\,\mathrm{m}$ $\eta \approx 85\%$ $Q = 0.39\,\mathrm{m}^3/\mathrm{s}$
$\dot{W} \approx 50{,}189$ and 321 kW (all three needed)

10.79 *10TU22C* pumps would work $Q = 15{,}700\,\mathrm{gpm}$ $\dot{W} \approx 2870\,\mathrm{hp}$

1 pump: $Q \approx 0.423\,\mathrm{m}^3/\mathrm{s}$ $\dot{W} \approx 0.91\,\mathrm{MW}$

2 pumps: $Q \approx 0.719\,\mathrm{m}^3/\mathrm{s}$ $\dot{W} \approx 1.55$

3 pumps: $Q \approx 0.896\,\mathrm{m}^3/\mathrm{s}$ $\dot{W} \approx 1.93\,\mathrm{MW}$

4 pumps: $Q \approx 0.992\,\mathrm{m}^3/\mathrm{s}$ $\dot{W} \approx 2.14\,\mathrm{MW}$

10.81 $H = 36.6\,\mathrm{m}$ $\dot{W} = 7253\,\mathrm{W}$

10.83 $H = 15.64$ m $\quad\quad D = 8$ cm $\quad\quad W = 485$ W (use ¾ hp)

10.85 $Q = 4.57$ m^3/s $\quad\quad \Delta p = 47.2$ mm $\quad\quad \eta = 86.1\%$

10.87 $Q = 4.98$ m^3/s $\quad\quad h_1 = 4.73$ cm $\quad\quad \dot{W} = 2.30$ kW $\quad\quad \eta = 86.1\%$

10.89 $V = 38.9$ m/s

10.91 $V = 3.67\times10^{-6}$ m^3/rev $\quad\quad \dot{W} = 208$ W $\quad\quad \eta_v = 50\%, 93\%$

10.93 $F_T = 893$ N (at rest) $\quad\quad F_T = 809$ N (at speed)

10.95 $D = 5.68$ m $\quad n = 241$ rpm (4.02 rev/s) $\quad\quad \dot{W} = 54$ MW

10.97 $J = 0.748$ $\quad C_F = 0.0415$ $\quad \eta = 77.1\%$ $\quad C_T = 0.00642$

10.99 $D = 2.36$ m, $\quad \eta = 88\%$ ($N = 450$ rpm) $\quad\quad D = 1.77$ m $\quad \eta = 89\%$ ($N = 600$ rpm)

10.101 $N_s = 35.1$ $\quad Q = 92$ m^3/s $\quad\quad D \approx 8.2 - 8.6$ m

10.103 $N_s = 26.5$ $\quad T = 5.31\times10^6$ N·m

10.105 $n = 1$ $\quad\quad \omega = 236$ rpm $\quad\quad D_j = 0.275$ m $\quad\quad D = 3.16$ m

$\quad\quad\quad n = 2$ $\quad\quad \omega = 333$ rpm $\quad\quad D_j = 0.194$ m $\quad\quad D = 2.23$ m

$\quad\quad\quad n = 3$ $\quad\quad \omega = 408$ rpm $\quad\quad D_j = 0.159$ m $\quad\quad D = 1.82$ m

$\quad\quad\quad n = 4$ $\quad\quad \omega = 471$ rpm $\quad\quad D_j = 0.137$ m $\quad\quad D = 1.58$ m

$\quad\quad\quad n = 5$ $\quad\quad \omega = 527$ rpm $\quad\quad D_j = 0.123$ m $\quad\quad D = 1.41$ m

10.107 $D = 1.8$ m $\quad N_s = 4.55$ (cust) $\quad\quad N_s = 0.105$ (SI) $\quad\quad N_s$ (cust)/N_s (SI) = 43.5

10.109 $D = 399$ mm $\quad Q = 1$ m^3/s

10.111 $V_j = 35$ m/s $\quad Q = 0.069$ m^3/s $\quad\quad \dot{W} = 42.2$ kW $\quad\quad$ Optimum

$\quad\quad d_j \approx 55 < d < 56$ mm

10.113 $Qh = 0.81 \dfrac{\text{m}^3 \cdot \text{m}}{\text{min}}$

11.1 $Q = 3.18 \text{ m}^3/\text{s}$

11.3 $y = 0.81$ m

11.5 $y_2 = 0.507$ m $Fr_2 = 2.51$

11.7 $S_0 = 0.00186$

11.9 $S_0 = 0.00160$

11.11 $Q = 0.194 \text{ m}^3/\text{s}$

11.13 $y = 0.752$ m

11.15 $y = 0.775$ m

11.19 $y = 1.16$ m $V = 1.48$ m/s

11.23 $y = 2.27$ m

11.25 $y_c = 0.112$ m, $E_c = 0.167$ $y_c = 0.232$ m, $E_c = 0.34$

        $y_c = 0.326$ m, $E_c = 0.489$ $y_c = 0.446$, $E_c = 0.669$ m

11.27 $y_c = 0.637$ m

11.31 $\Delta x = 42$ m

11.33 $y = 0.198$ m $y = 1.29$ m

11.35 $y_c = \left(\dfrac{2Q^2}{z^2 g} \right)^{\frac{1}{5}}$

11.37 $Q = 0.089 \text{ m}^3/\text{s}$

11.39 $y_2 = 0.18 \text{ m} (-32.2\%)$

11.41 $y_2 = 0.415$ m

11.43 $Q = 1.35 \text{ m}^3/\text{s}$

11.45 $Q = 10.6 \text{ m}^3/\text{s}$ $y_c = 0.894$ m $H_l = 0.808$ m

11.47 $y_2 = 1.80$ m

11.49 $Q = 1.48 \text{ m}^3/\text{s}$ $H_l = 0.48$ m

11.51 $y_2 = 4.45$ m $H_l = 9.31$ m

11.53 $Q = 1.3 \text{ m}^3/\text{s}$

11.55 $H = 0.514$ m

11.57 $C_w = 1.45$

12.1 T = const. p decreases ρ decreases   (Irreversible adiabatic process)

12.3 $\Delta s > 0$ so it is feasible for a real (irreversible) adiabatic process

12.5 $T_2 = 20°C$ $p_2 = 100$ kPa

12.7 $\Delta s = -346$ kJ/kg·K $\left(\Delta S = -1729 \text{ J/K}\right)$ $\Delta u = -143$ kJ/kg $\left(\Delta U = -717 \text{ kJ}\right)$

        $\Delta h = -201$ kJ/k $\left(\Delta H = -1004 \text{ kJ}\right)$

12.9 $h = 57.5\%$

12.11 $W = 176$ MJ $W_s = 228$ MJ $T_s \text{ (max)} = 858$ K $Q_s = -317$ MJ

12.13 $\dot{m} = 36.7$ kg/s $T_2 = 572$ K $V_2 = 4.75$ m/s $\dot{W} = 23$ MW

12.15 $\Delta t = 828\text{s} \left(\approx 14 \text{ min}\right)$

12.17 $\Delta \rho = 1.70 \times 10^{-4}$ kg/m³ $\Delta T = 0.017$ K $\Delta V = 0.049$ m/s

12.19 $\Delta t = 198$ μs $E_v = 12.7$ GN/m²

12.21 $x = 19.2$ km

12.23 $c = 299$ m/s $V = 987$ m/s $V/V_{\text{bullet}} = 1.41$

12.29 $c = 340$ m/s (sea level)

12.31 $V = 2367$ km/hr $\alpha = 31.8°$

12.33 $V = 642$ m/s

12.35 $V = 493$ m/s $\Delta t = 0.398$ s

12.37 $V = 515$ m/s $t = 6.92$ s

12.39 $\Delta x \approx 1043 - 1064$ m

12.41   Density change < 1.21%, so incompressible

12.43 $M = 0.142$ (1%) $M = 0.322$ (5%) $M = 0.464$ (10%)

12.45 $\Delta \rho / \rho = 48.5\%$ (Not incompressible)

12.47 $p_{\text{dyn}} = 54.3$ kPa $p_0 = 152$ kPa

12.49 $p_0 = 546$ kPa $h_0 - h = 178$ kJ/kg $T_0 = 466$ K

12.51 $p_0 - p = 8.67$ kPa $V = 195$ m/s $V = 205$ m/s   Error using Bernoulli = 5.13%

12.55 T_0 = const (isoenergetic)　　　p_0 decreases (irreversible adiabatic)

12.57 V = 890 m/s　　T_0 = 677 K　　p_0 = 212 kPa

12.59 T_0 = const = 294 K (20.60) (isoenergetic)　　p_{0_1} = 1.01 MPa, p_{0_2} = 189 kPa

(irreversible adiabatic)　　Δs = 480 J/kg·K　　Flow accelerates even

with friction due to large pressure drop

12.61 $T_{0_1} = T_{0_2}$ = 344 K　　　p_{0_1} = 223 kPa　　　p_{0_2} = 145 kPa

Δs = 0.124 kJ/kg·K

12.62 $T_{0_1} = T_{0_2}$ = 445 K　　　p_{0_1} = 57.5 kPa　　　p_{0_2} = 46.7 kPa

Δs = 59.6 J/kg·K

12.65 Δp = 48.2 kPa (inside higher)

12.67 T^* = 260 K　　p^* = 24.7 MPa　　　V^* = 252 m/s

12.69 T_t = 2730 K　　p_t = 25.5 MPa　　　V_t = 1030 m/s

13.1 $\dot{m} = 3.18$ kg/s

13.3 $V = 781$ m/s $M = 1.35$ $\dot{m} = 3.18$ kg/s

13.5 $p_2 = 45$ kPa

13.7 $M_2 = 1.20$ Supersonic diffuser

13.9 $M_2 = 1.20$ Supersonic diffuser

13.15 $p_t = 250$ kPa $V_t = 252$ m/s $M_t = 0.883$

13.17 $p_t = 166$ kPa

13.19 $p = 150$ kPa $M = 0.60$ $A_t = 0.0421$ m^2 $\dot{m} = 18.9$ kg/s

13.21 $A_t = 1.94 \times 10^{-3}$ m^2

13.23 $p_0 = 817$ kPa $p_e = 432$ kPa $T_e = 288$ K $(-45.5°C)$ $V_e = 302$ m/s

13.25 $\Delta t = 374$ s (6.23 min) $\Delta s = 232$ J/kg·K

13.27 $p_e = 687$ kPa $\dot{m} = 0.0921$ kg/s $a_{rfx} = 1.62$ m/s^2

13.29 $p_0 = 9.87$ kPa (abs) $p_e = 5.21$ kPa (abs) $T_e = 332$ K $(58.7°C)$ $V_e = 365$
       m/s $a_x = 1.25$ m/s^2

13.31 $R_x = 1.36$ kN (Tension)

13.33 $A_2 = 0.058$ m^2 $V_2 = 200.5$ m/s

13.35 $M_e = 1$ $p_e = 381$ kPa   Pressure and flow decrease
       asymptotically $T_f = 228$ K $(-45°C)$

13.37 $p_0 = 792.6$ kPa $\dot{m} = 0.69$ kg/s $A_t = 3.83$ cm^2

13.39 $p_e = 125$ kPa (abs) $\dot{m} = 0.401$ kg/s

13.41 $V_1 = 1300$ m/s $\dot{m} = 87.4$ kg/s

13.43 $\dot{m} = 1.59$ kg/s   Mass flow rate decreases by a factor of 2

13.45 $R_x = 950$ N

13.47 $p_e = 88.3$ kPa $\dot{m} = 0.499$ kg/s $R_x = -1026$ N (to left)

13.49 $p_0 = 44.6$ MPa

13.53 $M_1 = 0.200$ $\dot{m} = 3.19 \times 10^{-3}$ kg/s $p_2 = 47.9$ kPa (abs)

13.55 $p_{\min} = 21.73$ kPa $V_{\max} = 317$ m/s

13.57 $T_e = 467$ K $R_x = 59.4$ N $\Delta s = 151.2$ J/kg·K

13.59 $p_{0t} = 390.6$ kPa $T_2 = 240$ K $p_{02} = 191.8$ kPa $\dot{m} = 0.014$ kg/s

13.61 $T_2 = 238$ K $p_2 = 26.1$ kPa (abs) $\Delta s = 172$ J/kg·K

13.63 $L = 3.6$ m

13.65 $L = 5.66$ m

13.69 $T_2 = 306$ K $\dot{m} = 78.25$ kg/s

13.71 $L = 0.394$ m

13.73 $M_2 = 0.233$ Heat added

13.75 $p_2 = 1.35$ MPa (Isothermal) $p_2 = 1.24$ MPa (Adiabatic)

13.77 $Q = 5.165 \times 10^6$ m³/day

13.81 $\delta Q / dm = 449$ kJ/kg $\Delta s = 0.892$ kJ/kg·K

13.83 Note: $\rho_2 = 13.6$ kg/m³ $Q = 113$ kJ/s $\Delta p = 1.12$ MPa

With wrong $\rho_2 = 1600$ kg/m³ $Q = 78$ kJ/s $\Delta p = -6.91$ kPa

13.85 $\delta Q / dm = 18$ kJ/kg $\Delta s = 0.0532$ kJ/kg·K $\Delta p_0 = 2.0$ kPa

13.87 $\delta Q / dm = 1.12$ MJ/kg $\Delta p_0 = -13.5$ kPa

13.89 $M_2 = 0.50$ $T_{02} = 1556$ K $T_2 = 1480$ K $\dot{Q} = 1.86$ MJ/s

13.91 $\delta Q / dm = 447$ kJ/kg $\Delta s = 0.889$ kJ/kg·K $\Delta p_0 = 22$ kPa

13.93 $\delta Q / dm = 364$ kJ/kg $\Delta p_0 = -182$ kPa $T_{02} = 1174$ K $p_{02} = 1.60$ MPa

$T_2 = 978$ K $p_2 = 0.844$ MPa $\rho_2 = 3.01$ kg/m³

13.95 $M_2 = 0.60$ $T_{02} = 966$ K $\delta Q / dm = 343$ kJ/kg $(61.6\%$ of max$)$

$\dot{Q} = 4010$ kW

13.97 $M_2 = 1.74$ $p_2 = 74.6$ kPa

13.99 $V_s = 5475$ m/s $V = 4545$ m/s (Constant specific heats unrealistic)

13.101 $V = 567$ m/s

13.103 $p_1 = 6.89$ kPa $\rho_1 = 0.105$ kg/m³ $V_1 = 687$ m/s $T_{01} = 529$ K

$p_{01} = 69.6$ kPa $T_{02} = 529$ K $p_{02} = 49.4$ kPa

13.105 $T_2 = 520$ K $p_{02} = 1.29$ MPa (abs)

13.107 $M_2 = 0.486$ $V_2 = 865$ km/hr (240 m/s) $\Delta p_0 = 607$ kPa

13.109 $T_{01} = 426$ K $p_{01} = 207$ kPa (abs) $p_{02} = 130$ kPa (abs)

13.111 $M_1 = 2.48$ $V_1 = 736$ m/s $p_{02} = 201$ kPa $p_2 = 167.5$ kPa

13.113 $M_{2d} = 0.547$ $p_{2d} = 512$ kPa $p_{02d} = 628$ kPa $A_s^* = 0.111\,\text{m}^2$

13.115 $M_1 = 2.20$ $p_{02} = 178$ kPa $V_1 = 568$ m/s ("Isentropic")

13.117 $T_0 = 533$ K $p_3 - p_2 = 37.4$ kPa $s_4 - s_1 = -30.5$ J/kg·K

13.119 $V_2 = 268$ m/s (Relative to wave), $= -276$ m/s (Relative to ground)

13.121 $M_e = 1.452$ $\dot{m} = 0.808$ lbm/s

13.123 $M_e = 2.94$ $p_0 = 3.39$ MPa $p_{b1} = 3.35$ MPa $p_{b2} = 1.00$ MPa

   $p_{b3} = 101$ kPa

13.125 $p_b = 301$ kPa

13.127 $M_1 = 1.50$

13.129 $p_{atm} < p_0 < 112$ kPa (abs); $p_0 > 743$ kPa (abs)

13.131 $p_3 = 459$ kPa

13.133 $p_b = 301$ kPa

13.137 $V_2 = 652.4$ m/s $\Delta s = -162$ J/kg·K

13.139 $M_2 = 1.95$ $p_2 = 179$ kPa $M_2 = 0.513$ (Normal shock) $p_2 = 570$ kPa

   (Normal shock) $\beta_{min} = 23.6°$

13.141 $\beta = 62.5°$ $p_2 / p_1 = 9.15$

13.143 $M_1 = 1.42$ $V_1 = 483$ m/s   β $= 67.4°$

13.145 $\alpha = 7.31°$ $p_{max} = 931$ kPa $T_{max} = 564°C$

13.147 $L/w = 183$ kN/m

13.149 $p = 690$ kPa $p = 517$ kPa (Normal shock only)

13.151 $p = 130$ kPa (Note: The angle is 30°, NOT 50°; with 50° there is no second
   shock!)

13.153 $M_1 = 3.05$ $p_1 = 38.1$ kPa $M = 2.36$ $p = 110$ kPa

13.155 $L/w = 64.7$ kN/m

13.159 $C_L = 0.503$ $C_D = 0.127$

國家圖書館出版品預行編目資料

流體力學 / Robert W. Fox, Philip J. Pritchard, Alan
T. McDonald 原著;王珉玟, 劉澄芳, 徐力行 編譯. --二版.
- -新北市:全華圖書 2014.03
　面;　　公分
公制版
譯自:Introduction to Fluid Mechanics, 7th ed.
ISBN　978-957-21-9340-2(平裝附光碟片)
1.CST:流體力學
332.6　　　　　　　　　　　　　　103002945

流體力學(第七版)(公制版)(附部分內容光碟)
Introduction to Fluid Mechanics, 7th Edition.

原著／Robert W. Fox・Philip J. Pritchard・Alan T. McDonald

編譯／王珉玟、劉澄芳、徐力行

發行人／陳本源

執行編輯／林昱先

出版者／全華圖書股份有限公司

郵政帳號／0100836-1 號

圖書編號／06134017

二版九刷／2024 年 04 月

定價／新台幣 680 元

ISBN／978-957-21-9340-2(平裝附光碟)

全華圖書／www.chwa.com.tw

全華網路書店 Open Tech／www.opentech.com.tw

若您對本書有任何問題,歡迎來信指導 book@chwa.com.tw

臺北總公司(北區營業處)
地址:23671 新北市土城區忠義路 21 號
電話:(02) 2262-5666
傳真:(02) 6637-3695、6637-3696

南區營業處
地址:80769 高雄市三民區應安街 12 號
電話:(07) 381-1377
傳真:(07) 862-5562

中區營業處
地址:40256 臺中市南區樹義一巷 26 號
電話:(04) 2261-8485
傳真:(04) 3600-9806(高中職)
　　　(04) 3601-8600(大專)

版權所有・翻印必究